단기간 마무리 학습을 위한

7개년 과년도 에너지관리기사

Engineer Energy Management

허원회 지음

" 이 책을 선택한 당신, 당신은 이미 위너입니다! "

독자 여러분께 알려드립니다

에너지관리기사 [필기]시험을 본 후 그 문제 가운데 10여 문제를 재구성해서 성안당 출판사로 보내주시면, 채택된 문제에 대해서 성안당 기계분야 도서 중 희망하시는 도서를 1부 증정해 드립니다. 독자 여러분이 보내주시는 기출문제는 더 나은 책을 만드는 데 큰 도움이 됩니다. 감사합니다.

e-mail coh@cyber.co.kr (최옥현)

★ 메일을 보내주실 때 성명, 연락처, 주소를 기재해 주시기 바랍니다.
★ 보내주신 기출문제는 집필자가 검토한 후에 도서를 증정해 드립니다.

■ 도서 A/S 안내

성안당에서 발행하는 모든 도서는 저자와 출판사, 그리고 독자가 함께 만들어 나갑니다.

좋은 책을 펴내기 위해 많은 노력을 기울이고 있습니다. 혹시라도 내용상의 오류나 오탈자 등이 발견되면 "좋은 책은 나라의 보배"로서 우리 모두가 함께 만들어 간다는 마음으로 연락주시기 바랍니다. 수정 보완하여 더 나은 책이 되도록 최선을 다하겠습니다.

성안당은 늘 독자 여러분들의 소중한 의견을 기다리고 있습니다. 좋은 의견을 보내주시는 분께는 성안당 쇼핑몰의 포인트(3,000포인트)를 적립해 드립니다.

잘못 만들어진 책이나 부록 등이 파손된 경우에는 교환해 드립니다.

저자 문의 e-mail : drhwh@hanmail.net(허원회)
본서 기획자 e-mail : coh@cyber.co.kr(최옥현)
홈페이지 : http://www.cyber.co.kr 전화 : 031) 950-6300

SMART

7개년 과년도 에너지관리기사 필기

스스로 마스터하는 트렌디한 수험서

<table>
<tr><th>항목</th><th>세부 항목</th><th>1회독</th><th>2회독</th><th>3회독</th></tr>
<tr><td rowspan="5">핵심 요점노트</td><td>제1편 연소공학</td><td rowspan="5">1~3일</td><td rowspan="5">1~2일</td><td rowspan="5">1일</td></tr>
<tr><td>제2편 열역학</td></tr>
<tr><td>제3편 계측방법</td></tr>
<tr><td>제4편 열설비 재료 및 관계 법규</td></tr>
<tr><td>제5편 열설비 설계</td></tr>
<tr><td rowspan="3">2016년 과년도 출제문제</td><td>제1회 기출문제</td><td rowspan="2">4일</td><td rowspan="3">3일</td><td rowspan="6">2일</td></tr>
<tr><td>제2회 기출문제</td></tr>
<tr><td>제4회 기출문제</td><td rowspan="2">5일</td></tr>
<tr><td rowspan="3">2017년 과년도 출제문제</td><td>제1회 기출문제</td><td rowspan="3">4일</td></tr>
<tr><td>제2회 기출문제</td><td rowspan="2">6일</td></tr>
<tr><td>제4회 기출문제</td></tr>
<tr><td rowspan="3">2018년 과년도 출제문제</td><td>제1회 기출문제</td><td rowspan="2">7일</td><td rowspan="3">5일</td><td rowspan="6">3일</td></tr>
<tr><td>제2회 기출문제</td></tr>
<tr><td>제4회 기출문제</td><td rowspan="2">8일</td></tr>
<tr><td rowspan="3">2019년 과년도 출제문제</td><td>제1회 기출문제</td><td rowspan="3">6일</td></tr>
<tr><td>제2회 기출문제</td><td rowspan="2">9일</td></tr>
<tr><td>제4회 기출문제</td></tr>
<tr><td rowspan="3">2020년 과년도 출제문제</td><td>제1회 기출문제</td><td rowspan="2">10일</td><td rowspan="3">7일</td><td rowspan="6">4일</td></tr>
<tr><td>제2회 기출문제</td></tr>
<tr><td>제4회 기출문제</td><td rowspan="2">11일</td></tr>
<tr><td rowspan="3">2021년 과년도 출제문제</td><td>제1·2회 통합 기출문제</td><td rowspan="3">8일</td></tr>
<tr><td>제3회 기출문제</td><td rowspan="2">12일</td></tr>
<tr><td>제4회 기출문제</td></tr>
<tr><td rowspan="2">2022년 과년도 출제문제</td><td>제1회 기출문제</td><td rowspan="2">13일</td><td rowspan="2">9일</td><td rowspan="3">5일</td></tr>
<tr><td>제2회 기출문제</td></tr>
<tr><td>부록 CBT 실전 모의고사</td><td>CBT 실전 모의고사 1~5회</td><td>14~15일</td><td>10일</td></tr>
<tr><td></td><td></td><td>15일 완성!</td><td>10일 완성!</td><td>5일 완성!</td></tr>
</table>

"수험생 여러분을 성안당이 응원합니다!"

절취선

스스로 체크하는 3회독 플래너

SMART 스스로 마스터하는 트렌디한 수험서

항목	세부 항목	1회독	2회독	3회독
핵심 요점노트	제1편 연소공학			
	제2편 열역학			
	제3편 계측방법			
	제4편 열설비 재료 및 관계 법규			
	제5편 열설비 설계			
2016년 과년도 출제문제	제1회 기출문제			
	제2회 기출문제			
	제4회 기출문제			
2017년 과년도 출제문제	제1회 기출문제			
	제2회 기출문제			
	제4회 기출문제			
2018년 과년도 출제문제	제1회 기출문제			
	제2회 기출문제			
	제4회 기출문제			
2019년 과년도 출제문제	제1회 기출문제			
	제2회 기출문제			
	제4회 기출문제			
2020년 과년도 출제문제	제1회 기출문제			
	제2회 기출문제			
	제4회 기출문제			
2021년 과년도 출제문제	제1·2회 통합 기출문제			
	제3회 기출문제			
	제4회 기출문제			
2022년 과년도 출제문제	제1회 기출문제			
	제2회 기출문제			
부록 CBT 대비 실전 모의고사	CBT 실전 모의고사 1~5회			

“수험생 여러분을 성안당이 응원합니다!”

일 완성 일 완성 일 완성

절취선

머리말

우리나라는 70년대에 에너지 수입의존도가 50% 정도였는데 지금은 에너지원의 95% 이상을 수입하는 대표적인 에너지 빈국인 동시에 에너지 다소비 국가이다. 인류가 사용하고 있는 석탄, 석유, LNG, 원자력 에너지 등은 부존자원이 점점 줄어들고 있으며, 환경오염, 환경파괴(오존층 파괴), CO_2 배출로 인한 지구온난화 등 심각한 사회문제를 야기시키고 있다.

이에 향후 경제구조는 친환경적이고 저탄소 녹색성장과 신재생에너지의 기본 틀에서 환경을 생각하고 고효율 에너지를 생산 · 개발하고 보급함은 물론, 그에 적합한 설비시스템을 구축하고 자동화하여 에너지를 관리하는 기술자들이 많이 필요하게 될 것이다.

본 교재는 '에너지관리기사'를 취득하려는 수험생들이 단기간에 합격할 수 있도록 체계적이고 쉽게 구성하였다.

이 책의 특징

① 15일, 10일, 5일, 계획에 따라 실천하면 3회독으로 마스터가 가능한 "합격 플래너"를 수록하였다.
② 에너지관리기사 시험에 출제되는 내용을 과목별(1. 연소공학, 2. 열역학, 3. 계측방법, 4. 열설비 재료 및 관계 법규, 5. 열설비 설계)로 핵심을 요약 정리하였다.
③ 과년도 출제문제를 상세한 해설과 함께 수록하여 출제경향을 파악할 수 있도록 하였으며, 계산문제는 쉽게 풀어 해설하였다.
④ 출제 빈도가 높은 중요한 문제는 별표(★)로 강조하였다. 이 별표가 있는 문제는 마무리 학습할 때 한 번 더 풀어보기를 권한다.

끝으로 본 교재로 공부하는 수험생은 누구나 합격할 수 있도록 최신 경향의 문제와 출제빈도가 높은 문제를 반복 학습하여 자신감을 갖도록 하였다. 내용에 충실하려고 노력하였으나 부족한 부분이 있을 것이다. 지속적으로 수정 보완할 것을 약속드리며, 수험생 여러분의 노력의 결실이 합격으로 이어지기를 진심으로 기원한다. 아울러 본 교재가 출판되도록 도와주신 성안당출판사에 감사의 마음을 전한다.

저자 허원회

NCS 안내

1 국가직무능력표준(NCS)이란?

국가직무능력표준(NCS, National Competency Standards)은 산업현장에서 직무를 수행하기 위해 요구되는 지식·기술·태도 등의 내용을 국가가 산업부문별, 수준별로 체계화한 것이다.

(1) 국가직무능력표준(NCS) 개념도

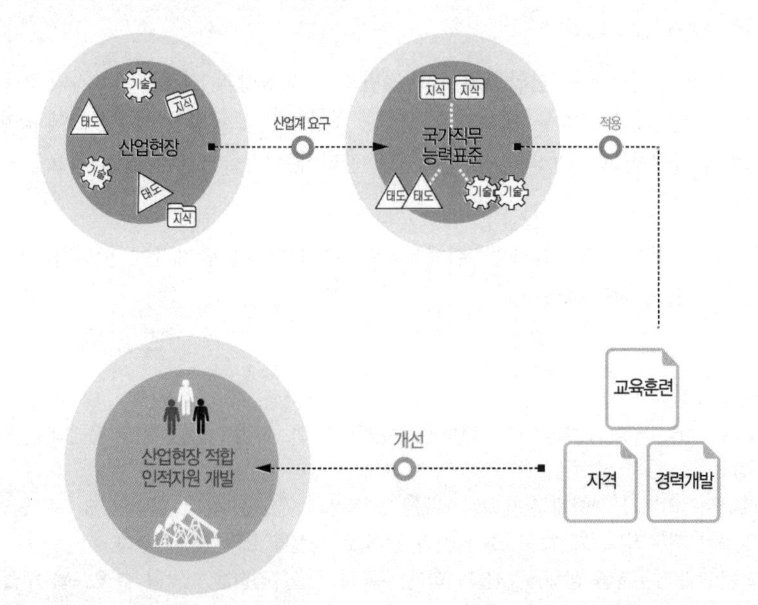

직무능력 : 일을 할 수 있는 On – spec인 능력

① 직업인으로서 기본적으로 갖추어야 할 공통 능력 → 직업기초능력
② 해당 직무를 수행하는 데 필요한 역량(지식, 기술, 태도) → 직무수행능력

보다 효율적이고 현실적인 대안 마련

① 실무 중심의 교육・훈련 과정 개편
② 국가자격의 종목 신설 및 재설계
③ 산업현장 직무에 맞게 자격시험 전면 개편
④ NCS 채용을 통한 기업의 능력 중심 인사관리 및 근로자의 평생경력 개발 관리 지원

(2) 국가직무능력표준(NCS) 학습모듈

국가직무능력표준(NCS)이 현장의 '**직무요구서**'라고 한다면, NCS **학습모듈**은 NCS **능력단위를 교육훈련에서 학습할 수 있도록 구성한 '교수・학습자료**'이다. NCS 학습모듈은 구체적 직무를 학습할 수 있도록 이론 및 실습과 관련된 내용을 상세하게 제시하고 있다.

2 국가직무능력표준(NCS)이 왜 필요한가?

능력 있는 인재를 개발해 핵심 인프라를 구축하고, 나아가 국가경쟁력을 향상시키기 위해 국가직무능력표준이 필요하다.

(1) 국가직무능력표준(NCS) 적용 전/후

지금은

- 직업 교육 · 훈련 및 자격제도가 산업현장과 불일치
- 인적자원의 비효율적 관리 운용

→ 국가직무능력표준 →

이렇게 바뀝니다.

- 각각 따로 운영되었던 교육 · 훈련, 국가직무능력표준 중심 시스템으로 전환 (일–교육 · 훈련–자격 연계)
- 산업현장 직무 중심의 인적자원 개발
- 능력중심사회 구현을 위한 핵심 인프라 구축
- 고용과 평생직업능력개발 연계를 통한 국가경쟁력 향상

(2) 국가직무능력표준(NCS) 활용범위

기업체 Corporation

- 현장 수요 기반의 인력채용 및 인사관리 기준
- 근로자 경력개발
- 직무기술서

교육훈련기관 Education and training

- 직업교육훈련과정 개발
- 교수계획 및 매체, 교재 개발
- 훈련기준 개발

자격시험기관 Qualification

- 자격종목의 신설 · 통합 · 폐지
- 출제기준 개발 및 개정
- 시험문항 및 평가방법

3 과정평가형 자격취득

(1) 개념

과정평가형 자격은 국가직무능력표준(NCS)으로 설계된 교육・훈련과정을 체계적으로 이수하고 내・외부평가를 거쳐 취득하는 국가기술자격이다.

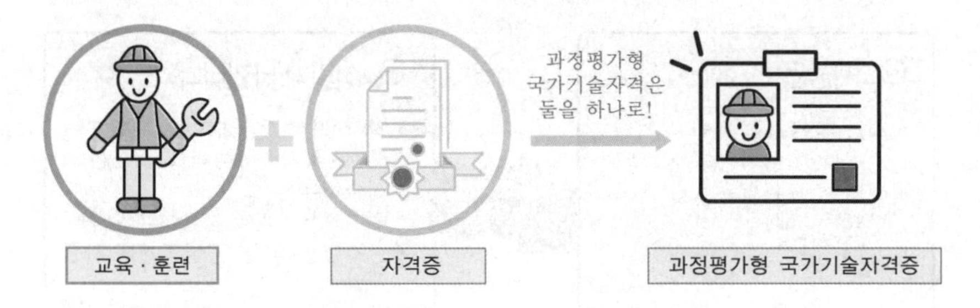

(2) 기존 자격제도와 차이점

구분	검정형	과정형
응시자격	학력, 경력요건 등 응시요건을 충족한 자	해당 과정을 이수한 누구나
평가방법	지필평가, 실무평가	내부평가, 외부평가
합격기준	• 필기 : 평균 60점 이상 • 실기 : 60점 이상	내부평가와 외부평가의 결과를 1:1로 반영하여 평균 80점 이상
자격증 기재내용	자격종목, 인적사항	자격종목, 인적사항, 교육・훈련기관명, 교육・훈련기간 및 이수시간, NCS 능력단위명

(3) 취득방법

① 산업계의 의견수렴절차를 거쳐 한국산업인력공단은 다음연도의 과정평가형 국가기술자격 시행종목을 선정한다.

② 한국산업인력공단은 종목별 편성기준(시설・장비, 교육・훈련기관, NCS 능력단위 등)을 공고하고, 엄격한 심사를 거쳐 과정평가형 국가기술자격을 운영할 교육・훈련기관을 선정한다.

③ 교육・훈련생은 각 교육・훈련기관에서 600시간 이상의 교육・훈련을 받고 능력단위별 내부평가에 참여한다.

④ 이수기준(출석률 75%, 모든 내부평가 응시)을 충족한 교육・훈련생은 외부평가에 참여한다.

⑤ 교육·훈련생은 80점 이상(내부평가 50+외부평가 50)의 점수를 받으면 해당 자격을 취득하게 된다.

(4) 교육·훈련생의 평가방법

① 내부평가(지정 교육·훈련기관)

㉠ 과정평가형 자격 지정 교육·훈련기관에서 능력단위별 75% 이상 출석 시 내부평가 시행

㉡ 내부평가

시행시기	NCS 능력단위별 교육·훈련 종료 후 실시(교육·훈련시간에 포함됨)
출제·평가	지필평가, 실무평가
성적관리	능력단위별 100점 만점으로 환산
이수자 결정	능력단위별 출석률 75% 이상, 모든 내부평가에 참여
출석관리	교육·훈련기관 자체 규정 적용(다만, 훈련기관의 경우 근로자직업능력개발법 적용)

㉢ 모니터링

시행시기	내부평가 시
확인사항	과정 지정 시 인정받은 필수기준 및 세부평가기준 충족 여부, 내부평가의 적정성, 출석관리 및 시설장비의 보유 및 활용사항 등
시행횟수	분기별 1회 이상(교육·훈련기관의 부적절한 운영상황에 대한 문제제기 등 필요 시 수시확인)
시행방법	종목별 외부전문가의 서류 또는 현장조사
위반사항 적발	주무부처 장관에게 통보, 국가기술자격법에 따라 위반내용 및 횟수에 따라 시정명령, 지정취소 등 행정처분(국가기술자격법 제24조의5)

② 외부평가(한국산업인력공단)

내부평가 이수자에 대한 외부평가 실시

시행시기	해당 교육·훈련과정 종료 후 외부평가 실시
출제·평가	과정 지정 시 인정받은 필수기준 및 세부평가기준 충족 여부, 내부평가의 적정성, 출석관리 및 시설장비의 보유 및 활용사항 등 ※ 외부평가 응시 시 발생되는 응시수수료 한시적으로 면제

★ NCS에 대한 자세한 사항은 국가직무능력표준 National Competency Standards 홈페이지(www.ncs.go.kr)에서 확인해주시기 바랍니다.★

★ 과정평가형 자격에 대한 자세한 사항은 CQ-Net 홈페이지(c.q-net.or.kr)에서 확인해주시기 바랍니다. ★

출제기준

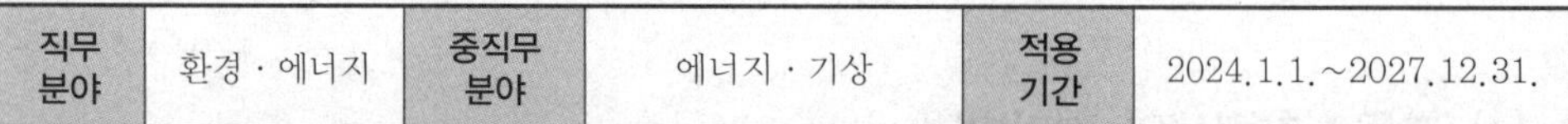

직무 분야	환경 · 에너지	중직무 분야	에너지 · 기상	적용 기간	2024.1.1.~2027.12.31.

직무내용 : 각종 산업, 건물 등에 생산공정이나 냉·난방을 위한 열을 공급하기 위하여 보일러 등 열사용 기자재의 설계, 제작, 설치, 시공, 감독을 하고, 보일러 및 관련 장비를 안전하고 효율적으로 운전할 수 있도록 지도, 점검, 진단, 보수 등의 업무를 수행하는 직무

필기검정방법	객관식	문제수	100	시험시간	2시간 30분

과목명	문제수	주요 항목	세부항목	세세항목
연소공학	20	1. 연소이론	(1) 연소기초	① 연소의 정의 ② 연료의 종류 및 특성 ③ 연소의 종류와 상태 ④ 연소 속도 등
			(2) 연소계산	① 연소현상 이론 ② 이론 및 실제 공기량, 배기가스량 ③ 공기비 및 완전연소 조건 ④ 발열량 및 연소효율 ⑤ 화염온도 ⑥ 화염전파이론 등
		2. 연소설비	(1) 연소 장치의 개요	① 연료별 연소장치 ② 연소 방법 ③ 연소기의 부품 ④ 연료 저장 및 공급장치
			(2) 연소 장치 설계	① 고부하 연소기술 ② 저공해 연소기술 ③ 연소부하산출
			(3) 통풍장치	① 통풍방법 ② 통풍장치 ③ 송풍기의 종류 및 특징
			(4) 대기오염방지장치	① 대기 물질의 종류 ② 대기오염 물질의 농도측정 ③ 대기방지장치의 종류 및 특징

과목명	문제수	주요 항목	세부항목	세세항목
		3. 연소안전 및 안전장치	(1) 연소안전장치	① 점화장치 ② 화염검출장치 ③ 연소제어장치 ④ 연료차단장치 ⑤ 경보장치
			(2) 연료누설	① 외부누설 ② 내부누설
			(3) 화재 및 폭발	① 화재 및 폭발 이론 ② 가스폭발 ③ 유증기폭발 ④ 분진폭발 ⑤ 자연발화
열역학	20	1. 열역학의 기초사항	(1) 열역학적 상태량	① 온도 ② 비체적, 비중량, 밀도 ③ 압력
			(2) 일 및 열에너지	① 일 ② 열에너지 ③ 동력
		2. 열역학 법칙	(1) 열역학 제1법칙	① 내부에너지 ② 엔탈피 ③ 에너지식
			(2) 열역학 제2법칙	① 엔트로피 ② 유효에너지와 무효에너지
		3. 이상기체 및 관련사이클	(1) 기체의 상태변화	① 정압 및 정적 변화 ② 등온 및 단열변화 ③ 폴리트로픽 변화
			(2) 기체동력기관의 기본 사이클	① 기체사이클의 특성 ② 기체사이클의 비교
		4. 증기 및 증기동력사이클	(1) 증기의 성질	① 증기의 열적상태량 ② 증기의 상태변화
			(2) 증기동력사이클	① 증기 동력사이클의 종류 ② 증기 동력사이클의 특성 및 비교 ③ 열효율, 증기소비율, 열소비율 ④ 증기표와 증기선도

과목명	문제수	주요 항목	세부항목	세세항목
		5. 냉동사이클	(1) 냉매	① 냉매의 종류 ② 냉매의 열역학적 특성
			(2) 냉동사이클	① 냉동사이클의 종류 ② 냉동사이클의 특성 ③ 냉동능력, 냉동률, 성능계수 (COP) ④ 습공기선도
계측방법	20	1. 계측의 원리	(1) 단위계와 표준	① 단위 및 단위계 ② SI 기본단위 ③ 차원 및 차원식
			(2) 측정의 종류와 방식	① 측정의 종류 ② 측정의 방식과 특성
			(3) 측정의 오차	① 오차의 종류 ② 측정의 정도(精度)
		2. 계측계의 구성 및 제어	(1) 계측계의 구성	① 계측계의 구성 요소 ② 계측의 변환
			(2) 측정의 제어회로 및 장치	① 자동제어의 종류 및 특성 ② 제어동작의 특성 ③ 보일러의 자동 제어
		3. 유체 측정	(1) 압력	① 압력 측정방법 ② 압력계의 종류 및 특징
			(2) 유량	① 유량 측정방법 ② 유량계의 종류 및 특징
			(3) 액면	① 액면 측정방법 ② 액면계의 종류 및 특징
			(4) 가스	① 가스의 분석 방법 ② 가스분석계의 종류 및 특징
		4. 열 측정	(1) 온도	① 온도 측정방법 ② 온도계의 종류 및 특징
			(2) 열량	① 열량 측정방법 ② 열량계의 종류 및 특징
			(3) 습도	① 습도 측정방법 ② 습도계의 종류 및 특징

과목명	문제수	주요 항목	세부항목	세세항목
열설비 재료 및 관계 법규	20	1. 요로	(1) 요로의 개요	① 요로의 정의 ② 요로의 분류 ③ 요로일반
			(2) 요로의 종류 및 특징	① 철강용로의 구조 및 특징 ② 제강로의 구조 및 특징 ③ 주물용해로의 구조 및 특징 ④ 금속가열열처리로의 구조 및 특징 ⑤ 축요의 구조 및 특징
		2. 내화물, 단열재, 보온재	(1) 내화물	① 내화물의 일반 ② 내화물의 종류 및 특성
			(2) 단열재	① 단열재의 일반 ② 단열재의 종류 및 특성
			(3) 보온재	① 보온(냉)재의 일반 ② 보온(냉)재의 종류 및 특성
		3. 배관 및 밸브	(1) 배관	① 배관자재 및 용도 ② 신축이음 ③ 관 지지구 ④ 패킹
			(2) 밸브	① 밸브의 종류 및 용도
		4. 에너지관계법규	(1) 에너지 이용 및 신재생에너지 관련 법령에 관한 사항	① 에너지법, 시행령, 시행규칙 ② 에너지이용 합리화법, 시행령, 시행규칙 ③ 신에너지 및 재생에너지 개발·이용·보급 촉진법, 시행령, 시행규칙 ④ 기계설비법, 시행령, 시행규칙

과목명	문제수	주요 항목	세부항목	세세항목
열설비 설계	20	1. 열설비	(1) 열설비 일반	① 보일러의 종류 및 특징 ② 보일러 부속장치의 역할 및 종류 ③ 열교환기의 종류 및 특징 ④ 기타 열사용 기자재의 종류 및 특징
			(2) 열설비 설계	① 열사용 기자재의 용량 ② 열설비 ③ 관의 설계 및 규정 ④ 용접 설계
			(3) 열전달	① 열전달 이론 ② 열관류율 ③ 열교환기의 전열량
			(4) 열정산	① 입열, 출열 ② 손실열 ③ 열효율
		2. 수질관리	(1) 급수의 성질	① 수질의 기준 ② 불순물의 형태 ③ 불순물에 의한 장애
			(2) 급수 처리	① 보일러 외처리법 ② 보일러 내처리법 ③ 보일러수의 분출 및 배출기관
		3. 안전관리	(1) 보일러 정비	① 보일러의 분해 및 정비 ② 보일러의 보존
			(2) 사고 예방 및 진단	① 보일러 및 압력용기 사고원인 및 대책 ② 보일러 및 압력용기 취급 요령

차례

CONTENTS

핵심 요점노트

2016년 과년도 출제문제

2017년 과년도 출제문제

2018년 과년도 출제문제

2019년 과년도 출제문제

2020년 과년도 출제문제

2021년 과년도 출제문제

2022년 과년도 출제문제

부 록 CBT 대비 실전 모의고사

Engineer Energy Management

Part 1. 연소공학

Part 2. 열역학

Part 3. 계측방법

Part 4. 열설비 재료 및 관계 법규

Part 5. 열설비 설계

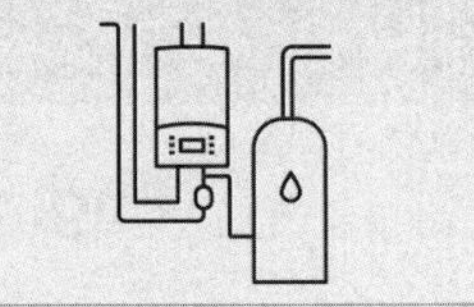

Engineer Energy Management

Part 01 연소공학

CHAPTER 01 연료 및 연소장치

01 | 연료(fuel)

1) 연료의 구비조건

① 연소 시 회분(ash) 등이 적을 것
② 구입이 용이하고(양이 풍부), 가격이 저렴할 것
③ 운반 및 저장, 취급이 용이할 것
④ 단위중량당 발열량이 클 것
⑤ 공기 중에서 쉽게 연소할 수 있을 것
⑥ 사용상 위험성이 적을 것
⑦ 인체에 유해하지 않을 것(공해 요인이 적을 것)

2) 연료의 3대 가연성분

① 탄소(C)
② 수소(H)
③ 황(S)

3) 연료의 특징

① 고체연료의 특징

장점	단점
㉠ 연소장치가 간단하고, 가격이 저렴하다. ㉡ 노천야적이 가능하다. ㉢ 인화폭발의 위험성이 적다. ㉣ 고체연료비 $\left(=\dfrac{\text{고정탄소(\%)}}{\text{휘발분(\%)}}\right)$가 클수록 발열량이 크다. 고정탄소(%) =100-(휘발유+수분+회분)	㉠ 연소효율이 낮고 연소 시 과잉공기가 많이 필요하다. ㉡ 완전연소가 어렵다. ㉢ 착화 및 소화가 어렵다. ㉣ 연소조절이 어렵다. ㉤ 운반 및 취급이 어렵다. ㉥ 연소 시 매연발생이 많고 회분이 많다.

② 액체연료의 특징

장점	단점
㉠ 완전연소가 잘 되어 그을음이 적다. ㉡ 재의 처리가 필요 없고, 연소의 조작에 필요한 인력을 줄일 수 있다. ㉢ 품질이 일정하며, 단위중량당 발열량이 높다. ㉣ 점화와 소화 및 연소조절이 용이하다. ㉤ 계량이나 기록이 용이하다. ㉥ 수송과 저장 및 취급이 용이하며 변질이 적다. ㉦ 적은 공기로 완전연소가 용이하다.	㉠ 취급에 인화 및 역화의 위험성이 크다. ㉡ 가격이 비싸다.

③ 기체연료의 특징

장점	단점
㉠ 연소의 자동제어에 적합하다(연소가 균일하다). ㉡ 연소실 용적이 작아도 된다. ㉢ 매연발생이 적고(회분의 생성이 없고), 대기오염이 적다. ㉣ 저부하 및 고부하 연소가 가능하다. ㉤ 연료 중 가장 적은 공기비(m)로 완전연소할 수 있다(가장 이론공기에 가깝게 연소시킬 수 있다). ㉥ 연소조절 및 점화, 소화가 용이하다. ㉦ 연소효율(=연소열÷발열량)이 높다.	㉠ 수송이나 저장이 불편하다(연료의 저장, 수송에 큰 시설을 요한다). ㉡ 설비비 및 가격이 비싸다. ㉢ 누출되기 쉽고 폭발의 위험이 크므로 취급에 위험성이 크다. ㉣ 단위용적당 발열량은 고체·액체에 비해 극히 적다.

4) 액체연료

① 중유의 첨가제(조연제): 중유에 첨가하여 중유의 질을 개선시키는 것. 유동점강하제, 연소촉진제, 슬러지 분산제(안정제), 회분개질제, 탈수제

② 탄화수소비(C/H)가 큰 순서

고체연료 > 액체연료 > 기체연료

- 질이 나쁜 연료일수록 C/H비가 크다.

중유 > 경유 > 등유 > 가솔린

- 탄화수소비가 낮을수록(탄소가 적을수록) 연소가 잘된다.

③ 점도(viscosity): 점성이 있는 정도(끈끈한 정도)
- 점도가 너무 크면 송유가 곤란하고, 무화가 어렵고, 버너선단에 카본이 부착되며, 연소상태가 불량하게 된다.
- 점도가 너무 낮으면 연료소비가 과다해지고, 역화의 원인이 되며, 연소상태가 불안정하게 된다.

④ 유동점: 액체가 흐를 수 있는 최저온도이다.
- 유동점 = 응고점 + 2.5℃
- 즉, 유동점은 응고점보다 2.5℃ 높다.

⑤ 인화점, 착화점, 연소점
- 착화점(ignition point): 가연물이 불씨 접촉(점화원) 없이 열의 축적에 의해 그 산화열로 인해 스스로 불이 붙는 최저온도(발화점)

> **착화온도(착화점)가 낮아지는 조건**
> ㉠ 증기압 및 습도가 낮을 때
> ㉡ 압력이 높을수록
> ㉢ 분자구조가 복잡할수록
> ㉣ 발열량이 높을수록
> ㉤ 산소농도가 클수록
> ㉥ 온도가 상승할수록

- 인화점(flash point): 가연물이 불씨 접촉(점화원)에 의해 불이 붙는 최저의 온도
- 연소점(fire point): 인화한 후 연소를 계속하기에 충분한 양의 증기를 발생시키는 온도

5) 기체연료

석유계 기체연료	석탄계 기체연료	혼합계 기체연료
㉠ 천연가스(유전) ㉡ 액화석유가스(LPG) ㉢ 오일가스	㉠ 천연가스(탄전) ㉡ 석탄가스 ㉢ 수성가스 ㉣ 발생로 가스	㉠ 증열 수성가스

① 액화석유가스(LNG)의 특징
- 기화잠열이 크다(90~100kcal/kg).
- 가스의 비중(무게)이 공기보다 무거워 누설 시 바닥에 체류하여 폭발의 위험이 크다(1비중: 1.5~2.0).
- 연소속도가 완만하여 완전연소 시 많은 과잉공기가 필요하다(도시가스의 5~6배).

② 취급상 주의사항
- 용기의 전락 또는 충격을 피한다.
- 직사광선을 피하고, 용기의 온도가 40℃ 이상이 되지 않게 한다.
- 찬 곳에 저장하고, 공기의 유통을 좋게 한다.
- 주위 2m 이내에는 인화성 및 발화성 물질을 두지 않는다.

02 | 연소

1) 연소(Combustion)의 정의

연소란 가연물이 공기 중의 산소와 급격한 산화반응을 일으켜 빛과 열을 수반하는 발열반응 현상이다.

2) 연소의 3대 구비조건

가연물, 산소공급원, 점화원

① 가연물이 되기 위한 조건
- 발열량이 클 것
- 산소와의 결합이 쉬울 것
- 열전도율(W/m · K)이 작을 것
- 활성화 에너지가 작을 것
- 연소율이 클 것

② 가연물이 될 수 없는 물질
- 흡열반응 물질(질소 및 질소산화물: NO_x)
- 포화산화물(이미 연소가 종료된 물질: CO_2, H_2O, SO_2 등)
- 불활성기체(헬륨, 네온, 아르곤, 크립톤, 크세논, 라돈)

3) 고체연료 연소방법

① 화격자 연소
② 미분탄 연소
③ 유동층 연소

4) 연소범위(폭발범위)

가연물질이 공기(산소)와 혼합하여 연소할 때 필요한 혼합가스의 농도범위를 말한다. 연소범위는 하한치가 낮고, 범위가 넓을수록 위험하다.

5) 연소실 내 연소온도를 높이는 방법

① 연료를 완전연소시킨다.
② 발생량이 높은 연료를 사용한다.
③ 연소속도를 크게 하기 위해 연료와 공기를 예열 공급한다.
④ 공급공기는 이론공기에 가깝게 하여 연소시킨다(과잉공기를 적게 하여 완전연소시킨다).
⑤ 노벽을 통한 복사 열손실을 줄인다.

6) 완전연소의 구비조건

① 연소에 필요한 충분한 공기를 공급하고 연료와 잘 혼합시킨다.
② 연소실 내의 온도를 되도록 높게 유지한다.
③ 연소실의 용적은 연료가 완전연소하는 데 필요한 충분한 용적 이상이어야 한다.
④ 연료와 공기를 예열 공급한다(연료는 인화점 가까이 예열하여 공급한다).
⑤ 연료가 연소하는 데 충분한 시간을 주어야 한다.

7) 연소의 종류(형태)

[가연물의 상태에 따른 분류]

고체연료	액체연료	기체연료
㉠ 증발연소 ㉡ 분해연소 ㉢ 표면연소 ㉣ 자기연소(내부연소)	㉠ 증발연소 ㉡ 분무연소 ㉢ 액면연소 ㉣ 등심연소(심화연소)	㉠ 확산연소 ㉡ 예혼합연소 ㉢ 부분예혼합연소

03 | 고체 및 미분탄 연소방식과 연소장치

고체연료(화격자연소)		미분탄연료(버너연소)
고정화격자연소	기계화격자(스토커)연소	
㉠ 화격자 소각로 ㉡ 로터리 킬른 소각로 ㉢ 유동층 소각로 ㉣ 다단식 소각로	㉠ 산포식 스토커 ㉡ 체인 스토커 ㉢ 하급식 스토커 ㉣ 계단식 스토커	㉠ 선회식 버너 ㉡ 교차식 버너

02 CHAPTER 연소계산 및 열정산

01 | 연소계산

1) 기체연료의 연소반응식

[연료별 연소반응식]

연료	연소반응	고발열량(H_2) [kJ/Nm^3]	산소량(O_o) [Nm^3/Nm^3]	공기량(A_o) [Nm^3/Nm^3]
수소(H_2)	$H_2+\frac{1}{2}O_2=H_2O$	12,768	0.5	2.38
일산화탄소(CO)	$CO+\frac{1}{2}O_2=CO_2$	12,705	0.5	2.38
메탄(CH_4)	$CH_4+2O_2=CO_2+2H_2O$	39,893	2	9.52
아세틸렌(C_2H_2)	$C_2H_2+\frac{5}{2}O_2=2CO_2+H_2O$	58,939	2.5	11.9
에틸렌(C_2H_4)	$C_2H_4+3O_2=2CO_2+2H_2O$	63,962	3	14.29
에탄(C_2H_6)	$C_2H_6+\frac{7}{2}O_2=2CO_2+3H_2O$	70,367	3.5	16.67
프로필렌(C_3H_6)	$C_3H_6+\frac{9}{2}O_2=3CO_2+3H_2O$	93,683	4.5	21.44
프로판(C_3H_8)	$C_3H_8+5O_2=3CO_2+4H_2O$	102,013	5.0	23.81
부틸렌(C_4H_8)	$C_4H_8+6O_2=4CO_2+4H_2O$	125,915	6.0	28.57
부탄(C_4H_{10})	$C_4H_{10}+\frac{13}{2}O_2=4CO_2+5H_2O$	133,994	6.5	30.95
반응식	$C_mH_n+\left(m+\frac{n}{4}\right)O_2=mCO_2+\frac{n}{2}H_2O$		$m+\frac{n}{4}$	$O_o\times\frac{1}{0.21}$

- 열량의 단위환산
  1kcal=4.2kJ=3.968Btu=2.25Chu
  (1kWh=860kcal=3,600kJ)

2) 산소량 및 공기량 계산식

① 이론산소량(O_o): 연료를 산화하기 위한 이론적 최소산소량

- 질량(kg′/kg) 계산식

$$O_o=2.67C+8\left(H-\frac{O}{8}\right)+S[kg'/kg]$$

- 체적(Nm^3/kg) 계산식

$$O_o=1.867C+5.6\left(H-\frac{O}{8}\right)+0.7S[Nm^3/kg]$$

② 이론공기량(A_o): 연료(fuel)를 완전연소시키는 데 이론상으로 필요한 최소의 공기량

- 질량(kg′/kg) 계산식

$$A_o=\frac{O_o}{0.232}$$
$$=\frac{1}{0.232}\left\{2.56C+8\left(H-\frac{O}{8}\right)+S\right\}$$
$$=11.49C+34.49\left(H-\frac{O}{8}\right)+4.31S[kg'/kg]$$

- 이론공기량(A_0, Nm^3/kg) 계산식

$$A_o = \frac{O_o}{0.21}$$
$$= \frac{1}{0.21}\left\{1.87C + 5.6\left(H - \frac{O}{8}\right) + 0.7S\right\}$$
$$= 8.89C + 26.7\left(H - \frac{O}{8}\right) + 3.33S[Nm^3/kg]$$

③ 실제공기량(A_a)

A_a = 이론공기량(A_o) × 과잉공기량(m)

= mA_o(공기비 × 이론공기량)

④ 공기비(m, 과잉공기계수): 이론공기량에 대한 실제공기량의 비

$$m = \frac{\text{실제공기량}(A_a)}{\text{이론공기량}(A_o)}$$
$$= \frac{A_o + (A_a - A_o)}{A_o} = 1 + \frac{A_a - A_o}{A_o}$$

여기서, $A_a - A_o$을 과잉공기량이라 하며 완전연소과정에서 공기비(m)는 항상 1보다 크다.

- 과잉공기량

$A_a - A_o = (m-1)A_o[Nm^3/kg,\ Nm^3/Nm^3]$

- 과잉공기율 $= (m-1) \times 100\%$

3) 배기가스와 공기비(m) 계산식

배기가스 분석성분에 따라 공기비를 계산

① 완전연소 시(H_2, CO 성분이 없거나 아주 적은 경우) 공기비(m) 계산

$$m = \frac{21}{21 - O_2} = \frac{\frac{N_2}{0.79}}{\frac{N_2}{0.79} - \frac{3.76O_2}{0.79}}$$
$$= \frac{N_2}{N_2 - 3.76O_2}$$

② 불완전연소 시(배기가스 중에 CO 성분이 포함) 공기비(m) 계산

$$m = \frac{N_2}{N_2 - 3.76(O_2 - 0.5CO)}$$

③ 탄산가스 최대치(CO_{2max})에 의한 공기비(m) 계산

$$m = \frac{CO_{2max}}{CO_2}$$

4) 최대 탄산가스율(CO_{2max})

① 완전연소 시

$$CO_{2max} = \frac{21 \times CO_2(\%)}{21 - O_2(\%)}$$

② 불완전연소 시

$$CO_{2max} = \frac{21[CO_2(\%) + CO(\%)]}{21 - O_2(\%) + 0.395CO(\%)}$$

5) 연소가스량

① 이론 습연소가스량(G_{ow})

= 이론 건연소가스량(G_{od}) + 연소생성 수증기량

- G_{ow}[kg/kg]

= 이론 건연소가스량(G_{od}) + $(9H+W)$

$= (1-0.232)A_0 + 3.67C + 2S + N + (9H+W)$

- $G_{ow}[Nm^3/kg]$

= 이론 건연소가스량(G_{od}) + $1.244(9H+W)$

$= (1-0.21)A_0 + 1.867C + 0.7S + 0.8N$
$+ 1.244(9H+W)$

② 이론 건연소가스량(G_{od})

= 이론 습연소가스량(G_{ow}) − 연소생성 수증기량

- G_{od}[kg/kg] $= (1-0.232)A_0 + 3.67C + 2S + N$
- $G_{od}[Nm^3/kg] = (1-0.21)A_0 + 1.867C + 0.7S$
$+ 0.8N$

③ 실제 습연소가스량(G_W)

= 이론 습연소가스량(G_{ow})
+ 과잉공기량$[(m-1)A_0]$

- G_W[kg/kg] $= (m-0.232)A_0 + 3.67C + 2S$
$+ N + (9H+W)$
- $G_W[Nm^3/kg] = (m-0.21)A_0 + 1.867C + 0.7S$
$+ 0.8N + 1.244(9H+W)$

④ 실제 건연소가스량(G_d)

= 이론 건연소가스량(G_{od})
+ 과잉공기량$(m-1)A_0$

- G_d[kg/kg]

$= (m-0.232)A_0 + 3.67C + 2S + N$

- $G_d[Nm^3/kg]$

$= (m-0.21)A_0 + 1.867C + 0.7S + 0.8N$

6) 발열량

연료의 단위 질량(1kg) 또는 단위 체적($1Nm^3$)의 연료가 완전연소 시 발생하는 전열량(kJ)

① 단위

- 고체 및 액체연료: kJ/kg
- 기체연료: kJ/Nm^3

② 종류

- 고위발열량(H_h)

$$= 33{,}907C + 142{,}324\left(H - \frac{O}{8}\right) + 10{,}465S$$

[kJ/kg]

- 고체 및 액체연료의 저위발열량(H_L)

$=$고위발열량$(H_h) - 2{,}512(9H + W)$[kJ/kg]

- 기체연료의 저위발열량(H_L)

$=$고위발열량$(H_h) - 2{,}010(H_2O$몰수$)$[$kcal/Nm^3$]

→ 기체연료

※ 1kcal=4.186kJ≒4.2kJ

02 | 열정산(heat balance)의 정의

1) 열정산의 목적

① 장치 내 열의 행방을 파악

② 조업(작업)방법을 개선

③ 열설비의 신축 및 개축 시 기초자료로 활용

④ 열설비 성능 파악

2) 열정산의 결과 표시(입열, 출열, 순환열)

① 입열 항목(피열물이 가지고 들어오는 열량)

- 연료의 저위발열량(연료의 연소열): 입열 항목 중 가장 큼
- 연료의 현열
- 공기의 현열
- 노내분입증기 보유열

② 출열 항목

- 미연소분에 의한 열손실
- 불완전연소에 의한 열손실
- 노벽 방사 전도 손실
- 배기가스 손실(열손실 항목 중 배기에 의한 손실이 가장 큼)
- 과잉공기에 의한 열손실

③ 순환열: 설비 내에서 순환하는 열로서 공기예열기 흡수열량, 축열기흡수열량, 과열기흡수열량 등이 있다.

3) 습포화증기(습증기)의 비엔탈피

$$h_x = h' + x(h'' - h') = h' + x\gamma\,[\text{kJ/kg}]$$

여기서, x : 건조도

γ : 물의 증발열=539kcal/kgf=2,257kJ/kg

h' : 포화수 비엔탈피(kJ/kg)

h'': 건포화증기 비엔탈피(kJ/kg)

4) 상당증발량(m_e)

$$m_e = \frac{m_a(h_2 - h_1)}{2{,}257}\,[\text{kg/h}]$$

여기서, m_a : 실제증발량(kg/h)

h_1 : 급수(물)의 비엔탈피(kJ/kg)

h_2 : 발생증기 비엔탈피(kJ/kg)

5) 보일러마력

① 보일러 1마력의 정의: 표준대기압(760mmHg) 상태하에서 포화수(100℃ 물) 15.65kg을 1시간 동안에(100℃) 건포화증기로 만드는(증발시킬 수 있는) 능력

② 보일러마력

$$\text{BPS} = \frac{m_e}{15.65} = \frac{m_a(h_2 - h_1)}{2{,}257 \times 15.65}$$

$$= \frac{m_a(h_2 - h_1)}{35{,}322.05}\,[\text{BPS}]$$

③ 보일러 효율(η_B)

$$\eta_B = \frac{m_a(h_2 - h_1)}{H_\ell \times m_f} \times 100\%$$

$$= \frac{m_e \times 2{,}257}{H_\ell \times m_f} \times 100\%$$

④ 온수보일러 효율

$$\eta = \frac{mC(t_2 - t_1)}{H_\ell \times m_f} \times 100\%$$

여기서, W: 시간당 온수발생량(kg/h)

C: 온수의 비열(4.186kJ/kgK)

t_2: 출탕온도(℃)

t_1: 급수온도(℃)

6) 연소효율과 전열면 효율

① 연소효율$(\eta_C) = \dfrac{\text{실제 연소열량}}{\text{연료의 발열량}} \times 100\%$

② 전열효율$(\eta_r) = \dfrac{\text{유효열량}(Q_a)}{\text{실제 연소열량}} \times 100\%$

③ 열효율$(\eta) = \dfrac{\text{유효열량}}{\text{공급열}} \times 100\%$

7) 증발계수

증발계수 $\left(\dfrac{m_e}{m_a}\right) = \dfrac{h_2 - h_1}{2{,}257}$

8) 증발배수

① 실제 증발배수 $= \dfrac{\text{실제증기발생량}(m_a)}{\text{연료소비량}(m_f)}$

② 환산(상당) 증발배수 $= \dfrac{\text{상당증발량}(m_e)}{\text{연료소비량}(m_f)}$

03 연소장치, 통풍장치, 집진장치

CHAPTER

01 | 액체연료의 연소방식과 연소장치

1) 오일버너의 종류

① 압력분무식 버너(유압분무식 버너): 연료 자체의 압력에 의해 노즐에서 고속으로 분출하여 미립화시키는 버너(비환류형, 환류형으로 분류)

② 고압기류식 버너[고압공기(증기)분무식 버너]: 분무매체인 공기나 증기를 0.2~0.7MPa(2~7kgf/cm^2) 정도로 가하여 무화하는 형식의 버너(내부혼합식, 외부혼합식, 중간혼합식으로 분류)

③ 저압기류식 버너

2) 유량조절범위가 큰 순서

고압기류식 > 저압기류식 > 회전분무식 > 압력분무식

3) 분무각도가 큰 순서

압력분무식 > 회전분무식 > 저압기류식 > 고압기류식

4) 가열온도

① 가열온도가 너무 높은 경우(점도가 너무 낮다)
- 탄화물의 생성원인이 된다(버너화구에 탄화물이 축적됨).
- 관 내에서 기름이 분해를 일으킨다(연료소비량 증대, 맥동연소의 원인, 역화의 원인).
- 분무(사)각도가 흐트러진다.
- 분무상태가 불균일해진다.

② 가열온도가 너무 낮을 경우(점도가 너무 높다)
- 화염의 편류현상이 발생한다(불길이 한쪽으로 치우침).
- 카본 생성의 원인이 된다.
- 무화가 불량해진다.
- 그을음 및 분진 등이 발생한다.

02 | 기체연료의 연소방식과 연소장치

1) 확산연소방식의 특징

① 부하에 따른 조절범위가 넓다.

② 가스와 공기의 예열공급이 가능하다.

③ 화염이 길다.

④ 역화의 위험성이 적다.

⑤ 탄화수소가 적은 가스에 적합하다(고로가스, 발생로가스).

2) 확산연소방식의 연소장치

① 포트형: 평로나 대형 가마에 적합

② 버너형: 선회형 버너, 방사형 버너

3) 가스버너의 분류

① 운전방식별 분류: 자동 및 반자동 버너

② 연소용 공기의 공급 및 혼합방식에 따른 분류
- 유도혼합식: 적화식, 분젠식(세미분젠식, 분젠식, 전1차공기식)
- 강제혼합식: 내부혼합식, 외부혼합식, 부분혼합식

03 | 통풍장치

1) 통풍방식의 분류

<table>
<tr><td>자연
통풍</td><td colspan="2">배기가스와 외기의 온도차(비중차, 비중량차, 밀도차)에 의해 이루어지는 통풍방식으로 굴뚝 높이와 연소가스의 온도에 따라 일정한 한도를 갖는다.</td></tr>
<tr><td rowspan="3">강제
통풍</td><td>압입
통풍</td><td>연소실 입구측에 송풍기를 설치하여, 연소실 내로 공기를 강제적으로 밀어 넣는 방식이다.</td></tr>
<tr><td>흡입
통풍</td><td>연도 내에 배풍기를 설치하여, 연소가스를 송풍기로 흡입하여 빨아내는 방식이다.</td></tr>
<tr><td>평형
통풍</td><td>압입통풍방식과 흡입통풍방식을 병행하는 통풍방식이다. 즉, 연소실 입구에 송풍기, 굴뚝에 배풍기를 각각 설치한 형태이다.</td></tr>
</table>

강제통풍방식 중 풍압 및 유속이 큰 순서는 평형통풍 > 흡입통풍 > 압입통풍이다.

2) 통풍력의 영향

통풍력이 너무 크면	통풍력이 너무 작으면
㉠ 보일러의 증기발생이 빨라진다. ㉡ 보일러 열효율이 낮아진다. ㉢ 연소율이 증가한다. ㉣ 연소실 열부하가 커진다. ㉤ 연료소비가 증가한다. ㉥ 배기가스온도가 높아진다.	㉠ 배기가스온도가 낮아져 저온부식의 원인이 된다. ㉡ 보일러 열효율이 낮아진다. ㉢ 통풍이 불량해진다. ㉣ 연소율이 낮아진다. ㉤ 연소실 열부하가 작아진다. ㉥ 역화의 위험이 커진다. ㉦ 완전연소가 어렵다.

3) 이론통풍력 계산공식

이론통풍력(Z)

$$=273H\times\left[\frac{r_a}{t_a+273}-\frac{r_g}{t_g+273}\right]\text{[mmH}_2\text{O]}$$

$$=355H\times\left[\frac{1}{T_a}-\frac{1}{T_g}\right]\text{[mmH}_2\text{O]}$$

여기서, Z: 이론통풍력(mmH_2O)
H: 연돌의 높이(m)
r_a: 외기의 비중량(N/m^3)
t_a: 외기온도(℃)
T_a: 외기의 절대온도(K)
r_g: 배기가스의 비중량(N/m^3)
t_g: 배기가스 온도(℃)
T_g: 배기가스의 절대온도(K)

04 | 환기방식

1) 송풍기 효율 및 풍압이 큰 순서

터보형 > 플레이트형 > 다익형

2) 송풍기의 소요동력(kW) 및 소요마력(PS) 계산공식

① 소요동력 $=\dfrac{P_tQ}{102\times60\eta}=\dfrac{P_tQ}{6{,}120\eta}$[kW]

→ 송풍량 $Q=\dfrac{102\times60\text{kW}\times\eta}{P_t}$[$m^3$/min]

② 소요마력 $=\dfrac{P_tQ}{75\times60\eta}=\dfrac{P_tQ}{4{,}500\eta}$[PS]

→ 송풍량 $Q=\dfrac{75\times60\text{PS}\times\eta}{P_t}$[$m^3$/min]

여기서, Q: 풍량(m^3/min)
P_t: 풍압($kg/m^2=mmH_2O=mmAq$)
η: 송풍기의 효율(%)

3) 송풍기의 비례법칙(성능변화, 상사법칙)

① 풍량 $Q_2=Q_1\left(\dfrac{N_2}{N_1}\right)^1\left(\dfrac{D_2}{D_1}\right)^3$

② 풍압 $H_2=H_1\left(\dfrac{N_2}{N_1}\right)^2\left(\dfrac{D_2}{D_1}\right)^2$

③ 축동력(마력) $P_2=P_1\left(\dfrac{N_2}{N_1}\right)^3\left(\dfrac{D_2}{D_1}\right)^5$

④ 효율 $\eta_1=\eta_2$

여기서, Q: 송풍량(m^3/min)
H: 풍압(mmH_2O)
P: 축동력(PS, kW)
η: 효율(%)
D: 날개의 지름(mm)
N: 회전수(rpm)

05 | 매연

1) 정의

연료가 연소된 이후 발생되는 유해성분으로는 유황산화물, 질소산화물, 일산화탄소, 그을음 및 분진(검댕 및 먼지) 등이 있다.

2) 매연농도계의 종류

① **링겔만 농도표**: 매연농도의 규격표(0~5도)와 배기가스를 비교

② **매연 포집 중량제**: 연소가스의 일부를 뽑아내어 석면이나 암면의 광물질 섬유 등의 여과지에 포집시켜 여과지의 중량을 전기출력으로 변환하여 측정
③ **광전관식 매연농도계**: 연소가스에 복사광선을 통과시켜 광선의 투과율을 산정하여 측정
④ **바카라치(Bacharach) 스모그 테스터**: 일정면적의 표준 거름종이에 일정량의 연소가스를 통과시켜서 거름종이 표면에 부착된 부유 탄소입자들의 색농도를 표준번호가 있는 색농도와 육안 비교하여 매연농도번호(smoke No)로서 표시하는 방법

3) 링겔만 농도표

① **매연농도의 규격표**: 가로, 세로 10cm의 격자모양의 흑선으로 0도에서 5도까지 6종이 있다. 1도 증가에 따라 매연 농도는 20% 증가하며, 번호가 클수록 농도표는 검은 부분이 많이 차지하게 되어 매연이 많이 발생됨을 의미한다.

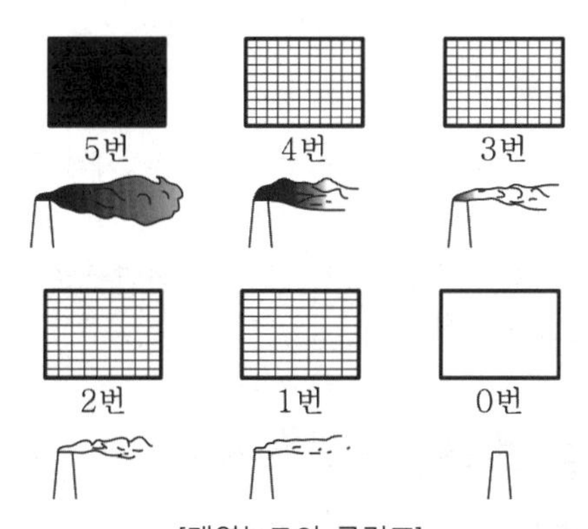

[매연농도의 규격표]

② **측정방법**
- 연기의 농도 측정거리: 연돌 상부에서 30~45cm
- 관측자와 링겔만 농도표와의 거리: 16m
- 관측자와 연돌과의 거리: 30~39m 떨어진 거리

06 | 폐가스의 오염방지

1) 질소산화물(NO_x)

① **발생원인**: 연소 시 공기 중의 질소와 산소가 반응하여 생성된다. 연소온도가 높고, 과잉공기량이 많으면 발생량이 증가한다.
② **유해점**: 자극성 취기가 있고 호흡기, 뇌, 심장기능 장애를 일으키고 광학적 스모그(smog)를 발생시킨다.
③ **방지대책**
- 질소산화물 제거(습식법, 건식법)
- 연소온도 저하(혼합기 연소형태 단시간 내 연소, 신속한 연소가스온도 저하)
- 질소함량이 적은 연료 사용
- 연소가스가 고온으로 유지되는 시간을 줄임(약간의 과잉공기와 연료를 급속히 혼합하여 연소)
- 연소가스 중의 산소농도 낮춤

2) 황산화물(SO_x)

① **발생원인과 유해점**: 연료 중의 황분이 산화하여 생성되며 보일러 등을 부식시키는 외에 대기오염 및 인체에 해를 유발한다.
② **방지대책**
- 아황산가스 제거(습식법, 건식법).
- 굴뚝을 높임(대기 중으로 확산 용이)
- 황분이 적은 연료 사용(액체연료는 정유 과정에서 접촉수소화 탈황법으로 탈황)

3) 일산화탄소(CO)

탄소의 불완전연소에 의하여 생성되며, 인체에 흡입되면 혈액 속의 헤모글로빈과 결합하여 산소의 운반을 방해하여 산소결핍을 초래한다. 방지대책은 다음과 같다.

① 연소실의 용적을 크게 하여, 반응에 충분한 체류시간을 주어 완전연소시킨다.
② 연소가스 중의 일산화탄소를 제거한다(연소법, 세정법).
③ 충분한 양의 공기를 공급하여 완전연소시킨다.
④ 연소실의 온도를 적당히 높여 완전연소시킨다.

4) 매진(그을음 = 검댕)

매진은 배기가스 중에 함유된 분진으로 그 주성분은 비산회와 그을음인데 비산회는 연료 중의 회분이 미분이 되어 배기가스 중에 함유되고, 그을음은 불완전연소 결과 생성되는 미연소탄소(유리탄소)의 덩어리이다. 방지대책은 다음과 같다.

① 완전연소시켜 그을음 발생을 억제시킨다.
② 회분이 적은 연료를 사용한다.
③ 연소가스 중의 매진(분진)을 제거한다(건식 집진장치, 습식 집진장치, 전기식 집진장치).

07 | 집진장치

1) 집진장치의 역할

배기가스 중의 분진 및 매연 등의 유해물질을 제거하여 대기오염을 방지하기 위해 연도 등에 설치하는 장치이다.

2) 집진장치의 종류

① 건식 집진장치
- 원심력식: 사이클론식, 멀티 사이클론식
- 중력식: 중력 침강식, 다단 침강식
- 관성력식: 충돌식, 반전식
- 여과식(백필터: bag filter): 원통식, 평판식, 역기류 분사형

② 습식(세정식) 집진장치
- 회전식: 타이젠 워셔식, 임펄스(impulse: 충격식) 스크루버
- 유수식: 전류형 스크루버(scrubber), 로터리 스크루버, 피이보디 스크루버
- 가압수식: 벤투리 스크루버, 사이클론 스크루버, 제트 스크루버, 충전탑, 포종탑, 분무탑

③ 전기식 집진장치: 코트렐 집진기(건식, 습식)

08 | 연소계산

1) 이론산소량 및 이론공기량 계산

① 이론산소량(O_o)
- 이론산소량(O_o)

$$=2.67C+8\left(H-\frac{O}{8}\right)+S\,[kg'/kg]$$

- 이론산소량(O_o)

$$=1.867C+5.6\left(H-\frac{O}{8}\right)+0.7S\,[Nm^3/kg]$$

여기서, C: 탄소(%), H: 수소(%), O: 산소(%), S: 황(%)의 연료 중 성분비, 대입할 때는 주어진 %를 100으로 나누어 대입(80%=0.8), $\left(H-\frac{O}{8}\right)$: 유효수소(실제로 연소할 수 있는 수소량)

[완전연소반응식]

구분	중량(kg) 계산	체적(Nm^3) 계산
탄소 (C)	$C+O_2 \rightarrow CO_2$ 12kg 32kg 1kg → 2.67kg	$C+O_2 \rightarrow CO_2$ 12kg $22.4Nm^3$ 1kg → $1.867Nm^3$
수소 (H)	$H_2+\frac{1}{2}O_2 \rightarrow H_2O$ 2kg 16kg 1kg → 8kg	$H_2+\frac{1}{2}O_2 \rightarrow H_2O$ 2kg $11.2Nm^3$ 1kg → $5.6Nm^3$

② 이론공기량(A_o)
- 이론공기량(A_o: kg/kg')

$$=\frac{\text{이론산소량(kg)}}{0.232}=\frac{O_{th}}{0.232}$$

- 이론공기량(A_o: Nm^3/kg)

$$=\frac{\text{이론산소량}(Nm^3)}{0.21}=\frac{A_{th}}{0.21}$$

2) 탄화수소(C_mH_n)계 연료 완전연소반응식

C_mH_n + ① O_2 → ② CO_2 + ③ H_2O

여기서, ① $=\left(m+\frac{n}{4}\right)$, ② $=m$, ③ $=\frac{n}{2}$이다.

①, ②, ③은 몰수를 의미하며, 표준상태에서 기체 1몰이 갖는 체적은 모두 22.4L이다. C_mH_n의 분자식을 가지는 기체연료가 완전연소하면 모두 CO_2와 H_2O가 생성된다.

09 | 연소배기가스의 분석 목적

1) 연소배기가스의 분석 목적

① 연소가스의 조정 파악
② 연소상태 파악
③ 공기비 파악

2) 화학적 가스분석계(장치)

① 체적감소에 의해 측정하는 방법: 햄펠식 가스분석계(장치), 오르자트 가스분석장치
② 연속적정에 의해 측정하는 방법: 자동화학식 CO_2계
③ 연소열법에 의해 측정하는 방법: 연소식 O_2계, 미연소가스계(H_2+CO계)

3) 물리적 가스분석계(장치)

① 열전도율형 CO_2계: 열전도율을 이용
② 밀도식 CO_2계: 가스의 밀도(비중)차를 이용
③ 자기식 O_2계: 가스의 자성을 이용
④ 적외선 가스분석계: 측정가스의 더스트(dust)나 습기의 방지에 주의가 필요하고, 선택성이 뛰어나다. 대상범위가 넓고 저농도의 분석에 적합하다. 적외선 가스분석계에서 분석할 수 없는 가스는 다음과 같다.
- 단원자 분자(불활성 기체): He, Ne, Ar, Xe, Kr, Rn
- 2원자 분자: O_2, H_2, N_2, Cl_2

⑤ 세라믹 O_2계: 고체의 전해질의 전지 반응을 이용
⑥ 가스 크로마토그래피법
⑦ 도전율식 가스분석계: 흡수제의 도전율의 차를 이용
⑧ 갈바니전지식 O_2계: 액체의 전해질의 전지반응을 이용

10 | 보일러 연료로 인해 발생하는 연소실 부착물

① 클링커(Klinker): 재가 용융되어 덩어리로 된 것
② 버드 네스트(Bird nest): 스토커 연소나 미분탄 연소에 있어서 석탄재의 용융이 낮은 경우, 또는 화로 출구의 연소가스 온도가 높은 경우에는 재가 용융상태 그대로 과열기나 재열기 등의 전열면에 부착, 성장하여 흡사 새의 둥지처럼 된 것
③ 신더(Cinder): 석탄 등이 타고 남은 재
- 주의: 스케일(scale) 보일러 연료로 인해 발생한 연소실 부착물이 아님을 주의한다.

CHAPTER 04 열전달과 열교환 방식

01 | 열전달(열이동)

전도(고체열전달), 대류(convection), 복사(radiation)

1) 대류열전달(convection heat transfer)

유체-고체-유체 열전달(뉴튼의 냉각법칙)

$$q=\frac{Q}{A}=h(t_w-t_f)\,[\mathrm{W/m^2}]$$

여기서, h: 대류전달계수($\mathrm{W/m^2K}$)
A: 대류전열면적($\mathrm{m^2}$)
t_w: 고체벽면의 온도(℃)
t_f: 유체온도(℃)

2) 평판의 열전도(heat conduction)

푸리에(Fourier) 열전도법칙

$$q_c=\frac{Q_c}{A}=\lambda\frac{t_1-t_2}{\ell}\,[\mathrm{W/m^2}]$$

여기서, λ: 열전도계수(율)(W/mK)
A: 전열면적($\mathrm{m^2}$)
ℓ: 길이(두께)(m)
t_1-t_2: 온도차(℃)

3) 원형관(pipe)의 열전도

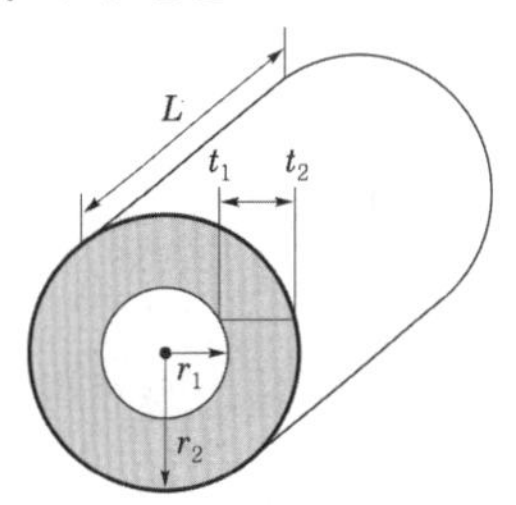

$$Q_c=\frac{2\pi L(t_1-t_2)}{\frac{1}{\lambda}\ln\left(\frac{r_2}{r_1}\right)}=\frac{2\pi L\lambda(t_1-t_2)}{\ln\left(\frac{r_2}{r_1}\right)}\,[\mathrm{W}]$$

여기서, λ: 열전도율(W/mK)
L: 관의 길이(m)
r_1: 내벽의 반경(m)
r_2: 외벽의 반경(m)
Q_c: 열전도 손실열량(W)

4) 열복사(thermal radiation)

중간 매개체가 없는 열전달(스테판-볼츠만 법칙)

$$q_R=\frac{Q_R}{A}=\varepsilon\sigma T^4\,[\mathrm{W/m^2}]$$

여기서, σ: 스테판-볼츠만 상수
($\sigma=4.88\times10^{-8}\mathrm{kcal/m^2hK^4}$
$=5.67\times10^{-8}\mathrm{W/m^2K^4}$)
A: 복사전열면적($\mathrm{m^2}$)
ε: 복사율($0<\varepsilon<1$)
T: 흑체표면 절대온도(K)

5) 열관류(통과)계수(K)

$$K=\frac{1}{R}=\frac{1}{\frac{1}{a_1}+\frac{L}{\lambda}+\frac{1}{a_2}}\,[\mathrm{W/m^2K}]$$

여기서, L: 재료의 두께(m)
λ: 열전도율(W/mK)
a_1 : 내측 유체 열전달률(W/m^2K)
a_2 : 외측 유체 열전달률(W/m^2K)
K: 열관류율(W/m2K)

6) 열관류에 의한 손실열량(Q)

$Q=KF(t_1-t_2)\,[\mathrm{W}]$

여기서, K : 열관류(통과)계수(W/m^2K)
F : 전열면적(m^2)

Part 02 열역학

01 CHAPTER 열역학의 기초

01 | 계(system)

1) 정의

① 계의 종류(밀폐계, 개방계, 고립계, 단열계)

- 밀폐계(비유동계): 검사질량 일정
  - 물질유동(×), 에너지전달(○)
  - 계의 경계면이 닫혀있어 계의 경계를 통한 물질(질량)의 유동이 없는 계로, 에너지(일 또는 열)의 전달은 있는 계
  - 즉 계 내의 물질(질량)은 일정 불변
- 개방계(유동계): 검사체적 일정
  - 물질유동(○), 에너지전달(○)
  - 계의 경계면이 열려있어 계의 경계를 통한 외부(주위)와의 물질의 유동이 있고, 에너지의 전달도 있는 계
- 고립계(절연계)
  - 물질유동(×), 에너지전달(×)
  - 계의 경계를 통한 외부와의 물질이나 에너지의 전달이 전혀 없다고 가정한 계
- 단열계: $\delta Q=0$
  - 열의 전달(×)
  - 계의 경계를 통한 외부와의 열의 출입이 전혀 없다고 가정한 계
  - 등엔트로피 $S=C$(일정)

② 열역학적 성질=상태량

- 종량적(용량성) 성질(상태량)
  - 물질의 양에 비례하는 상태량
  - 체적(V), 엔탈피(H), 엔트로피(S), 내부에너지(U), 질량(m) 등
- 강성적(강도성) 성질(상태량)
  - 물질의 양에 무관한 상태량
  - 압력(p), 온도(t), 점도(μ), 속도(V) 및 비상태량(비체적(v), 비엔탈피(h), 비엔트로피(s), 비내부에너지(u)) 등
  - ※ 비상태량: 단위질량당 종량성(용량성) 상태량

③ 절대온도(T)

- 켈빈(Kelvine)의 절대온도=섭씨온도를 기준으로 한 절대온도=열역학적 절대온도
  $T=t_C+273.15 \fallingdotseq t_C+273$[K]
- 랭킨(Rankine)의 절대온도=화씨온도를 기준으로 한 절대온도
  $T_R=t_F+459.67 \fallingdotseq t_F+460$[°R]

2) 비열(C)

① 물의 비열 C=1kcal/kgf · ℃
=4.186kJ/kg · K

② 열량 ${}_1Q_2=mC(t_2-t_1)$[kJ]

③ 비열이 온도(t)만의 함수인 경우 평균비열
$Q=mC_m(t_2-t_1)$[kJ]

3) 물리적 성질(비중량, 밀도, 비체적, 비중)

① 비중량 $\gamma=\dfrac{G}{V}$ [N/m³]

② 밀도=비질량

$$\rho=\frac{m}{V}=\frac{G}{Vg}=\frac{\gamma}{g}\text{[kg/m}^3\text{, N}\cdot\text{s}^2\text{/m}^4\text{]}$$

$\therefore \gamma=\rho g$ (밀도와 비중량 사이의 관계식)

③ 비체적(v 또는 v_s) $v_s=\dfrac{V}{m}=\dfrac{1}{\rho}$[m³/kg]

$\therefore \rho=\dfrac{1}{v_s}$ [kg/m³]

④ 비중 =상대밀도 S(무차원 양(수))= $\frac{\rho}{\rho_w} = \frac{\gamma}{\gamma_w}$

4) 압력

$p = \frac{F}{A}$[N/m²=Pa]

① 대기압(p_o)

- 대기가 누르는 압력
- 표준대기압(1atm)
  =1.0332kgf/cm²
  =10,332kgf/m²=760mmHg
  =10.33mH₂O=14.7psi(=lb/in²)
  =1.01325bar=1013.25mbar(=mmbar)
  =101,325Pa(=N/m²)=101.325kPa
- 1bar=105Pa=100kPa

② 게이지압력(계기압력, p_g[atg])

- 국소대기압을 기준면으로 해서 측정된 압력
- 정(+)압: 대기압보다 높은 압력(일반적인 계기 압력)
- 부(−)압: 대기압보다 낮은 압력(=진공압력 =진공게이지로 측정한 압력(mmHg))

③ 절대압력($p_a = p_{abs}$[ata])=대기압± 게이지압

5) 동력=단위시간당 행한 일량=일률=공률

$P = \frac{W}{t}$[N·m/s = J/s = W]

1kW=1kJ/s=1,000W=1,000J/s
=1,000N · m/s=3,600kJ/h
=102kgf · m/s=860kcal/h=1.36PS

6) 열역학 제0법칙(=열평형의 법칙)

온도계의 원리를 적용한 법칙이다. 온도가 서로 다른 두 물체를 혼합할 때 열손실이 없다고 가정하면 온도가 높은 물체는 열량을 방출(−)하고, 온도가 낮은 물체는 열량을 흡수(+)하여 두 물체 사이에 온도차가 없이 열평형상태에 도달하게 된다(방출열량=흡입열량).

7) 열의 전달(전도, 대류, 복사)

대류열전달 시 중요시되는 무차원수

- 누셀수(Nu) = $\frac{\alpha D}{\lambda}$
- 프란틀수(Pr) = $\frac{\mu C_p}{\lambda}$
- 그라스호프수(Gr) = $\frac{g\beta L^3 \Delta T}{\nu^2}$
- 레이놀즈수(Re) = $\frac{VL}{\nu} = \frac{\rho VD}{\mu}$

여기서, α: 열전달계수(W/m² · K)
λ: 열전도계수(W/m · K)
μ: 점성계수(Pa · s)

8) 열효율

$$\eta = \frac{3,600 H_{kW}}{H_l m_f} = \frac{3,600 \times 0.735 H_{PS}}{H_l m_f} \times 100\%$$

여기서, H: 정미출력(kW, PS)
H_l: 연료의 저위발열량(kJ/kg)
m_f: 시간당 연료소비량(kg/h)

02 CHAPTER 열역학 제1법칙

01 | 열역학 제1법칙

1) 정의

① 에너지보존법칙
② 가역법칙($Q = W$), 양적법칙
③ 제1종 영구운동기관을 부정하는 법칙

열량(Q)=일량(W)[J 또는 kJ]

2) 제1종 영구운동기관

외부로부터 일이나 열을 전혀 공급받지 않고(=에너지의 소비 없이) 연속적으로 계속해서 일을 할 수 있다고(=동력을 발생시킨다고) 생각되는 기관

02 | 정지계에 대한 에너지식(= 밀폐계비유동계)

$_1Q_2 = (U_2 - U_1) + {}_1W_2$[kJ]

※ $\delta Q = dU + \delta W$[kJ], $dU = \delta Q - \delta W$[kJ],
$\delta W = \delta Q - dU$[kJ]

일량(W)과 열량(Q)의 부호규약

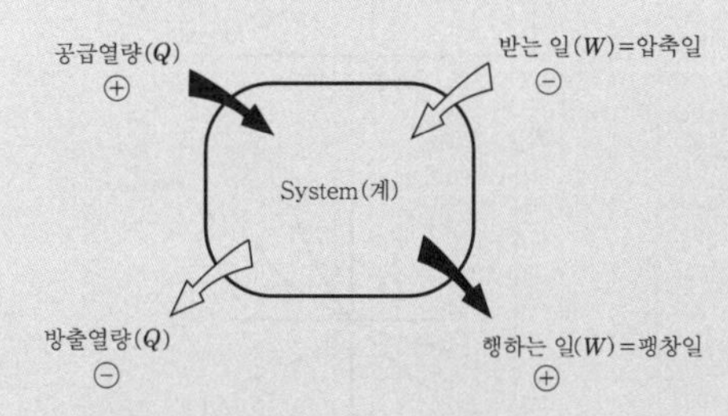

※ 단위질량(m)당 가(공급)열량(Q)
$= $비열량$(q) = \dfrac{Q}{m}$[kJ/kg]

$$_1q_2 = \frac{_1Q_2}{m} = \frac{(U_2 - U_1) + {}_1W_2}{m} = (u_2 - u_1) + {}_1w_2 \text{ [kJ/kg]}$$

03 | 엔탈피(상태함수 = 점함수)

① 엔탈피 $H = U + PV$[kJ]

② 비엔탈피(h or i): 단위질량(m)당 엔탈피(H, 강도성 상태량)

$$h = \frac{H}{m} = \frac{U+PV}{m} = u + Pv = u + \frac{P}{\rho}\text{[kJ/kg]}$$

04 | 밀폐계 일과 개방계 일(절대일과 공업일)

① 절대일량 $_1W_2 = \int_1^2 PdV$[N · m=J]

② 공업일량 $W_t = -\int_1^2 VdP$[N · m=J]

③ 절대일($_1W_2$)과 공업일(W_t)의 관계식

$W_t = P_1V_1 + {}_1W_2 - P_2V_2$

03 CHAPTER 이상기체(완전기체)

01 | 보일과 샤를의 법칙

① 보일(Boyle)의 법칙=등온법칙($T = C$, $T_1 = T_2$)
=마리오테(Mariotte law)의 법칙

$Pv = C$

$P_1v_1 = P_2v_2$

$$\frac{v_2}{v_1} = \frac{P_1}{P_2}\left(\ln\frac{v_2}{v_1} = \ln\frac{P_1}{P_2}\right)$$

② 샤를(Charle)의 법칙=등압법칙($P = C$)
=게이뤼삭(Gay-Lussac)의 법칙

$$\frac{v}{T} = C$$

$$\frac{v_1}{T_1} = \frac{v_2}{T_2}\left(\frac{v_2}{v_1} = \frac{T_2}{T_1}\right)$$

③ 보일과 샤를의 법칙 $\dfrac{Pv}{T} = C$

④ 이상기체의 상태방정식

$Pv = RT$ 또는 $P\dfrac{V}{m} = RT$

$\therefore PV = mRT$

실제 기체(가스)가 이상기체(=완전기체)의 특성을 근사적으로 만족시킬 조건
- 온도(T), 비체적(v)이 클수록
- 압력(P), 분자량(M), 밀도(ρ)가 작을수록

02 | 아보가드로(Avogadro)의 법칙

① 분자량(=몰질량)

$M = \dfrac{m}{n}$[kg/kmol]

② 일반(=공통)기체상수(R_u 또는 $\overline{R}$)

$MR = \overline{R} = C$ 증명

$M_1R_1 = M_2R_2$=Constant

$MR = C = \overline{R}$=8.314kJ/kmol · K

03 | 비열 간의 관계식

1) 이상기체의 비열

① 정적(등적)비열(C_v[kJ/kg·K]), 내부에너지변화량

$du = C_v dT$[kJ/kg]

$dU = mC_v dT$[kJ]

② 정압(등압)비열(C_p[kJ/kg·K]), 엔탈피변화량

$dh = C_p dT$[kJ/kg]

$dH = mC_p dT$[kJ]

2) 비열비

단열지수 $k = \dfrac{C_p}{C_v} > 1$

3) 비열 간의 관계식

$C_p - C_v = R$

① 정적비열 $C_v = \dfrac{R}{k-1}$[kJ/kg · K]

② 정압비열 $C_p = kC_v = k\left(\dfrac{R}{k-1}\right)$[kJ/kg · K]

4) 줄(Joule)의 법칙

완전기체인 경우 내부에너지는 온도만의 함수이다.

$du = C_v dT$

04 | 이상기체의 상태변화

1) 가역변화 = 이론적 가상변화

① 폴리트로픽지수(n)값에 따른 각 상태변화와의 관계

$Pv^n = C$ 에서

- $n = 0$이면 $Pv^0 = C$
  $\therefore P = C$(등압변화)
- $n = 1$이면 $Pv^1 = C$(등온변화)
- $n = k$이면 $Pv^k = C$(가역단열변화)
- $n = \infty$이면 $Pv^\infty = C$
  $\therefore v = C$(등적변화)

※ $C_n = \infty$이면 $T = C$(등온변화)

② 각 상태변화의 과정 선도(팽창)

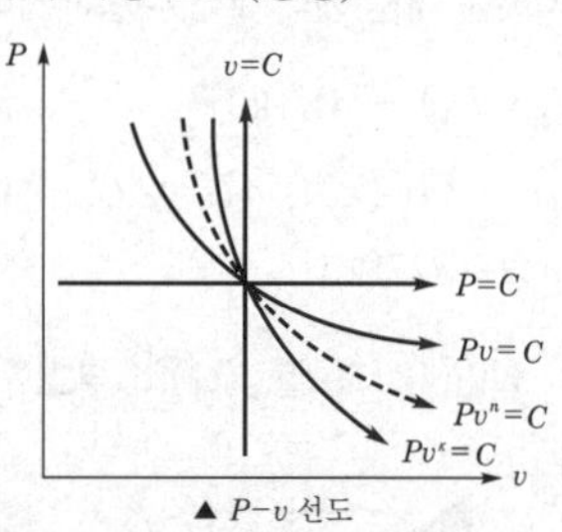

▲ P-v 선도

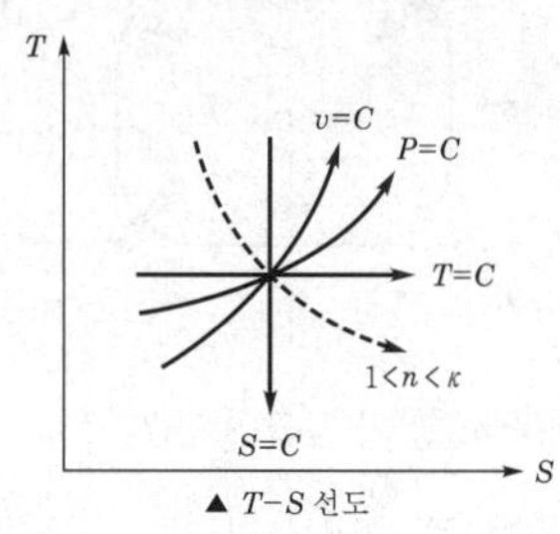

▲ T-S 선도

2) 비가역변화 = 실제적인 변화(가역변화가 아닌 변화)

교축과정(throttling process) = 조름팽창과정
= 등엔탈피과정

> **줄-톰슨효과**
>
> - 실제 가스(수증기, 냉매)인 경우 교축팽창 시 압력강하($P_1 > P_2$)와 동시에 온도도 강하($T_1 > T_2$)한다는 사실이다.
> - 줄-톰슨계수(μ) = $\left(\dfrac{\partial T}{\partial P}\right)_{h=c}$
> - 이상기체인 경우는 교축팽창 시 $P_1 > P_2$, $T_1 = T_2$이므로 $\mu = 0$(항상 0)이다.

CHAPTER 04 열역학 제2법칙과 엔트로피

01 | 열역학 제2법칙

과정의 방향성을 제시한 비가역법칙으로 실제적인 법칙이다. 엔트로피라는 열량적 상태량을 적용한 법칙으로 제2종 영구운동기관을 부정한 법칙이다[엔트로피 증가법칙($\Delta S > 0$)].

제2종 영구운동기관

단일 열원저장소가 외부에서 열을 받아(온도변화 없이) 전부 일로 변환시키고 영구적으로 계속해서 운전할 수 있다고 생각되는 기관[열역학 제2법칙(엔트로피 증가법칙)에 위배]

02 | 열기관의 열효율

$$\eta = \frac{정미일량(W_{net})}{공급열량(Q_1)} = \frac{Q_1 - Q_2}{Q_1} = 1 - \frac{Q_2}{Q_1}$$

(모든 열기관의 열효율을 구하는 일반식)

03 | 카르노사이클

① 구성: 등온팽창(1 → 2) → 가역단열팽창(2 → 3) → 등온압축(3 → 4) → 가역단열압축(4 → 1)

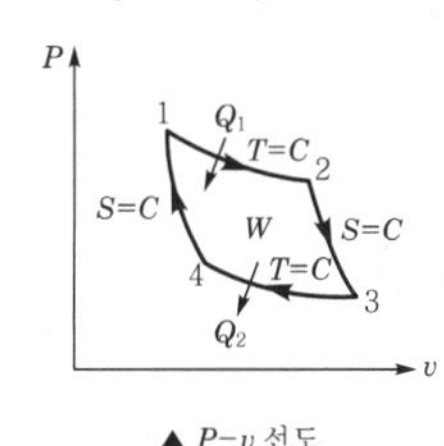

▲ P−v 선도

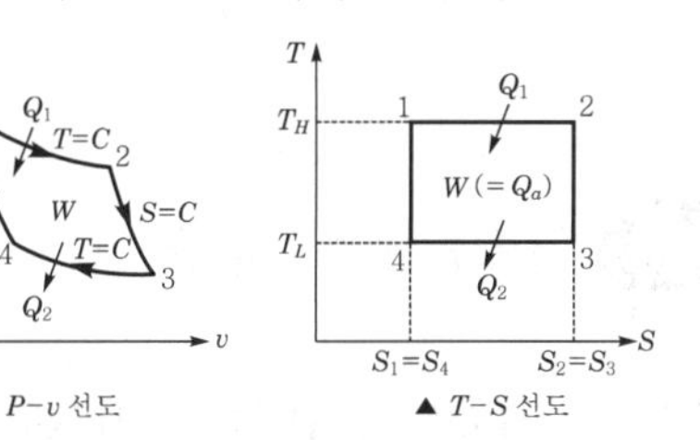

▲ T−S 선도

② 열효율 $\eta_c = \frac{W_{net}}{Q_1} = 1 - \frac{Q_2}{Q_1}$

$$= 1 - \frac{T_L}{T_H} = 1 - \frac{T_2}{T_1}$$

04 | 엔트로피

① 열량적 상태량, 종량적 상태량, 상태(점)함수

$$dS = \frac{\delta Q}{T}[\text{kJ/K}]$$

② 단위질량당 엔트로피 = 비엔트로피(ds)(강성적 상태량)

$$ds = \frac{dS}{m} = \frac{\delta q}{T}[\text{kJ/kg}\cdot\text{K}]$$

05 | 열역학 제3법칙(Nernst의 열 정리, 엔트로피의 절대값을 정의한 법칙)

자연계의 어떠한 방법으로도 저온체의 온도를 절대 0도(0K)에 이르게 할 수 없다(순수물질인 경우 절대 0도 부근에서 엔트로피는 0에 접근한다).

06 | 엔트로피변화량

① 열역학 제1기초식(밀폐계)에 대한 엔트로피변화량 (T와 V의 함수)

$$S_2 - S_1 = mC_v \ln\frac{T_2}{T_1} + mR\ln\frac{V_2}{V_1}[\text{kJ/K}]$$

② 열역학 제2기초식(개방계)에 대한 엔트로피변화량 (T와 P의 함수)

$$S_2 - S_1 = mC_p \ln\frac{T_2}{T_1} - mR\ln\frac{P_2}{P_1}$$

$$= mC_p \ln\frac{T_2}{T_1} + mR\ln\frac{P_1}{P_2}[\text{kJ/K}]$$

③ 이상기체의 상태변화에 따른 엔트로피변화량

- 등적변화($v = C$)

$$S_2 - S_1 = mC_v \ln\frac{T_2}{T_1} = mC_v \ln\frac{P_2}{P_1}[\text{kJ/K}]$$

- 등압변화($P = C$)

$$S_2 - S_1 = mC_p \ln\frac{T_2}{T_1} = mC_p \ln\frac{V_2}{V_1}[\text{kJ/K}]$$

- 등온변화($T = C$)

$$S_2 - S_1 = mR\ln\frac{V_2}{V_1} = mR\ln\frac{P_1}{P_2}$$

$$= m(C_p - C_v)\ln\frac{V_2}{V_1}[\text{kJ/K}]$$

- 가역단열변화($\delta Q = 0$)=등엔트로피변화 ($S = C$) ⇐ isentropic change

$$dS = \frac{\delta Q}{T} = 0,\ S_2 - S_1 = 0,\ S_1 = S_2$$

∴ S=Constant

만일 비가역단열변화인 경우 엔트로피가 증가한다($\Delta S > 0$).

- polytropic변화

$$S_2 - S_1 = mC_v\left(\frac{n-k}{n-1}\right)\ln\frac{T_2}{T_1}$$

$$= mC_v(n-k)\ln\frac{V_1}{V_2}$$

$$= mC_v\left(\frac{n-k}{n}\right)\ln\frac{P_2}{P_1}$$

$$= mC_n\ln\frac{T_2}{T_1}$$

07 | 유효에너지와 무효에너지

① 유효에너지

$$Q_a = W = \eta_c Q_1 = \left(1 - \frac{T_2}{T_1}\right) Q_1$$

$$= Q_1 - \frac{Q_1}{T_1} T_2 = Q_1 - T_2 \Delta S[\text{kJ}]$$

② 무효에너지

$$Q_2 = (1-\eta_c) Q_1 = \frac{T_2}{T_1} Q_1 = T_2 \Delta S[\text{kJ}]$$

CHAPTER 05 증기

01 | 순수물질의 상변화(H_2O, 물)

등압가열($P = C$)상태이다.

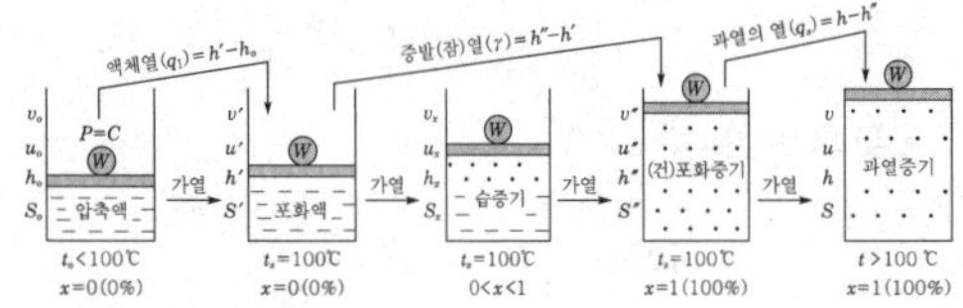

① 압축액(수)(=과냉액): 쉽게 증발하지 않는 액체 (100℃ 이하의 물)

② 포화액(수): 쉽게 증발하려고 하는 액체(액체로서는 최대의 부피를 갖는 경우의 물)(포화온도 t_s= 100℃)

③ 습증기: 포화액-증기혼합물(포화온도 t_s=100℃)

④ (건)포화증기: 쉽게 응축되려고 하는 증기(포화온도 t_s=100℃)

⑤ 과열증기: 잘 응축하지 않는 증기(100℃ 이상)

⑥ 건(조)도 $x = \dfrac{\text{증기의 질량}(m_{\text{vapor}})}{\text{습증기 총질량}(m_{\text{total}})}$

02 | 증기의 열적상태량

① 액체열

$q_l = h' - h_o = (u' - u_o) + P(v' - v_o)[\text{kJ/kg}]$

② 증발(잠)열

$\gamma = h'' - h' = (u'' - u') + P(v'' - v')$

$= \rho + \psi =$ 내부증발열+외부증발열[kJ/kg]

여기서, γ=539kcal/kgf =2,257kJ/kg

03 | 습증기의 상태량

① 건조도가 x인 습증기의 비체적

$v_x = v' + x(v'' - v')[\text{m}^3/\text{kg}]$

② 습증기의 비내부에너지

$u_x = u' + x(u'' - u') = u' + x\rho[\text{kJ/kg}]$

③ 습증기의 비엔탈피

$h_x = h' + x(h'' - h') = h' + x\gamma[\text{kJ/kg}]$

④ 습증기의 비엔트로피

$s_x = s' + x(s'' - s') = s' + x\dfrac{\gamma}{T_s}[\text{kJ/kg}\cdot\text{K}]$

CHAPTER 06 증기원동소사이클

01 | 랭킨사이클: 증기원동소의 기본(이상)사이클

랭킨사이클의 열효율

$$\eta_R = \frac{w_{net}}{q_1} = \frac{w_T - w_P}{q_1} = \frac{(h_2 - h_3) - (h_1 - h_4)}{h_2 - h_1}$$

※ 랭킨사이클의 열효율은 초온, 초압(터빈 입구)을 높이거나 응축기(복수기) 압력(터빈 출구)을 낮게 할수록 증가한다.

02 | 재열사이클

재열사이클의 열효율

$$\eta_{Reh} = \frac{w_{net}}{q_1}$$

$$= \frac{(w_{T1} + w_{T2}) - w_P}{q_b + q_R}$$

$$= \frac{(h_2 - h_{2'}) + (h_3 - h_{3'}) - (h_1 - h_4)}{(h_2 - h_1) + (h_3 - h_{2'})}$$

03 | 재생사이클

재생사이클의 열효율

$$\eta_{Reg} = \frac{w_{net}}{q_1} = \frac{(h_2 - h_5) - \{m_1(h_3 - h_5) + m_2(h_4 - h_5)\}}{h_2 - h_1}$$

07 CHAPTER 가스동력사이클

01 | 오토사이클: 가솔린기관의 기본사이클 = 정적사이클

① 구성 : 단열압축(1 → 2) → 등적연소(2 → 3) → 단열팽창(3 → 4) → 등적배기(방열)(4 → 1)

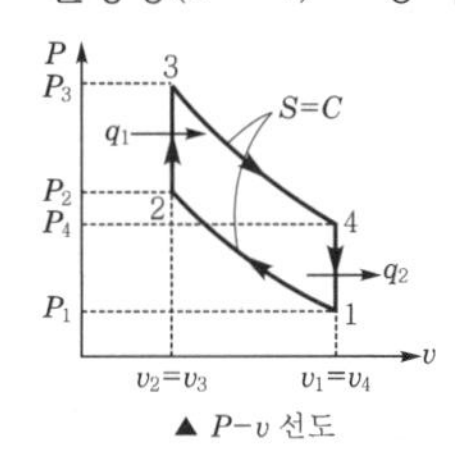
▲ $P-v$ 선도

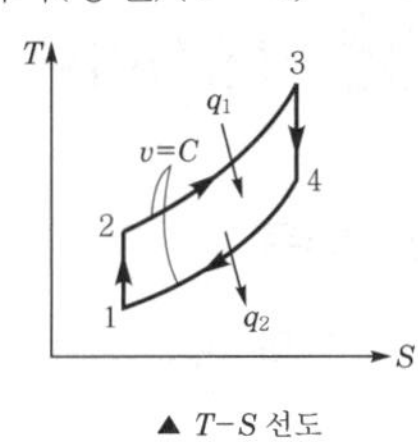
▲ $T-S$ 선도

② 이론열효율 $\eta_{tho} = 1 - \left(\frac{1}{\varepsilon}\right)^{k-1}$

③ 압축비 $\varepsilon = \sqrt[k-1]{\frac{1}{1-\eta_{tho}}} = \left(\frac{1}{1-\eta_{tho}}\right)^{\frac{1}{k-1}}$

④ 평균유효압력

$$P_{meo} = P_1 \frac{(\alpha-1)(\varepsilon^k - \varepsilon)}{(k-1)(\varepsilon-1)} [\text{Pa} = \text{N/m}^2]$$

02 | 디젤사이클: 정압사이클 = 저속디젤기관의 기본사이클

① 구성 : 단열압축(1 → 2) → 등압연소(2 → 3) → 단열팽창(3 → 4) → 등적배기(방열)(4 → 1)

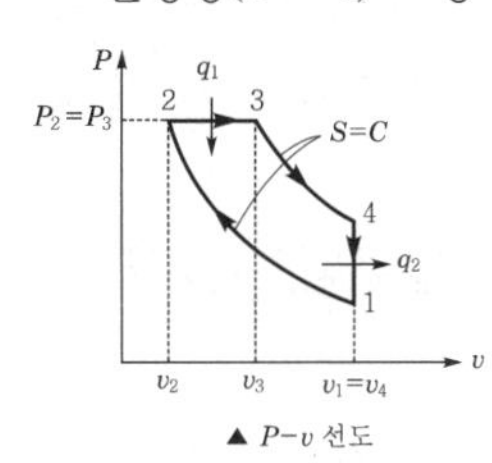
▲ $P-v$ 선도

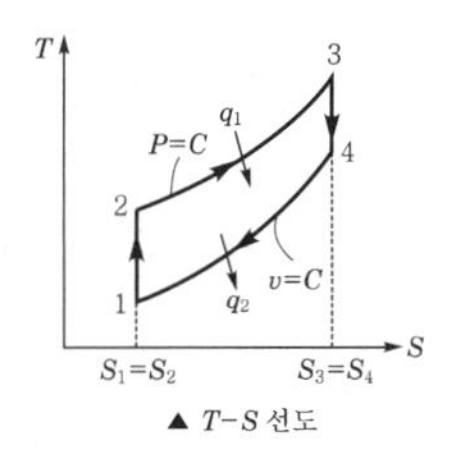
▲ $T-S$ 선도

② 이론열효율 $\eta_{thd} = 1 - \left(\frac{1}{\varepsilon}\right)^{k-1} \frac{\sigma^k - 1}{k(\sigma-1)}$

※ 디젤사이클은 비열비(k)가 일정할 때 압축비(ε)와 단절비(σ)만의 함수로, 압축비를 크게 하고 단절비를 작게 할수록 열효율은 증가한다.

03 | 사바테사이클: 합성(복합)사이클

① 구성

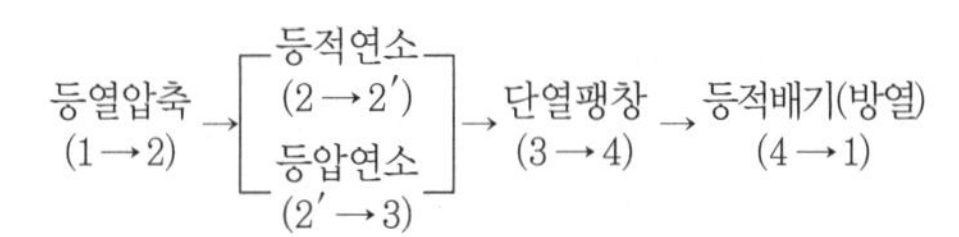

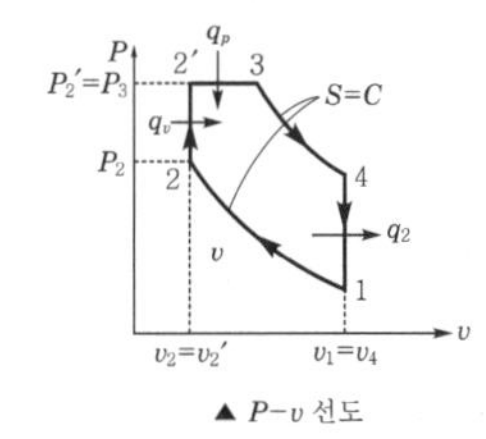
▲ $P-v$ 선도

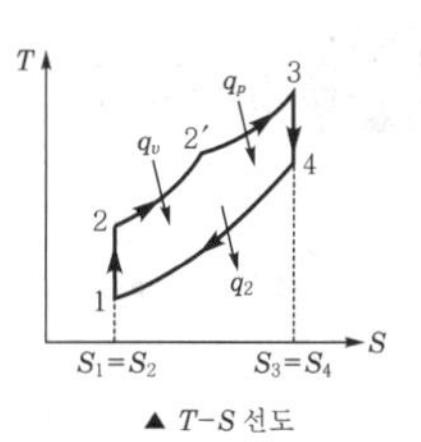
▲ $T-S$ 선도

② 이론열효율

$$\eta_{ths} = 1 - \left(\frac{1}{\varepsilon}\right)^{k-1} \frac{\rho\sigma^k - 1}{(\rho-1) + k\rho(\sigma-1)}$$

각 기본이론사이클의 열효율 비교

- 초온, 초압, 가열량 및 압축비를 일정하게 하면
  $\eta_{tho} > \eta_{ths} > \eta_{thd}$
- 초온, 초압, 가열량 및 최고압력를 일정하게 하면
  $\eta_{thd} > \eta_{ths} > \eta_{tho}$

04 | 가스터빈사이클: 브레이턴사이클

① 이론열효율

$$\eta_{thB} = 1 - \left(\frac{1}{\gamma}\right)^{\frac{k-1}{ka}}$$

② 압력비

$$\gamma = \left(\frac{1}{1-\eta_{thB}}\right)^{\frac{k}{k-1}} = \sqrt[\frac{k}{k-1}]{\frac{1}{1-\eta_{thB}}}$$

※ 브레이턴사이클은 압력비(γ)만의 함수로 압력비를 크게 할수록 열효율은 증가한다.

05 | 기타 사이클의 구성

① 에릭슨사이클: 등압변화 2, 등온변화 2

② 스털링사이클: 등적변화 2, 등온변화 2

③ 아트킨슨사이클: 등적변화 1, 등압변화 1, 가역단열변화 2

④ 르누아르사이클
- 등적변화 1, 가역단열변화 1, 등압변화 1
- 압축과정이 없는 것이 특징이며 펄스제트기관과 유사한 사이클

08 CHAPTER 노즐유동

01 | 연속방정식

$$\dot{m} = \frac{Q}{v} = \frac{AV}{v} = \rho AV \text{[kg/s]}$$

02 | 단열유동인 경우 노즐 출구속도

$$V_2 = \sqrt{2(h_1 - h_2)} = 44.72\sqrt{h_1 - h_2} \text{[m/s]}$$

03 | 노즐의 임계(한계)속도, 임계압력, 임계비체적, 임계온도

① 임계속도

$$V_c = V_{\max} = \sqrt{kRT_c} = \sqrt{kP_c v_c} \text{[m/s]}$$

② 임계온도 $T_c = T_1\left(\frac{2}{k+1}\right)$[K]

③ 임계비체적 $v_c = v_1\left(\frac{k+1}{2}\right)^{\frac{1}{k-1}}$[m³/kg]

④ 임계압력 $P_c = P_1\left(\frac{2}{k+1}\right)^{\frac{k}{k-1}}$[N/m²]

- $\phi^2 = \frac{h_1 - h_2'}{h_1 - h_2} = \eta_n = 1 - S$

$$\left(\phi = \sqrt{\frac{h_1 - h_2'}{h_1 - h_2}} = \sqrt{\eta_n} = \sqrt{1-S}\right)$$

노즐효율(η_n)은 속도계수(ϕ)의 제곱과 같다.

- 실제(정미) 열낙차 $h_1 - h_2' = \phi^2(h_1 - h_2)$ =(속도계수)²×가역단열열낙차[kJ/kg]

- 초킹: 노즐 출구압력을 감소시키면 질량유량이 증가하다가 어느 한계압력 이상 감소하면 질량유량이 더 이상 증가하지 않는 현상

04 | 축소-확대노즐에서의 아음속흐름과 초음속흐름

축소노즐 입구에서 아음속($Ma < 1$)흐름이 나타나고, 노즐의 목에서는 음속($Ma = 1$) 또는 아음속($Ma < 1$)흐름을 얻을 수 있으며, 확대노즐 출구에서 초음속($Ma > 1$)흐름을 얻을 수 있다. 즉 아음속유동을 가속시켜 초음속유동을 얻으려면 축소-확대노즐(라발노즐)을 사용하여 얻을 수 있다.

09 CHAPTER 냉동사이클

01 | 냉동

① 냉동기의 성능(성적)계수

$$(COP)_R = \frac{\text{냉동능력}(Q_L)}{\text{압축기 소비일}(W_c)} = \frac{Q_2}{Q_1 - Q_2} = \frac{T_2}{T_1 - T_2}$$

② 열펌프의 성능(성적)계수

$$(COP)_{HP} = \frac{Q_1}{W_c} = \frac{Q_1}{Q_1 - Q_2} = \frac{T_1}{T_1 - T_2}$$

성능계수

$$\varepsilon_{HP} = \frac{Q_1}{W_c} = \frac{W_c + Q_2}{W_c} = 1 + \frac{Q_2}{W_c} = 1 + \varepsilon_R$$

$$\therefore \varepsilon_R = \varepsilon_{HP} - 1$$

열펌프의 성능계수(ε_{HP})는 냉동기의 성능계수(ε_R)보다 1만큼 더 크다(열펌프의 성능계수는 항상 1보다 크다).

02 | 증기압축냉동사이클(건압축냉동사이클)

① 구성

증발기	→	압축기	→	응축기	→	팽창밸브
(1→2)		(2→3)		(3→4)		(4→1)
등압(등온)흡열		단열압축		등압방열		교축팽창

② 성적계수 $\varepsilon_R = \frac{q_2}{w_c} = \frac{h_2 - h_1}{h_3 - h_2}$

03 | 냉동톤, 냉매순환량

1) 냉동톤

1RT ≒ 13,900kJ/hr ≒ 3.86kW

물의 융해잠열(γ)=79.68kcal/kgf
≒ 334kJ/kg(SI단위인 경우)

$$1RT = \frac{1{,}000kgf \times 79.68kcal/kgf}{24hr} \fallingdotseq 3{,}320kcal/hr$$

2) 냉매순환량

$$\dot{G} = \frac{RT(\text{냉동톤})}{q_2(\text{냉동효과})}\ [kg/h]$$

$$W_c = \frac{Q_2}{\varepsilon_R} = \frac{3.86RT}{\varepsilon_R}\ [kW]$$

3) 냉매의 구비조건

① 물리적 조건

- 응축기 압력은 너무 높지 않을 것
- 증발기 압력은 너무 낮지 않을 것
- 임계온도는 상온보다 높을 것
- 응고점이 낮을 것
- 증발열이 클 것(액체는 비열이 적을 것)
- 증기의 비체적은 작을 것
- 터보냉동기일 때 비중이 클 것
- 비열비(단열지수)가 적을 것
- 표면장력이 적을 것

② 화학적 조건

- 부식성이 없을 것
- 무해, 무독일 것
- 인화성 및 폭발성이 없을 것
- 윤활유에 녹지 않을 것
- 증기 및 액체의 점성이 적을 것
- 전기저항 및 전열계수는 클 것

③ 기타

- 구입이 용이할 것
- 누설이 적을 것
- 값이 쌀 것

04 | 흡수식 냉동사이클

냉매	흡수제
물(H_2O)	리튬브로마이드(LiBr)
암모니아(NH_3)	물(H_2O)

※ 흡수식 냉동사이클은 압축기가 없어서 소음 · 진동은 없으나 성능계수(ε_R)는 증기압축식보다 더 작다.

CHAPTER 10 연소

01 | 완전연소

① 탄소(C)의 연소

$C + O_2 = CO_2 + 393{,}522kJ/kmol$
(반응물) (생성물)

② 수소(H_2)의 연소

- 물이 수증기일 때

$$H_2 + \frac{1}{2}O_2 = H_2O[g] + 241{,}820kJ/kmol$$
(반응물) (생성물)

- 물이 액체일 때

$$H_2 + \frac{1}{2}O_2 = H_2O[L] + 285{,}830kJ/kmol$$
(반응물) (생성물)

③ 황(S)의 연소

$S + O_2 = SO_2 + 297{,}000kJ/kmol$
(반응물) (생성물)

02 | 저위발열량, 고위발열량

① 저위발열량(진발열량)

$$H_l = 32{,}800C + 120{,}910\left(H - \frac{O}{8}\right) + 9{,}280S - 2{,}500W$$
$$= H_h - 2{,}500(9H + W)\ [kJ/kg]$$

② 고위발열량(총발열량)

$$H_h = 32{,}800C + 142{,}915\left(H - \frac{O}{8}\right) + 9{,}280S\ [kJ/kg]$$

※ 이론공기량(A_0)

$$= \frac{O_0}{021} = \frac{1.867C + 5.6H + 0.7S}{0.21}\ [Nm^3/kg]$$

- C_mH_n(탄화수소)연료계 연소반응식

$$C_mH_n + \left(m + \frac{n}{4}\right)O_2 \rightarrow mCO_2 + \frac{n}{2}H_2O$$

  - LNG(액화천연가스)의 주성분은 메탄(CH_4)이다(공기보다 가볍다. 비중(s)=0.55).
  - LPG(액화석유가스)의 주성분은 프로판(C_3H_8)과 부탄(C_4H_{10})이다(공기보다 무겁다).
- 옥탄(C_8H_{18})의 연소반응식

$$C_8H_{18} + \left(8 + \frac{18}{4}\right)O_2 \rightarrow 8CO_2 + 9H_2O$$

$$C_8H_{18} + 12.5O_2 \rightarrow 8CO_2 + 9H_2O$$

11 CHAPTER 전열(열전달)

01 | 전도(Conduction)

① 푸리에의 열전도법칙 $q_{con} = KA\frac{dT}{dx}$[W]

② 원통에서의 열전도(반경방향)

$$q_{con} = \frac{2\pi Lk}{\ln\left(\frac{r_2}{r_1}\right)}(t_1 - t_2) = \frac{2\pi L}{\frac{1}{k}\ln\left(\frac{r_2}{r_1}\right)}(t_1 - t_2)[\text{W}]$$

02 | 대류(Convection)

뉴턴의 냉각법칙 $q_{con} = hA(t_w - t_\infty)$[W]

여기서, h: 대류열전달계수(W/m^2 · K)

03 | 열관류(고온측 유체 → 금속벽 내부 → 저온측 유체의 열전달)

$q = KA(t_1 - t_2)$[W]

열관류율(열통과율)

$$K = \frac{1}{R} = \frac{1}{\frac{1}{\alpha_1} + \sum\frac{l}{\lambda} + \frac{1}{\alpha_2}}[\text{W/m}^2 \cdot \text{K}]$$

04 | 복사(Radiation)

스테판-볼츠만(Stefan-Boltzmann)의 법칙

$q = \varepsilon\sigma AT^4$[W]

여기서, ε: 복사율($0 < \varepsilon < 1$)

σz: 스테판-볼츠만상수($=5.67\times10^{-8}$W/m^2 · K^4)

A: 전열면적(m^2)

T: 흑체표면의 절대온도(K)

Part 03 계측방법

01 CHAPTER 계측방법

01 | 계측기

1) 계측기의 구비조건

① 구조가 간단하고 취급이 용이할 것
② 견고하고 신뢰성이 있을 것
③ 보수가 용이할 것
④ 구입이 용이하고 값이 쌀 것(경제적일 것)
⑤ 원격제어(remote control)가 가능하고 연속측정이 가능할 것

2) 측정의 종류

① 직접측정
② 간접측정
③ 비교측정
④ 절대측정

3) 측정의 오차

① **계통오차:** 일정한 원인에 의해 발생하는 오차(이론오차, 측정오차, 개인오차)
② **과실오차:** 측정자 부주의로 인한 오차
③ **우연오차:** 예측할 수 없는 원인에 의한 오차, 측정자에 의한 오차

㉠ 절대오차 = 측정값 − 참값

㉡ 백분율오차 $= \frac{\text{측정값} - \text{참값}}{\text{참값}} \times 100$

㉢ 교정 = 참값 − 측정값

㉣ 백분율교정 $= \frac{\text{참값} - \text{측정값}}{\text{측정값}} \times 100$

4) 정확도와 정밀도

① **정확도:** 오차가 작은 정도, 즉 참값에 대한 한쪽으로 치우침이 작은 정도
② **정밀도:** 측정값의 흩어짐의 정도로 여러 번 반복하여 처음과 비슷한 값이 어느 정도 나오는가 하는 것

02 | 온도계

1) 접촉식 온도계

온도계의 감온부를 측정하고자 하는 대상에 직접 접촉

① 접촉식 온도계의 특징
- 측정범위가 넓고 정밀측정이 가능하다(측정오차가 비교적 적다).
- 피측정체의 내부온도만을 측정한다.
- 이동물체의 온도측정이 곤란하다.
- 측정시간의 지연이 작다(온도변화에 대한 반응이 늦다).
- 1,000℃ 이하의 저온 측정용이다.

② **접촉식 온도계의 종류:** 유리온도계(수은, 알코올, 베크만온도계), 바이메탈온도계, 기체봉입식 온도계, 저항식 온도계(백금, 구리, 니켈온도계), 열전온도계(백금−백금로듐, 크로멜−알루멜, 철−콘스탄탄, 구리−콘스탄탄)

2) 비접촉식 온도계(광고온도계/방사온도계/광전관온도계/색(color)온도계)

비접촉식 온도계는 측정량의 변화가 없고, 이동물체의 온도측정이 가능하다. 측정시간의 지연이 크며, 고온 측정용으로 사용한다.

① 광고온도계
- 비접촉식 온도계 중 가장 정도가 높다.
- 구조가 간단하고 휴대가 편리하지만 측정인력이 필요하다.
- 측정온도 범위는 700~3,000℃이며 900℃ 이하의 경우 오차가 발생한다.
- 측정에 시간 지연이 있으며 연속측정이나 자동제어에 응용할 수 없다.
- 광학계의 먼지 흡입 등을 점검한다.
- 개인차가 있으므로 여러 사람이 모여서 측정한다.
- 측정체와의 사이에 먼지, 스모그(연기) 등이 적도록 주의한다.

② 방사온도계(radiation pyrometer)

③ 광전관온도계(photoelectric pyrometer)
- 응답속도가 빠르고 온도의 연속측정 및 기록이 가능하며 자동제어가 가능하다.
- 이동물체의 온도측정이 가능하다.
- 개인오차가 없으나 구조가 복잡하다.
- 온도측정범위 700~3,000℃이다.
- 700℃ 이하 측정 시에는 오차가 발생한다.
- 정도는 ±10~15deg로서 광고온도계와 같다.

④ 색(color)온도계
- 방사율이 영향이 적다.
- 광흡수에 영향이 적으며 응답이 빠르다.
- 구조가 복잡하며 주위로부터 빛 반사의 영향을 받는다.
- 750℃ 정도부터 측정이 가능하며 기록조절용으로 사용된다.

03 | 유체계측(측정)

1) 비중량(밀도: 비질량) 계측

비중량(밀도 측정)은 비중병, 아르키메데스의 원리(부력), 비중계, U자관 등을 이용하여 측정한다.

2) 점성계수(viscosity coefficient)의 계측

점성계수를 측정하는 점도계로는 스토크스법칙(stokes law)을 기초로 한 '낙구식 점도계', 하겐-포아젤의 법칙을 기초로 한 'Ostwald 점도계'와 '세이볼트(saybolt) 점도계', 뉴턴의 점성법칙(Newtonian viscosity law)을 기초로 한 'MacMichael(맥미첼) 점도계'와 'Stomer(스토머) 점도계' 등이 있다.

3) 정압(static pressure) 측정

유동하는 유체에서 교란되지 않은 유체의 압력, 즉 정압을 측정하는 계측기기로는 피에조미터, 정압관 등이 있다.

4) 유속 측정

① 피토관(pitot in tube)

② 시차액주계

③ 피토-정압관(pitot-static tube)

④ 열선속도계(hot-wire anemometer)

5) 유량 측정

유량을 측정하는 장치로는 벤츄리미터, 노즐, 오리피스, 로터미터, 위어 등이 있다.

① 벤츄리미터

② 유동노즐(flow nozzle)

③ 오리피스(orifice)

④ 위어(weir)
- 전폭 위어(suppressed weir): 대유량 측정에 사용

$$유량(Q) = \frac{2}{3} CB\sqrt{2g}\, H^{\frac{3}{2}}\ [\mathrm{m^3/min}]$$

- 사각 위어(rectangular weir):

$$유량(Q) = KbH^{\frac{3}{2}}\ [\mathrm{m^3/min}]$$

- 삼각 위어(triangular weir): 소유량 측정에 사용

$$유량(Q) = KH^{\frac{5}{2}}\ [\mathrm{m^3/min}]$$

$$Q_a = \frac{8}{15} C\tan\frac{\theta}{2}\sqrt{2g}\, H^{\frac{5}{2}}\ [\mathrm{m^3/min}]$$

04 | 송풍기 및 펌프의 성능특성

구분	송풍기	펌프
소요동력 (축동력)	$L_s = \frac{P_t \times Q}{60 \times \eta_f}$[kW] $L_s = \frac{P_s \times Q}{102 \times 60 \times \eta_s}$ 여기서, 송풍기 전압: P_t[kPa] 정압: P_s[kPa] 송풍량: Q[m^3/min] 전압효율: η_f 정압효율: η_s	$L_s = \frac{\gamma QH}{\eta_P} = \frac{9.8QH}{\eta_P}$[kW] 여기서, 물의 비중량: γ=1,000kg/m^3 =9,800N/m^3 =9.8kN/m^3 전수두(전양정): H[m] 유량: Q[m^3/h] 펌프효율: η_P ※ 동력을 구하는 경우 체적유량(Q)의 단위(kW)는 항상 m^3/s로 환산하여 대입한다.
상사법칙	㉠ 풍량(Q) $Q_2 = Q_1\left(\frac{N_2}{N_1}\right) = Q_1\left(\frac{D_2}{D_1}\right)^3$ ㉡ 정압(P) $P_2 = P_1\left(\frac{N_2}{N_1}\right)^2 = P_1\left(\frac{D_2}{D_1}\right)^2$ ㉢ 동력(L) $L_2 = L_1\left(\frac{N_2}{N_1}\right)^3 = L_1\left(\frac{D_2}{D_1}\right)^5$ 여기서, 회전수: N[rpm] 임펠러 직경: D[mm]	㉠ 유량(Q) $Q_2 = Q_1\left(\frac{N_2}{N_1}\right) = Q_1\left(\frac{D_2}{D_1}\right)^3$ ㉡ 양정(H) $H_2 = N_1\left(\frac{N_2}{N_1}\right)^2 = H_1\left(\frac{D_2}{D_1}\right)^2$ ㉢ 동력(L) $L_2 = H_1\left(\frac{N_2}{N_1}\right)^3 = L_1\left(\frac{D_2}{D_1}\right)^5$ 여기서, 회전수: N[rpm] 임펠러 직경: D[mm]
비속도 (n_s)	$n_s = \frac{N\sqrt{Q}}{P^{\frac{3}{4}}}$ 여기서, 회전수: N[rpm] 풍량: Q[m^3/min] 풍압: P[mmAq]	$n_s = \frac{N\sqrt{Q}}{H^{\frac{3}{4}}}$ 여기서, 회전수: N[rpm] 토출량: Q[m^3/min] 전양정: H[m]
용량제어	• 토출댐퍼에 의한 제어 • 흡입댐퍼에 의한 제어 • 흡입베인에 의한 제어 • 회전수에 의한 제어 • 가변피치 제어	• 정속 – 정풍량 제어 • 정속 – 가변유량 제어 • 가변속 – 가변유량 제어

05 | 유량계측

1) 유량측정방법

용적(체적)유량 측정, 중량유량 측정, 질량유량 측정, 적산유량 측정, 순간유량 측정

2) 유량계 측정방법 및 원리

측정방법	측정원리	종류
속도수두	전압과 정압의 차에 의한 유속측정	피토관(pitot in tube)
유속식	프로펠러나 터빈의 회전수 측정	바람개비형, 터빈형
차압식	교축기구 전후의 차압 측정	오리피스, 벤츄리관(venturi in tube), 플로우-노즐(flow-nozzle)
용적식	일정한 용기에 유체를 도입시켜 측정	오벌식, 가스미터, 루츠, 로터리팬, 로터리피스톤
면적식	차압을 일정하게 하고 교축기구의 면적을 변화	플로트형(로터미터), 게이트형, 피스톤형
와류식	와류의 생성속도 검출	카르먼식, 델타, 스와르미터
전자식	도전성 유체에 자장을 형성시켜 기전력 측정	전자유량계
열선식	유체에 의한 가열선의 흡수열량 측정	미풍계, thermal 유량계, 토마스 미터
초음파식	도플러 효과 이용	초음파 유량계

06 | 압력계측

1) 전기식 압력계

압력을 전기적 양으로 변환하여 측정하는 계기

① 종류

- 저항선식
- 자기 스트레인식
- 압전식

② 특징

- 원격측정이 용이하며 반응속도가 빠르다.
- 지시, 기록, 자동제어와 결속이 용이하다.
- 정밀도가 높고 측정이 안정적이다.
- 구조가 간단하며 소형이다.
- 가스폭발 등 급속한 압력변화 측정에 유리하다.

07 | 온 · 습도 측정

1) 온도(temperature)

① 건구온도(Dry Bulb temperature: DB)

② 습구온도(Wet Bulb temperature: WB)

③ 노점온도(Dewpoint Temperature: DT)

2) 습도(humidity)

① 절대습도(specific humidity: x)

$$x = 0.622 \times \frac{P_w}{P - P_w}$$

$$= 0.622 \times \frac{\phi P_s}{P - \phi P_s} \ [\text{kg}'/\text{kg}]$$

② 상대습도(relative humidity)

$$\phi = \frac{P_w}{P_s} \times 100\%$$

③ 포화도(비교습도)

$$\psi = \frac{x_w}{x_s} \times 100\%$$

02 CHAPTER 압력계측

01 | 압력측정방법

1) 기계식(mechanical type)

① 액체식(1차 압력계): 링밸런스(환상천평), 침종식, 피스톤식, 유자관식, 경사관식

② 탄성식(2차 압력계): 부르동관식, 벨로스식, 다이어프램식(금속, 비금속)

2) 전기식(2차 압력계)

저항선식, 압전식, 자기변형식

3) 압력의 단위

N/m^2(Pa), mmHg, mmH_2O(mmAq), kgf/cm^2, bar, psi(Lb/in^2) 등 사용

02 | 액주식 압력계

액주관 내에 물이나 수은(Hg)을 봉입, 압력차에 의한 액주의 높이로 압력을 측정하는 방식으로 액의 비중량과 높이에 의하여 계산 가능하다.

$P = \gamma h = \gamma_w sh = 9{,}800sh\,[\mathrm{Pa = N/m^2}]$

여기서, P: 압력($\mathrm{N/m^2}$)

γ: 비중량($\mathrm{N/m^3}$)

h: 높이(m)

s: 비중$\left(= \dfrac{\gamma}{\gamma_w} = \dfrac{\gamma}{9{,}800\mathrm{N/m^3}}\right)$

03 | 탄성식 압력계

1) 부르동관식(bourdon type) 압력계

단면이 편평형인 관을 원호상으로 구부린 가장 보편화되어 있는 압력계로 부르동관 내 압력이 대기압보다 클 경우 곡률 반경이 커지면서 지시계 지침을 회전시킨다. 부르동관 형식으로는 C형, 와선형, 나선형이 있다.

2) 벨로스식(bellows type) 압력계(진공압 및 차압 측정용)

주름형상의 원형 금속을 벨로스라 하며 벨로스와 히스테리시스를 방지하기 위하여 스프링을 조합한 구조로 자동제어장치의 압력 검출용으로 사용된다.

압력에 의한 벨로스의 변위를 링크기구로 확대 지시하도록 되어 있고 측정범위는 $0.01 \sim 10\mathrm{kg/cm^2}$ ($0.1 \sim 1{,}000\mathrm{kPa}$)로 재질은 인청동, 스테인리스이다.

3) 다이어프램식(diaphragm type) 압력계

얇은 고무 또는 금속막을 이용하여 격실을 만들고 압력변화에 따른 다이어프램의 변위를 링크, 섹터, 피니언에 의하여 지침에 전달하여 지시계로 나타내는 방식이다.

① 감도가 좋으며 정확성이 높다.

② 재료: 금속막(베릴륨, 구리, 인청동, 양은, 스테인리스 등), 비금속막(고무, 가죽)

③ 측정범위는 20~5,000mmAq이다.

④ 부식성 액체에도 사용이 가능하고 먼지 등을 함유한 액체도 측정이 가능하다.

⑤ 점도가 높은 액체에도 사용이 가능하고 연소로의 통풍계로도 널리 사용된다.

03 CHAPTER 액면계측

01 | 액면측정방법

1) 직접측정

액면의 위치를 직접 관측에 의하여 측정하는 방법으로 직관식(유리관식), 검척식, 플로트식(부자식)이 있다.

2) 간접측정

압력이나 기타 방법에 의하여 액면위치와 일정 관계가 있는 양을 측정하는 것으로 차압식, 저항 전극식, 초음파식, 방사선식, 음향식 등의 액면계가 있다.

3) 액면계의 구비조건

① 연속 측정 및 원격측정이 가능할 것

② 가격이 싸고 보수가 용이할 것

③ 고온 및 고압에 견딜 것

④ 자동제어장치에 적용이 가능할 것

⑤ 구조가 간단하며 내식성이 있고 정도가 높을 것

02 | 액면계의 종류

1) 직접측정식

① 유리관식(직관식) 액면계

② 검척식 액면계

③ 부자식(float) 액면계

2) 간접식 액면측정

① 압력검출식 액면계

② 차압식 액면계

③ 편위식 액면계

④ 정전용량식 액면계

⑤ 전극식

⑥ 초음파식

⑦ 기포식 액면계(purge type 액면계)

⑧ γ선 액면계

04 CHAPTER 가스의 분석 및 측정

01 | 가스분석방법

1) 연소가스 분석목적

① 연료의 연소상태를 파악
② 연소가스의 조성파악
③ 공기비 파악 및 열손실 방지
④ 열정산 시 참고자료

2) 연소가스의 조성

CO_2, CO, SO_2, NH_3, H_2O, N_2 등

02 | 가스분석계의 종류 및 특징

1) 화학적 가스분석계(장치)

① 측정방법에 따른 구분
- 체적감소에 의한 방법(흡수분석법): 오르사트법, 헴펠법, 게겔법
- 화학분석법: 적정법, 중량법, 분별연소법
- 연소분석법: 폭발법, 완만연소법, 분별연소법
- 기기분석법: 가스 크로마토그래피(캐리어가스: H_2, Ar, He, Ne): 질량분석법, 적외선분광분석법
- 시험지분석법: 암모니아(NH_3, 적색리트머스-청변), 아세틸렌(C_2H_2, 염화 제1동 착염지-적변), 포스겐($COCl_2$, 해리슨 시험지-심등색), 일산화탄소(CO, 염화파라듐지-흑변), 황화수소(연당지-황갈색(흑색)), 시안화수소(초산벤젠지-청변)

② 오르사트(Orzat)식 연소가스분석계: 시료가스를 흡수제에 흡수시켜 흡수 전후의 체적변화를 측정하여 조성을 정량하는 방법(분석순서: $CO_2 \rightarrow O_2 \rightarrow CO$)
- 구조가 간단하며 취급이 용이하다.
- 숙련되면 고정도를 얻는다.
- 수분은 분석할 수 없다.
- 분석순서를 달리하면 오차가 발생한다.

2) 물리적 가스분석계

① 가스 크로마토그래피(gas chromatograph)법
- 여러 종류의 가스분석이 가능하다.
- 선택성이 좋고 고감도 측정이 가능하다.
- 시료가스의 경우 수 cc로 충분하다.
- 캐리어가스가 필요하다.
- 동일가스의 연속 측정이 불가능하다.
- 적외선 가스분석계에 비하여 응답속도가 느리다.
- SO_2 및 NO_2 가스는 분석이 불가능하다.

② 적외선 가스분석계: 적외선 스펙트럼의 차이를 이용하여 분석하며 N_2, O_2, H_2 이원자 분자가스 및 단원자분자의 경우를 제외한 대부분의 가스를 분석할 수 있다.
- 선택성이 우수하다.
- 측정농도 범위가 넓고 저농도 분석에 적합하다.
- 연속분석이 가능하다.
- 측정가스의 먼지나 습기의 방지에 주의가 필요하다.

③ 세라믹식 O_2계
- 측정범위가 넓고 응답이 신속하다.
- 지르코니아 온도를 850℃ 이상 유지한다(전기히터 필요).
- 시료가스의 유량이나 설치장소, 온도변화에 대한 영향이 없다.
- 자동제어 장치와 결속이 가능하다.
- 가연성 가스 혼입은 오차를 발생시킨다.
- 연속측정이 가능하다.

03 | 매연농도 측정

1) 링겔만 농도표

링겔만 농도표는 백치에 10mm 간격의 굵은 흑선을 바둑판 모양으로 그린 것으로 농도비율에 따라 0~5번까지 6종으로 구분한다. 관측자는 링겔만 농도표와 연돌상부 30~45cm 지점의 배기가스와 비교하여 매연 농도율을 계산할 수 있다.

2) 로버트 농도표

링겔만 농도표와 비슷하지만 4종으로 되어 있다.

3) 자동매연 측정장치

광전관을 사용한다.

Part 04 열설비 재료 및 관계 법규

01 CHAPTER 가마와 노

01 | 가마와 노 일반

1) 요로 분류

① 가열방법에 의한 분류: 직접가열(강재 가열로), 간접가열(강재 소둔로)

② 가열열원에 의한 분류: 연료의 발열반응, 환원반응, 전열을 이용

③ 조업(작업)방법에 의한 분류
- 연속식 가마(요): 터널식 요, 윤요, 견요, 회전요
- 반연속식 가마(요): 셔틀요, 등요
- 불연속식 요: 승염식 요(오름불꽃), 횡염식 요(옆불꽃), 도염식 요(꺾임불꽃)

④ 제품 종에 의한 분류
- 시멘트 소성용: 회전요, 윤요, 선요
- 도자기 제조용: 터널요, 셔틀요, 머플요, 등요
- 유리용융용: 탱크로, 도가니로
- 석회소성용: 입식요, 유동요, 평상원형요

02 | 가마(kiln)의 구조 및 특징

1) 불연속식 요(가마)

① 횡염식 요(horizontal draft kiln, 옆불꽃가마)
- 가마 내 온도분포가 고르지 못하다.
- 가마 내 입출구 온도차가 크다.
- 소성온도에 적당한 피소성품을 배열한다.
- 토관류 및 도자기 제조에 적합하다.

② 승염식 요(up draft kiln, 오름불꽃가마)
- 구조가 간단하나 설비비 및 보수비가 비싸다.
- 가마 내 온도가 불균일하다.
- 고온소성에 부적합하다.
- 1층 가마, 2층 가마가 있고 용도는 도자기 제조이다.

③ 도염식 요(down draft kiln, 꺾임불꽃가마)
- 가마 내 온도분포가 균일하다.
- 연료소비가 적다.
- 흡입공기구멍 화교(fire bridge) 등이 있다.
- 가마내기 재임이 편리하다.
- 도자기, 내화벽돌 등, 연삭지석, 소성에 적합하다.

2) 반연속식 요(가마)

등요, 셔틀요(shuttle kiln)

3) 연속식 요(가마)

① 윤요(ring kiln)=고리가마

② 견요(샤프트 로)

③ 터널요(tunnel kiln)

장점	단점
㉠ 소성이 균일하며 제품의 품질이 좋다. ㉡ 소성시간이 짧으며 대량 생산이 가능하다. ㉢ 열효율이 높고 인건비가 절약된다. ㉣ 자동온도제어가 쉽다. ㉤ 능력이 비하여 설치면적이 적다. ㉥ 배기가스의 현열을 이용하여 제품을 예열시킨다.	㉠ 능력에 비하여 건설비가 비싸다. ㉡ 제품을 연속처리해야 한다(생산조정이 곤란하다). ㉢ 제품의 품질, 크기, 형상에 제한을 받는다. ㉣ 작업자의 기술이 요망된다.

- 용도: 산화염 소성인 위생도기, 건축용 도기 및 벽돌
- 구성: 예열대, 소성대, 냉각대, 대차, 푸셔

④ 회전요(로터리 가마)

03 | 노(furnace)의 구조 및 특징

1) 제강로

① 전로
- 베세머 전로: 산성전로
- 토마스 전로: 염기성 전로
- LD 전로: 순산소 전로
- 칼도 전로: 베세머 전로와 비슷

② 전기로: 전기로, 아크로, 유도로

내화재

01 | 내화물 일반

1) 내화물의 기능

① 요로 내의 고열을 차단
② 열 방산을 막아 효율적 열 이용
③ 요로의 안정성 유지

2) 내화물의 구비조건

① 사용온도에 연화 및 변형이 적을 것
② 팽창수축이 적을 것
③ 사용온도에 충분한 압축강도를 가질 것
④ 내마멸성, 내침식성이 클 것
⑤ 고온에서 수축팽창이 적을 것
⑥ 사용온도에 적합한 열전도율을 가질 것
⑦ 내스폴링성이 크고 온도 급변화에 충분히 견딜 것

3) 내화물의 분류

① 화학조성에 의한 분류
- 산성 내화물(RO_2): 규산질(SiO_2)이 주원료
- 중성 내화물(R_2O_3): 크롬질(Cr_2O_3), 알루미나질(Al_2O_3)이 주원료
- 염기성 내화물(RO): 고토질(MgO), 석회질(CaO)과 같은 물질이 주원료

② 열처리에 의한 분류
- 소성 내화물: 내화벽돌
- 불소성 내화물: 열처리를 하지 않은 내화물
- 용융내화물: 원료를 전기로에서 용해하여 주조한 내화물

4) 내화물의 시험항목

① 내화도
② 열적 성질(내화물의 재료적 평가기준)
- 열적 팽창
- 하중 연화점
- 박락현상(spalling)

③ 슬래킹(slaking) 현상
④ 버스팅(bursting) 현상

02 | 내화물 특성

1) 산성 내화물

규석질 내화물, 납석질 내화물, 샤모트질 내화물

2) 염기성 내화물

마그네시아 내화물, 크롬마그네시아 내화물, 돌로마이트 내화물, 폴스테라이트 내화물

3) 중성 내화물

고알루미나질 내화물(고알루미나질 샤모트벽돌, 전기 용융 고알루미나질 벽돌), 크롬질 내화물, 탄화규소질 내화물, 탄화규소질 내화물

4) 부정형 내화물

캐스터블 내화물, 플라스틱 내화물

5) 특수내화물

지르콘 내화물, 지르코니아질 내화물, 베릴리아질 내화물, 토리아질 내화물

03 CHAPTER 배관공작 및 시공(보온 및 단열재)

01 | 배관의 구비조건

① 관내 흐르는 유체의 화학적 성질
② 관내 유체의 사용압력에 따른 허용압력한계
③ 관의 외압에 따른 영향 및 외부 환경조건
④ 유체의 온도에 따른 열영향
⑤ 유체의 부식성에 따른 내식성
⑥ 열팽창에 따른 신축흡수
⑦ 관의 중량과 수송조건 등

02 | 배관의 재질에 따른 분류

① 철금속관: 강관, 주철관, 스테인리스강관
② 비철금속관: 동관, 연(납), 알루미늄관
③ 비금속관: PVC관, PB관, PE관, PPC관, 원심력 철근콘크리트관(흄관), 석면시멘트관(에터니트관), 도관 등

03 | 배관의 종류

1) 강관(steel pipe)

① 강관의 특징
- 연관, 주철관에 비해 가볍고 인장강도가 크다.
- 관의 접합방법이 용이하다.
- 내충격성 및 굴요성이 크다.
- 주철관에 비해 내압성이 양호하다.

② 강관의 종류와 사용용도
p.33 표 [강관의 종류와 사용용도] 참조

③ 스케줄 번호(schedule No)

$$\text{Sch. No} = \frac{P}{S} \times 1{,}000$$

여기서, P: 최고사용압력(MPa)
S: 허용응력(=인장강도/안전율)(N/mm^2)

2) 주철관(cast iron pipe)

① 압력에 따른 분류
- 고압관: 정수두 100mH$_2$O 이하
- 보통압관: 정수두 75mH$_2$O 이하
- 저압관: 정수두 45mH$_2$O 이하

② 특징
- 내구력이 크다.
- 내식성이 커 지하 매설배관에 적합하다.
- 다른 배관에 비해 압축강도가 크나 인장에 약하다(취성이 크다).
- 충격에 약해 크랙(creak)의 우려가 있다.
- 압력이 낮은 저압(7~10kg/cm^2 정도)에 사용한다.

3) 스테인리스 강관(stainless steel pipe)

① 내식성이 우수하고 위생적이다.
② 강관에 비해 기계적 성질이 우수하다.
③ 두께가 얇고 가벼워서 운반 및 시공이 용이하다.
④ 저온에 대한 충격성이 크고, 한랭지 배관이 가능하다.
⑤ 나사식, 용접식, 몰코식, 플랜지이음 등 시공이 용이하다.

4) 동관(copper pipe)

① 두께별 분류
- K－type: 가장 두껍다.
- L－type: 두껍다.
- M－type: 보통
- N－type: 얇은 두께(KS 규격은 없음)

② 특징
- 전기 및 열전도율이 좋아 열교환용으로 우수하다.
- 전 · 연성 풍부하여 가공이 용이하고 동파의 우려가 적다.
- 내식성 및 알칼리에 강하고 산성에는 약하다.
- 무게가 가볍고 마찰저항이 적다.
- 외부충격에 약하고 가격이 비싸다.
- 아세톤, 에테르, 프레온가스, 휘발유 등 유기약품에 강하다.

5) 연관(lead pipe)

일명 납(Pb)관이라 하며, 용도에 따라 1종(화학공업용), 2종(일반용), 3종(가스용)으로 나눈다.

6) 경질염화비닐관(PVC관: poly-vinyl chloride)

① 장점
- 내식성이 크고 산 · 알칼리, 해수(염류) 등의 부식에도 강하다.
- 가볍고 운반 및 취급이 용이하며 기계적 강도가 높다.
- 전기절연성이 크고 마찰저항이 적다.
- 가격이 싸고 가공 및 시공이 용이하다.

② 단점
- 열가소성수지이므로 열에 약하고 180℃ 정도에서 연화된다.
- 저온에서 특히 약하다(저온취성이 크다).
- 용제 및 아세톤 등에 약하다.
- 충격강도가 크고 열팽창치가 커 신축에 유의한다.

[강관의 종류와 사용용도]

종류	KS명칭	KS규격	사용온도	사용압력	용도 및 기타사항
배관용	(일반) 배관용 탄소강관	SPP	350℃ 이하	1MPa 이하	사용압력이 낮은 증기(1MPa 이하), 물, 기름, 가스 및 공기 등의 배관용으로 일명 가스관이라 하며 아연(Zn) 도금 여부에 따라 흑강관과 백강관으로 구분되며, 25kg/cm^2의 수압시험에 결함이 없어야 하고 인장강도는 30kg/mm^2 이상이어야 한다. 1본의 길이는 6m이며 호칭지름 6~500A까지 24종이 있다.
	압력배관용 탄소강관	SPPS	350℃ 이하	1~10MPa 이하	증기관, 유압관, 수압관 등의 압력배관에 사용, 호칭은 관두께(스케줄번호)에 의하여, 호칭지름 6~500A(25종)
	고압배관용 탄소강관	SPPH	350℃ 이하	10MPa 이상	화학공업 등의 고압배관용으로 사용, 호칭은 관두께(스케줄번호)에 의하며, 호칭지름 6~500A(25종)
	고온배관용 탄소강관	SPHT	350℃ 이상	–	과열증기를 사용하는 고온배관용으로 호칭은 호칭지름과 관두께(스케줄번호)에 의함
	저온배관용 탄소강관	SPLT	0℃ 이하	–	물의 빙정 이하의 석유화학공업 및 LPG, LNG, 저장탱크배관 등 저온배관용으로 두께는 스케줄번호에 의함
	배관용 아크용접 탄소강관	SPW	350℃ 이하	1MPa 이하	SPP와 같이 사용압력이 비교적 낮은 증기, 물, 기름, 가스 및 공기 등의 대구경 배관용으로 호칭지름 350~2,400A(22종), 외경×두께
	배관용 스테인리스강관	STS	−350~350℃	–	내식성, 내열성 및 고온배관용, 저온배관용에 사용하며, 두께는 스케줄번호에 의하며, 호칭지름 6~300A
	배관용 합금강관	SPA	350℃ 이상	–	주로 고온도의 배관용으로 두께는 스케줄번호에 의하며 호칭지름 6~500A
수도용	수도용 아연도금강관	SPPW	–	정수두 100m 이하	SPP에 아연도금(550g/m^2)을 한 것으로 급수용으로 사용하나 음용수배관에는 부적당하며 호칭지름 6~500A
	수도용 도복장강관	STPW	–	정수두 100m 이하	SPP 또는 아크용접 탄소강관에 아스팔트나 콜타르, 에나멜을 피복한 것으로 수동용으로 사용하며 호칭지름 80~1,500A(20종)
열전달용	보일러 열교환기용 탄소강관	STH	–	–	관의 내외에서 열교환을 목적으로 보일러의 수관, 연관, 과열관, 공기 예열관, 화학공업이나 석유공업의 열교환기, 콘텐서관, 촉매관, 가열로관 등에 사용, 두께 1.2~12.5mm, 관지름 15.9~139.8mm
	보일러 열교환기용 합금강 강관	STHB (A)	–	–	
	보일러 열교환기용 스테인리스강관	STS×TB	–	–	
	저온 열교환기용 강관	STS×TB	−350~0℃	15.9~139.8mm	빙점 이하의 특히 낮은 온도에 있어서 관의 내외에서 열교환을 목적으로 열교환기관, 콘텐서관에 사용
구조용	일반구조용 탄소강관	SPS	–	21.7~1,016mm	토목, 건축, 철탑, 발판, 지주, 비계, 말뚝, 기타의 구조물에 사용, 관두께 1.9~16.0mm
	기계구조용 탄소강관	SM	–	–	기계, 항공기, 자동차, 자전거, 가구, 기구 등의 기계부품에 사용
	구조용 합금강 강관	STA	–	–	자동차, 항공기, 기타의 구조물에 사용

04 | 배관 이음

1) 사용목적에 따른 분류

① 관의 방향을 바꿀 때: 엘보, 벤드 등
② 관을 도중에 분기할 때: 티, 와이 크로스 등
③ 동일 지름의 관을 직선연결할 때: 소켓, 유니온, 플랜지, 니플(부속연결) 등
④ 지름이 다른 관을 연결할 때: 레듀셔(이경소켓), 이경엘보, 이경티, 부싱(부속연결) 등
⑤ 관의 끝을 막을 때: 캡, 막힘(맹)플랜지, 플러그 등
⑥ 관의 분해, 수리, 교체를 하고자 할 때: 유니온, 플랜지 등

2) 강관 이음

나사 이음, 용접 이음, 플랜지 이음

3) 주철관 이음쇠

소켓 이음, 노허브 이음, 플랜지 이음, 기계식 이음, 타이톤 이음, 빅토릭 이음

05 | 비철금속관 이음

1) 동관 이음(납땜 이음, 플레어 이음, 플랜지 이음)

납땜 이음, 플레어 이음(압축 이음), 플랜지 이음

2) 스테인리스 강관 이음

나사 이음, 용접 이음, 플랜지 이음, 몰코 이음, MR 조인트 이음, 기타 이음(원조인트 등)

06 | 신축 이음(expansion joint)

1) 선팽창길이

$$\Delta l = l\alpha\Delta t$$

여기서, α : 선팽창계수(m/m · ℃)
l : 관의 길이(m)
Δt : 온도차(=관내유체온도−실내온도)(℃)

2) 신축허용길이가 큰 순서

루프형 > 슬리브형 > 벨로즈형 > 스위블형

3) 루프형(만곡관, Loop) 신축 이음

① 고온 고압의 옥외 배관에 설치한다.
② 설치장소를 많이 차지한다.
③ 신축에 따른 자체 응력이 발생한다.
④ 곡률반경은 관지름의 6배 이상으로 한다.

4) 미끄럼형(sleeve type) 신축 이음

5) 벨로즈형(주름통형, 파상형, bellows type) 신축 이음

① 설치공간을 많이 차지하지 않는다.
② 고압배관에는 부적당하다.
③ 신축에 따른 자체 응력 및 누설이 없다.
④ 주름의 하부에 이물질이 쌓이면 부식의 우려가 있다.

6) 스위블형(swivle type) 신축 이음

7) 볼조인트형(ball joint type) 신축 이음

07 | 플렉시블 이음(flexible joint)

굴곡이 많은 곳이나 기기의 진동이 배관에 전달되지 않도록 하여 배관이나 기기의 파손을 방지하는 목적으로 사용된다.

08 | 배관 부속장치

1) 밸브(valve)

① 게이트 밸브(gate valve), 슬루스 밸브(sluice valve, 사절변)
② 글로브 밸브(glove valve, stop valve, 옥형변)
③ 니들 밸브(neddle valve, 침변)
④ 앵글 밸브(angle valve)
⑤ 체크 밸브(check valve, 역지변): 스윙형, 리프트형, 풋형
⑥ 콕(cock)

2) 여과기(strainer)

3) 바이패스장치

09 | 단열재료(보온재)

1) 보온재의 구비조건

① 열전도율이 적을 것(불량할 것)
② 안전사용온도 범위 내에 있을 것

③ 비중이 작을 것
④ 불연성이고 흡습성 및 흡수성이 없을 것
⑤ 다공질이며 기공이 균일할 것
⑥ 기계적 강도가 크고 시공이 용이할 것
⑦ 구입이 쉽고 장시간 사용해도 변질이 없을 것

2) 보온재의 분류

① 유기질 보온재: 펠트, 코르크, 텍스류, 기포성 수지
② 무기질 보온재: 석면, 암면, 규조토, 탄산마그네슘, 규산칼슘, 유리섬유, 폼그라스(발포초자), 펄라이트, 실리카화이버, 세라믹화이버
③ 금속질 보온재

[배관 내 유체의 용도에 따른 보온재의 표면색]

종류	식별색	종류	식별색
급수관	청색	증기관	백색(적색)
급탕, 환탕관	황색	소화관	적색
온수난방관	연적색		

10 | 배관지지

① 행거(hanger): 리지드 행거, 스프링 행거, 콘스탄트 행거
② 서포트(support): 파이프 슈, 리지드 서포트, 스프링 서포트, 롤러 서포트
③ 리스트레인트(restraint): 앵커, 스톱, 가이드
④ 브레이스(brace)

11 | 배관 공작

1) 곡관(벤딩)부의 길이

$$l = 2\pi r \frac{\theta}{360} = \pi D \frac{\theta}{360} = r \frac{\theta°}{57.3°}\ [\text{mm}]$$

여기서, r: 곡률반지름
θ: 벤딩각도(°)
D: 곡률지름

2) 배관용 공구

① 파이프 리머(pipe reamer)
② 수동식 나사절삭기(pipe threader): 오스터형(oster type), 리드형(reed type), 기타 나사절삭기(베이비 리드형)
③ 동력용 나사절삭기: 다이헤드식, 오스터식, 호브식

3) 동관용 공구

토치램프, 튜브벤더, 플레어링 툴, 사이징 툴, 튜브 커터, 익스팬더(확관기), 리머, 티뽑기

4) 주철관용 공구

납 용해용 공구 세트, 클립(clip), 코킹 정, 링크형 파이프 커터

5) 연관용 공구

연관톱, 봄볼, 드레서, 벤드벤, 턴핀, 말렛(mallet), 토치램프, 맬릿

12 | 배관 도시법

1) 치수 기입법

① 치수표시: 치수는 mm를 단위로 하되 치수선에는 숫자만 기입한다.
② 높이표시
- GL(Ground Level): 지면의 높이를 기준으로 하여 높이를 표시한 것
- FL(Floor Level): 층의 바닥면을 기준으로 하여 높이를 표시한 것
- EL(Elevation Line): 관의 중심을 기준으로 배관의 높이를 표시한 것
- TOP(Top Of Pipe): 관의 윗면까지의 높이를 표시한 것
- BOP(Bottom Of Pipe): 관의 아래면까지의 높이를 표시한 것

2) 배관도면의 표시법

① 유체의 종류, 상태 표시

[유체의 종류와 문자기호]

종류	공기	가스	유류	수증기	증기	물
문자기호	A	G	O	S	V	W

[유체의 종류에 따른 배관 도색]

종류	도색	종류	도색
공기	백색	물	청색
가스	황색	증기	–
유류	암황적색	전기	미황적색
수증기	암적색	산알칼리	회자색

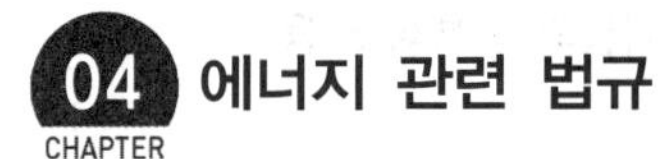

04 CHAPTER 에너지 관련 법규

01 | 에너지법

1) 정의

① 에너지란 연료 · 열 및 전기를 말한다.

② 연료란 석유 · 가스 · 석탄, 그 밖에 열을 발생하는 열원을 말한다. 다만, 제품의 원료로 사용되는 것은 제외한다.

③ 신 · 재생에너지란 신에너지 및 재생에너지 개발 · 이용 · 보급 촉진법 제2조 제1호 및 제2호에 따른 에너지를 말한다.

④ 에너지사용시설이란 에너지를 사용하는 공장 · 사업장 등의 시설이나 에너지를 전환하여 사용하는 시설을 말한다.

⑤ 에너지사용자란 에너지사용시설의 소유자 또는 관리자를 말한다.

⑥ 에너지공급설비란 에너지를 생산 · 전환 · 수송 또는 저장하기 위하여 설치하는 설비를 말한다.

⑦ 에너지공급자란 에너지를 생산 · 수입 · 전환 · 수송 · 저장 또는 판매하는 사업자를 말한다.

⑧ 에너지이용권이란 저소득층 등 에너지 이용에서 소외되기 쉬운 계층의 사람이 에너지공급자에게 제시하여 냉방 및 난방 등에 필요한 에너지를 공급받을 수 있도록 일정한 금액이 기재(전자적 또는 자기적 방법에 의한 기록을 포함한다)된 증표를 말한다.

⑨ 에너지사용기자재란 열사용기자재나 그 밖에 에너지를 사용하는 기자재를 말한다.

⑩ 열사용기자재란 연료 및 열을 사용하는 기기, 축열식 전기기기와 단열성 자재로서 산업통상자원부령으로 정하는 것을 말한다.

⑪ 온실가스란 기후위기 대응을 위한 탄소중립 · 녹색성장 기본법 제2조 제5호에 따른 온실가스를 말한다.

2) 에너지기술개발계획

① 정부는 에너지 관련 기술의 개발과 보급을 촉진하기 위하여 10년 이상을 계획기간으로 하는 에너지기술개발계획(에너지기술개발계획)을 5년마다 수립하고, 이에 따른 연차별 실행계획을 수립 · 시행하여야 한다.

② 에너지기술개발계획은 대통령령으로 정하는 바에 따라 관계 중앙행정기관의 장의 협의와 국가과학기술자문회의법에 따른 국가과학기술자문회의의 심의를 거쳐서 수립된다. 이 경우 위원회의 심의를 거친 것으로 본다.

③ 에너지기술개발계획에는 다음 각 호의 사항이 포함되어야 한다.

㉠ 에너지의 효율적 사용을 위한 기술개발에 관한 사항

㉡ 신 · 재생에너지 등 환경친화적 에너지에 관련된 기술개발에 관한 사항

㉢ 에너지 사용에 따른 환경오염을 줄이기 위한 기술개발에 관한 사항

㉣ 온실가스 배출을 줄이기 위한 기술개발에 관한 사항

㉤ 개발된 에너지기술의 실용화의 촉진에 관한 사항

㉥ 국제 에너지기술 협력의 촉진에 관한 사항

㉦ 에너지기술에 관련된 인력 · 정보 · 시설 등 기술개발자원의 확대 및 효율적 활용에 관한 사항

3) 벌칙

다음 각 호의 어느 하나에 해당하는 자는 1년 이하의 징역 또는 1천만원 이하의 벌금에 처한다.

① 거짓 또는 그 밖의 부정한 방법으로 에너지이용권을 발급받거나 다른 사람으로 하여금 에너지이용권을 발급받게 한 자

② 제16조의4 제3항을 위반하여 에너지이용권을 판매 · 대여하거나 부정한 방법으로 사용한 자(해당 에너지이용권을 발급받은 이용자는 제외한다)

4) 과태료

① 정당한 사유 없이 제21조에 따른 질문에 대하여 진술 거부 또는 거짓 진술을 하거나 조사를 거부 · 방해 또는 기피한 에너지공급자에게는 500만원 이하의 과태료를 부과한다.

② 정당한 사유 없이 제19조 제4항에 따른 자료 제출 요구에 따르지 아니하거나 거짓으로 자료를 제출한 자에게는 100만원 이하의 과태료를 부과한다.

③ 제1항 및 제2항에 따른 과태료는 대통령령으로 정하는 바에 따라 산업통상자원부장관이 부과 · 징수한다.

02 | 에너지이용 합리화법

1) 목적

에너지의 수급(需給)을 안정시키고 에너지의 합리적이고 효율적인 이용을 증진하며 에너지소비로 인한 환경피해를 줄임으로써 국민경제의 건전한 발전 및 국민복지의 증진과 지구온난화의 최소화에 이바지함을 목적으로 한다.

2) 정의

① 에너지경영시스템이란 에너지사용자 또는 에너지공급자가 에너지이용효율을 개선할 수 있는 경영목표를 설정하고, 이를 달성하기 위하여 인적 · 물적 자원을 일정한 절차와 방법에 따라 체계적이고 지속적으로 관리하는 경영활동체제를 말한다.

② 에너지관리시스템이란 에너지사용을 효율적으로 관리하기 위하여 센서 · 계측장비, 분석 소프트웨어 등을 설치하고 에너지사용현황을 실시간으로 모니터링하여 필요시 에너지사용을 제어할 수 있는 통합관리시스템을 말한다.

③ 에너지진단이란 에너지를 사용하거나 공급하는 시설에 대한 에너지 이용실태와 손실요인 등을 파악하여 에너지이용효율의 개선 방안을 제시하는 모든 행위를 말한다.

3) 에너지이용 합리화 기본계획 등

① 산업통상자원부장관은 5년마다 법 제4조 제1항에 따른 에너지이용 합리화에 관한 기본계획(기본계획)을 수립하여야 한다.

② 관계 행정기관의 장과 특별시장 · 광역시장 · 도지사 또는 특별자치도지사(시 · 도지사)는 매년 법 제6조 제1항에 따른 실시계획(실시계획)을 수립하고 그 계획을 해당 연도 1월 31일까지, 그 시행 결과를 다음 연도 2월 말일까지 각각 산업통상자원부장관에게 제출하여야 한다.

③ 산업통상자원부장관은 제2항에 따라 받은 시행 결과를 평가하고, 해당 관계 행정기관의 장과 시 · 도지사에게 그 평가 내용을 통보하여야 한다.

4) 에너지절약전문기업의 등록취소 등

산업통상자원부장관은 에너지절약전문기업이 다음 각 호의 어느 하나에 해당하면 그 등록을 취소하거나 이 법에 따른 지원을 중단할 수 있다. 다만, 제1호에 해당하는 경우에는 그 등록을 취소하여야 한다.

① 거짓이나 그 밖의 부정한 방법으로 에너지절약전문기업의 등록을 한 경우

② 거짓이나 그 밖의 부정한 방법으로 금융 · 세제상의 지원을 받거나 지원받은 자금을 다른 용도로 사용한 경우

③ 에너지절약전문기업으로 등록한 업체가 그 등록의 취소를 신청한 경우

④ 타인에게 자기의 성명이나 상호를 사용하여 제25조 제1항 각 호의 어느 하나에 해당하는 사업을 수행하게 하거나 산업통상자원부장관이 에너지절약전문기업에 내준 등록증을 대여한 경우

⑤ 제25조 제2항에 따른 등록기준에 미달하게 된 경우

⑥ 제66조 제1항에 따른 보고를 하지 아니하거나 거짓으로 보고한 경우 또는 같은 항에 따른 검사를 거부 · 방해 또는 기피한 경우

⑦ 정당한 사유 없이 등록한 후 3년 이내에 사업을 시작하지 아니하거나 3년 이상 계속하여 사업수행실적이 없는 경우

5) 에너지다소비사업자의 신고 등

① 에너지사용량이 대통령령으로 정하는 기준량 이상인 자(에너지다소비사업자)는 다음 각 호의 사항을 산업통상자원부령으로 정하는 바에 따라 매년 1월 31일까지 그 에너지사용시설이 있는 지역을 관할하는 시 · 도지사에게 신고하여야 한다.
   - ㉠ 전년도의 분기별 에너지사용량 · 제품생산량
   - ㉡ 해당 연도의 분기별 에너지사용예정량 · 제품생산예정량
   - ㉢ 에너지사용기자재의 현황
   - ㉣ 전년도의 분기별 에너지이용 합리화 실적 및 해당 연도의 분기별 계획
   - ㉤ 제1호부터 제4호까지의 사항에 관한 업무를 담당하는 자(에너지관리자)의 현황

② 시 · 도지사는 제1항에 따른 신고를 받으면 이를 매년 2월 말일까지 산업통상자원부장관에게 보고하여야 한다.

③ 산업통상자원부장관 및 시 · 도지사는 에너지다소비사업자가 신고한 제1항 각 호의 사항을 확인하기 위하여 필요한 경우 다음 각 호의 어느 하나에 해당하는 자에 대하여 에너지다소비사업자에게 공급한 에너지의 공급량 자료를 제출하도록 요구할 수 있다.
  ㉠ 한국전력공사
  ㉡ 한국가스공사
  ㉢ 도시가스사업법 제2조 제2호에 따른 도시가스사업자
  ㉣ 한국지역난방공사
  ㉤ 그 밖에 대통령령으로 정하는 에너지공급기관 또는 관리기관

6) 에너지진단 등

① 산업통상자원부장관은 관계 행정기관의 장과 협의하여 에너지다소비사업자가 에너지를 효율적으로 관리하기 위하여 필요한 기준(에너지관리기준)을 부문별로 정하여 고시하여야 한다.
② 에너지다소비사업자는 산업통상자원부장관이 지정하는 에너지진단전문기관(진단기관)으로부터 3년 이상의 범위에서 대통령령으로 정하는 기간마다 그 사업장에 대하여 에너지진단을 받아야 한다. 다만, 물리적 또는 기술적으로 에너지진단을 실시할 수 없거나 에너지진단의 효과가 적은 아파트 · 발전소 등 산업통상자원부령으로 정하는 범위에 해당하는 사업장은 그러하지 아니하다.
③ 산업통상자원부장관은 대통령령으로 정하는 바에 따라 에너지진단업무에 관한 자료제출을 요구하는 등 진단기관을 관리 · 감독한다.
④ 산업통상자원부장관은 자체에너지절감실적이 우수하다고 인정되는 에너지다소비사업자에 대하여는 산업통상자원부령으로 정하는 바에 따라 에너지진단을 면제하거나 에너지진단주기를 연장할 수 있다.
⑤ 산업통상자원부장관은 에너지진단 결과 에너지다소비사업자가 에너지관리기준을 지키고 있지 아니한 경우에는 에너지관리기준의 이행을 위한 지도(이하 "에너지관리지도"라 한다)를 할 수 있다.
⑥ 산업통상자원부장관은 에너지다소비사업자가 에너지진단을 받기 위하여 드는 비용의 전부 또는 일부를 지원할 수 있다. 이 경우 지원 대상 · 규모 및 절차는 대통령령으로 정한다.
⑦ 산업통상자원부장관은 진단기관에 대하여 평가하고 그 결과를 공개할 수 있다. 이 경우 평가의 기준 · 방법 및 결과의 공개에 필요한 사항은 산업통상자원부령으로 정한다.
⑧ 진단기관의 지정기준은 대통령령으로 정하고, 진단기관의 지정절차와 그 밖에 필요한 사항은 산업통상자원부령으로 정한다.
⑨ 에너지진단의 범위와 방법, 그 밖에 필요한 사항은 산업통상자원부장관이 정하여 고시한다.

7) 열사용기자재

① 법 제2조에 따른 열사용기자재

구분	품목명	적용범위
보일러	강철제 보일러, 주철제 보일러	다음 각 호의 어느 하나에 해당하는 것을 말한다. ㉠ 1종 관류보일러: 강철제 보일러 중 헤더(여러 관이 붙어 있는 용기)의 안지름이 150mm 이하이고, 전열면적이 $5m^2$ 초과 $10m^2$ 이하이며, 최고사용압력이 1MPa 이하인 관류보일러(기수분리기를 장치한 경우에는 기수분리기의 안지름이 300mm 이하이고, 그 내부 부피가 $0.07m^3$ 이하인 것만 해당한다) ㉡ 2종 관류보일러: 강철제 보일러 중 헤더의 안지름이 150mm 이하이고, 전열면적이 $5m^2$ 이하이며, 최고사용압력이 1MPa 이하인 관류보일러(기수분리기를 장치한 경우에는 기수분리기의 안지름이 200mm 이하이고, 그 내부 부피가 $0.02m^3$ 이하인 것에 한정한다) ㉢ 제1호 및 제2호 외의 금속(주철을 포함한다)으로 만든 것. 다만, 소형 온수보일러 · 구멍탄용 온수보일러 · 축열식 전기보일러 및 가정용 화목보일러는 제외한다.

구분	품목명	적용범위
보일러	소형 온수 보일러	전열면적이 $14m^2$ 이하이고, 최고사용압력이 0.35MPa 이하의 온수를 발생하는 것. 다만, 구멍탄용 온수보일러, 축열식 전기보일러, 가정용 화목보일러 및 가스사용량이 17kg/h(도시가스는 232.6kW) 이하인 가스용 온수보일러는 제외한다.
	구멍탄용 온수 보일러	연탄을 연료로 사용하여 온수를 발생시키는 것으로서 금속제만 해당한다.
	축열식 전기 보일러	심야전력을 사용하여 온수를 발생시켜 축열조에 저장한 후 난방에 이용하는 것으로서 정격(기기의 사용조건 및 성능의 범위)소비전력이 30kW 이하이고, 최고사용압력이 0.35MPa 이하인 것
	캐스 케이드 보일러	한국산업표준에 적합함을 인증받거나 가스용품의 검사에 합격한 제품으로서, 최고사용압력이 대기압을 초과하는 온수보일러 또는 온수기 2대 이상이 단일 연통으로 연결되어 서로 연동되도록 설치되며, 최대 가스사용량의 합이 17kg/h(도시가스는 232.6kW)를 초과하는 것
	가정용 화목 보일러	화목 등 목재연료를 사용하여 90℃ 이하의 난방수 또는 65℃ 이하의 온수를 발생하는 것으로서 표시 난방출력이 70kW 이하로서 옥외에 설치하는 것
태양열 집열기		태양열 집열기
압력 용기	1종 압력용기	최고사용압력(MPa)과 내부 부피(m^3)를 곱한 수치가 0.004를 초과하는 다음 각 호의 어느 하나에 해당하는 것 ㉠ 증기 그 밖의 열매체를 받아들이거나 증기를 발생시켜 고체 또는 액체를 가열하는 기기로서 용기 안의 압력이 대기압을 넘는 것 ㉡ 용기 안의 화학반응에 따라 증기를 발생시키는 용기로서 용기 안의 압력이 대기압을 넘는 것 ㉢ 용기 안의 액체의 성분을 분리하기 위하여 해당 액체를 가열하거나 증기를 발생시키는 용기로서 용기 안의 압력이 대기압을 넘는 것 ㉣ 용기 안의 액체의 온도가 대기압에서의 끓는 점을 넘는 것
압력 용기	2종 압력용기	최고사용압력이 0.2MPa를 초과하는 기체를 그 안에 보유하는 용기로서 다음 각 호의 어느 하나에 해당하는 것 ㉠ 내부 부피가 $0.04m^3$ 이상인 것 ㉡ 동체의 안지름이 200mm 이상(증기헤더의 경우에는 동체의 안지름이 300mm 초과)이고, 그 길이가 1,000mm 이상인 것
요로(窯爐 : 고온 가열 장치)	요업요로	연속식유리용융가마, 불연속식유리용융가마, 유리용융도가니가마, 터널가마, 도염식가마, 셔틀가마, 회전가마 및 석회용선가마
	금속요로	용선로, 비철금속용융로, 금속소둔로, 철금속가열로 및 금속균열로

② 다음 각 호의 어느 하나에 해당하는 열사용기자재는 제외한다.

㉠ 전기사업법 제2조 제2호에 따른 전기사업자가 설치하는 발전소의 발전전용 보일러 및 압력용기. 다만, 집단에너지사업법의 적용을 받는 발전전용 보일러 및 압력용기는 열사용기자재에 포함된다.

㉡ 철도사업법에 따른 철도사업을 하기 위하여 설치하는 기관차 및 철도차량용 보일러

㉢ 고압가스 안전관리법 및 액화석유가스의 안전관리 및 사업법에 따라 검사를 받는 보일러(캐스케이드 보일러는 제외한다) 및 압력용기

㉣ 선박안전법에 따라 검사를 받는 선박용 보일러 및 압력용기

㉤ 전기용품 및 생활용품 안전관리법 및 의료기기법의 적용을 받는 2종 압력용기

㉥ 이 규칙에 따라 관리하는 것이 부적합하다고 산업통상자원부장관이 인정하는 수출용 열사용기자재

8) 특정열사용기자재

열사용기자재 중 제조, 설치 · 시공 및 사용에서의 안전관리, 위해방지 또는 에너지이용의 효율관리가 특히 필요하다고 인정되는 것으로서 산업통상자원부령으로 정하는 열사용기자재(특정열사용기자재)의 설치 · 시공이나 세관(물이 흐르는 관 속에 낀 물때나 녹 따위를 벗겨 냄)을 업(시공업)으로 하는 자는 건설산업기본법 제9조 제1항에 따라 시 · 도지사에게 등록하여야 한다.

[특정열사용기자재 및 설치·시공범위]

구분	품목명	설치·시공범위
보일러	① 강철제 보일러 ② 주철제 보일러 ③ 온수보일러 ④ 구멍탄용 온수보일러 ⑤ 축열식 전기보일러 ⑥ 캐스케이드 보일러 ⑦ 가정용 화목보일러	해당 기기의 설치·배관 및 세관
태양열 집열기	태양열 집열기	해당 기기의 설치·배관 및 세관
압력용기	① 1종 압력용기 ② 2종 압력용기	해당 기기의 설치·배관 및 세관
요업요로	① 연속식유리용융가마 ② 불연속식유리용융가마 ③ 유리용융도가니가마 ④ 터널가마 ⑤ 도염식각가마 ⑥ 셔틀가마 ⑦ 회전가마 ⑧ 석회용선가마	해당 기기의 설치를 위한 시공
금속요로	① 용선로 ② 비철금속용융로 ③ 금속소둔로 ④ 철금속가열로 ⑤ 금속균열로	해당 기기의 설치를 위한 시공

9) 효율관리기자재

① 법 제15조 제1항에 따른 효율관리기자재
　㉠ 전기냉장고
　㉡ 전기냉방기
　㉢ 전기세탁기
　㉣ 조명기기
　㉤ 삼상유도전동기(三相誘導電動機)
　㉥ 자동차
　㉦ 그 밖에 산업통상자원부장관이 그 효율의 향상이 특히 필요하다고 인정하여 고시하는 기자재 및 설비

② 제1항 각 호의 효율관리기자재의 구체적인 범위는 산업통상자원부장관이 정하여 고시한다.

③ 법 제15조 제1항 제6호에서 산업통상자원부령으로 정하는 사항이란 다음 각 호와 같다.
　㉠ 법 제15조 제2항에 따른 효율관리시험기관 또는 자체측정의 승인을 받은 자가 측정할 수 있는 효율관리기자재의 종류, 측정 결과에 관한 시험성적서의 기재 사항 및 기재 방법과 측정 결과의 기록 유지에 관한 사항
　㉡ 이산화탄소 배출량의 표시
　㉢ 에너지비용(일정기간 동안 효율관리기자재를 사용함으로써 발생할 수 있는 예상 전기요금이나 그 밖의 에너지요금을 말한다)

10) 평균효율관리기자재

① 법 제17조 제1항에서 자동차관리법 제3조 제1항에 따른 승용자동차 등 산업통상자원부령으로 정하는 기자재란 다음 각 호의 어느 하나에 해당하는 자동차를 말한다.
　㉠ 자동차관리법 제3조 제1항 제1호에 따른 승용자동차로서 총중량이 3.5톤 미만인 자동차
　㉡ 자동차관리법 제3조 제1항 제2호에 따른 승합자동차로서 승차인원이 15인승 이하이고 총중량이 3.5톤 미만인 자동차
　㉢ 자동차관리법 제3조 제1항 제3호에 따른 화물자동차로서 총중량이 3.5톤 미만인 자동차

② 제1항에도 불구하고 다음 각 호의 어느 하나에 해당하는 자동차는 제1항에 따른 자동차에서 제외한다.
　㉠ 환자의 치료 및 수송 등 의료목적으로 제작된 자동차
　㉡ 군용자동차
　㉢ 방송·통신 등의 목적으로 제작된 자동차
　㉣ 2012년 1월 1일 이후 제작되지 아니하는 자동차
　㉤ 자동차관리법 시행규칙 별표1 제2호에 따른 특수형 승합자동차 및 특수용도형 화물자동차

11) 고효율에너지인증대상기자재

① 법 제22조 제1항에 따른 고효율에너지인증대상기자재는 다음 각 호와 같다.
　㉠ 펌프
　㉡ 산업건물용 보일러

ⓒ 무정전전원장치
ⓓ 폐열회수형 환기장치
ⓜ 발광다이오드(LED) 등 조명기기
ⓗ 그 밖에 산업통상자원부장관이 특히 에너지이용의 효율성이 높아 보급을 촉진할 필요가 있다고 인정하여 고시하는 기자재 및 설비

② 법 제22조 제1항 제5호에서 산업통상자원부령으로 정하는 사항이란 법 제22조 제2항에 따른 고효율시험기관이 측정할 수 있는 고효율에너지인증대상기자재의 종류, 측정 결과에 관한 시험성적서의 기재사항 및 기재 방법과 측정 결과의 기록 유지에 관한 사항을 말한다.

12) 검사대상기기

구분	검사대상기기	적용범위
보일러	강철제 보일러, 주철제 보일러	다음 각 호의 어느 하나에 해당하는 것은 제외한다. ① 최고사용압력이 0.1MPa 이하이고, 동체의 안지름이 300mm 이하이며, 길이가 600mm 이하인 것 ② 최고사용압력이 0.1MPa 이하이고, 전열면적이 $5m^2$ 이하인 것 ③ 2종 관류보일러 ④ 온수를 발생시키는 보일러로서 대기개방형인 것
	소형 온수보일러	가스를 사용하는 것으로서 가스사용량이 17kg/h(도시가스는 232.6kW)를 초과하는 것
	캐스케이드 보일러	산업표준화법 제12조 제1항에 따른 한국산업표준에 적합함을 인증받거나 액화석유가스의 안전관리 및 사업법 제39조 제1항에 따라 가스용품의 검사에 합격한 제품으로서, 최고사용압력이 대기압을 초과하는 온수보일러 또는 온수기 2대 이상이 단일 연통으로 연결되어 서로 연동되도록 설치되며, 최대 가스사용량의 합이 17kg/h(도시가스는 232.6kW)를 초과하는 것
압력용기	1종 압력용기	최고사용압력(MPa)과 내부 부피(m^3)를 곱한 수치가 0.004를 초과하는 다음 각 호의 어느 하나에 해당하는 것 ① 증기, 그 밖의 열매체를 받아들이거나 증기를 발생시켜 고체 또는 액체를 가열하는 기기로서 용기 안의 압력이 대기압을 넘는 것 ② 용기 안의 화학반응에 따라 증기를 발생시키는 용기로서 용기 안의 압력이 대기압을 넘는 것 ③ 용기 안의 액체의 성분을 분리하기 위하여 해당 액체를 가열하거나 증기를 발생시키는 용기로서 용기 안의 압력이 대기압을 넘는 것 ④ 용기 안의 액체의 온도가 대기압에서의 끓는 점을 넘는 것
	2종 압력용기	최고사용압력이 0.2MPa을 초과하는 기체를 그 안에 보유하는 용기로서 다음 각 호의 어느 하나에 해당하는 것 ① 내부 부피가 $0.04m^3$ 이상인 것 ② 동체의 안지름이 200mm 이상(증기헤더의 경우에는 동체의 안지름이 300mm 초과)이고, 그 길이가 1,000mm 이상인 것
요로	철금속가열로	정격용량이 0.58MW를 초과하는 것

13) 검사대상기기관리자의 자격 및 조종범위

관리자의 자격	관리범위
에너지관리기능장 또는 에너지관리기사	용량이 30t/h를 초과하는 보일러
에너지관리기능장, 에너지관리기사 또는 에너지관리산업기사	용량이 10t/h를 초과하고 30t/h 이하인 보일러
에너지관리기능장, 에너지관리기사, 에너지관리산업기사 또는 에너지관리기능사	용량이 10t/h 이하인 보일러

관리자의 자격	관리범위
에너지관리기능장, 에너지관리기사, 에너지관리산업기사, 에너지관리기능사 또는 인정검사대상기기관리자의 교육을 이수한 자	① 증기보일러로서 최고사용압력이 1MPa 이하이고, 전열면적이 $10m^2$ 이하인 것 ② 온수발생 및 열매체를 가열하는 보일러로서 용량이 581.5kW 이하인 것 ③ 압력용기

14) 교육

① 산업통상자원부장관은 에너지관리의 효율적인 수행과 특정열사용기자재의 안전관리를 위하여 에너지관리자, 시공업의 기술인력 및 검사대상기기관리자에 대하여 교육을 실시하여야 한다.

② 에너지관리자, 시공업의 기술인력 및 검사대상기기관리자는 제1항에 따라 실시하는 교육을 받아야 한다.

③ 에너지다소비사업자, 시공업자 및 검사대상기기설치자는 그가 선임 또는 채용하고 있는 에너지관리자, 시공업의 기술인력 또는 검사대상기기관리자로 하여금 제1항에 따라 실시하는 교육을 받게 하여야 한다.

④ 제1항에 따른 교육담당기관 · 교육기간 및 교육과정, 그 밖에 교육에 관하여 필요한 사항은 산업통상자원부령으로 정한다.

[에너지관리자에 대한 교육]

교육과정	교육기간	교육대상자	교육기관
에너지관리자 기본교육과정	1일	법 제31조 제1항 제1호부터 제4호까지의 사항에 관한 업무를 담당하는 사람(에너지관리자)으로 신고된 사람	한국에너지공단

[시공업의 기술인력 및 검사대상기기관리자에 대한 교육]

구분	교육과정	교육기간	교육대상자	교육기관
시공업의 기술인력	난방시공업 제1종 기술자 과정	1일	난방시공업 제1종의 기술자로 등록된 사람	한국열관리시공협회 및 전국보일러설비협회
	난방시공업 제2종, 제3종 기술자 과정	1일	난방시공업 제2종 또는 난방시공업 제3종의 기술자로 등록된 사람	
검사대상기기관리자	중 · 대형 보일러 관리자 과정	1일	검사대상기기관리자로 선임된 사람으로서 용량이 1t/h(난방용의 경우에는 5t/h)를 초과하는 강철제 보일러 및 주철제 보일러의 관리자	에너지관리공단 및 한국에너지기술인협회
	소형 보일러 · 압력용기 관리자 과정	1일	검사대상기기관리자로 선임된 사람으로서 제1호의 보일러 관리자과정의 대상이 되는 보일러 외의 보일러 및 압력용기의 관리자	

15) 벌칙

① 2년 이하의 징역 또는 2천만원 이하의 벌금
- ㉠ 에너지저장시설의 보유 또는 저장의무의 부과 시 정당한 이유 없이 이를 거부하거나 이행하지 아니한 자
- ㉡ 제7조 제2항 제1호부터 제8호까지 또는 제10호에 따른 조정 · 명령 등의 조치를 위반한 자
- ㉢ 직무상 알게 된 비밀을 누설하거나 도용한 자

② 1년 이하의 징역 또는 1천만원 이하의 벌금
- ㉠ 검사대상기기의 검사를 받지 아니한 자
- ㉡ 제39조 제5항을 위반하여 검사대상기기를 사용한 자
- ㉢ 제39조의2 제3항을 위반하여 검사대상기기를 수입한 자

③ 생산 또는 판매 금지명령을 위반한 자는 2천만원 이하의 벌금에 처한다.

④ 검사대상기기관리자를 선임하지 아니한 자는 1천만원 이하의 벌금에 처한다.

⑤ 500만원 이하의 벌금
- ㉠ 효율관리기자재에 대한 에너지사용량의 측정결과를 신고하지 아니한 자
- ㉡ 대기전력경고표지대상제품에 대한 측정결과를 신고하지 아니한 자

ⓒ 대기전력경고표지를 하지 아니한 자
ⓔ 대기전력저감우수제품임을 표시하거나 거짓 표시를 한 자
ⓜ 시정명령을 정당한 사유 없이 이행하지 아니한 자
ⓗ 제22조 제5항을 위반하여 인증 표시를 한 자

16) 과태료

① 2천만원 이하의 과태료
- 효율관리기자재에 대한 에너지소비효율등급 또는 에너지소비효율을 표시하지 아니하거나 거짓으로 표시를 한 자
- 에너지진단을 받지 아니한 에너지다소비사업자
- 한국에너지공단에 사고의 일시 · 내용 등을 통보하지 아니하거나 거짓으로 통보한 자

② 1천만원 이하의 과태료
- 에너지사용계획을 제출하지 아니하거나 변경하여 제출하지 아니한 자. 다만, 국가 또는 지방자치단체인 사업주관자는 제외한다.
- 개선명령을 정당한 사유 없이 이행하지 아니한 자
- 제66조 제1항에 따른 검사를 거부 · 방해 또는 기피한 자

③ 500만원 이하의 과태료: 제15조 제4항에 따른 광고내용이 포함되지 아니한 광고를 한 자

④ 300만원 이하의 과태료(다만, 제1호, 제4호부터 제6호까지, 제8호, 제9호 및 제9호의2부터 제9호의4까지의 경우에는 국가 또는 지방자치단체를 제외한다.)
- 에너지사용의 제한 또는 금지에 관한 조정 · 명령, 그 밖에 필요한 조치를 위반한 자
- 정당한 이유 없이 수요관리투자계획과 시행결과를 제출하지 아니한 자
- 수요관리투자계획을 수정 · 보완하여 시행하지 아니한 자
- 필요한 조치의 요청을 정당한 이유 없이 거부하거나 이행하지 아니한 공공사업주관자
- 관련 자료의 제출요청을 정당한 이유 없이 거부한 사업주관자
- 이행 여부에 대한 점검이나 실태 파악을 정당한 이유 없이 거부 · 방해 또는 기피한 사업주관자
- 자료를 제출하지 아니하거나 거짓으로 자료를 제출한 자
- 정당한 이유 없이 대기전력저감우수제품 또는 고효율에너지기자재를 우선적으로 구매하지 아니한 자
- 제31조 제1항에 따른 신고를 하지 아니하거나 거짓으로 신고를 한 자
- 냉난방온도의 유지 · 관리 여부에 대한 점검 및 실태 파악을 정당한 사유 없이 거부 · 방해 또는 기피한 자
- 시정조치명령을 정당한 사유 없이 이행하지 아니한 자
- 제39조 제7항 또는 제40조 제3항에 따른 신고를 하지 아니하거나 거짓으로 신고를 한 자
- 한국에너지공단 또는 이와 유사한 명칭을 사용한 자
- 제65조 제2항을 위반하여 교육을 받지 아니한 자 또는 같은 조 제3항을 위반하여 교육을 받게 하지 아니한 자
- 제66조 제1항에 따른 보고를 하지 아니하거나 거짓으로 보고를 한 자

⑤ 제1항부터 제4항까지의 규정에 따른 과태료는 대통령령으로 정하는 바에 따라 산업통상자원부장관이나 시 · 도지사가 부과 · 징수한다.

03 | 신에너지 및 재생에너지 개발 · 이용 · 보급 촉진법

1) 목적

이 법은 신에너지 및 재생에너지의 기술개발 및 이용 · 보급 촉진과 신에너지 및 재생에너지 산업의 활성화를 통하여 에너지원을 다양화하고, 에너지의 안정적인 공급, 에너지 구조의 환경친화적 전환 및 온실가스 배출의 감소를 추진함으로써 환경의 보전, 국가경제의 건전하고 지속적인 발전 및 국민복지의 증진에 이바지함을 목적으로 한다.

2) 정의

① 신에너지란 기존의 화석연료를 변환시켜 이용하거나 수소 · 산소 등의 화학반응을 통하여 전기 또는 열을 이용하는 에너지로서 다음 각 목의 어느 하나에 해당하는 것을 말한다.

㉠ 수소에너지

㉡ 연료전지

㉢ 석탄을 액화 · 가스화한 에너지 및 중질잔사유(重質殘渣油)를 가스화한 에너지로서 대통령령으로 정하는 기준 및 범위에 해당하는 에너지

㉣ 그 밖에 석유 · 석탄 · 원자력 또는 천연가스가 아닌 에너지로서 대통령령으로 정하는 에너지

② 재생에너지란 햇빛 · 물 · 지열 · 강수 · 생물유기체 등을 포함하는 재생 가능한 에너지를 변환시켜 이용하는 에너지로서 다음 각 목의 어느 하나에 해당하는 것을 말한다.

㉠ 태양에너지

㉡ 풍력

㉢ 수력

㉣ 해양에너지

㉤ 지열에너지

㉥ 생물자원을 변환시켜 이용하는 바이오에너지로서 대통령령으로 정하는 기준 및 범위에 해당하는 에너지

㉦ 폐기물에너지(비재생폐기물로부터 생산된 것은 제외한다)로서 대통령령으로 정하는 기준 및 범위에 해당하는 에너지

㉧ 그 밖에 석유 · 석탄 · 원자력 또는 천연가스가 아닌 에너지로서 대통령령으로 정하는 에너지

③ 신에너지 및 재생에너지 설비(신 · 재생에너지 설비)란 신에너지 및 재생에너지(신 · 재생에너지)를 생산 또는 이용하거나 신 · 재생에너지의 전력계통 연계조건을 개선하기 위한 설비로서 산업통상자원부령으로 정하는 것을 말한다(시행규칙 제2조).

㉠ 수소에너지 설비: 물이나 그 밖에 연료를 변환시켜 수소를 생산하거나 이용하는 설비

㉡ 연료전지 설비: 수소와 산소의 전기화학 반응을 통하여 전기 또는 열을 생산하는 설비

㉢ 석탄을 액화 · 가스화한 에너지 및 중질잔사유(重質殘渣油)를 가스화한 에너지 설비: 석탄 및 중질잔사유의 저급 연료를 액화 또는 가스화시켜 전기 또는 열을 생산하는 설비

㉣ 태양에너지 설비

가. 태양열 설비: 태양의 열에너지를 변환시켜 전기를 생산하거나 에너지원으로 이용하는 설비

나. 태양광 설비: 태양의 빛에너지를 변환시켜 전기를 생산하거나 채광에 이용하는 설비

㉤ 풍력 설비: 바람의 에너지를 변환시켜 전기를 생산하는 설비

㉥ 수력 설비: 물의 유동 에너지를 변환시켜 전기를 생산하는 설비

㉦ 해양에너지 설비: 해양의 조수, 파도, 해류, 온도차 등을 변환시켜 전기 또는 열을 생산하는 설비

㉧ 지열에너지 설비: 물, 지하수 및 지하의 열 등의 온도차를 변환시켜 에너지를 생산하는 설비

㉨ 바이오에너지 설비: 바이오에너지를 생산하거나 이를 에너지원으로 이용하는 설비

㉩ 폐기물에너지 설비: 폐기물을 변환시켜 연료 및 에너지를 생산하는 설비

㉪ 수열에너지 설비: 물의 열을 변환시켜 에너지를 생산하는 설비

㉫ 전력저장 설비: 신 · 재생에너지를 이용하여 전기를 생산하는 설비와 연계된 전력저장 설비

④ 신 · 재생에너지 발전이란 신 · 재생에너지를 이용하여 전기를 생산하는 것을 말한다.

⑤ 신 · 재생에너지 발전사업자란 전기사업법 제2조 제4호에 따른 발전사업자 또는 같은 조 제19호에 따른 자가용전기설비를 설치한 자로서 신 · 재생에너지 발전을 하는 사업자를 말한다.

3) 기본계획의 수립

① 산업통상자원부장관은 관계 중앙행정기관의 장과 협의를 한 후 제8조에 따른 신 · 재생에너지정책심의회의 심의를 거쳐 신 · 재생에너지의 기술개발 및 이용 · 보급을 촉진하기 위한 기본계획을 5년마다 수립하여야 한다.

② 기본계획의 계획기간은 10년 이상으로 하며, 기본계획에는 다음 각 호의 사항이 포함되어야 한다.
  ㉠ 기본계획의 목표 및 기간
  ㉡ 신 · 재생에너지원별 기술개발 및 이용 · 보급의 목표
  ㉢ 총전력생산량 중 신 · 재생에너지 발전량이 차지하는 비율의 목표
  ㉣ 에너지법 제2조 제10호에 따른 온실가스의 배출 감소 목표
  ㉤ 기본계획의 추진방법
  ㉥ 신 · 재생에너지 기술수준의 평가와 보급전망 및 기대효과
  ㉦ 신 · 재생에너지 기술개발 및 이용 · 보급에 관한 지원 방안
  ㉧ 신 · 재생에너지 분야 전문인력 양성계획
  ㉨ 직전 기본계획에 대한 평가
  ㉩ 그 밖에 기본계획의 목표달성을 위하여 산업통상자원부장관이 필요하다고 인정하는 사항

③ 산업통상자원부장관은 신 · 재생에너지의 기술개발 동향, 에너지 수요 · 공급 동향의 변화, 그 밖의 사정으로 인하여 수립된 기본계획을 변경할 필요가 있다고 인정하면 관계 중앙행정기관의 장과 협의를 한 후 제8조에 따른 신 · 재생에너지정책심의회의 심의를 거쳐 그 기본계획을 변경할 수 있다.

04 | 기계설비법

1) 목적

이 법은 기계설비산업의 발전을 위한 기반을 조성하고 기계설비의 안전하고 효율적인 유지관리를 위하여 필요한 사항을 정함으로써 국가경제의 발전과 국민의 안전 및 공공복리 증진에 이바지함을 목적으로 한다.

2) 정의

① 기계설비란 건축물, 시설물 등(건축물등)에 설치된 기계 · 기구 · 배관 및 그 밖에 건축물등의 성능을 유지하기 위한 설비로서 대통령령으로 정하는 설비를 말한다.

② 기계설비산업이란 기계설비 관련 연구개발, 계획, 설계, 시공, 감리, 유지관리, 기술진단, 안전관리 등의 경제활동을 하는 산업을 말한다.

③ 기계설비사업이란 기계설비 관련 활동을 수행하는 사업을 말한다.

④ 기계설비사업자란 기계설비사업을 경영하는 자를 말한다.

⑤ 기계설비기술자란 국가기술자격법, 건설기술 진흥법 또는 대통령령으로 정하는 법령에 따라 기계설비 관련 분야의 기술자격을 취득하거나 기계설비에 관한 기술 또는 기능을 인정받은 사람을 말한다.

⑥ 기계설비유지관리자란 기계설비 유지관리(기계설비의 점검 및 관리를 실시하고 운전 · 운용하는 모든 행위를 말한다)를 수행하는 자를 말한다.

3) 기계설비의 착공 전 확인과 사용 전 검사

① 대통령령으로 정하는 기계설비공사를 발주한 자는 해당 공사를 시작하기 전에 전체 설계도서 중 기계설비에 해당하는 설계도서를 특별자치시장 · 특별자치도지사 · 시장 · 군수 · 구청장(자치구의 구청장을 말한다. 이하 같다)에게 제출하여 기술기준에 적합한지를 확인받아야 하며, 그 공사를 끝냈을 때에는 특별자치시장 · 특별자치도지사 · 시장 · 군수 · 구청장의 사용 전 검사를 받고 기계설비를 사용하여야 한다. 다만, 건축법 제21조 및 제22조에 따른 착공신고 및 사용승인 과정에서 기술기준에 적합한지 여부를 확인받은 경우에는 이 법에 따른 착공 전 확인 및 사용 전 검사를 받은 것으로 본다.

② 특별자치시장 · 특별자치도지사 · 시장 · 군수 · 구청장은 필요한 경우 기계설비공사를 발주한 자에게 제1항에 따른 착공 전 확인과 사용 전 검사에 관한 자료의 제출을 요구할 수 있다. 이 경우 기계설비공사를 발주한 자는 특별한 사유가 없으면 자료를 제출하여야 한다.

③ 제1항에 따른 착공 전 확인과 사용 전 검사의 절차, 방법 등은 대통령령으로 정한다.

4) 기계설비의 착공 전 확인과 사용 전 검사 대상 공사

법 제15조 제1항 본문에서 대통령령으로 정하는 기계설비공사란 다음에 해당하는 건축물(건축법 제11조에 따른 건축허가를 받으려거나 같은 법 제14조에 따른 건축신고를 하려는 건축물로 한정하며, 다른 법령에 따라

건축허가 또는 건축신고가 의제되는 행정처분을 받으려는 건축물을 포함한다) 또는 시설물에 대한 기계설비공사를 말한다.

① 용도별 건축물 중 연면적 10,000m^2 이상인 건축물(건축법에 따른 창고시설은 제외한다)
② 에너지를 대량으로 소비하는 다음 각 목의 어느 하나에 해당하는 건축물
　㉠ 냉동·냉장, 항온·항습 또는 특수청정을 위한 특수설비가 설치된 건축물로서 해당 용도에 사용되는 바닥면적의 합계가 500m^2 이상인 건축물
　㉡ 건축법 시행령에 따른 아파트 및 연립주택
　㉢ 다음의 어느 하나에 해당하는 건축물로서 해당 용도에 사용되는 바닥면적의 합계가 500m^2 이상인 건축물
　　• 건축법 시행령에 따른 목욕장
　　• 건축법 시행령에 따른 놀이형시설(물놀이를 위하여 실내에 설치된 경우로 한정한다) 및 운동장(실내에 설치된 수영장과 이에 딸린 건축물로 한정한다)
　㉣ 다음의 어느 하나에 해당하는 건축물로서 해당 용도에 사용되는 바닥면적의 합계가 2,000m^2 이상인 건축물
　　• 건축법 시행령에 따른 기숙사
　　• 건축법 시행령에 따른 의료시설
　　• 건축법 시행령에 따른 유스호스텔
　　• 건축법 시행령에 따른 숙박시설
　㉤ 다음의 어느 하나에 해당하는 건축물로서 해당 용도에 사용되는 바닥면적의 합계가 3,000m^2 이상인 건축물
　　• 건축법 시행령에 따른 판매시설
　　• 건축법 시행령에 따른 연구소
　　• 건축법 시행령에 따른 업무시설
③ 지하역사 및 연면적 2,000m^2 이상인 지하도상가(연속되어 있는 둘 이상의 지하도상가의 연면적 합계가 2,000m^2 이상인 경우를 포함한다)

5) 기계설비의 착공 전 확인

① 법 제15조 제1항 본문에 따라 기계설비에 해당하는 설계도서가 법 제14조 제1항에 따른 기술기준에 적합한지를 확인받으려는 자는 국토교통부령으로 정하는 기계설비공사 착공 전 확인신청서를 해당 기계설비공사를 시작하기 전에 특별자치시장·특별자치도지사·시장·군수·구청장(시장·군수·구청장)에게 제출해야 한다.
② 시장·군수·구청장은 제1항에 따른 기계설비공사 착공 전 확인신청서를 받은 경우에는 해당 설계도서의 내용이 기술기준에 적합한지를 확인해야 한다.
③ 시장·군수·구청장은 제2항에 따른 확인을 마친 경우에는 국토교통부령으로 정하는 기계설비공사 착공 전 확인 결과 통보서에 검토의견 등을 적어 해당 신청인에게 통보해야 하며, 해당 설계도서의 내용이 기술기준에 미달하는 등 시공에 부적합하다고 인정하는 경우에는 보완이 필요한 사항을 함께 적어 통보해야 한다.
④ 시장·군수·구청장은 제3항에 따라 기계설비공사 착공 전 확인 결과를 통보한 경우에는 그 내용을 기록하고 관리해야 한다.

6) 착공 전 확인 등

① 영 제12조 제1항에 따른 기계설비공사 착공 전 확인신청서는 별지 제4호 서식에 따르며, 신청인은 이를 제출할 때에는 다음 각 호의 서류를 첨부해야 한다.
　㉠ 기계설비공사 설계도서 사본
　㉡ 기계설비설계자 등록증 사본
　㉢ 건축법 등 관계 법령에 따라 기계설비에 대한 감리업무를 수행하는 자가 확인한 기계설비 착공 적합 확인서
② 영 제12조 제3항에 따른 기계설비공사 착공 전 확인 결과 통보서는 별지 제5호 서식에 따른다.
③ 특별자치시장·특별자치도지사·시장·군수·구청장은 영 제12조 제4항에 따라 기계설비공사 착공 전 확인 결과의 내용을 기록하고 관리하는 경우에는 별지 제6호서식의 기계설비공사 착공 전 확인 업무 관리대장에 일련번호 순으로 기록해야 한다.

7) 기계설비의 사용 전 검사

① 법 제15조 제1항 본문에 따라 사용 전 검사를 받으려는 자는 국토교통부령으로 정하는 기계설비 사용 전 검사신청서를 시장·군수·구청장에게 제출해야 한다. 이 경우 해당 기계설비가 다음 각 호의 어느 하나에 해당하는 경우에는 그 검사 결과를 함께 제출할 수 있다.

㉠ 에너지이용 합리화법에 따른 검사대상기기 검사에 합격한 경우
㉡ 고압가스 안전관리법에 따른 완성검사에 합격한 경우(같은 항 단서에 따라 감리적합판정을 받은 경우를 포함한다)

② 시장·군수·구청장은 제1항 각 호 외의 부분 전단에 따른 기계설비 사용 전 검사신청서를 받은 경우에는 해당 기계설비가 기술기준에 적합한지를 검사해야 한다. 이 경우 검사 대상 기계설비 중 제1항 각 호 외의 부분 후단에 따라 합격한 검사 결과가 제출된 기계설비 부분에 대해서는 기술기준에 적합한 것으로 검사해야 한다.

③ 시장·군수·구청장은 제2항에 따른 검사 결과 해당 기계설비가 기술기준에 적합하다고 인정하는 경우에는 국토교통부령으로 정하는 기계설비 사용 전 검사 확인증을 해당 신청인에게 발급해야 한다.

④ 시장·군수·구청장은 제2항에 따른 검사 결과 해당 기계설비가 기술기준에 미달하는 등 사용에 부적합하다고 인정하는 경우에는 그 사유와 보완기한을 명시하여 보완을 지시해야 한다.

⑤ 시장·군수·구청장은 제4항에 따른 보완 지시를 받은 자가 보완기한까지 보완을 완료한 경우에는 제1항에 따른 신청 절차를 다시 거치지 않고 제2항 및 제3항에 따라 사용 전 검사를 다시 실시하여 기계설비 사용 전 검사 확인증을 발급할 수 있다.

8) 사용 전 검사 등

① 영 제13조제1항 각 호 외의 부분 전단에 따른 기계설비 사용 전 검사신청서는 별지 제7호 서식에 따르며, 신청인은 이를 제출할 때에는 다음 각 호의 서류를 첨부해야 한다.
㉠ 기계설비공사 준공설계도서 사본
㉡ 건축법 등 관계 법령에 따라 기계설비에 대한 감리업무를 수행한 자가 확인한 기계설비 사용 적합 확인서
㉢ 영 제13조 제1항 각 호에 대한 검사 결과서(해당하는 검사 결과가 있는 경우로 한정한다)

② 영 제13조 제3항에 따른 기계설비 사용 전 검사 확인증은 별지 제8호 서식에 따른다.

③ 시장·군수·구청장은 영 제13조 제3항에 따라 기계설비 사용 전 검사 확인증을 발급한 경우에는 별지 제9호서식의 기계설비 사용 전 검사 확인증 발급대장에 일련번호 순으로 기록해야 한다.

9) 기계설비유지관리자 선임 등

① 관리주체는 국토교통부령으로 정하는 바에 따라 기계설비유지관리자를 선임하여야 한다. 다만, 제18조에 따라 기계설비유지관리업무를 위탁한 경우 기계설비유지관리자를 선임한 것으로 본다.

② 제1항에 따라 기계설비유지관리자를 선임한 관리주체는 정당한 사유 없이 대통령령으로 정하는 일정 횟수 이상 제20조제1항에 따른 유지관리교육을 받지 아니한 기계설비유지관리자를 해임하여야 한다.

③ 관리주체가 기계설비유지관리자를 선임 또는 해임한 경우 국토교통부령으로 정하는 바에 따라 지체 없이 그 사실을 특별자치시장·특별자치도지사·시장·군수·구청장에게 신고하여야 한다. 신고된 사항 중 국토교통부령으로 정하는 사항이 변경된 경우에도 또한 같다.

④ 제3항에 따라 기계설비유지관리자의 선임신고를 한 자가 선임신고증명서의 발급을 요구하는 경우에는 특별자치시장·특별자치도지사·시장·군수·구청장은 국토교통부령으로 정하는 바에 따라 선임신고증명서를 발급하여야 한다.

⑤ 제3항에 따라 기계설비유지관리자의 해임신고를 한 자는 해임한 날부터 30일 이내에 기계설비유지관리자를 새로 선임하여야 한다.

⑥ 특별자치시장·특별자치도지사·시장·군수·구청장은 제3항에 따른 신고를 받은 경우에는 그 사실을 국토교통부장관에게 통보하여야 한다.

⑦ 기계설비유지관리자의 자격과 등급은 대통령령으로 정한다.

⑧ 기계설비유지관리자는 근무처·경력·학력 및 자격 등(근무처 및 경력등)의 관리에 필요한 사항을 국토교통부장관에게 신고하여야 한다. 신고사항이 변경된 경우에도 같다.

⑨ 국토교통부장관은 제8항에 따른 신고를 받은 경우에는 근무처 및 경력등에 관한 기록을 유지·관리하여야 하고, 신고내용을 토대로 기계설비유지관리자의 등급을 확인하여야 하며, 기계설비유지관리자가 신청하면 기계설비유지관리자의 근무처 및 경력등에 관한 증명서를 발급할 수 있다.

⑩ 국토교통부장관은 제8항에 따라 신고받은 내용을 확인하기 위하여 필요한 경우에는 중앙행정기관, 지방자치단체, 초 · 중등교육법 제2조 및 고등교육법 제2조에 따른 학교 등 관계 기관 · 단체의 장과 관리주체 및 신고한 기계설비유지관리자가 소속된 기계설비 관련 업체 등에 관련 자료를 제출하여 줄 것을 요청할 수 있다. 이 경우 요청을 받은 기관 · 단체의 장 등은 특별한 사유가 없으면 요청에 따라야 한다.

⑪ 국토교통부장관은 대통령령으로 정하는 바에 따라 기계설비유지관리자의 근무처 및 경력등과 제20조에 따른 유지관리교육 결과를 평가하여 제7항에 따른 등급을 조정할 수 있다.

⑫ 국토교통부장관은 제8항부터 제11항까지의 업무를 대통령령으로 정하는 바에 따라 관계 기관 및 단체에 위탁할 수 있다.

⑬ 제8항부터 제10항까지의 규정에 따른 기계설비유지관리자의 신고, 등급 확인, 증명서의 발급 · 관리 등에 필요한 사항은 국토교통부령으로 정한다.

10) 기계설비 유지관리에 대한 점검 및 확인 등

① 법 제17조 제1항에서 대통령령으로 정하는 일정 규모 이상의 건축물등이란 다음 각 호의 건축물, 시설물 등(건축물등)을 말한다.

㉠ 건축법 제2조 제2항에 따라 구분된 용도별 건축물 중 연면적 1만제곱미터 이상의 건축물(같은 항 제2호 및 제18호에 따른 공동주택 및 창고시설은 제외한다)

㉡ 건축법 제2조 제2항 제2호에 따른 공동주택 중 다음 각 목의 어느 하나에 해당하는 공동주택

가. 500세대 이상의 공동주택

나. 300세대 이상으로서 중앙집중식 난방방식(지역난방방식을 포함한다)의 공동주택

㉢ 다음 각 목의 건축물등 중 해당 건축물등의 규모를 고려하여 국토교통부장관이 정하여 고시하는 건축물등

가. 시설물의 안전 및 유지관리에 관한 특별법에 따른 시설물

나. 학교시설사업 촉진법에 따른 학교시설

다. 실내공기질 관리법에 따른 지하역사 및 지하도상가

라. 중앙행정기관의 장, 지방자치단체의 장 및 그 밖에 국토교통부장관이 정하는 자가 소유하거나 관리하는 건축물등

② 법 제17조 제3항에서 대통령령으로 정하는 기간이란 10년을 말한다.

11) 기계설비유지관리자의 선임

① 법 제17조 제1항에 따른 관리주체가 법 제19조 제1항 본문에 따라 기계설비유지관리자를 선임하는 경우 그 선임기준은 다음과 같다.

구분	선임대상	선임자격	선임 인원
1. 영 제14조 제1항 제1호에 해당하는 용도별 건축물	가. 연면적 60,000m^2 이상	특급 책임기계설비 유지관리자	1
		보조기계설비 유지관리자	1
	나. 연면적 30,000m^2 이상 연면적 60,000m^2 미만	고급 책임기계설비 유지관리자	1
		보조기계설비 유지관리자	1
	다. 연면적 15,000m^2 이상 연면적 30,000m^2 미만	중급 책임기계설비 유지관리자	1
	라. 연면적 10,000m^2 이상 연면적 15,000m^2 미만	초급 책임기계설비 유지관리자	1
2. 영 제14조 제1항 제2호에 해당하는 공동주택	가. 3,000세대 이상	특급 책임기계설비 유지관리자	1
		보조기계설비 유지관리자	1
	나. 2,000세대 이상 3,000세대 미만	고급 책임기계설비 유지관리자	1
		보조기계설비 유지관리자	1
	다. 1,000세대 이상 2,000세대 미만	중급 책임기계설비 유지관리자	1

구분	선임대상	선임자격	선임 인원
2. 영 제14조 제1항 제2호에 해당하는 공동주택	라. 500세대 이상 1,000세대 미만	초급 책임기계설비 유지관리자	1
	마. 300세대 이상 500세대 미만으로서 중앙집중식 난방방식(지역난방 방식을 포함한다)의 공동주택	초급 책임기계설비 유지관리자	1
3. 영 제14조 제1항 제3호에 해당하는 건축물등(같은 항 제1호 및 제2호에 해당하는 건축물은 제외한다)	영 제14조 제1항 제3호에 해당하는 건축물등(같은 항 제1호 및 제2호에 해당하는 건축물은 제외한다)	건축물의 용도, 면적, 특성 등을 고려하여 국토교통부장관이 정하여 고시하는 기준에 해당하는 초급 책임기계설비 유지관리자 또는 보조기계설비 유지관리자	1

② 관리주체는 제1항에 따라 기계설비유지관리자를 선임하는 경우 다음 각 호의 구분에 따른 날부터 30일 이내에 선임해야 한다.

㉠ 신축 · 증축 · 개축 · 재축 및 대수선으로 기계설비유지관리자를 선임해야 하는 경우: 해당 건축물 · 시설물 등(건축물등)의 완공일(건축법 등 관계 법령에 따라 사용승인 및 준공인가 등을 받은 날을 말한다)

㉡ 용도변경으로 기계설비유지관리자를 선임해야 하는 경우: 용도변경 사실이 건축물관리대장에 기재된 날

㉢ 법 제19조 제1항 단서에 따라 기계설비유지관리업무를 위탁한 경우로서 그 위탁 계약이 해지 또는 종료된 경우: 기계설비 유지관리업무의 위탁이 끝난 날

12) 기계설비유지관리자의 교육 등

① 영 제16조 제2항에 따라 법 제20조 제1항에 따른 기계설비 유지관리에 관한 교육(유지관리교육)에 관한 업무를 위탁받은 자(유지관리교육 수탁기관)는 교육의 종류별 · 대상자별 및 지역별로 다음 연도의 교육 실시계획을 수립하여 매년 12월 31일까지 국토교통부장관에게 보고해야 한다.

② 법 제20조 제1항에 따라 유지관리교육을 받으려는 기계설비유지관리자는 별지 제10호 서식의 유지관리교육 신청서를 유지관리교육 수탁기관에 제출해야 한다.

③ 유지관리교육 수탁기관은 제2항에 따라 유지관리교육 신청서를 받은 경우 교육 실시 10일 전까지 해당 신청인에게 교육장소와 교육날짜를 통보해야 한다.

④ 유지관리교육 수탁기관은 유지관리교육을 이수한 사람에게 별지 제11호 서식의 유지관리교육 수료증을 발급하고, 별지 제12호 서식의 유지관리교육 수료증 발급대장에 그 사실을 적고 관리해야 한다.

13) 기계설비성능점검업자의 지위승계

① 다음 각 호의 어느 하나에 해당하는 자는 기계설비성능점검업자의 지위를 승계한다. 다만, 제2호 및 제3호에 해당하는 자가 제22조 제1항 각 호의 어느 하나에 해당하는 경우에는 그러하지 아니하다.

㉠ 기계설비성능점검업자가 사망한 경우 그 상속인

㉡ 기계설비성능점검업자가 그 영업을 양도하는 경우 그 양수인

㉢ 법인인 기계설비성능점검업자가 합병하는 경우 합병 후 존속하는 법인이나 합병에 따라 설립되는 법인

② 제1항에 따라 기계설비성능점검업자의 지위를 승계한 자는 국토교통부령으로 정하는 바에 따라 30일 이내에 시 · 도지사에게 신고하여야 한다.

③ 시 · 도지사는 제2항에 따른 신고를 받은 날부터 10일 이내에 신고 수리 여부 또는 민원 처리 관련 법령에 따른 처리기간의 연장을 통지하여야 한다.

④ 시 · 도지사가 제3항에서 정한 기간 내에 신고수리 여부 또는 민원 처리 관련 법령에 따른 처리기간의 연장을 신고인에게 통지하지 아니하면 그 기간(민원처리 관련 법령에 따라 처리기간이 연장 또는 재연장된 경우에는 해당 처리기간을 말한다)이 끝난 날의 다음 날에 신고를 수리한 것으로 본다.

⑤ 제1항에 따라 기계설비성능점검업자의 지위를 승계한 상속인이 제22조 제1항 각 호의 어느 하나에 해당하는 경우에는 상속받은 날부터 6개월 이내에 다른 사람에게 그 기계설비성능점검업자의 지위를 양도하여야 한다.

14) 기계설비성능점검업의 변경등록 사항

법 제21조 제2항에서 대통령령으로 정하는 사항이란 다음 각 호의 어느 하나에 해당하는 사항을 말한다.

㉠ 상호
㉡ 대표자
㉢ 영업소 소재지
㉣ 기술인력

15) 기계설비성능점검업의 휴업 · 폐업 등

① 법 제21조 제1항에 따라 기계설비성능점검업을 등록한 자(기계설비성능점검업자)는 같은 조 제5항 전단에 따라 휴업 또는 폐업의 신고를 하려는 경우에는 그 휴업 또는 폐업한 날부터 30일 이내에 국토교통부령으로 정하는 휴업 · 폐업신고서를 시 · 도지사에게 제출해야 한다.

② 시 · 도지사는 법 제21조 제5항 후단에 따라 기계설비성능점검업 등록을 말소한 경우에는 다음 각 호의 사항을 해당 특별시 · 광역시 · 특별자치시 · 도 또는 특별자치도의 인터넷 홈페이지에 게시해야 한다.

㉠ 등록말소 연월일
㉡ 상호
㉢ 주된 영업소의 소재지
㉣ 말소 사유

16) 기계설비성능점검업의 휴업 · 폐업 신고

① 영 제19조 제1항에 따른 휴업 · 폐업신고서는 별지 제19호 서식에 따르며, 신고인은 이를 제출할 때에는 기계설비성능점검업 등록증 및 등록수첩을 첨부해야 한다.

② 시 · 도지사는 제1항에 따라 휴업 또는 폐업 신고를 받은 때에는 전자정부법 제36조 제1항에 따른 행정정보의 공동이용을 통하여 부가가치세법에 따라 관할 세무서에 신고한 폐업사실증명 또는 사업자등록증명을 확인해야 한다. 다만, 신고인이 확인에 동의하지 않은 경우에는 해당 서류를 첨부하도록 해야 한다.

17) 기계설비성능점검업의 지위승계신고 등

① 기계설비성능점검업자의 지위를 승계한 자(지위승계자)는 법 제21조의2 제2항에 따라 별지 제20호서식의 기계설비성능점검업 지위승계신고서에 다음 각 호의 서류를 첨부하여 시 · 도지사에게 제출해야 한다.

㉠ 지위승계 사실을 증명하는 서류
㉡ 피상속인, 양도인 또는 합병 전 법인의 기계설비성능점검업 등록증 및 등록수첩

② 시 · 도지사는 제1항에 따른 신고서를 받은 때에는 전자정부법 제36조 제1항에 따라 행정정보의 공동이용을 통하여 다음 각 호의 서류를 확인해야 한다. 다만, 신고인이 해당 서류의 확인에 동의하지 않은 경우에는 해당 서류를 첨부하게 해야 한다.

㉠ 사업자등록증명
㉡ 출입국관리법 제88조 제2항에 따른 외국인등록 사실증명[지위승계자(법인인 경우에는 대표자를 포함한 임원을 말한다)가 외국인인 경우만 해당한다]
㉢ 기술인력의 국민연금가입 증명서 또는 건강보험자격취득 확인서
㉣ 양도인의 국세 및 지방세납세증명서(양도 · 양수의 경우만 해당한다)

③ 시 · 도지사는 법 제21조의2 제3항에 따라 신고를 수리한 때에는(법 제21조의2 제4항에 따라 신고가 수리된 것으로 보는 경우를 포함한다) 지위승계자에게 별지 제15호 서식의 기계설비성능점검업 등록증 및 별지 제16호서식의 기계설비성능점검업 등록수첩을 새로 발급하고, 별지 제17호 서식의 기계설비성능점검업 등록대장에 지위승계에 관한 사항을 적고 관리해야 한다.

18) 전문인력 양성 및 교육훈련

① 전문인력 양성기관의 장은 법 제9조 제4항 전단에 따라 다음 연도의 전문인력 양성 및 교육훈련에 관한 계획을 수립하여 매년 11월 30일까지 국토교통부장관에게 제출해야 한다.

② 제1항에 따른 전문인력 양성 및 교육훈련에 관한 계획에는 다음 각 호의 사항이 포함되어야 한다.

㉠ 교육훈련의 기본방향
㉡ 교육훈련 추진계획에 관한 사항
㉢ 교육훈련의 재원 조달 방안에 관한 사항
㉣ 그 밖에 교육훈련을 위하여 필요한 사항

③ 국토교통부장관 또는 전문인력 양성기관의 장은 전문인력 교육훈련을 이수한 사람에게 교육수료증을 발급해야 한다.

19) 등록의 결격사유 및 취소 등

① 다음 각 호의 어느 하나에 해당하는 자는 제21조 제1항에 따른 등록을 할 수 없다.
㉠ 피성년후견인
㉡ 파산선고를 받고 복권되지 아니한 사람
㉢ 이 법을 위반하여 징역 이상의 실형을 선고받고 그 집행이 종료(집행이 종료된 것으로 보는 경우를 포함한다)되거나 집행이 면제된 날부터 2년이 지나지 아니한 사람
㉣ 이 법을 위반하여 징역 이상의 형의 집행유예를 선고받고 그 유예기간 중에 있는 사람
㉤ 제2항에 따라 등록이 취소(제1호 또는 제2호의 결격사유에 해당하여 등록이 취소된 경우는 제외한다)된 날부터 2년이 지나지 아니한 자(법인인 경우 그 등록취소의 원인이 된 행위를 한 사람과 대표자를 포함한다)
㉥ 대표자가 제1호부터 제5호까지의 어느 하나에 해당하는 법인

② 시 · 도지사는 기계설비성능점검업자가 다음 각 호의 어느 하나에 해당하는 경우에는 그 등록을 취소하거나 대통령령으로 정하는 바에 따라 1년 이내의 기간을 정하여 영업의 전부 또는 일부의 정지를 명할 수 있다. 다만, 제1호부터 제5호까지의 어느 하나에 해당하는 경우에는 그 등록을 취소하여야 한다.
㉠ 거짓이나 그 밖의 부정한 방법으로 등록한 경우
㉡ 최근 5년간 3회 이상 업무정지 처분을 받은 경우
㉢ 업무정지기간에 기계설비성능점검 업무를 수행한 경우. 다만, 등록취소 또는 업무정지의 처분을 받기 전에 체결한 용역계약에 따른 업무를 계속한 경우는 제외한다.
㉣ 기계설비성능점검업자로 등록한 후 제1항에 따른 결격사유에 해당하게 된 경우(제1항 제6호에 해당하게 된 법인이 그 대표자를 6개월 이내에 결격사유가 없는 다른 대표자로 바꾸어 임명하는 경우는 제외한다)
㉤ 제21조 제1항에 따른 대통령령으로 정하는 요건에 미달한 날부터 1개월이 지난 경우
㉥ 제21조 제2항에 따른 변경등록을 하지 아니한 경우
㉦ 제21조 제3항에 따라 발급받은 등록증을 다른 사람에게 빌려 준 경우

20) 벌칙

다음 각 호의 어느 하나에 해당하는 자는 1년 이하의 징역 또는 1천만원 이하의 벌금에 처한다.

① 착공 전 확인을 받지 아니하고 기계설비공사를 발주한 자 또는 사용 전 검사를 받지 아니하고 기계설비를 사용한 자
② 등록을 하지 아니하거나 변경등록을 하지 아니하고 기계설비성능점검 업무를 수행한 자
③ 거짓이나 그 밖의 부정한 방법으로 등록을 하거나 변경등록을 한 자
④ 기계설비성능점검업 등록증을 다른 사람에게 빌려주거나, 빌리거나, 이러한 행위를 알선한 자

21) 과태료

① 500만원 이하의 과태료
㉠ 유지관리기준을 준수하지 아니한 자
㉡ 점검기록을 작성하지 아니하거나 거짓으로 작성한 자
㉢ 점검기록을 보존하지 아니한 자
㉣ 기계설비유지관리자를 선임하지 아니한 자

② 100만원 이하의 과태료
㉠ 착공 전 확인과 사용 전 검사에 관한 자료를 특별자치시장 · 특별자치도지사 · 시장 · 군수 · 구청장에게 제출하지 아니한 자
㉡ 점검기록을 특별자치시장 · 특별자치도지사 · 시장 · 군수 · 구청장에게 제출하지 아니한 자

㉢ 유지관리교육을 받지 아니한 사람을 해임하지 아니한 자
㉣ 제19조 제3항에 따른 신고를 하지 아니하거나 거짓으로 신고한 자
㉤ 유지관리교육을 받지 아니한 사람
㉥ 제21조의2 제2항에 따른 신고를 하지 아니하거나 거짓으로 신고한 자
㉦ 제22조의2 제2항에 따른 서류를 거짓으로 제출한 자

③ 과태료는 대통령령으로 정하는 바에 따라 국토교통부장관 또는 관할 지방자치단체의 장이 부과 · 징수한다.

05 CHAPTER 신 · 재생에너지

01 | 신 · 재생에너지

우리나라는 "신에너지 및 재생에너지 개발 · 이용 · 보급촉진법" 제2조의 규정에 의거 "기존의 화석연료를 변환시켜 이용하거나 햇빛 · 물 · 지열 · 강수 · 생물유기체 등을 포함하여 재생 가능한 에너지를 변환시켜 이용하는 에너지"로 정의하고 11개 분야로 구분하고 있다.

[신 · 재생에너지원의 종류(11개 분야)]

분류	종류
신에너지 (3개 분야)	연료전지, 수소에너지, 석탄액화가스화(중질잔사유가스화)
재생에너지 (8개 분야)	태양광, 태양열, 풍력, 지열, 소수력, 해양에너지, 바이오에너지, 폐기물에너지

02 | 태양광 발전

1) 태양에너지의 장점

① 태양에너지는 무한하다.
② 태양에너지는 무공해자원이다.
③ 지역적인 편재성이 없다.
④ 유지보수가 용이, 무인화가 가능하다.
⑤ 수명이 길다(약 20년 이상).

2) 태양에너지의 단점

① 에너지의 밀도가 낮다.
② 태양에너지는 간헐적이다.
③ 전력생산량이 지역별 일사량에 의존한다.
④ 설치장소가 한정적이고, 시스템 비용이 고가이다.
⑤ 초기 투자비와 발전단가가 높다.

3) 태양광 발전시스템의 에너지 평가 시 주요 확인사항

① 발전효율
② 설비용량
③ 시스템의 종류
④ 태양전지 설치 면적

4) 지붕에 태양광 발전설비를 설치할 경우 고려해야 할 사항

① 하루 평균 전력사용량
② 지붕의 방향(방위각)
③ 지붕의 음영상태
④ 구조하중

03 | 태양열 시스템

1) 태양열 에너지

태양열 에너지는 에너지밀도가 낮고 계절별, 시간별 변화가 심한 에너지이므로 집열과 축열기술이 가장 기본이 되는 기술이다.

2) 집열부

태양열 집열이 이루어지는 부분으로 집열 온도는 집열기의 열손실률과 집광장치의 유무에 따라 결정된다.

① 자연 순환형
- 동력의 사용 없이 비중차에 의한 자연대류를 이용하여 열매체나 물을 순환
- 저유형, 자연대류형, 상변화형

② 강제 순환형(설비형)
- 열매체나 물을 동력을 사용하여 순환
- 밀폐식, 개폐식, 배수식, 공기식

구분	자연형	설비형		
	저온용	중온용	고온용	
활용 온도	60℃	100℃ 이하	300℃ 이하	300℃ 이상
집열부	자연형 시스템 공기식 집열기	평판형 집열기	PTC형 집열기, CPC형 집열기, 진공관형 집열기	Dish형 집열기, Power Tower
축열부	Tromb Wall (자갈, 현열)	저온축열 (현열, 잠열)	중온축열 (잠열, 화학)	고온축열 (화학)
이용 분야	건물공간 난방	냉난방, 급탕, 농수산(건조, 난방)	건물 및 농수산 분야 냉난방, 담수화, 산업공정열, 열발전	산업공정열, 열발전, 우주용, 광촉매폐수처리

※ PTC(Parabolic Through Solar Collector)

※ CPC(Compound Parabolic Collector)

※ 이용분야를 중심으로 분류하면 태양열 온수급탕시스템, 태양열 냉난방 시스템, 태양열 산업공정열 시스템, 태양열 발전 시스템 등이 있다.

04 | 연료전지 시스템(fuel-cell system)

1) 특징

① 장점

- 에너지 변환효율이 높다.
- 부하 추종성이 양호하다.
- 모듈 형태의 구성이므로 Plant 구성 및 고장 시 수리가 용이하다.
- CO_2, NO_x 등 유해가스 배출량이 적고, 소음이 적다.
- 배열의 이용이 가능하여 연료전지 복합 발전을 구성할 수 있다(종합효율은 80%에 달한다).
- 연료로는 천연가스, 메탄올부터 석탄가스까지 사용가능하므로 석유 대체 효과가 기대된다.

② 단점

- 반응가스 중에 포함된 불순물에 민감하여 불순물을 완전히 제거해야 한다.
- 가격이 높고, 내구성이 충분하지 않다.

③ 신·재생에너지 인증대상 품목(연료전지 1종): 고분자 연료전지시스템(5kW 이하: 계통연계형, 독립형)

2) 연료전지의 종류

구분	알칼리 (AFC)	인산형 (PAFC)	용융탄산염 (MCFC)	고체산화물 (SOFC)	고분자전해질 (PEMFC)	직접메탄올 (DMFC)
전해질	알칼리	인산염	탄산염	세라믹	이온교환막	이온교환막
동작온도(℃)	100 이하	220 이하	650 이하	1,000 이하	100 이하	90 이하
효율(%)	85	70	80	85	75	40
용도	우주발사체	중형건물 (200kW)	중·대형 발전시스템 (100kW)	소·중·대용량 발전시스템 (1kW~MW)	가정용, 자동차 (1~10kW)	소형이동 핸드폰, 노트북 (1kW 이하)

Part 05 열설비 설계

01 CHAPTER 보일러의 종류 및 특징

01 | 보일러의 개요

1) 보일러의 구성요소

① 보일러 본체(boiler proper)

② 연소장치(heating equipment)

③ 부속장치

2) 수관식 보일러와 원통형 보일러의 비교

구분	수관식 보일러	원통형 보일러
보유수량	적다	많다
파열 시 피해	작다	크다
용도	고압, 대용량	저압, 소용량
압력변화	크다	작다
부하변동에 대한 대응	어렵다	쉽다
급수처리	복잡하다	간단하다
급수조절	어렵다	쉽다
전열면적	크다	작다
증기발생시간	짧다	길다
효율	높다	낮다
구조	복잡하다	간단하다
제작(가격)	어렵다(고가)	용이하다(저렴)
취급	어렵다(기술요함)	쉽다

3) 보일러 수위

① **안전저수위**: 보일러 운전 중 안전상(보안상) 유지해야 할 최저수위를 말한다.

- 보일러 운전 중 수위가 안전저수위 이하로 내려가면, 저수위에 의한 과열사고의 원인이 되므로 어떤 경우라도 수위는 안전저수위 이하가 되면 안 된다.
- 수면계 설치 시 수면계의 유리하단부는 안전저수위와 일치하도록 설치한다.
- 보일러 운전 중 수위가 안전저수위 이하로 내려가면, 가장 먼저 연료를 차단하여 보일러를 정지시켜야 한다.

② **상용수위**: 보일러 운전 중 유지해야 할 적정수위를 말한다.

- 보일러 운전 중 수위는 항상 일정하게 유지해야 하는데, 이 수위를 상용수위라 한다.
- 보일러의 상용수위는 수면계의 중심(1/2), 동의 2/3~4/5 정도로 한다.
- 발생증기량은 원칙적으로 급수량에서 산정할 수 있다.

4) 외분식 보일러와 내분식 보일러의 비교

외분식	내분식
㉠ 연소실의 용적이 크다. ㉡ 완전연소가 용이하다. ㉢ 연소율이 높아 연소실의 온도가 높다. ㉣ 연료의 선택범위가 넓다(저질연료 및 휘발분이 많은 연료의 연소에 적당하다). ㉤ 연소실개조가 용이하다. ㉥ 설치 장소를 많이 차지한다. ㉦ 복사열의 흡수가 적다(노벽을 통한 열손실이 많다).	㉠ 연소실의 용적이 작다(동의 크기에 제한을 받는다). ㉡ 완전연소가 어렵다. ㉢ 설치장소를 적게 차지한다. ㉣ 역화의 위험이 크다. ㉤ 복사(방사)열의 흡수가 많다.

5) 보일러의 종류

구분			종류
원통형 보일러	입형 보일러		㉠ 입형횡관 보일러 ㉡ 코크란 보일러 ㉢ 입형연관 보일러
	횡형 보일러	노통 보일러	㉠ 코르니시 보일러(노통이 1개 설치된 보일러) ㉡ 랭커셔 보일러(노통이 2개 설치된 보일러)
		연관 보일러	㉠ 횡연관 보일러(외분식) ㉡ 기관차 보일러 ㉢ 케와니 보일러
		노통 연관 보일러	㉠ 스코치 보일러 ㉡ 브로든카프스 ㉢ 하우덴 존슨 보일러(선박용) ㉣ 노통연관 패키지형 보일러(육용)
수관식 보일러	자연 순환식		㉠ 바브코크(경사각 15°) ㉡ 스네기찌(경사각 30°) ㉢ 다쿠마(경사각 45°) ㉣ 야로우 ㉤ 가르베(경사각 90°) ㉥ 방사 4관 ㉦ 스터링(곡관형) ㉧ 2동 D형, 3동 A형(곡관형)
	강제 순환식		㉠ 라몽트(라몽) ㉡ 베록스
	관류 보일러		㉠ 슐져 ㉡ 벤숀 ㉢ 람진 ㉣ 엣모스 ㉤ 소형 관류 보일러
특수보일러	특수 열매체		㉠ 다우섬 ㉡ 모발섬 ㉢ 수은 ㉣ 세큐리티 ㉤ 카네크롤
	간접 가열		㉠ 슈미트 ㉡ 레플러
	폐열		㉠ 하이네 ㉡ 리히
	특수 연료		㉠ 바아크 ㉡ 바케스 보일러(사탕수수찌꺼기) ▸ 산업 폐기물을 연료로 사용
주철제 보일러			주철제 섹션(section) 보일러: 증기, 온수 보일러
기타			원자로, 전기 보일러

6) 보일러 효율 크기 순서

관류식 > 수관식 > 노통연관 > 연관 > 입형(vertical)

02 | 원통(둥근)형 보일러

1) 원통형 보일러

장점	단점
㉠ 구조가 간단하고 취급이 용이하다(가격이 저렴하다). ㉡ 보유수량이 많아(수부가 커서) 부하변동에 대응하기 쉽다. ㉢ 내부 청소, 수리 · 보수가 쉽다. ㉣ 증발속도가 느려 스케일에 대한 영향이 적고 급수처리가 쉽다. ㉤ 전열면의 대부분이 수부 중에 설치되어 있어, 물의 대류가 쉽다.	㉠ 보일러 효율이 낮다(수관식 보일러에 비하여). ㉡ 보일러 가동 후 증기발생 소요시간이 길다. ㉢ 파열 시 피해가 크므로 구조상 고압 대용량에 부적합하다. ㉣ 내분식 보일러로 동의 크기에 연소실의 크기가 제한을 받으므로 전열면적이 작다. ㉤ 보유수량이 많아 파열 시 피해가 크다.

2) 횡형 보일러

① 노통 보일러

- 부하변동에 비하여 압력변화가 적다.
- 구조가 간단하고 취급이 쉽다(제작이 용이).
- 급수처리가 간단하고 내부청소가 쉽고 고장이 적어 수명이 길다.
- 보유수량이 많아 파열 시 피해가 크다.
- 구조상 고압 대용량에 부적합하다.
- 내분식 보일러이다(연소실 크기가 제한을 받는다).
- 전열면적이 적어 증발량이 적다(효율이 낮다).
- 연소시작 때 많은 연료가 소모된다(증기 발생시간이 길다).
- 노통(연소실)은 금속으로 되어 있다.

※ 노통식 보일러에서 파형부의 길이가 230mm 미만인 파형노통의 최소두께(t)= $\dfrac{PD}{C}$ [mm]

여기서, P: 사용압력(kg/cm^2)

D: 두께 및 지름(mm)

만약 P의 단위가 MPa이라면 1MPa = 10kg/cm^2 이므로 $t = \dfrac{10PD}{C}$ [mm]이다.

② 코르니시 보일러(노통이 1개 설치된 보일러)와 랭커셔 보일러(노통이 2개 설치된 보일러)

③ 평형 노통과 파형 노통의 장단점

구분	평형 노통	파형 노통
장점	㉠ 제작이 쉽고 가격이 저렴하다. ㉡ 노통 내부의 청소가 용이하다. ㉢ 연소가스의 마찰저항이 적다(통풍이 양호하다).	㉠ 외압에 대한 강도가 크다. ㉡ 열에 대한 신축성이 좋다. ㉢ 전열면적이 크다.
단점	㉠ 열에 의한 신축성이 나쁘다. ㉡ 외압에 대한 강도가 작다(고압용으로 부적합하다). ㉢ 전열면적이 작다.	㉠ 내부청소가 어렵다. ㉡ 제작이 어려워 비싸다. ㉢ 연소가스의 마찰저항이 크다(평형 노통에 비해 통풍저항이 크다).

④ 코르니시 보일러의 노통을 한쪽으로 편심시켜 부착하는 이유 : 물의 순환을 원활하게 하기 위해서 편심시켜 노통을 설치한다.

[바른 설치(편심)]

[잘못된 설치(중앙)]

⑤ 경판의 두께에 따른 브리징 스페이스

경판의 두께	브리징 스페이스
13mm 이하	230mm 이상
15mm 이하	260mm 이상
17mm 이하	280mm 이상
19mm 이하	300mm 이상
19mm 초과	320mm 이상

※ 브리징 스페이스는 최소한 225mm 이상이어야 한다.

3) 연관 보일러

① 증기발생 시간이 빠르다.

② 전열면이 크고, 효율은 보통 보일러보다 좋다.

③ 연료선택의 범위가 넓다.

④ 연료의 연소상태가 양호하다.

4) 노통연관 보일러의 안전저수위 설정

① 노통이 위에 있는 경우: 노통 최고부 위 100mm

② 연관이 위에 있는 경우: 연관 최고부 위 75mm

03 | 수관식 보일러

장점	단점
㉠ 외분식 보일러로 연소실의 형상이 다양하며, 전열면적이 크다. ㉡ 전열면적이 많아 원통형에 비해 효율이 좋다. ㉢ 보유수량이 적어 파열 시 피해가 적다. ㉣ 파열 시 피해가 적어 구조상 고압 · 대용량에 적합하다. ㉤ 보일러수의 순환이 좋아 증기발생시간이 빠르다(급수요에 응하기 쉽다). ㉥ 용량에 비해 경량이며, 효율이 좋고 운반, 설치가 용이하다. ㉦ 과열기 및 공기예열기 등의 설치가 용이하다.	㉠ 부하변동에 따른 압력변화 및 수위변동이 크다(부하변동에 대응하기 어렵다). ㉡ 증발속도가 빨라 스케일이 부착되기 쉽다. ㉢ 구조가 복잡하여 제작 및 청소, 검사 수리가 어렵다(가격도 비싸다). ㉣ 급수조절이 어렵다(연속적인 급수를 요한다). ㉤ 취급에 기술을 요한다. ㉥ 급수를 철저히 처리하여 사용해야 한다.

04 | 관류 보일러

1) 장단점

장점	단점
㉠ 관을 자유로이 배치할 수 있어 콤팩트한 구조로 할 수 있다. ㉡ 순환비가 1이므로 증기의 드럼이 필요 없다. ㉢ 연소실의 구조를 임의대로 할 수 있어 보일러 연소효율을 높일 수 있다. ㉣ 초고압 보일러에 이상적이다. ㉤ 보일러 효율이 매우 높다. ㉥ 증발속도가 매우 빠르다(3~5분). ㉦ 증기의 가동시간이 매우 짧다.	㉠ 지름이 작은 튜브가 사용되므로 중량이 가볍고, 내압 강도가 크나 압력손실이 증대되어 급수펌프의 동력손실이 많다. ㉡ 부하변동에 따라 압력이 크게 변하므로 급수량 및 연료량의 자동제어장치를 필요로 한다. ㉢ 철저한 급수처리를 하지 않으면 스케일의 생성에 의한 영향이 크다.

2) 순환비

$$순환비 = \frac{순환수량}{발생증기량} = \frac{급수량}{증발량}$$

05 | 주철제 보일러(섹션 보일러)

1) 최고사용압력

① 주철제 증기 보일러: 최고사용압력 0.1MPa 이하

② 주철제 온수 보일러: 수두압으로 50m 이하, 온수온도 393K(120℃) 이하

※ 이 기준 이상이 되는 경우에는 주철 대신 강철제 보일러를 사용해야 한다.

2) 장단점

장점	단점
㉠ 주조이므로 복잡한 구조로 제작이 가능하다. ㉡ 분해, 조립, 운반이 편리하여, 지하실과 같은 좁은 장소에 반입이 용이하다. ㉢ 주조이므로 복잡한 구조로 제작이 가능하다. ㉣ 저압이므로 파열 시 피해가 적다. ㉤ 강철제에 비해 내식성이 크다. ㉥ 섹션의 증감으로 용량 조절이 가능하다.	㉠ 열에 의한 부동팽창으로 균열이 발생하기 쉽다. ㉡ 구조상 고압, 대용량에 부적합하다. ㉢ 구조가 복잡하여 내부 청소 및 검사가 어렵다.

※ 주철제 보일러에서 보일러 표면 온도는 보일러 주위온도와의 차가 30℃ 이하이어야 한다.

06 | 특수 열매체 보일러(특수유체 보일러)

급수내관은 안전수위 50mm 하단에 설치한다.

① 부동팽창 방지

② 열응력 발생 방지

③ 수격작용(워터해머) 방지

CHAPTER 02 보일러의 부속장치 및 부속품

01 | 안전장치

1) 안전밸브의 분출양정에 따른 분류

종류	밸브의 양정	분출용량(kg/h)
저양정식	밸브의 양정이 변좌구경의 1/40 이상 ~1.15 미만	$\frac{(1.03P+1)SC}{22}$
고양정식	밸브의 양정이 변좌구경의 1/15 이상 ~1.7 미만	$\frac{(1.03P+1)SC}{10}$
전양정식	밸브의 양정이 변좌구경의 1/7 이상	$\frac{(1.03P+1)SC}{5}$
전량식	변좌지름이 목부지름의 1.15배 이상	$\frac{(1.03P+1)AC}{2.5}$

여기서, P: 분출압력(최고사용압력)(kg/cm^2)
S: 안전밸브시트 단면적(mm^2)
C: 상수(증기온도 280℃ 이하, 최고사용압력 120kg/cm^2) 이하인 경우는 1로 한다
A: 목부최소증기 단면적(mm^2)

※ 분출용량이 큰 순서: 전량식 > 전양정식 > 고양정식 > 저양정식

2) 방출관의 크기

전열면적(m^2)	크기(mm)
10 미만	25 이상
10 이상~15 미만	30 이상
15 이상~20 미만	40 이상
20 이상	50 이상

3) 화염검출기의 종류 및 작동원리

① 플레임 아이: 화염의 발광체(방사선, 적외선, 자외선)를 이용 검출

② 플레임 로드: 가스의 이온화(전기전도성)를 이용 검출

③ 스택 스위치: 화염의 발열체를 이용 검출

02 | 급수장치

1) 급수펌프

① 터빈 펌프와 벌류트 펌프의 구분

터빈 펌프(turbine pump)	벌류트 펌프(volute pump)
㉠ 안내날개(guide vane)가 있다. ㉡ 고양정(20mm 이상) 고압 보일러에 사용된다. ㉢ 단수조정하여 토출압력을 조정할 수 있다. ㉣ 효율이 높고, 안정된 성능을 얻을 수 있다. ㉤ 구조가 간단하고, 취급이 용이하여 보수관리가 편리하다. ㉥ 토출흐름이 고르고, 운전상태가 조용하다. ㉦ 고속회전에 적합하며 소형, 경량이다.	㉠ 안내날개(guide vane)가 없다. ㉡ 저양정(20m 미만) 저압 보일러에 사용된다.

② 펌프의 소요동력

- 소요동력 $= \dfrac{\gamma QH}{102 \times 60 \times \eta} = \dfrac{\gamma QH}{6{,}120\eta}$ [kW]
- 소요마력 $= \dfrac{\gamma QH}{75 \times 60 \times \eta} = \dfrac{\gamma QH}{4{,}500\eta}$ [PS]
- 축동력$(L_s) = \dfrac{9.8QH}{\text{펌프 효율}(\eta_p)}$ [kW]

③ 펌프의 상사법칙

- 토출량(양수량): $Q_2 = Q_1\left(\dfrac{N_2}{N_1}\right)^1\left(\dfrac{D_2}{D_1}\right)^3$
- 양정: $H_2 = H_1\left(\dfrac{N_2}{N_1}\right)^2\left(\dfrac{D_2}{D_1}\right)^2$
- 축동력(마력): $P_2 = P_1\left(\dfrac{N_2}{N_1}\right)^3\left(\dfrac{D_2}{D_1}\right)^5$
- 효율: $\eta_1 = \eta_2$

④ 펌프운전 중 발생되는 이상현상

- 캐비테이션 현상(공동현상)
- 서징 현상(맥동)
- 수격작용

03 | 보일러 종류별 수면계 부착위치

종류	부착위치
직립 보일러	연소실 천장판 최고부(플랜지부 제외) 위 75mm
직립연관 보일러	연소실 천장판 최고부 위 연관길이의 1/3
수평연관 보일러	연관의 최고부 위 75mm
노통연관 보일러	연관의 최고부 위 75mm, 다만 연관 최고부 위보다 노통 윗면이 높은 것으로서는 노통 최고부(플랜지부를 제외) 위 100mm
노통 보일러	노통 최고부(플랜지부를 제외) 위 100mm

04 | 매연분출장치(수트 블로어)

수트 블로어(soot blower)는 증기분사에 의한 것과 압축공기에 의한 것이 널리 사용되고 있는데, 구조상 회전식과 리트랙터블형(retractable type)으로 구분된다. 용도에 따라 디슬래거(deslagger), 건타입(gun type) 수트 블로어, 에어 히터 크리너 등이 있다.

05 | 분출장치

1) 분출(blow down)

① 보일러수의 농축을 방지하고 신진대사를 꾀하기 위해 보일러 내의 불순물을 배출하여 불순물의 농도를 한계치 이하로 하는 작업이다.

② 분출장치는 스케일 및 슬러지 등으로 인해 막히는 일이 있으므로 1일 1회는 필히 분출하고 그 기능을 유지하여야 한다.

2) 분출의 목적

① 보일러수 중의 불순물의 농도를 한계치 이하로 유지하기 위해

② 슬러지분을 배출하여 스케일 생성방지

③ 프라이밍 및 포밍 발생방지

④ 부식발생 방지

⑤ 보일러수의 pH 조절 및 고수위 방지

3) 분출의 종류

① 수면분출(연속분출): 보일러수보다 가벼운 불순물(부유물)을 수면상에서 연속적으로 배출시킨다.

② 수저분출(단속분출): 보일러수보다 무거운 불순물(침전물)을 동저부에서 필요시 단속적으로 배출시킨다.

4) 분출 시 주의사항

① 코크와 밸브가 다 같이 설치되어 있을 때는 열 때는 코크부터 열고, 닫을 때는 밸브 먼저 닫는다.

② 2인이 1조가 되어 실시한다.

③ 2대 이상 동시분출을 금지한다.

④ 개폐는 신속하게 한다.

⑤ 분출량 조절은 분출밸브로 한다(분출 코크가 아님).

⑥ 안전저수위 이하가 되지 않도록 한다(분출작업 중 가장 주의할 사항).

5) 분출밸브의 크기

① 분출밸브의 크기는 호칭 25mm 이상으로 한다.

② 다만, 전열면적이 $10m^2$ 이하인 경우에는 20mm 이상으로 할 수 있다.

06 | 폐열회수장치

① 폐열회수장치: 보일러의 배기가스의 여열을 회수하여 보일러 효율을 향상시키기 위한 장치로 일종의 열교환기이다(배기가스에 의한 열손실: 16~20%).

② 폐열회수장치의 종류 및 연소가스와 접하는 순서: 증발관(연소실) → 과열기 → 재열기 → 절탄기 → 공기예열기 → 집진기 → 연돌

③ 설치순서를 잘 알고 있어야 한다.

④ 연돌에서 가장 가까이에 설치되는 폐열회수장치는 공기예열기이다.

⑤ 증발관 다음에 설치되는 폐열회수장치는 과열기이다.

07 | 송기장치

1) 송기 시 발생되는 이상 현상

① 비수(프라이밍)현상 발생 원인

- 증기압력을 급격히 강하시킨 경우
- 보일러 수위에 심한 약동이 있는 경우
- 주증기 밸브를 급개할 때(부하의 급변)
- 증기발생 속도가 빠를 때
- 고수위 운전 시(증기부가 작은 경우 = 수부가 클 경우)
- 보일러의 증발능력에 비하여 보일러수의 표면적이 작을수록
- 증기를 갑자기 발생시킨 경우(급격히 연소량이 증대하는 경우)
- 증기의 소비량(수요량)이 급격히 증가한 경우
- 증기발생이 과다할 때(증기부하가 과대한 경우)

② 포밍(물거품 솟음 현상) 발생 원인

- 보일러수가 농축된 경우
- 청관제 사용이 부적당할 경우
- 보일러수 중에 유지분 부유물 및 가스분 등 불순물이 다량 함유되었을 때
- 증기부하가 과대할 때

③ 프라이밍 및 포밍 발생 시 장해

- 수위판단 곤란
- 계기류의 연락관 막힘
- 송기되는 증기 불순
- 증기의 열량 감소(연료비 낭비)
- 증기배관 내 수격작용 발생 원인
- 배관 및 장치의 부식 원인

④ 프라이밍 및 포밍 발생 시 조치사항

- 연소율을 낮추면서, 보일러를 정지시킨다.
- 주증기 밸브를 닫고, 수위를 안정시킨다.
- 급수 및 분출을 반복 불순물 농도를 낮춘다.
- 계기류의 막힘 상태 등을 점검한다.

⑤ 기수공발(캐리오버) 현상으로 인하여 나타날 수 있는 현상

- 수격작용 발생
- 증기배관 부식
- 증기의 열손실로 인한 열효율 저하

⑥ 수격작용(워터해머) 발생 원인
- 주증기 밸브를 급개 시
- 증기관을 보온하지 않았을 경우
- 증기관의 구배선정이 잘못된 경우
- 증기트랩 고장 시
- 증기관 내 응축수 체류 시 송기하는 경우
- 프라이밍 및 캐리오버 발생 시
- 관지름이 작을수록
- 증기관이 냉각되어 있는 경우 송기 시

⑦ 수격작용 방지법
- 송기 시에는 응축수 배출 후 배관 예열 후 주증기 밸브를 서서히 전개한다.
- 배관을 보온하여 증기 열손실로 인한 응축수의 생성을 방지한다.
- 증기배관의 구배선정을 잘해 응축수가 고이지 않도록 한다. 증기관은 증기가 흐르는 방향으로 경사가 지도록 한다(증기관 속에 드레인이 고이게 되는 배관방법은 피한다).
- 응축수가 고이기 쉬운 곳에 증기트랩을 설치한다.
- 증기관 말단에 관말트랩을 설치한다.
- 비수방지관, 기수분리기를 설치한다.
- 배관의 관지름을 크게 하고, 굴곡부를 적게 한다.
- 증기관에는 중간을 낮게 하는 배관방법은 드레인이 고이기 쉬우므로 피한다.
- 대형밸브나 증기헤더에도 충분한 드레인 배출장치를 설치한다.

2) 신축장치(expansion joints)

① 신축량$(\lambda) = L\alpha\Delta t$

여기서, λ: 신축량(mm)
α: 선팽창계수(1/℃)
L: 관의 길이(mm)
Δt: 온도차(℃)

② 종류: 루프형, 슬리브형, 벨로즈형, 스위블형, 볼조인트

3) 감압밸브의 설치목적

① 고압을 저압으로 바꾸어 사용하기 위해
② 고압측의 압력변동에 관계없이 저압측의 압력을 항상 일정하게 유지시키기 위해
③ 고 · 저압을 동시에 사용하기 위해
④ 부하변동에 따른 증기의 소비량을 줄이기 위해

4) 증기트랩(steam trap)

① 역할
- 증기사용 설비배관 내의 응축수를 자동적으로 배출하여 수격작용을 방지한다.
- 증기트랩은 단지 밸브의 개폐 기능만을 가지고 있으며 응축수의 배출은 증기트랩 앞의(증기압력)과 뒤의 압력(배압)과의 차이, 즉 차압에 의해 배출된다. 배압이 과도하게 되면 설비 내에 응축수가 정체될 수 있다.

② 종류
- 열역학적 트랩: 응축수와 증기의 열역학적 특성차를 이용하여 분리한다. 오리피스형, 디스크형
- 기계식 트랩: 응축수와 증기의 비중차를 이용하여 분리한다. 버킷형(상향, 하향), 플로트형(레버, 프리)
- 온도조절식 트랩: 응축수와 증기의 온도차를 이용하여 분리한다. 바이메탈형, 벨로즈형, 다이어프램형

③ 고장 원인

뜨거워지는 이유	차가워지는 이유
㉠ 배압이 높을 경우 ㉡ 밸브에 이물질 혼입 ㉢ 용량이 부족 ㉣ 벨로즈 마모 및 손상	㉠ 배압이 낮을 경우 ㉡ 기계식 트랩 중 압력이 높을 경우 ㉢ 여과기가 막힌 경우 ㉣ 밸브가 막힐 경우

5) 증기축열기(steam accumulator)

① 역할: 보일러 저부하 시 잉여의 증기를 일시 저장하였다가 과부하 또는 응급 시 증기를 방출하는 장치이다.

② 종류
- 정압식: 급수계통에 연결(보일러 입구 급수측에 설치)하고, 매체는 변압식 · 정압식 모두 물을 이용한다.
- 변압식: 송기계통에 연결(보일러 출구 증기측에 설치)한다.

③ 설치 시 장점
- 부하변동에 따른 압력변화가 적다.
- 연료소비량이 감소한다.
- 보일러 용량이 부족해도 된다.

08 | 급수관리

보일러용 급수에는 5대 불순물인 염류, 유지분, 알칼리분, 가스분, 산분이 있다.

1) 부유물질(SS)

부유상태의 부유물질(SS)은 직경이 0.1μm 이상의 입자들을 말하며 침전이 가능한 물질과 침전이 불가능한 물질로 구분되어 탁도를 유발시킨다.

2) 수질의 판정기준(측정 단위)

① ppm(parts per million): 미량의 함유물질의 농도를 표시할 때 사용하는데 1g의 시료 중에 100만분의 1g, 즉 물 1ton 중에 1g, 공기 1m^3 중에 1cc가 1ppm이다(즉 100만분의 1만큼의 오염물질이 포함된 것을 말함). ppm 단위를 사용하는 예로 물의 세기를 나타낼 때 미국식으로는 1L 속에 포함되어 있는 칼슘 이온과 마그네슘 이온의 양을 ppm으로 나타낸다.

② 불순물 제거방법
- 부유물질과 클로라이드 입자제거
- 용해성 물질제거
- 세균제거
- 생물제거

③ 탁도(turbidity, 혼탁도): 증류수 1L 중에 정제카올린($Al_2O_3+2SiO_3+2H_2O$) 1mg이 함유되었을 때의 색과 동일한 색의 물을 탁도 1도라 한다(증류수 1L 가운데 백토 1mg이 섞여 있을 때를 1도라고 한다). 단위는 백만분율인 ppm을 사용한다.

3) 부식(corrosion)

① 가성취화: 수중의 알칼리성 용액인 수산화나트륨($NaOH$)에 의하여 응력이 큰 금속표면에서 생기는 미세균열을 말한다.

② 알칼리부식: 수중에 OH^-이 증가하여 수산화 제1철이 용해하면서 부식되는 현상으로 pH 12 이상에서 발생한다.

③ 염화마그네슘에 의한 부식: 수중의 염화마그네슘($MgCl_2$)이 180℃ 이상에서 가수분해되면서 염소성분이 수중의 수소와 결합하여 강한 염산($2HCl$)이 되어 전열면을 부식시킨다.

03 CHAPTER 보일러의 용량 및 성능

01 | 보일러의 용량

1) 표시단위

① 증기 보일러: ton/h 또는 kg/h

② 온수 보일러: kJ/h

2) 계산

① 정격용량(kg/h): 증기 보일러의 정격용량은 보일러의 최고사용압력 상태에서 발생하는 최대연속증발량을 말한다.

② 정격출력(kcal/h)
=정격용량×2,257≒명판에 기록된 증발량×2,257

※ 경제용량
=상당증발량(m_e)×2,257(정격용량의 80% 정도)

02 | 보일러의 성능

1) 상당증발량=환산증발량

$$\text{상당증발량}(m_e)=\frac{m_a(h_2-h_1)}{2{,}257}\,[\text{kg/h}]$$

2) 보일러 마력

① 1보일러 마력이란 15.65kg의 상당증발량을 갖는 능력이다.

② 1보일러 마력을 열량으로 환산하면 8,435kcal/h이다(15.65×539=8,435kcal/h=35322.05kJ/h).

③ 보일러 마력을 기준으로 하는 전열면적
- 노통 보일러: 0.465m^2
- 수관식 보일러: 0.929m^2

$$\text{보일러 마력(정격출력)}=\frac{m_e}{15.65}=\frac{m_a(h_2-h_1)}{2{,}257\times15.65}\,[\text{BPS}]$$

3) 전열면 증발률(량)

전열면 증발률 $= \frac{m_a}{A}$ [kg/m^2 · h]

여기서, m_a : 실제 증발량(=발생증기량(=급수량))(kg/h)

A : 전열면적(m^2)

4) 전열면 상당증발량

전열면 상당증발량 $= \frac{m_e[\text{kg/h}]}{A[\text{m}^2]}$

$= \frac{m_a(h_2 - h_1)}{2,257A}$ [kg/m^2 · h]

여기서, m_e : 상당증발량(kg/h)

m_a : 실제 증발량(=발생증기량 =급수량)(kg/h)

h_2 : 발생증기의 비엔탈피(kJ/kg)

h_1 : 급수의 비엔탈피(kJ/kg)

A : 전열면적(m^2)

5) 전열면 열부하(열발생률)

전열면 열부하 $= \frac{m_a(h_2 - h_1)}{A}$ [kg/m^2 · h]

여기서, m_a : 실제 증발량(=급수량)(kg/h)

h_2 : 발생증기 비엔탈피(kJ/kg)

h_1 : 급수 비엔탈피(kJ/kg)

A : 전열면적(m^2)

6) 증발배수

증발배수 $= \frac{m_a}{m_f}$

여기서, m_a : 실제 증발량(kg/h)

m_f : 연료사용량(kg/h)

7) 상당증발배수

상당증발배수 $= \frac{m_e}{m_f} = \frac{m_a(h_2 - h_1)}{2,257G_f}$

여기서, m_e : 상당증발량(=급수량)(kg/h)

m_f : 연료사용량(kg/h)

h_1 : 급수 비엔탈피(kJ/kg)

h_2 : 발생증기 비엔탈피(kJ/kg)

8) 보일러 부하율

보일러 부하율

$= \frac{\text{실제 증발량(kg/h)}}{\text{최대연속증발량(kg/h)}} \times 100\%$

① 보일러운전 중 가장 이상적인 부하율(이하 경제부하)은 60~80% 정도이며, 어떤 경우라도 30% 이하가 되어서는 안 된다.

② 수트 블로어 작업 시 보일러 부하율은 50% 이상에서 해야 한다.

9) 화격자 연소율

화격자 연소율

$= \frac{\text{연료의 사용량(kg/h)}}{\text{화격자면적(m}^2\text{)}}$ [kg/m^2 · h]

- **보일러 운전 중 사고원인**
  ① 제작상 원인: 재료 · 구조 · 설계 불량, 강도 부족, 용접불량, 부속장치 미비
  ② 취급상 원인: 저수위 사고, 압력 초과, 급수처리 불량, 부식, 과열, 가스폭발, 부속장치 정비불량
- 보일러를 과부화 운전하게 되면 프라이밍(비수현상, priming)이나 포밍(물거품)이 발생하며 캐리오버(기수공발, carry over) 현상이 일어난다.
- **프라이밍(비수현상)의 발생원인**
  ① 과부하 운전
  ② 보일러수 농축
  ③ 보일러수 내 불순물(부유물) 함유
  ④ 고수위 운전
  ⑤ 주증기 밸브 급개방
  ⑥ 비수방지관 미설치 및 불량

2016

Engineer Energy Management

과년도 출제문제

제1회 에너지관리기사

제2회 에너지관리기사

제4회 에너지관리기사

자주 출제되는 중요한 문제는 별표(★)로 강조했습니다.
마무리학습할 때 한 번 더 풀어보기를 권합니다.

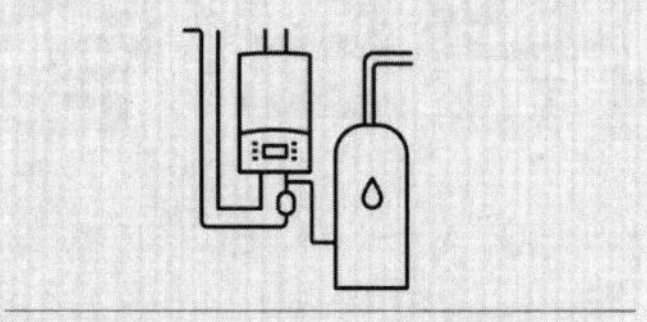

Engineer Energy Management

Engineer Energy Management

2016년 제1회 에너지관리기사

제1과목 연소공학

01 석탄가스에 대한 설명으로 틀린 것은?

① 주성분은 수소와 메탄이다.
② 저온건류 가스와 고온건류 가스로 분류된다.
③ 탄전에서 발생되는 가스이다.
④ 제철소의 코크스 제조시 부산물로 생성되는 가스이다.

해설 탄전에서 발생되는 가스는 주성분이 메탄(CH_4)이다.

02 유압분무식 버너의 특징에 대한 설명으로 틀린 것은?

① 유량 조절 범위가 좁다.
② 연소의 제어 범위가 넓다.
③ 무화매체인 증기나 공기가 필요하지 않다.
④ 보일러 가동 중 버너 교환이 가능하다.

해설 **유압분무식버너**

노즐을 통해서 5~20kg/cm^2(0.5~2MPa)의 압력으로 가압된 연료를 연소실 내부로 분무시키는 연소장치 버너를 말한다.

⊙ 장점
㉠ 대용량 버너 제작이 용이함
㉡ 구조가 간단하고 유지 및 보수가 용이
㉢ 연료분사범위(15~2,000L/h)
㉣ 약 40~90° 정도의 넓은 연료유 분사각도를 가짐

⊙ 단점: 유량조절범위가 좁아 부하변동에 대한 적응성이 낮다(환류식 1:3, 비환류식 1:2).

★
03 배기가스 중 O_2의 계측값이 3%일 때 공기비는? (단, 완전연소로 가정한다.)

① 1.07　② 1.11
③ 1.17　④ 1.24

해설
$$\text{공기비}(m) = \frac{21}{21-O_2} = \frac{21}{21-3} = 1.17$$

★
04 상당 증발량이 50kg/min인 보일러에서 24,280 kJ/kg의 석탄을 태우고자 한다. 보일러의 효율이 87%라 할 때 필요한 화상 면적은? (단, 무연탄의 화상 연소율은 73kg /m^{2}h이다.)

① 2.3m^2　② 4.4m^2
③ 6.7m^2　④ 10.9m^2

해설
$$\eta_B = \frac{m_e \times 2,256}{H_L \times m_f} \times 100\%$$
$$m_f = \frac{m_e \times 2256}{H_L \times \eta_B} = \frac{50 \times 60 \times 2,256}{24,280 \times 0.87} = 320.4\text{kg/h}$$
$$\therefore \text{화상면적}(A) = \frac{m_f}{\text{화상연소율}} = \frac{320.4}{73}$$
$$\fallingdotseq 4.39\text{m}^2 \fallingdotseq 4.4\text{m}^2$$

★
05 어떤 연료를 분석한 결과 탄소(C), 수소(H), 산소(O), 황(S) 등으로 나타낼 때 이 연료를 연소시키는 데 필요한 이론 산소량을 구하는 계산식은? (단, 각 원소의 원자량은 산소 16, 수소 1, 탄소 12, 황 32이다.)

① $1,867C+5.6\left(H+\frac{O}{8}\right)+0.7S(Nm^3/kg)$
② $1,867C+5.6\left(H-\frac{O}{8}\right)+0.7S(Nm^3/kg)$
③ $1,867C+11.2\left(H+\frac{O}{8}\right)+0.7S(Nm^3/kg)$
④ $1,867C+11.2\left(H-\frac{O}{8}\right)+0.7S(Nm^3/kg)$

해설 고체, 액체연료의 이론 산소량(O_o)

$$O_o = 1,867C+5.6\left(H-\frac{O}{8}\right)+0.7S(Nm^3/kg)$$

★
06 전기식 집진장치에 대한 설명 중 틀린 것은?

① 포집입자의 직경은 30~50μm 정도이다.
② 집진효율이 90~99.9%로서 높은 편이다.
③ 고전압장치 및 정전설비가 필요하다.
④ 낮은 압력손실로 대량의 가스 처리가 가능하다.

정답 01. ③ 02. ② 03. ③ 04. ② 05. ② 06. ①

해설 전기식 집진장치(코트렐식)는 0.1μm 이하의 미세입자도 집진이 가능하다.

★
07 CH_4 가스 1Nm^3을 30% 과잉공기로 연소시킬 때 연소가스량은?

① 2.38Nm^3/kg
② 13.36Nm^3/kg
③ 23.1Nm^3/kg
④ 82.31Nm^3/kg

해설 ㉠ 연소반응식($CH_4+2O_2 \rightarrow CO_2+2H_2O$)
㉡ 실제 연소가스량(G_w)
$=(m-0.21)A_o+CO_2+H_2O$
$=(1.3-0.21)\times\frac{2}{0.21}+1+2=13.38Nm^3/kg$

08 다음과 같은 조성을 가진 액체 연료의 연소 시 생성되는 이론 건연소가스량은?

• 탄소: 1.2kg	• 산소: 0.2kg
• 질소: 0.17kg	• 수소: 0.31kg
• 황: 0.2kg	

① 13.5Nm^3/kg ② 17.5Nm^3/kg
③ 21.4Nm^3/kg ④ 29.4Nm^3/kg

해설 이론건연소가스량(G_{od})
$G_{od}=(1-0.21)A_o+1{,}867C+0.7S+0.8N$
$=8.89C+21.07\left(H-\frac{O}{8}\right)+3.33S+0.8N$
$=8.89\times1.2+21.07\left(0.31-\frac{0.2}{8}\right)+3.33\times0.2$
$+0.8\times0.17=17.5Nm^3/kg$

09 세정식 집진장치의 집진형식에 따른 분류가 아닌 것은?

① 유수식 ② 가압수식
③ 회전식 ④ 관성식

해설 세정식 집진장치(매연집진장치) 분류
㉠ 유수식
㉡ 가압수식
㉢ 회전식

★
10 중유 연소과정에서 발생하는 그을음의 주된 원인은?

① 연료 중 미립 탄소의 불완전연소
② 연료 중 불순물의 연소
③ 연료 중 회분과 수분의 중합
④ 연료 중 파라핀 성분 함유

해설 중유 연소 시 그을음의 주된 원인은 연료 중 미립 탄소의 불완전연소이다.

★
11 분자식이 C_mH_n인 탄화수소가스 1Nm^3을 완전연소시키는 데 필요한 이론 공기량(Nm^3)은? (단, C_mH_n의 m, n은 상수이다.)

① $4.76m+1.19n$ ② $1.19m+4.7n$
③ $m+\frac{n}{4}$ ④ $4m+0.5n$

해설
$C_mH_n+\left(m+\frac{n}{4}\right)O_2 \rightarrow mCO_2+\frac{n}{2}+H_2O$

이론공기량$(A_o)=\frac{O_o}{0.21}=\frac{m+\frac{n}{4}}{0.21}$
$=4.76m+1.19n(Nm^3)$

★
12 보일러의 연소장치에서 NO_x의 생성을 억제할 수 있는 연소방법으로 가장 거리가 먼 것은?

① 2단 연소
② 배기의 재순환 연소
③ 저산소 연소
④ 연소용 공기의 고온예열

해설 산소(O_2)는 고온에서 질소(N_2)와 화합하여 녹스(NO_x), 즉 질소산화물을 발생시킨다. 질소(N_2)는 저온에서는 O_2와 반응하지 않는다.

★
13 연돌의 높이 100m, 배기가스의 평균온도 210℃, 외기온도 20℃, 대기의 비중량 γ_a=12.65N/Nm^3, 배기가스 비중량 γ_g=13.23N/Nm^3일 때, 연돌의 통풍력은?

① 159.53mmH_2O ② 164.25mmH_2O
③ 415.06mmH_2O ④ 527.07mmH_2O

정답 07. ② 08. ② 09. ④ 10. ① 11. ① 12. ④ 13. ③

해설 연돌의 통풍력(Z)

$$= 273H\left[\frac{\gamma_a}{t_a+273} - \frac{\gamma_g}{t_g+273}\right]$$

$$= 273\times 100\left[\frac{12.65}{293} - \frac{13.23}{473}\right]$$

$$= 415.06\text{mmH}_2\text{O}$$

14 석탄을 분석한 결과가 아래와 같을 때 연소성 황은 몇 %인가?

• 탄소: 68.52%	• 수소: 5.79%
• 전체 황: 0.72%	• 불연성 황: 0.21%
• 회분: 22.31%	• 수분: 2.45%

① 0.82% ② 0.70%
③ 0.65% ④ 0.53%

해설 연소성 황분

$$= \text{전황분}\times\frac{100}{100-\text{수분}(W)} - \text{불연성황분}$$

$$\therefore 0.72\times\frac{100}{100-2.45} - 0.21 = 0.53\%$$

★
15 탄소(C) $\frac{1}{12}$kmol을 완전연소시키는 데 필요한 이론 산소량은?

① $\frac{1}{12}$kmol ② $\frac{1}{2}$kmol
③ 1kmol ④ 2kmol

해설 C + O_2 → CO_2
1kmol 1kmol 1kmol

∴ 탄소(C) $\frac{1}{12}$kmol을 완전연소시키는 데 필요한 이론 산소량은 $\frac{1}{12}$kmol이다.

★
16 연료 조성이 C: 80%, H_2: 18%, O_2: 2%인 연료를 사용하여 10.2%의 CO_2가 계측되었다면 이때의 최대 탄산가스율은? (단, 과잉공기량은 3Nm³/kg이다.)

① 12.78% ② 13.25%
③ 14.78% ④ 15.25%

해설

$$CO_{2max} = \frac{1.867\text{C}+0.7\text{S}}{G_{od}}\times 100(\%)$$

이론 건배기가스량(G_{od})

$$= (1-0.21)A_o + 1.887\text{C}+0.7\text{S}+0.8\text{N}$$

이론 공기량(A_o) $= 8.89\text{C}+26.67\left(\text{H}-\frac{\text{O}}{8}\right)+3.33\text{S}$

$$= 8.89\times 0.8+26.67\left(0.18-\frac{0.02}{8}\right) = 14.8\text{Nm}^3/\text{kg}$$

$$G_{od} = 0.79\times 14.8 = 11.692\text{Nm}^3/\text{kg}$$

$$\therefore CO_{2max} = \frac{1.867\times 0.8}{11.692}\times 100\% = 12.78\%$$

★
17 질소산화물을 경감시키는 방법으로 틀린 것은?

① 과잉공기량을 감소시킨다.
② 연소온도를 낮게 유지한다.
③ 노 내 가스의 잔류시간을 늘려준다.
④ 질소성분을 함유하지 않은 연료를 사용한다.

해설 질소산화물(NO_x) 경감 방법
㉠ 과잉공기량을 감소시킨다.
㉡ 연소온도를 낮게 유지한다.
㉢ 질소성분을 함유하지 않은 연료(fuel)를 사용한다.

★
18 공기비(m)에 대한 식으로 옳은 것은?

① $\frac{\text{실제공기량}}{\text{이론공기량}}$ ② $\frac{\text{이론공기량}}{\text{실제공기량}}$
③ $1-\frac{\text{과잉공기량}}{\text{이론공기량}}$ ④ $\frac{\text{실제공기량}}{\text{과잉공기량}}-1$

해설 공기비(m) $= \frac{\text{실제공기량}}{\text{이론공기량}} > 1$

19 각종 천연가스(유전가스, 수용성가스, 탄전가스 등)의 주성분은?

① CH_4 ② C_2H_6
③ C_3H_8 ④ C_4H_{10}

해설 액화천연가스(LNG)의 주성분은 메탄(CH_4)이다.

★
20 중유를 A급, B급, C급으로 구분하는 기준은?

① 발열량 ② 인화점
③ 착화점 ④ 점도

해설 중유를 A급, B급, C급으로 구분하는 기준은 점성(viscosity)이다.
※ 점성 크기 순서 C급 > B급 > A급

정답 14. ④ 15. ① 16. ① 17. ③ 18. ① 19. ① 20. ④

제2과목 열역학

★

21 단열계에서 엔트로피 변화에 대한 설명으로 옳은 것은?

① 가역 변화 시 계의 전 엔트로피는 증가된다.
② 가역 변화 시 계의 전 엔트로피는 감소한다.
③ 가역 변화 시 계의 전 엔트로피는 변하지 않는다.
④ 가역 변화 시 계의 전 엔트로피의 변화량은 비가역 변화 시보다 일반적으로 크다.

해설 가역단열변화($\delta Q=0$)인 경우 계의 전체 엔트로피는 변하지 않는다($\Delta S=0$).

22 증기 동력 사이클 중 이상적인 랭킨(Rankine) 사이클에서 등엔트로피 과정이 일어나는 곳은?

① 펌프, 터빈 ② 응축기, 보일러
③ 터빈, 응축기 ④ 응축기, 펌프

해설 증기원동소 이상사이클인 랭킨 사이클에서 단열과정(등엔트로피과정)은 펌프(단열압축과정), 터빈(단열팽창과정)이다.

23 20MPa, 0℃의 공기를 100kPa로 교축(throttling)하였을 때의 온도는 약 몇 ℃인가? (단, 엔탈피는 20MPa, 0℃에서 485 kJ/kg, 100kPa, 0℃에서 439kJ/kg이고, 압력이 100kPa인 등압과정에서 평균비열은 1.0kJ/kg℃이다.)

① -11 ② -22
③ -36 ④ -46

해설 $(h_1-h_2)=C_p(t_1-t_2)$

$$t_2=t_1-\frac{h_1-h_2}{C_p}=0-\frac{485-439}{1.0}=-46℃$$

24 어느 과열증기의 온도가 325℃일 때 과열도를 구하면 약 몇 ℃인가? (단, 이 증기의 포화 온도는 495K이다.)

① 93 ② 103
③ 113 ④ 123

해설 과열도 $=T-T_S=(t-t_s)=598-495$
$=103\text{K}(103℃)$

25 랭킨 사이클로 작동되는 발전소의 효율을 높이려고 할 때 증기터빈의 초압과 배압은 어떻게 하여야 하는가?

① 초압과 배압 모두 올림
② 초압을 올리고 배압을 낮춤
③ 초압은 낮추고 배압을 올림
④ 초압과 배압 모두 낮춤

해설 랭킨 사이클의 (발전소) 효율을 높이려면 초압을 높이거나 복수기 압력(배압)을 낮출수록 열효율은 증가한다.

26 피스톤이 장치된 단열 실린더에 300kPa, 건도 0.4인 포화액-증기 혼합물 0.1kg이 들어 있고 실린더 내에는 전열기가 장치되어 있다. 220V의 전원으로부터 0.5A의 전류를 10분 동안 흘려보냈을 때 이 혼합물의 건도는 약 얼마인가? (단, 이 과정은 정압과정이고 300kPa에서 포화액의 엔탈피는 561.43kJ/kg이며, 포화증기의 엔탈피는 2,724.9kJ/kg이다.)

① 0.705 ② 0.642
③ 0.601 ④ 0.442

해설 전열기 발생열량(Q)

$=I^2Rt=IVt=0.5\times220\times(10\times60)$
$=66,000\text{J}(66\text{kJ})$
$Q=m(x_2-x_1)\gamma=m(x_2-x_1)(h''-h')$

$$\therefore x_2=x_1+\frac{Q}{m(h''-h')}$$
$$=0.4+\frac{66}{0.1(2,724.5-561.4)}$$
$$=0.705$$

★

27 다음 중 경로에 의존하는 값은?

① 엔트로피 ② 위치에너지
③ 엔탈피 ④ 일

해설 일과 열은 경로함수(path function)이다(과정함수).

정답 21. ③ 22. ① 23. ④ 24. ② 25. ② 26. ① 27. ④

★
28 건조 포화증기가 노즐 내를 단열적으로 흐를 때 출구 엔탈피가 입구 엔탈피보다 15kJ /kg만큼 작아진다. 노즐 입구에서의 속도를 무시할 때 노즐 출구에서의 속도는 약 몇 m/s인가?

① 173　② 200
③ 283　④ 346

해설 $V_2 = \sqrt{2(h_1 - h_2)} = 44.72\sqrt{15} = 173\text{m/s}$

★
29 이상기체의 상태변화와 관련하여 폴리트로픽(Polytropic) 지수 n에 대한 설명 중 옳은 것은?

① $n=0$이면 단열 변화
② $n=1$이면 등온 변화
③ $n=$비열비이면 정적 변화
④ $n=\infty$이면 등압 변화

해설 폴리트로픽 지수(n)와 상태변화의 관계식
$PV^n = C$
㉠ $n=0$, $P=C$(등압변화)
㉡ $n=1$, $T=C$(등온변화)
㉢ $n=k$(가역단열변화)
㉣ $n=\infty$, $V=C$ (등적변화)

★
30 냉동기의 냉매로서 갖추어야 할 요구조건으로 적당하지 않은 것은?

① 불활성이고 안정해야 한다.
② 비체적이 커야 한다.
③ 증발온도에서 높은 잠열을 가져야 한다.
④ 열전도율이 커야 한다.

해설 냉매는 비체적(v)이 작아야 한다.

★
31 디젤사이클로 작동되는 디젤 기관의 각 행정의 순서를 옳게 나타낸 것은?

① 단열압축-정적급열-단열팽창-정적방열
② 단열압축-정압급열-단열팽창-정압방열
③ 등온압축-정적급열-등온팽창-정적방열
④ 단열압축-정압급열-단열팽창-정적방열

해설 디젤사이클은 등압사이클로 단열압축($s=c$) → 정압급열(연소) → 단열팽창($s=c$) → 정적방열($v=c$) 순이다.

32 비열이 0.473kJ/kgK인 철 10kg의 온도를 20℃에서 80℃로 높이는 데 필요한 열량은 몇 kJ인가?

① 28　② 60
③ 284　④ 600

해설 $Q = mC(t_2 - t_1) = 10 \times 0.473(80-20) = 284\text{kJ}$

★
33 20℃의 물 10kg을 대기압하에서 100℃의 수증기로 완전히 증발시키는 데 필요한 열량은 약 몇 kJ인가? (단, 수증기의 증발 잠열은 2,257kJ/kg이고 물의 평균비열은 4.2kJ/kgK이다.)

① 800　② 6,190
③ 25,930　④ 61,900

해설 ㉠ 20℃ 물을 100℃ 물(포화수)로
가열량(Q_s)$= mC(t_2 - t_1) = 10 \times 4.2(100-20)$
$= 3,360\text{kJ}$
㉡ 100℃ 물을 100℃ 증기로 가열량
잠열량(Q_L)$= m\gamma_o = 10 \times 2,257 = 22,570\text{kJ}$
$\therefore Q_t = Q_S + Q_L = 3,360 + 22,570 = 25,930\text{kJ}$

34 그림은 재생 과정이 있는 랭킨 사이클이다. 추기에 의하여 급수가 가열되는 과정은?

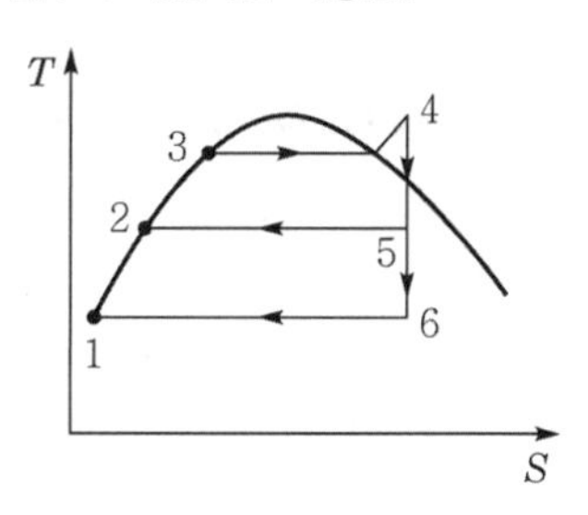

① 1-2　② 4-5
③ 5-6　④ 4-6

해설 2단 추기 재생사이클에서 (펌프일 무시한 경우) 추기에 의해 급수가 가열되는 과정은 1 → 2과정이다.

정답 28. ① 29. ② 30. ② 31. ④ 32. ③ 33. ③ 34. ①

★
35 otto cycle에서 압축비가 8일 때 열효율은 약 몇 % 인가? (단, 비열비는 1.4이다.)

① 26.4　　② 36.4
③ 46.4　　④ 56.4

해설 $\eta_{tho} = 1 - \left(\frac{1}{\varepsilon}\right)^{k-1} = 1 - \left(\frac{1}{8}\right)^{1.4-1} = 0.564(56.4\%)$

★
36 다음 $T-S$ 선도에서 냉동 사이클의 성능계수를 옳게 표시한 것은? (단, u는 내부에너지, h는 엔탈피를 나타낸다.)

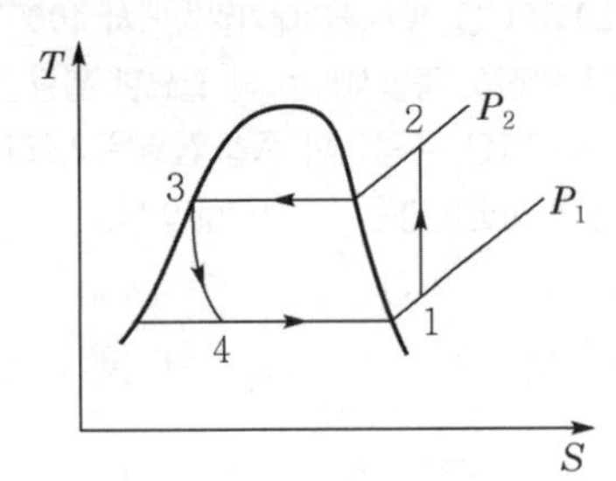

① $\dfrac{h_1-h_4}{h_2-h_1}$　　② $\dfrac{u_1-u_4}{u_2-u_1}$

③ $\dfrac{h_2-h_1}{h_1-h_4}$　　④ $\dfrac{u_2-u_1}{u_1-u_4}$

해설 냉동기 성능계수$(COP)_R$

$= \dfrac{냉동효과(q_e)}{압축일(w_c)} = \dfrac{h_1-h_4}{h_2-h_1}$

37 냉동 사이클을 비교하여 설명한 것으로 잘못된 것은?

① 역 carnot 사이클이 최고의 $(COP)_R$를 나타낸다.
② 가역팽창 엔진을 가진 증기압축 냉동 사이클의 성능계수는 최고값에 접근한다.
③ 보통의 증기압축 사이클은 역Carnot 사이클의 $(COP)_R$보다 낮은 값을 갖는다.
④ 공기 냉동 사이클이 가장 높은 효율을 나타낸다.

해설 역브레이턴 사이클은 공기 표준 냉동사이클이다(역카르노 사이클보다 성능계수가 낮다).

38 정압과정으로 5kg의 공기에 85kJ의 열이 전달되어, 공기의 온도가 10℃에서 30℃로 올랐다. 이 온도범위에서 공기의 정압비열(kJ/kgK)을 구하면?

① 0.15　　② 0.35
③ 0.45　　④ 0.85

해설 $Q = mC_p(t_2-t_1)$[kJ]에서

$C_p = \dfrac{Q}{m(t_2-t_1)} = \dfrac{85}{5(30-10)} = 0.85\text{kJ/kgK}$

★
39 포화증기를 등엔트로피 과정으로 압축시키면 상태는 어떻게 되는가?

① 습증기가 된다.　　② 과열증기가 된다.
③ 포화액이 된다.　　④ 임계성을 띤다.

해설 포화증기를 가역 단열압축(등엔트로피 압축)시키면 (온도상승, 압력상승)으로 과열증기가 된다.

★
40 피스톤과 실린더로 구성된 밀폐된 용기 내에 일정한 질량의 이상기체가 차 있다. 초기 상태의 압력은 2bar, 체적은 0.5m³이다. 이 시스템의 온도가 일정하게 유지되면서 팽창하여 압력이 1bar가 되었다. 이 과정 동안에 시스템이 한 일은 몇 kJ인가?

① 64　　② 70
③ 79　　④ 83

해설 ◉ 1bar=10^5Pa=100kPa

등온변화 시 절대일량$({}_1W_2)$

$= mRT\ln\left(\dfrac{P_1}{P_2}\right) = P_1V_1\ln\left(\dfrac{P_1}{P_2}\right) = 200\times0.5\ln\left(\dfrac{2}{1}\right)$

$= 70\text{kJ}$

제3과목 계측방법

41 열전대 온도계에서 주위 온도에 의한 오차를 전기적으로 보상할 때 주로 사용되는 저항선은?

① 서미스터(thermistor)
② 구리(Cu) 저항선
③ 백금(Pt) 저항선
④ 알루미늄(Al) 저항선

정답 35. ④ 36. ① 37. ④ 38. ④ 39. ② 40. ② 41. ②

해설 열전대 온도계 주위 오차를 전기적으로 보상할 때 주로 사용되는 저항선은 구리(Cu) 저항선이다.

★
42 다음 열전대 보호관 재질 중 상용 온도가 가장 높은 것은?

① 유리 ② 자기
③ 구리 ④ Ni-Cr 스테인리스

해설 **열전대(thermo couple) 보호관 상용 온도(℃)**
㉠ 자기관: 1,600℃
㉡ 구리황동관: 400℃
㉢ Ni-Cr 스테인리스: 1,050℃

43 비중량이 9,000N/m³인 기름 18L의 중량은?

① 125N ② 152N
③ 162N ④ 182N

해설
$$\gamma = \frac{W_{oil}}{V}[\text{N/m}^3]$$
기름의 중량(W_{oil})$=\gamma V = 9{,}000 \times (18\times 10^{-3})$
$= 162\text{N}$

★
44 부르돈 게이지(bourdon gauge)는 유체의 무엇을 직접적으로 측정하기 위한 기기인가?

① 온도 ② 압력
③ 밀도 ④ 유량

해설 **부르돈 게이지(유체 압력 측정)**
탄성식 압력계(2차 압력계)로, 측정범위는 0.05~160 MPa이다.

45 진동, 충격의 영향이 적고, 미소 차압의 측정이 가능하며 저압가스의 유량을 측정하는 데 주로 사용되는 압력계는?

① 압전식 압력계 ② 분동식 압력계
③ 침종식 압력계 ④ 다이어프램 압력계

해설 **침종식 압력계(단종식, 복종식)의 특성**
㉠ 진동이나 충격의 영향이 적다.
㉡ 미소 차압의 측정이 가능하다(저압가스 유량측정).
㉢ 측정범위: 단종식 100mmAq 이하, 복종식 5~30mmAq 이하

★
46 관 속을 흐르는 유체가 층류로 되려면?

① 레이놀즈수가 4,000보다 많아야 한다.
② 레이놀즈수가 2,100보다 적어야 한다.
③ 레이놀즈수가 4,000이어야 한다.
④ 레이놀즈수와는 관계가 없다.

해설 원관유동 시 층류인 경우 레이놀즈수(R_e)는 2,100 미만이다($R_e < 2{,}100$).

47 U자관 압력계에 관한 설명으로 가장 거리가 먼 것은?

① 차압을 측정할 경우에는 한쪽 끝에만 압력을 가한다.
② U자관의 크기는 특수한 용도를 제외하고는 보통 2m 정도로 한다.
③ 관속에 수은, 물 등을 넣고 한쪽 끝에 측정 압력을 도입하여 압력을 측정한다.
④ 측정 시 메니스커스, 모세관현상 등의 영향을 받으므로 이에 대한 보정이 필요하다.

해설 U자관(액주계)은 차압측정 시 두 지점(양쪽의) 압력차를 이용하여 측정한다.

★
48 절대압력 700mmHg는 약 몇 kPa인가?

① 93kPa ② 103kPa
③ 113kPa ④ 123kPa

해설 760 : 101.325=700 : P
$$P = \frac{700}{760} \times 101.325 = 93.33\text{kPa}$$

49 가스 분석계의 측정법 중 전기적 성질을 이용한 것은?

① 세라믹스 측정방법
② 연소열식 측정방법
③ 자동 오르자트법
④ 가스크로마토그래피법

해설 세라믹스는 가스분석계 측정법 중 전기적 성질을 이용한 것이다.

정답 42. ② 43. ③ 44. ② 45. ③ 46. ② 47. ① 48. ① 49. ①

50 주위 온도보상 장치가 있는 열전식 온도기록계에서 주위온도가 20℃인 경우 1,000℃의 지시차를 보려면 몇 mV를 주어야 하는가? (단, 20℃: 0.80mV, 980℃: 40.53mV, 1,000℃: 41.31mV이다.)

① 40.51
② 40.53
③ 41.31
④ 41.33

해설 온도보상 지시치(mV)$= 0.80 + \dfrac{40.53(1,000-20)}{1,000}$

$= 40.5\text{mV}$

★
51 저항온도계에 활용되는 측온저항체의 종류에 해당되는 것은?

① 서미스터(thermistor) 저항 온도계
② 철-콘스탄탄(IC) 저항 온도계
③ 크로멜(chromel) 저항 온도계
④ 알루멜(alumel) 저항 온도계

해설 서미스터(thermistor)는 저항 온도계에 활용되는 측온저항체(RTD: Resistance Temperature Detector)다.

★
52 다음 중 속도 수두 측정식 유량계는?

① delta 유량계
② annubar 유량계
③ oval 유량계
④ thermal 유량계

해설 속도수두 $\left(\dfrac{V^2}{2g}\right)$ 측정식 유량계는 아뉴바(Annubar) 유량계이다.

★
53 세라믹(ceramic)식 O_2계의 세라믹 주원료는?

① Cr_2O_3
② Pb
③ P_2O_5
④ ZrO_2

해설 세라믹식 산소계 세라믹의 주원료는 지르코늄(ZrO_2)이다.

54 다음은 증기 압력제어의 병렬 제어방식의 구성을 나타낸 것이다. (　) 안에 알맞은 용어를 바르게 나열한 것은?

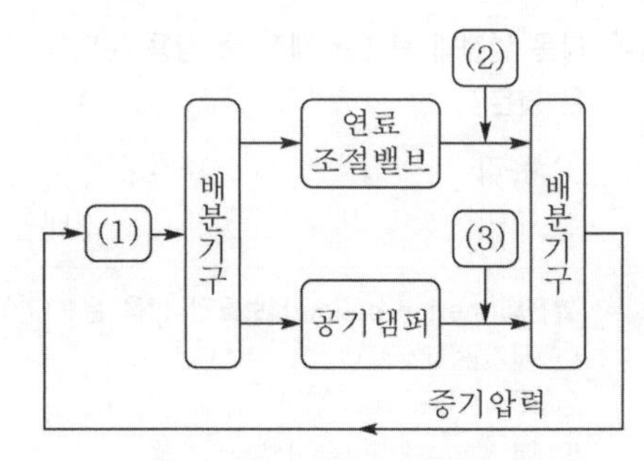

① (1) 동작신호, (2) 목표치, (3) 제어량
② (1) 조작량, (2) 설정신호, (3) 공기량
③ (1) 압력조절기, (2) 연료공급량, (3) 공기량
④ (1) 압력조절기, (2) 공기량, (3) 연료공급량

해설 증기 압력제어의 병렬 제어방식이란 증기압력에 따라 (1) 압력조절기가 제어동작을 향하여 2출력신호를 배분기구에 의하여 연료조절밸브 및 공기댐퍼(Air damper)에 분배하여 양자의 개도를 동시에 조절함으로써 (2) 연료공급량 및 (3) 연소용공기량을 조절하는 방식이다.
※ 공기댐퍼(Damper) : 연료의 무화에 필요한 공기를 조절하는 댐퍼다(버너입구에 설치).

55 열전대 온도계에서 열전대의 구비조건으로 틀린 것은?

① 장시간 사용하여도 변형이 없을 것
② 재생도가 높고 가공이 용이할 것
③ 전기저항, 저항온도계수와 열전도율이 클 것
④ 열기전력이 크고 온도 상승에 따라 연속적으로 상승할 것

해설 열전대는 온도, 자계 등이 미치는 전기계기에 오차가 있다(전기저항, 저항온도계수 및 열전도율이 작을 것).

56 다음 중 방사고온계는 어느 이론을 응용한 것인가?

① 제백 효과　② 필터 효과
③ 윈-프라크 법칙　④ 스테판-볼츠만 법칙

해설 방사고온계는 비접촉식 온도계로 스테판-볼츠만 법칙(Stefan-Boltzman law)을 응용한 온도계다.

정답 50. ① 51. ① 52. ② 53. ④ 54. ③ 55. ③ 56. ④

★
57 보일러의 자동제어에서 인터록 제어의 종류가 아닌 것은?

① 압력초과 ② 저연소
③ 고온도 ④ 불착화

해설 **보일러 인터록(boiler interlock)**
㉠ 압력초과
㉡ 저연소
㉢ 불착화
㉣ 프리퍼지
㉤ 저수위 인터록 등이 있다.

58 압력식 온도계가 아닌 것은?

① 액체 팽창식
② 전기 저항식
③ 기체 압력식
④ 증기 압력식

해설 **압력식 온도계의 종류**
㉠ 액체 팽창식
㉡ 기체 압력식
㉢ 증기 압력식

★
59 차압식 유량계의 측정에 대한 설명으로 틀린 것은?

① 연속의 법칙에 의한다.
② 플로트 형상에 따른다.
③ 차압기구는 오리피스이다.
④ 베르누이의 정리를 이용한다.

해설 플로트(float) 형상에 따른 유량계는 면적식 유량계이다.

★
60 큐폴라 상부의 배기가스 온도를 측정하기 위한 접촉식 온도계로 가장 적합한 것은?

① 광고온계
② 색온도계
③ 수은온도계
④ 열전대 온도계

해설 큐폴라 상부 배기가스온도를 측정하기 위한 접촉식 온도계는 열전대(thermo couple) 온도계가 가장 적당하다.

제4과목 열설비재료 및 관계법규

61 특정열 사용 기자재와 설치, 시공 범위가 바르게 연결된 것은?

① 강철제 보일러: 해당 기기의 설치, 배관 및 세관
② 태양열 집열기: 해당 기기의 설치를 위한 시공
③ 비철금속 용융로: 해당 기기의 설치, 배관 및 세관
④ 축열식 전기보일러: 해당 기기의 설치를 위한 시공

해설 ② 시공이 아닌 (세관)
③ 배관 및 세관이 아닌 (시공)
④ 설치, 배관 및 세관

★
62 에너지이용 합리화법에 따라 검사대상기기 조종자의 업무 관리대행기관으로 지정을 받기 위하여 산업통상자원부장관에게 제출하여야 하는 서류가 아닌 것은?

① 장비명세서
② 기술인력 명세서
③ 기술인력 고용계약서 사본
④ 향후 1년간의 안전관리대행 사업계획서

해설 **관리대행기관으로 지정을 받기 위해 산업통상자원부장관에게 제출하여야 하는 서류**
㉠ 장비명세서
㉡ 기술인력 명세서
㉢ 향후 1년간의 안전관리대행 사업계획서
㉣ 변경사항을 증명할 수 있는 서류

★
63 에너지이용 합리화법에 따라 검사대상기기의 계속사용검사 신청은 검사 유효기간 만료의 며칠 전까지 하여야 하는가?

① 3일 ② 10일
③ 15일 ④ 30일

해설 검사대상기기의 계속사용(안전, 성능검사) 신청은 한국에너지공단에 검사유효기간 만료 10일 전까지 신청한다.

정답 57. ③ 58. ② 59. ② 60. ④ 61. ① 62. ③ 63. ②

★
64 **다음 중 MgO-SiO_2계 내화물은?**

① 마그네시아질 내화물
② 돌로마이트질 내화물
③ 마그네시아-크롬질 내화물
④ 포스테라이트질 내화물

해설 포스테라이트(forsterite)질 염기성 내화물은 주 원료가 포스테라이트(Mg_2SiO_2)와 듀나이트(dunite)및 사문석(serpentine)이다.

65 **유리 용융용 브리지 월(bridge wall) 탱크에서 용융부와 작업부 간의 연소가스 유통을 억제하는 역할을 담당하는 구조 부분은?**

① 포트(port)
② 스로트(throat)
③ 브리지 월(bridge wall)
④ 섀도 월(shadow wall)

해설 유리용융용 브리지 월(bridge wall) 탱크에서 용융부와 작업부 간의 연소가스 유통을 억제하는 역할을 담당하는 구조 부분은 섀도 월(shadow wall)이다.

★
66 **보온재의 열전도율에 대한 설명으로 옳은 것은?**

① 열전도율 0.5kcal/mh℃ 이하를 기준으로 하고 있다.
② 재질 내 수분이 많을 경우 열전도율은 감소한다.
③ 비중이 클수록 열전도율은 작아진다.
④ 밀도가 작을수록 열전도율은 작아진다.

해설 보온재의 열전도(W/m · K)율은 밀도$\left(\rho=\frac{P}{RT}\right)$가 작을수록 열전도율은 작아진다.

67 **보온재의 열전도율과 체적 비중, 온도, 습분 및 기계적 강도와의 관계에 관한 설명으로 틀린 것은?**

① 열전도율은 일반적으로 체적 비중의 감소와 더불어 적어진다.
② 열전도율은 일반적으로 온도의 상승과 더불어 커진다.
③ 열전도율은 일반적으로 습분의 증가와 더불어 커진다.
④ 열전도율은 일반적으로 기계적 강도가 클수록 커진다.

해설 보온재의 열전도 계수(율)는 기계적 강도와는 관계가 없다.

★
68 **다음 마찰손실 중 국부저항 손실수두로 가장 거리가 먼 것은?**

① 배관 중의 밸브, 이음쇠류 등에 의한 것
② 관의 굴곡부분에 의한 것
③ 관 내에서 유체와 관 내벽과의 마찰에 의한 것
④ 관의 축소, 확대에 의한 것

해설 직관 내에서 유체와 관내벽에서의 마찰손실은 주손실(main loss)이다.

★
69 **다음 중 유리섬유의 내열도에 있어서 안전사용 온도범위를 크게 개선시킬 수 있는 결합제는?**

① 페놀 수지
② 메틸 수지
③ 실리카겔
④ 멜라민 수지

해설 유리섬유(글라스울 보온재)의 내열도에 있어서 안전사용 온도 범위를 크게 개선시키는 결합제는 실리카겔(SiO_2)이다.

70 **한국에너지공단의 사업이 아닌 것은?**

① 신에너지 및 재생에너지 개발사업의 촉진
② 열사용기자재의 안전관리
③ 에너지의 안정적 공급
④ 집단에너지사업의 촉진을 위한 지원 및 관리

해설 에너지의 안정적 공급은 국가에서 하는 정책사업이다.

★
71 **다음 중 셔틀 요(shuttle kiln)는 어디에 속하는가?**

① 반연속 요
② 승염식 요
③ 연속 요
④ 불연속 요

해설 셔틀 요(가마)는 반연속 요다.

정답 64. ④ 65. ④ 66. ④ 67. ④ 68. ③ 69. ③ 70. ③ 71. ①

★
72 스폴링(spalling)에 대한 설명으로 옳은 것은?

① 마그네시아를 원료로 하는 내화물이 체적 변화를 일으켜 노벽이 붕괴하는 현상
② 온도의 급격한 변동으로 내화물에 열응력이 생겨 표면이 갈라지는 현상
③ 크롬마그네시아 벽돌이 1,600℃ 이상의 고온에서 산화철을 흡수하여 부풀어 오르는 현상
④ 내화물이 화학반응에 의하여 녹아내리는 현상

해설 스폴링(spalling)이란 화실 내 온도의 급격한 변동으로 내화물에 열응력이 생겨서 표면이 갈라지는 현상을 말한다.

73 고로(blast furnace)의 특징에 대한 설명이 아닌 것은?

① 축열실, 탄화실, 연소실로 구분되며 탄화실에는 석탄장 입구와 가스를 배출시키는 상승관이 있다.
② 산소의 제거는 CO 가스에 의한 간접 환원반응과 코크스에 의한 직접 환원반응으로 이루어진다.
③ 철광석 등의 원료는 노의 상부에서 투입되고 용선은 노의 하부에서 배출된다.
④ 노 내부의 반응을 촉진하기 위해 압력을 높이거나 열풍의 온도를 높이는 경우도 있다.

해설 고로(blast furnace)(=용광로)는 선철(pig iron) 제조용 노이며 열풍로, 용광로, 원료권상기 등이 있다.

★
74 에너지이용 합리화 기본계획은 산업통상 자원부장관이 몇 년마다 수립하여야 하는가?

① 3년
② 4년
③ 5년
④ 10년

해설 산업통상부장관은 에너지이용 합리화 기본계획을 5년마다 수립해야 한다.

★
75 에너지이용 합리화법에 따라 검사대상기기 설치자는 검사대상기기 조종자를 선임하거나 해임한 때 산업통상자원부령에 따라 누구에게 신고하여야 하는가?

① 시장 · 도지사
② 시장 · 군수
③ 경찰서장 · 소방서장
④ 한국에너지공단이사장

해설 선임, 해임 신고는 시장 또는 도지사에게 한다(다만, 시장 · 도지사가 한국에너지공단이사장에게 위탁하였다).

76 제강로가 아닌 것은?

① 고로 ② 전로
③ 평로 ④ 전기로

해설 **고로(高爐)**
용광로이면서 선철(pig iron) 제조로이며 용량은 1일 생산량을 톤(ton)으로 결정한다.

77 보일러 계속사용검사 유효기간 만료일이 9월 1일 이후인 경우 연기할 수 있는 최대 기한은?

① 2개월 이내
② 4개월 이내
③ 6개월 이내
④ 10개월 이내

해설 ㉠ 9월 1일 이전: 연말까지 연기 가능
㉡ 9월 1일 이후: 4개월 이내까지 연기 가능

★
78 에너지이용 합리화법에 따라 검사대상기기 설치자의 변경신고는 변경일로부터 15일 이내에 누구에게 하여야 하는가?

① 한국에너지공단이사장
② 산업통상자원부장관
③ 지방자치단체장
④ 관할소방서장

해설 **설치자 변경신고**
설치자가 변경된 날로부터 15일 이내에 한국에너지공단이사장에게 신고하여야 한다.

정답 72. ② 73. ① 74. ③ 75. ① 76. ① 77. ② 78. ①

★
79 **에너지이용 합리화법의 목적이 아닌 것은?**

① 에너지 수급 안정화
② 국민 경제의 건전한 발전에 이바지
③ 에너지 소비로 인한 환경피해 감소
④ 연료수급 및 가격 조정

해설 **에너지이용 합리화법의 목적**
㉠ 에너지 수급 안정화
㉡ 국민 경제의 건전한 발전에 이바지
㉢ 에너지 소비로 인한 환경피해 감소

80 **두께 230mm의 내화벽돌이 있다. 내면의 온도가 320℃이고 외면의 온도가 150℃일 때 이 벽면 $10m^2$에서 매 시간당 손실되는 열량은? (단, 내화벽돌의 열전도율은 1.12W/m·K이다.)**

① 17,235kJ/h ② 16,256kJ/h
③ 29,802kJ/h ④ 14,392kJ/h

해설
$$Q_c = \lambda A \frac{(t_1 - t_2)}{L} = 1.12 \times 10 \times \frac{(320-150)}{0.23}$$
$$= 8278.26W \fallingdotseq 8.28kW = 29,802kJ/h$$
※ 1kW = 3,600kJ/h

제5과목 열설비설계

81 **구조상 고압에 적당하여 배압이 높아도 작동하며, 드레인 배출온도를 변화시킬 수 있고 증기 누출이 없는 트랩의 종류는?**

① 디스크(Disk)식
② 플로트(Float)식
③ 상향 버킷(Bucket)식
④ 바이메탈(Bimetal)식

해설
- 바이메탈형, 벨로스형: 온도조절식 증기트랩
- 바이메탈형: 고압용, 배압이 높아도 작동이 가능하고, 드레인 배출온도를 변화시킬 수 있다. 증기 누출이 없다.

★
82 **증기트랩의 설치목적이 아닌 것은?**

① 관의 부식 장치 ② 수격작용 발생 억제
③ 마찰저항 감소 ④ 응축수 누출 방지

해설 증기트랩(steam trap)은 배관내 응축수를 제거(배출)하여 부식방지 및 수격작용 발생을 억제시킨다.

★
83 **저위발열량이 41,860kJ/kg인 연료를 사용하고 있는 실제 증발량이 4,000kg/h인 보일러에서 급수온도 40℃, 발생증기의 엔탈피가 2,721kJ/kg, 급수 엔탈피가 168kJ/kg일 때 연료 소비량은? (단, 보일러의 효율은 85%이다.)**

① 251kg/h ② 287kg/h
③ 361kg/h ④ 397kg/h

해설
$$\eta_B = \frac{m_a(h_2 - h_1)}{H_L \times m_f} \times 100\%$$
$$m_f = \frac{m_a(h_2 - h_1)}{H_L \times \eta_B} = \frac{4,000(2,721-168)}{41,860 \times 0.85} = 287kg/h$$

84 **보일러에서 사용하는 안전밸브의 방식으로 가장 거리가 먼 것은?**

① 중추식 ② 탄성식
③ 지렛대식 ④ 스프링식

해설 안전밸브(safety valve): 증기압력 이상 상승 시 보일러 폭발방지

안전밸브의 종류
㉠ 중추식, ㉡ 지렛대식, ㉢ 스프링식

★
85 **압력용기에 대한 수압시험 압력의 기준으로 옳은 것은?**

① 최고 사용압력이 0.1MPa 이상인 주철제 압력용기는 최고 사용압력의 3배이다.
② 비철금속제 압력용기는 최고 사용압력의 1.5배의 압력에 온도를 보정한 압력이다.
③ 최고 사용압력이 1MPa 이하인 주철제 압력용기는 0.1MPa이다.
④ 법랑 또는 유리 라이닝한 압력용기는 최고 사용압력의 1.5배의 압력이다.

해설 **압력용기에 대한 수압시험 압력의 기준**
㉠ 최고 사용압력이 0.1MPa 이상인 주철제 압력용기는 최고 사용압력의 2배이다.
㉡ 비철금속제 압력용기는 최고 사용압력의 1.5배의 압력에 온도를 보정한 압력이다.
㉢ 최고 사용압력이 1MPa 이하인 주철제 압력용기는 0.2MPa이다.

정답 79. ④ 80. ③ 81. ④ 82. ④ 83. ② 84. ② 85. ②

86 대향류 열교환기에서 가열유체는 260℃에서 120℃로 나오고 수열유체는 70℃에서 110℃로 가열될 때 전열면적은? (단, 열관류율은 125W/m²℃이고, 총열부하는 160,000W이다.)

① 7.24m²　　② 14.06m²
③ 16.04m²　　④ 23.32m²

해설

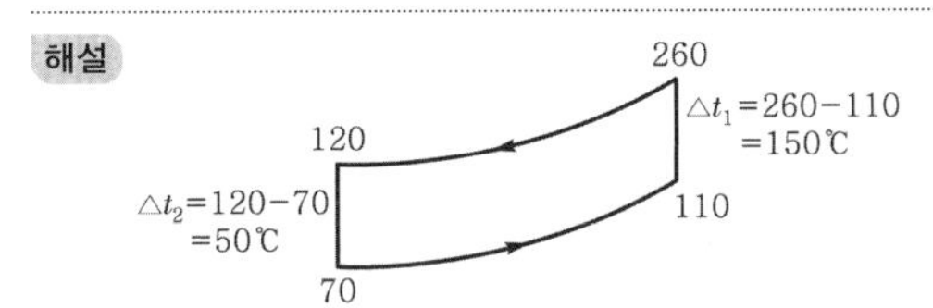

$\Delta t_1 = 260 - 110 = 150$℃

$\Delta t_2 = 120 - 70 = 50$℃

$$LMTD = \frac{\Delta t_1 - \Delta t_2}{\ln\left(\frac{\Delta t_1}{\Delta t_2}\right)} = \frac{150-50}{\ln\left(\frac{150}{50}\right)} = 91.02℃$$

$Q = KA(LMTD)$[W]

$$A = \frac{Q}{K(LMTD)} = \frac{160{,}000}{125 \times 91.02} = 14.06\text{m}^2$$

★
87 보일러의 종류에 따른 수면계의 부착위치로 옳은 것은?

① 직립형 보일러는 연소실 천장판 최고부 위 95mm
② 수평연관 보일러는 연관의 최고부 위 100mm
③ 노통 보일러는 노통 최고부(플랜지부를 제외) 위 100mm
④ 직립형 연관보일러는 연소실 천장판 최고부 위 연관 길이의 $\frac{2}{3}$

해설 ㉠ 직립형 보일러는 연소실 천장판 최고부 위 100mm
㉡ 수평연관 보일러는 연관의 최고부 위 75mm
㉢ 직립형 연관보일러는 연소실 천장판 최고부 위 연관 길이의 $\frac{1}{3}$

88 보일러 설치검사 사항 중 틀린 것은?

① 5t/h 이하의 유류 보일러의 배기가스 온도는 정격부하에서 상온과의 차이가 315℃ 이하이어야 한다.
② 보일러의 안전장치는 사고를 방지하기 위해 먼저 연료를 차단한 후 경보를 울리게 해야 한다.
③ 수입 보일러의 설치검사의 경우 수압시험이 필요하다.
④ 보일러 설치검사 시 안전장치 기능 테스트를 한다.

해설 보일러는 경보기를 먼저 울린 후 30초 정도 후에 연료를 차단하는 것이 합당하다.

★
89 맞대기 이음 용접에서 하중이 30kN, 용접 높이가 8mm일 때 용접 길이는 몇 mm로 설계하여야 하는가? (단, 재료의 허용 인장응력은 50MPa이다.)

① 52mm　　② 75mm
③ 82mm　　④ 100mm

해설

$\sigma_a = \frac{P}{A} = \frac{P}{hL}$(MPa)

용접길이(L) $= \frac{P}{\sigma_a h} = \frac{30 \times 10^3}{50 \times 8} = 75$mm

90 열교환기 설계 시 열교환 유체의 압력 강하는 중요한 설계인자이다. 관 내경, 길이 및 유속(평균)을 각각 Di, l, u로 표시할 때 압력강하량 ΔP와의 관계는?

① $\Delta P \propto \frac{l}{Di}\frac{1}{2g}u^2$
② $\Delta P \propto l\,Di / \frac{1}{2g}u^2$
③ $\Delta P \propto \frac{Di}{l}\frac{1}{2g}u^2$
④ $\Delta P \propto \frac{1}{2g}u^2 \cdot l \cdot Di$

해설

압력강하(ΔP)$\propto \frac{l}{Di}\frac{u^2}{2g}$

91 일반적인 보일러 운전 중 가장 이상적인 부하율은?

① 20~30%　　② 30~40%
③ 40~60%　　④ 60~80%

해설

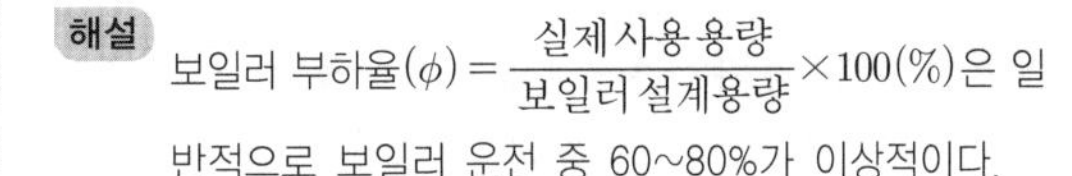

보일러 부하율(ϕ) $= \frac{\text{실제사용용량}}{\text{보일러설계용량}} \times 100(\%)$은 일반적으로 보일러 운전 중 60~80%가 이상적이다.

정답 86. ② 87. ③ 88. ② 89. ② 90. ① 91. ④

92 **보일러 청소에 관한 설명으로 틀린 것은?**

① 보일러의 냉각은 연화적(벽돌)이 있는 경우에는 24시간 이상 소요되어야 한다.
② 보일러는 적어도 40℃ 이하까지 냉각한다.
③ 부득이하게 냉각을 빨리시키고자 할 경우 찬 물을 보내면서 취출하는 방법에 의해 압력을 저하시킨다.
④ 압력이 남아 있는 동안 취출밸브를 열어서 보일러물을 완전 배출한다.

해설 보일러 청소 시에는 압력이 0인 상태에서 취출밸브(분출밸브)를 열고 물을 배출시킨다.

★
93 **고온부식의 방지대책이 아닌 것은?**

① 중유 중의 황 성분을 제거한다.
② 연소가스의 온도를 낮게 한다.
③ 고온의 전열면에 내식재료를 사용한다.
④ 연료에 첨가제를 사용하여 바나듐의 융점을 높인다.

해설 $S+O_2 \rightarrow SO_2$+80,000kcal/kmol
황(S)성분은 저온부식의 원인이 된다(절탄기, 공기예열기).

★
94 **점식(Pitting)에 대한 설명으로 틀린 것은?**

① 진행속도가 아주 느리다.
② 양극 반응의 독특한 형태이다.
③ 스테인리스강에서 흔히 발생한다.
④ 재료 표면의 성분이 고르지 못한 곳에 발생하기 쉽다.

해설 점식(Pitting; 피팅)은 물속의 용존산소에 의한 부식으로 진행 속도가 아주 빠르다.

95 **급수배관의 비수방지관에 뚫려 있는 구멍의 면적은 주 증기관 면적의 최소 몇 배 이상이 되어야 증기 배출에 지장이 없는가?**

① 1.2배 ② 1.5배
③ 1.8배 ④ 2배

해설 급수배관의 비수방지관에 뚫려 있는 구멍의 면적은 주증기관 면적의 최소 1.5배 이상으로 한다.

96 **2중관식 열교환기 내 68kg/min의 비율로 흐르는 물이 비열 1.9kJ/kg℃의 기름으로 35℃에서 75℃까지 가열된다. 이때, 기름의 온도가 열교환기에 들어올 때 110℃, 나갈 때 75℃라면, 대수평균 온도차는? (단, 두 유체는 향류형으로 흐른다.)**

① 37℃ ② 49℃
③ 61℃ ④ 73℃

해설

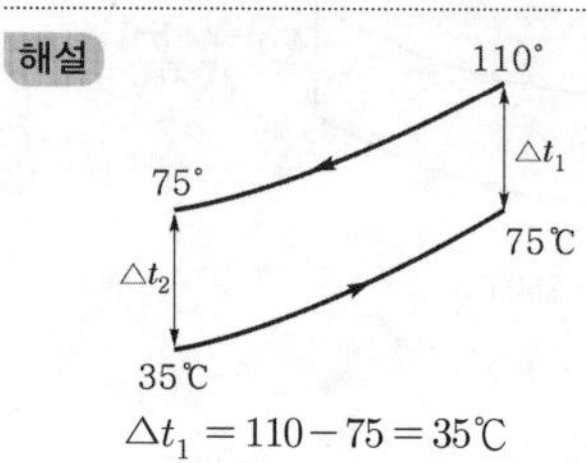

$\Delta t_1 = 110 - 75 = 35$℃
$\Delta t_2 = 75 - 35 = 40$℃

$$\text{대수평균 온도차}(LMTD) = \frac{\Delta t_1 - \Delta t_2}{\ln\left(\frac{\Delta t_1}{\Delta t_2}\right)} = \frac{35-40}{\ln\left(\frac{35}{40}\right)}$$
$$= 37.44℃$$

★
97 **다음 [보기]에서 설명하는 보일러 보존방법은?**

> [보기]
> • 보존기간이 6개월 이상인 경우 적용한다.
> • 1년 이상 보존할 경우 방청도료를 도포한다.
> • 약품의 상태는 1~2주마다 점검하여야 한다.
> • 동 내부의 산소 제거는 숯불 등을 이용한다.

① 건조보존법
② 만수보존법
③ 질소보존법
④ 특수보존법

해설 ㉠ 보일러 장기보존법(6개월 이상 보존): 밀폐건조보존법
㉡ 보일러 단기보존법(6개월 미만 보존): 만수보존법(약품첨가법, 방청도료 도포, 생석회 건조재 사용)

98 **다음 중 횡형 보일러의 종류가 아닌 것은?**

① 노통식 보일러
② 연관식 보일러
③ 노통연관식 보일러
④ 수관식 보일러

정답 92. ④ 93. ① 94. ① 95. ② 96. ① 97. ① 98. ④

해설 횡형 보일러의 종류
㉠ 노통식 보일러
㉡ 연관식 보일러
㉢ 노통연관식 보일러

★
99 **보일러 운전 중에 발생하는 기수공발(carry over) 현상의 발생 원인으로 가장 거리가 먼 것은?**

① 인산나트륨이 많을 때
② 증발수 면적이 넓을 때
③ 증기 정지밸브를 급히 개방했을 때
④ 보일러 내의 수면이 비정상적으로 높을 때

해설 증발수의 면적이 넓으면 기수공발(캐리오버)의 원인이 아니라 방지책이 된다.

★
100 **급수조절기를 사용할 경우 충수 수압시험 또는 보일러를 시동할 때 조절기가 작동하지 않게 하거나 수리 · 교체하는 경우를 위하여 모든 자동 또는 수동제어밸브 주위에 설치하는 설비는?**

① 블로 오프관 ② 바이패스관
③ 과열 저감기 ④ 수면계

해설 바이패스(bypass)관은 모든 자동수동제어밸브 주위에 설치하는 설비로 보일러 고장 시 수리 · 교체를 하기 위한 설비이다.

정답 99. ② 100. ②

Engineer Energy Management

2016년 제2회 에너지관리기사

제1과목 연소공학

★
01 연소효율은 실제의 연소에 의한 열량을 완전연소했을 때의 열량으로 나눈 것으로 정의할 때, 실제의 연소에 의한 열량을 계산하는 데 필요한 요소가 아닌 것은?

① 연소가스 유출 단면적
② 연소가스 밀도
③ 연소가스 열량
④ 연소가스 비열

해설 $\text{연소효율}(\eta_c) = \dfrac{\text{실제연소에 필요한 열량}}{\text{공급한 연료의 발열량}} \times 100\%$

※ **실제연소에 의한 열량 계산 시 필요한 요소**
㉠ 연소가스 유출 단면적
㉡ 연소가스 밀도(비질량)
㉢ 연소가스 비열

★
02 보일러의 흡인통풍(induced draft) 방식에 가장 많이 사용되는 송풍기의 형식은?

① 플레이트형 ② 터보형
③ 축류형 ④ 다익형

해설 보일러의 흡인통풍방식은 강제통풍방식의 하나로 연소 내에 배종기를 설치하여 흡입하여 빨아내는 방식으로 노내압이 진공이며 플레이트형(방사형 날개구조) 송풍기 형식이 가장 많이 사용된다.

03 중유의 점도가 높아질수록 연소에 미치는 영향에 대한 설명으로 틀린 것은?

① 오일탱크로부터 버너까지의 이송이 곤란해진다.
② 기름의 분무현상(automization)이 양호해진다.
③ 버너 화구(火口)에 유리탄소가 생긴다.
④ 버너의 연소상태가 나빠진다.

해설 중유(기름)의 점도가 높아질수록 분무현상은 불량해진다(연소상태가 나빠진다).

★
04 탄소(C) 80%, 수소(H) 20%의 중유를 완전연소시켰을 때 CO_2 max[%]는?

① 13.2 ② 17.2
③ 19.1 ④ 21.1

해설 이론건연소가스량(God)
=공기 중의 질소량($0.79 \times A_o$)
+연소생성가스(CO_2, SO_2)
$=0.79A_o+1.867C+0.7S$

$=0.79\times\dfrac{O_o}{0.21}+1.867C+0.7S$

$=0.79\left(\dfrac{1.867C+5.6H}{0.21}\right)+1.867C+0.7S$

$=0.79\left(\dfrac{1.867\times0.8+5.6\times0.2}{0.21}\right)+1.867\times0.8+0$

$\fallingdotseq 11.326(\fallingdotseq 11.33Nm^3/lg(\text{연료}))$

$\therefore (CO_2)_{max}=\dfrac{1.867C+0.7S}{G_{od}}$

$=\dfrac{1.867\times0.8+0}{11.33}\times100\% \fallingdotseq 13.2\%$

⊙ $(CO_2)_{max}$은 이론공기량(A_o)으로 연소했을 경우를 말한다.

★
05 연소의 정의를 가장 옳게 나타낸 것은?

① 연료가 환원하면서 발열하는 현상
② 화학변화에서 산화로 인한 흡열 반응
③ 물질의 산화로 에너지의 전부가 직접 빛으로 변하는 현상
④ 온도가 높은 분위기 속에서 산소와 화합하여 빛과 열을 발생하는 현상

해설 연소(combustion)란 가연물이 공기 중의 산소와 급격한 산화반응을 일으켜 빛과 열을 수반하는 발열반응현상이다.

정답 01. ③ 02. ① 03. ② 04. ① 05. ④

★
06 보일러 등의 연소장치에서 질소산화물(NO_x)의 생성을 억제할 수 있는 연소 방법이 아닌 것은?

① 2단 연소
② 저산소(저공기비)연소
③ 배기의 재순환 연소
④ 연소용 공기의 고온 예열

해설 질소산화물(NO_x)의 생성을 억제하기 위해서는 연소실 내의 온도를 저온으로 해주어야 한다(저온도 연소법 : 공기온도조절).

07 가연성 혼합기의 폭발장치를 위한 방법으로 가장 거리가 먼 것은?

① 산소농도의 최소화
② 불활성 가스의 치환
③ 불활성 가스의 첨가
④ 이중용기 사용

08 다음 기체연료 중 단위 체적당 고위발열량이 가장 높은 것은?

① LNG
② 수성가스
③ LPG
④ 유(油)가스

해설
• LPG(액화석유가스): 25,000~30,000kcal/Nm^3
• LNG(액화천연가스): 11,000kcal/Nm^3
• 수성가스: 2,700kcal/Nm^3

09 이론습연소가스량 G_{ow}와 이론건연소가스량 G_{od}의 관계를 나타낸 식으로 옳은 것은? (단, H는 수소, w는 수분을 나타낸다)

① $G_{od} = G_{ow} + 1.25(9H+w)$
② $G_{od} = G_{ow} - 1.25(9H+w)$
③ $G_{od} = G_{ow} + (9H+w)$
④ $G_{od} = G_{ow} - (9H+w)$

해설 이론습연소가스량(G_{ow})
= 이론건연소가스량(G_{od})+1.25(9H+w)이므로
$\therefore G_{od} = G_{ow} - 1.25(9H+w)$

★
10 연소가스 부피조성이 CO_2 13%, O_2 8%, N_2 79%일 때 공기 과잉계수(공기비)는?

① 1.2 ② 1.4
③ 1.6 ④ 1.8

해설 공기과잉계수(공기비)

$$= \frac{N_2}{N_2 - 3.76(O_2 - 0.5CO)}$$

$$= \frac{79}{79 - 3.76 \times 8} = 1.61$$

⊙ $N_2 = 100 - (CO_2 + O_2 + CO)$

11 열병합 발전소에서 배기가스를 사이클론에서 전처리하고 전기 집진장치에서 먼지를 제거하고 있다. 사이클론 입구, 전기집진기 입구와 출구에서의 먼지농도가 각각 95, 10, 0.5g/Nm^3일 때 종합집진율은?

① 85.7%
② 90.8%
③ 95.0%
④ 99.5%

12 액체연료에 대한 가장 적합한 연소방법은?

① 화격자연소
② 스토커연소
③ 버너연소
④ 확산연소

해설 액체연료에 가장 적합한 연소방법은 버너(burner)연소다.
⊙ 확산연소 : 기체연료
⊙ 회격자연소, 스토커연소 : 고체연료

13 발열량이 5,000kcal/kg인 고체연료를 연소할 때 불완전연소에 의한 열손실이 5%, 연소재에 의한 열손실이 5%이었다면 연소효율은?

① 80% ② 85%
③ 90% ④ 95%

해설 연소효율(η_c)

$$= \frac{\text{발열량} - (\text{불완전 연소에 의한 열손실} + \text{연소재에 의한 열손실})}{\text{발열량}}$$

$$= \frac{5,000 - (250 + 250)}{5,000} \times 100\% = 90\%$$

정답 06. ④ 07. ④ 08. ③ 09. ② 10. ③ 11. ④ 12. ③ 13. ③

14 NO_2의 배출을 최소화할 수 있는 방법이 아닌 것은?

① 미연소분을 최소화하도록 한다.
② 연료와 공기의 혼합을 양호하게 하여 연소온도를 낮춘다.
③ 저온배출가스 일부를 연소용 공기에 혼입해서 연소용 공기 중의 산소농도를 저하시킨다.
④ 버너 부근의 화염온도는 높이고 배기가스 온도는 낮춘다.

해설 이산화질소(NO_2)의 배출을 최소화하려면 버너부조의 화염온도를 낮추어야 한다.

★
15 연소배기가스를 분석한 결과 O_2의 측정치가 4%일 때 공기비(m)는?

① 1.10 ② 1.24
③ 1.30 ④ 1.34

해설 공기비$(m) = \dfrac{21}{21-O_2} = \dfrac{21}{21-4} \fallingdotseq 1.24$

16 액체를 미립화하기 위해 분무를 할 때 분무를 지배하는 요소로서 가장 거리가 먼 것은?

① 액류의 운동량
② 액류와 기체의 표면적에 따른 저항력
③ 액류와 액공 사이의 마찰력
④ 액체와 기체 사이의 표면장력

해설 **액체를 미립화하기 위해 분무를 지배하는 요소**
㉠ 액류의 운동량(모멘텀)
㉡ 액류기체의 표면적에 대한 저항력
㉢ 액체와 기체사이의 표면장력(surface tensic)

★
17 온도가 293K인 이상기체를 단열 압축하여 체적을 1/6로 하였을 때 가스의 온도는 약 몇 K인가? (단, 가스의 정적비열[C_v]은 0.7kJ/kg · K, 정압비열[C_p]은 0.98kJ/kg · K이다)

① 393 ② 493
③ 558 ④ 600

해설 가스비열비$(k) = \dfrac{C_p}{C_v} = \dfrac{0.98}{0.7} = 1.4$

$\dfrac{T_2}{T_1} = \left(\dfrac{V_1}{V_2}\right)^{k-1}$

$\therefore T_2 = T_1\left(\dfrac{V_1}{V_2}\right)^{k-1} = 293(6)^{1.4-1} \fallingdotseq 600\text{K}$

18 가열실의 이론 효율(E_1)을 옳게 나타낸 식은? (단, tr: 이론연소온도, ti: 피열물의 온도이다)

① $E_1 = \dfrac{tr+ti}{tr}$ ② $E_1 = \dfrac{tr-ti}{tr}$
③ $E_1 = \dfrac{ti-tr}{ti}$ ④ $E_1 = \dfrac{ti+tr}{ti}$

해설 가열실의 이론 효율(E_1)

$= \dfrac{tr-ti}{tr} = 1-\left(\dfrac{ti}{tr}\right) \times 100\%$

★
19 산소 1Nm³을 연소에 이용하려면 필요한 공기량(Nm³)은?

① 1.9 ② 2.8
③ 3.7 ④ 4.8

해설 이론공기량$(A_o) = \dfrac{O_o}{0.21} = \dfrac{1}{0.21} \fallingdotseq 4.8\text{Nm}^3$

20 열효율 향상 대책이 아닌 것은?

① 과잉공기를 증가시킨다.
② 손실열을 가급적 적게 한다.
③ 전열량이 증가되는 방법을 취한다.
④ 장치의 최적 설계조건과 운전조건을 일치시킨다.

해설 공기비(m)는 실제공기량(A)과 이론공기량(A_o)의 비다 $\left(m = \dfrac{A}{A_o}\right)$.

과잉공기$= A - A_o = mA_o - A_o$
$= (m-1)A_o$[Nm³/kg]

과잉공기를 증가시키면 배기가스량이 많아져서 열손실이 증가되므로 열효율이 저하된다.

정답 14. ④ 15. ② 16. ③ 17. ④ 18. ② 19. ④ 20. ①

제2과목 열역학

21 360℃와 25℃ 사이에서 작동하는 열기관의 최대 이론 열효율은 약 얼마인가?

① 0.450
② 0.529
③ 0.635
④ 0.735

해설 $\eta_c = 1 - \frac{T_2}{T_1} = 1 - \frac{25+273}{360+273} = 0.529(52.9\%)$

★

22 다음 중 냉동 사이클의 운전특성을 잘 나타내고, 사이클의 해석을 하는 데 가장 많이 사용되는 선도는?

① 온도 – 체적 선도
② 압력 – 비엔탈피 선도
③ 압력 – 체적 선도
④ 압력 – 온도 선도

해설 냉매 몰리에르선도는 종축에 절대압력(P)을 횡축에 비엔탈피(h)를 취한 선도로 냉동기의 운전특성을 잘 나타내고 있으므로 냉동사이클을 도시하여 냉동기의 성적계수$(COP)_R$를 구할 수 있다.

23 터빈에서 2kg/s의 유량으로 수증기를 팽창시킬 때 터빈의 출력이 1,200kW라면 열손실은 몇 kW인가? (단, 터빈 입구와 출구에서 수증기의 엔탈피는 각각 3,200kJ/kg과 2,500kJ/kg이다)

① 600
② 400
③ 300
④ 200

해설 손실동력(kW) = 이론출력−실제출력
= 2(3,200−2,500)−1,200 = 200kW

★

24 엔탈피가 3,140kJ/kg인 과열증기가 단열노즐에 저속상태로 들어와 출구에서 엔탈피가 3,010kJ/kg인 상태로 나갈 때 출구에서의 증기 속도(m/s)는?

① 8 ② 25
③ 160 ④ 510

해설 출구 증기속도(V_2)
$= 44.72\sqrt{(h_1 - h_2)} = 44.72\sqrt{3,140 - 3,010}$
$\fallingdotseq 510\text{m/s}$

25 포화증기를 가역 단열 압축시켰을 때의 설명으로 옳은 것은?

① 압력과 온도가 올라간다.
② 압력은 올라가고 온도는 떨어진다.
③ 온도는 불변이며 압력은 올라간다.
④ 압력과 온도 모두 변하지 않는다.

해설 포화증기를 가역 단열 압축 시 압력과 온도가 올라간다.
$\frac{T_2}{T_1} = \left(\frac{P_2}{P_1}\right)^{\frac{k-1}{k}}$

26 엔트로피에 대한 설명으로 틀린 것은?

① 엔트로피는 상태함수이다.
② 엔트로피 분자들의 무질서도 척도가 된다.
③ 우주의 모든 현상은 총 엔트로피가 증가하는 방향으로 진행되고 있다.
④ 자유팽창, 종류가 다른 가스의 혼합, 액체 내의 분자의 확산 등의 과정에서 엔트로피가 변하지 않는다.

해설 자유팽창, 종류가 다른 가스의 혼합, 액체 내의 분자의 확산 등의 과정은 비가역과정으로 엔트로피(Entropy)는 증가한다.

★

27 PV^n=C에서 이상기체의 등온변화인 경우 폴리트로프 지수(n)는?

① ∞ ② 1.4
③ 1 ④ 0

해설 PV^n = C
$n = 1$이면 PV= C(등온변화)
$n = 0$이면 등압변화(P=C)
$n = \infty$이면 등적변화
$n = k(=1.4)$이면 가역 단열 변화다.

정답 21. ② 22. ② 23. ④ 24. ④ 25. ① 26. ④ 27. ③

★

28 **증기의 교축과정에 대한 설명으로 옳은 것은?**

① 습증기 구역에서 포화온도가 일정한 과정
② 습증기 구역에서 포화압력이 일정한 과정
③ 가역과정에서 엔트로피가 일정한 과정
④ 엔탈피가 일정한 비가역 정상류 과정

해설 증기(실제기체)에서의 교축과정은 비가역 과정으로 엔트로피 증가($\Delta S>0$), 엔탈피 일정, 압력 강하, 온도 강하 등의 변화가 일어난다.

29 **그림은 공기 표준 Otto cycle이다. 효율 η에 관한 식으로 틀린 것은? (단, r은 압축비, k는 비열비이다.)**

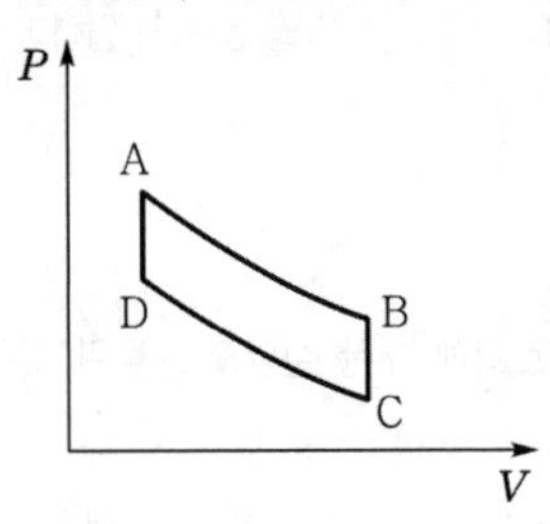

① $\eta=1-\left(\dfrac{T_B-T_C}{T_A-T_D}\right)$

② $\eta=1-r\left(\dfrac{1}{r}\right)^k$

③ $\eta=1-\left(\dfrac{P_B-P_C}{P_A-P_D}\right)$

④ $\eta=1-\left(\dfrac{T_B}{T_A}\right)$

해설 오토사이클의 열효율(η)

$$=1-\frac{Q_2}{Q_1}=1-\frac{mC_v(T_B-T_C)}{mC_v(T_A-T_D)}$$

$$=1-\frac{(T_B-T_C)}{(T_A-T_D)}=1-\left(\frac{1}{\gamma}\right)^{k-1}$$

★

30 **공기 50kg을 일정 압력하에서 100℃에서 700℃까지 가열할 때 엔탈피 변화는 얼마인가? (단, C_p = 1.0kJ/kg · K, C_v = 0.71kJ /kg · K)**

① 600kJ
② 21,300kJ
③ 30,000kJ
④ 42,600kJ

해설 등압과정 시 가열량과 엔탈피 변화량은 크기가 같다.

$$\therefore (H_2-H_1)=mC_p(t_2-t_1)=50\times1(700-100)$$
$$=30,000\text{kJ}$$

31 **비열이 일정하고 비열비가 k인 이상기체의 등엔트로피 과정에서 성립하지 않는 것은? (단, T, P, v는 각각 절대온도, 압력, 비체적이다)**

① PV^k = 일정
② Tv^{k-1} = 일정
③ $PT^{\frac{k}{k-1}}$ = 일정
④ $TP^{\frac{1-k}{k}}$ = 일정

해설 가역단열변화(등엔트로피 과정 시) 과정에서 P, V, T 관계식

① $PV^k=\text{C}$
② $Tv^{k-1}=\text{C}$
③ $TP^{\frac{1-k}{k}}=\text{C}\left(PT^{\frac{k-1}{k}}=\text{C}\right)$

32 **냉동사이클의 $T-s$선도에서 냉매단위질량당 냉각열량 q_L과 압축기의 소요동력 w를 옳게 나타낸 것은? (단, h는 엔탈피를 나타낸다)**

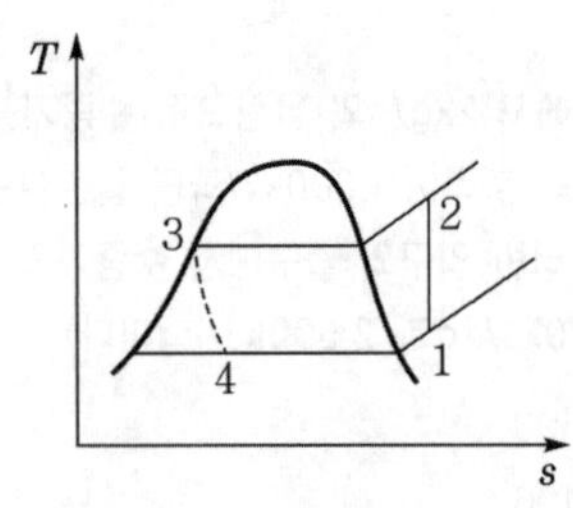

① $q_L=h_3-h_4,\ w=h_2-h_1$
② $q_L=h_1-h_4,\ w=h_2-h_1$
③ $q_L=h_2-h_3,\ w=h_1-h_4$
④ $q_L=h_3-h_4,\ w=h_1-h_4$

해설 증발기 냉동효과$(q_L)=(h_1-h_4)$

1) 1→2 과정 압축기(단열압축과정)
2) 2→3 과정 응축과정(등압방열과정)
3) 3→4 과정 팽창밸브(교축과정)
4) 4→1 과정 증발기(등온, 등압 과정)

압축기 소요 일량$(w_c)=(h_2-h_1)$

정답 28. ④ 29. ③ 30. ③ 31. ③ 32. ②

33 압력이 P로 일정한 용기 내에 이상기체 1kg이 들어 있고, 이 이상기체를 외부에서 가열하였다. 이때 전달된 열량은 Q이며, 온도가 T_1에서 T_2로 변화하였고, 기체의 부피가 V_1에서 V_2로 변하였다. 공기의 정압비열 C_p는 어떻게 계산되는가?

① $C_p = Q/P$
② $C_p = Q/(T_2 - T_1)$
③ $C_p = Q/(V_2 - V_1)$
④ $C_p = P\times(V_2 - V_1)/(T_1 - T_2)$

해설 등압변화($P=C$) 시 가열량(Q)
$= mC_p(T_2 - T_1)$[kJ]

$$C_p = \frac{Q}{m(T_2 - T_1)}\text{[kJ/kgK]}$$

★
34 $\int Fdx$는 무엇을 나타내는가? (단, F는 힘, x는 변위를 나타낸다)

① 일
② 열
③ 운동에너지
④ 엔트로피

해설 일량(work) = 힘×변위 = $\int Fdx$(N · m = J)

★
35 온도 250℃, 질량 50kg인 금속을 20℃의 물속에 놓았다. 최종 평형 상태에서의 온도가 30℃이면 물의 양은 약 몇 kg인가? (단, 열손실은 없으며, 금속의 비열은 0.5kJ/kg · K, 물의 비열은 4.18kJ/kg · K이다.)

① 108.3 ② 131.6
③ 167.7 ④ 182.3

해설 열평형의 법칙(열역학 제0법칙 적용)
금속의 방열량 = 물의 흡열량
$m_1C_1(t_1 - t_m) = m_2C_2(t_m - t_2)$

$$\therefore m_2 = \frac{m_1C_1(t_1 - t_m)}{C_2(t_m - t_2)} = \frac{50\times0.5(250-30)}{4.18(30-20)}$$
$\fallingdotseq 131.6$kg

★
36 비열이 3kJ/kg · ℃인 액체 10kg을 20℃로부터 80℃까지 전열기로 가열시키는 데 필요한 소요전력량은 약 몇 kWh인가? (단, 전열기의 효율은 88%이다.)

① 0.46 ② 0.57
③ 480 ④ 530

해설 1kWh = 3,600kJ이므로
전열기 발생열량(Q) = 3,600×0.88 = 3,168kJ/kWh
물의 가열량(Q_w) $= mC(t_2 - t_1) = 10\times3(80-20)$
$= 1,800$kJ

$$\text{소요전력량(kWh)} = \frac{1,800}{3,168} = 0.57$$

37 일정정압비열(C_p = 1.0kJ/kg · K)을 가정하고, 공기 100kg을 400℃에서 120℃로 냉각할 때 엔탈피 변화는?

① −24,000kJ ② −26,000kJ
③ −28,000kJ ④ −30,000kJ

해설 $Q = mC_p(t_2 - t_1) = 100\times1(120-400)$
$= -28,000$kJ

★
38 저열원 10℃, 고열원 600℃ 사이에 작용하는 카르노사이클에서 사이클당 방열량이 3.5kJ이면 사이클당 실제 일의 양은 약 몇 kJ인가?

① 3.5 ② 5.7
③ 6.8 ④ 7.3

해설
$$\eta_c = 1 - \frac{T_2}{T_1} = 1 - \frac{10+273}{600+273} = 0.675$$
$$Q_1 = \frac{Q_2}{1-\eta_c} = \frac{3.5}{1-0.675} = 10.77\text{kJ}$$
$$\therefore W_{net} = \eta_c Q_1 = 0.675\times10.77 \fallingdotseq 7.3\text{kJ}$$

39 직경 40cm의 피스톤이 800kPa의 압력에 대항하여 20cm 움직였을 때 한 일은 약 몇 kJ인가?

① 20.1 ② 63.6
③ 254 ④ 1,350

해설
$$\text{일량(work)} = PV = PAS = P\times\frac{\pi d^2}{4}\times S$$
$$= 800\times\frac{\pi(0.4)^2}{4}\times0.2 \fallingdotseq 20.1\text{kJ}$$

정답 33. ② 34. ① 35. ② 36. ② 37. ③ 38. ④ 39. ①

★
40 냉동(refrigeration) 사이클에 대한 성능계수(COP)는 다음 중 어느 것을 해준 일(work input)로 나누어 준 것인가?

① 저온측에서 방출된 열량
② 저온측에서 흡수한 열량
③ 고온측에서 방출된 열량
④ 고온측에서 흡수한 열량

해설 냉동기성능계수$(COP)_R = \dfrac{냉동효과(q_e)}{압축기소요일량(w_c)}$

$= \dfrac{저온측(증발기)에서 흡수한 열량}{압축기소요일량(w_c)}$

제3과목 계측방법

★
41 저항식 습도계의 특징으로 틀린 것은?

① 저온도의 측정이 가능하다.
② 응답이 늦고 정도가 좋지 않다.
③ 연속기록, 원격측정, 자동제어에 이용된다.
④ 교류전압에 의하여 저항치를 측정하여 상대습도를 표시한다.

해설 저항식 습도계는 응답이 빠르고 정도가 좋다.

42 진공에 대한 폐관식 압력계로서 측정하려고 하는 기체를 압축하여 수은주로 읽게 하여 그 체적변화로부터 원래의 압력을 측정하는 형식의 진공계는?

① 늑슨(Knudsen)
② 피라니(Pirani)
③ 맥로우드(Mcleod)
④ 벨로우즈(Bellows)

해설 맥로우드 진공계(절대 진공계)는 보일의 법칙(기체의 온도가 일정 시 기체압력과 부피의 곱은 일정하다)을 이용하여 10~10^{-6}torr(토르)의 기체압력을 측정한다. 맥로우드 진공계 내의 수은주(mmHg) 높이가 더 올라가면 기체는 압축된다.

★
43 아래 열교환기에 대한 제어내용은 다음 중 어느 제어방법에 해당하는가?

유체의 온도를 제어하는 데 온도조절의 출력으로 열교환기에 유입되는 증기의 유량을 제어하는 유량조절기의 설정치를 조절한다.

① 추종제어 ② 프로그램제어
③ 정치제어 ④ 캐스케이드제어

해설 **캐스케이드제어(Cascade control)**
다수의 제어단위가 연계되어 있어 임의의 제어단위가 다음의 제어단위를 제어하도록 된 제어방식으로, 피드백제어 구조로 두 개의 제어장치로 구성된다.
※ 유체의 온도를 제어하는 데 온도조절의 출력으로 열교환기에 유입되는 증기의 유량을 제어하는 유량조절기의 설정치를 조절하는 제어방법은 캐스케이드제어다.

44 화염검출방식으로 가장 거리가 먼 것은?

① 화염의 열을 이용
② 화염의 빛을 이용
③ 화염의 전기전도성을 이용
④ 화염의 색을 이용

해설 화염검출방식은 화염의 빛, 열, 전기전도성을 이용한 검출방식이다.

★
45 입구의 지름이 40cm, 벤투리목의 지름이 20cm인 벤투리미터기로 공기의 유량을 측정하여 물-공기 시차액주계가 300mmH_2O를 나타냈다. 이때 유량은? (단, 물의 밀도는 1,000kg/m^3, 공기의 밀도는 1.5kg/m^3, 유량계수는 1이다.)

① 4m^3/sec ② 3m^3/sec
③ 2m^3/sec ④ 1m^3/sec

해설
$$Q = CA_tV = CA_t\frac{1}{\sqrt{1-\left(\frac{d_2}{d_1}\right)^4}}\sqrt{2gh\left(\frac{\rho_w}{\rho_{Air}}-1\right)}$$

$$= 1\times\frac{\pi(0.2)^2}{4}\times\frac{1}{\sqrt{1-\left(\frac{20}{40}\right)^4}}\sqrt{2\times9.8\times0.3\left(\frac{1000}{1.5}-1\right)}$$

$= 2.03$m/s

정답 40. ② 41. ② 42. ③ 43. ④ 44. ④ 45. ③

46 다음 중 접촉식 온도계가 아닌 것은?

① 방사온도계 ② 제겔콘
③ 수은온도계 ④ 백금저항온도계

해설 접촉식 온도계의 종류
㉠ 제겔콘 ㉡ 수은온도계
㉢ 백금저항온도계 ㉣ 열전(대)온도계
㉤ (전기)저항식온도계 ㉥ 바이메탈온도계
㉦ 압력식온도계(액체 팽창식 기체팽창식)
※ 방사온도계는 물체로부터 방출되는 열복사에너지를 측정하여 그 물체의 온도를 재는 기구로 비접촉식 온도계로, 1,500℃ 이상, 2,000℃ 이상을 측정할 수 있는 고온계이다.

47 100mL 시료가스를 CO_2, O_2, CO 순으로 흡수시켰더니 남은 부피가 각각 50mL, 30mL, 20mL이었으며, 최종 질소가스가 남았다. 이때 가스조성으로 옳은 것은?

① CO_2 50% ② O_2 30%
③ CO 20% ④ N_2 10%

★
48 다음 블록선도에서 출력을 바르게 나타낸 것은?

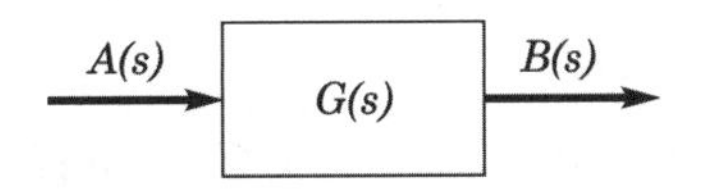

① $B(s)=G(s)A(s)$
② $B(s)=\dfrac{G(s)}{A(s)}$
③ $B(s)=\dfrac{A(s)}{B(s)}$
④ $B(s)=\dfrac{1}{G(s)A(s)}$

해설 $B(s)=A(s)G(s)$
$\therefore \dfrac{출력}{입력}=\dfrac{B(s)}{A(s)}=G(s)$

★
49 오르자트(Orsat) 분석기에서 CO_2의 흡수액은?

① 산성 염화 제1구리 용액
② 알칼리성 염화 제1구리 용액
③ 염화암모늄 용액
④ 수산화칼륨 용액

해설 오르자트(Orsat) 분석기에서 CO_2 흡수액은 수산화칼륨(KOH) 용액을 사용한다.

50 수면계의 안전관리 사항으로 옳은 것은?

① 수면계의 최상부와 안전저수위가 일치하도록 장착한다.
② 수면계의 점검은 2일에 1회 정도 실시한다.
③ 수면계가 파손되면 물 밸브를 신속히 닫는다.
④ 보일러는 가동완료 후 이상 유무를 점검한다.

해설 수면계가 파손되면 물 밸브를 신속히 닫아야 하며, 증기보일러 수면계는 2개 이상 설치해야 한다(단, 소요량 관류보일러는 1개 이상).

51 액체 온도계 중 수은 온도계에 비하여 알코올 온도계에 대한 설명으로 틀린 것은?

① 저온측정용으로 적합하다.
② 표면장력이 작다.
③ 열팽창계수가 작다.
④ 액주상승 후 하강시간이 길다.

해설 액체 온도계 중 수은 온도계에 비해 알코올 온도계는 열팽창계수가 크다. 알코올 온도계는 구조가 간단하고 저렴하며 액체 온도계로 가장 많이 사용한다.

★
52 흡습염(염화리튬)을 이용하여 습도 측정을 위해 대기 중의 습도를 흡수하면 흡습체 표면에 포화용액층을 형성하게 되는데, 이 포화용액과 대기와의 증기 평형을 이루는 온도를 측정하는 방법은?

① 이슬점법 ② 흡습법
③ 건구습도계법 ④ 습구습도계법

53 비접촉식 온도계 중 색온도계의 특징에 대한 설명으로 틀린 것은?

① 방사율의 영향이 작다.
② 휴대와 취급이 간편하다.
③ 고온측정이 가능하며 기록조절용으로 사용된다.
④ 주변 빛의 반사에 영향을 받지 않는다.

정답 46. ① 47. ① 48. ① 49. ④ 50. ③ 51. ③ 52. ① 53. ④

54 다음 중 구조상 먼지 등을 함유한 액체나 점도가 높은 액체에도 적합하여 주로 연소가스의 통풍계로 사용되는 압력계는?

① 다이어프램식 ② 벨로우즈식
③ 링밸런스식 ④ 분동식

★
55 열전대 온도계로 사용되는 금속이 구비하여야 할 조건이 아닌 것은?

① 이력현상이 커야 한다.
② 열기전력이 커야 한다.
③ 열적으로 안정해야 한다.
④ 재생도가 높고, 가공성이 좋아야 한다.

56 보일러 냉각기의 진공도가 700mmHg일 때 절대압은 몇 kPa(a)인가?

① 2
② 4
③ 6
④ 8

해설 절대압력 = 대기압−진공압 = 760−700 = 60mmHg
∴760 : 101.325 = 60 : Pa

$$P_a = \frac{60}{760} \times 101.325 \fallingdotseq 8\text{kPa(a)}$$

★
57 유체의 흐름 중에 전열선을 넣고 유체의 온도를 높이는 데 필요한 에너지를 측정하여 유체의 질량유량을 알 수 있는 것은?

① 토마스식 유량계
② 정전압식 유량계
③ 정온도식 유량계
④ 마그네틱식 유량계

★
58 최고 약 1,600℃ 정도까지 측정할 수 있는 열전대는?

① 동 – 콘스탄탄
② 크로멜 – 알루멜
③ 백금 – 백금 로듐
④ 철 – 콘스탄탄

59 비접촉식 온도측정 방법 중 가장 정확한 측정을 할 수 있으나 기록, 경보, 자동제어가 불가능한 온도계는?

① 압력식 온도계 ② 방사온도계
③ 열전온도계 ④ 광고온계

60 노내압을 제어하는 데 필요하지 않는 조작은?

① 공기량 조작 ② 연료량 조작
③ 급수량 조작 ④ 댐퍼의 조작

제4과목 열설비재료 및 관계법규

61 에너지이용 합리화법에 따른 효율관리기자재의 종류로 가장 거리가 먼 것은? (단, 산업통상자원부장관이 그 효율의 향상이 특히 필요하다고 인정하여 고시하는 기자재 및 설비는 제외한다.)

① 전기냉방기 ② 전기세탁기
③ 조명기기 ④ 전자레인지

62 요의 구종 및 형상에 의한 분류가 아닌 것은?

① 터널요 ② 셔틀요
③ 횡요 ④ 승염식요

★
63 에너지이용합리화법에 따라 인정검사대상기기 조정자의 교육을 이수한 사람의 조종범위는 증기보일러로서 최고사용 압력이 1MPa 이하이고 전열면적이 얼마 이하일 때 가능한가?

① 1m^2 ② 2m^2
③ 5m^2 ④ 10m^2

★
64 에너지이용합리화법에 따라 에너지다소비 사업자가 그 에너지사용시설이 있는 지역을 관할하는 시·도지사에게 신고하여야 할 사항에 해당되지 않는 것은?

① 전년도의 분기별 에너지사용량, 제품생산량
② 에너지 사용기자재의 현황
③ 사용 에너지원의 종류 및 사용처
④ 해당 연도의 분기별 에너지사용 예정량, 제품생산 예정량

정답 54. ① 55. ① 56. ④ 57. ① 58. ③ 59. ④ 60. ③ 61. ④ 62. ④ 63. ④ 64. ③

★
65 다음 중 구리합금 용해용 도가니로에 사용될 도가니의 재료로 가장 적합한 것은?

① 흑연질
② 점토질
③ 구리
④ 크롬질

해설 구리합금 용해용 도가니로에 사용될 도가니의 재료로 가장 적합한 것은 흑연질이다.

★
66 에너지절약전문기업의 등록이 취소된 에너지절약전문기업은 원칙적으로 등록취소일로부터 최소 얼마의 기간이 지나면 다시 등록할 수 있는가?

① 1년 ② 2년
③ 3년 ④ 5년

67 소성가마 내 열의 전열방법으로 가장 거리가 먼 것은?

① 복사 ② 전도
③ 전이 ④ 대류

★
68 에너지이용 합리화법에 따라 한국에너지공단이 하는 사업이 아닌 것은?

① 에너지이용 합리화 사업
② 재생에너지 개발사업의 촉진
③ 에너지기술의 개발, 도입, 지도 및 보급
④ 에너지 자원 확보 사업

69 슬래그(slag)가 잘 생성되기 위한 조건으로 틀린 것은?

① 유가금속의 비중이 낮을 것
② 유가금속의 용해도가 클 것
③ 유가금속의 용융점이 낮을 것
④ 점성이 낮고 유동성이 좋을 것

★
70 내화물의 구비조건으로 틀린 것은?

① 내마모성이 클 것
② 화학적으로 침식되지 않을 것
③ 온도의 급격한 변화에 의해 파손이 적을 것
④ 상온 및 사용온도에서 압축강도가 적을 것

71 다음 중 열전도율이 낮은 재료에서 높은 재료 순으로 바르게 표기된 것은?

① 물 – 유리 – 콘크리트 – 석고보드 – 스티로폼 – 공기
② 공기 – 스티로폼 – 석고보드 – 물 – 유리 – 콘크리트
③ 스티로폼 – 유리 – 공기 – 석고보드 – 콘크리트 – 물
④ 유리 – 스티로폼 – 물 – 콘크리트 – 석고보드 – 공기

72 도염식 가마(down draft kiln)에서 불꽃의 진행방향으로 옳은 것은?

① 불꽃이 올라가서 가마천장에 부딪쳐 가마바닥의 흡입구멍으로 빠진다.
② 불꽃이 처음부터 가마바닥과 나란하게 흘러 굴뚝으로 나간다.
③ 불꽃이 연소실에서 위로 올라가 천장에 닿아서 수평으로 흐른다.
④ 불꽃의 방향이 일정하지 않으나 대개 가마 밑에서 위로 흘러나간다.

73 배관재료 중 온도범위 0~100℃ 사이에서 온도변화에 의한 팽창계수가 가장 큰 것은?

① 동 ② 주철
③ 알루미늄 ④ 스테인리스강

74 용광로에 장입되는 물질 중 탈황 및 탈산을 위해 첨가하는 것은?

① 철광석 ② 망간광석
③ 코크스 ④ 석회석

★
75 에너지이용 합리화법에 따라 시공업의 기술인력 및 검사대상기기 조종자에 대한 교육 과정과 그 기간으로 틀린 것은?

① 난방시공업 제1종기술자 과정: 1일
② 난방시공업 제2종기술자 과정: 1일
③ 소형 보일러, 압력용기조종자 과정: 1일
④ 중·대형 보일러 조종자 과정: 2일

정답 65. ① 66. ② 67. ③ 68. ④ 69. ② 70. ④ 71. ② 72. ① 73. ③ 74. ② 75. ④

★
76 염기성 내화벽돌에서 공통적으로 일어날 수 있는 현상은?

① 스폴링(spalling) ② 슬래킹(slaking)
③ 더스팅(dusting) ④ 스웰링(swelling)

77 보온면의 방산열량 1,100kJ/m^2, 나면의 방산열량 1,600kJ/m^2일 때 보온재의 보온 효율은?

① 25% ② 31%
③ 45% ④ 69%

해설 보온재 보온효율(η)

$$= 1 - \frac{\text{보온면의 방산열량}(Q_2)}{\text{나면의 방산열량}(Q_1)} \times 100\%$$

$$= \left(1 - \frac{1,100}{1,600}\right) \times 100\% = 31.25\%$$

★
78 에너지이용 합리화법에 따라 한국에너지공단 이사장 또는 검사기관의 장이 검사를 받는 자에게 그 검사의 종류에 따라 필요한 사항에 대한 조치를 하게 할 수 있는 사항이 아닌 것은?

① 검사수수료의 준비
② 기계적 시험의 준비
③ 운전성능 측정의 준비
④ 수압시험의 준비

79 실리카(silica) 전이특성에 대한 설명으로 옳은 것은?

① 규석(quartz)은 상온에서 가장 안정된 광물이며 상압에서 573℃ 이하 온도에서 안정된 형이다.
② 실리카(silica)의 결정형은 규석(quartz), 트리디마이트(tridymite), 크리스토발라이트(cristobalite), 카올린(kaoline)의 4가지 주형으로 구성된다.
③ 결정형이 바뀌는 것을 전이라고 하며 전이속도를 빠르게 작용토록 하는 성분을 광화제라 한다.
④ 크리스토발라이트(cristobalite)에서 용융실리카(fused silica)로 전이에 따른 부피변화 시 20%가 수축한다.

★
80 에너지이용 합리화법에 따라 검사대상기기 검사 중 개조검사의 적용 대상이 아닌 것은?

① 온수보일러를 증기보일러로 개조하는 경우
② 보일러 섹션의 증감에 의하여 용량을 변경하는 경우
③ 동체, 경판, 관판, 관모음 또는 스테이의 변경으로서 산업통상자원부장관이 정하여 고시하는 대수리의 경우
④ 연료 또는 연소방법을 변경하는 경우

제5과목 열설비설계

★
81 다음 중 pH 조정제가 아닌 것은?

① 수산화나트륨
② 탄닌
③ 암모니아
④ 인산소다

해설 pH 조정제: 가성소다(NaOH) = 수산화나트륨, 암모니아(NH_3), 인산소다(인산나트륨)
※ 탄닌, 전분, 리그린 등은 슬러지 조정제이다.

★
82 흑체로부터의 복사 전열량은 절대온도(T)의 몇 제곱에 비례하는가?

① $\sqrt{2}$ ② 2
③ 3 ④ 4

해설 복사 전열량(q_R) $= \varepsilon\sigma A T^4$[W]
스테판-볼쯔만 상수(σ) $= 5.67 \times 10^{-8}$W/m^2K^4
$q_R \propto T^4$(흑체표면의 절대온도 4승에 비례한다)
ε(복사율 $0 < \varepsilon < 1$)
A 전열면적(m^2)

83 원통 보일러의 노통은 주로 어떤 열응력을 받는가?

① 압축 응력
② 인장 응력
③ 굽힘 응력
④ 전단 응력

정답 76. ② 77. ② 78. ① 79. ③ 80. ① 81. ② 82. ④ 83. ①

84 다음 중 보일러수를 pH 10.5~11.5의 약알칼리로 유지하는 주된 이유는?

① 첨가된 염산이 강재를 보호하기 때문에
② 보일러수 중에 적당량의 수산화나트륨을 포함시켜 보일러의 부식 및 스케일 부착을 방지하기 위하여
③ 과잉 알칼리성이 더 좋으나 약품이 많이 소요되므로 원가를 절약하기 위하여
④ 표면에 딱딱한 스케일이 생성되어 부식을 방지하기 때문에

해설 보일러수를 수소이온농도(pH) 10.5~11.5 약알칼리로 유지하는 주된 이유는 적당량의 수산화나트륨(NaOH)을 포함시켜 보일러의 부식 및 스케일(scale: 물때) 부착을 방지하기 위함이다.

★
85 다음 중 열교환기의 성능이 저하되는 요인은?

① 온도차의 증가
② 유체의 느린 유속
③ 향류 방향의 유체 흐름
④ 높은 열전율의 재료 사용

해설 **열교환기(Heat Exchanger)의 성능향상요인**
㉠ 온도차 증가(대수평균온도차 증가)
㉡ 향류(counter flow type) = 대향류유체흐름
㉢ 높은 열전도율(W/mK)의 재료 사용
㉣ 유체의 빠른 유속

86 열관류율에 대한 설명으로 옳은 것은?

① 인위적인 장치를 설치하여 강제로 열이 이동되는 현상이다.
② 고온의 물체에서 방출되는 빛이나 열이 전자파의 형태로 저온의 물체에 도달되는 현상이다.
③ 고체의 벽을 통하여 고온 유체에서 저온의 유체로 열이 이동되는 현상이다.
④ 어떤 물질을 통하지 않는 열의 직접 이동을 말하며 정지된 공기층에 열 이동이 가장 적다.

87 피치가 200mm 이하이고, 골의 깊이가 38mm 이상인 것의 파형 노통의 종류로 가장 적절한 것은?

① 모리슨형 ② 브라운형
③ 폭스형 ④ 리즈포지형

★
88 다음 그림의 3겹층으로 되어 있는 평면벽의 평균 열전도율은? (단, 열전도율은 λ_A = 4.2W/m · K, λ_B = 8.4W/m · K, λ_C = 4.2W/m · K)

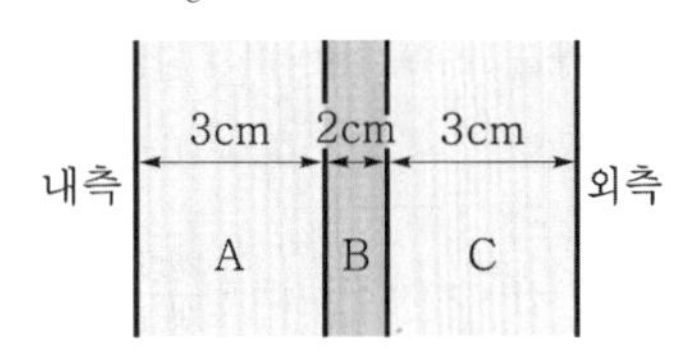

① 3.5W/m · K
② 4.8W/m · K
③ 10.5W/m · K
④ 12.5W/m · K

해설 열전도율(λ)

$$= \frac{\delta_A + \delta_B + \delta_C}{\frac{\delta_A}{\lambda_A} + \frac{\delta_B}{\lambda_B} + \frac{\delta_C}{\lambda_C}} = \frac{0.03 + 0.02 + 0.03}{\frac{0.03}{4.2} + \frac{0.02}{8.4} + \frac{0.03}{4.2}}$$

≒ 4.8W/m · K

89 온수발생보일러에서 안전밸브를 설치해야 할 최소 운전 온도 기준은?

① 80℃ 초과 ② 100℃ 초과
③ 120℃ 초과 ④ 140℃ 초과

★
90 물을 사용하는 설비에서 부식을 초래하는 인자로 가장 거리가 먼 것은?

① 용존산소 ② 용존 탄산가스
③ pH ④ 실리카(SiO_2)

해설 **흡수제(건조제)의 종류**
㉠ 실리카겔, 염화칼슘($CaCl_2$)
㉡ 오산화인(P_2O_5)
㉢ 생석회(CaO)
㉣ 활성알루미나(Al_2O_3)

★
91 보일러 형식에 따른 분류 중 원통형 보일러에 해당하지 않는 것은?

① 관류보일러 ② 노통보일러
③ 입형보일러 ④ 노통연관식 보일러

해설 **원통형 보일러 종류**
㉠ 입형보일러
㉡ 노통보일러(코르니시&랭카셔)
㉢ 연관보일러
㉣ 노통연관보일러

정답 84. ② 85. ② 86. ③ 87. ③ 88. ② 89. ③ 90. ④ 91. ①

92 강판의 두께가 20mm이고, 리벳의 직경이 28.2mm이며, 피치 50.1mm의 1줄 겹치기 리벳조인트가 있다 이 강판의 효율은?

① 34.7%　② 43.7%
③ 53.7%　④ 63.7%

해설
$$\eta_t = \left(1-\frac{d}{p}\right)\times 100\% = \left(1-\frac{28.2}{50.1}\right)\times 100\% = 43.71\%$$

93 노통보일러 중 원통형의 노통이 2개인 보일러는?

① 라몬트보일러　② 바브콕보일러
③ 다우삼보일러　④ 랭커셔보일러

해설 노통보일러 중 코르니시 보일러는 노통이 1개이고 랭커셔보일러는 노통이 2개인 보일러다.

94 다음 중 열전도율이 가장 낮은 것은?

① 니켈　② 탄소강
③ 스케일　④ 그을음

95 열정산에 대한 설명으로 틀린 것은?

① 원칙적으로 정격부하 이상에서 정상상태로 적어도 2시간 이상의 운전결과에 따른다.
② 발열량은 원칙적으로 사용 시 연료의 총발열량으로 한다.
③ 최대 출열량을 시험할 경우에는 반드시 최대부하에서 시험을 한다.
④ 증기의 견도는 98% 이상인 경우에 시험함을 원칙으로 한다.

★
96 두께 4mm강의 평판에서 고온측 면의 온도가 100℃이고 저온측 면의 온도가 80℃이며 단위면적당 매분 30,000kJ의 전열을 한다고 하면 이 강판의 열전도율은?

① 5W/mK　② 100W/mK
③ 150W/mK　④ 200W/mK

해설
$$q_c = \frac{Q_c}{A} = \lambda\frac{(t_1-t_2)}{L}\ [\mathrm{W/m^2}]$$
$$\text{열전도율}(\lambda) = \frac{q_c \cdot L}{(t_1-t_2)} = \frac{\left(\frac{30{,}000\times 10^3}{60}\right)\times 0.004}{20}$$
$= 100\mathrm{W/mK}[\mathrm{W/m℃}]$

97 원통형 보일러의 내면이나 관벽 등 전열면에 스케일이 부착될 때 발생되는 현상이 아닌 것은?

① 열전달률이 매우 작아 열전달 방해
② 보일러의 파열 및 변형
③ 물의 순환속도 저하
④ 전열면의 과열에 의한 증발량 증가

★
98 3×1.5×0.1인 탄소강판의 열전도계수가 40W/m·K, 아래 면의 표면온도는 40℃로 단열되고, 위 표면온도는 30℃일 때, 주위 공기 온도를 20℃라 하면 아래 표면에서 위 표면으로 강판을 통한 전열량은? (단, 기타 외기온도에 의한 열량은 무시한다.)

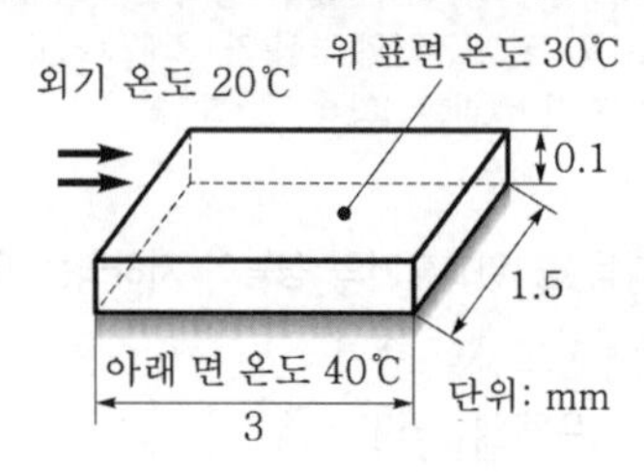

① 12,750kJ/h　② 33,750kJ/h
③ 44,750kJ/h　④ 64,800kJ/h

해설
$$Q_c = \lambda A\frac{t_1-t_2}{L} = 40\times(3\times 1.5)\times\frac{(40-30)}{0.1}$$
$= 18{,}000\mathrm{W} = 18\mathrm{kW} = 64{,}800\mathrm{kJ/h}$

99 외경 76mm, 내경 68mm, 유효길이 4,800mm의 수관 96개로 된 수관식 보일러가 있다. 이 보일러의 시간당 증발량은? (단, 수관 이외 부분의 전열면적은 무시하며, 전열면적 1m²당의 증발량은 26.9kg/h이다.)

① 2,659kg/h　② 2,759kg/h
③ 2,859kg/h　④ 2,959kg/h

해설 보일러시간당 증발량(G_B)
$= \gamma_o(\pi D_o L)\times Z = 26.9(\pi\times 0.076\times 4.8)\times 96$
$2{,}959.57 \fallingdotseq 2{,}960\mathrm{kg/h}$

★
100 고유황인 벙커C를 사용하는 보일러의 부대장치 중 공기예열기의 적정온도는?

① 30~50℃　② 60~100℃
③ 110~120℃　④ 180~350℃

해설 고유황인 벙커C를 사용하는 보일러의 부대장치 중 공기예열기의 적정온도 180~350℃ 정도이다.

정답 92. ② 93. ④ 94. ④ 95. ③ 96. ② 97. ④ 98. ④ 99. ④ 100. ④

2016년 제4회 에너지관리기사

제1과목 연소공학

01 석탄 연소 시 발생하는 버드 네스트(bird nest) 현상은 주로 어느 전열면에서 가장 많은 피해를 일으키는가?

① 과열기 ② 공기예열기
③ 급수예열기 ④ 화격자

해설 석탄 연소 시 발생하는 버드 네스트(bird nest) 현상은 주로 과열기(super heater) 전열면에 가장 많은 피해를 일으킨다.

★
02 고체연료를 사용하는 어느 열기관의 출력이 3,000kW이고 연료소비율이 매시간 1,400kg일 때, 이 열기관의 열효율은? (단, 고체연료의 중량비는 C=81.5%, H=4.5%, O=8%, S=2%, W=4%이다)

① 25% ② 28%
③ 30% ④ 32%

해설
$$H_L = 8,100\text{C} + 28,800\left(\text{H} - \frac{\text{O}}{8}\right) + 2,500\text{S} - 600(w - 9\text{H})$$
$$= 8,100 \times 0.815 + 28,800\left(0.045 - \frac{0.08}{8}\right) + 2,500 \times 0.02 - 600(0.04 + 9 \times 0.045)$$
$$= 7,392.5\text{kcal/kg} ≒ 30,945\text{kJ/kg}$$
$$\eta = \frac{860\text{kW}}{H_L \times G_f} \times 100\% = \frac{860 \times 3,000}{7,392.5 \times 1,400} \times 100\% ≒ 25\%$$
$$※\ \eta = \frac{3,600\text{kW}}{H_L \times m_f} \times 100\% = \frac{3,600 \times 3,000}{30,945 \times 1,400} \times 100\% ≒ 25\%$$

03 과잉공기량이 많을 때 일어나는 현상으로 옳은 것은?

① 배기가스에 의한 열손실이 감소한다.
② 연소실의 온도가 높아진다.
③ 연료 소비량이 적어진다.
④ 불완전연소물의 발생이 적어진다.

해설 과잉공기량이 많으면 불완전연소물의 발생이 적어진다.

★
04 CO_2와 연료 중의 탄소분을 알고 있을 때 건연소가스량(G)을 구하는 식은?

① $\frac{1.867 \cdot \text{C}}{(\text{CO}_2)}[\text{Nm}^3/\text{kg}]$
② $\frac{(\text{CO}_2)}{1.867 \cdot \text{C}}[\text{Nm}^3/\text{kg}]$
③ $\frac{1.867 \cdot \text{C}}{21 \times (\text{CO}_2)}[\text{Nm}^3/\text{kg}]$
④ $\frac{21 \cdot (\text{CO}_2)}{1.867 \cdot \text{C}}[\text{Nm}^3/\text{kg}]$

해설 건연소가스량(G)$= \frac{1.867 \cdot \text{C}}{(\text{CO}_2)}[\text{Nm}^3/\text{kg}]$
(CO_2와 연료 중의 탄소분을 알고 있는 경우)

05 건조공기를 사용하여 수성가스를 연소시킬 때 공기량은? (단, 공기과잉률: 1.30, CO_2: 4.5%, O_2: 0.2%, CO: 38%, H_2: 52.0%, N_2: 5.3%이다)

① $4.95\text{Nm}^3/\text{kg}$ ② $4.27\text{Nm}^3/\text{kg}$
③ $3.50\text{Nm}^3/\text{kg}$ ④ $2.77\text{Nm}^3/\text{kg}$

★
06 화염검출기와 가장 거리가 먼 것은?

① 플레임 아이 ② 플레임 로드
③ 스태빌라이저 ④ 스택 스위치

해설 화염검출기와 관계 있는 것은 다음과 같다.
㉠ 플레임 아이
㉡ 플레임 로드
㉢ 스택 스위치

07 기체연료의 연소 방법에 해당하는 것은?

① 증발연소 ② 표면연소
③ 분무연소 ④ 확산연소

해설 기체연료의 연소 방법에 해당하는 연소는 확산연소다.

정답 01. ① 02. ① 03. ④ 04. ① 05. ④ 06. ③ 07. ④

★
08 **연료 중에 회분이 많을 경우 연소에 미치는 영향으로 옳은 것은?**

① 발열량이 증가한다.
② 연소상태가 고르게 된다.
③ 클링커의 발생으로 통풍을 방해한다.
④ 완전연소되어 잔류물을 남기지 않는다.

해설 연료 중에 회분(ash, 재)이 많을 경우 클링커의 발생으로 통풍을 방해한다.

09 **연소 시 점화 전에 연소실가스를 몰아내는 환기를 무엇이라 하는가?**

① 프리퍼지 ② 가압퍼지
③ 불착화퍼지 ④ 포스트퍼지

해설 연소 시 점화 전에 연소실가스를 몰아내는 환기는 프리퍼지(pre-purge)이다.

★
10 **고체연료의 일반적인 특징에 대한 설명으로 틀린 것은?**

① 회분이 많고 발열량이 적다.
② 연소효율이 낮고 고온을 얻기 어렵다.
③ 점화 및 소화가 곤란하고 온도조절이 어렵다.
④ 완전연소가 가능하고 연료의 품질이 균일하다.

해설 완전연소가 가능하고 연료품질이 균일한 것은 액체연료의 특징이다.

11 **연소 배기가스 중의 O_2나 CO_2 함유량을 측정하는 경제적인 이유로 가장 적당한 것은?**

① 연소 배가스량 계산을 위하여
② 공기비를 조절하여 열효율을 높이고 연료소비량을 줄이기 위해서
③ 환원염의 판정을 위하여
④ 완전연소가 되는지 확인하기 위해서

해설 연소 배기가스 중의 O_2나 CO_2 함유량을 측정하는 경제적인 이유는 공기비를 조절하여 열효율을 높이고 연료소비량을 감소시키기(줄이기) 위함이다.

★
12 **다음 연료 중 발열량(kcal/kg)이 가장 큰 것은?**

① 중유 ② 프로판
③ 무연탄 ④ 코크스

해설 발열량은 프로판 > 중유 > 코크스 > 무연탄 순으로 크다.
프로판(C_3H_8): 11,079kcal/kg
중유 발열량: 10,000kcal/kg
무연탄: 4,400~5,700kcal/kg
코크스: 7,000kcal/kg

★
13 **기체연료의 일반적인 특징에 대한 설명으로 틀린 것은?**

① 화염온도의 상승이 비교적 용이하다.
② 연소 후에 유해성분의 잔류가 거의 없다.
③ 연소장치의 온도 및 온도분포의 조절이 어렵다.
④ 액체연료에 비해 연소 공기비가 적다.

해설 **기체연료의 특징**
㉠ 연소의 조절 및 점화, 소화가 용이하다.
㉡ 연소효율이 높고 연소제어가 쉽다(용이하다).
㉢ 액체연료보다 연소공기비가 작다.

★
14 **연소가스와 외부공기의 밀도차에 의해서 생기는 압력 차를 이용하는 통풍 방법은?**

① 자연 통풍 ② 평행 통풍
③ 압입 통풍 ④ 유인 통풍

해설 연소가스와 외부공기의 밀도차에 의해서 생기는 압력차를 이용하는 통풍 방법은 자연통풍(natural draft)이다(굴뚝작용에 의한 통풍).

15 **건타입 버너에 대한 설명으로 옳은 것은?**

① 연소가 다소 불량하다.
② 비교적 대형이며 구조가 복잡하다.
③ 버너에 송풍기가 장치되어 있다.
④ 보일러나 열교환기에는 사용할 수 없다.

해설 건타입 버너는 버너에 송풍기가 장착되어 있다.

16 **화염온도를 높이려고 할 때 조작방법으로 틀린 것은?**

① 공기를 예열한다.
② 과잉공기를 사용한다.
③ 연료를 완전연소시킨다.
④ 노 벽 등의 열손실을 막는다.

정답 08. ③ 09. ① 10. ④ 11. ② 12. ② 13. ③ 14. ① 15. ③ 16. ②

해설 화염온도를 높이려고 할 때 조작방법
㉠ 공기를 예열(Pre-heating)한다.
㉡ 연료를 완전연소시킨다.
㉢ 노(furnace)벽 등의 열손실을 막는다.

17 고체연료의 연소방법 중 미분탄연소의 특징이 아닌 것은?

① 연소실의 공간을 유효하게 이용할 수 있다.
② 부하변동에 대한 응답성이 우수하다.
③ 소형의 연소로에 적합하다.
④ 낮은 공기비로 높은 연소효율을 얻을 수 있다.

★
18 중량비로 C(86%), H(14%)의 조성을 갖는 액체연료를 매 시간당 100kg 연소시켰을 때 생성되는 연소가스의 조성이 체적비로 CO_2(12.5%), O_2(3.7%), N_2(83.8%)일 때 1시간당 필요한 연소용 공기량은?

① 11.4Sm^3
② $1,140\text{Sm}^3$
③ 13.7Sm^3
④ $1,368\text{Sm}^3$

해설 N_2가 79%가 아닌 경우 공기비(m)는 N_2를 고려한 공기비 공식을 적용한다.

$$m=\frac{N_2}{N_2-3.76O_2}=\frac{83.8}{83.8-3.76\times3.7}\fallingdotseq1.2$$

$$\text{이론공기량}(A_o)=\frac{O_o}{0.21}$$

$$=\frac{1}{0.21}(1.867e+5.6\text{H}-0.7\text{O}+0.7\text{S})$$

$$=8.89e+26.67\text{H}$$

$$=8.89\times0.86+26.67\times0.14\div11.38\text{Sm}^3/\text{h}$$

$$\therefore \text{실제공기량}(A_a)=mA_oF$$

$$=1.2\times11.38\times100\fallingdotseq1,366\text{Sm}^3/\text{h}$$

★
19 어떤 중유연소 가열로의 발생가스를 분석했을 때 체적비로 CO_2 12.0%, O_2 8.0%, N_2 80%의 결과를 얻었다. 이 경우의 공기비는? (단, 연료 중에는 질소가 포함되어 있지 않다.)

① 1.2 ② 1.4
③ 1.6 ④ 1.8

해설 $N_2(\%)=100-(CO_2+O_2)=100\%-(12+8)=80\%$

$$\text{공기비}(m)=\frac{N_2}{N_2(\%)-3.76O_2(\%)}$$

$$=\frac{80}{80-(3.76\times8)}=1.6$$

20 수소 4kg을 과잉공기계수 1.4의 공기로 완전연소시킬 때 발생하는 연소가스 중의 산소량은?

① 3.20kg ② 4.48kg
③ 6.40kg ④ 12.8kg

해설

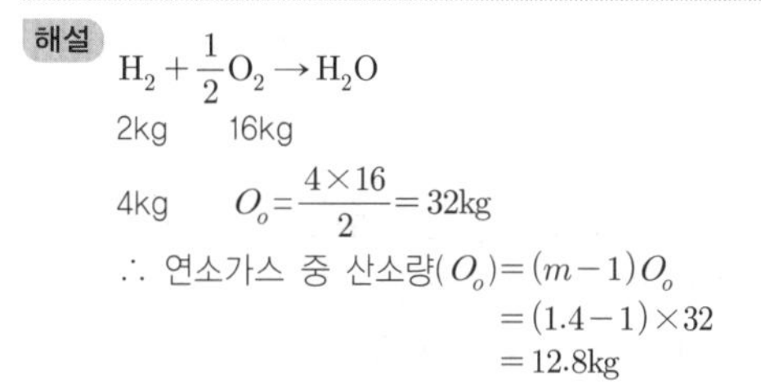

$$H_2+\frac{1}{2}O_2\rightarrow H_2O$$

2kg 16kg

4kg $O_o=\frac{4\times16}{2}=32\text{kg}$

$\therefore$ 연소가스 중 산소량$(O_o)=(m-1)O_o$

$=(1.4-1)\times32$

$=12.8\text{kg}$

제2과목 열역학

★
21 액화공정을 나타낸 그래프에서 ㉠, ㉡, ㉢ 과정 중 액화가 불가능한 공정을 나타낸 것은?

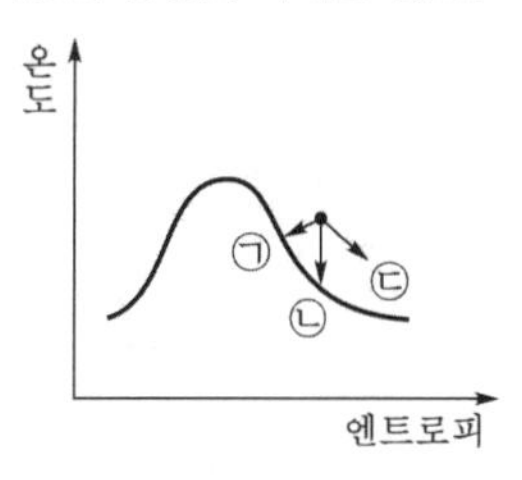

① ㉠ ② ㉡
③ ㉢ ④ ㉠㉡㉢

해설 액화공정 중 ㉢과정은 액화(기체 → 액체)가 불가능하다.

22 1기압 30℃의 물 3kg을 1기압 건포화 증기로 만들려면 약 몇 kJ의 열량을 가하여야 하는가? (단, 30℃와 100℃ 사이의 물의 평균 정압비열은 4.19kJ/kg·K, 1기압 100℃에서의 증발잠열은 2,257kJ/kg, 1기압 30℃ 물의 엔탈피는 126kJ/kg이다.)

① 4,130 ② 5,100
③ 6,240 ④ 7,650

정답 17. ③ 18. ④ 19. ③ 20. ④ 21. ③ 22. ④

해설 $Q=m\{C(t_2-t_1)+\gamma_o\}$
$=3\{4.19(100-30)+2,257\}\fallingdotseq 7,650$kJ

★
23 다음 중 상온에서 비열비 C_p/C_v값이 가장 큰 기체는?

① He ② O_2
③ CO_2 ④ CH_4

해설
비열비$(k)=\frac{C_p}{C_v}$값은 단원자(He)일 경우 $k=1.67$, 2원자(O_2)일 경우 $k=1.4$, 다원자(3원자 이상)(CO_2, CH_4)일 경우 $k=1.33$이다.

★
24 실린더 내에 있는 온도 300K의 공기 1kg을 등온 압축할 때 냉각된 열량이 114kJ이다. 공기의 초기 체적이 V라면 최종 체적은 약 얼마가 되는가? (단, 이 과정은 이상기체의 가역과정이며, 공기의 기체상수는 0.287kJ /kg · K이다.)

① $0.27V$ ② $0.38V$
③ $0.46V$ ④ $0.59V$

해설
$Q=mRT\ln\frac{V}{V_2}$[kJ]$(y=\ln x\rightarrow x=e^y)$

$\ln\frac{V}{V'}=\frac{Q}{mRT}$

$\frac{V}{V'}=e^{\frac{Q}{mRT}}$

$\therefore V'=\frac{V}{e^{\frac{Q}{mRT}}}=\frac{V}{e^{\frac{114}{1\times0.287\times300}}}=\frac{V}{e^{1.324}}=0.27V$

★
25 냉동사이클의 성능계수와 동일한 온도 사이에서 작동하는 역 carnot 사이클의 성능계수에 관계되는 사항으로서 옳은 것은? (단, T_H: 고온부, T_L: 저온부의 절대온도이다)

① 냉동사이클의 성능계수가 역 carnot 사이클의 성능계수보다 높다.
② 냉동사이클의 성능계수는 냉동사이클에 공급한 일을 냉동효과로 나눈 것이다.
③ 역 carnot 사이클의 성능계수는 $\frac{T_L}{T_H-T_L}$로 표시할 수 있다.
④ 냉동사이클의 성능계수는 $\frac{T_H}{T_H-T_L}$로 표시할 수 있다.

해설 역 카르노 사이클은 냉동사이클의 이상사이클이다.
∴냉동기성적계수$(COP)_R=\frac{T_L}{T_H-T_L}$

26 다음 그림은 어떠한 사이클과 가장 가까운가?

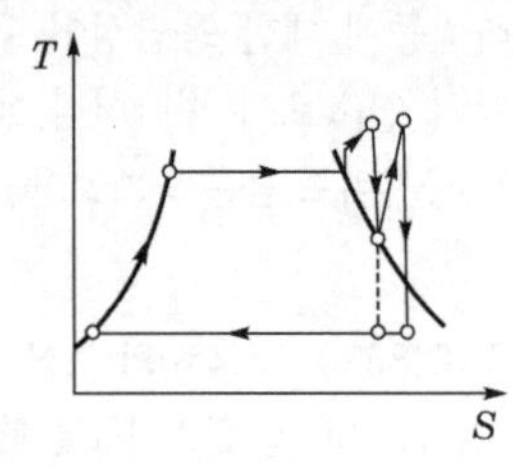

① 디젤(diesel) 사이클
② 재열(reheat) 사이클
③ 합성(composite) 사이클
④ 재생(regenerative) 사이클

해설 도시된 사이클은 증기원동소(steam plant) 사이클 중 재열 사이클의 $T-S$ 선도이다.

★
27 800℃의 고온열원과 20℃의 저온열원 사이에서 작동하는 카르노 사이클의 효율은?

① 0.727 ② 0.542
③ 0.458 ④ 0.273

해설
$\eta_c=1-\frac{T_L}{T_H}=1-\frac{20+273}{800+273}=0.727(72.7\%)$

28 2.4MPa, 450℃인 과열증기를 160kPa가 될 때까지 단열적으로 분출시킬 때, 출구속도는 960m/s이었다. 속도계수는 얼마인가? (단, 초속은 무시하고 입구와 출구 엔탈피는 각각 h_1=3,350kJ/kg, h_2=2,692kJ /kg이다.)

① 0.225
② 0.543
③ 0.769
④ 0.837

정답 23. ① 24. ① 25. ③ 26. ② 27. ① 28. ④

해설 속도계수$(\phi)=\dfrac{w_2'}{w_2}=\dfrac{960}{44.72\sqrt{(h_1-h_2)}}$

$=\dfrac{960}{44.72\sqrt{3,350-2,692}}$

$=\dfrac{960}{1,147.14}=0.837$

★

29 증기압축 냉동사이클에서 응축온도는 동일하고 증발온도가 다음과 같을 때 성능계수가 가장 큰 것은?

① −20℃ ② −25℃

③ −30℃ ④ −40℃

해설 냉동기성능계수$(COP)_R=\dfrac{T_L}{T_H-T_L}$ 이므로

저열원의 온도가 높을수록 성능계수는 증가한다.

30 이상기체가 정압과정으로 온도가 150℃ 상승하였을 때 엔트로피 변화는 정적과정으로 동일 온도만큼 상승하였을 때 엔트로피 변화의 몇 배인가? (단, k는 비열비이다.)

① $1-k$ ② k

③ 1 ④ $k-1$

해설

$$\frac{\Delta S_p}{\Delta S_v}=\frac{mC_p\ln\frac{T_2}{T_1}}{mC_v\ln\frac{T_2}{T_1}}=\frac{C_p}{C_v}=k$$

31 그림과 같은 $T-S$ 선도를 갖는 사이클은?

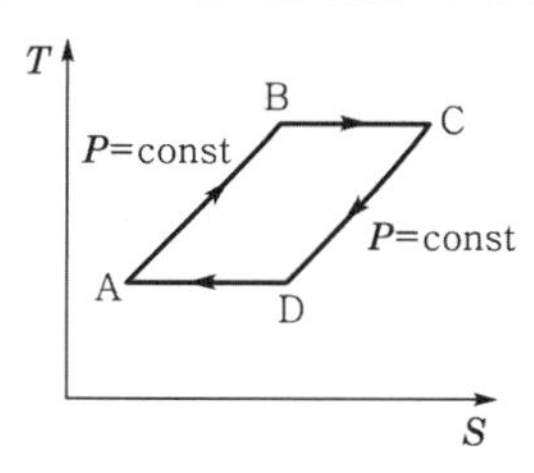

① brayton 사이클

② ericsson 사이클

③ carnot 사이클

④ stirling 사이클

해설 에릭슨 사이클(ericsson cycle)은 등온변화 2개와 등압변화 2개로 구성된 cycle이다.

★

32 물체 A와 B가 각각 물체 C와 열평형을 이루었다면 A와 B도 서로 열평형을 이룬다는 열역학 법칙은?

① 제0법칙 ② 제1법칙

③ 제2법칙 ④ 제3법칙

해설 ㉠ 열역학 제0법칙: 열평형의 법칙

㉡ 열역학 제1법칙: 에너지보존의 법칙

㉢ 열역학 제2법칙: 엔트로피 증가법칙=비가역법칙

㉣ 열역학 제3법칙: 엔트로피 절댓값을 정의한 법칙

★

33 가역 또는 비가역과 관련된 식으로 옳게 나타낸 것은?

① $\oint_{가역}\dfrac{\delta Q}{T}=0$ ② $\oint_{비가역}\dfrac{\delta Q}{T}=0$

③ $\oint_{비가역}\dfrac{\delta Q}{T}>0$ ④ $\oint_{가역}\dfrac{\delta Q}{T}<0$

해설 Clausius의 폐적분값 $\oint_{rev(가역)}\dfrac{\delta Q}{T}=0$

$\left(\oint_{irre(비가역)}\dfrac{\delta Q}{T}<0\right)$

★

34 carnot 사이클로 작동하는 가역기관이 800℃의 고온열원으로부터 5,000kW의 열을 받고 30℃의 저온열원에 열을 배출할 때 동력은 약 몇 kW인가?

① 440 ② 1,600

③ 3,590 ④ 4,560

해설 $\eta_c=\dfrac{W_{net}}{Q_H}=1-\dfrac{T_L}{T_H}$

$\therefore W_{net}=\eta_c Q_H=\left(1-\dfrac{T_L}{T_H}\right)Q_H$

$=\left(1-\dfrac{30+273}{800+273}\right)\times 5,000 \fallingdotseq 3,590\text{kW}$

35 보일러에서 송풍기 입구의 공기가 15℃, 100kPa 상태에서 공기예열기로 매분 500m³가 들어가 일정한 압력하에서 140℃까지 온도가 올라갔을 때 출구에서의 공기유량은 몇 m³/min인가? (단, 이상기체로 가정한다.)

① $617\text{m}^3/\text{min}$ ② $717\text{m}^3/\text{min}$

③ $817\text{m}^3/\text{min}$ ④ $917\text{m}^3/\text{min}$

정답 29. ① 30. ② 31. ② 32. ① 33. ① 34. ③ 35. ②

해설
$$G=\gamma Q\left(\gamma=\frac{P}{RT}\right)$$
$$\frac{Q_1}{T_1}=\frac{Q_2}{T_2}$$
$$\therefore Q_2=Q_1\left(\frac{T_2}{T_1}\right)=500\left(\frac{140+273}{15+273}\right)=717\text{m}^3/\text{min}$$

★
36 저발열량 46,200kJ/kg인 연료를 연소시켜서 900kW의 동력을 얻기 위해서는 매분당 약 몇 kg의 연료를 연소시켜야 하는가? (단, 연료는 완전연소되며 발생한 열량의 50%가 동력으로 변환된다고 가정한다.)

① 1.37 ② 2.34
③ 3.82 ④ 4.17

해설
$$\eta=\frac{Q_a}{H_L\times m_f}\times 100\%=\frac{3,600\text{kW}}{H_L\times m_f}\times 100\%$$
$$m_f=\frac{Q_a}{H_L\times\eta}=\frac{3,600\times 900}{H_L\times\eta}=\frac{3,600\times 900}{46,200\times 0.5}$$
$$=140.26\text{kg/h}\fallingdotseq 2.34\text{kg/min}$$

37 증기의 속도가 빠르고, 입출구 사이의 높이 차도 존재하여 운동에너지 및 위치에너지를 무시할 수 없다고 가정하고, 증기는 이상적인 단열 상태에서 개방시스템 내로 흘러들어가 단위질량유량당 축일(w_s)을 외부로 제공하고 시스템으로부터 흘러나온다고 할 때, 단위질량유량당 축일을 어떻게 구할 수 있는가? (단, v는 비체적, P는 압력, V는 속도, g는 중력가속도, z는 높이를 나타내며, 하첨자 i는 입구, e는 출구를 나타낸다.)

① $w_s=\int_i^e Pdv$

② $w_s=-\int_i^e vdP$

③ $w_s=\int_i^e Pdv+\frac{1}{2}(V_i^2-V_e^2)+g(z_i-z_e)$

④ $w_s=-\int_i^e vdP+\frac{1}{2}(V_i^2-V_e^2)+g(z_i-z_e)$

해설
$$W_s=-\int_i^e vdp+\frac{1}{2}(V_i^2-V_e^2)+g(Z_i-Z_e)$$
[여기서, W_s(축일 : shaft work), $W_t=-\int_i^e vdp$]

★
38 압력 150kPa, 온도 97℃의 압축공기를 대기 중으로 분출시키는 과정이 가역단열과정이라면 분출속도는 몇 m/s인가? (단, 공기의 비열비는 1.4, 기체상수는 0.287kJ/kgK이며 최초의 속도는 무시한다.)

① 150 ② 282
③ 320 ④ 415

해설
$$V_2=44.72\sqrt{(h_1-h_2)}=44.72\sqrt{C_p(T_1-T_2)}$$
$$=44.72\sqrt{1.0045(370-332)}$$
$$\fallingdotseq 283\text{m/s}$$
$$C_p=\frac{kR}{k-1}=\frac{1.4\times 0.287}{1.4-1}=1.0045\text{kJ/kgK}$$
$$T_2=T_1\left(\frac{P_2}{P_1}\right)^{\frac{k-1}{k}}=(97+273)\times\left(\frac{101.325}{150}\right)^{\frac{0.4}{1.4}}$$
$$\fallingdotseq 330\text{K}$$

39 0℃의 물 1,000kg을 24시간 동안에 0℃의 얼음으로 냉각하는 냉동 능력은 몇 kW인가? (단, 얼음의 융해열은 335kJ/kg이다.)

① 2.15 ② 3.88
③ 14 ④ 14,000

해설
$$Q_e=m\gamma\div 24\text{hr}=1,000\times 335\div 24\text{hr}$$
$$=13,958.33\text{kJ/h}$$
$$\therefore \text{kW}=\frac{Q_e}{3,600}=\frac{13,958.33}{3,600}=3.88\text{kW}$$

★
40 "일을 열로 바꾸는 것은 용이하고 완전히 되는 것에 반하여 열을 일로 바꾸는 것은 그 효율이 절대로 100%가 될 수 없다"는 말은 어떤 법칙에 해당되는가?

① 열역학 제1법칙
② 열역학 제2법칙
③ 줄(Joule)의 법칙
④ 푸리에(Fourier)의 법칙

해설 열역학 제2법칙(엔트로피증가법칙=비가역법칙)
$Q \rightleftharpoons W$ (방향성을 나타내는 비가역법칙)
$$\eta=\frac{W_{net}}{Q_1}=1-\frac{Q_2}{Q_1}<1(Q_2\neq 0)$$

정답 36. ② 37. ④ 38. ② 39. ② 40. ②

제3과목 계측방법

41 다음 중 고온의 노 내 온도측정을 위해 사용되는 온도계로 가장 부적절한 것은?

① 제겔콘(seger cone)온도계
② 백금저항온도계
③ 방사온도계
④ 광고온계

해설 고온의 노(furnace) 내 온도측정 시 온도계 종류
㉠ 방사온도계
㉡ 광고온도계
㉢ 제겔콘(seger cone)온도계

42 가스분석계의 특징에 관한 설명으로 틀린 것은?

① 적정한 시료가스의 채취장치가 필요하다.
② 선택성에 대한 고려가 필요 없다.
③ 시료가스의 온도 및 압력의 변화로 측정오차를 유발할 우려가 있다.
④ 계기의 교정에는 화학분석에 의해 검정된 표준시료 가스를 이용한다.

해설 가스분석계는 선택성에 대한 고려가 필요하다.

43 월트만(Waltman)식과 관련된 설명으로 옳은 것은?

① 전자식 유량계의 일종이다.
② 용적식 유량계 중 박막식이다.
③ 유속식 유량계 중 터빈식이다.
④ 차압식 유량계 중 노즐식과 벤투리식을 혼합한 것이다.

해설 월트만(Waltman)식은 유속식 유량계 중 터빈식(turbine type)이다.

★
44 다음 가스 분석법 중 흡수식인 것은?

① 오르자트법
② 밀도법
③ 자기법
④ 음향법

해설 오르자트법 가스분석기는 흡수식이다.

45 내경 10cm의 관에 물이 흐를 때 피토관에 의해 측정된 유속이 5m/s이라면 질량유량은?

① 19kg/s ② 29kg/s
③ 39kg/s ④ 49kg/s

해설 $\dot{m} = \rho A V = 1{,}000 \times \frac{\pi}{4}(0.1)^2 \times 5 = 39.25\text{kg/s}$

★
46 방사온도계의 특징에 대한 설명으로 옳은 것은?

① 방사율에 의한 보정량이 적다.
② 이동물체에 대한 온도측정이 가능하다.
③ 저온도에 대한 측정에 적합하다.
④ 응답속도가 느리다.

해설 방사온도계의 특징
㉠ 이동물체에 대한 온도측정이 가능하다(신속하게 표면온도 측정이 가능하다).
㉡ 응답속도가 빠르다.
㉢ 방사율에 대한 보정량이 크다.
㉣ −20~315℃까지 넓은 온도 측정에 대응한다.
㉤ 측정한 온도 지시값이 자동적으로 홀드(고정)된다.

★
47 광고온계의 특징에 대한 설명으로 옳은 것은?

① 비접촉식 온도측정법 중 가장 정도가 높다.
② 넓은 측정온도(0~3,000℃) 범위를 갖는다.
③ 측정이 자동적으로 이루어져 개인오차가 발생하지 않는다.
④ 방사온도계에 비하여 방사율에 대한 보정량이 크다.

해설 광고온도계(optical pyrometer)는 측정물의 휘도를 표준램프의 휘도와 비교하여 온도를 측정하는 것으로 비접촉식 온도측정 방법 중 가장 정도가 높다.

48 조리개부가 유선형에 가까운 형상으로 설계되어 축류의 영향을 비교적 적게 받게 하고 조리개에 의한 압력손실을 최대한 줄인 조리개 형식의 유량계는?

① 원판(disc) ② 벤투리(venturi)
③ 노즐(nozzle) ④ 오리피스(orifice)

해설 벤투리(venturi)미터는 차압식 유량계로 조리개부가 유선형에 가까운 현상으로 설계되어 축류의 영향을 비교적 적게 받게 하고 조리개에 의한 압력손실을 최대한 줄인 조리개 형식의 유량계이다.

정답 41. ② 42. ② 43. ③ 44. ① 45. ③ 46. ② 47. ① 48. ②

★
49 다음 [보기]의 특징을 가지는 가스분석계는?

> [보기]
> • 가동부분이 없고 구조도 비교적 간단하며, 취급이 용이하다.
> • 가스의 유량, 압력, 점성의 변화에 대하여 지시오차가 거의 발생하지 않는다.
> • 열선은 유리로 피복되어 있어 측정가스 중의 가연성 가스에 대한 백금의 촉매작용을 막아 준다.

① 연소식 O_2계
② 적외선 가스분석계
③ 자기식 O_2계
④ 밀도식 CO_2계

해설 **자기식 O_2계 가스분적계의 특징**
㉠ 가동부분이 없고 구조도 비교적 간단하며 취급이 쉽다(용이하다)
㉡ 가스의 유량 압력·점성의 변화에 대해 지시오차가 거의 발생하지 않는다.
㉢ 열선(hot wire)은 유리로 피복되어 있어 측정가스 중의 가연성 가스에 대한 백금(Pt)의 촉매작용을 막아준다.

50 개수로에서의 유량은 위어(weir)로 측정한다. 다음 중 위어(weir)에 속하지 않는 것은?

① 예봉 위어　② 이각 위어
③ 삼각 위어　④ 광정 위어

해설 **개수로 유량 측정용 위어(weir)의 종류**
㉠ 삼각(V-notch) 위어, ㉡ 예봉 위어
㉢ 광정 위어, ㉣ 사각 위어

51 자동제어 장치에서 조절계의 입력신호 전송 방법에 따른 분류로 가장 거리가 먼 것은?

① 전기식
② 수증기식
③ 유압식
④ 공기압식

해설 **자동제어 장치에서 조절계의 입력신호 전송방법**
㉠ 전기식
㉡ 유압식
㉢ 공기압식

★
52 유속 측정을 위해 피토관을 사용하는 경우 양쪽 관 높이의 차($\triangle h$)를 측정하여 유속(V)을 구하는데 이때 V는 $\triangle h$와 어떤 관계가 있는가?

① $\triangle h$에 반비례
② $\triangle h$의 제곱에 반비례
③ $\sqrt{\Delta h}$ 에 비례
④ $\frac{1}{\Delta h}$ 에 비례

해설 피토관(pitot in tube)에서의
유속(V)= $\sqrt{2g\Delta h}$ [m/s]
$\therefore V \propto \sqrt{\Delta h}$

★
53 하겐 포아젤 방정식의 원리를 이용한 점도계는?

① 낙구식 점도계　② 모세관 점도계
③ 회전식 점도계　④ 오스트발트 점도계

해설 하겐 포아젤 방정식의 원리를 이용한 점도계는 세이볼트 점도계와 오스트발트 점토계다. 낙구식 점도계는 스톡스 법칙의 원리를 이용한 점도계다. 회전식 점도계, 모세관 점도계는 뉴튼의 점성법칙의 원리를 이용한 점도계다.

54 다음 측정방법 중 화학적 가스분석 방법은?

① 열전도율법　② 도전율법
③ 적외선흡수법　④ 연소열법

해설 적외선흡수법은 분자에 적외선을 쪼이면 분자 고유의 진동량에 해당하는 피장의 빛을 흡수하는 성질을 이용하는 화학분석법이다.
※ 물리적 가스분석 방법 : 열전도율법, 도전율법, 연소열법, 밀도법

55 다음 중 실제 값이 나머지 3개와 다른 값을 갖는 것은?

① 273.15K　② 0℃
③ 460°R　④ 32°F

해설 **물의 빙점(icing point)**
㉠ 섭씨온도 0℃일 때
㉡ 절대온도(T)$=t_c+273.15$(T=273.15K)
㉢ 화씨온도(t_F)$=32°F$
㉣ 화씨에 대한 절대온도(Rankine)
$°R=t_F+460=32+460=492°R$

정답 49. ③ 50. ② 51. ② 52. ③ 53. ④ 54. ④ 55. ③

★
56 **피드백(feedback) 제어계에 관한 설명으로 틀린 것은?**

① 입력과 출력을 비교하는 장치는 반드시 필요하다.
② 다른 제어계보다 정확도가 증가된다.
③ 다른 제어계보다 제어 폭이 감소된다.
④ 급수제어에 사용된다.

해설 **피드백(feedback) 제어계**
㉠ 입력과 출력을 비교하는 장치가 반드시 필요하다.
㉡ 다른 제어계보다 정확도가 증가된다.
㉢ 급수제어에 사용된다.
㉣ 다른 제어계보다 제어 폭이 넓다.

★
57 **베르누이 방정식을 적용할 수 있는 가정으로 옳게 나열된 것은?**

① 무마찰, 압축성유체, 정상상태
② 비점성유체, 등유속, 비정상상태
③ 뉴튼유체, 비압축성유체, 정상상태
④ 비점성유체, 비압축성유체, 정상상태

해설 **베르누이 방정식 가정 조건**
㉠ 정상상태
㉡ 비점성유체(무마찰)
㉢ 비압축성유체($\rho = c$, $\gamma = c$)

58 **다음 중 급열, 급랭에 약하며 이중 보호관 외관에 사용되는 비금속 보호관은? (단, 상용온도는 약 1,450℃이다.)**

① 자기관 ② 유리관
③ 석영관 ④ 내열강

해설 자기관은 이중보호관 외관에 사용되는 비금속보호관으로 급열, 급랭에 약하며 상용온도는 1,450℃이다.

59 **액주식 압력계에 사용되는 액체의 구비조건으로 틀린 것은?**

① 온도변화에 의한 밀도 변화가 커야 한다.
② 액면은 항상 수평이 되어야 한다.
③ 점도와 팽창계수가 작아야 한다.
④ 모세관 현상이 적어야 한다.

해설 **액주식 압력계에 사용되는 액체의 구비조건**
㉠ 온도변화에 의한 밀도 변화가 적어야 한다.
㉡ 액면은 항상 수평이 되어야 한다.
㉢ 점도와 팽창계수가 작아야 한다.
㉣ 모세관 현상이 적어야 한다.

★
60 **다음 중 피토관(pitot tube)의 유속 V[m/sec]를 구하는 식은? (단, P_t: 전압(Pa), P_s: 정압(Pa), γ: 비중량(N/m^3), g: 중력가속도(m/s^2)이다.)**

① $V = \sqrt{2g(P_s + P_t)/\gamma}$
② $V = \sqrt{2g^2(P_t + P_s)/\gamma}$
③ $V = \sqrt{2g(P_s^2 - P_t)/\gamma}$
④ $V = \sqrt{2g(P_t - P_s)/\gamma}$

해설 피토관(pitot in tube)의 유속(V)
$= \sqrt{2g(P_t - P_s)/\gamma} = \sqrt{2(P_t + P_s)/\rho}$
$= \sqrt{2g\Delta h}$ [m/s]

제4과목 열설비재료 및 관계법규

★
61 **에너지법에서 정의하는 에너지가 아닌 것은?**

① 연료 ② 열
③ 원자력 ④ 전기

해설 에너지법에서 에너지(Energy)의 정의는 3가지이고 원자력은 에너지가 아니다.

62 **마그네시아 벽돌에 대한 설명으로 틀린 것은?**

① 마그네사이트 또는 수산화마그네슘을 주원료로 한다.
② 산성벽돌로서 비중과 열전도율이 크다.
③ 열팽창성이 크며 스폴링이 약하다.
④ 1,500℃ 이상으로 가열하여 소성한다.

해설 마그네사아 벽돌은 염기성(알칼리성) 내화벽돌의 일종으로 마그네시아 클링거의 분말에 산화철 산화티탄 등을 첨가하고 수분으로 성형하여 1,320~1,500℃로 소성한 것으로 SK38~40이며 급격한 가열 냉각으로 스폴링을 일으키는 결점이 있다. 마그네사이트 또는 수산화마그네슘을 주원료로 한다.

정답 56. ③ 57. ④ 58. ① 59. ① 60. ④ 61. ③ 62. ②

63 **셔틀 요(shuttle kiln)의 특징에 대한 설명으로 가장 거리가 먼 것은?**

① 가마의 보유열보다 대차의 보유열이 열 절약의 요인이 된다.
② 급랭파가 생기지 않을 정도의 고온에서 제품을 꺼낸다.
③ 가마 1개당 2대 이상의 대차가 있어야 한다.
④ 작업이 불편하여 조업하기가 어렵다.

해설 셔틀요(가마)는 반연속요로 작업이 편안하고 조업이 용이하다.

★
64 **에너지이용 합리화법에 따라 국가에너지절약 추진위원회의 당연직 위원에 해당되지 않는 자는?**

① 한국전력공사 사장
② 국무조정실 국무2차장
③ 고용노동부차관
④ 한국에너지공단 이사장

해설 **국가에너지절약 추진위원회의 당연직 위원**
㉠ 한국전력공사 사장
㉡ 국무조정실 국무2차장
㉢ 한국에너지공단 이사장

★
65 **산업통상자원부장관의 에너지손실요인을 줄이기 위한 개선명령을 정당한 사유 없이 이행하지 아니한 자에 대한 1회 위반 시 과태료 부과 금액은?**

① 10만원　② 50만원
③ 100만원　④ 300만원

해설 산업통상자원부장관의 에너지손실요인을 줄이기 위한 개선명령을 정당한 사유없이 이행하지 아니한 자의 1차 위반 시 과태료는 300만 원이다.

66 **에너지이용 합리화법에 따라 1년 이하 징역 또는 1천만원 이하의 벌금기준에 해당하는 자는?**

① 검사대상기기의 검사를 받지 아니한 자
② 생산 또는 판매 금지명령을 위반한 자
③ 검사대상기기조종자를 선임하지 아니한 자
④ 효율관리기자재에 대한 에너지사용량의 측정결과를 신고하지 아니한 자

해설 검사대상기기의 검사를 받지 아니한 자는 에너지이용 합리화 법에 따라 1년 이하의 징역 또는 1천만 원 이하의 벌금에 해당한다.

★
67 **최고안전사용온도가 600℃ 이상의 고온용 무기질 보온재는?**

① 펄라이트(pearlite)
② 폼 유리(foam glass)
③ 석면
④ 규조토

해설 최고안전사용온도가 600℃ 이상의 고온용 무기질 보온재는 펄라이트(pearlite)이다.

★
68 **다음 중 최고안전사용온도가 가장 높은 보온재는?**

① 탄화 콜크　② 폴리스틸렌 발포제
③ 폼 글라스　④ 세라믹 파이버

해설 최고안전사용온도가 가장 높은 보온재는 세라믹 파이버(ceramic fiber)로 1,300℃이다.

69 **내화도가 높고 용융점 부근까지 하중에 견디기 때문에 각종 가마의 천장에 주로 사용되는 내화물은?**

① 규석내화물　② 납석내화물
③ 샤모트내화물　④ 마그네시아내화물

해설 규석내화물은 내화도가 높고 용융점 부근까지 하중(loda)에 견디기 때문에 각종 가마(요)의 천장에 주로 사용한다.

70 **보온재, 단열재 및 보냉제 등을 구분하는 기준은?**

① 열전도율　② 안전사용온도
③ 압력　④ 내화도

해설 보온재, 단열재 및 보냉재 등을 구분하는 기준은 안전사용온도이다.

★
71 **샤모트질(chamotte) 벽돌의 주성분은?**

① Al_2O_3, $2SiO_2$, $2H_2O$
② Al_2O_3, $7SiO_2$, H_2O
③ FeO, Cr_2O_3
④ $MgCO_3$

정답 63. ④ 64. ③ 65. ④ 66. ① 67. ① 68. ④ 69. ① 70. ② 71. ①

해설 샤모트질(chamotte) 벽돌의 주성분은 산화알루미늄(Al_2O_3), $2SiO_2$, $2H_2O$이다.

72 에너지이용 합리화법에 따라 규정된 검사의 종류와 적용대상의 연결로 틀린 것은?

① 용접검사: 동체・경판 및 이와 유사한 부분을 용접으로 제조하는 경우의 검사
② 구조검사: 강판, 관 또는 주물류를 용접, 확대, 조립, 주조 등에 따라 제조하는 경우의 검사
③ 개조검사: 증기보일러를 온수보일러로 개조하는 경우의 검사
④ 재사용검사: 사용 중 연속 재사용하고자 하는 경우의 검사

해설 계속사용검사 중 재사용검사는 사용중지 후 재사용하고자 하는 경우의 검사를 말한다.

★
73 에너지이용 합리화법에 따라 에너지사용량이 대통령령이 정하는 기준량 이상이 되는 에너지다소비사업자는 전년도의 분기별 에너지사용량・제품생산량 등의 사항을 언제까지 신고하여야 하는가?

① 매년 1월 31일
② 매년 3월 31일
③ 매년 6월 30일
④ 매년 12월 31일

해설 **에너지다소비업자 신고**
에너지이용 합리화법에 따라 에너지사용량이 대통령령의 정하는 기준량 이상이 되는 에너지다소비업자는 전년도의 분기별 에너지 사용량 제품생산량 등의 사항을 산업통상자원부령으로 정하는 바에 따라 매년 1월 31일까지 에너지사용시설이 있는 지역을 관할하는 시・도지사에게 신고하여야 한다.

★
74 에너지법에 따라 국가에너지 기본계획 및 에너지 관련 시책의 효과적인 수립・시행을 위한 에너지 총조사는 몇 년을 주기로 하여 실시하는가?

① 1년마다 ② 2년마다
③ 3년마다 ④ 5년마다

해설 에너지법에 따라 국가에너지 기본계획 및 에너지 관련 시책의 효과적인 수립시행을 위한 에너지 총조사는 3년을 주기로 실시한다.

★
75 민간사업 주관자 중 에너지 사용 계획을 수립하여 산업통상자원부장관에게 제출하여야 하는 사업자의 기준은?

① 연간 연료 및 열을 2천TOE 이상 사용하거나 전력을 5백만kWh 이상 사용하는 시설을 설치하고자 하는 자
② 연간 연료 및 열을 3천TOE 이상 사용하거나 전력을 1천만kWh 이상 사용하는 시설을 설치하고자 하는 자
③ 연간 연료 및 열을 5천TOE 이상 사용하거나 전력을 2천만kWh 이상 사용하는 시설을 설치하고자 하는 자
④ 연간 연료 및 열을 1만TOE 이상 사용하거나 전력을 4천만kWh 이상 사용하는 시설을 설치하고자 하는 자

해설 민간산업 주관자 중 에너지 사용 계획을 수립하여 산업통상자원부 장관에게 제출하여야 하는 사업자의 기준은 연간 연료 및 열을 5천 TOE 이상 사용하거나 전력을 2천만kWh 이상 사용하는 시설을 설치하는 자이다.

76 단열효과에 대한 설명으로 틀린 것은?

① 열확산계수가 작아진다.
② 열전도계수가 작아진다.
③ 노 내 온도가 균일하게 유지된다.
④ 스폴링 현상을 촉진시킨다.

해설 단열효과로 인해 온도상승을 방지할 수 있어 스폴링(spalling) 현상을 완화시킨다(폭열시간 및 강도저하시간을 지연시킬 수 있다).

★
77 에너지이용 합리화법에 따라 에너지다소비사업자라 함은 연료, 열 및 전력의 연간 사용량의 합계가 몇 티오이(TOE) 이상인가?

① 1,000
② 1,500
③ 2,000
④ 3,000

해설 에너지이용 합리화법에 따라 에너지다소비사업자라 함은 연료, 열 및 전력의 연간 사용량의 합계가 2,000TOE(티오이) 이상을 말한다.

정답 72. ④ 73. ① 74. ③ 75. ③ 76. ④ 77. ③

★
78 **유체의 역류를 방지하여 한쪽 방향으로만 흐르게 하는 밸브로 리프트식과 스윙식으로 대별되는 것은?**

① 회전밸브 ② 게이트밸브
③ 체크밸브 ④ 앵글밸브

해설 체크밸브(check valve)는 역류방지용 밸브로 리프트(lift)식은 수평배관에만 사용하고 스윙(swing)식은 수직 및 수평배관에 사용한다.

79 **진주암, 흑석 등을 소성, 팽창시켜 다공질로 하여 접착제와 석면 등과 같은 무기질섬유를 배합하여 성형한 것은?**

① 유리면 ② 펄라이트
③ 석고 ④ 규산칼슘

해설 펄라이트(pearlite)는 진주암 흑석 등을 소성팽창시켜 다공질로 하여 접착제와 석면 등과 같은 무기질섬유를 배합하여 성형한 것이다.

★
80 **용광로에 장입하는 코크스의 역할이 아닌 것은?**

① 철광석 중의 황분을 제거
② 가스 상태로 선철 중에 흡수
③ 선철을 제조하는 데 필요한 열원을 공급
④ 연소 시 환원성 가스를 발생시켜 철의 환원을 도모

제5과목 열설비설계

81 **맞대기 용접은 용접방법에 따라서 그루브를 만들어야 한다. 판의 두께가 50mm 이상인 경우에 적합한 그루브의 형상은? (단, 자동용접은 제외한다.)**

① V형 ② H형
③ R형 ④ A형

해설 **홈그루브(groove) 형상**
㉠ V형홈 : 판두께가 20mm 이하의 판을 한쪽용접으로 완전한 용압을 얻고자 할 경우 쓰인다.
㉡ H형홈 : 판두께가 50mm 이상 두께에 쓰이며, X형홈과 같이 양면용접이 가능한 경우 용착금속의 양과 패스수를 줄일 목적으로 사용되며 모재가 두꺼울수록 유리하고 양면용접에 의해 충분한 용입을 얻으려고 할 때 쓰인다.

★
82 **향류열교환기의 대수평균온도차가 300℃, 열관류율이 17.45W/m^2·K, 열교환면적이 8m^{2}일 때 열교환 열량은?**

① 126,000kJ/h
② 140,768kJ/h
③ 150,768kJ/h
④ 26,000kJ/h

해설 $Q = KF(LMTD)$
$= 17.45 \times 8 \times 300 = 41,880\text{W} = 150,768\text{kJ/h}$
※ $1\text{W} = 3.6\text{kJ/h}$

★
83 **보일러의 만수보존법에 대한 설명으로 틀린 것은?**

① 밀폐 보존방식이다.
② 겨울철 동결에 주의하여야 한다.
③ 2~3개월의 단기보존에 사용된다.
④ 보일러수는 pH가 6 정도로 유지되도록 한다.

해설 보일러수는 pH 7.5~8.2(염기성) 정도로 유지되도록 한다.

★
84 **육용강제 보일러에서 동체의 최소 두께에 대한 설명으로 틀린 것은?**

① 안지름이 900mm 이하인 것은 6mm(단, 스테이를 부착한 경우)
② 안지름이 900mm 초과 1,350mm 이하인 것은 8mm
③ 안지름이 1,350mm 초과 1,850mm 이하인 것은 10mm
④ 안지름이 1,850mm 초과하는 것은 12mm

해설 육용강제 보일러 동체의 최소 두께 안지름이 900mm 이하인 것은 8mm(단, 스테이를 부착한 경우)이다.

85 **다음 중 300kPa 압력의 증기 2,800kg/h를 공급하는 배관의 지름으로 가장 적합한 것은? (단, 증기의 비체적은 0.4709m^3/kg이며, 평균 유속은 30m/s이다.)**

① 1 inch
② 3 inch
③ 4 inch
④ 5 inch

정답 78. ③ 79. ② 80. ① 81. ② 82. ③ 83. ④ 84. ① 85. ④

해설 $\dot{m}=\rho A V$[kg/s]

$$A=\frac{\dot{m}}{\rho V}=\frac{\dot{m}v}{V}=\frac{\frac{2.8}{3.6}\times 0.4709}{30}=\frac{\pi d^2}{4}[\text{m}^2]$$

$$d=\sqrt{\frac{4\dot{m}v}{\pi V}}=\sqrt{\frac{4\times 0.78\times 0.4709}{\pi\times 30}}=0.125\text{m}$$

※ 1 inch=2.54cm=0.0254m

$\therefore \frac{0.125}{0.0254}$ ≒ 5inch(5B)

86 보일러의 용기에 판 두께가 12mm, 용접 길이가 230cm인 판을 맞대기 용접했을 때 450kN의 인장하중이 작용한다면 인장응력은?

① 10.3MPa ② 14.5MPa
③ 16.3MPa ④ 25.5MPa

해설 $\sigma_t=\frac{W}{A}=\frac{W}{hL}=\frac{450\times 10^3}{12\times 2,300}=16.30$MPa(N/mm^2)

87 다음 중 사이폰 관(siphon tube)과 관련이 있는 것은?

① 수면계
② 안전밸브
③ 압력계
④ 어큐뮬레이터

해설 사이폰(siphon tube)관과 관련이 있는 것은 압력계다.
※ 사이폰은 수면보다 높은 장애물을 넘어서 물을 방류하기 위한 역U자관을 말한다.

★
88 최고 사용압력이 0.7MPa인 증기용 강제보일러의 수압시험 압력은 얼마로 하여야 하는가?

① 1.01MPa ② 1.13MPa
③ 1.21MPa ④ 1.31MPa

해설 최고사용압력이 0.7MPa인 증기용 강제보일러의 수압시험
최고사용압력×1.3+0.3=1.21MPa
※ **SI단위 강철제 보일러**
㉠ 저압보일러 0.43MPa 이하 : 최고사용압력×2배 (시험압력이 0.2MPa 미만인 경우는 0.2MPa)
㉡ 중압보일러(0.43MPa 초과~1.5MPa 이하) 최고사용압력×1.3배+0.3MPa
㉢ 고압보일러 1.5MPa초과 : 최고사용압력×1.5배

89 보일러의 효율을 입·출열법에 의하여 계산하려고 할 때, 입열항목에 속하지 않는 것은?

① 연료의 현열
② 연소가스의 현열
③ 공기의 현열
④ 연료의 발열량

해설 **열정산 입열항목**(피열물이 가지고 들어오는 열량)
㉠ 연료의 현열
㉡ 연료의 (저위)발열량
㉢ 공기의 현열(연소용 공기의 현열)
㉣ 노내 분입 증기의 보유열

90 관 스테이를 용접으로 부착하는 경우에 대한 설명으로 옳은 것은?

① 용접의 다리길이는 10mm 이상으로 한다.
② 스테이의 끝은 판의 외면보다 안쪽에 있어야 한다.
③ 관 스테이의 두께는 4mm 이상으로 한다.
④ 스테이의 끝은 화염에 접촉하는 판의 바깥으로 5mm를 초과하여 돌출해서는 안 된다.

해설 관 스테이는 보일러나 경판이나 관판등에 두꺼운 전열관근의 양단을 비틀어 끼워 부착하는 것으로 내압에 대한 보강을 위해서 사용된다. 관 스테이 두께는 4mm 이상으로 한다.

★
91 리벳이음 대비 용접이음의 장점으로 옳은 것은?

① 이음효율이 좋다.
② 잔류응력이 발생되지 않는다.
③ 진동에 대한 감쇠력이 높다.
④ 응력집중에 대하여 민감하지 않다.

해설 **리벳이음 대비 용접이음의 장점**
㉠ 이음효율이 좋다(100%).
㉡ 기밀과 수밀성이 좋다.
㉢ 이음의 형상을 자유롭게 선택할 수 있으며 구조를 간단하게 하고 재료의 두께에 제한이 없다.
㉣ 용접준비 작업에 비교적 간단하며 작업의 자동화가 용이하다.
㉤ 리벳에 비해 중량을 경감시킬 수 있으며 작업공정이 짧다.

정답 86. ③ 87. ③ 88. ③ 89. ② 90. ③ 91. ①

92 **열팽창에 의한 배관의 이동을 구속 또는 제한하는 것을 레스트레인트(restraint)라 한다. 레스트레인트의 종류에 해당하지 않는 것은?**

① 앵커(anchor) ② 스토퍼(stopper)
③ 리지드(rigid) ④ 가이드(guide)

해설 **레스트레인트(Restraint)의 종류**
㉠ 앵커(Anchor)
㉡ 스토퍼(Stopper)
㉢ 가이드(Guide)
※ 레스트레인트는 열팽창에 의한 배관의 상하좌우 이동을 구속 또는 제한하는 것이다.

★
93 **줄-톰슨계수(Joule-Thomson coefficient, μ)에 대한 설명으로 옳은 것은?**

① μ가 (−)일 때 기체가 팽창함에 따라 온도는 내려간다.
② μ가 (+)일 때 기체가 팽창함에 따라 온도는 일정하다.
③ μ의 부호는 온도의 함수이다.
④ μ의 부호는 열량의 함수이다.

해설 **줄-톰슨계수(Joule-Thomson coefficient, μ)**
엔탈피 일정 시(h=c), 압력강하에 대한 온도강하의 비
$\mu = \left(\frac{\partial T}{\partial P}\right)_{h=c}$
㉠ 온도강하 시($T_1 > T_2$) $\mu > 0$
㉡ 온도상승 시($T_1 < T_2$) $\mu < 0$
㉢ 이상기체인 경우 $\mu = 0(T_1 = T_2)$

94 **수관식 보일러에 속하지 않는 것은?**

① 코르니쉬 보일러 ② 바브콕 보일러
③ 라몬트 보일러 ④ 벤손 보일러

해설 **수관식 보일러**
㉠ 자연순환식(하이네, 바브콕)
㉡ 강제순환식(라몬트 보일러)
㉢ 관류방식(벤숀, 슐처)
※ 코르니쉬 보일러(노통 1개), 랭카셔 보일러는 노통이 2개인 원통(횡형)보일러로서 노통보일러다.

★
95 **원통형 보일러의 특징이 아닌 것은?**

① 구조가 간단하고 취급이 용이하다.
② 부하변동에 의한 압력변화가 적다.
③ 보유수량이 적어 파열 시 피해가 적다.
④ 고압 및 대용량에는 부적당하다.

해설 수관식 보일러는 보유수량이 적어 파열 시 피해가 적다.

96 **보일러를 옥내에 설치하는 경우에 대한 설명으로 틀린 것은?**

① 불연성 물질의 격벽으로 구분된 장소에 설치한다.
② 보일러 동체 최상부로부터 천장, 배관 등 보일러 상부에 있는 구조물까지의 거리는 0.3m 이상으로 한다.
③ 연도의 외측으로부터 0.3m 이내에 있는 가연성 물체에 대하여는 금속 이외의 불연성 재료로 피복한다.
④ 연료를 저장할 때에는 소형 보일러의 경우 보일러 외측으로부터 1m 이상 거리를 두거나 반격벽으로 할 수 있다.

해설 보일러를 옥내에 설치하는 경우 보일러 동체 최상부로부터 천장, 배관 등 보일러 상부에 있는 구조물까지의 거리는 0.5m 이상으로 한다.

97 **급수펌프의 인젝터의 특징에 대한 설명으로 틀린 것은?**

① 구조가 간단하여 소형에 사용된다.
② 별도의 소요동력이 필요하지 않다.
③ 송수량의 조절이 용이하다.
④ 소량의 고압증기로 다량을 급수할 수 있다.

해설 급수펌프 인젝터는 송수량의 조절이 어렵다.

98 **보일러 배기가스에 대한 설명으로 틀린 것은?**

① 배기가스 열손실은 같은 연소 조건일 경우에 연소가스량이 적을수록 작아진다.
② 배기가스의 열량을 회수하기 위한 방법으로 급수예열기와 공기예열기를 적용한다.
③ 배기가스의 열량을 회수함에 따라 배기가스의 온도가 낮아지고 효율이 상승하지만 160℃ 이상부터는 효율이 일정하다.
④ 배기가스 온도는 발생증기의 포화온도 이하로 낮출 수 없어 보일러의 증기압력이 높아짐에 따라 배기가스 손실도 크다.

정답 92. ③ 93. ③ 94. ① 95. ③ 96. ② 97. ③ 98. ③

해설 배기가스 온도는 210℃로 매우 높은 상태다. 배기가스가 대기 중으로 배출되는 양만큼 에너지손실도 발생되고 보일러 효율도 감소한다.

★

99 보일러 급수처리 중 사용목적에 따른 청관제의 연결로 틀린 것은?

① pH 조정제: 암모니아
② 연화제: 인산소다
③ 탈산소제: 히드라진
④ 가성취화방지제: 아황산소다

해설 **급수내처리(청관제)의 종류**
㉠ pH 조정제: 암모니아(NH_3)
㉡ 연화제: 인산소다
㉢ 탈산소제: 아황산소다, 히드라진(N_2H_4)
㉣ 가성취화방지제(억지제): 인산나트륨, 탄닌, 리그린, 질산나트륨 등

100 열매체보일러의 특징이 아닌 것은?

① 낮은 압력에서도 고온의 증기를 얻을 수 있다.
② 물 처리장치나 청관제 주입장치가 필요하다.
③ 겨울철 동결의 우려가 적다.
④ 안전관리상 보일러 안전밸브는 밀폐식 구조로 한다.

정답 99. ④ 100. ②

2017

Engineer Energy Management

과년도 출제문제

제1회 에너지관리기사

제2회 에너지관리기사

제4회 에너지관리기사

자주 출제되는 중요한 문제는 별표(★)로 강조했습니다.
마무리학습할 때 한 번 더 풀어보기를 권합니다.

Engineer Energy Management

2017년 제1회 에너지관리기사

제1과목 연소공학

★
01 프로판(C_3H_8) 5Nm^3를 이론산소량으로 완전연소시켰을 때의 건연소가스량은 몇 Nm^3인가?

① 5　② 10
③ 15　④ 20

해설 $C_3H_8 + 5O_2 \rightarrow 3CO_2 + 4H_2O$
1Nm^3　3Nm^3
이론건연소가스량(G_{od})=3×5=15Nm^3
⊙ 이론공기량(A_o)이 아니고 이론산소량(O_o)만으로 연소시키는 경우이며 이론건연소가스량이 생성된 CO_2만 고려한다.

02 다음 집진장치 중에서 미립자 크기에 관계없이 집진효율이 가장 높은 장치는?

① 세정 집진장치　② 여과 집진장치
③ 중력 집진장치　④ 원심력 집진장치

해설 집진장치란 기체 중의 미립자를 기체에서 분리하여 포집하기 위해 사용되는 장치로 미립자의 크기에 관계없이 집진효율이 가장 높은 장치는 여과 집진장치이다(수 μm 이하의 작은 입자와 박테리아 제거도 가능함).
집진장치의 종류
㉠ 중력 집진장치
㉡ 여과 집진장치
㉢ 전기 집진장치
㉣ 세정 집진장치
㉤ 관성력 집진장치
㉥ 원심력 집진장치
㉦ 음파 집진장치

★
03 연소 시 100℃에서 500℃로 온도가 상승하였을 경우 500℃의 열복사 에너지는 100℃에서의 열복사 에너지의 약 몇 배가 되겠는가?

① 16.2　② 17.1
③ 18.5　④ 19.3

해설 스테판-볼츠만의 열복사법칙(q_R) $= \varepsilon\sigma A T^4$[W]
$q_R \propto T^4$이므로
$$\frac{q_{R_2}}{q_{R_1}} = \left(\frac{T_2}{T_1}\right)^4 = \left(\frac{500+273}{100+273}\right)^4 = 18.45$$

★
04 고체연료의 연료비를 식으로 바르게 나타낸 것은?

① $\dfrac{\text{고정탄소}(\%)}{\text{휘발분}(\%)}$
② $\dfrac{\text{회분}(\%)}{\text{휘발분}(\%)}$
③ $\dfrac{\text{고정탄소}(\%)}{\text{회분}(\%)}$
④ $\dfrac{\text{가연성 성분 중 탄소}(\%)}{\text{유리수소}(\%)}$

해설 고체연료의 연료비$=\dfrac{\text{고정탄소}(\%)}{\text{휘발분}(\%)}$
연료비 7 이상: 무연탄
연료비 1~7: 유연탄
연료비 1 이하: 갈탄

★
05 일산화탄소 1Nm^3를 연소시키는 데 필요한 공기량(Nm^3)은 약 얼마인가?

① 2.38　② 2.67
③ 4.31　④ 4.76

해설 $CO + \frac{1}{2}O_2 \rightarrow CO_2$
$$\therefore A_o = \frac{O_o}{0.21} = \frac{0.5}{0.21} = 2.38\text{Nm}^3$$

06 기체연료의 특징으로 틀린 것은?

① 연소효율이 높다.
② 고온을 얻기 쉽다.
③ 단위 용적당 발열량이 크다.
④ 누출되기 쉽고 폭발의 위험성이 크다.

해설 기체연료는 단위 용적당 발열량이 작다.

정답 01. ③ 02. ② 03. ③ 04. ① 05. ① 06. ③

★
07 **기체연료의 저장방식이 아닌 것은?**

① 유수식 ② 고압식
③ 가열식 ④ 무수식

해설 기체연료의 저장방식인 가스 홀더의 종류는 유수식, 무수식, 고압식 홀더의 3종류가 있다.

★
08 **어떤 열설비에서 연료가 완전연소하였을 경우 배기가스 내의 과잉 산소농도가 10%이었다. 이때 연소기기의 공기비는 약 얼마인가?**

① 1.0 ② 1.5
③ 1.9 ④ 2.5

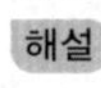
공기비$(m) = \dfrac{21}{21 - O_2} = \dfrac{21}{21-10} \fallingdotseq 1.9$

09 **부탄(C_4H_{10}) 1kg의 이론 습배기가스량은 약 몇 Nm^3/kg인가?**

① 10 ② 13
③ 16 ④ 19

10 **코크스 고온 건류온도(℃)는?**

① 500~600 ② 1,000~1,200
③ 1,500~1,800 ④ 2,000~2,500

코크스 저온 건류온도 500~600℃, 코크스 고온 건류온도 1,000~1,200℃
※ 건류란 공기를 차단하고 고체 유기물을 가열분해해서 휘발분과 탄소질 잔류분으로 나누는 조작을 말한다.

★
11 **액화석유가스를 저장하는 가스설비의 내압성능에 대한 설명으로 옳은 것은?**

① 최대압력의 1.2배 이상의 압력으로 내압시험을 실시하여 이상이 없어야 한다.
② 최대압력의 1.5배 이상의 압력으로 내압시험을 실시하여 이상이 없어야 한다.
③ 상용압력의 1.2배 이상의 압력으로 내압시험을 실시하여 이상이 없어야 한다.
④ 상용압력의 1.5배 이상의 압력으로 내압시험을 실시하여 이상이 없어야 한다.

해설 액화석유가스(LPG)를 저장하는 가스설비의 내압성능은 상용압력의 1.5배 이상의 압력으로 내압시험을 실시하여 이상이 없어야 한다.

★
12 **메탄 50V%, 에탄 25V%, 프로판 25V%가 섞여 있는 혼합 기체의 공기 중에서의 연소하한계는 약 몇 %인가? (단, 메탄, 에탄, 프로판의 연소하한계는 각각 5V%, 3V%, 2.1V%이다.)**

① 2.3 ② 3.3
③ 4.3 ④ 5.3

해설 $\dfrac{100}{L} = \dfrac{V_1}{L_1} + \dfrac{V_2}{L_2} + \dfrac{V_3}{L_3} = \dfrac{50}{5} + \dfrac{25}{3} + \dfrac{25}{2.1} = 30.238$

$\therefore L = \dfrac{100}{30.238} \fallingdotseq 3.3$

13 **환열실의 전열면적(m^2)과 전열량(kJ/h) 사이의 관계는? (단, 전열면적은 F, 전열량은 Q, 총괄전열계수는 V이며, $\triangle t_m$은 평균온도차이다.)**

① $Q = F/\Delta t_m$
② $Q = F \times \Delta t_m$
③ $Q = F \times V \times \Delta t_m$
④ $Q = V/(F \times \Delta t_m)$

해설 전열량$(Q) = FV\Delta t_m$[kJ/h]

★
14 **탄소의 발열량은 약 몇 kJ/kg인가?**

$C + O_2 \rightarrow CO_2 + 408,554$kJ/kmol

① 34,046 ② 97,625
③ 48,800 ④ 97,600

해설 탄소 12kg이 완전연소 시 발열량이 408,554kJ/kmol이므로
∴ 탄소(C) 1kg당 발열량은
$\dfrac{408,554}{C} = \dfrac{408,554}{12} = 34,046$kJ/kg

★
15 **고체연료의 일반적인 특징으로 옳은 것은?**

① 점화 및 소화가 쉽다.
② 연료의 품질이 균일하다.
③ 완전연소가 가능하며 연소효율이 높다.
④ 연료비가 저렴하고 연료를 구하기 쉽다.

정답 07. ③ 08. ③ 09. ② 10. ② 11. ④ 12. ② 13. ③ 14. ① 15. ④

해설 고체연료 특징
㉠ 연료비가 저렴하고(싸고) 구입이 용이하다.
㉡ 품질이 균일하지 못해 연소 효율이 낮다.
㉢ 노천야적이 가능하므로 취급 및 저장이 쉽다.
㉣ 재처리가 곤란하고 매연발생이 많다.
㉤ 점화 및 소화가 어렵다.
㉥ 회분 등 불순물이 많아 완전연소가 곤란하다.

16 연소가스의 조성에서 O_2를 옳게 나타낸 식은? (단, L_0: 이론 공기량, G: 실제 습연소가스량, m: 공기비)

① $\frac{L_0}{G}\times 100$

② $\frac{0.21L_0}{G}\times 100$

③ $\frac{(m-1)L_0}{G}\times 100$

④ $\frac{0.21(m-1)L_0}{G}\times 100$

해설 연소가스조성에서

산소$(O_2)=\frac{0.21(m-1)L_o}{G}\times 100\%$

[여기서, m : 공기비(공기과잉계수), L_o : 이론공기량, G : 실제습연소가스량]

★
17 고체연료의 연소방식으로 옳은 것은?

① 포트식 연소
② 화격자 연소
③ 심지식 연소
④ 증발식 연소

해설 1) **고체연료의 연소방식**
① 화격자연소
② 미분탄연소
③ 유동층연소
2) **액체연료의 연소방식**
① 증발연소
② 무화연소
③ 심지연소
3) **기체연료의 연소방식**
① 확산연소
② 혼합연소

★
18 CO_2max는 19.0%, CO_2는 10.0%, O_2는 3.0%일 때 과잉공기계수(m)는 얼마인가?

① 1.25 ② 1.35
③ 1.46 ④ 1.90

해설 과잉공기계수$(m)=\frac{CO_{2max}(\%)}{CO_2(\%)}=\frac{19}{10}=1.9$

19 1mol의 이상기체가 40℃, 35atm으로부터 1atm까지 단열 가역적으로 팽창하였다. 최종 온도는 약 몇 K가 되는가? (단, 비열비는 1.67이다.)

① 75 ② 88
③ 98 ④ 107

해설 가역단열변화 시 온도와 압력의 관계식

$$\frac{T_2}{T_1}=\left(\frac{P_2}{P_1}\right)^{\frac{k-1}{k}}$$

$$\therefore\ T_2=T_1\left(\frac{P_2}{P_1}\right)^{\frac{k-1}{k}}=40+273\left(\frac{1}{35}\right)^{\frac{1.67-1}{1.67}}$$

$=75.17K$

★
20 중유 1kg 속에 수소 0.15kg, 수분 0.003kg이 들어 있다면 이 중유의 고발열량이 10^4kcal/kg일 때, 이 중유 2kg의 총 저위발열량은 약 몇 kcal인가?

① 12,000 ② 16,000
③ 18,400 ④ 20,000

해설 저위발열량(H_l)
$=H_h-600(W+9H)$
$=10,000-600(0.003+9\times0.15)$
$=9,188.2$kcal/kg
∴ 총저위발열량 $=2\times9,188.2=18,376.4$kcal
≒18,400kcal

제2과목 열역학

21 스로틀링(throttling) 밸브를 이용하여 Joule-Thomson 효과를 보고자 한다. 압력이 감소함에 따라 온도가 반드시 감소하려면 Joule-Thomson 계수 μ는 어떤 값을 가져야 하는가?

① $\mu=0$ ② $\mu>0$
③ $\mu<0$ ④ $\mu\neq 0$

정답 16. ④ 17. ② 18. ④ 19. ① 20. ③ 21. ②

해설 줄-톰슨계수$(\mu) = \frac{\partial T}{\partial P} = \frac{T_1 - T_2}{P_1 - P_2} > 0$

★

22 50℃의 물의 포화액체와 포화증기의 비엔트로피는 각각 0.703kJ/kg·K, 8.07kJ/kg·K이다. 50℃의 습증기의 비엔트로피가 4kJ/ kg·K일 때 습증기의 건도는 약 몇 %인가?

① 31.7　② 44.8
③ 51.3　④ 62.3

해설 $s_x = s' + x(s'' - s')$

건조도$(x) = \frac{s_x - s'}{s'' - s'} = \frac{4 - 0.703}{8.07 - 0.703} \times 100\%$

≒ 44.8%

23 이상적인 증기압축식 냉동장치에서 압축기 입구를 1, 응축기 입구를 2, 팽창밸브 입구를 3, 증발기 입구를 4로 나타낼 때 온도(T) -엔트로피(S) 선도(수직축 T, 수평축 S)에서 수직선으로 나타나는 과정은?

① 1－2 과정　② 2－3 과정
③ 3－4 과정　④ 4－1 과정

해설

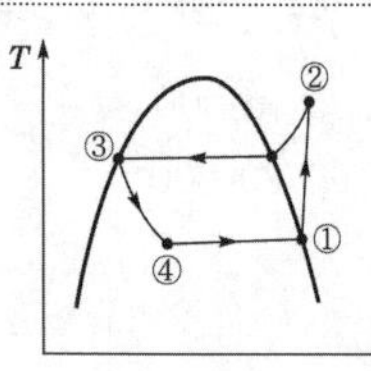

① → ② 압축기
② → ③ 응축기
③ → ④ 팽창밸브
④ → ① 증발기

24 최저 온도, 압축비 및 공급 열량이 같을 경우 사이클의 효율이 큰 것부터 작은 순서대로 옳게 나타낸 것은?

① 오토사이클 > 디젤사이클 > 사바테사이클
② 사바테사이클 > 오토사이클 > 디젤사이클
③ 디젤사이클 > 오토사이클 > 사바테사이클
④ 오토사이클 > 사바테사이클 > 디젤사이클

해설 초온, 초압 압축비 및 공급열량 일정 시 열효율 비교(크기 순서)

$\eta_{tho} > \eta_{ths} > \eta_{thd}$

★

25 이상기체로 구성된 밀폐계의 변화과정을 나타낸 것 중 틀린 것은? (단, δq는 계로 들어온 순열량, dh는 비엔탈피 변화량, δw는 계가 한 순일, du는 비내부에너지의 변화량, ds는 비엔트로피 변화량을 나타낸다.)

① 등온과정에서 $\delta q = \delta w$
② 단열과정에서 $\delta q = 0$
③ 정압과정에서 $\delta q = ds$
④ 정적과정에서 $\delta q = du$

해설 $\delta q = dh - vdp$[kJ/kg]에서

등압과정(p=c, dp=0) 시 가열량은 비엔탈피 변화량과 같다.

$\therefore \delta q = dh$[kJ/kg]

※ $dh = C_p dT$[kJ/kg]

26 공기의 기체상수가 0.287kJ/kg·K일 때 표준상태(0℃, 1기압)에서 밀도는 약 몇 kg/m³인가?

① 1.29　② 1.87
③ 2.14　④ 2.48

해설 $Pv = RT$, $v = \frac{1}{\rho}$이므로

$\therefore \rho = \frac{P}{RT} = \frac{101.325}{0.287 \times 273} = 1.293\text{kg/m}^3$

★

27 랭킨(Rankine) 사이클에서 재열을 사용하는 목적은?

① 응축기 온도를 높이기 위해서
② 터빈 압력을 높이기 위해서
③ 보일러 압력을 낮추기 위해서
④ 열효율을 개선하기 위해서

해설 재열 사이클의 목적은 습도로 인한 터빈날개부식(기계적 마모요인 감소) 방지 및 열효율을 개선시킨 cycle이다.

★

28 불꽃 점화 기관의 기본 사이클인 오토사이클에서 압축비는 10이고, 기체의 비열비는 1.4일 때 이 사이클의 효율은 약 몇 %인가?

① 43.6　② 51.4
③ 60.2　④ 68.5

해설 $\eta_{tho} = 1 - \left(\frac{1}{\varepsilon}\right)^{k-1} = 1 - \left(\frac{1}{10}\right)^{1.4-1}$

= 0.602(60.2%)

정답 22. ② 23. ① 24. ④ 25. ③ 26. ① 27. ④ 28. ③

29 110kPa, 20℃의 공기가 정압과정으로 온도가 50℃ 만큼 상승한 다음(즉 70℃가 됨), 등온과정으로 압력이 반으로 줄어들었다. 최종 비체적은 최초 비체적의 약 몇 배인가?

① 0.585　② 1.17
③ 1.71　④ 2.34

해설 $\dfrac{V_2}{V_1}=\dfrac{T_2}{T_1}\times\dfrac{P_1}{P_2}=\dfrac{343}{293}\times 2 \fallingdotseq 2.34$

30 초기조건이 100kPa, 60℃인 공기를 정적과정을 통해 가열한 후 정압에서 냉각과정을 통하여 500kPa, 60℃로 냉각할 때 이 과정에서 전체 열량의 변화는 약 몇 kJ/kmol인가? (단, 정적비열은 20kJ/kmol·K, 정압비열은 28kJ/kmol·K이며, 이상기체로 가정한다.)

① −964　② −1,964
③ −10,656　④ −20,656

해설
$$q_t=(C_v-C_p)T_1\left(\frac{P_2}{P_1}-1\right)$$
$$=(20-28)\times 333\times\left(\frac{500}{100}-1\right)=-10{,}656\text{kJ/kmol}$$

★
31 냉매가 구비해야 할 조건 중 틀린 것은?

① 증발열이 클 것
② 비체적이 작을 것
③ 임계온도가 높을 것
④ 비열비(정압비열/정적비열)가 클 것

해설 냉매는 비열비(정압비열/정적비열)가 작아야 한다. 비열비가 크면 압축기 토출가스온도와 압력이 증가한다. 따라서 압축기소비동력의 증기로 냉동기 성능계수가 저하된다.

32 보일러로부터 압력 1MPa로 공급되는 수증기의 건도가 0.95일 때 이 수증기 1kg당의 엔탈피는 약 몇 kJ인가? (단, 1MPa에서 포화액의 비엔탈피는 758.5kJ/kg, 포화증기의 비엔탈피는 2774.9kJ/kg이다.)

① 1457.08　② 2674.08
③ 3825.08　④ 4232.05

해설 $h_x=h'+x(h''-h')=758.5+0.95(2774.9-758.5)$
$=2674.08\text{kJ/kg}$

33 Gibbs 상률(상법칙, phase rule)에 대한 설명 중 틀린 것은?

① 상태의 자유도와 혼합물을 구성하는 성분 물질의 수, 그리고 상의 수에 관계되는 법칙이다.
② 평형이든 비평형이든 무관하게 존재하는 관계식이다.
③ Gibbs의 상률은 강도성 상태량과 관계한다.
④ 단일성분의 물질이 기상, 액상, 고상 중 임의의 2상이 공존할 때 상태의 자유도는 1이다.

해설 Gibbs Phase rule(깁스 상률)
$F=C-P+2$
F는 자유도, C는 성분수, P는 상의 수, +2는 환경변수다(자유도는 0에서 3의 값을 가질 수 있다). 깁스상률(법칙)은 평형일 때만 적용가능한 식이다.

★
34 열역학 제2법칙에 관한 다음 설명 중 옳지 않은 것은?

① 100%의 열효율을 갖는 열기관은 존재할 수 없다.
② 단일열원으로부터 열을 전달받아 사이클 과정을 통해 모두 일로 변화시킬 수 있는 열기관이 존재할 수 있다.
③ 열은 저온부로부터 고온부로 자연적으로 전달되지는 않는다.
④ 고립계에서 엔트로피는 항상 증가하거나 일정하게 보존된다.

해설 열역학 제2법칙=엔트로피 증가법칙=비가역 법칙으로 단일열원으로부터 열을 받아 사이클 과정을 통해 모두 일로 변환시킬 수 있는 열기관은 존재하지 않는다(열효율이 100%인 기관=제2종 영구운동기관을 부정하는 법칙이다).

★
35 1MPa, 400℃인 큰 용기 속의 공기가 노즐을 통하여 100kPa까지 등엔트로피 팽창을 한다. 출구속도는 약 몇 m/s인가? (단, 비열비는 1.4이고 정압비열은 1.0kJ/(kg·K)이며, 노즐 입구에서의 속도는 무시한다.)

① 569
② 805
③ 910
④ 1,107

정답 29. ④ 30. ③ 31. ④ 32. ② 33. ② 34. ② 35. ②

해설 $V_2 = 44.72\sqrt{(h_1 - h_2)} = 44.72\sqrt{C_P(T_1 - T_2)}$

$= 44.72\sqrt{C_P T_1\left(1 - \frac{T_2}{T_1}\right)}$

$= 44.72\sqrt{C_P T_1\left[1 - \left(\frac{P_2}{P_1}\right)^{\frac{k-1}{k}}\right]}$

$= 44.72\sqrt{1 \times 673 \times \left[1 - \left(\frac{1}{10}\right)^{\frac{1.4-1}{1.4}}\right]} ≒ 805\text{m/s}$

★
36 온도가 400℃인 열원과 300℃인 열원 사이에서 작동하는 카르노 열기관이 있다. 이 열기관에서 방출되는 300℃의 열은 또 다른 카르노 열기관으로 공급되어, 300℃의 열원과 100℃의 열원 사이에서 작동한다. 이와 같은 복합 카르노 열기관의 전체 효율은 약 몇 %인가?

① 44.57% ② 59.43%
③ 74.29% ④ 29.72%

$\eta_c = 1 - \frac{T_2}{T_1} = 1 - \frac{100+273}{400+273}$

$= 0.4457(44.57\%)$

★
37 온도가 각각 -20℃, 30℃인 두 열원 사이에서 작동하는 냉동사이클이 이상적인 역카르노사이클을 이루고 있다. 냉동기에 공급된 일이 15kW이면 냉동용량(냉각열량)은 약 몇 kW인가?

① 2.5 ② 3.0
③ 76 ④ 91

해설
$(COP)_R = \frac{T_2}{T_1 - T_2} = \frac{253}{(30+273) - 253}$

$= 5.06$

$Q_e = W_c \times (COP)_R = 15 \times 5.06 ≒ 76\text{kW}$

★
38 500K의 고온 열저장조와 300K의 저온 열저장조 사이에서 작동되는 열기관이 낼 수 있는 최대 효율은?

① 100% ② 80%
③ 60% ④ 40%

해설
$\eta_c = \left(1 - \frac{T_2}{T_1}\right) \times 100\% = \left(1 - \frac{300}{500}\right) \times 100\%$

$= 40\%$

39 이상기체 5kg이 250℃에서 120℃까지 정적과정으로 변화한다. 엔트로피 감소량은 약 몇 kJ/K인가? (단, 정적비열은 0.653kJ /kg · K이다.)

① 0.933 ② 0.439
③ 0.274 ④ 0.187

해설
$(S_2 - S_1) = mC_v \ln\frac{T_2}{T_1} = 5 \times 0.653 \ln\left(\frac{120+273}{250+273}\right)$

$= -0.933\text{kJ/K}$

∴ 0.933kJ/K(감소)

★
40 압력이 200kPa로 일정한 상태로 유지되는 실린더 내의 이상기체가 체적 0.3m^3에서 0.4m^3로 팽창될 때 이상기체가 한 일의 양은 몇 kJ인가?

① 20 ② 40
③ 60 ④ 80

해설
${}_1W_2 = \int_1^2 PdV = P(V_2 - V_1) = 200(0.4 - 0.3)$

$= 20\text{kJ}$

제3과목 계측방법

41 열전대 온도계에 대한 설명으로 옳은 것은?

① 흡습 등으로 열화된다.
② 밀도차를 이용한 것이다.
③ 자기가열에 주의해야 한다.
④ 온도에 대한 열기전력이 크며 내구성이 좋다.

해설 열전대(thernmocouple) 온도계는 온도에 대한 열기전력이 크고 내열성과 내식성이 있고 내구성도 좋다(전기저항, 저항온도계수 및 열전도율이 작을 것).

★
42 지름 400mm인 관속을 5kg/s로 공기가 흐르고 있다. 관속의 압력은 200kPa, 온도는 23℃, 공기의 기체상수 R이 287J/kg · K라 할 때 공기의 평균 속도는 약 몇 m/s인가?

① 2.4 ② 7.7
③ 16.9 ④ 24.1

정답 36. ① 37. ③ 38. ④ 39. ① 40. ① 41. ④ 42. ③

해설 $\rho = \frac{P}{RT} = \frac{200}{0.287 \times (23+273)}$

$= 2.35\text{kg/m}^3$

$\dot{m} = \rho A V$[kg/s]에서

$V = \frac{\dot{m}}{\rho A} = \frac{5}{2.35 \times \frac{\pi(0.4)^2}{4}} = \frac{4 \times 5}{2.35 \times \pi \times (0.4)^2}$

$= 16.94\text{m/s}$

43 다음 열전대 종류 중 측정온도에 대한 기전력의 크기로 옳은 것은?

① IC > CC > CA > PR
② IC > PR > CC > CA
③ CC > CA > PR > IC
④ CC > IC > CA > PR

해설 열전대 종류 중 측정온도에 대한 기전력의 크기순서
철콘스탄탄(IC) > 동콘스탄탄(CC) > 크로멜·알루멜(CA) > 백금·백금로듐(PR)

44 2,000℃까지 고온 측정이 가능한 온도계는?

① 방사 온도계
② 백금저항 온도계
③ 바이메탈 온도계
④ Pt-Rh 열전식 온도계

해설 방사 온도계는 비접촉식 온도계로 2,000℃까지 고온 측정이 가능하다.

★
45 다음 그림과 같은 경사관식 압력계에서 P_2는 500Pa일 때 측정압력 P_1은 약 몇 kPa인가? (단, 액체의 비중은 1이다.)

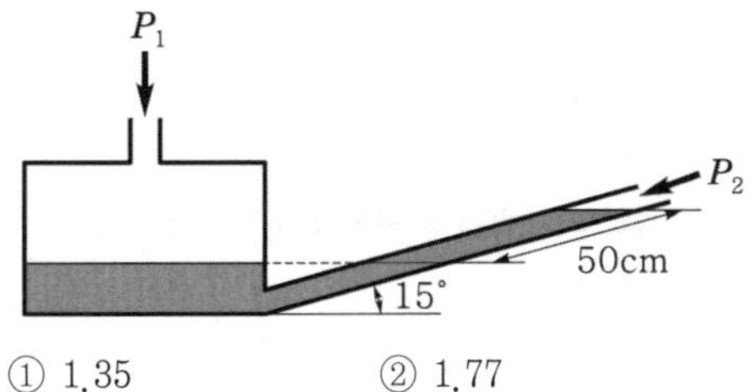

① 1.35 ② 1.77
③ 3.25 ④ 5.35

해설 $P_1 = P_2 + \gamma h (h = l\sin\theta)$

$\therefore P_1 = P_2 + \gamma l \sin\theta$

$= 500 + 9{,}800 \times 0.5\sin 15 = 1768.21\text{Pa}$

$\fallingdotseq 1.77$ kPa

★
46 SI 기본단위를 바르게 표현한 것은?

① 시간 – 분 ② 질량 – 그램
③ 길이 – 밀리미터 ④ 전류 – 암페어

해설 SI 기본단위(7개)
㉠ 질량(kg)
㉡ 길이(m)
㉢ 시간(sec)
㉣ 절대온도(K)
㉤ 전류(A)
㉥ 광도(cd)
㉦ 물질의 양(mol)

47 전자유량계의 특징으로 틀린 것은?

① 응답이 빠른 편이다.
② 압력손실이 거의 없다.
③ 높은 내식성을 유지할 수 있다.
④ 모든 액체의 유량 측정이 가능하다.

해설 전자유량계는 파이프(pipe) 내를 흐르는 도전성의 유체에 직각방향으로 자기장을 형성시켜주면 Faraday(패러데이)의 전자유도법칙(E) = $B\ell v$에 따라서 발생되는 유도기전력(E)으로 유량을 측정한다(도전성 액체의 유량 측정에만 가능하다).

★
48 오르자트식 가스분석계로 측정하기 어려운 것은?

① O_2 ② CO_2
③ CH_4 ④ CO

해설 오르자트식 가스분석계: CO_2, O_2, CO

★
49 다음에서 설명하는 제어동작은?

- 부하변화가 커도 잔류편차가 생기지 않는다.
- 급변할 때 큰 진동이 생긴다.
- 전달느림이나 쓸모없는 시간이 크면 사이클링의 주기가 커진다.

① D 동작 ② PI 동작
③ PD 동작 ④ P 동작

정답 43. ① 44. ① 45. ② 46. ④ 47. ④ 48. ③ 49. ②

해설 비례적분(PI)동작은 비례제어(P제어)에서 발생되는 잔류편차(off set)를 없애주는 것이 적분제어(I제어)다. 따라서, 두 동작의 장점을 조합한 제어동작이다. 부하변화가 커도 잔류편차가 생기지 않는다. 급변할 때 큰 진동이 생긴다. 전달느림이나 쓸모없는 시간이 크면 사이클링의 주기가 커진다.
※ 비례(P)제어는 단독으로 사용하지 않고 다른 동작과 조합하여 사용한다.
※ 적분(I)제어는 진동하는 경향이 있고 급변 시 큰진동이 발생되며 안정성이 떨어진다.

★
50 불연속 제어로서 탱크의 액위를 제어하는 방법으로 주로 이용되는 것은?

① P 동작 ② PI 동작
③ PD 동작 ④ 온·오프 동작

해설 불연속제어로 탱크의 액위를 제어하는 방법은 ON–OFF 제어(2위치제어)이다.

51 관로에 설치된 오리피스 전후의 압력차는?

① 유량의 제곱에 비례한다.
② 유량의 제곱근에 비례한다.
③ 유량의 제곱에 반비례한다.
④ 유량의 제곱근에 반비례한다.

해설 차압식 유량계 중 오리피스(orifice)는 전후압력차(Δp)가 유량의 제곱에 비례한다.

★
52 염화리튬이 공기 수증기압과 평형을 이룰 때 생기는 온도저하를 저항온도계로 측정하여 습도를 알아내는 습도계는?

① 듀셀 노점계 ② 아스만 습도계
③ 광전관식 노점계 ④ 전기저항식 습도계

해설 듀셀(Dew Cell) 노점계는 염화리튬이 공기수증기압과 평형을 이룰 때 생기는 온도저하를 저항온도계로 측정하여 습도를 알아내는 습도계다(공기의 노점온도를 검출하는 장치).

53 유량 측정에 쓰이는 Tap 방식이 아닌 것은?

① 베나 탭 ② 코너 탭
③ 압력 탭 ④ 플랜지 탭

해설 차압검출방식의 종류
㉠ 코너탭(Corner tap): 오리피스 직전과 직후에서 압력을 검출하는 방식
㉡ 플랜지탭(Flange tap): 오리피스전후에 ±25.4mm의 거리에서 검출하는 방식
㉢ 베나탭(Venna contraction tap, 축류탭): 하류측을 흐름 단면적이 최소로 되는 축류위치에서 압력을 검출하는 방식

54 제어시스템에서 응답이 계단변화가 도입된 후에 얻게 될 최종적인 값을 얼마나 초과하게 되는지를 나타내는 척도는?

① 오프셋 ② 쇠퇴비
③ 오버슈트 ④ 응답시간

해설 오버슈트(over shoot)란 제어시스템에서 계단변화가 도입 전후에 얻게 될 최종적인 값을 얼마나 초과하게 되는지를 나타내는 척도이다.

★
55 다음 온도계 중 측정범위가 가장 높은 것은?

① 광온도계 ② 저항온도계
③ 열전온도계 ④ 압력온도계

해설 광고온도계는 비접촉식온도계로 온도계 중에서 가장 높은 온도(700~3,000℃)를 측정할 수 있으며 정도가 가장 높다.

56 기계연료의 시험방법 중 CO의 흡수액은?

① 발연 황산액
② 수산화칼륨 30% 수용액
③ 알칼리성 피로카롤 용액
④ 암모니아성 염화 제1동 용액

해설 기체연료 시험방법 중 CO의 흡수액은 암모니아성 염화제1동 용액이다.

57 차압식 유량계의 종류가 아닌 것은?

① 벤투리 ② 오리피스
③ 터빈유량계 ④ 플로우노즐

해설 차압식(Δp)유량계는 벤투리(Venturi), 오리피스(orifice), 플로우노즐(flow nozzle) 등이 있다.

정답 50. ④ 51. ① 52. ① 53. ③ 54. ③ 55. ① 56. ④ 57. ③

★
58 **단열식 열량계로 석탄 1.5g을 연소시켰더니 온도가 4℃ 상승하였다. 통 내의 유량이 2,000g, 열량계의 물당량이 500g일 때 이 석탄의 발열량은 약 몇 J/g인가? (단, 물의 비열은 4.19J/g·K이다.)**

① 2.23×10^4　② 2.79×10^4
③ 4.19×10^4　④ 6.98×10^4

해설 석탄의 발열량$(q) = \frac{Q}{m} = \frac{(m_1 + m_2)C\Delta t}{1.5}$

$= \frac{(2{,}000 + 500) \times 4.19 \times 4}{1.5}$

$= 2.79 \times 10^4 \text{J/g}$

59 **2원자분자를 제외한 CO_2, CO, CH_4 등의 가스를 분석할 수 있으며, 선택성이 우수하고 저농도의 분석에 적합한 가스 분석법은?**

① 적외선법　② 음향법
③ 열전도율법　④ 도전율법

해설 적외선법은 2원자분자를 제외한 CO_2 CO CH_4 등의 가스를 분석할 수 있으며 선택성이 우수하고 저농도의 분석에 적합한 가스 분석법이다.

★
60 **국제단위계(SI)에서 길이단위의 설명으로 틀린 것은?**

① 기본단위이다.
② 기호는 K이다.
③ 명칭은 미터이다.
④ 빛이 진공에서 1/229,792,458초 동안 진행한 경로의 길이이다.

해설 국제단위계(SI)에서 길이단위는 m이며, 절대온도 단위는 K(Kelvin)이다.

제4과목 열설비재료 및 관계법규

61 **샤모트(chamotte) 벽돌에 대한 설명으로 옳은 것은?**

① 일반적으로 기공률이 크고 비교적 낮은 온도에서 연화되며 내스폴링성이 좋다.
② 흑연질 등을 사용하며 내화도와 하중연화점이 높고 열 및 전기전도도가 크다.
③ 내식성과 내마모성이 크며 내화도는 SK 35 이상으로 주로 고온부에 사용된다.
④ 하중 연화점이 높고 가소성이 커 염기성 제강로에 주로 사용된다.

해설 샤모트(Chamotte) 벽돌은 일반적으로 기공률이 크고 비교적 낮은 온도에서 내스폴링성이 좋다. 샤모트 벽돌은 골재 원료로서 샤모트를 사용하고 미세한 부분은 가소성 생점토를 가하고 있다.

★
62 **에너지이용 합리화법에 따라 최대 1천만원 이하의 벌금에 처할 대상자에 해당되지 않는 자는?**

① 검사대상기기조종자를 정당한 사유 없이 선임하지 아니한 자
② 검사대상기기의 검사를 정당한 사유 없이 받지 아니한 자
③ 검사에 불합격한 검사대상기기를 임의로 사용한 자
④ 최저소비효율기준에 미달된 효율관리기자재를 생산한 자

해설 최저소비효율기준에 미달된 효율관리기자재를 생산 또는 판매금지 명령을 위반한자는 2천만원 이하의 벌금에 처한다.

★
63 **관의 신축량에 대한 설명으로 옳은 것은?**

① 신축량은 관의 열팽창계수, 길이 온도차에 반비례한다.
② 신축량은 관의 열팽창계수, 길이 온도차에 비례한다.
③ 신축량은 관의 길이, 온도차에 비례하지만, 열팽창계수에는 반비례한다.
④ 신축량은 관의 열팽창계수에 비례하고 온도차와 길이에 반비례한다.

해설 관의 신축량은 관의 열팽창계수(선팽창계수), 길이, 온도차에 비례한다.
신축량$(\lambda) = L\alpha\Delta t$[mm]

정답 58. ② 59. ① 60. ② 61. ① 62. ④ 63. ②

64 **배관설비의 지지를 위한 필요조건에 관한 설명으로 틀린 것은?**

① 온도의 변화에 따른 배관신축을 충분히 고려하여야 한다.
② 배관 시공 시 필요한 배관기울기를 용이하게 조정할 수 있어야 한다.
③ 배관설비의 진동과 소음을 외부로 쉽게 전달할 수 있어야 한다.
④ 수격현상 및 외부로부터 진동과 힘에 대하여 견고하여야 한다.

해설 배관설비의 진동과 소음은 외부로 쉽게 전달되지 않아야 한다.

★
65 **길이 7m, 외경 200mm, 내경 190mm의 탄소강관에 360℃ 과열증기를 통과시키면 이때 늘어나는 관의 길이는 몇 mm인가? (단, 주위온도는 20℃이고, 관의 선팽창계수는 0.000013mm/mm · ℃이다.)**

① 21.15 ② 25.71
③ 30.94 ④ 36.48

해설 관의 늘음량(λ)
$= L\alpha\Delta t = 7,000 \times 0.000013 \times 340$
= 30.94mm

★
66 **에너지이용 합리화법에 따라 에너지사용계획을 수립하여 산업통상자원부장관에게 제출하여야 하는 민간사업주관자의 기준은?**

① 연간 5백만 킬로와트시 이상의 전력을 사용하는 시설을 설치하려는 자
② 연간 1천만 킬로와트시 이상의 전력을 사용하는 시설을 설치하려는 자
③ 연간 1천5백만 킬로와트시 이상의 전력을 사용하는 시설을 설치하려는 자
④ 연간 2천만 킬로와트시 이상의 전력을 사용하는 시설을 설치하려는 자

해설 에너지이용 합리화법에 따라 에너지사용계획을 수립하여 산업통산자원부장관에게 제출하여야 하는 민간사업주관자의 기준은 연간 2천만 킬로와트시(kWh) 이상의 전력을 사용하는 시설을 설치하려는 자.

★
67 **에너지이용 합리화법상의 효율관리기자재에 속하지 않는 것은?**

① 전기철도 ② 삼상유도전동기
③ 전기세탁기 ④ 자동차

해설 에너지이용 합리화법상 효율관리기자재에 속하지 않는 것은 전기철도이다.

★
68 **에너지이용 합리화법에 따라 인정검사대상기기 조종자의 교육을 이수한 자가 조종할 수 없는 것은?**

① 압력 용기
② 용량이 581.5킬로와트인 열매체를 가열하는 보일러
③ 용량이 700킬로와트의 온수발생 보일러
④ 최고사용압력이 1MPa 이하이고, 전열면적이 10제곱미터 이하인 증기보일러

해설 **인정검사대상기기 조종자의 교육을 이수한 자가 조종할 수 있는 범위**
㉠ 압력용기
㉡ 열매체를 가열하는 보일러 출력이 0.58MW(581.8kW) 이하인 것
㉢ 온수발생 보일러로서 출력이 0.58MW 이하인 것
㉣ 최고사용압력이 1MPa 이하이고 전열면적이 $10m^2$(제곱미터) 이하인 증기보일러

★
69 **에너지이용 합리화법상의 "목표에너지원단위"란?**

① 열사용기기당 단위시간에 사용할 열의 사용목표량
② 각 회사마다 단위기간 동안 사용할 열의 사용목표량
③ 에너지를 사용하여 만드는 제품의 단위당 에너지사용목표량
④ 보일러에서 증기 1톤을 발생할 때 사용할 연료의 사용목표량

해설 에너지이용 합리화법상의 목표에너지단위란 에너지를 사용하여 만드는 제품의 단위당 에너지사용목표량을 말한다.

정답 64. ③ 65. ③ 66. ④ 67. ① 68. ③ 69. ③

70 **가마를 축조할 때 단열재를 사용함으로써 얻을 수 있는 효과로 틀린 것은?**

① 작업 온도까지 가마의 온도를 빨리 올릴 수 있다.
② 가마의 벽을 얇게 할 수 있다.
③ 가마 내의 온도 분포가 균일하게 된다.
④ 내화벽돌의 내·외부 온도가 급격히 상승한다.

★
71 **에너지이용 합리화법에 따라 검사대상기기 조종자의 신고사유가 발생한 경우 발생한 날로부터 며칠 이내에 신고해야 하는가?**

① 7일　② 15일
③ 30일　④ 60일

해설 에너지이용 합리화법에 따라 검사대상기기 조종자의 신고사유가 발생한 경우 발생된 날로부터 30일 이내에 신고해야 한다.

★
72 **다음은 보일러의 급수밸브 및 체크밸브 설치 기준에 관한 설명이다. (　　) 안에 알맞은 것은?**

> 급수밸브 및 체크밸브의 크기는 전열면적 $10m^2$ 이하의 보일러에서는 관의 호칭 (가) 이상, 전열면적 $10m^2$를 초과하는 보일러에서는 호칭 (나) 이상이어야 한다.

① 가: 5A, 나: 10A
② 가: 10A, 나: 15A
③ 가: 15A, 나: 20A
④ 가: 20A, 나: 30A

해설 **보일러 급수밸브 및 체크밸브 설치기준**
급수장치 중 급수밸브 및 체크밸브의 크기는 전열면적 $10m^2$ 이하 보일러에서는 호칭 15A 이상의 것이어야 하고 $10m^2$을 초과하는 보일러에서는 관의 호칭 20A 이상의 것이어야 한다.

★
73 **에너지이용 합리화법에 따라 산업통상자원부장관은 에너지를 합리적으로 이용하게 하기 위하여 몇 년마다 에너지이용 합리화에 관한 기본계획을 수립하여야 하는가?**

① 2년　② 3년
③ 5년　④ 10년

해설 에너지이용 합리화법에 따라 산업통상자원부장관은 에너지는 합리적으로 이용하기 위해 5년마다 에너지이용 합리화에 대한 기본계획을 수립하여야 한다.

74 **산성 내화물이 아닌 것은?**

① 규석질 내화물
② 납석질 내화물
③ 샤모트질 내화물
④ 마그네시아 내화물

해설 내화물이란 고온에서 쉽게 모르거나 녹지 않고 견디는 비금속 무기재료를 일컫는 말로 내화재료라고도 부르며 마그네시아 내화물은 염기성(알칼리성) 내화물이다.
㉠ 마그네시아-크롬질 내화물($MgO-Cr_2O_3$계 내화물)
㉡ 마그네시아질 내화물(MgO계 내화물)
㉢ 돌로마이트질 내화물($MgO-CaO$계 내화물)
㉣ 마그네시아-흑연질 내화물($MgO-C$계 내화물)

★
75 **고압 배관용 탄소강관에 대한 설명으로 틀린 것은?**

① 관의 소재로는 킬드강을 사용하여 이음매 없이 제조된다.
② KS 규격 기호로 SPPS라고 표기한다.
③ 350℃ 이하, $100kg/cm^2$ 이상의 압력범위에 사용이 가능하다.
④ NH_3 합성용 배관, 화학공업의 고압유체 수송용에 사용한다.

해설 고압배관용 탄소강관은 KS 규격 기호로 SPPH라고 표기한다.

★
76 **크롬이나 크롬마그네시아 벽돌이 고온에서 산화철을 흡수하여 표면이 부풀어 오르고 떨어져 나가는 현상은?**

① 버스팅(bursting)
② 스폴링(spalling)
③ 슬래킹(slaking)
④ 큐어링(curing)

해설 버스팅(bursting)이란 크롬이나 크롬마그네시아 벽돌이 고온에서 산화철을 흡수하여 표면이 부풀어 오르고 떨어져 나가는 현상을 말한다.

정답 70. ④ 71. ③ 72. ③ 73. ③ 74. ④ 75. ② 76. ①

77 **내화물의 구비조건으로 틀린 것은?**

① 상온에서 압축강도가 작을 것
② 내마모성 및 내침식성을 가질 것
③ 재가열 시 수축이 적을 것
④ 사용온도에서 연화변형하지 않을 것

해설 내화물은 상온에서 압축강도가 커야 한다.

78 **에너지이용 합리화법에 따라 에너지저장의무를 부과할 수 있는 대상자가 아닌 자는?**

① 전기사업법에 의한 전기사업자
② 도시가스사업법에 의한 도시가스사업자
③ 풍력사업법에 의한 풍력사업자
④ 석탄사업법에 의한 석탄가공업자

해설 **에너지이용 합리화법에서 에너지 저장의무를 부과할 수 있는 대상자**
㉠ 전기사업자
㉡ 도시가스사업자
㉢ 석탄가공업자
㉣ 집단에너지사업자
㉤ 연간 2만 TOE 이상의 에너지사용자

★
79 **에너지이용 합리화법에 따른 특정열 사용기자재가 아닌 것은?**

① 주철제 보일러　② 금속 소둔로
③ 2종 압력용기　④ 석유 난로

해설 특정열 사용기자재
㉠ 강철제 보일러
㉡ 주철제 보일러
㉢ 온수 보일러
㉣ 태양열 보일러
㉤ 구멍탄용 온수 보일러
㉥ 축열식 전기 보일러
㉦ 제1종, 제2종 압력용기
㉧ 요업요로(터널가마, 회전가마)
㉨ 금속요로(용선로, 금속소둔로, 철금속가열로, 비철금속용융로, 금속균열로)

★
80 **배관의 신축이음에 대한 설명으로 틀린 것은?**

① 슬리브형은 단식과 복식의 2종류가 있으며, 고온, 고압에 사용한다.
② 루프형은 고압에 잘 견디며, 주로 고압증기의 옥외 배관에 사용한다.
③ 벨로즈형은 신축으로 인한 응력을 받지 않는다.
④ 스위블형은 온수 또는 저압증기의 배관에 사용하며, 큰 신축에 대하여는 누설의 염려가 있다.

해설 배관의 신축이음에서 슬리브(sleeve ; 미끄럼형)형은 슬리브와 본체 사이에 석면으로 만든 패킹을 넣어 온수나 수증기의 누설을 방지한다. 8kgf/cm^2 이하의 공기・가스 기름배관에 사용하며 고온・고압에는 부적당하다. 신축이음 중에서 단식・복식의 2종류가 있는 것은 벨로즈(Bellows)형이다.

제5과목 열설비설계

★
81 **급수에서 ppm 단위에 대한 설명으로 옳은 것은?**

① 물 1mL 중에 함유한 시료의 양을 g으로 표시한 것
② 물 100mL 중에 함유한 시료의 양을 mg으로 표시한 것
③ 물 1,000mL 중에 함유한 시료의 양을 g으로 표시한 것
④ 물 1,000mL 중에 함유한 시료의 양을 mg으로 표시한 것

해설 급수에서 ppm(parts per million)은 물 1,000mL(밀리리터) 중에 함유한 시료의 양을 mg(밀리그램)으로 표시한 것이다.

82 **강제 순환식 수관 보일러는?**

① 라몬트(Lamont) 보일러
② 타쿠마(Takuma) 보일러
③ 슐저(Sulzer) 보일러
④ 벤슨(Benson) 보일러

해설
- 강제순환식 수관 보일러: 라몬트(Lamont) 보일러와 베록스 보일러
- 자연순환식 수관 보일러: 바브콕, 타쿠마(Takuma), 쓰네기찌, 2동 D형 보일러
- 관류보일러: 슐저(Sulzer) 보일러, 람진 보일러, 엣모스 보일러, 벤슨(Benson) 보일러

정답 77. ① 78. ③ 79. ④ 80. ① 81. ④ 82. ①

★
83 그림과 같이 가로×세로×높이가 3×1.5× 0.03m인 탄소 강판이 놓여 있다. 열전도계수(k)가 43 W/m·K이며, 표면온도는 20℃였다. 이때 탄소강판 아래 면에 열유속($q''=q/A$) 698W/m²를 가할 경우, 탄소 강판에 대한 표면온도 상승($\triangle T$[℃])은?

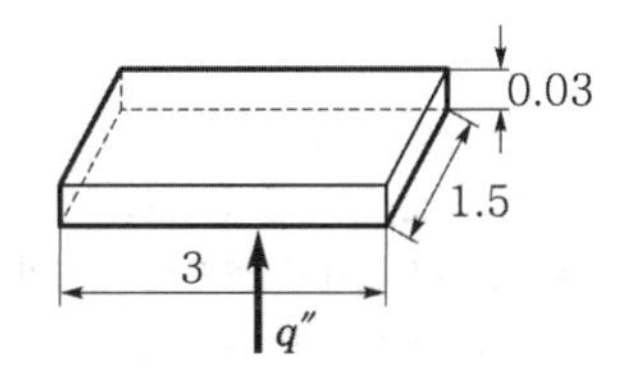

① 0.243℃ ② 0.264℃
③ 0.486℃ ④ 1.973℃

해설 열유속(heat flux)

$q''\left(=\frac{q}{A}\right)=698\text{W/m}^2$

$q''=k\frac{\Delta T}{L}$

$\therefore\ \Delta T=\frac{q''L}{k}=\frac{698\times0.03}{43}=0.486℃$

84 금속판을 전열체로 하여 유체를 가열하는 방식으로 열팽창에 대한 염려가 없고 플랜지 이음으로 되어 있어 내부수리가 용이한 열교환기 형식은?

① 유동두식 ② 플레이트식
③ 융그스트롬식 ④ 스파이럴식

해설 금속판을 절연체로 하여 유체를 가열하는 방식으로 열팽창에 대한 염려가 없고 플랜지 이음으로 되어 있어 내부수리가 용이한 열교환기 형식은 스파이럴(spiral type)식이다.

★
85 보일러의 용량을 산출하거나 표시하는 값으로 적합하지 않은 것은?

① 상당증발량
② 보일러마력
③ 전열면적
④ 재열계수

해설 보일러 용량을 산출하거나 표시하는 값으로 적합하지 않은 것은 재열계수다. 상당증발량, 보일러마력, 전열면적등은 보일러용량 산출 시 고려할 사항이다.

★
86 보일러 송풍장치의 회전수 변환을 통한 급기풍량 제어를 위하여 2극 유도전동기에 인버터를 설치하였다. 주파수가 55Hz일 때 유도전동기의 회전수는?

① 1,650RPM ② 1,800RPM
③ 3,300RPM ④ 3,600RPM

해설 유도전동기의 회전수$(N)=\frac{120f(\text{주파수})}{\text{극수}(p)}$

$=\frac{120\times55}{2}=3,300\text{ RPM}$

★
87 연료 1kg이 연소하여 발생하는 증기량의 비를 무엇이라고 하는가?

① 열발생률 ② 환산증발배수
③ 전열면 증발률 ④ 증기량 발생률

해설 ㉠ 환산(상당)증발배수$=\frac{\text{상당증발량}(G_e)}{\text{연료소비량}(G_f)}$

㉡ 실제증발배수$=\frac{\text{실제증기발생량}(G_a)}{\text{연료소비량}(G_f)}$

㉢ 전열면 증발률$=\frac{\text{시간당 증기발생량}(G)}{\text{전열면적}(A)}$

88 저온부식의 방지 방법이 아닌 것은?

① 과잉공기를 적게 하여 연소한다.
② 발열량이 높은 황분을 사용한다.
③ 연료첨가제(수산화마그네슘)를 이용하여 노점온도를 낮춘다.
④ 연소 배기가스의 온도가 너무 낮지 않게 한다.

해설 황(S) 성분은 저온부식의 원인이므로 황(S)을 제거하면 저온부식이 방지된다.

89 보일러의 성능시험방법 및 기준에 대한 설명으로 옳은 것은?

① 증기건도의 기준은 강철제 또는 주철제로 나누어 정해져 있다.
② 측정은 매 1시간마다 실시한다.
③ 수위는 최초 측정치에 비해서 최종 측정치가 적어야 한다.
④ 측정기록 및 계산양식은 제조사에서 정해진 것을 사용한다.

정답 83. ③ 84. ④ 85. ④ 86. ③ 87. ② 88. ② 89. ①

해설 보일러의 성능시험 방법 및 기준에서 증기의 건(조)도(x)의 기준은 강철제 또는 주철제로 나누어 정해져 있다.

★
90 **어떤 연료 1kg당 발열량이 26,456kJ이다. 이 연료 50kg/h을 연소시킬 때 발생하는 열이 모두 일로 전환된다면 이때 발생하는 동력(kW)은?**

① 320.44 ② 357.85
③ 367.44 ④ 625.44

해설
$$\eta = \frac{3,600\text{kW}}{H_L \times m_f} \times 100\%$$
$$\text{kW} = \frac{H_L \times m_f \times \eta}{3,600} = \frac{26,456 \times 50 \times 1}{3,600} = 367.44\text{kW}$$

★
91 **동일 조건에서 열교환기의 온도효율이 높은 순서대로 나열한 것은?**

① 향류 > 직교류 > 병류
② 병류 > 직교류 > 향류
③ 직교류 > 향류 > 병류
④ 직교류 > 병류 > 향류

해설 동일 조건에서 열교환기(Heat Exchanger)의 온도효율 크기 순서는 향류(대향류) > 직교류 > 병류(평행류) 순이다.

★
92 **유체의 압력손실은 배관 설계 시 중요한 인자이다. 압력손실과의 관계로 틀린 것은?**

① 압력손실은 관마찰계수에 비례한다.
② 압력손실은 유속의 제곱에 비례한다.
③ 압력손실은 관의 길이에 반비례한다.
④ 압력손실은 관의 내경에 반비례한다.

해설 Darcy-Weisbach Equation
$$\Delta p = \gamma h_L = f\frac{L}{d}\frac{\gamma V^2}{2g} \text{[kPa]}$$
압력강하에 의한 직관(pipe) 손실은 관의 길이에 비례한다.

93 **공기예열기의 효과에 대한 설명으로 틀린 것은?**

① 연소효율을 증가시킨다.
② 과잉공기량을 줄일 수 있다.
③ 배기가스 저항이 줄어든다.
④ 저질탄 연소에 효과적이다.

해설 공기예열기는 배기가스가 배출되는 연도에 폐열 회수장치로 설치하는 것으로 배기가스 통풍저항이 증가된다. 배기가스 흐름에 대한 마찰저항이 증가한다.

★
94 **이중 열교환기의 총괄전열계수가 79W/m^2·K일 때, 더운 액체와 찬 액체를 향류로 접속시켰더니 더운 면의 온도가 65℃에서 25℃로 내려가고 찬 면의 온도가 20℃에서 53℃로 올라갔다. 단위면적당의 열교환량은?**

① 498W/m^2 ② 632W/m^2
③ 2,415W/m^2 ④ 2,760W/m^2

해설 대향류(counter flow type)

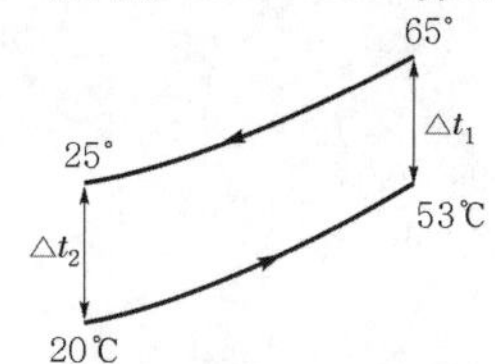

$\Delta t_1 = 65 - 53 = 12℃$
$\Delta t_2 = 25 - 20 = 5℃$
대수평균온도차($LMTD$)
$$= \frac{\Delta t_1 - \Delta t_2}{\ln\left(\frac{\Delta t_1}{\Delta t_2}\right)} = \frac{12-5}{\ln\left(\frac{12}{5}\right)} = 8℃$$
단위면적당 열교환량$= K_t(LMTD) = 79 \times 8$
$= 632\text{W/m}^2$

95 **연관식 패키지 보일러와 랭카셔 보일러의 장단점에 대한 비교 설명으로 틀린 것은?**

① 열효율은 연관식 패키지 보일러가 좋다.
② 부하변동에 대한 대응성은 랭카셔 보일러가 적다.
③ 설치 면적당의 증발량은 연관식 패키지 보일러가 크다.
④ 수처리는 연관식 패키지 보일러가 더 간단하다.

해설 수처리는 연관식 패키지 보일러가 랭카셔 보일러보다 더 복잡하다.

정답 90. ③ 91. ① 92. ③ 93. ③ 94. ② 95. ④

96 인젝터의 작동순서로 옳은 것은?

> ㉮ 인젝터의 정지변을 연다.
> ㉯ 증기변을 연다.
> ㉰ 급수변을 연다.
> ㉱ 인젝터의 핸들을 연다.

① ㉮→㉯→㉰→㉱
② ㉮→㉰→㉯→㉱
③ ㉱→㉯→㉰→㉮
④ ㉱→㉰→㉯→㉮

해설 **안전밸브작동순서**
인젝터정지변(밸브)을 연다. → 급수변(밸브)을 연다. → 증기변(밸브)을 연다. → 인젝터 핸들을 연다.

★
97 프라이밍 및 포밍 발생 시의 조치에 대한 설명으로 틀린 것은?

① 안전밸브를 전개하여 압력을 강하시킨다.
② 증기 취출을 서서히 한다.
③ 연소량을 줄인다.
④ 저압운전을 하지 않는다.

해설 안전밸브를 전개하여(완전히 열어서) 압력을 강하시키면(낮추게 되면) 프라이밍 및 포밍 현상이 더욱 잘 일어나게 되므로 수증기 밸브를 잠가서 압력을 증가시켜 주어야 한다.

★
98 방열 유체의 전열 유닛수(NTU)가 3.5, 온도차가 105℃이고, 열교환기의 전열효율이 1일 때 대수평균온도차($LMTD$)는?

① 22.3℃ ② 30℃
③ 62℃ ④ 367.5℃

해설 $$\text{대수평균온도차}(LMTD)=\frac{\text{온도차}(\Delta t)}{\text{전열유닛}(NTU)}=\frac{105}{3.5}=30℃$$

★
99 보일러수로서 가장 적절한 pH는?

① 5 전후 ② 7 전후
③ 11 전후 ④ 14 이상

해설 보일러수로서 가장 적정한 수소이온농도(pH)는 11 전후로 한다.

★
100 노통식 보일러에서 파형부의 길이가 230mm 미만인 파형노통의 최소 두께(t)를 결정하는 식은? (단, P는 최고 사용압력(MPa), D는 노통의 파형부에서의 최대 내경과 최소 내경의 평균치(mm), C는 노통의 종류에 따른 상수이다.)

① $10PD$ ② $\frac{10P}{D}$
③ $\frac{C}{10PD}$ ④ $\frac{10PD}{C}$

해설 파형노통의 최소두께$(t)=\frac{PD}{C}$[mm]
여기서, P의 단위가 kgf/cm^{2}이므로 P의 단위가 MPa(N/mm^2)로 주어지는 경우 1MPa=10kgf/cm^{2}이므로
$\therefore\ t=\frac{10PD}{C}$[mm]
⊙ 단위에 주의해야 한다.

정답 96. ② 97. ① 98. ② 99. ③ 100. ④

Engineer Energy Management

2017년 제2회 에너지관리기사

제1과목 연소공학

01 **액체연료의 미립화 시 평균 분무입경에 직접적인 영향을 미치는 것이 아닌 것은?**

① 액체연료의 표면장력
② 액체연료의 점성계수
③ 액체연료의 탁도
④ 액체연료의 밀도

해설 **액체연료의 무화(미립화) 시 직접적인 영향을 미치는 인자**
㉠ 액체연료의 표면장력 ㉡ 액체연료의 점성계수
㉢ 연료의 밀도(비질량) ㉣ 미립자의 크기

★
02 **연돌의 통풍력은 외기온도에 따라 변화한다. 만일 다른 조건이 일정하게 유지되고 외기온도만 높아진다면 통풍력은 어떻게 되겠는가?**

① 통풍력은 감소한다.
② 통풍력은 증가한다.
③ 통풍력은 변화하지 않는다.
④ 통풍력은 증가하다 감소한다.

해설 ㉠ **통풍력 증가요인**
- 외기온도가 낮으면 증가
- 배기가스온도가 높으면 증가
- 연돌높이가 높으면 증가

㉡ **통풍력 감소요인**
- 공기습도가 높을수록
- 연도벽과 마찰
- 연도의 급격한 단면적 감소
- 벽돌 연도 시 크랙에 의한 외기 침입 시 감소

03 **집진장치 중 하나인 사이클론의 특징으로 틀린 것은?**

① 원심력 집진장치이다.
② 다량의 물 또는 세정액을 필요로 한다.
③ 함진가스의 충돌로 집진기의 마모가 쉽다.
④ 사이클론 전체로서의 압력손실은 입구 헤드의 4배 정도이다.

해설 대량의 물 또는 세정액을 필요로 하는 집진장치는 함진가스를 세정액 또는 액막 등에 충돌시키거나 충분히 접촉시켜서 액에 의한 포집을 하는 세정식이다. 사이클론식은 원심격식으로 함진가스에 선회운동을 주어 입자를 분리시키는 방식이다.

04 **증기운 폭발의 특징에 대한 설명으로 틀린 것은?**

① 폭발보다 화재가 많다.
② 연소에너지의 약 20%만 폭풍파로 변한다.
③ 증기운의 크기가 클수록 점화될 가능성이 커진다.
④ 점화위치가 방출점에서 가까울수록 폭발위력이 크다.

해설 **증기운 폭발(Vapor Cloud expplosion)**
점화위치가 방축점에서 멀수록 그만큼 가연성 증기가 많이 유출된 것이므로 폭발위력이 크다(석유화학공장에서 자주 일어나는 폭발사고다).

★
05 **보일러의 열정산 시 출열에 해당하지 않는 것은?**

① 연소배가스 중 수증기의 보유열
② 불완전연소에 의한 손실열
③ 건연소배가스의 현열
④ 급수의 현열

해설 ㉠ **열정산 시 입열항목**
- 연료의 연소열
- 연료의 현열
- 공기의 현열
- 노 내 분압의 중기보유 열량

㉡ **열정산 시 출열**
- 방사손실열
- 불완전열손실
- 미연분에 의한 열
- 배기가스 보유열
- 발생증기 보유열

정답 01. ③ 02. ① 03. ② 04. ④ 05. ④

06 **연소를 계속 유지시키는 데 필요한 조건에 대한 설명으로 옳은 것은?**

① 연료에 산소를 공급하고 착화온도 이하로 억제한다.
② 연료에 발화온도 미만의 저온 분위기를 유지시킨다.
③ 연료에 산소를 공급하고 착화온도 이상으로 유지한다.
④ 연료에 공기를 접촉시켜 연소속도를 저하시킨다.

해설 연소를 연속적으로 유지하기 위해서는(완전연소가 이루어지기 위해서는) 연료를 착화온도 이상으로 유지시키면서 연료에 충분한 산소를 공급해준다.

07 **비중이 0.8(60°F/60°F)인 액체연료의 API도는?**

① 10.1 ② 21.9
③ 36.8 ④ 45.4

해설 액체연료비중표시법(API)$=\dfrac{141.5}{\text{비중}}-131.5$

$=\dfrac{141.5}{0.8}-131.5 \fallingdotseq 45.4$

★
08 **다음의 혼합 가스 $1Nm^3$의 이론공기량(Nm^3/Nm^3)은? (단, C_3H_8 : 70%, C_4H_{10} : 30%이다.)**

① 24 ② 26
③ 28 ④ 30

해설 이론공기량(A_o)$=\dfrac{5\times0.7+6.5\times0.3}{0.21}$

$\fallingdotseq 26Nm^3/Nm^3$

★
09 **액체연료 연소장치 중 회전식 버너의 특징에 대한 설명으로 틀린 것은?**

① 분무각은 10~40° 정도이다.
② 유량조절범위는 1 : 5 정도이다.
③ 자동제어에 편리한 구조로 되어 있다.
④ 부속설비가 없으며 화염이 짧고 안정한 연소를 얻을 수 있다.

해설 회전분무식 버너의 분무각은 40~80°이다.

★
10 **일반적인 천연가스에 대한 설명으로 가장 거리가 먼 것은?**

① 주성분은 메탄이다.
② 발열량이 비교적 높다.
③ 프로판가스보다 무겁다.
④ LNG는 대기압하에서 비등점이 -162℃인 액체이다.

해설 LNG(액화천연가스)는 주성분이 메탄(CH_4)으로 프로판(C_3H_8)보다 가볍다.

11 **200kg의 물체가 10m의 높이에서 지면으로 떨어졌다. 최초의 위치에너지가 모두 열로 변했다면 약 몇 kJ의 열이 발생하겠는가?**

① 12.5 ② 13.6
③ 19.6 ④ 58.3

해설 $Q=mgh$
$=200\times9.8\times10$
$=19,600\text{Nm(J)}$
$=19.6\text{kJ}$

12 **연료의 발열량에 대한 설명으로 틀린 것은?**

① 기체 연료는 그 성분으로부터 발열량을 계산할 수 있다.
② 발열량의 단위는 고체와 액체 연료의 경우 단위중량당(통상 연료 kg당) 발열량으로 표시한다.
③ 고위발열량은 연료의 측정열량에 수증기 증발잠열을 포함한 연소열량이다.
④ 일반적으로 액체 연료는 비중이 크면 체적당 발열량은 감소하고, 중량당 발열량은 증가한다.

해설 일반적으로 액체 연료는 비중이 크면 체적당 발열량이 증가하고, 중량당 발열량은 감소한다.

정답 06. ③ 07. ④ 08. ② 09. ① 10. ③ 11. ③ 12. ④

13 최소 점화에너지에 대한 설명으로 틀린 것은?

① 혼합기의 종류에 의해서 변한다.
② 불꽃 방전 시 일어나는 에너지의 크기는 전압의 제곱에 비례한다.
③ 최소 점화에너지는 연소속도 및 열전도가 작을수록 큰 값을 갖는다.
④ 가연성 혼합기체를 점화시키는 데 필요한 최소 에너지를 최소 점화에너지라 한다.

해설 최소 점화에너지는 연소속도가 빠를수록, 열전도가 작을수록, 산소농도가 클수록 작은 값을 갖는다.

14 다음 중 분젠식 가스버너가 아닌 것은?

① 링버너 ② 슬릿버너
③ 적외선버너 ④ 블라스트버너

해설 **분젠식 가스버너의 종류**
㉠ 링버너
㉡ 슬릿버너
㉢ 적외선버너
※ 블라스트버너는 강제예혼합버너다.

★
15 다음 중 열정산의 목적이 아닌 것은?

① 열효율을 알 수 있다.
② 장치의 구조를 알 수 있다.
③ 새로운 장치설계를 위한 기초자료를 얻을 수 있다.
④ 장치의 효율향상을 위한 개조 또는 운전조건의 개선 등의 자료를 얻을 수 있다.

해설 **열정산의 목적**
㉠ 열손실의 파악
㉡ 열설비 성능 파악
㉢ 조업방법을 개선할 수 있다.
㉣ 열의 행방을 파악할 수 있다.

16 다음 중 일반적으로 연료가 갖추어야 할 구비조건이 아닌 것은?

① 연소 시 배출물이 많아야 한다.
② 저장과 운반이 편리해야 한다.
③ 사용 시 위험성이 적어야 한다.
④ 취급이 용이하고 안전하며 무해하여야 한다.

해설 일반적인 연료는 연소 시 배출물이 적어야 한다.

17 어떤 연도가스의 조성이 아래와 같을 때 과잉공기의 백분율은 얼마인가? (단, CO_2는 11.9%, CO는 1.6%, O_2는 4.1%, N_2는 82.4%이고 공기 중 질소와 산소의 부피비는 79 : 21이다.)

① 15.7% ② 17.7%
③ 19.7% ④ 21.7%

해설 연소의 연소가스 분석결과 O_2(4.1%)가 존재하므로 과잉공기임을 알 수 있다. 연소분석결과 CO(1.6%)가 존재하므로 불완전연소에 해당되므로 불완전연소공기비(과잉공기비, m)는 다음과 같다.

$$m = \frac{N_2}{N_2 - 3.76(O_2 - 0.5CO)}$$
$$= \frac{82.4}{82.4 - 3.76(4.1 - 0.5 \times 1.6)} \doteqdot 1.177$$

∴ 과잉공기율은 17.7%이다.

★
18 연료를 공기 중에서 연소시킬 때 질소산화물에서 가장 많이 발생하는 오염 물질은?

① NO ② NO_2
③ N_2O ④ NO_3

해설 연료를 공기 중에서 연소시킬 때 질소산화물(NO_x)중에서 가장 많이 발생하는 오염물질은 일산화질소(NO)이다.

★
19 연소장치의 연소효율(E_c)식이 아래와 같을 때 H_2는 무엇을 의미하는가? (단, H_c : 연료의 발열량, H_1 : 연재 중의 미연탄소에 의한 손실이다.)

$$E_c = \frac{H_c - H_1 - H_2}{H_c}$$

① 전열손실
② 현열손실
③ 연료의 저발열량
④ 불완전연소에 따른 손실

해설

연소장치연소효율$(E_c) = \frac{H_c - H_1 - H_2}{H_c}$

$= \frac{\text{발열량} - (\text{미분탄에 의한 열손실} + \text{불완전 연소에 의한 열손실})}{\text{발열량}}$

여기서, H_c : 연료발열량,
H_1 : 연재 중의 미분탄연소에 의한 손실,
H_2 : 불완전연소에 따른 손실

정답 13. ③ 14. ④ 15. ② 16. ① 17. ② 18. ① 19. ④

★

20 고위발열량이 37,674kJ/kg인 연료 3kg이 연소할 때의 총저위발열량은 몇 kJ인가? (단, 이 연료 1kg당 수소분은 15%, 수분은 1%의 비율로 들어 있다.)

① 112300.04 ② 102773.04
③ 148248.04 ④ 154880.04

해설 총저위발열량(H_L)=총고위발열량(H_h)−총잠열(H_l)
=37,674×3−3×2,512(9H+W)
=37,674×3−3×2,512(9×0.15+0.01)
=102773.04kJ

제2과목 열역학

21 체적이 300L, 질량이 15kg인 물질의 비체적(m^3/kg)은?

① 0.02 ② 1.0
③ 0.03 ④ 0.05

해설 비체적(v)$=\frac{V}{m}=\frac{0.3}{15}=0.02$$m^3$/kg

★

22 압력 1MPa, 온도 400℃의 이상기체 2kg이 가역단열과정으로 팽창하여 압력이 500kPa로 변화한다. 이 기체의 최종온도는 약 몇 ℃인가? (단, 이 기체의 정적비열은 3.12kJ/kg·K, 정압비열은 5.21kJ/kg·K이다.)

① 237 ② 279
③ 510 ④ 622

해설 $k=\frac{C_p}{C_v}=\frac{5.21}{3.12}=1.67$

$\frac{T_2}{T_1}=\left(\frac{P_2}{P_1}\right)^{\frac{k-1}{k}}$

$T_2=T_1\left(\frac{P_2}{P_1}\right)^{\frac{k-1}{k}}=(400+273)\times\left(\frac{500}{1,000}\right)^{\frac{1.67-1}{1.67}}$

$\fallingdotseq 510\text{K}-273\text{K}=237℃$

★

23 다음 중 열역학적 계에 대한 에너지 보존의 법칙에 해당하는 것은?

① 열역학 제0법칙 ② 열역학 제1법칙
③ 열역학 제2법칙 ④ 열역학 제3법칙

해설 ㉠ 열역학 제0법칙: 열평형의 법칙
㉡ 열역학 제1법칙: 에너지 보존의 법칙
㉢ 열역학 제2법칙: 엔트로피 증가 법칙

24 랭킨 사이클의 순서를 차례대로 옳게 나열한 것은?

① 단열압축 → 정압가열 → 단열팽창 → 정압냉각
② 단열압축 → 등온가열 → 단열팽창 → 정적냉각
③ 단열압축 → 등적가열 → 등압팽창 → 정압냉각
④ 단열압축 → 정압가열 → 단열팽창 → 정적냉각

해설 랭킨 사이클(Rankine cycle) 순서
단열압축(급수펌프) → 정압가열(보일러 & 과열기) → 단열팽창(터빈) → 정압냉각(복수기)

★

25 성능계수가 4.8인 증기압축냉동기의 냉동능력 1kW당 소요동력(kW)은?

① 0.21 ② 1.0
③ 2.3 ④ 4.8

해설 냉동기 성능계수(ε_R)$=\frac{Qe}{Wc}$이므로

$\therefore Wc=\frac{Qe}{\varepsilon_R}=\frac{1}{4.8}\fallingdotseq 0.21$

★

26 역카르노 사이클로 운전되는 냉방장치가 실내온도 10℃에서 30kW의 열량을 흡수하여 20℃ 응축기에서 방열한다. 이때 냉방에 필요한 최소 동력은 약 몇 kW인가?

① 0.03 ② 1.06
③ 30 ④ 60

해설 $\varepsilon_R=\frac{T_2}{T_1-T_2}=\frac{283}{293-283}=28.3$

최소동력(kW)$=\frac{Qe}{\varepsilon_R}=\frac{30}{28.3}=1.06$

★

27 이상기체 1kg의 압력과 체적이 각각 P_1, V_1에서 P_2, V_2로 등온 가역적으로 변할 때 엔트로피 변화(ΔS)는? (단, R은 기체상수이다.)

① $\Delta S=R\ln\frac{P_1}{P_2}$ ② $\Delta S=\frac{V_1}{V_2}\ln R$
③ $\Delta S=R\ln\frac{V_1}{V_2}$ ④ $\Delta S=\frac{P_1}{P_2}\ln R$

해설 등온변화 시 엔트로피 변화량(ΔS)

$=\frac{\delta Q}{T}=\frac{mRT\ln\frac{V_2}{V_1}}{T}=mR\ln\frac{V_2}{V_1}$

$=mR\ln\frac{P_1}{P_2}$[kJ/K]

정답 20. ② 21. ① 22. ① 23. ② 24. ① 25. ① 26. ② 27. ①

28 **다음 가스 동력 사이클에 대한 설명으로 틀린 것은?**

① 오토 사이클의 이론 열효율은 작동유체의 비열비와 압축비에 의해서 결정된다.
② 카르노 사이클의 최고 및 최저온도와 스털링 사이클의 최고 및 최저온도가 서로 같을 경우 두 사이클의 이론 열효율은 동일하다.
③ 디젤 사이클에서 가열과정은 정적과정으로 이루어진다.
④ 사바테 사이클의 가열과정은 정적과 정압과정이 복합적으로 이루어진다.

해설 디젤 사이클에서 연소(가열)과정은 정압과정으로 이루어진다.

29 **다음 중 어떤 압력 상태의 과열 수증기 엔트로피가 가장 작은가? (단, 온도는 동일하다고 가정한다.)**

① 5기압 ② 10기압
③ 15기압 ④ 20기압

해설 온도가 일정할 때 어떤 압력 상태의 과열수증기 엔트로피 값은 기압이 높으면 작아진다. 따라서, 엔트로피가 가장 작은 값은 20기압이다.

★
30 **물의 삼중점(triple point)의 온도는?**

① 0K
② 273.16℃
③ 73K
④ 273.16K

해설 물의 삼중점에서 온도는 0.01℃(273.16K)이고 수증기압은 6.11hPa이다.

★
31 **이상기체가 등온과정에서 외부에 하는 일에 대한 관계식으로 틀린 것은? (단, R은 기체상수이고, 계에 대해서 m은 질량, V는 부피, P는 압력을 나타낸다. 또한 하첨자 "1"은 변경 전, 하첨자 "2"는 변경 후를 나타낸다.)**

① $P_1V_1\ln\frac{V_2}{V_1}$ ② $P_1V_1\ln\frac{P_2}{P_1}$
③ $mRT\ln\frac{P_1}{P_2}$ ④ $mRT\ln\frac{V_2}{V_1}$

해설 등온변화 시 절대일과 공업일은 같다.

$$_1W_2(=W_t)=P_1V_1\ln\frac{V_2}{V_1}=P_1V_1\ln\frac{P_1}{P_2}$$
$$=mRT\ln\frac{V_2}{V_1}$$
$$=mRT\ln\frac{P_1}{P_2}\,[\text{kJ}]$$

32 **100℃ 건포화증기 2kg이 온도 30℃인 주위로 열을 방출하여 100℃ 포화액으로 되었다. 전체(증기 및 주위)의 엔트로피 변화는 약 얼마인가? (단, 100℃에서의 증발잠열은 2,257kJ/kg이다.)**

① −12.1kJ/K ② 2.8kJ/K
③ 12.1kJ/K ④ 24.2kJ/K

해설 열의 이동 시

고온체 엔트로피 감소량 $\Delta S_1=-\frac{\delta Q}{T_1}$

저온체 엔트로피 증가량 $\Delta S_2=-\frac{\delta Q}{T_2}$

물체 전체의 엔트로피 변화량을 ΔS라고 하면 $T_1>T_2$이므로

$$\Delta S=\Delta S_1+\Delta S_2=\delta Q\left(\frac{1}{T_2}-\frac{1}{T_1}\right)$$
$$=2\times2,257\times\left(\frac{1}{30+273}-\frac{1}{100+273}\right)$$
$$\fallingdotseq 2.8\text{kJ/k}$$

33 **증기 동력 사이클의 구성 요소 중 복수기(condenser)가 하는 역할은?**

① 물을 가열하여 증기로 만든다.
② 터빈에 유입되는 증기의 압력을 높인다.
③ 증기를 팽창시켜서 동력을 얻는다.
④ 터빈에서 나오는 증기를 물로 바꾼다.

해설 증기 동력 사이클에서 복수기(condenser)는 터빈에서 나오는 증기를 냉각수로 냉각시켜 물로 변환시키는 장치다.

34 **대기압이 100kPa인 도시에서 두 지점의 계기압력비가 "5 : 2"라면 절대압력비는?**

① 1.5 : 1
② 1.75 : 1
③ 2 : 1
④ 주어진 정보로는 알 수 없다.

정답 28. ③ 29. ④ 30. ④ 31. ② 32. ② 33. ④ 34. ④

해설 절대압력은 대기압+게이지 압력으로 주어진 정보로는 절대압력비를 구할 수 없다. 계기압력비 $\frac{P_1}{P_2}=\frac{5}{2}$ 만으로는 절대압력비를 구할 수 없다.

★
35 이상기체의 단위 질량당 내부에너지 u, 엔탈피 h, 엔트로피 s에 관한 다음의 관계식 중에서 모두 옳은 것은? (단, T는 온도, p는 압력, v는 비체적을 나타낸다.)

① $Tds=du-vdp$, $Tds=dh-pdv$
② $Tds=du+pdv$, $Tds=dh-vdp$
③ $Tds=du-vdp$, $Tds=dh+pdv$
④ $Tds=du+pdv$, $Tds=dh+vdp$

해설 $\delta q=du+pdv$[kJ/kg]
$\delta q=dh-vdp$[kJ/kg]
$\delta q=Tds$[kJ/kg]

★
36 오존층 파괴와 지구 온난화 문제로 인해 냉동장치에 사용하는 냉매의 선택에 있어서 주의를 요한다. 이와 관련하여 다음 중 오존 파괴 지수가 가장 큰 냉매는?

① R-134a
② R-123
③ 암모니아
④ R-11

해설 프레온11은 메탄(CH_4)계 냉매로 화학식(CCl_3F)에서 대기오염물질인 염소(Cl)가 3개로, 주어진 냉매 중 오존파괴지수가 가장 큰 냉매다.

★
37 체적 $4m^3$, 온도 290K의 어떤 기체가 가역 단열과정으로 압축되어 체적 $2m^3$, 온도 340K로 되었다. 이상기체라고 가정하면 기체의 비열비는 약 얼마인가?

① 1.091 ② 1.229
③ 1.407 ④ 1.667

해설 $\frac{T_2}{T_1}=\left(\frac{V_1}{V_2}\right)^{k-1}$ 이므로 $\ln\frac{T_2}{T_1}=(k-1)\ln\frac{V_1}{V_2}$

$$\therefore\ k=1+\frac{\ln\frac{T_2}{T_1}}{\ln\frac{V_1}{V_2}}=1+\frac{\ln\frac{340}{290}}{\ln\frac{4}{2}}=1.229$$

38 피스톤이 장치된 용기 속의 온도 100℃, 압력 200kPa, 체적 $0.1m^3$의 이상기체 0.5kg이 압력이 일정한 과정으로 체적이 $0.2m^3$로 되었다. 이때 전달된 열량은 약 몇 kJ인가? (단, 이 기체의 정압비열은 5kJ/kg·K이다.)

① 200 ② 250
③ 746 ④ 933

해설 $Q=mC_p(T_2-T_1)=0.5\times5\times(746-373)\fallingdotseq 933$kJ

39 다음 중 이상적인 교축 과정(throttling process)은?

① 등온 과정 ② 등엔트로피 과정
③ 등엔탈피 과정 ④ 정압 과정

해설 이상적인 교축 과정(throteling process)은 엔탈피가 일정(등엔탈피 과정)한 과정이다. 비가역 과정으로 엔트로피는 증가한다($\Delta S>0$).

40 그림과 같이 작동하는 열기관 사이클(cycle)은? (단, γ는 비열비이고, P는 압력, V는 체적, T는 온도, S는 엔트로피이다.)

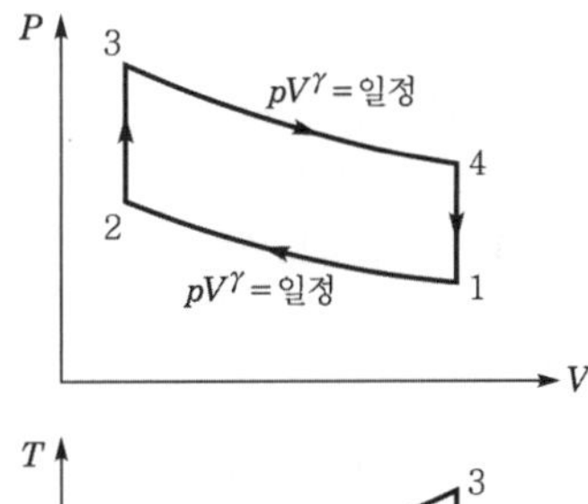

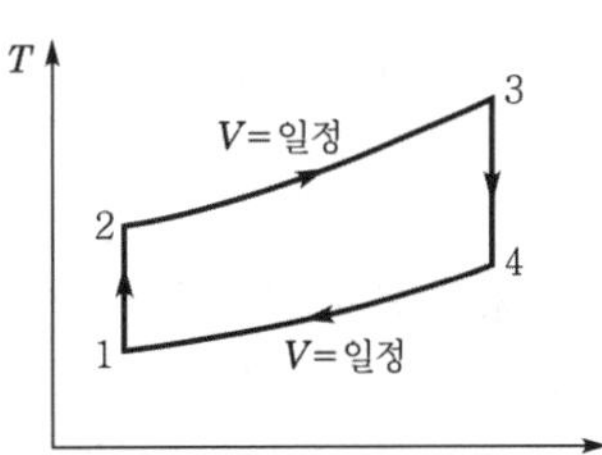

① 스털링(Stirling) 사이클
② 브레이턴(Brayton) 사이클
③ 오토(Otto) 사이클
④ 카르노(Carnot) 사이클

해설 $P-V$(일량)선도와 $T-S$(열량)선도에서 도시된 사이클은 오토(otto) 사이클로 단열압축($S=C$) → 등적연소($V=C$) → 단열팽창($S=C$) → 등적방열($V=C$) 과정으로 구성되어 있다.

정답 35. ② 36. ④ 37. ② 38. ④ 39. ③ 40. ③

제3과목 계측방법

41 피토관 유량계에 관한 설명이 아닌 것은?

① 흐름에 대해 충분한 강도를 가져야 한다.
② 더스트가 많은 유체측정에는 부적당하다.
③ 피토관의 단면적은 관 단면적의 10% 이상이어야 한다.
④ 피토관을 유체흐름의 방향으로 일치시킨다.

해설 피토관 유량계의 피토관 단면적은 관 단면적의 10% 이하여야 한다.

★
42 온도의 정의정점 중 평형수소의 삼중점은 얼마인가?

① 13.80K ② 17.04K
③ 20.24K ④ 27.10K

해설 평형수소의 3중점
=−259.34℃+273.14℃=13.08K(Kelvin)

43 물을 함유한 공기와 건조공기의 열전도율 차이를 이용하여 습도를 측정하는 것은?

① 고분자 습도센서
② 염화리튬 습도센서
③ 서미스터 습도센서
④ 수정진동자 습도센서

해설 서미스터 습도센서(sensor)는 물을 함유한 공기와 건조공기의 열전도 차이를 이용하여 습도를 측정한다. 온도변화에 따라 저항값이 민감하게 변화하는 반도체 감온소자를 이용한 것이다.

44 다음 각 습도계의 특징에 대한 설명으로 틀린 것은?

① 노점 습도계는 저습도를 측정할 수 있다.
② 모발 습도계는 2년마다 모발을 바꾸어 주어야 한다.
③ 통풍 건습구 습도계는 2.5~5m/s의 통풍이 필요하다.
④ 저항식 습도계는 직류전압을 사용하여 측정한다.

해설 저항식 습도계는 병류전압을 사용하여 측정한다.

45 부자(float)식 액면계의 특징으로 틀린 것은?

① 원리 및 구조가 간단하다.
② 고압에도 사용할 수 있다.
③ 액면이 심하게 움직이는 곳에 사용하기 좋다.
④ 액면 상, 하 한계에 경보용 리미트 스위치를 설치할 수 있다.

해설 부자(float)식 액면계는 부자를 액면에 직접 띄워서 상·하 움직임에 따라 측정하는 방법으로 액면이 심하게 움직이는 곳에는 부적당하다(사용하기 좋지 않다).

★
46 다음 중 접촉식 온도계가 아닌 것은?

① 저항온도계 ② 방사온도계
③ 열전온도계 ④ 유리온도계

해설 ㉠ **접촉식 온도계**
• 저항온도계
• 열전온도계
• 유리온도계
㉡ **비접촉식 온도계**
• 방사온도계

47 순간치를 측정하는 유량계에 속하지 않는 것은?

① 오벌(Oval) 유량계
② 벤투리(Venturi) 유량계
③ 오리피스(Orifice) 유량계
④ 플로우노즐(Flow-nozzle) 유량계

해설 순간치를 측정하는 유량계는 차압식 유량계로 벤투리, 오리피스, 플로우노즐 유량계가 있다. 오벌 유량계는 용적식 유량계 일종으로 설치가 간단하고, 내구력이 우수하다. 액체만 측정가능하고, 기체유량측정은 불가능하다.

48 바이메탈 온도계의 특징으로 틀린 것은?

① 구조가 간단하다.
② 온도변화에 대하여 응답이 빠르다.
③ 오래 사용 시 히스테리시스 오차가 발생한다.
④ 온도자동 조절이나 온도 보상장치에 이용된다.

해설 바이메탈 온도계는 정확도가 낮고 구조가 간단하며 히스테리시스 오차(error)특성이 나타나며 온도변화에 대한 응답시간이 느리다. 자동온도조절이나 온도보상장치에 이용된다.

정답 41. ③ 42. ① 43. ③ 44. ④ 45. ③ 46. ② 47. ① 48. ②

★
49 가스크로마토그래피의 특징에 대한 설명으로 틀린 것은?

① 미량성분의 분석이 가능하다.
② 분리성능이 좋고 선택성이 우수하다.
③ 1대의 장치로는 여러 가지 가스를 분석할 수 없다.
④ 응답속도가 다소 느리고 동일한 가스의 연속 측정이 불가능하다.

해설 가스크로마토그래피는 활성탄의 흡착제를 채운 세관(가스다단관)을 통과하는 가스의 이동속도차를 이용하여 시료가스를 분석하는 방식으로, 1대의 장치로 산소(O_2)와 이산화질소(NO_2)를 제외한 여러 성분의 가스를 분석할 수 있다.

★
50 자동제어의 일반적인 동작순서로 옳은 것은?

① 검출 → 판단 → 비교 → 조작
② 검출 → 비교 → 판단 → 조작
③ 비교 → 검출 → 판단 → 조작
④ 비교 → 판단 → 검출 → 조작

해설 **자동제어계의 동작순서**
검출 → 비교 → 판단 → 조작

★
51 보일러의 자동제어 중에서 A.C.C.가 나타내는 것은 무엇인가?

① 연소제어 ② 급수제어
③ 온도제어 ④ 유압제어

해설
- 연소제어(Automatic Combustion Control : A.C.C.)
- 급수제어(Feed Water Control : F.W.C.)

52 램, 실린더, 기름탱크, 가압펌프 등으로 구성되어 있으며 탄성식 압력계의 일반교정용으로 주로 사용되는 압력계는?

① 분동식 압력계 ② 격막식 압력계
③ 침종식 압력계 ④ 벨로즈식 압력계

해설 분동식 압력계는 분동에 의해 압력을 측정하는 형식으로 탄성압력계의 일반교정용 및 피검정용 압력계의 검사를 행하는 데 주로 사용되며 램(ram), 실린더(cylinder), 기름탱크(oil tank), 가압펌프 등으로 구성되어 있다.

★
53 화학적 가스분석계인 연소식 O_2계의 특징이 아닌 것은?

① 원리가 간단하다.
② 취급이 용이하다.
③ 가스의 유량 변동에도 오차가 없다.
④ O_2 측정 시 팔라듐계가 이용된다.

해설 연소식 O_2계는 가스의 유량 변동에 따라 오차(error)가 발생된다.

★
54 다음 중 유도단위에 속하지 않는 것은?

① 비열 ② 압력
③ 습도 ④ 열량

해설 습도는 유도단위(조립단위)에 속하지 않는다(kg/kg′).

★
55 자동제어계와 직접 관련이 없는 장치는?

① 기록부 ② 검출부
③ 조절부 ④ 조작부

해설 **자동제어계의 기본 4대 제어장치**
비교부 – 조절부 – 조작부 – 검출부

56 유량 측정기기 중 유체가 흐르는 단면적이 변함으로써 직접 유체의 유량을 읽을 수 있는 기기, 즉 압력차를 측정할 필요가 없는 장치는?

① 피토튜브 ② 로터미터
③ 벤투리미터 ④ 오리피스미터

해설 로터미터(rotameter)는 면적식 유량계로 하부가 뾰족하고 상부가 넓은 유리관 속에 부표가 장치되어 액체유량의 대소에 따라 액체통 속에서 부표가 정지하는 위치가 달라지는 성질을 이용하여 직접 유체의 유량을 측정하는 유량계이다.

★
57 관로의 유속을 피토관으로 측정할 때 마노미터의 수주가 50cm였다. 이때 유속은 약 몇 m/s인가?

① 3.13 ② 2.21
③ 1.0 ④ 0.707

해설 $V=\sqrt{2gh}=\sqrt{2\times9.8\times0.5}=3.13$m/s

정답 49. ③ 50. ② 51. ① 52. ① 53. ③ 54. ③ 55. ① 56. ② 57. ①

58 광고온계의 사용상 주의점이 아닌 것은?

① 광학계의 먼지, 상처 등을 수시로 점검한다.
② 측정자 간의 오차가 발생하지 않고 정확하다.
③ 측정하는 위치와 각도를 같은 조건으로 한다.
④ 측정체와의 사이에 연기나 먼지 등이 생기지 않도록 주의한다.

해설 광고온도계는 측정자 간의 오차(error)가 발생되며 정확도가 떨어진다.

59 열전대 온도계의 보호관으로 사용되는 다음 재료 중 상용 사용 온도가 높은 순으로 옳게 나열된 것은?

① 석영관 > 자기관 > 동관
② 석영관 > 동관 > 자기관
③ 자기관 > 석영관 > 동관
④ 동관 > 자기관 > 석영관

해설 열전대온도계의 보호관 상용 사용온도는 자기관 > 석영관 > 동관 순이다.

★
60 측정하고자 하는 상태량과 독립적 크기를 조정할 수 있는 기준량과 비교하여 측정, 계측하는 방법은?

① 보상법 ② 편위법
③ 치환법 ④ 영위법

해설 측정하고자 하는 상태량과 독립적 크기를 조정할 수 있는 기준량과 비교하여 측정, 계측하는 방법은 영위법이다.
① 보상법은 크기가 거의 같은 미리 알고있는 양의 분동을 준비하여 분동과 측정량의 차이로부터 측정량을 구하는 방법으로 천평을 이용하여 물체의 질량을 측정할 때 불평형 정도는 지침의 눈금값으로 읽어 물체의 질량을 알 수 있다.
② 편위법은 측정하려는 양의 작용에 의하여 계측기의 지침에 편위를 일으켜 이 편위를 눈금과 비교함으로써 측정을 행하는 방식(다이얼게이지, 지시전기계기, 부르동관 압력계)이다.
③ 치환법은 이미 알고 있는 양으로부터 측정량을 아는 방법으로 다이얼게이지를 이용하여 길이를 측정 시 블록게이지를 올려놓고 측정한 다음 피측정물을 바꾸어 넣었을 때 지시의 차를 읽고 사용한 블록게이지 높이를 알면 피측정물의 높이를 구할 수 있다.

제4과목 열설비재료 및 관계법규

★
61 다음 보온재 중 최고안전사용온도가 가장 높은 것은?

① 석면 ② 펄라이트
③ 폼글라스 ④ 탄화마그네슘

해설 ① 석면 : 450℃ 이하
② 펄라이트 : 650℃ 정도
③ 폼글라스 : 120℃ 이하
④ 탄화마그네슘 : 250℃ 이하

★
62 에너지이용 합리화법에 따라 냉난방온도의 제한 대상 건물에 해당하는 것은?

① 연간 에너지사용량이 5백 티오이 이상인 건물
② 연간 에너지사용량이 1천 티오이 이상인 건물
③ 연간 에너지사용량이 1천5백 티오이 이상인 건물
④ 연간 에너지사용량이 2천 티오이 이상인 건물

해설 에너지이용 합리화법에 따라 냉난방온도의 제한 대상 건물에 해당하는 것은 연간 에너지사용량이 2천(TOE) 이상인 건물이다.

63 중성내화물 중 내마모성이 크며 스폴링을 일으키기 쉬운 것으로 염기성 평로에서 산성벽돌과 염기성벽돌을 섞어서 축로할 때 서로의 침식을 방지하는 목적으로 사용하는 것은?

① 탄소질 벽돌
② 크롬질 벽돌
③ 탄화규소질 벽돌
④ 폴스테라이트 벽돌

해설 크롬질 벽돌(내화벽돌)은 중성내화물 중 내마모성이 크며 스폴링을 일으키기 쉬운 염기성 평로에서 산성 벽돌과 염기성 벽돌을 섞어서 축로할 때 서로의 침식을 방지하는 목적으로 사용한다.

★
64 에너지이용 합리화법에 따라 산업통상자원부장관은 에너지이용 합리화에 관한 기본계획을 몇 년마다 수립하여야 하는가?

① 3년 ② 5년
③ 7년 ④ 10년

정답 58. ② 59. ③ 60. ④ 61. ② 62. ④ 63. ② 64. ②

해설 에너지이용 합리화법에 따라 산업통상자원부장관은 에너지이용 합리화법에 관한 기본계획을 5년마다 수립하여야 한다.

65 **용광로를 고로라고도 하는데, 이는 무엇을 제조하는 데 사용되는가?**

① 주철 ② 주강
③ 선철 ④ 포금

해설 용광로(고로)는 선철(pig iron) 제조에 사용되는 가마(blast furnace)이다.

66 **노재의 화학적 성질을 잘못 짝지은 것은?**

① 샤모트질 벽돌 : 산성
② 규석질 벽돌 : 산성
③ 돌로마이트질 벽돌 : 염기성
④ 크롬질 벽돌 : 염기성

해설 크롬질 벽돌은 염기성(알칼리성)이 아니라 중성질 벽돌이다.
㉠ 산성질 내화벽돌 : 규석질(석영질), 샤모트질, 점토질, 납석질(반규석질)
㉡ 염기성 내화벽돌 : 마그네시아질(MgO계), 돌로마이트질(CaO−MgO계), 마그네시아 크롬질($MgO-Cr_2O_3$계), 포스테라이트질($MgO-SiO_2$계)

★
67 **다음 중 에너지이용 합리화법에 따라 에너지관리산업기사의 자격을 가진 자가 조종할 수 없는 보일러는?**

① 용량이 10t/h인 보일러
② 용량이 20t/h인 보일러
③ 용량이 581.5kW인 온수 발생 보일러
④ 용량이 40t/h인 보일러

해설 용량이 30t/h를 초과하는 보일러는 보일러기능장 또는 에너지관리기사에게 조종자의 자격이 있다.
※ 에너지관리산업기사는 용량이 10ton/h를 초과하고 30ton/h 이하인 보일러를 조종할 수 있다.
(용량이 10ton/h 이하인 보일러를 조종할 수 있다.)

68 **윤요(ring kiln)에 대한 설명으로 옳은 것은?**

① 석회소성용으로 사용된다.
② 열효율이 나쁘다.
③ 소성이 균일하다.
④ 종이 칸막이가 있다.

해설 윤요(ring kiln)는 연속요(가마)로 종이 칸막이가 있다.

69 **글로브밸브(globe valve)에 대한 설명으로 틀린 것은?**

① 유량조절이 용이하므로 자동조절밸브 등에 응용시킬 수 있다.
② 유체의 흐름방향이 밸브 몸통 내부에서 변한다.
③ 디스크 형상에 따라 앵글밸브, Y형밸브, 니들밸브 등으로 분류된다.
④ 조작력이 적어 고압의 대구경 밸브에 적합하다.

해설 글로브밸브(globe valve)는 정지밸브(stop valve)라고도 부르며 유량제어밸브의 목적이 우선이나 밸브의 개폐 조작력이 상대적으로 크다.

★
70 **배관용 강관의 기호로서 틀린 것은?**

① SPP : 일반배관용 탄소강관
② SPPS : 압력배관용 탄소강관
③ SPHT : 고온배관용 탄소강관
④ STS : 저온배관용 탄소강관

해설 저온배관용 탄소강관 : SPLT

71 **다음 중 연속식 요가 아닌 것은?**

① 등요 ② 윤요
③ 터널요 ④ 고리가마

해설 조업방식(작업방식)에 따른 요로(가마)의 분류
㉠ 연속요 : 터널요, 윤요(고리가마), 건요(샤프트로), 회전요(로터리가마)
㉡ 반연속요 : 셔틀요, 등요
㉢ 불연속요 : 횡염식 · 승염식 · 도염식 요

★
72 **에너지이용 합리화법에 따라 에너지 수급안정을 위해 에너지 공급을 제한 조치하고자 할 경우, 산업통상자원부장관은 조치 예정일 며칠 전에 이를 에너지공급자 및 에너지 사용자에게 예고하여야 하는가?**

① 3일 ② 7일
③ 10일 ④ 15일

정답 65. ③ 66. ④ 67. ④ 68. ④ 69. ④ 70. ④ 71. ① 72. ②

2017년

해설 에너지수급 안정을 위해 에너지 공급을 제한하고자 할 경우 산업통상자원부장관은 조정 예정일 7일 전에 에너지공급자 및 에너지 사용자에게 예고하여야 한다.

★
73 온수탱크 나면과 보온면으로부터 방산열량을 측정한 결과 각각 1,163W/m², 349W/m²이었을 때, 이 보온재의 보온효율(%)은?

① 30　② 70
③ 93　④ 233

해설

$$보온효율(\eta)=\left(1-\frac{Q_2}{Q_1}\right)\times 100\%$$
$$=\left(1-\frac{349}{1,163}\right)\times 100\% \fallingdotseq 70\%$$

74 내화 모르타르의 구비조건으로 틀린 것은?

① 시공성 및 접착성이 좋아야 한다.
② 화학성분 및 광물조성이 내화벽돌과 유사해야 한다.
③ 건조, 가열 등에 의한 수축 팽창이 커야 한다.
④ 필요한 내화도를 가져야 한다.

해설 내화 모르타르는 건조, 가열 등에 의한 수축 팽창이 작아야 한다.

★
75 다이어프램 밸브(diaphragm valve)의 특징이 아닌 것은?

① 유체의 흐름이 주는 영향이 비교적 적다.
② 기밀을 유지하기 위한 패킹이 불필요하다.
③ 주된 용도가 유체의 역류를 방지하기 위한 것이다.
④ 산 등의 화학 약품을 차단하는 데 사용하는 밸브이다.

해설 주된 용도가 유체의 역류를 방지하기 위한 밸브는 체크밸브(check valve)다.

★
76 에너지이용 합리화법에 따라 검사대상기기의 적용범위에 해당하는 것은?

① 최고사용압력이 0.05MPa이고, 동체의 안지름이 300mm이며, 길이가 500mm인 강철제 보일러
② 정격용량이 0.3MW인 철금속가열로
③ 내용적 0.05m³, 최고사용압력이 0.3MPa인 기체를 보유하는 2종 압력용기
④ 가스사용량이 10kg/h인 소형온수보일러

해설 검사대상기기의 적용범위 내용적이 0.05m³, 최고사용압력이 0.3MPa인 기체를 보유하는 2종 압력용기다.

★
77 에너지이용 합리화법에 따라 검사를 받아야 하는 검사대상기기 중 소형온수보일러의 적용범위 기준은?

① 가스사용량이 10kg/h를 초과하는 보일러
② 가스사용량이 17kg/h를 초과하는 보일러
③ 가스사용량이 21kg/h를 초과하는 보일러
④ 가스사용량이 25kg/h를 초과하는 보일러

해설 검사대상기기 중 소형온수보일러의 적용범위 기준은 가스사용량이 17kg/h를 초과하는 보일러다.

78 요로의 정의가 아닌 것은?

① 전열을 이용한 가열장치
② 원재료의 산화반응을 이용한 장치
③ 연료의 환원반응을 이용한 장치
④ 열원에 따라 연료의 발열반응을 이용한 장치

해설 요로의 정의
㉠ 전열을 이용한 가열장치
㉡ 연료의 환원반응을 이용한 장치
㉢ 열원에 따라 연료의 발열반응을 이용한 장치다.

79 에너지이용 합리화법에 따라 에너지다소비사업자가 그 에너지사용시설이 있는 지역을 관할하는 시·도지사에게 신고하여야 하는 사항이 아닌 것은?

① 전년도의 분기별 에너지사용량·제품생산량
② 해당 연도의 분기별 에너지사용예정량·제품생산예정량
③ 내년도의 분기별 에너지이용 합리화 계획
④ 에너지사용기자재의 현황

해설 내년도 분기별 에너지이용 합리화 계획은 시·도지사에게 신고할 사항이 아니다.

정답 73. ② 74. ③ 75. ③ 76. ③ 77. ② 78. ② 79. ③

★
80 에너지이용 합리화법에 따라 에너지다소비사업자에게 에너지손실요인의 개선명령을 할 수 있는 자는?

① 산업통상자원부장관
② 시 · 도지사
③ 한국에너지공단이사장
④ 에너지관리진단기관협회장

해설 에너지이용 합리화법에 따라 에너지 다소비업자에게 에너지 손실요인의 개선명령을 할 수 있는 자는 산업통상자원부장관이다.

제5과목 열설비설계

★
81 노통 보일러의 수면계 최저 수위 부착 기준으로 옳은 것은?

① 노통 최고부 위 50mm
② 노통 최고부 위 100mm
③ 연관의 최고부 위 10mm
④ 연소실 천정판 최고부 위 연관길이의 1/3

해설 수면계 부착위치
• 노통보일러 노통최고부(플랜지부 제외) 위 100mm
• 노통연관보일러 연관의 최고부 위 75mm

★
82 증기 및 온수보일러를 포함한 주철제 보일러의 최고사용압력이 0.43MPa 이하일 경우의 수압시험 압력은?

① 0.2MPa로 한다.
② 최고사용압력의 2배의 압력으로 한다.
③ 최고사용압력의 2.5배의 압력으로 한다.
④ 최고사용압력의 1.3배에 0.3MPa을 더한 압력으로 한다.

해설 증기 및 온수보일러를 포함한 주철제 보일러의 최고사용압력이 0.43MPa 이하일 경우 수압시험 압력은 최고사용압력의 2배 압력으로 한다.

83 수관식 보일러에서 핀패널식 튜브가 한쪽 면에 방사열, 다른 면에는 접촉열을 받을 경우 열전달계수를 얼마로 하여 전열면적을 계산하는가?

① 0.4　　② 0.5
③ 0.7　　④ 1.0

해설 수관식 보일러에서 핀패널식 튜브가 한쪽 면에 방사열, 다른 면에는 접촉열을 받을 경우 열전달계수(K)는 0.7로 하여 전열면적을 계산한다.

★
84 순환식(자연 또는 강제) 보일러가 아닌 것은?

① 타쿠마 보일러　　② 야로우 보일러
③ 벤손 보일러　　④ 라몬트 보일러

해설 • 자연순환식 수관보일러 : 타쿠마, 하이네, 2동D형, 쯔네기치
• 순환식 수관보일러 : 라몬트, 베목스 보일러
• 관류보일러 : 벤손, 슐처, 람진, 엣모스, 소형관류보일러

85 다음 [그림]의 용접이음에서 생기는 인장응력은 약 몇 MPa인가?

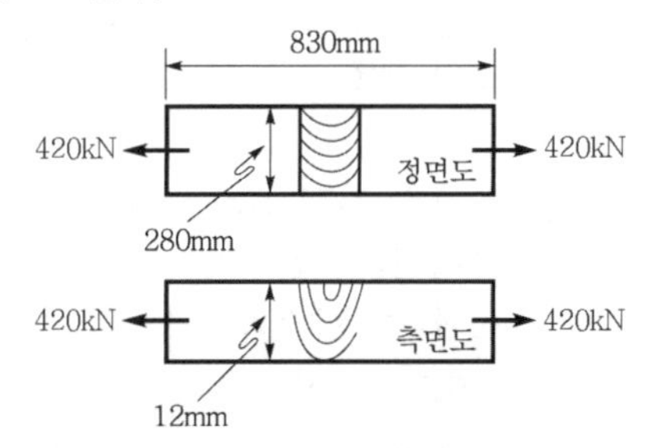

① 125　　② 140
③ 155　　④ 160

해설 $\sigma_t = \frac{P_t}{A} = \frac{P_t}{hL} = \frac{420 \times 10^3}{12 \times 280} = 125\text{MPa(N/mm}^2)$

86 보일러 부하의 급변으로 인하여 동 수면에서 작은 입자의 물방울이 증기와 혼입하여 튀어오르는 현상을 무엇이라고 하는가?

① 캐리오버　　② 포밍
③ 프라이밍　　④ 피팅

해설 프라이밍(Priming)이란 부하의 급격한 증가, 규정 압력 이하에서 작은 입자의 물방울이 증기와 혼입하여 튀어오르는 현상을 말한다.

정답 80. ①　81. ②　82. ②　83. ③　84. ③　85. ①　86. ③

★
87 **노통 보일러에 두께 13mm 이하의 경판을 부착하였을 때 가셋 스테이의 하단과 노통 상단과의 완충폭(브레이징 스페이스)은 몇 mm 이상으로 하여야 하는가?**

① 230mm　　② 260mm
③ 280mm　　④ 300mm

해설 브레이징 스페이스(노통과 가셋트 스테이와의 거리)는 230mm 이상으로 해야 한다.

88 **수관식과 비교하여 노통연관식 보일러의 특징으로 옳은 것은?**

① 설치 면적이 크다.
② 연소실을 자유로운 형상으로 만들 수 있다.
③ 파열 시 비교적 위험하다.
④ 청소가 곤란하다.

해설 수관식 보일러는 보유수량이 적어 파열 시 피해가 적어 구조상 고압, 대용량에 적합하다.

★
89 **전열면에 비등 기포가 생겨 열유속이 급격하게 증대하며, 가열면상에 서로 다른 기포의 발생이 나타나는 비등과정을 무엇이라고 하는가?**

① 단상액체 자연대류
② 핵비등(nucleate boiling)
③ 천이비등(transition boiling)
④ 포밍(foaming)

해설 포밍(foaming)이란 전열면에 비등 기포가 생겨 열유속(heat flux)이 급격하게 증가하여 가열면상에 서로 다른 기포의 발생이 나타나는 비등과정을 말한다.

★
90 **보일러의 열정산 시 출열 항목이 아닌 것은?**

① 배기가스에 의한 손실열
② 발생증기 보유열
③ 불완전연소에 의한 손실열
④ 공기의 현열

해설 공기의 현열은 보일러 열정산 시 입열 항목에 속한다.

91 **과열기에 대한 설명으로 틀린 것은?**

① 보일러에서 발생한 포화증기를 가열하여 증기의 온도를 높이는 장치이다.
② 저압 보일러의 효율을 상승시키기 위하여 주로 사용된다.
③ 증기의 열에너지가 커 열손실이 많아질 수 있다.
④ 고온부식의 우려와 연소가스의 저항으로 압력손실이 크다.

해설 과열기(super heater)는 고압 보일러의 효율을 증가시키기 위해 주로 사용한다.

92 **온수보일러에 있어서 급탕량이 500kg/h이고 공급 주관의 온수온도가 80℃, 환수 주관의 온수온도가 50℃이라 할 때, 이 보일러의 출력은? (단, 물의 평균비열은 4.2kJ/kg·K이다.)**

① 10kW　　② 12.5kW
③ 17.5kW　　④ 18.5kW

해설 $Q = mC(t_2 - t_1) = 500 \times 4.2 \times (80-50)$
$= 63{,}000\text{kJ/h} = 17.5\text{kW}$

◉ $1\text{kJ/h} = \dfrac{1}{3{,}600}\text{kW}$

★
93 **용접봉 피복제의 역할이 아닌 것은?**

① 용융금속의 정련작용을 하며 탈산제 역할을 한다.
② 용융금속의 급랭을 촉진시킨다.
③ 용융금속에 필요한 원소를 보충해준다.
④ 피복제의 강도를 증가시킨다.

해설 용접봉 피복제는 용융금속의 급랭을 완화시켜 준다(산화방지).

★
94 **보일러 수의 분출 목적이 아닌 것은?**

① 물의 순환을 촉진한다.
② 가성취화를 방지한다.
③ 프라이밍 및 포밍을 촉진한다.
④ 관수의 pH를 조절한다.

정답 87. ①　88. ③　89. ④　90. ④　91. ②　92. ③　93. ②　94. ③

해설 보일러 수의 분출 목적
㉠ 프라이밍 및 포밍의 발생 방지
㉡ 관수의 pH(수소이온농도) 조절 및 고수위 방지
㉢ 가성취화 방지
㉣ 불순물의 농도를 한계치 이하로 유지(부식발생 방지)
㉤ 슬러지(sludge)를 배출하여 스케일 생성 방지

★
95 보일러의 노통이나 화실과 같은 원통 부분이 외측으로부터의 압력에 견딜 수 없게 되어 눌려 찌그러져 찢어지는 현상을 무엇이라 하는가?

① 블리스터 ② 압궤
③ 팽출 ④ 라미네이션

해설 압궤란 보일러 노통이나 회심과 같은 원통 부분의 외측(바깥쪽)으로부터의 압력에 견딜 수 없게 되어 눌러 찌그러져 찢어지는 현상을 말한다.

96 스팀 트랩(steam trap)을 부착 시 얻는 효과가 아닌 것은?

① 베이퍼락 현상을 방지한다.
② 응축수로 인한 설비의 부식을 방지한다.
③ 응축수를 배출함으로써 수격작용을 방지한다.
④ 관내 유체의 흐름에 대한 마찰 저항을 감소시킨다.

해설 스팀 트랩(증기트랩 : steam trap)은 베이퍼 락(vapour lock, 스폰지현상)을 방지하는 것과 관계없다.
※ 베이퍼락 현상 : 브레이크오일(액)에 기포(공기)가 발생되어 브레이크가 제대로 작동되지 않는 상태로, 수격작용(water hammer)방지와 관계있다.

97 스케일(scale)에 대한 설명으로 틀린 것은?

① 스케일로 인하여 연료소비가 많아진다.
② 스케일은 규산칼슘, 황산칼슘이 주성분이다.
③ 스케일로 인하여 배기가스의 온도가 낮아진다.
④ 스케일은 보일러에서 열전도의 방해물질이다.

해설 스케일(scale)로 인하여 배기가스 온도가 높아진다.

★
98 보일러의 일상점검 계획에 해당하지 않는 것은?

① 급수배관 점검
② 압력계 상태 점검
③ 자동제어장치 점검
④ 연료의 수요량 점검

해설 보일러 일상점검 계획
㉠ 급수배관 점검
㉡ 압력계 상태 점검
㉢ 자동제어 점검

★
99 열교환기의 격벽을 통해 정상적으로 열교환이 이루어지고 있을 경우 단위시간에 대한 교환열량 $\dot{q}$(열유속, W/m^2)의 식은? (단, $\dot{Q}$는 열교환량(W), A는 전열면적(m^2)이다.)

① $\dot{q} = A\dot{Q}$ ② $\dot{q} = \dfrac{A}{\dot{Q}}$
③ $\dot{q} = \dfrac{\dot{Q}}{A}$ ④ $\dot{q} = A(\dot{Q}-1)$

해설 단위시간에 대한 열교환열량($\dot{q}$)
$$= \frac{Q}{A} = \frac{\text{W}}{\text{m}^2}(=\text{W/m}^2)$$

★
100 10MPa의 압력하에 2,000kg/h로 증발하고 있는 보일러의 급수온도가 20℃일 때 환산증발량은? (단, 발생증기의 비엔탈피는 2,512kJ/kg이다.)

① 2,153kg/h ② 3,124kg/h
③ 4,562kg/h ④ 5,260kg/h

해설
$$m_e = \frac{m_a(h_2-h_1)}{2,256} = \frac{2,000\times(2,512-83.72)}{2,256}$$
≒ 2,152.73kg/h(≒2,153kg/h)

정답 95. ② 96. ① 97. ③ 98. ④ 99. ③ 100. ①

Engineer Energy Management

2017년 제4회 에너지관리기사

제1과목 연소공학

★
01 다음 중 중유의 성질에 대한 설명으로 옳은 것은?

① 점도에 따라 1, 2, 3급 중유로 구분한다.
② 원소 조성은 H가 가장 많다.
③ 비중은 약 0.72~0.76 정도이다.
④ 인화점은 약 60~150℃ 정도이다.

해설 중유(Heavy oil)의 인화점은 약 60~150℃ 정도이다.
① 점도에 따라 A급, B급, C급으로 구분한다.
② 탄화수소비(C/H)가 큰 순서
중유>경유>등유>가솔린
탄화수소비가 작을수록(탄소가 적을수록) 연소가 잘 된다.
③ 비중은 0.85~0.99 정도이다.

02 연료시험에 사용되는 장치 중에서 주로 기체연료 시험에 사용되는 것은?

① 세이볼트(Saybolt) 점도계
② 톰슨(Thomson) 열량계
③ 오르자트(Orsat) 분석장치
④ 펜스키 마텐스(Pensky martens) 장치

해설 오르자트(Orsat) 가스분석기는 일반적으로 널리 사용되는 휴대식 가스분석기이다. 가스를 분석하는 기기가 복수로 설치되고 또 정치형인 경우는 가스분석장치라고도 한다.

03 산포식 스토커를 이용한 강제통풍일 때 일반적인 화격자 부하는 어느 정도인가?

① 90~110kg/m^2 · h
② 150~200kg/m^2 · h
③ 210~250kg/m^2 · h
④ 260~300kg/m^2 · h

해설 산포식 스토커를 이용한 강제통풍일 때 일반적인 화격자 부하는 150~200kg/m^2 · h이다.

★
04 다음 중 착화온도가 가장 높은 연료는?

① 갈탄 ② 메탄
③ 중유 ④ 목탄

해설 착화온도(착화점)가 가장 높은 물질은 메탄(CH_4) : 615~682℃이다.
연료의 착화온도
㉠ 프로판 : 460~520℃
㉡ 석탄 : 330~450℃
㉢ 목탄(역청탄) : 320~420℃
㉣ 무연탄 : 400~500℃
㉤ 중유 : 530~580℃
㉥ 갈탄 : 250~450℃
㉦ 장작 : 250~300℃
㉧ 셀룰로이드 : 180℃
㉨ 코크스 : 500~600℃
㉩ 소금 : 800℃

★
05 다음 중 연소온도에 직접적인 영향을 주는 요소로 가장 거리가 먼 것은?

① 공기 중의 산소농도 ② 연료의 저위발열량
③ 연소실 크기 ④ 공기비

해설 **연소온도에 직접적인 영향을 주는 요소**
㉠ 공기 중의 산소농도
㉡ 연료의 저위발열량
㉢ 공기비(과잉공기량)

06 공기를 사용하여 중유를 무화시키는 형식으로 아래의 조건을 만족하면서 부하변동이 많은데 가장 적합한 버너의 형식은?

- 유량 조절범위=1 : 10 정도
- 연소 시 소음이 발생
- 점도가 커도 무화가 가능
- 분무각도가 30° 정도로 작음

① 로터리식 ② 저압기류식
③ 고압기류식 ④ 유압식

정답 01. ④ 02. ③ 03. ② 04. ② 05. ③ 06. ③

07 공기나 연료의 예열효과에 대한 설명으로 옳지 않은 것은?

① 연소실 온도를 높게 유지
② 착화열을 감소시켜 연료를 절약
③ 연소효율 향상과 연소상태의 안정
④ 이론공기량이 감소함

해설 공기나 연료를 예열하면 이론공기량(A_o)이 증가한다.

08 탄화수소계 연료(C_xH_y)를 연소시켜 얻은 연소생성물을 분석한 결과 CO_2 9%, CO 1%, O_2 8%, N_2 82%의 체적비를 얻었다. y/x의 값은 얼마인가?

① 1.52　② 1.72
③ 1.92　④ 2.12

해설 기체연료의 연소반응식

$$C_xH_y + m\left(O_2 + \frac{79}{21}N_2\right)$$
$$\rightarrow 9CO_2 + 1CO + 8O_2 + nH_2O + 82N_2$$

반응 전후의 원자수는 일치해야 하므로

C : $x = 9 + 1 = 10$

N : $2 \times \frac{79}{21} \times m = 2 \times 82$이므로, $m ≒ 21.8$

O : $2m = (2\times9) + 1 + (2\times8) + n$이므로,
$m ≒ 21.8$을 대입하면 $n = 8.6$

H : $y = 2n$이므로, $n = 8.6$을 대입하면 $y = 17.2$

$\therefore \frac{y}{x} = \frac{17.2}{10} = 1.72$

★
09 다음 집진장치의 특성에 대한 설명으로 옳지 않은 것은?

① 사이클론 집진기는 분진이 포함된 가스를 선회운동시켜 원심력에 의해 분진을 분리한다.
② 전기식 집진장치는 대치시킨 2개의 전극 사이에 고압의 교류전장을 가해 통과하는 미립자를 집진하는 장치이다.
③ 가스흡입구에 벤투리관을 조합하여 먼지를 세정하는 장치를 벤투리 스크러버라 한다.
④ 백 필터는 바닥을 위쪽으로 달아매고 하부에서 백내부로 송입하여 집진하는 방식이다.

해설 전기 집진장치는 대기중 부유하는 액체·고체 등의 미립자에 직류전원을 이용하여 불평등 전계를 형성케 하고 이 전계에 코로나 방전을 이용하여 가스 중의 입자에 전하를 주어 (-)로 대전된 입자를 Coulomb력(전기력)에 의해 집진극(+)으로 이동케 하여 분리·포집하는 장치다.

10 1차, 2차 연소 중 2차 연소에 대한 설명으로 가장 적절한 것은?

① 불완전 연소에 의해 발생한 미연가스가 연도 내에서 다시 연소하는 것
② 공기보다 먼저 연료를 공급했을 경우 1차, 2차 반응에 의해서 연소하는 것
③ 완전 연소에 의한 연소가스가 2차 공기에 의해서 폭발되는 것
④ 점화할 때 착화가 늦었을 경우 재점화에 의해서 연소하는 것

해설 2차 연소란 불완전 연소에 의해 발생한 미연소 가스가 연도 내에서 다시 언소하는 것을 말한다.

★
11 $(CO_2)_{max}$가 24.0%, (CO_2)가 14.2%, (CO)가 3.0%라면 연소가스 중의 산소는 약 몇 %인가?

① 3.8　② 5.0
③ 7.1　④ 10.1

해설

공기비$(m) = \frac{(CO_2)_{max}}{CO_2} = \frac{21}{21 - O_2}$에서

$$O_2 = 21 - \frac{21CO_2}{(CO_2)_{max}} = 21 - \frac{21 \times 14.2}{24}$$
$$= 8.58 - 0.5CO = 8.58 - 0.5 \times 3 ≒ 7.1\%$$

★
12 기체연료의 체적 분석결과 H_2가 45%, CO가 40%, CH_4가 15%이다. 이 연료 $1m^3$를 연소하는 데 필요한 이론공기량은 몇 m^3인가? (단, 공기 중의 산소 : 질소의 체적비는 1 : 3.77이다.)

① 3.12　② 2.14
③ 3.46　④ 4.43

해설 기체성분 중 연소되는 것만의 완전연소 반응식을 써서 이론산소량을 우선 구한다.

1. $H_2 + \frac{1}{2}O_2 \rightarrow H_2O$
2. $CO + \frac{1}{2}O_2 \rightarrow CO_2$
3. $CH_4 + 2O_2 \rightarrow CO_2 + 2H_2O$

이론산소량$(O_0) = (0.5 \times 0.45) + (0.5 \times 0.4) + (2 \times 0.15)$
$= 0.725Nm^3/Nm^3$(연료)

$\therefore$ 이론공기량$(A_0) = \frac{O_0}{0.21} = \frac{0.725}{0.21}$
$≒ 3.46Nm^3/Nm^3$(연료)

※ 공기 중의 산소 : 질소의 체적비가 1 : 3.77이라는 것은 산소가 21%, 질소가 79%임을 의미하는 것이다.

정답 07. ④ 08. ② 09. ② 10. ① 11. ③ 12. ③

2017년

★
13 다음 연소반응식 중 옳은 것은?

① $C_2H_6+3O_2 \rightarrow 2CO_2+4H_2O$
② $C_3H_8+5O_2 \rightarrow 2CO_2+6H_2O$
③ $C_4H_{10}+6O_2 \rightarrow 4CO_2+5H_2O$
④ $CH_4+2O_2 \rightarrow CO_2+2H_2O$

해설 에탄(C_2H_6)+$3.5O_2 \rightarrow 2CO_2+3H_2O$
프로판(C_3H_8)+$5O_2 \rightarrow 3CO_2+4H_2O$
부탄(C_4H_{10})+$6.5O_2 \rightarrow 4CO_2+5H_2O$
메탄(CH_4)+$2O_2 \rightarrow CO_2+2H_2O$
※ 탄화수소계 완전연소반응식

$$C_mH_n+\left(m+\frac{n}{4}\right)O_2 \rightarrow mCO_2+\frac{n}{2}H_2O$$

★
14 단일기체 10Nm³의 연소가스를 분석한 결과 CO_2 : 8Nm³, CO : 2Nm³, H_2O : 20Nm³을 얻었다면 이 기체연료는?

① CH_4 ② C_2H_2
③ C_2H_4 ④ C_2H_6

15 다음 대기오염 방지를 위한 집진장치 중 습식 집진장치에 해당하지 않는 것은?

① 백필터
② 충진탑
③ 벤투리 스크러버
④ 사이클론 스크러버

해설 백필터 집진기는 산업현장에서 발생하는 각종 분진 및 유해물질을 상승기류 방식으로 제거하는 건식 범용 집진기다.

★
16 중량비로 탄소 84%, 수소 13%, 유황 2%의 조성으로 되어 있는 경유의 이론공기량은 약 몇 Nm³/kg인가?

① 5 ② 7
③ 9 ④ 11

해설 이론산소량(O_o)

$$=1.867C+5.6\left(H-\frac{O}{8}\right)+0.7S\ (\text{Nm}^3/\text{kg})$$
$$=1.867\times0.84+5.6\times0.13+0.7\times0.02$$
$$=2.31\text{Nm}^3/\text{kg}$$

∴ 이론공기량(A_a)$=\frac{2.31}{0.21}=11\text{Nm}^3/\text{kg}$

★
17 폭굉(detonation)현상에 대한 설명으로 옳지 않은 것은?

① 확산이나 열전도의 영향을 주로 받는 기체역학적 현상이다.
② 물질 내에 충격파가 발생하여 반응을 일으킨다.
③ 충격파에 의해 유지되는 화학 반응 현상이다.
④ 반응의 전파속도가 그 물질 내에서 음속보다 빠른 것을 말한다.

해설 폭굉(detonation)현상은 확산이나 열전도에 따른 역학적 현상이 아니라 화염의 빠른 전파에 의해 발생하는 충격파(압력파)에 의한 화학반응현상이다.

★
18 다음의 무게조성을 가진 중유의 저위발열량은 약 몇 kcal/kg인가? (단, 아래의 조성은 중유 1kg당 함유된 각 성분의 양이다.)

C : 84%, H : 13%, O : 0.5%, S : 2%, w : 0.5%

① 8,600 ② 10,590
③ 13,600 ④ 17,600

해설
$$H_L=8,100C+34,000\left(H-\frac{O}{8}\right)$$
$$+2,500S-600(w+9H)$$
$$=8,100\times0.84+34,000\left(0.13-\frac{0.005}{8}\right)$$
$$+2,500\times0.02-600\times(0.005+9\times0.13)$$
$$\fallingdotseq 10,548\text{kcal/kgf} \fallingdotseq 44,153\text{kJ/kg}$$
∴ 1kcal$=4.186$kJ

19 다음 연소범위에 대한 설명으로 옳은 것은?

① 온도가 높아지면 좁아진다.
② 압력이 상승하면 좁아진다.
③ 연소상한계 이상의 농도에서는 산소농도가 너무 높다.
④ 연소하한계 이하의 농도에서는 가연성증기의 농도가 너무 낮다.

해설 가연성가스 연소범위(폭발범위)는 연소하한계 이하의 농도에서는 가연성증기의 농도가 너무 낮다.
※ 연소가능한 상한치가 하한치 값을 가지고 있으며 연소에 필요한 혼합가스 농도를 말한다.

정답 13. ④ 14. ① 15. ① 16. ④ 17. ① 18. ② 19. ④

20 다음 중 중유 첨가제의 종류에 포함되지 않는 것은?

① 슬러지 분산제 ② 안티녹제
③ 조연제 ④ 부식방지제

해설 안티녹제(antiknocking material)는 가솔린기관의 노크를 방지하기 위해 연료 중에 첨가하는 제폭제이다.

제2과목 열역학

★
21 저위발열량 40,000kJ/kg인 연료를 쓰고 있는 열기관에서 이 열이 전부 일로 바꾸어지고, 연료소비량이 20kg/h이라면 발생되는 동력은 약 몇 kW인가?

① 110 ② 222
③ 316 ④ 820

해설 $\eta = \dfrac{3,600\text{kW}}{H_L \times m_f} \times 100(\%)$

$\text{kW} = \dfrac{\eta \times H_L \times m_f}{3,600} = \dfrac{1 \times 40,000 \times 20}{3,600} = 222.22\text{kW}$

★
22 N_2와 O_2의 기체상수는 각각 0.297kJ/kg·K 및 0.260kJ/kg·K이다. N_2가 0.7kg, O_2가 0.3kg인 혼합 가스의 기체상수는 약 몇 kJ/(kg·K)인가?

① 0.213 ② 0.254
③ 0.286 ④ 0.312

해설 $R = \sum_{i=1}^{n} \dfrac{m_i}{m} R_i = \dfrac{m_{N_2}}{m} R_{N_2} + \dfrac{m_{O_2}}{m} R_{O_2}$

$= 0.7 \times 0.297 + 0.3 \times 0.260 \fallingdotseq 0.286\text{kJ/kgK}$

23 폐쇄계에서 경로 A → C → B를 따라 110J의 열이 계로 들어오고 50J의 일을 외부에 할 경우 B → D → A를 따라 계가 되돌아올 때 계가 40J의 일을 받는다면 이 과정에서 계는 얼마의 열을 방출 또는 흡수하는가?

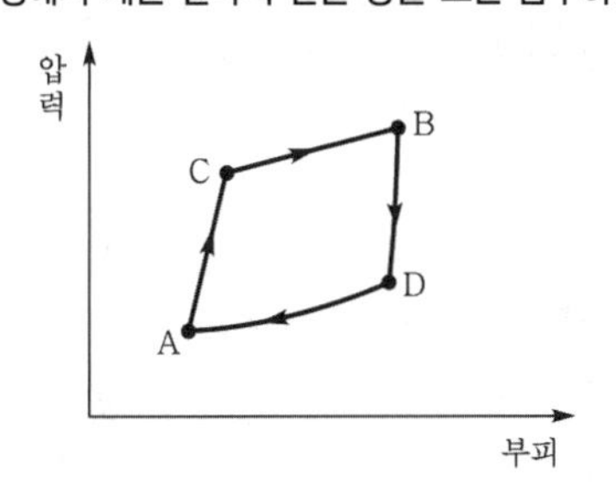

① 30J 방출 ② 30J 흡수
③ 100J 방출 ④ 100J 흡수

해설 $110 - 50 = -Q - 40$

$Q = -40 - 60 = -100 = 100\text{J}$(방출)

24 온도와 관련된 설명으로 옳지 않은 것은?

① 온도 측정의 타당성에 대한 근거는 열역학 제0법칙이다.
② 온도가 0℃에서 10℃로 변화하면, 절대온도는 0K에서 283.15K로 변화한다.
③ 섭씨온도는 물의 어는점과 끓는점을 기준으로 삼는다.
④ SI 단위계에서 온도의 단위는 켈빈 단위를 사용한다.

해설 $(t_2 - t_1) = (T_2 - T_1)$

$(10 - 0) = (283.15 - 273.15)$

$\therefore$ 10℃ = 10K

★
25 일반적으로 사용되는 냉매로 가장 거리가 먼 것은?

① 암모니아 ② 프레온
③ 이산화탄소 ④ 오산화인

해설 직접냉매(1차냉매)로 NH_3(암모니아), Freon(프레온), CO_2(이산화탄소) 등이 있다.
※ 오산화인(P_2O_5)은 인이 연소할 때 생기는 백색 가루로 건조제 및 탈수제로 쓰인다.

★
26 이상적인 카르노(Carnot) 사이클의 구성에 대한 설명으로 옳은 것은?

① 2개의 등온과정과 2개의 단열과정으로 구성된 가역 사이클이다.
② 2개의 등온과정과 2개의 정압과정으로 구성된 가역 사이클이다.
③ 2개의 등온과정과 2개의 단열과정으로 구성된 비가역 사이클이다.
④ 2개의 등온과정과 2개의 정압과정으로 구성된 비가역 사이클이다.

해설 카르노 사이클(Carnot cycle)은 2개의 등온과정과 2개의 단열과정으로 구성된 가역 사이클이다.

정답 20. ② 21. ② 22. ③ 23. ③ 24. ② 25. ④ 26. ①

★
27 밀폐계의 등온과정에서 이상기체가 행한 단위 질량당 일은? (단, 압력과 부피는 P_1, V_1에서 P_2, V_2로 변하며, T는 온도, R은 기체상수이다.)

① $RT\ln\left(\frac{P_1}{P_2}\right)$
② $\ln\left(\frac{V_1}{V_2}\right)$
③ $(P_2 - P_1)(V_2 - V_1)$
④ $R\ln\left(\frac{P_1}{P_2}\right)$

해설
$$_1W_2 = PV\ln\frac{P_1}{P_2} = PV\ln\frac{V_2}{V_1}$$
$$= RT\ln\frac{P_1}{P_2} = RT\ln\frac{V_2}{V_1}\,[\text{kJ/kg}]$$

★
28 다음 중 열역학 제1법칙을 설명한 것으로 가장 옳은 것은?

① 제3의 물체와 열평형에 있는 두 물체는 그들 상호 간에도 열평형에 있으며, 물체의 온도는 서로 같다.
② 열을 일로 변환할 때 또는 일을 열로 변환할 때 전체 계의 에너지 총량은 변화하지 않고 일정하다.
③ 흡수한 열을 전부 일로 바꿀 수는 없다.
④ 절대 영도, 즉 0K에는 도달할 수 없다.

해설 **열역학 제1법칙(에너지 보존의 법칙)**
열량과 일량은 본질적으로 동일한 에너지로 일량은 열량으로 또한 열량은 일량으로 환산 가능하다는 법칙이다(제1종 영구운동기관을 부정하는 법칙).
※ 제1종 영구운동기관이란 외부로부터 에너지를 공급받지 않고도 영구적으로 일을 할 수 있다고 생각되는 기관을 말한다.

29 다음 중 수증기를 사용하는 증기동력 사이클은?

① 랭킨 사이클 ② 오토 사이클
③ 디젤 사이클 ④ 브레이턴 사이클

해설 랭킨 사이클은 증기원동소의 이상사이클로 액상(물)과 기상(수증기)에 걸쳐 연속적으로 순환하는 사이클을 말한다.

★
30 성능계수가 5.0, 압축기에서 냉매의 단위 질량당 압축하는 데 요구되는 에너지는 200kJ/kg인 냉동기에서 냉동능력 1kW당 냉매의 순환량(kg/h)은?

① 1.8 ② 3.6
③ 5.0 ④ 20.0

해설
$$\text{냉매순환량}(G) = \frac{\text{냉동능력}(Q_e)}{\text{냉동효과}(q_e)} = \frac{3{,}600}{\varepsilon_R \times W_c}$$
$$= \frac{3{,}600}{5.0 \times 200} = 3.6$$
※ 1kW=1kJ/s=60kJ/min=3,600kJ/h

★
31 압력이 100kPa인 공기를 정적과정에서 200kPa의 압력이 되었다. 그 후 정압과정으로 비체적이 1m^3/kg에서 2m^3/kg으로 변하였다고 할 때 이 과정 동안의 총 엔트로피의 변화량은 약 몇 kJ/kg·K인가? (단, 공기의 정적비열은 0.7kJ/kg·K, 정압비열은 1.0kJ/kg·K이다.)

① 0.31 ② 0.52
③ 1.04 ④ 1.18

해설
$$(\Delta S)_{total} = \Delta S_1 + \Delta S_2 = C_v\ln\frac{P_2}{P_1} + C_p\ln\frac{v_2}{v_1}$$
$$= 0.7\ln\frac{200}{100} + 1.0\ln\frac{2}{1} = 1.18\text{kJ/kg}\cdot\text{K}$$

32 다음 중 과열증기(superheated steam)의 상태가 아닌 것은?

① 주어진 압력에서 포화증기 온도보다 높은 온도
② 주어진 비체적에서 포화증기 압력보다 높은 압력
③ 주어진 온도에서 포화증기 비체적보다 낮은 비체적
④ 주어진 온도에서 포화증기 엔탈피보다 높은 엔탈피

해설 과열증기는 주어진 온도에서 포화증기 비체적보다 큰(높은) 비체적(m^3/kg)이다.

33 1MPa의 포화증기가 등온 상태에서 압력이 700kPa까지 내려갈 때 최종상태는?

① 과열증기 ② 습증기
③ 포화증기 ④ 포화액

정답 27. ① 28. ② 29. ① 30. ② 31. ④ 32. ③ 33. ①

해설 1MPa의 포화증기가 등온상태에서 압력이 700kPa까지 내려갈 때 최종상태는 과열증기가 된다.

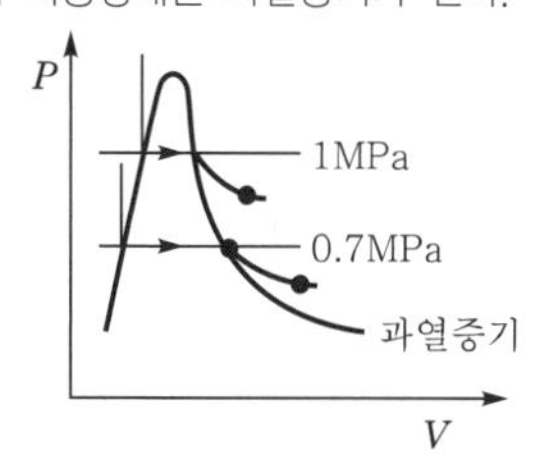

★
34 다음 중 랭킨 사이클의 열효율을 높이는 방법으로 옳지 않은 것은?

① 복수기의 압력을 상승시킨다.
② 사이클의 최고 온도를 높인다.
③ 보일러의 압력을 상승시킨다.
④ 재열기를 사용하여 재열 사이클로 운전한다.

해설 랭킨(Rankine)의 열효율을 향상시키려면 초온 초압을 높이거나 복수기의 압력(배압)을 낮출수록 증가한다.

★
35 그림은 단열, 등압, 등온, 등적을 나타내는 압력(P)-부피(V), 온도(T)-엔트로피(S) 선도이다. 각 과정에 대한 설명으로 옳은 것은?

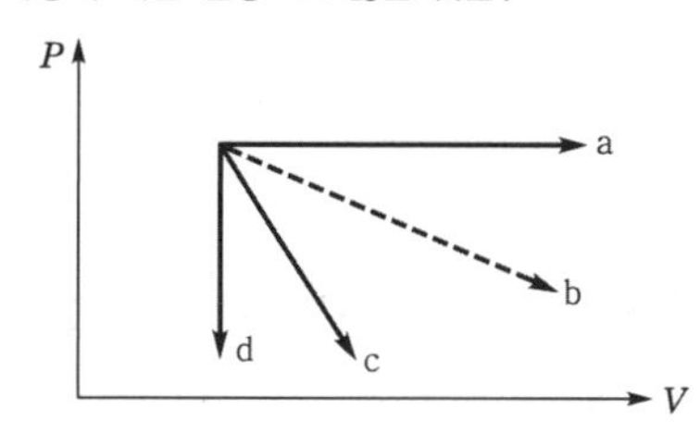

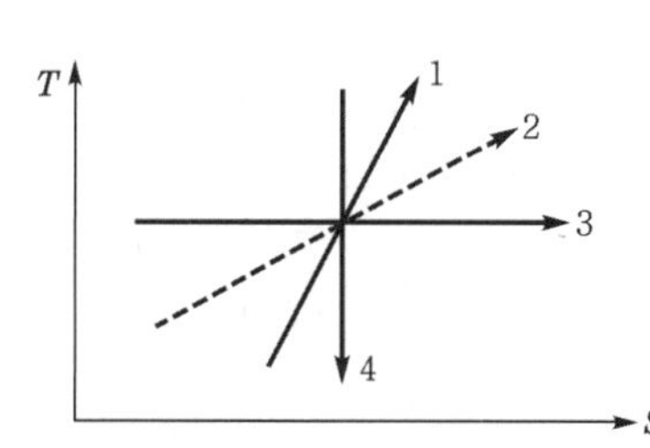

① a는 등적과정이고 4는 가역단열과정이다.
② b는 등온과정이고 3은 가역단열과정이다.
③ c는 등적과정이고 2는 등압과정이다.
④ d는 등적과정이고 4는 가역단열과정이다.

해설 a 등압과정(2)
b 등온과정(3)
c 가역단열과정(4)
d 등적과정(1)

36 역카르노 사이클로 작동하는 냉동 사이클이 있다. 저온부가 -10℃로 유지되고, 고온부가 40℃로 유지되는 상태를 A상태라고 하고, 저온부가 0℃, 고온부가 50℃로 유지되는 상태를 B상태라 할 때, 성능계수는 어느 상태의 냉동사이클이 얼마나 높은가?

① A상태의 사이클이 약 0.8만큼 높다.
② A상태의 사이클이 약 0.2만큼 높다.
③ B상태의 사이클이 약 0.8만큼 높다.
④ B상태의 사이클이 약 0.2만큼 높다.

해설 A상태(ε_R)$=\dfrac{T_2}{T_1-T_2}=\dfrac{263}{313-263}=5.26$

B상태(ε_R)$=\dfrac{T_2}{T_1-T_2}=\dfrac{273}{323-273}=5.46$

∴ B상태의 냉동 사이클 성능계수가 A상태의 냉동 사이클 성능계수(ε_R)보다 약 0.2만큼 높다.

★
37 비가역 사이클에 대한 클라우지우스(Clausius) 적분에 대하여 옳은 것은? (단, Q는 열량, T는 온도이다.)

① $\oint \dfrac{\delta Q}{T} > 0$
② $\oint \dfrac{\delta Q}{T} \geq 0$
③ $\oint \dfrac{\delta Q}{T} = 0$
④ $\oint \dfrac{\delta Q}{T} < 0$

해설 클라우지우스(Clausius)의 폐적분값은 가역사이클이면 등호(=), 비가역사이클이면 부등호(<)다.

$\oint \dfrac{\delta Q}{T} \leq 0$

정답 34. ① 35. ④ 36. ④ 37. ④

★
38 디젤 사이클에서 압축비가 20, 단절비(cut-off ratio)가 1.7일 때 열효율은 약 몇 %인가? (단, 비열비는 1.4이다.)

① 43　② 66
③ 72　④ 84

해설
$$\eta_{thd}=1-\left(\frac{1}{\varepsilon}\right)^{k-1}\frac{\sigma^k-1}{k(\sigma-1)}$$
$$=1-\left(\frac{1}{20}\right)^{1.4-1}\frac{1.7^{1.4}-1}{1.4\times(1.7-1)}=0.66(=66\%)$$

39 이상기체 2kg을 정압과정으로 50℃에서 150℃로 가열할 때, 필요한 열량은 약 몇 kJ인가? (단, 이 기체의 정적비열은 3.1kJ/kg·K이고, 기체상수는 2.1kJ/kg·K이다.)

① 210　② 310
③ 620　④ 1,040

해설 정압비열(C_p)=정적비열(C_v)+기체상수(R)
$=3.1+2.1=5.2$kJ/kg·K
$Q=mC_p(t_2-t_1)=2\times5.2(150-50)=1,040$kJ

★
40 다음 중 압력이 일정한 상태에서 온도가 변하였을 때의 체적팽창계수 β에 관한 식으로 옳은 것은? (단, 식에서 V는 부피, T는 온도, P는 압력을 의미한다.)

① $\beta=-\frac{1}{P}\left(\frac{\partial P}{\partial T}\right)_V$　② $\beta=-\frac{1}{V}\left(\frac{\partial V}{\partial P}\right)_T$
③ $\beta=\frac{1}{V}\left(\frac{\partial V}{\partial T}\right)_P$　④ $\beta=\frac{1}{T}\left(\frac{\partial T}{\partial P}\right)_V$

해설
체적팽창계수$(\beta)=\frac{1}{V}\left(\frac{\partial V}{\partial T}\right)_P$

제3과목 계측방법

41 벨로우즈(Bellows) 압력계에서 Bellows 탄성의 보조로 코일 스프링을 조합하여 사용하는 주된 이유는?

① 감도를 증대시키기 위하여
② 측정압력 범위를 넓히기 위하여
③ 측정지연 시간을 없애기 위하여
④ 히스테리시스 현상을 없애기 위하여

해설 벨로우즈(Bellows) 압력계에서 벨로즈 탄성의 보조로 코일 스프링을 조합하여 사용하는 주된 이유는 히스테리시스(hysteresis;이력현상)를 없애기 위함이다.

★
42 유량계의 교정방법 중 기체 유량계의 교정에 가장 적합한 방법은?

① 밸런스를 사용하여 교정한다.
② 기준 탱크를 사용하여 교정한다.
③ 기준 유량계를 사용하여 교정한다.
④ 기준 체적관을 사용하여 교정한다.

해설 유량계 교정방법 중 기체 유량계의 교정은 기준 체적관을 사용하는 것이 가장 적합한 방법이다.

43 차압식 유량계에 대한 설명으로 옳지 않은 것은?

① 관로에 오리피스, 플로우 노즐 등이 설치되어 있다.
② 정도(精度)가 좋으나, 측정범위가 좁다.
③ 유량은 압력차의 평방근에 비례한다.
④ 레이놀즈수가 105 이상에서 유량계수가 유지된다.

해설 차압식 유량계는 구조가 간단하고 가동부가 거의 없으므로 견고하고 내구성이 크며 고온·고압 과부하에 견디고 압력손실도 적다. 정밀도도 매우 높고 측정범위가 넓다.

★
44 열전온도계에 대한 설명으로 틀린 것은?

① 접촉식 온도계에서 비교적 낮은 온도 측정에 사용한다.
② 열기전력이 크고 온도증가에 따라 연속적으로 상승해야 한다.
③ 기준접점의 온도를 일정하게 유지해야 한다.
④ 측온 저항체와 열전대는 소자를 보호관 속에 넣어 사용한다.

해설 열전온도계는 측정온도범위가 넓다(-200~1,600℃).

45 다음 중 바이메탈 온도계의 측온 범위는?

① -200~200℃　② -30~360℃
③ -50~500℃　④ -100~700℃

정답 38. ② 39. ④ 40. ③ 41. ④ 42. ④ 43. ② 44. ① 45. ③

해설 **바이메탈(bimetal)**
서로 열팽창율이 다른 금속판 2개를 붙여 놓으면 온도변화에 따라 휘어지는 성질을 이용한 온도계로 측정범위는 −50~500℃까지다.

46 **베크만 온도계에 대한 설명으로 옳은 것은?**

① 빠른 응답성의 온도를 얻을 수 있다.
② 저온용으로 적합하여 약 −100℃까지 측정할 수 있다.
③ −60~350℃ 정도의 측정온도 범위인 것이 보통이다.
④ 모세관의 상부에 수은을 봉입한 부분에 대해 측정온도에 따라 남은 수은의 양을 가감하여 그 온도부분의 온도차를 0.01℃까지 측정할 수 있다.

해설 베크만 온도계(수은 온도계의 하나)는 온도계의 가는 대롱 윗부분에 보조적인 수은 주머니를 붙여서 만든다. 온도차를 0.01℃까지 잴 수 있고 영점을 임의의 온도에 일치시키고 사용한다.

★
47 **관로의 유속을 피토관으로 측정할 때 수주의 높이가 30cm이었다. 이때 유속은 약 몇 m/s인가?**

① 1.88　　② 2.42
③ 3.88　　④ 5.88

해설 $V=\sqrt{2g\Delta h}=\sqrt{2\times 9.8\times 0.3}=2.42\text{m/s}$

★
48 **제어시스템에서 조작량이 제어 편차에 의해서 정해진 두 개의 값이 어느 편인가를 택하는 제어방식으로 제어결과가 다음과 같은 동작은?**

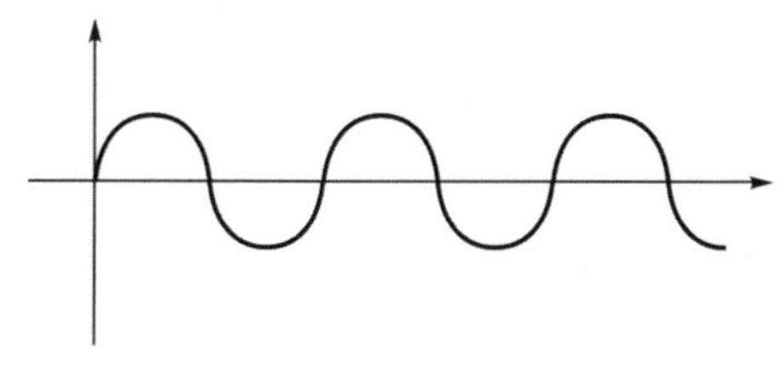

① 온오프동작　　② 비례동작
③ 적분동작　　④ 미분동작

해설 제어시스템(control system)에서 제어편차에 의하여 정해진 두 개의 값이 어느 편인가를 택하는 제어방식은 2위치동작(ON-OFF동작)이다.

49 **액체와 고체연료의 열량을 측정하는 열량계는?**

① 봄브식　　② 융커스식
③ 클리브랜드식　　④ 타그식

해설 열량계 중 액체와 고체연료의 열량을 측정하는 열량계는 봄브식이다.

50 **다음 중 열전대 온도계에서 사용되지 않는 것은?**

① 동-콘스탄탄
② 크로멜-알루멜
③ 철-콘스탄탄
④ 알루미늄-철

해설 **열전상(열전대) 온도계의 종류**
㉠ 백금-백금로듐　　㉡ 크로멜-알로엘
㉢ 동(Cu)-콘스탄탄　　㉣ 철-콘스탄탄

★
51 **2.2kΩ의 저항에 220V의 전압이 사용되었다면 1초당 발생한 열량은 몇 W인가?**

① 12　　② 22
③ 32　　④ 42

해설

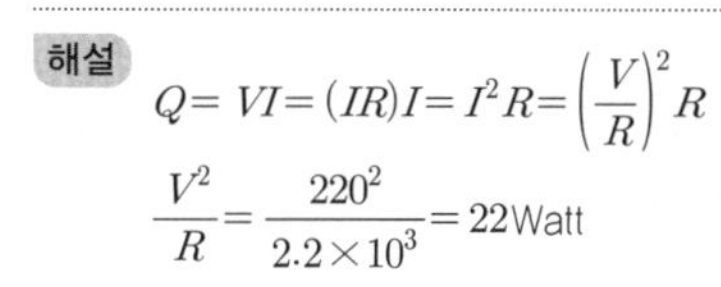

$$Q=VI=(IR)I=I^2R=\left(\frac{V}{R}\right)^2R$$

$$\frac{V^2}{R}=\frac{220^2}{2.2\times 10^3}=22\text{Watt}$$

★
52 **수지관 속에 비중이 0.9인 기름이 흐르고 있다. 아래 그림과 같이 액주계를 설치하였을 때 압력계의 지시값은 몇 kPa인가?**

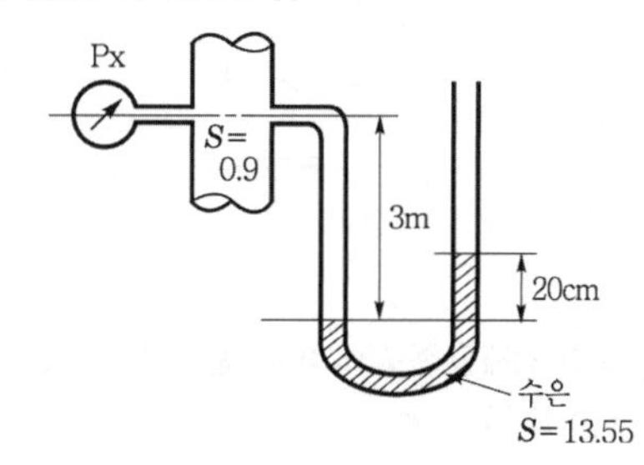

① 0.098　　② 0.02
③ 0.01　　④ 1.25

해설 $P_x+9.8Sh=(9.8\times 13.55)\times 0.2$

$\therefore P_x=(9.8\times 13.55)\times 0.2-9.8\times 0.9\times 3$
$=0.098\text{kPa}$

정답 46. ④ 47. ② 48. ① 49. ① 50. ④ 51. ② 52. ①

53 가스분석 방법 중 CO_2의 농도를 측정할 수 없는 방법은?

① 자기법 ② 도전율법
③ 적외선법 ④ 열도전율법

해설 가스분석법 중 이산화탄소(CO_2)의 농도를 측정할 수 없는 방법은 자기법이다.

★
54 측정량의 크기가 거의 같은 미리 알고 있는 양의 분동을 준비하여 분동과 측정량의 차이로부터 측정량을 구하는 방식은?

① 편위법 ② 보상법
③ 치환법 ④ 영위법

해설 보상법은 측정량의 크기가 거의 같은 미리 알고 있는 양의 분동을 준비하여 분동과 측정량의 차이로부터 측정량을 구하는 방식이다.

55 연소 가스 중의 CO와 H_2의 측정에 주로 사용되는 가스 분석계는?

① 과잉공기계 ② 질소가스계
③ 미연소가스계 ④ 탄산가스계

해설 연소 가스 중의 일산화탄소(CO)와 수소(H_2) 측정에 주로 사용되는 가스분석계는 미연소가스계다.

★
56 다음 중 가스분석 측정법이 아닌 것은?

① 오르자트법
② 적외선 흡수법
③ 플로우 노즐법
④ 가스크로마토그래피법

해설 가스분석 측정법은 오르자트법, 적외선 흡수법, 가스크로마토그래피법 등이 있다.

★
57 미리 정해진 순서에 따라 순차적으로 진행하는 제어방식은?

① 시퀀스 제어 ② 피드백 제어
③ 피드포워드 제어 ④ 적분 제어

해설 시퀀스 제어(개회로제어)란 미리 정해진 순서에 따라 순차적으로 진행하는 제어방식이다.

58 마노미터의 종류 중 압력 계산 시 유체의 밀도에는 무관하고 단지 마노미터 액의 밀도에만 관계되는 마노미터는?

① open-end 마노미터
② sealed-end 마노미터
③ 차압(differential) 마노미터
④ open-end 마노미터와 sealed-end 마노미터

해설 마노미터(manometer)액의 밀도에만 관계되는 마노미터는 차압(differential) 마노미터다.

★
59 다음 중 스로틀(throttle) 기구에 의하여 유량을 측정하지 않는 유량계는?

① 오리피스미터
② 플로우 노즐
③ 벤투리미터
④ 오벌미터

해설
- 차압식 유량계 : orifice, flow nozzle, venturi meter
- 용적식 유량계 : 오벌미터, 피스톤형, 루트형 가스미터
- 면적식 유량계 : 로터미터

★
60 자동제어에서 동작신호의 미분값을 계산하여 이것과 동작신호를 합한 조작량 변화를 나타내는 동작은?

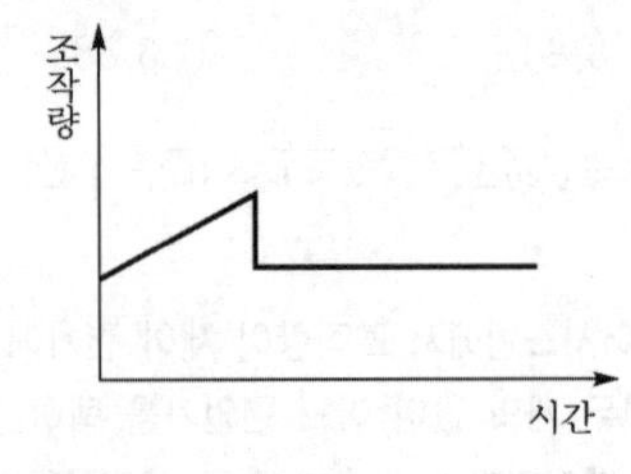

① D동작
② P동작
③ PD동작
④ PID동작

해설

조작량
미분(D)동작
조작량 일정[비례(P)동작]
시간(t)

동작 신호를 합한 조작량 변화를 나타내는 동작은 비례미분(PD)동작이다.

정답 53. ① 54. ② 55. ③ 56. ③ 57. ① 58. ③ 59. ④ 60. ③

제4과목 열설비재료 및 관계법규

61 보온을 두껍게 하면 방산열량(Q)은 적게 되지만 보온재의 비용(P)은 증대된다. 이때 경제성을 고려한 최소치의 보온재 두께를 구하는 식은?

① $Q+P$ ② Q_2+P
③ $Q+P_2$ ④ Q_2+P_2

해설 경제성을 고려한 최소치 보온재 두께 = $Q+P$(=방산열량+보온재비용)
⊙ 보온을 두껍게 하면 방산열량(Q)은 적게 되지만 보온재 비용(P)은 증대된다.

★
62 내화물의 제조공정의 순서로 옳은 것은?

① 혼련 → 성형 → 분쇄 → 소성 → 건조
② 분쇄 → 성형 → 혼련 → 건조 → 소성
③ 혼련 → 분쇄 → 성형 → 소성 → 건조
④ 분쇄 → 혼련 → 성형 → 건조 → 소성

해설 **내화물의 제조공정 순서**
분쇄 → 혼련 → 성형 → 건조 → 소성

63 에너지이용 합리화법에서 정한 에너지다소비 사업자의 에너지관리기준이란?

① 에너지를 효율적으로 관리하기 위하여 필요한 기준
② 에너지관리 현황 조사에 대한 필요한 기준
③ 에너지 사용량 및 제품 생산량에 맞게 에너지를 소비하도록 만든 기준
④ 에너지관리 진단 결과 손실요인을 줄이기 위하여 필요한 기준

해설 에너지다소비업자의 에너지관리기준이란 에너지를 효율적으로 관리하기 위하여 필요한 기준이다.

★
64 터널가마(tunnel kiln)의 장점이 아닌 것은?

① 소성이 균일하여 제품의 품질이 좋다.
② 온도조절의 자동화가 쉽다.
③ 열효율이 좋아 연료비가 절감된다.
④ 사용연료의 제한을 받지 않고 전력소비가 적다.

해설 터널가마(tunnel kiln)는 대량생산에 적합한 연속제조용 가마이다.
장점
㉠ 소성이 균일하여 제품의 품질이 좋다.
㉡ 온도조절의 자동화가 쉽다.
㉢ 소성서냉시간이 짧다.
㉣ 소성가스의 온도, 산화 환원 소성의 조절이 쉽다.
㉤ 효율이 좋아 연료비가 절감된다(열손실이 적어 단독가마의 절반밖에 들지 않는다).
㉥ 가마의 바닥면적이 생산량에 비해서 작으며 노무비가 절약된다.
※ 가마(kiln, 요)란 소성·용융 등의 열처리 공정을 수행하기 위해 사용하는 장치로서 도자기, 벽돌, 시멘트 등의 요업제조공정에 사용된다.

★
65 다음 중 배관의 호칭법으로 사용되는 스케줄 번호를 산출하는 데 직접적인 영향을 미치는 것은?

① 관의 외경 ② 관의 사용온도
③ 관의 허용응력 ④ 관의 열팽창계수

해설 배관의 호칭법에서 사용되는 스케쥴번호(SCH NO) = $\frac{P}{S}\times1,000$는 관(pipe)의 두께를 나타내는 값이다. 여기서,
P: 사용압력(MPa), S: 관의 허용응력(N/mm^2)

★
66 내화물의 스폴링(spalling) 시험방법에 대한 설명으로 틀린 것은?

① 시험체는 표준형 벽돌을 110±5℃에서 건조하여 사용한다.
② 전 기공률 45% 이상 내화벽돌은 공랭법에 의한다.
③ 시험편을 노 내에 삽입 후 소정의 시험온도에 도달하고 나서 약 15분간 가열한다.
④ 수냉법의 경우 노 내에서 시험편을 꺼내어 재빠르게 가열면 측을 눈금의 위치까지 물에 잠기게 하여 약 10분간 냉각한다.

67 고알루미나(high alumina)질 내화물의 특성에 대한 설명으로 옳은 것은?

① 급열, 급랭에 대한 저항성이 적다.
② 고온에서 부피변화가 크다.
③ 하중 연화온도가 높다.
④ 내마모성이 적다.

정답 61. ① 62. ④ 63. ① 64. ④ 65. ③ 66. ④ 67. ③

해설 고알루미나질 내화물(Al_2O_3계 50% 이상)은 중성 내화물로 질성분이 많을수록 고온에 잘 견딘다.
※ 하중연화도가 높고 고온에서 부피(체적) 변화가 적고 내식성, 내마모성이 크다(내화도 SK 35~38).

68 견요의 특징에 대한 설명으로 틀린 것은?

① 석회석 클링커 제조에 널리 사용된다.
② 하부에서 연료를 장입하는 형식이다.
③ 제품의 예열을 이용하여 연소용 공기를 예열한다.
④ 이동 화상식이며 연속요에 속한다.

해설 견요(샤프트로)는 상부에서 연료를 장입하는 형식이다.

69 에너지이용 합리화법에 따라 산업통상자원부 장관이 국내외 에너지 사정의 변동으로 에너지 수급에 중대한 차질이 발생될 경우 수급안정을 위해 취할 수 있는 조치 사항이 아닌 것은?

① 에너지의 배급
② 에너지의 비축과 저장
③ 에너지의 양도·양수의 제한 또는 금지
④ 에너지 수급의 안정을 위하여 산업통상자원부령으로 정하는 사항

해설 **비상시 에너지 수급계획 수립(수급안정을 위해 취할 조치 사항)**
㉠ 에너지의 배급
㉡ 에너지의 비축과 저장
㉢ 에너지 양도양수 제한금지
㉣ 비상시 에너지 소비절감 대책
㉤ 비상시 수급안정을 위한 국제협력대책
㉥ 비상계획의 효율적 시행을 위한 행정계획
㉦ 산업통상자원부장관은 국내외 에너지 사정의 변동에 따라 에너지 수급 차질에 대비하기 위해 에너지 사용을 제한하는 등 관계법령에서 정하는 바에 따라 필요한 조치를 할 수 있다.

★
70 에너지이용 합리화법에 따라 에너지다소비사업자는 연료·열 및 전력의 연간 사용량의 합계가 얼마 이상인 자를 나타내는가?

① 1천 티오이 이상인 자
② 2천 티오이 이상인 자
③ 3천 티오이 이상인 자
④ 5천 티오이 이상인 자

해설 에너지관리공단은 개정된 에너지이용 합리화법령이 시행됨에 따라 연간 에너지소비량이 2,000toe(석유환산톤) 이상인 에너지다소비업자는 5년마다 의무적으로 에너지 진단 의무화를 실시한다(에너지 진단제도는 사업장이 진단전문기관으로부터 진단을 받음으로써 사업장의 에너지 이용 현황파악, 손실요인 발굴 및 에너지 절감을 위한 최적의 개선안을 도출하는 컨설팅의 일종이다).

★
71 에너지이용 합리화법에 따라 에너지이용 합리화에 관한 기본계획 사항에 포함되지 않는 것은?

① 에너지 절약형 경제구조로의 전환
② 에너지이용 합리화를 위한 기술개발
③ 열사용기자재의 안전관리
④ 국가에너지정책목표를 달성하기 위하여 대통령령으로 정하는 사항

해설 **에너지이용 합리화에 관한 기본계획 포함사항**
㉠ 에너지 절약형 경제구조로 전환
㉡ 에너지이용 합리화를 위한 기술개발
㉢ 열사용기자재의 안전관리

★
72 에너지이용 합리화법에 따라 검사대상기기의 설치자가 변경된 경우 새로운 검사대상기기의 설치자는 그 변경일부터 최대 며칠 이내에 검사대상기기 설치자 변경신고서를 제출하여야 하는가?

① 7일 ② 10일
③ 15일 ④ 20일

해설 검사대상기기의 설치자가 변경된 경우 새로운 검사대상기기의 설치자는 그 변경일로부터 최대 15일 이내에 검사대상기기 설치자 변경신고서를 제출해야 한다.

73 에너지이용 합리화법에 따라 고효율에너지 인증대상기자재에 해당되지 않는 것은?

① 펌프
② 무정전 전원장치
③ 가정용 가스보일러
④ 발광다이오드 등 조명기기

해설 **고효율에너지 인증대상 기자재**
㉠ 펌프
㉡ 무정전 전원장치
㉢ 발광다이오드 등 조명기기

정답 68. ② 69. ④ 70. ② 71. ④ 72. ③ 73. ③

74 **보온 단열재의 재료에 따른 구분에서 약 850~1,200℃ 정도까지 견디며, 열 손실을 줄이기 위해 사용되는 것은?**

① 단열재 ② 보온재
③ 보냉재 ④ 내화 단열재

해설 단열재는 보온단열재에 따른 구분에서 약 850~1,200℃ 정도까지 견디며 열손실을 줄이기 위해 사용된다.

75 **요로에 대한 설명으로 틀린 것은?**

① 재료를 가열하여 물리적 및 화학적 성질을 변화시키는 가열장치이다.
② 석탄, 석유, 가스, 전기 등의 에너지를 다량으로 사용하는 설비이다.
③ 사용목적은 연료를 가열하여 수증기를 만들기 위함이다.
④ 조업방식에 따라 불연속식, 반연속식, 연속식으로 분류된다.

해설 요로(가마)의 사용목적은 숯이나 도자기, 기와, 벽돌 따위를 구워내는 시설이다.

★
76 **에너지이용 합리화법에 따라 열사용기자재 중 2종 압력용기의 적용범위로 옳은 것은?**

① 최고사용압력이 0.1MPa을 초과하는 기체를 그 안에 보유하는 용기로서 내부 부피가 $0.05m^3$ 이상인 것
② 최고사용압력이 0.2MPa을 초과하는 기체를 그 안에 보유하는 용기로서 내부 부피가 $0.04m^3$ 이상인 것
③ 최고사용압력이 0.1MPa을 초과하는 기체를 그 안에 보유하는 용기로서 내부 부피가 $0.03m^3$ 이상인 것
④ 최고사용압력이 0.2MPa을 초과하는 기체를 그 안에 보유하는 용기로서 내부 부피가 $0.02m^3$ 이상인 것

해설 에너지이용합리화법에 따른 열사용 기자재 중 2종 압력용기의 적용범위는 최고사용압력이 0.2MPa를 초과하는 기체를 그 안에 보유하는 용기로서 내부부피가 $0.04m^3$ 이상인 것, 동체안지름이 200mm 이상, 증기헤더의 경우는 동체안지름이 300mm 초과이고 그 길이가 1,000mm 이상인 것

77 **다음 중 전로법에 의한 제강 작업 시의 열원은?**

① 가스의 연소열
② 코크스의 연소열
③ 석회석의 반응열
④ 용선 내의 불순원소의 산화열

해설 전로법에서 제강 작업 시의 열원은 용선 내의 불순원소의 산화열이다.

★
78 **에너지이용 합리화법에서 에너지의 절약을 위해 정한 "자발적 협약"의 평가 기준이 아닌 것은?**

① 계획대비 달성률 및 투자실적
② 자원 및 에너지의 재활용 노력
③ 에너지 절약을 위한 연구개발 및 보급촉진
④ 에너지 절감량 또는 에너지의 합리적인 이용을 통한 온실가스배출 감축량

해설 **에너지 절약을 위해 정한 자발적 협약의 평가기준**
㉠ 계획대비 달성률 및 투자실적
㉡ 자원 및 에너지 재활용 노력
㉢ 에너지 절감량 또는 에너지의 합리적인 이용을 통한 온실가스 배출감축량

★
79 **배관 내 유체의 흐름을 나타내는 무차원 수인 레이놀즈수(Re)의 층류흐름 기준은?**

① Re < 1,000
② Re < 2,100
③ 2,100 < Re
④ 2,100 < Re < 4,000

해설 관로(pipe) 유동 시 무차원수인 레이놀즈수(Re)의 층류흐름 기준은 Re<2,100일 때다.

$$\text{레이놀즈수(Re)} = \frac{\rho v d}{\mu} = \frac{vd}{\gamma} = \frac{4Q}{\pi d \gamma} = \frac{\text{관성력(inertia force)}}{\text{점성력(viscosity force)}}$$

난류(Re)>4,000
천이영역 2,100<Re<4,000

정답 74. ① 75. ③ 76. ② 77. ④ 78. ③ 79. ②

80 규산칼슘 보온재에 대한 설명으로 가장 거리가 먼 것은?

① 규산에 석회 및 석면 섬유를 섞어서 성형하고 다시 수증기로 처리하여 만든 것이다.
② 플랜트 설비의 탑조류, 가열로, 배관류 등의 보온공사에 많이 사용된다.
③ 가볍고 단열성과 내열성은 뛰어나지만 내산성이 적고 끓는 물에 쉽게 붕괴된다.
④ 무기질 보온재로 다공질이며 최고 안전 사용온도는 약 650℃ 정도이다.

해설 무기질 보온재인 규산칼슘 보온재는 규산질, 석회질, 석면을 혼합하여 제조한 것으로 압축강도 및 곡강도가 크며 시공이 용이하고 규조토 성분이 있어 내수성이 크다(불에 타지 않는다). 최고 안전 사용온도는 650℃ 정도이다.

제5과목 열설비설계

★
81 다음 무차원 수에 대한 설명으로 틀린 것은?

① Nusselt 수는 열전달계수와 관계가 있다.
② Prandtl 수는 동점성계수와 관계가 있다.
③ Reynolds 수는 층류 및 난류와 관계가 있다.
④ Stanton 수는 확산계수와 관계가 있다.

해설 스탠톤수(Stanton Number)

$=\text{NUu/Re.Pr}=\dfrac{\text{열전달률}(\alpha)}{C_p \rho u}$

여기서, C_p : 정압비열(kJ/kg・K)
ρ : 유체밀도(kg/m^3)
u : 유체유속(m/s)

82 NaOH 8g을 200L의 수용액에 녹이면 pH는?

① 9 ② 10
③ 11 ④ 12

해설 $M=\dfrac{\text{물질의 질량}}{\text{용질의 분자량(NaOH)}}=\dfrac{8}{40}\times\dfrac{1,000}{200,000}=0.001$

∴ pH(수소이온농도지수) $=14+\log[0.001]$
$=14-3=11$

★
83 프라이밍 및 포밍이 발생한 경우 조치 방법으로 틀린 것은?

① 압력을 규정압력으로 유지한다.
② 보일러수의 일부를 분출하고 새로운 물을 넣는다.
③ 증기밸브를 열고 수면계의 수위 안정을 기다린다.
④ 안전밸브, 수면계의 시험과 압력계 연락관을 취출하여 본다.

해설 안전밸브를 개방하여 압력을 낮추면 프라이밍(비수현상) 및 포밍(거품)현상이 오히려 더욱 일어나게 되므로 주증기밸브(main steam valve)를 잠가서 압력을 증가시켜 주어야 한다.

84 상향 버킷식 증기트랩에 대한 설명으로 틀린 것은?

① 응축수의 유입구와 유출구의 차압이 없어도 배출이 가능하다.
② 가동 시 공기 빼기를 하여야 하며 겨울철 동결 우려가 있다.
③ 배관계통에 설치하여 배출용으로 사용된다.
④ 장치의 설치는 수평으로 한다.

해설 상향 버킷식 트랩은 유입구와 유출구의 차압이 있어야 배출이 가능하다.

85 결정조직을 조정하고 연화시키기 위한 열처리 조작으로 용접에서 발생한 잔류응력을 제거하기 위한 것은?

① 뜨임(tempering) ② 풀림(annealing)
③ 담금질(quenching) ④ 불림(normalizing)

해설 ① 뜨임(템퍼링) : 인성(내충격성) 부여
② 풀림(어닐링) : 연화(soft) 및 잔류응력 제거
③ 담금질(퀜칭) : 강도 및 경도 증가
④ 불림(노멀라이징) : 조대화된 조직을 미세화(표준화)

★
86 유량 7m^3/s의 주철제 도수관의 지름(mm)은? (단, 평균유속(V)은 3m/s이다.)

① 680 ② 1,312
③ 1,723 ④ 2,163

해설 $Q=AV=\dfrac{\pi d^2}{4}V$[m^3/s]에서

$d=\sqrt{\dfrac{4Q}{\pi V}}=\sqrt{\dfrac{4\times 7}{\pi\times 3}}=1.723\text{m}$

정답 80. ③ 81. ④ 82. ③ 83. ③ 84. ① 85. ② 86. ③

★
87 노통보일러에서 갤로웨이관(Galloway tube)을 설치하는 이유가 아닌 것은?

① 전열면적의 증가 ② 물의 순환 증가
③ 노통의 보강 ④ 유동저항 감소

해설 **갤로웨이관(Galloway tube)의 설치목적(이유)**
㉠ 전열면적의 증가
㉡ 보일러수(물)의 순환 증대
㉢ 노통의 보강
※ 갤로웨이관은 노통 상하부를 약 30° 정도로 관통시킨 원추형 관(tube)이다.

88 이온 교환체에 의한 경수의 연화 원리에 대한 설명으로 옳은 것은?

① 수지의 성분과 Na형의 양이온과 결합하여 경도성분 제거
② 산소 원자와 수지가 결합하여 경도 성분 제거
③ 물속의 음이온과 양이온이 동시에 수지와 결합하여 경도성분 제거
④ 수지가 물속의 모든 이물질과 결합하여 경도성분 제거

해설 이온 교환체에 의한 경수의 연화는 수지의 성분과 나트륨(Na)형의 양이온과 결합하여 경도성분을 제거하는 것이다.

★
89 증발량 2,000kg/h, 최고사용압력 1MPa, 급수온도 20℃, 최대 증발률 25kg/m^2·h인 원통보일러에서 평균 증발률을 최대 증발률의 90%로 할 때, 평균 증발량(kg/h)은?

① 1,200 ② 1,500
③ 1,800 ④ 2,100

해설 평균증발량(G_m) $= 2,000 \times 0.9 = 1,800$kg/h

90 피복 아크 용접에서 루트 간격이 크게 되었을 때 보수하는 방법으로 틀린 것은?

① 맞대기 이음에서 간격이 6mm 이하일 때에는 이음부의 한쪽 또는 양쪽에 덧붙이를 하고 깎아내어 간격을 맞춘다.
② 맞대기 이음에서 간격이 16mm 이상일 때에는 판의 전부 혹은 일부를 바꾼다.
③ 필릿 용접에서 간격이 1.5~4.5mm일 때에는 그대로 용접해도 좋지만 벌어진 간격만큼 각장을 작게 한다.
④ 필릿 용접에서 간격이 1.5mm 이하일 때에는 그대로 용접한다.

해설 필릿 용접의 용접물의 간격이 1.5mm 이하에서는 규정의 각장(비드폭)으로 용접하며 1.5~4.5mm인 경우는 그대로 용접해도 좋으나 각장을 증가시킬수도 있다. 4.5mm 이상에서는 라이너를 넣는다거나 또는 부족한 판을 300mm 이상 잘라내서 대체한다.

★
91 보일러의 과열에 의한 압궤(Collapse)의 발생부분이 아닌 것은?

① 노통 상부 ② 화실 천장
③ 연관 ④ 가셋스테이

해설 보일러의 과열에 의한 압궤(Collapse)란 과열된 강재가 외압을 받아 안쪽으로 눌리어 오목해지는 현상으로 압궤 발생부분은 노통(상부), 화실 천장(연소실), 연관 등에서 주로 발생된다.

92 보일러수의 분출시기가 아닌 것은?

① 보일러 가동 전 관수가 정지되었을 때
② 연속운전일 경우 부하가 가벼울 때
③ 수위가 지나치게 낮아졌을 때
④ 프라이밍 및 포밍이 발생할 때

해설 안전수위 이하가 되지 않도록 한다(분출작업 중 가장 중요시 해야 할 사항이다).
보일러수의 분출시기
㉠ 보일러 기동 전 관수가 정지되었을 때
㉡ 연속운전일 경우 부하가 가벼울 때
㉢ 보일러수면에 부유물이 많을 때
㉣ 프라이밍(비수현상) 및 포밍(거품)이 발생할 때
㉤ 보일러 수저에 슬러지가 퇴적되었을 때
㉥ 단속운전 보일러는 다음날 보일러 가동 전에 실시한다(불순물이 완전히 침전되었을 때).

★
93 최고사용압력 1.5MPa, 파형 형상에 따른 정수(C)를 1,100으로 할 때 노통의 평균지름이 1,100mm인 파형노통의 최소 두께는?

① 10mm ② 15mm
③ 20mm ④ 25mm

정답 87. ④ 88. ① 89. ③ 90. ③ 91. ④ 92. ③ 93. ②

해설 파형노통의 최소두께$(t) = \dfrac{10PD}{C}$

$$= \frac{10 \times 1.5 \times 1,100}{1,000} = 15\text{mm}$$

94 동체의 안지름이 2,000mm, 최고사용압력이 120N/cm²인 원통보일러 동판의 두께(mm)는? (단, 강판의 인장강도 400N/mm², 안전율 4.5, 용접부의 이음효율(η) 0.71, 부식여유는 2mm이다.)

① 12 ② 16
③ 19 ④ 21

해설 $t = \dfrac{PD}{200\sigma_a \eta} + C \qquad \left[\sigma_a = \dfrac{\sigma_u}{S}\right]$

$= \dfrac{PDS}{200\sigma_u \eta} + C = \dfrac{120 \times 2,000 \times 4.5}{200 \times 400 \times 0.71} + 2$

$= 21\text{mm}$

★
95 아래 벽체구조의 열관류율(W/m²K)은? (단, 내측 열전도저항값은 0.043m²K/W이며, 외측 열전도저항값은 0.112m²K/W이다.)

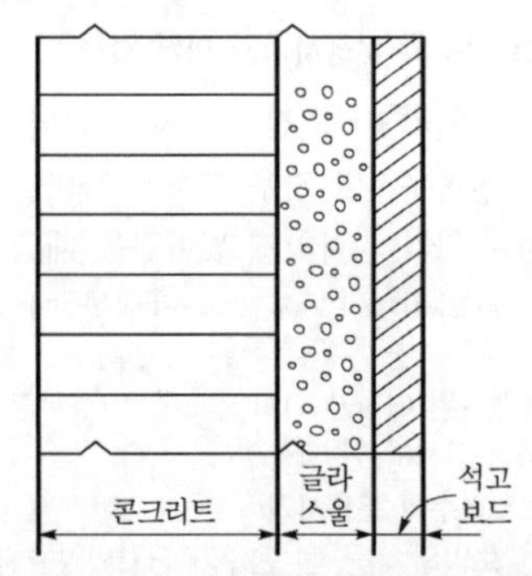

재료	두께(mm)	열전도율(W/mK)
내측		
① 콘크리트	200	1.63
② 글라스울	75	0.038
③ 석고보드	20	0.24
외측		

① 0.43 ② 0.57
③ 0.87 ④ 0.97

해설 $K = \dfrac{1}{R} = \dfrac{1}{\dfrac{1}{\alpha_i} + \sum_{i=1}^{n} \dfrac{x_i}{k_i} + \dfrac{1}{\alpha_o}}$

$= \dfrac{1}{\dfrac{1}{23.26} + \dfrac{0.2}{1.63} + \dfrac{0.075}{0.038} + \dfrac{0.02}{0.24} + \dfrac{1}{8.93}}$

$\fallingdotseq 0.43\text{W/m}^2 \cdot \text{K}$

★
96 보일러에 부착되어 있는 압력계의 최고눈금은 보일러의 최고사용압력의 최대 몇 배 이하의 것을 사용해야 하는가?

① 1.5배 ② 2.0배
③ 3.0배 ④ 3.5배

해설 보일러에 부착되어 있는 압력의 최고눈금은 보일러 최고사용압력의 최대 3배 이하인 것을 사용해야 한다.

★
97 보일러 응축수 탱크의 가장 적절한 설치위치는?

① 보일러 상단부와 응축수 탱크의 하단부를 일치시킨다.
② 보일러 하단부와 응축수 탱크의 하단부를 일치시킨다.
③ 응축수 탱크는 응축수 회수배관보다 낮게 설치한다.
④ 응축수 탱크는 송출 증기관과 동일한 양정을 갖는 위치에 설치한다.

해설 보일러 응축수 탱크의 위치는 응축수 탱크는 응축수 회수배관보다 낮게 설치해야 한다.

98 수관보일러에서 수랭 노벽의 설치 목적으로 가장 거리가 먼 것은?

① 고온의 연소열에 의해 내화물이 연화, 변형되는 것을 방지하기 위하여
② 물의 순환을 좋게 하고 수관의 변형을 방지하기 위하여
③ 복사열을 흡수시켜 복사에 의한 열손실을 줄이기 위하여
④ 전열면적을 증가시켜 전열효율을 상승시키고, 보일러 효율을 높이기 위하여

정답 94. ④ 95. ① 96. ③ 97. ③ 98. ②

해설 수관보일러에서 수랭 노벽의 설치 목적은 수관을 연소실 주변에 울타리 모양으로 배치한 노벽으로 전열면적 증대로 효율증대, 연소실 내 복사열 흡수 열손실을 줄이기 위함, 고온열소열에 의해 내화물의 연화, 변형되는 것을 방지하기 위함이다.

※ 물의 순환촉진과 수관의 변형 방지 등은 설치목적과 거리가 멀다.

★

99 보일러 설치공간의 계획 시 바닥으로부터 보일러 동체의 최상부까지의 높이가 4.4m라면, 바닥으로부터 상부 건축구조물까지의 최소높이는 얼마 이상을 유지하여야 하는가?

① 5.0m 이상 ② 5.3m 이상
③ 5.6m 이상 ④ 5.9m 이상

해설 보일러 설치공간 계획 시 바닥으로부터 보일러 동체의 최상부까지의 높이가 4.4m라면 바닥으로부터 상부구조물까지의 최소높이는 5.6m 이상을 유지해야 한다.

★

100 코르니시 보일러의 노통을 한쪽으로 편심 부착시키는 주된 목적은?

① 강도상 유리하므로
② 전열면적을 크게 하기 위하여
③ 내부청소를 간편하게 하기 위하여
④ 보일러 물의 순환을 좋게 하기 위하여

해설 코르니시(cornish) 보일러에서 노통을 보일러 동체에 대해 한쪽으로 편심 부착하는 주된 목적(이유)은 보일러 수(물)의 순환을 양호하게(좋게) 하기 위함이다.

정답 99. ③ 100. ④

2018

Engineer Energy Management

과년도 출제문제

제1회 에너지관리기사

제2회 에너지관리기사

제4회 에너지관리기사

자주 출제되는 중요한 문제는 별표(★)로 강조했습니다.
마무리학습할 때 한 번 더 풀어보기를 권합니다.

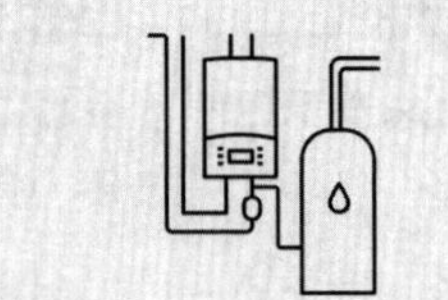

Engineer Energy Management

2018년 제1회 에너지관리기사

제1과목 연소공학

01 고체연료에 대비 액체연료의 성분 조성비는?

① H_2 함량이 적고 O_2 함량이 적다.
② H_2 함량이 크고 O_2 함량이 적다.
③ O_2 함량이 크고 H_2 함량이 크다.
④ O_2 함량이 크고 H_2 함량이 적다.

해설 액체연료는 고체연료보다 수소(H_2) 함량이 크고 산소(O_2) 함량이 적다.

★
02 연돌에서 배출되는 연기의 농도를 1시간 동안 측정한 결과가 다음과 같을 때 매연의 농도율은 몇 %인가?

[측정결과]
• 농도 4도: 10분 • 농도 3도: 15분
• 농도 2도: 15분 • 농도 1도: 20분

① 25 ② 35
③ 45 ④ 55

해설 **링겔만 매연농도표**
No. 0(깨끗함)~No. 5(더러움)
• 매연농도율
=20×총매연농도치/측정시간(분)
=20×(4×10+3×15+2×15+1×20)÷60=45%
• 매연농도치=농도표 번호(No.)×측정시간(분)

★
03 탄산가스최대량(CO_{2max})에 대한 설명 중 ( )에 알맞은 것은?

( )으로 연료를 완전연소시킨다고 가정을 할 경우에 연소가스 중의 탄산가스량을 이론 건연소가스량에 대한 백분율로 표시한 것이다.

① 실제공기량
② 과잉공기량
③ 부족공기량
④ 이론공기량

해설 탄산가스최대량(CO_{2max})은 이론공기량으로 연료를 완전연소시킨다고 가정할 경우 연소가스 중의 탄산가스(CO_2)량을 건연소가스량에 대한 백분율(퍼센트)로 표시한 것이다.

★
04 연소 배기가스 중 가장 많이 포함된 기체는?

① O_2 ② N_2
③ CO_2 ④ SO_2

해설 연소 배기가스 중 가장 많이 포함된 가스는 질소(N_2)이다.

05 전압은 분압의 합과 같다는 법칙은?

① 아마겟의 법칙 ② 뤼삭의 법칙
③ 달톤의 법칙 ④ 헨리의 법칙

해설 달톤(Dalton)의 분압법칙은 두 가지 이상의 서로 다른 기체를 혼합 시 화학반응이 일어나지 않는다고 하면, 혼합 후 기체 전압력은 혼합 전 각 성분 기체의 분압의 합과 같다는 법칙이다.

06 액화석유가스(LPG)의 성질에 대한 설명으로 틀린 것은?

① 인화폭발의 위험성이 크다.
② 상온, 대기압에서는 액체이다.
③ 가스의 비중은 공기보다 무겁다.
④ 기화잠열이 커서 냉각제로도 이용 가능하다.

해설 액화석유가스(LPG)는 주성분이 프로판(C_3H_8), 부탄(C_4H_{10})이고, 상온 대기압 상태에서는 기체이고, 상온에서 대기압 이상 고압(1.45MPa)으로 액화시킨 가스로 비중은 공기보다 1.52배 더 무겁다.

★
07 연소관리에 있어 연소 배기가스를 분석하는 가장 직접적인 목적은?

① 공기비 계산 ② 노내압 조절
③ 연소열량 계산 ④ 매연농도 산출

해설 연소 배기가스를 분석하는 가장 직접적인 목적은 공기비(과잉공기량)를 계산하는 데 있다.

정답 01. ② 02. ③ 03. ④ 04. ② 05. ③ 06. ② 07. ①

08 일반적으로 기체연료의 연소방식을 크게 2가지로 분류한 것은?

① 등심연소와 분산연소
② 액면연소와 증발연소
③ 증발연소와 분해연소
④ 예혼합연소와 확산연소

해설 ㉠ 기체연료의 연소방식은 예혼합연소와 확산연소로 분류한다.
㉡ 액체연료는 증발연소와 무화연소로 분류한다.
㉢ 고체연료는 표면연소, 분해연소, 증발연소로 분류한다.

★
09 연소에 관한 용어, 단위 및 수식의 표현으로 옳은 것은?

① 화격자 연소율의 단위: $kg/m^2 \cdot h$
② 공기비(m): $\dfrac{이론공기량(A_o)}{실제공기량(A)}$ $(m>1.0)$
③ 이론연소가스량(고체연료인 경우): Nm^3/Nm^3
④ 고체연료의 저위발열량(H_L)의 관계식: $H_L = H_h - 2{,}512(9H+W)$ (kJ/kg)

해설 ㉠ 공기비(m)$=\dfrac{실제공기량(A)}{이론공기량(A_0)}>1$
㉡ 이론연소가스량(고체연료인 경우): Nm^3/kg
㉢ 고체연료 저위발열량(H_L)
$=H_h-2{,}512(W+9H)$(kJ/kg)

★
10 다음 중 매연의 발생 원인으로 가장 거리가 먼 것은?

① 연소실 온도가 높을 때
② 연소장치가 불량할 때
③ 연료의 질이 나쁠 때
④ 통풍력이 부족할 때

해설 **매연 발생 원인**
㉠ 연소실 온도가 낮을 때
㉡ 연료의 질이 나쁠 때
㉢ 연소장치가 불량할 때
㉣ 통풍력이 부족할 때

11 코크스로가스를 $100Nm^3$ 연소한 경우 습연소가스량과 건연소가스량의 차이는 약 몇 Nm^3인가? [단, 코크스로가스의 조성(용량%)은 CO_2 3%, CO 8%, CH_4 30%, C_2H_4 4%, H_2 50% 및 N_2 5%]

① 108 ② 118
③ 128 ④ 138

해설 연료성분가스의 단위체적($1Nm^3$)당 완전연소에 의한 이론산소량을 우선 구한다.

1. $H_2+\frac{1}{2}O_2 \rightarrow H_2O$
2. $CO+\frac{1}{2}O_2 \rightarrow CO_2$
3. $CH_4+2O_2 \rightarrow CO_2+2H_2O$
4. $C_2H_4+3O_2 \rightarrow 2CO_2+2H_2O$

이론산소량(O_0)
$=(0.5\times H_2)+(0.5\times CO)+(2\times CH_4)+(3\times C_2H_4)$
$=(0.5\times0.5)+(0.5\times0.08)+(2\times0.3)+(3\times0.04)$
$=1.01Nm^3/Nm^3$(연료)

이론공기량(A_0)$=\dfrac{O_0}{0.21}=\dfrac{0.01}{0.21}≒4.81Nm^3/Nm^3$(연료)

이론건연료가스량(G_{od})
=연료 중 불연성분+이론공기량 중 질소량+생성된 CO_2의 양
$=CO_2+N_2+0.79A_0+$생성된 CO_2의 양
$=0.03+0.05+(0.79\times4.81)+0.46$
$≒4.40Nm^3/Nm^3$(연료)

※ 생성된 CO_2의 양
$=(1\times0.08)+(1\times0.3)+(2\times0.04)$
$=0.46Nm^3/Nm^3$(연료)

이론습연료가스량(G_{ow})
$=G_{od}+$생성된 H_2O의 양
$=4.40+1.18=5.58Nm^3/Nm^3$(연료)

※ 생성된 H_2O의 양
$=(1\times0.5)+(2\times0.3)+(2\times0.04)$
$=1.18Nm^3/Nm^3$(연료)

단위체적당
$G_{ow}-G_{od}=5.58-4.40=1.18Nm^3/Nm^3$이므로
총 사용연료량 $100Nm^3$을 곱하면
$G_{ow}-G_{od}=118Nm^3$

★
12 석탄을 연소시킬 경우 필요한 이론산소량은 약 몇 Nm^3/kg인가? (단, 중량비 조성은 C: 86%, H: 4%, O: 8%, S: 2%이다.)

① 1.49 ② 1.78
③ 2.03 ④ 2.45

해설 이론산소량(O_o)
$=1.867C+5.6\left(H-\dfrac{O}{8}\right)+0.7S$
$=1.867\times0.86+5.6\left(0.04-\dfrac{0.08}{8}\right)+0.7\times0.02$
$=1.787Nm^3/kg$

정답 08. ④ 09. ① 10. ① 11. ② 12. ②

13 불꽃연소(flaming combustion)에 대한 설명으로 틀린 것은?

① 연소속도가 느리다.
② 연쇄반응을 수반한다.
③ 연소사면체에 의한 연소이다.
④ 가솔린의 연소가 이에 해당한다.

해설 불꽃연소(flaming combustion)는 연소속도가 매우 빠르다. 시간당 방출열량이 많다. 연쇄반응을 수반하여 가솔린의 연소가 이에 해당되며, 연소사면체(불꽃)에 의한 연소이다.
불꽃의 4요소
가연물(연료), 온도(열), 산소(공기), 순조로운 연쇄반응을 표시하며 하나라도 없으면 4면체(불꽃)가 이루어질 수 없다.

★
14 고체연료의 공업분석에서 고정탄소를 산출하는 식은?

① 100－[수분(%)＋회분(%)＋질소(%)]
② 100－[수분(%)＋회분(%)＋황분(%)]
③ 100－[수분(%)＋황분(%)＋휘발분(%)]
④ 100－[수분(%)＋회분(%)＋휘발분(%)]

해설 고정탄소(%)＝100－[수분(%)＋회분(%)＋휘발분(%)]

15 다음 대기오염물 제거방법 중 분진의 제거방법으로 가장 거리가 먼 것은?

① 습식세정법 ② 원심분리법
③ 촉매산화법 ④ 중력침전법

해설 촉매산화법은 질소산화물(NO_x), 일산화탄소(CO), 다이옥신 등을 제거시킬 수 있다.

★
16 N_2와 O_2의 가스정수가 다음과 같을 때, N_2가 70%인 N_2와 O_2의 혼합가스의 가스정수는 약 몇 N·m/kg·K인가? (단, 가스정수는 N_2: 297N·m/kg·K, O_2: 260N·m/kg·K이다.)

① 260 ② 232
③ 286 ④ 345

해설 혼합기체상수(R)

$$=\sum_{i=1}^{n}\frac{m_i}{m}R_i=\frac{m_{N_2}}{m}\times R_{N_2}+\frac{m_{O_2}}{m}\times R_{O_2}$$

＝0.7×297＋0.3×260
≒286N·m/kg·K(≒286J/kg·K)

17 세정 집진장치의 입자 포집원리에 대한 설명으로 틀린 것은?

① 액적에 입자가 충돌하여 부착한다.
② 입자를 핵으로 한 증기의 응결에 의하여 응집성을 증가시킨다.
③ 미립자의 확산에 의하여 액적과의 접촉을 좋게 한다.
④ 배기의 습도 감소에 의하여 입자가 서로 응집한다.

해설 **세정 집진장치(scrubber)의 포집원리**
㉠ 액적에 입자가 충돌하여 부착한다.
㉡ 미립자의 확산에 의해 액적과의 접촉을 쉽게 한다.
㉢ 입자를 핵으로 한 증기의 응결에 의해 응집성을 증가시킨다.
㉣ 배기의 증습(습도 증가)에 의해 입자가 서로 응집한다.
㉤ 액막·기포에 입자가 접촉하여 부착한다.

★
18 다음 중 연료 연소 시 최대탄산가스농도(CO_{2max})가 가장 높은 것은?

① 탄소 ② 연료유
③ 역청탄 ④ 코크스로가스

해설 배기가스 분석결과 CO_2를 최대로 함유하는 경우는 연료(fuel) 중에 탄소(C)가 많으면서 이론공기량(A_o)으로 완전연소하는 경우다.

★
19 프로판가스 1kg 연소시킬 때 필요한 이론공기량은 약 몇 Sm^3/kg인가?

① 10.2 ② 11.3
③ 12.1 ④ 13.2

해설 $C_3H_8+5O_2 \rightarrow 3CO_2+4H_2O$
1kmol 5kmol
44kg 5×22.4Nm^3

$$이론산소량(O_0)=\frac{5\times22.4}{44}=2.545Nm^3/kg$$

$$이론공기량(A_0)=\frac{O_0}{0.21}=\frac{2.545}{0.21}≒12.12Sm^3/kg$$

★
20 다음 기체 중 폭발범위가 가장 넓은 것은?

① 수소 ② 메탄
③ 벤젠 ④ 프로판

해설 연소(폭발)범위가 가장 넓은 가스는 아세틸렌(C_2H_2, 2.5~81)이고, 아세틸렌 다음으로는 수소로 폭발범위(4.1~74.2)가 넓기 때문에 위험하다.

정답 13. ① 14. ④ 15. ③ 16. ③ 17. ④ 18. ① 19. ③ 20. ①

제2과목 열역학

21 그림과 같은 압력-부피선도($P-V$선도)에서 A에서 C로의 정압과정 중 계는 50J의 일을 받아들이고 25J의 열을 방출하며, C에서 B로의 정적과정 중 75J의 열을 받아들인다면, B에서 A로의 과정이 단열일 때 계가 얼마의 일(J)을 하겠는가?

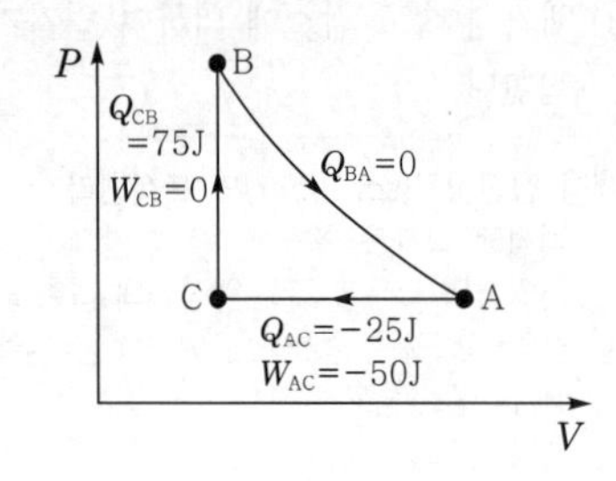

① 25J ② 50J
③ 75J ④ 100J

해설 가역단열 팽창 시 절대일은 내부에너지 감소량의 크기와 같다.
$\therefore W_{BA}=(U_1-U_2)=Q-W$
$=75-(-50)-25=100\text{J}$

★
22 다음 엔트로피에 관한 설명으로 옳은 것은?

① 비가역 사이클에서 클라우지우스(Clausius)의 적분은 영(0)이다.
② 두 상태 사이의 엔트로피 변화는 경로에는 무관하다.
③ 여러 종류의 기체가 서로 확산되어 혼합하는 과정은 엔트로피가 감소한다고 볼 수 있다.
④ 우주 전체의 엔트로피는 궁극적으로 감소되는 방향으로 변화한다.

해설 엔트로피(ΔS)는 상태함수이므로 경로와는 관계없으며 두 상태에 따라 값을 구할 수 있는 열량적 상태량이다.

★
23 폴리트로픽 과정을 나타내는 다음 식에서 폴리트로픽 지수 n과 관련하여 옳은 것은? (단, P는 압력, V는 부피이고, C는 상수이다. 또한, k는 비열비이다.)

$$PV^n=C$$

① $n=\infty$: 단열과정 ② $n=0$: 정압과정
③ $n=k$: 등온과정 ④ $n=1$: 정적과정

해설 $PV^n=C$에서 $n=0$, $P\times1=C$(정압과정)
$n=1$, $PV=C$(정온과정)
$n=k$, $PV^k=C$(가역단열변화)
$n=\infty$, $PV^\infty=C$(정적변화)

24 어떤 연료의 1kg의 발열량이 36,000kJ이다. 이 열이 전부 일로 바뀌고, 1시간마다 30kg의 연료가 소비된다고 하면 발생하는 동력은 약 몇 kW인가?

① 4 ② 10
③ 300 ④ 1,200

해설 1kW=3,600kJ/h이므로
발생동력(kW)= $H_L\times m_f$=36,000×30
=1,080,000kJ/h÷3,600=300kW

★
25 다음 설명과 가장 관계되는 열역학적 법칙은?

- 열은 그 자신만으로는 저온의 물체로부터 고온의 물체로 이동할 수 없다.
- 외부에 어떠한 영향을 남기지 않고 한 사이클 동안에 계가 열원으로부터 받은 열을 모두 일로 바꾸는 것은 불가능하다.

① 열역학 제0법칙
② 열역학 제1법칙
③ 열역학 제2법칙
④ 열역학 제3법칙

해설 열역학 제2법칙=엔트로피 증가법칙($\Delta S>0$)
=비가역법칙
㉠ 열은 그 자신만으로는 저온물체에서 고온물체로 이동할 수 없다.
㉡ 외부에 어떠한 영향을 남기지 않고 한 사이클 동안에 계가 열원으로부터 받은 열을 모두 일로 바꾸는 것은 불가능하다(열효율이 100%인 열기관은 있을 수 없다).

★
26 다음 중 일반적으로 냉매로 쓰이지 않는 것은?

① 암모니아 ② CO
③ CO_2 ④ 할로겐화탄소

해설 일산화탄소(CO)는 냉매로 쓰이지 않는다.

정답 21. ④ 22. ② 23. ② 24. ③ 25. ③ 26. ②

★

27 −30℃, 200atm의 질소를 단열과정을 거쳐서 5atm까지 팽창했을 때의 온도는 약 얼마인가? (단, 이상기체의 가역과정이고 질소의 비열비는 1.41이다.)

① 6℃ ② 83℃
③ −172℃ ④ −190℃

해설
$$\frac{T_2}{T_1}=\left(\frac{p_2}{p_1}\right)^{\frac{k-1}{k}}$$
$$T_2=T_1\left(\frac{p_2}{p_1}\right)^{\frac{k-1}{k}}=243.15\times\left(\frac{5+1.0332}{200+1.0332}\right)^{\frac{1.41-1}{1.41}}$$
$$=87.72\text{K}=-185.43℃ ≒ -190℃$$

28 그림과 같은 피스톤-실린더 장치에서 피스톤의 질량은 40kg이고, 피스톤 면적이 0.05m²일 때 실린더 내의 절대압력은 약 몇 bar인가? (단, 국소 대기압은 0.96bar이다.)

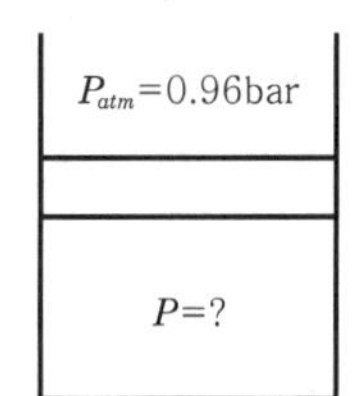

① 0.964 ② 0.982
③ 1.038 ④ 1.122

해설
$$P_a=P_o+P_g=0.96+\frac{mg}{A}\times10^{-5}$$
$$=0.96+\frac{40\times9.8}{0.05}\times10^{-5}$$
$$=1.038\text{bar}[1\text{bar}=10^5\text{Pa}(\text{N/m}^2)]$$

★

29 처음 온도, 압축비, 공급열량이 같을 경우 열효율의 크기를 옳게 나열한 것은?

① Otto cycle > Sabathe cycle > Diesel cycle
② Sabathe cycle > Diesel cycle > Otto cycle
③ Diesel cycle > Sabathe cycle > Otto cycle
④ Sabathe cycle > Otto cycle > Diesel cycle

해설 처음 온도, 압축비, 공급열량이 같을 때(열효율 크기 순서)
$\eta_{tho} > \eta_{ths} > \eta_{thd}$

30 증기 터빈의 노즐 출구에서 분출하는 수증기의 이론 속도와 실제 속도를 각각 C_t와 C_a라고 할 때 노즐효율 η_n의 식으로 옳은 것은? (단, 노즐 입구에서의 속도는 무시한다.)

① $\eta_n=\frac{C_a}{C_t}$ ② $\eta_n=\left(\frac{C_a}{C_t}\right)^2$
③ $\eta_n=\sqrt{\frac{C_a}{C_t}}$ ④ $\eta_n=\left(\frac{C_a}{C_t}\right)^3$

해설
$$\text{노즐효율}(\eta_n)=\frac{\text{실제단열 열낙차}(h_1-h_2')}{\text{가역단열 열낙차}(h_1-h_2)}=\left(\frac{C_a}{C_t}\right)^2$$

★

31 냉장고가 저온체에서 30kW의 열을 흡수하여 고온체로 40kW의 열을 방출한다. 이 냉장고의 성능계수는?

① 2 ② 3
③ 4 ④ 5

해설
$$\varepsilon_R=\frac{Q_2}{Q_1-Q_2}=\frac{30}{40-30}=3$$

32 임계점(critical point)에 대한 설명 중 옳지 않은 것은?

① 액상, 기상, 고상이 함께 존재하는 점을 말한다.
② 임계점에서는 액상과 기상을 구분할 수 없다.
③ 임계 압력 이상이 되면 상변화 과정에 대한 구분이 나타나지 않는다.
④ 물의 임계점에서의 압력과 온도는 약 22.09MPa, 374.14℃이다.

해설 액상, 기상, 고상이 함께 존재하는 점은 3중점이다.

★

33 카르노 사이클에서 최고 온도는 600K이고, 최저 온도는 250K일 때 이 사이클의 효율은 약 몇 %인가?

① 41 ② 49
③ 58 ④ 64

해설
$$\eta_c=1-\frac{T_2}{T_1}=1-\frac{250}{600}\times100\%=58\%$$

정답 27. ④ 28. ③ 29. ① 30. ② 31. ② 32. ① 33. ③

2018년

★

34 CO_2 기체 20kg을 15℃에서 215℃로 가열할 때 내부에너지의 변화는 약 몇 kJ인가? (단, 이 기체의 정적비열은 0.67kJ/kg·K이다.)

① 134 ② 200

③ 2,680 ④ 4,000

해설 $U_2 - U_1 = mC_v(t_2 - t_1) = 20 \times 0.67(215-15)$
$= 2,680$kJ

35 그림과 같은 브레이턴 사이클에서 효율(η)은? (단, P는 압력, v는 비체적이며, T_1, T_2, T_3, T_4는 각각의 지점에서의 온도이다. 또한, q_{in}과 q_{out}은 사이클에서 열이 들어오고 나감을 의미한다.)

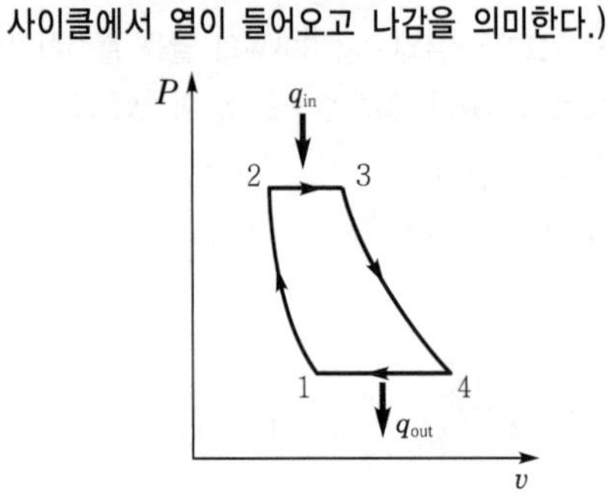

① $\eta = 1 - \dfrac{T_3 - T_2}{T_4 - T_1}$ ② $\eta = 1 - \dfrac{T_1 - T_2}{T_3 - T_4}$

③ $\eta = 1 - \dfrac{T_4 - T_1}{T_3 - T_2}$ ④ $\eta = 1 - \dfrac{T_3 - T_4}{T_1 - T_2}$

해설 $\eta_{th B} = 1 - \dfrac{q_{out}}{q_{in}} = 1 - \dfrac{C_p(T_4 - T_1)}{C_p(T_3 - T_2)} = 1 - \dfrac{T_4 - T_1}{T_3 - T_2}$

36 온도 30℃, 압력 350kPa에서 비체적이 0.449 m^3/kg인 이상기체의 기체상수는 몇 kJ/kg·K인가?

① 0.143 ② 0.287

③ 0.518 ④ 0.842

해설 $Pv = RT$에서
$R = \dfrac{Pv}{T} = \dfrac{350 \times 0.449}{30+273} = 0.518$kJ/kg·K

37 열펌프(heat pump) 사이클에 대한 성능계수(COP)는 다음 중 어느 것을 입력 일(work input)로 나누어 준 것인가?

① 고온부 방출열
② 저온부 흡수열
③ 고온부가 가진 총에너지
④ 저온부가 가진 총에너지

해설 열펌프성능계수$(COP)_{HP}$
$= \dfrac{Q_c}{W_c} = \dfrac{\text{고온부 방출열(응축부하)}}{\text{압축기일량}}$

★

38 다음 괄호 안에 들어갈 말로 옳은 것은?

> 일반적으로 교축(throttling) 과정에서는 외부에 대하여 일을 하지 않고, 열교환이 없으며, 속도변화가 거의 없음에 따라 ( )(은)는 변하지 않는다고 가정한다.

① 엔탈피 ② 온도

③ 압력 ④ 엔트로피

해설 실제 가스(냉매, 수증기) 교축과정(throttling) 시
$p_1 > p_2$, $T_1 > T_2$, $h_1 = h_2$, $\Delta S > 0$

★

39 랭킨사이클로 작동하는 증기동력 사이클에서 효율을 높이기 위한 방법으로 거리가 먼 것은?

① 복수기에서의 압력을 상승시킨다.
② 터빈 입구의 온도를 높인다.
③ 보일러의 압력을 상승시킨다.
④ 재열 사이클(reheat cycle)로 운전한다.

해설 랭킨사이클에서 복수기 압력(배압)을 상승시키면 열효율은 감소한다.

★

40 가역적으로 움직이는 열기관이 300℃의 고열원으로부터 200kJ의 열을 흡수하여 40℃의 저열원으로 열을 배출하였다. 이때 40℃의 저열원으로 배출한 열량은 약 몇 kJ인가?

① 27 ② 45

③ 73 ④ 109

해설 $\dfrac{Q_1}{T_1} = \dfrac{Q_2}{T_2}$

$\therefore Q_2 = Q_1\left(\dfrac{T_2}{T_1}\right) = 200 \times \dfrac{40+273}{300+273} = 109$kJ

정답 34. ③ 35. ③ 36. ③ 37. ① 38. ① 39. ① 40. ④

제3과목 계측방법

★
41 불연속 제어동작으로 편차의 정(+), 부(-)에 의해서 조작신호가 최대, 최소가 되는 제어동작은?

① 미분 동작 ② 적분 동작
③ 비례 동작 ④ 온-오프 동작

해설 2위치제어(On-Off)는 불연속제어의 대표적 제어이다.

★
42 물리적 가스분석계의 측정법이 아닌 것은?

① 밀도법 ② 세라믹법
③ 열전도율법 ④ 자동 오르자트법

해설 **화학적 가스분석계**
㉠ 자동 오르자트법
㉡ 미연소분석계($CO+H_2$계)
㉢ 연소열법
물리적 가스분석계
㉠ 밀도법 ㉡ 세라믹법
㉢ 열전도율법 ㉣ 가스크로마토그래피법
㉤ 적외선 흡수법

43 다음 중 압력식 온도계를 이용하는 방법으로 가장 거리가 먼 것은?

① 고체 팽창식 ② 액체 팽창식
③ 기체 팽창식 ④ 증기 팽창식

해설 **압격식 온도계를 이용하는 방법**
㉠ 기체 팽창식
㉡ 액체 팽창식
㉢ 증기 팽창식

★
44 유속 10m/s의 물속에 피토관을 세울 때 수주의 높이는 약 몇 m인가? (단, 여기서 중력가속도 $g=9.8\text{m/s}^2$이다.)

① 0.51 ② 5.1
③ 0.12 ④ 1.2

해설
$$h=\frac{V^2}{2g}=\frac{10^2}{2\times9.8}=5.1\text{m}$$

★
45 내경이 50mm인 원관에 20℃ 물이 흐르고 있다. 층류로 흐를 수 있는 최대 유량은 약 몇 m^3/s인가? [단, 임계 레이놀즈수(R_e)는 2,320이고, 20℃일 때 동점성계수(ν)=$1.0064\times10^{-6}\text{m}^2$/s이다.]

① 5.33×10^{-5} ② 7.36×10^{-5}
③ 9.16×10^{-5} ④ 15.23×10^{-5}

해설
$$V=\frac{R_e\nu}{d}=\frac{2320\times1.0064\times10^{-6}}{0.05}=0.047\text{m/s}$$
$$\therefore\ Q=AV=\frac{\pi(0.05)^2}{4}\times0.047=9.16\times10^{-5}\text{m}^3\text{/s}$$

★
46 다음 중 액면측정방법으로 가장 거리가 먼 것은?

① 유리관식 ② 부자식
③ 차압식 ④ 박막식

해설 **액면측정법**
㉠ 유리관식
㉡ 부자(float)식
㉢ 차압식
㉣ 검칙식(직관식)
㉤ 편위식(플레먼트액면계)
㉥ 기포식(퍼지식)

47 서로 맞서 있는 2개 전극 사이의 정전용량은 전극 사이에 있는 물질 유전율의 함수이다. 이러한 원리를 이용한 액면계는?

① 정전용량식 액면계 ② 방사선식 액면계
③ 초음파식 액면계 ④ 중추식 액면계

해설 정전용량식 액면계는 서로 맞서 있는 2개의 전극 사이의 정전용량은 전극 사이에 있는 물질 유전율의 함수인 것을 이용한 액면계다.

★
48 피드백 제어에 대한 설명으로 틀린 것은?

① 폐회로 방식이다.
② 다른 제어계보다 정확도가 증가한다.
③ 보일러 점화 및 소화 시 제어한다.
④ 다른 제어계보다 제어폭이 증가한다.

해설 보일러의 점화 및 소화 시 제어는 시퀀스 제어(순차적 제어)이다.

49 전기저항 온도계의 특징에 대한 설명으로 틀린 것은?

① 원격측정에 편리하다.
② 자동제어의 적용이 용이하다.
③ 1,000℃ 이상의 고온 측정에서 특히 정확하다.
④ 자기 가열 오차가 발생하므로 보정이 필요하다.

해설 전기저항 온도계는 -200~500℃로 측정(고온 측정 불가)

정답 41. ④ 42. ④ 43. ① 44. ② 45. ③ 46. ④ 47. ① 48. ③ 49. ③

50 기준 수위에서의 압력과 측정 액면계에서의 압력의 차이로부터 액위를 측정하는 방식으로 고압 밀폐형 탱크의 측정에 적합한 액면계는?

① 차압식 액면계 ② 편위식 액면계
③ 부자식 액면계 ④ 유리관식 액면계

해설 차압식 액면계는 기준 수위에서의 압력과 측정 액면계에서의 압력차로 액위를 측정한다(고압 밀폐형 탱크에 적합한 액면계이다).

★
51 SI 단위계에서 물리량과 기호가 틀린 것은?

① 질량: kg ② 온도: ℃
③ 물질량: mol ④ 광도: cd

해설 SI 단위계(기본단위 7개)
㉠ 질량: kg
㉡ 길이: m
㉢ 시간: sec
㉣ 절대온도: K
㉤ 전류: A
㉥ 물질량: mol
㉦ 광도: cd

52 액주에 의한 압력측정에서 정밀 측정을 위한 보정으로 반드시 필요로 하지 않는 것은?

① 모세관 현상의 보정
② 중력의 보정
③ 온도의 보정
④ 높이의 보정

해설 액주에 의한 압력측정에서 정밀측정을 위해 반드시 필요한 보정
㉠ 온도보정
㉡ 중력보정
㉢ 모세관현상의 보정

53 다음 중 습도계의 종류로 가장 거리가 먼 것은?

① 모발 습도계 ② 듀셀 노점계
③ 초음파식 습도계 ④ 전기저항식 습도계

해설 습도계의 종류
㉠ 모발 습도계
㉡ 듀셀 노점계
㉢ 통풍 건습계
㉣ 자기 습도계
㉤ 전기저항식 습도계

★
54 다음 중 1,000℃ 이상의 고온을 측정하는 데 적합한 온도계는?

① CC(동-콘스탄탄)열전온도계
② 백금저항 온도계
③ 바이메탈 온도계
④ 광고온계

해설 광고온계는 비접촉식 온도계로 1,000℃ 이상 3,000℃의 고온 측정에 적합한 온도계이다.

★
55 자동제어에서 전달함수의 블록선도를 그림과 같이 등가변환시킨 것으로 적합한 것은?

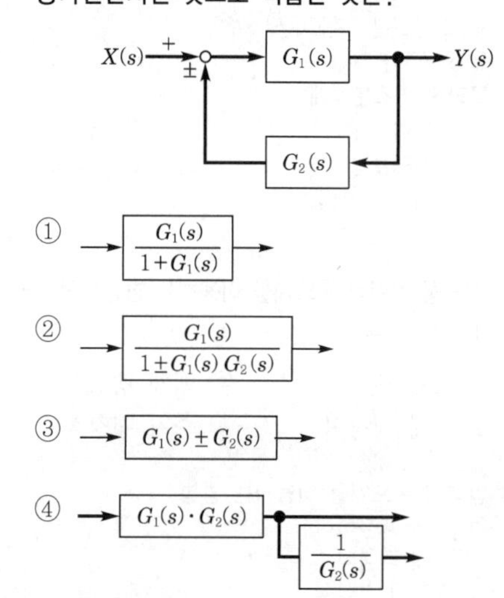

해설 $Y(s) = X(s)G_1(s) \pm G_1(s)G_2(s)Y(s)$

$Y(s)[1 \mp G_1(s)G_2(s)] = X(s)G_1(s)$

$\therefore \dfrac{Y(s)}{X(s)} = \dfrac{G_1(s)}{1 \mp G_1(s)G_2(s)}$

★
56 다음 중 백금-백금·로듐 열전대 온도계에 대한 설명으로 가장 적절한 것은?

① 측정 최고온도는 크로멜-알루멜 열전대보다 낮다.
② 열기전력이 다른 열전대에 비하여 가장 높다.
③ 안정성이 양호하여 표준용으로 사용된다.
④ 200℃ 이하의 온도측정에 적당하다.

정답 50. ① 51. ② 52. ④ 53. ③ 54. ④ 55. ② 56. ③

해설 백금-백금·로듐 온도계는(0~1,600℃ 온도 측정) 안정성이 양호하여 표준용으로 사용된다.

57 다이어프램 압력계의 특징이 아닌 것은?

① 점도가 높은 액체에 부적합하다.
② 먼지가 함유된 액체에 적합하다.
③ 대기압과의 차가 적은 미소압력의 측정에 사용한다.
④ 다이어프램으로 고무, 스테인리스 등의 탄성체 박판이 사용된다.

해설 다이어프램(diaphragm) 압력계는 점도가 낮은 저압측정용에 적당하다(액체·고체 및 부유물질 측정).

★
58 다음 중 차압식 유량계가 아닌 것은?

① 오리피스(orifice)
② 벤투리관(venturi)
③ 로터미터(rotameter)
④ 플로우 노즐(flow-nozzle)

해설 **차압식 유량계**
㉠ 오리피스
㉡ 벤투리관
㉢ 플로우 노즐

★
59 다음 유량계 중 유체 압력손실이 가장 적은 것은?

① 유속식(impeller식) 유량계
② 용적식 유량계
③ 전자식 유량계
④ 차압식 유량계

해설 유량계 중 유체 압력손실이 가장 적은 것은 전자식 유량계이다. 패러데이 전자유도법칙을 이용하여 순간유량을 측정한다.

60 2개의 수은 유리온도계를 사용하는 습도계는?

① 모발 습도계 ② 건습구 습도계
③ 냉각식 습도계 ④ 저항식 습도계

해설 2개의 수은(Hg) 유리온도계를 사용하는 습도계는 건습구 습도계이다.

제4과목 열설비재료 및 관계법규

61 에너지이용 합리화법에 따라 대통령령으로 정하는 일정 규모 이상의 에너지를 사용하는 사업을 실시하거나 시설을 설치하려는 경우 에너지 사용계획을 수립하여, 사업 실시 전 누구에게 제출하여야 하는가?

① 대통령
② 시·도지사
③ 산업통상자원부장관
④ 에너지 경제연구원장

해설 에너지이용 합리화법에 따라 대통령령으로 정하는 일정 규모 이상의 에너지를 사용하는 사업을 실시하거나 시설을 설치하려는 경우 에너지 사업계획을 수립하여 사업 실시 전 산업통상자원부장관에게 제출하여야 한다.

★
62 열팽창에 의한 배관의 측면 이동을 구속 또는 제한하는 장치가 아닌 것은?

① 앵커
② 스톱
③ 브레이스
④ 가이드

해설 **열팽창에 의한 배관의 측면 구속 또는 제한하는 장치**
㉠ 앵커(anchor)
㉡ 스톱(stop) or 스토퍼(stopper)
㉢ 가이드(guide)
※ 브레이스(brace) 배관계의 진동을 방지하거나 감쇠시키는 데 사용(방진기)

★
63 유체가 관내를 흐를 때 생기는 마찰로 인한 압력손실에 대한 설명으로 틀린 것은?

① 유체의 흐르는 속도가 빨라지면 압력손실도 커진다.
② 관의 길이가 짧을수록 압력손실은 작아진다.
③ 비중량이 큰 유체일수록 압력손실이 작다.
④ 관의 내경이 커지면 압력손실은 작아진다.

해설
$\Delta p = \gamma h_L = f\dfrac{L}{d}\dfrac{\gamma V^2}{2g}$ [kPa]
비중량(γ)이 큰 유체일수록 압력손실이 크다.
◉ 동압(Pd) $= \dfrac{\gamma V^2}{2g} = \dfrac{\rho V^2}{2}$(Pa)

정답 57. ① 58. ③ 59. ③ 60. ② 61. ③ 62. ③ 63. ③

★
64 관의 신축량에 대한 설명으로 옳은 것은?

① 신축량은 관의 열팽창계수, 길이, 온도차에 반비례한다.
② 신축량은 관의 길이, 온도차에는 비례하지만 열팽창계수에는 반비례한다.
③ 신축량은 관의 열팽창계수, 길이, 온도차에 비례한다.
④ 신축량은 관의 열팽창계수에 비례하고 온도차와 길이에 반비례한다.

해설 관의 신축량은 관의 열팽창계수, 길이, 온도차에 비례한다.
관의 신축량(λ)
=관의 길이(L)×열팽창계수(α)×온도차(Δt)[mm]

65 제철 및 제강공정 중 배소로의 사용 목적으로 가장 거리가 먼 것은?

① 유해성분의 제거
② 산화도의 변화
③ 분상광석의 괴상으로의 소결
④ 원광석의 결합수의 제거와 탄산염의 분해

해설 **제철 및 제강공정 중 배소로(금속광석을 높은 온도로 가열하여 배소하는 화로)의 사용목적**
㉠ 유해성분제거
㉡ 산화도의 변화
㉢ 원광석의 결합수의 제거와 탄산염의 분해

★
66 에너지이용 합리화법에 따라 용접검사가 면제되는 대상범위에 해당되지 않는 것은?

① 주철제 보일러
② 강철제 보일러 중 전열면적이 $5m^2$ 이하이고, 최고사용압력이 0.35MPa 이하인 것
③ 압력용기 중 동체의 두께가 6mm 미만인 것으로서 최고사용압력(MPa)과 내부 부피(m^3)를 곱한 수치가 0.02 이하인 것
④ 온수보일러로서 전열면적이 $20m^2$ 이하이고, 최고사용압력이 0.3MPa 이하인 것

해설 온수보일러 전열면적 $18m^2$ 이하이고 최고사용압력이 0.35MPa 이하인 것은 용접검사 면제 대상범위에 해당된다.

★
67 규조토질 단열재의 안전사용온도는?

① 300~500℃ ② 500~800℃
③ 800~1,200℃ ④ 1,200~1,500℃

해설 규조토질(무기질보온재) 단열재의 안전사용온도는 800~1,200℃이다.

68 에너지원별 에너지열량 환산기준으로 총발열량(kcal)이 가장 높은 연료는? (단, 1L 또는 1kg 기준이다.)

① 휘발유 ② 항공유
③ B-C유 ④ 천연가스

해설 에너지열량 환산기준 총발열량이란 연소과정에서 발생하는 수증기 잠열을 포함한 발열량이다.
천연가스(LNG) 54.6MJ/kg > B-C유 41.6MJ/L > 항공유 36.5MJ/L > 휘발유 32.6MJ/L

★
69 에너지이용 합리화법에 따라 에너지 사용 안정을 위한 에너지저장의무 부과대상자에 해당되지 않는 사업자는?

① 전기사업법에 따른 전기사업자
② 석탄산업법에 따른 석탄가공업자
③ 집단에너지사업법에 따른 집단에너지사업자
④ 액화석유가스사업법에 따른 액화석유가스사업자

해설 **에너지 사용 안정을 위한 에너지저장의무 부과대상자에 해당되는 사업자**
㉠ 전기사업법에 따른 전기사업자
㉡ 석탄산업법에 의한 석탄가공업자
㉢ 집단에너지사업법에 따른 집단에너지사업자

70 용광로에서 코크스가 사용되는 이유로 가장 거리가 먼 것은?

① 열량을 공급한다.
② 환원성 가스를 생성시킨다.
③ 일부의 탄소는 선철 중에 흡수된다.
④ 철광석을 녹이는 용제 역할을 한다.

해설 **용광로에서 코크스가 사용되는 이유**
㉠ 열량 공급
㉡ 환원성 가스 생성
㉢ 일부의 탄소는 선철(Pig iron) 중에 흡수

정답 64. ③ 65. ③ 66. ④ 67. ③ 68. ④ 69. ④ 70. ④

★
71 **내화물의 부피비중을 바르게 표현한 것은? [단, W_1: 시료의 건조중량(kg), W_2: 함수시료의 수중중량(kg), W_3: 함수시료의 중량(kg)이다.]**

① $\dfrac{W_1}{W_3 - W_2}$

② $\dfrac{W_3}{W_1 - W_2}$

③ $\dfrac{W_3 - W_2}{W_1}$

④ $\dfrac{W_2 - W_3}{W_1}$

해설 내화물의 부피비중(S)

$$= \frac{W_1}{W_3 - W_2}$$

$$= \frac{\text{시료의 건조중량}}{\text{함수시료의 중량} - \text{함수시료의 수중중량}}$$

72 **다음 중 피가열물이 연소가스에 의해 오염되지 않는 가마는?**

① 직화식 가마
② 반머플가마
③ 머플가마
④ 직접식 가마

해설 머플가마는 가열물을 직접 불에 대지 않고 가열하기 위해 설치한 간접가열식 가마로 피가열물이 연소가스에 의해 오염되지 않는 가마다.

★
73 **에너지법에 따른 용어의 정의에 대한 설명으로 틀린 것은?**

① 에너지사용시설이란 에너지를 사용하는 공장·사업장 등의 시설이나 에너지를 전환하여 사용하는 시설을 말한다.
② 에너지사용자란 에너지를 사용하는 소비자를 말한다.
③ 에너지공급자란 에너지를 생산·수입·전환·수송·저장 또는 판매하는 사업자를 말한다.
④ 에너지란 연료·열 및 전기를 말한다.

해설 에너지사용자란 에너지사용시설의 소유자 또는 관리자를 말한다.

74 **에너지이용 합리화법에 따라 에너지이용 합리화 기본계획에 포함되지 않는 것은?**

① 에너지이용 합리화를 위한 기술개발
② 에너지의 합리적인 이용을 통한 공해성분(SO_x, NO_x)의 배출을 줄이기 위한 대책
③ 에너지이용 합리화를 위한 가격예시제의 시행에 관한 사항
④ 에너지이용 합리화를 위한 홍보 및 교육

해설 에너지의 합리적인 이용을 통한 공해성분(SO_x, NO_x)의 배출을 줄이기 위한 대책은 에너지이용 합리화 기본계획에 포함되지 않는다.

★
75 **에너지이용 합리화법에 따라 효율관리 기자재의 제조업자가 효율관리시험기관으로부터 측정결과를 통보받은 날 또는 자체측정을 완료한 날부터 그 측정결과를 며칠 이내에 한국에너지공단에 신고하여야 하는가?**

① 15일
② 30일
③ 60일
④ 90일

해설 에너지이용 합리화법에 따라 효율관리 기자재 제조업자가 효율관리시험기관으로부터 측정결과를 통보받은 날 또는 자체측정을 완료한 날부터 그 측정 결과를 90일 이내에 한국에너지공단이사장에게 신고하여야 한다.

★
76 **에너지이용 합리화법에 따른 특정열사용 기자재 품목에 해당하지 않는 것은?**

① 강철제 보일러
② 구멍탄용 온수보일러
③ 태양열 집열기
④ 태양광 발전기

해설 **특정열사용 기자재(기관)**
㉠ 강철제 보일러
㉡ 주철제 보일러
㉢ 구멍탄용 온수보일러
㉣ 태양열 집열기
㉤ 온수보일러
㉥ 축열식 전기보일러

정답 71. ① 72. ③ 73. ② 74. ② 75. ④ 76. ④

77 시멘트 제조에 사용하는 회전가마(rotary kiln)는 다음 여러 구역으로 구분된다. 다음 중 탄산염 원료가 주로 분해되는 구역은?

① 예열대 ② 하소대
③ 건조대 ④ 소성대

해설 시멘트 제조에 사용하는 회전가마(rotary kiln)에서 탄산염 원료가 주로 분해되는 구역은 하소대다.

★
78 내화물 SK-26번이면 용융온도 1,580℃에 견디어야 한다. SK-30번이라면 약 몇 ℃에 견디어야 하는가?

① 1,460℃ ② 1,670℃
③ 1,780℃ ④ 1,800℃

해설 내화물 SK-26번이면 용융온도 1,580℃에 견디어야 하고, SK-30번(제게르콘 번호)이면 1,670℃에서 견디어야 한다.

★
79 에너지이용 합리화법에 따라 에너지다소비 사업자가 산업통상자원부령으로 정하는 바에 따라 신고하여야 하는 사항이 아닌 것은?

① 전년도의 분기별 에너지 사용량 · 제품 생산량
② 해당 연도의 분기별 에너지 사용 예정량 · 제품 생산 예정량
③ 에너지사용기자재의 현황
④ 에너지이용효과 · 에너지수급체계의 영향분석 현황

해설 **에너지다소비업자의 신고**
㉠ 전년도의 에너지 사용량, 제품 생산량
㉡ 해당 연도의 에너지 사용 예정량, 제품 생산 예정량
㉢ 에너지사용기자재의 현황
㉣ 전년도의 에너지이용 합리화 실적 및 해당 연도의 계획

★
80 에너지법에 따라 지역에너지계획은 몇 년 이상을 계획 기간으로 하여 수립 · 시행하는가?

① 3년 ② 5년
③ 7년 ④ 10년

해설 **지역에너지계획의 수립(에너지기본법)**
시 · 도지사가 5년마다 5년 이상을 계획 기간으로 하여 수립 · 시행하여야 한다.

제5과목 열설비설계

81 내화벽의 열전도율이 1.05W/mK인 재질로 된 평면벽의 양측 온도가 800℃와 100℃이다. 이 벽을 통한 단위면적당 열전달량이 1,628W/m²일 때, 벽 두께(cm)는?

① 25
② 35
③ 44
④ 54

해설 $q_c = \lambda F \dfrac{\Delta t}{L}$ [W]에서

$$L = \frac{\lambda F \Delta t}{q_c} = \frac{1.02 \times 1 \times (800-100)}{1,628}$$

$\fallingdotseq 0.439\text{m} \fallingdotseq 44\text{cm}$

★
82 보일러에서 용접 후에 풀림처리를 하는 주된 이유는?

① 용접부의 열응력을 제거하기 위해
② 용접부의 균열을 제거하기 위해
③ 용접부의 연신률을 증가시키기 위해
④ 용접부의 강도를 증가시키기 위해

해설 보일러에서 용접 후 풀림(어닐링)을 하는 주된 이유는 용접부의 열응력(내부응력)을 제거하기 위해서이다.

83 보일러 운전 및 성능에 대한 설명으로 틀린 것은?

① 보일러 송출증기의 압력을 낮추면 방열손실이 감소한다.
② 보일러의 송출압력이 증가할수록 가열에 이용할 수 있는 증기의 응축잠열은 작아진다.
③ LNG를 사용하는 보일러의 경우 총방열량의 약 10%는 배기가스 내부의 수증기에 흡수된다.
④ LNG를 사용하는 보일러의 경우 배기가스로부터 발생되는 응축수의 pH는 11~12 범위에 있다.

정답 77. ② 78. ② 79. ④ 80. ② 81. ③ 82. ① 83. ④

84 **보일러 내처리제와 그 작용에 대한 연결로 틀린 것은?**

① 탄산나트륨－pH 조정
② 수산화나트륨－연화
③ 탄닌－슬러지 조정
④ 암모니아－포밍방지

해설 암모니아(NH_3)는 pH 및 알칼리조정제이다. 포밍방지제는 고급 지방산(에스테르, 폴리알콜류, 폴리아민)이 있다.

★
85 **급수처리방법 중 화학적 처리방법은?**

① 이온교환법 ② 가열연화법
③ 증류법 ④ 여과법

해설 물리적 처리방법은 가열연화법, 증류법, 여과법, 침전법, 흡착법, 탈기법 등이 있다.
※ 이온교환법은 화학적 처리방법이다.

86 **보일러에서 연소용 공기 및 연소가스가 통과하는 순서로 옳은 것은?**

① 송풍기 → 절탄기 → 과열기 → 공기예열기 → 연소실 → 굴뚝
② 송풍기 → 연소실 → 공기예열기 → 과열기 → 절탄기 → 굴뚝
③ 송풍기 → 공기예열기 → 연소실 → 과열기 → 절탄기 → 굴뚝
④ 송풍기 → 연소실 → 공기예열기 → 절탄기 → 과열기 → 굴뚝

해설 보일러에서 연소용공기 및 연소가스는 송풍기 → 공기예열기 → 연소실 → 과열기 → 절탄기(이코노마이저) → 굴뚝 순으로 통과한다.

87 **자연순환식 수관보일러에서 물의 순환에 관한 설명으로 틀린 것은?**

① 순환을 높이기 위하여 수관을 경사지게 한다.
② 발생증기의 압력이 높을수록 순환력이 커진다.
③ 순환을 높이기 위하여 수관 직경을 크게 한다.
④ 순환을 높이기 위하여 보일러수의 비중차를 크게 한다.

해설 자연순환식 수관보일러는 발생증기의 압력이 높으면 증기와 밀도차(kg/m^3)가 적어서 순환력이 적어진다(포화수의 온도상승).

88 **최고 사용압력이 1MPa인 수관보일러의 보일러수 수질관리기준으로 옳은 것은? (pH는 25℃ 기준으로 한다.)**

① pH 7－9, M알칼리도 100~800mg$CaCO_3$/L
② pH 7－9, M알칼리도 80~600mg$CaCO_3$/L
③ pH 11－11.8, M알칼리도 100~800mg$CaCO_3$/L
④ pH 11－11.8, M알칼리도 80~600mg$CaCO_3$/L

해설 최고 사용압력이 1MPa인 수관보일러의 보일러수 수질은 25℃를 기준으로 할 때 PH(11~11.8) M알칼리도 100~800mg $CaCO_3$/L이다.

★
89 **보일러 운전 시 유지해야 할 최저 수위에 관한 설명으로 틀린 것은?**

① 노통연관보일러에서 노통이 높은 경우에는 노통 상면보다 75mm 상부(플랜지 제외)
② 노통연관보일러에서 연관이 높은 경우에는 연관 최상위보다 75mm 상부
③ 횡연관 보일러에서 연관 최상위보다 75mm 상부
④ 입형 보일러에서 연소실 천장판 최고부보다 75mm 상부(플랜지 제외)

해설 노통연관보일러에서 노통이 높을 경우 노통 상면보다 100mm 상부(플랜지 제외)

★
90 **긴 관의 일단에서 급수를 펌프로 압입하여 도중에서 가열, 증발, 과열을 한꺼번에 시켜 과열증기로 내보내는 보일러로서 드럼이 없고, 관만으로 구성된 보일러는?**

① 이중 증발 보일러 ② 특수 열매 보일러
③ 연관 보일러 ④ 관류 보일러

해설 **단관식 관류 보일러**
긴 관의 일단에서 급수를 펌프로 압입하여 관에서 가열, 증발, 과열을 통하여 과열증기를 발생시키는 드럼이 없는 보일러이다.

정답 84. ④ 85. ① 86. ③ 87. ② 88. ③ 89. ① 90. ④

91 저온가스 부식을 억제하기 위한 방법이 아닌 것은?

① 연료 중의 유황성분을 제거한다.
② 첨가제를 사용한다.
③ 공기예열기 전열면 온도를 높인다.
④ 배기가스 중 바나듐의 성분을 제거한다.

해설 배기가스 중 바나듐(V)의 성분을 제거하는 것은 고온부식을 억제하기 위한 방법이다.

★
92 태양열 보일러가 800W/m²의 비율로 열을 흡수한다. 열효율이 9%인 장치로 12kW의 동력을 얻으려면 전열면적(m²)의 최소 크기는 얼마이어야 하는가?

① 0.17 ② 1.35
③ 107.8 ④ 166.7

해설
$$\text{전열면적}(A)=\frac{\text{동력(kW)}}{\text{열유속(heat flux)}\times\text{열효율}(\eta)}=\frac{12{,}000}{800\times 0.09}=166.67\text{m}^2$$

93 내압을 받는 어떤 원통형 탱크의 압력은 30N/cm², 직경은 5m, 강판 두께는 10mm이다. 이 탱크의 이음효율을 75%로 할 때, 강판의 인장강도(N/mm²)는 얼마로 하여야 하는가? (단, 탱크의 반경방향으로 두께에 응력이 유기되지 않는 이론값을 계산한다.)

① 100
② 200
③ 300
④ 400

해설
$$\sigma_{\max}=\frac{PD}{200t\eta}=\frac{30\times 5{,}000}{200\times 10\times 0.75}=100\text{N/mm}^2\text{(MPa)}$$

★
94 연도(굴뚝) 설계 시 고려사항으로 틀린 것은?

① 가스유속을 적당한 값으로 한다.
② 적절한 굴곡저항을 위해 굴곡부를 많이 만든다.
③ 급격한 단면 변화를 피한다.
④ 온도강하가 적도록 한다.

해설 연도(굴뚝) 설계 시 가능한 굴곡부를 적게 만들어서 굴곡저항을 작게 해야 한다.

★
95 과열증기의 특징에 대한 설명으로 옳은 것은?

① 관내 마찰저항이 증가한다.
② 응축수로 되기 어렵다.
③ 표면에 고온부식이 발생하지 않는다.
④ 표면의 온도를 일정하게 유지한다.

해설 ㉠ 과열증기는 온도가 높아서 복수기에서만 응축수로 변환이 용이하다.
㉡ 과열증기는 수분이 없어서 관내 마찰저항이 적다.
㉢ 표면에 바나듐(V)이 500℃ 이상에서 용융하여 고온부식이 발생하며 표면의 온도가 일정하지 못하다.

★
96 프라이밍이나 포밍의 방지대책에 대한 설명으로 틀린 것은?

① 주증기 밸브를 급히 개방한다.
② 보일러 수를 농축시키지 않는다.
③ 보일러 수중의 불순물을 제거한다.
④ 과부하가 되지 않도록 한다.

해설 1) 프라이밍(priming): 수면 위에서 증기발생 시 수분이 함께 증기와 분출, 상승되는 상태(비수)
2) 포밍(forming): 수면 위에서 유지분 등에 의해 거품이 발생되는 것
3) **프라이밍과 포밍의 방지법**
㉠ 주 증기밸브를 차단(폐쇄)한다.
㉡ 보일러 수중 불순물을 제거한다.
㉢ 과부하가 되지 않도록 한다.
㉣ 보일러 수를 농축시키지 않는다.

97 보일러 수 5ton 중에 불순물이 40g 검출되었다. 함유량은 몇 ppm인가?

① 0.008
② 0.08
③ 8
④ 80

해설 $\text{함유량}=\frac{40}{5}=8\text{ppm}$
1ppm이란 1g의 물(시료) 중 100만 분의 1
(물 1ton: 1g, 5ton: 5g)

정답 91. ④ 92. ④ 93. ① 94. ② 95. ② 96. ① 97. ③

98 2중관 열교환기에 있어서 열관류율(K)의 근사식은? (단, F_i: 내관 내면적, F_o: 내관 외면적, α_i: 내관 내면과 유체 사이의 경막계수, α_o: 내관 외면과 유체 사이의 경막계수, 전열계산은 내관 외면 기준일 때이다.)

① $\dfrac{1}{\left(\dfrac{1}{\alpha_i F_i}+\dfrac{1}{\alpha_o F_o}\right)}$　② $\dfrac{1}{\left(\dfrac{1}{\alpha_i \dfrac{F_i}{F_o}}+\dfrac{1}{\alpha_o}\right)}$

③ $\dfrac{1}{\left(\dfrac{1}{\alpha_i}+\dfrac{1}{\alpha_o \dfrac{F_i}{F_o}}\right)}$　④ $\dfrac{1}{\left(\dfrac{1}{\alpha_o F_i}+\dfrac{1}{\alpha_i F_o}\right)}$

해설 2중관 열교환기에 있어서 열관류율(K)은

$$K=\left[\frac{1}{\alpha_i \frac{F_i}{F_a}}+\frac{1}{\alpha_o}\right][\mathrm{W/m^2\cdot K}]$$

여기서, F_i : 내관 내면적(m^2)
F_o : 내관 외면적(m^2)
α_i : 내관 내면과 유체 사이 경막계수(W/m^2·K)
α_o : 내관 외면과 유체 사이 경막계수(W/m^2·K)

★
99 24,500kW의 증기원동소에 사용하고 있는 석탄의 발열량이 30,240kJ/kg이고 원동소의 열효율이 23%라면, 매 시간당 필요한 석탄의 양(kg/h)은? (단, 1kW는 3,600kJ/h로 한다.)

① 12681.16　② 15232.56
③ 15325.78　④ 18286.26

해설
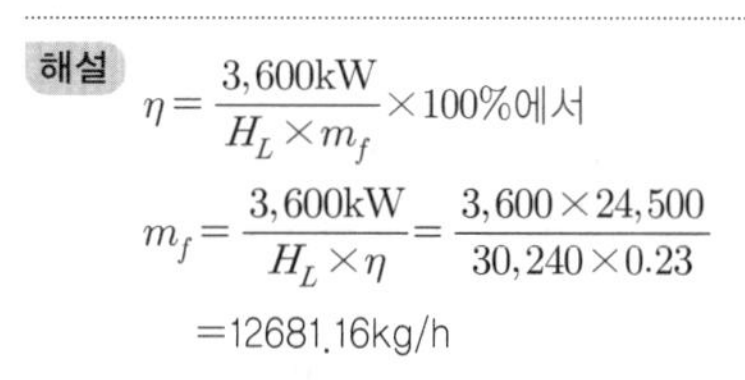

$\eta=\dfrac{3,600\text{kW}}{H_L\times m_f}\times 100\%$에서

$m_f=\dfrac{3,600\text{kW}}{H_L\times\eta}=\dfrac{3,600\times 24,500}{30,240\times 0.23}$

=12681.16kg/h

★
100 다음 중 증기관의 크기를 결정할 때 고려해야 할 사항으로 가장 거리가 먼 것은?

① 가격　② 열손실
③ 압력강하　④ 증기온도

해설 증기관 크기 결정 시 고려사항
㉠ 가격
㉡ 열손실
㉢ 압력강하

2018년

정답 98. ① 99. ① 100. ④

Engineer Energy Management

2018년 제2회 에너지관리기사

제1과목 연소공학

01 다음 중 연소 전에 연료와 공기를 혼합하여 버너에서 연소하는 방식인 예혼합 연소방식 버너의 종류가 아닌 것은?

① 저압버너 ② 중압버너
③ 고압버너 ④ 송풍버너

해설 **예혼합 연소방식**
연소 전에 공기 또는 산소와 연소가스를 일정한 혼합비로 혼합시켜 연소시키는 방식으로 버너(burner)는 저압버너, 고압버너, 송풍버너가 있으며 중압버너(0.3MPa 이상~1MPa 미만)는 가스용 버너이다.

★
02 프로판(propane)가스 2kg을 완전연소시킬 때 필요한 이론공기량은 약 몇 Nm^3인가?

① 6 ② 8
③ 16 ④ 24

해설 $C_3H_8 + 5O_2 \rightarrow 3CO_2 + 4H_2O$
1kmol 5kmol
44kg $5 \times 22.4Nm^3$

이론산소량$(O_0) = \dfrac{5 \times 22.4}{44} = 2.545Nm^3/kg$

이론공기량$(A_0) = \dfrac{O_0}{0.21} = \dfrac{2.545}{0.21} \fallingdotseq 12.12Nm^3/kg$

∴ 프로판 가스 2kg을 완전연소시킬 때 필요한 이론공기량은 $12.12Nm^3/kg \times 2kg = 24.24Nm^3$이므로 약 $24Nm^3$이다.

★
03 기체연료용 버너의 구성요소가 아닌 것은?

① 가스량 조절부 ② 공기/가스 혼합부
③ 보염부 ④ 통풍구

해설 **기체연료용 버너의 구성요소**
㉠ 가스량 조절부
㉡ 공기/가스 혼합부
㉢ 보염부

★
04 등유($C_{10}H_{20}$)를 연소시킬 때 필요한 이론공기량은 약 몇 Nm^3/kg인가?

① 15.6 ② 13.5
③ 11.4 ④ 9.2

해설 이론공기량$(A_o) = \dfrac{O_o}{0.21} = \dfrac{2.4}{0.21} = 11.43Nm^3/kg$

여기서, $O_o = \dfrac{22.4 \times 15}{140} = 2.4Nm^3/kg$

★
05 연도가스 분석결과 CO_2 12.0%, O_2 6.0%, CO 0.0%라면 CO_{2max}는 몇 %인가?

① 13.8 ② 14.8
③ 15.8 ④ 16.8

해설 $CO_{2max} = \dfrac{21CO_2}{21 - O_2} = \dfrac{21 \times 12}{21 - 6} = 16.8\%$

06 연소상태에 따라 매연 및 먼지의 발생량이 달라진다. 다음 설명 중 잘못된 것은?

① 매연은 탄화수소가 분해 연소할 경우에 미연의 탄소입자가 모여서 된 것이다.
② 매연의 종류 중 질소산화물 발생을 방지하기 위해서는 과잉공기량을 늘리고 노내압을 높게 한다.
③ 배기 먼지를 적게 배출하기 위한 건식집진장치는 사이클론, 멀티클론, 백필터 등이 있다.
④ 먼지입자는 연료에 포함된 회분의 양, 연소방식, 생산물질의 처리방법 등에 따라서 발생하는 것이다.

해설 매연의 종류 중 질소산화물(NO_x)은 연소온도가 높고 과잉공기량이 많으면 발생량이 증가한다.
질소산화물을 경감시키는 방법
㉠ 노내압을 낮춘다.
㉡ 연소온도를 낮게 한다.
㉢ 연소가스 중 산소농도를 저하시킨다.
㉣ 과잉공기량을 감소시킨다.
㉤ 노내가스의 잔류시간을 단축시킨다.

정답 01. ② 02. ④ 03. ④ 04. ③ 05. ④ 06. ②

07 **다음 중 중유연소의 장점이 아닌 것은?**

① 회분을 전혀 함유하지 않으므로 이것에 의한 장해는 없다.
② 점화 및 소화가 용이하며, 화력의 가감이 자유로워 부하 변동에 적용이 용이하다.
③ 발열량이 석탄보다 크고, 과잉공기가 적어도 완전 연소시킬 수 있다.
④ 재가 적게 남으며, 발열량, 품질 등이 고체연료에 비해 일정하다.

해설 중유는 회분(ash) 및 중금속 성분이 포함되어 있다.

★
08 **연소가스에 들어 있는 성분을 CO_2, C_mH_n, O_2, CO의 순서로 흡수 분리시킨 후 체적 변화로 조성을 구하고, 이어 잔류가스에 공기나 산소를 혼합, 연소시켜 성분을 분석하는 기체연료 분석방법은?**

① 헴펠법
② 치환법
③ 리비히법
④ 에슈카법

해설 연소가스에 들어있는 성분을 CO_2, C_mH_n, O_2, CO의 순서로 흡수 분리시킨 후 체적변화로 조성을 구하고 이어 잔류가스에 공기나 산소를 혼합 연소시켜 성분을 분석하는 기체연료 분석법은 헴펠법으로, 흡수순서는 $CO_2 \rightarrow C_mH_n \rightarrow O_2 \rightarrow CO$ 순이다.

09 **수소가 완전 연소하여 물이 될 때, 수소와 연소용 산소와 물의 몰(mol)비는?**

① 1 : 1 : 1
② 1 : 2 : 1
③ 2 : 1 : 2
④ 2 : 1 : 3

해설 $H_2 + \frac{1}{2}O_2 \rightarrow H_2O$

$1 : \frac{1}{2} : 1$

$\therefore 2 : 1 : 2$

★
10 연소가스 중의 질소산화물 생성을 억제하기 위한 방법으로 틀린 것은?

① 2단 연소 ② 고온 연소
③ 농담 연소 ④ 배기가스 재순환 연소

해설 고온 연소 시 질소산화물(NO_x)이 생성된다.

★
11 **최소착화에너지(MIE)의 특징에 대한 설명으로 옳은 것은?**

① 질소농도의 증가는 최소착화에너지를 감소시킨다.
② 산소농도가 많아지면 최소착화에너지는 증가한다.
③ 최소착화에너지는 압력증가에 따라 감소한다.
④ 일반적으로 분진의 최소착화에너지는 가연성 가스보다 작다.

해설 압력의 증가에 따라 질소농도가 증가하면 최소착화에너지(MIE, Minimum Ignition Energy)는 감소한다.

12 **액체연료 1kg 중에 같은 질량의 성분이 포함될 때, 다음 중 고위발열량에 가장 크게 기여하는 성분은?**

① 수소 ② 탄소
③ 황 ④ 회분

해설 액체연료 1kg 중에 같은 질량의 성분이 포함될 때 다음 중 고위발열량(총 발열량)에 가장 크게 기여하는 성분은 수소(H)다. 고체나 기체연료는 탄소(C) 성분을 가장 많이 함유하고 있다.

13 **버너에서 발생하는 역화의 방지대책과 거리가 먼 것은?**

① 버너 온도를 높게 유지한다.
② 리프트 한계가 큰 버너를 사용한다.
③ 다공 버너의 경우 각각의 연료분출구를 작게 한다.
④ 연소용 공기를 분할 공급하여 일차공기를 착화범위보다 적게 한다.

해설 버너에서 발생하는 역화(back fire)방지대책은 버너의 온도를 낮게 유지해야 한다.

정답 07. ① 08. ① 09. ③ 10. ② 11. ③ 12. ① 13. ①

14 연소관리에 있어서 과잉공기량 조절 시 다음 중 최소가 되게 조절하여야 할 것은? (단, L_s: 배가스에 의한 열손실량, L_i: 불완전연소에 의한 열손실량, L_c: 연소에 의한 열손실량, L_r: 열복사에 의한 열손실량일 때를 나타낸다.)

① L_s+L_i ② L_s+L_r
③ L_i+L_c ④ L_i

해설 연소관리에서는 손실열이 가장 많은 배기가스에 의한 손실열량을 적게 하여야 열효율이 높아진다. 또한 불완전 열손실량이 적을수록 더욱 좋은 연소상태이다.

★
15 보일러실에 자연환기가 안 될 때 실외로부터 공급하여야 할 공기는 벙커C유 1L당 최소 몇 Nm^3가 필요한가? (단, 벙커C유의 이론공기량은 10.24Nm^3/kg, 비중은 0.96, 연소장치의 공기비는 1.3으로 한다.)

① 11.34 ② 12.78
③ 15.69 ④ 17.85

해설 벙커C유 1L(리터)당 공급공기량(Q)
$=mA_oS=1.3\times10.24\times0.96=12.78Nm^3$

16 다음 중 분해폭발성 물질이 아닌 것은?

① 아세틸렌 ② 히드라진
③ 에틸렌 ④ 수소

해설 분해폭발은 높은 온도나 압력으로 인해 산소가 필요 없는 화학적 폭발로, 분해폭발성 물질은 아세틸렌(C_2H_2), 히드라진(N_2H_4), 에틸렌(C_2H_4)이다.

★
17 과잉공기량이 연소에 미치는 영향으로 가장 거리가 먼 것은?

① 열효율
② CO 배출량
③ 노 내 온도
④ 연소 시 와류 형성

해설 과잉공기량이 연소에 미치는 영향
㉠ 열효율
㉡ CO 배출량
㉢ 노(furnace) 내 온도

18 다음 중 습식집진장치의 종류가 아닌 것은?

① 멀티클론(multiclone)
② 제트 스크러버(jet scrubber)
③ 사이클론 스크러버(cyclone scrubber)
④ 벤투리 스크러버(venturi scrubber)

해설 습식집진장치
㉠ 벤투리 스크러버
㉡ 사이클론 스크러버
㉢ 제트 스크러버

★
19 다음 석탄의 성질 중 연소성과 가장 관계가 적은 것은?

① 비열 ② 기공률
③ 점결성 ④ 열전도율

해설 석탄의 성질 중 연소성과 관계있는 인자
㉠ 비열(C)
㉡ 기공률(ϕ)
㉢ 열전도율(계수)

20 미분탄 연소의 특징이 아닌 것은?

① 큰 연소실이 필요하다.
② 마모부분이 많아 유지비가 많이 든다.
③ 분쇄시설이나 분진처리시설이 필요하다.
④ 중유연소기에 비해 소요 동력이 적게 필요하다.

해설 미분탄 연소는 중유나 가스연소 보일러보다 큰 연소실을 필요로 하며 분쇄에 따른 소비동력이 증대된다(설비비와 운전 및 정비비용이 증대된다).

제2과목 열역학

21 압력이 1,000kPa이고 온도가 400℃인 과열증기의 엔탈피는 약 몇 kJ/kg인가? (단, 압력이 1,000kPa일 때 포화온도는 179.1℃, 포화증기의 엔탈피는 2,775kJ/kg이고, 과열증기의 평균비열은 2.2kJ/kg·K이다.)

① 1,547 ② 2,452
③ 3,261 ④ 4,453

정답 14. ① 15. ② 16. ④ 17. ④ 18. ① 19. ③ 20. ④ 21. ③

해설 $h = h'' + C_p(T - T_S) = 2775 + 2.2(673 - 452.1)$
$= 3,261\text{kJ/kg}$

★

22 밀폐계에서 비가역 단열과정에 대한 엔트로피 변화를 옳게 나타낸 식은? (단, S는 엔트로피, C_p는 정압비열, T는 온도, R은 기체상수, P는 압력, Q는 열량을 나타낸다.)

① $dS = 0$
② $dS > 0$
③ $dS = C_p\dfrac{dT}{T} - R\dfrac{dP}{P}$
④ $dS = \dfrac{\delta Q}{T}$

해설 비가역 단열변화인 경우 엔트로피는 증가한다($dS > 0$).

23 이상기체 1mol이 그림의 b과정(2 → 3과정)을 따를 때 내부에너지의 변화량은 약 몇 J인가? (단, 정적비열은 $1.5R$이고, 기체상수 R은 8.314kJ/ kmol · K이다.)

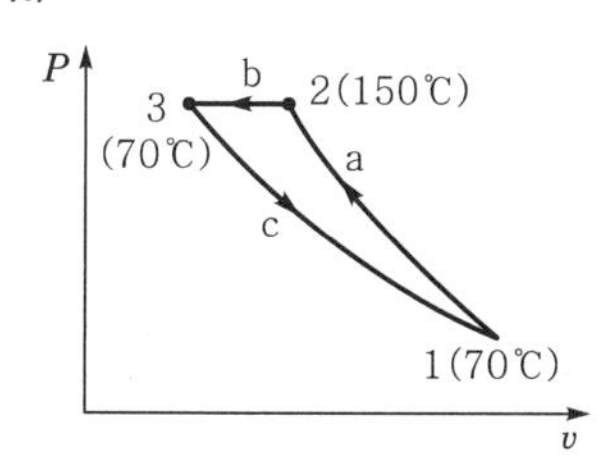

① −333 ② −665
③ −998 ④ −1,662

해설 $(u_2 - u_1) = C_v(T_2 - T_1) = 1.5R(T_2 - T_1)$
$= 1.5 \times 8.314(343 - 423)$
$= -998\text{J/mol}$

★

24 다음 공기 표준사이클(air standard cycle) 중 두 개의 등온과정과 두 개의 정압과정으로 구성된 사이클은?

① 디젤(diesel) 사이클
② 사바테(sabathe) 사이클
③ 에릭슨(ericsson) 사이클
④ 스터링(stirling) 사이클

해설 등온변화 2개와 정압변화 2개로 구성된 사이클은 에릭슨 사이클(ericsson cycle)이다.

25 동일한 온도, 압력 조건에서 포화수 1kg과 포화증기 4kg을 혼합하여 습증기가 되었을 때 이 증기의 건도는?

① 20% ② 25%
③ 75% ④ 80%

해설 $\text{건도}(x) = \dfrac{\text{포화증기 질량}}{\text{습증기 전체질량}} \times 100\%$
$= \dfrac{4}{5} \times 100 = 80\%$

★

26 압력 200kPa, 체적 1.66m^3의 상태에 있는 기체가 정압조건에서 초기 체적의 $\dfrac{1}{2}$로 줄었을 때 이 기체가 행한 일은 약 몇 kJ인가?

① −166 ② −198.5
③ −236 ④ −245.5

해설 $_1W_2 = \int_1^2 pdV = p(V_2 - V_1)$
$= 200\left(\dfrac{1.66}{2} - 1.66\right) = -166\text{kJ}$

★

27 공기를 작동유체로 하는 diesel cycle의 온도범위가 32~3,200℃이고 이 cycle의 최고 압력이 6.5MPa, 최초 압력이 160kPa일 경우 열효율은 약 얼마인가? (단, 공기의 비열비는 1.4이다.)

① 41.4% ② 46.5%
③ 50.9% ④ 55.8%

해설 $\text{압축비}(\varepsilon) = \dfrac{V_1}{V_2} = \left(\dfrac{P_2}{P_1}\right)^{\frac{1}{k}} = \left(\dfrac{6500}{160}\right)^{\frac{1}{1.4}} = 14.09$

$\text{체절비}(\sigma) = \dfrac{V_3}{V_2} = \dfrac{T_3}{T_2} = \dfrac{T_3}{T_1\varepsilon^{k-1}}$
$= \dfrac{3473}{305 \times 14.09^{1.4-1}} = 3.95$

$\eta_{thd} = 1 - \left(\dfrac{1}{\varepsilon}\right)^{k-1} \dfrac{\sigma^k - 1}{k(\sigma - 1)} \times 100\% = 50.9\%$

정답 22. ② 23. ③ 24. ③ 25. ④ 26. ① 27. ③

28 실린더 속에 100g의 기체가 있다. 이 기체가 피스톤의 압축에 따라서 2kJ의 일을 받고 외부로 3kJ의 열을 방출했다. 이 기체의 단위 kg당 내부에너지는 어떻게 변화하는가?

① 1kJ/kg 증가한다.
② 1kJ/kg 감소한다.
③ 10kJ/kg 증가한다.
④ 10kJ/kg 감소한다.

해설 $U_2 - U_1 = Q - W = -3 + 2 = -1$kJ

$\therefore u_2 - u_1 = \dfrac{U_2 - U_1}{m} = \dfrac{-1}{0.1} = -10$kJ/kg

★
29 냉동기에 사용되는 냉매의 구비조건으로 옳지 않은 것은?

① 응고점이 낮을 것
② 액체의 표면장력이 작을 것
③ 임계점(critical point)이 낮을 것
④ 비열비가 작을 것

해설 냉매(refrigerant)는 임계점(critical point)이 높아야 한다.

★
30 다음 온도(T)-엔트로피(s) 선도에 나타난 랭킨(Rankine) 사이클의 효율을 바르게 나타낸 것은?

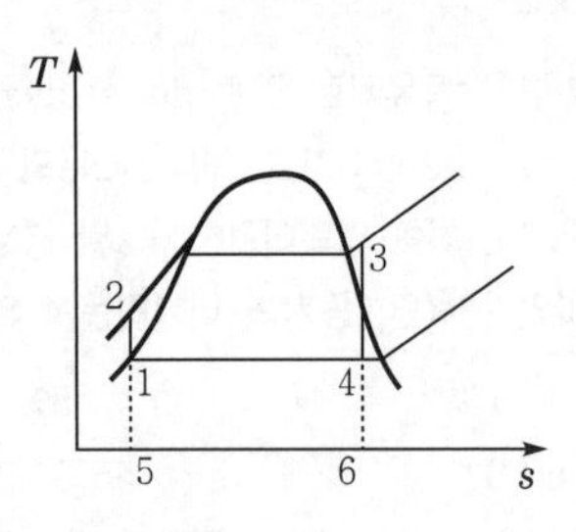

① $\dfrac{\text{면적}1-2-3-4-1}{\text{면적}5-2-3-6-5}$

② $1-\dfrac{\text{면적}1-2-3-4-1}{\text{면적}5-2-3-6-5}$

③ $\dfrac{\text{면적}1-4-6-5-1}{\text{면적}5-2-3-6-5}$

④ $\dfrac{\text{면적}1-2-3-4-1}{\text{면적}5-1-4-6-5}$

해설 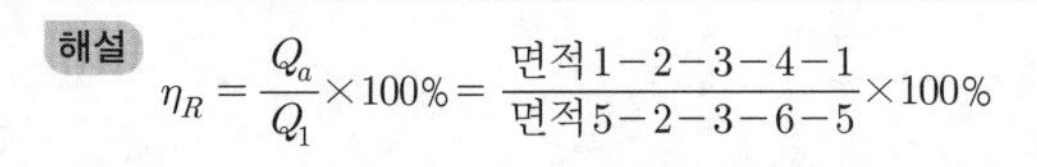

$\eta_R = \dfrac{Q_a}{Q_1} \times 100\% = \dfrac{\text{면적}1-2-3-4-1}{\text{면적}5-2-3-6-5} \times 100\%$

여기서, Q_1: 공급열량(가열량)
Q_a: 유효열량(정미열량)

31 어떤 기체의 이상기체상수는 2.08kJ/kg·K이고 정압비열은 5.24kJ/kg·K일 때, 이 가스의 정적비열은 약 몇 kJ/kg·K인가?

① 2.18 ② 3.16
③ 5.07 ④ 7.20

해설 $C_p - C_v = R$에서
$C_v = C_p - R = 5.24 - 2.08 = 3.16$kJ/kg·K

★
32 98.1kPa, 60℃에서 질소 2.3kg, 산소 1.8kg의 기체 혼합물이 등엔트로피 상태로 압축되어 압력이 343kPa로 되었다. 이때 내부에너지 변화는 약 몇 kJ인가? (단, 혼합기체의 정적비열은 0.711kJ/kg·K이고, 비열비는 1.4이다.)

① 325 ② 417
③ 498 ④ 562

해설
$T_2 = T_1\left(\dfrac{p_2}{p_1}\right)^{\frac{k-1}{k}} = 333 \times \left(\dfrac{343}{98.1}\right)^{\frac{1.4-1}{1.4}}$
$= 476 - 273 = 203$℃
$U_2 - U_1 = (m_1 + m_2)\,C_v(T_2 - T_1)$
$= (2.3 + 1.8) \times 0.711(203 - 60) \doteqdot 417$kJ

★
33 그림과 같은 카르노 냉동 사이클에서 성적계수는 약 얼마인가? (단, 각 사이클에서의 엔탈피(h)는 $h_1 \simeq h_4 = 98$kJ/kg, $h_2 = 231$kJ/kg, $h_3 = 282$kJ/kg이다.)

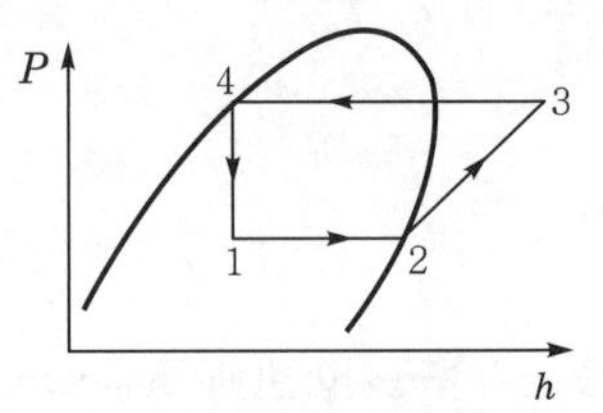

① 1.9 ② 2.3
③ 2.6 ④ 3.3

해설 $(\text{COP})_R = \dfrac{q_2}{w_c} = \dfrac{(h_2 - h_1)}{(h_3 - h_2)} = \dfrac{231 - 98}{282 - 231} \doteqdot 2.61$

정답 28. ④ 29. ③ 30. ① 31. ② 32. ② 33. ③

★
34 비압축성 유체의 체적팽창계수 β에 대한 식으로 옳은 것은?

① $\beta=0$
② $\beta=1$
③ $\beta>0$
④ $\beta>1$

해설 체적팽창계수(β)$=\dfrac{1}{V_o}\left(\dfrac{\partial V}{\partial T}\right)_P$

비압축성인 경우$\left(\dfrac{\partial V}{\partial T}\right)$

$\therefore\ \beta=0$

★
35 일정한 질량유량으로 수평하게 증기가 흐르는 노즐이 있다. 노즐 입구에서 엔탈피는 3,205kJ/kg이고, 증기 속도는 15m/s이다. 노즐 출구에서의 증기 엔탈피가 2,994kJ/kg일 때 노즐 출구에서의 증기의 속도는 약 몇 m/s인가? (단, 정상상태로서 외부와의 열교환은 없다고 가정한다.)

① 500 ② 550
③ 600 ④ 650

해설 단열팽창 시 노즐 출구유속(V_2)

$=44.72\sqrt{(h_1-h_2)}$

$=44.72\sqrt{3{,}205-2{,}994}=650$m/s

36 이상기체를 등온과정으로 초기 체적의 $\dfrac{1}{2}$로 압축하려 한다. 이때 필요한 압축일의 크기는? (단, m은 질량, R은 기체상수, T는 온도이다.)

① $\dfrac{1}{2}mRT\times\ln 2$ ② $mRT\times\ln 2$
③ $2mRT\times\ln 2$ ④ $mRT\times\left(\ln\dfrac{1}{2}\right)^2$

해설 등온변화 시 절대일=공업일의 크기는 같다.

$W_t=mRT\ln\dfrac{V_2}{V_1}=mRT\ln 2$

★
37 Rankine cycle의 4개 과정으로 옳은 것은?

① 가역단열팽창 → 정압방열 → 가역단열압축 → 정압가열
② 가역단열팽창 → 가역단열압축 → 정압가열 → 정압방열
③ 정압가열 → 정압방열 → 가역단열압축 → 가역단열팽창
④ 정압방열 → 정압가열 → 가역단열압축 → 가역단열팽창

해설 **랭킨 사이클의 4개 과정**

가역단열팽창 → 정압방열 → 가역단열압축 → 정압가열

38 표준 증기압축 냉동사이클을 설명한 것으로 옳지 않은 것은?

① 압축과정에서는 기체상태의 냉매가 단열압축되어 고온고압의 상태가 된다.
② 증발과정에서는 일정한 압력상태에서 저온부로부터 열을 공급 받아 냉매가 증발한다.
③ 응축과정에서는 냉매의 압력이 일정하며 주위로의 열방출을 통해 냉매가 포화액으로 변한다.
④ 팽창과정은 단열상태에서 일어나며, 대부분 등엔트로피 팽창을 한다.

해설 팽창과정은 교축팽창으로 등엔탈피과정, 엔트로피 증가한다.(비가역과정)

★
39 온도가 800K이고 질량이 10kg인 구리를 온도 290K인 100kg의 물속에 넣었을 때 이 계 전체의 엔트로피 변화는 몇 kJ/K인가? (단, 구리와 물의 비열은 각각 0.398kJ/kg·K, 4.185kJ/kg·K이고, 물은 단열된 용기에 담겨 있다.)

① -3.973 ② 2.897
③ 4.424 ④ 6.870

해설 평균온도(T_m)$=\dfrac{m_1C_1T_1+m_2C_2T_2}{m_1C_1+m_2C_2}$

$=\dfrac{100\times4.185\times290+10\times0.398\times800}{100\times4.185+10\times0.398}$

$=\dfrac{124549}{422.48}\fallingdotseq 294.80$K

2018년

정답 34. ① 35. ④ 36. ② 37. ① 38. ④ 39. ②

$$(\Delta S)_{total} = m_1 C_1 \ln \frac{T_m}{T_1} + m_2 C_2 \ln \frac{T_m}{T_2}$$
$$= 100 \times 4.185 \ln \frac{294.80}{290}$$
$$+ 10 \times 0.398 \ln \frac{294.80}{800}$$
$$= 2.897\text{kJ/K}$$

★
40 **다음 중 포화액과 포화증기의 비엔트로피 변화량에 대한 설명으로 옳은 것은?**

① 온도가 올라가면 포화액의 비엔트로피는 감소하고 포화증기의 비엔트로피는 증가한다.
② 온도가 올라가면 포화액의 비엔트로피는 증가하고 포화증기의 비엔트로피는 감소한다.
③ 온도가 올라가면 포화액과 포화증기의 비엔트로피는 감소한다.
④ 온도가 올라가면 포화액과 포화증기의 비엔트로피는 증가한다.

해설 온도가 올라가면 포화액의 비엔트로피는 증가하고 포화증기의 비엔트로피는 감소한다.

제3과목 계측방법

41 **다음 중 용적식 유량계에 해당하는 것은?**

① 오리피스미터 ② 습식 가스미터
③ 로터미터 ④ 피토관

해설 습식 가스미터는 용적식 유량계이다.

42 **다음 중 계량단위에 대한 일반적인 요건으로 가장 적절하지 않은 것은?**

① 정확한 기준이 있을 것
② 사용하기 편리하고 알기 쉬울 것
③ 대부분의 계량단위를 60진법으로 할 것
④ 보편적이고 확고한 기반을 가진 안정된 원기가 있을 것

★
43 **베르누이 정리를 응용하여 유량을 측정하는 방법으로 액체의 전압과 정압과의 차로부터 순간치 유량을 측정하는 유량계는?**

① 로터미터 ② 피토관
③ 임펠러 ④ 휘트스톤 브릿지

해설 베르누이 정리를 응용한 유량측정방법으로 피토관은 동압=전압과 정압의 차로부터 순간치 유량 측정용 계기다.

44 **다음 중 공기식 전송을 하는 계장용 압력계의 공기압신호는 몇 kPa인가?**

① 20~100 ② 150~250
③ 30~500 ④ 40~200

해설 공기압식 전송거리 100~150m 정도, 작동압력은 공기압 20~100kPa 정도이다.

★
45 **다음 가스분석방법 중 물리적 성질을 이용한 것이 아닌 것은?**

① 밀도법
② 연소열법
③ 열전도율법
④ 가스크로마토그래프법

해설 가스분석방법 중 연소열법[연소식 O_2계, 미연소(H_2+CO계)]은 화학적 성질을 이용한 방법이다.

46 **다음 그림과 같은 U자관에서 유도되는 식은?**

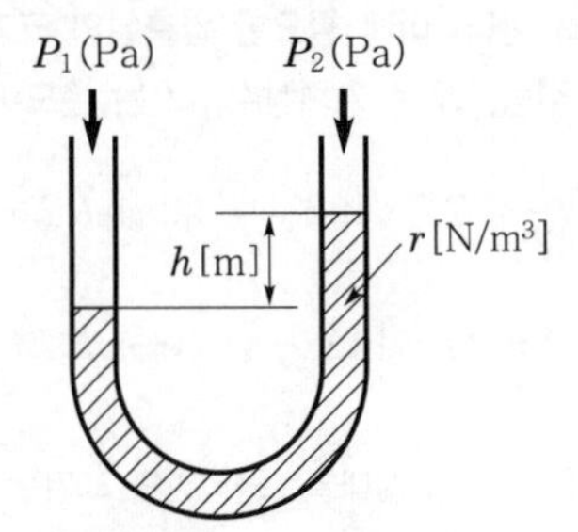

① $P_1 = P_2 - h$
② $h = \gamma(P_1 - P_2)$
③ $P_1 + P_2 = \gamma h$
④ $P_1 = P_2 + \gamma h$

해설 $P_1 = P_2 + \gamma h$[Pa=N/m²]

정답 40. ② 41. ② 42. ③ 43. ② 44. ① 45. ② 46. ④

★
47 다음 중 비접촉식 온도계는?

① 색온도계　② 저항온도계
③ 압력식 온도계　④ 유리온도계

해설 **비접촉식 온도계**
㉠ 색(color)온도계
㉡ 방사온도계
㉢ 적외선 온도계
㉣ 광고온도계
㉤ 광전관식 온도계

48 다음 중 송풍량을 일정하게 공급하려고 할 때 가장 적당한 제어방식은?

① 프로그램제어　② 비율제어
③ 추종제어　④ 정치제어

해설 송풍량만을 일정하게 공급하려고 할 때 가장 적당한 제어 방법은 정치제어다.

49 열전대 온도계 보호관 중 내열강 SEH-5에 대한 설명으로 옳지 않은 것은?

① 내식성, 내열성 및 강도가 좋다.
② 자기관에 비해 저온측정에 사용된다.
③ 유황가스 및 산화염에도 사용이 가능하다.
④ 상용온도는 800℃이고 최고 사용온도는 850℃까지 가능하다.

해설 **내열강 SEH-5**
㉠ 상용온도 1,050℃, 최고 사용온도 1,200℃
㉡ 크롬(Cr) 25%+니켈(Ni) 20%로 구성되어 있으며, 산화염과 환원염에 사용이 가능한 금속보호관이다.

★
50 열전대 온도계의 보호관 중 상용 사용온도가 약 1,000℃이며, 내열성, 내산성이 우수하나 환원성 가스에 기밀성이 약간 떨어지는 것은?

① 카보런덤관　② 자기관
③ 석영관　④ 황동관

해설 **비금속보호관(석영관)**
㉠ 산성에는 강하다.
㉡ 상용사용온도는 1,000~1,100℃이다.
㉢ 기계적 충격에 약하다.
㉣ 내열성이 있다.

51 다음 중 가스의 열전도율이 가장 큰 것은?

① 공기　② 메탄
③ 수소　④ 이산화탄소

해설 ㉠ 수소(H_2)는 열전도율이 크다(180.5W/m·K).
㉡ 질소(N_2)의 열전도율은 25.83W/m·K이다.
㉢ 산소(O_2)의 열전도율은 26.58W/m·K이다.
㉣ 이산화탄소(CO_2)의 열전도율은 0.015W/m·K이다.

★
52 1차 제어장치가 제어량을 측정하여 제어 명령을 발하고 2차 제어장치가 이 명령을 바탕으로 제어량을 조절할 때, 다음 중 측정제어로 가장 적절한 것은?

① 추치제어　② 프로그램제어
③ 캐스케이드제어　④ 시퀀스제어

해설 **캐스케이드제어(cascade control)**
2개의 제어계를 조합하여 1차 제어장치의 제어량을 측정하여 제어명령을 발하고 2차 제어장치의 목표치로 설정하는 제어방식이다.

★
53 폐루프를 형성하여 출력측의 신호를 입력측에 되돌리는 제어를 의미하는 것은?

① 뱅뱅　② 리셋
③ 시퀀스　④ 피드백

해설 **피드백 제어(되먹임 제어)=폐루프 제어**
피드백(feed back)에 의해 제어량을 목표값과 비교하고 둘을 일치시키도록 조작량을 생성하는 제어

54 20L인 물의 온도를 15℃에서 80℃로 상승시키는 데 필요한 열량은 약 몇 kJ인가?

① 4,680　② 5,442
③ 6,320　④ 6,860

해설 $Q=mC(t_2-t_1)=20\times4.186\times(80-15)\fallingdotseq5,442$ kJ

★
55 U자관 압력계에 사용되는 액주의 구비조건이 아닌 것은?

① 열팽창계수가 작을 것
② 모세관현상이 적을 것
③ 화학적으로 안정될 것
④ 점도가 클 것

정답 47. ① 48. ④ 49. ④ 50. ③ 51. ③ 52. ③ 53. ④ 54. ② 55. ④

해설 U자관 압력계 액주의 구비조건
㉠ 점도가 낮을 것
㉡ 열팽창계수가 작을 것
㉢ 모세관현상이 적을 것
㉣ 화학적으로 안정될 것

56 온도계의 동작 지연에 있어서 온도계의 최초 지시치가 T_o[℃], 측정한 온도가 x[℃]일 때, 온도계 지시치 T[℃]와 시간 τ와의 관계식은? (단, λ는 시정수이다.)

① $\dfrac{dT}{d\tau}=\dfrac{(x-T_o)}{\lambda}$

② $\dfrac{dT}{d\tau}=\dfrac{\lambda}{(x-T_o)}$

③ $\dfrac{dT}{d\tau}=\dfrac{(\lambda-x)}{T_o}$

④ $\dfrac{dT}{d\tau}=\dfrac{T_o}{(\lambda-x)}$

해설 온도계의 동작지연에서 온도계지시치(T)와 시간(τ)의 관계식(미분형)

$$\frac{dT}{d\tau}=\frac{(x-T_o)}{\lambda}$$

★
57 다음 용어에 대한 설명으로 옳지 않은 것은?

① 측정량: 측정하고자 하는 양
② 값: 양의 크기를 함께 수와 기준
③ 제어편차: 목표치에 제어량을 더한 값
④ 양: 수와 기준으로 표시할 수 있는 크기를 갖는 현상이나 물체 또는 물질의 성질

해설 제어편차는 목표치에서 제어량을 뺀 값이다.

★
58 다음 집진장치 중 코트렐식과 관계가 있는 방식으로 코로나 방전을 일으키는 것과 관련 있는 집진기로 가장 적절한 것은?

① 전기식 집진기 ② 세정식 집진기
③ 원심식 집진기 ④ 사이클론 집진기

해설 코트렐식 집진기는 건식과 습식이 있으며 전기식 집진기로 효율이 가장 좋다.

59 다음 중 오리피스(orifice), 벤투리관(venturi tube)을 이용하여 유량을 측정하고자 할 때 필요한 값으로 가장 적절한 것은?

① 측정기구 전후의 압력차
② 측정기구 전후의 온도차
③ 측정기구 입구에 가해지는 압력
④ 측정기구의 출구 압력

해설 오리피스, 벤투리관, 플로우 노즐 등은 측정기구 전후의 압력차를 이용하여 유량을 측정하는 차압식 유량계이다.

★
60 다음 중 수분 흡수법에 의해 습도를 측정할 때 흡수제로 사용하기에 가장 적절하지 않은 것은?

① 오산화인 ② 피크린산
③ 실리카겔 ④ 황산

해설 흡수제
㉠ 실리카겔(SiO_2)
㉡ 오산화인(P_2O_5)
㉢ 황산(H_2SO_4)

제4과목 열설비재료 및 관계법규

★
61 에너지이용 합리화법에서 목표에너지원단위란 무엇인가?

① 연료의 단위당 제품생산목표량
② 제품의 단위당 에너지사용목표량
③ 제품의 생산목표량
④ 목표량에 맞는 에너지사용량

해설 목표에너지원단위란 에너지이용 합리화법에서 제품의 단위당 에너지사용목표량을 말한다.

62 연료를 사용하지 않고 용선의 보유열과 용선 속 불순물의 산화열에 의해서 노 내 온도를 유지하며 용강을 얻는 것은?

① 평로 ② 고로
③ 반사로 ④ 전로

해설 전로(converter)
선철을 노 속에 넣고 산소 등의 산화가스 등을 주입하여 강을 만드는 서양배와 같은 형태의 노로 용강을 얻는다.

정답 56. ① 57. ③ 58. ① 59. ① 60. ② 61. ② 62. ④

63 **보온재 내 공기 이외의 가스를 사용하는 경우 가스 분자량이 공기의 분자량보다 적으면 보온재의 열전도율의 변화는?**

① 동일하다. ② 낮아진다.
③ 높아진다. ④ 높아지다가 낮아진다.

해설 보온재 내 공기 이외의 가스를 사용하는 경우 가스분자량이 공기분자량보다 적으면 보온재의 열전도율(W/m·K) 변화는 높아진다.
※ 분자량이 작을수록 열전도율은 커진다.
($H_2 > N_2 > O_2 > CO_2$)

★
65 **연속가마, 반연속가마, 불연속가마의 구분방식은 어떤 것인가?**

① 온도상승속도 ② 사용목적
③ 조업방식 ④ 전열방식

해설 가마는 조업방식에 따라 연속가마, 반연속가마, 불연속가마로 구분한다.

★
64 **에너지법에서 정의하는 용어에 대한 설명으로 틀린 것은?**

① "에너지사용자"란 에너지사용시설의 소유자 또는 관리자를 말한다.
② "에너지사용시설"이란 에너지를 사용하는 공장, 사업장 등의 시설이나 에너지를 전환하여 사용하는 시설을 말한다.
③ "에너지공급자"란 에너지를 생산, 수입, 전환, 수송, 저장, 판매하는 사업자를 말한다.
④ "연료"란 석유, 석탄, 대체에너지 기타 열 등으로 제품의 원료로 사용되는 것을 말한다.

해설 연료(fuel)라 함은 석유, 가스, 석탄, 그 밖에 열을 발생하는 열원을 말한다. 다만, 제품의 원료로 사용되는 것은 제외한다.

66 **터널가마에서 샌드 실(sand seal) 장치가 마련되어 있는 주된 이유는?**

① 내화벽돌 조각이 아래로 떨어지는 것을 막기 위하여
② 열 절연의 역할을 하기 위하여
③ 찬바람이 가마 내로 들어가지 않도록 하기 위하여
④ 요차를 잘 움직이게 하기 위하여

해설 터널가마에서 샌드 실(sand seal) 장치는 열 절연의 역할을 하기 위함이다.

★
67 **외경 65mm의 증기관이 수평으로 설치되어 있다. 증기관의 보온된 표면온도는 55℃, 외기온도는 20℃일 때 관의 열손실량(W)은? (단, 이때 복사열은 무시한다.)**

① 29.5 ② 36.6
③ 44.0 ④ 60.0

68 **다음 중 중성내화물에 속하는 것은?**

① 납석질 내화물
② 고알루미나질 내화물
③ 반규석질 내화물
④ 샤모트질 내화물

해설
- 산성내화물: 납석질, 규석질, 반규석질, 샤모트질
- 중성내화물: 고알루미나질, 크롬질, 탄화규소질, 탄소질

★
69 **에너지이용 합리화법에 따라 인정검사 대상기기 조종자의 교육을 이수한 자의 조종범위에 해당하지 않는 것은?**

① 용량이 3t/h인 노통 연관식 보일러
② 압력용기
③ 온수를 발생하는 보일러로서 용량이 300kW인 것
④ 증기보일러로서 최고 사용압력이 0.5MPa이고 전열면적이 $9m^2$인 것

해설 **인정검사 대상기기(조종자 교육을 이수한 자의 조정범위)**
㉠ 증기보일러로서 최고 사용압력이 1MPa 이하이고 전열면적이 $10m^2$ 이하인 것
㉡ 온수 발생 또는 열매체를 가열하는 보일러로서 출력이 0.58MW(50만kcal/h 이하인 것)
㉢ 압력용기

정답 63. ③ 64. ④ 65. ③ 66. ② 67. ③ 68. ② 69. ①

★
70 **관로의 마찰손실수두의 관계에 대한 설명으로 틀린 것은?**

① 유체의 비중량에 반비례한다.
② 관 지름에 반비례한다.
③ 유체의 속도에 비례한다.
④ 관 길이에 비례한다.

해설
$h_L = \lambda \frac{L}{d} \frac{V^2}{2g}$ [m]

$\Delta p = \gamma h_L = \lambda \frac{L}{d} \frac{\gamma V^2}{2g}$ [kPa]

(관 마찰손실수두는 유체 비중량에 비례한다.)

71 **작업이 간편하고 조업주기가 단축되며 요체의 보유열을 이용할 수 있어 경제적인 반연속식 요는?**

① 셔틀요 ② 윤요
③ 터널요 ④ 도염식 요

해설 작업이 간편하고 조업주기가 단축되며 요체의 보유열을 이용할 수 있어 경제적인 반연속 요는 셔틀요(가마)이다.

★
72 **에너지이용 합리화법에 따라 검사대상기기 조종자의 해임신고는 신고 사유가 발생한 날로부터 며칠 이내에 하여야 하는가?**

① 15일 ② 20일
③ 30일 ④ 60일

해설 검사대상기기조종자의 선·해임신고는 신고사유가 발생한 날로부터 30일 이내에 한국에너지공단이사장에게 신고하여야 한다.

★
73 **다음 열사용기자재에 대한 설명으로 가장 적절한 것은?**

① 연료 및 열을 사용하는 기기, 축열식 전기기기와 단열성 자재를 말한다.
② 일명 특정 열사용기자재라고도 한다.
③ 연료 및 열을 사용하는 기기만을 말한다.
④ 기기의 설치 및 시공에 있어 안전관리, 위해방지 또는 에너지이용의 효율관리가 특히 필요하다고 인정되는 기자재를 말한다.

해설 열사용기자재 간 연료 및 열을 사용하는 기기 축열식 전기기기와 단열성 자재를 말한다.

74 **보온재의 열전도율에 대한 설명으로 틀린 것은?**

① 재료의 두께가 두꺼울수록 열전도율이 낮아진다.
② 재료의 밀도가 클수록 열전도율이 낮아진다.
③ 재료의 온도가 낮을수록 열전도율이 낮아진다.
④ 재질 내 수분이 적을수록 열전도율이 낮아진다.

해설 열전도율(W/m·K)은 재료의 밀도가 클수록, 온도가 높을수록, 재료 두께가 얇을수록, 재료 내 수분이 많을수록 열전도율은 증가한다.

★
75 **다이어프램 밸브(diaphragm valve)에 대한 설명으로 틀린 것은?**

① 화학약품을 차단함으로써 금속부분의 부식을 방지한다.
② 기밀을 유지하기 위한 패킹을 필요로 하지 않는다.
③ 저항이 적어 유체의 흐름이 원활하다.
④ 유체가 일정 이상의 압력이 되면 작동하여 유체를 분출시킨다.

해설 다이어프램(diaphragm)
㉠ 다이어프램 펌프: 펌프막의 상하운동에 의해 액체를 퍼올리고 배출하는 형식의 펌프, 가솔린 엔진의 연료펌프 등에 사용된다. 압력계나 가스압력 조정기나 제어기계에 다이어프램이 사용된다.
㉡ 다이어프램 밸브: 공기압과 밸브측 변위가 비례하는 것을 이용한 것이다.

76 **에너지이용 합리화법에 따라 자발적 협약체결기업에 대한 지원을 받기 위해 에너지사용자와 정부 간 자발적 협약의 평가기준에 해당하지 않는 것은?**

① 에너지 절감량 또는 온실가스 배출 감축량
② 계획 대비 달성률 및 투자실적
③ 자원 및 에너지의 재활용 노력
④ 에너지이용 합리화 자금 활용실적

해설 ④항 대신 그 밖에 에너지절감 또는 에너지의 합리적인 이용을 통한 온실가스 배출 감축에 관한 사항이 평가기준이다.

정답 70. ① 71. ① 72. ③ 73. ① 74. ② 75. ④ 76. ④

★
77 다음 중 고온용 보온재가 아닌 것은?

① 우모펠트 ② 규산칼슘
③ 세라믹화이버 ④ 펄라이트

해설
- 유기질 보온재: (우모/양모 펠트), 코르크, 텍스류, 기포성 수지 등은 최고안전사용온도가 80~130℃ 정도로 낮다.
- 무기질 보온재: 규산칼슘, 펄라이트(650℃), 세라믹화이버(1,300℃), 탄산마그네슘(250℃), 석면(450℃), 암면(400℃), 규조토(500℃), 실리카화이버(1,100℃)

★
78 에너지이용 합리화법에 따른 검사대상기기에 해당하지 않는 것은?

① 가스 사용량이 17kg/h를 초과하는 소형온수보일러
② 정격용량이 0.58MW를 초과하는 철금속가열로
③ 온수를 발생시키는 보일러로서 대기개방형인 주철제 보일러
④ 최고사용압력이 0.2MPa을 초과하는 증기를 보유하는 용기로서 내용적이 $0.004m^3$ 이상인 용기

해설 검사대상기기(강철제, 주철제 Boiler)
㉠ 최고사용압력이 0.1MPa 이하이고 전열면적이 $5m^2$ 이하인 것
㉡ 최고사용압력이 0.1MPa 이하이고 동체안지름이 300mm 이하이며 길이가 600mm 이하인 것
㉢ 2종관류보일러
㉣ 온수를 발생시키는 보일러로서 대기 개방형인 것
※ 소형온수Boiler: 가스를 사용하는 것으로 가스사용량이 17kg/h(도시가스는 232.6kw)를 초과하는 것
※ 요로(철금속가열로): 정격용량이 0.58MW를 초과하는 것

★
79 에너지이용 합리화법에 따라 검사대상기기의 설치자가 사용 중인 검사대상기기를 폐기한 경우에는 폐기한 날부터 최대 며칠 이내에 검사대상기기 폐기신고서를 한국에너지공단이사장에게 제출하여야 하는가?

① 7일 ② 10일
③ 15일 ④ 20일

해설 검사대상기기에 대한 폐기신고는 폐기한 날로부터 15일 이내에 한국에너지공단이사장에게 신고하여야 한다.

80 에너지이용 합리화법에 따라 냉난방온도의 제한온도 기준 및 건물의 지정기준에 대한 설명으로 틀린 것은?

① 공공기관의 건물은 냉방온도 26℃ 이상, 난방온도 20℃ 이하의 제한온도를 둔다.
② 판매시설 및 공항은 냉방온도의 제한온도는 25℃ 이상으로 한다.
③ 숙박시설 중 객실 내부 구역은 냉방온도의 제한온도는 26℃ 이상으로 한다.
④ 의료법에 의한 의료기관의 실내구역은 제한온도를 적용하지 않을 수 있다.

해설 숙박시설 중 객실 내부 구역은 냉방요소 제한온도 26℃ 이상이 제외된다. 규정온도는 냉방 26℃ 이상, 난방 20℃ 이하(냉난방 기동 시 실내온도다.)
※ 공공기관 건물의 경우는 상시적으로 에너지이용 합리화법에 따라 실내온도(냉방 28℃ 이상, 난방 18℃ 이하)를 제한하고 있다.

제5과목 열설비설계

81 다음 중 기수분리의 방법에 따른 분류로 가장 거리가 먼 것은?

① 장애판을 이용한 것
② 그물을 이용한 것
③ 방향전환을 이용한 것
④ 압력을 이용한 것

해설 기수분리기의 종류
①, ②, ③ 외 원심분리기를 이용한 것 등이 있다(기수분리기 용도: 수관식, 관류보일러 비수 물방울 제거로 건조증기 취출용 송기장치).

★
82 맞대기용접은 용접방법에 따라 그루브를 만들어야 한다. 판 두께 10mm에 할 수 있는 그루브의 형상이 아닌 것은?

① V형 ② R형
③ H형 ④ J형

정답 77. ① 78. ④ 79. ③ 80. ③ 81. ④ 82. ③

해설 맞대기 용접이음

판의 두께(mm)	끝벌림의 형상(그루브)
1~5	I형
6~16 이하	V형(R형 또는 J형)
12~38	X형(또는 U형, K형, 양면 J형)
19 이상	H형

★
83 **보일러와 압력용기에서 일반적으로 사용되는 계산식에 의해 산정되는 두께에 부식여유를 포함한 두께를 무엇이라 하는가?**

① 계산 두께　② 실제 두께
③ 최소 두께　④ 최대 두께

해설 **보일러, 압력용기 최소 두께**
계산식에 의해 최소 두께를 계산하며 부식여유를 포함한 두께이다.

84 **바이메탈 트랩에 대한 설명으로 옳은 것은?**

① 배기능력이 탁월하다.
② 과열증기에도 사용할 수 있다.
③ 개폐온도의 차가 적다.
④ 밸브폐색의 우려가 있다.

해설 바이메탈 증기트랩은 소형이며 배기능력이 우수(탁월)하고 정비가 쉽다.

★
85 **보일러의 증발량이 20ton/h이고, 보일러 본체의 전열면적이 450m²일 때, 보일러의 증발률(kg/m²·h)은?**

① 24　② 34
③ 44　④ 54

해설
$$보일러증발률 = \frac{보일러증발량}{보일러본체\ 전열면적} = \frac{20\times10^3}{450} = 44.44\,kg/m^2\cdot h$$

★
86 **히트파이프의 열교환기에 대한 설명으로 틀린 것은?**

① 열저항이 적어 낮은 온도차에서도 열회수가 가능
② 전열면적을 크게 하기 위해 핀튜브를 사용
③ 수평, 수직, 경사구조로 설치 가능
④ 별도 구동장치의 동력이 필요

해설 **히트파이프(heat pipe)의 열교환기의 특성**
㉠ 열저항이 적어 낮은 온도차에서도 열회수 가능
㉡ 전열면적을 크게 하기 위해 핀튜브(finned tube)를 사용
㉢ 수평, 수직, 경사구조로 설치 가능
㉣ 별도의 구동장치 동력은 필요하지 않다(불필요).

★
87 **열교환기에 입구와 출구의 온도차가 각각 $\Delta\theta'$, $\Delta\theta''$ 일 때 대수평균 온도차($LMTD$)의 식은? (단, $\Delta\theta' > \Delta\theta''$ 이다.)**

① $\dfrac{\ln\frac{\Delta\theta'}{\Delta\theta''}}{\Delta\theta'-\Delta\theta''}$　② $\dfrac{\ln\frac{\Delta\theta''}{\Delta\theta'}}{\Delta\theta'-\Delta\theta''}$

③ $\dfrac{\Delta\theta'-\Delta\theta''}{\ln\frac{\Delta\theta'}{\Delta\theta''}}$　④ $\dfrac{\Delta\theta'-\Delta\theta''}{\ln\frac{\Delta\theta''}{\Delta\theta'}}$

해설
$$대수평균\ 온도차(LMTD) = \frac{\Delta\theta'-\Delta\theta''}{\ln\frac{\Delta\theta'}{\Delta\theta''}}[℃]$$

88 **물의 탁도(turbidity)에 대한 설명으로 옳은 것은?**

① 증류수 1L 속에 정제카올린 1mg을 함유하고 있는 색과 동일한 색의 물을 탁도 1도의 물로 한다.
② 증류수 1L 속에 정제카올린 1g을 함유하고 있는 색과 동일한 색의 물을 탁도 1도의 물로 한다.
③ 증류수 1L 속에 황산칼슘 1mg을 함유하고 있는 색과 동일한 색의 물을 탁도 1도의 물로 한다.
④ 증류수 1L 속에 황산칼슘 1g을 함유하고 있는 색과 동일한 색의 물을 탁도 1도의 물로 한다.

해설 물의 탁도(turbidity)란 증류수 1L 속에 정제카올린 1mg을 함유하고 있는 색과 동일한 색의 물을 탁도 1도의 물로 한다.

정답 83. ③ 84. ① 85. ③ 86. ④ 87. ③ 88. ①

89 육용강제 보일러에서 길이 스테이 또는 경사 스테이를 핀 이음으로 부착할 경우, 스테이 휠 부분의 단면적은 스테이 소요 단면적의 얼마 이상으로 하여야 하는가?

① 1.0배 ② 1.25배
③ 1.5배 ④ 1.75배

해설 육용강제 보일러에서 길이/경사 스테이를 핀 이음에 부착할 경우 스테이(stay) 휠 부분 단면적은 스테이 소요 단면적의 1.25배 이상으로 하여야 한다.

★
90 증기 10,000kg/h를 이용하는 보일러의 에너지 진단 결과가 아래 표와 같다. 이때 공기비 개선을 통한 에너지 절감률(%)은?

명 칭	결과값
입열합계(kJ/kg-연료)	41,023
개선 전 공기비	1.8
개선 후 공기비	1.1
배기가스온도(℃)	110
이론공기량(Nm^3/kg-연료)	10.696
연소공기 평균비열(kJ/kg·K)	1.30
송풍공기온도(℃)	20
연료의 저위발열량(kJ/Nm^3)	39,935

① 1.64 ② 2.14
③ 2.84 ④ 3.24

해설 절감열량$(Q)=(m_1-m_2)\times A_o\times C_m(t_g-t_a)$
$=(1.8-1.1)\times 10.696\times 1.30(110-20)$
≒876kJ/kg

에너지 절감률$(E)=\dfrac{Q}{Q_i}\times 100\%$
$=\dfrac{876}{41,023}\times 100\% ≒ 2.14\%$

91 저압용으로 내식성이 크고, 청소하기 쉬운 구조이며, 증기압이 0.2MPa 이하의 경우에 사용되는 절탄기는?

① 강관식 ② 이중관식
③ 주철관식 ④ 황동관식

해설 주철제 보일러는 저압용 보일러로서 증기압력이 0.2MPa 이하에 사용되며 내식성이 크고 청소가 용이하다.

★
92 다음 [보기]에서 설명하는 보일러 보존방법은?

[보기]
- 보존기간이 6개월 이상인 경우 적용한다.
- 1년 이상 보존할 경우 방청도료를 도포한다.
- 약품의 상태는 1~2주마다 점검하여야 한다.
- 동 내부의 산소 제거는 숯불 등을 이용한다.

① 석회밀폐 건조보존법
② 만수보존법
③ 질소가스 봉입보존법
④ 가열건조법

해설 **보일러보존방법 중 석회밀폐건조보존법**
㉠ 보존기간이 6개월 이상인 경우 적용한다.
㉡ 1년 이상 보존할 경우 방청도료(paint)을 도포한다.
㉢ 약품의 상태는 1~2주마다 점검한다.
㉣ 동(Drum) 내부의 산소 제거는 숯 등을 이용한다.

93 노통 보일러의 평형 노통을 일체형으로 제작하면 강도가 약해지는 결점이 있다. 이러한 결점을 보완하기 위하여 몇 개의 플랜지형 노통으로 제작하는데 이때의 이음부를 무엇이라 하는가?

① 브리징 스페이스 ② 가세트 스테이
③ 평형 조인트 ④ 아담슨 조인트

해설 **아담슨 조인트(adamson joint)의 설치목적**
㉠ 평형 노통의 신축작용 흡수
㉡ 노통의 강도 보강

94 해수 마그네시아 침전반응을 바르게 나타낸 식은?

① $3MgO\cdot 2SiO_2\cdot 2H_2O+3CO_2 \rightarrow 3MgCO_3+2SO_2+2H_2O$
② $CaCO_3+MgCO_3 \rightarrow CaMg(CO_3)_2$
③ $CaMg(CO_3)_2+MgCO_3 \rightarrow 2MgCO_3+CaCO_3$
④ $MgCO_3+Ca(OH)_2 \rightarrow Mg(OH)_2+CaCO_3$

해설 산화마그네슘(MgO)을 마그네시아(Magnesia)라 하며 내화물로 널리 사용한다.
해수(바닷물)에 융해되어있는 마그네슘이온(Mg^{2+})을 가성소다(NaOH), 소석회($Ca(OH)_2$) 등을 작용시켜 수산화마그네슘($Mg(OH_2)$↓)으로 침전반응시켜 얻은 것을 해수마그네시아(seawater magnesia)라고 부른다.
화학반응식 ; $MgCO_3+Ca(OH)_2 \rightarrow Mg(OH)_2+CaCO_3$

정답 89. ② 90. ② 91. ③ 92. ① 93. ④ 94. ④

95 다음 중 인젝터의 시동순서로 옳은 것은?

> ㉮ 핸들을 연다.
> ㉯ 증기 밸브를 연다.
> ㉰ 급수 밸브를 연다.
> ㉱ 급수 출구관에 정지 밸브가 열렸는지 확인한다.

① ㉱ → ㉰ → ㉯ → ㉮
② ㉯ → ㉰ → ㉮ → ㉱
③ ㉰ → ㉯ → ㉱ → ㉮
④ ㉱ → ㉰ → ㉮ → ㉯

해설 **인젝터(injector)의 시동순서**
정지 밸브 열렸는지 확인(급수 출구관) → 급수 밸브를 연다 → 증기 밸브를 연다 → 핸들을 연다

★
96 원수(原水) 중의 용존산소를 제거할 목적으로 사용되는 약제가 아닌 것은?

① 탄닌 ② 히드라진
③ 아황산나트륨 ④ 폴리아미드

해설 **용존산소 제거 약제**
㉠ 탄닌(tannin)
㉡ 히드라진(N_2H_4)
㉢ 아황산나트륨(Na_2SO_3)

★
97 지름이 5cm인 강관(50W/m·K) 내에 98K의 온수가 0.3m/s로 흐를 때, 온수의 열전달계수(W/m²·K)는? (단, 온수의 열전도도는 0.68W/m·K이고, Nu수(Nusselt number)는 160이다.)

① 1,238 ② 2,176
③ 3,184 ④ 4,232

해설
$\text{Nu}=\dfrac{\alpha D}{\lambda}$ 에서
α(열전달계수)$=\dfrac{\text{Nu}\,\lambda}{D}=\dfrac{160\times0.68}{0.05}=2{,}176\text{W/m}^2\cdot\text{K}$

★
98 보일러 사고의 원인 중 제작상의 원인으로 가장 거리가 먼 것은?

① 재료불량 ② 구조 및 설계불량
③ 용접불량 ④ 급수처리불량

해설 **보일러 사고원인 중 제작상 원인**
㉠ 재료불량
㉡ 구조 및 설계불량
㉢ 용접불량
㉣ 강도부족
㉤ 부속장치 미비
※ 급수처리불량은 취급상 사고원인이다.

99 급수처리에서 양질의 급수를 얻을 수 있으나 비용이 많이 들어 보급수의 양이 적은 보일러 또는 선박보일러에서 해수로부터 청수를 얻고자 할 때 주로 사용하는 급수처리방법은?

① 증류법 ② 여과법
③ 석회소다법 ④ 이온교환법

해설 증류법은 급수처리에서 양질의 급수를 얻을 수 있으나 비용이 많이 들어 보급수 양이 적은 보일러 또는 선박보일러에서 해수로부터 청수를 얻고자할 때 주로 사용하는 급수처리 방법이다.

★
100 육용강제 보일러에서 오목면에 압력을 받는 스테이가 없는 접시형 경판으로 노통을 설치할 경우, 경판의 최소 두께(mm)를 구하는 식으로 옳은 것은? [단, P: 최고 사용압력(N/cm²), R: 접시모양 경판의 중앙부에서의 내면 반지름(mm), σ_a: 재료의 허용, 인장응력(N/mm²), η: 경판 자체의 이음효율, A: 부식여유(mm)이다.]

① $t=\dfrac{PR}{150\sigma_a\eta}+A$

② $t=\dfrac{150PR}{(\sigma_a+\eta)A}$

③ $t=\dfrac{PA}{150\sigma_a\eta}+R$

④ $t=\dfrac{AR}{\sigma_a\eta}+150$

해설
$t=\dfrac{PR}{150\sigma_a\eta}+A[\text{mm}]$

정답 95. ① 96. ④ 97. ② 98. ④ 99. ① 100. ①

2018년 제4회 에너지관리기사

제1과목 연소공학

★

01 부탄가스의 폭발 하한값은 1.8vol%이다. 크기가 10m×20m×3m인 실내에서 부탄의 질량이 최소 약 몇 kg일 때 폭발할 수 있는가? (단, 실내 온도는 25℃이다.)

① 24.1 ② 26.1
③ 28.5 ④ 30.5

해설 $PV=mRT$에서

$$m=\frac{PV}{RT}=\frac{101.325\times(10\times20\times3)}{\frac{8.314}{58}\times(25+273)}=1423.212\text{kg}$$

∴ 폭발 하한값이 1.8vol%이므로

$$1423.212\times\frac{1.8}{100}\fallingdotseq25.61\text{kg}$$

★

02 순수한 CH_4를 건조공기로 연소시키고 난 기체화합물을 응축기로 보내 수증기를 제거시킨 다음, 나머지 기체를 Orsat법으로 분석한 결과, 부피비로 CO_2가 8.21%, CO가 0.41%, O_2가 5.02%, N_2가 86.36%이었다. CH_4 1kg-mol당 약 몇 kg-mol의 건조공기가 필요한가?

① 7.3 ② 8.5
③ 10.3 ④ 12.1

해설 $CH_4+2O_2 \rightarrow CO_2+2H_2O$

$$A_d=\frac{O_o}{0.232}=\frac{2\times22.4}{0.232\times16}\fallingdotseq12.1\text{kg/kmol}$$

03 체적이 0.3m³인 용기 안에 메탄(CH_4)과 공기 혼합물이 들어 있다. 공기는 메탄을 연소시키는 데 필요한 이론공기량보다 20% 더 들어 있고, 연소 전 용기의 압력은 300kPa, 온도는 90℃이다. 연소 전 용기 안에 있는 메탄의 질량은 약 몇 g인가?

① 27.6 ② 33.7
③ 38.4 ④ 42.1

해설 $PV=(1.2m)RT$

$$m=\frac{PV}{1.2RT}=\frac{300\times0.3}{1.2\times\left(\frac{8.314}{16}\right)\times(90+273.15)}$$

$$=0.397\text{kg}=39.7\text{g}$$

★

04 프로판가스(C_3H_8) 1Nm³를 완전연소시키는 데 필요한 이론공기량은 약 몇 Nm³인가?

① 23.8 ② 11.9
③ 9.52 ④ 5

해설 $C_3H_8+5O_2 \rightarrow 3CO_2+4H_2O$

$$A_o=\frac{O_o}{0.21}=\frac{5}{0.21}=23.8\text{Nm}^3$$

05 탄소 1kg의 연소에 소요되는 공기량은 약 몇 Nm³인가?

① 5.0
② 7.0
③ 9.0
④ 11.0

해설 C + O_2 → CO_2

12kg(1) 32kg(1) 22.4Nm³(1)

1kmol=22.4Nm³

$$A_o=\frac{O_o}{0.21}=\frac{\left(\frac{22.4}{12}\right)}{0.21}=\frac{1.87}{0.21}=8.89\text{Nm}^3\fallingdotseq9\text{Nm}^3$$

★

06 연돌에서의 배기가스 분석 결과 CO_2 14.2%, O_2 4.5%, CO 0%일 때 탄산가스의 최대량CO_{2max}(%)는?

① 10.5
② 15.5
③ 18.0
④ 20.5

해설

$$CO_{2max}=\frac{21CO_2}{21-O_2}=\frac{21\times14.2}{21-4.5}=18.07$$

정답 01. ② 02. ④ 03. ③ 04. ① 05. ③ 06. ③

07 경유 1,000L를 연소시킬 때 발생하는 탄소량은 약 몇 TC인가? (단, 경유의 석유환산계수는 0.92TOE/kL, 탄소배출계수는 0.837TC/TOE이다.)

① 77 ② 7.7
③ 0.77 ④ 0.077

해설 발생탄소량
= 연료량×석유환산계수×탄소배출계수
= 1×0.92×0.837 = 0.77TC
※ 연료의 석유환산톤(TOE)에 탄소배출계수를 곱한다.

★
08 연소기의 배기가스 연도에 댐퍼를 부착하는 이유로 가장 거리가 먼 것은?

① 통풍력을 조절한다.
② 과잉공기를 조절한다.
③ 배기가스의 흐름을 차단한다.
④ 주연도, 부연도가 있는 경우에는 가스의 흐름을 바꾼다.

해설 **연소기의 배기가스 연도에 댐퍼를 부착하는 이유**
㉠ 통풍력을 조절한다.
㉡ 배기가스 흐름을 차단(배기가스 역류 방지기능)
㉢ 주연소, 부연소가 있는 경우 가스의 흐름을 바꾼다.
※ 배기가스 연도에 댐퍼를 설치하는 것은 과잉공기 조절과는 무관하다.

09 다음과 같이 조성된 발생로 내 가스를 15%의 과잉공기로 완전 연소시켰을 때 건연소가스량(Sm^3/Sm^3)은? (단, 발생로 가스의 조성은 CO 31.3%, CH_4 2.4%, H_2 6.3%, CO_2 0.7%, N_2 59.3%이다.)

① 1.99 ② 2.54
③ 2.87 ④ 3.01

해설 건연소가스량은 배기가스 수소가스나 수분 증발 시 H_2O가 배제된 가스이다.

이론공기량$(A_o) = 0.5(CO+H_2)+2CH_4\times\frac{1}{0.21}$
$= 0.5\times(0.313+0.063)+2\times0.024\times\frac{1}{0.21}$
$= 1.1238Sm^3/Sm^3$

실제 건연소가스량(Gd)
$=(m-0.21)A_o+CO_2+N_2+CO+CH_4$
$=(1.15-0.21)\times1.1238+0.007+0.593+0.313+0.024$
$=1.99Sm^3/Sm^3$

※ 공기비$(m)=\frac{A}{A_o}=\frac{A_o+A'}{A_o}=1+\frac{A'}{A_o}$
$=1+0.15=1.15$
여기서, A: 실제공기량
A_o: 이론공기량
A': 과잉공기량

10 표준 상태에서 고위발열량과 저위발열량의 차이는?

① 80cal/g
② 539kcal/mol
③ 9,200kcal/g
④ 9,702cal/mol

해설 표준상태에서 고위발열량(총발열량)과 저위발열량(진발열량)의 차이는 9,072cal/mol 정도이다.

★
11 다음 중 기상폭발에 해당되지 않는 것은?

① 가스폭발
② 분무폭발
③ 분진폭발
④ 수증기폭발

해설 수증기폭발은 보일러의 부피팽창에 의한 폭발을 의미한다.

12 다음 액체 연료 중 비중이 가장 낮은 것은?

① 중유 ② 등유
③ 경유 ④ 가솔린

해설 중유 > 경유 > 등유 > 가솔린(휘발유)

★
13 다음 기체연료에 대한 설명 중 틀린 것은?

① 고온연소에 의한 국부가열의 염려가 크다.
② 연소조절 및 점화, 소화가 용이하다.
③ 연료의 예열이 쉽고 전열효율이 좋다.
④ 적은 공기로 완전 연소시킬 수 있으며 연소효율이 높다.

해설 최대 역화수의 위험이 크며 고온연소(연소온도가 높기) 때문에 국부가열을 일으키기 쉽다(염려가 크다)는 것은 액체연료의 단점이다.

정답 07. ③ 08. ② 09. ① 10. ④ 11. ④ 12. ④ 13. ①

14 석탄을 완전 연소시키기 위하여 필요한 조건에 대한 설명 중 틀린 것은?

① 공기를 예열한다.
② 통풍력을 좋게 한다.
③ 연료를 착화온도 이하로 유지한다.
④ 공기를 적당하게 보내 피연물과 잘 접촉시킨다.

해설 석탄을 완전 연소시키기 위해서는 연료를 착화온도 이상으로 유지해야 한다.

15 가스버너로 연료가스를 연소시키면서 가스의 유출속도를 점차 빠르게 하였다. 이때 어떤 현상이 발생하겠는가?

① 불꽃이 엉클어지면서 짧아진다.
② 불꽃이 엉클어지면서 길어진다.
③ 불꽃형태는 변함없으나 밝아진다.
④ 별다른 변화를 찾기 힘들다.

해설 가스의 유출속도가 빨라지면 난류현상이 생겨 완전연소가 잘 되며 불꽃이 엉클어지면서 화염이 짧아진다.

16 다음 석탄류 중 연료비가 가장 높은 것은?

① 갈탄 ② 무연탄
③ 흑갈탄 ④ 반역청탄

해설 석탄류 중 연료비가 가장 높은 것은 무연탄이다.

★
17 공기비 1.3에서 메탄을 연소시킨 경우 단열 연소온도는 약 몇 K인가? (단, 메탄의 저발열량은 49MJ/kg, 배기가스의 평균비열은 1.29kJ/kg·K이고 고온에서의 열분해는 무시하고, 연소 전 온도는 25℃이다.)

① 1,663 ② 1,932
③ 1,965 ④ 2,230

해설 $to = \dfrac{H_L}{mC_{Pm}} + ta = \dfrac{49,000}{23.25 \times 1.29} + 25 = 1658.74℃$

$\therefore To = to + 273.15K = 1658.74 + 273.15 \fallingdotseq 1,932K$

여기서, H_L: 저위발열량
m: 연소가스량
C_{Pm}: 가스평균비열
ta: 기준온도

★
18 내화제로 만든 화구에서 공기와 가스를 따로 연소실에 송입하여 연소시키는 방식으로 대형가마에 적합한 가스연료 연소장치는?

① 방사형 버너 ② 포트형 버너
③ 선회형 버너 ④ 건타입형 버너

해설 **포트형 버너**
내화재로 만든 화구에서 공기와 가스를 따로 연소실에 송입하여 연소시키는 방식으로, 대형 가마에 적합한 가스 버너

19 다음 중 습한 함진가스에 가장 적절하지 않은 집진장치는?

① 사이클론 ② 멀티클론
③ 스크러버 ④ 여과식 집진기

해설 **여과식(백필터)**
건조한 함진가스의 집진장치로, 100℃ 이상의 고온가스나 습한 함진가스의 처리는 부적당하다. 또한 백(Bag)이 마모되기 쉽다.

★
20 로터리 버너를 장시간 사용하였더니 노벽에 카본이 많이 붙어 있었다. 다음 중 주된 원인은?

① 공기비가 너무 컸다.
② 화염이 닿는 곳이 있었다.
③ 연소실 온도가 너무 높았다.
④ 중유의 예열 온도가 너무 높았다.

해설 카본이 노벽에 많이 붙는 주된 이유는 화염(flame)이 닿는 곳에서 주로 발생되기 때문이다.

제2과목 열역학

★
21 어떤 기계의 정압비열(C_p)이 다음 식으로 표현될 때 32℃와 800℃ 사이에서 이 기체의 평균정압비열($\overline{C_p}$)은 약 몇 kJ/kg·℃인가? (단, C_p의 단위는 kJ/kg·℃이고, T의 단위는 ℃이다.)

$$C_p = 353 + 0.24T - 0.9 \times 10^{-4} T^2$$

① 353 ② 433
③ 574 ④ 698

정답 14. ③ 15. ① 16. ② 17. ② 18. ② 19. ④ 20. ② 21. ②

해설 $\overline{C_p} = \frac{1}{t_2 - t_1}\int_{t_1}^{t_2} \overline{C_p}\, dt$

$= \frac{1}{t_2 - t_1}\int_{t_1}^{t_2} (353 + 0.24t - 0.9\times 10^{-4} t^2)\, dt$

$= 353 + \frac{0.24}{2}(t_2 + t_1) - \frac{0.9\times 10^{-4}}{3}(t_2^2 + t_2 t_1 + t_1^2)$

$= 353 + \frac{0.24}{2}(800 + 32)$

$- \frac{0.9\times 10^{-4}}{3}(800^2 + 800\times 32 + 32^2)$

≒ 433kJ/kg · ℃

※ $(t_2^3 - t_1^3) = (t_2 - t_1)(t_2^2 + t_2 t_1 + t_1^2)$

★

22 이상기체 상태식은 사용 조건이 극히 제한되어 있어서 이를 실제 조건에 적용하기 위한 여러 상태식이 개발되었다. 다음 중 실제기체(real gas)에 대한 상태식에 속하지 않는 것은?

① 오일러(Euler) 상태식
② 비리얼(Virial) 상태식
③ 반데르발스(van der Waals) 상태식
④ 비티-브리지먼(Beattie-Bridgeman) 상태식

해설 오일러(Euler) 상태식은 유체역학에서 임의의 유선상에서 미소질량(체적요소)에 압력과 중력만을 고려하여 뉴튼의 제2운동법칙을 적용하여 얻는 미분방정식이다.

23 비열이 일정한 이상기체 1kg에 대하여 다음 중 옳은 식은? (단, P는 압력, V는 체적, T는 온도, C_p는 정압비열, C_v는 정적비열, U는 내부에너지이다.)

① $\Delta U = C_p \times \Delta T$
② $\Delta U = C_p \times \Delta V$
③ $\Delta U = C_v \times \Delta T$
④ $\Delta U = C_v \times \Delta P$

해설 단위질량당 내부에너지(비내부에너지) 이상기체에서 등적변화인 경우 가열량은 내부에너지 변화량과 같다(내부에너지는 이상기체인 경우 절대온도(T)만의 함수이다).

$du = \frac{dU}{m} = C_v dt$[kJ/kg]

$\therefore\ \Delta U = mC_v dt$[kJ]

★

24 다음 4개의 물질에 대해 비열비가 거의 동일하다고 가정할 때, 동일한 온도 T에서 음속이 가장 큰 것은?

① Ar(평균분자량: 40g/mol)
② 공기(평균분자량: 29g/mol)
③ CO(평균분자량: 28g/mol)
④ H_2(평균분자량: 2g/mol)

해설 $C = \sqrt{kRT}$[m/s]

$R = \frac{\overline{R}}{m} = \frac{8,314}{분자량}$[J/kg · K]

분자량이 작을수록 기체상수가 크므로 음속도 커진다.

25 건포화증기(dry saturated vapor)의 건도는 얼마인가?

① 0 ② 0.5
③ 0.7 ④ 1

해설 건포화증기는 건도(x)=1(100%)이다.

26 400K로 유지되는 항온조 내의 기체에 80kJ의 열이 공급되었을 때, 기체의 엔트로피 변화량은 몇 kJ/K인가?

① 0.01 ② 0.03
③ 0.2 ④ 0.3

해설 $S_2 - S_1 = \frac{Q}{T} = \frac{80}{400} = 0.2$kJ/K

★

27 0℃, 1기압(101.3kPa)하에 공기 $10m^3$가 있다. 이를 정압조건으로 80℃까지 가열하는 데 필요한 열량은 약 몇 kJ인가? (단, 공기의 정압비열은 1.0kJ/kg · K이고, 정적비열은 0.71kJ/kg · K이며 공기의 분자량은 28.96kg/kmol이다.)

① 238 ② 546
③ 1,033 ④ 2,320

해설 $PV = mRT$

$m = \frac{PV}{RT} = \frac{101.3\times 10}{\frac{8.314}{28.96}\times 273.15} = 12.92$kg

$Q = mC_p(t_2 - t_1) = 12.92\times 1.0\times(80-0)$

$= 1,033$kJ

정답 22. ① 23. ③ 24. ④ 25. ④ 26. ③ 27. ③

★
28 피스톤이 설치된 실린더에 압력 0.3MPa, 체적 $0.8m^3$인 습증기 4kg이 들어 있다. 압력이 일정한 상태에서 가열하여 습증기의 건도가 0.9가 되었을 때 수증기에 의한 일은 몇 kJ인가? (단, 0.3MPa에서 비체적은 포화액이 $0.001m^3/kg$, 건포화증기가 $0.60m^3/kg$이다.)

① 205.5　② 237.2
③ 305.5　④ 408.1

해설 $v_x = v' + x(v'' - v') = 0.001 + 0.9(0.6 - 0.001)$
$= 0.5401 m^3/kg$
$V_2 = mv_x = 4 \times 0.5401 = 2.1604 m^3$
$W = P(V_2 - V_1) = 0.3 \times 10^3 \times (2.1604 - 0.8)$
$= 408.12 kJ$

★
29 제1종 영구기관이 실현 불가능한 것과 관계있는 열역학 법칙은?

① 열역학 제0법칙　② 열역학 제1법칙
③ 열역학 제2법칙　④ 열역학 제3법칙

해설 열역학 제1법칙(에너지 보존의 법칙)=제1종 영구운동기관을 부정하는 법칙

★
30 열펌프(heat pump)의 성능계수에 대한 설명으로 옳은 것은?

① 냉동 사이클의 성능계수와 같다.
② 가해준 일에 의해 발생한 저온체에서 흡수한 열량과의 비이다.
③ 가해준 일에 의해 발생한 고온체에 방출한 열량과의 비이다.
④ 열펌프의 성능계수는 1보다 작다.

해설 $\varepsilon_H = \frac{Q}{W_c} = \frac{\text{고온체 방출량}}{\text{압축기일량}}$

★
31 증기압축 냉동사이클에서 증발기 입·출구에서의 냉매의 비엔탈피는 각각 123, 1,285kJ/kg이다. 1시간에 1냉동 톤당의 냉매 순환량(kg/h·RT)은 얼마인가? (단, 1냉동톤(RT)은 13897.52kJ/h=3.86kW이다.)

① 15.04　② 11.96
③ 13.85　④ 18.06

해설 $\dot{m} = \frac{Q_e}{q_e} = \frac{Q_e}{h_2 - h_1} = \frac{13897.52}{1,285 - 123}$
$\fallingdotseq 11.96 kg/h \cdot RT$

32 증기터빈에서 증기 유량이 1.1kg/s이고, 터빈 입구와 출구의 엔탈피는 각각 3,100kJ/kg, 2,300kJ/kg이다. 증기 속도는 입구에서 15m/s, 출구에서는 60m/s이고, 이 터빈의 축 출력이 800kW일 때 터빈과 주위 사이에서 발생하는 열전달량은?

① 주위로 78.1kW의 열을 방출한다.
② 주위로 95.8kW의 열을 방출한다.
③ 주위로 124.9kW의 열을 방출한다.
④ 주위로 168.4kW의 열을 방출한다.

해설 $Q = W_t + m(h_2 - h_1) + \frac{m}{2}(V_2^2 - V_1^2)$
$= 800 + 1.1 \times (2,300 - 3,100) + \frac{1.1}{2}$
$\times (60^2 - 15^2) \times 10^{-3}$
$= -78.1 kW$
∴ 78.1kW의 열을 방출한다.

★
33 다음 중 냉매가 구비해야 할 조건으로 옳지 않은 것은?

① 비체적이 클 것
② 비열비가 작을 것
③ 임계점(critical point)이 높을 것
④ 액화하기가 쉬울 것

해설 냉매는 비체적(v)이 작을 것

34 온도 127℃에서 포화수 엔탈피는 560kJ/kg, 포화증기의 엔탈피는 2,720kJ/kg일 때 포화수 1kg이 포화증기로 변화하는 데 따르는 엔트로피의 증가는 몇 kJ/K인가?

① 1.4　② 5.4
③ 9.8　④ 21.4

해설 $ds = \frac{\delta q}{T} = \frac{h_2 - h_1}{127 + 273} = \frac{2,720 - 560}{400}$
$= 5.4 kJ/kg \cdot K$

정답 28. ④ 29. ② 30. ③ 31. ② 32. ① 33. ① 34. ②

2018년

★
35 다음 그림은 Otto cycle을 기반으로 작동하는 실제 내연기관에서 나타나는 압력(P)-부피(V) 선도이다. 다음 중 이 사이클에서 일(work) 생산과정에 해당하는 것은?

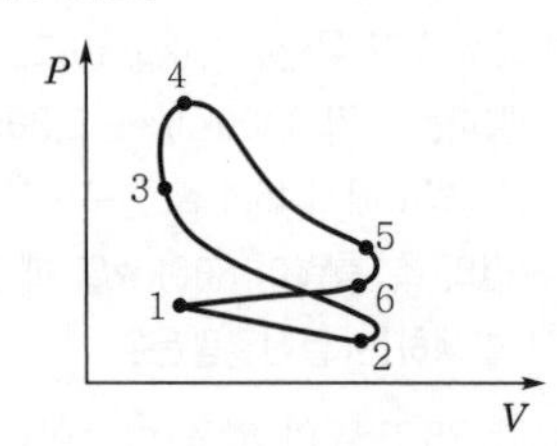

① 2 → 3　　② 3 → 4
③ 4 → 5　　④ 5 → 6

해설 오토 사이클에서 4 → 5과정은 단열팽창($s=c$)과정으로 일을 하는 과정이다.

★
36 어떤 압축기에 23℃의 공기 1.2kg이 들어 있다. 이 압축기를 등온과정으로 하여 100kPa에서 800kPa까지 압축하고자 할 때 필요한 일은 약 몇 kJ인가? (단, 공기의 기체상수는 0.287kJ/kg·K이다.)

① 212　　② 367
③ 509　　④ 673

$${}_1W_2 = mRT\ln\frac{p_2}{p_1}$$

$$= 1.2\times0.287\times(23+273)\ln\frac{800}{100} \fallingdotseq 212\text{kJ}$$

37 다음 그림은 어떤 사이클에 가장 가까운가? (단, T는 온도, S는 엔트로피이며, 사이클 순서는 A → B → C → D → E → F → A 순으로 작동한다.)

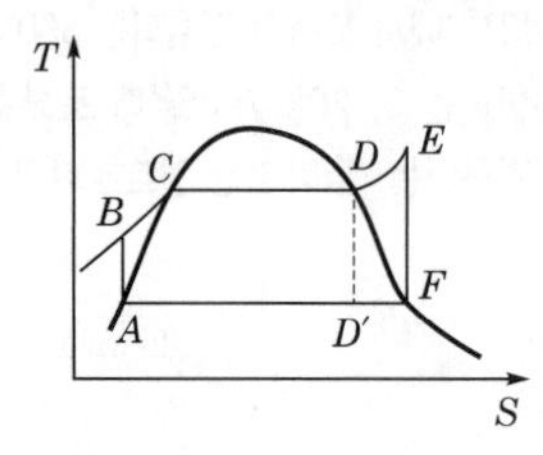

① 디젤 사이클　　② 냉동 사이클
③ 오토 사이클　　④ 랭킨 사이클

해설 랭킨 사이클의 $T-S$선도이다.
단열압축 → 등압가열 → 단열팽창 → 등압방열

★
38 보일러의 게이지 압력이 800kPa일 때 수은기압계가 측정한 대기 압력이 856mmHg를 지시했다면 보일러 내의 절대압력은 약 몇 kPa인가?

① 810　　② 914
③ 1,320　　④ 1,656

$$P_u = P_o + P_g = \frac{856}{760}\times101.325+800 \fallingdotseq 914\text{kPa}$$

★
39 그림과 같이 역 카르노사이클로 운전하는 냉동기의 성능계수(COP)는 약 얼마인가? (단, T_1은 24℃, T_2는 -6℃이다.)

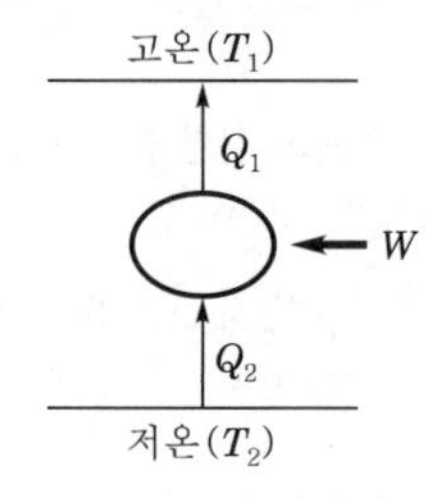

① 7.124　　② 8.905
③ 10.048　　④ 12.845

해설

$$(\text{COP})_R = \frac{Q_2}{W} = \frac{T_2}{T_1-T_2}$$

$$= \frac{-6+273.15}{(24+273.15)-(-6+273.15)} = 8.905$$

★
40 카르노사이클에서 온도 T의 고열원으로부터 열량 Q를 흡수하고, 온도 T_0의 저열원으로 열량 Q_0를 방출할 때, 방출열량 Q_0에 대한 식으로 옳은 것은? (단, η_c는 카르노사이클의 열효율이다.)

① $\left(1-\frac{T_0}{T}\right)Q$　　② $(1+\eta_c)Q$
③ $(1-\eta_c)Q$　　④ $\left(1+\frac{T_0}{T}\right)Q$

해설

$$\eta_c = 1-\frac{Q_0}{Q} = 1-\frac{T_0}{T}$$

$$\frac{Q_0}{Q} = 1-\eta_c$$

$$\therefore\ Q_0 = (1-\eta_c)Q[\text{kJ}]$$

정답 35. ③ 36. ① 37. ④ 38. ② 39. ② 40. ③

제3과목 계측방법

41 다음 연소가스 중 미연소가스계로 측정 가능한 것은?

① CO ② CO_2
③ NH_3 ④ CH_4

해설 연소가스 중 미연소가스계로 측정 가능한 것은 일산화탄소(CO)이다.

★
42 차압식 유량계에서 교축 상류 및 하류에서의 압력이 P_1, P_2일 때 체적 유량이 Q_1이라면, 압력이 각각 처음보다 2배만큼씩 증가했을 때의 Q_2는 얼마인가?

① $Q_2 = 2Q_1$ ② $Q_2 = \frac{1}{2}Q_1$
③ $Q_2 = \sqrt{2}\,Q_1$ ④ $Q_2 = \frac{1}{\sqrt{2}}Q_1$

해설 차압식 유량계 유량(Q)

$$Q = A\sqrt{2g\frac{\Delta P}{r}} = A\sqrt{\frac{2\Delta P}{\rho}}\ [\text{m}^3/\text{s}]$$

$$Q \propto \sqrt{\Delta P}$$

$$\frac{Q_2}{Q_1} = \sqrt{\frac{\Delta P_2}{\Delta P_1}} = \sqrt{2}$$

$$\therefore\ Q_2 = \sqrt{2}\,Q_1\,[\text{m}^3/\text{s}]$$

★
43 다음 중 압력식 온도계가 아닌 것은?

① 고체팽창식 ② 기체팽창식
③ 액체팽창식 ④ 증기팽창식

해설 압력식 온도계는 액체, 기체가 온도에 따라서 변하는 것을 이용한 온도계를 말한다.

44 저항식 습도계의 특징으로 틀린 것은?

① 저온도의 측정이 가능하다.
② 응답이 늦고 정도가 좋지 않다.
③ 연속기록, 원격측정, 자동제어에 이용된다.
④ 교류전압에 의하여 저항치를 측정하여 상대습도를 표시한다.

해설 저항식 습도계는 저온도의 측정이 가능하고 응답이 빠르다(감도가 좋다).

★
45 전기 저항식 온도계 중 백금(Pt) 측온 저항체에 대한 설명으로 틀린 것은?

① 0℃에서 500Ω을 표준으로 한다.
② 측정온도는 최고 약 500℃ 정도이다.
③ 저항온도계수는 작으나 안정성이 좋다.
④ 온도 측정 시 시간 지연의 결점이 있다.

해설 전기 저항식 온도계 중 백금(Pt) 측온 저항체는 0℃에서 100Ω을 표준으로 한다.

46 −200~500℃의 측정범위를 가지며 측온저항체 소선으로 주로 사용되는 저항소자는?

① 구리선 ② 백금선
③ Ni선 ④ 서미스터

해설 ㉠ 구리측온저항체(구리선) : 0~1,200℃
㉡ 백금측온저항체(백금선) : −200~500(600)℃ (사용범위가 넓다.)
㉢ 니켈측온저항체(니켈선) : −50~300℃

★
47 헴펠식(Hempel type) 가스분석장치에 흡수되는 가스와 사용하는 흡수제의 연결이 잘못된 것은?

① CO−차아황산소다
② O_2−알카리성 피로갈롤용액
③ CO_2−30% KOH 수용액
④ C_mH_n−진한 황산

해설 CO−암모니아성 염화 제1동 용액

★
48 시즈(sheath) 열전대의 특징이 아닌 것은?

① 응답속도가 빠르다.
② 국부적인 온도측정에 적합하다.
③ 피측온체의 온도저하 없이 측정할 수 있다.
④ 매우 가늘어서 진동이 심한 곳에는 사용할 수 없다.

해설 시즈형 열전대(sheath type thermo couple)의 경우 외경이 가늘어서 작은 측정물의 측정이 가능하며 시즈형의 구조로 되어 있어 고온·고압에 강하며 −200~2,600℃까지 폭넓은 온도 범위에 측정 가능하다(진동이 심한 경우뿐만 아니라 어떤 환경에서든 사용 가능하다). 또한, 내구성이 뛰어나고 수명이 길다.

정답 41. ① 42. ③ 43. ① 44. ② 45. ① 46. ② 47. ① 48. ④

49 다음 액주계에서 r, r_1이 비중량을 표시할 때 압력(P_x)을 구하는 식은?

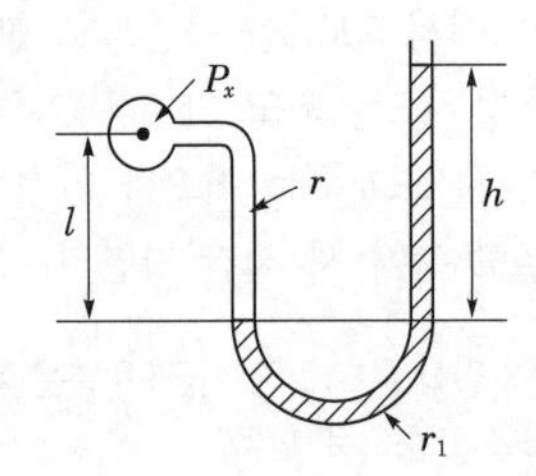

① $P_x = r_1h + rl$ ② $P_x = r_1h - rl$
③ $P_x = r_1l - rh$ ④ $P_x = r_1l + rh$

해설 $P_x + rl - r_1h = 0$
$\therefore P_x = r_1h - rl$[kPa]

★
50 다음 중 가장 높은 온도를 측정할 수 있는 온도계는?

① 저항 온도계 ② 열전대 온도계
③ 유리제 온도계 ④ 광전관 온도계

해설 광전관 온도계는 비접촉식 온도계로 고온물체에서 복사광을 광전관에 받아 빛을 전류로 바꾸어 온도를 측정한다.

★
51 스프링저울 등 측정량이 원인이 되어 그 직접적인 결과로 생기는 지시로부터 측정량을 구하는 방법으로 정밀도는 낮으나 조작이 간단한 것은?

① 영위법 ② 치환법
③ 편위법 ④ 보상법

해설 편위법은 스프링저울 등 측정량이 원인이 되어 그 직접적인 결과를 생기는 지시로부터 측정량을 구하는 방법으로 정밀도는 낮으나 조작은 간단하다.

52 다음 유량계 종류 중에서 적산식 유량계는?

① 용적식 유량계 ② 차압식 유량계
③ 면적식 유량계 ④ 동압식 유량계

해설 용적식 유량계는 적산식 유량계이다.

★
53 정전 용량식 액면계의 특징에 대한 설명 중 틀린 것은?

① 측정범위가 넓다.
② 구조가 간단하고 보수가 용이하다.
③ 유전율이 온도에 따라 변화되는 곳에도 사용할 수 있다.
④ 습기가 있거나 전극에 피측정체를 부착하는 곳에는 부적당하다.

해설 정전 용량식 액면계는 유전율(permittivity)이 온도에 따라 변화되는 곳에는 사용할 수 없다.

★
54 피토관으로 측정한 동압이 10mmH_2O일 때 유속이 15m/s이었다면 동압이 20mmH_2O일 때의 유속은 약 몇 m/s인가? (단, 중력가속도는 9.8m/s^{2}이다.)

① 18 ② 21.2
③ 30 ④ 40.2

해설 $V = \sqrt{2g\Delta h}$ [m/s]

$$\frac{V_2}{V_1} = \left(\frac{\Delta h_2}{\Delta h_1}\right)^{\frac{1}{2}} = \sqrt{\frac{\Delta h_2}{\Delta h_1}}$$

$$\therefore V_2 = V_1\sqrt{\frac{20}{10}} = 15 \times 1.4142 = 21.21\text{m/s}$$

55 보일러 공기예열기의 공기유량을 측정하는 데 가장 적합한 유량계는?

① 면적식 유량계 ② 차압식 유량계
③ 열선식 유량계 ④ 용적식 유량계

해설 보일러 공기예열기의 공기유량을 측정하는 가장 적합한 유량계는 열선식 유량계이다.

★
56 원인을 알 수 없는 오차로서 측정할 때마다 측정값이 일정하지 않고 분포현상을 일으키는 오차는?

① 과오에 의한 오차 ② 계통적 오차
③ 계량기 오차 ④ 우연 오차

해설 우연오차(random error)란 원인을 알 수 없는 오차로서 측정할 때마다 측정값이 일정하지 않고 분포현상을 일으키는 오차이다.

57 편차의 정(+), 부(−)에 의해서 조작신호가 최대, 최소가 되는 제어동작은?

① 온·오프 동작 ② 다위치 동작
③ 적분 동작 ④ 비례 동작

정답 49. ② 50. ④ 51. ③ 52. ① 53. ③ 54. ② 55. ③ 56. ④ 57. ①

해설 온-오프 동작은 불연속제어의 대표적 제어동작으로 편차의 (+), (−)에 의해 조작신호가 최대, 최소가 되는 제어동작이다.

★
58 가스크로마토그래피법에서 사용하는 검출기 중 수소염 이온화검출기를 의미하는 것은?

① ECD ② FID
③ HCD ④ FTD

해설 가스크로마토그래피법(gas chromatography method)에서 사용하는 검출기
㉠ 열전도도검출기(TCD)
㉡ 수소이온검출기(FID)
㉢ 전자포획형검출기(ECD)

★
59 출력측의 신호를 입력측에 되돌려 비교하는 제어방법은?

① 인터록(inter lock)
② 시퀀스(sequence)
③ 피드백(feed back)
④ 리셋(reset)

해설 피드백(feed back) 제어는 밀폐회로계제어로 출력측 신호를 입력측으로 되돌려 오차를 계속 보정하는 비교부가 반드시 필요한 제어이다.

★
60 다음 제어방식 중 잔류편차(off set)를 제거하여 응답시간이 가장 빠르며 진동이 제거되는 제어방식은?

① P ② I
③ PI ④ PID

해설 비례적분미분(PID)동작은 잔류편차(off set)를 제거하여 응답시간이 가장 빠르며 진동이 제거되는 제어방식이다.

제4과목 열설비재료 및 관계법규

★
61 에너지이용 합리화법에 따라 연간 에너지사용량이 30만 티오이인 자가 구역별로 나누어 에너지 진단을 하고자 할 때 에너지 진단주기는?

① 1년 ② 2년
③ 3년 ④ 5년

해설 관리규칙 별표3(에너지 진단주기)
에너지법 제36조 제1항 관련

연간 에너지 사용량	에너지 진단주기
20만 티오이(TOE) 이상	1. 전체진단: 5년 2. 부분진단: 3년
20만 티오이(TOE) 미만	5년

62 에너지이용 합리화법에 따라 에너지사용계획을 수립하여 산업통상자원부장관에게 제출하여야 하는 사업주관자가 실시하려는 사업의 종류가 아닌 것은?

① 도시개발사업 ② 항만건설사업
③ 관광단지개발사업 ④ 박람회 조경사업

해설 에너지사용계획을 수립하여 산업통상자원부장관에게 제출해야 하는 사업주관자가 실시하려는 사업의 종류
㉠ 도시개발사업
㉡ 항만건설사업
㉢ 관광단지개발사업
㉣ 철도건설사업
㉤ 산업단지개발사업
㉥ 개발촉진지구 개발사업
㉦ 에너지개발사업
㉧ 지역종합개발사업
㉨ 공항건설사업

★
63 에너지이용 합리화법에 따라 검사대상기기의 검사유효 기간으로 틀린 것은?

① 보일러의 개조검사는 2년이다.
② 보일러의 계속사용검사는 1년이다.
③ 압력용기의 계속사용검사는 2년이다.
④ 보일러의 설치장소 변경검사는 1년이다.

해설 에너지이용 합리화법에 따라 보일러의 개조검사 유효기간은 1년이다.

★
64 에너지이용 합리화법에 따라 가스를 사용하는 소형온수보일러인 경우 검사대상기기의 적용 기준은?

① 가스사용량이 시간당 17kg을 초과하는 것
② 가스사용량이 시간당 20kg을 초과하는 것
③ 가스사용량이 시간당 27kg을 초과하는 것
④ 가스사용량이 시간당 30kg을 초과하는 것

2018년

정답 58. ② 59. ③ 60. ④ 61. ③ 62. ④ 63. ① 64. ①

해설 소형온수보일러(0.35MPa 이하, 전열면적 $14m^2$ 이하)
㉠ 가스사용량이 17kg/h를 초과하는 보일러
㉡ 도시가스사용량이 232.6kW(20만kcal/h)를 초과하는 보일러

65 다음 보온재 중 재질이 유기질 보온재에 속하는 것은?

① 우레탄폼
② 펄라이트
③ 세라믹 파이버
④ 규산칼슘 보온재

해설 펄라이트, 세라믹 파이버, 규산칼슘 보온재는 무기질보온재이다.
※ 우레탄폼, 펠트, 텍스류, 코르크 등은 유기질 보온재이다.

★
66 에너지이용 합리화법에 따라 열사용기자재 관리에 대한 설명으로 틀린 것은?

① 계속사용검사는 검사유효기간의 만료일이 속하는 연도의 말까지 연기할 수 있으며, 연기하려는 자는 검사대상기기 검사연기 신청서를 한국에너지공단이사장에게 제출하여야 한다.
② 한국에너지공단이사장은 검사에 합격한 검사대상기기에 대해서 검사 신청인에게 검사일부터 7일 이내에 검사증을 발급하여야 한다.
③ 검사대상기기관리자의 선임신고는 신고사유가 발생한 날로부터 20일 이내에 하여야 한다.
④ 검사대상기기의 설치자가 사용 중인 검사대상기기를 폐기한 경우에는 폐기한날부터 15일 이내에 검사대상기기 폐기신고서를 한국에너지공단이사장에게 제출하여야 한다.

해설 검사대상기기관리자의 선임신고는 신고사유가 발생한 날로부터 30일 이내에 하여야 한다.

67 에너지법에서 정한 에너지에 해당하지 않는 것은?

① 열　② 연료
③ 전기　④ 원자력

해설 에너지기본법에서 에너지라 함은 연료, 열, 전기를 말한다.

★
68 에너지이용 합리화법에 따라 에너지 사용량이 대통령령으로 정하는 기준량 이상인 자는 산업통상자원부령으로 정하는 바에 따라 매년 언제까지 시·도지사에게 신고하여야 하는가?

① 1월 31일까지　② 3월 31일까지
③ 6월 30일까지　④ 12월 31일까지

해설 에너지 사용량이 대통령령으로 정하는 기준량 이상인 자는 산업통상자원부령으로 정하는 바에 따라 매년 1월 31일까지의 시·도지사에게 신고해야 한다.

69 그림의 배관에서 보온하기 전 표면 열전달율(a)이 $14.3W/m^2 \cdot K$이었다. 여기에 글라스울 보온통으로 시공하여 방산열량이 $119W/m \cdot K$이 되었다면 보온효율은 얼마인가? (단, 외기온도는 20℃이다.)

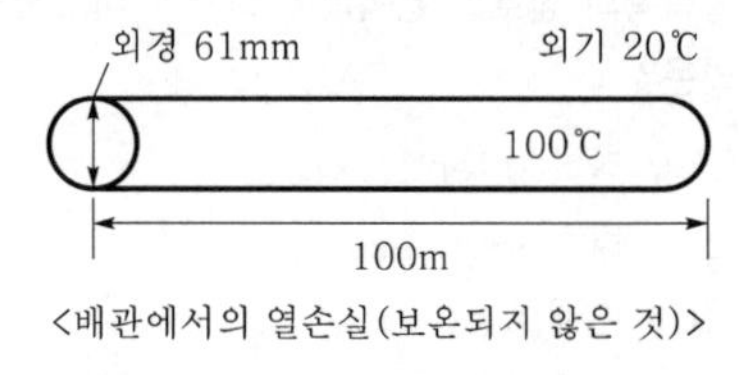

<배관에서의 열손실(보온되지 않은 것)>

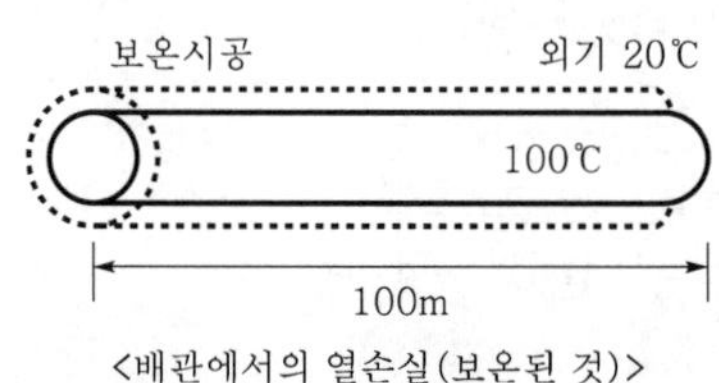

<배관에서의 열손실(보온된 것)>

① 44%　② 56%
③ 85%　④ 93%

★
70 열처리로 경화된 재료를 변태점 이상의 적당한 온도로 가열한 다음 서서히 냉각하여 강의 입도를 미세화하여 조직을 연화, 내부응력을 제거하는 로는?

① 머플로
② 소성로
③ 풀림로
④ 소결로

해설 풀림로(annealing furnace(어닐링스))
열처리로 경화된 재료를 변태점 이상의 온도로 가열한 다음 서서히 냉각하여 강의 입도를 미세화하여 조직을 연화, 내부응력을 제거하는 열처리로이다.

정답 65. ① 66. ③ 67. ④ 68. ① 69. ③ 70. ③

★
71 원관을 흐르는 층류에 있어서 유량의 변화는?

① 관의 반지름의 제곱에 반비례해서 변한다.
② 압력강하에 반비례하여 변한다.
③ 점성계수에 비례하여 변한다.
④ 관의 길이에 반비례해서 변한다.

해설 **층류원관(하겐 포아젤 방정식)**

유동 시 유량(Q)= $\frac{\Delta P\pi d^4}{128\mu L}$[m³/s]

㉠ 관의 직경 4승에 비례한다.
㉡ 압력강하에 비례한다.
㉢ 점성계수에 반비례한다.
㉣ 관의 길이에 반비례한다.

★
72 에너지이용 합리화법에 따라 특정열사용기자재의 설치·시공이나 세관을 업으로 하는 자는 어디에 등록을 하여야 하는가?

① 행정안전부장관
② 한국열관리시공협회
③ 한국에너지공단이사장
④ 시·도지사

해설 특정열사용기자재의 설치·시공이나 세관을 업으로 하는지는 시·도지사에게 등록을 해야 한다.

73 에너지이용 합리화법에 따라 에너지공급자의 수요관리투자계획에 대한 설명으로 틀린 것은?

① 한국지역난방공사는 수요관리투자계획 수립 대상이 되는 에너지공급자이다.
② 연차별 수요관리투자계획은 해당 연도 개시 2개월 전까지 제출하여야 한다.
③ 제출된 수요관리투자계획을 변경하는 경우에는 그 변경한 날부터 15일 이내에 변경사항을 제출하여야 한다.
④ 수요관리투자계획 시행 결과는 다음 연도 6월 말일까지 산업통상자원부장관에게 제출하여야 한다.

해설 에너지 공급자의 수요관리투자계획(사업시행결과제출)
에너지공급자는 투자사업 시행결과보고서를 산업통상자원부장관에게 매년 2월말까지 결과보고서를 제출해야 한다.

★
74 샤모트(chamotte) 벽돌의 원료로서 샤모트 이외에 가소성 생점토(生粘土)를 가하는 주된 이유는?

① 치수 안정을 위하여
② 열전도성을 좋게 하기 위하여
③ 성형 및 소결성을 좋게 하기 위하여
④ 건조 소성, 수축을 미연에 방지하기 위하여

해설 샤모트(chamotte) 벽돌의 원료로서 샤모토 이외에 가소성 생점토를 가하는 주된 이유는 성형 및 소결성이 좋은 점토질 벽돌을 얻기 위함이다.

75 다음 중 노체 상부로부터 노구(throat), 샤프트(shaft), 보시(bosh), 노상(hearth)으로 구성된 노(爐)는?

① 평로
② 고로
③ 전로
④ 코크스로

해설 **고로(용광로)**
노체 상부로부터 노구, 샤프트, 보시, 노상으로 구성된 노로서 선철제조용으로 사용된다.

★
76 도염식 요는 조업방법에 의해 분류할 경우 어떤 형식에 속하는가?

① 불연속식
② 반연속식
③ 연속식
④ 불연속식과 연속식의 절충형식

해설 **불연속요**
㉠ 승엽식 요(오름 불꽃)
㉡ 횡염식 요(옆 불꽃)
㉢ 도염식 요(꺾임 불꽃)
반연속요
㉠ 등요(오름가마)
㉡ 셔틀요
연속요
㉠ 윤요
㉡ 연속식 가마
㉢ 터널요

정답 71. ④ 72. ④ 73. ④ 74. ③ 75. ② 76. ①

77 **보온재 시공 시 주의해야 할 사항으로 가장 거리가 먼 것은?**

① 사용개소의 온도에 적당한 보온재를 선택한다.
② 보온재의 열전도성 및 내열성을 충분히 검토한 후 선택한다.
③ 사용처의 구조 및 크기 또는 위치 등에 적합한 것을 선택한다.
④ 가격이 가장 저렴한 것을 선택한다.

해설 가격은 적정한 것을 선택한다.

★
78 **에너지이용 합리화법에 따라 대기전력 경고표지 대상 제품이 아닌 것은?**

① 디지털 카메라 ② 텔레비전
③ 셋톱박스 ④ 유무선전화기

해설 **대기전력 경고표지 대상 제품**
㉠ 컴퓨터 ㉡ 모니터
㉢ 프린터 ㉣ 복합기
㉤ 텔레비전 ㉥ 셋톱박스
㉦ 전자레인지 ㉧ 디지털 카메라

79 **요로 내에서 생성된 연소가스의 흐름에 대한 설명으로 틀린 것은?**

① 가열물의 주변에 저온 가스가 체류하는 것이 좋다.
② 같은 흡입 조건하에서 고온 가스는 천정쪽으로 흐른다.
③ 가연성가스를 포함하는 연소가스는 흐르면서 연소가 진행된다.
④ 연소가스는 일반적으로 가열실 내에 충만되어 흐르는 것이 좋다.

해설 가열물의 주변에 저온가스가 체류하는 것은 좋지 않다.

★
80 **일반적으로 압력 배관용에 사용되는 강관의 온도 범위는?**

① 800℃ 이하 ② 750℃ 이하
③ 550℃ 이하 ④ 350℃ 이하

해설 배관용 탄소강관(SPP)의 온도 범위는 350℃ 이하에 사용되며 일명 가스관이라고 한다.

제5과목 열설비설계

★
81 **연소실에서 연도까지 배치된 보일러 부속 설비의 순서를 바르게 나타낸 것은?**

① 과열기 → 절탄기 → 공기예열기
② 절탄기 → 과열기 → 공기예열기
③ 공기예열기 → 과열기 → 절탄기
④ 과열기 → 공기예열기 → 절탄기

해설 **연소실에서 연도까지 배치된 보일러의 부속설비순서**
과열기(super heater) → 절탄기(economizer) → 공기예열기

★
82 **보일러의 발생증기가 보유한 열량이 13.4×10^6 kJ/h일 때 이 보일러의 상당 증발량은?**

① 2,500kg/h ② 3,512kg/h
③ 5,940kg/h ④ 6,847kg/h

해설
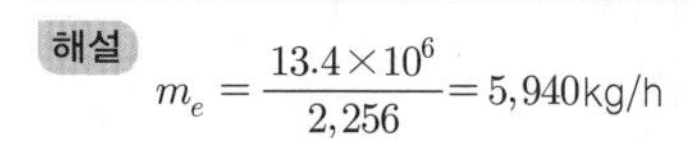
$$m_e = \frac{13.4 \times 10^6}{2{,}256} = 5{,}940\text{kg/h}$$

83 **다음 보일러 중에서 드럼이 없는 구조의 보일러는?**

① 야로우 보일러 ② 슐저 보일러
③ 타쿠마 보일러 ④ 베록스 보일러

해설 슐져 보일러는 드럼이 없는 구조의 관류 보일러이다.

★
84 **보일러 수 내의 산소를 제거할 목적으로 사용하는 약품이 아닌 것은?**

① 탄닌 ② 아황산나트륨
③ 가성소다 ④ 히드라진

해설 탈산소제: 탄닌, 히드라진(N_2H_4), 아황산나트륨

85 **보일러의 연소가스에 의해 보일러 급수를 예열하는 장치는?**

① 절탄기 ② 과열기
③ 재열기 ④ 복수기

해설 보일러의 연소(배기)가스에 의해 보일러 급수를 예열하는 장치는 절탄기(economizer)이다.

정답 77. ④ 78. ④ 79. ① 80. ④ 81. ① 82. ③ 83. ② 84. ③ 85. ①

86 **압력용기를 옥내에 설치하는 경우에 관한 설명으로 옳은 것은?**

① 압력용기와 천장과의 거리는 압력용기 본체 상부로부터 1m 이상이어야 한다.
② 압력용기의 본체와 벽과의 거리는 최소 1m 이상이어야 한다.
③ 인접한 압력용기와의 거리는 최소 1m 이상이어야 한다.
④ 유독성 물질을 취급하는 압력용기는 1개 이상의 출입구 및 환기장치가 있어야 한다.

해설 압력용기를 옥내에 설치하는 경우 압력용기와 천장과의 거리는 압력용기 본체상부로부터 1m 이상이어야 한다.

★
87 **인젝터의 장단점에 관한 설명으로 틀린 것은?**

① 급수를 예열하므로 열효율이 좋다.
② 급수온도가 55℃ 이상으로 높으면 급수가 잘 된다.
③ 증기압이 낮으면 급수가 곤란하다.
④ 별도의 소요동력이 필요 없다.

해설 인젝터 급수온도가 55℃ 이상(작동불능원인)이면 급수가 잘 되지 않는다.

★
88 **보일러 안전사고의 종류가 아닌 것은?**

① 노통, 수관, 연관 등의 파열 및 균열
② 보일러 내의 스케일 부착
③ 동체, 노통, 화실의 압궤 및 수관, 연관 등 전열면의 팽출
④ 연도나 노 내의 가스폭발, 역화 그 외의 이상연소

해설 보일러 내의 스케일(scale) 부착은 전열을 방해하므로 과열의 원인이 된다.

89 **열의 이동에 대한 설명으로 틀린 것은?**

① 전도란 정지하고 있는 물체 속을 열이 이동하는 현상을 말한다.
② 대류란 유동 물체가 고온 부분에서 저온 부분으로 이동하는 현상을 말한다.
③ 복사란 전자파의 에너지 형태로 열이 고온 물체에서 저온 물체로 이동하는 현상을 말한다.
④ 열관류란 유체가 열을 받으면 밀도가 작아져서 부력이 생기기 때문에 상승현상이 일어나는 것을 말한다.

해설 열관류율(overall heat transmission)이란 열량은 전열면적, 시간, 두 유체의 온도차에 비례했을 경우 비례정수를 열관류율(K)이라고 한다($K=\frac{1}{R}$[W/m^2·K]).

★
90 **서로 다른 고체 물질 A, B, C인 3개의 평판이 서로 밀착되어 복합체를 이루고 있다. 정상 상태에서의 온도 분포가 [그림]과 같을 때, 어느 물질의 열전도도가 가장 작은가? (단, 온도 T_1=1,000℃, T_2=800℃, T_3=550℃, T_4=250℃이다.)**

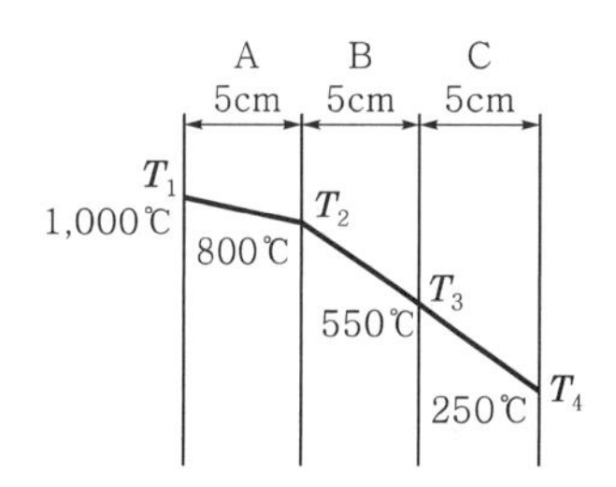

① A
② B
③ C
④ 모두 같다.

해설 $q_c = KA\frac{\Delta T}{L}$[W]
열전도계수(K)는 두께(L)가 일정 시 온도차($\triangle T$)와 반비례하므로 온도차($\triangle T$)가 클수록 열전도계수(K)는 작아진다.

★
91 **[그림]과 같이 폭 150mm, 두께 10mm의 맞대기 용접이음에 작용하는 인장응력은?**

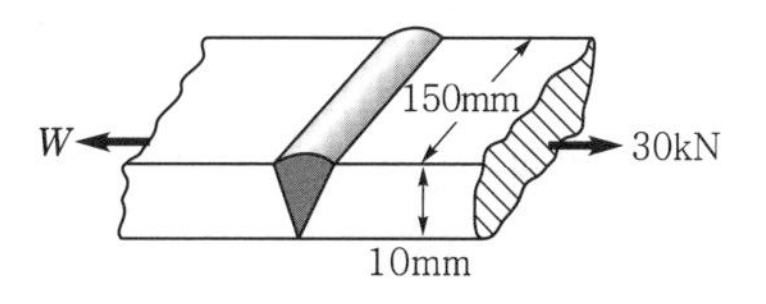

① 2MPa ② 15MPa
③ 10MPa ④ 20MPa

해설
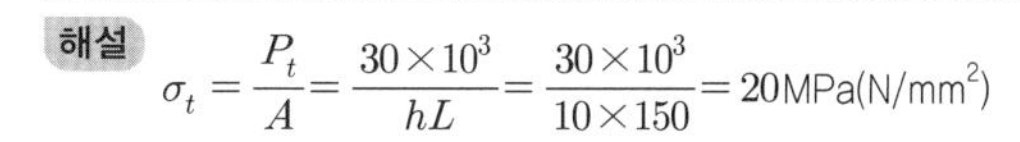
$\sigma_t = \frac{P_t}{A} = \frac{30\times10^3}{hL} = \frac{30\times10^3}{10\times150} = 20$MPa(N/mm^2)

정답 86. ① 87. ② 88. ② 89. ④ 90. ③ 91. ④

★

92 노통 연관 보일러의 노통 바깥 면과 이에 가장 가까운 연관의 면과는 얼마 이상의 틈새를 두어야 하는가?

① 5mm ② 10mm
③ 20mm ④ 50mm

해설 5cm(50mm) 이상의 틈새를 줘야 한다.

★

93 보일러 급수처리 방법에서 수중에 녹아있는 기체 중 탈기기 장치에서 분리, 제거하는 대표적 용존 가스는?

① O_2, CO_2
② SO_2, CO
③ NO_3, CO
④ NO_2, CO_2

해설 보일러 급수처리 방법에서 수중에 녹아있는 기체 중 탈기기 장치에서 분리, 제거하는 대표적 용존 가스는 산소(O_2), 이산화탄소(CO_2)이다.

★

94 보일러 사용 중 저수위 사고의 원인으로 가장 거리가 먼 것은?

① 급수펌프가 고장이 났을 때
② 급수내관이 스케일로 막혔을 때
③ 보일러의 부하가 너무 작을 때
④ 수위 검출기가 이상이 있을 때

해설 저수위 사고원인은 보일러의 부하가 너무 클 때이다.

95 수증기관에 만곡관을 설치하는 주된 목적은?

① 증기관 속의 응결수를 배제하기 위하여
② 열팽창에 의한 관의 팽창작용을 흡수하기 위하여
③ 증기의 통과를 원활히 하고 급수의 양을 조절하기 위하여
④ 강수량의 순환을 좋게 하고 급수량의 조절을 쉽게 하기 위하여

해설 수증기관의 만곡관(loop type)의 신축이음은 열팽창으로 인한 팽창작용을 허용하기 위한 것으로 옥외배관에 주로 사용한다.

★

96 보일러의 성능시험 시 측정은 매 몇 분마다 실시하여야 하는가?

① 5분
② 10분
③ 15분
④ 20분

해설 보일러의 성능시험 시 측정은 매 10분마다 실시한다.

97 판형 열교환기의 일반적인 특징에 대한 설명으로 틀린 것은?

① 구조상 압력손실이 적고 내압성은 크다.
② 다수의 파형이나 반구형의 돌기를 프레스 성형하여 판을 조합한다.
③ 전열면의 청소나 조립이 간단하고, 고점도에도 적용할 수 있다.
④ 판의 매수 조절이 가능하여 전열면적 증감이 용이하다.

해설 **판형 열교환기(plate heat exchanger) 특징**
㉠ 열전달계수가 높다.
㉡ 열회수를 최대한으로 할 수 있다.
㉢ 액체함량이 적다.
㉣ 콤팩트한 구성(소형/경량화 설계)
㉤ 제품혼합의 방지
㉥ 융통성이 있다(오열도가 적다).
㉦ 유지보수가 쉽다.
㉧ 고온고압(+22℃ ,3MPa), 저온(−160℃)에서 사용가능하다.

★

98 노통보일러에서 브레이징 스페이스란 무엇을 말하는가?

① 노통과 가셋트 스테이와의 거리
② 관군과 가셋트 스테이 사이의 거리
③ 동체와 노통 사이의 최소거리
④ 가셋트 스테이간의 거리

해설 노통보일러에서 브레이징 스페이스란 노통과 가셋트 스테이와의 거리(공간)로 225mm 이상이어야 한다.

정답 92. ④ 93. ① 94. ③ 95. ② 96. ② 97. ① 98. ①

99 최고사용압력이 1.5MPa을 초과한 강철제보일러의 수압시험 압력은 그 최고사용압력의 몇 배로 하는가?

① 1.5　② 2
③ 2.5　④ 3

해설 강철제 보일러는 최고사용압력이 1.5MPa을 초과 시 수압시험 압력은 최고사용압력의 1.5배로 한다.
※ 0.43MPa 초과 1.5MPa 이하이면
최고사용압력×1.3배+0.3MPa
※ 0.43MPa 이하인 경우
최고사용압력×2배(시험압력이 0.2MPa 미만인 경우에는 0.2MPa)

★

100 두께 25mm인 철판의 넓이 $1m^2$당 전열량이 매시간 20kJ이 되려면 양면의 온도차는 얼마여야 하는가? (단, 철판의 열전도율은 60W/mK이다.)

① 8.33℃　② 12.45℃
③ 8.75℃　④ 14.25℃

해설 $Q = \lambda F \frac{\Delta t}{L}$ [W]에서

$$\Delta t = \frac{QL}{\lambda F} = \frac{20 \times 10^3 \times 0.025}{60 \times 1} = 8.33℃$$

정답 99. ① 100. ①

2019

Engineer Energy Management

과년도 출제문제

제1회 에너지관리기사

제2회 에너지관리기사

제4회 에너지관리기사

자주 출제되는 중요한 문제는 별표(★)로 강조했습니다.
마무리학습할 때 한 번 더 풀어보기를 권합니다.

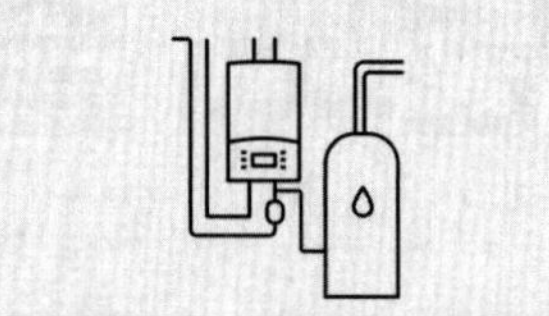

Engineer Energy Management

2019년 제1회 에너지관리기사

제1과목 연소공학

★
01 중유의 탄수소비가 증가함에 따른 발열량의 변화는?

① 무관하다.
② 증가한다.
③ 감소한다.
④ 초기에는 증가하다가 점차 감소한다.

해설 중유의 탄화수소비(C/H)가 증가함에 따라 발열량은 감소한다.

02 통풍방식 중 평형통풍에 대한 설명으로 틀린 것은?

① 통풍력이 커서 소음이 심하다.
② 안정한 연소를 유지할 수 있다.
③ 노내 정압을 임의로 조절할 수 있다.
④ 중형 이상의 보일러에는 사용할 수 없다.

해설 평형통풍방식은 통풍저항이 큰 대형보일러나 고성능 보일러에 널리 사용할 수 있다.

★
03 다음 조성의 액체연료를 완전 연소시키기 위해 필요한 이론공기량은 약 몇 Sm^3/kg인가?

• C : 0.70kg	• H : 0.10kg
• O : 0.05kg	• S : 0.05kg
• N : 0.09kg	• ash : 0.01kg

① 8.9　　② 11.5
③ 15.7　　④ 18.9

해설 이론공기량(A_o)

$$=8.89C+26.67\left(H-\frac{O}{8}\right)+3.33S$$

$$=8.89\times0.7+26.67\left(0.10-\frac{0.05}{8}\right)+3.33\times0.05$$

$$\fallingdotseq 8.9Sm^3/kg$$

04 목탄이나 코크스 등 휘발분이 없는 고체연료에서 일어나는 일반적인 연소형태는?

① 표면연소　　② 분해연소
③ 증발연소　　④ 확산연소

해설 **표면연소(suface reaction)**
목탄이나 코크스, 숯, 금속분 등 휘발분이 없는 고체연료에서 열분해나 증발하지 않고 표면에서 산소와 급격히 산화반응하여 연소하는 현상. 불꽃이 없는 것(무염연소)이 특징이고 연쇄 반응이 없다.
② 분해연소 : 석탄, 목재, 종이, 섬유, 플라스틱, 합성수지(고분자)
③ 증발연소 : 에테르, 이황화탄소, 알코올류 아세톤 휘발유, 경유 등
④ 확산연소 : LNG, LPG, 아세틸렌(C_2H_2) 등의 가연성 기체

★
05 다음 기체연료 중 고위발열량(MJ/Sm^3)이 가장 큰 것은?

① 고로가스　　② 천연가스
③ 석탄가스　　④ 수성가스

해설 **고위발열량**
㉠ LNG(천연가스) : 46.05MJ/Sm^3
㉡ 고로가스(용광로가스) : 900~1,000kcal/Sm^3(=3.77MJ/Sm^3)
㉢ 수성가스 : 2,500kcal/Sm^3(=10.47 MJ/Sm^3)

★
06 기체연료가 다른 연료에 비하여 연소용 공기가 적게 소요되는 가장 큰 이유는?

① 확산연소가 되므로
② 인화가 용이하므로
③ 열전도도가 크므로
④ 착화온도가 낮으므로

해설 기체연료가 다른 연료에 비해 연소용 공기가 적게 소요되는 가장 큰 이유는 확산연소가 되기 때문이다.

정답 01. ③ 02. ④ 03. ① 04. ① 05. ② 06. ①

★
07 다음 연료의 발열량을 측정하는 방법으로 가장 거리가 먼 것은?

① 열량계에 의한 방법
② 연소방식에 의한 방법
③ 공업분석에 의한 방법
④ 원소분석에 의한 방법

해설 **연료의 발열량 측정방법**
㉠ 열량계에 의한 방법
㉡ 공업분석에 의한 방법
㉢ 원소분석에 의한 방법

08 증기의 성질에 대한 설명으로 틀린 것은?

① 증기의 압력이 높아지면 증발열이 커진다.
② 증기의 압력이 높아지면 비체적이 감소한다.
③ 증기의 압력이 높아지면 엔탈피가 커진다.
④ 증기의 압력이 높아지면 포화온도가 높아진다.

해설 증기의 압력이 높아지면 증발열은 감소한다.

★
09 댐퍼를 설치하는 목적으로 가장 거리가 먼 것은?

① 통풍력을 조절한다.
② 가스의 흐름을 조절한다.
③ 가스가 새어나가는 것을 방지한다.
④ 덕트 내 흐르는 공기 등의 양을 제어한다.

해설 **댐퍼(damper)의 설치목적**
㉠ 통풍력을 조절한다.
㉡ 가스의 흐름을 교체한다(주연도와 부연도에서).
㉢ 가스의 흐름을 차단한다.

10 다음 중 중유의 착화온도(℃)로 가장 적합한 것은?

① 250~300
② 325~400
③ 400~440
④ 530~580

해설 중유의 착화온도는 530~580℃이다.

★
11 고체 및 액체연료의 발열량을 측정할 때 정압 열량계가 주로 사용된다. 이 열량계 중에 2L의 물이 있는데 5kg의 시료를 연소시킨 결과 물의 온도가 20℃ 상승하였다. 이 열량계의 열손실률을 10%라고 가정할 때, 발열량은 약 몇 kJ/kg인가?

① 18,336　② 25,976
③ 33,600　④ 41,256

해설 $Q = mc(t_2 - t_1) = 2{,}000 \times 4.2 \times 20$
$= 168{,}000\text{kJ} = 168\text{MJ}$
$Q_L = KQ = 1.1 \times 168\text{MJ}$
$\therefore q = \dfrac{168{,}000}{5} = 33{,}600\text{kJ/kg}$

12 99% 집진을 요구하는 어느 공장에서 70% 효율을 가진 전처리 장치를 이미 설치하였다. 주처리 장치는 약 몇 %의 효율을 가진 것이어야 하는가?

① 98.7　② 96.7
③ 94.7　④ 92.7

해설 $1-\eta_t = (1-\eta_1)\cdot(1-\eta_2)$

$$(1-\eta_2) = \frac{1-\eta_t}{1-\eta_1}$$

$$\eta_2 = \left[1-\left(\frac{1-\eta t}{1-\eta_1}\right)\right]\times 100\%$$

$$= \left[1-\left(\frac{1-0.99}{1-0.3}\right)\right]\times 100\%$$

$= 96.7\%$

- 집진 장치 최종효율(η_t)
- 전처리 장치 효율(η_1)
- 주처리 장치 효율(η_2)

$(1-\eta_t)$: 집진 장치 통과 후 최종적으로 남는 먼지 비율
$(1-\eta_1)$: 전처리 장치 통과 후 남는 먼지의 비율
$(1-\eta_2)$: 주처리 장치 통과 후 남는 먼지의 비율

13 위험성을 나타내는 성질에 관한 설명으로 옳지 않은 것은?

① 착화온도와 위험성은 반비례한다.
② 비등점이 낮으면 인화 위험성이 높아진다.
③ 인화점이 낮은 연료는 대체로 착화온도가 낮다.
④ 물과 혼합하기 쉬운 가연성 액체는 물과의 혼합에 의해 증기압이 높아져 인화점이 낮아진다.

정답 07. ② 08. ① 09. ③ 10. ④ 11. ③ 12. ② 13. ④

해설 물과 혼합하기 쉬운 가연성 액체는 물과의 혼합에 의해 증기압이 높아져 인화점이 높아진다.

★

14 저탄장 바닥의 구배와 실외에서의 탄층높이로 가장 적절한 것은?

① 구배 1/50~1/100, 높이 2m 이하
② 구배 1/100~1/150, 높이 4m 이하
③ 구배 1/150~1/200, 높이 2m 이하
④ 구배 1/200~1/250, 높이 4m 이하

해설 저탄장 바닥의 구배(기울기)는 $\frac{1}{100} \sim \frac{1}{150}$ 이고 실외에서 탄층의 높이는 4m 이하로 하는 것이 가장 적절하다.

★

15 보일러의 열효율[η] 계산식으로 옳은 것은? (단, h_s : 발생증기 비엔탈피, h_w : 급수의 비엔탈피, m_a : 발생증기량, m_f : 연료소비량, H_L : 저위발열량이다.)

① $\eta = \dfrac{H_L \times m_f}{(h_s + h_w)m_a}$

② $\eta = \dfrac{(h_s - h_w)m_a}{H_L \times m_f}$

③ $\eta = \dfrac{(h_s + h_w)m_a}{H_L \times m_f}$

④ $\eta = \dfrac{(h_s - h_w)m_a m_f}{H_L}$

해설 $\eta_B = \dfrac{m_a(h_s - h_w)}{H_L \times m_f} \times 100\% = \dfrac{m_e \times 2,256}{H_L \times m_f} \times 100\%$

★

16 질량 기준으로 C 85%, H 12%, S 3%의 조성으로 되어 있는 중유를 공기비 1.1로 연소할 때 건연소가스량은 약 몇 Nm^3/kg인가?

① 9.7 ② 10.5
③ 11.3 ④ 12.1

해설 이론공기량(A_o)

$= 8.89C + 26.67\left(H - \frac{O}{8}\right) + 3.33S$

$= 8.89 \times 0.85 + 26.67(0.12) + 3.33 \times 0.03$

$= 10.8568\,Nm^3/kg$

∴ 건연소가스량(G_d)

$= (m - 0.21)A_o + 1.867C + 0.7S + 0.8N$

$= (1.1 - 0.21) \times 10.8568 + 1.867 \times 0.85 + 0.7 \times 0.03$

$\fallingdotseq 11.3\,Nm^3/kg$

17 공기와 연료의 혼합기체의 표시에 대한 설명 중 옳은 것은?

① 공기비는 연공비의 역수와 같다.
② 연공비(fuel air ratio)라 함은 가연 혼합기 중의 공기와 연료의 질량비로 정의된다.
③ 공연비(air fuel ratio)라 함은 가연 혼합기 중의 연료와 공기의 질량비로 정의된다.
④ 당량비(equivalence ratio)는 실제연공비와 이론연공비의 비로 정의된다.

해설 당량비(equivalence ratio)는 실제연공비(fuel–air ratio)와 이론연공비(fuel–air ratio)의 비로 정의된다.

18 석탄에 함유되어 있는 성분 중 ㉮수분, ㉯휘발분, ㉰황분이 연소에 미치는 영향으로 가장 적합하게 각각 나열한 것은?

① ㉮ 발열량 감소, ㉯ 연소 시 긴 불꽃 생성, ㉰ 연소기관의 부식
② ㉮ 매연발생, ㉯ 대기오염 감소, ㉰ 착화 및 연소방해
③ ㉮ 연소방해, ㉯ 발열량 감소, ㉰ 매연발생
④ ㉮ 매연발생, ㉯ 발열량 감소, ㉰ 점화방해

해설 **수분, 휘발분, 황분이 연소에 미치는 영향**
㉠ 수분: 발열량 감소
㉡ 휘발분: 연소 시 긴불꽃 생성
㉢ 황분: 연소기관의 부식

★

19 배기가스와 외기의 평균온도가 220℃와 25℃이고, 1기압에서 배기가스와 대기의 밀도는 각각 0.770kg/m^3와 1.186kg/m^3일 때 연돌의 높이는 약 몇 m인가? (단, 연돌의 통풍력 Z=52.85mmH_2O이다.)

① 60 ② 80
③ 100 ④ 120

정답 14. ② 15. ② 16. ③ 17. ④ 18. ① 19. ②

해설

$$H = \frac{Z}{273\left(\frac{\gamma_a}{t_a+273} - \frac{\gamma_g}{t_g+273}\right)}$$

$$= \frac{52.85}{273\left(\frac{1.186}{25+273} - \frac{0.770}{220+273}\right)}$$

$$= 80.06\,\mathrm{m}$$

★

20 그림은 어떤 로의 열정산도이다. 발열량이 10,920 kJ/Nm³인 연료를 이 가열로에서 연소시켰을 때 추출 강재가 함유하는 열량은 약 몇 kJ/Nm³인가?

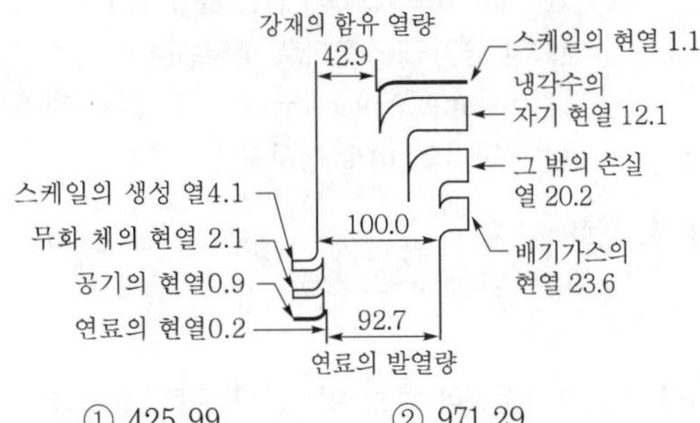

① 425.99　② 971.29　③ 1,422.59　④ 1,519.61

해설 추출강재열량 42.9%, 연료의 발열량 92.7%
2,000 : 92.7=함유열량(x) : 42.9

$\therefore$ 함유열량(x)$=\frac{10,920\times42.9}{92.7} \fallingdotseq 1519.61\mathrm{kJ/Nm^3}$

제2과목 열역학

★

21 물체의 온도 변화 없이 상(phase, 相) 변화를 일으키는 데 필요한 열량은?

① 비열　② 점화열　③ 잠열　④ 반응열

해설 잠열(숨은열)은 온도 변화 없이 상(phase)만의 변화를 일으키는 데 필요한 열량이다.

★

22 열역학 2법칙과 관련하여 가역 또는 비가역 사이클 과정 중 항상 성립하는 것은? (단, Q는 시스템에 출입하는 열량이고, T는 절대온도이다.)

① $\oint \frac{\delta Q}{T} = 0$　② $\oint \frac{\delta Q}{T} > 0$　③ $\oint \frac{\delta Q}{T} \geq 0$　④ $\oint \frac{\delta Q}{T} \leq 0$

해설 클라지우스의 순환적분값

$\oint \frac{\delta Q}{T} \leq 0$

가역사이클이면 등호, 비가역사이클이면 부등호(<)

23 어느 밀폐계와 주위 사이에 열의 출입이 있다. 이것으로 인한 계와 주위의 엔트로피의 변화량을 각각 ΔS_1, ΔS_2로 하면 엔트로피 증가의 원리를 나타내는 식으로 옳은 것은?

① $\Delta S_1 > 0$　② $\Delta S_2 > 0$　③ $\Delta S_1 + \Delta S_2 > 0$　④ $\Delta S_1 - \Delta S_2 > 0$

해설 비가역변화인 경우 계의 전체 엔트로피($\Delta S_{total} = \Delta S_1 + \Delta S_2 > 0$)는 증가한다.

★

24 100kPa의 포화액이 펌프를 통과하여 1,000kPa까지 단열압축된다. 이때 필요한 펌프의 단위 질량당 일은 약 몇 kJ/kg인가?(단, 포화액의 비체적은 0.001m³/kg으로 일정하다.)

① 0.9　② 1.0　③ 900　④ 1,000

해설

$$w_p = -\int_1^2 vdp = \int_2^1 vdp$$

$$= v(p_1 - p_2) = 0.001\times(1,000-100)$$

$$= 0.9\,\mathrm{kJ/kg}$$

★

25 다음 중 랭킨 사이클의 과정을 옳게 나타낸 것은?

① 단열압축 → 정적가열 → 단열팽창 → 정압냉각
② 단열압축 → 정압가열 → 단열팽창 → 정적냉각
③ 단열압축 → 정압가열 → 단열팽창 → 정압냉각
④ 단열압축 → 정적가열 → 단열팽창 → 정적냉각

해설 랭킨(Rankine) 사이클의 과정
단열압축($S=C$) → 정압가열($P=C$) → 단열팽창($S=C$) → 정압냉각($P=C$)

정답 20. ④ 21. ③ 22. ④ 23. ③ 24. ① 25. ③

★
26 냉동사이클에서 냉매의 구비조건으로 가장 거리가 먼 것은?

① 임계온도가 높을 것
② 증발열이 클 것
③ 인화 및 폭발의 위험성이 낮을 것
④ 저온, 저압에서 응축이 잘 되지 않을 것

해설 적정한 온도, 압력(저온, 저압)에서 응축(액화)이 잘 되어야 한다.

★
27 어떤 열기관이 역카르노 사이클로 운전하는 열펌프와 냉동기로 작동될 수 있다. 동일한 고온열원과 저온열원 사이에서 작동될 때, 열펌프와 냉동기의 성능계수(COP)는 다음과 같은 관계식으로 표시될 수 있는데, ( ) 안에 알맞은 값은?

$\text{COP}_{열펌프} = \text{COP}_{냉동기} + (\quad)$

① 0　② 1
③ 1.5　④ 2

해설
$$\text{COP}_{열펌프} = \frac{Q_1}{W_c} = \frac{W_c + Q_2}{W_c} = 1 + \text{COP}_{냉동기}$$

28 −50℃의 탄산가스가 있다. 이 가스가 정압과정으로 0℃가 되었을 때 변경 후의 체적은 변경 전의 체적 대비 약 몇 배가 되는가? (단, 탄산가스는 이상기체로 간주한다.)

① 1.094배　② 1.224배
③ 1.375배　④ 1.512배

해설
$$P = C, \ \frac{V_1}{T_1} = \frac{V_2}{T_2}$$
$$\frac{V_2}{V_1} = \frac{T_2}{T_1} = \frac{273}{273-50} = \frac{273}{223} = 1.224$$

29 물 1kg이 100℃의 포화액 상태로부터 동일 압력에서 100℃의 건포화증기로 증발할 때까지 2,280kJ을 흡수하였다. 이때 엔트로피의 증가는 약 몇 kJ/K인가?

① 6.1　② 12.3
③ 18.4　④ 25.6

해설
$$\Delta S = \frac{Q}{T_s} = \frac{2{,}280}{373} = 6.11\,\text{kJ/K}$$

★
30 이상기체에서 정적 비열 C_v와 정압 비열 C_p와의 관계를 나타낸 것으로 옳은 것은? (단, R은 기체상수이고, k는 비열비이다.)

① $C_v = k \times C_p$　② $C_v = \frac{1}{2} \times C_p$
③ $C_v = C_p + R$　④ $C_v = C_p - R$

해설 $C_p - C_v = R$
$C_v = C_p - R$[kJ/kg·K]

31 랭킨사이클의 열효율 증대 방안으로 가장 거리가 먼 것은?

① 복수기의 압력을 낮춘다.
② 과열 증기의 온도를 높인다.
③ 보일러의 압력을 상승시킨다.
④ 응축기의 온도를 높인다.

해설 응축기(복수기) 온도를 높이면 열효율은 감소한다.

★
32 압력이 1.2MPa이고 건도가 0.65인 습증기 10m³의 질량은 약 몇 kg인가? (단, 1.2MPa에서 포화액과 포화증기의 비체적은 각각 0.0011373m³/kg, 0.1662 m³/kg이다.)

① 87.83　② 92.23
③ 95.11　④ 99.45

해설
$$v_x = v' + x(v'' - v')[\text{m}^3/\text{kg}]$$
$$= 0.0011373 + 0.65 \times (0.1662 - 0.0011373)$$
$$= 0.1084\,\text{m}^3/\text{kg}$$
$$v_x = \frac{V}{m}$$
$$\therefore m = \frac{V}{v_x} = \frac{10}{0.1084} = 92.25\,\text{kg}$$

33 비열비가 1.41인 이상기체가 1MPa, 500L에서 가역단열과정으로 120kPa로 변할 때 이 과정에서 한 일은 약 몇 kJ인가?

① 561　② 625
③ 725　④ 825

정답 26. ④ 27. ② 28. ② 29. ① 30. ④ 31. ④ 32. ② 33. ①

2019년

해설
$$ {}_1W_2 = \frac{P_1V_1}{k-1}\left[1-\left(\frac{P_2}{P_1}\right)^{\frac{k-1}{k}}\right] $$
$$ = \frac{1{,}000\times0.5}{1.41-1}\left[1-\left(\frac{120}{1{,}000}\right)^{\frac{1.41-1}{1.41}}\right] $$
$$ \fallingdotseq 561.2\,\text{kJ} $$

★
34 40m³의 실내에 있는 공기의 질량은 약 몇 kg인가? (단, 공기의 압력은 100kPa, 온도는 27℃이며, 공기의 기체상수는 0.287kJ/kg·K이다.)

① 93 ② 46
③ 10 ④ 2

해설 $PV=mRT$에서
$$ m=\frac{PV}{RT}=\frac{100\times40}{0.287\times(27+273)}=46.46\,\text{kg} $$

35 냉동 용량 6RT(냉동톤)인 냉동기의 성능계수가 2.4이다. 이 냉동기를 작동하는 데 필요한 동력은 약 몇 kW인가? (단, 1RT(냉동톤)은 3.86kW이다.)

① 3.33
② 5.74
③ 9.65
④ 18.42

해설
$$ \text{kW}=\frac{Q_e}{\varepsilon_R}=\frac{6\times3.86}{2.4}=9.65\,\text{kW} $$

★
36 자동차 타이어의 초기 온도와 압력은 각각 15℃, 150kPa이었다. 이 타이어에 공기를 주입하여 타이어 안의 온도가 30℃가 되었다고 하면 타이어의 압력은 약 몇 kPa인가? (단, 타이어 내의 부피는 0.1m³이고, 부피 변화는 없다고 가정한다.)

① 158
② 177
③ 211
④ 233

해설
$$ \frac{P_1}{T_1}=\frac{P_2}{T_2} $$
$$ P_2=P_1\left(\frac{T_2}{T_1}\right)=150\times\left(\frac{30+273}{15+273}\right)\fallingdotseq158\,\text{kPa} $$

★
37 노즐에서 가역단열 팽창하여 분출하는 이상기체가 있다고 할 때 노즐 출구에서의 유속에 대한 관계식으로 옳은 것은? (단, 노즐입구에서의 유속은 무시할 수 있을 정도로 작다고 가정하고, 노즐 입구의 단위질량당 엔탈피는 h_i, 노즐 출구의 단위질량당 엔탈피는 h_o이다.)

① $\sqrt{h-h_o}$ ② $\sqrt{h_o-h_i}$
③ $\sqrt{2(h_i-h_o)}$ ④ $\sqrt{2(h_o-h_i)}$

해설 $V_o=\sqrt{2(h_i-h_o)}=44.72\sqrt{(h_i-h_2)}$ (m/s)

38 디젤 사이클에서 압축비는 16, 기체의 비열비는 1.4, 체절비(또는 분사 단절비)는 2.5라고 할 때 이 사이클의 효율은 약 몇 %인가?

① 59% ② 62%
③ 65% ④ 68%

해설
$$ \eta_{thd}=\left[1-\left(\frac{1}{\varepsilon}\right)^{k-1}\times\frac{\sigma^k-1}{k(\sigma-1)}\right]\times100\% $$
$$ =\left[1-\left(\frac{1}{16}\right)^{1.4-1}\times\frac{2.5^{1.4}-1}{1.4(2.5-1)}\right]\times100\% $$
$$ =59\% $$

39 다음 중 가스터빈의 사이클로 가장 많이 사용되는 사이클은?

① 오토 사이클
② 디젤 사이클
③ 랭킨 사이클
④ 브레이턴 사이클

해설 가스터빈의 이상사이클은 브레이턴 사이클이다.

★
40 다음 중 용량성 상태량(extensive property)에 해당하는 것은?

① 엔탈피 ② 비체적
③ 압력 ④ 절대온도

해설 강도성 상태량(intensive property)은 물질의 양과 무관한 상태량으로 비체적, 압력, 온도 등이 있다.

정답 34. ② 35. ③ 36. ① 37. ③ 38. ① 39. ④ 40. ①

제3과목 계측방법

★
41 단요소식 수위제어에 대한 설명으로 옳은 것은?

① 발전용 고압 대용량 보일러의 수위제어에 사용되는 방식이다.
② 보일러의 수위만을 검출하여 급수량을 조절하는 방식이다.
③ 부하변동에 의한 수위변화 폭이 대단히 적다.
④ 수위조절기의 제어동작은 PID동작이다.

해설 수위제어 방식
㉠ 단요소식(1요소식): 보일러의 수위만을 검출하여 급수량을 조절하는 방식이다.
㉡ 2요소식 : 수위와 증기유량을 동시에 검출하는 방식이다.
㉢ 3요소식 : 수위, 증기유량, 급수유량을 동시에 검출하는 방식이다.

42 다음 중 액면 측정방법이 아닌 것은?

① 액압측정식
② 정전용량식
③ 박막식
④ 부자식

해설 박막식 압력센서는 다이어프램식(diaphragm)으로 전기저항의 변화를 검출한다.
액면측정방법
㉠ 액압측정식
㉡ 정전용량식
㉢ 부자(floa)식

★
43 유로에 고정된 교축기구를 두어 그 전후의 압력차를 측정하여 유량을 구하는 유량계의 형식이 아닌 것은?

① 벤투리미터
② 플로우 노즐
③ 로터미터
④ 오리피스

해설 차압식 유량계(유로에 고정된 교축기구 설치)는 벤투리미터, 플로우 노즐(flow nozzle), 오리피스(orifice) 등이 있고 로터미터(rotameter)는 부자(float)를 이용한 면적식유량계다.

44 오차와 관련된 설명으로 틀린 것은?

① 흩어짐이 큰 측정을 정밀하다고 한다.
② 오차가 작은 계량기는 정확도가 높다.
③ 계측기가 가지고 있는 고유의 오차를 기차라고 한다.
④ 눈금을 읽을 때 시선의 방향에 따른 오차를 시차라고 한다.

해설 흩어짐이 작은 측정을 정밀하다고 한다.

45 측정하고자 하는 액면을 직접 자로 측정, 자의 눈금을 읽음으로써 액면을 측정하는 방법의 액면계는?

① 검척식 액면계　② 기포식 액면계
③ 직관식 액면계　④ 플로트식 액면계

해설 검척식 액면계란 측정하고자 하는 액면을 직접자로 측정, 자의 눈금을 읽음으로써 액면을 측정하는 방법의 액면계다.

46 Thermister(서미스터)의 특징이 아닌 것은?

① 소형이며 응답이 빠르다.
② 온도계수가 금속에 비하여 매우 작다.
③ 흡습 등에 의하여 열화되기 쉽다.
④ 전기저항체 온도계이다.

해설 서미스터는 열에 민감한 저항체라는 의미로 온도변화에 따라 저항값이 극단적으로 크게 변화하는 감온반도체이다. 온도계수가 금속에 비해 매우 크다.

47 전자유량계로 유량을 측정하기 위하여 직접 계측하는 것은?

① 유체에 생기는 과전류에 의한 온도 상승
② 유체에 생기는 압력 상승
③ 유체 내에 생기는 와류
④ 유체에 생기는 기전력

해설 전자유량계로 유량을 측정하기 위해서 유체에 생기는 기전력을 직접 계측한다.
※ 기전력(electromotive force): 발전기나 건전지와 같은 에너지원의 단위전하가 갖는 에너지의 크기를 말한다.

정답 41. ② 42. ③ 43. ③ 44. ① 45. ① 46. ② 47. ④

★
48 고온물체로부터 방사되는 특정파장을 온도계 속으로 통과시켜 온도계 내의 전구 필라멘트의 휘도를 육안으로 직접 비교하여 온도를 측정하는 것은?

① 열전온도계
② 광고온계
③ 색온도계
④ 방사온도계

해설 광고온도계(optical pyrometer)는 고온물체로부터 방사되는 특정파장온도계 속으로 통과시켜 온도계 내의 전구 필라멘트의 휘도를 육안으로 직접 비교하여 온도를 측정하는 온도계이며, 비교적 고온체 온도를 측정하는 데 사용한다(700~3,500℃).

49 조절계의 제어작동 중 제어편차에 비례한 제어 동작은 잔류편차(offset)가 생기는 결점이 있는데, 이 잔류편차를 없애기 위한 제어동작은?

① 비례동작
② 미분동작
③ 2위치동작
④ 적분동작

해설 잔류편차(offset)를 없애기 위한 제어동작은 적분제어(I) 동작이다.

★
50 다이어프램식 압력계의 압력증가 현상에 대한 설명으로 옳은 것은?

① 다이어프램에 가해진 압력에 의해 격막이 팽창한다.
② 링크가 아래 방향으로 회전한다.
③ 섹터기어가 시계방향으로 회전한다.
④ 피니언은 시계방향으로 회전한다.

해설 다이어프램식(diaphragm type) 압력계는 압력증가 현상에 따라 피니언(pinion)이 시계방향으로 회전한다.

★
51 다음 중 직접식 액위계에 해당하는 것은?

① 정전용량식 ② 초음파식
③ 플로트식 ④ 방사선식

해설 플로트식(flast type)은 직접식 액위계다.

52 램, 실린더, 기름탱크, 가압펌프 등으로 구성되어 있으며 다른 압력계의 기준기로 사용되는 것은?

① 환상스프링식 압력계
② 부르동관식 압력계
③ 액주형 압력계
④ 분동식 압력계

해설 분동식 압력계는 단위면적에 작용하는 수직력을 이용해서 표준압력을 만들 수 있게 한 압력계다.
분동식 압력계는 램(ram), 실린더(cylinder), 기름탱크(oil tank), 가압펌프 등으로 구성되어 있다.

★
53 2개의 제어계를 조합하여 1차 제어장치의 제어량을 측정하여 제어명령을 발하고 2차 제어장치의 목표치로 설정하는 제어 방법은?

① on-off 제어 ② cascade 제어
③ program 제어 ④ 수동 제어

해설 캐스케이드 제어(Cas cade control)는 2개의 제어계를 조합하여 1차 제어장치의 제어량을 측정하여 제어명령을 발하고 2차 제어장치의 목표치로 설정하는 제어방법이다.

54 다음 중 사용온도 범위가 넓어 저항온도계의 저항체로서 가장 우수한 재질은?

① 백금 ② 니켈
③ 동 ④ 철

해설 사용온도범위가 넓어 저항온도계의 저항체로 가장 우수한 재질은 백금(Pt)이다.

55 다음 중 1,000℃ 이상의 고온체의 연속 측정에 가장 적합한 온도계는?

① 저항온도계
② 방사온도계
③ 바이메탈식 온도계
④ 액체압력식 온도계

해설 방사온도계는 고온도역의 측정에 사용되는 온도계로 백금-백금 로듐 열전대 백금 저항온도계를 사용하면 1,500℃ 정도까지 측정할 수 있으며 다시 그 이상 2,000℃ 정도까지의 온도 측정에는 측온물체로부터 방사되는 에너지를 사용하는 방사온도계가 사용된다.

정답 48. ② 49. ④ 50. ④ 51. ③ 52. ④ 53. ② 54. ① 55. ②

★
56 **응답이 빠르고 감도가 높으며, 도선저항에 의한 오차를 작게 할 수 있으나, 재현성이 없고 흡습 등으로 열화되기 쉬운 특징을 가진 온도계는?**

① 광고온계
② 열전대 온도계
③ 서미스터 저항체 온도계
④ 금속 측온 저항체 온도계

해설 서미스터 저항체 온도계는 응답이 빠르고 감도가 높으며 도선저항에 대한 오차(error)를 작게 할 수 있으나 재현성이 없고 흡습 등으로 열화되기 쉬운 특징을 가진 온도계다.

★
57 **다음 열전대의 구비조건으로 가장 적절하지 않은 것은?**

① 열기전력이 크고 온도 증가에 따라 연속적으로 상승할 것
② 저항온도 계수가 높을 것
③ 열전도율이 작을 것
④ 전기저항이 작을 것

해설 열전대(열전쌍)는 저항온도 계수가 작아야 한다.

58 **휴대용으로 상온에서 비교적 정도가 좋은 아스만(Asman) 습도계는 다음 중 어디에 속하는가?**

① 저항 습도계
② 냉각식 노점계
③ 간이 건습구 습도계
④ 통풍형 건습구 습도계

해설 아스만(Asmam)에 의해 고안된 건습구 온도계로 감도가 좋고 외부의 풍속변화를 받지 않으므로 정확한 습도를 측정할 수 있는 통풍형 건습구 습도계다.

★
59 **지름이 10cm되는 관 속을 흐르는 유체의 유속이 16m/s 이었다면 유량은 약 몇 m^3/s인가?**

① 0.125 ② 0.525
③ 1.605 ④ 1.725

해설

$$Q = AV = \frac{\pi d^2}{4}V = \frac{\pi(0.1)^2}{4}\times 16$$
$$= 0.125\,\mathrm{m^3/s}$$

60 **환상천평식(링밸런스식) 압력계에 대한 설명으로 옳은 것은?**

① 경사관식 압력계의 일종이다.
② 히스테리시스 현상을 이용한 압력계이다.
③ 압력에 따른 금속의 신축성을 이용한 것이다.
④ 저압가스의 압력측정이나 드래프트게이지로 주로 이용된다.

해설 환상천평식(링밸런스식) 압력계는 저압가스의 압력측정이나 드래프트(draft)게이지로 주로 사용된다.

제4과목 열설비재료 및 관계법규

61 **다음 중 용광로에 장입되는 물질 중 탈황 및 탈산을 위해 첨가하는 것으로 가장 적당한 것은?**

① 철광석 ② 망간광석
③ 코크스 ④ 석회석

해설 용광로(고로)에 장입되는 물질 중 탈황, 탈산을 위해 첨가하는 것은 망간광석이다.

★
62 **다음 보온재 중 최고 안전 사용온도가 가장 낮은 것은?**

① 석면 ② 규조토
③ 우레탄 폼 ④ 펄라이트

해설 **최고 안전 사용온도**
㉠ 우레탄 폼류 : 80℃
㉡ 석면 : 450℃
㉢ 규조토 : 500℃
㉣ 펄라이트 : 650℃

63 **연소실의 연도를 축조하려 할 때 유의사항으로 가장 거리가 먼 것은?**

① 넓거나 좁은 부분의 차이를 줄인다.
② 가스 정체 공극을 만들지 않는다.
③ 가능한 한 굴곡 부분을 여러 곳에 설치한다.
④ 댐퍼로부터 연도까지의 길이를 짧게 한다.

해설 연소실의 연도를 축조 시 가능한 한 굴곡 부분을 적게 설치한다.

정답 56. ③ 57. ② 58. ④ 59. ① 60. ④ 61. ② 62. ③ 63. ③

★
64 **에너지이용 합리화법에 따라 검사대상기기에 해당되지 않는 것은?**

① 정격용량이 0.4MW인 철금속가열로
② 가스사용량이 18kg/h인 소형온수보일러
③ 최고사용압력이 0.1MPa이고, 전열면적이 $5m^2$인 주철제보일러
④ 최고사용압력이 0.1MPa이고, 동체의 안지름이 300mm이며, 길이가 600mm인 강철제보일러

해설 요로(철금속가열로)는 정격용량이 0.58MW를 초과하는 것이 검사대상기기기에 해당된다.

★
65 **에너지이용 합리화법에 따라 효율관리기자재의 제조업자가 광고매체를 이용하여 효율관리기자재의 광고를 하는 경우에 그 광고내용에 포함시켜야 할 사항은?**

① 에너지 최고효율 ② 에너지 사용량
③ 에너지 소비효율 ④ 에너지 평균소비량

해설 효율관리기자재 제조업자가 광고매체를 이용하여 효율관리기자재의 광고를 하는 경우 광고내용에 포함시켜야 할 사항은 에너지(Energy) 소비효율이다.

★
66 **에너지이용 합리화법에 의해 에너지사용의 제한 또는 금지에 관한 조정·명령, 기타 필요한 조치를 위반한 자에 대한 과태료 기준은 얼마인가?**

① 50만원 이하 ② 100만원 이하
③ 300만원 이하 ④ 500만원 이하

해설 에너지이용 합리화법에 의해 에너지 사용제한 또는 금리에 관한 조정, 명령, 기타 필요한 조치를 위반한 자에 대한 과태료는 300만원 이하다.

67 **보온재의 열전도계수에 대한 설명으로 틀린 것은?**

① 보온재의 함수율이 크게 되면 열전도계수도 증가한다.
② 보온재의 기공률이 클수록 열전도계수는 작아진다.
③ 보온재는 열전도계수가 작을수록 좋다.
④ 보온재의 온도가 상승하면 열전도계수는 감소된다.

해설 보온재의 온도가 상승하면 열전도계수(W/m·K)는 증가된다.

68 **에너지이용 합리화법의 목적이 아닌 것은?**

① 에너지의 합리적인 이용을 증진
② 국민경제의 건전한 발전에 이바지
③ 지구온난화의 최소화에 이바지
④ 신재생에너지의 기술개발에 이바지

해설 **에너지이용 합리화법의 목적**
㉠ 에너지의 합리적인 이용을 증진
㉡ 국민경제의 건전한 발전 및 국민복지의 증진
㉢ 에너지소비로 인한 환경피해를 줄임
㉣ 지구온난화의 최소화에 이바지함

★
69 **에너지이용 합리화법에 따라 시공업의 기술인력 및 검사대상기기관리자에 대한 교육과정과 교육기간의 연결로 틀린 것은?**

① 난방시공업 제1종기술자 과정 : 1일
② 난방시공업 제2종기술자 과정 : 1일
③ 소형보일러 · 압력용기관리자 과정 : 1일
④ 중 · 대형보일러관리자 과정 : 2일

해설 중 · 대형보일러근로자(관리자)과정은 1일이다.

★
70 **에너지이용 합리화법에 따라 냉난방온도의 제한온도 기준 중 난방온도는 몇 ℃ 이하로 정해져 있는가?**

① 18 ② 20
③ 22 ④ 26

해설 에너지이용 합리화법에 따라 냉난방온도의 제한온도 기준 중 난방온도는 20℃ 이하로 정해져 있다.

71 **버터플라이 밸브의 특징에 대한 설명으로 틀린 것은?**

① 90℃ 회전으로 개폐가 가능하다.
② 유량조절이 가능하다.
③ 완전 열림 시 유체저항이 크다.
④ 밸브몸통 내에서 밸브대를 축으로 하여 원판 형태의 디스크의 움직임으로 개폐하는 밸브이다.

정답 64. ① 65. ③ 66. ③ 67. ④ 68. ④ 69. ④ 70. ② 71. ③

해설 버터플라이(butterfly valve)는 회전원판으로 관로를 열고 닫음으로써 유량이나 유압을 조절하는 밸브로 완전개방(열림) 시 유체저항이 작다.

★
72 에너지이용 합리화법에 따라 검사대상기기의 검사유효기간 기준으로 틀린 것은?

① 검사유효기간은 검사에 합격한 날의 다음날부터 계산한다.
② 검사에 합격한 날이 검사유효기간 만료일 이전 60일 이내인 경우 검사유효기간 만료일의 다음 날부터 계산한다.
③ 검사를 연기한 경우의 검사유효기간은 검사유효기간 만료일의 다음 날부터 계산한다.
④ 산업통상자원부장관은 검사대상기기의 안전관리 또는 에너지효율 향상을 위하여 부득이하다고 인정할 때에는 검사유효기간을 조정할 수 있다.

★
73 마그네시아 또는 돌로마이트를 원료로 하는 내화물이 수증기의 작용을 받아 $Ca(OH)_2$나 $Mg(OH)_2$를 생성하게 된다. 이때 체적변화로 인해 노벽에 균열이 발생하거나 붕괴하는 현상을 무엇이라고 하는가?

① 버스팅 ② 스폴링
③ 슬래킹 ④ 에로존

해설 슬래킹 현상이란 마그네시아 또는 돌로마이트 벽돌을 저장 중이나 사용 후에 수증기를 흡수하여 체적변화에 의해 노벽에 균열(crack)이 발생하거나 분화가 붕괴되는(떨어져 나가는) 현상을 말한다.

74 가스로 중 주로 내열강재의 용기를 내부에서 가열하고 그 용기 속에 열처리품을 장입하여 간접 가열하는 로를 무엇이라고 하는가?

① 레토르트로
② 오븐로
③ 머플로
④ 라디안트튜브로

해설 머플로(Muffle)는 피가열체에 직접 불꽃이 닿지 않도록 내화재료로 2중벽을 만들어 피가열물을 간접 가열하는 가열로다.

75 파이프의 열변형에 대응하기 위해 설치하는 이음은?

① 가스이음 ② 플랜지이음
③ 신축이음 ④ 소켓이음

해설 파이프의 열변형에 대응하기 위해 설치하는 이음은 신축이음이다. 동관 20m, 강관 30m마다 1개씩 설치한다.

76 에너지이용 합리화법에 따라 에너지 저장의무 부과대상자가 아닌 것은?

① 전기사업자
② 석탄생산자
③ 도시가스사업자
④ 연간 2만 석유환산톤 이상의 에너지를 사용하는 자

해설 **에너지 저장의무 부과대상자**
㉠ 전기사업자
㉡ 도시가스사업자
㉢ 연간2만(TOE) 이상의 에너지를 사용하는 자

★
77 85℃의 물 120kg의 온탕에 10℃의 물 140kg을 혼합하면 약 몇 ℃의 물이 되는가?

① 44.6 ② 56.6
③ 66.9 ④ 70.0

해설
$$t_m = \frac{m_1 t_1 + m_2 t_2}{m_1 + m_2} = \frac{120 \times 85 + 140 \times 10}{120 + 140} \fallingdotseq 44.62℃$$

78 도염식 가마의 구조에 해당되지 않는 것은?

① 흡입구 ② 대차
③ 지연도 ④ 화교(fire bridge)

해설 대차(운반차)는 연속요(가마)인 터널요가마의 구성요소에 속한다.

★
79 에너지이용 합리화법에 따라 매년 1월 31일까지 전년도의 분기별 에너지사용량·제품생산량을 신고하여야 하는 대상은 연간 에너지사용량의 합계가 얼마 이상인 경우 해당되는가?

① 1천 티오이 ② 2천 티오이
③ 3천 티오이 ④ 5천 티오이

정답 72. ② 73. ③ 74. ③ 75. ③ 76. ② 77. ① 78. ② 79. ②

해설 에너지이용 합리화법에 따라 매년 1월 31일까지의 전년도의 분기별 에너지 사용량, 제품생산량을 신고하여야 하는 대상은 연간에너지 사용량의 합계가 2,000TOE 이상의 경우에 해당된다.

★
80 에너지이용 합리화법에 따른 한국에너지공단의 사업이 아닌 것은?

① 에너지의 안정적 공급
② 열사용기자재의 안전관리
③ 신에너지 및 재생에너지 개발사업의 촉진
④ 집단에너지 사업의 촉진을 위한 지원 및 관리

해설 **한국에너지공단의 사업**
㉠ 열사용기자재의 안정적 공급
㉡ 신에너지 및 재생에너지 개발사업 및 촉진
㉢ 집단에너지 사업의 촉진을 위한 자원 및 관리

제5과목 열설비설계

81 보일러를 사용하지 않고, 장기간 휴지상태로 놓을 때 부식을 방지하기 위해서 채워두는 가스는?

① 이산화탄소
② 질소가스
③ 아황산가스
④ 메탄가스

해설 보일러를 사용하지 않고 장기간 휴지상태로 놓을 때 부식 방지 재료는 질소(N_2) 가스를 사용한다.

★
82 보일러의 파형노통에서 노통의 평균지름을 1,000mm, 최고사용압력을 110N/cm^{2}라 할 때 노통의 최소두께(mm)는? (단, 평형부 길이가 230mm 미만이며, 정수 C는 1,100이다.)

① 50 ② 80
③ 100 ④ 130

해설 파형노통의 최소두께

$$(t) = \frac{PD}{C} = \frac{110 \times 1{,}000}{1{,}100} = 100\text{mm}$$

★
83 보일러 수냉관과 연소실벽 내에 설치된 방사과열기의 보일러 부하에 따른 과열온도 변화에 대한 설명으로 옳은 것은?

① 보일러의 부하증대에 따라 과열온도는 증가하다가 최대 이후 감소한다.
② 보일러의 부하증대에 따라 과열온도는 감소하다가 최소 이후 증가한다.
③ 보일러의 부하증대에 따라 과열온도는 증가한다.
④ 보일러의 부하증대에 따라 과열온도는 감소한다.

해설 보일러 수냉관과 연소실 벽내에 설치된 방사 과열기이 보일러 부하에 따른 과열도 변화는 보일러의 부하증대에 따라 과열온도는 감소한다.

★
84 육용 강재 보일러의 구조에 있어서 동체의 최소 두께 기준으로 틀린 것은?

① 안지름이 900mm 이하의 것은 4mm
② 안지름이 900mm 초과 1,350mm 이하의 것은 8mm
③ 안지름이 1,350mm 초과 1,850mm 이하의 것은 10mm
④ 안지름이 1,850mm 초과하는 것은 12mm

해설 육용 강제 보일러의 구조에 있어서 동체의 최소 두께 기준 안지름이 900mm 이하인 것은 6mm(스테이를 부착한 경우는 8mm)로 한다.

85 연소실의 체적을 결정할 때 고려사항으로 가장 거리가 먼 것은?

① 연소실의 열부하
② 연소실의 열발생률
③ 연료의 연소량
④ 내화벽돌의 내압강도

해설 내화벽돌의 내압강도는 연소실 체적을 결정할 때 고려사항이 아니다.

정답 80. ① 81. ② 82. ③ 83. ④ 84. ① 85. ④

86 급수조절기를 사용할 경우 수압시험 또는 보일러를 시동할 때 조절기가 작동하지 않게 하거나, 모든 자동 또는 수동제어 밸브 주위에 수리, 교체하는 경우를 위하여 설치하는 설비는?

① 블로우 오프관
② 바이패스관
③ 과열 저감기
④ 수면계

해설 바이패스관(bypass pipe)은 급수조절기를 사용할 경우 수압시험 또는 보일러를 시동할 때 조절기가 작동하지 않게 하거나 모든 자동 또는 수동제어 밸브 주위에 수리·교체하는 경우를 위해서 설치하는 설비다.

★
87 보일러 운전 시 캐리오버(carry-over)를 방지하기 위한 방법으로 틀린 것은?

① 주증기 밸브를 서서히 연다.
② 관수의 농축을 방지한다.
③ 증기관을 냉각한다.
④ 과부하를 피한다.

해설 캐리오버(carry-over)를 방지하려면 증기관을 가열해야 한다.

★
88 내경 250mm, 두께 3mm의 주철관에 압력 40N/cm²의 증기를 통과시킬 때 원주방향의 인장응력[N/mm²]은?

① 12.36　　② 16.67
③ 21.25　　④ 32.85

해설

$$t=\frac{PD}{200\sigma_a}[\text{mm}]$$

$$\sigma_a=\frac{PD}{200t}=\frac{40\times250}{200\times3}=16.67\text{N/mm}^2$$

★
89 강판의 두께가 20mm이고, 리벳의 직경이 28.2mm이며, 피치 50.1mm의 1줄 겹치기 리벳조인트가 있다. 이 강판의 효율은?

① 34.7%　　② 43.7%
③ 53.7%　　④ 63.7%

해설

$$\eta_t=\left(1-\frac{d}{p}\right)\times100\%=\left(1-\frac{28.2}{50.1}\right)\times100\%=43.7\%$$

90 급수 및 보일러 수의 순도 표시방법에 대한 설명으로 틀린 것은?

① ppm의 단위는 100만분의 1의 단위이다.
② epm은 당량농도라 하고 용액 1kg 중에 용존되어 있는 물질의 mg 당량수를 의미한다.
③ 알칼리도는 수중에 함유하는 탄산염 등의 알칼리성 성분의 농도를 표시하는 척도이다.
④ 보일러 수에서는 재료의 부식을 방지하기 위하여 pH가 7인 중성을 유지하여야 한다.

해설 ㉠ 보일러 수(동, 관수 내) : pH 10.5~12
㉡ 보일러급수 : pH 8~9

91 용접부에서 부분 방사선 투과시험의 검사 길이 계산은 몇 mm 단위로 하는가?

① 50　　② 100
③ 200　　④ 300

해설 용접부에서 부분 방사선 투과시험 검사(Radio grapic Test)의 길이 계산은 300mm 단위로 한다.

92 보일러 재료로 이용되는 대부분의 강철제는 200~300℃에서 최대의 강도를 유지하나 몇 ℃ 이상이 되면 재료의 강도가 급격히 저하되는가?

① 350℃　　② 450℃
③ 550℃　　④ 650℃

해설 보일러 재료로 이용되는 대부분의 강철제는 200~300℃에서 최대강도를 유지하나 350℃ 이상이 되면 재료의 강도가 급격하게 저하된다.

★
93 어느 가열로에서 노벽의 상태가 다음과 같을 때 노벽을 관류하는 열량(kW)은 얼마인가? (단, 노벽의 상하 및 둘레가 균일하며, 평균방열면적 120.5m², 노벽의 두께 45cm, 내벽표면온도 1,300℃, 외벽표면온도 175℃, 노벽재질의 열전도율 0.12W/m·K이다.)

① 30125.48　　② 20306.48
③ 12556.65　　④ 137562.48

해설

$$Q=\lambda A\frac{t_1-t_2}{L}=0.12\times120.5\frac{(1{,}300-175)}{0.045}$$

$$\fallingdotseq 73103.33=20306.48\text{kW}$$

2019년

정답 86. ② 87. ③ 88. ② 89. ② 90. ④ 91. ④ 92. ① 93. ②

94 다음 중 보일러 안전장치로 가장 거리가 먼 것은?

① 방폭문
② 안전밸브
③ 체크밸브
④ 고저수위경보기

해설 체크밸브는 방향제어밸브로 유체를 한쪽 방향으로만 흐르게 하는 밸브(역지변)이다.

95 계속사용검사기준에 따라 설치한 날로부터 15년 이내인 보일러에 대한 순수처리 수질기준으로 틀린 것은?

① 총경도(mg $CaCO_2$/L) : 0
② pH(298K{25℃}에서) : 7~9
③ 실리카(mg SiO_2/L) : 흔적이 나타나지 않음
④ 전기 전도율(298K{25℃}에서의) : 0.05 μs/cm 이하

★
96 유속을 일정하게 하고 관의 직경을 2배로 증가시켰을 경우 유량은 어떻게 변하는가?

① 2배로 증가
② 4배로 증가
③ 6배로 증가
④ 8배로 증가

해설

$$Q = AV = \frac{\pi d^2}{4} V[m^3/s]$$

$$\frac{Q_2}{Q_1} = \frac{A_2}{A_1} = \left(\frac{d_2}{d_1}\right)^2 = 2^2 = 4\text{배 증가}$$

★
97 "어떤 주어진 온도에서 최대 복사강도에서의 파장(λ_{max})은 절대온도에 반비례한다"와 관련된 법칙은?

① Wien의 법칙
② Planck의 법칙
③ Fourier의 법칙
④ Stefan-Boltzmann의 법칙

해설 빈의 법칙(Wein's law)은 어떤 주어진 온도에서 최대 복사강도에서의 파장(λ_{max})은 절대온도(T)에 반비례한다는 법칙이다.

★
98 보일러 수처리의 약제로서 pH를 조정하여 스케일을 방지하는 데 주로 사용되는 것은?

① 리그닌 ② 인산나트륨
③ 아황산나트륨 ④ 탄닌

해설 인산나트륨은 보일러 수처리 약제로 수소이온농도(pH)를 pH 11 이상의 강알칼리성으로 조정하여 부식 및 스케일을 방지하는 데 사용된다.

99 압력용기의 설치상태에 대한 설명으로 틀린 것은?

① 압력용기의 본체는 바닥보다 30mm 이상 높이 설치되어야 한다.
② 압력용기를 옥내에 설치하는 경우 유독성 물질을 취급하는 압력용기는 2개 이상의 출입구 및 환기장치가 되어 있어야 한다.
③ 압력용기를 옥내에 설치하는 경우 압력용기의 본체와 벽과의 거리는 0.3m 이상이어야 한다.
④ 압력용기의 기초가 약하여 내려앉거나 갈라짐이 없어야 한다.

해설 압력용기의 본체는 바닥보다 100mm 이상 높이 설치되어야 한다.

★
100 강제순환식 보일러의 특징에 대한 설명으로 틀린 것은?

① 증기발생 소요시간이 매우 짧다.
② 자유로운 구조의 선택이 가능하다.
③ 고압보일러에 대해서도 효율이 좋다.
④ 동력소비가 적어 유지비가 비교적 적게 든다.

해설 강제순환식 보일러는 동력소비(소비전력)가 크고, 보일러수 순환펌프 설치에 따른 배관 등 관련설비에 따른 유지 및 정비비용이 많이 들고 유지보수도 어렵다(기동 및 정지 절차와 운전이 비교적 복잡하다).

정답 94. ③ 95. ④ 96. ② 97. ① 98. ② 99. ① 100. ④

Engineer Energy Management

2019년 제2회 에너지관리기사

제1과목 연소공학

★

01 연소설비에서 배출되는 다음의 공해물질 중 산성비의 원인이 되며 가성소다나 석회 등을 통해 제거할 수 있는 것은?

① SO_x　② NO_x
③ CO　④ 매연

해설 황산화물질(SO_X)은 공해물질 중 산성비의 원인이 되며 가성소다(NaOH)나 석회(CaO) 등을 통해 제거할 수 있다.

★

02 C_mH_n 1Nm³를 완전 연소시켰을 때 생기는 H_2O의 양(Nm³)은? (단, 분자식의 첨자 m, n과 답항의 n은 상수이다.)

① $\frac{n}{4}$　② $\frac{n}{2}$
③ n　④ $2n$

해설

$$C_mH_n + \left(m + \frac{n}{4}\right)O_2 \rightarrow mCO_2 + \frac{n}{2}H_2O$$

03 매연 생성에 가장 큰 영향을 미치는 것은?

① 연소속도　② 발열량
③ 공기비　④ 착화온도

해설 매연 생성에 가장 큰 영향을 미치는 것은 공기비(공기과잉률)이다(공기 부족 시 매연 발생, 공기 과잉 시 NO_x 발생).

04 액체의 인화점에 영향을 미치는 요인으로 가장 거리가 먼 것은?

① 온도　② 압력
③ 발화지연시간　④ 용액의 농도

해설 액체의 인화질(flash point)에 영향을 미치는 요인(인자)은 온도, 압력, 용액의 농도이다.

★

05 여과 집진장치의 여과재 중 내산성, 내알칼리성 모두 좋은 성질을 갖는 것은?

① 테트론　② 사란
③ 비닐론　④ 글라스

해설 여과 집진장치의 여과재 중 내산성 내알칼리성 모두 좋은 성질을 갖는 것은 비닐론(vinylon)이다. 비닐론은 무연탄과 석회석을 변형 없이 그대로 이용하여 폴리비닐 알코올(Polyvinyl alcohol)에서 얻어낸 합성섬유이다.

★

06 탄소 1kg을 완전 연소시키는 데 필요한 공기량(Nm³)은? (단, 공기 중의 산소와 질소의 체적 함유비를 각각 21%와 79%로 하며 공기 1kmol의 체적은 22.4m³이다.)

① 6.75　② 7.23
③ 8.89　④ 9.97

해설 $C + O_2 \rightarrow CO_2$

$$A_o = \frac{O_0}{0.21} = \frac{\left(\frac{1 \times 22.4}{12}\right)}{0.21} \fallingdotseq 8.89\text{Nm}^3/\text{kg}$$

G_d(건연소가스량)

$= (1-0.21)A_o + 1.867\text{C}$

$= (1-0.21) \times 8.89 + 1.867 \times 1$

$= 8.89\text{Nm}^3/\text{kg}$

07 고부하의 연소설비에서 연료의 점화나 화염 안정화를 도모하고자 할 때 사용할 수 있는 장치로서 가장 적절하지 않은 것은?

① 분젠 버너
② 파일럿 버너
③ 플라즈마 버너
④ 스파크 플러그

해설 분젠 버너(Bunsen burner)는 가연성 기체를 연소시키기 전에 공기의 양을 조절하여 혼합해주는 장치다.

정답 01. ① 02. ② 03. ③ 04. ③ 05. ③ 06. ③ 07. ①

08 연료 중에 회분이 많을 경우 연소에 미치는 영향으로 옳은 것은?

① 발열량이 증가한다.
② 연소상태가 고르게 된다.
③ 클링커의 발생으로 통풍을 방해한다.
④ 완전연소되어 잔류물을 남기지 않는다.

해설 연료 중에 회분(ash) 많을 경우 연소에 미치는 영향은 클링커(Clinker) 발생으로 통풍을 방해한다.
클링커(Clinker)란 연소 중에 고온으로 생긴 물질이 합하여 덩어리로 이루어진 응고물(점토나 석회석 따위를 불에 구워 굳힌 덩어리)이다.

★
09 과잉 공기가 너무 많을 때 발생하는 현상으로 옳은 것은?

① 연소 온도가 높아진다.
② 보일러 효율이 높아진다.
③ 이산화탄소 비율이 많아진다.
④ 배기가스의 열손실이 많아진다.

해설 과잉 공기가 너무 많으면 배기가스의 열손실이 많아진다.

★
10 연소 배기가스량의 계산식(Nm^3/kg)으로 틀린 것은? (단, 습연소가스량 V, 건연소가스량 V', 공기비 m, 이론공기량 A이고, H, O, N, C, S는 원소, W는 수분이다.)

① $V=mA+5.6H+0.7O+0.8N+1.25W$
② $V=(m-0.21)A+1.87C+11.2H+0.7S+0.8N+1.25W$
③ $V'=mA-5.6H-0.7O+0.8N$
④ $V'=(m-0.21)A+1.87C+0.7S+0.8N$

해설 건연소가스량(V')
$=(1-0.21)A+1.867e+0.7S+0.8N$ [Nm^3/kg]

★
11 탄소 87%, 수소 10%, 황 3%의 중유가 있다. 이때 중유의 탄산가스최대량 $(CO_2)_{max}$는 약 몇 %인가?

① 10.23
② 16.58
③ 21.35
④ 25.83

해설 이론건연소가스량(G_{od}) = 공기중의 질소량($0.79A_o$) + 연소생성가스(CO_2, SO_2)

$$=0.79A_o+1.867e+0.7S$$
$$=0.79\frac{O_o}{0.21}+1.867e+0.7S$$
$$=0.79\left(\frac{1.867e+5.6H}{0.21}\right)+1.867e+0.7S$$
$$=0.79\left(\frac{1.867\times0.87+5.6\times0.1}{0.21}\right)+1.867\times0.87+0.7\times0.03$$
$$\fallingdotseq 9.862Nm^3/kg(\text{연료})$$
$$\therefore (CO_2)_{max}=\frac{1.867e+0.7S}{G_{od}}\times100\%$$
$$=\frac{1.867\times0.87+0.7\times0.03}{9.862}\times100\%$$
$$\fallingdotseq 16.68\%$$

12 다음 중 고체연료의 공업분석에서 계산만으로 산출되는 것은?

① 회분 ② 수분
③ 휘발분 ④ 고정탄소

해설 고체연료의 공업분석에서 고정탄소는 계산만으로 산출할 수 있다.

★
13 어느 용기에서 압력(P)과 체적(V)의 관계가 $P=(50V+10)\times10^2$[kPa]과 같을 때 체적이 $2m^3$에서 $4m^3$로 변하는 경우 일량은 몇 MJ인가? (단, 체적의 단위는 m^3이다.)

① 32 ② 34
③ 36 ④ 38

해설
$${}_1W_2=\int_1^2 PdV=\int_1^2(50V+10)\times10^2dV$$
$$=\left[\frac{50\times(V_2^2-V_1^2)}{2}+10\times(V_2-V_1)\right]_2^4\times10^{-1}$$
$$=\left[\frac{50\times(4^2-2^2)}{2}+10\times(4-2)\right]\times10^{-1}$$
$$=32MJ$$

14 다음 중 폭발의 원인이 나머지 셋과 크게 다른 것은?

① 분진 폭발 ② 분해 폭발
③ 산화 폭발 ④ 증기 폭발

정답 08. ③ 09. ④ 10. ③ 11. ② 12. ④ 13. ① 14. ④

★
15 연소 생성물(CO_2, N_2) 등의 농도가 높아지면 연소속도에 미치는 영향은?

① 연소속도가 빨라진다.
② 연소속도가 저하된다.
③ 연소속도가 변화없다.
④ 처음에는 저하되나, 나중에는 빨라진다.

해설 연소 생성물(이산화탄소, 질소) 등의 농도가 높아지면 연소속도는 저하된다.

★
16 열정산을 할 때 입열 항에 해당하지 않는 것은?

① 연료의 연소열　② 연료의 현열
③ 공기의 현열　④ 발생 증기열

해설 • 입열 항목 : 공기의 현열, 연료의 저위 발열량, 연료의 현열, 노내분입증기열
• 출열 항목 : 발생공기(흡수)열, 배기가스에 의한 손실열, 미연소가스에 의한 손실열, 방산에 의한 손실열

17 보일러의 급수 및 발생증기의 비엔탈피를 각각 628kJ/kg, 2,805kJ/kg이라고 할 때 20,000kg/h의 증기를 얻으려면 공급열량은 약 몇 kJ/h인가?

① 96.24×10^6　② 43.54×10^6
③ 11.76×10^6　④ 12.25×10^6

해설 $Q = m\Delta h = m(h_2 - h_1) = 20,000(2,805-628)$
$= 43,540,000\text{kJ/h} = 43.54\times10^6\text{kJ/h}$

★
18 1Nm^3의 메탄가스를 공기를 사용하여 연소시킬 때 이론 연소온도는 약 몇 ℃인가? (단, 대기온도는 15℃이고, 메탄가스의 고발열량은 39,767kJ/Nm^3이고, 물의 증발잠열은 2017.7kJ/Nm^3이고, 연소가스의 평균정압비열은 1.423kJ/Nm^3이다.)

① 2,387　② 2,402
③ 2,417　④ 2,432

19 다음 기체연료 중 고발열량(kcal/Sm^3)이 가장 큰 것은?

① 고로가스　② 수성가스
③ 도시가스　④ 액화석유가스

해설 고위발열량(총발열량)이 가장 큰 것은 액화석유가스(LPG)이다(62.8MJ/Nm^3).

★
20 도시가스의 호환성을 판단하는 데 사용되는 지수는?

① 웨버지수(Webbe Index)
② 듀롱지수(Dulong Index)
③ 릴리지수(Lilly Index)
④ 제이도바흐지수(Zeldovich Index)

해설 도시가스의 호환성을 판단하는 데 사용되는 지수는 웨버지수(webbe index)다.

제2과목 열역학

21 오토(Otto)사이클을 온도-엔트로피($T-S$)선도로 표시하면 그림과 같다. 작동유체가 열을 방출하는 과정은?

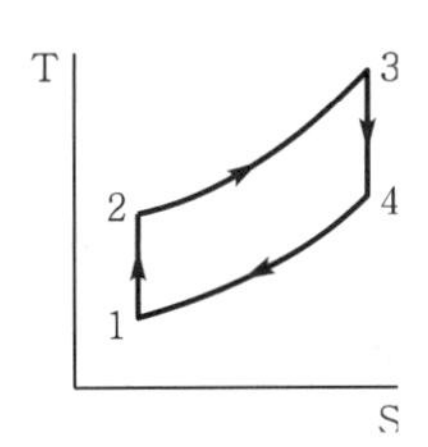

① 1 → 2과정　② 2 → 3과정
③ 3 → 4과정　④ 4 → 1과정

해설 • 1 → 2과정 단열압축과정($S=C$)
• 2 → 3과정 등적과정($V=C$)
• 3 → 4과정 단열팽창과정($S=C$)
• 4 → 1과정 등적방열과정

22 다음 과정 중 가역적인 과정이 아닌 것은?

① 과정은 어느 방향으로나 진행될 수 있다.
② 마찰을 수반하지 않아 마찰로 인한 손실이 없다.
③ 변화 경로의 어느 점에서도 역학적, 열적, 화학적 등의 모든 평형을 유지하면서 주위에 어떠한 영향도 남기지 않는다.
④ 과정은 이를 조절하는 값을 무한소만큼씩 변화시켜도 역행할 수는 없다.

정답 15. ② 16. ④ 17. ② 18. ② 19. ④ 20. ① 21. ④ 22. ④

해설 과정(process)은 이를 조절하는 값을 무한소만큼씩 변화시켜도 역행할 수는 없는 것은 비가역과정이다(에너지 손실을 고려한 경우).

★
23 **증기 압축 냉동사이클에서 압축기 입구의 엔탈피는 223kJ/kg, 응축기 입구의 엔탈피는 268kJ/kg, 증발기 입구의 엔탈피는 91kJ/kg인 냉동기의 성적계수는 약 얼마인가?**

① 1.8　　② 2.3
③ 2.9　　④ 3.5

$$(COP)_R = \frac{q_e}{w_c} = \frac{(h_2 - h_1)}{(h_3 - h_2)} = \frac{223-91}{268-223} = 2.93$$

★
24 **압력 1MPa, 온도 210℃인 증기는 어떤 상태의 증기인가? (단, 1MPa에서의 포화온도는 179℃이다.)**

① 과열증기　　② 포화증기
③ 건포화증기　　④ 습증기

해설 포화온도(t_s=179℃)보다 높은 공기는 과열증기다.

25 **열역학 제1법칙은 기본적으로 무엇에 관한 내용인가?**

① 열의 전달
② 온도의 정의
③ 엔트로피의 정의
④ 에너지의 보존

해설 열역학 제1법칙은 에너지 보존의 법칙이다(열량과 일량은 본질적으로 동일한 에너지다).

★
26 **성능계수(COP)가 2.5인 냉동기가 있다. 15냉동톤(refrigeration ton)의 냉동 용량을 얻기 위해서 냉동기에 공급해야 할 동력(kW)은? (단, 1냉동톤은 3.86kW이다.)**

① 20.5　　② 23.2
③ 27.5　　④ 29.7

해설

$$kW = \frac{Q_e}{W_c} = \frac{15\times3.861}{\varepsilon_R} = \frac{15\times3.86}{2.5} \fallingdotseq 23.2kW$$

★
27 **냉동기의 냉매로서 갖추어야 할 요구조건으로 옳지 않은 것은?**

① 비체적이 커야 한다.
② 불활성이고 안정적이어야 한다.
③ 증발온도에서 높은 잠열을 가져야 한다.
④ 액체의 표면장력이 작아야 한다.

해설 냉매의 비체적(v)은 작아야 한다.

28 **디젤 사이클로 작동되는 디젤 기관의 각 행정의 순서를 옳게 나타낸 것은?**

① 단열압축 → 정적가열 → 단열팽창 → 정적방열
② 단열압축 → 정압가열 → 단열팽창 → 정압방열
③ 등온압축 → 정적가열 → 등온팽창 → 정적방열
④ 단열압축 → 정압가열 → 단열팽창 → 정적방열

해설 디젤사이클의 행정순서
단열압축 → 정압가열 → 단열팽창 → 정적방열

★
29 **수증기를 사용하는 기본 랭킨사이클에서 응축기 압력을 낮출 경우 발생하는 현상에 대한 설명으로 옳지 않은 것은?**

① 열이 방출되는 온도가 낮아진다.
② 열효율이 높아진다.
③ 터빈 날개의 부식 발생 우려가 커진다.
④ 터빈 출구에서 건도가 높아진다.

해설 응축압력을 낮출 경우 터빈출구에서 건도(x)가 낮아진다.

30 **압력 100kPa, 체적 3m³인 이상기체가 등엔트로피 과정을 통하여 체적이 2m³로 변하였다. 이 과정 중에 기체가 한 일은 약 몇 kJ인가? (단, 기체상수는 0.488kJ/kg·K, 정적비열은 1.642kJ/kg·K이다.)**

① −113　　② −129
③ −137　　④ −143

정답 23. ③ 24. ① 25. ④ 26. ② 27. ① 28. ④ 29. ④ 30. ②

해설 $C_p - W = R$에서

$C_p = W + R = 1.642 + 0.488$

$= 2.13\text{kJ/kg}\cdot\text{K}$

$\therefore k = \frac{C_p}{C_v} = \frac{2.13}{1.642} \fallingdotseq 1.3$

${}_1W_2 = \frac{1}{k-1}P_1V_1\left[1-\left(\frac{V_1}{V_2}\right)^{k-1}\right]$

$= \frac{1}{1.3-1}\times 100\times 3\times\left[1-\left(\frac{3}{2}\right)^{1.3-1}\right]$

$\fallingdotseq -129.35\text{kJ}$

★
31 다음과 관계있는 법칙은?

> 계가 흡수한 열을 완전히 일로 전환할 수있는 장치는 없다.

① 열역학 제3법칙
② 열역학 제2법칙
③ 열역학 제1법칙
④ 열역학 제0법칙

해설 **열역학 제2법칙**(비가역 법칙 = Entropy 증가 법칙) 열효율이 100%인 기관은 존재할 수 없다.

32 1.5MPa, 250℃의 공기 5kg이 폴리트로피 지수 1.3인 폴리트로픽 변화를 통해 팽창비가 5가 될 때까지 팽창하였다. 이때 내부에너지의 변화는 약 몇 kJ인가? (단, 공기의 정적비열은 0.72kJ/kg · K이다.)

① −1,002 ② −721
③ −144 ④ −72

해설 $T_2 = T_1\left(\frac{v_1}{v_2}\right)^{n-1} = 523\left(\frac{1}{5}\right)^{1.3-1} = 322.7\text{K}$

$U_2 - U_1 = mC_v(T_2 - T_1)$

$= 5\times 0.72\times(322.7-523)$

$\fallingdotseq -721\text{kJ}$

★
33 다음 사이클(cycle) 중 물과 수증기를 오가면서 동력을 발생시키는 플랜트에 적용하기 적합한 것은?

① 랭킨 사이클 ② 오트 사이클
③ 디젤 사이클 ④ 브레이턴 사이클

해설 랭킨 사이클은 증기원동소(steam plant)의 기본(이상) 사이클이다.

★
34 카르노 사이클(Carnot cycle)로 작동하는 가역기관에서 650℃의 고열원으로부터 18,830kJ/min의 에너지를 공급받아 일을 하고 65℃의 저열원에 방열시킬 때 방열량은 약 몇 kW인가?

① 1.92 ② 2.61
③ 115.0 ④ 156.5

해설 $\eta_c = 1 - \frac{T_2}{T_1} = 1 - \frac{Q_2}{Q_1}$

$\eta_c = 1 - \frac{T_2}{T_1} = 1 - \frac{338}{923} = 0.633$

$Q_2 = Q_1(1-\eta_c) = \frac{18,830}{60}\times(1-0.633) \fallingdotseq 115\text{kW}$

35 80℃의 물 100kg과 50℃의 물 50kg을 혼합한 물의 온도는 약 몇 ℃인가? (단, 물의 비열은 일정하다.)

① 70 ② 65
③ 60 ④ 55

해설 $t_m = \frac{m_1t_1 + m_2t_2}{m+n} = \frac{100\times 80 + 50\times 50}{100+50} = 70℃$

★
36 초기온도가 20℃인 암모니아(NH_3) 3kg을 정적과정으로 가열시킬 때, 엔트로피가 1.255kJ/K만큼 증가하는 경우 가열량은 약 몇 kJ인가? (단, 암모니아 정적비열은 1.56kJ/kg · K이다.)

① 62.2 ② 101
③ 238 ④ 422

해설 $\Delta S = mC_v\ln\frac{T_2}{T_1}[\text{kJ/K}]$

$T_2 = T_1\ e^{\frac{\Delta S}{mC_v}} = 293\cdot e^{\frac{1.255}{3\times 156}} \fallingdotseq 383\text{K}$

$\therefore Q = mC_v(T_2 - T_1) = 3\times 1.56\times(383-293)$

$\fallingdotseq 422\text{kJ}$

★
37 반지름이 0.55cm이고, 길이가 1.94cm인 원통형 실린더 안에 어떤 기체가 들어 있다. 이 기체의 질량이 8g이라면, 실린더 안에 들어있는 기체의 밀도는 약 몇 g/cm^3인가?

① 2.9 ② 3.7
③ 4.3 ④ 5.1

정답 31 ② 32. ② 33. ① 34. ③ 35. ① 36. ④ 37. ③

2019년

해설 $\rho=\frac{m}{V}=\frac{m}{Al}=\frac{m}{\pi r^2 l}$

$=\frac{8}{\pi(0.55)^2\times1.94}=4.33\text{g/cm}^3$

★
38 **동일한 압력에서 100℃, 3kg의 수증기와 0℃ 3kg의 물의 엔탈피 차이는 약 몇 kJ인가? (단, 물의 평균정압비열은 4.184kJ/kg·K이고, 100℃에서 증발잠열은 2,250kJ/kg이다.)**

① 8,005 ② 2,668
③ 1,918 ④ 638

해설 $\Delta h=3\times2,250+3\times4.814\times100=8005.2\text{kJ}$

★
39 **다음 밀도가 800kg/m³인 액체와 비체적이 0.0015m³/kg인 액체를 질량비 1 : 1로 잘 섞으면 혼합액의 밀도는 약 몇 kg/m³인가?**

① 721 ② 727
③ 733 ④ 739

해설
$$\rho_m=\frac{m_1\rho_1+m_2\left(\frac{1}{v_2}\right)}{m_1+m_2}$$
$$=\frac{1\times800+1\times\frac{1}{0.0015}}{2}=733\text{kg/m}^3$$

★
40 **이상적인 가역 단열변화에서 엔트로피는 어떻게 되는가?**

① 감소한다. ② 증가한다.
③ 변하지 않는다. ④ 감소하다 증가한다.

해설 가역 단열변화는 등엔트로피 변화이다(엔트로피는 변하지 않는다).

제3과목 계측방법

★
41 **비접촉식 온도측정 방법 중 가장 정확한 측정을 할 수 있으나 연속측정이나 자동제어에 응용할 수 없는 것은?**

① 광고온도계 ② 방사온도계
③ 압력식 온도계 ④ 열전대 온도계

해설 광고온도계는 비접촉식 온도계 중 가장 정확도가 높다. 측정에 시간지연이 있으며, 연속측정이나 자동제어에 응용할 수 없다.

42 **세라믹식 O_2계의 특징으로 틀린 것은?**

① 연속측정이 가능하며, 측정범위가 넓다.
② 측정부의 온도유지를 위해 온도 조절용 전기로가 필요하다.
③ 측정가스의 유량이나 설치장소 주위의 온도변화에 의한 영향이 적다.
④ 저농도 가연성가스의 분석에 적합하고 대기오염관리 등에서 사용된다.

해설 세라믹 O_2계의 가연성 가스혼입은 오차(Error)를 발생시킨다.

★
43 **자동제어시스템의 입력신호에 따른 출력변화의 설명으로 과도응답에 해당되는 것은?**

① 1차보다 응답속도가 느린 지연요소
② 정상상태에 있는 계에 격한 변화의 입력을 가했을 때 생기는 출력의 변화
③ 입력변화에 따른 출력에 지연이 생겨 시간이 경과 후 어떤 일정한 값에 도달하는 요소
④ 정상상태에 있는 요소의 입력을 스탭형태로 변화할 때 출력이 새로운 값에 도달 스텝입력에 의한 출력의 변화 상태

해설 과도응답은 정상상태에 있는 계에 격한 변화입력을 가했을 때 생기는 출력의 변화를 말한다.

44 **공기압식 조절계에 대한 설명으로 틀린 것은?**

① 신호로 사용되는 공기압은 약 0.2~1.0kg/cm² 이다.
② 관로저항으로 전송지연이 생길 수 있다.
③ 실용상 2,000m 이내에서는 전송지연이 없다.
④ 신호 공기압은 충분히 제습, 제진한 것이 요구된다.

해설 공기압식 전송거리는 100~150m 정도 이내다. 계측제어장치에서 전송신호는 일반적으로 공기압신호와 전기신호를 사용하며 전류를 전송신호로 할 때는 4~20mA의 직류전류를 사용한다.

정답 38. ① 39. ③ 40. ③ 41. ① 42. ④ 43. ② 44. ③

45 다음 중 융해열을 측정할 수 있는 열량계는?

① 금속 열량계
② 융커스형 열량계
③ 시차주사 열량계
④ 디페닐에테르 열량계

해설 융해열을 측정할 수 있는 열량계는 시차주사 열량계이다.

★
46 화씨(℉)와 섭씨(℃)의 눈금이 같게 되는 온도는 몇 ℃인가?

① 40
② 20
③ −20
④ −40

해설
$$t_F = \frac{9}{5}t_C + 32(℉)$$
$$t_F = t_C = t$$
$$t = \frac{9}{5}t + 32,\ -\frac{4}{5}t = 32$$
$$t = -\frac{160}{4} = -40℃$$

47 측온저항체의 구비조건으로 틀린 것은?

① 호환성이 있을 것
② 저항의 온도계수가 작을 것
③ 온도와 저항의 관계가 연속적일 것
④ 저항값이 온도 이외의 조건에서 변하지 않을 것

해설 측온저항체는 저항의 온도계수가 커야 한다.

48 다음 중 화학적 가스 분석계에 해당하는 것은 어느 것인가?

① 고체 흡수제를 이용하는 것
② 가스의 밀도와 점도를 이용하는 것
③ 흡수용액의 전기전도도를 이용하는 것
④ 가스의 자기적 성질을 이용하는 것

해설 화학적 가스분석계에 해당되는 것은 고체 흡수제를 이용하는 것이다.

★
49 다음 중 차압식 유량계가 아닌 것은?

① 플로우 노즐 ② 로터미터
③ 오리피스미터 ④ 벤투리미터

해설 로터미터(rotameter)는 부자(float)가 설치되어 있는 면적식 유량계이다(직접식 액면계).

50 용적식 유량계에 대한 설명으로 틀린 것은?

① 측정유체의 맥동에 의한 영향이 적다.
② 점도가 높은 유량의 측정은 곤란하다.
③ 고형물의 혼입을 막기 위해 입구 측에 여과기가 필요하다.
④ 종류에는 오벌식, 루트식, 로터리피스톤식 등이 있다.

해설 용적식 유량계는 정밀도가 가장 높다. 종류는 2벌식 유량계, 회전원판식 유량계, 가스미터 등이 있으며 점도가 높은 유체유량 측정도 가능하다.

★
51 전자유량계의 특징이 아닌 것은?

① 유속검출에 지연시간이 없다.
② 유체의 밀도와 점성의 영향을 받는다.
③ 유로에 장애물이 없고 압력손실, 이물질 부착의 염려가 없다.
④ 다른 물질이 섞여 있거나 기포가 있는 액체도 측정이 가능하다.

해설 전자유량계는 유체의 밀도와 점성의 영향을 받지 않는다. 검출 시엔 지연시간이 없으므로 응답이 매우 빠르다.

★
52 다음 중 파스칼의 원리를 가장 바르게 설명한 것은?

① 밀폐 용기 내의 액체에 압력을 가하면 압력은 모든 부분에 동일하게 전달된다.
② 밀폐 용기 내의 액체에 압력을 가하면 압력은 가한 점에만 전달된다.
③ 밀폐 용기 내의 액체에 압력을 가하면 압력은 가한 반대편으로만 전달된다.
④ 밀폐 용기 내의 액체에 압력을 가하면 압력은 가한 점으로부터 일정 간격을 두고 차등적으로 전달된다.

정답 45. ③ 46. ④ 47. ② 48. ① 49. ② 50. ② 51. ② 52. ①

해설 파스칼의 원리란 밀폐용기 내의 액체에 압력을 가하면 압력은 모든 부분에 동일한 크기로 전달된다는 것이다.

53 다음 중 자동제어에서 미분동작을 설명한 것으로 가장 적절한 것은?

① 조절계의 출력 변화가 편차에 비례하는 동작
② 조절계의 출력 변화의 크기와 지속시간에 비례하는 동작
③ 조절계의 출력 변화가 편차의 변화 속도에 비례하는 동작
④ 조작량이 어떤 동작 신호의 값을 경계로 하여 완전히 전개 또는 전폐되는 동작

해설 자동제어에서 미분동작(D동작제어)은 연속제어로 조절계의 출력 변화의 크기와 지속시간에 비례하는 동작 제어다.

★
54 탄성 압력계에 속하지 않는 것은?

① 부자식 압력계
③ 다이아프램 압력계
③ 벨로우즈식 압력계
④ 부르동관 압력계

해설 **탄성식 압력계 종류**
㉠ 부르동관식
㉡ 벨로우즈식
㉢ 다이아프램식

55 화염검출방식으로 가장 거리가 먼 것은?

① 화염의 열을 이용
② 화염의 빛을 이용
③ 화염의 색을 이용
④ 화염의 전기전도성을 이용

해설 화염검출방식은 화염의 열, 빛, 전기전도성을 이용한 방식이다.

★
56 보일러의 계기에 나타난 압력이 0.6MPa이다. 이를 절대압력으로 표시할 때 가장 가까운 값은 몇 kPa인가?

① 305 ③ 501
③ 603 ④ 701

해설 $P_a = P_o + P_g = 101.325 + 600$
$= 701.325\text{kPa} \fallingdotseq 701\text{kPa}$

57 가스온도를 열전대 온도계를 써서 측정할 때 주의해야 할 사항으로 틀린 것은?

① 열전대는 측정하고자 하는 곳에 정확히 삽입하며 삽입된 구멍에 냉기가 들어가지 않게 한다.
② 주위의 고온체로부터의 복사열을 영향으로 인한 오차가 생기지 않도록 해야 한다.
③ 단자의 +, −를 보상도선의 −, +와 일치하도록 연결하여 감온부의 열팽창에 의한 오차가 발생하지 않도록 한다.
④ 보호관의 선택에 주의한다.

해설 단자의 +, −를 보상도선의 같은 극끼리인 +, −와 일치하도록 연결해야 한다. 감온부의 열팽창에 의한 오차(Error)가 발생하지 않도록 한다.

★
58 일반적으로 오르자트 가스분석기로 어떤 가스를 분석할 수 있는가?

① CO_2, SO_2, CO
② CO_2, SO_2, O_2
③ SO_2, CO O_2
④ CO_2, O_2, CO

해설 **오르자트(orzat) 가스분석기 분석 순서**
$CO_2 \rightarrow O_2 \rightarrow CO$

★
59 색온도계의 특징이 아닌 것은?

① 방사율의 영향이 크다.
② 광흡수에 영향이 작다.
③ 응답이 빠르다.
④ 구조가 복잡하며 주위로부터 빛 반사의 영향을 받는다.

해설 **색(Color)온도계의 특징**
㉠ 방사율의 영향이 작다.
㉡ 광흡수 영향이 작으며 응답이 빠르다.
㉢ 구조가 복잡하며 주위로부터 빛 반사의 영향을 받는다.
㉣ 750℃ 정도부터 측정이 가능하며 기록조절용으로 사용된다.

정답 53. ③ 54. ① 55. ③ 56. ④ 57. ③ 58. ④ 59. ①

★
60 **국제단위계(SI)를 분류한 것으로 옳지 않은 것은?**

① 기본단위
② 유도단위
③ 보조단위
④ 응용단위

해설 **국제(SI)단위 분류**
㉠ 기본단위(7개)
㉡ 보조단위(2개)
㉢ 유도(조립)단위

제4과목 열설비재료 및 관계법규

61 **에너지법에 따른 지역에너지계획에 포함되어야 할 사항이 아닌 것은?**

① 해당 지역에 대한 에너지 수급의 추이와 전망에 관한 사항
② 해당 지역에 대한 에너지의 안정적 공급을 위한 대책에 관한 사항
③ 해당 지역에 대한 에너지 효율적 사용을 위한 기술개발에 관한 사항
④ 해당 지역에 대한 미활용 에너지원의 개발·사용을 위한 대책에 관한 사항

해설 **지역에너지계획에 포함되어야 할 사항**
㉠ 해당지역에 대한 에너지 수급의 추이와 전망에 관한 사항
㉡ 해당지역에 대한 에너지의 안정적 공급을 위한 대책에 관한 사항
㉢ 해당지역에 대한 미활용에너지원의 개발사용을 위한 대책에 관한 사항

★
62 **노통연관보일러에서 파형노통에 대한 설명으로 틀린 것은?**

① 강도가 크다.
② 제작비가 비싸다.
③ 스케일의 생성이 쉽다.
④ 열의 신축에 의한 탄력성이 나쁘다.

해설 파형노통은 열의 신축에 의한 탄력성이 좋다.

63 **제강 평로에서 채용되고 있는 배열회수 방법으로서 배기가스의 현열을 흡수하여 공기나 연료가스 예열에 이용될 수 있도록 한 장치는?**

① 축열실
② 환열기
③ 폐열 보일러
④ 판형 열교환기

해설 배열회수 방법으로 배기가스 현열을 흡수하여 공기나 연료가스 예열에 이용될 수 있도록 한 장치는 축열실(열을 쉽게 흡수하도록 물질을 충전하고 고온유체를 한방향으로 통과시켜 유체로부터 열을 흡수하는 장치)이다.

64 **볼밸브의 특징에 대한 설명으로 틀린 것은?**

① 유로가 배관과 같은 형상으로 유체의 저항이 적다.
② 밸브의 개폐가 쉽고 조작이 간편하여 자동조작밸브로 활용된다.
③ 이음쇠 구조가 없기 때문에 설치공간이 작아도 되며 보수가 쉽다.
④ 밸브대가 90° 회전하므로 패킹과의 원주방향 움직임이 크기 때문에 기밀성이 약하다.

해설 볼밸브는 열고 닫는 기능이 뛰어나며 핸들을 90°까지 회전시켜 개폐가 가능하며 압력손실이 적다. 밸브축을 90° 회전하는 것만으로 그랜드 패킹부에서 누설을 최소로 할 수 있는 장점(기밀성)이 있다.

★
65 **에너지이용 합리화법에 따라 에너지 사용의 제한 또는 금지에 관한 조정·명령, 그 밖에 필요한 조치를 위반한 에너지사용자에 대한 과태료 부과 기준은?**

① 300만원 이하
② 100만원 이하
③ 50만원 이하
④ 10만원 이하

해설 에너지 사용의 제한 또는 금지에 관한 조정, 명령 그 밖에 필요한 조치를 위반한 사용자에 대한 과태료 부과기준은 300만원 이하다.

정답 60. ④ 61. ③ 62. ④ 63. ① 64. ④ 65. ①

66 내화물에 대한 설명으로 틀린 것은?

① 샤모트질 벽돌은 카올린을 미리 SK10~ 14 정도로 1차 소성하여 탈수 후 분쇄한 것으로서 고온에서 광물상을 안정화한 것이다.
② 제겔콘 22번의 내화도는 1,530℃이며, 내화물은 제겔콘 26번 이상의 내화도를 가진 벽돌을 말한다.
③ 중성질 내화물은 고알루미나질, 탄소질, 탄화규소질, 크롬질 내화물이 있다.
④ 용융내화물은 원료를 일단 용융상태로 한 다음에 주조한 내화물이다.

해설 내화물 제겔콘 26번(SK26, 1,580℃) 또는 오르톤콘(orton cone) 19번(PEC19, 1,520℃) 이상의 재료를 내화물 또는 내화재라고 한다.

★
67 에너지이용 합리화법에 따라 소형 온수보일러의 적용범위에 대한 설명으로 옳은 것은? (단, 구멍탄용 온수보일러 · 축열식 전기보일러 및 가스 사용량이 17kg/h 이하인 가스용 온수보일러는 제외한다.)

① 전열면적이 $10m^2$ 이하이며, 최고사용압력이 0.35MPa 이하의 온수를 발생하는 보일러
② 전열면적이 $14m^2$ 이하이며, 최고사용압력이 0.35MPa 이하의 온수를 발생하는 보일러
③ 전열면적이 $10m^2$ 이하이며, 최고사용압력이 0.45MPa 이하의 온수를 발생하는 보일러
④ 전열면적이 $14m^2$ 이하이며, 최고사용압력이 0.45MPa 이하의 온수를 발생하는 보일러

해설 소형 온수보일러의 적용범위는 전열면적이 $14m^2$ 이하이며 최고사용압력이 0.35MPa(메가파스칼) 이하의 온수를 발생하는 보일러이다.

★
68 에너지이용 합리화법에 따라 온수발생 및 열매체를 가열하는 보일러의 용량은 몇 kW를 1t/h로 구분하는가?

① 477.8 ② 581.5
③ 697.8 ④ 789.5

해설 에너지이용 합리화법에 따라 온수발생 및 열매체를 가열하는 보일러 용량은 697.8kW를 1t/h로 본다.

69 소성이 균일하고 소성시간이 짧고 일반적으로 열효율이 좋으며 온도조절의 자동화가 쉬운 특징의 연속식 가마는?

① 터널 가마
② 도염식 가마
③ 승염식 가마
④ 도염식 둥근가마

해설 터널요는 소성시간이 짧고 소성이 균일하며 온도조절이 용이하며 자동화가 쉽다. 연속공정이므로 대량생산이 가능하며 인건비 유지비가 적게 든다는 장점이 있다.

70 보온재의 열전도율이 작아지는 조건으로 틀린 것은?

① 재료의 두께가 두꺼워야 한다.
② 재료의 온도가 낮아야 한다.
③ 재료의 밀도가 높아야 한다.
④ 재료 내 기공이 작고 기공률이 커야 한다.

해설 열전도율(λ)은 재료의 밀도(ρ)와 비례한다(열전도율이 작아지는 조건은 재료의 밀도(ρ)가 낮아야 한다는 것이다).

★
71 에너지이용 합리화법에 따라 효율관리기가재의 제조업자는 효율관리체험기관으로부터 측정결과를 통보받은 날부터 며칠 이내에 그 측정결과를 한국에너지공단에 신고하여야 하는가?

① 15일 ② 30일
③ 60일 ④ 90일

해설 효율관리기자재 제조업자는 효율관리체험기관으로부터 측정결과를 통보받은 날부터 90일 이내에 측정결과를 한국에너지공단에 신고해야 한다.

72 에너지이용 합리화법에 따라 검사대상기기 관리대행기관으로 지정(변경지정) 받으려는 자가 첨부하여 제출해야 하는 서류가 아닌 것은?

① 장비명세서
② 기술인력명세서
③ 변경사항을 증명할 수 있는 서류(변경지정의 경우인 해당)
④ 향후 3년간의 안전관리대행 사업계획서

정답 66. ② 67. ② 68. ③ 69. ① 70. ③ 71. ④ 72. ④

해설 **검사대상기기 관리대행기관 지정(변경지정) 신청서 첨부서류**
㉠ 장비명세서 및 기술인력명세서
㉡ 향후 1년간의 안전관리대행 사업계획서
㉢ 변경사항을 증명할 수 있는 서류(변경지정의 경우만 해당된다.)

73 **에너지이용 합리화법에 따른 양벌규정 사항에 해당되지 않는 것은?**

① 에너지 저장시설의 보유 또는 저장의무의 부과 시 정당한 이유 없이 이를 거부하거나 이행하지 아니한 자
② 검사대상기기의 검사를 받지 아니한 자
③ 검사대상기기관리자를 신임하지 아니한 자
④ 공무원이 효율관리기자재 제조업자 사무소의 서류를 검사할 때 검사를 방해한 자

74 **내화물의 구비조건으로 틀린 것은?**

① 사용온도에서 변화, 변형되지 않을 것
② 상온 및 사용온도에서 압축강도가 클 것
③ 열에 의한 팽창 수축이 클 것
④ 내마모성 및 내침식성을 가질 것

해설 내화물이란 비금속 무기재료로, 고온에서 불연성 · 난연성 재료로 열에 의한 팽창 · 수축이 작아야 한다.

★
75 **다음 중 MgO - SiO_2계 내화물은?**

① 마그네시아질 내화물
② 돌로마이트질 내화물
③ 마그네시아-크롬질 내화물
④ 포스테라이트질 내화물

해설 산화마그네슘(MgO)-산화규소(SiO_2)계 내화물은 포스트라이트질(염기성) 내화물이다.

★
76 **다음은 에너지이용 합리화법에서의 보고 및 검사에 관한 내용이다. ⓐ, ⓑ에 들어갈 단어를 나열한 것으로 옳은 것은?**

공단이사장 또는 검사기관의 장은 매달 검사대상기기의 검사 실적을 다음 달 (ⓐ)일까지 (ⓑ)에게 보고하여야 한다.

① ⓐ : 5, ⓑ : 시 · 도지사
② ⓐ : 10, ⓑ : 시 · 도지사
③ ⓐ : 5, ⓑ : 산업통상자원부장관
④ ⓐ : 10, ⓑ : 산업통산자원부장관

해설 공단이사장 또는 검사기관의 장은 매달 검사 대상기기의 검사 실적을 다음 달 10일까지 시 · 도지사에게 보고하여야 한다.

77 **다음 중 에너지이용 합리화법에 따라 산업통상자원부장관 또는 시 · 도지사가 한국에너지공단이사장에게 위탁한 업무가 아닌 것은 어느 것인가?**

① 에너지사용계획의 검토
② 에너지절약전문기업의 등록
③ 냉난방온도의 유지 · 관리 여부에 대한 점검 및 실태 파악
④ 에너지이용 합리화 기본계획의 수립

해설 **산업통상자원부장관 또는 시도지사가 한국에너지공단이사장에게 위탁한 업무**
㉠ 에너지사용계획의 검토
㉡ 에너지절약전문기업의 등록
㉢ 냉난방온도의 유지 · 관리여부에 대한 점검 및 실태 파악

78 **실리카(silica) 전이특성에 대한 설명으로 옳은 것은?**

① 규석(quartz)은 상온에서 가장 안정된 광물이며 상압에서 573℃ 이하 온도에서 안정된 형이다.
② 실리카(silica)의 결정형은 규석(quartz), 트리디마이프(tridymite), 크리스토 벨라이트(cristobalite), 카올린(kaoline)의 4가지 주형으로 구성된다.
③ 결정형이 바뀌는 것을 전이라고 하며 전이속도를 빠르게 작용토록 하는 성분을 광화제라 한다.
④ 크리스토발라이트(cristobalite)에서 용융실리카(fused silica)로 전이에 따른 부피변화 시 20%가 수축한다.

해설 실리카(SiO_2)는 700℃ 이상의 고온으로 가열하면 팽창계수가 적고 열충격에도 강한 결정형이 바뀌는 것을 전이라고 하며 전이속도를 빠르게 작용토록 하는 성분을 광화제(CaO; 생석회철분)라고 한다.

정답 73. ④ 74. ③ 75. ④ 76. ② 77. ④ 78. ③

★
79 **소성내화물의 제조공정으로 가장 적절한 것은?**

① 분쇄 → 혼련 → 건조 → 성형 → 소성
② 분쇄 → 혼련 → 성형 → 건조 → 소성
③ 분쇄 → 건조 → 혼련 → 성형 → 소성
④ 분쇄 → 건조 → 성형 → 소성 → 혼련

해설 소성 내 화물 제조공정은 분쇄→훈련→성형→건조→소성 순이다.

80 **에너지이용 합리화법에 따라 평균에너지 소비효율의 산정방법에 대한 설명으로 틀린 것은?**

① 기자재의 종류별 에너지소비효율의 산정방법은 산업통상자원부장관이 정하여 고시한다.
② 평균에너지소비효율은

$$\frac{\text{기자재판매량}}{\Sigma\left(\frac{\text{기자재종류별 국내판매량}}{\text{기자재종류별 에너지소비효율}}\right)}$$ 이다.

③ 평균에너지소비효율의 개선기간은 개선명령을 받은 날부터 다음해 1월 31일까지로 한다.
④ 평균에너지소비효율의 개선명령을 받은 자는 개선명령을 받은 날부터 60일 이내에 개선명령 이행계획을 수립하여 제출하여야 한다.

해설 평균에너지 소비효율의 개선기간은 개성명령을 받은날부터 다음해 12월 31일까지로 한다.

제5과목 열설비설계

★
81 **다음 그림과 같은 V형 용접이음의 인장응력(σ)을 구하는 식은?**

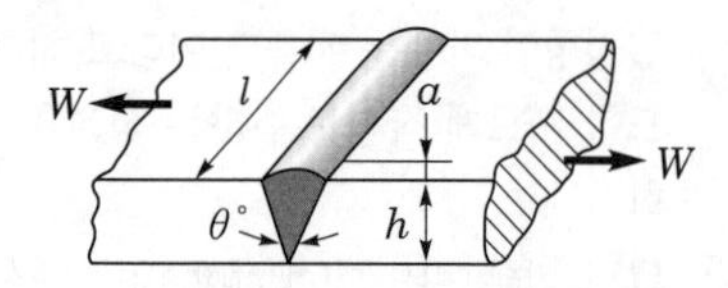

① $\sigma = \frac{W}{hl}$　② $\sigma = \frac{2W}{hl}$
③ $\sigma = \frac{W}{ha}$　④ $\sigma = \frac{W}{2hl}$

해설
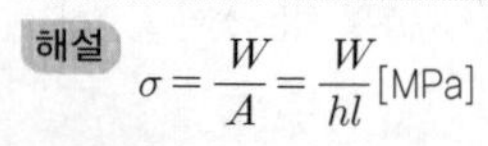
$$\sigma = \frac{W}{A} = \frac{W}{hl}\text{[MPa]}$$

★
82 **표면응축기의 외측에 증기를 보내며 관속에 물이 흐른다. 사용하는 강관의 내경이 30mm, 두께가 2mm이고, 증기의 전열계수는 6,978W/m²K, 물의 전열계수는 2,908W/m²K이다. 강관의 열전도도가 41W/mK일 때 총괄전열계수(W/m²K)는?**

① 1,625
② 1,609
③ 1865.79
④ 1925.79

해설
$$K = \frac{1}{R} = \frac{1}{\frac{1}{\alpha_s} + \frac{l}{\lambda} + \frac{1}{\alpha_w}}$$
$$= \frac{1}{\frac{1}{6,978} + \frac{0.002}{41} + \frac{1}{2,908}}$$
$$\fallingdotseq 1865.79\text{W/m}^2\text{K}$$

★
83 **노 앞과 연도 끝에 통풍 팬을 설치하여 노 내의 압력을 임의로 조절할 수 있는 방식은?**

① 자연통풍식
② 압입통풍식
③ 유인통풍식
④ 평형통풍식

해설 노(furnace) 앞의 연도 끝에 팬(fan)을 설치하여 노 내의 압력을 임의로 조절할 수 있는 방식은 평형통풍식이다.

★
84 **보일러 전열면에서 연소가스가 1,000℃로 유입하여 500℃로 나가며 보일러수의 온도는 210℃로 일정하다. 열관류율이 175W/m²K일 때, 단위 면적당 열교환량(W/m²)은? (단, 대수평균온도차를 활용한다.)**

① 211,189
② 468,126
③ 76135.75
④ 87312.75

해설
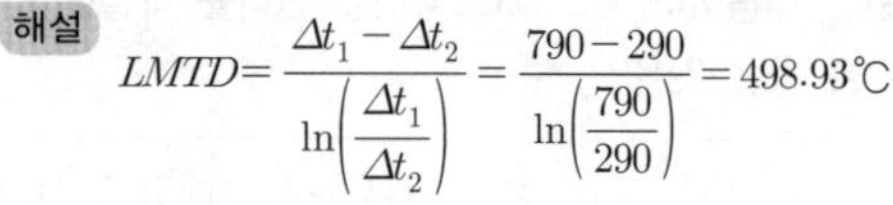
$$LMTD = \frac{\Delta t_1 - \Delta t_2}{\ln\left(\frac{\Delta t_1}{\Delta t_2}\right)} = \frac{790 - 290}{\ln\left(\frac{790}{290}\right)} = 498.93\text{℃}$$
$$\therefore Q = K \times LMTD = 175 \times 498.93 \fallingdotseq 87312.75\text{W/m}^2$$

정답 79. ② 80. ③ 81. ① 82. ③ 83. ④ 84. ④

85 물의 탁도에 대한 설명으로 옳은 것은?

① 카올린 1g이 증류수 1L 속에 들어 있을 때의 색과 같은 색을 가지는 물을 탁도 1도의 물이라 한다.
② 카올린 1mg이 증류수 1L 속에 들어 있을 때의 색과 같은 색을 가지는 물을 탁도 1도의 물이라 한다.
③ 탄산칼슘 1g이 증류수 1L 속에 들어 있을 때의 색과 같은 색을 가지는 물을 탁도 1도의 물이라 한다.
④ 탄산칼슘 1mg이 증류수 1L 속에 들어 있을 때의 색과 같은 색을 가지는 물을 탁도 1도의 물이라 한다.

해설 탁도(turbidity): 물의 흐린 정도(혼탁도)를 말하며, 증류수 1L 중에 카올린 1mg이 함유되었을 때 탁도 1도라고 한다.

86 보일러의 형식에 따른 종류의 연결로 틀린 것은?

① 노통식 원통보일러－코르니시 보일러
② 노통연관식 원통보일러－라몽트 보일러
③ 자연순환식 수관보일러－다쿠마 보일러
④ 관류보일러－슐처 보일러

해설 베록스 보일러, 라몽트 보일러는 수관식 보일러로 강제순환식 보일러에 속한다.

★
87 라미네이션의 재료가 외부로부터 강하게 열을 받아 소손되어 부풀어 오르는 현상을 무엇이라고 하는가?

① 크랙 ② 압궤
③ 블리스터 ④ 만곡

해설 블리스터란 라미네이션 재료가 외부로부터 강하게 열을 받아 소손되어 부풀어 오르는 현상을 말한다.

88 맞대기 용접은 용접방법에 따라서 그루브를 만들어야 한다. 판의 두께가 50mm 이상인 경우에 적합한 그루브의 형상은? (단, 자동용접은 제외한다.)

① V형 ② H형
③ R형 ④ A형

해설 판의 두께가 50mm 이상인 경우 그루브(groove) 홈두께의 형상은 H형이다.

★
89 직경 200mm 철관을 이용하여 매분 1,500L의 물을 흘려보낼 때 철관 내의 유속(m/s)은?

① 0.59 ② 0.79
③ 0.99 ④ 1.19

해설 $Q=AV$[m^3/s]에서

$$V=\frac{Q}{A}=\frac{1{,}500\times10^{-3}\times\frac{1}{60}}{\frac{\pi}{4}(0.2)^2}=0.79\text{m/s}$$

90 다음 중 보일러수를 pH 10.5~11.5의 약알칼리로 유지하는 주된 이유는?

① 첨가된 염산이 강재를 보호하기 때문에
② 보일러의 부식 및 스케일 부착을 방지하기 위하여
③ 과잉 알칼리성이 더 좋으나 약품이 많이 소요되므로 원가를 절약하기 위하여
④ 표면에 딱딱한 스케일이 생성되어 부식을 방지하기 때문에

해설 보일러수를 수소이온농도(PH) 10.5~11.5의 약알칼리로 유지하는 주된 이유는 보일러의 부식방지 및 스케일(Scale) 부착을 방지하기 위함이다.

91 다음 급수펌프 종류 중 회전식 펌프는?

① 워싱턴펌프 ② 피스톤펌프
③ 플런저펌프 ④ 터빈펌프

해설 터빈펌프(디퓨져펌프)는 원심펌프로 임펠러의 회전에 의해 가압되는 회전식 펌프로, 가이드베인(guide vane, 안내날개)이 있는 펌프다.

★
92 다음 보일러 부속장치와 연소가스의 접촉과정을 나타낸 것으로 가장 적합한 것은?

① 과열기 → 공기예열기 → 절탄기
② 절탄기 → 공기예열기 → 과열기
③ 과열기 → 절탄기 → 공기예열기
④ 공기예열기 → 절탄기 → 과열기

해설 보일러 부속장치와 연소가스 접촉과정은 과열기 → 절단기(이코노마이저) → 공기예열기 순이다.

정답 85. ② 86. ② 87. ③ 88. ② 89. ② 90. ② 91. ④ 92. ③

2019년

★
93 **최고사용압력이 3MPa 이하인 수관보일러의 급수 수질에 대한 기준으로 옳은 것은?**

① pH(25℃) : 8.0~9.5, 경도 : 0mg $CaCO_3$/L, 용존산소 : 0.1mg O/L 이하
② pH(25℃) : 10.5~11.0, 경도 : 2mg $CaCO_3$/L, 용존산소 : 0.1mg O/L 이하
③ pH(25℃) : 8.5~9.6, 경도 : 0mg $CaCO_3$/L, 용존산소 : 0.007mg O/L 이하
④ pH(25℃) : 8.5~9.6, 경도 : 2mg $CaCO_3$/L, 용존산소 : 1mg O/L 이하

해설 **최고사용압력이 3MPa 이하인 수관보일러의 급수 수질에 대한 기준**
㉠ pH(25℃): 8~9.5
㉡ 경도: 0mg $CaCO_3$/L
㉢ 용존산소: 0.1mg O/L 이하

★
94 **내경 800mm이고, 최고사용압력이 120N/cm²인 보일러의 동체를 설계하고자 한다. 세로이음에서 동체판의 두께(mm)는 얼마이어야 하는가? (단, 강판의 인장강도는 350N/mm², 안전계수는 5, 이음효율은 80%, 부식여유는 1mm로 한다.)**

① 7　② 8
③ 9　④ 10

해설 $t=\dfrac{PDS}{200\sigma_u \eta}+C=\dfrac{120\times800\times5}{200\times350\times0.8}+1$
$=9.57 \fallingdotseq 10\text{mm}$

95 **부식 중 점식에 대한 설명으로 틀린 것은?**

① 전기화학적으로 일어나는 부식이다.
② 국부부식으로서 그 진행상태가 느리다.
③ 보호피막이 파괴되었거나 고열을 받은 수압인 부분에 발생되기 쉽다.
④ 수중 용존산소를 제거하면 점식 발생을 방지할 수 있다.

해설 점식(Pitting)은 국소표면이 낡아 파손되어 국소적 원형 파임이 생기는 현상으로 그 진행속도가 빠르다.

★
96 **보일러수에 녹아있는 기체를 제거하는 탈기기가 제거하는 대표적인 용존 가스는?**

① O_2
② H_2SO_4
③ H_2S
④ SO_2

해설 탈기기란 보일러에 공급되는 물에 섞인 산소(O_2), 이산화탄소(CO_2), 즉 용존가스를 제거하는 장치이다. 탈기기가 제가하는 대표적인 용존가스는 산소(O_2)다.

97 **육용강제 보일러에서 동체의 최소 두께로 틀린 것은?**

① 안지름이 900mm 이하의 것은 6mm (단, 스테이를 부착할 경우)
② 안지름이 900mm 초과 1,350mm 이하의 것은 8mm
③ 안지름이 1,350mm 초과 1,850mm 이하의 것은 10mm
④ 안지름이 1,850mm 초과하는 것은 12mm

해설 동체의 최소두께는 안지름이 900mm 이하의 것은 6mm (단, 스테이를 부착하는 경우는 8mm)

★
98 **보일러의 전열면적이 10m² 이상 15m² 미만인 경우 방출관의 안지름은 최소 몇 mm 이상이어야 하는가?**

① 10
② 20
③ 30
④ 50

해설 보일러의 전열면적이 10m² 이상 15m² 미만인 경우 방출관의 안지름은 최소 30mm 이상이어야 한다.

99 **랭카셔 보일러에 대한 설명으로 틀린 것은?**

① 노통이 2개이다.
② 부하변동 시 압력 변화가 적다.
③ 연관보일러에 비해 전열면적이 작고 효율이 낮다.
④ 급수처리가 까다롭고 가동 후 증기발생시간이 길다.

정답 93. ① 94. ④ 95. ② 96. ① 97. ① 98. ③ 99. ④

해설 노통보일러 장점과 단점

㉠ 장점
- 구조가 간단하고 제작이나 취급이 용이하다.
- 랭카셔 보일러는 노통이 2개이다.
- 급수처리가 까다롭지 않다.
- 보유수량이 많아 부하변동에 대해 압력 변화가 적다.
- 원통형이라 강도가 크다.

㉡ 단점
- 보일러 효율이 좋지 않다.
- 파열 시 보유수량이 많아 피해가 크다.
- 내분식으로 연소실의 크기에 제한을 받고 연료 선택이 까다롭다.
- 전열면적에 비해 보유수량이 많아 증기발생 시간의 지연이 길다.

★
100 보일러 연소량을 일정하게 하고 저부하 시 잉여증기를 축적시켰다가 갑작스런 부하변동이나 과부하 등에 대처하기 위해 사용되는 장치는?

① 탈기기 ② 인젝터
③ 재열기 ④ 어큐뮬레이터

해설 어큐뮬레이터(accumulator) = 서지드럼(surge drum)은 부하가 적을 때 에너지를 축적해 두었다가 갑작스런 부하변동이나 과부하(부하가 클 때) 시 에너지를 방출하여 에너지를 보완하는 기기의 총칭으로 저압수액기(low pressure receiver)라고도 불린다.

2019년

정답 100. ④

Engineer Energy Management

2019년 제4회 에너지관리기사

제1과목 연소공학

★

01 배기가스 출구 연도에 댐퍼를 부착하는 주된 이유가 아닌 것은?

① 통풍력을 조절한다.
② 과잉공기를 조절한다.
③ 가스의 흐름을 차단한다.
④ 주연도, 부연도가 있는 경우에는 가스의 흐름을 바꾼다.

해설 **배기가스 출구 연도에 댐퍼(damper) 부착 이유**
㉠ 통풍력을 조절한다.
㉡ 가스 흐름을 차단한다.
㉢ 주연도, 부연도가 있는 경우 가스의 흐름을 바꾼다.

02 도시가스의 조성을 조사하니 H_2 30v%, CO 6v%, CH_4 40v%, CO_2 24v% 이었다. 이 도시가스를 연소하기 위해 필요한 이론 산소량보다 20% 많게 공급했을 때 실제공기량은 약 몇 Nm^3/Nm^3인가? (단, 공기 중 산소는 21v%이다.)

① 2.6 ② 3.6
③ 4.6 ④ 5.6

해설 우선 기체연료 성분 중 연소되는 것만으로 완전연소반응식을 세워 이론산소량(O_o)를 구한다.

$$H_2+\frac{1}{2}O_2 \rightarrow H_2O$$

$$CO+\frac{1}{2}O_2 \rightarrow CO_2$$

$$CH_4+2O_2 \rightarrow CO_2+2H_2O$$

이론산소량(O_o) = (0.5×0.3)+(0.5×0.06)+(2×0.4)
= 0.98Nm³/Nm³(연료)

실제공기량(A_a) = 공기비(m)×이론공기량(A_o)

과잉공기가 20%이므로 공기비(m) = 1.2

$$\therefore\ A_a = mA_o = 1.2\times\frac{0.98}{0.21} = 5.6\text{Nm}^3/\text{Nm}^3\text{(연료)}$$

★

03 A회사에 입하된 석탄의 성질을 조사하였더니 회분 6%, 수분 3%, 수소 5% 및 고위발열량이 25,200kJ/kg이었다. 실제 사용할 때의 저발열량은 약 몇 kJ/kg인가?

① 33412.54 ② 43412.54
③ 23994.24 ④ 63413.24

해설 고체 및 액체연료인 경우 저발열량(H_l)

$= H_h - 2,512(9H+w)$

$= 25,200-2,512(9\times0.05+0.03) ≒ 23994.24\text{kJ/kg}$

★

04 연소 배출가스 중 CO_2 함량을 분석하는 이유로 가장 거리가 먼 것은?

① 연소상태를 판단하기 위하여
② CO 농도를 판단하기 위하여
③ 공기비를 계산하기 위하여
④ 열효율을 높이기 위하여

해설 **연소 배출가스 중 CO_2 함량을 분석하는 이유**
㉠ 연소상태를 판단하기 위해
㉡ 공기비(m)를 계산하기 위해
㉢ 열효율을 향상(높이)시키기 위해

05 분무기로 노 내에 분사된 연료에 연소용 공기를 유효하게 공급하여 연소를 좋게 하고, 확실한 착화와 화염의 안정을 도모하기 위해서 공기류를 적당히 조정하는 장치는?

① 자연통풍(natural draft)
② 에어레지스터(air register)
③ 압입 통풍 시스템(forced draft system)
④ 유인 통풍 시스템(induced draft system)

해설 에어레지스터(air register, 버너연소 시 보염장치)란 연소용 공기를 연소에 적합한 흐름 및 양으로 조절하여 공기노즐로 송출하는 장치로, 확실한 착화가 화염의 안정을 도모하기 위한 장치다.

정답 01. ② 02. ④ 03. ③ 04. ② 05. ②

06 **연료를 구성하는 가연원소로만 나열된 것은?**

① 질소, 탄소, 산소 ② 탄소, 질소, 불소
③ 탄소, 수소, 황 ④ 질소, 수소, 황

해설 ㉠ 연료의 가연원소(연료의 3대 구성요소): 탄소(C), 수소(H), 황(S)
㉡ 조연성 가스: 자기 자신은 타지 않고 연소를 도와주는 가스. 산소(O_2), 공기(Air), 오존(O_3), 불소(F), 염소(Cl)
㉢ 불연성 가스: 스스로 연소하지 못하며 다른 물질을 연소시키는 성질도 갖지 않는 가스(연소와 무관). 수증기(H_2O), 질소(N_2), 아르곤(Ar), 이산화탄소(CO_2), 프레온가스
※ 질소(N_2)는 흡열반응을 한다(열을 흡수).

★
07 **다음 분진의 중력침강속도에 대한 설명으로 틀린 것은?**

① 점도에 반비례한다.
② 밀도차에 반비례한다.
③ 중력가속도에 비례한다.
④ 입자직경의 제곱에 비례한다.

해설 **유체에 대한 입자의 상대속도**

$$v_p = \frac{d^2(\rho_p - \rho_g)g}{18\mu} \text{ [m/s]}$$

분진의 중력침강속도는 밀도차($\rho_p - \rho_g$)에 비례한다.

★
08 **메탄(CH_4) 64kg을 연소시킬 때 이론적으로 필요한 산소량은 몇 kmol인가?**

① 1 ② 2
③ 4 ④ 8

해설 $CH_4 + 2O_2 \rightarrow CO_2 + 2H_2O$

$$\frac{2\times64}{16} = 8\text{kmol}$$

09 **액체연료의 미립화 방법이 아닌 것은?**

① 고속기류 ② 충돌식
③ 와류식 ④ 혼합식

해설 액체연료의 미립화(액적화) 방법은 고속기류, 충돌식, 와류식이 있다.

10 **연소가스는 연돌에 200℃로 들어가서 30℃가 되어 대기로 방출된다. 배기가스가 일정한 속도를 가지려면 연돌 입구와 출구의 면적비를 어떻게 하여야 하는가?**

① 1.56 ② 1.93
③ 2.24 ④ 3.02

해설 연돌(굴뚝)의 면적(m^2)비는 연소가스 절대온도(T)에 반비례한다.

$$\therefore \frac{A_o}{A_i} = \frac{T_i}{T_o} = \frac{200+273}{30+273} = 1.56$$

★
11 **연료의 조성(wt%)이 다음과 같을 때의 고위발열량은 약 몇 kJ/kg인가? (단, C, H, S의 고위발열량은 각각 33,907kJ/kg, 143,161kJ/kg, 10,465kJ/kg이다.)**

- C : 47.20kg
- H : 3.96kg
- O : 8.36kg
- S : 2.79kg
- N : 0.61kg
- H_2O : 14.54kg
- ash : 22.54kg

① 41,290 ② 43,290
③ 20,470 ④ 49,985

해설

$$H_h = 33{,}907\text{C} + 143{,}161\left(\text{H} - \frac{\text{O}}{8}\right) + 10{,}465\text{S}$$

$$= 33{,}907\times0.472 + 143{,}161\times\left(0.0396 - \frac{0.0279}{8}\right) + 10{,}465\times0.0279$$

$$\fallingdotseq 20{,}470\text{kJ/kg}$$

⊙ 1kmol = 4.186kJ

12 **다음 중 층류연소속도의 측정방법이 아닌 것은?**

① 비누거품법
② 적하수은법
③ 슬롯노즐버너법
④ 평면화염버너법

해설 적하수은법은 중금속이온 음이온 분석법으로 플라로그래피(Polarography)라는 이름으로 개발되었다(반응속도측정).

층류연소속도 측정방법
㉠ 비누거품법
㉡ 슬롯노즐버너법
㉢ 평면화염버너법

정답 06. ③ 07. ② 08. ④ 09. ④ 10. ① 11. ③ 12. ②

★
13 **연소 시 배기가스량을 구하는 식으로 옳은 것은? (단, G : 배기가스량, G_o : 이론배기가스량, A_o : 이론공기량, m : 공기비이다.)**

① $G=G_o+(m-1)A_o$
② $G=G_o+(m+1)A_o$
③ $G=G_o-(m+1)A_o$
④ $G=G_o+(1-m)A_o$

해설 연소 시 배기가스량(G)$=G_o+(m-1)A_o$

14 **액체연료의 유동점은 응고점보다 몇 ℃ 높은가?**

① 1.5 ② 2.0
③ 2.5 ④ 3.0

해설 액체연료의 유동점은 응고점보다 보통 2.5℃ 높다. 유동점은 액체로 흐를 수 있는 최저온도이다.

15 **화염 면이 벽면 사이를 통과할 때 화염 면에서의 발열량보다 벽면으로의 열손실이 더욱 커서 화염이 더 이상 진행하지 못하고 꺼지게 될 때 벽면 사이의 거리는?**

① 소염거리
② 화염거리
③ 연소거리
④ 점화거리

해설 소염거리(quenching distance)란 전기불꽃을 가하여도 점화되지 않는 최소 한계거리(벽면 사이의 거리)를 의미한다.

16 **가연성 혼합 가스의 폭발한계 측정에 영향을 주는 요소로 가장 거리가 먼 것은?**

① 온도 ② 산소농도
③ 점화에너지 ④ 용기의 두께

해설 **가연성 혼합가스의 폭발한계에 영향을 주는 요소**
㉠ 온도 : 일반적으로 폭발범위는 온도상승에 따라 넓어진다.
㉡ 압력 : 압력이 상승해도 폭발하한계는 영향을 받지 않으나 연소상한계는 크게 증가한다.
㉢ 산소농도 : 폭발상한계가 크게 증가한다. 수소폭발범위(공기) 4~72%,(산소) 4~94%
㉣ 불활성가스 : 질소, 탄산가스 등과 같은 불활성 가스를 첨가하면 폭발하한계는 약간 높아지고 폭발상한계는 크게 낮아져 전체적인 폭발범위는 좁아진다.
㉤ 최소점화에너지(Minimum Ignition Energy ; MIE) : 가연성가스가 점화할 수 있는 혼합가스에서 점화원 존재 시 발화가 발생할 경우 점화에 필요한 최소에너지를 최소착화(발화)에너지 또는 최소점화에너지라고 한다.

★
17 **다음 중 연소효율(η_c)을 옳게 나타낸 식은? (단, H_L : 저위발열량, Li : 불완전연소에 따른 손실열, Lc : 탄찌꺼기 속의 미연탄소분에 의한 손실열이다.)**

① $\dfrac{H_L-(Lc+Li)}{H_L}$ ② $\dfrac{H_L+(Lc-Li)}{H_L}$
③ $\dfrac{H_L}{H_L+(Lc+Li)}$ ④ $\dfrac{H_L}{H_L-(Lc-Li)}$

해설 연소효율(η_c)$=\dfrac{H_L-(Lc+Li)}{H_L}$

★
18 **상온, 상압에서 프로판-공기의 가연성 혼합기체를 완전 연소시킬 때 프로판 1kg을 연소시키기 위하여 공기는 약 몇 kg이 필요한가? (단, 공기 중 산소는 23.15wt%이다.)**

① 13.6 ② 15.7
③ 17.3 ④ 19.2

해설 $C_3H_8 + 5O_2 \rightarrow 3CO_2 + 4H_2O$

$O_o=\dfrac{5\times32\times1}{44}\fallingdotseq3.64$

$A_o=\dfrac{O_o}{0.2315}=\dfrac{3.64}{0.2315}\fallingdotseq15.7\text{kg}$

19 **연돌 내의 배기가스 비중량 γ_1, 외기 비중량 γ_2, 연돌의 높이가 H일 때 연돌의 이론 통풍력(Z)을 구하는 식은?**

① $Z=\dfrac{H}{\gamma_1-\gamma_2}$ ② $Z=\dfrac{\gamma_2-\gamma_1}{H}$
③ $Z=\dfrac{\gamma_2-2\gamma_1}{2H}$ ④ $Z=(\gamma_2-\gamma_1)\times H$

해설 연돌(굴뚝)의 이론 통풍력(Z)$=(\gamma_2-\gamma_1)H$

정답 13. ① 14. ③ 15. ① 16. ④ 17. ① 18. ② 19. ④

★
20 다음 연소 범위에 대한 설명 중 틀린 것은?

① 연소 가능한 상한치와 하한치의 값을 가지고 있다.
② 연소에 필요한 혼합 가스의 농도를 말한다.
③ 연소 범위가 좁으면 좁을수록 위험하다.
④ 연소 범위의 하한치가 낮을수록 위험도는 크다.

해설 연소(폭발) 범위가 넓으면 넓을수록 위험하다.

제2과목 열역학

★
21 카르노 열기관이 600K의 고열원과 300K의 저열원 사이에서 작동하고 있다. 고열원으로부터 300kJ의 열을 공급받을 때 기관이 하는 일(kJ)은 얼마인가?

① 150　② 160
③ 170　④ 180

해설
$$\eta_c = \frac{W_{net}}{Q_1} = 1 - \frac{T_2}{T_1}$$
$$W_{net} = \eta_c Q_1 = \left(1 - \frac{T_2}{T_1}\right)Q_1 = \left(1 - \frac{300}{600}\right)\times 300 = 150\text{kJ}$$

22 열역학적 계란 고려하고자 하는 에너지 변화에 관계되는 물체를 포함하는 영역을 말하는 데 이 중 폐쇄계(closed system)는 어떤 양의 교환이 없는 계를 말하는가?

① 질량　② 에너지
③ 일　④ 열

해설 폐쇄계(closed system)는 계의 경계를 통한 물질(질량)의 유동이 없는 계를 말하며, 비유동계(non-flow system)라고 한다[에너지(일과 열)의 수수는 있는 계이다].

★
23 비열비 1.3의 고온 공기를 작동 물질로 하는 압축비 5의 오토사이클에서 최소 압력이 206kPa, 최고압력이 5,400kPa일 때 평균 유효압력(kPa)은?

① 594　② 794
③ 1,190　④ 1,390

해설
$$\alpha = \frac{T_3}{T_2} = \frac{P_3}{P_2} = \frac{P_3}{P_1\varepsilon^k} = \frac{5,400}{206\times 5^{1.3}} = 3.23$$
∴ 오토사이클의 평균 유효압력(P_{meo})
$$= P_1\frac{(\alpha-1)(\varepsilon^k-\varepsilon)}{(\varepsilon-1)(k-1)} = 206\times\frac{(3.23-1)(5^{1.3}-5)}{(5-1)(1.3-1)} = 1,190\text{kPa}$$

★
24 카르노사이클에서 공기 1kg이 1사이클마다 하는 일이 100kJ이고 고온 227℃, 저온 27℃사이에서 작용한다. 이 사이클의 작동과정에서 생기는 저온 열원의 엔트로피 증가(kJ/K)는?

① 0.2
② 0.4
③ 0.5
④ 0.8

해설
$$\eta_c = \frac{W_{net}}{Q_1} = 1 - \frac{T_2}{T_1} = 1 - \frac{300}{500} = 0.4$$
$$Q_1 = \frac{W_{net}}{\eta_c} = \frac{100}{0.4} = 250\text{kJ}$$
$$Q_2 = Q_1 - W_{net} = 250 - 100 = 150\text{kJ}$$
$$\Delta S_2 = \frac{Q_2}{T_2} = \frac{150}{27+273} = \frac{150}{300} = 0.5\text{kJ/K}$$

★
25 이상기체의 상태변화와 관련하여 폴리트로픽(polytropic) 지수 n에 대한 설명으로 옳은 것은?

① '$n=0$'이면 단열 변화
② '$n=1$'이면 등온 변화
③ 'n=비열비'이면 정적 변화
④ '$n=\infty$'이면 등압 변화

해설 $PV^n = c$에서
㉠ $n=0$: 등압변화($P=c$)
㉡ $n=1$: 등온변화($PV=c$)
㉢ $n=n$: 폴리트로픽변화
㉣ $n=k$: 가역단열변화(등엔트로피변화)
㉤ $n=\infty$: 등적변화($v=c$)

정답 20. ③ 21. ① 22. ① 23. ③ 24. ③ 25. ②

2019년

26 표준 증기 압축식 냉동사이클의 주요 구성요소는 압축기, 팽창밸브, 응축기, 증발기이다. 냉동기가 동작할 때 작동 유체(냉매)의 흐름의 순서로 옳은 것은?

① 증발기 → 응축기 → 압축기 → 팽창밸브→ 증발기
② 증발기 → 압축기 → 팽창밸브 → 응축기 → 증발기
③ 증발기 → 응축기 → 팽창밸브 → 압축기 → 증발기
④ 증발기 → 압축기 → 응축기 → 팽창밸브 → 증발기

해설 증기 압축 냉동사이클의 냉매 흐름 순서
증발기 → 압축기 → 응축기 → 팽창밸브 → 증발기

★
27 피스톤이 장치된 용기 속의 온도 T_1[K], 압력 P_1[Pa], 체적 V_1[m^3]의 이상기체 m[kg]이 있고, 정압과정으로 체적이 원래의 2배가 되었다. 이때 이상기체로 전달된 열량은 어떻게 나타내는가? (단, C_V는 정적비열이다.)

① mC_VT_1 ② $2mC_VT_1$
③ $mC_VT_1+P_1V_1$ ④ $mC_VT_1+2P_1V_1$

해설
$$
\begin{aligned}
Q &= P_1V_1+mC_V(T_2-T_1)\\
&= P_1V_1+mC_VT_1\left(\frac{T_2}{T_1}-1\right)\\
&= P_1V_1+mC_VT_1\left(\frac{V_2}{V_1}-1\right)\\
&= P_1V_1+mC_VT_1(2-1)\\
&= P_1V_1+mC_VT_1
\end{aligned}
$$

28 암모니아 냉동기의 증발기 입구의 비엔탈피가 377kJ/kg, 증발기 출구의 비엔탈피가 1,668kJ/kg이며 응축기 입구의 비엔탈피가 1,894kJ/kg이라면 성능계수는 얼마인가?

① 4.44 ② 5.71
③ 6.90 ④ 9.84

해설 $\varepsilon=\frac{q_e}{w_c}=\frac{1,668-377}{1,894-1,668}=5.71$

29 증기원동기의 랭킨사이클에서 열을 공급하는 과정에서 일정하게 유지되는 상태량은 무엇인가?

① 압력 ② 온도
③ 엔트로피 ④ 비체적

해설 랭킨사이클의 열 공급 과정은 압력이 일정한 등압 과정이다.

★
30 압력 1,000kPa, 부피 1m^{3}의 이상기체가 등온과정으로 팽창하여 부피가 1.2m^{3}가 되었다. 이때 기체가 한 일(kJ)은?

① 82.3 ② 182.3
③ 282.3 ④ 382.3

해설 $_1W_2=P_1V_1\ln\frac{V_2}{V_1}=1,000\times0.1\times\ln\frac{12}{1}=182.3\text{kJ}$

★
31 이상적인 교축 과정(throttling process)에 대한 설명으로 옳은 것은?

① 압력이 증가한다.
② 엔탈피가 일정하다.
③ 엔트로피가 감소한다.
④ 온도는 항상 증가한다.

해설 이상기체(ideal gas)의 교축 과정
㉠ 압력 강하
㉡ 온도 일정
㉢ 엔탈피 일정
㉣ 엔트로피 증가(비가역 과정)

★
32 다음 중 등엔트로피 과정에 해당하는 것은?

① 등적과정 ② 등압과정
③ 가역단열과정 ④ 가역등온과정

해설 가역단열과정($\delta Q=0$)은 등엔트로피 과정($S=c$)이다.

33 에드벌룬에 어떤 이상기체 100kg을 주입하였더니 팽창 후의 압력이 150kPa, 온도 300K가 되었다, 에드벌룬의 반지름(m)은? [단, 애드벌룬은 완전한 구형(sphere)이라고 가정하며, 기체상수는 250J/kg · L이다.]

① 2.29 ② 2.73
③ 3.16 ④ 3.62

정답 26. ④ 27. ③ 28. ② 29. ① 30. ② 31. ② 32. ③ 33. ①

해설 $PV = mRT$에서

$$V = \frac{mRT}{P} = \frac{100 \times 0.25 \times 300}{150} = 50\text{m}^3$$

★

34 열역학 제1법칙에 대한 설명으로 틀린 것은?

① 열은 에너지의 한 형태이다.
② 일을 열로 또는 열을 일로 변환할 때 그 에너지 총량은 변하지 않고 일정하다.
③ 제1종의 영구기관을 만드는 것은 불가능하다.
④ 제1종의 영구기관은 공급된 열에너지를 모두 일로 전환하는 가상적인 기관이다.

해설 열역학 제1법칙은 에너지 보존의 법칙으로 열량과 일량은 본질적으로 동일한 에너지임을 밝힌 법칙이다(제1종 영구 운동기관을 부정하는 법칙).
※ 제1종 영구 운동기관: 외부로부터 에너지의 공급 없이 계속 일을 할 수 있는 기관을 말하는 데 이러한 영구기관은 열역학 제1법칙(에너지 보존의 법칙)에 위배된다.

★

35 랭킨사이클의 구성요소 중 단열 압축이 일어나는 곳은?

① 보일러
② 터빈
③ 펌프
④ 응축기

해설 랭킨사이클의 구성요소 중 단열압축이 일어나는 곳은 펌프(pump)과정이다. 이론적으로는 단열압축과정이지만 실제로는 등적과정으로 펌프과정일을 계산한다.

$$W_p = -\int_1^2 vdP[\text{kJ/kg}]$$

36 랭킨사이클로 작동되는 발전소의 효율을 높이려고 할 때 초압(터빈입구의 압력)과 배압(복수기 압력)은 어떻게 하여야 하는가?

① 초압과 배압 모두 올림
② 초압을 올리고 배압을 낮춤
③ 초압은 낮추고 배압을 올림
④ 초압과 배압 모두 낮춤

해설 랭킨사이클의 열효율을 높이려면 초온 · 초압을 높이거나 복수기 압력을 낮춘다.

37 증기의 속도가 빠르고, 입출구 사이의 높이차도 존재하여 운동에너지 및 위치에너지를 무시할 수 없다고 가정하고, 증기는 이상적인 단열상태에서 개방시스템 내로 흘러 들어가 단위질량유량당 축일(w_s)을 외부로 제공하고 시스템으로부터 흘러나온다고 할 때, 단위질량유량당 축일을 어떻게 구할 수 있는가? (단, v는 비체적, P는 압력, V는 속도, g는 중력가속도, z는 높이를 나타내며, 하첨자 i는 입구, e는 출구를 나타낸다.)

① $w_s = \int_i^e Pdv$

② $w_s = -\int_i^e vdP$

③ $w_s = \int_i^e Pdv + \frac{1}{2}(V_i^2 - V_e^2) + g(z_i - z_e)$

④ $w_s = -\int_i^e vdP + \frac{1}{2}(V_i^2 - V_e^2) + g(z_i - z_e)$

해설 $w_s = -\int_i^e vdP + \frac{1}{2}(V_i^2 - V_e^2) + g(z_i - z_e)$

★

38 80℃의 물(엔탈피 335kJ/kg)과 100℃의 건포화수증기(엔탈피 2676kJ/kg)를 질량비 1 : 2로 혼합하여 열손실 없는 정상유동과정으로 95℃의 포화액-증기 혼합물 상태로 내보낸다. 95℃포화상태에서의 포화액 엔탈피가 398kJ/kg, 포화증기의 엔탈피가 2,668kJ/kg이라면 혼합실 출구의 건도는 얼마인가?

① 0.44 ② 0.58
③ 0.66 ④ 0.72

해설 $h_m = \frac{mh_1 + nh_2}{m+n} = \frac{1 \times 335 + 2 \times 2,676}{1+2}$
$\fallingdotseq 1,896$kJ/kg
$h_m = h' + x(h'' - h')$[kJ/kg]에서
$x = \frac{h_m - h'}{h'' - h'} = \frac{1,896 - 398}{2,668 - 398} \fallingdotseq 0.66$

★

39 다음 중 증발열이 커서 중형 및 대형의 산업용 냉동기에 사용하기에 가장 적정한 냉매는?

① 프레온-12
② 탄산가스
③ 아황산가스
④ 암모니아

정답 34. ④ 35. ③ 36. ② 37. ④ 38. ③ 39. ④

해설 암모니아(NH_3)는 증발(잠)열이 냉매 중에서 프레온 냉매보다 크기 때문에 중형 및 대형의 산업용 냉동기에 가장 적정한 냉매이다.

★
40 공기 표준 디젤사이클에서 압축비가 17이고 단절비(cut-off ratio)가 3일 때 열효율(%)은? (단, 공기의 비열비는 1.4이다.)

① 52 ② 58
③ 63 ④ 67

해설

$$\eta_{thd} = 1 - \left(\frac{1}{\varepsilon}\right)^{k-1} \frac{\sigma^k - 1}{k(\sigma - 1)}$$
$$= 1 - \left(\frac{1}{17}\right)^{1.4-1} \frac{3^{1.4} - 1}{1.4(3-1)}$$
$$= 58.2\%$$

제3과목 계측방법

41 U자관 압력계에 대한 설명으로 틀린 것은?

① 측정 압력은 1~1,000kPa 정도이다.
② 주로 통풍력을 측정하는 데 사용된다.
③ 측정의 정도는 모세관 현상의 영향을 받으므로 모세관 현상에 대한 보정이 필요하다.
④ 수은, 물, 기름 등을 넣어 한쪽 또는 양쪽 끝에 측정압력을 도입한다.

해설 U자관 압력계(액주식 압력계)는 낮은 압력(10~2,500mmH₂ =0.098~24.52kPa 정도) 측정에 사용된다.

42 가스열량 측정 시 측정 항목에 해당되지 않는 것은?

① 시료가스의 온도
② 시료가스의 압력
③ 실내온도
④ 실내습도

해설 가스열량 측정 시 측정항목
㉠ 시료가스의 온도
㉡ 시료가스의 압력
㉢ 실내온도

★
43 다음 중 유량측정의 원리와 유량계를 바르게 연결한 것은?

① 유체에 작용하는 힘－터빈 유량계
② 유속변화로 인한 입력차－용적식 유량계
③ 흐름에 의한 냉각효과－전자기 유량계
④ 파동의 전파 시간차－조리개 유량계

해설 터빈(임펠러) 유량계는 전자부분과 기계부분이 조합된 콤팩트한 유량계로, 유체에 작용하는 힘을 이용한 유량계다.

44 산소의 농도를 측정할 때 기전력을 이용하여 분석, 계측하는 분석계는?

① 자기식 O_2계 ② 세라믹식 O_2계
③ 연소식 O_2계 ④ 밀도식 O_2계

해설 세라믹식 O_2계는 산소의 농도를 측정 시 기전력을 이용하여 분석, 계측하는 분석계다.

45 액주에 의한 압력 측정에서 정밀 측정을 할 때 다음 중 필요하지 않은 보정은?

① 온도의 보정 ② 중력의 보정
③ 높이의 보정 ④ 모세관 현상의 보정

해설 **액주에 의한 압력 측정에서 정밀 측정 시 필요한 보정사항**
㉠ 온도 보정
㉡ 중력 보정
㉢ 모세관현상의 보정

★
46 가스 채취 시 주의하여야 할 사항에 대한 설명으로 틀린 것은?

① 가스의 구성 성분의 비중을 고려하여 적정 위치에서 측정하여야 한다.
② 가스 채취구는 외부에서 공기가 잘 통할 수 있도록 하여야 한다.
③ 채취된 가스의 온도, 압력의 변화로 측정오차가 생기지 않도록 한다.
④ 가스성분과 화학반응을 일으키지 않는 관을 이용하여 채취한다.

해설 가스 채취 시 가스 채취구는 외부에서 공기가 통하지 않도록 해야 한다.

정답 40. ② 41. ① 42. ④ 43. ① 44. ② 45. ③ 46. ②

★
47 다음 중 온도는 국제단위계(SI 단위계)에서 어떤 단위에 해당하는가?

① 보조단위 ② 유도단위
③ 특수단위 ④ 기본단위

해설 국제단위계(SI단위계)의 기본단위
㉠ 길이(m)
㉡ 질량(g)
㉢ 시간(sec)
㉣ 절대온도(K)
㉤ 전류(A)
㉥ 물질의 양(mol)
㉦ 광도(cd)
※ 보조단위: 평면각(rad), 입체각(steradian, sr)
※ 유도(조립)단위: 힘(N), 압력(응력)(Pa, N/m^2), 에너지(일량/열량)(Joule, J), 동력(Watt, W), 비중량(N/m^3), 밀도(비질량)(kg/m^3, $N\cdot s^2/m^4$), 점성계수($Pa\cdot s$, $N\cdot s/m^2$) 등

★
48 방사온도계의 발신부를 설치할 때 다음 중 어떠한 식이 성립하여야 하는가? (단, l : 렌즈로부터 수열판까지의 거리, d : 수열판의 직경, L : 렌즈로부터 물체까지의 거리, D : 물체의 직경이다.)

① $L/D < l/d$ ② $L/D > l/d$
③ $L/D = l/d$ ④ $L/l < d/D$

해설 방사온도계 설치 시 다음 조건식이 만족되어야 한다.
$L/D < l/d$
여기서 l : 렌즈로부터 수열판까지의 거리
d : 수열판직경
L : 렌즈로부터 물체까지의 거리
D : 물체의 직경

49 수은 및 알코올 온도계를 사용하여 온도를 측정할 때 계측의 기본원리는 무엇인가?

① 비열 ② 열팽창
③ 압력 ④ 점도

해설 수은 및 알코올 온도계를 사용하여 온도를 측정 시 계측의 기본원리는 열팽창에 의해 관측의 수은이나 알코올의 오르내림으로서 온도를 측정한다.

★
50 다음 각 물리량에 대한 SI 유도단위의 기호로 틀린 것은?

① 압력 − Pa ② 에너지 − cal
③ 일률 − W ④ 자기선속 − Wb

해설 국제(SI) 유도단위에서 에너지의 단위는 J(줄)이다.

51 1차 지연요소에서 시정수(T)가 클수록 응답속도는 어떻게 되는가?

① 응답속도가 빨라진다.
② 응답속도가 느려진다.
③ 응답속도가 일정해진다.
④ 시정수와 응답속도는 상관이 없다.

해설 1차 지연요소에서 시정수(T)가 클수록 응답속도는 느려진다.

52 염화리튬이 공기 수증기압과 평형을 이룰 때 생기는 온도저하를 저항온도계로 측정하여 습도를 알아내는 습도계는?

① 듀셀 노점계
② 아스만 습도계
③ 광전관식 노점계
④ 전기저항식 습도계

해설 듀셀 노점계는 염화리튬이 공기 수증기압과 평형을 이룰 때 생기는 온도저하를 저항온도계로 측정하여 습도를 알아내는 습도계다.

★
53 직경 80mm인 원관 내에 비중 0.9인 기름이 유속 4m/s로 흐를 때 질량유량은 약 몇 kg/s인가?

① 18 ② 24
③ 30 ④ 36

해설 질량유량$(m) = \rho A V = (\rho_w S) A V$
$= (\rho_w S)\dfrac{\pi d^2}{4} V$
$= (1{,}000S)\dfrac{\pi d^2}{4} V$
$= 1{,}000 \times 0.9 \times \dfrac{\pi}{4} \times 0.08^2 \times 4$
$= 18.09\text{kg/s}$

정답 47. ④ 48. ① 49. ② 50. ② 51. ② 52. ① 53. ①

54 다음 중에서 비접촉식 온도 측정 방법이 아닌 것은?

① 광고온계 ② 색온도계
③ 서미스터 ④ 광전관식 온도계

해설 서미스터(thermistor)는 접촉식 온도계로 반도체의 온도 상승에 동반해서 전기저항이 감소하는 것을 이용한 회로 소자이다. 음의 온도계수를 갖는 음(−) 특성 서미스터(NTC)는 일반적으로 천이금속산화물계로서 상온부근에서 약 10배(절댓값으로)의 저항온도계수를 가지며 온도 센서로서 미세한 온도변화에는 빼놓을 수 없지만 최고사용온도가 250~350℃로 한정된다(양특성서미스터(PTC)는 퀴리온도 부근에서 저항률이 급변하는 특징을 가지며 온도센서로 사용되고 있는데 가장 큰 용도는 자연소자 및 발열소자이다).

비접촉식 온도측정 방법

㉠ 광고온도계
㉡ 색온도계
㉢ 광전관식온도계

★

55 아르키메데스의 부력 원리를 이용한 액면측정 기기는?

① 차압식 액면계 ② 퍼지식 액면계
③ 기포식 액면계 ④ 편위식 액면계

해설 아르키메데스의 부력원리를 이용한 액면 측정기기는 편위식 액면계다.

★

56 다음 중 단위에 따른 차원식으로 틀린 것은?

① 동점도 : L^2T^{-1} ② 압력 : $ML^{-1}T^{-2}$
③ 가속도 : LT^{-2} ④ 일 : MLT^{-2}

해설 **일량(Work)의 차원**

$J = N \cdot m = (MLT^{-2})L = ML^2T^{-2}$

57 피드백(feedback) 제어계에 관한 설명으로 틀린 것은?

① 입력과 출력을 비교하는 장치는 반드시 필요하다.
② 다른 제어계보다 정확도가 증가된다.
③ 다른 제어계보다 제어 폭이 감소된다.
④ 급수제어에 사용된다.

해설 피드백 제어계는 다른 제어계보다 제어 폭이 증가된다.

58 유체의 와류를 이용하여 측정하는 유량계는?

① 오벌 유량계
② 델타 유량계
③ 로터리 피스톤 유량계
④ 로터미터

해설 유체의 와류(Vortex)를 이용하여 측정할 수 있는 유량계는 델타 유량계다.

59 다음 중 가장 높은 압력을 측정할 수 있는 압력계는?

① 부르동관 압력계 ② 다이어프램식 압력계
③ 벨로스식 압력계 ④ 링밸런스식 압력계

해설 부르동관 압력계(Bourdon tube gauge)는 탄성압력계 일종으로 구조가 비교적 간단하고 취급이 편리하므로 공업장, 일반압력계로 널리 사용되며 압력사용범위는 0.5~,3000kgf/cm^2 정도로 ±1% 높은 압력을 측정할 수 있다.

★

60 보일러의 자동제어에서 인터록 제어의 종류가 아닌 것은?

① 압력초과 ② 저연소
③ 고온도 ④ 불착화

해설 인터록(inter lock)이란 어떤 조건이 충족되지 않으면 다음 동작을 중지시키는 것으로, 오조작이 되지 않도록 하는 일종의 안전 제어장치이다. 압력초과, 프리퍼지(free purge), 저수위, 불착화, 저연소 인터록 제어장치가 있다.

제4과목 열설비재료 및 관계법규

61 다음 중 최고사용온도가 가장 낮은 보온재는?

① 유리면 보온재 ② 페놀 폼
③ 펄라이트 보온재 ④ 폴리에틸렌 폼

해설 **보온재별 최고사용온도**

㉠ 폴리에틸렌폼(PE foam) : 60℃
㉡ 페놀폼 : 100℃
㉢ 유리면보온재(glass wool) : 300℃
㉣ 펄라이트(석면+진주암) : 650℃

※ 유지질보온재[펠트(우모,양모), 코르크, 텍스류, 폼(foam)]는 최고안전 사용온도가 낮고 무기질보온재는 높다.

정답 54. ③ 55. ④ 56. ④ 57. ③ 58. ② 59. ① 60. ③ 61. ④

62 셔틀요(shuttle kiln)의 특징으로 틀린 것은?

① 가마의 보유열보다 대차의 보유열이 열 절약의 요인이 된다.
② 급랭파가 생기지 않을 정도의 고온에서 제품을 꺼낸다.
③ 가마 1개당 2대 이상의 대차가 있어야 한다.
④ 작업이 불편하여 조업하기가 어렵다.

해설 셔틀요(shuttle kiln)는 작업이 편리하고 조업이 용이하다(쉽다).

★
63 에너지이용 합리화법에서 규정한 수요관리 전문기관에 해당하는 것은?

① 한국가스안전공사 ② 한국에너지공단
③ 한국전력공사 ④ 전기안전공사

해설 에너지이용 합리화법에서 규정한 수요관리 전문기관에 해당하는 것은 에너지관리공단이다.

64 산화 탈산을 방지하는 공구류의 담금질에 가장 적합한 로는?

① 용융염류 가열로
② 직접저항 가열로
③ 간접저항 가열로
④ 아크 가열로

해설 산화탈산을 방지하는 공구류의 담금질(퀜칭)에 가장 적합한로는 용융염료 가열로다.

★
65 에너지이용 합리화법에 따라 에너지이용 합리화 기본계획에 대한 설명으로 틀린 것은?

① 기본계획에는 에너지이용효율의 증대에 관한 사항이 포함되어야 한다.
② 기본계획에는 에너지절약형 경제구조로의 전환에 관한 사항이 포함되어야 한다.
③ 산업통상자원부장관은 기본계획을 수립하기 위하여 필요하다고 인정하는 경우 관계 행정기관의 장에게 필요자료 제출을 요청할 수 있다.
④ 시·도지사는 기본계획을 수립하려면 관계 행정기관의 장과 협의한 후 산업통상자원부장관의 심의를 거쳐야 한다.

★
66 에너지이용 합리화법에 따라 용접검사가 면제되는 대상범위에 해당되지 않는 것은?

① 용접이음이 없는 강관을 동체로 한 헤더
② 최고사용압력이 0.35MPa 이하이고, 동체의 안지름이 600mm인 전열교환식 1종 압력용기
③ 전열면적이 $30m^2$ 이하의 유류용 강철제증기보일러
④ 전열면적이 $18m^2$ 이하이고, 최고사용압력이 0.35MPa인 온수보일러

해설 전열면적이 $30m^2$ 이하의 유류용(주철제) 증기 보일러의 면제되는 검사는 설치검사다.

※ **용접검사가 면제되는 대상범위**
㉠ 강철제보일러 중 전열면적이 $5m^2$ 이하이고 최고사용압력이 0.35Ma 이하인 것
㉡ 주철제보일러
㉢ 1종 관류 보일러
㉣ 온수보일러 중 전열면적이 $18m^2$ 이하이고 최고사용압력이 0.35MPa 이하인 것

※ **1,2종 압력용기**
㉠ 용접이음이 없는 강관을 동체로 한 헤더
㉡ 압력용기 중 동체두께가 6mm 미만인 것으로 최고사용압력(MPa)과 내용적(m^3)을 곱한 수치가 0.02 이하(난방용의 경우는 0.05 이하)인 것
㉢ 전열교환식인 것으로 최고사용압력이 0.35MPa 이하이고 동체의 안지름이 600mm 이하인 것

67 에너지이용 합리화법에 따라 공공사업주관자는 에너지사용계획의 조정 등 조치 요청을 받은 경우에는 산업통상자원부령으로 정하는 바에 따라 조치 이행계획을 작성하여 제출하여야 한다. 다음 중 이행계획에 반드시 포함되어야 하는 항목이 아닌 것은?

① 이행 예산
② 이행 주체
③ 이행 방법
④ 이행 시기

해설 공공사업주관자는 에너지 사용계획의 조정 등 조치요청을 받은 경우 산업통상자원부령으로 정하는 바에 따라 조치이행계획을 작성하여 제출하여야 하는데 이행계획에 반드시 포함할 항목
㉠ 이행 주체
㉡ 이행 방법
㉢ 이행 시기

정답 62. ④ 63. ② 64. ① 65. ④ 66. ③ 67. ①

2019년

68 **유체의 역류를 방지하기 위한 것으로 밸브의 무게와 밸브의 양면 간 압력차를 이용하여 밸브를 자동으로 작동시켜 유체가 한쪽 방향으로만 흐르도록 한 밸브는?**

① 슬루스밸브 ② 회전밸브
③ 체크밸브 ④ 버터플라이밸브

해설 유체의 역류방지용 밸브는 체크밸브(check valve)가 있다. 스윙형 체크밸브는 수평 · 수직배관에 사용되며 리프트형 체크밸브는 수평배관에만 적용된다.

★
69 **다음 중 에너지이용 합리화법에 따라 에너지 다소비사업자에게 에너지관리 개선명령을 할 수 있는 경우는?**

① 목표원단위보다 과다하게 에너지를 사용하는 경우
② 에너지관리 지도결과 10% 이상의 에너지효율 개선이 기대되는 경우
③ 에너지 사용실적이 전년도보다 현저히 증가한 경우
④ 에너지 사용계획 승인을 얻지 아니한 경우

해설 에너지 다소비사업자에게 에너지관리 개선명령을 할 수 있는 경우는 에너지관리 지도결과 10% 이상의 에너지효율 개선이 기대되는 경우

★
70 **에너지이용 합리화법에 따라 에너지 저장의무부과 대상자가 아닌 자는?**

① 전기사업법에 따른 전기 사업자
② 석탄산업법에 따른 석탄가공업자
③ 액화가스사업법에 따른 액화가스 사업자
④ 연간 2만 석유환산톤 이상의 에너지를 사용하는 자

해설 **에너지 저장의 무부과대상자**
㉠ 전기사업법에 따른 전기 사업자
㉡ 석탄산업에 의한 석탄기공업자
㉢ 연간 2만 석유환산톤 이상의 에너지를 사용하는 자

71 **보온재의 열전도율에 대한 설명으로 옳은 것은?**

① 열전도율이 클수록 좋은 보온재이다.
② 보온재 재료의 온도에 관계없이 열전도율은 일정하다.
③ 보온재 재료의 밀도가 작을수록 열전도율은 커진다.
④ 보온재 재료의 수분이 적을수록 열전도율은 작아진다.

해설 보온재 열전도율(W/m · K)은 보온재 재료의 수분이 적을수록 작아진다.

★
72 **다음 중 에너지이용 합리화법에 따른 에너지 사용계획의 수립대상 사업이 아닌 것은?**

① 고속도로건설사업 ② 관광단지개발사업
③ 항만건설사업 ④ 철도건설사업

해설 **에너지사용계획의 수립대상 사업**
㉠ 관광단지개발사업
㉡ 항만건설사업
㉢ 철도건설사업

73 **다음 중 규석벽돌로 쌓은 가마 속에서 소성하기에 가장 적절하지 못한 것은?**

① 규석질 벽돌 ② 샤모트질 벽돌
③ 납석질 벽돌 ④ 마그네시아질 벽돌

해설 산성 내화물의 대표적인 재질인 규석질 벽돌(SiO_2, 실리카)은 Si 성분이 많을수록 열전도율(W/m · K)이 크다.
※ 마그네시아질 벽돌은 염기성 벽돌이다.

★
74 **에너지이용 합리화법에 따라 에너지다소비사업자의 신고에 대한 설명으로 옳은 것은?**

① 에너지다소비사업자는 매년 12월 31일까지 사무소가 소재하는 지역을 관할하는 시 · 도지사에게 신고하여야 한다.
② 에너지다소비사업자의 신고를 받은 시 · 도지사는 이를 매년 2월 말까지 산업통상자원부장관에게 보고하여야 한다.
③ 에너지다소비사업자의 신고에는 에너지를 사용하여 만드는 제품 · 부가가치 등의 단위당 에너지이용효율 향상목표 또는 온실가스배출 감소목표 및 이행방법을 포함하여야 한다.
④ 에너지다소비사업자는 연료 · 열의 연간 사용량의 합계가 2천 티오이 이상이고, 전력의 연간 사용량이 4백만 킬로 와트시 이상인 자를 의미한다.

정답 68. ③ 69. ② 70. ③ 71. ④ 72. ① 73. ④ 74. ②

해설 에너지다소비업자의 신고를 받은 시·도지사는 이를 매년 2월말까지 산업통상자원부 장관에게 보고하여야 한다.

★
75 주철관에 대한 설명으로 틀린 것은?

① 제조방법은 수직법과 원심력법이 있다.
② 수도용, 배수용, 가스용으로 사용된다.
③ 인성이 풍부하여 나사이음과 용접이음에 적합하다.
④ 주철은 인장강도에 따라 보통 주철과 고급주철로 분류된다.

해설 인성이 풍부하여 나사이음, 플랜지이음, 용접이음 등에 적합한 것은 강관(steel pipe)이다.

76 마그네시아질 내화물이 수증기에 의해서 조직이 약화되어 노벽에 균열이 발생하여 붕괴하는 현상은?

① 슬래킹 현상
② 더스킹 현상
③ 침식 현상
④ 스폴링 현상

해설 마그네시아질 내화물이 수증기에 의해서 조직이 약화되어 노벽에 균열(Crack) 발생하여 붕괴되는 현상을 슬래킹(Slacking)이라 한다.

★
77 에너지법에 의한 에너지 총 조사는 몇 년 주기로 시행하는가?

① 2년　② 3년
③ 4년　④ 5년

해설 에너지법에 의한 에너지 총 조사는 3년 주기로 시행한다.

78 에너지이용 합리화법에 따라 에너지 절약형 시설투자 시 세제지원이 되는 시설투자가 아닌 것은?

① 노후 보일러 등 에너지다소비 설비의 대체
② 열병합발전사업을 위한 시설 및 기기류의 설치
③ 5% 이상의 에너지절약 효과가 있다고 인정되는 설비
④ 산업용 요로 설비의 대체

해설 10% 이상의 에너지절약 효과가 인정되는 설비

★
79 요로를 균일하게 가열하는 방법이 아닌 것은?

① 노 내 가스를 순환시켜 연소 가스량을 많게 한다.
② 가열시간을 되도록 짧게 한다.
③ 장염이나 축차연소를 행한다.
④ 벽으로부터의 방사열을 적절히 이용한다.

해설 요로를 균일하게 가열하려면 가열시간을 되도록 길게 해야 한다.

★
80 두께 230mm의 내화벽돌, 114mm의 단일벽돌, 230mm의 보통벽돌로 된 노의 평면 벽에서 내벽면의 온도가 1,200℃이고 외벽면의 온도가 120℃일 때, 노벽 1m²당 열손실(W)은? (단, 내화벽돌, 단열벽돌, 보통벽돌의 열전도도는 각각 1.2, 0.12, 0.6W/m·℃이다.)

① 376.9
② 563.5
③ 708.2
④ 1688.1

해설
$$K=\frac{1}{R}=\frac{1}{\frac{0.23}{1.2}+\frac{0.114}{0.12}+\frac{0.23}{0.6}}\fallingdotseq 0.66\text{W/m}\cdot℃$$
$$Q_2=KA(t_i-t_o)=0.66\times1\times(1,200-120)\fallingdotseq 708.2\text{W}$$

제5과목 열설비설계

★
81 점식(pitting)부식에 대한 설명으로 옳은 것은?

① 연료 내의 유황성분이 연소할 때 발생하는 부식이다.
② 연료 중에 함유된 바나듐에 의해서 발생하는 부식이다.
③ 산소농도차에 의한 전기화학적으로 발생하는 부식이다.
④ 급수 중에 함유된 암모니아가스에 의해 발생하는 부식이다.

해설 점식(pitting)은 전기화학적 기구에서 산소농도차에 의해 발생하는 부식 형태로, 특정의 작은 부분에 점점이 구멍 모양의 오목부가 생기는 부식이다.

정답 75. ③ 76. ① 77. ② 78. ③ 79. ② 80. ③ 81. ③

82 열사용 설비는 많은 전열면을 가지고 있는데 이러한 전열면이 오손되면 전열량이 감소하고, 열설비의 손상을 초래한다. 이에 대한 방지대책으로 틀린 것은?

① 황분이 적은 연료를 사용하여 저온부식을 방지한다.
② 첨가제를 사용하여 배기가스의 노점을 상승시킨다.
③ 과잉공기를 적게 하여 저공기비 연소를 시킨다.
④ 내식성이 강한 재료를 사용한다.

해설 열설비 손상 방지를 위해 첨가재를 사용하여 배기가스의 노점(dew point)을 강하시킨다.

★
83 지름 5cm의 파이프를 사용하여 매 시간 4t의 물을 공급하는 수도관이 있다. 이 수도관에서의 물의 속도(m/s)는? (단, 물의 비중은 1이다.)

① 0.12　② 0.28
③ 0.56　④ 0.93

해설 $Q=AV$[m³/s]에서

$$V=\frac{Q}{A}=\frac{Q}{\frac{\pi d^2}{4}}=\frac{4Q}{\pi d^2}=\frac{4\times\frac{4}{3,600}}{\pi(0.05)^2}$$

$$=\frac{4\times 1.11\times 10^{-3}}{\pi(0.05)^2}$$

$\fallingdotseq 0.566$m/s

※ 물 1m³=1ton=1,000kgf=9,800N

Q=4ton/h=4m³/3,600s≒1.11×10⁻³m³/s

★
84 보일러의 만수보존법에 대한 설명으로 틀린 것은?

① 밀폐 보존방식이다.
② 겨울철 동결에 주의하여야 한다.
③ 보통 2~3개월의 단기보존에 사용된다.
④ 보일러 수는 pH 6 정도 유지되도록 한다.

해설 보일러의 만수보존 시 보일러 수는 pH 11 정도(알칼리)로 유지되도록 한다.

★
85 노통보일러 중 원통형의 노통이 2개 설치된 보일러를 무엇이라고 하는가?

① 랭커셔보일러　② 라몬트보일러
③ 바브콕보일러　④ 다우삼보일러

해설 노통보일러 중 원통형의 노통이 2개 설치된 보일러는 랭커셔(lancashire)보일러이고, 노통이 1개 설치된 것은 코르니시(cornish)보일러이다.

86 물을 사용하는 설비에서 부식을 초래하는 인자로 가장 거리가 먼 것은?

① 용존 산소　② 용존 탄산가스
③ pH　④ 실리카

해설 물을 사용하는 설비에서 부식을 초래하는 인자
㉠ 용존 산소
㉡ pH(수소이온농도지수)
㉢ 용존 탄산가스

★
87 노통보일러에 가셋트스테이를 부착할 경우 경판과의 부착부 하단과 노통 상부 사이에는 완충폭(브레이징 스페이스)이 있어야 한다. 이때 경판의 두께가 20mm인 경우 완충폭은 최소 몇 mm 이상이어야 하는가?

① 230　② 280
③ 320　④ 350

해설 경판의 두께에 따른 브레이징 스페이스

경판두께	13mm 이하	15mm 이하	17mm 이하	19mm 이하	19mm 초과
브레이징 스페이스	230mm 이상	260mm 이상	280mm 이상	300mm 이상	320mm 이상

★
88 보일러 동체, 드럼 및 일반적인 원통형 고압용기의 동체 두께(t)를 구하는 계산식으로 옳은 것은? [단, P는 최고사용압력, D는 원통 안지름, σ는 허용인장응력(원주방향)이다.]

① $t=\frac{PD}{\sqrt{2}\sigma}$　② $t=\frac{PD}{\sigma}$
③ $t=\frac{PD}{2\sigma}$　④ $t=\frac{PD}{4\sigma}$

해설 보일러강판의 두께(t)$=\frac{PD}{2\sigma}$

정답 82. ② 83. ③ 84. ④ 85. ① 86. ④ 87. ③ 88. ③

★
89 내경이 150mm인 연동계 파이프의 인장강도가 80 MPa이라 할 때, 파이프의 최고사용압력이 4,000kPa이면 파이프의 최소두께(mm)는? (단, 이음효율은 1, 부식여유는 1mm, 안전계수는 1로 한다.)

① 2.63 ② 3.71
③ 4.75 ④ 5.22

해설
$$t = \frac{PD}{\sigma_a \eta} + C = \frac{PDS}{200\sigma_u \eta} + C$$
$$= \frac{400 \times 150 \times 1}{200 \times 80 \times 1} + 1$$
$$= 4.75\text{mm}$$

90 용접이음에 대한 설명으로 틀린 것은?

① 두께의 한도가 없다.
② 이음효율이 우수하다.
③ 폭음이 생기지 않는다.
④ 기밀성이나 수밀성이 낮다.

해설 용접이음은 기밀 · 수밀 · 유밀성이 좋다(높다).

★
91 흑체로부터의 복사에너지는 절대온도의 몇 제곱에 비례하는가?

① $\sqrt{2}$ ② 2
③ 3 ④ 4

해설 복사에너지는 흑체(black body) 표면온도(K)의 4승에 비례한다($q_R \propto T^4$).
$q_R = \sigma A \varepsilon T^4$[W]
여기서, 스테판-볼쯔만상수(σ)=5.68×10^{-8}W/m^2 · K^4
A : 전열면적(m^2)
ε : 복사율(방사율)
T : 흑체의 표면온도(K)

92 보일러수 1,500kg 중에 불순물이 30g이 검출되었다. 이는 몇 ppm인가? (단, 보일러수의 비중은 1이다.)

① 20 ② 30
③ 50 ④ 60

해설
$$\text{ppm} = \frac{\text{불순물(g)}}{\text{보일러수(g)}} = \frac{30}{1{,}500 \times 10^3} \times 1{,}000{,}000 = 20\text{ppm}$$

★
93 아래 표는 소용량 주철제보일러에 대한 정의이다. ㉠, ㉡안에 들어갈 내용으로 옳은 것은?

주철제보일러 중 전열면적이 (㉠)m^2 이하이고 최고사용압력이 (㉡)MPa 이하인 것

① ㉠ 4, ㉡ 1 ② ㉠ 5, ㉡ 0.1
③ ㉠ 5, ㉡ 1 ④ ㉠ 4, ㉡ 0.1

해설 주철제보일러 중 전열면적이 5m^2 이하이고, 최고사용압력이 0.1MPa 이하인 것이 소용량 주철제보일러의 정의이다.

★
94 다음 중 스케일의 주성분에 해당되지 않는 것은?

① 탄산칼슘 ② 규산칼슘
③ 탄산마그네슘 ④ 과산화수소

해설 **스케일(scale)의 주성분**
㉠ 탄산칼슘($CaCO_3$)
㉡ 규산칼슘($CaSiO_4$)
㉢ 탄산마그네슘($MgCO_3$)

★
95 보일러의 효율 향상을 위한 운전 방법으로 틀린 것은?

① 가능한 정격부하로 가동되도록 조업을 계획한다.
② 여러 가지 부하에 대해 열정산을 행하여, 그 결과로 얻은 결과를 통해 연소를 관리한다.
③ 전열면의 오손, 스케일 등을 제거하여 전열효율을 향상시킨다.
④ 블로우 다운을 조업중지 때마다 행하여, 이상 물질이 보일러 내에 없도록 한다.

해설 **블로우다운(Blow down)**
보일러의 농축을 방지하고(슬러지분을 배출하여 농도를 한계치 이하로 유지), 보일러수보다 무거운 불순물(침전물)을 수저분출(단속분출)을 하며 2인 1조가 되어 실시하며 개폐는 신속하게 한다.
※ 블로우다운의 시기와 양은 총 용존 고형물을 기준으로 하며 관수농도를 주기적으로 측정하여 블로우다운 여부를 결정하는 것이 바람직하며 보일러를 간헐운전할 경우는 재가동전에 실시하는 것이 효과적이다.
※ 연속가동하는 보일러면 일 약 6~12초/1회 수차례 반복실시한다.

2019년

정답 89. ③ 90. ④ 91. ④ 92. ① 93. ② 94. ④ 95. ④

★ **96** **보일러의 부대장치 중 공기예열기 사용 시 나타나는 특징으로 틀린 것은?**

① 과잉공기가 많아진다.
② 가스온도 저하에 따라 저온부식을 초래할 우려가 있다.
③ 보일러 효율이 높아진다.
④ 질소산화물에 의한 대기오염의 우려가 있다.

해설 공기예열기 사용 시 과잉공기는 적어진다.

★ **97** **다음의 특징을 가지는 증기트랩의 종류는?**

> • 다량의 드레인을 연속적으로 처리할 수 있다.
> • 증기누출이 거의 없다.
> • 가동 시 공기빼기를 할 필요가 없다.
> • 수격작용에 다소 약하다.

① 플로트식 트랩 ② 버킷형 트랩
③ 바이메탈식 트랩 ④ 디스크식 트랩

해설 **플로트(float)식 증기트랩의 특징**
㉠ 다량의 드레인을 연속적으로 처리할 수 있다.
㉡ 증기누출이 거의 없다.
㉢ 가동시 공기배기를 할 필요가 없다.
㉣ 수격작용에 다소 약하다.

98 **테르밋(thermit)용접에서 테르밋이란 무엇과 무엇의 혼합물인가?**

① 붕사와 붕산의 분말
② 탄소와 규소의 분말
③ 알루미늄과 산화철의 분말
④ 알루미늄과 납의 분말

해설 테르밋(thermit)용접에서 테르밋이란 알루미늄과 산화철 분말의 혼합물을 의미한다.

★ **99** **줄-톰슨계수(Joule-Thomson coefficient, μ)에 대한 설명으로 옳은 것은?**

① μ의 부호는 열량의 함수이다.
② μ의 부호는 온도의 함수이다.
③ μ가 (−)일 때 유체의 온도는 교축과정 동안 내려간다.
④ μ가 (+)일 때 유체의 온도는 교축과정 동안 일정하게 유지된다.

해설 **줄-톰슨계수(Joule-Thomson effect, μ)**

$$\mu = \left(\frac{\delta T}{\delta P}\right)_{h=c} = \left(\frac{T_1 - T_2}{P_1 - P_2}\right)_{h=c}$$

줄-톰슨계수의 부호는 온도만의 함수이다.
㉠ 등온이면, $T_1 - T_2$, $\mu = 0$(이상기체)
㉡ 온도강하 시, $T_1 > T_2$, $\mu > 0$
㉢ 온도상승 시, $T_1 < T_2$, $\mu < 0$

★ **100** **보일러에서 스케일 및 슬러지의 생성 시 나타나는 현상에 대한 설명으로 가장 거리가 먼 것은?**

① 스케일이 부착되면 보일러 전열면을 과열시킨다.
② 스케일이 부착되면 배기가스 온도가 떨어진다.
③ 보일러에 연결한 코크, 밸브, 그 외의 구멍을 막히게 한다.
④ 보일러 전열 성능을 감소시킨다.

해설 스케일이 부착되면 배기가스 온도가 상승한다. 스케일 및 그을음을 청소해주면 보일러의 배기가스 온도가 낮아지게 되며 배기가스(일산화탄소) 온도를 50℃ 낮추면 연료가 2% 정도 절약된다.

정답 96. ① 97. ① 98. ③ 99. ② 100. ②

2020

Engineer Energy Management

과년도 출제문제

자주 출제되는 중요한 문제는 별표(★)로 강조했습니다.
마무리학습할 때 한 번 더 풀어보기를 권합니다.

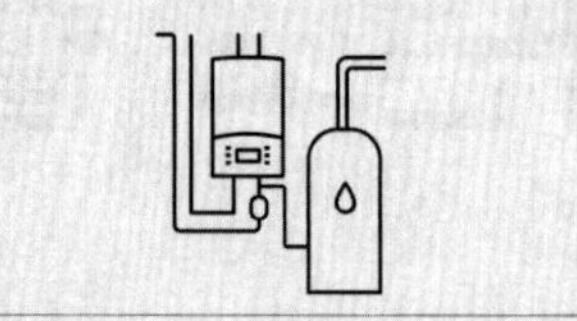
Engineer Energy Management

Engineer Energy Management

2020년 제1 · 2회 통합 에너지관리기사

제1과목 연소공학

01 다음과 같은 질량조성을 가진 석탄의 완전연소에 필요한 이론공기량(kg′/kg)은 얼마인가?

• C : 64.0%	• H : 5.3%
• S : 0.1%	• O : 8.8%
• N : 0.8%	• ash : 12.0%
• water : 9.0%	

① 7.5 ② 8.8
③ 9.7 ④ 10.4

해설 이론공기량(A_o)

$$=11.5C+34.49\left(H-\frac{O}{8}\right)+4.31S$$

$$=11.5\times0.64+34.49\left(0.053-\frac{0.08}{8}\right)+433\times0.001$$

$$=8.8kg'/kg$$

★
02 링겔만 농도표의 측정 대상은?

① 배출가스 중 매연 농도
② 배출가스 중 CO 농도
③ 배출가스 중 CO_2 농도
④ 화염의 투명도

해설 링겔만 농도표의 측정 대상은 배기가스 중 매연 농도 규격표(0~5도)와 배기가스를 비교하여 측정하는 방법이다.

★
03 다음 중 연소 시 발생하는 질소산화물(NO_x)의 감소 방안으로 틀린 것은?

① 질소 성분이 적은 연료를 사용한다.
② 화염의 온도를 높게 연소한다.
③ 화실을 크게 한다.
④ 배기가스 순환을 원활하게 한다.

해설 화염의 연소온도를 낮추어야 질소산화물(NO_x)을 감소시킬 수 있다.

04 연료의 일반적인 연소 반응의 종류로 틀린 것은?

① 유동층연소 ② 증발연소
③ 표면연소 ④ 분해연소

해설 연소 반응의 종류로는 표면연소, 증발연소, 분해연소, 예혼합연소, 확산연소, 분무연소, 습식연소가 있다.

★
05 공기와 혼합 시 가연범위(폭발범위)가 가장 넓은 것은?

① 메탄 ② 프로판
③ 메틸알코올 ④ 아세틸렌

해설 공기와 혼합 시 가연범위(폭발범위)가 가장 넓은 것은 아세틸렌(C_2H_2)이다.
※ 위험도 : 메탄(CH_4) 5~15, 프로판(C_3H_8) 2.1~9.5, 아세틸렌 2.5~81
위험도(H)$=\frac{U-L}{L}$
여기서, U : 폭발 하한계(%), L : 폭발 상한계(%)

06 11g의 프로판이 완전연소 시 생성되는 물의 질량(g)은?

① 44 ② 34
③ 28 ④ 18

해설 $C_3H_8+5O_2 \rightarrow 3CO_2+4H_2O$
44 ― 4×18=72
11 ― $\therefore m=\frac{72\times11}{44}=18g$

★
07 다음 중 역화의 위험성이 가장 큰 연소방식으로서, 설비의 시동 및 정지 시에 폭발 및 화재에 대비한 안전 확보에 각별한 주의를 요하는 방식은?

① 예혼합 연소 ② 미분탄 연소
③ 분무식 연소 ④ 확산 연소

해설 역화(back fire)의 위험성이 가장 큰 연소방식으로서 설비의 시동정지 시에 폭발 및 화재에 대비한 안전확보에 각별한 주의를 요하는 방식은 예혼합연소방식이다(예연소혼합 : 미리 연료와 공기를 혼합해서 연소하는 것).

정답 01. ② 02. ① 03. ② 04. ① 05. ④ 06. ④ 07. ①

08 액체연료에 대한 가장 적합한 연소방법은?

① 화격자 연소 ② 스토커 연소
③ 버너 연소 ④ 확산 연소

해설 액체연료에 가장 적합한 연소방법은 버너 연소다.

09 연료의 발열량에 대한 설명으로 틀린 것은?

① 기체 연료는 그 성분으로부터 발열량을 계산할 수 있다.
② 발열량의 단위는 고체와 액체 연료의 경우 단위중량당(통상 연료 kg당) 발열량으로 표시한다.
③ 고위발열량은 연료의 측정열량에 수증기 증발잠열을 포함한 연소열량이다.
④ 일반적으로 액체 연료는 비중이 크면 체적당 발열량은 감소하고, 중량당 발열량은 증가한다.

해설 일반적으로 액체 연료는 비중이 크면 체적당 발열량과 중량당 발열량 모두 증가한다.

★
10 고체연료의 연료비(fuel ratio)를 옳게 나타낸 것은?

① $\frac{\text{고정탄소(\%)}}{\text{휘발분(\%)}}$ ② $\frac{\text{휘발분(\%)}}{\text{고정탄소(\%)}}$
③ $\frac{\text{고정탄소(\%)}}{\text{수분(\%)}}$ ④ $\frac{\text{수분(\%)}}{\text{고정탄소(\%)}}$

해설 고체연료의 연료비(fuel ratio)란 고정탄소(%)와 휘발분(%)의 비다.

11 고체연료의 연소방식으로 옳은 것은?

① 포트식 연소 ② 화격자 연소
③ 심지식 연소 ④ 증발식 연소

해설 고체연료 연소방식은 화격자 연소다.

12 고체연료의 연소가스 관계식으로 옳은 것은? (단, G : 연소가스량, G_o : 이론연소가스량, A : 실제공기량, A_o : 이론공기량, a : 연소생성 수증기량)

① $G_o = A_o + 1 - a$ ② $G = G_o - A + A_o$
③ $G = G_o + A - A_o$ ④ $G_o = A_o - 1 + a$

해설 고체연료연소가스량(G)
=이론연소가스량(G_o)+실제공기량(A)
−이론공기량(A_o)
$\therefore\ G = G_o + A - A_o$

13 백 필터(bag-filter)에 대한 설명으로 틀린 것은?

① 여과면의 가스 유속은 미세한 더스트일수록 적게 한다.
② 더스트 부하가 클수록 집진율은 커진다.
③ 여포재에 더스트 일차부착층이 형성되면 집진율은 낮아진다.
④ 백의 밑에서 가스백 내부로 송입하여 집진한다.

해설 여포재에 더스트 일차부착층이 형성되면 집진율은 높아진다.

★
14 유압분무식 버너의 특징에 대한 설명으로 틀린 것은?

① 유량 조절 범위가 좁다.
② 연소의 제어범위가 넓다.
③ 무화매체인 증기나 공기가 필요하지 않다.
④ 보일러 가동 중 버너교환이 가능하다.

해설 유압분무식 버너는 유량 조절 범위 및 연소의 제어범위가 좁다.

15 다음 중 배기가스와 접촉되는 보일러 전열면으로 증기나 압축공기를 직접 분사시켜서 보일러에 회분, 그을음 등 열전달을 막는 퇴적물을 청소하고 쌓이지 않도록 유지하는 설비는?

① 수트블로워
② 압입통풍 시스템
③ 흡입통풍 시스템
④ 평형통풍 시스템

해설 수트블로워(shoot blower)는 배기가스와 접촉되는 보일러 전열면으로 증기나 압축공기를 직접 분사시켜서 보일러의 회분, 그을음 등 열전달을 막는 퇴적물을 청소하고 쌓이지 않도록 유지하는 설비다.

정답 08. ③ 09. ④ 10. ① 11. ② 12. ③ 13. ③ 14. ② 15. ①

★
16 관성력 집진장치의 집진율을 높이는 방법이 아닌 것은?

① 방해판이 많을수록 집진효율이 우수하다.
② 충돌 직전 처리가스 속도가 느릴수록 좋다.
③ 출구가스 속도가 느릴수록 미세한 입자가 제거된다.
④ 기류의 방향 전환각도가 작고, 전환회수가 많을수록 집진효율이 증가한다.

해설 관성력 집진장치의 집진율을 높이려면 충돌직전 처리가스 속도가 빠를수록 좋다.

★
17 보일러 연소장치에 과잉공기 10%가 필요한 연료를 완전연소할 경우 실제 건연소가스량(Nm^3/kg)은 얼마인가? (단, 연료의 이론공기량 및 이론건연소가스량은 각각 $10.5Nm^3/kg$, $9.9Nm^3/kg$이다.)

① 12.03　② 11.84
③ 10.95　④ 9.98

해설 실제건연소가스량(Gd)
$=$이론건연소가스량$(God)+(m-1)A_o$
$=9.9+(1.1-1)\times 10.5=10.95Nm^3/kg$

18 연소가스량 $10Nm^3/kg$, 연소가스의 정압비열 $1.34kJ/Nm^3\cdot℃$인 어떤 연료의 저위발열량이 27,200kJ/kg이었다면 이론 연소온도(℃)는? (단, 연소용 공기 및 연료 온도는 5℃이다.)

① 1,000　② 1,500
③ 2,000　④ 2,500

해설 이론연소온도(t_o)

$$=t_s+\frac{H_L}{mC_p}=5+\frac{27,200}{10\times 1.34}\doteq 2,035℃$$

※ 이론연소온도(theoretical combuleion temperature)란 연소가스가 도달할 수 있는 최고온도를 말한다.

19 표준 상태인 공기 중에서 완전 연소비로 아세틸렌이 함유되어 있을 때 이 혼합기체 1L당 발열량(kJ)은 얼마인가? (단, 아세틸렌의 발열량은 1,308kJ/mol이다.)

① 4.1　② 4.5
③ 5.1　④ 5.5

해설
$C_2H_2\ +\ 2.5O_2\rightarrow 2CO_2+H_2O$
26kg　80kg
1kmol　2.5kmol
$22.4Nm^3$　$56Nm^3$

$$\therefore \text{혼합기체 1L당 발열량(kJ)}=\frac{1,308kJ}{22.4L}\times\left(1+\frac{2.5}{0.21}\right)=4.5kJ/L$$

※ 1mol=22.4L

★
20 연소장치의 연소효율(E_C)식이 아래와 같을 때 H_2는 무엇을 의미하는가? (단, H_C : 연료의 발열량, H_1 : 연재 중의 미연탄소에 의한 손실이다.)

$$E_C=\frac{H_C-H_1-H_2}{H_C}$$

① 전열손실
② 현열손실
③ 연료의 저발열량
④ 불완전연소에 따른 손실

해설 연소효율(E_C)

$$=\frac{\text{연료발열량}(H_C)-\text{연재 중의 미연탄소에 의한 손실}(H_1)-\text{불완전연소에 의한 손실}(H_2)}{\text{연료발열량}(H_C)}$$

제2과목 열역학

★
21 이상기체를 가역단열 팽창시킨 후의 온도는?

① 처음상태보다 낮게 된다.
② 처음상태보다 높게 된다.
③ 변함이 없다.
④ 높을 때도 있고 낮을 때도 있다.

해설 이상기체를 가역단열 팽창시킨 후의 온도는 처음 상태보다 낮게 된다(압력도 낮아진다).

22 공기 100kg을 400℃에서 120℃로 냉각할 때 엔탈피(kJ) 변화는? (단, 일정 정압비열은 1.0kJ/kg·K이다.)

① −24,000　② −26,000
③ −28,000　④ −30,000

정답 16. ② 17. ③ 18. ③ 19. ② 20. ④ 21. ① 22. ③

해설 $H_2 - H_1 = m\,C_P(t_2 - t_1)$
$= 100 \times 1.0(120 - 400) = -28,000\text{kJ}$

★
23 성능계수가 2.5인 증기 압축 냉동 사이클에서 냉동용량이 4kW일 때 소요일은 몇 kW인가?

① 1 ② 1.6
③ 4 ④ 10

해설 $\varepsilon_R = \dfrac{Q_e}{W_c}$ 에서

$W_c = \dfrac{Q_e}{\varepsilon_R} = \dfrac{4}{2.5} = 1.6\text{kW(kJ/s)}$

★
24 열역학 제2법칙을 설명한 것이 아닌 것은?

① 사이클로 작동하면서 하나의 열원으로부터 열을 받아서 이 열을 전부 일로 바꾸는 것은 불가능하다.
② 에너지는 한 형태에서 다른 형태로 바뀔 뿐이다.
③ 제2종 영구기관을 만든다는 것은 불가능하다.
④ 주위에 아무런 변화를 남기지 않고 열을 저온의 열원으로부터 고온의 열원으로 전달하는 것은 불가능하다.

해설 "에너지는 한 형태에서 다른 형태로 바뀔 뿐이다"는 에너지보존의 법칙(열역학 제1법칙)이다.

25 다음 중 터빈에서 증기의 일부를 배출하여 급수를 가열하는 증기사이클은?

① 사바테 사이클 ② 재생 사이클
③ 재열 사이클 ④ 오토 사이클

해설 재생 사이클 터빈에서 팽창 도중의 증기를 일부 배출하여 보일러로 들어가는 물(급수)을 예열하는 증기사이클이다.

26 80℃의 물 50kg과 20℃의 물 100kg을 혼합하면 이 혼합된 물의 온도는 약 몇 ℃인가? (단, 물의 비열은 4.2kJ/kg·K이다.)

① 33 ② 40
③ 45 ④ 50

해설 **열역학 제0법칙(열평형의 법칙)**
고온체방열량 = 저온체흡열량
$m_1 C_1 (t_1 - t_m) = m_2 C_2 (t_m - t_2)$이고, 동일물질이므로
$C_1 = C_2$

$\therefore\ t_m = \dfrac{m_1 t_1 + m_2 t_2}{m_1 + m_2} = \dfrac{50 \times 80 + 20 \times 100}{50 + 100} = 40℃$

★
27 랭킨사이클에서 각 지점의 엔탈피가 다음과 같을 때 사이클의 효율은 약 몇 %인가?

- 펌프 입구 : 190kJ/kg
- 보일러 입구 : 200kJ/kg
- 터빈 입구 : 2,900kJ/kg
- 응축기 입구 : 2,000kJ/kg

① 25 ② 30
③ 33 ④ 37

해설 **랭킨사이클의 열효율(η_R)**

$\eta_R = \dfrac{w_t - w_p}{q_1} = \dfrac{(h_3 - h_4) - (h_2 - h_1)}{h_3 - h_2} \times 100\%$

$= \dfrac{(2,900 - 2,000) - (200 - 190)}{2,900 - 200} \times 100\% \fallingdotseq 33\%$

★
28 냉동 사이클의 작동 유체인 냉매의 구비조건으로 틀린 것은?

① 화학적으로 안정될 것
② 임계 온도가 상온보다 충분히 높을 것
③ 응축 압력이 가급적 높을 것
④ 증발 잠열이 클 것

해설 응축 압력은 가급적 낮을 것

29 압력 500kPa, 온도 240℃인 과열증기와 압력 500kPa의 포화수가 정상상태로 흘러들어와 섞인 후 같은 압력의 포화증기 상태로 흘러나간다. 1kg의 과열증기에 대하여 필요한 포화수의 양은 약 몇 kg인가? (단, 과열증기의 엔탈피는 3,063kJ/kg이고, 포화수의 엔탈피는 636kJ/kg, 증발열은 2,109kJ/kg이다.)

① 0.15 ② 0.45
③ 1.12 ④ 1.45

정답 23. ② 24. ② 25. ② 26. ② 27. ③ 28. ③ 29. ①

해설 과열증기(m_1h_1)+포화수(m_2h')=포화증기(m_3h'')
여기서, $m_3 = m_1 + m_2 = 1 + m_2$
$h_1 + m_2h' = (1+m_2)h'' = h'' + m_2h''$
$h_1 - h'' = m_2(h'' - h')$
여기서, h''(포화증기 비엔탈피)$= h' + \gamma$ [kJ/kg]
$$\therefore m_2 = \frac{h_1 - h''}{h'' - h'} = \frac{h_1 - (h' + \gamma)}{(h' + \gamma) - h'} = \frac{h_1 - (h' + \gamma)}{\gamma}$$
$$= \frac{3,063 - (636 + 2,109)}{2,109} = 0.15\text{kg}$$

★
30 30℃에서 150L의 이상기체를 20L로 가역 단열압축시킬 때 온도가 230℃로 상승하였다. 이 기체의 정적비열은 약 몇 kJ/kg·K인가? (단, 기체상수는 0.287kJ/kg·K이다.)

① 0.17 ② 0.24
③ 1.14 ④ 1.47

해설
$$\frac{T_2}{T_1} = \left(\frac{V_1}{V_2}\right)^{k-1}$$
$$\ln\frac{T_2}{T_1} = (k-1)\ln\frac{V_1}{V_2}$$
$$k - 1 = \frac{\ln\frac{T_2}{T_1}}{\ln\frac{V_1}{V_2}} = \frac{\ln\frac{503}{303}}{\ln\frac{150}{20}} \fallingdotseq 0.252$$
$$\therefore C_v = \frac{R}{k-1} = \frac{0.287}{0.252} \fallingdotseq 1.14$$

31 증기에 대한 설명 중 틀린 것은?

① 포화액 1kg을 정압하에서 가열하여 포화증기로 만드는 데 필요한 열량을 증발잠열이라 한다.
② 포화증기를 일정 체적하에서 압력을 상승시키면 과열증기가 된다.
③ 온도가 높아지면 내부에너지가 커진다.
④ 압력이 높아지면 증발잠열이 커진다.

해설 압력이 높아지면 증발잠열은 작아진다.

★
32 최고 온도 500℃와 최저 온도 30℃ 사이에서 작동되는 열기관의 이론적 효율(%)은?

① 6 ② 39
③ 61 ④ 94

해설
$$\eta_c = 1 - \frac{T_2}{T_1} = 1 - \frac{30 + 273}{500 + 273} \fallingdotseq 0.61(61\%)$$

33 비열이 $\alpha + \beta t + \gamma t^2$로 주어질 때, 온도가 t_1으로부터 t_2까지 변화할 때의 평균비열(C_m)의 식은? (단, α, β, γ는 상수이다.)

① $C_m = \alpha + \frac{1}{2}\beta(t_2 + t_1) + \frac{1}{3}\gamma(t_2{}^2 + t_2t_1 + t_1{}^2)$
② $C_m = \alpha + \frac{1}{2}\beta(t_2 - t_1) + \frac{1}{3}\gamma(t_2{}^2 + t_2t_1 + t_1{}^2)$
③ $C_m = \alpha - \frac{1}{2}\beta(t_2 + t_1) + \frac{1}{3}\gamma(t_2{}^2 - t_2t_1 - t_1{}^2)$
④ $C_m = \alpha - \frac{1}{2}\beta(t_2 + t_1) - \frac{1}{3}\gamma(t_2{}^2 + t_2t_1 - t_1{}^2)$

해설 평균비열(C_m)
$$= \frac{1}{t_2 - t_1}\int_{t_1}^{t_2} Cdt$$
$$= \frac{1}{t_2 - t_1}\int_{t_1}^{t_2}(\alpha + \beta t + \gamma t^2)dt$$
$$= \frac{1}{t_2 - t_1}\left[\alpha(t_2 - t_1) + \frac{\beta}{2}(t_2^2 - t_1^2) + \frac{\gamma}{3}(t_2^3 - t_1^3)\right]$$
$$= \frac{1}{t_2 - t_1}\left[\alpha(t_2 - t_1) + \frac{\beta}{2}(t_2 + t_1)(t_2 - t_1) + \frac{\gamma}{3}(t_2 - t_1)(t_2^2 + t_2t_1 + t_1^2)\right]$$
$$= \alpha + \frac{\beta}{2}(t_2 + t_1) + \frac{\gamma}{3}(t_2^2 + t_2t_1 + t_1^2)[\text{kJ/kg}\cdot\text{K}]$$

★
34 다음은 열역학 기본법칙을 설명한 것이다. 제0법칙, 제1법칙, 제2법칙, 제3법칙 순으로 옳게 나열된 것은?

> 가. 에너지 보존에 관한 법칙이다.
> 나. 에너지의 전달 방향에 관한 법칙이다.
> 다. 절대온도 0K에서 완전 결정질의 절대 엔트로피는 0이다.
> 라. 시스템 A가 시스템 B와 열적 평형을 이루고 동시에 시스템 C와도 열적 평형을 이룰 때 시스템 B와 C의 온도는 동일하다.

① 가-나-다-라 ② 라-가-나-다
③ 다-라-가-나 ④ 나-가-라-다

해설 ㉠ 라 : 열역학 제0법칙(열평형의 법칙, 온도계의 기본원리 적용)
㉡ 가 : 열역학 제1법칙(에너지 보존의 법칙, 열량과 일량은 본질적으로 동일한 에너지다)
㉢ 나 : 열역학 제2법칙(비가역법칙, 엔트로피 증가 법칙, 열의 방향성을 제시한 법칙)
㉣ 다 : 열역학 제3법칙(엔트로피의 절댓값을 정의한 법칙, Nernst의 열정리)

정답 30. ③ 31. ④ 32. ③ 33. ① 34. ②

35 그림은 물의 압력-체적 선도($P-V$)를 나타낸다. A′ACBB′ 곡선은 상들 사이의 경계를 나타내며, T_1, T_2, T_3는 물의 $P-V$ 관계를 나타내는 등온곡선들이다. 이 그림에서 점 C는 무엇을 의미하는가?

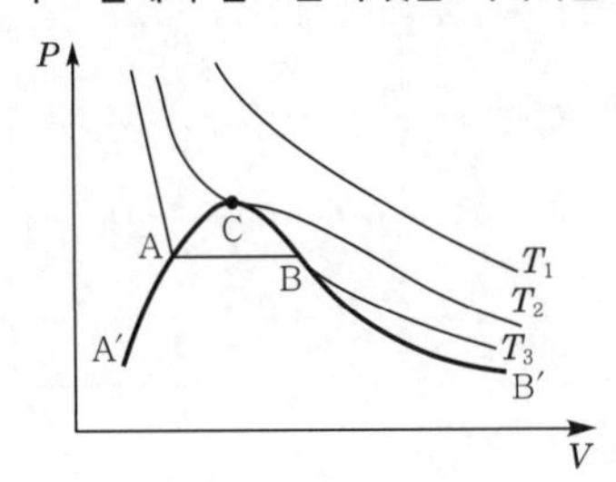

① 변곡점 ② 극대점
③ 삼중점 ④ 임계점

해설 C점은 증발열이 0인 임계점(critical point)이다.

★
36 어떤 상태에서 질량이 반으로 줄면 강도성질(intensive property) 상태량의 값은?

① 반으로 줄어든다.
② 2배로 증가한다.
③ 4배로 증가한다.
④ 변하지 않는다.

해설 강도성질(intensive property)은 물질의 양과는 무관한 상태량이다(예 온도, 압력, 비체적).

★
37 카르노 냉동 사이클의 설명 중 틀린 것은?

① 성능계수가 가장 좋다.
② 실제적인 냉동 사이클이다.
③ 카르노 열기관 사이클의 역이다.
④ 냉동 사이클의 기준이 된다.

해설 카르노 사이클은 열기관의 이상 사이클이고 카르노 냉동 사이클(역 카르노 사이클)은 냉동기의 이상 사이클이다.

38 비열비는 1.3이고 정압비열이 0.845kJ/kg·K인 기체의 기체상수(kJ/kg·K)는 얼마인가?

① 0.195 ② 0.5
③ 0.845 ④ 1.345

해설
정압비열(C_P)$=\dfrac{k}{k-1}R$[kJ/kg·K]이므로

기체상수(R)$=\dfrac{C_P(k-1)}{k}$

$=\dfrac{0.845(1.3-1)}{1.3}=0.195\text{kJ/kg}\cdot\text{K}$

★
39 오토사이클에서 열효율이 56.5%가 되려면 압축비는 얼마인가? (단, 비열비는 1.4이다.)

① 3 ② 4
③ 8 ④ 10

해설
$\eta_{tho}=1-\left(\dfrac{1}{\varepsilon}\right)^{k-1}$

$\therefore\ \varepsilon=\left(\dfrac{1}{1-\eta_{tho}}\right)^{\frac{1}{k-1}}=\left(\dfrac{1}{1-0.565}\right)^{\frac{1}{1.4-1}}=8$

★
40 유체가 담겨 있는 밀폐계가 어떤 과정을 거칠 때 그 에너지식은 $\Delta U_{12}=Q_{12}$으로 표현된다. 이 밀폐계와 관련된 일은 팽창일 또는 압축일 뿐이라고 가정할 경우 이 계가 거쳐 간 과정에 해당하는 것은? (단, U는 내부에너지를, Q는 전달된 열량을 나타낸다.)

① 등온과정 ② 정압과정
③ 단열과정 ④ 정적과정

해설 $Q=(U_2-U_1)+{}_1W_2$[kJ]$\left({}_1W_2=\int_1^2 PdV\right)$

등적과정 시($dV=0$) 절대일은 0이고 공급열량(가열량)은 내부에너지 변화량과 같다($Q_{12}=\Delta U_{12}$).

제3과목 계측방법

41 피드백 제어에 대한 설명으로 틀린 것은?

① 고액의 설비비가 요구된다.
② 운영하는 데 비교적 고도의 기술이 요구된다.
③ 일부 고장이 있어도 전체 생산에 영향을 미치지 않는다.
④ 수리가 비교적 어렵다.

정답 35. ④ 36. ④ 37. ② 38. ① 39. ③ 40. ④ 41. ③

해설 피드백(밀폐계) 제어는 구조가 복잡하므로 부분적으로 고장이 있어도 전체 생산(전공정)에 영향을 미친다.

42 가스의 상자성을 이용하여 만든 세라믹식 가스분석계는?

① O_2 가스계　② CO_2 가스계
③ SO_2 가스계　④ 가스크로마토그래피

해설 가스의 상자성을 이용하여 만든 세라믹 가스분석계는 CO_2 가스계다.

★
43 하겐-포아젤의 법칙을 이용한 점도계는?

① 세이볼트 점도계　② 낙구식 점도계
③ 스토머 점도계　④ 맥미첼 점도계

해설 하겐포아젤의 법칙을 이용한 점도계는 Saybolt(세이볼트) 점도계와 오스발트 점도계가 있다.
※ 낙구식 점도계는 스톡스 법칙, 스토머 점도계와 맥미첼 점도계는 뉴튼의 점성법칙을 적용한 점도계다.

★
44 적분동작(I동작)에 대한 설명으로 옳은 것은?

① 조작량이 동작신호의 값을 경계로 완전 개폐되는 동작
② 출력변화가 편차의 제곱근에 반비례하는 동작
③ 출력변화가 편차의 제곱근에 비례하는 동작
④ 출력변화의 속도가 편차에 비례하는 동작

해설 적분(Integral)동작(I동작)은 출력변화의 속도가 편차에 비례하는 동작이다.

45 흡습염(염화리튬)을 이용하여 습도 측정을 위해 대기 중의 습도를 흡수하면 흡수체 표면에 포화용액층을 형성하게 되는데, 이 포화용액과 대기와의 증기 평형을 이루는 온도를 측정하는 방법은?

① 흡습법　② 이슬점법
③ 건구습도계법　④ 습구습도계법

해설 이슬점법(Dew point method)은 흡습열(염화리튬 ; LiCl)을 이용하여 습도측정을 위해 대기 중의 습도를 흡수하면 흡수체 표면에 포화용액 층을 형성하는데 이론화 용액과 대기 중의 증기 평형을 이루는 온도를 측정하는 방법이다.

★
46 실온 22℃, 습도 45%, 기압 765mmHg인 공기의 증기분압(P_w)은 약 몇 mmHg인가? (단, 공기의 가스상수는 287 N·m/kg·K, 22℃에서 포화압력(P_s)은 18.66mmHg 이다.)

① 4.1　② 8.4
③ 14.3　④ 20.7

해설 상대습도(ϕ)

$$= \frac{\text{불포화상태 시 수증기의 분압}(P_w)}{\text{포화상태 시 수증기의 분압}(P_s)} \times 100\%$$

$\therefore\ P_w = \phi \times P_s = 0.45 \times 18.66 \fallingdotseq 8.4\text{mmHg}$

47 다음 계측기 중 열관리용에 사용되지 않는 것은?

① 유량계
② 온도계
③ 다이얼 게이지
④ 부르동관 압력계

해설 다이얼 게이지는 면의 요철(그림)이나 축의 진폭 기계가공에서 움직인 거리 등 미세한 길이를 측정하는 기구이다(열관리용 계측기가 아니다).

48 압력을 측정하는 계기가 그림과 같을 때 용기 안에 들어있는 물질로 적절한 것은?

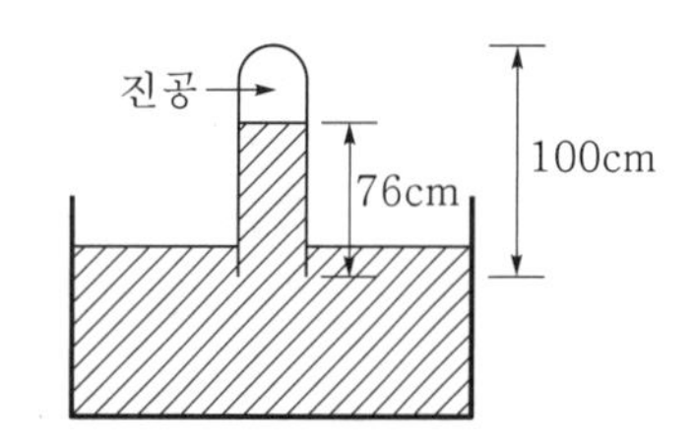

① 알코올　② 물
③ 공기　④ 수은

해설 대기압 측정 시 용기 안에 들어있는 물질은 수은(Hg)이다.
1atm=760mmHg=76cmHg(수은주)

★
49 다음에서 열전온도계 종류가 아닌 것은?

① 철과 콘스탄탄을 이용한 것
② 백금과 백금·로듐을 이용한 것
③ 철과 알루미늄을 이용한 것
④ 동과 콘스탄탄을 이용한 것

정답 42. ① 43. ① 44. ④ 45. ② 46. ② 47. ③ 48. ④ 49. ③

2020년

해설 **열전온도계(열전기상의 열기전력을 이용한 온도계)**
㉠ 백금－백금·로듐(PR) : 1,600℃
㉡ 철－콘스탄탄(IL) : 800℃ [콘스탄탄(Cu55%－Ni45%)]
㉢ 동－콘스탄탄(LL) : －300 ~ 350℃
㉣ 크로멜－알루엘(CA) : 1,200℃

★
50 다음 중 계통오차(Systematic error)가 아닌 것은?

① 계측기오차 ② 환경오차
③ 개인오차 ④ 우연오차

해설 계통오차(systematic error)는 정오차(determinated error)라고도 하며, 오차의 원인을 규명할 수 있고 참값을 기준으로 일정한 방향과 크기를 가지고 있는 오차를 말한다. 원인을 인지하지 못한다면 반복측정해도 감소하지 않는다.
※ **우연오차(accidental/random error)**
계통오차나 과실오차를 제거하여도 정밀성이나 관측자 능력의 한계 등 여러 가지 원인에 의해 같은 조건에서 분석해도 생기는 오차로, 특성상 완전히 제거하는 것은 불가능하고, 통계처리를 통해 파악하고 반복측정을 통해 최소화하는 것이 가능하다.

★
51 유량계에 대한 설명으로 틀린 것은?

① 플로트형 면적유량계는 정밀측정이 어렵다.
② 플로트형 면적유량계는 고점도 유체에 사용하기 어렵다.
③ 플로우 노즐식 교축유량계는 고압유체의 유량측정에 적합하다.
④ 플로우 노즐식 교축유량계는 노즐의 교축을 완만하게 하여 압력손실을 줄인 것이다.

해설 면적식 유량계는 기체·유체·유량측정이 가능하고, 특히 소유량 고점 도유체 및 부식성 유체에 적합하며 오차발생이 적다(면적식 유량계의 대표적인 것은 로터미터이다).

52 다음 중 광고온계의 측정원리는?

① 열에 의한 금속팽창을 이용하여 측정
② 이종금속 접합점의 온도차에 따른 열기전력을 측정
③ 피측정물의 전파장의 복사 에너지를 열전대로 측정
④ 피측정물의 휘도와 전구의 휘도를 비교하여 측정

해설 광고온도계(Optical Pyrometer)는 측정물의 휘도를 표준램프의 휘도와 비교하여 온도를 측정하는 것으로 700℃가 넘는 고온체 온도를 측정하는 온도계이다.

★
53 전기저항 온도계의 특징에 대한 설명으로 틀린 것은?

① 자동기록이 가능하다.
② 원격측정이 용이하다.
③ 1,000℃ 이상의 고온측정에서 특히 정확하다.
④ 온도가 상승함에 따라 금속의 전기 저항이 증가하는 현상을 이용한 것이다.

해설 전기저항 온도계 중 백금(Pt)측온저항체는 측정범위가 −200~500℃로 안정성과 재현성이 우수하며 고온체에서의 열화가 적다.

54 다음 중 자동조작 장치로 쓰이지 않는 것은?

① 전자개폐기 ② 안전밸브
③ 전동밸브 ④ 댐퍼

해설 자동조작 장치로 쓰이는 것은 전자개폐기, 전동밸브, 댐퍼(damper)이다.

55 액주식 압력계에서 액주에 사용되는 액체의 구비조건으로 틀린 것은?

① 모세관 현상이 클 것
② 점도나 팽창계수가 작을 것
③ 항상 액면을 수평으로 만들 것
④ 증기에 의한 밀도 변화가 되도록 적을 것

해설 **액주식 압력계에서 액주(액체)의 구비조건**
㉠ 열팽창계수가 작을 것
㉡ 모세관 현상이 적을 것
㉢ 점도가 작을 것
㉣ 휘발성, 흡수성이 적을 것
㉤ 온도 변화에 대한 밀도 변화가 작을 것
㉥ 액면은 항상 수평으로 만들 것

★
56 다음 중 물리적 가스분석계와 거리와 먼 것은?

① 가스 크로마토그래프법
② 자동오르자트법
③ 세라믹식
④ 적외선흡수식

정답 50. ④ 51. ② 52. ④ 53. ③ 54. ② 55. ① 56. ②

해설 자동오르자트 분석기, 연소식 O_2계, 자동화학 CO_2계 분석기 등은 화학적 가스분석계의 종류이다.

57 다음 중 탄성 압력계의 탄성체가 아닌 것은?

① 벨로스 ② 다이어프램
③ 리퀴드 벌브 ④ 부르동관

해설 탄성 압력계의 탄성체로 사용하는 것은 벨로스(Bellows), 다이어프램(diaphragm), 브로동관(Bourdon tube)이다.

★
58 초음파 유량계의 특징이 아닌 것은?

① 압력손실이 없다.
② 대 유량 측정용으로 적합하다.
③ 비전도성 액체의 유량측정이 가능하다.
④ 미소기전력을 증폭하는 증폭기가 필요하다.

해설 초음파 유량계는 미소기전력을 증폭하는 증폭기가 필요 없다. 변환기(검출기)가 필요하다.

59 차압식 유량계에서 압력차가 처음보다 4배 커지고 관의 지름이 $\frac{1}{2}$로 되었다면 나중 유량(Q_2)과 처음 유량(Q_1)의 관계를 옳게 나타낸 것은?

① $Q_2 = 0.71 \times Q_1$ ② $Q_2 = 0.5 \times Q_1$
③ $Q_2 = 0.35 \times Q_1$ ④ $Q_2 = 0.25 \times Q_1$

해설 차압식유량계 유량(Q)구하는 공식

$$Q = CA\sqrt{2g\frac{\Delta P}{\gamma}}\ [\mathrm{m^3/s}]$$

유량은 단면적에 비례하고, 압력강하 제곱근에 비례한다.

$$\therefore \frac{Q_2}{Q_1} = \sqrt{\frac{\Delta p_2}{\Delta p_1}} \times \left(\frac{d_2}{d_1}\right)^2 = \sqrt{4} \times \left(\frac{1}{2}\right)^2 = 2 \times \frac{1}{4}$$

$$= \frac{1}{2} \times 0.5$$

$$\therefore Q_2 = 0.5Q_1\,[\mathrm{m^3/s}]$$

★
60 방사고온계로 물체의 온도를 측정하니 1,000℃였다. 전방사율이 0.7이면 진온도는 약 몇 ℃인가?

① 1,119 ② 1,196
③ 1,284 ④ 1,392

해설 방사고온계는 물체에서 방출되는 열방사를 이용하여 비접촉으로 온도를 측정하는 온도계다.

$$\text{진온도}(T) = \frac{1{,}000 + 273}{0.7^{\frac{1}{4}}} \fallingdotseq 1{,}392\mathrm{K} = 1{,}119℃$$

제4과목 열설비재료 및 관계법규

★
61 매끈한 원관 속을 흐르는 유체의 레이놀즈수가 1,800일 때의 관마찰계수는?

① 0.013 ② 0.015
③ 0.036 ④ 0.053

해설 층류 $Re < 2{,}100$ 이므로 $f = \frac{64}{Re} = \frac{64}{1{,}800} \fallingdotseq 0.036$

★
62 사용압력이 비교적 낮은 증기, 물 등의 유체 수송관에 사용하며, 백관과 흑관으로 구분되는 강관은?

① SPP ② SPPH
③ SPPY ④ SPA

해설 SPP(배관용 탄소강관)
사용압력이 비교적 낮은 증기·물 등의 유체수송관에 사용되며 아연도금을 한 백관과 도금을 하지 않은 흑관으로 구분된다.
② SPPH : 고압배관용 탄소강 강관
④ SPA : 배관용 합금강관(주로 고온도의 배관에 사용한다.)

63 축요(築窯) 시 가장 중요한 것은 적합한 지반(地盤)을 고르는 것이다. 다음 중 지반의 적부시험으로 틀린 것은?

① 지내력시험 ② 토질시험
③ 팽창시험 ④ 지하탐사

해설 지반의 적부시험
㉠ 지내력시험
㉡ 토질시험
㉢ 지하시험

★
64 밸브의 몸통이 둥근 달걀형 밸브로서 유체의 압력감소가 크므로 압력이 필요로 하지 않을 경우나 유량 조절용이나 차단용으로 적합한 밸브는?

① 글로브 밸브 ② 체크 밸브
③ 버터플라이 밸브 ④ 슬루스 밸브

정답 57. ③ 58. ④ 59. ② 60. ① 61. ③ 62. ① 63. ③ 64. ①

해설 글로브(Globe valve)의 밸브＝정지 밸브(stop valve)는 유량조절용 밸브로 밸브의 몸통이 둥근 달걀모양으로 유체의 압력감소가 크므로 압력이 필요하지 않을 경우나 유량조절용이나 차단용으로 적합하나 유체손실이 크다.

★
65 에너지이용 합리화법에 따라 산업통상자원부장관은 에너지사정 등의 변동으로 에너지수급에 중대한 차질이 발생할 우려가 있다고 인정되면 필요한 범위에서 에너지 사용자, 공급자 등에게 조정·명령, 그 밖에 필요한 조치를 할 수 있다. 이에 해당되지 않는 항목은?

① 에너지의 개발
② 지역별·주요 수급자별 에너지 할당
③ 에너지의 비축
④ 에너지의 배급

해설 에너지 개발은 에너지사용자, 공급자 등에게 조정 명령, 그 밖의 필요한 조치사항에 해당되지 않는다.

★
66 에너지이용 합리화법상 온수발생 용량이 0.5815MW를 초과하며 10t/h 이하인 보일러에 대한 검사대상기기관리자의 자격으로 모두 고른 것은?

ㄱ. 에너지관리기능장 ㄴ. 에너지관리기사 ㄷ. 에너지관리산업기사 ㄹ. 에너지관리기능사 ㅁ. 인정검사대상기기관리자의 교육을 이수한 자

① ㄱ, ㄴ　　② ㄱ, ㄴ, ㄷ
③ ㄱ, ㄴ, ㄷ, ㄹ　　④ ㄱ, ㄴ, ㄷ, ㄹ, ㅁ

해설 온수발생 및 열매체를 가열하는 보일러 용량에 0.5815 MW(581.5kW)를 초과하며 10ton/h 이하인 보일러 조종자의 자격이 있는 자는 에너지관리기능장, 에너지관리기사, 에너지관리산업기사, 에너지관리기능사이다.
※ 인정검사대상기기 관리자 교육을 이수한 자는 0.5815 MW 이하인 경우만 가능하다.

67 다음 중 내화모르타르의 분류에 속하지 않는 것은?

① 열경성　　② 화경성
③ 기경성　　④ 수경성

해설 내화모르타르(refractory mortar)는 내화벽돌을 쌓을 때의 재료로 경화하는 상태로 분류하면 열경성, 기경성, 누경성으로 나뉜다.
※ **모르타르(mortar)** : 시멘트와 모래를 1 : 3 정도로 배합하여 물로 굳게 한 것을 말한다. 물은 20~70% 정도로 첨가한다.

★
68 에너지법에서 정한 용어의 정의에 대한 설명으로 틀린 것은?

① 에너지란 연료·열 및 전기를 말한다.
② 연료란 석유·가스·석탄, 그 밖에 열을 발생하는 열원을 말한다.
③ 에너지사용자란 에너지를 전환하여 사용하는 자를 말한다.
④ 에너지사용기자재란 열사용기자재나 그 밖에 에너지를 사용하는 기자재를 말한다.

해설 에너지사용자라 함은 에너지사용시설의 소유자 또는 관리자를 말한다.

69 염기성 슬래그나 용융금속에 대한 내침식성이 크므로 염기성 제강로의 노재로 주로 사용되는 내화벽돌은?

① 마그네시아질　　② 규석질
③ 샤모트질　　④ 알루미나질

해설 ㉠ 염기성(알칼리성) 내화물 : 마그네시아질(MgO계), 마그네시아-크롬질($MgO-Cr_2O_3$), 포스테라이트질($MgO-SiO_2$계), 돌로마이트질(CaO-MgO계)
㉡ 산성 내화물 : 규석질(석영질) 샤모트질, 납석질(반규석질), 점토질 등
㉢ 중성 내화물 ; 크롬질, 탄소질, 탄화규소질, 고알루미나질(Al_2O_3계 50% 이상) 등

★
70 에너지이용 합리화법에서 정한 열사용기자재의 적용범위로 옳은 것은?

① 전열면적이 $20m^2$ 이하인 소형 온수보일러
② 정격소비전력이 50kW 이하인 축열식 전기보일러
③ 1종 압력용기로서 최고사용압력(MPa)과 부피(m^3)를 곱한 수치가 0.01을 초과하는 것
④ 2종 압력용기로서 최고사용압력이 0.2MPa를 초과하는 기체를 그 안에 보유하는 용기로서 내부 부피가 $0.04m^3$ 이상인 것

정답 65. ① 66. ③ 67. ② 68. ③ 69. ① 70. ④

해설 ① 전열면적이 $14m^2$ 이하
② 정격소비전력이 30kW 이하
③ 곱한 수치가 0.004을 초과하는 것

★
71 에너지이용 합리화법에서 정한 에너지저장시설의 보유 또는 저장의무의 부과 시 정당한 이유 없이 이를 거부하거나 이행하지 아니한 자에 대한 벌칙 기준은?

① 500만 원 이하의 벌금
② 1천만 원 이하의 벌금
③ 1년 이하의 징역 또는 1천만 원 이하의 벌금
④ 2년 이하의 징역 또는 2천만 원 이하의 벌금

해설 에너지저장시설의 보유 또는 저장의무의 부과 시 정당한 사유 없이 이를 거부하거나 이행하지 아니한 자에 대한 벌칙 기준은 2년 이하의 징역 또는 2천만 원 이하의 벌금이다.

★
72 에너지이용 합리화법상 특정열사용기자재 및 설치 · 시공범위에 해당하지 않는 품목은?

① 압력용기
② 태양열 집열기
③ 태양광 발전장치
④ 금속요로

해설 **특정열사용기자재 및 설치, 시공범위 해당품목**
㉠ 태양광 집열기
㉡ 압력용기
㉢ 금속요로
㉣ 보일러
㉤ 요업요로

73 에너지이용 합리화법에 따라 검사대상기기 검사 중 개조검사의 적용 대상이 아닌 것은?

① 온수보일러를 증기보일러로 개조하는 경우
② 보일러 섹션의 증감에 의하여 용량을 변경하는 경우
③ 동체 · 경판 · 관판 · 관모음 또는 스테이의 변경으로서 산업통상자원부장관이 정하여 고시하는 대수리의 경우
④ 연료 또는 연소방법을 변경하는 경우

해설 **개조검사의 적용대상**
㉠ 증기보일러를 온수보일러로 개조하는 경우
㉡ 보일러 섹션(section) 증감에 의해 용량을 변경하는 경우
㉢ 동체(Drum), 돔, 노통, 연소실 경판, 천정판, 관판, 관모음 스테이(stay 변경으로서 산업통상자원부장관이 정하여 고시하는 대수리의 경우
㉣ 연료 또는 연 방법을 변경하는 경우
㉤ 철금속가열로로서 산업통상자원부장관이 정하여 고시하는 경우의 수리

★
74 에너지이용 합리화법상 검사대상기기 설치자가 해당 기기의 검사를 받지 않고 사용하였을 경우 벌칙기준으로 옳은 것은?

① 2년 이하의 징역 또는 2천만 원 이하의 벌금
② 1년 이하의 징역 또는 1천만 원 이하의 벌금
③ 2천만 원 이하의 과태료
④ 1천만 원 이하의 과태료

해설 검사대상기기 설치자가 해당기기 검사를 받지 않고 사용하였을 경우 벌칙기준은 1년 이하의 징역 또는 1천만원 이하의 벌금이다.

★
75 에너지이용 합리화법상 공공사업주관자는 에너지사용계획을 수립하여 산업통상자원부 장관에게 제출하여야 한다. 공공사업주관자가 설치하려는 시설 기준으로 옳은 것은?

① 연간 2,500TOE 이상의 연료 및 열을 사용, 또는 연간 2천만kWh 이상의 전력을 사용
② 연간 2,500TOE 이상의 연료 및 열을 사용, 또는 연간 1천만kWh 이상의 전력을 사용
③ 연간 5,000TOE 이상의 연료 및 열을 사용, 또는 연간 2천만kWh 이상의 전력을 사용
④ 연간 5,000TOE 이상의 연료 및 열을 사용, 또는 연간 1천만kWh 이상의 전력을 사용

해설 에너지사용계획을 산업통상부장관에게 제출해야 하는 공공사업주관자가 설치하려는 시설기준은 연간 2,500TOE(티오이) 이상의 연료 및 열을 사용 또는 연간 1천만킬로와트시(kWh) 이상의 전력을 사용하는 공공사업주관자

정답 71. ④ 72. ③ 73. ① 74. ② 75. ②

★
76 에너지법에서 정한 열사용기자재의 정의에 대한 내용이 아닌 것은?

① 연료를 사용하는 기기
② 열을 사용하는 기기
③ 단열성 자재 및 축열식 전기기기
④ 폐열 회수장치 및 전열장치

해설 폐열 회수장치 및 전열장치는 열사용기자재의 정의에 부합되지 않는 내용이다.

77 공업용로에 있어서 폐열회수장치로 가장 적합한 것은?

① 댐퍼
② 백필터
③ 바이패스 연도
④ 레큐퍼레이터

해설 레큐퍼레이터(Recuperrator)는 가열로 배가스의 열량을 송풍기(Blower)에 보내온 공기와 열교환하여 고온연소공기를 얻는 열손실회수(폐열회수)장치다.

78 다음 중 산성 내화물에 속하는 벽돌은?

① 고알루미나질
② 크롬-마그네시아질
③ 마그네시아질
④ 샤모트질

해설 ① 고알루미나질(중성질)
② 크롬-마그네시아질(염기성)
③ 마그네시아질(MgO계 ; 염기성)
④ 샤모트질(산성)

★
79 보온재의 열전도율에 대한 설명으로 옳은 것은?

① 배관 내 유체의 온도가 높을수록 열전도율은 감소한다.
② 재질 내 수분이 많을 경우 열전도율은 감소한다.
③ 비중이 클수록 열전도율은 감소한다.
④ 밀도가 작을수록 열전도율은 감소한다.

해설 보온재의 밀도가 작을수록 열전도율은 감소한다.

★
80 다음 중 불연속식 요에 해당하지 않는 것은?

① 횡염식 요 ② 승염식 요
③ 터널 요 ④ 도염식 요

해설 터널 요는 도자기, 내화물 따위를 굽는 터널모양의 가마로 연속식 요(가마)이다. 불연속식 요로는 횡염식, 승염식, 도염식 요가 있다.

제5과목 열설비설계

★
81 입형 횡관 보일러의 안전저수위로 가장 적당한 것은?

① 하부에서 75mm 지점
② 횡관 전길이의 1/3 높이
③ 화격자 하부에서 100mm 지점
④ 화실 천장판에서 상부 75mm 지점

해설 입형횡관보일러의 안전저수위는 화살천장판에서 상부 75mm지점이 가장 적합하다.(노통보일러, 노통최고부위 100mm, 노통연관보일러 화실천장판 최고위 연관길이의 $\frac{1}{3}$)

82 보일러 급수 중에 함유되어 있는 칼슘(Ca) 및 마그네슘(Mg)의 농도를 나타내는 척도는?

① 탁도 ② 경도
③ BOD ④ pH

해설 보일러 급수 중에 함유되어 있는 칼슘(Ca) 및 마그네슘(Mg)의 농도를 나타내는 척도는 물의 경도로 단위는 ppm으로 표시한다.

★
83 보일러 운전 중 경판의 적절한 탄성을 유지하기 위한 완충폭을 무엇이라고 하는가?

① 아담슨 조인트 ② 브레이징 스페이스
③ 용접 간격 ④ 그루빙

해설 브레이징 스페이스(breathing space)는 노통의 상부와 거싯 버팀 사이의 공간으로 열에 의한 압축응력을 완화시키기 위한 경판의 탄력구역을 말한다. 브레이징 스페이스가 불충분하면 그루빙(Grooving)이란 부식이 발생하며, 브레이징 스페이스는 225mm 이상이어야 한다.

정답 76. ④ 77. ④ 78. ④ 79. ④ 80. ③ 81. ④ 82. ② 83. ②

84 **보일러 장치에 대한 설명으로 틀린 것은?**

① 절탄기는 연료공급을 적당히 분배하여 완전 연소를 위한 장치이다.
② 공기예열기는 연소가스의 예열로 공급공기를 가열시키는 장치이다.
③ 과열기는 포화증기를 가열시키는 장치이다.
④ 재열기는 원동기에서 팽창한 포화증기를 재가열시키는 장치이다.

해설 절탄기(economizer)는 폐열회수장치로, 보일러의 연돌로 배출되는 배기가스의 폐열량을 이용하여 보일러 급수를 예열하는 장치다.

85 **보일러수의 처리방법 중 탈기장치가 아닌 것은?**

① 가압 탈기장치
② 가열 탈기장치
③ 진공 탈기장치
④ 막식 탈기장치

해설 보일러 수의 처리방법 중 탈기장치(보일러에 공급되는 물에 섞인 산소, 이산화탄소 따위를 제거하는 장치)가 아닌 것은 가압 탈기장치다.

★
86 **보일러의 과열 방지 대책으로 가장 거리가 먼 것은?**

① 보일러 수위를 낮게 유지할 것
② 고열부분에 스케일 슬러지 부착을 방지할 것
③ 보일러 수를 농축하지 말 것
④ 보일러 수의 순환을 좋게 할 것

해설 **보일러의 과열방지 대책**
㉠ 보일러 수위를 높게 유지할 것
㉡ 보일러의 순환을 촉진(균게)시킬 것
㉢ 보일러 수를 농축하지 말 것
㉣ 고열부분에 스케일, 슬러지(sludge) 부착을 방지할 것
※ 보일러의 수위를 낮게(저수위)하는 것은 과열의 원인이 된다.

87 **최고사용압력이 3.0MPa 초과 5.0MPa 이하인 수관보일러의 급수 수질기준에 해당하는 것은? (단, 25℃를 기준으로 한다.)**

① pH : 7~9, 경도 : 0mg $CaCO_3$/L
② pH : 7~9, 경도 : 1mg $CaCO_3$/L
③ pH : 8~9.5, 경도 : 0mg $CaCO_3$/L
④ pH : 8~9.5, 경도 : 1mg $CaCO_3$/L

해설 최고사용압력이 3MPa초과 5MPa 이하인 수관보일러의 급수수질기준(단, 25℃를 기준)은 pH 8~9.5, 경도 0mg $CaCO_3$/L이다.

88 **다음 중 보일러 본체의 구조가 아닌 것은?**

① 노통 ② 노벽
③ 수관 ④ 절탄기

해설 **보일러 본체구조**
㉠ 노통
㉡ 노벽
㉢ 수관
※ 절탄기(급수예열기)는 보일러의 부속장치로 폐열회수장치다.

★
89 **보일러 수압시험에서 시험수압을 규정된 압력의 몇 % 이상 초과하지 않도록 하여야 하는가?**

① 3% ② 6%
③ 9% ④ 12%

해설 보일러 수압시험에서 시험수압은 규정된 압력의 6%를 초과하지 않도록 해야 한다.

★
90 **평형노통과 비교한 파형노통의 장점이 아닌 것은?**

① 청소 및 검사가 용이하다.
② 고열에 의한 신축과 팽창이 용이하다.
③ 전열면적에 크다.
④ 외압에 대한 강도가 크다.

해설 **파형노통의 장점과 단점**
장점
㉠ 열에 의한 신축성이 좋다.
㉡ 외압에 대한 강도가 크다.
㉢ 전열면적이 크다.
단점
㉠ 청소 및 검사가 어렵다.
㉡ 제작이 어렵고 비싸다.
㉢ 연소가스의 마찰저항이 크다(평형노통에 비해 통풍저항이 크다).

2020년

정답 84. ① 85. ① 86. ① 87. ③ 88. ④ 89. ② 90. ①

★

91 내부로부터 155mm, 97mm, 224mm의 두께를 가지는 3층의 노벽이 있다. 이들의 열전도율(W/m · ℃)은 각각 0.121, 0.069, 1.21이다. 내부의 온도 710℃, 외벽의 온도 23℃일 때, $1m^2$당 열손실량(W/m^2)은?

① 58　　② 120
③ 239　　④ 564

해설

$$K=\frac{1}{R}=\frac{1}{\frac{l_1}{\lambda_1}+\frac{l_2}{\lambda_2}+\frac{l_3}{\lambda_3}}$$

$$=\frac{1}{\frac{0.155}{0.121}+\frac{0.097}{0.069}+\frac{0.224}{1.21}}=0.348\mathrm{W/m^2\cdot K}$$

$$\therefore\ q=\frac{Q}{A}$$

$$=K(t_i-t_o)$$

$$=0.348(710-23)\fallingdotseq 239.08\mathrm{W/m^2}$$

★

92 다음 중 수관식 보일러의 장점이 아닌 것은?

① 드럼이 작아 구조상 고온 고압의 대용량에 적합하다.
② 연소실 설계가 자유롭고 연료의 선택범위가 넓다.
③ 보일러수의 순환이 좋고 전열면 증발율이 크다.
④ 보유수량이 많아 부하변동에 대하여 압력변동이 적다.

해설 수관식 보일러는 보유수량이 적어 부하변동에 대응하기가 어렵다.

★

93 다음 중 보일러의 탈산소제로 사용되지 않는 것은?

① 탄닌
② 하이드라진
③ 수산화나트륨
④ 아황산나트륨

해설 **보일러 탈산소제**
탄닌, 하이드라진(N_2H_4), 아황산나트륨(Na_2SO_3)

94 외경과 내경이 각각 6cm, 4cm이고 길이가 2m인 강관이 두께 2cm인 단열재로 둘러 쌓여있다. 이때 관으로부터 주위공기로의 열손실이 400W라 하면 관 내벽과 단열재 외면의 온도차는? (단, 주어진 강관과 단열재의 열전도율은 각각 15W/m · ℃, 0.2W/m · ℃이다.)

① 53.5℃　　② 82.2℃
③ 120.6℃　　④ 155.6℃

★

95 보일러의 성능시험방법 및 기준에 대한 설명으로 옳은 것은?

① 증기건도의 기준은 강철제 또는 주철제로 나누어 정해져 있다.
② 측정은 매 1시간마다 실시한다.
③ 수위는 최초 측정치에 비해서 최종 측정치가 적어야 한다.
④ 측정기록 및 계산양식은 제조사에서 정해진 것을 사용한다.

해설 보일러의 성능시험 방법 및 기준
증기건도(x)의 기준은 강철제 또는 주철제로 나누어 정해져있다.

96 보일러 설치 · 시공기준상 보일러를 옥내에 설치하는 경우에 대한 설명으로 틀린 것은?

① 불연성 물질의 격벽으로 구분된 장소에 설치한다.
② 보일러 동체 최상부로부터 천장, 배관 등 보일러 상부에 있는 구조물까지의 거리는 0.3m 이상으로 한다.
③ 연도의 외측으로부터 0.3m 이내에 있는 가연성 물체에 대하여는 금속 이외의 불연성 재료로 피복한다.
④ 연료를 저장할 때에는 소형보일러의 경우 보일러 외측으로부터 1m 이상 거리를 두거나 반격벽으로 할 수 있다.

해설 보일러설치 시공기준상 보일러를 옥내에 설치하는 경우 보일러 동체 상부로부터 천장, 배관 등 보일러 상부에 있는 구조물까지 거리는 1m 이상으로 한다.

정답 91. ③　92. ④　93. ③　94. ②　95. ①　96. ②

97 보일러의 과열에 의한 압궤의 발생부분이 아닌 것은?

① 노통 상부　　② 화실 천장
③ 연관　　④ 가셋스테이

해설 보일러의 과열에 의한 압궤 발생부분
㉠ 노통 상부
㉡ 연관
㉢ 화실 천장

98 보일러에 설치된 기수분리기에 대한 설명으로 틀린 것은?

① 발생된 증기 중에서 수분을 제거하고 건포화증기에 가까운 증기를 사용하기 위한 장치이다.
② 증기부의 체적이나 높이가 작고 수변의 면적이 증발량에 비해 작은 때는 가수공발이 일어날 수 있다.
③ 압력이 비교적 낮은 보일러의 경우는 압력이 높은 보일러 보다 증기와 물의 비중량 차이가 극히 작아 기수분리가 어렵다.
④ 사용원리는 원심력을 이용한 것, 스크러버를 지나게 하는 것, 스크린을 사용하는 것 또는 이들의 조합을 이루는 것 등이 있다.

해설 보일러에 설치된 기수분리기는 수증기 속에 포함되어 있는 물방울(수분)을 제거하는 장치이다.

99 안지름이 30mm, 두께가 2.5mm인 절탄기용 주철관의 최소 분출압력(MPa)은? (단, 재료의 허용인장응력은 80MPa이고 핀붙이를 하였다.)

① 0.92　　② 1.14
③ 1.31　　④ 2.61

★
100 외경 30mm의 철관에 두께 15mm의 보온재를 감은 증기관이 있다. 관 표면의 온도가 100℃, 보온재의 표면온도가 20℃인 경우 관의 길이 15m인 관의 표면으로부터의 열손실(W)은? (단, 보온재의 열전도율은 0.06W/m · ℃이다.)

① 312　　② 464
③ 542　　④ 653

해설
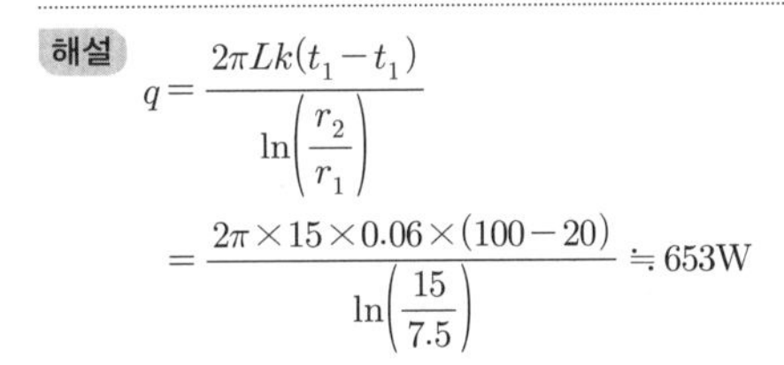
$$q=\frac{2\pi Lk(t_1-t_1)}{\ln\left(\frac{r_2}{r_1}\right)}=\frac{2\pi\times15\times0.06\times(100-20)}{\ln\left(\frac{15}{7.5}\right)}\fallingdotseq 653\text{W}$$

정답 97. ④ 98. ③ 99. ④ 100. ④

2020년 제3회 에너지관리기사

제1과목 연소공학

★
01 링겔만 농도표는 어떤 목적으로 사용되는가?

① 연돌에서 배출되는 매연농도 측정
② 보일러수의 pH 측정
③ 연소가스 중의 탄산가스 농도 측정
④ 연소가스 중의 SO_x 농도 측정

해설 링겔만 농도표는 연돌(굴뚝)에서 배출되는 매연농도 측정에 사용된다.

★
02 연소가스를 분석한 결과 CO_2 : 12.5%, O_2 : 3.0%일 때, $(CO_2)_{max}$%는? (단, 해당 연소가스에 CO는 없는 것으로 가정한다.)

① 12.62　　② 13.45
③ 14.58　　④ 15.03

해설
$$(CO_2)_{max} = \frac{21CO_2}{21-O_2} = \frac{21\times 12.5}{21-3} = 14.58$$

03 화염온도를 높이려고 할 때 조작방법으로 틀린 것은?

① 공기를 예열한다.
② 과잉공기를 사용한다.
③ 연료를 완전 연소시킨다.
④ 노 벽 등의 열손실을 막는다.

해설 **화염온도를 높이려고 할 때 조작방법**
㉠ 공기를 예열(pre-heating)한다.
㉡ 연료를 완전 연소시킨다.
㉢ 노 벽의 열손실을 막는다.

04 일반적인 정상연소의 연소속도를 결정하는 요인으로 가장 거리가 먼 것은?

① 산소농도　　② 이론공기량
③ 반응온도　　④ 촉매

해설 **정상연소의 연소속도를 결정하는 요인**
㉠ 산소농도
㉡ 반응온도
㉢ 촉매(화학반응에서 활성화 에너지를 낮추어주는 역할을 하는 화학물질)

★
05 다음 연소가스의 성분 중 대기오염 물질이 아닌 것은?

① 입자상물질
② 이산화탄소
③ 황산화물
④ 질소산화물

해설 **연소가스 성분 중 대기오염 물질**
㉠ 입자상물질 : 대기나 배출가스 속에 있는 먼지·연기 따위의 입자
㉡ 황산화물(SO_X) : SO, SO_2, SO_3(삼산화황)
㉢ 질소산화물(NO_X)

★
06 다음과 같은 조성의 석탄가스를 연소시켰을 때의 이론 습연소가스량(Nm^3/Nm^3)은?

성 분	CO	CO_2	H_2	CH_4	N_2
부피(%)	8	1	50	37	4

① 2.94　　② 3.94
③ 4.61　　④ 5.61

해설 이론 습연소가스량(CO_2)
$= CO_2 + N_2 + 2.88(CO + H_2) + 10.5CH_4$
$+ 15.3C_2H_4 - 3.76O_2 + W$
$= 0.01 + 0.04 + 2.88(0.08 + 0.5) + 10.5 \times 0.37$
$\fallingdotseq 5.61Nm^3/Nm^3$

★
07 옥테인(C_8H_{18})이 과잉공기율 2로 연소 시 연소가스 중의 산소 부피비(%)는?

① 6.4　　② 10.1
③ 12.9　　④ 20.2

정답 01. ① 02. ③ 03. ② 04. ② 05. ② 06. ④ 07. ②

해설 산소의 체적비율은 몰(mol)분율과 같으므로

$C_8H_8 + 12.5O_2 \rightarrow 8CO_2 + 9H_2O$

연소가스량(G)=$(m-0.21)A_o$+생성된 CO_2+생성된 H_2O

$$=(2-0.21)\times\frac{12.5}{0.21}+8+9$$

$$=123.55\text{Nm}^3/\text{Nm}^3(\text{연료})$$

연소가스 중 O_2의 체적(부피)비율

$$=\frac{O_2}{G}=\frac{12.5}{123.55}=0.1011(10.11\%)$$

★

08 C_2H_6 1Nm³를 연소했을 때의 건연소가스량(Nm³)은? (단, 공기 중 산소의 부피비는 21%이다.)

① 4.5 ② 15.2
③ 18.1 ④ 22.4

해설 $C_2H_6 + 3.5O_2 \rightarrow 2CO_2$

이론공기량(A_o) $=\frac{O_o}{0.21}=\frac{3.5}{0.21}$

$$=16.67\text{Nm}^3/\text{Nm}^3(\text{연료})$$

건연소가스량(G_d)=$(1-0.21)A_o$+생성된 CO_2

=0.79×16.67+2

≒15.2Nm³/Nm³(연료)

09 연소장치의 연돌통풍에 대한 설명으로 틀린 것은?

① 연돌의 단면적은 연도의 경우와 마찬가지로 연소량과 가스의 유속에 관계한다.
② 연돌의 통풍력은 외기온도가 높아짐에 따라 통풍력이 감소하므로 주의가 필요하다.
③ 연돌의 통풍력은 공기의 습도 및 기압에 관계없이 외기온도에 따라 달라진다.
④ 연돌의 설계에서 연돌 상부 단면적을 하부 단면적보다 작게 한다.

해설 연돌통풍력(Z)은 굴뚝(연돌) 높이(H)에 비례한다(공기비중량(γa), 기체비중량(γg)).

통풍력(Z)$=273H(\frac{\gamma_a}{T_a}-\frac{\gamma_g}{T_g})$[m]

공기절대온도(T_a)$=t_a$+273[K]

기체절대온도(T_g)$=t_g$+273[K]

10 고체연료 연소장치 중 쓰레기 소각에 적합한 스토커는?

① 계단식 스토커 ② 고정식 스토커
③ 산포식 스토커 ④ 하입식 스토커

해설 계단식(화격자) 스토커는 도시의 가연성쓰레기나 저질탄의 연소에 적합한 스토커(stoker)이다.

★

11 헵테인(C_7H_{16}) 1kg을 완전 연소하는 데 필요한 이론공기량(kg)은? (단, 공기 중 산소 질량비는 23%이다.)

① 11.64 ② 13.21
③ 15.30 ④ 17.17

해설 $C_7H_{16}+11O_2 \rightarrow 7CO_2+8H_2O$

$$A_o=\frac{O_o}{0.23}=\frac{3.52}{0.23}=15.30\text{kg}$$

12 액체연료 중 고온 건류하여 얻은 타르계 중유의 특징에 대한 설명으로 틀린 것은?

① 화염의 방사율이 크다.
② 황의 영향이 적다.
③ 슬러지를 발생시킨다.
④ 석유계 액체연료이다.

해설 중유원료에 따라서 석유계 중유와 tar(타르)계 중유로 분류한다. 석탄을 저온 또는 고온하에서 건류할 때 부산물로서 얻어지는 오일이 타르(tar)계 중유이며 특징은 석유계 중유에 비해 황(S)에 의한 영향이 적다(S ; 0.5% 이하).

㉠ 점성이 비교적 크므로 화염의 방사율이 크다.
㉡ 연료의 원소조성 탄화수소비(C/H)가 클수록 그을음(탄소Sludg)을 발생시킨다.
㉢ 단위체적당 발열량이 비교적 크다.

★

13 고체연료의 연료비를 식으로 바르게 나타낸 것은?

① $\frac{\text{고정탄소}(\%)}{\text{휘발분}(\%)}$

② $\frac{\text{회분}(\%)}{\text{휘발분}(\%)}$

③ $\frac{\text{고정탄소}(\%)}{\text{회분}(\%)}$

④ $\frac{\text{가연성 성분 중 탄소}(\%)}{\text{유리 수소}(\%)}$

해설 고체연료의 연료비(fuel ratio)는 고정탄소(%)와 휘발분(%)의 비이다.

정답 08. ② 09. ③ 10. ① 11. ③ 12. ④ 13. ①

★
14 **연소가스 부피조성이 CO_2 : 13%, O_2 : 8%, N_2 : 79%일 때 공기 과잉계수(공기비)는?**

① 1.2 ② 1.4
③ 1.6 ④ 1.8

해설 공기비(공기과잉계수) $m = \frac{21}{21-O_2} = \frac{21}{21-8} \fallingdotseq 1.62$

15 **어떤 탄화수소 C_aH_b의 연소가스를 분석한 결과, 용적 %에서 CO_2 : 8.0%, CO : 0.9%, O_2 : 8.8%, N_2 : 82.3%이다. 이 경우의 공기와 연료의 질량비(공연비)는? (단, 공기 분자량은 28.96이다.)**

① 6 ② 24
③ 36 ④ 162

해설
$C_aH_b + x(O_2 + \frac{79}{21}N_2)$
$\rightarrow 8CO_2 + 0.9CO + 8.8O_2 + yH_2O + 82.3N_2$
반응전후 원자수는 일치해야 되므로
C : a=8+0.9=8.9
N : 3.76x=82.3에서 x≒21.89
O : 2x=16+0.9+17.6+y에서 (y≒9.28)
H : b=2y=2×9.28=18.56
$C_{8.9}H_{18.56}$ =12×8.9+1×18.56=125.36

이론공연비 = $\frac{n_a \times M_a}{n_f \times M_f}$

$= \frac{\text{이론공기량}}{\text{연료량}} = \frac{\left(\frac{13.54}{0.21}\right)\times 28.96}{1\times 125.36}$
$= 14.90$

⊙ 공기비$(m) = \frac{N_2}{N_2 - 3.76(O_2 - 0.5CO)}$
$= \frac{82.3}{82.3 - 3.76(8.8 - 0.5\times 0.9)}$
$= 1.6167 \fallingdotseq 1.62$

∴ 이론공연비×공기비(m)=14.90×1.62=24.14

★
16 **LPG 용기의 안전관리 유의사항으로 틀린 것은?**

① 밸브는 천천히 열고 닫는다.
② 통풍이 잘되는 곳에 저장한다.
③ 용기의 저장 및 운반 중에는 항상 40℃ 이상을 유지한다.
④ 용기의 전락 또는 충격을 피하고 가까운 곳에 인화성 물질을 피한다.

해설 LPG(액화석유가스) 용기는 저장 및 운반 중에는 항상 40℃ 이하를 유지한다.

17 **연료비가 크면 나타나는 일반적인 현상이 아닌 것은?**

① 고정탄소량이 증가한다.
② 불꽃은 단염이 된다.
③ 매연의 발생이 적다.
④ 착화온도가 낮아진다.

해설 연료비$\left(=\frac{\text{고정탄소}}{\text{휘발분}}\right)$가 크면 착화온도가 높아진다.

18 **액체연료의 미립화 시 평균 분무입경에 직접적인 영향을 미치는 것이 아닌 것은?**

① 액체연료의 표면장력
② 액체연료의 점성계수
③ 액체연료의 탁도
④ 액체연료의 밀도

해설 액체연료의 탁도는 액체연료 미립화 시 평균분무입경에 직접적인 영향을 미치지 않는다.

★
19 **품질이 좋은 고체연료의 조건으로 옳은 것은?**

① 고정탄소가 많을 것
② 회분이 많을 것
③ 황분이 많을 것
④ 수분이 많을 것

해설 품질이 좋은 고체연료는 고정탄소가 많은 것이다.

★
20 **$1Nm^3$의 질량이 2.59kg인 기체는 무엇인가?**

① 메테인(CH_4)
② 에테인(C_2H_6)
③ 프로페인(C_3H_8)
④ 뷰테인(C_4H_{10})

해설 $C_4H_{10} + 6.5O_2 \rightarrow 4CO_2 + 5H_2O$
58kg(1kmol=$22.4Nm^3$)
∴ $\frac{58kg}{22.4Nm^3} \fallingdotseq 2.59kg/Nm^3$

정답 14. ③ 15. ② 16. ③ 17. ④ 18. ③ 19. ① 20. ④

제2과목 열역학

21 디젤 사이클에서 압축비가 20, 단절비(cut-off ratio)가 1.7일 때 열효율(%)은? (단, 비열비는 1.4이다.)

① 43 ② 66
③ 72 ④ 84

해설
$$\eta_{thd} = 1 - \left(\frac{1}{\varepsilon}\right)^{k-1} \frac{\sigma^k - 1}{k(\sigma - 1)}$$
$$= 1 - \left(\frac{1}{20}\right)^{1.4-1} \times \frac{1.7^{1.4} - 1}{1.4(1.7-1)} \times 100 ≒ 66\%$$

★
22 열역학적 사이클에서 열효율이 고열원과 저열원의 온도만으로 결정되는 것은?

① 카르노 사이클 ② 랭킨 사이클
③ 재열 사이클 ④ 재생 사이클

해설 카르노 사이클(Carnot cycle)은 양열원(고열원과 저열원)의 절대온도만의 함수로 열효율을 구할 수 있는 열기관 사이클이다.
$$\eta_c = 1 - \frac{T_2}{T_1} = f(T_1,\ T_2)$$

★
23 비엔탈피가 326kJ/kg인 어떤 기체가 노즐을 통하여 단열적으로 팽창되어 비엔탈피가 322kJ/kg으로 되어 나간다. 유입 속도를 무시할 때 유출 속도(m/s)는? (단, 노즐 속의 유동은 정상류이며 손실은 무시한다.)

① 4.4 ② 22.6
③ 64.7 ④ 89.4

해설 단열유동 시 노즐출구유속
$$W_2 = 44.72\sqrt{h_1 - h_2}$$
$$= 44.72\sqrt{326 - 322} = 89.44\text{m/s}$$

★
24 다음 $T-S$ 선도에서 냉동사이클의 성능계수를 옳게 나타낸 것은? (단, u는 내부에너지, h는 엔탈피를 나타낸다.)

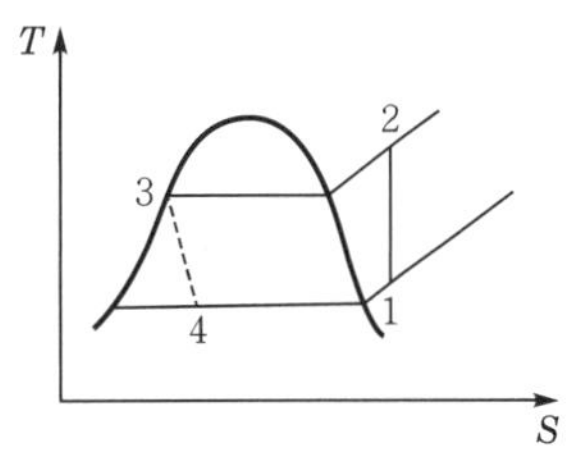

① $\dfrac{h_1 - h_4}{h_2 - h_1}$ ② $\dfrac{h_2 - h_1}{h_1 - h_4}$
③ $\dfrac{u_1 - u_4}{u_2 - u_1}$ ④ $\dfrac{u_2 - u_1}{u_1 - u_4}$

해설
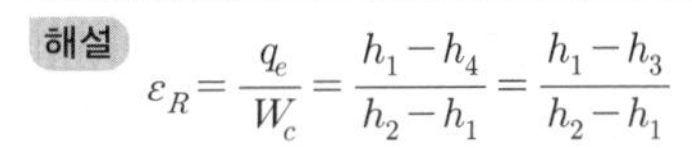
$$\varepsilon_R = \frac{q_e}{W_c} = \frac{h_1 - h_4}{h_2 - h_1} = \frac{h_1 - h_3}{h_2 - h_1}$$

★
25 열역학 제2법칙에 대한 설명이 아닌 것은?

① 제2종 영구기관의 제작은 불가능하다.
② 고립계의 엔트로피는 감소하지 않는다.
③ 열은 자체적으로 저온에서 고온으로 이동이 곤란하다.
④ 열과 일은 변환이 가능하며, 에너지보존 법칙이 성립한다.

해설 열과 일은 변환이 가능하며 에너지보존의 법칙이 성립한다는 열역학 제1법칙(에너지보존의 법칙)에 대한 설명이다.

26 좋은 냉매의 특성으로 틀린 것은?

① 낮은 응고점
② 낮은 증기의 비열비
③ 낮은 열전달계수
④ 단위 질량당 높은 증발열

해설 좋은 냉매는 열전달계수가 큰 것이다.

27 다음 중에서 가장 높은 압력을 나타내는 것은?

① 1atm ② 1MPa
③ 105Pa ④ 14.7psi

해설 1atm(표준대기압)=1.0332kgf/cm^2
=101,325Pa(N/m^2)
=101.325kPa
=14.7psi(Lb/in^2)
∴ 1MPa(N/mm^2)가 가장 높다.

정답 21. ② 22. ① 23. ④ 24. ① 25. ④ 26. ③ 27. ②

★
28 **랭킨 사이클에서 복수기 압력을 낮추면 어떤 현상이 나타나는가?**

① 복수기의 포화온도는 상승한다.
② 열효율이 낮아진다.
③ 터빈 출구부에 부식문제가 생긴다.
④ 터빈 출구부의 증기 건도가 높아진다.

해설 랭킨 사이클에서 복수기 압력을 낮추면 열효율은 증가되나 습도로 인한 터빈출구에서의 부식 문제가 발생될 수 있다.

29 **다음 관계식 중에서 틀린 것은? (단, m은 질량, U는 내부에너지, H는 엔탈피, W는 일, C_p와 C_v는 각각 정압비열과 정적비열이다.)**

① $dU = mC_vdT$　　② $C_p = \frac{1}{m}\left(\frac{\partial H}{\partial T}\right)_p$
③ $\delta W = mC_pdT$　　④ $C_v = \frac{1}{m}\left(\frac{\partial U}{\partial T}\right)_v$

해설 $dH = mC_pdT$

30 **유동하는 기체의 압력을 P, 속력을 V, 밀도를 ρ, 중력가속도를 g, 높이를 z, 절대온도는 T, 정적비열을 C_v라고 할 때, 기체의 단위질량당 역학적 에너지에 포함되지 않는 것은?**

① $\frac{P}{\rho}$　　② $\frac{V^2}{2}$
③ gz　　④ C_vT

해설
gas의 단위질량(m)당 역학적 에너지는 $\frac{P}{\rho}$, $\frac{V^2}{2}$, gz 이다.

★
31 **1kg의 이상기체(C_p=1.0kJ/kg·K, C_v=0.71kJ/kg·K)가 가역단열과정으로 P_1=1MPa, V_1=0.6m³에서 P_2=100kPa로 변한다. 가역단열과정 후 이 기체의 부피 V_2와 온도 T_2는 각각 얼마인가?**

① $V_2 = 2.24\text{m}^3$, $T_2 = 1{,}000\text{K}$
② $V_2 = 3.08\text{m}^3$, $T_2 = 1{,}000\text{K}$
③ $V_2 = 2.24\text{m}^3$, $T_2 = 1{,}060\text{K}$
④ $V_2 = 3.08\text{m}^3$, $T_2 = 1{,}060\text{K}$

해설
$$k = \frac{C_p}{C_v} = \frac{1}{0.71} \fallingdotseq 1.41$$
기체상수$(R) = C_p - C_v = 1 - 0.71 = 0.29\text{kJ/kg}\cdot\text{K}$
$$\frac{T_2}{T_1} = \left(\frac{V_1}{V_2}\right)^{k-1} = \left(\frac{P_2}{P_1}\right)^{\frac{k-1}{k}}$$
$$V_2 = V_1\left(\frac{P_1}{P_2}\right)^{\frac{1}{k}} = 0.6\left(\frac{1{,}000}{100}\right)^{\frac{1}{1.41}} = 3.08\text{m}^3$$
$P_2V_2 = mRT_2$에서
$$T_2 = \frac{P_2V_2}{mR} = \frac{100\times3.08}{1\times0.29} = 1{,}062\text{K}$$

32 **압력이 1,300kPa인 탱크에 저장된 건포화 증기가 노즐로부터 100kPa로 분출되고 있다. 임계압력 P_c는 몇 kPa인가? (단, 비열비는 1.135이다.)**

① 751　　② 643
③ 582　　④ 525

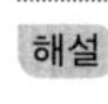
해설
$$P_c = P_1\left(\frac{2}{k+1}\right)^{\frac{k}{k-1}}$$
$$= 1{,}300\left(\frac{2}{1.135+1}\right)^{\frac{1.135}{1.135-1}}$$
$$\fallingdotseq 751\text{kPa}$$

★
33 **그림은 랭킨사이클의 온도-엔트로피(T–S) 선도이다. 상태 1~4의 비엔탈피값이 h_1=192kJ/kg, h_2=194kJ/kg, h_3=2,802kJ/kg, h_4=2,010kJ/kg이라면 열효율(%)은?**

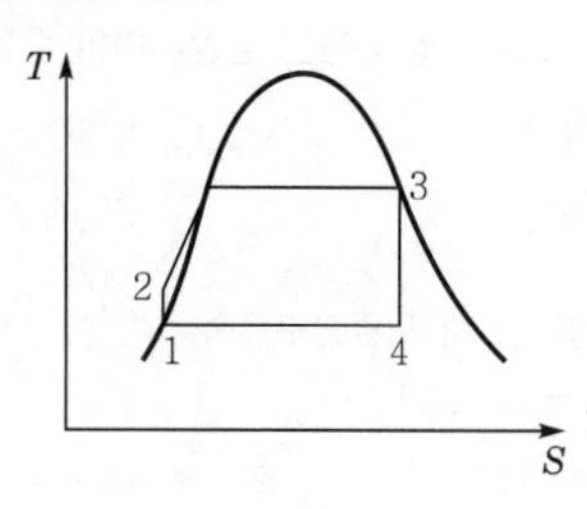

① 25.3　　② 30.3
③ 43.6　　④ 49.7

해설
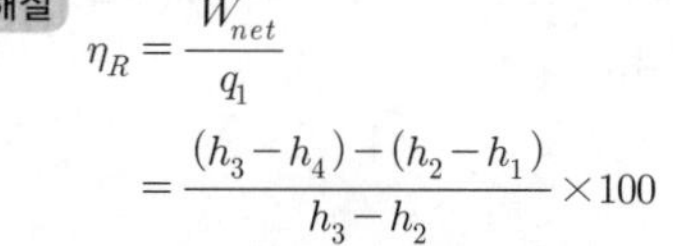
$$\eta_R = \frac{W_{net}}{q_1}$$
$$= \frac{(h_3-h_4)-(h_2-h_1)}{h_3-h_2}\times100$$
$$= \frac{(2{,}802-2{,}010)-(194-192)}{2{,}802-194}\times100 \fallingdotseq 30.3\%$$

정답 28. ③ 29. ③ 30. ④ 31. ④ 32. ① 33. ②

★
34 그림에서 압력 P_1, 온도 t_s의 과열증기의 비엔트로피는 6.16kJ/kg · K이다. 상태1로부터 2까지의 가역단열 팽창 후, 압력 P_2에서 습증기로 되었으면 상태2인 습증기의 건도 x는 얼마인가? (단, 압력 P_2에서 포화수, 건포화증기의 비엔트로피는 각각 1.30kJ/kg · K, 7.36kJ/kg · K이다.)

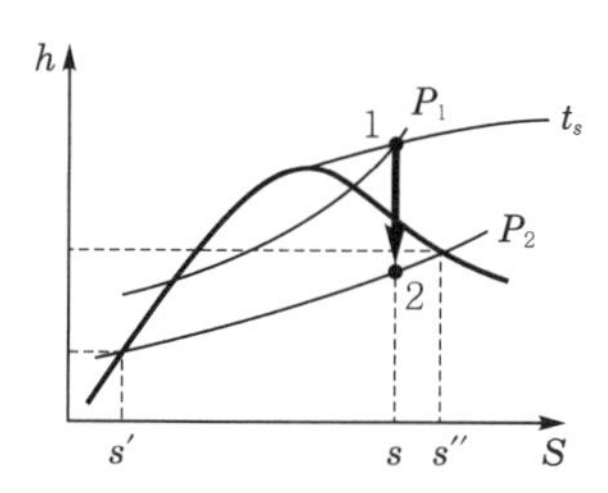

① 0.69
② 0.75
③ 0.79
④ 0.80

해설 $s = s' + x(s'' - s')$[kJ/kg K]
1점과 2점은 등엔트로피 과정이므로($s_1 = s_2$)
$$x = \frac{s - s'}{s'' - s'} = \frac{6.16 - 1.30}{7.36 - 1.30} = 0.80$$

35 압력 500kPa, 온도 423K의 공기 1kg이 압력이 일정한 상태로 변하고 있다. 공기의 일이 122kJ이라면 공기에 전달된 열량(kJ)은 얼마인가? (단, 공기의 정적비열은 0.7165kJ/kg · K, 기체상수는 0.287kJ/kg · K이다.)

① 426 ② 526
③ 626 ④ 726

해설 등압변화($P = C$)인 경우 공급열량은 엔탈피변화량과 같다.
$$Q = H_2 - H_1 = mC_P(T_2 - T_1)$$
$$= mC_P\left(\frac{W}{mR}\right) = C_P\frac{W}{R}$$
$$= 1.0035 \times \frac{122}{0.287} \fallingdotseq 426\text{kJ}$$

36 압력이 일정한 용기 내에 이상기체를 외부에서 가열하였다. 온도가 T_1에서 T_2로 변화하였고, 기체의 부피가 V_1에서 V_2로 변하였다. 공기의 정압비열 C_p에 대한 식으로 옳은 것은? (단, 이 이상기체의 압력은 p, 전달된 단위 질량당 열량은 q이다.)

① $C_p = \frac{q}{p}$ ② $C_p = \frac{q}{T_2 - T_1}$
③ $C_p = \frac{q}{V_2 - V_1}$ ④ $C_p = p \times \frac{V_2 - V_1}{T_2 - T_1}$

해설 정압변화($P = C$)인 경우 단위질량(m)당
가열량(q)$= \frac{Q}{m} = C_P(T_2 - T_1)$[kJ/kg]이므로
$$C_P = \frac{q}{T_2 - T_1}\text{[kJ/kg·K]}$$

★
37 최저 온도, 압축비 및 공급 열량이 같을 경우 사이클의 효율이 큰 것부터 작은 순서대로 옳게 나타낸 것은?

① 오토사이클 > 디젤사이클 > 사바테사이클
② 사바테사이클 > 오토사이클 > 디젤사이클
③ 디젤사이클 > 오토사이클 > 사바테사이클
④ 오토사이클 > 사바테사이클 > 디젤사이클

해설 최저온도, 압축비 공급열량이 일정할 때 사이클의 열효율 크기는 $\eta_{tho} > \eta_{ths} > \eta_{thd}$ 순이다.

38 다음 중 상온에서 비열비 값이 가장 큰 기체는?

① He ② O_2
③ CO_2 ④ CH_4

해설 상온에서 비열비 값이 가장 큰 기체는 불활성기체(단원자 기체)인 헬륨(He)이다.

★
39 −35℃, 22MPa의 질소를 가역단열과정으로 500kPa까지 팽창했을 때의 온도(℃)는? (단, 비열비는 1.41이고 질소를 이상기체로 가정한다.)

① −180 ② −194
③ −200 ④ −206

해설 $\frac{T_2}{T_1} = \left(\frac{P_2}{P_1}\right)^{\frac{k-1}{k}}$ 에서
$$T_2 = T_1\left(\frac{P_2}{P_1}\right)^{\frac{k-1}{k}}$$
$$= (-35 + 273) \times \left(\frac{500}{22{,}000}\right)^{\frac{1.41-1}{1.41}}$$
$$= 79.19\text{K} - 273\text{K}$$
$$\fallingdotseq -194℃$$

정답 34. ④ 35. ① 36. ② 37. ④ 38. ① 39. ②

2020년

★
40 역카르노 사이클로 작동하는 냉장고가 있다. 냉장고 내부의 온도가 0℃이고 이곳에서 흡수한 열량이 10kW이고, 30℃의 외기로 열이 방출된다고 할 때 냉장고를 작동하는 데 필요한 동력(kW)은?

① 1.1　② 10.1
③ 11.1　④ 21.1

해설
$$\varepsilon_R = \frac{Q_e}{W_c} = \frac{T_2}{T_1 - T_2}$$
$$= \frac{273}{(30+273)-273} = 9.1$$
$$\therefore W_c = \frac{Q_e}{\varepsilon_R} = \frac{10}{9.1} \fallingdotseq 1.1\text{kW}$$

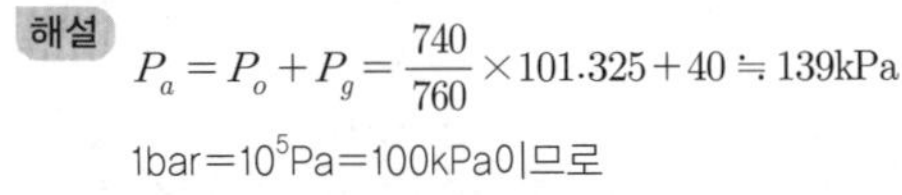

제3과목 계측방법

★
41 국소대기압이 740mmHg인 곳에서 게이지압력이 0.4bar일 때 절대압력(kPa)은?

① 100　② 121
③ 139　④ 156

해설 $P_a = P_o + P_g = \frac{740}{760} \times 101.325 + 40 \fallingdotseq 139\text{kPa}$

1bar=10^5Pa=100kPa이므로

P_g=0.4×100=40kPa

42 0℃에서 저항이 80Ω이고 저항온도계수가 0.002인 저항온도계를 노 안에 삽입했더니 저항이 160Ω이 되었을 때 노 안의 온도는 약 몇 ℃인가?

① 160℃
② 320℃
③ 400℃
④ 500℃

해설 $R = R_o(1+\alpha t)[\Omega]$
$$1+\alpha t = \frac{R}{R_o} = \frac{160}{80} = 2$$
$$\therefore t = \frac{2-1}{\alpha} = \frac{1}{0.002} = 500℃$$
여기서, R_o ; 0℃에서의 저항값(Ω)
α ; 저항온도계수
t : 섭씨온도(℃)

★
43 차압식 유량계에 관한 설명으로 옳은 것은?

① 유량은 교축기구 전후의 차압에 비례한다.
② 유량은 교축기구 전후의 차압의 제곱근에 비례한다.
③ 유량은 교축기구 전후의 차압의 근사값이다.
④ 유량은 교축기구 전후의 차압에 반비례한다.

해설 차압식유량계(벤츄리미터, 노즐, 오리피스)의 유량
$$Q = CA\sqrt{\frac{2q}{\gamma}\Delta P} = CA\sqrt{\frac{2\Delta P}{\rho}}\ (\text{m}^3/\text{s})$$
$\therefore Q \propto \sqrt{\Delta P}$(유량은 차압의 제곱근에 비례한다.)

44 기준입력과 주 피드백 신호와의 차에 의해서 일정한 신호를 조작요소에 보내는 제어장치는?

① 조절기　② 전송기
③ 조작기　④ 계측기

해설 기준입력과 주 피드백 신호와의 차에 의해서 일정한 신호를 조작요소에 보내는 제어장치는 조절기다.

45 금속의 전기 저항값이 변화되는 것을 이용하여 압력을 측정하는 전기저항압력계의 특성으로 맞는 것은?

① 응답속도가 빠르고 초고압에서 미압까지 측정한다.
② 구조가 간단하여 압력검출용으로 사용한다.
③ 먼지의 영향이 적고 변동에 대한 적응성이 적다.
④ 가스폭발 등 급속한 압력변화를 측정하는 데 사용한다.

해설 전기저항압력계는 응답속도가 빠르고 초고압에서 미압(작은 압력)까지 측정한다.

46 다음 각 습도계의 특징에 대한 설명으로 틀린 것은?

① 노점 습도계는 저습도를 측정할 수 있다.
② 모발 습도계는 2년마다 모발을 바꾸어 주어야 한다.
③ 통풍 건습구 습도계는 2.5~5m/s의 통풍이 필요하다.
④ 저항식 습도계는 직류전압을 사용하여 측정한다.

정답 40. ① 41. ③ 42. ④ 43. ② 44. ① 45. ① 46. ④

해설 전기저항식 습도계는 수증기를 흡수하면 전기저항이 변하는 물질을 이용한다. 저항 변화를 측정하여 습도를 측정한다.

★
47 다음 온도계 중 비접촉식 온도계로 옳은 것은?

① 유리제 온도계
② 압력식 온도계
③ 전기저항식 온도계
④ 광고온계

해설 **비접촉식 온도계**
㉠ 방사온도계
㉡ 광고온도계
㉢ 색온도계
㉣ 광전광식 온도계
※ **접촉식온도계** : 유리온도계, 압력식 온도계, 전기저항식 온도계, 열전대(열전상) 온도계, 서미스터(thermistor)

★
48 전자유량계의 특징에 대한 설명 중 틀린 것은?

① 압력손실이 거의 없다.
② 내식성 유지가 곤란하다.
③ 전도성 액체에 한하여 사용할 수 있다.
④ 미소한 측정전압에 대하여 고성능의 증폭기가 필요하다.

해설 전자유량계는 파이프(pipe) 내에 흐르는 도전성의 유체에 직각 방향으로 자기장을 형성시켜 주면 Faraday(패러데이) 전자유도법칙에 따라 발생되는 유도기전력으로 유량을 측정한다(도전성 액체의 유량측정에만 사용된다). 유도에 장애물이 없으므로 압력손실이 거의 없고 이물질의 침식 및 부착이 없으므로 내식성이 크다(내식성을 유지할 수 있다). 또한, 검출시간 지연이 없으므로 응답이 매우 빠르다.

★
49 가스크로마토그래피는 기체의 어떤 특성을 이용하여 분석하는 장치인가?

① 분자량 차이
② 부피 차이
③ 분압 차이
④ 확산속도 차이

해설 가스크로마토그래피는 기체(gas)의 확산속도 차이를 이용한 분석장치다.

★
50 피토관에 의한 유속 측정식은 다음과 같다. 이때 P_1, P_2의 각각의 의미는? (단, v는 유속, g는 중력가속도이고, γ는 비중량이다.)

$$v = \sqrt{\frac{2g(P_1 - P_2)}{\gamma}}$$

① 동압과 전압을 뜻한다.
② 전압과 정압을 뜻한다.
③ 정압과 동압을 뜻한다.
④ 동압과 유체압을 뜻한다.

해설 $(P_1 - P_2)$은 전압-정압 차를 의미한다(동압 : $\frac{\gamma v^2}{2g}$).

51 다음 각 압력계에 대한 설명으로 틀린 것은?

① 벨로즈 압력계는 탄성식 압력계이다.
② 다이어프램 압력계의 박판재료로 인청동, 고무를 사용할 수 있다.
③ 침종식 압력계는 압력이 낮은 기체의 압력측정에 적당하다.
④ 탄성식 압력계의 일반교정용 시험기로는 전기식 표준압력계가 주로 사용된다.

해설 탄성식 압력계의 일반교정용 시험기는 분동식 표준압력계가 주로 사용된다.

★
52 서로 다른 2개의 금속판을 접합시켜서 만든 바이메탈 온도계의 기본 작동원리는?

① 두 금속판의 비열의 차
② 두 금속판의 열전도도의 차
③ 두 금속판의 열팽창계수의 차
④ 두 금속판의 기계적 강도의 차

해설 바이메탈 온도계는 두 금속판의 열팽창계수의 차를 이용한 온도계다.

53 자동연소제어 장치에서 보일러 증기압력의 자동제어에 필요한 조작량은?

① 연료량과 증기압력
② 연료량과 보일러수위
③ 연료량과 공기량
④ 증기압력과 보일러수위

정답 47. ④ 48. ② 49. ④ 50. ② 51. ④ 52. ③ 53. ③

해설 보일러 증기 압력의 자동제어에 필요한 조작량은 연료량과 공기량이다.

★
54 제백(Seebeck)효과에 대하여 가장 바르게 설명한 것은?

① 어떤 결정체를 압축하면 기전력이 일어난다.
② 성질이 다른 두 금속의 접점에 온도차를 두면 열기전력이 일어난다.
③ 고온체로부터 모든 파장의 전방사에너지는 절대온도의 네제곱에 비례하여 커진다.
④ 고체가 고온이 되면 단파장 성분이 많아진다.

해설 제백효과(seebeck effect)란 두 개의 서로 다른 금속접합부에 온도차에 의해 기전력이 발생하는 현상

55 유량 측정에 사용되는 오리피스가 아닌 것은?

① 베나탭 ② 게이지탭
③ 코너탭 ④ 플랜지탭

해설 **유량측정에 사용되는 오리피스(orifice)의 종류**
㉠ 베나탭
㉡ 코너탭
㉢ 플랜지탭

56 유량계의 교정방법 중 기체 유량계의 교정에 가장 적합한 방법은?

① 밸런스를 사용하여 교정한다.
② 기준 탱크를 사용하여 교정한다.
③ 기준 유량계를 사용하여 교정한다.
④ 기준 체적관을 사용하여 교정한다.

해설 기체유량계의 측정은 기준 체적관을 사용하여 교정한다.

★
57 저항 온도계에 활용되는 측온저항체 종류에 해당되는 것은?

① 서미스터(thermistor) 저항 온도계
② 철-콘스탄탄(IC) 저항 온도계
③ 크로멜(chromel) 저항 온도계
④ 알루멜(alumel) 저항 온도계

해설 서미스터(thermistor)는 저항 온도계로 저항 변화를 이용한 온도계다.

★
58 공기 중에 있는 수증기 양과 그때의 온도에서 공기 중에 최대로 포함할 수 있는 수증기의 양을 백분율로 나타낸 것은?

① 절대 습도 ② 상대 습도
③ 포화 증기압 ④ 혼합비

해설
상대습도(ϕ)$= \dfrac{P_w}{P_s} \times 100\%$

★
59 다음 가스 분석계 중 화학적 가스분석계가 아닌 것은?

① 밀도식 CO_2계
② 오르자트식
③ 헴펠식
④ 자동화학식 CO_2계

해설 물리적 가스분석계는 밀도식 CO_2계, 열전도율법, 적외선 흡수법, 자화율법, 가스크로마토그래피법 등이 있다.

60 가스크로마토그래피의 구성요소가 아닌 것은?

① 유량계 ② 칼럼검출기
③ 직류증폭장치 ④ 캐리어 가스통

해설 **가스크로마토그래피(Gas Chromatography)의 구성요소**
㉠ 유량계
㉡ 칼럼(Columm)검출기
㉢ 캐리어 가스통
㉣ 시료주입부
㉤ 자료기록장치

제4과목 열설비재료 및 관계법규

61 에너지이용 합리화법령에 따라 산업통산자원부장관은 에너지 수급안정을 위하여 에너지 사용자에게 필요한 조치를 할 수 있는데 이 조치의 해당사항이 아닌 것은?

① 지역별·주요 수급자별 에너지 할당
② 에너지 공급설비의 정지명령
③ 에너지의 비축과 저장
④ 에너지사용기자재의 사용 제한 또는 금지

정답 54. ② 55. ② 56. ④ 57. ① 58. ② 59. ① 60. ③ 61. ②

해설 에너지수급 안정을 위한 에너지 사용자에게 필요한 조치의 해당사항
㉠ 지역별 · 주요 수급자별 에너지 할당
㉡ 에너지 비축과 저장
㉢ 에너지사용기자재의 사용제한 및 금지

★
62 에너지이용 합리화법령에 따라 검사대상기기 관리자는 선임된 날부터 얼마 이내에 교육을 받아야 하는가?

① 1개월 ② 3개월
③ 6개월 ④ 1년

해설 검사대상기기 관리자는 선임된 날로부터 6개월 이내에 교육을 받아야 한다.

63 내화물 사용 중 온도의 급격한 변화 혹은 불균일한 가열 등으로 균열이 생기거나 표면이 박리되는 현상을 무엇이라 하는가?

① 스폴링 ② 버스팅
③ 연화 ④ 수화

해설 스폴링(spalling) 현상이란 내화물의 사용시 온도의 급격한 변화 혹은 불균일한 가열 등으로 균열(crack)이 생기거나 표면이 박리(separation)되는 것을 말한다.

64 무기질 보온재에 대한 설명으로 틀린 것은?

① 일반적으로 안전사용온도범위가 넓다.
② 재질자체가 독립기포로 안정되어 있다.
③ 비교적 강도가 높고 변형이 적다.
④ 최고사용온도가 높아 고온에 적합하다.

★
65 다음 밸브 중 유체가 역류하지 않고 한쪽 방향으로만 흐르게 하는 밸브는?

① 감압밸브
② 체크밸브
③ 팽창밸브
④ 릴리프밸브

해설 체크밸브(cheek valve)는 방향제어 밸브로 유체를 한쪽 방향으로만 흐르게 하고 반대쪽으로는 차단시켜 흐르지 못하게 하는 역류방지용 밸브이다.

★
66 에너지이용 합리화법령에서 에너지사용의 제한 또는 금지에 대한 내용으로 틀린 것은?

① 에너지 사용의 시기 및 방법의 제한
② 에너지 사용시설 및 에너지사용기자재에 사용할 에너지의 지정 및 사용에너지의 전환
③ 특정 지역에 대한 에너지 사용의 제한
④ 에너지 사용 설비에 관한 사항

해설 위생접객업소 및 그 밖의 에너지 사용시설에 대한 에너지 사용의 제한, 차량 및 에너지 사용기자재의 사용제한

67 단열효과에 대한 설명으로 틀린 것은?

① 열확산계수가 작아진다.
② 열전도계수가 작아진다.
③ 노 내 온도가 균일하게 유지된다.
④ 스폴링 현상을 촉진시킨다.

해설 단열효과는 스폴링 현상을 방지한다.

68 고압 증기의 옥외배관에 가장 적당한 신축이음 방법은?

① 오프셋형 ② 벨로즈형
③ 루프형 ④ 슬리브형

해설 고압증기의 옥외배관에 가장 적당한 신축이음방법은 루프형(Loop)이다. 루프형은 공간을 많이 차지하고, 주로 강관에 이용하며 고온고압 배관에 사용된다. 곡률반지름은 관 지름의 6배 이상으로 한다.

69 중유 소성을 하는 평로에서 축열실의 역할로서 가장 옳은 것은?

① 제품을 가열한다.
② 급수를 예열한다.
③ 연소용 공기를 예열한다.
④ 포화 증기를 가열하여 과열증기로 만든다.

★
70 다음 중 셔틀요(shuttle kiln)는 어디에 속하는가?

① 반연속 요 ② 승염식 요
③ 연속 요 ④ 불연속 요

해설 셔틀요(shuttle kiln), 등요(오름가마) 등은 반연속요(가마)이다.
※ 불연속요(가마) : 횡염식 요, 승염식 요, 도염식 요

정답 62. ③ 63. ① 64. ② 65. ② 66. ④ 67. ④ 68. ③ 69. ③ 70. ①

해설 축열실은 연소용 공기를 예열하는 장치다. 공업용 노에서 연소가스의 열량을 회수하여 연소용 공기의 예열로 이용하는 경우 쓰이는 열교환장치다.

★
71 에너지이용 합리화법령에 따라 인정검사대상기기 관리자의 교육을 이수한 자가 관리할 수 없는 검사대상기기는?

① 압력 용기
② 열매체를 가열하는 보일러로서 용량이 581.5 kW 이하인 것
③ 온수를 발생하는 보일러로서 용량이 581.5 kW 이하인 것
④ 증기보일러로서 최고사용압력이 2MPa 이하이고, 전열 면적이 $5m^2$ 이하인 것

★
72 에너지이용 합리화법령에 따른 에너지이용 합리화 기본계획에 포함되어야 할 내용이 아닌 것은?

① 에너지 이용 효율의 증대
② 열사용기자재의 안전관리
③ 에너지 소비 최대화를 위한 경제구조로의 전환
④ 에너지원간 대체

해설 에너지이용 합리화 기본계획 포함사항(내용)
㉠ 에너지 이용 효율의 증대
㉡ 열사용기자재 안전관리
㉢ 에너지원간 대체

★
73 단열재를 사용하지 않는 경우의 방출열량이 350W이고, 단열재를 사용할 경우의 방출열량이 100W라 하면 이때의 보온효율은 약 몇 %인가?

① 61 ② 71
③ 81 ④ 91

해설
$$\eta = 1 - \frac{100}{350} = 0.71 = 71\%$$

★
74 에너지이용 합리화법령에 따라 검사대상기기 관리대행기관으로 지정을 받기 위하여 산업통상자원부장관에게 제출하여야 하는 서류가 아닌 것은?

① 장비명세서
② 기술인력 명세서
③ 기술인력 고용계약서 사본
④ 향후 1년간 안전관리대행 사업계획서

해설 민원인이 제출해야 하는 서류
㉠ 장비명세서 및 기술인명세서 각 1부
㉡ 향후 1년간의 안전관리대행 사업계획서
㉢ 변경사항을 증명할 수 있는 서류(변경지정의 경우만 해당)

★
75 에너지이용 합리화법의 목적으로 가장 거리가 먼 것은?

① 에너지의 합리적 이용을 증진
② 에너지 소비로 인한 환경피해 감소
③ 에너지원의 개발
④ 국민 경제의 건전한 발전과 국민복지의 증진

해설 에너지이용 합리화법의 목적
㉠ 에너지 수급의 안정
㉡ 에너지의 합리적이고 효율적인 이용증진
㉢ 에너지 소비로 인한 환경피해 감소
㉣ 국민 경제의 건전한 발전과 국민복지의 증진 및 지구 온난화의 최소화에 이바지함

★
76 에너지이용 합리화법령상 산업통상자원부장관이 에너지다소비사업자에게 개선명령을 할 수 있는 경우는 에너지관리지도 결과 몇 % 이상의 에너지 효율개선이 기대될 때로 규정하고 있는가?

① 10 ② 20
③ 30 ④ 50

해설 산업통상자원부장관이 에너지다소비사업자에게 개선명령을 할 수 있는 경우는 에너지관리지도 결과 10% 이상의 효율개선이 기대될 경우로 규정하고 있다.

77 용광로에서 선철을 만들 때 사용되는 주원료 및 부재료가 아닌 것은?

① 규선석 ② 석회석
③ 철광석 ④ 코크스

해설 용광로에서 선칠(pig iron)을 만들 때 사용되는 주원료 및 부재료
㉠ 석회석 ㉡ 철광석 ㉢ 코크스
※ 규선석(sillimanite)은 알루미늄 규산염광물의 하나로 남정석과 홍주석의 동질이상체다.

정답 71. ④ 72. ③ 73. ② 74. ③ 75. ③ 76. ① 77. ①

78 **에너지이용 합리화법령상 특정열사용기자재 설치·시공범위가 아닌 것은?**

① 강철제보일러 세관
② 철금속가열로의 시공
③ 태양열 집열기 배관
④ 금속균열로의 배관

해설 금속균열로, 금속요로, 금속소둔로, 철금속저열로, 용선로의 설치를 위한 시공

79 **에너지이용 합리화법령에서 정한 에너지사용자가 수립하여야 할 자발적 협약 이행계획에 포함되지 않는 것은?**

① 협약 체결 전년도의 에너지소비 현황
② 에너지관리체제 및 관리방법
③ 전년도의 에너지사용량·제품생산량
④ 효율향상목표 등의 이행을 위한 투자계획

해설 **에너지사용자가 수립하여야 할 자발적 협약 이행계획에 포함되는 사항**
㉠ 협약 체결 전년도 에너지소비 현황
㉡ 에너지관리체제 및 관리방법
㉢ 효율향상목표 등의 이행을 위한 투자계획

★
80 **터널가마(Tunnel kiln)의 특징에 대한 설명 중 틀린 것은?**

① 연속식 가마이다.
② 사용연료에 제한이 없다.
③ 대량생산이 가능하고 유지비가 저렴하다.
④ 노 내 온도조절이 용이하다.

해설 **터널요(tunnel kiln)=터널가마의 특징**
㉠ 연속식가마다(예열-소성-냉각-제품).
㉡ 대량생산이 가능하고 유지비가 저렴하다.
㉢ 노(furnace) 내 온도조절이 용이하다(자동온도제어가 쉽다).
㉣ 열효율이 높고 인건비가 절약된다.
㉤ 사용연료(fuel)의 제한을 받는다(전력소비가 크다).

제5과목 열설비설계

81 **연도 등의 저온의 전열면에 주로 사용되는 수트 블로어의 종류는?**

① 삽입형　② 예열기 클리너형
③ 로터리형　④ 건형(gun type)

해설 연소 등의 저온의 전열면에 주로 사용되는 수트블로워(shoothlower)는 로터리형이다.

★
82 **다이어프램 밸브의 특징에 대한 설명으로 틀린 것은?**

① 역류를 방지하기 위한 것이다.
② 유체의 흐름에 주는 저항이 적다.
③ 기밀(氣密)할 때 패킹이 불필요하다.
④ 화학약품을 차단하여 금속부분의 부식을 방지한다.

해설 역류를 방지하기 위한 것은 체크밸브다.

83 **플래시 탱크의 역할로 옳은 것은?**

① 저압의 증기를 고압의 응축수로 만든다.
② 고압의 응축수를 저압의 증기로 만든다.
③ 고압의 증기를 저압의 응축수로 만든다.
④ 저압의 응축수를 고압의 증기로 만든다.

해설 플래시 탱크(Flash tank)는 고압의 응축수를 저압의 증기로 만드는 역할을 한다.

★
84 **그림과 같은 노냉수벽의 전열면적(m^2)은? (단, 수관의 바깥지름 30mm, 수관의 길이 5m, 수관의 수 200개이다.)**

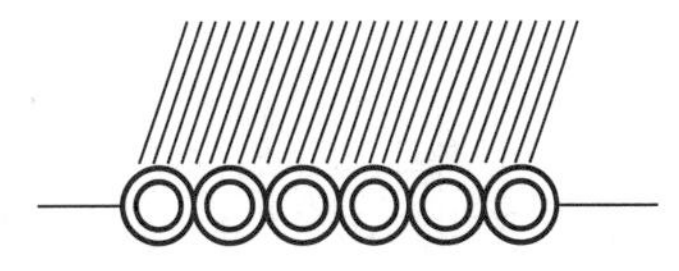

① 24　② 47
③ 72　④ 94

해설 **수관식보일러 반나관의 전열면적(A)**

$$A = \frac{\pi d}{2} Ln$$
$$= \frac{\pi \times 0.03}{2} \times 5 \times 200 = 47\text{m}^2$$

정답 78. ④ 79. ③ 80. ② 81. ③ 82. ① 83. ② 84. ②

85 지름이 d, 두께가 t인 얇은 살두께의 원통 안에 압력 P가 작용할 때 원통에 발생하는 길이방향의 인장응력은?

① $\dfrac{\pi dP}{4t}$　　② $\dfrac{\pi dP}{t}$

③ $\dfrac{dP}{4t}$　　④ $\dfrac{dP}{2t}$

해설

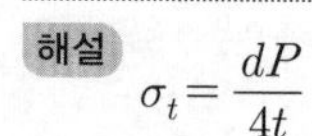

$\sigma_t = \dfrac{dP}{4t}$

★

86 스케일(scale)에 대한 설명으로 틀린 것은?

① 스케일로 인하여 연료소비가 많아진다.

② 스케일은 규산칼슘, 황산칼슘이 주성분이다.

③ 스케일은 보일러에서 열전달을 저하시킨다.

④ 스케일로 인하여 배기가스의 온도가 낮아진다.

해설 스케일(scale)로 인하여 배기가스의 온도는 높아진다.

★

87 노통연관식 보일러에서 평형부의 길이가 230mm 미만인 파형노통의 최소 두께(mm)를 결정하는 식은? [단, P는 최고 사용압력(MPa), D는 노통의 파형부에서의 최대 내경과 최소 내경의 평균치(모리슨형 노통에서는 최소내경에 50mm를 더한 값)(mm), C는 노통의 종류에 따른 상수이다.)

① $10PDC$　　② $\dfrac{10PC}{D}$

③ $\dfrac{C}{10PD}$　　④ $\dfrac{10PD}{C}$

해설 파형노통의 최소 두께(t)

$$t = \frac{10 \times \text{최고 사용압력}(P) \times \text{노통의 평균지름}(D)}{\text{노통 종류에 따른 상수}(C)}$$

88 가로 50cm, 세로 70cm인 300℃로 가열된 평판에 20℃의 공기를 불어주고 있다. 열전달계수가 25W/m^2·℃일 때 열전달량은 몇 kW인가?

① 2.45　　② 2.72

③ 3.34　　④ 3.96

해설 $Q = hA\Delta t \times 10^{-3}$

$= 25 \times (0.5 \times 0.7) \times (300-20) \times 10^{-3}$

$= 2.45\text{kW}$

★

89 수질(水質)을 나타내는 ppm의 단위는?

① 1만분의 1단위　　② 십만분의 1단위

③ 백만분의 1단위　　④ 1억분의 1단위

해설 1ppm(parts per million)은 백만분의 1단위를 의미한다.

90 가스용 보일러의 배기가스 중 이산화탄소에 대한 일산화탄소의 비는 얼마 이하여야 하는가?

① 0.001　　② 0.002

③ 0.003　　④ 0.005

해설 가스용 보일러의 배기가스 중 일산화탄소(CO)와 이산화탄소(CO_2)의 비는 0.002 이하여야 한다.

★

91 유량 2,200kg/h인 80℃의 벤젠을 40℃까지 냉각시키고자 한다. 냉각수 온도를 입구 30℃, 출구 45℃로 하여 대향류열교환기 형식의 이중관식 냉각기를 설계할 때 적당한 관의 길이(m)는? (단, 벤젠의 평균비열은 1,884J/kg·℃, 관 내경 0.0427m, 총괄전열계수는 600W/m^2·℃이다.)

① 8.7　　② 18.7

③ 28.6　　④ 38.7

해설 $Q = mC\Delta t = K(\pi dL)LMTD[\text{W}]$

$$L = \frac{mC\Delta t}{K\pi d(LMTD)} = \frac{\frac{2,200}{3,600} \times 1,884(80-40)}{600 \times \pi \times 0.0427 \times 20}$$

$= 28.6\text{m}$

※ 대수평균온도차$(LMTD) = \dfrac{\Delta t_1 - \Delta t_2}{\ln\left(\dfrac{\Delta t_1}{\Delta t_2}\right)} = \dfrac{35-10}{\ln\left(\dfrac{35}{10}\right)}$

$≒ 20℃$

★

92 오일 버너로서 유량 조절범위가 가장 넓은 버너는?

① 스팀 제트　　② 유압분무식 버너

③ 로터리 버너　　④ 고압 공기식 버너

해설 오일버너의 유량조절 범위가 가장 넓은 버너는 고압 공식 버너(고압기류분무식버너)이다.

유량조절비는 1:10이며 분무각도는 20~30°정도이다.

- 분무각이 작지만 유량조절비가 커서 부하변동에 적응이 용이하다.
- 연소 시 소음이 크다(화염의 형태는 가장 좁은 각도의 긴화염이다).

정답 85. ③ 86. ④ 87. ④ 88. ① 89. ③ 90. ② 91. ③ 92. ④

93 원통형 보일러의 내면이나 관벽 등 전열면에 스케일이 부착될 때 발생되는 현상이 아닌 것은?

① 열전달률이 매우 작아 열전달 방해
② 보일러의 파열 및 변형
③ 물의 순환속도 저하
④ 전열면의 과열에 의한 증발량 증가

해설 원통형 보일러 내면이나 관벽 등 전열면에 스케일(scale)이 부착되면 전열면이 냉각되어 증발량이 감소한다.

★
94 배관용 탄소강관을 압력용기의 부분에 사용할 때에는 설계 압력이 몇 MPa 이하일 때 가능한가?

① 0.1　② 1
③ 2　③ 3

해설 배관용 탄소강관을 압력용기 부분에 사용할 때는 설계 압력이 1MPa 이하일 때 가능하다.

★
95 수관식 보일러에 속하지 않는 것은?

① 코르니쉬 보일러
② 바브콕 보일러
③ 라몬트 보일러
④ 벤손 보일러

해설 원통형 보일러 중 횡형식 노통보일러에는 코르니쉬 보일러(노통 1개 설치)와 랭커셔 보일러(노통 2개 설치)가 있다.

96 평노통, 파형노통, 화실 및 직립보일러 화실판의 최고 두께는 몇 mm 이하이어야 하는가? (단, 습식화실 및 조합노통 중 평노통은 제외한다.)

① 12　② 22
③ 32　④ 42

해설 평노통, 파형노통, 화실 직립보일러 회실판의 최고두께는 22mm 이하여야 한다(단, 습식회실 및 조합노통 중 평노통은 제외한다).

★
97 다음 중 보일러의 전열효율을 향상시키기 위한 장치로 가장 거리가 먼 것은?

① 수트 블로어　② 인젝터
③ 공기예열기　④ 절탄기

해설 인젝터(injector)는 보일러 안으로 급수하는 데 사용되는 분기펌프다. 니들벨브(needle valve)에서 분출하는 증기의 운동에너지를 이용해서 양수한다.
보일러 전열효율을 향상시키는 장치 : 수트블로워, 공기예열기, 절탄기 등

98 보일러의 급수처리방법에 해당되지 않는 것은?

① 이온교환법　② 응집법
③ 희석법　④ 여과법

해설 보일러급수처리법으로는 이온교환법, 응집법, 여과법이 있다.
※ 희석법은 농도가 높은 오염물질이나 폐수를 물로 희석하여 오염정도를 낮추거나 분석이 가능한 정도로 농도를 낮추는 방법이다.

★
99 보일러 수의 분출 목적이 아닌 것은?

① 프라이밍 및 포밍을 촉진한다.
② 물의 순환을 촉진한다.
③ 가성취화를 방지한다.
④ 관수의 pH를 조절한다.

해설 보일러 수 분출의 목적은 프라이밍 및 포밍의 발생을 방지하기 위함이다.

★
100 수관식 보일러에 대한 설명으로 틀린 것은?

① 증기 발생의 소요시간이 짧다.
② 보일러 순환이 좋고 효율이 높다.
③ 스케일의 발생이 적고 청소가 용이하다.
④ 드럼이 작아 구조적으로 고압에 적당하다.

해설 수관식 보일러는 증발속도가 빨라 스케일(scale)이 부착되기 쉽고(스케일 발생이 많음), 구조가 복잡하여 제작 및 청소, 검사, 수리가 어려우며 가격이 비싸다.

정답 93. ④ 94. ② 95. ① 96. ② 97. ② 98. ③ 99. ① 100. ③

Engineer Energy Management

2020년 제4회 에너지관리기사

제1과목 연소공학

★
01 집진장치에 대한 설명으로 틀린 것은?

① 전기 집진기는 방전극을 음(陰), 집진극을 양(陽)으로 한다.
② 전기집진은 쿨롱(coulomb)력에 의해 포집된다.
③ 소형 사이클론을 직렬시킨 원심력 분리장치를 멀티 스크러버(multi-scrubber)라 한다.
④ 여과 집진기는 함진 가스를 여과재에 통과시키면서 입자를 분리하는 장치이다.

해설 멀티사이클론(병렬연결)은 처리가스량이 많을 경우 집진효율을 줄이기 위해 소직경 사이클론을 병렬로 다수 연결한 집진장치이다.

★
02 이론 습연소가스량 G_{ow}와 이론 건연소가스량 G_{od}의 관계를 나타낸 식으로 옳은 것은? (단, H는 수소체적비, w는 수분체적비를 나타내고, 식의 단위는 $N \cdot m^3/kg$이다.)

① $G_{od}=G_{ow}+1.25(9H+w)$
② $G_{od}=G_{ow}-1.25(9H+w)$
③ $G_{od}=G_{ow}+(9H+w)$
④ $G_{od}=G_{ow}-(9H-w)$

해설 이론 건연소가스량(G_{od})
=이론 습연소가스량(G_{ow})$-1.25(9H+w)$

03 저압공기 분무식 버너의 특징이 아닌 것은?

① 구조가 간단하여 취급이 간편하다.
② 공기압이 높으면 무화공기량이 줄어든다.
③ 점도가 낮은 중유도 연소할 수 있다.
④ 대형보일러에 사용된다.

해설 저압공기식 유류버너(저압기류 분무식 버너)의 특징
㉠ 구조가 간단하고 취급이 간편하다.
㉡ 공기압이 높으면 무화공기량이 줄어든다.
㉢ 점도가 낮은 중유도 연소할 수 있다.
㉣ 소형보일러에 사용하며, 비교적 좁은 각도의 짧은 화염이 발생한다.

★
04 기체연료의 장점이 아닌 것은?

① 열효율이 높다.
② 연소의 조절이 용이하다.
③ 다른 연료에 비하여 제조비용이 싸다.
④ 다른 연료에 비하여 회분이나 매연이 나오지 않고 청결하다.

해설 기체연료는 다른 연료에 비해 저장이 곤란하고 시설비가 많이 든다(제조비용이 비싸다).

05 환열실의 전열면적(m^2)과 전열량(W) 사이의 관계는? (단, 전열면적은 F, 전열량은 Q, 총괄전열계수는 V이며, Δt_m은 평균온도차이다.)

① $Q=\dfrac{F}{\Delta t_m}$
② $Q=F\times\Delta t_m$
③ $Q=F\times V\times\Delta t_m$
④ $Q=\dfrac{V}{F\times\Delta t_m}$

해설 전열량(Q)$=FV\Delta t_m$[Watt]
여기서, V : 총괄전열계수(W/m^2·℃)
Δt_m : 평균온도차(℃)

★
06 분젠 버너를 사용할 때 가스의 유출 속도를 점차 빠르게 하면 불꽃 모양은 어떻게 되는가?

① 불꽃이 엉클어지면서 짧아진다.
② 불꽃이 엉클어지면서 길어진다.
③ 불꽃의 형태는 변화 없고 밝아진다.
④ 아무런 변화가 없다.

해설 분젠 버너(Bunsen burner)를 사용할 때 가스의 유출 속도를 점차 빠르게 하면 불꽃이 엉클어지면서 짧아진다.

정답 01. ③ 02. ② 03. ④ 04. ③ 05. ③ 06. ①

07 연소가스와 외부공기의 밀도차에 의해서 생기는 압력차를 이용하는 통풍 방법은?

① 자연 통풍　② 평행 통풍
③ 압입 통풍　④ 유인 통풍

해설 자연 통풍은 온도차(밀도차)로 인해 생기는 자연대류로 공기의 흐름을 만드는 것이다.
※ 압입 통풍은 통풍 팬(fan)을 이용하여 공기를 대기압 이상으로 가압하는 강제 통풍의 일종이다.

★
08 메탄 50V%, 에탄 25V%, 프로판 25V%가 섞여 있는 혼합 기체의 공기 중에서 연소하한계는 약 몇 %인가? (단, 메탄, 에탄, 프로판의 연소하한계는 각각 5V%, 3V%, 2.1V%이다.)

① 2.3　② 3.3
③ 4.3　④ 5.3

해설 혼합기체의 혼합률에 따른 폭발한계(연소하한계 & 상한계)는 르 샤틀리에 공식을 적용한다.

$$\frac{100}{L} = \frac{V_1}{L_1} + \frac{V_2}{L_2} + \frac{V_3}{L_3}$$

$$L = \frac{100}{\frac{V_1}{L_1} + \frac{V_2}{L_2} + \frac{V_3}{L_3}} = \frac{100}{\frac{50}{5} + \frac{25}{3} + \frac{25}{2.1}} \doteqdot 3.31\%$$

09 다음 성분 중 연료의 조성을 분석하는 방법 중에서 공업분석으로 알 수 없는 것은?

① 수분(W)　② 회분(A)
③ 휘발분(V)　④ 수소(H)

해설 공업분석(technical analysis)은 석탄 등 고체연료에 대해 수분(W), 회분(A), 휘발분(V)을 분석하고 이들의 나머지로서 고정탄소를 산출해서 무게 백분율로 나타낸 것으로 간이분석법이라고도 한다.
고정탄소 = 100 − (휘발분 + 수분 + 회분)
고체연료의 연료비 = $\frac{\text{고정탄소}}{\text{휘발분}}$

★
10 효율이 60%인 보일러에서 12,000kJ/kg의 석탄을 150kg 연소시켰을 때의 열손실은 몇 MJ인가?

① 720　② 1,080
③ 1,280　④ 1,440

해설 열손실$(Q_L) = m \times H_L \times (1-\eta)$
$= 150 \times 12,000 \times (1-0.6)$
$= 720,000\text{kJ}$
$= 720\text{MJ}$

11 다음 중 굴뚝의 통풍력을 나타내는 식은? (단, h는 굴뚝높이, γ_a는 외기의 비중량, γ_g는 굴뚝 속의 가스의 비중량, g는 중력가속도이다.)

① $h(\gamma_g - \gamma_a)$
② $h(\gamma_a - \gamma_g)$
③ $\frac{h(\gamma_g - \gamma_a)}{g}$
④ $\frac{h(\gamma_a - \gamma_g)}{g}$

해설 굴뚝의 통풍력$(Z) = h(\gamma_a - \gamma_g)$

12 가연성 혼합기의 공기비가 1.0일 때 당량비는?

① 0　② 0.5
③ 1.0　④ 1.5

해설 당량비는 공기비(공기과잉률)의 역수이다.
※ 당량비(ϕ)가 1보다 크면 연료가 농후하고 공기가 부족하여 연소효율이 떨어진다(불완전 연소).

★
13 B중유 5kg을 완전 연소시켰을 때 저위발열량은 약 몇 MJ인가? (단, B중유의 고위발열량은 41,900kJ/kg, 중유 1kg에 수소 H는 0.2kg, 수증기 W는 0.1kg 함유되어 있다.)

① 96　② 126
③ 156　④ 186

해설 $600\text{kcal/kgf} = 600 \times 4.186 \doteqdot 2,512\text{kJ/kg}$
저위발열량$(H_L) = H_h - 600(W + 9H)$
$= 41,900 - 2,512(0.1 + 9 \times 0.2)$
$= 37127.2\text{kJ/kg}$
$\doteqdot 37.13\text{MJ/kg}$
$\therefore\ 37.13 \times 5 \doteqdot 186\text{MJ}$

2020년

정답 07. ① 08. ② 09. ④ 10. ① 11. ② 12. ③ 13. ④

★

14 **다음 각 성분의 조성을 나타낸 식 중에서 틀린 것은? (단, m : 공기비, L_o : 이론공기량, G : 가스량, G_o : 이론 건연소가스량이다.)**

① $(CO_2) = \dfrac{1.867C - (CO)}{G} \times 100$

② $(O_2) = \dfrac{0.21(m-1)L_o}{G} \times 100$

③ $(N_2) = \dfrac{0.8N + 0.79mL_o}{G} \times 100$

④ $(CO_2)_{max} = \dfrac{1.867C + 0.7S}{G_o} \times 100$

해설 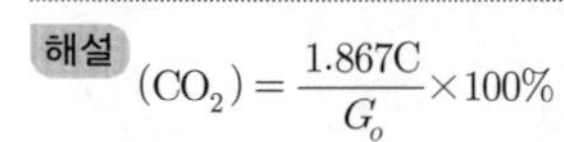
$(CO_2) = \dfrac{1.867C}{G_o} \times 100\%$

★

15 **연료의 연소 시 CO_{2max}[%]는 어느 때의 값인가?**

① 실제공기량으로 연소 시
② 이론공기량으로 연소 시
③ 과잉공기량으로 연소 시
④ 이론양보다 적은 공기량으로 연소 시

해설 연료의 연소 시 CO_{2max}[%]는 이론공기량으로 연소 시 값이다.

16 **중유에 대한 설명으로 틀린 것은?**

① A중유는 C중유보다 점성이 작다.
② A중유는 C중유보다 수분 함유량이 작다.
③ 중유는 점도에 따라 A급, B급, C급으로 나뉜다.
④ C중유는 소형 디젤기관 및 소형 보일러에 사용된다.

해설 C중유는 중·대형 디젤기관 및 산업용 대형 보일러에 사용된다.

★

17 **중유의 저위발열량이 41,860kJ/kg인 원료 1kg을 연소시킨 결과 연소열이 31,400kJ/kg이고 유효출열이 30,270kJ/kg일 때, 전열효율과 연소효율은 각각 얼마인가?**

① 96.4%, 70% ② 96.4%, 75%
③ 72.3%, 75% ④ 72.3%, 96.4%

해설
$$\text{전열효율}(\eta_t) = \frac{\text{유효출열}}{\text{연소열}} \times 100 = \frac{30,270}{31,400} \times 100 = 96.4\%$$
$$\text{연소효율}(\eta_c) = \frac{\text{연소열량}}{\text{저위발열량(입열, 공급열)}} \times 100 = \frac{31,400}{41,860} \times 100 = 75\%$$

★

18 **수소 1kg을 완전히 연소시키는 데 요구되는 이론산소량은 몇 N·m³인가?**

① 1.86 ② 2.8
③ 5.6 ④ 26.7

해설
$H_2 + \frac{1}{2}O_2 \rightarrow H_2O$
1kmol $\frac{1}{2}$kmol
2kg 0.5kg
22.4N·m³ 11.2N·m³
$2 : 11.2 = 1 : O_o$
$O_o = \dfrac{11.2 \times 1}{2} = 5.6\text{N}\cdot\text{m}^3/\text{kg}$

★

19 **액체연료의 연소방법으로 틀린 것은?**

① 유동층연소 ② 등심연소
③ 분무연소 ④ 증발연소

해설 액체연료의 연소방법 : 증발연소, 분무연소, 액면연소, 등심연소

★

20 **제조 기체연료에 포함된 성분이 아닌 것은?**

① C ② H_2
③ CH_4 ④ N_2

해설 기체연료는 천연가스를 제외하면 타 기체 및 고체연료에서 제조되고 석유계 가스와 석탄가스로 분류된다.
※ 천연가스(주성분 : CH_4 메탄), 액화석유가스(LPG)(주성분 : C_3H_8, C_4H_{10}), 석탄가스(주성분 : 수소와 메탄), 고로가스(주성분 : 질소, 일산화탄소), 발생로 가스(주성분 : 질소, 일산화탄소)

정답 14. ① 15. ② 16. ④ 17. ② 18. ③ 19. ① 20. ①

제2과목 열역학

★

21 1mol의 이상기체가 25℃, 2MPa로부터 100kPa까지 가역 단열적으로 팽창하였을 때 최종온도(K)는? (단, 정적비열 C_v는 $\frac{3}{2}R$이다.)

① 60 ② 70
③ 80 ④ 90

해설

$$\frac{T_2}{T_1}=\left(\frac{P_2}{P_1}\right)^{\frac{k-1}{k}}$$

$$C_v=\frac{R}{k-1}=\frac{3}{2}R$$

$$\frac{1}{k-1}=1.5$$

$$\therefore k=\frac{1}{1.5}+1=1.66$$

$$T_2=T_1\left(\frac{P_2}{P_1}\right)^{\frac{k-1}{k}}$$

$$=(25+273)\times\left(\frac{100}{2{,}000}\right)^{\frac{1.66-1}{1.66}}=90.56\text{K}$$

22 분자량이 29인 1kg의 이상기체가 실린더 내부에 채워져 있다. 처음에 압력 400kPa, 체적 0.2m³인 이 기체를 가열하여 체적 0.076m³, 온도 100℃가 되었다. 이 과정에서 받은 일(kJ)은? (단, 폴리트로픽 과정으로 가열한다.)

① 90 ② 95
③ 100 ④ 104

해설 $P_2V_2=mRT_2$에서

$$P_2=\frac{mRT_2}{V_2}=\frac{1\times0.287\times373}{0.076}=1408.57\text{kPa}$$

$$n=\frac{\ln\left(\frac{P_2}{P_1}\right)}{\ln\left(\frac{V_1}{V_2}\right)}=\frac{\ln\frac{1408.57}{400}}{\ln\frac{0.2}{0.076}}=1.30$$

$$\therefore W=\frac{1}{n-1}(P_1V_1-P_2V_2)$$

$$=\frac{1}{1.3-1}(400\times0.2-1408.57\times0.076)$$

$$=-90\text{kJ}$$

※ (−) 부호는 받은 일을 의미한다.

23 비열비(k)가 1.4인 공기를 작동유체로 하는 디젤엔진의 최고온도(T_3) 2,500K, 최저온도(T_1)가 300K, 최고압력(P_3)가 4MPa, 최저압력(P_1)이 100kPa일 때 차단비(cut off ratio ; r_c)는 얼마인가?

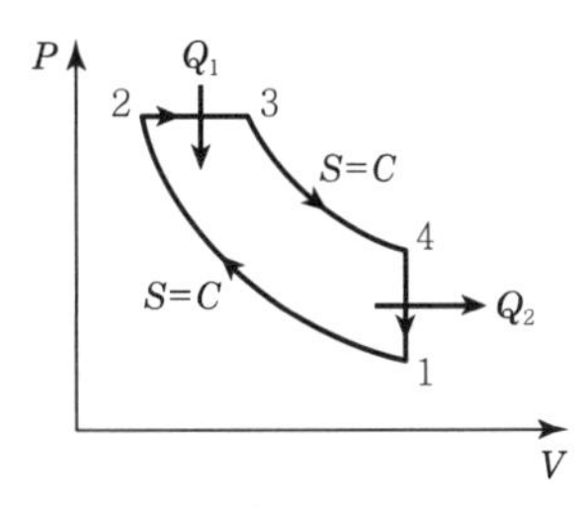

① 2.4 ② 2.9
③ 3.1 ④ 3.6

해설 ㉠ 1 → 2 과정($S=C$)

$$\frac{T_2}{T_1}=\left(\frac{V_1}{V_2}\right)^{k-1}=\left(\frac{P_2}{P_1}\right)^{\frac{k-1}{k}}$$

$$\text{압축비}(\varepsilon)=\frac{V_1}{V_2}=\left(\frac{P_2}{P_1}\right)^{\frac{1}{k}}=\left(\frac{4{,}000}{100}\right)^{\frac{1}{1.4}}=13.94$$

㉡ 체절비 = 차단비(cut off ratio) : γ_c

2 → 3 과정($P=C$)

$$\frac{V_2}{T_2}=\frac{V_3}{T_3}$$

$$\text{차단비}(r_c)=\frac{V_3}{V_2}=\frac{T_3}{T_2}=\frac{2{,}500}{860.65}=2.9$$

$$T_2=T_1\left(\frac{V_1}{V_2}\right)^{k-1}=T_1\varepsilon^{k-1}$$

$$=300(13.94)^{1.4-1}$$

$$=860.65\text{K}$$

★

24 임의의 과정에 대한 가역성과 비가역성을 논의하는 데 적용되는 법칙은?

① 열역학 제0법칙
② 열역학 제1법칙
③ 열역학 제2법칙
④ 열역학 제3법칙

해설 임의의 과정에 대한 가역성과 비가역성을 논의하는 데 적용되는 법칙은 열역학 제2법칙(엔트로피 증가 법칙=비가역법칙)이다.

정답 21. ④ 22. ① 23. ② 24. ③

2020년

★
25 100kPa, 20℃의 공기를 0.1kg/s의 유량으로 900kPa까지 등온 압축할 때 필요한 공기압축기의 동력(kW)은? (단, 공기의 기체상수는 0.287kJ/kg · K이다.)

① 18.5 ② 64.5
③ 75.7 ④ 185

해설 공기압축기 동력(kW)

$$= mRT\ln\frac{P_2}{P_1}$$

$$= 0.1\times0.287\times(20+273)\ln\left(\frac{900}{100}\right) ≒ 18.5\text{kW}$$

26 증기 압축 냉동사이클의 증발기 출구, 증발기 입구에서 냉매의 비엔탈피가 각각 1,284kJ/kg, 122kJ/kg이면 압축기 출구측에서 냉매의 비엔탈피(kJ/kg)는? (단, 성능계수는 4.4이다.)

① 1,316 ② 1,406
③ 1,548 ④ 1,632

해설

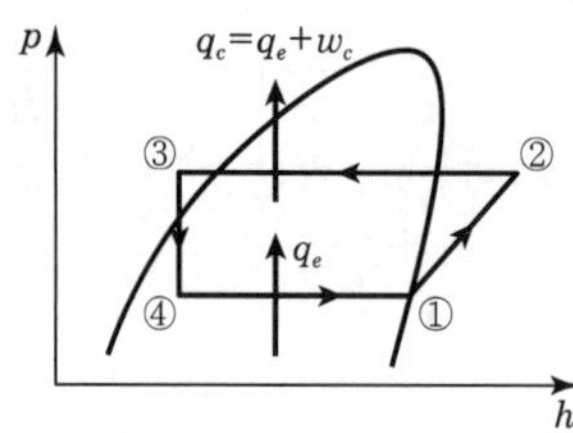

$$\varepsilon_R = \frac{q_e}{w_c} = \frac{h_1-h_4}{h_2-h_1} = \frac{h_1-h_3}{h_2-h_1}$$

$$w_c = \frac{q_e}{\varepsilon_R} = \frac{h_1-h_3}{\varepsilon_R}$$

$$= \frac{1{,}284-122}{4.4} = \frac{1{,}162}{4.4} = 264.09\text{kJ/kg}$$

$w_c = h_2 - h_1$ 에서

$h_2 = w_c + h_1 = 264.09 + 1{,}284 = 1548.09\text{kJ/kg}$

★
27 다음 중 오존층을 파괴하며 국제협약에 의해 사용이 금지된 CFC 냉매는?

① R-12 ② HFO1234yf
③ NH_3 ④ CO_2

해설 R-12(메탄계냉매)

R-12(CCl_2F_2, 염화불화탄소)는 대기오염물질로 국제협약 금지 냉매다.

★
28 그림은 공기 표준 오토 사이클이다. 효율 η에 관한 식으로 틀린 것은? (단, ε는 압축비, k는 비열비이다.)

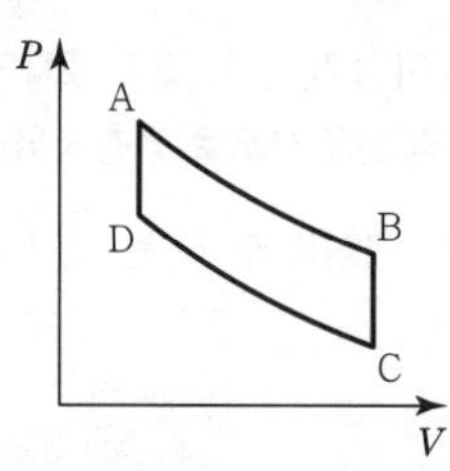

① $\eta = 1-\frac{T_B-T_C}{T_A-T_D}$ ② $\eta = 1-\varepsilon\left(\frac{1}{\varepsilon}\right)^k$

③ $\eta = 1-\frac{T_B}{T_A}$ ④ $\eta = 1-\frac{P_B-P_C}{P_A-P_D}$

해설

오토 사이클 효율(η)$= 1-\frac{q_2}{q_1} = 1-\frac{C_v(T_B-T_C)}{C_v(T_A-T_D)}$

$$= 1-\varepsilon\left(\frac{1}{\varepsilon}\right)^k = 1-\frac{T_B}{T_A}$$

29 정상상태에서 작동하는 개방시스템에 유입되는 물질의 비엔탈피가 h_1이고, 이 시스템 내에 단위질량당 열을 q만큼 전달해 주는 것과 동시에, 축을 통한 단위질량당 일을 w만큼 시스템으로 가해 주었을 때, 시스템으로부터 유출되는 물질의 비엔탈피 h_2를 옳게 나타낸 것은? (단, 위치에너지와 운동에너지는 무시한다.)

① $h_2 = h_1+q-w$ ② $h_2 = h_1-q-w$
③ $h_2 = h_1+q+w$ ④ $h_2 = h_1$

해설 $h_2 = h_1+q+w$

$q+h_1 = w_t+h_2$

$w_t = -\int_1^2 vdP\,[\text{kJ/kg}]$

★
30 2kg, 30℃인 이상기체가 100kPa에서 300kPa까지 가역 단열과정으로 압축되었다면 최종온도(℃)는? (단, 이 기체의 정적비열은 750J/kg · K, 정압비열은 1,000J/kg · K이다.)

① 99 ② 126
③ 267 ④ 399

정답 25. ① 26. ③ 27. ① 28. ④ 29. ③ 30. ②

해설 $k=\dfrac{C_P}{C_V}=\dfrac{1,000}{750}=1.33$

$$\frac{T_2}{T_1}=\left(\frac{P_2}{P_1}\right)^{\frac{k-1}{k}}$$

$$T_2=T_1\left(\frac{P_2}{P_1}\right)^{\frac{k-1}{k}}$$

$$=(30+273.15)\times\left(\frac{300}{100}\right)^{\frac{1.33-1}{1.33}}$$

$$=398.14\text{K}-273.15\text{K}=125\text{K}$$

31 수증기를 사용하는 기본 랭킨사이클의 복수기 압력이 10kPa, 보일러 압력이 2MPa, 터빈일이 792kJ/kg, 복수기에서 방출되는 열량이 1,800kJ/kg일 때 열효율(%)은? (단, 펌프에서 물의 비체적은 $1.01\times10^{-3}\text{m}^3/\text{kg}$이다.)

① 30.5 ② 32.5
③ 34.5 ④ 36.5

해설 $w_p=-\int_1^2 vdp=\int_2^1 vdp=v(p_1-p_2)$

$$=1.01\times10^{-3}\times(2,000-10)=2\text{kJ/kg}$$

$$w_{net}=w_t-w_p=792-2=790\text{kJ/kg}$$

$$\therefore \eta_R=\frac{w_{net}}{q_1}=\frac{790}{790+1,800}\times100=30.5\%$$

32 랭킨사이클의 터빈출구 증기의 건도를 상승시켜 터빈날개의 부식을 방지하기 위한 사이클은?

① 재열 사이클 ② 오토 사이클
③ 재생 사이클 ④ 사바테 사이클

해설 재열 사이클은 랭킨 사이클을 개선시킨 사이클로 터빈출구의 건도를 상승시켜 터빈날개의 습도로 인한 부식을 방지하고, 열효율을 향상시킨 사이클이다.

★
33 다음 중 강도성 상태량이 아닌 것은?

① 압력 ② 온도
③ 비체적 ④ 체적

해설 체적은 용량성 상태량이다.
※ 압력, 온도, 비체적 등은 물질의 양과 무관한 강도성 상태량이다.

34 97℃로 유지되고 있는 항온조가 실내 온도 27℃인 방에 놓여 있다. 어떤 시간에 1,000kJ의 열이 항온조에서 실내로 방출되었다면 다음 설명 중 틀린 것은?

① 항온 조속의 물질의 엔트로피 변화는 −2.7kJ/K이다.
② 실내 공기의 엔트로피의 변화는 약 3.3kJ/K이다.
③ 이 과정은 비가역적이다.
④ 항온조와 실내 공기의 총 엔트로피는 감소하였다.

해설 항온조와 실내 공기의 총 엔트로피는 0.63kJ/K 증가하였다.
※ 비가역 과정 시 엔트로피는 항상 증가한다.

★
35 표준 기압(101.3kPa, 20℃에서 상대 습도 65%인 공기의 절대 습도(kg/kg)는? (단, 건조 공기와 수증기는 이상기체로 간주하며, 각각의 분자량은 29, 18로 하고, 20℃의 수증기의 포화압력은 2.24kPa로 한다.)

① 0.0091 ② 0.0202
③ 0.0452 ④ 0.0724

해설 절대 습도$(x)=0.622\times\dfrac{P_w}{P-P_w}$

$$=0.622\times\frac{\phi P_s}{P-\phi P_s}$$

$$=0.622\times\frac{0.65\times2.24}{101.3-0.65\times2.24}$$

$$\fallingdotseq 0.0091$$

36 이상적인 표준 증기 압축식 냉동 사이클에서 등엔탈피 과정이 일어나는 곳은?

① 압축기 ② 응축기
③ 팽창밸브 ④ 증발기

해설 증기 압축 냉동 사이클에서 팽창밸브에서의 과정은 교축팽창과정으로 압력강하($P_1>P_2$), 온도강하($T_1>T_2$), 등엔탈피 과정($h_1=h_2$), 비가역 과정으로 엔트로피는 증가한다($\Delta S>0$).

2020년

정답 31. ① 32. ① 33. ④ 34. ④ 35. ① 36. ③

★
37 **증기의 기본적 성질에 대한 설명으로 틀린 것은?**

① 임계 압력에서 증발열은 0이다.
② 증발 잠열은 포화 압력이 높아질수록 커진다.
③ 임계점에서는 액체와 기체의 상에 대한 구분이 없다.
④ 물의 3중점은 물과 얼음과 증기의 3상이 공존하는 점이며 이 점의 온도는 0.01℃이다.

해설 증발(잠)열은 포화 압력(P_S)이 높아질수록 작아진다.

★
38 **이상기체가 등온과정에서 외부에 하는 일에 대한 관계식으로 틀린 것은? (단, R은 기체상수이고, 계에 대해서 m은 질량, V는 부피, P는 압력, T는 온도를 나타낸다. 하첨자 "1"은 변경 전, 하첨자 "2"는 변경 후를 나타낸다.)**

① $P_1V_1\ln\dfrac{V_2}{V_1}$ ② $P_1V_1\ln\dfrac{P_2}{P_1}$
③ $mRT\ln\dfrac{P_1}{P_2}$ ④ $mRT\ln\dfrac{V_2}{V_1}$

해설 등온과정인 경우 절대일과 공업일은 같다 (${}_1W_2 = W_t$).

$${}_1W_2 = P_1V_1\ln\frac{V_2}{V_1} = P_1V_1\ln\frac{P_1}{P_2}$$
$$= mRT\ln\frac{V_2}{V_1} = mRT\ln\frac{P_1}{P_2}[\text{kJ}]$$

★
39 **초기의 온도, 압력이 100℃, 100kPa 상태인 이상기체를 가열하여 200℃, 200kPa 상태가 되었다. 기체의 초기상태 비체적이 0.5m³/kg일 때, 최종상태의 기체 비체적(m³/kg)은?**

① 0.16 ② 0.25
③ 0.32 ④ 0.50

해설 보일과 샤를의 법칙$\left(\dfrac{PV}{T} = C\right)$을 적용

$\dfrac{P_1V_1}{T_1} = \dfrac{P_2V_2}{T_2}$에서

$$V_2 = V_1\left(\frac{P_1}{P_2}\right)\left(\frac{T_2}{T_1}\right)$$
$$= 0.5\times\left(\frac{100}{200}\right)\times\left(\frac{200+273}{100+273}\right) \fallingdotseq 0.32\text{m}^3/\text{kg}$$

★
40 **열손실이 없는 단단한 용기 안에 20℃의 헬륨 0.5kg을 15W의 전열기로 20분간 가열하였다. 최종 온도(℃)는? (단, 헬륨의 정적비열은 3.116kJ/kg·K, 정압비열은 5.193kJ/kg·K이다.)**

① 23.6 ② 27.1
③ 31.6 ④ 39.5

해설 전열기에서 20분간 발생한 열량(Q_H)

$$= 0.015\text{kW}\times3,600\times\frac{1}{3} = 18\text{kJ}$$
$\because$ 1kWh = 3,600kJ
$$Q_H = mC_v(t_2 - t_1)[\text{kJ}]$$
$$t_2 = t_1 + \frac{Q_H}{mC_v} = 20 + \frac{18}{0.5\times3.76} = 31.6℃$$

제3과목 계측방법

41 **색온도계에 대한 설명으로 옳은 것은?**

① 온도에 따라 색이 변하는 일원적인 관계로부터 온도를 측정한다.
② 바이메탈 온도계의 일종이다.
③ 유체의 팽창정도를 이용하여 온도를 측정한다.
④ 기전력의 변화를 이용하여 온도를 측정한다.

해설 **색온도계(color temperature meter)**
광원의 색온도를 측정하기 위한 기기로, 온도에 따라 색이 변하는 일원적인 관계로 온도를 측정하는 비접촉식 온도계다.

★
42 **가스 크로마토그래피의 구성요소가 아닌 것은?**

① 검출기 ② 기록계
③ 칼럼(분리관) ④ 지르코니아

해설 **가스 크로마토그래피의 구성요소**
㉠ 검출기
㉡ 기록계
㉢ 칼럼(column, 분리관)

43 **방사율에 의한 보정량이 적고 비접촉법으로는 정확한 측정이 가능하나 사람 손이 필요한 결점이 있는 온도계는?**

① 압력계형 온도계 ② 전기저항 온도계
③ 열전대 온도계 ④ 광고온계

정답 87. ② 38. ② 39. ③ 40. ③ 41. ① 42. ④ 43. ④

해설 광고온도계는 방사율에 의한 보정량이 적고 비접촉법으로는 정확한 측정이 가능하나 사람손이 필요한 결점이 있는 온도계다(700~3,000℃ 측정 가능).

44 자동제어계에서 응답을 나타낼 때 목표치를 기준한 앞뒤의 진동으로 시간의 지연을 필요로 하는 시간적 동작의 특성을 의미하는 것은?

① 동특성　② 스텝응답
③ 정특성　④ 과도응답

해설 자동제어계에서 응답을 나타낼 때 목표치를 기준한 앞뒤의 진동으로 시간의 지연을 필요로 하는 시간적 동작의 특성을 의미하는 것은 동특성이다. 동특성이란 부품, 회로, 장치 따위의 동작에 있어서 입력의 시간변화가 출력에 영향을 주는 경우의 동작특성이다.

★
45 관 속을 흐르는 유체가 층류로 되려면?

① 레이놀즈수가 4,000보다 많아야 한다.
② 레이놀즈수가 2,100보다 적어야 한다.
③ 레이놀즈수가 4,000이어야 한다.
④ 레이놀즈수와는 관계가 없다.

해설 관 속을 흐르는 유체가 층류가 되려면 레이놀즈수(R_e)가 2,100보다 작아야 한다($R_e < 2,100$).

46 다음 중 사하중계(dead weight gauge)의 주된 용도는?

① 압력계 보정　② 온도계 보정
③ 유체 밀도 측정　④ 기체 무게 측정

해설 사하중계(dead weight gauge)의 주된 용도는 압력계의 보정이다.

★
47 시스(sheath) 열전대 온도계에서 열전대가 있는 보호관 속에 충전되는 물질로 구성된 것은?

① 실리카, 마그네시아
② 마그네시아, 알루미나
③ 알루미나, 보크사이트
④ 보크사이트, 실리카

해설 시스(sheath) 열전대 온도계에서 열전대가 보호하고 있는 보호관 속의 충전되는 물질은 마그네시아, 알루미나이다.

★
48 지름이 각각 0.6m, 0.4m인 파이프가 있다. (1)에서의 유속이 8m/s이면 (2)에서의 유속(m/s)은 얼마인가?

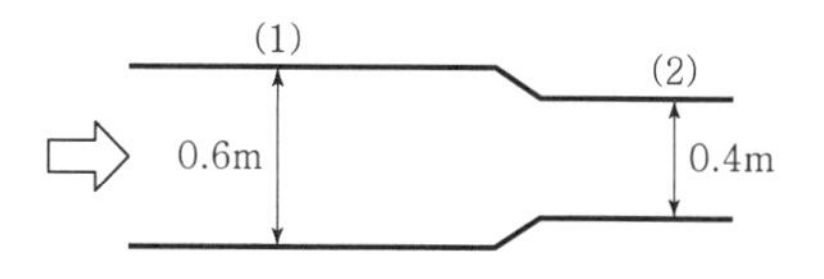

① 16　② 18
③ 20　④ 22

해설 연속방정식 $Q = AV[\mathrm{m^3/s}]$
$A_1V_1 = A_2V_2$에서

$$V_2 = V_1\frac{A_1}{A_2} = V_1\left(\frac{d_1}{d_2}\right)^2 = 8\times\left(\frac{0.6}{0.4}\right)^2 = 18\mathrm{m/s}$$

49 열전도율형 CO_2 분석계의 사용 시 주의사항에 대한 설명 중 틀린 것은?

① 브리지의 공급 전류의 점검을 확실하게 한다.
② 셀의 주위 온도와 측정가스 온도는 거의 일정하게 유지시키고 온도의 과도한 상승을 피한다.
③ H_2를 혼입시키면 정확도를 높이므로 같이 사용한다.
④ 가스의 유속을 일정하게 하여야 한다.

해설 가스분석계 중 열전도율형 CO_2 분석계는 연소가스에 포함된 CO_2의 열전도율이 공기보다 매우 작다는 것을 이용한 것이므로 분자량이 작은 것(H_2)은 열전도율이 커진다. 따라서 H_2가 혼입되면 측정지시값의 오차(Error)가 커지므로 정도가 낮아진다.

50 열전대 온도계에서 열전대선을 보호하는 보호관 단자로부터 냉접점까지는 보상도선을 사용한다. 이때 보상도선의 재료로서 가장 적합한 것은?

① 백금로듐　② 알루멜
③ 철선　④ 동-니켈 합금

해설 열전대(열전상) 온도계에서 열전대선을 보호하는 보호관 단자로부터 냉접점까지는 보상도선을 사용한다. 이때 보상도선의 재료로 가장 적합한 것은 동(Cu)-니켈(Ni)합금이다.

2020년

정답 44. ① 45. ② 46. ① 47. ② 48. ② 49. ③ 50. ④

★
51 점도 1Pa · s와 같은 값은?

① 1kg/m · s ② 1P
③ 1lb · s/m^2 ④ 1cP

해설 점성계수(점도)
1Pa · s=1N · s/m^2=1kg/m · s

52 다음 중 미세한 압력차를 측정하기에 적합한 액주식 압력계는?

① 경사관식 압력계 ② 부르동관 압력계
③ U자관식 압력계 ④ 저항선 압력계

해설 경사관식 압력계는 미소한 압력차를 측정할 수 있도록 U자관 압력계를 경사지게 사용하도록 만들어진 압력계이다.

53 액체와 고체연료의 열량을 측정하는 열량계는?

① 봄브식 ② 융커스식
③ 클리브랜드식 ④ 타그식

해설 액체와 고체연료의 열량을 측정하는 열량계는 봄브식이다.

★
54 제어량에 편차가 생겼을 경우 편차의 적분차를 가감해서 조작량의 이동속도가 비례하는 동작으로서 잔류편차가 제어되나 제어 안정성은 떨어지는 특징을 가진 동작은?

① 비례동작 ② 적분동작
③ 미분동작 ④ 다위치동작

해설 적분동작(integral contral action)은 I 동작이라고도 하며 조작량이 동작신호의 적분값에 비례하는 동작으로 적분동작을 가진 조절계를 사용하며 off set(옵셋) 정상상태에서의 잔류편차를 없앨 수 있으나 제어안정성은 떨어지는 특성을 갖는 동작이다.

★
55 다음 중 간접식 액면측정 방법이 아닌 것은?

① 방사선식 액면계
② 초음파식 액면계
③ 플로트식 액면계
④ 저항전극식 액면계

해설 플로트(float)식 액면계는 직접식 액면측정 방법이다.

56 분동식 압력계에서 300MPa 이상 측정할 수 있는 것에 사용되는 액체로 가장 적합한 것은?

① 경유 ② 스핀들유
③ 피마자유 ④ 모빌유

해설 분동식 압력계에서 300Ma 이상 측정할 수 있는 것에 사용되는 액체는 모빌유(oil)이다.

57 물을 함유한 공기와 건조공기의 열전도율 차이를 이용하여 습도를 측정하는 것은?

① 고분자 습도센서
② 염화리튬 습도센서
③ 서미스터 습도센서
④ 수정진동자 습도센서

해설 물을 함유한 공기와 건조공기의 열전도율 차이를 이용하여 습도를 측정하는 것이 서미스터 습도센서다.

★
58 다음 중 그림과 같은 조작량 변화 동작은?

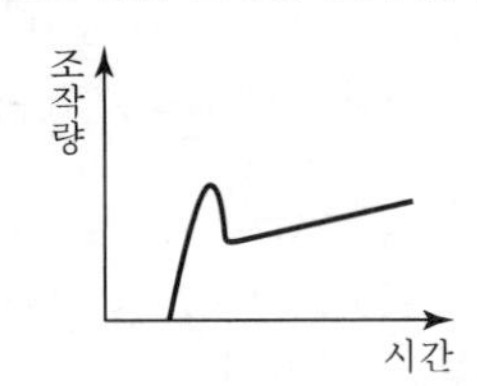

① P.I 동작 ② ON−OFF 동작
③ P.I.D 동작 ④ P.D 동작

해설 그림과 같은 조작량 변화 동작은 PID(비례적분미분)동작이다.

★
59 측정량과 크기가 거의 같은 미리 알고 있는 양의 분동을 준비하여 분동과 측정량의 차이로부터 측정량을 구하는 방식은?

① 편위법 ② 보상법
③ 치환법 ④ 영위법

해설 측정량과 크기가 거의 같은 미리 알고 있는 양의 분동을 준비하여 분동과 측정량의 차이로부터 측정량을 구하는 방식은 보상법이다.

정답 51. ① 52. ① 53. ① 54. ② 55. ③ 56. ④ 57. ③ 58. ③ 59. ②

60 오리피스 유량계에 대한 설명으로 틀린 것은?

① 베르누이의 정리를 응용한 계기이다.
② 기체와 액체에 모두 사용이 가능하다.
③ 유량계수 C는 유체의 흐름이 층류이거나 와류의 경우 모두 같고 일정하며 레이놀즈수와 무관하다.
④ 제작과 설치가 쉬우며, 경제적인 교축기구이다.

해설 오리피스(orifice) 유량계는 차압식 유량계로 유량계수(C)= 속도계수(C_v)×수축계수(C_c)는 유체의 흐름이 층류이거나 와류인 경우 값이 다르며 레이놀즈수(관성력/점성력)와 관계가 있다.

제4과목 열설비재료 및 관계법규

★
61 용선로(cupola)에 대한 설명으로 틀린 것은?

① 대량생산이 가능하다.
② 용해 특성상 용탕에 탄소, 황, 인 등의 불순물이 들어가기 쉽다.
③ 다른 용해로에 비해 열효율이 좋고 용해시간이 빠르다.
④ 동합금, 경합금 등 비철금속 용해로로 주로 사용된다.

해설 용선로(큐폴라, cupola)는 선철(pig iron)의 용해에 널리 사용되는 원통형 노(furnace)이다.

62 에너지이용 합리화법령상 에너지사용계획을 수립하여 제출하여야 하는 사업주관자로서 해당되지 않는 사업은?

① 항만건설사업
② 도로건설사업
③ 철도건설사업
④ 공항건설사업

해설 **에너지 사용계획을 수립하여 제출하여야 하는 사업주관자로서 해당되는 사업**
㉠ 항만건설사업
㉡ 철도건설사업
㉢ 공항건설사업

★
63 다음 중 터널요에 대한 설명으로 옳은 것은?

① 예열, 소성, 냉각이 연속적으로 이루어지며 대차의 진행방향과 같은 방향으로 연소가스가 진행된다.
② 소성시간이 길기 때문에 소량생산에 적합하다.
③ 인건비, 유지비가 많이 든다.
④ 온도조절의 자동화가 쉽지만 제품의 품질, 크기, 형상 등에 제한을 받는다.

해설 터널요(가마)는 도자기, 내화물을 굽는 터널모양의 가마로 온도조절의 자동화가 쉽지만 제품의 품질, 크기, 형상 등의 제한을 받는다.

★
64 에너지이용 합리화법령상 최고사용압력(MPa)과 내부 부피(m^3)를 곱한 수치가 0.004를 초과하는 압력용기 중 1종 압력용기에 해당되지 않는 것은?

① 증기를 발생시켜 액체를 가열하며 용기 안의 압력이 대기압을 초과하는 압력용기
② 용기 안의 화학반응에 의하여 증기를 발생하는 것으로 용기 안의 압력이 대기압을 초과하는 압력용기
③ 용기 안의 액체의 성분을 분리하기 위하여 해당 액체를 가열하는 것으로 용기 안의 압력이 대기압을 초과하는 압력용기
④ 용기 안의 액체의 온도가 대기압에서의 비점을 초과하지 않는 압력용기

★
65 에너지이용 합리화법에서 정한 에너지절약전문기업 등록의 취소요건이 아닌 것은?

① 규정에 의한 등록기준에 미달하게 된 경우
② 사업수행과 관련하여 다수의 민원을 일으킨 경우
③ 동법에 따른 에너지절약전문기업에 대한 업무에 관한 보고를 하지 아니하거나 거짓으로 보고한 경우
④ 정당한 사유 없이 등록 후 3년 이상 계속하여 사업수행실적이 없는 경우

정답 60. ③ 61. ④ 62. ② 63. ④ 64. ④ 65. ②

해설 에너지절약 전문기업등록의 취소요건

㉠ 규정에 의한 등록기준에 미달하게 된 경우
㉡ 동법에 따른 에너지 절약 전문기업에 대한 업무에 관한 보고를 하지 아니하거나 거짓으로 보고한 경우
㉢ 정당한 사유없이 등록 후 3년 이상 계속하여 사업수행 실적이 없는 경우

66 기밀을 유지하기 위한 패킹이 불필요하고 금속부분이 부식될 염려가 없어, 산 등의 화학약품을 차단하는 데 주로 사용하는 밸브는?

① 앵글밸브 ② 체크밸브
③ 다이어프램 밸브 ④ 버터플라이 밸브

해설 기밀을 유지하기 위한 패킹(packing)이 불필요하고 금속부분이 부식될 염려가 없어 산 등의 화학약품을 차단하는데 사용하는 밸브는 다이어프램 밸브(diaphragm valve)다.

★
67 에너지이용 합리화법령상 산업통상자원부장관 또는 시·도지사가 한국에너지공단 이사장에게 권한을 위탁한 업무가 아닌 것은?

① 에너지관리지도
② 에너지사용계획의 검토
③ 열사용기자재 제조업의 등록
④ 효율관리기자재의 측정 결과 신고의 접수

해설 산업통상자원부장관 또는 시·도지사가 한국에너지공단 이사장에게 권한을 위탁한 업무

㉠ 에너지관리지도
㉡ 에너지사용계획의 검토
㉢ 효율관리기자재의 측정결과 신고의 접수

★
68 에너지이용 합리화법령상 열사용기자재에 해당하는 것은?

① 금속요로 ② 선박용 보일러
③ 고압가스 압력용기 ④ 철도차량용 보일러

해설 열사용기자재(산업통상자원부장관령으로 정한다.)

㉠ 보일러(강철제·주철제 보일러, 온수보일러, 구멍탄용 온수보일러, 축열식 전기보일러)
㉡ 태양열집열기
㉢ 압력용기(1종·2종 압력용기)
㉣ 요업요로
㉤ 금속요로

★
69 에너지이용 합리화법령에 따라 인정검사대상기기 관리자의 교육을 이수한 사람의 관리범위 기준은 증기보일러로서 최고사용 압력이 1MPa 이하이고 전열면적이 최대 얼마 이하일 때인가?

① $1m^2$ ② $2m^2$
③ $5m^2$ ④ $10m^2$

해설 검사대상기기조종자의 자격 및 조정범위

조종자의 자격	조종범위
• 에너지관리기사(열관리기사) • 에너지관리산업기사(열관리산업기사) • 보일러기능장 • 보일러 산업기사 • 보일러(취급) 기능사	모든 검사대상기기
인정 검사대상기기(조종자의 교육을 이수한 사람)	① 증기 보일러로서 최고사용압력이 1MPa 이하이고, 전열면적이 $10m^2$ 이하인 것 ② 온수 발생 또는 열매체를 가열하는 보일러로서 출력이 0.58MW(50만kcal/h) 이하인 것 ③ 압력용기

※ 계속사용검사 중 안전검사를 실시하지 않는 검사대상기기 또는 가스 외의 연료를 사용하는 1종 관류보일러의 경우에는 조종자의 자격에 제한을 두지 않는다.

70 전기와 열의 양도체로서 내식성, 굴곡성이 우수하고 내압성도 있어 열교환기의 내관 및 화학공업용으로 사용되는 관은?

① 동관
② 강관
③ 주철관
④ 알루미늄관

해설 동관의 특징

㉠ 전기와 열의 양도체다.
㉡ 내식성, 굴곡성이 우수하다(가공성이 좋다).
㉢ 내압성이 있어 열교환기 내관 및 화학공업용으로 많이 사용된다.
㉣ 산에 강하고 알칼리(염기성)에 약하다.

정답 66. ③ 67. ③ 68. ① 69. ④ 70. ①

71 **에너지이용 합리화법상 에너지이용 합리화 기본계획에 따라 실시계획을 수립하고 시행하여야 하는 대상이 아닌 자는?**

① 기초지방자치단체 시장
② 관계 행정기관의 장
③ 특별자치도지사
④ 도지사

해설 **에너지이용 합리화 기본계획에 따라 실시계획을 수립하고 시행하여야 하는 대상자**
㉠ 관계 행정기관의 장
㉡ 특별자치도지사
㉢ 도지사

72 **에너지이용 합리화법령에서 정한 검사대상기기의 계속 사용검사에 해당하는 것은?**

① 운전성능검사
② 개조검사
③ 구조검사
④ 설치검사

해설 검사대상기기의 계속 사용검사에 해당하는 것은 운전성능검사다.

★
73 **에너지이용 합리화법에 따라 에너지다소비 사업자가 그 에너지사용시설이 있는 지역을 관할하는 시·도지사에게 신고하여야 할 사항에 해당되지 않는 것은?**

① 전년도의 분기별 에너지사용량·제품생산량
② 에너지 사용기자재의 현황
③ 사용 에너지원의 종류 및 사용자
④ 해당 연도의 분기별 에너지사용예정량·제품생산예정량

해설 **에너지 다소비사업자가 에너지 사용시설이 있는 지역을 관할하는 시도지사에게 신고하여야 할 사항**
㉠ 전년도의 분기별 에너지사용량·제품생산량
㉡ 에너지 사용기자재의 현황
㉢ 해당 연도의 분기별 에너지사용량예정량·제품생산예정량

74 **지르콘($ZrSiO_4$) 내화물의 특징에 대한 설명 중 틀린 것은?**

① 열팽창율이 작다.
② 내스폴링성이 크다.
③ 염기성 용재에 강하다.
④ 내화도는 일반적으로 SK 37~38 정도이다.

해설 지르코늄($ZrSiO_4$)은 내식성·흡착성·침투성이 풍부하기 때문에 내화물질로 우주왕복선 등에 쓰인다. 원자로 재료로도 많이 쓰이나 염기성 용제에는 약하다.

★
75 **다음 강관의 표시기호 중 배관용 합금강 강관은?**

① SPPH ② SPHT
③ SPA ④ STA

해설 **강관의 표시기호**
㉠ SPPH(고압배관용 탄소강관)
㉡ SPHT(고온배관용 탄소강관)
㉢ SPA(배관용 합금강관)
㉣ SPP(배관용 탄소강관, 일명 가스관)
㉤ SPPS(압력배관용 탄소강관)

76 **요로의 정의가 아닌 것은?**

① 전열을 이용한 가열장치
② 원재료의 산화반응을 이용한 장치
③ 연료의 환원반응을 이용한 장치
④ 열원에 따라 연료의 발열반응을 이용한 장치

해설 **요로의 정의**
㉠ 전열을 이용한 가열장치
㉡ 연료의 환원반응을 이용한 장치
㉢ 열원에 따라 연료의 발열반응을 이용한 장치

77 **견요의 특징에 대한 설명으로 틀린 것은?**

① 석회석 클링커 제조에 널리 사용된다.
② 하부에서 연료를 장입하는 형식이다.
③ 제품의 예열을 이용하여 연소용 공기를 예열한다.
④ 이동 화상식이며 연속요에 속한다.

해설 견요(선가마)는 상부에서 연료(fuel)를 공급하는(장입하고) 형식이고 하부에서 공기를 흡입하는 형식이다.

정답 71. ① 72. ① 73. ③ 74. ③ 75. ③ 76. ② 77. ②

2020년

★
78 옥내온도는 15℃, 외기온도가 5℃일 때 콘크리트 벽(두께 10cm, 길이 10m 및 높이 5m)을 통한 열손실이 1,700W이라면 외부표면 열전달계수(W/m²℃)는? (단, 내부표면 열전달계수는 9.0W/m²℃이고, 콘크리트 열전도율은 0.87W/m · ℃이다.)

① 12.7 ② 14.7
③ 16.7 ④ 18.7

해설 $Q=kF(t_i-t_o)$[W]

$k=\dfrac{Q}{F(t_i-t_o)}=\dfrac{1,700}{(10\times5)\times(15-5)}$

$=3.4\text{W/m}^2\cdot℃$

$R=\dfrac{1}{k}=\dfrac{1}{3.4}=0.294$

$R=\dfrac{1}{k}=\dfrac{1}{\alpha_i}+\dfrac{L}{\lambda}+\dfrac{1}{\alpha_o}$

$0.294=\dfrac{1}{9}+\dfrac{0.21}{0.87}+\dfrac{1}{\alpha_o}$

$\therefore\ \alpha_o=\dfrac{1}{0.294-0.226}=14.7\text{W/m}^2\cdot℃$

79 다음 중 연속가열로의 종류가 아닌 것은?

① 푸셔식 가열로
② 워킹-빔식 가열로
③ 대차식 가열로
④ 회전로상식 가열로

해설 대차식 가열로는 불연속식 가마(kiln)다.

★
80 크롬이나 크롬마그네시아 벽돌이 고온에서 산화철을 흡수하여 표면이 부풀어 오르고 떨어져 나가는 현상은?

① 버스팅(bursting)
② 스폴링(spalling)
③ 슬래킹(slaking)
④ 큐어링(curing)

해설 관석(scale, 스케일)이 부착되면 열전도율이 낮아져서 전열면이 과열되어 각종 부작용을 일으킨다.

제5과목 열설비설계

81 보일러의 노통이나 화살과 같은 원통 부분이 외측으로부터의 압력에 견딜 수 없게 되어 눌려 찌그러져 찢어지는 현상을 무엇이라 하는가?

① 블리스터 ② 압궤
③ 팽출 ④ 라미네이션

해설 보일러의 노통이나 화실과 같은 원통부분이 외측으로부터 압력에 견딜 수 없게 되어 눌려 찌그러져 찢어지는 현상을 압궤(Collapse)라고 한다.

★
82 두께 150mm인 적벽돌과 100mm인 단열벽돌로 구성되어 있는 내화벽돌의 노벽이 있다. 적벽돌과 단열벽돌의 열전도율은 각각 1.4W/m · ℃, 0.07W/m · ℃일 때 단위면적당 손실열량은 약 몇 W/m²인가? (단, 노 내 벽면의 온도는 800℃이고, 외벽면의 온도는 100℃이다.)

① 336 ② 456
③ 587 ④ 635

해설 $K=\dfrac{1}{R}=\dfrac{1}{\dfrac{l_1}{\lambda_1}+\dfrac{l_2}{\lambda_2}}$

$=\dfrac{1}{\dfrac{0.15}{1.4}+\dfrac{0.1}{0.07}}=0.65\text{W/m}^2\cdot℃$

$\therefore\ q_L=\dfrac{Q}{A}=K(t_w-t_o)$

$=0.65(800-100)\fallingdotseq456\text{W/m}^2$

83 수관보일러의 특징에 대한 설명으로 옳은 것은?

① 최대 압력이 1MPa 이하인 중소형 보일러에 작용이 일반적이다.
② 연소실 주위에 수관을 배치하여 구성한 수냉벽을 노에 구성한다.
③ 수관의 특성상 기수분리의 필요가 없는 드럼리스 보일러의 특징을 갖는다.
④ 열량을 전열면에서 잘 흡수시키기 위해 2-패스, 3-패스, 4-패스 등의 흐름구성을 갖도록 설계한다.

정답 78. ② 79. ③ 80. ① 81. ② 82. ② 83. ②

해설 수관식 보일러는 연소실 주위에 수관(관 내에 물이 흐르고 주위에는 연소가스가 접촉되는 관)을 배치하여 구성한 수냉벽을 노에 구성한다. 용량에 비해 경량이며 효율이 좋고 운반·설치가 용이하다. 보유 수량이 적어 파열 시 피해가 작다. 보일러수의 순환이 빨라 증기발생 시간이 빠르다. 구조상 고압·대용량에 적합하다.

★

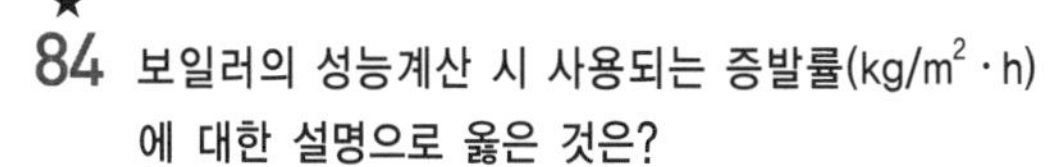

84 **보일러의 성능계산 시 사용되는 증발률($kg/m^2 \cdot h$)에 대한 설명으로 옳은 것은?**

① 실제 증발량에 대한 발생증기 엔탈피와의 비
② 연료 소비량에 대한 상당 증발량과의 비
③ 상당 증발량에 대한 실제 증발량과의 비
④ 전열 면적에 대한 실제 증발량과의 비

해설 보일러 성능계산 시 사용되는 증발률($kg/m^2 \cdot h$)이란 실제증발량과 전열면적의 비다(전열면적에 대한 실제증발량과의 비다).

★

85 **입형 보일러의 특징에 대한 설명으로 틀린 것은?**

① 설치 면적이 좁다.
② 전열면적이 적고 효율이 낮다.
③ 증발량이 적으며 습증기가 발생한다.
④ 증기실이 커서 내부 청소 및 검사가 쉽다.

해설 **입형 보일러(vertical boiler)**
㉠ 설치면적이 작다.
㉡ 화실을 가지고 있어 설치가 간단하다(구조 간단, 제작 용이, 가격 저렴).
㉢ 보일러 효율이 낮다(구조상 증기부가 작고 습증기 발생이 많다).
㉣ 내부청소 및 검사가 어렵다.

86 **그림과 같이 내경과 외경이 D_i, D_o일 때, 온도는 각각 T_i, T_o, 관 길이가 L인 중공원관이 있다. 관 재질에 대한 열전도율을 k라 할 때, 열저항 R을 나타낸 식으로 옳은 것은? (단, 전열량(W)은 $Q=\dfrac{T_i-T_o}{R}$로 나타낸다.)**

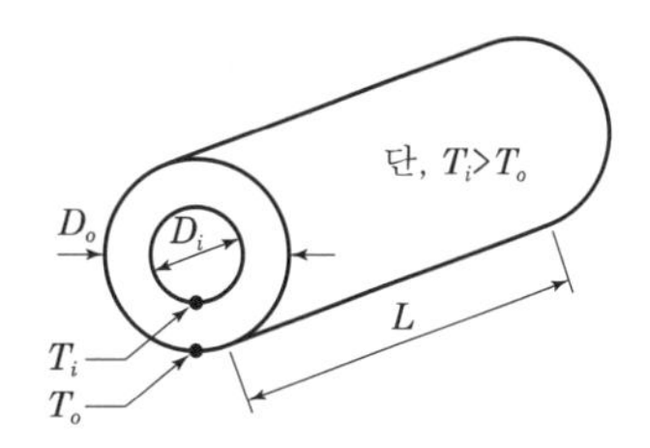

① $\dfrac{D_o-D_i}{2}$　　② $\dfrac{D_o-D_i}{2\pi(D_o-D_i)Lk}$

③ $\dfrac{D_o-D_i}{2\pi(D_o+D_i)Lk}$　　④ $\dfrac{\ln\dfrac{D_o}{D_i}}{2\pi Lk}$

해설

$$\text{열저항(R)} = \frac{\ln\dfrac{D_o}{D_i}}{2\pi Lk}$$

87 **관석(scale)에 대한 설명으로 틀린 것은?**

① 규산칼슘, 황산칼슘 등이 관석의 주성분이다.
② 관석에 의해 배기가스의 온도가 올라간다.
③ 관석에 의해 관내수의 순환이 불량해 진다.
④ 관석의 열전도율이 아주 높아 전열면이 과열되어 각종 부작용을 일으킨다.

해설 관석(scale)은 열전도율($W/m \cdot k$)이 낮아서(불량해져서) 열효율저하 및 과열장애를 초래한다(부식초래).

★

88 **주위 온도가 20℃, 방사율이 0.3인 금속표면의 온도가 150℃인 경우에 금속 표면으로부터 주위로 대류 및 복사가 발생될 때의 열유속(heat flux)은 약 몇 W/m^2인가? (단, 대류 열전달계수 $h=20W/m^2 \cdot K$, 스테판 볼츠만 상수는 $\sigma=5.7\times10^{-8}W/m^2 \cdot K^4$이다.)**

① 3,020　　② 3,330
③ 4,270　　④ 4,630

해설

$$q=q_{conv}+q_R=h(t_s-t_o)+\varepsilon\sigma\left(T_s^{\,4}-T_o^{\,4}\right)$$
$$=20\times(150-20)$$
$$+0.3\times5.7\times10^{-8}\times\left\{(150+273)^4-(20+273)^4\right\}$$
$$=3{,}021W/m^2$$

정답 84. ④ 85. ④ 86. ④ 87. ④ 88. ①

89 보일러의 부속장치 중 여열장치가 아닌 것은?

① 공기예열기 ② 송풍기
③ 재열기 ④ 절탄기

해설 보일러 부속장치 중 폐열(여열) 회수장치는 과열기, 재열기, 절탄기(economizer), 공기예열기 등이 있다.

★
90 보일러의 일상점검 계획에 해당하지 않는 것은?

① 급수배관 점검
② 압력계 상태 점검
③ 자동제어장치 점검
④ 연료의 수요량 점검

해설 **보일러 일상점검 계획**
㉠ 급수배관 점검
㉡ 압력계 상태 점검
㉢ 자동제어장치 점검

★
91 보일러에서 용접 후에 풀림처리를 하는 주된 이유는?

① 용접부의 열응력을 제거하기 위해
② 용접부의 균열을 제거하기 위해
③ 용접부의 연신율을 증가시키기 위해
④ 용접부의 강도를 증가시키기 위해

해설 보일러에서 용접(welding) 후 풀림(annealing) 처리를 하는 주된 목적은 용접부의 열응력을 제거하기 위함이다.

★
92 증발량이 1,200kg/h이고 상당 증발량이 1,400 kg/h일 때 사용 연료가 140kg/h이고, 비중이 0.8kg/L 이면 상당 증발배수는 얼마인가?

① 8.6 ② 10
③ 10.7 ④ 12.5

해설

$$\text{상당 증발배수} = \frac{\text{상당 증발량}(G_e)}{\text{연료 소비량}(G_f)} = \frac{1,400}{140} = 10$$

93 보일러에서 발생하는 저온부식의 방지 방법이 아닌 것은?

① 연료 중의 황 성분을 제거한다.
② 배기가스의 온도를 노점온도 이하로 유지한다.
③ 과잉공기를 적게 하여 배기가스 중의 산소를 감소시킨다.
④ 전열 표면에 내식재료를 사용한다.

해설 황(S)을 포함한 중유는 대기오염과 연료절약장치 공기예열 장치 등을 부식시킨다. 노점온도 이상으로 배출가스 온도를 유지해야 한다.

94 점식(pitting)에 대한 설명으로 틀린 것은?

① 진행속도가 아주 느리다.
② 양극반응의 독특한 형태이다.
③ 스테인리스강에서 흔히 발생한다.
④ 재료 표면의 성분이 고르지 못한 곳에 발생하기 쉽다.

해설 점식(pitting)은 부식의 일종으로 전기화학적 기구에서 특정의 소부분에 점점이 구멍 모양의 오목부가 생기는 부식으로 진행속도가 빠르다.

95 급수 불순물과 그에 따른 보일러 장해와의 연결이 틀린 것은?

① 철－수지산화
② 용존산소－부식
③ 실리카－캐리오버
④ 경도성분－스케일 부착

★
96 보일러수의 분출시기가 아닌 것은?

① 보일러 가동 전 관수가 정지되었을 때
② 연속운전일 경우 부하가 가벼울 때
③ 수위가 지나치게 낮아졌을 때
④ 프라이밍 및 포밍이 발생할 때

해설 **보일러수의 분출작업 시 유의점**
2인 1조로 하고 수위가 지나치게 낮아지지 않게 해야 한다(안전저수위가 확보되야 하므로 안전저수위 이하가 되지 않게 한다).
※ 분출이란 보일러 내 불순물을 배출하여 불순물 농도를 낮추는 것으로 수면분출(연속분출)과 수저분출(단속분출)이 있다.

정답 89. ② 90. ④ 91. ① 92. ② 93. ② 94. ① 95. ① 96. ③

97 **과열기에 대한 설명으로 틀린 것은?**

① 포화증기를 과열증기로 만드는 장치이다.
② 포화증기의 온도를 높이는 장치이다.
③ 고온부식이 발생하지 않는다.
④ 연소가스의 저항으로 압력손실이 크다.

해설 과열기에서는 고온부식(500℃ 이상)이 발생할 수 있다.

★
98 **두께 10mm의 판을 지름 18mm의 리벳으로 1열 리벳 겹치기 이음할 때, 피치는 최소 몇 mm 이상이어야 하는가? (단, 리벳구멍의 지름은 21.5mm이고, 리벳의 허용 인장응력은 40N/mm², 허용 전단응력은 36N/mm²으로 하며, 강판의 인장응력과 전단응력은 같다.)**

① 40.4 ② 42.4
③ 44.4 ④ 46.4

해설

$$\tau = \frac{W}{A} = \frac{W}{\frac{\pi d^2}{4}}\,[\text{N/mm}^2]$$

$$W = \tau\frac{\pi d^2}{4} = 36\times\frac{\pi\times 18^2}{4} = 9,156\text{N}$$

$$\sigma = \frac{W}{A} = \frac{W}{(p-d_o)t}\,[\text{N/mm}^2]\text{에서}$$

$$p = d_o + \frac{W}{\sigma t} = 21.5 + \frac{9,156}{40\times 10} \fallingdotseq 44.4\text{mm}$$

★
99 **열정산에 대한 설명으로 틀린 것은?**

① 원칙적으로 정격부하 이상에서 정상상태로 적어도 2시간 이상의 운전결과에 따른다.
② 발열량은 원칙적으로 사용 시 연료의 총발열량으로 한다.
③ 최대 출열량을 시험할 경우에는 반드시 최대부하에서 시험을 한다.
④ 증기의 건도는 98% 이상인 경우에 시험함을 원칙으로 한다.

해설 열정산(Heat Balance)란 보일러에 공급된 열량과 소비된 열량 사이에 양적관계를 나타낸 것으로 입열 & 출열관계를 나타내는 것을 의미한다.

(1) **보일러 열정산 시 입열항목**
㉠ 연료의 현열
㉡ 연료의 저위발열량(KJ/kg)
㉢ 공기의 현열
㉣ 노(furnace) 내의 분입증기 보유열량

(2) **보일러의 출열항목**
㉠ 배기가스에 의한 배출열
㉡ 증기보유열량
㉢ 불완전연소에 의한 손실열(방열량, 미연소, 기타)

※ 방열기(Radiator)용량 = 정미출력 = (= 난방부하+급탕부하)
상용출력 = 정미출력+배관부하(= 난방부하+급탕부하+배관부하)
정격출력(보일러출력) = 난방부하+급탕부하+배관부하+예열부하(= 상용출력+예열부하)

※ 보일러의 열효율
보일러의 열효율은 보일러의 압력으로 들어가는 에너지 가운데 몇 %가 유효한 에너지로 출력으로 되는가를 나타내는 것으로 산정은 크게 입출력법(input-output method)과 열손실법(Heat loss Method) 2가지로 나눌 수 있다. 열손실법에 의하 효율은 총입열 100%에서 각종 손실을 빼내어 산정하는 것이다.

※ Boiler의 열정산(Heat Balance)의 성능시험 기준
① 원칙적으로 정격부하 이상에서 정상상태로 적어도 2시간 이상의 운전결과에 따른다.
② 발열량은 원칙적으로 사용시 연료의 총발열량(고위발열량)으로 한다.
③ 증기의 건도(x)는 98% 이상인 경우에 Test(시험)함을 원칙으로 한다.

※ 보일러 정격부하(100%)에서 석탄화력의 경우 4시간 유류와 가스 화력의 경우 2시간 실시함을 원칙으로 한다. 보일러의 부분부하(75%, 50%, 25%) 성능시험은 2시간씩 실시한다.

★
100 **외경 76mm, 내경 68mm, 유효길이 4,800mm의 수관 96개로 된 수관식 보일러가 있다. 이 보일러의 시간당 증발량은 약 몇 kg/h인가? (단, 수관 이외 부분의 전열면적은 무시하며, 전열면적 1m²당 증발량은 26.9kg/h이다.)**

① 2,660 ② 2,760
③ 2,860 ④ 2,960

해설 시간당 증발량(G) $= \pi d_o L n W$
$= \pi\times 0.076\times 4.8\times 96\times 26.9$
$\fallingdotseq 2,960\text{kg/h}$

정답 97. ③ 98. ③ 99. ③ 100. ④

2021

Engineer Energy Management

과년도 출제문제

자주 출제되는 중요한 문제는 별표(★)로 강조했습니다.
마무리학습할 때 한 번 더 풀어보기를 권합니다.

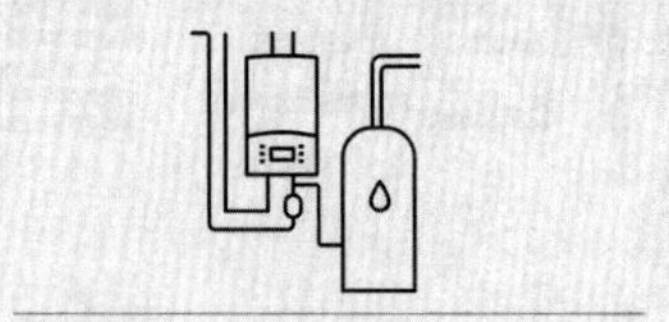
Engineer Energy Management

Engineer Energy Management

2021년 제1회 에너지관리기사

제1과목 연소공학

01 고체연료의 연소방법이 아닌 것은?

① 미분탄 연소 ② 유동층 연소
③ 화격자 연소 ④ 액중 연소

02 다음 연료 중 저위발열량이 가장 높은 것은?

① 가솔린 ② 등유
③ 경유 ④ 중유

해설 단위질량당 발열량(MJ/kg)이 가장 높은 것은 가솔린이다. 가솔린 > 등유 > 경유 > 중유

★
03 고체연료를 사용하는 어떤 열기관의 출력이 3,000kW이고 연료소비율이 1,400kg/h일 때 다음 중 이 열기관의 열효율은 약 몇 %인가? (단, 이 고체연료의 저위발열량은 28MJ/kg이다.)

① 28 ② 38
③ 48 ④ 58

해설
$$\eta = \frac{3,600\text{kW}}{H_L \times m_f} \times 100\%$$
$$= \frac{3,600 \times 3,000}{28 \times 10^3 \times 1,400} \times 100\% \fallingdotseq 28\%$$

★
04 연소가스 분석결과가 CO_2 13%, O_2 8%, CO 0%일 때 공기비는 약 얼마인가? (단, CO_{2max}는 21%이다.)

① 1.22 ② 1.42
③ 1.62 ④ 1.82

해설 완전연소 시 배기 분석결과 CO가 없으므로

$$\text{공기비}(m) = \frac{CO_{2\,max}}{CO_2} = \frac{21}{21 - O_2}$$
$$= \frac{21}{21-8} \fallingdotseq 1.62$$

★
05 연소가스 중의 질소산화물 생성을 억제하기 위한 방법으로 틀린 것은?

① 2단 연소
② 고온 연소
③ 농담 연소
④ 배기가스 재순환 연소

해설 고온연소 시 질소산화물(NO_x)이 생성되며, 연소실 내 온도를 저온으로 해줘야 NO_x 형성을 억제할 수 있다.

※ **질소산화물(NO_x)을 억제하기 위한 방법**
㉠ 2단 연소
㉡ 농담 연소
㉢ 배기가스 재순환 연소

06 C_8H_{18} 1mol을 공기비 2로 연소시킬 때 연소가스 중 산소의 몰분율은?

① 0.065 ② 0.073
③ 0.086 ④ 0.101

해설 몰(mol)분율은 체적(부피)비율과 동일하다.

옥탄(C_8H_{18}) + 12.5O_2 → 8CO_2 + 9H_2O

이론습연소가스량(G_w)

$= (m - 0.21)A_o$ + 생성된 CO_2 + 생성된 H_2O

$$= (2-0.21) \times \frac{12.5}{0.21} + 8 + 9 \fallingdotseq 123.55\text{Nm}^3/\text{Nm}^3(\text{연료})$$

$$\therefore \text{ 연소가스 중 } O_2\text{의 몰분율} = \frac{O_2}{G_w} = \frac{12.5}{123.55} \fallingdotseq 0.101(10.1\%)$$

07 메탄(CH_4)가스를 공기 중에 연소시키려 한다. CH_4의 저위발열량이 50,000kJ/kg이라면 고위발열량은 약 몇 kJ/kg인가? (단, 물의 증발잠열은 2,450kJ/kg으로 한다.)

① 51,700
② 55,500
③ 58,600
④ 64,200

정답 01. ④ 02. ① 03. ① 04. ③ 05. ② 06. ④ 07. ②

해설 고위발열량(H_h)= 저위발열량(H_L)+(수소가 연소해서 생성된 수증기)증발잠열

$$= 50,000+\left(\frac{36}{16}\right)\times 2,450$$

$$= 55512.5\text{kJ/kg}(\fallingdotseq 55,500\text{kJ/kg})$$

※ $CH_4+2O_2 \rightarrow CO_2+2H_2O$

12×1+1×4 　 2(1×2+16)

16kg 　 36kg

∴ 메탄 1kg에 $\frac{36}{16}$kg의 수증기가 생성됨

★

08 연돌의 실제 통풍압이 35mmH₂O, 송풍기의 효율은 70%, 연소가스량이 200m³/min일 때 송풍기의 소요 동력은 약 몇 kW인가?

① 0.84 　 ② 1.15

③ 1.63 　 ④ 2.21

해설 $W=\frac{PQ}{6,120\eta_f}=\frac{35\times 200}{6,120\times 0.7}=1.63\text{kW}$

09 기체 연료의 장점이 아닌 것은?

① 연소조절이 용이하다.

② 운반과 저장이 용이하다.

③ 회분이나 매연이 적어 청결하다.

④ 적은 공기로 완전연소가 가능하다.

해설 기체 연료는 운반과 저장이 어렵다.

★

10 질량비로 프로판 45%, 공기 55%인 혼합가스가 있다. 프로판 가스의 발열량이 100MJ/Nm³일 때 혼합가스의 발열량은 약 몇 MJ/Nm³인가? (단, 공기의 발열량은 무시한다.)

① 29 　 ② 31

③ 33 　 ④ 35

해설 혼합가스에서 성분 기체의 질량비를 몰비(부피비)로 나타내려면 분자량으로 나누면 된다. C_3H_8의 경우 1kmol=22.4Nm³=44kg에서 1kg의 부피=$\frac{22.4}{44}$=0.509Nm³, 공기의 경우 1kmol=22.4Nm³=29kg에서 1kg의 부피=$\frac{22.4}{29}$=0.772Nm³이다.

혼합기체의 발열량(H)

=프로판의 발열량×부피비

$$=\text{프로판의 발열량}\times\frac{C_3H_8\text{의 부피}}{\text{전체 부피}}$$

$$=100\times\frac{0.509\times 0.45}{0.509\times 0.45+0.772\times 0.55}$$

$$=35.04\text{MJ/Nm}^3$$

$$\fallingdotseq 35\text{MJ/Nm}^3$$

11 다음 연료 중 이론공기량(Nm³/Nm³)이 가장 큰 것은?

① 오일가스 　 ② 석탄가스

③ 액화석유가스 　 ④ 천연가스

★

12 다음 중 중유의 성질에 대한 설명으로 옳은 것은?

① 점도에 따라 1, 2, 3급 중유로 구분한다.

② 원소 조성은 H가 가장 많다.

③ 비중은 약 0.72~0.76 정도이다.

④ 인화점은 약 60~150℃ 정도이다.

해설 중유의 인화점은 약 60~150℃ 정도이다. 중유는 점도에 따라 A, B, C급으로 나누며, 점도의 크기에 따라 C급 >B급 >A급 중유로 구분한다.

★

13 연소에서 고온부식의 발생에 대한 설명으로 옳은 것은?

① 연료 중 황분의 산화에 의해서 일어난다.

② 연료 중 바나듐의 산화에 의해서 일어난다.

③ 연료 중 수소의 산화에 의해서 일어난다.

④ 연료의 연소 후 생기는 수분이 응축해서 일어난다.

해설 고온부식이란 금속이 고온에서 산화성을 띤 기체나 용융액체에 접할 경우 표면이 산화하는 현상이다[바나듐(V) 부식].

14 연소 시 점화 전에 연소실 가스를 몰아내는 환기를 무엇이라 하는가?

① 프리퍼지 　 ② 가압퍼지

③ 불착화퍼지 　 ④ 포스트퍼지

정답 08. ③ 09. ② 10. ④ 11. ③ 12. ④ 13. ② 14. ①

15 다음 반응식을 가지고 CH_4의 생성엔탈피를 구하면 약 몇 kJ인가?

$C + O_2 \rightarrow CO_2 + 394kJ$

$H_2 + \frac{1}{2}O_2 \rightarrow H_2 + 241kJ$

$CH_4 + 2O_2 \rightarrow CO_2 + 2H_2O + 802kJ$

① −66 ② −70
③ −74 ④ −78

해설 표준생성엔탈피는 어떤 화합물 1mole(몰)이 생성될 때 흡수·방출되는 열량을 그 물질의 생성열이라고 하며 25℃ 1기압 상태하에서 표준생성엔탈피(표준생성열)라고 한다. 메탄(CH_4)은 −74.9kJ/mol이다.

16 다음 중 매연의 발생 원인으로 가장 거리가 먼 것은?

① 연소실 온도가 높을 때
② 연소장치가 불량한 때
③ 연료의 질이 나쁠 때
④ 통풍력이 부족할 때

해설 매연 발생은 연소실 온도가 낮을 때 발생된다.

★
17 가연성 액체에서 발생한 증기의 공기 중 농도가 연소범위 내에 있을 경우 불꽃을 접근시키면 불이 붙는데 이때 필요한 최저 온도를 무엇이라고 하는가?

① 기화온도
② 인화온도
③ 착화온도
④ 임계온도

해설 불꽃을 접근시켰을 때 불이 붙는 최저온도를 인화온도라고 한다.

★
18 다음 기체 중 폭발범위가 가장 넓은 것은?

① 수소 ② 메탄
③ 벤젠 ④ 프로판

해설 공기 중에서 기체 중 폭발범위(연소범위) 크기 순서는 다음과 같다.
아세틸렌(C_2H_2) 2.5~81% > 수소(H_2) 4~75% > 메탄(CH_4) 5~15% > 프로판(C_3H_3) 2.2~9.5% > 벤젠(C_6H_6) 1.4~7.4%

19 로터리 버너로 벙커 C유를 연소시킬 때 분무가 잘 되게 하기 위한 조치로서 가장 거리가 먼 것은?

① 점도를 낮추기 위하여 중유를 예열한다.
② 중유 중의 수분을 분리, 제거한다.
③ 버너 입구 배관부에 스트레이너를 설치한다.
④ 버너 입구의 오일 압력을 100kPa 이상으로 한다.

★
20 분자식이 C_mH_n인 탄화수소가스 $1Nm^3$을 완전 연소시키는 데 필요한 이론공기량은 약 몇 Nm^3인가?(단, C_mH_n의 m, n은 상수이다.)

① $m+0.25n$ ② $1.19n+4.76n$
③ $4m+0.5n$ ④ $4.76m+1.19n$

해설 탄화수소계연료(C_mH_n)의 완전연소 반응식

$C_mH_n + \left(m+\frac{n}{4}\right)O_2 \rightarrow mCO_2 + \frac{n}{2}H_2O$에서 분자식 앞의 계수는 부피(체적)비를 의미하므로

$\therefore$ 이론공기량$(A_0) = \frac{O_0}{0.21} = \frac{1}{0.21}\left(m+\frac{n}{4}\right)$

$= \frac{m}{0.21} + \frac{n}{0.21 \times 4}$

$= 4.76m + 1.19n$

제2과목 열역학

★
21 원통형 용기에 기체상수 0.529kJ/kg·K의 가스가 온도 15℃에서 압력 10MPa로 충전되어 있다. 이 가스를 대부분 사용한 후에 온도가 10℃로, 압력이 1MPa로 떨어졌다. 소비된 가스는 약 몇 kg인가? (단, 용기의 체적은 일정하며 가스는 이상기체로 가정하고, 초기상태에서 용기 내의 가스 질량은 20kg이다.)

① 12.5 ② 18.0
③ 23.7 ④ 29.0

해설 $P_1V_1 = m_1RT_1$에서

$V_1 = \frac{m_1RT_1}{P_1} = \frac{20\times0.529\times(15+273)}{10\times10^3} = 0.3m^3$

용기의 체적이 일정하므로 $V_1 = V_2$이고,

$P_2V_2 = m_2RT_2$에서

$m_2 = \frac{P_2V_2}{RT_2} = \frac{1\times10^3\times0.3}{0.529\times(10+273)} = 2kg$

$\therefore$ 소비된 가스량 $= m_1 - m_2 = 20 - 2 = 18kg$

정답 15. ③ 16. ① 17. ② 18. ① 19. ④ 20. ④ 21. ②

2021년

★
22 0℃의 물 1,000kg을 24시간 동안에 0℃의 얼음에서 냉각하는 냉동 능력은 약 몇 kW인가? (단, 얼음의 융해열은 335kJ/kg이다.)

① 2.15 ② 3.88
③ 14 ④ 14,000

해설 $\text{kW} = \dfrac{Q_e(\text{냉동능력})}{24\times3,600} = \dfrac{1,000\times335}{24\times3,600} \fallingdotseq 3.88\text{kW}$

23 오존층 파괴와 지구 온난화 문제로 인해 냉동장치에 사용하는 냉매의 선택에 있어서 주의를 요한다. 이와 관련하여 다음 중 오존 파괴 지수가 가장 큰 냉매는?

① R-134a ② R-123
③ 암모니아 ④ R-11

해설 할로겐화합물로 구성(불소, 브롬, 염소, 요오드)되어 있으며 오존층 파괴 지수가 큰 것은 R-11(CCl_3F) 프레온 냉매로 대기오염물질인 염소(Cl)가 3개 포함되어 있다.

★
24 부피 500L인 탱크 내에 건도 0.95의 수증기가 압력 1,600kPa로 들어있다. 이 수증기의 질량은 약 몇 kg인가? (단, 이 압력에서 건포화증기의 비체적은 v_g =0.1237m³/kg, 포화수의 비체적은 v_f = 0.001m³/kg이다.)

① 4.83 ② 4.55
③ 4.25 ④ 3.26

해설 $v_x = v_f + x(v_g - v_f)$[m³/kg]

$\dfrac{V}{m} = v_f + x(v_g + v_f)$[m³/kg]

$\therefore m = \dfrac{V}{v_f + x(v_g - v_f)}$

$= \dfrac{0.5}{0.001 + 0.95(0.1237 - 0.001)} \fallingdotseq \dfrac{0.5}{0.1176}$

$= 4.25\text{kg}$

★
25 단열변화에서 압력, 부피, 온도를 각각 P, V, T로 나타낼 때, 항상 일정한 식은? (단, k는 비열비이다.)

① PV^{k-1} ② $TV^{\frac{1-k}{k}}$
③ TP^k ④ $TP^{\frac{1-k}{k}}$

해설 가역단열변화에서 PVT 관계식
㉠ $PV^k = C$
㉡ $TV^{k-1} = C$
㉢ $\dfrac{P^{\frac{k-1}{k}}}{T} = C\left(\text{or } TP^{\frac{1-k}{k}} = C\right)$

26 다음 그림은 Rankine 사이클의 $h-s$ 선도이다. 등엔트로피 팽창과정을 나타내는 것은 어느 것인가?

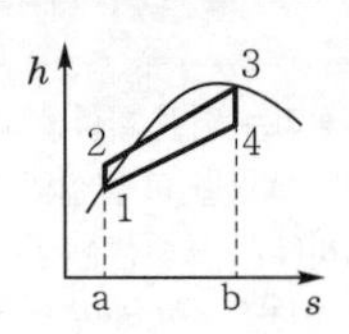

① 1 → 2 ② 2 → 3
③ 3 → 4 ④ 4 → 1

해설 등엔트로피($s=c$) 팽창과정은 3 → 4(터빈과정)이다.

27 이상기체의 내부 에너지 변화 du를 옳게 나타낸 것은? (단, C_p는 정압비열, C_v는 정적비열, T는 온도이다.)

① $C_p dT$ ② $C_v dT$
③ $\dfrac{C_p}{C_v} dT$ ④ $C_v C_p dT$

해설 비내부 에너지 변화량(du)$=C_v dT$[kJ/kg]

★
28 그림은 Carnot 냉동사이클을 나타낸 것이다. 이 냉동기의 성능계수를 옳게 표현한 것은?

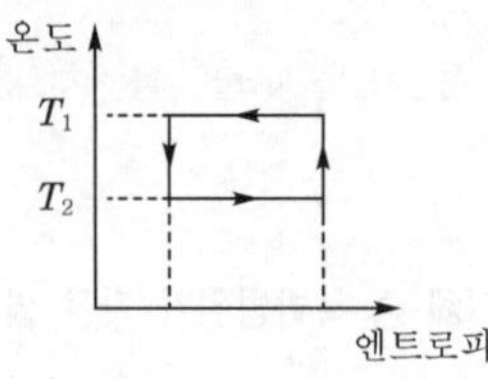

① $\dfrac{T_1 - T_2}{T_1}$ ② $\dfrac{T_1 - T_2}{T_2}$
③ $\dfrac{T_2}{T_1 - T_2}$ ④ $\dfrac{T_1}{T_1 - T_2}$

해설 냉동기성적계수$(COP)_R = \dfrac{T_2}{T_1 - T_2}$

정답 22. ② 23. ④ 24. ③ 25. ④ 26. ③ 27. ② 28. ③

★
29 교축과정에서 일정한 값을 유지하는 것은?

① 압력
② 엔탈피
③ 비체적
④ 엔트로피

해설 교축과정(throttling process)에서는 엔탈피 변화가 없다(등엔탈피 과정).

30 분자량이 16, 28, 32 및 44인 이상기체를 각각 같은 용적으로 혼합하였다. 이 혼합 가스의 평균 분자량은?

① 30 ② 33
③ 35 ④ 40

해설
$$\text{평균 분자량}(m) = \frac{m_1 + m_2 + m_3 + m_4}{4} = \frac{16+28+32+44}{4} = 30\text{kJ/kmol}$$

31 초기조건이 100kPa, 60℃인 공기를 정적과정을 통해 가열한 후 정압에서 냉각과정을 통하여 500kPa, 60℃로 냉각할 때 이 과정에서 전체 열량의 변화는 약 몇 kJ/kmol인가? (단, 정적비열은 20kJ/kmol · K, 정압비열은 28kJ/kmol · K이며, 이상기체로 가정한다.)

① −964
② −1,964
③ −10,656
④ −20,656

해설
$V = C$(정적과정)이므로 $\frac{P_1}{T_1} = \frac{P_2}{T_2}$에서

$$T_2 = T_1\left(\frac{P_2}{P_1}\right) = (600+273)\times\frac{500}{100}$$
$$= 1{,}665\text{K} - 273\text{K} = 1{,}392℃$$

전체 열량 변화(q_t) = 정적가열(q_v) + 정압냉각(q_p)
$$= C_v(T_2 - T_1) + C_p(T_3 - T_2)$$
$$= 20(1{,}392-60) + 28(60-1{,}392)$$
$$= 26{,}640 + (-37{,}296)$$
$$= -10{,}656\text{kJ/kmol}$$

★
32 피스톤이 장치된 실린더 안의 기체가 체적 V_1에서 V_2로 팽창할 때 피스톤에 해준 일은 $W = \int_{V_1}^{V_2} PdV$로 표시될 수 있다. 이 기체는 이 과정을 통하여 $PV^2 = C$(상수)의 관계를 만족시켜 준다면 W를 옳게 나타낸 것은?

① $P_1V_1 - P_2V_2$ ② $P_2V_2 - P_1V_1$
③ $P_1V_1^2 - P_2V_2^2$ ④ $P_2V_2^2 - P_1V_1^2$

해설
$$_1W_2 = \frac{1}{n-1}(P_1V_1 - P_2V_2) = \frac{1}{2-1}(P_1V_1 - P_2V_2) = P_1V_1 - P_2V_2$$

★
33 다음 설명과 가장 관계되는 열역학적 법칙은?

> • 열은 그 자신만으로는 저온의 물체로부터 고온의 물체로 이동할 수 없다.
> • 외부에 어떠한 영향을 남기지 않고 한 사이클 동안에 계가 열원으로부터 받은 열을 모두 일로 바꾸는 것은 불가능하다.

① 열역학 제0법칙 ② 열역학 제1법칙
③ 열역학 제2법칙 ④ 열역학 제3법칙

해설 열역학 제2법칙 : 비가역법칙=엔트로피 증가 법칙

34 이상기체가 A상태(T_A, P_A)에서 B상태(T_B, P_B)로 변화하였다. 정압비열 C_P가 일정할 경우 비엔트로피의 변화 Δs를 옳게 나타낸 것은?

① $\Delta s = C_P \ln\frac{T_A}{T_B} + R\ln\frac{P_B}{P_A}$

② $\Delta s = C_P \ln\frac{T_B}{T_A} + R\ln\frac{P_B}{P_A}$

③ $\Delta s = C_P \ln\frac{T_A}{T_B} - R\ln\frac{P_B}{P_A}$

④ $\Delta s = C_P \ln\frac{T_B}{T_A} - R\ln\frac{P_B}{P_A}$

정답 29. ② 30. ① 31. ③ 32. ① 33. ③ 34. ④

해설

$$\Delta s = \frac{\delta q}{T} = \frac{dh - vdp}{T} = \frac{C_p dT}{T} - \frac{RdP}{P}$$
$$= C_p \int_A^B \frac{1}{T} dT - R\int_A^B \frac{1}{P} dP$$
$$= C_P[\ln T]_A^B - R[\ln P]_A^B$$
$$= C_P(\ln T_B - \ln T_A) - R(\ln P_B - \ln P_A)$$
$$= C_P \ln\frac{T_B}{T_A} - R\ln\frac{P_B}{P_A} [\text{kJ/kg} \cdot \text{K}]$$
$$= f(T,\ P)$$

★

35 터빈 입구에서의 내부에너지 및 엔탈피가 각각 3,000kJ/kg, 3,300kJ/kg인 수증기가 압력이 100kPa, 건도 0.9인 습증기로 터빈을 나간다. 이때 터빈의 출력은 약 몇 kW인가? (단, 발생되는 수증기의 질량 유량은 0.2kg/s이고, 입출구의 속도차와 위치에너지는 무시한다. 100kPa에서의 상태량은 아래 표와 같다.)

(단위 : kJ/kg)	포화수	건포화증기
내부에너지 u	420	2,510
엔탈피 h	420	2,680

① 46.2 ② 93.6
③ 124.2 ④ 169.2

해설 $h_2 = h' + x(h'' - h')$
$= 420 + 0.9(2{,}680 - 420) = 2{,}454\text{kJ/kg}$
$W_t = m(h_1 - h_2)$
$= 0.2(3{,}300 - 2{,}454) = 169.2\text{kW}$

36 다음 보일러에서 송풍기 입구의 공기가 15℃, 100kPa 상태에서 공기예열기로 500m^3/min이 들어가 일정한 압력하에서 140℃까지 온도가 올라갔을 때 출구에서의 공기유량은 약 몇 m^3/min인가? (단, 이상기체로 가정한다.)

① 617 ② 717
③ 817 ④ 917

해설

$$\frac{Q_2}{Q_1} = \frac{T_2}{T_1}$$
$$Q_2 = Q_1\left(\frac{T_2}{T_1}\right) = 500\left(\frac{140+273}{15+273}\right)$$
$$= 717\text{m}^3/\text{min}$$

37 다음 그림은 물의 상평형도를 나타내고 있다. a~d에 대한 용어로 옳은 것은?

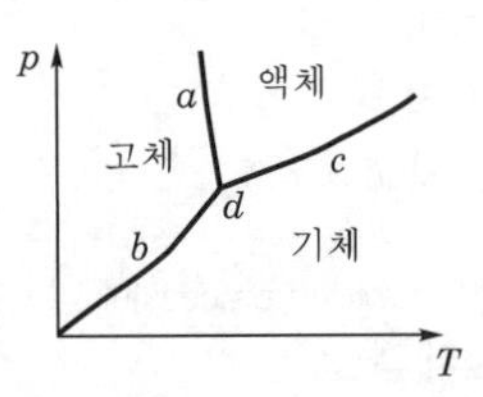

① a : 승화 곡선
② b : 용융 곡선
③ c : 증발 곡선
④ d : 임계점

해설 a : 용융 곡선, b : 승화 곡선, c : 증발 곡선, d : 3중점

★

38 스로틀링(throttling) 밸브를 이용하여 Joule-Thomson 효과를 보고자 한다. 압력이 감소함에 따라 온도가 반드시 감소하게 되는 Joule-Thomson 계수 μ의 값으로 옳은 것은?

① $\mu = 0$
② $\mu > 0$
③ $\mu < 0$
④ $\mu \neq 0$

해설

Joule-Thomson 계수(μ)$= \left(\frac{\partial T}{\partial P}\right)_{h=c}$

$$= \left(\frac{T_1 - T_2}{P_1 - P_2}\right) > 0$$

∴ $\mu > 0$(압력강하에 대한 온도강하의 비)

★

39 오토사이클의 열효율에 영향을 미치는 인자들만 모은 것은?

① 압축비, 비열비
② 압축비, 차단비
③ 차단비, 비열비
④ 압축비, 차단비, 비열비

해설

$$\eta_{tho} = 1 - \left(\frac{1}{\epsilon}\right)^{k-1} = f(\epsilon,\ k)$$

정답 35. ④ 36. ② 37. ③ 38. ② 39. ①

40 Rankine 사이클의 4개 과정으로 옳은 것은?

① 가역단열팽창 → 정압방열 → 가역단열압축 → 정압가열
② 가역단열팽창 → 가역단열압축 → 정압가열 → 정압방열
③ 정압가열 → 정압방열 → 가역단열압축 → 가역단열팽창
④ 정압방열 → 정압가열 → 가역단열압축 → 가역단열팽창

해설 랭킨사이클의 과정
가역단열팽창($S=c$)(터빈) → 정압방열(복수기) → 가역단열압축($S=c$)(급수펌프) → 정압가열(보일러 및 과열기)

제3과목 계측방법

41 레이놀즈수를 나타낸 식으로 옳은 것은? (단, D는 관의 내경, μ는 유체의 점도, ρ는 유체의 밀도, U는 유체의 속도이다.)

① $\dfrac{D\mu U}{\rho}$ ② $\dfrac{DU\rho}{\mu}$
③ $\dfrac{D\mu\rho}{U}$ ④ $\dfrac{\mu\rho U}{D}$

해설 $\text{레이놀즈수}(Re) = \dfrac{\text{관성력}}{\text{점성력}} = \dfrac{\rho UD}{\mu} = \dfrac{UD}{\nu} = \dfrac{4Q}{\pi D\nu}$

★
42 복사온도계에서 전복사에너지는 절대온도의 몇 승에 비례하는가?

① 2 ② 3
③ 4 ④ 5

해설 $q_R = \epsilon\sigma A T^4$[watt] $\quad \therefore q_R \propto T^4$

★
43 물리량과 SI 기본단위의 기호가 틀린 것은?

① 질량 : kg ② 온도 : ℃
③ 물질량 : mol ④ 광도 : cd

해설 SI(국제표준단위) 기본단위 7개
㉠ 길이(m)
㉡ 질량(kg)
㉢ 시간(sec)
㉣ 물질의 양(mol)
㉤ 절대온도(Kelvin, K)
㉥ 전류(Ampere, A)
㉦ 광도(candela, cd)

★
44 단열식 열량계로 석탄 1.5g을 연소시켰더니 온도가 4℃ 상승하였다. 통내 물의 질량이 2,000g, 열량계의 물당량이 500g일 때 이 석탄의 발열량은 약 몇 J/g인가? (단, 물의 비열은 4.19J/g · K이다.)

① 2.23×10^4 ② 2.79×10^4
③ 4.19×10^4 ④ 6.98×10^4

해설 석탄의 발열량(H) $= (m_1+m_2)\Delta t$
$= (2,000+500)\times4.19\times4$
$= 41,900$J

∴ 석탄의 단위질량당 가열량(h)$=\dfrac{H}{m}=\dfrac{41,900}{1.5}$
$\fallingdotseq 2.79\times10^4$

45 다음 중 유도단위 대상에 속하지 않는 것은?

① 비열 ② 압력
③ 습도 ④ 열량

★
46 피드백 제어에 대한 설명으로 틀린 것은?

① 폐회로로 구성된다.
② 제어량에 대한 수정동작을 한다.
③ 미리 정해진 순서에 따라 순차적으로 제어한다.
④ 반드시 입력과 출력을 비교하는 장치가 필요하다.

해설 미리 정해진 순서에 따라 순차적으로 제어하는 것은 시퀀스 제어(개회로)다.

47 아래 열교환기의 제어에 해당하는 제어의 종류로 옳은 것은?

유체의 온도를 제어하는 데 온도조절의 출력으로 열교환기에 유입되는 증기의 유량을 제어하는 유량조절기의 설정치를 조절한다.

① 추종제어 ② 프로그램제어
③ 정치제어 ④ 캐스케이드제어

정답 40. ① 41. ② 42. ③ 43. ② 44. ② 45. ③ 46. ③ 47. ④

★
48 다음 그림과 같이 수은을 넣은 차압계를 이용하는 액면계에 있어 수은면의 높이차(h)가 50.0mm일 때 상부의 압력 취출구에서 탱크 내 액면까지의 높이(H)는 약 몇 mm인가? (단, 액의 밀도(ρ)는 999kg/m^{3}이고, 수은의 밀도(ρ_0)는 13,550kg/m^{3}이다.)

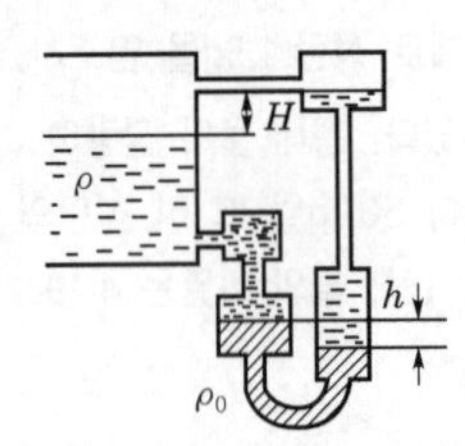

① 578　② 628
③ 678　④ 728

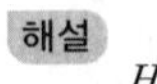
해설

$$H=\left(\frac{\rho_o}{\rho}-1\right)h=\left(\frac{13,550}{999}-1\right)\times 50 \fallingdotseq 628\text{mm}$$

49 열전대 온도계에 대한 설명으로 옳은 것은?

① 흡수 등으로 열화된다.
② 밀도차를 이용한 것이다.
③ 자기가열에 주의해야 한다.
④ 온도에 대한 열기전력이 크며 내구성이 좋다.

50 다음 중 수분 흡습법에 의해 습도를 측정할 때 흡수제로 사용하기에 가장 적정하지 않은 것은?

① 오산화인　② 피크린산
③ 실리카겔　④ 황산

★
51 저항 온도계에 관한 설명 중 틀린 것은?

① 구리는 −200~500℃에서 사용한다.
② 시간지연이 적어 응답이 빠르다.
③ 저항선의 재료로는 저항온도계수가 크며, 화학적으로나 물리적으로 안정한 백금, 니켈 등을 쓴다.
④ 저항 온도계는 금속의 가는 선을 절연물에 감아서 만든 측온저항체의 저항치를 재어서 온도를 측정한다.

해설 **저항 온도계의 측온저항체 사용온도 범위**
구리(Cu) : 0~120℃
백금(Pt) : −200~500℃
니켈(Ni) : −50~150℃
써미스터 : −100~300℃

52 가스크로마토그래피는 다음 중 어떤 원리를 응용한 것인가?

① 증발　② 증류
③ 건조　④ 흡착

★
53 직각으로 굽힌 유리관의 한쪽을 수면 바로 밑에 넣고 다른 쪽은 연직으로 세워 수평방향으로 0.5m/s의 속도로 움직이면 물은 관속에서 약 몇 m 상승하는가?

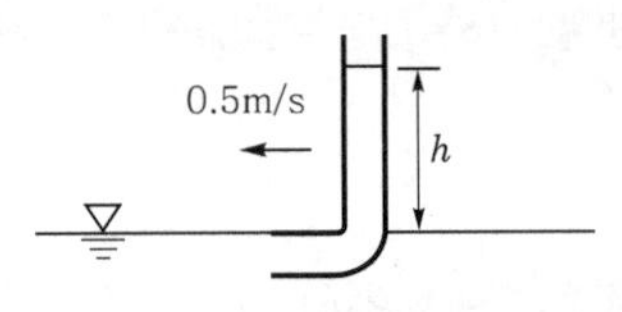

① 0.01　② 0.02
③ 0.03　④ 0.04

해설 $V=\sqrt{2g\Delta h}$ [m/s]

$$\Delta h=\frac{V^2}{2g}=\frac{0.5^2}{19.6}=0.012\text{m}$$

★
54 다음 관로에 설치한 오리피스 전·후의 차압이 1.936mmH_2O일 때 유량이 22m^3/h이다. 차압이 1.024mmH_2O이면 유량은 몇 m^3/h인가?

① 15　② 16
③ 17　④ 18

해설

$$\frac{Q_2}{Q_1}=\left(\frac{\Delta h_2}{\Delta h_1}\right)^{\frac{1}{2}} \text{에서}$$

$$Q_2=Q_1\left(\frac{\Delta h_2}{\Delta h_1}\right)^{\frac{1}{2}}=Q_1\sqrt{\frac{\Delta h_2}{\Delta h_1}}$$

$$=22\sqrt{\frac{1.024}{1.936}}=16\text{m}^3/\text{h}$$

55 다음 중 탄성 압력계에 속하는 것은 어느 것인가?

① 침종 압력계　② 피스톤 압력계
③ U자관 압력계　④ 부르동관 압력계

정답 48. ② 49. ④ 50. ② 51. ① 52. ④ 53. ① 54. ② 55. ④

해설 부르동관 압력계는 탄성 압력계이다.

56 액주식 압력계에 사용되는 액체의 구비조건으로 틀린 것은?

① 온도변화에 의한 밀도 변화가 커야 한다.
② 액면은 항상 수평이 되어야 한다.
③ 점도와 팽창계수가 작아야 한다.
④ 모세관 현상이 적어야 한다.

해설 온도변화에 의한 밀도변화가 작아야 한다.

57 다음 중 가스분석 측정법이 아닌 것은 어느 것인가?

① 오르사트법 ② 적외선 흡수법
③ 플로우 노즐법 ④ 열전도율법

★
58 액체의 팽창하는 성질을 이용하여 온도를 측정하는 것은?

① 수은 온도계
② 저항 온도계
③ 서미스터 온도계
④ 백금-로듐 열전대 온도계

해설 수은(Hg)온도계는 액체의 팽창하는 성질을 이용하여 온도를 측정한다.

★
59 다음 중 전자유량계에 대한 설명으로 틀린 것은 어느 것인가?

① 응답이 매우 빠르다.
② 제작 및 설치비용이 비싸다.
③ 고점도 액체는 측정이 어렵다.
④ 액체의 압력에 영향을 받지 않는다.

해설 전자유량계는 특정한 최소 전기전도도를 갖고 있는 모든 액체(슬러지 포함) 유량측정에 최적화된 유량계로 고점도 액체측정도 용이하다(가능하다).

60 비례동작만 사용할 경우와 비교할 때 적분동작을 같이 사용하면 제거할 수 있는 문제로 옳은 것은?

① 오프셋 ② 외관
③ 안정석 ④ 빠른 응답

해설 비례동작(P)는 오프셋(off set)을 발생시키고 적분동작(I)은 오프셋을 제거시켜준다.

제4과목 열설비재료 및 관계법규

★
61 다음 중 용광로의 원료 중 코크스의 역할로 옳은 것은?

① 탈황작용 ② 흡탄작용
③ 매용제(媒熔劑) ④ 탈산작용

해설 **용광로(고도) 내 코크스(coke)의 역할**
㉠ 일산화탄소(CO)를 생성하여 철광석을 환원하는 환원재 역할
㉡ 고로 안의 통기성을 좋게 해주는 역할
㉢ 철에 용해되어 선철을 만들고 용융점을 낮추는 역할
㉣ 풍구 앞에서 연소하여 제선(철광석을 녹여 무쇠를 만듦)에 필요한 열원 역할
※ 흡탄(가탄, Carburize)코크스 등의 탄소질 물질과 접촉하여 용탕 중에 탄소함유량이 증가하는 것

62 단조용 가열로에서 재료에 산화스케일이 가장 많이 생기는 가열방식은?

① 반간접식 ② 직화식
③ 무산화 가열방식 ④ 급속 가열방식

해설 단조용 가열로에서 재료에 산화스케일(Scale)이 가장 많이 생기는 가열방식은 직화식 가열방식이다.

★
63 에너지이용 합리화법령상 에너지사용계획을 수립하여 산업통상자원부장관에게 제출하여야 하는 공공사업주관자가 설치하려는 시설 기준으로 옳은 것은?

① 연각 1천 티오이 이상의 연료 및 열을 사용하는 시설
② 연간 2천 티오이 이상의 연료 및 열을 사용하는 시설
③ 연간 2천5백 티오이 이상의 연료 및 열을 사용하는 시설
④ 연간 1만 티오이 이상의 연료 및 열을 사용하는 시설

해설 에너지사용계획을 수립하여 산업통상자원부장관에게 제출해야할 공공사업주관자가 설치하려는 시설 기준은 연간 2,500(TOE) 이상의 연료와 열을 사용하는 시설이다.

2021년

정답 56. ① 57. ③ 58. ① 59. ③ 60. ① 61. ② 62. ② 63. ③

★
64 고온용 무기질 보온재로서 석영을 녹여 만들며, 내약품성이 뛰어나고, 최고사용온도가 1,100℃ 정도인 것은?

① 유리섬유(glass wool)
② 석면(asbestos)
③ 펄라이트(pearlite)
④ 세라믹 파이버(ceramic fiber)

해설 고온용 무기 보온재로 석영을 녹여 만들며 내약품성이 뛰어나고 최고사용온도가 1,100℃ 정도인 것은 세라믹 파이버이다.

65 다음 중 전기로에 해당되지 않는 것은?

① 푸셔로　② 아크로
③ 저항로　④ 유도로

해설 전기도에는 아크로, 저항로, 유도로 등이 있다.

66 내화물의 분류방법으로 적합하지 않는 것은?

① 원료에 의한 분류
② 형상에 의한 분류
③ 내화도에 의한 분류
④ 열전도율에 의한 분류

해설 내화물은 원료, 형상, 내화도에 따라 분류한다.

★
67 유체의 역류를 방지하여 한쪽 방향으로만 흐르게 하는 밸브로 리프트식과 스윙식으로 대별되는 것은?

① 회전밸브　② 게이트밸브
③ 체크밸브　④ 앵글밸브

해설 체크밸브(cheek valve)는 역류방지용 밸브로 유체를 한쪽 방향으로만 흐르게 하는 밸브로 수평배관에만 사용하는 리프트식과 수평·수직배관에 사용하는 스윙형이 있다.

★
68 에너지이용 합리화볍령에 따라 에너지절약전문기업의 등록이 취소된 에너지절약전문기업은 원칙적으로 등록 취소일로부터 최소 얼마의 기간이 지나면 다시 등록을 할 수 있는가?

① 1년　② 2년
③ 3년　④ 5년

해설 에너지절약전문기업은 원칙적으로 등록이 취소된 날로부터 2년이 지나면 다시 등록할 수 있다.

69 신재생에너지법령상 신·재생에너지 중 의무공급량이 지정되어 있는 에너지 종류는 어느 것인가?

① 해양에너지
② 지열에너지
③ 태양에너지
④ 바이오에너지

해설 태양에너지는 신재생에너지법령상 신·재생에너지 중 의무공급량이 지정되어 있다.

★
70 에너지이용 합리화법령에 따라 에너지다소비사업자에게 에너지손실요인의 개선명령을 할 수 있는 자는?

① 산업통상자원부장관
② 시·도지사
③ 한국에너지공단이사장
④ 에너지관리진단기관협회장

해설 에너지다소비 사업자에게 에너지 손실 요인의 개선명령을 할 수 있는 자는 산업통상지원부 장관이다.

71 연소가스(화염)의 진행방향에 따라 요로를 분류할 때 종류로 옳은 것은?

① 연속식 가마　② 도염식 가마
③ 직화식 가마　④ 셔틀 가마

해설 연소가스의 진행방향에 따른 요로(가마)의 분류
㉠ 횡염식
㉡ 승염식(up draft kiln)
㉢ 도염식(dawn draft kiln)

★
72 에너지이용 합리화법령상 산업통상자원부장관이 에너지저장의무를 부과할 수 있는 대상자의 기준으로 틀린 것은?

① 연간 1만 석유환산톤 이상의 에너지를 사용하는 자
② 「전기사업법」에 따른 전기사업자
③ 「석탄산업법」에 따른 석탄가공업자
④ 「집단에너지사업법」에 따른 집단에너지 사업자

해설 연간 2만 석유환산톤(TOE) 이상의 에너지를 사용하는 자

정답 64. ④ 65. ① 66. ④ 67. ③ 68. ② 69. ③ 70. ① 71. ② 72. ①

★
73 **에너지이용 합리화법령상 검사대상기기의 검사유효기간에 대한 설명으로 옳은 것은?**

① 설치 후 3년이 지난 보일러로서 설치장소 변경검사 또는 재사용검사를 받은 보일러는 검사 후 1개월 이내에 운전성능검사를 받아야 한다.
② 보일러의 계속사용검사 중 운전성능검사에 대한 검사유효기간은 해당 보일러가 산업통상자원부장관이 정하여 고시하는 기준에 적합한 경우에는 3년으로 한다.
③ 개조검사 중 연료 또는 연소방법의 변경에 따른 개조검사의 경우에는 검사유효기간을 1년으로 한다.
④ 철금속 가열로의 재사용검사의 검사유효기간은 1년으로 한다.

해설 **검사대상기기 검사유효기간**
1) 개조검사
㉠ 보일러 1년
㉡ 압력용기, 철금속 가열로 2년
2) 계속사용검사
㉠ 안전검사
• 보일러 1년
• 압력용기 2년
㉡ 운전성능검사
• 보일러 1년
• 철금속 가열로 2년
㉢ 재사용검사
• 보일러 1년
• 압력용기, 철금속 가열로 2년
㉣ 개조검사 중 연료 또는 연소방법의 변경에 따른 개조검사의 경우는 검사유효기간을 적용하지 않는다.

74 **에너지이용 합리화법령에 따라 산업통상자원부령으로 정하는 광고매체를 이용하여 효율관리기자재의 광고를 하는 경우에는 그 광고내용에 동법에 따른 에너지소비효율 등급 또는 에너지소비효율을 포함하여야 한다. 이때 효율관리기자재 관련 업자에 해당하지 않는 것은?**

① 제조업자 ② 수입업자
③ 판매업자 ④ 수리업자

해설 **효율관리기자재 관련 업자**
㉠ 제조업자 ㉡ 수입업자 ㉢ 판매업자

★
75 **고압 배관용 탄소 강관(KS D 3564)의 호칭지름의 기준이 되는 것은?**

① 배관의 안지름
② 배관의 바깥지름
③ 배관의 $\frac{\text{안지름}+\text{바깥지름}}{2}$
④ 배관나사의 바깥지름

해설 고압 배관용 탄소 강관(SPPH)의 호칭지름은 배관의 바깥지름(외형)을 기준으로 한다.

76 **배관의 신축이음에 대한 설명으로 틀린 것은?**

① 슬리브형은 단식과 복식의 2종류가 있으며, 고온, 고압에 사용한다.
② 루프형은 고압에 잘 견디며, 주로 고압증기의 옥외 배관에 사용한다.
③ 벨로즈형은 신축으로 인한 응력을 받지 않는다.
④ 스위블형은 온수 또는 저압증기의 배관에 사용하며, 큰 신축에 대하여는 누설의 염려가 있다.

해설 슬리브형(=미끄럼형) 이음은 직관의 선팽창은 흡수하며 벨로즈형보다 큰 압력의 온도에 견딜 수 있다.

77 **고알루미나(high alumina)질 내화물의 특성에 대한 설명으로 옳은 것은?**

① 내마모성이 적다.
② 하중 연화온도가 높다.
③ 고온에서 부피변화가 크다.
④ 급열, 급랭에 대한 저항성이 적다.

해설 고알루미나(high alumina)질은 하중 연화온도가 높다.

★
78 **에너지이용 합리화법령에 따라 에너지사용량이 대통령령이 정하는 기준량 이상이 되는 에너지다소비사업자는 전년도의 분기별 에너지사용량 · 제품생산량 등의 사항을 언제까지 신고하여야 하는가?**

① 매년 1월 31일 ② 매년 3월 31일
③ 매년 6월 30일 ④ 매년 12월 31일

정답 73. ① 74. ④ 75. ② 76. ① 77. ② 78. ①

해설 에너지다소비사업자는 전년도 분기별 에너지사용량·제품생산량 등의 사항을 매년 1월 31일까지 신고하여야 한다.

79 다음 중 신재생에너지법령상 바이오에너지가 아닌 것은?

① 식물의 유지를 변환시킨 바이오디젤
② 생물유기체를 변환시켜 얻어지는 연료
③ 폐기물의 소각열을 변환시킨 고체의 연료
④ 쓰레기매립장의 유기성폐기물을 변환시킨 매립지가스

★
80 보온이 안 된 어떤 물체의 단위면적당 손실열량이 1,600kJ/m²였는데, 보온한 후에 단위면적당 손실열량이 1,200kJ/m²라면 보온효율은 얼마인가?

① 1.33　② 0.75
③ 0.33　④ 0.25

해설 $\eta=\left(1-\frac{H}{H_o}\right)\times100=\left(1-\frac{1,200}{1,600}\right)\times100=25\%$

제5과목 열설비설계

★
81 노통보일러에서 브레이징 스페이스란 무엇을 말하는가?

① 노통과 가셋트 스테이와의 거리
② 관군과 가셋트 스테이와의 거리
③ 동체와 노통 사이의 최소거리
④ 가셋트 스테이 간의 거리

해설 노통보일러에서 브레이징 스페이스란 노통과 가셋트 스테이와의 거리를 말한다.

★
82 다음 중 연관의 바깥지름이 75mm인 연관보일러 관판의 최소두께는 몇 mm 이상이어야 하는가?

① 8.5　② 9.5
③ 12.5　④ 13.5

해설 연관보일러의 관판의 최소두께(t)
연관의 바깥지름(D_0)이 38~102mm인 경우
다음 공식을 적용 $t=5+\frac{D_0}{10}$[mm]
∴ 최소두께(t)$=5+\frac{D_0}{10}=5+\frac{75}{10}=12.5$mm

★
83 보일러 부하의 급변으로 인하여 동 수면에서 작은 입자의 물방울이 증기와 혼입하여 튀어오르는 현상을 무엇이라고 하는가?

① 캐리오버　② 포밍
③ 프라이밍　④ 피팅

해설 **프라이밍(priming)**
보일러 부하의 급격한 증가, 규정 압력 이하 및 고수위에서의 부적정한 운전 등의 경우에 다량의 액적이나 거품이 혼입된 증기가 기수드럼에서 운반되는 현상을 말한다.

84 맞대기 용접이음에서 질량 120kg, 용접부의 길이가 3cm, 판의 두께가 2mm라 할 때 용접부의 인장응력은 약 몇 MPa인가?

① 4.9　② 19.6
③ 196　④ 490

해설 $\sigma=\frac{W}{A}=\frac{mg}{tL}=\frac{120\times9.8}{2\times30}=19.6$MPa

85 보일러에 스케일이 1mm 두께로 부착되었을 때 연료의 손실은 몇 %인가?

① 0.5　② 1.1
③ 2.2　④ 4.7

해설 보일러에 스케일(scale)이 1mm 두께로 부착 시 연료(fuel)의 손실은 2.2%이다.

★
86 다음 중 용해 경도성분 제거방법으로 적절하지 않은 것은?

① 침전법　② 소다법
③ 석회법　④ 이온법

해설 **용해 경도성분(칼슘, 마그네슘) 제거방법**
㉠ 석회법
㉡ 소다법
㉢ 이온법
※ 침전법은 오염물질을 침전에 의해 제거하는 방법이다.

정답 79. ③ 80. ④ 81. ① 82. ③ 83. ③ 84. ② 85. ③ 86. ①

87 급수펌프인 인젝터의 특징에 대한 설명으로 틀린 것은?

① 구조가 간단하여 소형에 사용된다.
② 별도의 소요동력이 필요하지 않다.
③ 송수량의 조절이 용이하다.
④ 소량의 고압증기로 다량의 급수가 가능하다.

해설 보조급수장치인 인젝터는 급수용량이 부족하고 급수에 시간이 많이 소요되므로 급수량(송수량) 조절이 용이하지 않다(어렵다).

★

88 보일러 사고의 원인 중 제작상의 원인으로 가장 거리가 먼 것은?

① 재료불량　② 구조 및 설계불량
③ 용접불량　④ 급수처리불량

해설 보일러 사고 원인 중 제작상 원인(강도 부족)
㉠ 용접불량
㉡ 재료불량
㉢ 구조 및 설계불량
㉣ 부속장치미비
※ 급수처리불량, 압력초과, 저수위 과열 사고, 가스폭발, 부속장치정비불량 등은 취급부주의 원인이다.

89 육용강제 보일러에서 오목면에 압력을 받는 스테이가 없는 접시형 경판으로 노통을 설치할 경우, 경판의 최소 두께(mm)를 구하는 식으로 옳은 것은? [단, P : 최고사용압력(MPa), R : 접시모양 경판의 중앙부에서의 내면 반지름(mm), σ_a : 재료의 허용인장응력(MPa), η : 경판자체의 이음효율, A : 부식여유(mm)이다.]

① $t = \dfrac{PR}{1.5\sigma_a\eta} + A$　② $t = \dfrac{1.5PR}{(\sigma_a + \eta)A}$

③ $t = \dfrac{PA}{1.5\sigma_a\eta} + R$　④ $t = \dfrac{AR}{\sigma_a\eta} + 1.5$

★

90 노통보일러의 설명으로 틀린 것은?

① 구조가 비교적 간단하다.
② 노통에는 파형과 평형이 있다.
③ 내분식 보일러의 대표적인 보일러이다.
④ 코르니쉬 보일러와 랭카셔 보일러의 노통은 모두 1개이다.

해설 노통보일러에서 코르니쉬 보일러는 노통이 1개이고 랭카셔 보일러는 노통이 2개다.

91 다음 중 연관의 안지름이 140mm이고, 두께가 5mm일 때 연관의 최고사용압력은 약 몇 MPa인가?

① 1.12　② 1.63
③ 2.25　④ 2.83

해설 보일러 제조 검사기준(연관의 바깥지름 150mm 이하인 경우)

최소두께$(t) = \dfrac{PD_0}{70} + 1.5$[mm]

$P = \dfrac{70(t-1.5)}{D_0} = \dfrac{70(5-1.5)}{150} = 1.63$MPa

★

92 최고사용압력 1.5MPa, 파형 형상에 따른 정수(C)를 1,100, 노통의 평균 안지름이 1,100mm일 때, 다음 중 파형노통 판의 최소 두께는 몇 mm인가?

① 12　② 15
③ 24　④ 30

해설 파형노통 판의 최소두께$(t) = \dfrac{PD}{C} = \dfrac{1.5 \times 1,100}{1,100}$
$= 15$mm

여기서, 사용압력(P)단위(kg/cm²), 지름(D)은 mm임을 주의한다.
$P = 1.5$MPa(N/mm²)$= 15$kg/cm²

★

93 다음 그림과 같이 길이가 L인 원통 벽에서 전도에 의한 열전달률 q[W]를 아래 식으로 나타낼 수 있다. 아래 식 중 R을 그림에 주어진 r_o, r_i, L로 표시하면? (단, k는 원통 벽의 열전도율이다.)

$$q = \frac{T_i - T_o}{R}$$

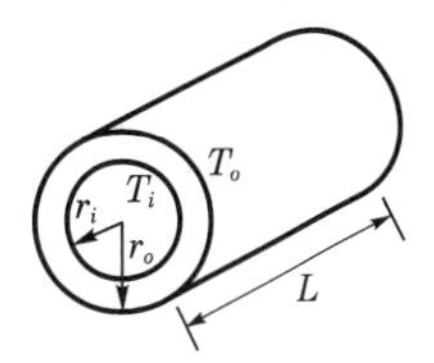

① $\dfrac{2\pi L}{\ln(r_o/r_i)k}$　② $\dfrac{\ln(r_o/r_i)}{2\pi Lk}$

③ $\dfrac{2\pi L}{\ln(r_o - r_i)k}$　④ $\dfrac{\ln(r_o - r_i)}{2\pi Lk}$

정답 87. ③ 88. ④ 89. ① 90. ④ 91. ② 92. ② 93. ②

해설

$$q=\frac{2\pi Lk(T_i-T_o)}{\ln\left(\frac{r_o}{r_i}\right)}[\text{W}]=\frac{T_i-T_o}{R}$$

$$\therefore R=\frac{\ln\left(\frac{r_o}{r_i}\right)}{2\pi Lk}[\text{W}]$$

★

94 **급수에서 ppm 단위에 대한 설명으로 옳은 것은?**

① 물 1mL 중에 함유한 시료의 양을 g으로 표시한 것
② 물 100mL 중에 함유한 시료의 양을 mg로 표시한 것
③ 물 1,000mL 중에 함유한 시료의 양을 g으로 표시한 것
④ 물 1,000mL 중에 함유한 시료의 양을 mg으로 표시한 것

해설 1ppm(parts per million)이란 물 1,000mL 중에 함유한 시료의 양을 mg(밀리그램)으로 표시한 것이다.

95 **횡연관식 보일러에서 연관의 배열을 바둑판 모양으로 하는 주된 이유는?**

① 보일러 강도 증가
② 증기발생 억제
③ 물의 원활한 순환
④ 연소가스의 원활한 흐름

해설 횡연관식 보일러에서 연관의 배열을 바둑판 모양으로 하는 주된 이유는 물의 원활한 순환을 촉진시키기 위함이다.

★

96 **상당증발량이 5.5t/h, 연료소비량이 350kg/h인 보일러의 효율은 약 몇 %인가? (단, 효율 산정 시 연료의 저위발열량 기준으로 하며, 값은 40,000kJ/kg이다.)**

① 38 ② 52
③ 65 ④ 89

해설

$$\eta_B=\frac{m_e\times 2,256}{H_L\times m_f}\times 100$$
$$=\frac{5,500\times 2,256}{40,000\times 350}\times 100 \fallingdotseq 89\%$$

★

97 **실제증발량이 1,800kg/h인 보일러에서 상당증발량은 약 몇 kg/h인가? (단, 증기엔탈피와 급수엔탈피는 각각 2,780kJ/kg, 80kJ/kg이다.)**

① 1,210
② 1,480
③ 2,020
④ 2,150

해설

$$\text{상당증발량}(m_e)=\frac{m_a(h_2-h_1)}{2,257}$$
$$=\frac{1,800\times(2,780-80)}{2,256}$$
$$=2,150\text{kg/h}$$

★

98 **보일러 안전사고의 종류가 아닌 것은 어느 것인가?**

① 노통, 수관, 연관, 등의 파열 및 균열
② 보일러 내의 스케일 부착
③ 동체, 노통, 화실의 압궤 및 수관, 연관 등 전열면의 팽출
④ 연도나 노 내의 가스폭발, 역화 그 외의 이상연소

해설 보일러 내 스케일(scale) 부착은 열전도율(W/m·K) 감소로 보일러 효율이 저하된다.

99 **다음 노벽의 두께가 200mm이고, 그 외측은 75mm의 보온재로 보온되어 있다. 노벽의 내부온도가 400℃이고, 외측온도가 38℃일 경우 노벽의 면적이 10m²라면 열손실은 약 몇 W인가? (단, 노벽과 보온재의 평균 열전도율은 각각 3.3W/m · ℃, 0.13W/m · ℃이다.)**

① 4,678
② 5,678
③ 6,678
④ 7,678

해설

$$K=\frac{1}{R}=\frac{1}{\frac{L_1}{\lambda_1}+\frac{L_2}{\lambda_2}}=\frac{1}{\frac{0.2}{3.3}+\frac{0.075}{0.13}}$$
$$=1.569\text{W/m}^2\cdot\text{K}$$
$$Q=KA(t_i-t_0)=1.569\times 10\times(400-38)$$
$$\fallingdotseq 5,678\text{W}$$

정답 94. ④ 95. ③ 96. ④ 97. ④ 98. ② 99. ②

★
100 보일러 내처리를 위한 pH 조정제가 아닌 것은 어느 것인가?

① 수산화나트륨　② 암모니아
③ 제1인산나트륨　④ 아황산나트륨

해설 **보일러 PH 조정제(보일러 본체 부식 방지제)**

㉠ 수산화나트륨(NaOH)(=가성소다)
㉡ 암모니아(NH_3)
㉢ 제1인산나트륨
※ 아황산나트륨, 히드라진(N_2H_4), 탄닌 등은 보일러의 청관제 약품 중 탈산소제이다.

2021년

정답 100. ④

2021년 제2회 에너지관리기사

제1과목 연소공학

01 다음 가스 중 저위발열량(MJ/kg)이 가장 낮은 것은?

① 수소 ② 메탄
③ 일산화탄소 ④ 에탄

해설 연료발열량은 일반적으로 기체 > 액체> 고체 순이다.
※ 저위발열량 비교
㉠ 메탄(CH_4) : 49.93MJ/kg
㉡ 수소(H_2) : 119.59MJ/kg
㉢ 일산화탄소(CO) : 10.13MJ/kg
㉣ 에탄(C_2H_6) : 47.43MJ/kg
㉤ 프로판(C_3H_8) : 46.05MJ/kg

★
02 저질탄 또는 조분탄의 연소방식이 아닌 것은?

① 분무식 ② 산포식
③ 쇄상식 ④ 계단식

해설 **저질탄 또는 조분탄(고체연료) 연소방식**
㉠ 산포식
㉡ 쇄상식
㉢ 계단식
㉣ 하급식
※ 분무식은 액체연료 연소방식이다.

★
03 프로판(C_3H_8) 및 부탄(C_4H_{10})이 혼합된 LPG를 건조공기로 연소시킨 가스를 분석하였더니 CO_2 11.32%, O_2 3.76%, N_2 84.92%의 부피 조성을 얻었다. LPG 중의 프로판의 부피는 부탄의 약 몇 배인가?

① 8배 ② 11배
③ 15배 ④ 20배

해설 화학식

$$mC_3H_8+nC_4H_{10}+x\left(O_2+\frac{79}{21}N_2\right)\rightarrow 11.32CO_2+3.76O_2$$
$$+yH_2O+84.92N_2$$

반응 전후의 원자수가 일치해야 하므로
C : $3m+4n=11.32$ … ①
H : $8m+10n=2y$ … ②
N : $3.76x=84.92$에서 $x=22.585$
O : $2x=11.32\times2+3.76\times2+y$에서 $y=15.01≒15$이므로 ②에 대입하면,
H : $8m+10n=30$ … ②′
①과 ②′를 연립해면,
$\therefore\ n=0.28,\ m=3.4$
프로판(C_3H_8) : 부탄(C_4H_{10})의 부피비

$$=\frac{3.4}{3.4+0.28}:\frac{0.28}{3.4+0.28}$$
$$=0.924:0.076=92\%:8\%$$
$$\therefore\ \frac{92}{8}=11.5(≒11배)$$

04 폭굉(detonation)현상에 대한 설명으로 옳지 않은 것은?

① 확산이나 열전도의 영향을 주로 받는 기계역학적 현상이다.
② 물질 내에 충격파가 발생하여 반응을 일으킨다.
③ 충격파에 의해 유지되는 화학 반응 현상이다.
④ 반응의 전파속도가 그 물질 내에서 음속보다 빠른 것을 말한다.

해설 폭굉은 화염 전파속도가 음속보다 빠르다(약 1,000~3,500m/s). 폭굉은 확산이나 열전도의 영향을 받는 것이 아니라 충격파(shock wave)에 의한 역학적 현상이다.

★
05 연소실에서 연소된 연소가스의 자연통풍력을 증가시키는 방법으로 틀린 것은?

① 연돌의 높이를 높인다.
② 배기가스의 비중량을 크게 한다.
③ 배기가스 온도를 높인다.
④ 연도의 길이를 짧게 한다.

해설 연소가스의 자연통풍력을 증가시키려면 배기가스의 비중량을 작게 한다.

정답 01. ③ 02. ① 03. ② 04. ① 05. ②

★
06 연돌에서의 배기가스 분석 결과 CO_2 14.2%, O_2 4.5%, CO 0%일 때 탄산가스의 최대량$[CO_2]_{max}$(%)는?

① 10 ② 15
③ 18 ④ 20

해설 배기(연소)가스 분석결과 CO가 없으므로 공기비(m) 중에서 $m=\dfrac{CO_{2max}}{CO_2}=\dfrac{21}{21-O_2}$

$$\therefore CO_{2max}=14.2\times\frac{21}{21-O_2}$$
$$=14.2\times\frac{21}{21-4.5}=18.07(\fallingdotseq 18\%)$$

07 액체연료 연소장치 중 회전식 버너의 특징에 대한 설명으로 틀린 것은?

① 분무각은 10~40° 정도이다.
② 유량조절범위는 1 : 5 정도이다.
③ 자동제어에 편리한 구조로 되어있다.
④ 부속설비가 없으며 화염이 짧고 안정한 연소를 얻을 수 있다.

해설 액체연료 연소장치 중 회전식 버너의 분무각(무화각)은 40~80° 정도로 비교적 넓다. 기체(gas)인 경우 분무각은 30°(10~40°) 정도로 작은 각이다.

★
08 고체연료의 공업분석에서 고정탄소를 산출하는 식은?

① 100－[수분(%)＋회분(%)＋질소(%)]
② 100－[수분(%)＋회분(%)＋황분(%)]
③ 100－[수분(%)＋황분(%)＋휘발분(%)]
④ 100－[수분(%)＋회분(%)＋휘발분(%)]

해설 고정탄소＝100－[수분(%)＋회분(%)＋휘발분(%)]
※ 고체연료비(fuel ratio)＝$\dfrac{\text{고정탄소}}{\text{휘발분}}$

09 액체연료가 갖는 일반적인 특징이 아닌 것은?

① 연소온도가 높기 때문에 국부과열을 일으키기 쉽다.
② 발열량은 높지만 품질이 일정하지 않다.
③ 화재, 역화 등의 위험이 크다.
④ 연소할 때 소음이 발생한다.

10 황 2kg을 완전연소시키는 데 필요한 산소의 양은 몇 Nm^3인가? (단, S의 원자량은 32이다.)

① 0.70 ② 1.00
③ 1.40 ④ 3.33

해설 S ＋ O_2 → SO_2
1kmol 1kmol 1kmol
32kg ($22.4Nm^3$) ($22.4Nm^3$)
황(S) 1kg의 완전연소 이론산소량
$O_0=\dfrac{22.4}{32}=0.7Nm^3/kg$이고,
황 2kg을 완전연소시켜야 하므로 필요산소량은
$0.7\times2=1.4Nm^3$가 된다.

★
11 수소가 완전 연소하여 물이 될 때, 수소와 연소용 산소와 물의 몰(mol)비는?

① 1 : 1 : 1 ② 1 : 2 : 1
③ 2 : 1 : 2 ④ 2 : 1 : 3

해설
$$H_2+\frac{1}{2}O_2=H_2O$$
$$\text{수소}:\text{산소}:\text{물}=1:\frac{1}{2}:1(=2:1:2)$$

12 폐열회수에 있어서 검토해야 할 사항이 아닌 것은?

① 폐열의 증가 방법에 대해서 검토한다.
② 폐열회수의 경제적 가치에 대해서 검토한다.
③ 폐열의 양 및 질과 이용 가치에 대해서 검토한다.
④ 폐열회수 방법과 이용 방안에 대해서 검토한다.

★
13 연소 배기가스의 분석결과 CO_2의 함량이 13.4%이다. 벙커C유(55L/h)의 연소에 필요한 공기량은 약 몇 Nm^3/min인가? (단, 벙커C유의 이론공기량은 12.5 Nm^3/kg이고, 밀도는 $0.93g/cm^3$이며 $[CO_2]_{max}$는 15.5%이다.)

① 12.33 ② 49.03
③ 63.12 ④ 73.99

정답 06. ③ 07. ① 08. ④ 09. ② 10. ③ 11. ③ 12. ① 13. ①

2021년

해설 공기비$(m)=\dfrac{CO_{2max}}{CO_2}=\dfrac{15.5}{13.4}≒1.157$

실제(필요)공기량(A_a)

$=mA_0F=mA_0\rho V$

$=1.157\times12.5\times(0.93\times55)\times10^3$

$≒740Nm^3/h$

$=12.33Nm^3/min$

★
14 탄소 1kg을 완전 연소시키는 데 필요한 공기량은 몇 Nm^3인가?

① 22.4 ② 11.2
③ 9.6 ④ 8.89

해설 $C + O_2 \rightarrow CO_2$

1kmol 1kmol 1kmol

12kg + 32kg = 44kg

$O_0=\dfrac{22.4}{12}=1.867Nm^3/kg$

$\therefore A_0=\dfrac{1.867}{0.21}=8.89Nm^3/kg$

15 위험성을 나타내는 성질에 관한 설명으로 옳지 않은 것은?

① 착화온도와 위험성은 반비례한다.
② 비등점이 낮으면 인화 위험성이 높아진다.
③ 인화점이 낮은 연료는 대체로 착화온도가 낮다.
④ 물과 혼합하기 쉬운 가연성 액체는 물과의 혼합에 의해 증기압이 높아져 인화점이 낮아진다.

★
16 다음 연소 반응식 중에서 틀린 것은?

① $CH_4+2O_2 \rightarrow CO_2+2H_2O$
② $C_2H_6+3\dfrac{1}{2}O_2 \rightarrow 2CO_2+3H_2O$
③ $C_3H_8+5O_2 \rightarrow 3CO_2+4H_2O$
④ $C_4H_{10}+9O_2 \rightarrow 4CO_2+5H_2O$

해설 기체완전연소반응식

$C_mH_n+\left(m+\dfrac{n}{4}\right)O_2 \rightarrow mCO_2+\dfrac{n}{2}H_2O$

부탄$(C_4H_{10})+6.5O_2 \rightarrow 4CO_2+5H_2O$

★
17 매연을 발생시키는 원인이 아닌 것은?

① 통풍력이 부족할 때
② 연소실 온도가 높을 때
③ 연료를 너무 많이 투입했을 때
④ 공기와 연료가 잘 혼합되지 않을 때

해설 매연은 연소실 온도가 낮을 때 발생된다.

18 중유의 탄수소비가 증가함에 따른 발열량의 변화는?

① 무관하다.
② 증가한다.
③ 감소한다.
④ 초기에는 증가하다가 점차 감소한다.

해설 중유의 탄수소비$\left(\dfrac{C}{H}\right)$가 증가하면 발열량은 감소한다.

19 기체 연료의 저장방식이 아닌 것은?

① 유수식
② 고압식
③ 가열식
④ 무수식

해설 기체 연료의 저장방식은 유수식, 고압식, 무수식 등이 있다.

★
20 CH_4와 공기를 사용하는 열 설비의 온도를 높이기 위해 산소(O_2)를 추가로 공급하였다. 연료 유량 $10Nm^3/h$의 조건에서 완전 연소가 이루어졌으며, 수증기 응축 후 배기가스에서 계측된 산소의 농도가 5%이고 이산화탄소(CO_2)의 농도가 10%라면, 추가로 공급된 산소의 유량은 약 몇 Nm^3/h인가?

① 2.4 ② 2.9
③ 3.4 ④ 3.9

해설 Q'=CH_4분자량$\times(O_2+CO_2)=16\times(0.05+0.1)$
$=2.4Nm^3/h$

정답 14. ④ 15. ④ 16. ④ 17. ② 18. ③ 19. ③ 20. ①

제2과목 열역학

★
21 노즐에서 임계상태에서의 압력을 P_c, 비체적을 v_c, 최대유량을 G_c, 비열비를 k라 할 때, 임계단면적에 대한 식으로 옳은 것은?

① $2G_c\sqrt{\dfrac{v_c}{kP_c}}$　② $G_c\sqrt{\dfrac{v_c}{2kP_c}}$

③ $G_c\sqrt{\dfrac{v_c}{kP_c}}$　④ $G_c\sqrt{\dfrac{2v_c}{kP_c}}$

해설

최대(임계)유량(G_c)$=\dfrac{F_c w_c}{v_c}=\dfrac{F_c}{v_c}\sqrt{kRT_c}$

$=\dfrac{F_c}{v_c}\sqrt{kP_c v_c}$

$=F_c\sqrt{\dfrac{kP_c}{v_c}}$ [N/s]

∴ 임계단면적(F_c)$=G_c\sqrt{\dfrac{v_c}{kP_c}}$ [m^2]

22 초기체적이 V_i 상태에 있는 피스톤이 외부로 일을 하여 최종적으로 체적이 V_f인 상태로 되었다. 다음 중 외부로 가장 많은 일을 한 과정은? (단, n은 폴리트로픽 지수이다.)

① 등온 과정
② 정압 과정
③ 단열 과정
④ 폴리트로픽 과정($n>0$)

23 20℃의 물 10kg을 대기압하에서 100℃의 수증기로 완전히 증발시키는 데 필요한 열량은 약 몇 kJ인가? (단, 수증기의 증발 잠열은 2,257kJ/kg이고 물의 평균비열은 4.2kJ/kg · K이다.)

① 800　② 6,190
③ 25,930　④ 61,900

해설 $Q=Q_s+Q_L=mC(t_2-t_1)+m\gamma_s$

$=m[C(t_2-t_1)+\gamma_s]$

$=10\times[4.2(100-80)+2,257]=25,930\text{kJ}$

24 30℃에서 기화잠열이 173kJ/kg인 어떤 냉매의 포화액-포화증기 혼합물 4kg을 가열하여 건도가 20%에서 70%로 증가되었다. 이 과정에서 냉매의 엔트로피 증가량은 약 몇 kJ/K인가?

① 11.5
② 2.31
③ 1.14
④ 0.29

해설 $S_2-S_1=\dfrac{m\gamma(x_2-x_1)}{T}=\dfrac{4\times173\times(0.7-0.2)}{30+273}$

$=1.14\text{kJ/K}$

★
25 랭킨사이클에 과열기를 설치할 경우 과열기의 영향으로 발생하는 현상에 대한 설명으로 틀린 것은?

① 열이 공급되는 평균 온도가 상승한다.
② 열효율이 증가한다.
③ 터빈 출구의 건도가 높아진다.
④ 펌프일이 증가한다.

해설 펌프일이 감소한다($w_p=0$).

★
26 증기터빈에서 상태 ⓐ의 증기를 규정된 압력까지 단열에 가깝게 팽창시켰다. 이때 증기터빈 출구에서의 증기 상태는 그림의 각각 ⓑ, ⓒ, ⓓ, ⓔ이다. 이 중 터빈의 효율이 가장 좋을 때 출구의 증기 상태로 옳은 것은?

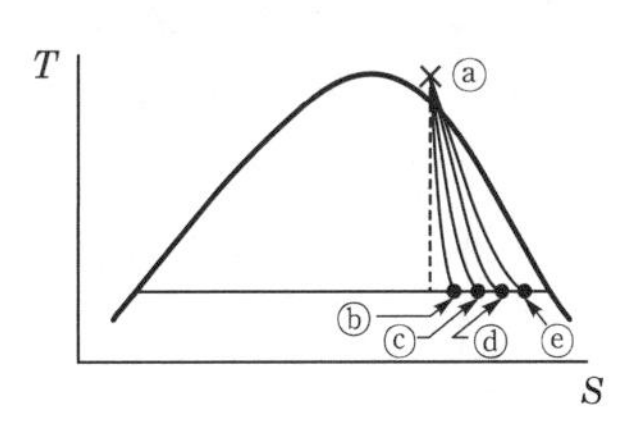

① ⓑ　② ⓒ
③ ⓓ　④ ⓔ

해설 터빈효율(η_t)$=\dfrac{\text{비가역(실제) 일}}{\text{가역(이론)적 일}}$

정답 21. ③ 22. ② 23. ③ 24. ③ 25. ④ 26. ①

27 아래와 같이 몰리에르(엔탈피-엔트로피) 선도에서 가역 단열과정을 나타내는 선의 형태로 옳은 것은?

엔탈피 ↑ → 엔트로피

① 엔탈피축에 평행하다.
② 기울기가 양수(+)인 곡선이다.
③ 기울기가 음수(-)인 곡선이다.
④ 엔트로피축에 평행하다.

해설 터빈출구에서 엔트로피값이 작을수록 터빈효율이 증가한다. 가역단열팽창과정(등엔트로피과정)은 엔탈피축에 평행하다($S=c$).

★
28 정압과정에서 어느 한 계(system)에 전달된 열량은 그 계에서 어떤 상태량의 변화량과 양이 같은가?

① 내부에너지 ② 엔트로피
③ 엔탈피 ④ 절대일

해설 정압과정 시($P=c$) 어떤 계(system)에 전달(공급)된 열량은 엔탈피 변화량(dH)과 같다.
※ $\delta Q=dH-VdP$[kJ]에서 $dP=0$
∴ $\delta Q=dH=mC_p dT$[kJ]

★
29 노점온도(dew point temperature)에 대한 설명으로 옳은 것은?

① 공기, 수증기의 혼합물에서 수증기의 분압에 대한 수증기 과열상태 온도
② 공기, 가스의 혼합물에서 수증기의 분압에 대한 가스의 과열상태 온도
③ 공기, 수증기의 혼합물을 가열시켰을 때 증기가 없어지는 온도
④ 공기, 수증기의 혼합물에서 수증기의 분압에 해당하는 수증기의 포화온도

해설 노점온도(dew point temperature)는 공기 수증기의 혼합물에서 수증기의 분압에 해당하는 수증기의 포화온도(상대습도 100%)를 말한다.

30 온도와 관련된 설명으로 틀린 것은?

① 온도 측정의 타당성에 대한 근거는 열역학 제0법칙이다.
② 온도가 0℃에서 10℃로 변화하면, 절대 온도는 0K에서 283.15K로 변화한다.
③ 섭씨온도는 물의 어는점과 끓는점을 기준으로 삼는다.
④ SI 단위계에서 온도의 단위는 켈빈 단위를 사용한다.

해설 온도가 0℃에서 10℃로 변화하면 절대온도는 273.15K에서 283.15K로 변화한다($t_2-t_1=T_2-T_1$).

★
31 물의 임계 압력에서의 잠열은 몇 kJ/kg인가?

① 0 ② 333
③ 418 ④ 2,260

해설 물의 임계 압력(P_c)에서 잠열은 0kJ/kg이다.

32 이상기체가 '$Pv^n=$일정' 과정을 가지고 변하는 경우에 적용할 수 있는 식으로 옳은 것은? (단, q : 단위 질량당 공급된 열량, u : 단위 질량당 내부에너지, T : 온도, P : 압력, v : 비체적, R : 기체상수, n : 상수이다.)

① $\delta q=du+\dfrac{nRdT}{1-n}$

② $\delta q=du+\dfrac{RdT}{1-n}$

③ $\delta q=du+\dfrac{(1-n)RdT}{n}$

④ $\delta q=du+(1-n)RdT$

해설 폴리트로픽 과정에서 가열량(δq)
$=du+\dfrac{RdT}{1-n}=C_n dT$
$=C_v\left(\dfrac{n-k}{n-1}\right)dT$[kJ/kg]

33 증기압축 냉동사이클을 사용하는 냉동기에서 냉매의 상태량은 압축 전·후 엔탈피가 각각 379.11kJ/kg와 424.77kJ/kg이고 교축팽창 후 엔탈피가 241.46 kJ/kg이다. 압축기의 효율이 80%, 소요 동력이 4.14 kW라면 이 냉동기의 냉동용량은 약 몇 kW인가?

① 6.98 ② 9.98
③ 12.98 ④ 15.98

정답 27. ① 28. ③ 29. ④ 30. ② 31. ① 32. ② 33. ②

해설 $\varepsilon_R = \frac{q_e}{w_c} = \frac{379.11 - 241.46}{424.77 - 379.11} = 3.014$

냉동기 냉동용량(냉동능력) $= \varepsilon_R \times W_c \times \eta_c$

$= 3.014 \times 4.14 \times 0.8$

$\fallingdotseq 9.98\text{kW}$

★
34 **열역학적 관계식 $TdS = dH - VdP$에서 용량성 상태량(extensive property)이 아닌 것은? (단, S : 엔트로피, H : 엔탈피, V : 체적, P : 압력, T : 절대온도이다.)**

① S ② H
③ V ④ P

해설 $\delta Q = dH - VdP(Tds = dH - VdP)$

용량성상태량 : 엔트로피, 엔탈피, 체적

※ 압력(P)은 물질의 양과 관계없는 강도성 상태량이다.

★
35 **다음과 같은 압축비와 차단비를 가지고 공기로 작동되는 디젤사이클 중에서 효율이 가장 높은 것은? (단, 공기의 비열비는 1.4이다.)**

① 압축비 : 11, 차단비 : 2
② 압축비 : 11, 차단비 : 3
③ 압축비 : 13, 차단비 : 2
④ 압축비 : 13, 차단비 : 3

해설 디젤사이클 열효율(η_{thd}) $= 1 - \left(\frac{1}{\varepsilon}\right)^{k-1} \frac{\sigma^k - 1}{k(\sigma - 1)}$

$= f(\varepsilon, \sigma)$

공기비열비가 일정(k=1.4)할 때 디젤사이클의 열효율(η_{thd})은 압축비(ε)와 차단비(σ)의 함수로서 압축비가 크고 차단비가 작을수록 이론열효율은 증가한다.

36 **가스동력 사이클에 대한 설명으로 틀린 것은?**

① 에릭슨 사이클은 2개의 정압과정과 2개의 단열과정으로 구성된다.
② 스털링 사이클은 2개의 등온과정과 2개의 정적과정으로 구성된다.
③ 아트킨스 사이클은 2개의 단열과정과 정적 및 정압과정으로 구성된다.
④ 르누아 사이클은 정적과정으로 급열하고 정압과정으로 방열하는 사이클이다.

해설 가스동력 사이클에서 에릭슨(Ericsson) 사이클은 2개의 정압과정과 2개의 등온과정으로 구성된다.

★
37 **압력 3,000kPa, 온도 400℃인 증기의 내부에너지가 2,926kJ/kg이고 엔탈피는 3,230kJ/kg이다. 이 상태에서 비체적은 약 몇 m^3/kg인가?**

① 0.0303
② 0.0606
③ 0.101
④ 0.303

해설 $h = u + pv$[kJ/kg]에서

$v = \frac{h-u}{P} = \frac{3,230 - 2,926}{3,000} = 0.101\text{m}^3/\text{kg}$

38 **110kPa, 20℃의 공기가 반지름 20cm, 높이 40cm인 원통형 용기 안에 채워져 있다. 이 공기의 무게는 몇 N인가? (단, 공기의 기체상수는 287J/kg · K이다.)**

① 0.066 ② 0.64
③ 6.7 ④ 66

해설 $PV = m_a RT$

$m_a = \frac{PV}{RT} = \frac{110 \times (\pi \times 0.2^2 \times 0.4)}{0.287 \times (20 + 273.15)} = 0.066\text{kg}$

$\therefore\ G_a = m_a g = 0.066 \times 9.81 = 0.64\text{N}$

★
39 **냉동효과가 200kJ/kg인 냉동사이클에서 4kW의 열량을 제거하는 데 필요한 냉매 순환량은 몇 kg/min인가?**

① 0.02 ② 0.2
③ 0.8 ④ 1.2

해설 냉매순환량(m) $= \frac{Q_e}{q_e} = \frac{4 \times 60}{200} = 1.2\text{kg/min}$

★
40 **냉매가 갖추어야 하는 요건으로 거리가 먼 것은?**

① 증발잠열이 작아야 한다.
② 화학적으로 안정되어야 한다.
③ 임계온도가 높아야 한다.
④ 증발온도에서 압력이 대기압보다 높아야 한다.

정답 34. ④ 35. ③ 36. ① 37. ③ 38. ② 39. ④ 40. ①

2021년

해설 냉매가 갖추어야 하는 요건
㉠ 증발(잠)열이 커야 한다.
㉡ 화학적으로 안정되어야 한다.
㉢ 임계온도(T_c)가 높아야 한다.
㉣ 증발온도에서의 압력이 대기압보다 높아야 한다.
㉤ 비체적은 작아야 한다.

제3과목 계측방법

41 **용적식 유량계에 대한 설명으로 옳은 것은?**

① 적산유량의 측정에 적합하다.
② 고점도에는 사용할 수 없다.
③ 발신기 전후에 직관부가 필요하다.
④ 측정유체의 맥동에 의한 영향이 크다.

해설 용적식 유량계는 적산유량의 측정에 적합하며 적산치의 정도가 높다.

42 **1차 지연 요소에서 시정수 T가 클수록 응답속도는 어떻게 되는가?**

① 일정하다.
② 빨라진다.
③ 느려진다.
④ T와 무관하다.

해설 1차 지연 요소에서 시정수(time constant)가 크면 클수록 과도현상이 오래 지속되어 응답속도는 느려진다(시정수가 작을수록 응답속도는 빨라진다).
※ 시정수란 계기나 제어용 기기의 전기 및 전자회로에서 입력 변화에 따라 출력응답이 나타나는 데 걸리는 시간(응답의 속도를 특정 짓는 상수로서 시간의 차원을 갖는 것)을 말한다.

43 **압력 측정에서 사용되는 액체의 구비조건 중 틀린 것은?**

① 열팽창계수가 클 것
② 모세관 현상이 작을 것
③ 점성이 작을 것
④ 일정한 화학성분을 가질 것

해설 압력 측정에 사용되는 액체는 열팽창계수가 작아야 한다.

★

44 **차압식 유량계에 있어 조리개 전후의 압력 차이가 P_1에서 P_2로 변할 때, 유량은 Q_1에서 Q_2로 변했다. Q_2에 대한 식으로 옳은 것은? (단, $P_2 = 2P_1$이다.)**

① $Q_2 = Q_1$　② $Q_2 = \sqrt{2}\,Q_1$
③ $Q_2 = 2Q_1$　④ $Q_2 = 4Q_1$

해설 차압식유량계는 유량$(Q) \propto \sqrt{P}$이므로(비례하므로)

$$\frac{Q_2}{Q_1} = \sqrt{\frac{2P_1}{P_1}} = \sqrt{2}$$

$\therefore Q_2 = \sqrt{2}\,Q_1$[m³/s]

45 **다음 중 1,000℃ 이상의 고온체의 연속 측정에 가장 적합한 온도계는?**

① 저항 온도계
② 방사 온도계
③ 바이메탈식 온도계
④ 액체압력식 온도계

해설 방사 온도계는 방출되는 열복사에너지를 측정하여 그 물체의 온도를 측정하는 온도계로, 1,500℃ 이상의 고온 측정이 가능하다(50~3,000℃).

46 **가스분석계의 특징에 관한 설명으로 틀린 것은?**

① 적정한 시료가스의 채취장치가 필요하다.
② 선택성에 대한 고려가 필요 없다.
③ 시료가스의 온도 및 압력의 변화로 측정오차를 유발할 우려가 있다.
④ 계기의 교정에는 화학분석에 의해 검정된 표준 시료가스를 이용한다.

★

47 **다음 중 습도계의 종류로 가장 거리가 먼 것은?**

① 모발 습도계　② 듀셀 노점계
③ 초음파식 습도계　④ 전기저항식 습도계

해설 습도계의 종류
㉠ 모발 습도계
㉡ 듀셀(노점) 습도계
㉢ 전기저항식 습도계
㉣ 건습구 습도계

정답 41. ① 42. ③ 43. ① 44. ② 45. ② 46. ② 47. ③

★
48 편차의 정(+), 부(-)에 의해서 조작신호가 최대, 최소가 되는 제어동작은?

① 온 · 오프동작 ② 다위치동작
③ 적분동작 ④ 비례동작

해설 편차의 정(+), 부(-)의 의해서 조작신호가 최대, 최소가 되는 제어동작은 불연속 동작인 2위치 동작(ON-OFF)이다.

49 액면계에 대한 설명으로 틀린 것은?

① 유리관식 액면계는 경유탱크의 액면을 측정하는 것이 가능하다.
② 부자식은 액면이 심하게 움직이는 곳에는 사용하기 곤란하다.
③ 차압식 유량계는 정밀도가 좋아서 액면제어용으로 가장 많이 사용된다.
④ 편위식 액면계는 아르키메데스의 원리를 이용하는 액면계이다.

해설 차압식 유량계는 다른 유량계에 비교해 ±2%의 오차범위를 갖기 때문에 정밀도가 낮다(전자식 유량계는 ±0.4%로 차압식 유량계보다 정밀도가 높다).

50 20L인 물의 온도를 15℃에서 80℃로 상승시키는데 필요한 열량은 약 몇 kJ인가?

① 4,200 ② 5,400
③ 6,300 ④ 6,900

해설 $Q = mC(t_2 - t_1)$
$= 20 \times 4.18 \times (80 - 15)$
$= 5,434\text{kJ}$

★
51 피토관에 대한 설명으로 틀린 것은?

① 5m/s 이하의 기체에서는 적용하기 힘들다.
② 먼지나 부유물이 많은 유체에는 부적당하다.
③ 피토관의 머리 부분은 유체의 방향에 대하여 수직으로 부착한다.
④ 흐름에 대하여 충분한 강도를 가져야 한다.

해설 피토관(pitot tube)은 유속 측정장치의 하나로 유체흐름의 총압과 정압 차이를 측정하고 그것에서 유속을 구하는 장치다. 끝부분 정면과 측면에 구멍을 뚫은 관으로 유체흐름 방향인 정면에서 총압(정압+동압) 측면에서 정압이 걸리므로 압력차를 측정하여 베르누이 정리에 따라 흐름의 속도가 구해진다.
※ 피토관의 머리 부분에 흐르는 유체의 유동 방향에 대해 평행하게 부착한다.

52 다음 중 압력식 온도계가 아닌 것은?

① 액체팽창식 온도계
② 열전 온도계
③ 증기압식 온도계
④ 가스압력식 온도계

해설 열전 온도계는 열전쌍(thermocouple)을 이용한 온도계이다(전위차를 이용한 온도계).

53 방사고온계의 장점이 아닌 것은?

① 고온 및 이동물체의 온도측정이 쉽다.
② 측정시간의 지연이 작다.
③ 발신기를 이용한 연속기록이 가능하다.
④ 방사율에 의한 보정량이 작다.

★
54 기체 크로마토그래피에 대한 설명으로 틀린 것은?

① 캐리어 기체로는 수소, 질소 및 헬륨 등이 사용된다.
② 충전재로는 활성탄, 알루미나 및 실리카겔 등이 사용된다.
③ 기체의 확산속도 특성을 이용하여 기체의 성분을 분리하는 물리적인 가스분석기이다.
④ 적외선 가스분석기에 비하여 응답속도가 빠르다.

해설 기체 크로마토그래피법은 적외선 가스분석기에 비해 응답속도가 느리다.

55 다이어프램 압력계의 특징이 아닌 것은?

① 점도가 높은 액체에 부적합하다.
② 먼지가 함유된 액체에 적합하다.
③ 대기압과의 차가 적은 미소압력의 측정에 사용한다.
④ 다이어프램으로 고무, 스테인리스 등의 탄성체 박판이 사용된다.

정답 48. ① 49. ③ 50. ② 51. ③ 52. ② 53. ④ 54. ④ 55. ①

해설 다이어프램 압력계는 고점도 액체의 측정도 가능하며, 응답 속도가 빠르고 측정범위는 20~5,000mmHg이다.

★
56 열전대(thermocouple)는 어떤 원리를 이용한 온도계인가?

① 열팽창률 차 ② 전위 차
③ 압력 차 ④ 전기저항 차

해설 열전대는 열기전력(전위차)을 이용한 온도계로 구조가 비교적 간단하고 견고하여 저온에서 고온에 이르기까지 측정이 가능하다.

57 액주식 압력계의 종류가 아닌 것은?

① U자관형 ② 경사관식
③ 단관형 ④ 벨로즈식

해설 벨로즈식 압력계는 스프링의 탄성을 이용하여 압력을 측정하는 탄성식 압력계이다.

★
58 불규칙하게 변하는 주변 온도와 기압 등이 원인이 되며, 측정 횟수가 많을수록 오차의 합이 0에 가까운 특징이 있는 오차의 종류는?

① 개인오차 ② 우연오차
③ 과오오차 ④ 계통오차

59 차압식 유량계의 종류가 아닌 것은?

① 벤츄리 ② 오리피스
③ 터빈유량계 ④ 플로우노즐

해설 **차압식 유량계의 종류**
벤츄리관, 오리피스, 플로우노즐

★
60 다음 중 송풍량을 일정하게 공급하려고 할 때 가장 적당한 제어방식은?

① 프로그램제어 ② 비율제어
③ 추종제어 ④ 정치제어

해설 송풍량을 일정하게 공급할 때 가장 적당한 제어방식은 정치제어다.

제4과목 열설비재료 및 관계법규

★
61 에너지이용 합리화법령에 따라 자발적 협약체결기업에 대한 지원을 받기 위해 에너지사용자와 정부 간 자발적 협약의 평가기준에 해당하지 않는 것은?

① 계획 대비 달성률 및 투자실적
② 에너지이용 합리화 자금 활용실적
③ 자원 및 에너지의 재활용 노력
④ 에너지절감량 또는 에너지의 합리적인 이용을 통한 온실가스배출 감축량

해설 **자발적 협약의 평가기준**
㉠ 계획 대비 달성률 및 투자실적
㉡ 자원 및 에너지의 재활용 노력
㉢ 에너지절감량 또는 에너지의 합리적인 이용을 통한 온실가스배출 감축량
㉣ 그 밖에 에너지절감 또는 에너지의 합리적인 이용을 통한 온실가스배출 감축에 관한 사항

62 소성가마 내 열의 전열방법으로 가장 거리가 먼 것은?

① 복사
② 전도
③ 전이
④ 대류

해설 전달(열전달)에는 전도, 대류, 복사가 있다.

★
63 도염식 가마(down draft kiln)에서 불꽃의 진행방향으로 옳은 것은?

① 불꽃이 올라가서 가마천장에 부딪쳐 가마바닥의 흡입구멍으로 빠진다.
② 불꽃이 처음부터 가마바닥과 나란하게 흘러 굴뚝으로 나간다.
③ 불꽃이 연소실에서 위로 올라가 천장에 닿아서 수평으로 흐른다.
④ 불꽃의 방향이 일정하지 않으나 대개 가마 밑에서 위로 흘러나간다.

정답 56. ② 57. ④ 58. ② 59. ③ 60. ④ 61. ② 62. ③ 63. ①

★
64 아래는 에너지이용 합리화법령상 에너지의 수급차질에 대비하기 위하여 산업통상자원부 장관이 에너지저장의무를 부과할 수 있는 대상자의 기준이다. (　)에 들어갈 용어는?

> 연간 (　) 석유환산톤 이상의 에너지를 사용하는 자

① 1천　② 5천
③ 1만　④ 2만

★
65 다음 중 에너지이용 합리화법령에 따른 검사대상기기에 해당하는 것은?

① 정격용량이 0.5MW인 철금속가열로
② 가스사용량이 20kg/h인 소형 온수보일러
③ 최고사용압력이 0.1MPa이고, 전열면적이 4m^2인 강철제 보일러
④ 최고사용압력이 0.1MPa이고, 동체 안지름이 300mm이며, 길이가 500mm인 강철제 보일러

해설 가스사용량이 17kg/h인 소형온수보일러(도시가스는 232.6kW)

66 샤모트(chamotte) 벽돌의 원료로서 샤모트 이외에 가소성 생점토(生粘土)를 가하는 주된 이유는?

① 치수 안정을 위하여
② 열전도성을 좋게 하기 위하여
③ 성형 및 소결성을 좋게 하기 위하여
④ 건조 소성, 수축을 미연에 방지하기 위하여

해설 샤모트(chamotte) 벽돌은 골재원료로서 샤모트를 사용하고, 미세한 부분은 가소성 생점토를 가하고 있다. 이는 성형 및 소결성을 좋게 하기 위함이다.

★
67 크롬벽돌이나 크롬-마그벽돌이 고온에서 산화철을 흡수하여 표면이 부풀어 오르고 떨어져 나가는 현상은?

① 버스팅　② 큐어링
③ 슬래킹　④ 스폴링

해설 버스팅(bursting)이란 크롬(Cr)을 원료로 하는 염기성(알칼리성) 내화벽돌이 1,600℃ 이상의 고온에서 산화철을 흡수하여 표면이 부풀어 오르고 떨어져 나가는 현상을 말한다.

68 에너지이용 합리화법령에 따라 효율관리기자재의 제조업자 또는 수입업자는 효율관리시험기관에서 해당 효율관리기자재의 에너지 사용량을 측정받아야 한다. 이 시험기관은 누가 지정하는가?

① 과학기술정보통신부장관
② 산업통상자원부장관
③ 기획재정부장관
④ 환경부장관

★
69 에너지이용 합리화법령상 효율관리기자재에 대한 에너지소비효율등급을 거짓으로 표시한 자에 해당하는 과태료는?

① 3백만원 이하
② 5백만원 이하
③ 1천만원 이하
④ 2천만원 이하

해설 효율관리기자재에 대한 에너지소비효율등급은 거짓으로 표시한 자에 대한 과태료는 2천만원 이하이다.

70 보온재의 구비 조건으로 틀린 것은?

① 불연성일 것
② 흡수성이 클 것
③ 비중이 작을 것
④ 열전도율이 작을 것

해설 보온재는 불연성이고 흡수성이 작고 비중이 작고(가볍고) 열전도율(W/m · K)이 작을 것

★
71 에너지법령상 시 · 도지사는 관할 구역의 지역적 특성을 고려하여 저탄소 녹색성장 기본법에 따른 에너지기본계획의 효율적인 달성과 지역경제의 발전을 위한 지역에너지 계획을 몇 년마다 수립 · 시행하여야 하는가?

① 2년　② 3년
③ 4년　④ 5년

해설 에너지법령상 시 · 도지사는 관할 구역의 지역적 특성을 고려하여 저탄소 녹색성장 기본법에 따른 에너지기본계획의 효율적 달성과 지역경제 발전을 위한 지역에너지 계획을 5년마다 수립 · 시행하여야 한다.

정답 64. ④ 65. ② 66. ③ 67. ① 68. ② 69. ④ 70. ② 71. ④

72 **에너지이용 합리화법령에 따라 에너지절약 전문기업의 등록신청 시 등록신청서에 첨부해야 할 서류가 아닌 것은?**

① 사업계획서
② 보유장비명세서
③ 기술인력명세서(자격증명서 사본 포함)
④ 감정평가업자가 평가한 자산에 대한 감정평가서(법인인 경우)

★
73 **에너지이용 합리화법령상 검사의 종류가 아닌 것은?**

① 설계검사 ② 제조검사
③ 계속사용검사 ④ 개조검사

해설 에너지이용 합리화법령상 검사의 종류는 제조검사(구조검사, 용접검사), 설치검사, 설치변경검사, 개조검사, 계속사용검사(운전성능검사, 재사용검사, 안전검사)로 분류한다.

★
74 **고온용 무기질 보온재로서 경량이고 기계적 강도가 크며 내열성, 내수성이 강하고 내마모성이 있어 탱크, 노벽 등에 적합한 보온재는?**

① 암면 ② 석면
③ 규산칼슘 ④ 탄산마그네슘

해설 규산칼슘(최고 안전사용온도 650℃) : 고온용 무기질 보온재로 기계적 강도, 내열성, 내산성, 내마모성이 있어 탱크, 노벽 등에 적합한 보온재이다.

75 **에너지이용 합리화법령상 특정열사용기자재의 설치·시공이나 세관(洗罐)을 업으로 하는 자는 어떤 법령에 따라 누구에게 등록하여야 하는가?**

① 건설산업기본법, 시·도지사
② 건설산업기본법, 과학기술정보통신부장관
③ 건설기술 진흥법, 시장·구청장
④ 건설기술 진흥법, 산업통상자원부장관

★
76 **작업이 간편하고 조업주기가 단축되며 요체의 보유열을 이용할 수 있어 경제적인 반연속식 요는?**

① 셔틀요 ② 윤요
③ 터널요 ④ 도염식요

해설 셔틀요(shuttle kiln)는 가마로서 작업이 간편하고 조업주기가 단축되며 가마의 보유열을 여열로 이용할 수 있다. 손실열에 해당하는 대차의 보유열로 저온제품을 예열하는 데 쓰므로 경제적이다.
※ **조업방식에 따른 가마의 분류**
㉠ 연속요(가마) : 터널요, 윤요, 견요, 회전요
㉡ 반연속요 : 셔틀요, 등요
㉢ 불연속요 : 횡염식, 승염식, 도염식

77 **에너지이용 합리화법령에 따라 열사용기자재 관리에 대한 설명으로 틀린 것은?**

① 계속사용검사는 검사유효기간의 만료일이 속하는 연도의 말까지 연기할 수 있으며, 연기하려는 자는 검사대상기기 검사연기 신청서를 한국에너지공단이사장에게 제출하여야 한다.
② 한국에너지공단이사장은 검사에 합격한 검사대상기기에 대해서 검사 신청인에게 검사일부터 7일 이내에 검사증을 발급하여야 한다.
③ 검사대상기기관리자의 선임신고는 신고 사유가 발생한 날로부터 20일 이내에 하여야 한다.
④ 검사대상기기의 설치자가 사용 중인 검사대상기기를 폐기한 경우에는 폐기한 날부터 15일 이내에 검사대상기기 폐기신고서를 한국에너지공단이사장에게 제출하여야 한다.

해설 검사대상에게 관리자의 선임신고는 신고사유가 발생한 날부터 30일 이내에 하여야 한다.

★
78 **내식성, 굴곡성이 우수하고 양도체이며 내압성도있어서 열교환기용 전열관, 급수관 등 화학공업용으로 주로 사용되는 관은?**

① 주철관
② 동관
③ 강관
④ 알루미늄관

정답 72. ④ 73. ① 74. ③ 75. ① 76. ① 77. ③ 78. ②

★
79 제철 및 제강공정 중 배소로의 사용 목적으로 가장 거리가 먼 것은?

① 유해성분의 제거
② 산화도의 변화
③ 분상광석의 괴상으로의 소결
④ 원광석의 결합수의 제거와 탄산염의 분해

80 배관의 축 방향 응력 σ[kPa]을 나타낸 식은? (단, d : 배관의 내경(mm), p : 배관의 내압(kPa), t : 배관의 두께(mm)이며, t는 충분히 얇다.)

① $\sigma = \dfrac{p\pi d}{4t}$　② $\sigma = \dfrac{pd}{4t}$
③ $\sigma = \dfrac{p\pi d}{2t}$　④ $\sigma = \dfrac{pd}{2t}$

해설 배관의 축 방향(길이 방향) 응력은 $\sigma_x = \dfrac{Pd}{4t}$[kPa]이고, 원주 방향(Hoop) 응력은 $\sigma_y = \dfrac{Pd}{2t}$ [kPa]이다.

제5과목 열설비설계

★
81 보일러의 용량을 산출하거나 표시하는 값으로 틀린 것은?

① 상당증발량　② 보일러마력
③ 재열계수　④ 전열면적

해설 보일러용량을 산출하거나 표시하는 값은 상당증발량, 보일러마력, 전열면적 등으로 나타낸다.

★
82 증기압력 120kPa의 포화증기(포화온도 104.25℃, 증발잠열 2,245kJ/kg)를 내경 52.9mm, 길이 50m인 강관을 통해 이송하고자 할 때 트랩 선정에 필요한 응축수량(kg)은? (단, 외부온도 0℃, 강관의 질량 300kg, 강관 비열 0.46kJ/kg · ℃이다.)

① 4.4
② 6.4
③ 8.4
④ 10.4

해설 포화수가 잃은 열량=응축수가 얻은 열량

$$m_s C\Delta t = m_w R_L$$

$$m_w = \frac{m_s C\Delta t}{R_L} = \frac{300\times0.46\times104.25}{2,245} \fallingdotseq 6.4\text{kg}$$

83 프라이밍 및 포밍의 발생 원인이 아닌 것은?

① 보일러를 고수위로 운전할 때
② 증기부하가 적고 증발수면이 넓을 때
③ 주증기밸브를 급히 열었을 때
④ 보일러수에 불순물, 유지분이 많이 포함되어 있을 때

해설 보일러를 과부하 운전하게 되면 프라이밍(비수현상)이나 포밍(물거품) 현상이 발생하여 기수공발(캐리오버) 현상이 일어난다.

84 프라이밍 현상을 설명한 것으로 틀린 것은?

① 절탄기의 내부에 스케일이 생긴다.
② 안전밸브, 압력계의 기능을 방해한다.
③ 워터해머(water hammer)를 일으킨다.
④ 수면계의 수위가 요동해서 수위를 확인하기 어렵다.

★
85 두께 20cm의 벽돌의 내측에 10mm의 모르타르와 5mm의 플라스터 마무리를 시행하고, 외측은 두께 15mm의 모르타르 마무리를 시공하였다. 아래 계수를 참고할 때, 다층벽의 총 열관류율(W/m^2 · ℃)은?

실내측벽 열전달계수 $h_1 = 8\text{W/m}^2 \cdot ℃$
실외측벽 열전달계수 $h_2 = 20\text{W/m}^2 \cdot ℃$
플라스터 열전도율 $\lambda_1 = 0.5\text{W/m}^2 \cdot ℃$
모르타르 열전도율 $\lambda_2 = 1.3\text{W/m}^2 \cdot ℃$
벽돌 열전도율 $\lambda_3 = 0.65\text{W/m}^2 \cdot ℃$

① 1.95　② 4.57
③ 8.72　④ 12.31

2021년

정답 79. ③ 80. ② 81. ③ 82. ② 83. ② 84. ① 85. ①

해설

$$K_t = \frac{1}{R} = \frac{1}{\frac{1}{h_1} + \frac{\ell_1}{\lambda_1} + \frac{\ell_2}{\lambda_2} + \frac{\ell_3}{\lambda_3} + \frac{1}{h_2}}$$

$$= \frac{1}{\frac{1}{8} + \frac{0.005}{0.5} + \frac{0.025}{1.3} + \frac{0.2}{0.65} + \frac{1}{20}}$$

$$= 1.95\text{W/m}^2 \cdot ℃$$

86 100kN의 인장하중을 받는 한쪽 덮개판 맞대기 리벳이음이 있다. 리벳의 지름이 15mm, 리벳의 허용전단력이 60MPa일 때 최소 몇 개의 리벳이 필요한가?

① 10　② 8
③ 6　④ 4

해설

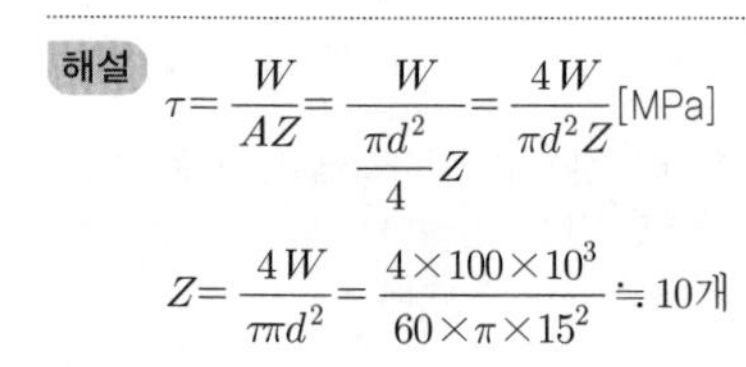

$$\tau = \frac{W}{AZ} = \frac{W}{\frac{\pi d^2}{4} Z} = \frac{4W}{\pi d^2 Z}[\text{MPa}]$$

$$Z = \frac{4W}{\tau \pi d^2} = \frac{4 \times 100 \times 10^3}{60 \times \pi \times 15^2} ≒ 10\text{개}$$

★
87 노통연관식 보일러의 특징에 대한 설명으로 옳은 것은?

① 외분식이므로 방산손실열량이 크다.
② 고압이나 대용량보일러로 적당하다.
③ 내부청소가 간단하므로 급수처리가 필요 없다.
④ 보일러의 크기에 비하여 전열면적이 크고 효율이 좋다.

해설 노통 보일러는 보일러의 크기에 비하여 전열면적이 크고 효율이 좋다.

★
88 보일러의 내부청소 목적에 해당하지 않는 것은?

① 스케일 슬러지에 의한 보일러 효율 저하방지
② 수면계 노즐 막힘에 의한 장해방지
③ 보일러수 순환 저해방지
④ 수트블로워에 의한 매연 제거

해설 수트블로워(shoot blower)는 보일러 전열면에 부착된 그을음 등을 물, 공기, 증기 등을 분사하여 제거하는 매연 취출 장치이다.

★
89 압력용기에 대한 수압시험의 압력기준으로 옳은 것은?

① 최고 사용압력이 0.1MPa 이상의 주철제 압력용기는 최고 사용압력의 3배이다.
② 비철금속제 압력용기는 최고 사용압력의 1.5배의 압력에 온도를 보정한 압력이다.
③ 최고 사용압력이 1MPa 이하의 주철제 압력용기는 0.1MPa이다.
④ 법랑 또는 유리 라이닝한 압력용기는 최고 사용압력의 1.5배의 압력이다.

해설 ① 최고 사용압력이 0.1MPa 이상의 주철제 압력용기는 최고 사용압력의 2배이다.
③ 최고 사용압력이 0.1MPa 이하의 주철제 압력용기는 0.2MPa이다.
④ 법랑 또는 유리 라이닝한 압력용기는 최고 사용압력이다.

90 보일러의 스테이를 수리 · 변경하였을 경우 실시하는 검사는?

① 설치검사　② 대체검사
③ 개조검사　④ 개체검사

해설 보일러의 스테이(stay)를 수리 · 변경하였을 경우 실시하는 검사는 개조검사다.

★
91 노통 보일러에 갤러웨이 관을 직각으로 설치하는 이유로 적절하지 않은 것은?

① 노통을 보강하기 위하여
② 보일러수의 순환을 돕기 위하여
③ 전열 면적을 증가시키기 위하여
④ 수격작용을 방지하기 위하여

해설 **갤러웨이 관(galloway tube)의 설치목적**
㉠ 전열면을 증가시킨다.
㉡ 보일러수의 순환을 촉진시킨다.
㉢ 화실(노통)의 벽을 보강시킨다.

92 보일러의 전열면에 부착된 스케일 중 연질성분인 것은?

① $Ca(HCO_3)_2$　② $CaSO_4$
③ $CaCl_2$　④ $CaSiO_3$

정답 86. ① 87. ④ 88. ④ 89. ② 90. ③ 91. ④ 92. ①

해설 스케일 중 연질성분인 것은 탄산수소칼슘($Ca(HCO_3)_2$)으로 물에 녹는다.

★
93 이상적인 흑체에 대하여 단위면적당 복사에너지 E와 절대온도 T의 관계식으로 옳은 것은? (단, σ는 스테판-볼츠만 상수이다.)

① $E=\sigma T^2$ ② $E=\sigma T^4$
③ $E=\sigma T^6$ ④ $E=\sigma T^8$

해설 단위면적당 복사에너지$(q_R)=\frac{E}{A}=\frac{\sigma A T^4}{A}$
$=\sigma T^4[\text{W/m}^2\cdot\text{K}^4]$

★
94 공기예열기 설치에 따른 영향으로 틀린 것은?

① 연소효율을 증가시킨다.
② 과잉공기량을 줄일 수 있다.
③ 배기가스 저항이 줄어든다.
④ 질소산화물에 의한 대기오염의 우려가 있다.

해설 공기예열기 설치에 따른 영향
[장점]
㉠ 연료(fuel)를 절감할 수 있다.
㉡ 질이 낮은 연료의 연소에 유리하다.
㉢ 노내 온도를 고온으로 유지할 수 있다.
㉣ 공기를 예열하므로 작은 공기비(m)로 연료를 완전연소시킬 수 있다.
㉤ 연소효율 증가로 열효율이 향상된다.
[단점]
㉠ 저온부식의 원인이 된다[황산화물질 (SO_x)로 인하여].
㉡ 통풍력이 감소된다.
㉢ 배기가스 저항이 증가한다.
㉣ 보수, 점검, 청소가 어렵다.
㉤ 설비비가 비싸다.

95 일반적으로 보일러에 사용되는 중화방청제가 아닌 것은?

① 암모니아 ② 히드라진
③ 탄산나트륨 ④ 포름산나트륨

해설 보일러에 사용되는 중화방청제는 암모니아(NH_3), 히드라진(N_2H_4), 탄산나트륨 등이 사용된다.

96 내압을 받는 보일러 동체의 최고사용압력은? (단, t : 두께(mm), P : 최고사용압력(MPa), D_i : 동체 내경(mm), η : 길이 이음효율, σ_a : 허용인장응력(MPa), α : 부식여유, k : 온도상수이다.)

① $P=\dfrac{2\sigma_a\eta(t-\alpha)}{D_i+(1-k)(t-\alpha)}$

② $P=\dfrac{2\sigma_a\eta(t-\alpha)}{D_i+2(1-k)(t-\alpha)}$

③ $P=\dfrac{4\sigma_a\eta(t-\alpha)}{D_i+2(1-k)(t-\alpha)}$

④ $P=\dfrac{4\sigma_a\eta(t-\alpha)}{D_i+(1-k)(t-\alpha)}$

★
97 관판의 두께가 20mm이고, 관 구멍의 지름이 51mm인 연관의 최소피치[mm]는 얼마인가?

① 35.5 ② 45.5
③ 52.5 ④ 62.5

해설 연관보일러의 최소피치 계산식
$p=\left(1+\frac{4.5}{t}\right)d$
$=\left(1+\frac{4.5}{20}\right)\times 51=62.475 \fallingdotseq 62.5\text{mm}$

98 다음 각 보일러의 특징에 대한 설명 중 틀린 것은?

① 입형 보일러는 좁은 장소에도 설치할 수 있다.
② 노통 보일러는 보유수량이 적어 증기발생 소요시간이 짧다.
③ 수관 보일러는 구조상 대용량 및 고압용에 적합하다.
④ 관류 보일러는 드럼이 없어 초고압보일러에 적합하다.

해설 노통 보일러는 보유수량이 많아 부하변동에 따른 대체가 용이하나 증기발생 소요시간(예열시간)이 길다.

2021년

정답 93. ② 94. ③ 95. ④ 96. ② 97. ④ 98. ②

★
99 수관식 보일러에 급수되는 TDS가 2,500μs/cm이고 보일러수의 TDS는 5,000μs/cm이다. 최대증기 발생량이 10,000kg/h라고 할 때 블로우다운양[kg/h]은?

① 2,000 ② 4,000
③ 8,000 ④ 10,000

해설 블로우(blow)다운양

$$= \frac{F_s \times H_s}{B - H_s} = \frac{10,000 \times 2,500}{5,000 - 2,500} = 10,000\text{kg/h}$$

★
100 원통형 보일러의 노통이 편심으로 설치되어 관수의 순환작용을 촉진시켜 줄 수 있는 보일러는?

① 코르니시 보일러 ② 라몬트 보일러
③ 케와니 보일러 ④ 기관차 보일러

해설 원통형 보일러의 노통이 편심되어 설치되는 이유는 물의 순환을 촉진시키기 위함이고 노통이 1개인 보일러가 코르니시 보일러이고 노통이 2개인 보일러가 랭카셔 보일러다.

정답 99. ④ 100. ①

2021년 제4회 에너지관리기사

제1과목 연소공학

01 과잉공기를 공급하여 어떤 연료를 연소시켜 건연소가스를 분석하였다. 그 결과 CO_2, O_2, N_2의 함유율이 각각 16%, 1%, 83%이었다면 이 연료의 최대 탄산가스율은 몇 %인가?

① 15.6 ② 16.8
③ 17.4 ④ 18.2

해설 배기가스 분석결과 일산화탄소(CO)가 없으므로

공기비$(m) = \dfrac{(CO_2)_{max}}{CO_2} = \dfrac{21}{21-O_2}$에서

$(CO_2)_{max} = \dfrac{21CO_2}{21-O_2} = \dfrac{16}{21-1} = 16.8\%$

★

02 전기식 집진장치에 대한 설명 중 틀린 것은?

① 포집입자의 직경은 30~50μm 정도이다.
② 집진효율이 90~99.9%로서 높은 편이다.
③ 고전압장치 및 정전설비가 필요하다.
④ 낮은 압력손실로 대량의 가스처리가 가능하다.

해설 전기집진장치에서 포집입자의 직경은 0.1μm 이하의 미세입자까지도 포집이 가능하다.

★

03 C_2H_4가 10g 연소할 때 표준상태인 공기는 160g 소모되었다. 이때 과잉공기량은 약 몇 g인가? (단, 공기 중 산소의 중량비는 23.2%이다.)

① 12.22 ② 13.22
③ 14.22 ④ 15.22

해설 $C_2H_4 + 3O_2 \rightarrow 2CO_2 + 2H_2O$

$O_o = \dfrac{3\times 32}{28} = \dfrac{96}{28} = 3.429g'/g$

$A_o = \dfrac{O_o}{0.232} = \dfrac{3.429}{0.232} = 14.78g'/g$

$\therefore A_a = 160 - 14.78\times 10 = 12.2g$

★

04 공기를 사용하여 기름을 무화시키는 형식으로 200~700kPa의 고압공기를 이용하는 고압식과 5~200kPa의 저압공기를 이용하는 저압식이 있으며, 혼합 방식에 의해 외부혼합식과 내부혼합식으로도 구분하는 버너의 종류는?

① 유압분무식 버너 ② 회전식 버너
③ 기류분무식 버너 ④ 건타입 버너

해설 기류분무식 버너는 공기를 사용하여 기름을 무화(안개처럼)시키는 형식으로 200~700kPa의 고압공기를 이용하는 고압식과 5~200kPa의 저압공기를 사용하는 저압식이 있으며 혼합방식에 의해 외부혼합식과 내부혼합식으로 구분되는 버너이다.

05 증기운 폭발의 특징에 대한 설명으로 틀린 것은?

① 폭발보다 화재가 많다.
② 연소에너지의 약 20%만 폭풍파로 변한다.
③ 증기운의 크기가 클수록 점화될 가능성이 커진다.
④ 점화위치가 방출점에서 가까울수록 폭발위력이 크다.

해설 증기운 폭발(Vapor Cloud explosion)은 점화위치가 방출점에서 멀수록 그만큼 가연성 증기가 많이 유출된 것이므로 폭발위력이 크다. 석유화학공장에서 종종 일어나는 폭발사고다.

06 다음 중 연소 전에 연료와 공기를 혼합하여 버너에서 연소하는 방식인 예혼합 연소방식 버너의 종류가 아닌 것은?

① 포트형 버너 ② 저압버너
③ 고압버너 ④ 송풍버너

해설 **예혼합 연소방식 버너의 종류**
㉠ 저압버너
㉡ 고압버너
㉢ 송풍버너

정답 01. ② 02. ① 03. ① 04. ③ 05. ④ 06. ①

★
07 프로판 1Nm^{3}를 공기비 1.1로서 완전연소시킬 경우 건연소가스량은 약 몇 Nm^{3}인가?

① 20.2　② 24.2
③ 26.2　④ 33.2

해설 프로판(C_3H_8) + $5O_2 \rightarrow 3CO_2 + 4H_2O$

$$\text{이론공기량}(A_o) = \frac{O_o}{0.21} = \frac{5}{0.21} = 23.81\text{Nm}^3/\text{Nm}^3\text{(fuel)}$$

$$\text{이론건연소가스량}(G_{od}) = (1-0.21)A_o + 3 = 0.79 \times 23.81 + 3 = 21.81\text{Nm}^3/\text{Nm}^3\text{(fuel)}$$

$$\text{실제건연소가스량}(G_d) = G_{od} + (m-1)A_o = 21.81 + (1.1-1) \times 23.81 \fallingdotseq 24.2\text{Nm}^3/\text{Nm}^3\text{(fuel)}$$

08 인화점이 50℃ 이상인 원유, 경유 등에 사용되는 인화점 시험방법으로 가장 적절한 것은?

① 태그 밀폐식
② 아벨펜스키 밀폐식
③ 클리브렌드 개방식
④ 펜스키마텐스 밀폐식

해설 인화점이 50℃ 이상인 원유, 경유 등에 사용되는 인화점 시험방법으로 가장 적절한 시험은 팬스키마텐스 밀폐식이다.

★
09 탄소 12kg을 과잉공기계수 1.2의 공기로 완전연소시킬 때 발생하는 연소가스량은 약 몇 Nm^{3}인가?

① 84　② 107
③ 128　④ 149

해설 연소반응식 $C + O_2 \rightarrow CO_2$

$G_{od} = (1-0.21)A_o$ + 생성된 CO_2

실제건연소가스량(G_d)

$$G_d = G_{od} + (m-1)A_o = (m-0.21)A_o + \text{생성된 } CO_2 = (m-0.21)\frac{O_o}{0.21} + \text{생성된 } CO_2 = (1.2-0.21)\frac{22.4}{0.21} + 22.4 = 128\text{Nm}^3/\text{kg(연료)}$$

★
10 아래 표와 같은 질량분율을 갖는 고체 연료의 총 질량이 2.8kg일 때 고위발열량과 저위발열량은 각각 약 몇 MJ인가?

• C(탄소) : 80.2%	• H(수소) : 12.3%
• S(황) : 2.5%	• W(수분) : 1.2%
• O(산소) : 1.1%	• 회분 : 2.7%

반응식	고위발열량 (MJ/kg)	저위발열량 (MJ/kg)
$C + O_2 \rightarrow CO_2$	32.79	32.79
$H + \frac{1}{4}O_2 \rightarrow \frac{1}{2}H_2O$	141.9	120.0
$S + O_2 \rightarrow SO_2$	9.265	9.265

① 44, 41　② 123, 115
③ 156, 141　④ 723, 786

해설

$$H_h = 32.79C + 141.9\left(H - \frac{O}{8}\right) + 9.265S = 32.79 \times 0.802 + 141.9\left(0.123 - \frac{0.011}{8}\right) + 9.265 \times 0.025 = 43.79\text{kJ/kg}$$

$$\therefore H_h = 43.79 \times 2.8 = 123\text{MJ}$$

$$H_L = H_h - 600 \times 4.2 \times 10^{-3}(9H + w) = H_h - 2.52(9H + w) = 43.79 - 2.52(9 \times 0.123 + 0.012) = 40.97\text{MJ/kg} \times 2.8\text{kg} \fallingdotseq 115\text{MJ}$$

★
11 CH_4가스 1Nm^{3}를 30% 과잉공기로 연소시킬 때 완전연소에 의해 생성되는 실제 연소가스의 총량은 약 몇 Nm^{3}인가?

① 2.4　② 13.4
③ 23.1　④ 82.3

해설 $CH_4 + 2O_2 \rightarrow CO_2 + 2H_2O$

실제습연소가스량(G_w)

$$G_w = (m-0.21)A_o + \text{생성된 } CO_2 + \text{생성된 } H_2O = (1.3-0.21)\frac{2}{0.21} + 1 + 2 \fallingdotseq 13.4\text{Nm}^3$$

정답 07. ② 08. ④ 09. ③ 10. ② 11. ②

★
12 가스 연소 시 강력한 충격파와 함께 폭발의 전파속도가 초음속이 되는 현상은?

① 폭발연소
② 충격파연소
③ 폭연(deflagration)
④ 폭굉(detonation)

해설 폭굉(Detonation)이란 가스연소 시 강력한 충격파(shock wave)와 함께 폭발의 전파속도가 초음속이 되는 현상으로, 화염의 전파속도가 음속(340m/s)보다 빠르며(1,000~3,500m/s) 반응대가 충격파에 의해 유지되는 화학 반응현상(연소폭발현상)을 말한다.

13 다음 연소범위에 대한 설명으로 옳은 것은?

① 온도가 높아지면 좁아진다.
② 압력이 상승하면 좁아진다.
③ 연소상한계 이상의 농도에서는 산소농도가 너무 높다.
④ 연소하한계 이하의 농도에서는 가연성 증기의 농도가 너무 낮다.

해설 연소하한계(LEL) 이하의 농도에서는 가연성 가스(증기)의 농도가 너무 낮다.

★
14 연돌의 설치 목적이 아닌 것은?

① 배기가스의 배출을 신속히 한다.
② 가스를 멀리 확산시킨다.
③ 유효 통풍력을 얻는다.
④ 통풍력을 조절해 준다.

해설 **연돌(굴뚝)의 설치목적**
㉠ 배기가스의 배출을 신속히 한다(대기오염방지).
㉡ 대기 중에 가스(매연, 그을음 분진 등)를 멀리 확산시킨다.
㉢ 유효 통풍력을 얻는다.

★
15 고체연료에 비해 액체연료의 장점에 대한 설명으로 틀린 것은?

① 화재, 역화 등의 위험이 적다.
② 회분의 거의 없다.
③ 연소효율 및 열효율이 좋다.
④ 저장운반이 용이하다.

해설 **고체연료의 특징**
㉠ 인화폭발위험성이 적다.
㉡ 부하변동에 적응성이 좋지 않다.
㉢ 가격이 저렴하다.
㉣ 연소장치가 간단하다.
㉤ 점화, 소화가 어렵다.
㉥ 연소 시 매연발생이 심하고 회분(ash)이 많다.
㉦ 파이프 수송이 불가능하며 운반취급이 불편하다.

액체연료의 특징
㉠ 인화 및 역화의 위험이 크다.
㉡ 유황(S) 함유량이 많아 대기도열의 원인이 된다.
㉢ 연소온도가 높아 국부적인 과열을 일으키기 쉽다.
㉣ 발열량이 크고 효율이 높다.
㉤ 저장과 운반이 쉽다.
㉥ 점화 소화 및 연소조절이 용이하다.
㉦ 회분이 거의 없어 재의 처리를 하지 않아도 된다.

★
16 고온부식을 방지하기 위한 대책이 아닌 것은?

① 연료에 첨가제를 사용하여 바나듐의 융점을 낮춘다.
② 연료를 전처리하여 바나듐, 나트륨, 황분을 제거한다.
③ 배기가스온도를 550℃ 이하로 유지한다.
④ 전열면을 내식재료로 피복한다.

해설 고온부식을 방지하기 위해서는 연료에 첨가재를 사용하여 바나듐(V)의 융점을 높인다.

17 과잉공기량이 증가할 때 나타나는 현상이 아닌 것은?

① 연소실의 온도가 저하된다.
② 배기가스에 의한 열손실이 많아진다.
③ 연소가스 중의 SO_3이 현저히 줄어 저온부식이 촉진된다.
④ 연소가스 중의 질소산화물 발생이 심하여 대기오염을 초래한다.

해설 **과잉공기량이 증가하면 나타나는 현상**
㉠ 연소가 잘 되어 불완전연소물(그을음) 감소
㉡ 배기가스 연손실 증가
㉢ 연료소비량 증가
㉣ 연소실 온도 감소
㉤ 연소가스 중의 질소산화물(NO_x)이 발생하여 대기 오염 초래
㉥ 연소가스 중의 SO_x가 현저하게 줄어 저온부식 감소

2021년

정답 12. ④ 13. ④ 14. ④ 15. ① 16. ① 17. ③

★
18 어떤 연료 가스를 분석하였더니 [보기]와 같았다. 이 가스 $1Nm^3$를 연소시키는 데 필요한 이론산소량은 몇 Nm^3인가?

> [보기]
> 수소 : 40%, 일산화탄소 : 10%, 메탄 : 10%
> 질소 : 25%, 이산화탄소 : 10%, 산소 : 5%

① 0.2　② 0.4
③ 0.6　④ 0.8

해설 가스연료 성분 분석결과 연료(fuel)/Nm^3 중에 연소할 수 있는 성분들만의 산소(O_o)량은

$H_2 + \frac{1}{2}O_2 \rightarrow H_2O$, $CO + \frac{1}{2}O_2 \rightarrow CO_2$,

$CH_4 + 2O_2 \rightarrow CO_2 + 2H_2O$

$O_o = (0.5\times H_2 + 0.5\times CO + 2\times CH_4) - O_2$
$= (0.5\times 0.4 + 0.5\times 0.1 + 2\times 0.1) - 0.05$
$= 0.4Nm^3/Nm^3(fuel)$

★
19 기체연료에 대한 일반적인 설명으로 틀린 것은?

① 회분 및 유해물질의 배출량이 적다.
② 연소조절 및 점화, 소화가 용이하다.
③ 인화의 위험성이 적고 연소장치가 간단하다.
④ 소량의 공기로 완전연소할 수 있다.

해설 인화 및 폭발의 위험성에 적고 연소장치가 간단한 것은 고체연료의 특징이다.

기체연료의 특징
㉠ 회분 및 유해배출량이 적다.
㉡ 연소조절 및 점화 소화가 용이하다.
㉢ 소량의 공기로 완전연소할 수 있다.
㉣ 저장, 수송이 곤란하고 시설비가 많이 든다.
㉤ 부하변동 범위가 없다.
㉥ 회분이나 황(S) 성분이 거의 없어 배연이나 SO_2 발생이 거의 없다.
㉦ 누설에 의한 역화, 폭발 등의 위험이 존재한다.

20 298.15K, 0.1MPa 상태의 일산화탄소를 같은 온도의 이론공기량으로 정상유동 과정으로 연소시킬 때 생성물의 단열화염 온도를 주어진 표를 이용하여 구하면 약 몇 K인가? (단, 이 조건에서 CO 및 CO_2의 생성엔탈피는 각각 -110,529kJ/kmol, -393,522kJ/kmol이다.)

CO_2의 기준상태에서 각각의 온도까지 엔탈피 차	
온도(K)	엔탈피 차(kJ/kmol)
4,800	266,500
5,000	279,295
5,200	292,123

① 4,835　② 5,058
③ 5,194　④ 5,306

해설 열화학 방정식에서 엔탈피(Enthalpy) 변화량(ΔH)에서 (−)는 발열을 의미한다.

일산화탄소(CO)의 완전연소 반응식 $CO + \frac{1}{2}O_2 \rightarrow CO_2 + \Delta H$에서

$-110,529 = -395,322 + \Delta H$

$\Delta H = 395,322 - 110,529 = 282,993$kJ/kmol

$f(T) = 5,000K + \frac{5,200-5,000}{292,123-279,295} \times (282,993 - 279,295)$

$\fallingdotseq 5,058K$

※ 보간법 공식(formula)

$$f(x) = f(x_1) + \frac{f(x_2)-f(x_1)}{x_2 - x_1}(x - x_1)$$

제2과목 열역학

★
21 온도가 T_1인 이상기체를 가역단열과정으로 압축하였다. 압력이 P_1에서 P_2로 변하였을 때, 압축 후의 온도 T_2를 옳게 나타낸 것은? (단, k는 이상기체의 비열비는 나타낸다.)

① $T_2 = T_1\left(\frac{P_2}{P_1}\right)^{\frac{k}{k-1}}$　② $T_2 = T_1\left(\frac{P_2}{P_1}\right)^{\frac{k}{1-k}}$

③ $T_2 = T_1\left(\frac{P_2}{P_1}\right)^{\frac{k-1}{k}}$　④ $T_2 = T_1\left(\frac{P_2}{P_1}\right)^{\frac{1-k}{k}}$

해설 가역단열과정 시 P.V.T 관계식

$$\frac{T_2}{T_1} = \left(\frac{V_1}{V_2}\right)^{k-1} = \left(\frac{P_2}{P_1}\right)^{\frac{k-1}{k}}$$

• $PV^k = C$, $TV^{k-1} = C$, $\frac{P^{\frac{k-1}{k}}}{T} = C$

정답 18. ② 19. ③ 20. ② 21. ③

22 공기가 압력 1MPa, 체적 $0.4m^3$인 상태에서 50℃의 등온 과정으로 팽창하여 체적이 4배로 되었다. 엔트로피의 변화는 약 몇 kJ/K인가?

① 1.72 ② 5.46
③ 7.32 ④ 8.83

해설 등온변화 시 가열량

$$Q = mRT\ln\frac{V_2}{V_1} = PV\ln\frac{V_2}{V_1} = 1\times10^3\times0.4\ln4$$

$$≒ 555\text{kJ}$$

$$\therefore S_2 - S_1 = \frac{Q}{T} = \frac{555}{50+273} ≒ 1.72\text{kJ/K}$$

★
23 수증기가 노즐 내를 단열적으로 흐를 때 출구 엔탈피가 입구 엔탈피보다 15kJ/kg만큼 작아진다. 노즐 입구에서의 속도를 무시할 때 노즐 출구에서의 수증기 속도는 약 몇 m/s인가?

① 173 ② 200
③ 283 ④ 346

해설 $V_2 = 44.72\sqrt{(h_1 - h_2)} = 44.72\sqrt{15} ≒ 173.2\text{m/s}$

★
24 오토사이클과 디젤사이클의 열효율에 대한 설명 중 틀린 것은?

① 오토사이클의 열효율은 압축비와 비열비만으로 표시된다.
② 차단비가 1에 가까워질수록 디젤사이클의 열효율은 오토사이클의 열효율에 근접한다.
③ 압축 초기 압력과 온도, 공급 열량, 최고 온도가 같을 경우 디젤사이클의 열효율이 오토사이클의 열효율보다 높다.
④ 압축비와 차단비가 클수록 디젤사이클의 열효율은 높아진다.

해설

$$\eta_{thd} = 1 - \left(\frac{1}{\varepsilon}\right)^{k-1}\frac{\sigma^k - 1}{k(\sigma-1)} = f(\varepsilon, \sigma)$$

디젤사이클은 압축비(ε)가 클수록, 차단비(cut off ratio) σ가 작을수록 열효율은 증가한다(높아진다).

★
25 정상상태로 흐르는 유체의 에너지방정식을 다음과 같이 표현할 때 ( ) 안에 들어갈 용어로 옳은 것은? (단, 유체에 대한 기호의 의미는 아래와 같고, 첨자 1과 2는 입 · 출구를 나타낸다.)

$$\dot{Q} + \dot{m}\left[h_1 + \frac{V_1^2}{2} + (\quad)_1\right]$$
$$= \dot{W}_s + \dot{m}\left[h_2 + \frac{V_2^2}{2} + (\quad)_2\right]$$

기호	의미	기호	의미
$\dot{Q}$	시간당 받는 열량	$\dot{W}_s$	시간당 주는 일량
$\dot{m}$	질량유량	s	비엔트로피
h	비엔탈피	u	비내부에너지
V	속도	P	압력
g	중력가속도	z	높이

① s ② u
③ gz ④ P

해설 정상유동의 에너지 방정식(energy 보존의 법칙 적용)

$$Q = W_s + m(h_2 - h_1) + \frac{m}{2}(V_2^2 - V_1^2)$$
$$+ mg(Z_2 - Z_1)[\text{kW(kJ/s)}]$$

• 1단면(입구)에너지의 총합=2단면(출구)에너지 총합

$$Q + \dot{m}\left\{h_1 + \frac{V_1^2}{2} + (gz)_1\right\} = W_s + \dot{m}\left\{h_2 + \frac{V_2^2}{2} + (gz)_2\right\}$$

26 증기에 대한 설명 중 틀린 것은?

① 동일압력에서 포화증기는 포화수보다 온도가 더 높다.
② 동일압력에서 건포화증기를 가열한 것이 과열증기이다.
③ 동일압력에서 과열증기는 건포화증기보다 온도가 더 높다.
④ 동일압력에서 습포화증기와 건포화증기는 온도가 같다.

해설 동일압력에서($P = C$) 포화증가와 포화수의 온도는 같다.

$T_s = t_e + 273 = 100 + 273 = 373\text{K}$

2021년

정답 22. ① 23. ① 24. ④ 25. ③ 26. ①

★
27 매시간 2,000kg의 포화수증기를 발생하는 보일러가 있다. 보일러 내의 압력은 200kPa이고, 이 보일러에는 매시간 150kg의 연료가 공급된다. 이 보일러의 효율은 약 얼마인가? (단, 보일러에 공급되는 물의 엔탈피는 84kJ/kg이고, 200kPa에서의 포화증기의 엔탈피는 2,700kJ/kg이며, 연료의 발열량은 42,000kJ/kg이다.)

① 77% ② 80%
③ 83% ④ 86%

해설

$$\eta = \frac{m_a(h_2 - h_1)}{H_L \times m_f} \times 100\%$$
$$= \frac{2{,}000 \times (2{,}700 - 84)}{42{,}000 \times 150} \times 100\%$$
$$= 83\%$$

28 보일러의 게이지 압력이 800kPa일 때 수은기압계가 측정한 대기 압력이 856mmHg를 지시했다면 보일러 내의 절대압력은 약 몇 kPa인가? (단, 수은의 비중은 13.6이다.)

① 810 ② 914
③ 1,320 ④ 1,656

해설

$$P_a = P_o + P_g = \frac{856}{760} \times 101.325 + 800 = 914.12\text{kPa}$$

29 정상상태(steady state)에 대한 설명으로 옳은 것은?

① 특정 위치에서만 물성값을 알 수 있다.
② 모든 위치에서 열역학적 함수값이 같다.
③ 열역학적 함수값은 시간에 따라 변하기도 한다.
④ 유체 물성이 시간에 따라 변하지 않는다.

해설 정상상태란 유해의 물성이 시간에 따라 변하지 않는다.

30 대기압이 100kPa인 도시에서 두 지점의 계기압력비가 '5 : 2'라면 절대 압력비는?

① 1.5 : 1
② 1.75 : 1
③ 2 : 1
④ 주어진 정보로는 알 수 없다.

해설 주어진 정보만으로는 절대 압력비를 구할 수 없다.

★
31 실온이 25℃인 방에서 역카르노 사이클 냉동기가 작동하고 있다. 냉동공간은 −30℃ 유지되며, 이 온도를 유지하기 위해 작동유체가 냉동공간으로부터 100kW를 흡열하려 할 때 전동기가 해야 할 일은 약 몇 kW인가?

① 22.6 ② 81.5
③ 207 ④ 414

해설

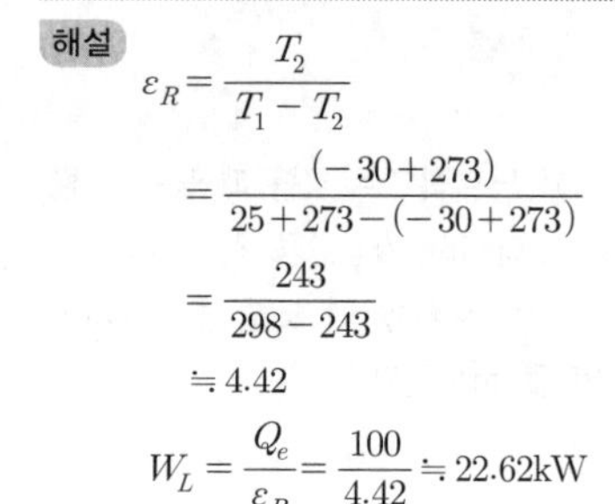

$$\varepsilon_R = \frac{T_2}{T_1 - T_2}$$
$$= \frac{(-30+273)}{25+273-(-30+273)}$$
$$= \frac{243}{298-243}$$
$$≒ 4.42$$

$$W_L = \frac{Q_e}{\varepsilon_R} = \frac{100}{4.42} ≒ 22.62\text{kW}$$

★
32 열역학 제2법칙과 관련하여 가역 또는 비가역 사이클 과정 중 항상 성립하는 것은? (단, Q는 시스템에 출입하는 열량이고, T는 절대온도이다.)

① $\oint \frac{\delta Q}{T} = 0$ ② $\oint \frac{\delta Q}{T} > 0$
③ $\oint \frac{\delta Q}{T} \geq 0$ ④ $\oint \frac{\delta Q}{T} \leq 0$

해설 clausius의 패적분 값은 $\oint \frac{\delta Q}{T} \leq 0$ 가역이면 등호, 비가역 사이클이면 부등호(<)다.

★
33 다음 중 열역학 제2법칙과 관련된 것은?

① 상태 변화 시 에너지는 보존된다.
② 일을 100% 열로 변환시킬 수 있다.
③ 사이클과정에서 시스템이 한 일은 시스템이 받은 열량과 같다.
④ 열은 저온부로부터 고온부로 자연적으로 전달되지 않는다.

해설 열역학 제2법칙은 방향성(비가역성)을 나타낸 법칙으로, 열은 그 스스로 자연적으로 저온부에서 고온부로 전달되지 않는다.

정답 27. ③ 28. ② 29. ④ 30. ④ 31. ① 32. ④ 33. ④

34 터빈에서 2kg/s의 유량으로 수증기를 팽창시킬 때 터빈의 출력이 1,200kW라면 열손실은 몇 kW인가? (단, 터빈 입구와 출구에서 수증기의 엔탈피는 각각 3,200kJ/kg와 2,500kJ/kg이다.)

① 600　② 400
③ 300　④ 200

해설 손실동력(kW) $= m(h_1 - h_2) - 1{,}200$
$= 2(3{,}200 - 2{,}500) - 1{,}200$
$= 200\text{kW}$

★
35 이상기체의 폴리트로픽 변화에서 항상 일정한 것은? (단, P : 압력, T : 온도, V : 부피, n : 폴리트로픽 지수)

① VT^{n-1}　② $\dfrac{PT}{V}$
③ TV^{1-n}　④ PV^{n}

해설 polytropic charge(폴리트로픽 변화 시) P.V.T 관계식
㉠ $PV^n = C$
㉡ $TV^{n-1} = C$
㉢ $\dfrac{P^{\frac{n-1}{n}}}{T} = C$

★
36 공기 오토사이클에서 최고 온도가 1,200K, 압축 초기 온도가 300K, 압축비가 8일 경우 열 공급량은 약 몇 kJ/kg인가? (단, 공기의 정적 비열은 0.7165kJ/kg · K, 비열비는 1.4이다.)

① 366　② 466
③ 566　④ 666

해설
단열압축 후 온도$(T_2) = T_1\left(\dfrac{V_1}{V_2}\right)^{k-1}$
$= T_1\varepsilon^{k-1} = 300 \times 8^{1.4-1}$
$\fallingdotseq 689\text{K}$
오토사이클(등적사이클)에서
공급열량$(q_1) = C_v(T_3 - T_2)$
$= 0.7165 \times (1{,}200 - 689)$
$\fallingdotseq 366\text{kJ/kg}$

37 온도 45℃인 금속 덩어리 40g을 15℃인 물 100g에 넣었을 때, 열평형이 이루어진 후 두 물질의 최종 온도는 몇 ℃인가? (단, 금속의 비열은 0.9J/g · ℃, 물의 비열은 4J/g · ℃이다.)

① 17.5　② 19.5
③ 27.4　④ 29.4

해설 열역학 제0법칙(열평형의 법칙)
고온체 발열량(금속)=저온체흡열량(물)
$m_1C_1(t_1 - t_m) = m_2C_2(t_m - t_2)$
$\therefore t_m = \dfrac{m_1C_1t_1 + m_2C_2t_2}{m_1C_1 + m_2C_2}$
$= \dfrac{40 \times 0.9 \times 45 + 100 \times 4 \times 15}{40 \times 0.9 + 100 \times 4}$
$= 17.48$
$\fallingdotseq 17.5℃$

★
38 온도차가 있는 두 열원 사이에서 작동하는 역카르노사이클을 냉동기로 사용할 때 성능계수를 높이려면 어떻게 해야 하는가?

① 저열원의 온도를 높이고 고열원의 온도를 높인다.
② 저열원의 온도를 높이고 고열원의 온도를 낮춘다.
③ 저열원의 온도를 낮추고 고열원의 온도를 높인다.
④ 저열원의 온도를 낮추고 고열원의 온도를 낮춘다.

해설 역카르노사이클(냉동기의 이상 사이클)
$\varepsilon_R = \dfrac{T_2}{T_1 - T_2}$
냉동기의 성능계수(ε_R)를 높이려면 저열원의 온도(T_2)를 높이고 고열원의 온도(T_1)를 낮춘다.

★
39 일정한 압력 300kPa으로, 체적 0.5m^3의 공기가 외부로부터 160kJ의 열을 받아 그 체적이 0.8m^3로 팽창하였다. 내부에너지의 증가량은 몇 kJ인가?

① 30　② 70
③ 90　④ 160

정답 34. ④ 35. ④ 36. ① 37. ① 38. ② 39. ②

2021년

해설 밀폐계에너지 식

$Q = (U_2 - U_1) + {}_1W_2$[kJ]

$(U_2 - U_1) = Q - {}_1W_2$

$= 160 - 90 = 70$kJ

$\therefore {}_1W_2 = \int_1^2 PdV = P(V_2 - V_1)$

$= 300 \times (0.8 - 0.5) = 90$kJ

★
40 냉동기의 냉매로서 갖추어야 할 요구조건으로 틀린 것은?

① 증기의 비체적이 커야 한다.
② 불활성이고 안정적이어야 한다.
③ 증발온도에서 높은 잠열을 가져야 한다.
④ 액체의 표면장력이 작아야 한다.

해설 **냉매의 구비조건**
㉠ 불활성이고 안정적일 것
㉡ 증발열이 클 것
㉢ 액체의 표면장력이 작을 것
㉣ 증기의 비체적이 작을 것
㉤ 냉매의 비열비(단열지수)가 작을 것

제3과목 계측방법

41 계측에 있어 측정의 참값을 판단하는 계의 특성 중 동특성에 해당하는 것은?

① 감도
② 직선성
③ 히스테리시스 오차
④ 응답

해설 계측에 있어 측정의 참값을 판단하는 계의 특성 중 동특성은 "응답"이다.
※ 동특성(dynamic characteristics)이란 시간적으로 변화하는 압력신호에 대한 계 또는 요소의 응답특성을 말한다.

★
42 광고온계의 측정온도 범위로 가장 적합한 것은?

① 100~300℃
② 100~500℃
③ 700~2,000℃
④ 4,000~5,000℃

해설 비접촉식 광고 온도계의 측정범위는 700~2,000℃가 적합하다.

43 오리피스에 의한 유량측정에서 유량에 대한 설명으로 옳은 것은?

① 압력차에 비례한다.
② 압력차의 제곱근에 비례한다.
③ 압력차에 반비례한다.
④ 압력차의 제곱근에 반비례한다.

해설 오리피스는 차압식 유량계로 유량(Q)은 압력치의 제곱근($\sqrt{\ }$)에 비례한다($Q \propto \sqrt{\Delta P}$).

★
44 휴대용으로 상온에서 비교적 정밀도가 좋은 아스만 습도계는 다음 중 어디에 속하는가?

① 저항 습도계
② 냉각식 노점계
③ 간이 건습구 습도계
④ 통풍형 건습구 습도계

해설 휴대용으로 상온에서 비교적 정밀도가 높은 아스만 습도계는 통풍형 건습구 습도계다. R. Aassmarm의 고안에 의한 건습구 온도계 건구 및 습구는 금속제 2중관으로 통풍관에 넣어 팬으로 감도부의 둘레에 풍속의 기류가 발생하도록 되어 있다. 감도가 좋고 외부 풍속변화 영향을 받지 않으므로 정확한 습도 측정이 가능하다.

★
45 서미스터 온도계의 특징이 아닌 것은?

① 소형이며 응답이 빠르다.
② 저항 온도계수가 금속에 비하여 매우 작다.
③ 흡습 등에 의하여 열화되기 쉽다.
④ 전기저항체 온도계이다.

해설 서미스터(thermistor)는 전기저항이 온도에 따라 크게 변화하는 반도체이므로 응답이 빠르다. 온도계수가 금속에 비해 크다.

★
46 다음 유량계 중에서 압력손실이 가장 적은 것은?

① Float형 면적 유량계
② 열전식 유량계
③ Rotary piston형 용적식 유량계
④ 전자식 유량계

정답 40. ① 41. ④ 42. ③ 43. ② 44. ④ 45. ② 46. ④

해설 유량계 중에서 압력손실이 가장 적은 것은 전자식 유량계이다.

★
47 다음 중 가스 크로마토그래피의 흡착제로 쓰이는 것은?

① 미분탄 ② 활성탄
③ 유연탄 ④ 신탄

해설 가스 크로마토그래피(gas chromatography)의 흡착제로 쓰이는 것은 활성탄이다. 1대의 장치로 산소(O_2)와 이산화질소(NO_2)를 제외한 여러 가지 가스를 분석할 수 있다.

★
48 다음 중 상온 · 상압에서 열전도율이 가장 큰 기체는?

① 공기 ② 메탄
③ 수소 ④ 이산화탄소

해설 상온, 상압에서 분자량(M)이 작을수록 열전도율(W/m · K)이 크다.
- 각 기체의 분자량 크기순서
  이산화탄소(CO_2) 44kg/kmol > 공기 28.97kg/kmol > 메탄(CH_4) 16kg/kmol > 수소(H_2) 2kg/kmol
- 열전도율(W/m · K) 크기순서
  수소 > 메탄 > air(공기) > 이산화탄소(CO_2)

49 노 내압을 제어하는 데 필요하지 않은 조작은?

① 급수량 ② 공기량
③ 연료량 ④ 댐퍼

해설 급수량(Q)은 노(furnace) 내압을 제어하는 데 필요하지 않다. 필요한 것은 공기량, 연료량 댐퍼의 조작이다.

50 오르자트식 가스분석계로 CO를 흡수제에 흡수시켜 조성을 정량하려 한다. 이때 흡수제의 성분으로 옳은 것은?

① 발연 황산액
② 수산화칼륨 30% 수용액
③ 알칼리성 피로갈롤 용액
④ 암모니아성 염화 제1동 용액

해설 오르자트(orsat)식 가스분석계에서 흡수제(액) 성분
CO_2(수산화칼륨) → O_2(피로갈롤) → CO(암모니아성 염화 제1구리(동) 용액)

★
51 스프링저울 등 측정량이 원인이 되어 그 직접적인 결과로 생기는 지시로부터 측정량을 구하는 방법으로 정밀도는 낮으나 조작이 간단한 방법은?

① 영위법 ② 치환법
③ 편위법 ④ 보상법

해설 **편위법**
측정하고자 하는 양의 작용에 의하여 계측기의 지침에 편위를 일으켜 편위의 눈금과 비교함으로써 측정을 행하는 방식이다. 정밀도는 낮으나 조작이 간단하다.

52 다음은 피드백 제어계의 구성을 나타낸 것이다. ( ) 안에 가장 적절한 것은?

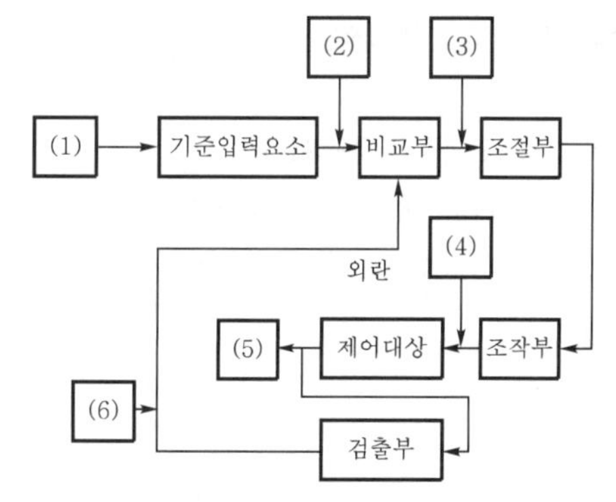

① (1) 조작량 (2) 동작신호 (3) 목표치
(4) 기준입력신호 (5) 제어편차 (6) 제어량
② (1) 목표치 (2) 기준입력신호 (3) 동작신호
(4) 조작량 (5) 제어량 (6) 주 피드백 신호
③ (1) 동작신호 (2) 오프셋 (3) 조작량
(4) 목표치 (5) 제어량 (6) 설정신호
④ (1) 목표치 (2) 설정신호 (3) 동작신호
(4) 오프셋 (5) 제어량 (6) 주 피드백 신호

해설 (1) 목표치, (2) 기준입력신호, (3) 동작신호, (4) 조작량, (5) 제어량, (6) 주 피드백 신호

★
53 압력 측정을 위해 지름 1cm의 피스톤을 갖는 사하중계(dead weight)를 이용할 때, 사하중계의 추, 피스톤 그리고 팬(pan)의 전체무게가 6.14kgf이라면 게이지압력은 약 몇 kPa인가? (단, 중력가속도는 9.81m/s^{2}이다.)

① 76.7 ② 86.7
③ 767 ④ 867

2021년

정답 47. ② 48. ③ 49. ① 50. ④ 51. ③ 52. ② 53. ③

해설 $P = \frac{W}{A} = \frac{6.14 \times 9.81}{\frac{\pi}{4} \times (0.01)^2}$

$= 766{,}915\text{Pa}(\text{N/m}^2) \fallingdotseq 767\text{kPa}$

54 **오차와 관련된 설명으로 틀린 것은?**

① 흩어짐이 큰 측정을 정밀하다고 한다.
② 오차가 적은 계량기는 정확도가 높다.
③ 계측기가 가지고 있는 고유의 오차를 기차라고 한다.
④ 눈금을 읽을 때 시선의 방향에 따른 오차를 시차라고 한다.

해설 흩어짐이 작은 측정을 정밀하다고 한다.

★
55 **다음 중 면적식 유량계는?**

① 오리피스미터 ② 로터미터
③ 벤투리미터 ④ 플로노즐

해설 오리피스(orifice), 벤투리미터(Venturi meter), 플로노즐(flow nozzle)은 차압식 유량계다.
※ 로터미터(rota meter)는 면적식 유량계다.

56 **열전대용 보호관으로 사용되는 재료 중 상용온도가 높은 순으로 나열한 것은?**

① 석영관 > 자기관 > 동관
② 석영관 > 동관 > 자기관
③ 자기관 > 석영관 > 동관
④ 동관 > 자기관 > 석영관

해설 열전대용 보호판으로 사용되는 재료 중 최고사용온도(상용온도)가 높은 순서는 자기관(1,450℃) > 석영관(1,300℃) > 구리(동)관(650℃) 순이다.

★
57 **측온 저항체의 설치 방법으로 틀린 것은?**

① 내열성, 내식성이 커야 한다.
② 유속이 가장 빠른 곳에 설치하는 것이 좋다.
③ 가능한 한 파이프 중앙부의 온도를 측정할 수 있게 한다.
④ 파이프 길이가 아주 짧을 때에는 유체의 방향으로 굴곡부에 설치한다.

해설 측온저항체는 일반적으로 유속과 크게 관계없이 온도를 측정할 부위에 설치한다.

58 **-200~500℃의 측정범위를 가지며 측온저항체 소선으로 주로 사용되는 저항소자는?**

① 백금선
② 구리선
③ Ni선
④ 서미스터

해설 **기저항 온도계의 측온저항크기 사용온도 범위**
㉠ 백금(Pe)선 : -200~500℃
㉡ 구리선 : 0~120℃
㉢ 니켈(Ni)선 : -50~150℃
㉣ 서미스터 : -100~300℃

★
59 **대기압 750mmHg에서 계기압력이 325kPa이다. 이때 절대압력은 약 몇 kPa인가?**

① 223 ② 327
③ 425 ④ 501

해설 $P_a = P_o + P_g = \frac{750}{760} \times 101.325 + 325 \fallingdotseq 425\text{kPa}$

★
60 **특정파장을 온도계 내에 통과시켜 온도계 내의 전구 필라멘트의 휘도를 육안으로 직접 비교하여 온도를 측정하므로 정밀도는 높지만 측정인력이 필요한 비접촉 온도계는?**

① 광고온계
② 방사온도계
③ 열전대온도계
④ 저항온도계

해설 광고온도계는 비접촉식 온도측정 방법 중 가장 정확한 측정을 할 수 있다. 온도계 중 가장 높은 온도(700~3,000℃)를 측정할 수 있으며 정도가 높다. 700℃를 초과하는 고온의 물체에서 방사되는 에너지 중 육안으로 관측하므로 가시광선을 이용한다.

정답 54. ① 55. ② 56. ③ 57. ② 58. ① 59. ③ 60. ①

제4과목 열설비재료 및 관계법규

★
61 **염기성 내화벽돌이 수증기의 작용을 받아 생성되는 물질이 비중변화에 의하여 체적변화를 일으켜 노벽에 균열이 발생하는 현상은?**

① 스폴링(spalling) ② 필링(peeling)
③ 슬래킹(slaking) ④ 스웰링(swelling)

해설
- 슬래킹(slaking) : 염기성 내화벽돌은 수증기를 흡수하는 성질 때문에 팽창을 일으켜 분해되어 노벽에 가루모양의 균열이 생기고 떨어지는 현상이다.
- 스폴링(spalling) : 급격한 온도차로 벽돌에 균열(Crack)이 생기고 표면이 갈라져 떨어지는 현상으로 주변에 오래된 건물 내·외부에서 쉽게 볼 수 있는 현상이다.
- 버스팅(bursting) : 크롬(Cr)을 원료로 하는 염기성 내화벽돌은 1,600℃ 이상의 고온에서 산화철을 흡수하여 표면이 부풀어 오르는 현상을 말한다.

★
62 **배관용 강관 기호에 대한 명칭이 틀린 것은?**

① SPP : 배관용 탄소 강관
② SPPS : 압력 배관용 탄소 강관
③ SPPH : 고압 배관용 탄소 강관
④ STS : 저온 배관용 탄소 강관

해설 저온 배관용 탄소 강관은 SPLT이다.
④ STS : 스테인레스강(SUS라고도 한다.)

★
63 **에너지이용 합리화법령상 특정열사용기자재와 설치·시공 범위 기준이 바르게 연결된 것은?**

① 강철제 보일러 : 해당 기기의 설치·배관 및 세관
② 태양열 집열기 : 해당 기기의 설치를 위한 시공
③ 비철금속 용융로 : 해당 기기의 설치·배관 및 세관
④ 축열식 전기보일러 : 해당 기기의 설치를 위한 시공

해설 **에너지이용 합리화법상 특정열사용기자재와 설치시공 범위**
㉠ 보일러(강철, 주철제, 온수, 구멍탄용 온수보일러, 축열식 전기 보일러) : 해당 기기의 설치 배관 및 세관
㉡ 태양열집열기 : 해당 기기의 설치 배관 및 세관
㉢ 금속요로(용선로 비철금속용융로) : 해당 기기의 설치를 위한 시공

★
64 **에너지이용 합리화법령상 에너지사용계획의 협의대상사업 범위 기준으로 옳은 것은?**

① 택지의 개발사업 중 면적이 10만m^2 이상
② 도시개발사업 중 면적이 30만m^2 이상
③ 공항개발사업 중 면적이 20만m^2 이상
④ 국가산업단지의 개발사업 중 면적이 5만m^2 이상

해설 ① 택지개발 사업 중 면적이 30만m^2 이상
② 도시개발사업 중 면적이 30만m^2 이상인 것 : 실시계획의 인가신청 전(단, 민간 사업자의 경우에는 면적이 60만m^2 이상인 경우만 해당된다.)
③ 공항개발사업 중 면적이 40만m^2 이상
④ 국가산업단지 개발 사업 중 면적이 15만m^2 이상인 것 : 실시계획의 신청승인 전(단, 민간 사업자의 경우는 30만m^2 이상인 경우만 해당한다.)

65 **에너지이용 합리화법령에 따라 사용연료를 변경함으로써 검사대상이 아닌 보일러가 검사대상으로 되었을 경우에 해당되는 검사는?**

① 구조검사
② 설치검사
③ 개조검사
④ 재사용검사

해설 설치검사 : 신설한 경우의 검사(사용연료 변경에 의하여 검사대상이 아닌 보일러가 검사대상으로 되는 경우의 검사를 포함한다.)

★
66 **요의 구조 및 형상에 의한 분류가 아닌 것은?**

① 터널요 ② 셔틀요
③ 횡요 ④ 승염식요

해설 **작업방식(조업방식)에 따른 분류**
㉠ 연속식 : 터널요, 윤요(고리가마), 견요(샤프트로), 회전요(로터리가마)
㉡ 불연속요 : 횡열식, 승열식, 도열식
㉢ 반연속요 : 셔틀요, 동요

2021년

정답 61. ③ 62. ④ 63. ① 64. ② 65. ② 66. ④

★
67 **다음 중 에너지이용 합리화법령상 2종 압력용기에 해당하는 것은?**

① 보유하고 있는 기체의 최고사용압력이 0.1 MPa이고 내부 부피가 0.05m^3인 압력용기
② 보유하고 있는 기체의 최고사용압력이 0.2 MPa이고 내부 부피가 0.02m^3인 압력용기
③ 보유하고 있는 기체의 최고사용압력이 0.3 MPa이고 동체의 안지름이 350mm이며 그 길이가 1,050mm인 증기헤더
④ 보유하고 있는 기체의 최고사용압력이 0.4 MPa이고 동체의 안지름이 150mm이며 그 길이가 1,500mm인 압력용기

해설 **2종 압력용기**
최고사용 압력이 0.2MPa을 초과하는 기체를 그 안에 보유하는 용기로 다음 각 로에 어느 하나에 해당하는 것
㉠ 내용적이 0.04m^3 이상인 것
㉡ 동체의 안지름이 200mm 이상(증기헤더의 경우는 동체의 안지름이 300mm 초과)이고 그 길이가 1,000mm 이상인 것

68 **규산칼슘 보온재에 대한 설명으로 거리가 가장 먼 것은?**

① 규산에 석회 및 석면 섬유를 섞어서 성형하고 다시 수증기로 처리하여 만든 것이다.
② 플랜트 설비의 탑조류, 가열로, 배관류 등의 보온공사에 많이 사용된다.
③ 가볍고 단열성과 내열성은 뛰어나지만 내산성이 적고 끓는 물에 쉽게 붕괴된다.
④ 무기질 보온재로 다공질이며 최고 안전 사용 온도는 약 650℃ 정도이다.

해설 규산칼슘은 무기질 보온재로 가볍고 기계적 강도, 단열성과 내열성, 내식성이 크고 비등수에도 쉽게 붕괴되지 않는다.

★
69 **관의 신축량에 대한 설명으로 옳은 것은?**

① 신축량은 관의 열팽창계수, 길이, 온도차에 반비례한다.
② 신축량은 관의 길이, 온도차에는 비례하지만 열팽창계수에는 반비례한다.
③ 신축량은 관의 열팽창계수, 길이, 온도차에 비례한다.
④ 신축량은 관의 열팽창계수에 비례하고 온도차와 길이에 반비례한다.

해설 관의 신축량$(\lambda) = L\alpha\Delta t$[mm]
신축량은 관의 길이(L), 관의 선(열)팽창계수(1/℃), 온도차(Δt)에 비례한다.

★
70 **에너지이용 합리화법령상 검사대상기기 검사 중 용접검사 면제 대상 기준이 아닌 것은?**

① 압력용기 중 동체의 두께가 8mm 미만인 것으로서 최고사용압력(MPa)과 내부 부피(m^3)를 곱한 수치가 0.02 이하인 것
② 강철제 또는 주철제 보일러이며, 온수보일러 중 전열면적이 18m^2 이하이고, 최고사용압력이 0.35MPa 이하인 것
③ 강철제 보일러 중 전열면적이 5m^2 이하이고, 최고사용압력이 0.35MPa 이하인 것
④ 압력용기 중 전열교환식인 것으로서 최고사용압력이 0.35MPa 이하이고, 동체의 안지름이 600mm 이하인 것

해설 용접검사 면제 대상기는 압력용기 중 동체의 두께가 6mm 미만인 것으로 최고 사용압력(MPa)과 내용적(m^3)을 곱한 수치가 0.02 이하(난방용의 경우는 0.05 이하)인 것

71 **폴스테라이트에 대한 설명으로 옳은 것은?**

① 주성분은 Mg_2SiO_4이다.
② 내식성이 나쁘고 기공률은 작다.
③ 돌로마이트에 비해 소화성이 크다.
④ 하중연화점은 크나 내화도는 SK28로 작다.

해설 폴스테라이트 벽돌의 주성분은 Mg_2SiO_4이다.

★
72 **선철을 강철로 만들기 위하여 고압 공기나 산소를 취입시키고, 산화열에 의해 노 내 온도를 유지하며 용강을 얻는 노(furnace)는?**

① 평로 ② 고로
③ 반사로 ④ 전로

정답 67. ③ 68. ③ 69. ③ 70. ① 71. ① 72. ④

해설 선철(pig iron)을 강철로 만들기 위하여 고압공기나 산소를 취입시키고 산화열에 의해 노 내 온도를 유지하며 용강을 얻는 노(furnace)는 전로이다.

★
73 **에너지이용 합리화법령상 에너지사용량이 대통령령으로 정하는 기준량 이상인 자는 산업통상자원부령으로 정하는 바에 따라 매년 언제까지 시·도지사에게 신고하여야 하는가?**

① 1월 31일까지
② 3월 31일까지
③ 6월 30일까지
④ 12월 31일까지

해설 에너지사용량이 대통령령으로 정하는 기준량 이상인지는 산업통상부자원부령으로 정하는 바에 따라 매년 1월 31일까지 시·도지사에게 신고해야 한다.

74 **다음 중 에너지이용 합리화법령상 에너지이용 합리화 기본계획에 포함될 사항이 아닌 것은?**

① 열사용기자재의 안전관리
② 에너지절약형 경제구조로의 전환
③ 에너지이용 합리화를 위한 기술개발
④ 한국에너지공단의 운영 계획

해설 **에너지이용 합리화 기본계획에 포함될 사항**
㉠ 열사용기자재 안전관리
㉡ 에너지절약형 경제구조로의 전환
㉢ 에너지이용 합리화를 위한 기술개발

★
75 **에너지이용 합리화법령상 효율관리기자재의 제조업자가 효율관리시험기관으로부터 측정결과를 통보받은 날 또는 자체측정을 완료한 날부터 그 측정결과를 며칠 이내에 한국에너지공단에 신고하여야 하는가?**

① 15일 ② 30일
③ 60일 ④ 90일

해설 에너지관리 기자재의 제조업자가 효율관리 시험관으로부터 측정결과를 통보받은 날 또는 자체측정을 완료한 날부터 그 측정결과는 90일 이내에 한국에너지공단에 신고해야 한다.

76 **제강 평로에서 채용되고 있는 배열회수 방법으로서 배기가스의 현열을 흡수하여 공기나 연료가스 예열에 이용될 수 있도록 한 장치는?**

① 축열실 ② 환열기
③ 폐열 보일러 ④ 판형 열교환기

해설 제강평조에서 채용되고 있는 배열회수 방법으로 배기가스의 현열을 흡수하여 공기나 연료가스 예열에 이용될 수 있도록 한 장치는 축열실(regenerater)은 열교환 장치다.

77 **산 등의 화학약품을 차단하는 데 주로 사용하며 내약품성, 내열성의 고무로 만든 것을 밸브시트에 밀어붙여 기밀용으로 사용하는 밸브는?**

① 다이어프램밸브 ② 슬루스밸브
③ 버터플라이밸브 ④ 체크밸브

해설 다이어프램밸브(diaphragm valve)는 산 등의 화학약품을 차단하는 데 주로 사용하며 내약품성 내열성의 고무로 만든 것을 밸브시트에 밀어붙여 기밀용으로 사용하는 밸브다.

★
78 **용광로에 장입하는 코크스의 역할이 아닌 것은?**

① 철광석 중의 황분을 제거
② 가스상태로 선철 중에 흡수
③ 선철을 제조하는 데 필요한 열원을 공급
④ 연소 시 환원성가스를 발생시켜 철의 환원을 도모

해설 용광로(고로)에 장입되는 물질 중 탈황, 탈산을 위해 첨가하는 것은 망간광석이다.

79 **고알루미나질 내화물의 특징에 대한 설명으로 거리가 가장 먼 것은?**

① 중성내화물이다.
② 내식성, 내마모성이 적다.
③ 내화도가 높다.
④ 고온에서 부피변화가 적다.

해설 중성 내화물인 고알루미나(Al_2O_3계 50% 이상)질 성분이 많을수록 고온에 잘 견디며 고온에서 부피변화가 작고 내화되어 내식성, 내마모성이 크다.

정답 73. ① 74. ④ 75. ④ 76. ① 77. ① 78. ① 79. ②

★

80 **에너지이용 합리화법령상 검사에 불합격된 검사대상기기를 사용한 자의 벌칙 기준은?**

① 5백만원 이하의 벌금
② 1년 이하의 징역 또는 1천만원 이하의 벌금
③ 2년 이하의 징역 또는 2천만원 이하의 벌금
④ 3천만원 이하의 벌금

해설 에너지이용 합리화법상 검사에 불합격한 검사대상기기를 사용한 자의 벌칙 기준은 '1년 이하의 징역 또는 1천만원 이하의 벌금'이다.

제5과목 열설비설계

81 **저온가스 부식을 억제하기 위한 방법이 아닌 것은?**

① 연료 중의 유황성분을 제거한다.
② 첨가제를 사용한다.
③ 공기예열기 전열면 온도를 높인다.
④ 배기가스 중 바나듐의 성분을 제거한다.

해설 배기가스 중 바나듐(V)은 고온부식을 일으키는 원소다.

★

82 **보일러에서 과열기의 역할로 옳은 것은?**

① 포화증기의 압력을 높인다.
② 포화증기의 온도를 높인다.
③ 포화증기의 압력과 온도를 높인다.
④ 포화증기의 압력은 낮추고 온도를 높인다.

해설 보일러에서 과열기(supper heater)는 건포화증기를 과열증기로 만드는 장치로, 압력이 일정한 상태에서 포화증기의 온도를 높인다.

★

83 **맞대기 용접은 용접방법에 따라서 그루브를 만들어야 한다. 판의 두께가 50mm 이상인 경우에 적합한 그루브의 형상은? (단, 자동용접은 제외한다.)**

① V형 ② R형
③ H형 ④ A형

해설 맞대기 용접 시 판의 두께가 50mm 이상인 경우 적합한 홈(groove)의 형상은 H형이다.

84 **연료 1kg이 연소하여 발생하는 증기량의 비를 무엇이라고 하는가?**

① 열발생률 ② 증발배수
③ 전열면 증발률 ④ 증기량 발생률

해설 증발배수란 연료 1kg이 연소하여 발생하는 증기량의 비를 말한다.

85 **노통연관 보일러의 노통의 바깥면과 이것에 가장 가까운 연관의 면 사이에는 몇 mm 이상의 틈새를 두어야 하는가?**

① 10 ② 20
③ 30 ④ 50

해설 노통연관 보일러의 노통 바깥면과 이것에 가장 가까운 연관의 면 사이는 50mm 이상의 틈새(clearance)를 두어야 한다.

86 **열매체보일러에 대한 설명으로 틀린 것은?**

① 저압으로 고온의 증기를 얻을 수 있다.
② 겨울철에도 동결의 우려가 있다
③ 물이나 스팀보다 전열특성이 좋으며, 열매체 종류와 상관없이 사용온도한계가 일정하다.
④ 다우섬, 모빌섬, 카네크롤 보일러 등이 이에 해당한다.

해설 물이나 스팀(steam)보다 전열특성이 좋으나 열매체의 종류에 따라 사용온도 한계가 일정하지 않다(다르다).

★

87 **파형노통의 최소 두께가 10mm, 노통의 평균지름이 1,200mm일 때, 최고사용압력은 약 몇 MPa인가? (단, 끝의 평형부 길이가 230mm 미만이며, 정수 C는 985이다.)**

① 0.56 ② 0.63
③ 0.82 ④ 0.95

해설 파형노통의 두께(t) $= \frac{10PD}{C}$[mm]에서

$$P = \frac{Ct}{10D} = \frac{985 \times 10}{10 \times 1,200} = 0.82\text{MPa}$$

정답 80. ② 81. ④ 82. ② 83. ③ 84. ② 85. ④ 86. ③ 87. ③

88 보일러수에 녹아있는 기체를 제거하는 탈기기가 제거하는 대표적인 용존 가스는?

① O_2　② H_2SO_4
③ H_2S　④ SO_2

해설 보일러수에 녹아있는 기체를 제거하는 탈기기가 제거하는 대표적인 용존가스는 산소(O_2)이다.

89 보일러의 과열 방지책이 아닌 것은?

① 보일러수를 농축시키지 않을 것
② 보일러수의 순환을 좋게 할 것
③ 보일러의 수위를 낮게 유지할 것
④ 보일러 동내면의 스케일 고착을 방지할 것

해설 보일러의 수위를 낮게 유지하면 과열의 원인이 된다.

★
90 프라이밍이나 포밍의 방지대책에 대한 설명으로 틀린 것은?

① 주 증기밸브를 급히 개방한다.
② 보일러수를 농축시키지 않는다.
③ 보일러수 중의 불순물을 제거한다.
④ 과부하가 되지 않도록 한다.

해설 프라이밍이나 포밍을 방지하려면 주 증기밸브(main steam valve)를 서서히(천천히) 개방해야 한다.

★
91 물의 탁도에 대한 설명으로 옳은 것은?

① 카올린 1g이 증류수 1L 속에 들어 있을 때의 색과 같은 색을 가지는 물을 탁도 1도의 물이라 한다.
② 카올린 1mg이 증류수 1L 속에 들어 있을 때의 색과 같은 색을 가지는 물을 탁도 1도의 물이라 한다.
③ 탄산칼슘 1g이 증류수 1L 속에 들어 있을 때의 색과 같은 색을 가지는 물을 탁도 1도의 물이라 한다.
④ 탄산칼슘 1mg이 증류수 1L 속에 들어 있을 때의 색과 같은 색을 가지는 물을 탁도 1도의 물이라 한다.

해설 물의 탁도 : 카올린 1mg이 증류수 1L 속에 들어 있을 때의 색과 같은 색을 가지는 물을 탁도 1도의 물이라 한다.

★
92 그림과 같이 가로×세로×높이가 3m×1.5m×0.03m인 탄소 강판이 놓여 있다. 강판의 열전도율은 43W/m · K이고, 탄소강판 아래면에 열유속 700W/m² 을 가한 후, 정상상태가 되었다면 탄소강판의 윗면과 아랫면의 표면온도 차이는 약 몇 ℃인가? (단, 열유속은 아래에서 위 방향으로만 진행한다.)

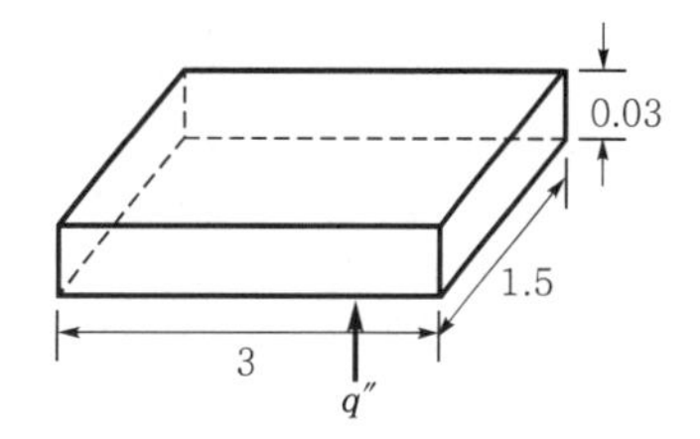

① 0.243　② 0.264
③ 0.488　④ 1.973

해설
$q(=\frac{q}{A})=\lambda\frac{\Delta t}{L}$[W/m²]에서

$\Delta t=\frac{qL}{\lambda}=\frac{700\times0.03}{43}=0.488$℃

★
93 연관보일러에서 연관의 최소 피치를 구하는데 사용하는 식은? (단, p는 연관의 최소 피치(mm), t는 관판의 두께(mm), d는 관 구멍의 지름(mm)이다.)

① $p=\left(1+\frac{t}{4.5}\right)d$　② $p=(1+d)\frac{4.5}{t}$
③ $p=\left(1+\frac{4.5}{t}\right)d$　④ $p=\left(1+\frac{d}{4.5}\right)t$

해설 연관보일러에서 연관의 최소 피치
$P=\left(1+\frac{4.5}{t}\right)d$[mm]

94 증기보일러에 수질관리를 위한 급수처리 또는 스케일 부착방지 및 제거를 위한 시설을 해야 하는 용량 기준은 몇 t/h 이상인가?

① 0.5　② 1
③ 3　④ 5

정답 88. ① 89. ③ 90. ① 91. ② 92. ③ 93. ③ 94. ②

2021년

해설 증기 보일러에 수질관리를 위한 급수처리 또는 스케일(scale) 부착방지 및 제거를 위한 시설을 해야 하는 용량 기준은 1ton/h 이상이다.

★
95 **보일러의 열정산 시 출열항목이 아닌 것은?**

① 배기가스에 의한 손실열
② 발생증기 보유열
③ 불완전연소에 의한 손실열
④ 공기의 현열

해설 ㉠ 입열항목 : 연료의 저위발열량, 공기의 현열(연소용 공기의 현열), 연료현열, 노 내 분압증기의 보유열,
㉡ 출열항목 : 유효출열(발생증기 보유열량)과 손실열(배기가스에 의한 열손실, 불완전연소에 의한 손실열, 과잉공기에 의한 열손실, 미연분에 의한 열손실, 노벽을 통한 방산열량, 블로우다운의 흡수열)

96 **보일러에서 사용하는 안전밸브의 방식으로 가장 거리가 먼 것은?**

① 중추식 ② 탄성식
③ 지렛대식 ④ 스프링식

해설 보일러에 사용하는 안전밸브 방식
㉠ 중추식
㉡ 지렛대식
㉢ 스프링식(spring type)

★
97 **내경 200mm, 외경 210mm의 강관에 증기가 이송되고 있다. 증기 강관의 내면온도는 240℃, 외면온도는 25℃이며, 강관의 길이는 5m일 경우 발열량[kW]은 얼마인가? (단, 강관의 열전도율은 50W/m · ℃, 강관의 내외면의 온도는 시간 경과에 관계없이 일정하다.)**

① 6.6×10^3 ② 6.9×10^3
③ 7.3×10^3 ④ 7.6×10^3

해설
$$Q=\frac{2\pi Lk(t_i-t_o)}{\ln\left(\frac{r_2}{r_1}\right)}$$
$$=\frac{2\pi\times5\times(50\times10^{-3})\times(240-25)}{\ln\frac{105}{100}}$$
$$=6.9\times10^3\text{kW}$$

98 **보일러에 대한 용어의 정의 중 잘못된 것은?**

① 1종 관류보일러 : 강철제보일러 중 전열면적이 5m^2 이하이고 최고사용압력이 0.35MPa 이하인 것
② 설계압력 : 보일러 및 그 부속품 등의 강도계산에 사용되는 압력으로서 가장 가혹한 조건에서 결정한 압력
③ 최고사용온도 : 설계압력을 정할 때 설계압력에 대응하여 사용조건으로부터 정해지는 온도
④ 전열면적 : 한쪽 면이 연소가스 등에 접촉하고 다른 면이 물에 접촉하는 부분의 면을 연소가스 등의 쪽에서 측정한 면적

해설 제1종 관류 보일러 : 강철제 보일러 중 헤더의 안지름이 150mm 이하이고 전열면적이 5m^2 초과 10m^2이며 최고사용압력이 1MPa 이하인 관류보일러(기수분리기를 장치한 경우에는 기수분리기의 안지름이 300mm 이하이고 그 내용적이 0.07m^2 이하인 것에 한한다.)

★
99 **다음 중 보일러수의 pH를 조절하기 위한 약품으로 적당하지 않은 것은?**

① $NaOH$ ② Na_2CO_3
③ Na_3PO_4 ④ $Al_2(SO_4)_3$

해설 황산알루미늄 $Al_2(SO_4)_3$은 무기질 응집제로 부식성, 자극성이 없고 취급이 용이하며 착색현상이 없다. 좁은 응집범위, 플록(Floc)이 가벼움, 응집 적정 pH 5.5~8.5
※ pH 조정제 : 수산화나트륨($NaOH$), 탄산소다($NaCO_3$)(가성소다), 소석회($Ca(OH)_2$), 제3인산소다(Na_3PO_4)

★
100 **육용강제 보일러에서 길이 스테이 또는 경사 스테이를 핀 이음으로 부착할 경우, 스테이 휠 부분의 단면적은 스테이 소요 단면적의 얼마 이상으로 하여야 하는가?**

① 1.0배 ② 1.25배
③ 1.5배 ④ 1.75배

해설 육용강제 보일러에서 길이 스테이(stay) 또는 경사 스테이를 핀 이음으로 부착할 경우 스테이 휠 부분의 단면적은 스테이 소요 단면적의 1.25배 이상으로 해야 한다.

정답 95. ④ 96. ② 97. ② 98. ① 99. ④ 100. ②

2022

Engineer Energy Management

과년도 출제문제

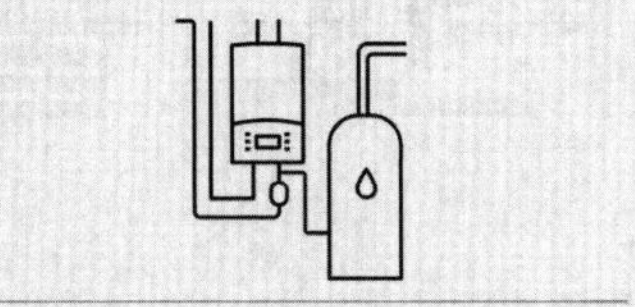
Engineer Energy Management

Engineer Energy Management

2022년 제1회 에너지관리기사

제1과목 연소공학

01 보일러 등의 연소장치에서 질소산화물(NO_x)의 생성을 억제할 수 있는 연소 방법이 아닌 것은?

① 2단 연소
② 저산소(저공기비) 연소
③ 배기의 재순환 연소
④ 연소용 공기의 고온 예열

해설 질소산화물(NO_x)의 억제방법
㉠ 2단 연소법
㉡ 저온도 연소법(공기온도조절)
㉢ 배출가스재순환법
㉣ 과잉공기량 감소(저농도 산소 연소법)
㉤ 연소부분냉각법
㉥ 물분사법(수증기 분무)
㉦ 버너 및 연소실구조 개량
※ 연소실 내의 고온조건에서 질소는 산소와 결합하여 일산화질소(NO), 이산화질소(NO_2) 등의 NO_x(질소산화물)로 매연이 증가되어 밖으로 배출되므로 대기오염을 일으킨다.

02 어떤 고체연료를 분석하니 중량비로 수소 10%, 탄소 80%, 회분 10%이었다. 이 연료 100kg을 완전연소시키기 위하여 필요한 이론공기량은 약 몇 Nm^3인가?

① 206　　② 412
③ 490　　④ 978

해설 체적(Nm^3/kg)당 산소량(O_o)
$=1.867C+5.6\left(H-\frac{O}{8}\right)+0.7S$
$=1.867\times0.8+5.6\times0.1$
$≒2.054Nm^3$/kg(fuel)
$=2.054\times100$
$=205.4Nm^3$
$\therefore$ 이론공기량$(A_o)=\frac{205.4}{0.21}≒978Nm^3$

03 다음 중 연료 연소 시 최대탄산가스농도(CO_{2max})가 가장 높은 것은?

① 탄소　　② 연료유
③ 역청탄　　④ 코크스로가스

해설 연료 연소 시 최대탄산가스농도(CO_{2max})가 가장 높은 것은 탄소(C)이다.

04 체적비로 메탄이 15%, 수소가 30%, 일산화탄소가 55%인 혼합기체가 있다. 각각의 폭발 상한계가 다음 표와 같을 때, 이 기체의 공기 중에서 폭발 상한계는 약 몇 vol%인가?

구분	메탄	수소	일산화탄소
폭발 상한계 (vol%)	15	75	74

① 46.7　　② 45.1
③ 44.3　　④ 42.5

해설 르샤틀리에 공식
$\frac{100}{L}=\frac{V_1}{L_1}+\frac{V_2}{L_2}+\frac{V_3}{L_3}$
여기서, L : 폭발 상한값 또는 하한값
$\therefore L=\frac{100}{\frac{V_1}{L_1}+\frac{V_2}{L_2}+\frac{V_3}{L_3}}=\frac{100}{\frac{15}{15}+\frac{30}{75}+\frac{55}{74}}≒46.7\%$

05 점화에 대한 설명으로 틀린 것은?

① 연료가스의 유출속도가 너무 느리면 실화가 발생한다.
② 연소실의 온도가 낮으면 연료의 확산이 불량해진다.
③ 연료의 예열온도가 낮으면 무화불량이 발생한다.
④ 점화시간이 늦으면 연소실 내로 역화가 발생한다.

해설 연료가스의 유출속도가 너무 느리면 역화(back fire)가 발생한다.

정답 01. ④ 02. ④ 03. ① 04. ① 05. ①

06 고체연료의 일반적인 특징에 대한 설명으로 틀린 것은?

① 회분이 많고 발열량이 적다.
② 연소효율이 낮고 고온을 얻기 어렵다.
③ 점화 및 소화가 곤란하고 온도조절이 어렵다.
④ 완전연소가 가능하고 연료의 품질이 균일하다.

해설 완전연소가 가능하고 연료의 품질이 균일한 것은 기체연료의 특징이다. 고체연료는 연료의 품질이 균일하지 못하므로 완전연소가 어렵고, 공기비가 크다.

07 등유, 경유 등의 휘발성이 큰 연료를 접시모양의 용기에 넣어 증발 연소시키는 방식은?

① 분해 연소 ② 확산 연소
③ 분무 연소 ④ 포트식 연소

해설 등유, 경유 등의 휘발성이 큰 연료를 접시모양의 용기에 넣어 증발(기화)시키는 연소방식은 액면(포트식) 연소이다.

08 액체 연소장치 중 회전식 버너의 일반적인 특징으로 옳은 것은?

① 분사각은 20~50° 정도이다.
② 유량조절범위는 1 : 3 정도이다.
③ 사용 유압은 30~50kPa 정도이다.
④ 화염이 길어 연소가 불안정하다.

해설 ① 분사각은 40~80° 정도이다.
② 유량조절범위는 1 : 5 정도이다.
④ 부속설비가 거의 없으며, 화염이 짧고 연소가 안정하다.

09 C_mH_n 1Nm³를 공기비 1.2로 연소시킬 때 필요한 실제 공기량은 약 몇 Nm³인가?

① $\frac{1.2}{0.21}\left(m+\frac{n}{2}\right)$
② $\frac{1.2}{0.21}\left(m+\frac{n}{4}\right)$
③ $\frac{1.2}{0.79}\left(m+\frac{n}{2}\right)$
④ $\frac{1.2}{0.79}\left(m+\frac{n}{4}\right)$

해설 실제공기량(A_a)$=\frac{1.2}{0.21}\left(m+\frac{n}{4}\right)$

$C_mH_n+\left(m+\frac{n}{4}\right)O_2 \rightarrow mCO_2+\frac{n}{2}H_2O$

분자식 앞의 계수는 체적비(부피비)를 의미하므로

이론공기량(A_o)$=\frac{O_o}{0.21}=\frac{1}{0.21}\left(m+\frac{n}{4}\right)$

10 메탄올(CH_3OH) 1kg을 완전연소 하는 데 필요한 이론공기량은 약 몇 Nm³인가?

① 4.0 ② 4.5
③ 5.0 ④ 5.5

해설 CH_3OH의 몰질량(32g/mol)

$\frac{1,000\text{g}}{32\text{g/mol}}=31.25\text{mol}$

$2CH_3OH+3O_2 \rightarrow 2CO_2+4H_2O$

$CH_3OH : O_2 = 2:3 = 31.25\text{mol} : x[\text{mol}]$

$\therefore x=\frac{3\times31.25}{2}=46.875\text{mol}(O_2)$

$46.875\text{mol}\times22.4\text{L/mol}=1,050\text{L}=1.05\text{Nm}^3(O_2)$

$\therefore A_o=\frac{O_o}{0.21}=\frac{1.05}{0.21}\fallingdotseq 5\text{Nm}^3$

11 중량비가 C : 87%, H : 11%, S : 2%인 중유를 공기비 1.3으로 연소할 때 건조배출가스 중 CO_2의 부피비는 약 몇 %인가?

① 8.7 ② 10.5
③ 12.2 ④ 15.6

해설 ㉠ 이론공기량(A_o)

$=\frac{O_o}{0.21}=\frac{1.867C+5.6H+0.7S}{0.21}$

$=\frac{1.867\times0.87+5.6\times0.11+0.7\times0.02}{0.21}$

$=10.73\text{Nm}^3/\text{kg}$(연료)

㉡ 실제건연소가스량(G_d)

$=(m-0.21)A_o+1.867C+0.7S$

$=(1.3-0.21)\times10.73+1.867\times0.87+0.7\times0.02$

$=13.33\text{Nm}^3/\text{kg}$(연료)

$\therefore$ CO_2의 부피비$=\frac{1.867C}{G_d}\times100\%$

$=\frac{1.867\times0.87}{13.33}\times100\fallingdotseq 12.2\%$

정답 06. ④ 07. ④ 08. ③ 09. ② 10. ③ 11. ③

12 액체의 인화점에 영향을 미치는 요인으로 가장 거리가 먼 것은?

① 온도 ② 압력
③ 발화지연시간 ④ 용액의 농도

해설 액체의 인화점에 영향을 미치는 요인
㉠ 온도
㉡ 압력
㉢ 용액의 농도

13 고위발열량이 37.7MJ/kg인 연료 3kg이 연소할 때의 저위발열량은 몇 MJ인가? (단, 이 연료의 중량비는 수소 15%, 수분 1%이다.)

① 52 ② 103
③ 184 ④ 217

해설 $H_L = H_h - 2,500(9\mathrm{H}+w)$
$= 37.7 \times 3 - 2,500(9 \times 0.15 + 0.01) \times 3 \times 10^{-3}$
$\fallingdotseq 103\mathrm{MJ}$

14 다음 중 고속운전에 적합하고 구조가 간단하며 풍량이 많아 배기 및 환기용으로 적합한 송풍기는?

① 다익형 송풍기 ② 플레이트형 송풍기
③ 터보형 송풍기 ④ 축류형 송풍기

해설 고속운전에 적합하고 구조가 간단하며 풍량이 많아 배기 및 환기용으로 적합한 송풍기는 축류형 송풍기다.

15 통풍방식 중 평형통풍에 대한 설명으로 틀린 것은?

① 통풍력이 커서 소음이 심하다.
② 안정한 연소를 유지할 수 있다.
③ 노 내 정압을 임의로 조절할 수 있다.
④ 중형 이상의 보일러에는 사용할 수 없다.

해설 평형통풍은 통풍저항이 큰 중 · 대형 보일러에 사용한다.

16 저위발열량 7,470kJ/kg의 석탄을 연소시켜 13,200kg/h의 증기를 발생시키는 보일러의 효율은 약 몇 %인가? (단, 석탄의 공급은 6,040kg/h이고, 증기의 엔탈피는 3,107kJ/kg, 급수의 엔탈피는 96kJ/kg이다.)

① 64 ② 74
③ 88 ④ 94

해설 $\eta_B = \dfrac{m_a(h_2 - h_1)}{H_L \times m_f}$
$= \dfrac{13,200 \times (3,107 - 96)}{7,470 \times 6,040} \times 100\% \fallingdotseq 88\%$

17 불꽃연소(flaming combustion)에 대한 설명으로 틀린 것은?

① 연소속도가 느리다.
② 연쇄반응을 수반한다.
③ 연소사면체에 의한 연소이다.
④ 가솔린의 연소가 이에 해당한다.

해설 불꽃연소는 연소속도가 매우 빠르고, 불꽃을 형성하여 열을 낸다.

18 버너에서 발생하는 역화의 방지대책과 거리가 먼 것은?

① 버너 온도를 높게 유지한다.
② 리프트 한계가 큰 버너를 사용한다.
③ 다공 버너의 경우 각각의 연료분출구를 작게 한다.
④ 연소용 공기를 분할 공급하여 1차공기를 착화범위보다 적게 한다.

해설 버너의 온도가 높게 되면 역화 발생의 요인이 된다.

19 다음 기체 연료 중 단위질량당 고위발열량이 가장 큰 것은?

① 메탄
② 수소
③ 에탄
④ 프로판

해설 단위질량당 고위발열량(kJ/kg)이 가장 큰 것은 수소(H_2)이다.

20 폭굉 유도거리(DID)가 짧아지는 조건으로 틀린 것은?

① 관지름이 크다.
② 공급압력이 높다.
③ 관 속에 방해물이 있다.
④ 연소속도가 큰 혼합가스이다.

정답 12. ③ 13. ② 14. ④ 15. ④ 16. ③ 17. ① 18. ① 19. ② 20. ①

해설 폭굉 유도거리(DID)가 짧아지는 원인
㉠ 배관의 지름이 작을 때
㉡ 연소속도가 큰 혼합가스일수록
㉢ 관 속에 장애물이 있을 때
㉣ 점화원의 에너지가 강할수록
㉤ 배관의 상용압력이 고압일 때(공급압력이 높을 때)

제2과목 열역학

21 순수물질로 된 밀폐계가 가역단열과정 동안 수행한 일의 양과 같은 것은? (단, U는 내부에너지, H는 엔탈피, Q는 열량이다.)

① $-\Delta H$ ② $-\Delta U$
③ 0 ④ Q

해설 $\delta Q = dU + PdV$[kJ]에서 가역단열과정($\delta Q = 0$)

$\int_1^2 PdV = -dU$

$\therefore\ {}_1W_2 = -dU$[kJ]

22 물체의 온도 변화 없이 상(phase, 相)변화를 일으키는 데 필요한 열량은?

① 비열 ② 점화열
③ 잠열 ④ 반응열

해설 물체의 온도 변화 없이 상(phase)변화를 일으키는 데 필요한 열량은 잠열(Latentof heat, 숨은열)이다.
※ 상변화 없이 온도만 변화시키는 데 필요한 열량은 현열(잠열)이다.

23 다음 중 포화액과 포화증기의 비엔트로피 변화에 대한 설명으로 옳은 것은?

① 온도가 올라가면 포화액의 비엔트로피는 감소하고 포화증기의 비엔트로피는 증가한다.
② 온도가 올라가면 포화액의 비엔트로피는 증가하고 포화증기의 비엔트로피는 감소한다.
③ 온도가 올라가면 포화액과 포화증기의 비엔트로피는 감소한다.
④ 온도가 올라가면 포화액과 포화증기의 비엔트로피는 증가한다.

해설 포화액의 온도가 올라가면 비엔트로피는 증가하고 포화증기의 비엔트로피는 감소한다.

24 다음 중 과열증기(superheated steam)의 상태가 아닌 것은?

① 주어진 압력에서 포화증기 온도보다 높은 온도
② 주어진 비체적에서 포화증기 압력보다 높은 압력
③ 주어진 온도에서 포화증기 비체적보다 낮은 비체적
④ 주어진 온도에서 포화증기 엔탈피보다 높은 엔탈피

해설 과열증기의 비체적은 주어진 온도에서의 포화증기 비체적보다 더 크다.

25 400K 1MPa의 이상기체 1kmol이 700K, 1MPa으로 정압팽창할 때 엔트로피 변화는 약 몇 kJ/K인가? (단, 정압비열은 28kJ/kmol · K이다.)

① 15.7 ② 19.4
③ 24.3 ④ 39.4

해설
$$S_2 - S_1 = m\,C_P \ln\frac{T_2}{T_1} = 1\times 28\times \ln\frac{700}{400}$$
$$= 15.67\text{kJ/K} \fallingdotseq 15.7\text{kJ/K}$$

26 체적이 일정한 용기에 400kPa의 공기 1kg이 들어 있다. 용기에 달린 밸브를 열고 압력이 300kPa이 될 때까지 대기 속으로 공기를 방출하였다. 용기 내의 공기가 가역단열 변화라면 용기에 남아 있는 공기의 질량은 약 몇 kg인가? (단, 공기의 비열비는 1.4이다.)

① 0.614 ② 0.714
③ 0.814 ④ 0.914

해설
$$\text{누설공기량}(\Delta m) = m_1 - m_2 = m_1 - \frac{m_1}{1.238}$$
$$= 1 - \frac{1}{1.238} = 0.186\text{kg}$$
$$\left[\frac{V_2}{V_1} = \frac{m_1}{m_2} = \left(\frac{p_1}{p_2}\right)^{\frac{1}{k}}\right]$$
∴ 남아 있는 공기의 질량(m')
$$m' = 1 - \Delta m = 1 - 0.186 = 0.814\text{kg}$$

정답 21. ② 22. ③ 23. ② 24. ③ 25. ① 26. ③

27 다음 중 이상기체에 대한 식으로 옳은 것은?

• u : 단위질량당 내부에너지	
• h : 비엔탈피	• T : 온도
• R : 기체상수	• P : 압력
• v : 비체적	• k : 비열비
• C_v : 정적비열	• C_p : 정압비열

① $\frac{du}{dT} - \frac{dh}{dT} = R$

② $h = u + \frac{P_v}{RT}$

③ $C_v = \frac{R}{k-1}$

④ $C_p = \frac{kC_v}{k-1}$

해설 $C_v = \frac{R}{k-1} = \frac{C_P}{k}$[kJ/kg · K]

28 열역학 제2법칙에 대한 설명으로 틀린 것은?

① 에너지 보존에 대한 법칙이다.
② 제2종 영구기관은 존재할 수 없다.
③ 고립계에서 엔트로피는 감소하지 않는다.
④ 열은 외부 동력 없이 저온체에서 고온체로 이동할 수 없다.

해설 에너지 보존에 대한 법칙은 열역학 제1법칙이다.

29 밀폐된 피스톤-실린더 장치 안에 들어 있는 기체가 팽창을 하면서 일을 한다. 압력 P[MPa]와 부피 V[L]의 관계가 아래와 같을 때 내부에 있는 기체의 부피가 5L에서 두 배로 팽창하는 경우 이 장치가 외부에 한 일은 약 몇 kJ인가? (단, a = 3MPa/L², b = 2MPa/L, c = 1MPa)

$$P = 5(aV^2 + bV + c)$$

① 4,175
② 4,375
③ 4,575
④ 4,775

해설
$$
\begin{aligned}
{}_1W_2 &= \int_1^2 PdV \\
&= 5\int_1^2 (aV^2 + bV + C)dV \\
&= 5\left[\frac{aV^3}{3} + \frac{bV^2}{2} + CV\right]_1^2 \\
&= 5\left[\frac{3(V_2^3 - V_1^3)}{3} + \frac{2(V_2^2 - V_1^2)}{2} + (V_2 - V_1)\right]_5^{10} \\
&= 5[(10^3 - 5^3) + (10^2 - 5^2) + (10 - 5)] \\
&= 4.775\text{MJ} = 4,775\text{kJ}
\end{aligned}
$$

30 역카르노 사이클로 작동하는 냉동사이클이 있다. 저온부가 −10℃, 고온부가 40℃로 유지되는 상태를 A상태라고 하고, 저온부가 0℃, 고온부가 50℃로 유지되는 상태를 B상태라 할 때, 성능계수는 어느 상태의 냉동사이클이 얼마나 더 높은가?

① A상태의 사이클이 0.8만큼 더 높다.
② A상태의 사이클이 0.2만큼 더 높다.
③ B상태의 사이클이 0.8만큼 더 높다.
④ B상태의 사이클이 0.2만큼 더 높다.

해설
$$\varepsilon_{R(A)} = \frac{T_2}{T_1 - T_2} = \frac{(-10+273)}{(40+273)-(-10+273)} = \frac{263}{313-263} = 5.26$$

$$\varepsilon_{R(B)} = \frac{T_2}{T_1 - T_2} = \frac{273}{(50+273)-273} = \frac{273}{323-273} = 5.46$$

∴ B상태의 사이클에 0.2만큼 더 높다(크다).

31 이상기체의 단위 질량당 내부에너지 u, 비엔탈피 h, 비엔트로피 s에 관한 다음의 관계식 중에서 모두 옳은 것은? (단, T는 온도, p는 압력, v는 비체적을 나타낸다.)

① $Tds = du - vdp$, $Tds = dh - pdv$
② $Tds = du + pdv$, $Tds = dh - vdp$
③ $Tds = du - vdp$, $Tds = dh + pdv$
④ $Tds = du + pdv$, $Tds = dh + vdp$

해설
- $\delta q = du + pdv$[kJ/kg]
- $\delta q = dh - vdp$[kJ/kg]
- $Tds = du + pdv$[kJ/kg]
- $Tds = dh - vdp$[kJ/kg]

정답 27. ③ 28. ① 29. ④ 30. ④ 31. ②

2022년

32 폴리트로픽 과정에서의 지수(polytropic index)가 비열비와 같을 때의 변화는?

① 정적변화 ② 가역단열변화
③ 등온변화 ④ 등압변화

해설 $Pv^n = C$
① 정적변화($n=\infty$)
② 가역단열변화($n=k$)
③ 등온변화($n=1$)
④ 등압변화($n=0$)

33 체적 0.4m³인 단단한 용기 안에 100℃의 물 2kg이 들어 있다. 이 물의 건도는 얼마인가? (단, 100℃의 물에 대해 포화수 비체적 v_f =0.00104m³/kg, 건포화증기 비체적 v_g =1.672m³/kg이다.)

① 11.9% ② 10.4%
③ 9.9% ④ 8.4%

해설 $v_x = v_f + x(v_g - v_f)$[m³/kg]

$$x = \frac{v_x - v_f}{v_g{}' - v_f} = \frac{\frac{V}{m} - v_f}{v_g - v_f}$$

$$= \frac{\frac{0.4}{2} - 0.00104}{1.672 - 0.00104} = 0.119 = 11.9\%$$

34 그림과 같은 브레이튼 사이클에서 열효율(η)은? (단, P는 압력, v는 비체적이며, T_1, T_2, T_3, T_4는 각각의 지점에서의 온도이다. 또한 q_{in}과 q_{out}은 사이클에서 열이 들어오고 나감을 의미한다.)

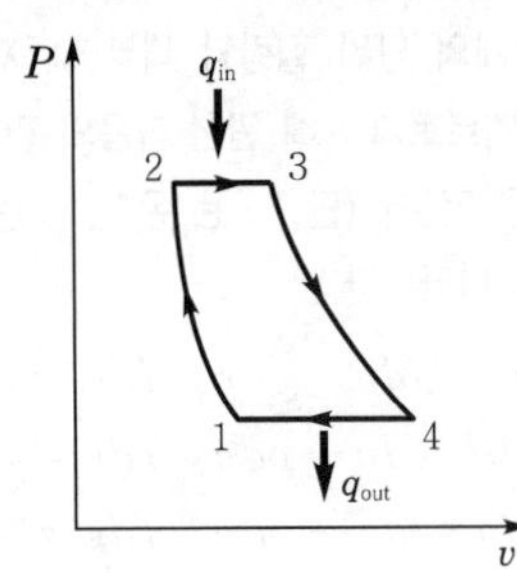

① $\eta = 1 - \dfrac{T_3 - T_2}{T_4 - T_1}$

② $\eta = 1 - \dfrac{T_1 - T_2}{T_3 - T_4}$

③ $\eta = 1 - \dfrac{T_4 - T_1}{T_3 - T_2}$

④ $\eta = 1 - \dfrac{T_3 - T_4}{T_1 - T_2}$

해설 $\eta = 1 - \dfrac{q_{\text{out}}}{q_{\text{in}}} = \left(1 - \dfrac{T_4 - T_1}{T_3 - T_2}\right) \times 100\%$

35 다음과 같은 특징이 있는 냉매의 종류는?

- 냉동창고 등 저온용으로 사용
- 산업용의 대용량 냉동기에 널리 사용
- 아연 등을 침식시킬 우려가 있음
- 연소성과 폭발성이 있음

① R-12 ② R-22
③ R-134a ④ NH_3

해설 NH_3(암모니아) 냉매의 특성
㉠ 냉동창고 등 저온용으로 사용
㉡ 산업용 대용량 냉동기에 널리 사용
㉢ 아연(Zn) 등을 침식시킬 우려가 있음
㉣ 연소성과 폭발성이 있음

36 가솔린 기관의 이상 표준사이클인 오토 사이클(Otto cycle)에 대한 설명 중 옳은 것을 모두 고른 것은?

㉠ 압축비가 증가할수록 열효율이 증가한다.
㉡ 가열과정은 일정한 체적하에서 이루어진다.
㉢ 팽창과정은 단열 상태에서 이루어진다.

① ㉠, ㉡ ② ㉠, ㉢
③ ㉡, ㉢ ④ ㉠, ㉡, ㉢

해설 오토(otto)사이클(가솔린 기관의 이상 사이클)
㉠ 압축비(ε)가 증가할수록 열효율이 증가한다.
㉡ 가열과정은 일정한 체적하에서 이루어진다(정적 사이클).
㉢ 팽창과정은 가역단열과정(등엔트로피과정)에서 이루어진다.

37 압축기에서 냉매의 단위 질량당 압축하는 데 요구되는 에너지가 200kJ/kg일 때, 냉동기에서 냉동능력 1kW당 냉매의 순환량은 약 몇 kg/h인가? (단, 냉동기의 성능계수는 5.0이다.)

① 1.8 ② 3.6
③ 5.0 ④ 20.0

정답 32. ② 33. ① 34. ③ 35. ④ 36. ④ 37. ②

해설 냉매순환량$(m)=\dfrac{\text{냉동능력}(Q_e)}{\text{냉동효과}(q_e)}$

$=\dfrac{1\text{kW}(=3,600\text{kJ/h})}{\varepsilon_R \times w_c}$

$=\dfrac{3,600}{5\times 200}=3.6\text{kg/h}$

38 40m^{3}의 실내에 있는 공기의 질량은 약 몇 kg인가? (단, 공기의 압력은 100kPa, 온도는 27℃이며, 공기의 기체상수는 0.287kJ/kg · K이다.)

① 93 ② 46
③ 10 ④ 2

해설 $PV=mRT$에서

$m=\dfrac{PV}{RT}=\dfrac{100\times 40}{0.287\times(27+273)}\fallingdotseq 46.5\text{kg}$

39 동일한 최고 온도, 최저 온도 사이에 작동하는 사이클 중 최대의 효율을 나타내는 사이클은?

① 오토 사이클
② 디젤 사이클
③ 카르노 사이클
④ 브레이튼 사이클

해설 카르노 사이클은 양 열원의 절대온도만의 함수로 효율을 구하여 열기관 사이클 중 효율이 최대다.

$\eta_c=1-\dfrac{T_2}{T_1}=f(T_1,\ T_2)$

40 랭킨(Rankine) 사이클에서 응축기의 압력을 낮출 때 나타나는 현상으로 옳은 것은?

① 이론 열효율이 낮아진다.
② 터빈 출구의 증기건도가 낮아진다.
③ 응축기의 포화온도가 높아진다.
④ 응축기 내의 절대압력이 증가한다.

해설 랭킨 사이클(Rankine cycle)에서 복수기(condenser) 압력을 낮추면 이론 열효율이 높아지고, 터빈 출구의 증기건도가 낮아진다(포화온도와 절대압력도 낮아진다).

제3과목 계측방법

41 다음 가스 분석법 중 흡수식인 것은?

① 오르자트법 ② 밀도법
③ 자기법 ④ 음향법

해설 **흡수식 가스 분석법의 종류** : 헴펠법, 오르자트법, 케겔법
※ 오르자트법은 $CO_2 \rightarrow O_2 \rightarrow CO$의 순서대로 선택적으로 흡수된다.

42 다음 중 유량 측정에 쓰이는 탭(tap)방식이 아닌 것은?

① 베나 탭 ② 코너 탭
③ 압력 탭 ④ 플랜지 탭

해설 차압식 유량계에서 압력을 측정하기 위해 중간에 설치하는 탭의 위치에 따른 종류에는 베나 탭, 코너 탭, 플랜지 탭 등이 있다.

43 상온 1기압에서 공기유속을 피토관으로 측정할 때 동압이 100mmAq이면 유속은 약 몇 m/s인가? (단, 공기의 밀도는 1.3kg/m^{3}이다.)

① 3.2 ② 12.3
③ 38.8 ④ 50.5

해설

$V=\sqrt{2gh\left(\dfrac{\rho_w}{\rho}-1\right)}=\sqrt{2\times 9.8\times 0.1\left(\dfrac{1,000}{1.3}-1\right)}$
$=38.8\text{m/s}$

44 보일러의 자동제어에서 제어장치의 명칭과 제어량의 연결이 잘못된 것은?

① 자동연소 제어장치 – 증기압력
② 자동급수 제어장치 – 보일러수위
③ 과열증기온도 제어장치 – 증기온도
④ 캐스케이드 제어장치 – 노내압력

해설 보일러 자동제어에서 1차측 제어장치가 명령을 하고 2차측 제어장치가 1차 명령을 바탕으로 제어량을 조절하는 것이 캐스케이드 제어장치이다.

45 측정하고자 하는 상태량과 독립적 크기를 조정할 수 있는 기준량과 비교하여 측정, 계측하는 방법은?

① 보상법 ② 편위법
③ 치환법 ④ 영위법

정답 38. ② 39. ③ 40. ② 41. ① 42. ③ 43. ③ 44. ④ 45. ④

해설 영위법은 측정량과는 독립적으로 조정할 수 있는 같은 종류의 기지량을 사용하여 측정량과 일치시키는 계측방법이다.

46 다음 비례-적분동작에 대한 설명에서 ( ) 안에 들어갈 알맞은 용어는?

> 비례동작에 발생하는 ( )을(를) 제거하기 위해 적분동작과 결합한 제어

① 오프셋　② 빠른 응답
③ 지연　④ 외란

해설 비례적분제어(PI제어)는 비례동작(P)에서 발생하는 오프셋(offset)을 제거하기 위해 적분동작(I)과 결합한 제어를 말한다.

47 안지름 1,000mm의 원통형 물탱크에서 안지름 150mm인 파이프로 물을 수송할 때 파이프의 평균 유속이 3m/s이었다. 이때 유량(Q)과 물탱크 속의 수면이 내려가는 속도(V)는 약 얼마인가?

① $Q=0.053\text{m}^3/\text{s}$, $V=6.75\text{cm/s}$
② $Q=0.831\text{m}^3/\text{s}$, $V=6.75\text{cm/s}$
③ $Q=0.053\text{m}^3/\text{s}$, $V=8.31\text{cm/s}$
④ $Q=0.831\text{m}^3/\text{s}$, $V=8.31\text{cm/s}$

해설

$$Q=AV=\frac{\pi}{4}(0.15)^2\times 3 \fallingdotseq 0.053\text{m}^3/\text{s}$$

$$V=\frac{Q}{A}=\frac{0.053}{\frac{\pi}{4}(1)^2}=0.0675\text{m/s}=6.75\text{cm/s}$$

48 램 실린더, 기름탱크, 가압펌프 등으로 구성되어 있으며 탄성식 압력계의 일반교정용으로 주로 사용되는 압력계는?

① 분동식 압력계
② 격막식 압력계
③ 침종식 압력계
④ 벨로스식 압력계

해설 분동식 압력계는 압력계의 교정용으로 사용되며 램(ram) 실린더, 기름탱크, 가압펌프 등으로 구성되어 있는 압력계이다.

49 다음 측정 관련 용어에 대한 설명으로 틀린 것은?

① 측정량 : 측정하고자 하는 양
② 값 : 양의 크기를 함께 표현하는 수와 기준
③ 제어편차 : 목표치에 제어량을 더한 값
④ 양 : 수와 기준으로 표시할 수 있는 크기를 갖는 현상이나 물체 또는 물질의 성질

해설 **제어편차** : 목표치와 제어량의 차

50 서미스터의 재질로서 적합하지 않은 것은?

① Ni　② Co
③ Mn　④ Pb

해설 서미스터의 재질로 적합한 원소는 니켈(Ni), 코발트(Co), 망간(Mn) 등이고 납(Pb)은 적합하지 않다.

51 부자식(float) 면적 유량계에 대한 설명으로 틀린 것은?

① 압력손실이 적다.
② 정밀측정에는 부적합하다.
③ 대유량의 측정에 적합하다.
④ 수직배관에만 적용이 가능하다.

해설 부자식(float type) 면적 유량계는 대유량 측정에는 부적합하다(소유량 측정에 적합한 유량계이다).

52 다음 중 액주식 압력계에 필요한 액체의 조건으로 틀린 것은?

① 점성이 클 것
② 열팽창계수가 작을 것
③ 성분이 일정할 것
④ 모세관현상이 작을 것

해설 액주식 압력계는 점성이 작은 액체를 사용한다.

53 저항식 습도계의 특징으로 틀린 것은?

① 저온도의 측정이 가능하다.
② 응답이 늦고 정밀도가 좋지 않다.
③ 연속기록, 원격측정, 자동제어에 이용된다.
④ 교류전압에 의하여 저항치를 측정하여 상대습도를 표시한다.

정답 46. ① 47. ① 48. ① 49. ③ 50. ④ 51. ③ 52. ① 53. ②

해설 저항식 습도계의 특징
㉠ 자동제어에 이용된다.
㉡ 연속기록 및 원격제어가 가능하다.
㉢ 저온도의 측정이 가능하고 응답이 빠르다.
㉣ 교류전압에 의하여 저항치를 측정하여 상대습도(RH)를 표시한다.

54 다음 중 가스미터의 표준기로도 이용되는 가스미터의 형식은?

① 오벌형 ② 드럼형
③ 다이어프램형 ④ 로터리 피스톤형

해설 가스미터의 표준기로도 이용되는 가스미터의 형식은 드럼(drum)형이다.

55 물체의 온도를 측정하는 방사고온계에서 이용하는 원리는?

① 제백 효과
② 필터 효과
③ 윈-프랑크의 법칙
④ 슈테판-볼츠만의 법칙

해설 물체의 온도를 측정하는 방사온도계에서 이용되는 원리는 슈테판(Stefan)-볼츠만(Boltzmann)의 법칙이다.

56 다음 중 자동제어의 특성에 대한 설명으로 틀린 것은?

① 작업능률이 향상된다.
② 작업에 따른 위험 부담이 감소된다.
③ 인건비는 증가하나 시간이 절약된다.
④ 원료나 연료를 경제적으로 운영할 수 있다.

해설 자동제어는 인건비 및 시간이 절약된다.

57 1,000℃ 이상인 고온의 노 내 온도측정을 위해 사용되는 온도계로 가장 적합하지 않은 것은?

① 제게르콘(seger cone)온도계
② 백금저항온도계
③ 방사온도계
④ 광고온계

해설 1,000℃ 이상의 고온의 노(furnance) 내 온도 측량을 위해 사용되는 온도계로 적합한 것은 백금저항온도계다.

58 압력센서인 스트레인게이지의 응용원리로 옳은 것은?

① 온도의 변화 ② 전압의 변화
③ 저항의 변화 ④ 금속선의 굵기 변화

해설 압력센서인 스트레인게이지(strain gauge)의 응용원리는 저항의 변화를 응용한 것이다.

59 내열성이 우수하고 산화분위기 중에서도 강하며, 가장 높은 온도까지 측정이 가능한 열전대의 종류는?

① 구리－콘스탄탄 ② 철－콘스탄탄
③ 크로멜－알루멜 ④ 백금－백금 · 로듐

해설 내열성이 가장 우수하고 산화분위기 중에도 강하며 가장 높은 온도까지 측정이 가능한 열전대(thermo couple)는 백금－백금로듐(0~1,600℃)이다. 크로멜－알루멜(－20~1,200℃), 철－콘스탄탄(IC)(－20~800℃), 구리(동)－콘스탄탄(350℃)
※ 열전대 온도계는 가장 넓게 사용되는 온도센서(sensor) 중의 하나다.

60 열전대 온도계에 대한 설명으로 틀린 것은?

① 보호관 선택 및 유지관리에 주의한다.
② 단자의 (+)와 보상도선의 (−)를 결선해야 한다.
③ 주위의 고온체로부터 복사열의 영향으로 인한 오차가 생기지 않도록 주의해야 한다.
④ 열전대는 측정하고자 하는 곳에 정확히 삽입하여 삽입한 구멍을 통하여 냉기가 들어가지 않게 한다.

해설 단자의 (−)와 보상도선의 (+)를 결선해야 한다.

제4과목 열설비재료 및 관계법규

61 다음 중 중성내화물에 속하는 것은?

① 납석질 내화물 ② 고알루미나질 내화물
③ 반규석질 내화물 ④ 샤모트질 내화물

해설 ㉠ 산성 내화물 : 규석질(석영질), 납석질(반규석질), 샤모트질, 점토질
㉡ 중성 내화물 : 고알루미나질(Al_2O_3계 50% 이상), 탄화규소질, 탄소질, 크롬질 등
㉢ 염기성 내화물 : 마그네시아질, 마그네시아-크롬질, 돌로마이트질(CaO－MgO계) 포스테라이트질

정답 54. ② 55. ④ 56. ③ 57. ② 58. ③ 59. ④ 60. ② 61. ②

62 **에너지이용 합리화법령상 검사대상기기에 대한 검사의 종류가 아닌 것은?**

① 계속사용검사
② 개방검사
③ 개조검사
④ 설치장소 변경검사

해설 검사대상기기 검사의 종류로는 설치검사, 계속사용검사, 개조검사, 재사용검사, 설치장소 변경검사 등이 있다.

63 **에너지이용 합리화법령상 규정된 특정열사용 기자재 품목이 아닌 것은?**

① 축열식 전기보일러
② 태양열 집열기
③ 철금속 가열로
④ 용광로

해설 용광로는 특정열사용 기자재 품목이 아니다. 금속요로 중 용선로(큐폴라), 비철금속용융로, 금속소둔로, 금속균열로 등이 특정열사용 기자재 품목에 속한다.

64 **에너지이용 합리화법령상 검사대상기기관리자를 해임한 경우 한국에너지공단 이사장에게 그 사유가 발생한 날부터 신고해야 하는 기간은 며칠 이내인가? (단, 국방부장관이 관장하고 있는 검사대상기기관리자는 제외한다.)**

① 7일 ② 10일
③ 20일 ④ 30일

해설 에너지이용 합리화법상 검사대상기기 관리자를 해임한 경우 한국에너지공단 이사장에게 그 사유가 발생한 날부터 30일 이내에 신고해야 한다(단, 국방부장관이 관장하고 있는 검사대상기기 관리자는 제외한다).

65 **다음 중 강관 이음 방법이 아닌 것은 어느 것인가?**

① 나사이음 ② 용접이음
③ 플랜지이음 ④ 플레어이음

해설 **강관이음(접합) 방법**
㉠ 나사이음(screw joint)
㉡ 용접이음
㉢ 플랜지이음
※ 플레어(fleare) 접합(이음)은 동관이음(25mm 이하)이다.

66 **회전가마(rotary kiln)에 대한 설명으로 틀린 것은?**

① 일반적으로 시멘트, 석회석 등의 소성에 사용된다.
② 온도에 따라 소성대, 가소대, 예열대, 건조대 등으로 구분된다.
③ 소성대에는 황산염이 함유된 클링커가 용융되어 내화벽돌을 침식시킨다.
④ 시멘트 클링커의 제조방법에 따라 건식법, 습식법, 반건식법으로 분류된다.

해설 소성대에서는 초고온의 염기성 내화벽돌을 사용하므로 시멘트 원료가 1,450℃ 정도에서 소결용융반응이 일어나기 때문에 이러한 부위 벽돌은 주로 염기성 성질(시멘트광물)에 의해 코팅되고 있어서 침식에 강하다.

67 **다이어프램 밸브(diaphragm valve)의 특징이 아닌 것은?**

① 유체의 흐름이 주는 영향이 비교적 적다.
② 기밀을 유지하기 위한 패킹이 불필요하다.
③ 주된 용도가 유체의 역류를 방지하기 위한 것이다.
④ 산 등의 화학약품을 차단하는 데 사용하는 밸브이다.

해설 주된 용도가 유체의 역류를 방지하기 위한 밸브는 체크 밸브(check valve)이다.

68 **연속가마, 반연속가마, 불연속가마의 구분방식은 어떤 것인가?**

① 온도상승속도
② 사용목적
③ 조업방식
④ 전열방식

해설 조업방식에 따라 연속가마, 반연속가마, 불연속가마로 구분한다.

69 **다음 보온재 중 최고 안전 사용온도가 가장 낮은 것은?**

① 유리섬유 ② 규조토
③ 우레탄폼 ④ 펄라이트

정답 62. ② 63. ④ 64. ④ 65. ④ 66. ③ 67. ③ 68. ③ 69. ③

해설 최고 안전 사용온도가 가장 낮은 보온재는 우레탄폼(130℃ 이하)이다.
※ 유리섬유(300℃ 이하), 규조토(500℃ 이하), 펄라이트(650℃ 이하)

70 윤요(ring kiln)에 대한 일반적인 설명으로 옳은 것은?

① 종이 칸막이가 있다.
② 열효율이 나쁘다.
③ 소성이 균일하다.
④ 석회소성용으로 사용된다.

해설 윤요(ring kiln)는 일반적으로 종이 칸막이가 있다.

71 에너지이용 합리화법령상 에너지절약전문기업의 사업이 아닌 것은?

① 에너지사용시설의 에너지절약을 위한 관리 · 용역사업
② 에너지절약형 시설투자에 관한 사업
③ 신에너지 및 재생에너지원의 개발 및 보급사업
④ 에너지절약 활동 및 성과에 대한 금융상 · 세제상의 지원

해설 에너지절약 활동 및 성과에 대한 금융상 · 세제상 지원은 에너지절약전문기업(ESCO)의 사업에 속하지 않는다.

72 에너지이용 합리화법령상 검사대상기기의 계속사용검사 유효기간 만료일이 9월 1일 이후인 경우 계속사용검사를 연기할 수 있는 기간 기준은 몇 개월 이내인가?

① 2개월 ② 4개월
③ 6개월 ④ 10개월

해설 계속사용검사를 연기할 수 있는 기간의 기준은 만료일 이후 4개월 이내로 한다.

73 에너지이용 합리화법에 따라 에너지이용 합리화에 관한 기본계획 사항에 포함되지 않는 것은?

① 에너지절약형 경제구조로의 전환
② 에너지이용 합리화를 위한 기술개발
③ 열사용기자재의 안전관리
④ 국가에너지정책 목표를 달성하기 위하여 대통령령으로 정하는 사항

해설 **에너지이용 합리화 기본계획**
㉠ 에너지절약형 경제구조로의 전환
㉡ 에너지이용효율의 증대
㉢ 에너지이용 합리화를 위한 기술개발
㉣ 에너지이용 합리화를 위한 홍보 및 교육
㉤ 에너지원 간 대체
㉥ 열사용기자재의 안전관리
㉦ 에너지이용 합리화를 위한 가격예시제의 시행에 관한 사항
㉧ 에너지의 합리적인 이용을 통한 온실가스의 배출을 줄이기 위한 대책
㉨ 그 밖에 에너지이용 합리화를 추진하기 위하여 필요한 사항

74 에너지이용 합리화법령상 시공업자단체에 대한 설명으로 틀린 것은?

① 시공업자는 산업통상자원부장관의 인가를 받아 시공업자단체를 설립할 수 있다.
② 시공업자단체는 개인으로 한다.
③ 시공업자는 시공업자단체에 가입할 수 있다.
④ 시공업자단체는 시공업에 관한 사항을 정부에 건의할 수 있다.

해설 시공업자단체는 법인으로 한다.

75 보온재의 구비조건으로 가장 거리가 먼 것은?

① 밀도가 작을 것
② 열전도율이 작을 것
③ 재료가 부드러울 것
④ 내열, 내약품성이 있을 것

해설 보온재는 기계적 강도와 내구성을 고려하여 선택한다.

76 에너지이용 합리화법령상 검사대상기기에 해당되지 않는 것은?

① 2종 관류보일러
② 정격용량이 1.2MW인 철금속가열로
③ 도시가스 사용량이 300kW인 소형 온수보일러
④ 최고사용압력이 0.3MPa, 내부 부피가 0.04m^3인 2종 압력용기

해설 2종 관류보일러는 검사대상기기에서 제외된다.

정답 70. ① 71. ④ 72. ② 73. ④ 74. ② 75. ③ 76. ①

2022년

77 두께 230mm의 내화벽돌이 있다. 내면의 온도가 320℃이고 외면의 온도가 150℃일 때 이 벽면 $10m^2$에서 손실되는 열량(W)은? (단, 내화벽돌의 열전도율은 0.96W/m · ℃이다.)

① 710 ② 1,632
③ 7,096 ④ 14,391

해설 $Q_L = \frac{\lambda}{L}F(t_1 - t_2)$

$= \frac{0.96}{0.23} \times 10 \times (320 - 150) \fallingdotseq 7{,}096\text{W}$

78 에너지법령상 에너지원별 에너지열량 환산기준으로 총발열량이 가장 낮은 연료는? (단, 1L 기준이다.)

① 윤활유 ② 항공유
③ B-C유 ④ 휘발유

해설 **1L 기준 에너지열량 환산 기준 총발열량 순서**
벙커씨(B-C)유(41.7MJ) > 윤활유(40MJ) > 항공유(36.5MJ) > 휘발유(32.7MJ)

79 에너지이용 합리화법령상 연간 에너지사용량이 20만 티오이 이상인 에너지다소비사업자의 사업장이 받아야 하는 에너지진단주기는 몇 년인가? (단, 에너지진단은 전체진단이다.)

① 3 ② 4
③ 5 ④ 6

해설 에너지사용량이 20만 티오이(TOE) 이상인 에너지다소비업자의 사업장이 받아야 하는 에너지진단주기는 5년이다.

80 감압밸브에 대한 설명으로 틀린 것은?

① 작동방식에는 직동식과 파일럿식이 있다.
② 증기용 감압밸브의 유입측에는 안전밸브를 설치하여야 한다.
③ 감압밸브를 설치할 때는 직관부를 호칭경의 10배 이상으로 하는 것이 좋다.
④ 감압밸브를 2단으로 설치할 경우에는 1단의 설정압력을 2단보다 높게 하는 것이 좋다.

해설 증기용 감압밸브는 유입측에 조절나사로 조절하고 출구의 압력을 원하는 압력으로 낮춰주는 역할을 한다. 고압관과 저압관 사이에 설치하는 증기용 감압밸브의 출구측에는 안전밸브를 설치해야 한다.

제5과목 열설비설계

81 다음 중 증기트랩장치에 관한 설명으로 옳은 것은?

① 증기관의 도중이나 상단에 설치하여 압력의 급상승 또는 급히 물이 들어가는 경우 다른 곳으로 빼내는 장치이다.
② 증기관의 도중이나 말단에 설치하여 증기의 일부가 응축되어 고여 있을 때 자동적으로 빼내는 장치이다.
③ 보일러 동에 설치하여 드레인을 빼내는 장치이다.
④ 증기관의 도중이나 말단에 설치하여 증기를 함유한 침전물을 분리시키는 장치이다.

해설 증기트랩(steam trap)은 증기관의 도중이나 말단에 설치하여 증기의 일부가 응축되어 고여 있을 때 응축수를 자동으로 빼내는 장치이다. 수격 방지 작용을 하는 역할도 한다.

82 epm(equivalents per million)에 대한 설명으로 옳은 것은?

① 물 1L에 함유되어 있는 불순물의 양을 mg으로 나타낸 것
② 물 1톤에 함유되어 있는 불순물의 양을 mg으로 나타낸 것
③ 물 1L 중에 용해되어 있는 물질을 mg 당량수로 나타낸 것
④ 물 1gallon 중에 함유된 grain의 양을 나타낸 것

해설 epm(equivalents per million)이란 물 1L 중에 용해되어 있는 물질을 mg 당량수로 나타낸 것이다.

83 급수처리에서 양질의 급수를 얻을 수 있으나 비용이 많이 들어 보급수의 양이 적은 보일러 또는 선박보일러에서 해수로부터 청수(pure water)를 얻고자 할 때 주로 사용하는 급수처리 방법은?

① 증류법
② 여과법
③ 석회소다법
④ 이온교환법

정답 77. ③ 78. ④ 79. ③ 80. ② 81. ② 82. ③ 83. ①

해설 증류법은 액체를 가열하여 기체로 만들어 두었다가 그것을 냉각시켜 다시 액체로 만드는 방법으로, 보급수량이 적은 보일러 또는 선박보일러에서 청수(pure water)를 얻고자 할 때 주로 사용하는 급수처리 방법이다.

84 **보일러 설치 · 시공기준상 대형 보일러를 옥내에 설치할 때 보일러 동체 최상부에서 보일러실 상부에 있는 구조물까지의 거리는 얼마 이상이어야 하는가? (단, 주철제 보일러는 제외한다.)**

① 60cm ② 1m
③ 1.2m ④ 1.5m

해설 천장 배관 등 보일러 상부에 있는 구조물까지의 거리는 1.2m 이상이어야 한다. 단, 소형 보일러 및 주철제 보일러의 경우는 0.6m 이상으로 할 수 있다.

85 **저온부식의 방지방법이 아닌 것은?**

① 과잉공기를 적게 하여 연소한다.
② 발열량이 높은 황분을 사용한다.
③ 연료첨가제(수산화마그네슘)를 이용하여 노점온도를 낮춘다.
④ 연소 배기가스의 온도가 너무 낮지 않게 한다.

86 **보일러에 설치된 과열기의 역할로 틀린 것은?**

① 포화증기의 압력 증가
② 마찰저항 감소 및 관내부식 방지
③ 엔탈피 증가로 증기소비량 감소 효과
④ 과열증기를 만들어 터빈의 효율 증대

해설 보일러에 설치된 과열기(superheater)는 포화증기를 일정한 압력 상태에서 온도만을 높여 과열증기로 만드는 장치(기기)이다.

87 **지름이 d[cm], 두께가 t[cm]인 얇은 두께의 밀폐된 원통 안에 압력 P[MPa]가 작용할 때 원통에 발생하는 원주방향의 인장응력(MPa)을 구하는 식은?**

① $\frac{\pi dP}{2t}$ ② $\frac{\pi dP}{4t}$
③ $\frac{dP}{2t}$ ④ $\frac{dP}{4t}$

해설 **원주방향 인장응력(후프응력)**

$\sigma_t = \frac{dP}{2t}$[MPa]

88 **일반적으로 리벳이음과 비교할 때 용접이음의 장점으로 옳은 것은?**

① 이음효율이 좋다.
② 잔류응력이 발생되지 않는다.
③ 진동에 대한 감쇠력이 높다.
④ 응력집중에 대하여 민감하지 않다.

해설 일반적으로 용접이음은 리벳이음과 비교할 때 이음효율이 높은 것이 장점이다.

89 **보일러 설치검사기준에 대한 사항 중 틀린 것은?**

① 5t/h 이하의 유류 보일러의 배기가스 온도는 정격 부하에서 상온과의 차가 300℃ 이하이어야 한다.
② 저수위안전장치는 사고를 방지하기 위해 먼저 연료를 차단한 후 경보를 울리게 해야 한다.
③ 수입 보일러의 설치검사의 경우 수압시험은 필요하다.
④ 수압시험 시 공기를 빼고 물을 채운 후 천천히 압력을 가하여 규정된 시험 수압에 도달된 후 30분이 경과된 뒤에 검사를 실시하여 검사가 끝날 때까지 그 상태를 유지한다.

해설 저수위안전장치는 온수의 온도만큼 냉수가 공급되어야 하는데 그렇지 않은 경우 경보가 울리며 자동으로 멈춘다. 이때 우선 가스연료를 차단하고 경고 램프를 켜야 한다.

90 **열사용기자재의 검사 및 검사면제에 관한 기준상 보일러 동체의 최소 두께로 틀린 것은?**

① 안지름이 900mm 이하의 것 : 6mm(단, 스테이를 부착할 경우)
② 안지름이 900mm 초과 1,350mm 이하의 것 : 8mm
③ 안지름이 1,350mm 초과 1,850mm 이하의 것 : 10mm
④ 안지름이 1,850mm를 초과하는 것 : 12mm

해설 안지름이 900mm 이하인 것 : 6mm(단, 스테이를 부착하는 경우는 8mm로 한다.)

정답 84. ③ 85. ② 86. ① 87. ③ 88. ① 89. ② 90. ①

91 노통보일러 중 원통형의 노통이 2개 설치된 보일러를 무엇이라고 하는가?

① 라몬트 보일러 ② 바브콕 보일러
③ 다우섬 보일러 ④ 랭커셔 보일러

해설 노통보일러 중 원통형의 노통이 2개 설치된 보일러는 랭커셔보일러다.

92 급수온도 20℃인 보일러에서 증기압력이 1MPa이며 이때 온도 300℃의 증기가 1t/h씩 발생될 때 상당증발량은 약 몇 kg/h인가? (단, 증기압력 1MPa에 대한 300℃의 증기엔탈피는 3,052kJ/kg, 20℃에 대한 급수엔탈피는 83kJ/kg이다.)

① 1,315 ② 1,565
③ 1,895 ④ 2,325

해설 $m_e = \frac{m_a(h_2 - h_1)}{2,257} = \frac{1,000 \times (3,052 - 83)}{2,257}$
$= 1,315$kgf/kg

93 전열면에 비등 기포가 생겨 열유속이 급격하게 증대하며, 가열면상에 서로 다른 기포의 발생이 나타나는 비등과정을 무엇이라고 하는가?

① 단상액체 자연대류 ② 핵비등
③ 천이비등 ④ 포밍

해설 전열면에 비등 기포가 생겨 열유속(heat flux)이 급격하게 증대하며, 가열면상에 다른 기포(bubble)의 발생이 나타나는 비등과정을 핵비등이라고 한다.

94 고압 증기터빈에서 팽창되어 압력이 저하된 증기를 가열하는 보일러의 부속장치는 어느 것인가?

① 재열기 ② 과열기
③ 절탄기 ④ 공기예열기

해설 고압 증기터빈에서 팽창되어 압력이 저하된 증기를 가열하는 보일러 부속장치는 재열기(reheater)이다.

95 보일러 슬러지 중에 염화마그네슘이 용존되어 있을 경우 180℃ 이상에서 강의 부식을 방지하기 위한 적정 pH는?

① 5.2±0.7 ② 7.2±0.7
③ 9.2±0.7 ④ 11.2±0.7

해설 보일러 슬러지 중 염화마그네슘이 용존되어 있을 경우 180℃ 이상에서 강의 부식을 방지하기 위한 수소이온농도지수(pH)는 11.2±0.7이다.

96 다음 중 보일러 내처리에 사용하는 pH 조정제가 아닌 것은?

① 수산화나트륨 ② 탄닌
③ 암모니아 ④ 제3인산나트륨

해설 pH 조정제
㉠ 염기로 조정(낮은 경우) : NH_3(암모니아), 가성소다(NaOH)=수산화나트륨, 제3인산나트륨(Na_3PO_4)
㉡ 산으로 조정 : 인산(H_3PO_4), 황산(H_2SO_4)
※ 리그린, 녹말, 탄닌 등은 슬러지(sludge) 조정제이다.

97 소용량주철제보일러에 대한 설명에서 ( ) 안에 들어갈 내용으로 옳은 것은?

> 소용량주철제보일러는 주철제보일러 중 전열면적이 (㉠)m^2 이하이고 최고 사용압력이 (㉡)MPa 이하인 보일러다.

① ㉠ 4, ㉡ 0.1
② ㉠ 5, ㉡ 0.1
③ ㉠ 4, ㉡ 0.5
④ ㉠ 5, ㉡ 0.5

해설 소용량주철제보일러는 주철제보일러 중 전열면적이 $5m^2$ 이하이고 최고사용압력이 0.1MPa 이하인 보일러다.

98 다음 그림과 같은 V형 용접이음의 인장응력(σ)을 구하는 식은?

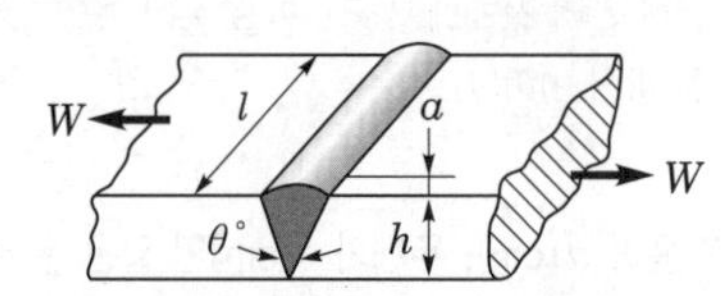

① $\sigma = \frac{W}{hl}$ ② $\sigma = \frac{2W}{hl}$
③ $\sigma = \frac{W}{ha}$ ④ $\sigma = \frac{W}{2hl}$

해설 $\sigma = \frac{W}{A} = \frac{W}{hl}$[MPa]

정답 91. ④ 92. ① 93. ② 94. ① 95. ④ 96. ② 97. ② 98. ①

99 대향류 열교환기에서 고온 유체의 온도는 T_{H1}에서 T_{H2}로, 저온 유체의 온도는 T_{C1}에서 T_{C2}로 열교환에 의해 변화된다. 열교환기의 대수평균온도차(LMTD)를 옳게 나타낸 것은?

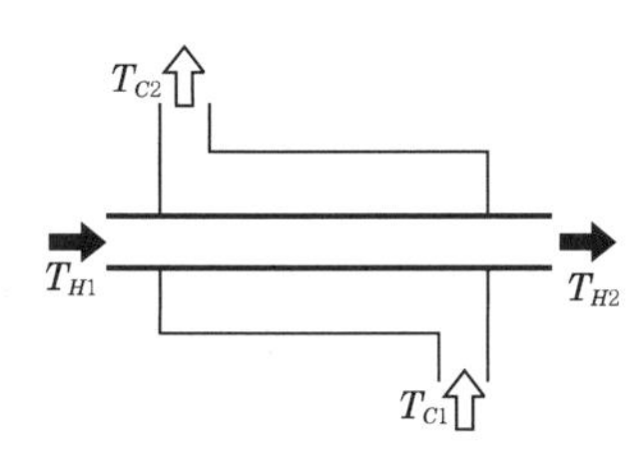

① $\dfrac{T_{H1}-T_{H2}+T_{C2}-T_{C1}}{\ln\left(\dfrac{T_{H1}-T_{C1}}{T_{H2}-T_{C2}}\right)}$

② $\dfrac{T_{H1}+T_{H2}-T_{C1}-T_{C2}}{\ln\left(\dfrac{T_{H1}-T_{H2}}{T_{C2}-T_{C1}}\right)}$

③ $\dfrac{T_{H2}-T_{H1}+T_{C2}-T_{C1}}{\ln\left(\dfrac{T_{H1}-T_{C2}}{T_{H2}-T_{C1}}\right)}$

④ $\dfrac{T_{H1}-T_{H2}+T_{C1}-T_{C2}}{\ln\left(\dfrac{T_{H1}-T_{C2}}{T_{H2}-T_{C1}}\right)}$

해설

T_{H1}, T_{H2}, T_{C2}, T_{C1}, $\triangle_1$, $\triangle_2$

대수평균온도차(LMTD)

$$=\frac{\Delta_1-\Delta_2}{\ln\left(\dfrac{\Delta_1}{\Delta_2}\right)}=\frac{(T_{H1}-T_{C2})-(T_{H2}-T_{C1})}{\ln\left(\dfrac{T_{H1}-T_{C2}}{T_{H2}-T_{C1}}\right)}$$

$$=\frac{T_{H1}-T_{H2}+T_{C1}-T_{C2}}{\ln\left(\dfrac{T_{H1}-T_{C2}}{T_{H2}-T_{C1}}\right)}[℃]$$

100 외경 30mm, 벽두께 2mm인 관 내측과 외측의 열전달계수는 모두 3,000W/m^2 · K이다. 관 내부온도가 외부보다 30℃만큼 높고, 관의 열전도율이 100W/m · K일 때 관의 단위길이당 열손실량은 약 몇 W/m인가?

① 2,979　　② 3,324
③ 3,824　　④ 4,174

해설

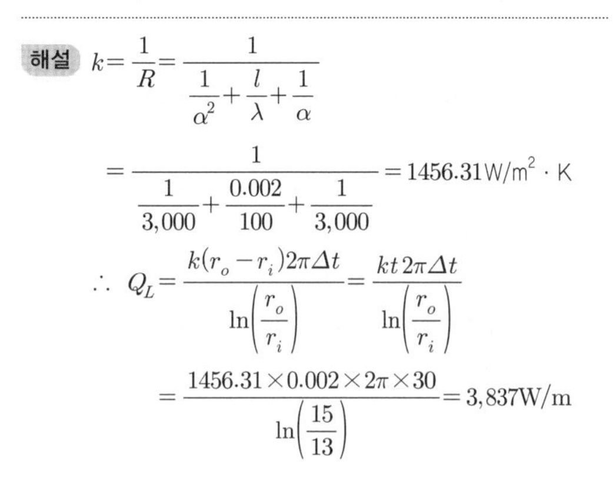

$$k=\frac{1}{R}=\frac{1}{\dfrac{1}{\alpha^2}+\dfrac{l}{\lambda}+\dfrac{1}{\alpha}}$$

$$=\frac{1}{\dfrac{1}{3,000}+\dfrac{0.002}{100}+\dfrac{1}{3,000}}=1456.31\text{W/m}^2\cdot\text{K}$$

$$\therefore\ Q_L=\frac{k(r_o-r_i)2\pi\Delta t}{\ln\left(\dfrac{r_o}{r_i}\right)}=\frac{kt\,2\pi\Delta t}{\ln\left(\dfrac{r_o}{r_i}\right)}$$

$$=\frac{1456.31\times0.002\times2\pi\times30}{\ln\left(\dfrac{15}{13}\right)}=3,837\text{W/m}$$

정답　99. ④　100. ③

2022년

Engineer Energy Management

2022년 제2회 에너지관리기사

제1과목 연소공학

01 세정 집진장치의 입자 포집원리에 대한 설명으로 틀린 것은?

① 액적에 입자가 충돌하여 부착한다.
② 입자를 핵으로 한 증기의 응결에 의하여 응집성을 증가시킨다.
③ 미립자의 확산에 의하여 액적과의 접촉을 좋게 한다.
④ 배기의 습도 감소에 의하여 입자가 서로 응집한다.

해설 세정집진장치는(확산력과 관성력이 주된 방식) 배기의 습도 증가에 의해 입자가 서로 응집한다.

02 저위발열량 93,766kJ/Nm³의 C_3H_8을 공기비 1.2로 연소시킬 때 이론 연소온도는 약 몇 K인가? (단, 배기가스의 평균비열은 1.653kJ/Nm³·K이고 다른 조건은 무시한다.)

① 1,656 ② 1,756
③ 1,856 ④ 1,956

해설 **저위발열량(연소가스열량)**

$$Q_g = G\,C_m\,\Delta t_g$$

$$\Delta t_g = \frac{Q_g}{GC_m} = \frac{93,766}{30.57\times1.653} \fallingdotseq 1,856\text{K}$$

$C_3H_8 + 5O_2 \rightarrow 3CO_2 + 4H_2O$

연소가스량(G)

$= (m-0.21)A_o +$ 생성된 CO_2 + 생성된 H_2O

$$= (1.2-0.21)\times\frac{5}{0.21}+2+4 = 30.57$$

03 탄소(C) 84w%, 수소(H) 12w%, 수분 4w%의 중량 조성을 갖는 액체연료에서 수분을 완전히 제거한 다음 1시간당 5kg을 완전연소시키는 데 필요한 이론공기량은 약 몇 Nm³/h인가?

① 55.6 ② 65.8
③ 73.5 ④ 89.2

해설 액체연료에 포함되어 있던 수분(w) 4%를 제거한 다음 연료 1kg 중에는 $C = \frac{84}{84+12} = 0.875\text{kg}$, $H = \frac{12}{84+12} = 0.125\text{kg}$의 중량이 들어 있다.

$$\text{이론공기량}(A_o) = \frac{O_o}{0.21}\times F[\text{Nm}^3/\text{h}]$$

$$= \frac{1.867C + 5.6H}{0.21}\times F$$

$$= \frac{1,867\times0.875+0.56\times0.125}{0.21}\times5$$

$$\fallingdotseq 55.6\text{Nm}^3/\text{h}$$

04 다음 체적비(%)의 코크스로 가스 1Nm³를 완전연소시키기 위하여 필요한 이론공기량은 약 몇 Nm³인가?

CO_2 : 2.1, C_2H_4 : 3.4, O_2 : 0.1, N_2 : 3.3,
CO : 6.6, CH_4 : 32.5, H_2 : 52.0

① 0.97 ② 2.97
③ 4.97 ④ 6.97

해설 **이론공기량(A_o)**

$$= \frac{O_o}{0.21}$$

$$= \frac{0.5\times CO + 0.5\times H_2 + 2\times CH_4 + 3\times C_2H_4 - O_2}{0.21}$$

$$= \frac{0.5\times0.066+0.5\times0.52+2\times0.325+3\times0.034-0.001}{0.21}$$

$$\fallingdotseq 4.97\text{Nm}^3$$

05 표준상태에서 메탄 1mol이 연소할 때 고위발열량과 저위발열량의 차이는 약 몇 kJ인가? (단, 물의 증발잠열은 44kJ/mol이다.)

① 42 ② 68
③ 76 ④ 88

정답 01. ④ 02. ③ 03. ① 04. ③ 05. ④

해설 $CH_4 + 2CO_2 \rightarrow CO_2 + 2H_2O$
고위발열량 − 저위발열량
= 물의 증발열(44KJ/mol) × 몰수(2mol) = 88kJ

06 가연성 혼합가스의 폭발한계 측정에 영향을 주는 요소로 가장 거리가 먼 것은?

① 온도 ② 산소농도
③ 점화에너지 ④ 용기의 두께

해설 가연성 혼합가스의 폭발한계 측정에 영향을 주는 요소(인자)
㉠ 온도
㉡ 산소농도
㉢ 점화에너지
※ 용기의 두께는 가연성 혼합가스의 폭발한계 측정과 관계없다.

07 가스폭발 위험 장소의 분류에 속하지 않는 것은?

① 제0종 위험장소
② 제1종 위험장소
③ 제2종 위험장소
④ 제3종 위험장소

해설 가스폭발 위험 장소 종별(zones)
폭발성 가스 분위기의 생성빈도와 지속시간을 바탕으로 구분되는 폭발위험장소는 3가지로 구분한다.
㉠ 제0종 장소(Zone 0): 폭발성 가스 분위기가 연속적으로 장기간 빈번하게 발생할 수 있는 장소를 말한다.
㉡ 제1종 장소(Zone 1): 폭발성 가스 분위기가 정상작동 중 주기적 또는 빈번하게 생성되는 장소를 말한다.
㉢ 제2종 장소(Zone 2): 폭발성 가스 분위기가 정상작동 중 조성되지 않거나, 조성된다 하더라도 짧은 기간에만 지속될 수 있는 장소를 말한다.

08 기계분(스토커) 화격자 중 연소하고 있는 석탄의 화층 위에 석탄을 기계적으로 산포하는 방식은?

① 횡입(쇄상)식 ② 상입식
③ 하입식 ④ 계단식

해설 스토커(기계분) 화격자 중 연소하고 있는 석탄의 화층 위에 석탄을 기계적으로 산포하는 방식은 상입식이다.

09 중유를 연소하여 발생된 가스를 분석하였더니 체적비로 CO_2는 14%, O_2는 7%, N_2는 79%이었다. 이때 공기비는 약 얼마인가? (단, 연료에 질소는 포함하지 않는다.)

① 1.4 ② 1.5
③ 1.6 ④ 1.7

해설 공기비$(m) = \frac{N_2}{N_2 - 3.76O_2} = \frac{79}{79 - 3.76 \times 7} = 1.5$

10 일반적인 천연가스에 대한 설명으로 가장 거리가 먼 것은?

① 주성분은 메탄이다.
② 옥탄가가 높아 자동차 연료로 사용이 가능하다.
③ 프로판가스보다 무겁다.
④ LNG는 대기압하에서 비등점이 −162℃인 액체이다.

해설 메탄(CH_4)이 주성분인 천연가스(LNG)는 액화석유가스(LPG)의 주성분인 프로판(C_3H_8)보다 가볍다.

11 다음 중 일반적으로 연료가 갖추어야 할 구비조건이 아닌 것은?

① 연소 시 배출물이 많아야 한다.
② 저장과 운반이 편리해야 한다.
③ 사용 시 위험성이 적어야 한다.
④ 취급이 용이하고 안전하며 무해하여야 한다.

해설 연료(fuel)는 일반적으로 연소 시 배출물이 적어야 한다.

12 코크스의 적정 고온 건류온도(℃)는?

① 500~600 ② 1,000~1,200
③ 1,500~1,800 ④ 2,000~2,500

해설 코크스의 적정 고온 건류온도는 1,000~1,200℃ 정도이다.

13 수소 4kg을 과잉공기계수 1.4의 공기로 완전연소시킬 때 발생하는 연소가스 중의 산소량은 약 몇 kg인가?

① 3.20 ② 4.48
③ 6.40 ④ 12.8

정답 06. ④ 07. ④ 08. ② 09. ② 10. ③ 11. ① 12. ② 13. ④

해설 $H_2 + \frac{1}{2}O_2 \rightarrow H_2O$

2kg 16kg

4kg 32kg

수소가 4kg일 때 이론산소량은 32kg(m=1.4이므로 40%의 공기가 과잉되어 발생하는 연소가스 속에 포함되어 배출된다.)

∴ 연소가스 중의 산소량은 32×0.4=12.8kg이다.

14 액화석유가스(LPG)의 성질에 대한 설명으로 틀린 것은?

① 인화폭발의 위험성이 크다.
② 상온, 대기압에서는 액체이다.
③ 가스의 비중은 공기보다 무겁다.
④ 기화잠열이 커서 냉각제로도 이용 가능하다.

해설 액화석유가스(LPG)는 상온, 대기압에서 기체(gas)이다.

15 다음 대기오염 방지를 위한 집진장치 중 습식집진장치에 해당하지 않는 것은?

① 백필터
② 충전탑
③ 벤투리 스크러버
④ 사이클론 스크러버

해설 백필터(여과식)는 건식집진장치이다.

※ **건식집진장치의 종류**

㉠ 여과식 ㉡ 중력식
㉢ 관성력식 ㉣ 원심력식

16 황(S) 1kg을 이론공기량으로 완전연소시켰을 때 발생하는 연소가스량은 약 몇 Nm^3인가?

① 0.70 ② 2.00
③ 2.63 ④ 3.33

해설 황 1kg의 이론산소량(O_o) $= \frac{22.4}{32} = 0.7Nm^3/kg$

황 1kg의 이론공기량(A_o) $= \frac{0.7}{0.21} = 3.33Nm^3/kg$

황 1kg의 연소로 생성된 SO_2의 양 $= \frac{22.4}{32} = 0.7Nm^3/kg$

∴ 이론연소가스량(G_o) $= (1-0.21)A_o$ + 생성된 SO_2
$= (1-0.21)\times 3.33 + 0.7$
$= 3.33Nm^3/kg$

17 대도시의 광화학 스모그(smog) 발생의 원인물질로 문제가 되는 것은?

① NO_x ② He
③ CO ④ CO_2

해설 대도시 광화학 스모그(smog) 발생의 원인물질로 문제가 되는 것은 질소산화물(NO_x)이다.

18 다음 반응식으로부터 프로판 1kg의 발열량은 약 몇 MJ인가?

$$C + O_2 \rightarrow CO_2 + 406kJ/mol$$
$$H_2 + \frac{1}{2}O_2 \rightarrow H_2O + 241kJ/mol$$

① 33.1 ② 40.0
③ 49.6 ④ 65.8

해설 프로판의 완전연소반응식

$C_3H_8 + 5O_2 \rightarrow 3CO_2 + 4H_2O$

프로판 1mol이 연소되어 3mol의 CO_2와 4mol의 H_2O가 생성되었으므로

프로판 1mol의 발열량 = Σ생성물의 생성열
$= 3\times 406 + 4\times 241$
$= 2,182kJ$

∴ 프로판(C_3H_8) 1kg의 발열량

$= 2,182 \times \frac{1}{44} \times 1,000 = 49,590kJ \fallingdotseq 49.6MJ$

19 기체연료의 일반적인 특징으로 틀린 것은?

① 연소효율이 높다.
② 고온을 얻기 쉽다.
③ 단위용적당 발열량이 크다.
④ 누출되기 쉽고 폭발의 위험성이 크다.

해설 기체연료는 단위체적(용적)당 발열량이 작다.

20 석탄, 코크스, 목재 등을 적열상태로 가열하고, 공기로 불완전연소시켜 얻는 연료는?

① 천연가스 ② 수성가스
③ 발생로가스 ④ 오일가스

해설 발생로가스는 석탄, 코크스, 목재 등을 적열상태로 가열하고 공기로 불완전 연소시켜 얻는 연료(fuel)이다.

정답 14. ② 15. ① 16. ④ 17. ① 18. ③ 19. ③ 20. ③

제2과목 열역학

21 다음 중 물의 임계압력에 가장 가까운 값은?

① 1.03kPa ② 100kPa
③ 22MPa ④ 63MPa

해설 ㉠ 물의 임계압력(P_c)≒22MPa
㉡ 물의 임계온도(T_c)≒374.15℃

22 27℃, 100kPa에 있는 이상기체 1kg을 700kPa까지 가역 단열압축하였다. 이때 소요된 일의 크기는 몇 kJ인가? (단, 이 기체의 비열비는 1.4, 기체상수는 0.287kJ/kg · K이다.)

① 100 ② 160
③ 320 ④ 400

해설

$$_1W_2=\frac{1}{k-1}(P_1V_1-P_2V_2)=\frac{P_1V_1}{k-1}\left[1-\left(\frac{P_2V_2}{P_1V_1}\right)\right]$$

$$=\frac{mRT_1}{k-1}\left[1-\left(\frac{T_2}{T_1}\right)\right]=\frac{mRT_1}{k-1}\left[1-\left(\frac{P_2}{P_1}\right)^{\frac{k-1}{k}}\right]$$

$$=\frac{1\times0.287\times(27+273)}{1.4-1}\left[1-\left(\frac{700}{100}\right)^{\frac{1.4-1}{1.4}}\right]$$

$=-160\text{kJ}=160\text{kJ}$(압축일)

23 "$PV^n=$일정"인 과정에서 밀폐계가 하는 일을 나타낸 식은? (단, P는 압력, V는 부피, n은 상수이며, 첨자 1, 2는 각각 과정 전후 상태를 나타낸다.)

① $P_2V_2-P_1V_1$

② $\dfrac{P_1V_1-P_2V_2}{n-1}$

③ $\dfrac{P_2V_2^{\,n-1}-P_1V_1^{\,n-1}}{n-1}$

④ $P_1V_1^{\,n}(V_2-V_1)$

해설 Polytropic 변화 시 절대일

$$_1W_2=\frac{1}{n-1}(P_1V_1-P_2V_2)=\frac{mR}{n-1}(T_1-T_2)$$

$$=\frac{mRT_1}{n-1}\left(1-\frac{T_2}{T_1}\right)=\frac{mRT_1}{n-1}\left[1-\left(\frac{P_2}{P_1}\right)^{\frac{n-1}{n}}\right]\text{[kJ]}$$

24 압력 1MPa인 포화액의 비체적 및 비엔탈피는 각각 0.0012m^3/kg, 762.8kJ/kg이고, 포화증기의 비체적 및 비엔탈피는 각각 0.1944m^3/kg, 2778.1kJ/kg이다. 이 압력에서 건도가 0.7인 습증기의 단위 질량당 내부에너지는 약 몇 kJ/kg인가?

① 2037.1 ② 2173.8
③ 2251.3 ④ 2393.5

해설 $h''=u''+pv''$[kJ/kg], $h'=u'+pv'$[kJ/kg]

$(u''-u')=(h''-h')-p(v''-v')$
$=(2778.1-762.8)$
$-1\times10^3(0.1944-0.0012)$
$=1822.1\text{kJ/kg}$

$u'=h'-pv'=762.8-1\times10^3\times0.0012$
$=761.6\text{kJ/kg}$

$\therefore\ u_x=u'+x(u''-u')$
$=761.6+0.7\times1822.1$
$=2037.07≒2037.1\text{kJ/kg}$

25 냉동능력을 나타내는 단위로 0℃의 물 1,000kg을 24시간 동안에 0℃의 얼음으로 만드는 능력을 무엇이라 하는가?

① 냉동계수 ② 냉동마력
③ 냉동톤 ④ 냉동률

해설 1냉동톤(1RT)이란 0℃의 물 1,000kg을 24시간 동안에 0℃의 얼음으로 만드는 능력을 말한다.
$1\text{RT}=1,000\times79.68\div24\text{hr}$
$=3,320\text{kcal/h}$
$=386\text{kW}$

26 압축비가 5인 오토 사이클기관이 있다. 이 기관이 15~1,500℃의 온도범위에서 작동할 때 최고압력은 약 몇 kPa인가? (단, 최저압력은 100kPa, 비열비는 1.4이다.)

① 3,080 ② 2,650
③ 1,961 ④ 1,247

해설 $T_2=T_1\epsilon^{k-1}=(15+273)\times5^{1.4-1}=548.25\text{K}$

$$P_2=P_1\left(\frac{V_1}{V_2}\right)^k=P_1\varepsilon^k=100\times5^{1.4}=952\text{kPa}$$

$$P_{\max}=P_2\times\frac{T_3}{T_2}=952\times\frac{1,500+273}{548.25}≒3,080\text{kPa}$$

정답 21. ③ 22. ② 23. ② 24. ① 25. ③ 26. ①

2022년

27 온도 30℃, 압력 350kPa에서 비체적인 0.449m^3/kg인 이상기체의 기체상수는 약 몇 kJ/kg · K인가?

① 0.143 ② 0.287
③ 0.518 ④ 0.842 7

해설 $Pv=RT$에서

$$R=\frac{Pv}{T}=\frac{350\times0.449}{30+273}=0.518\text{kJ/kg}\cdot\text{K}$$

28 브레이튼 사이클의 이론 열효율을 높일 수 있는 방법으로 틀린 것은?

① 공기의 비열비를 감소시킨다.
② 터빈에서 배출되는 공기의 온도를 낮춘다.
③ 연소기로 공급되는 공기의 온도를 낮춘다.
④ 공기압축기의 압력비를 증가시킨다.

해설 $\eta_{th.B}=1-\left(\frac{1}{\gamma}\right)^{\frac{k-1}{k}}$

브레이튼 사이클의 열효율을 높이려면 압력비 및 비열비를 증가시켜야 한다.

29 다음 중 이상적인 랭킨 사이클의 과정으로 옳은 것은?

① 단열압축→정적가열→단열팽창→정압방열
② 단열압축→정압가열→단열팽창→정적방열
③ 단열압축→정압가열→단열팽창→정압방열
④ 단열압축→정적가열→단열팽창→정적방열

해설 랭킨사이클의 과정(process)

단열압축($S=C$) → 정압가열($P=C$) → 단열팽창($S=C$) → 정압방열($P=C$)

30 열역학 제1법칙을 설명한 것으로 옳은 것은?

① 절대영도, 즉 0K에는 도달할 수 없다.
② 흡수한 열을 전부 일로 바꿀 수는 없다.
③ 열을 일로 변환할 때 또는 일을 열로 변환할 때 전체 계의 에너지 총량은 변하지 않고 일정하다.
④ 제3의 물체와 열평형에 있는 두 물체는 그들 상호 간에도 열평형에 있으며, 물체의 온도는 서로 같다.

해설 열역학 제1법칙(에너지보존의 법칙)

열을 일로 변환할 때 또는 일을 열로 변환할 때 전체 계(system)의 에너지 총량은 변하지 않고 일정하다.

31 성능계수가 4.3인 냉동기가 1시간 동안 30MJ의 열을 흡수한다. 이 냉동기를 작동하기 위한 동력은 약 몇 kW인가?

① 0.25
② 1.94
③ 6.24
④ 10.4

해설 압축기소비동력(kW)$=\frac{Q_e}{3,600\varepsilon_R}=\frac{30\times10^3}{3,600\times4.3}$

$\fallingdotseq 1.94\text{kW}$

32 냉매가 구비해야 할 조건 중 틀린 것은?

① 증발열이 클 것
② 비체적이 작을 것
③ 임계온도가 높을 것
④ 비열비가 클 것

해설 냉매는 비열비(k)가 작은 것으로 구비해야 한다.

33 단열 밀폐되어 있는 탱크 A, B가 밸브로 연결되어 있다. 두 탱크에 들어 있는 공기(이상기체)의 질량은 같고, A탱크의 체적은 B탱크 체적의 2배, A탱크의 압력은 200kPa, B탱크의 압력은 100kPa이다. 밸브를 열어서 평형이 이루어진 후 최종 압력은 약 몇 kPa인가?

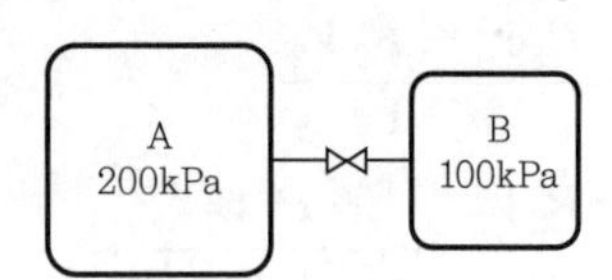

① 120 ② 133
③ 150 ④ 167

해설 $P=P_A\frac{V_A}{V}+P_B\frac{V_B}{V}$

$=200\times\frac{2}{3}+100\times\frac{1}{3}\fallingdotseq 167\text{kPa}$

정답 27. ③ 28. ① 29. ③ 30. ③ 31. ② 32. ④ 33. ④

34 한 과학자가 자기가 만든 열기관이 80℃와 10℃ 사이에서 작동하면서 100kJ의 열을 받아 20kJ의 유용한 일을 할 수 있다고 주장한다. 이 주장에 위배되는 열역학 법칙은?

① 열역학 제0법칙　② 열역학 제1법칙
③ 열역학 제2법칙　④ 열역학 제3법칙

해설 $\eta_c = 1 - \frac{T_2}{T_1} = 1 - \frac{10+273}{80+273} = 0.198(19.8\%)$

$\eta = \frac{W_{net}}{Q_1} = \frac{20}{100} = 0.2(20\%)$

$\eta_c < \eta$이므로 열역학 제2법칙에 위배된다.

35 랭킨 사이클로 작동하는 증기 동력사이클에서 효율을 높이기 위한 방법으로 거리가 먼 것은?

① 복수기(응축기)에서의 압력을 상승시킨다.
② 터빈 입구의 온도를 높인다.
③ 보일러의 압력을 상승시킨다.
④ 재열 사이클(reheat cycle)로 운전한다.

해설 랭킨 사이클의 열효율을 높이기 위해서는 배압, 즉 복수기(응축기)에서의 압력을 낮춰야 한다.

36 CH_4의 기체상수는 약 몇 kJ/kg · K인가?

① 3.14　② 1.57
③ 0.83　④ 0.52

해설 메탄(CH_4)의 기체상수$(R) = \frac{\text{공통기체상수}(\overline{R})}{\text{분자량}(M)}$

$= \frac{8.314}{16} ≒ 0.52\text{kJ/kg} \cdot \text{K}$

37 압력 300kPa인 이상기체 150kg이 있다. 온도를 일정하게 유지하면서 압력을 100kPa로 변화시킬 때 엔트로피 변화는 약 몇 kJ/K인가? (단, 기체의 정적비열은 1.735kJ/kg · K, 비열비는 1.299이다.)

① 62.7　② 73.1
③ 85.5　④ 97.2

해설 $R = C_p - C_v = C_v(k-1)$

$= 1.735 \times (1.299 - 1) ≒ 0.519\text{kJ/kg·K}$

$$\Delta S = \frac{\delta Q}{T} = \frac{mRT\ln\frac{V_2}{V_1}}{T} = mR\ln\frac{V_2}{V_1} = mR\ln\frac{P_1}{P_2}$$

$$= 150 \times 0.519 \times \ln\frac{300}{100} ≒ 85.53\text{kJ/K}$$

38 밀폐계가 300kPa의 압력을 유지하면서 체적이 0.2m^3에서 0.4m^3로 증가하였고 이 과정에서 내부에너지는 20kJ 증가하였다. 이때 계가 받은 열량은 약 몇 kJ인가?

① 9　② 80
③ 90　④ 100

해설

$${}_1W_2 = \int_1^2 PdV = P(V_2 - V_1)$$

$$= 300 \times (0.4 - 0.2) = 60\text{kJ}$$

$$Q = U_2 - U_1 + {}_1W_2 = 20 + 60 = 80\text{kJ}$$

39 그림에서 이상기체를 A에서 가역적으로 단열압축시킨 후 정적과정으로 C까지 냉각시키는 과정에 해당되는 것은?

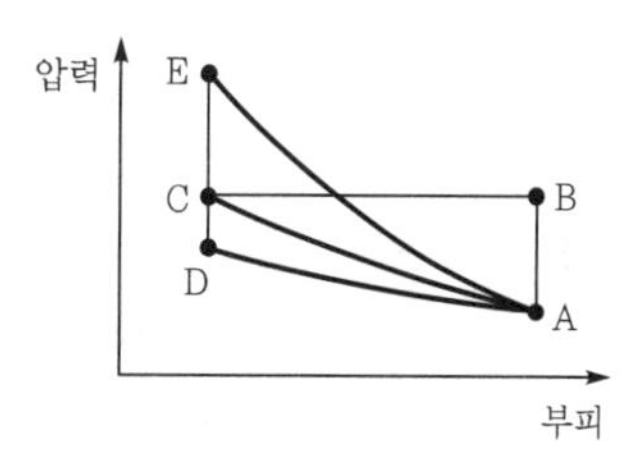

① A - B - C　② A - C
③ A - D - C　④ A - E - C

해설 단열압축(A - E) → 등적냉각(E - C)
∴ A - E - C

40 다음 식 중 이상기체 상태에서의 가역단열과정을 나타내는 식으로 옳지 않은 것은? (단, P, T, V, k는 각각 압력, 온도, 부피, 비열비이고, 아래첨자 1, 2는 과정 전후를 나타낸다.)

① $\frac{T_2}{T_1} = \left(\frac{V_1}{V_2}\right)^{k-1}$　② $\frac{V_1}{V_2} = \left(\frac{P_2}{P_1}\right)^{\frac{1}{k}}$

③ $P_1 V_1{}^k = P_2 V_2{}^k$　④ $\frac{T_2}{T_1} = \left(\frac{P_2}{P_1}\right)^{\frac{1-k}{k}}$

2022년

정답 34. ③ 35. ① 36. ④ 37. ③ 38. ② 39. ④ 40. ④

해설 가역단열변화의 경우 P, V, T의 관계식

$$\frac{T_2}{T_1}=\left(\frac{V_2}{V_1}\right)^{k-1}=\left(\frac{P_2}{P_1}\right)^{\frac{k-1}{k}}$$

※ $PV^k=c$, $TV^{k-1}=c$, $\dfrac{P^{\frac{k-1}{k}}}{T}=c$

제3과목 계측방법

41 링밸런스식 압력계에 대한 설명으로 옳은 것은?

① 도압관은 가늘고 긴 것이 좋다.
② 측정 대상 유체는 주로 액체이다.
③ 계기를 압력원에 가깝게 설치해야 한다.
④ 부식성 가스나 습기가 많은 곳에서도 정밀도가 좋다.

해설 링밸런스식 압력계는 계기를 압력원에 가깝게 설치해야 한다.

42 다음과 같이 자동제어에서 응답속도를 빠르게 하고 외란에 대해 안정적으로 제어하려 한다. 이때 추가해야 할 제어 동작은?

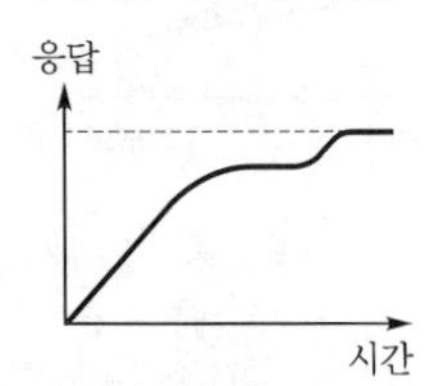

① 다위치동작　② P동작
③ I동작　④ D동작

해설 D동작(미분동작)은 응답속도를 빠르게 하고 외란에 대해 안정적으로 제어한다.

43 가스 온도를 열전대 온도계를 사용하여 측정할 때 주의해야 할 사항이 아닌 것은?

① 열전대는 측정하고자 하는 곳에 정확히 삽입하며 삽입된 구멍에 냉기가 들어가지 않게 한다.
② 주위의 고온체로부터의 복사열의 영향으로 인한 오차가 생기지 않도록 해야 한다.
③ 단자와 보상도선의 +, −를 서로 다른 기호끼리 연결하여 감온부의 열팽창에 의한 오차가 발생하지 않도록 한다.
④ 보호관의 선택에 주의한다.

해설 단자의 +, −를 보상도선의 같은 극끼리인 +, −와 일치하도록 연결해야 한다.

44 다음 중에서 측온저항체로 사용되지 않는 것은?

① Cu　② Ni
③ Pt　④ Cr

해설 측온저항체로 사용되는 원소는 구리(Cu), 니켈(Ni), 백금(Pt)이며, 크롬(Cr)은 사용하지 않는다.

45 다음 중 용적식 유량계에 해당하는 것은?

① 오리피스미터
② 습식가스미터
③ 로터미터
④ 피토관

해설 습식가스미터는 용적식 유량계이다.
① 오리피스미터: 차압식 유량계
③ 로터미터: 면적식 유량계

46 측정온도범위가 약 0~700℃ 정도이며, (−)측이 콘스탄탄으로 구성된 열전대는?

① J형　② R형
③ K형　④ S형

해설 철−콘스탄탄(IC, J형)의 +전극은 철, −전극은 콘스탄탄이며, 측정온도범위는 0~700℃이다.
㉠ R형: 백금로듐−백금(PR)
㉡ K형: 크로멜−알루멜(CA)
㉢ T형: 동−콘스탄탄(CC)

47 측온 저항체에 큰 전류가 흐를 때 줄열에 의해 측정하고자 하는 온도보다 높아지는 현상인 자기가열(自己加熱) 현상이 있는 온도계는?

① 열전대 온도계
② 압력식 온도계
③ 서미스터 온도계
④ 광고온계

정답 41. ③ 42. ④ 43. ③ 44. ④ 45. ② 46. ① 47. ③

해설 서미스터 온도계는 자기가열이 있는 저항식 온도계이다. 온도가 높아질수록 저항이 감소하는 반도체로 절대온도의 제곱에 반비례한다.

48 중유를 사용하는 보일러의 배기가스를 오르자트 가스분석계의 가스뷰렛에 시료 가스량을 50mL 채취하였다. CO_2 흡수피펫을 통과한 후 가스뷰렛에 남은 시료는 44mL이었고, O_2 흡수피펫에 통과한 후 남은 시료량은 41.4mL이었다. 배기가스 중에 CO_2, O_2, CO는 각각 몇 vol%인가?

① 6, 2.2, 0.4
② 12, 4.4, 0.8
③ 15, 6.4, 1.2
④ 18, 7.4, 1.8

49 세라믹(ceramic)식 O_2계의 세라믹 주원료는?

① Cr_2O_3
② Pb
③ P_2O_5
④ ZrO_2

해설 세라믹식 O_2계의 세라믹 주원료는 ZrO_2(산화지르코늄)으로, 높은 열확장성$\left(\alpha = 11 \times 10^{-6} \times \frac{1}{k}\right)$을 갖는다.

50 국제단위계(SI)에서 길이의 설명으로 틀린 것은?

① 기본단위이다.
② 기호는 m이다.
③ 명칭은 미터이다.
④ 소리가 진공에서 1/229792458초 동안 진행한 경로의 길이이다.

해설 1미터는 빛이 진공에서 1/299792458초 동안 진행한 경로의 길이이다.

51 오벌(oval)식 유량계로 유량을 측정할 때 지시값의 오차 중 히스테리시스 차의 원인이 되는 것은?

① 내부 기어의 마모
② 유체의 압력 및 점성
③ 측정자의 눈의 위치
④ 온도 및 습도

해설 오벌(oval)식 유량계로 유량을 측정할 때 지시값의 오차 중 히스테리시스 차(hysteresis error)의 원인이 되는 것은 내부 기어의 마모이다.

52 다음 중 압전 저항효과를 이용한 압력계는 어느 것인가?

① 액주형 압력계
② 아네로이드 압력계
③ 박막식 압력계
④ 스트레인 게이지식 압력계

해설 스트레인 게이지(strain gauge)식 압력계는 압전 저항효과를 이용한 압력계다.

53 가스분석계에서 연소가스 분석 시 비중을 이용하여 가장 측정이 용이한 기체는?

① NO_2
② O_2
③ CO_2
④ H_2

해설 가스분석계에서 연소가스 분석 시 비중을 이용한 측정이 가장 용이한 기체는 CO_2(이산화탄소)이다.

54 전자유량계에서 안지름이 4cm인 파이프에 3L/s의 액체가 흐르고, 자속밀도 1,000gauss의 평등자계 내에 있다면 이때 검출되는 전압은 약 mV인가? (단, 자속분포의 수정 계수는 1이고, 액체의 비중은 1이다.)

① 5.5
② 7.5
③ 9.5
④ 11.5

해설 $V = \frac{Q}{A} = \frac{3 \times 10^{-3}}{\frac{\pi}{4} \times 0.04^2} = 2.387\text{m/s}$이고, 패러데이 전자유도법칙에 의해 발생되는 유도기전력(E)은

$E = BlV = 0.1 \times 0.04 \times 2.387$
$= 9.548 \times 10^{-3}\text{V}$
$\fallingdotseq 9.5\text{mV}$

※ 자속밀도(자기장)의 단위
1Wb=1T(테슬라)=10^4gauss

55 액주형 압력계 중 경사관식 압력계의 특징에 대한 설명으로 옳은 것은?

① 일반적으로 U자관보다 정밀도가 낮다.
② 눈금을 확대하여 읽을 수 있는 구조이다.
③ 통풍계로는 사용할 수 없다.
④ 미세압 측정이 불가능하다.

해설 경사관식 압력계는 눈금을 확대하여 읽을 수 있는 구조이다.

정답 48. ② 49. ④ 50. ④ 51. ① 52. ④ 53. ③ 54. ③ 55. ②

56 보일러의 자동제어에서 인터록 제어의 종류가 아닌 것은?

① 고온도 ② 저연소
③ 불착화 ④ 압력 초과

해설 인터록(inter lock) 제어의 종류
㉠ 저연소 ㉡ 압력 초과
㉢ 불착화 ㉣ 저수위
㉤ 프리퍼지(pre-purge)

57 자동제어에서 비례동작에 대한 설명으로 옳은 것은?

① 조작부를 측정값의 크기에 비례하여 움직이게 하는 것
② 조작부를 편차의 크기에 비례하여 움직이게 하는 것
③ 조작부를 목표값의 크기에 비례하여 움직이게 하는 것
④ 조작부를 외란의 크기에 비례하여 움직이게 하는 것

해설 비례동작(P동작)은 조작부를 편차의 크기에 비례하여 움직이게 한다.

58 흡착제에서 관을 통해 각각 기체의 독자적인 이동속도에 의해 분리시키는 방법으로, CO_2, CO, N_2, H_2, CH_4 등을 모두 분석할 수 있어 분리 능력과 선택성이 우수한 가스분석계는?

① 밀도법 ② 기체크로마토그래피법
③ 세라믹법 ④ 오르자트법

해설 기체크로마토그래피법은 흡착제에서 관을 통해 각각 기체의 독자적인 이동속도에 의해 분리시키는 방법으로 CO_2, CO, N_2, H_2, CH_4 등을 분석할 수 있어 분리 능력과 선택성이 우수한 가스분석계다.

59 광고온계의 특징에 대한 설명으로 옳은 것은?

① 비접촉식 온도 측정법 중 가장 정밀도가 높다.
② 넓은 측정온도(0~3,000℃) 범위를 갖는다.
③ 측정이 자동적으로 이루어져 개인오차가 발생하지 않는다.
④ 방사온도계에 비하여 방사율에 대한 보정량이 크다.

해설 광고온도계는 비접촉식 온도 측정법 중 가장 정밀도가 높은 온도계다.

60 열전대 온도계의 보호관으로 석영관을 사용하였을 때의 특징으로 틀린 것은?

① 급랭, 급열에 잘 견딘다.
② 기계적 충격에 약하다.
③ 산성에 대하여 약하다.
④ 알칼리에 대하여 약하다.

해설 석영관은 전기 전열성과 내산성이 높다(매우 낮은 열팽창계수로 열에 의한 파손은 없다).

제4과목 열설비재료 및 관계법규

61 다음 보일러의 급수밸브 및 체크밸브 설치기준에 관한 설명 중 ( ) 안에 알맞은 것은?

> 급수밸브 및 체크밸브의 크기는 전열면적 $10m^2$ 이하의 보일러에서는 호칭 (㉠) 이상, 전열면적 $10m^2$를 초과하는 보일러에서는 호칭 (㉡) 이상이어야 한다.

① ㉠ 5A, ㉡ 10A ② ㉠ 10A, ㉡ 15A
③ ㉠ 15A, ㉡ 20A ④ ㉠ 20A, ㉡ 30A

해설 보일러의 급수밸브 및 체크밸브의 크기는 전열면적 $10m^2$ 이하의 보일러에서는 호칭 15A 이상, 전열면적 $10m^2$를 초과하는 보일러에서는 호칭 20A 이상이어야 한다.

62 에너지이용 합리화법령상 에너지사용계획을 수립하여 산업통상자원부장관에게 제출하여야 하는 공공사업주관자의 설치 시설 기준으로 옳은 것은?

① 연간 2천5백 티오이 이상의 연료 및 열을 사용하는 시설
② 연간 5천 티오이 이상의 연료 및 열을 사용하는 시설
③ 연간 2천5백 킬로와트시 이상의 전력을 사용하는 시설
④ 연간 5천만 킬로와트시 이상의 전력을 사용하는 시설

정답 56. ① 57. ② 58. ② 59. ① 60. ③ 61. ③ 62. ①

해설 에너지사용계획을 수립하여 산업통상자원부장관에게 제출하여야 하는 공공사업주관자의 설치 시설 기준은 연간 2천5백 티오이(TOE) 이상의 연료 및 열을 사용하는 시설이다.

63 에너지이용 합리화법령에 따라 에너지관리산업기사 자격을 가진 자는 관리가 가능하나, 에너지관리기능사 자격을 가진 자는 관리할 수 없는 보일러 용량의 범위는?

① 5t/h 초과 10t/h 이하
② 10t/h 초과 30t/h 이하
③ 20t/h 초과 40t/h 이하
④ 30t/h 초과 60t/h 이하

해설 에너지관리기능사의 관리범위
㉠ 10t/h 이하인 보일러
㉡ 증기보일러로서 최고사용압력이 1MPa 이하이고, 전열면적이 10제곱미터 이하인 것
㉢ 온수발생 및 열매체를 가열하는 보일러로서 용량이 581.5킬로와트 이하인 것
㉣ 압력용기

64 점토질 단열재의 특징으로 틀린 것은?

① 내스폴링성이 작다.
② 노벽이 얇아져서 노의 중량이 적다.
③ 내화재와 단열재의 역할을 동시에 한다.
④ 안전사용온도는 1,300~1,500℃ 정도이다.

해설 점토질 단열재는 내스폴링성이 크다.

65 터널가마의 일반적인 특징이 아닌 것은?

① 소성이 균일하여 제품의 품질이 좋다.
② 온도조절의 자동화가 쉽다.
③ 열효율이 좋아 연료비가 절감된다.
④ 사용연료의 제한을 받지 않고 전력소비가 적다.

해설 터널가마는 연속요로, 사용연료의 제한을 받으며, 전력소비도 크다.

66 에너지이용 합리화법령상 에너지다소비사업자는 산업통상자원부령으로 정하는 바에 따라 에너지사용기자재의 현황을 매년 언제까지 시·도지사에게 신고하여야 하는가?

① 12월 31일까지 ② 1월 31일까지
③ 2월 말까지 ④ 3월 31일까지

해설 에너지사용기자재의 현황은 매년 1월 31일까지 시·도지사에게 신고해야 한다(에너지다소비업의 신고).

67 글로브밸브(globe valve)에 대한 설명으로 틀린 것은?

① 밸브 디스크 모양은 평면형, 반구형, 원뿔형, 반원형이 있다.
② 유체의 흐름방향이 밸브 몸통 내부에서 변한다.
③ 디스크 형상에 따라 앵글밸브, Y형밸브, 니들밸브 등으로 분류된다.
④ 조작력이 작아 고압의 대구경 밸브에 적합하다.

해설 글로브밸브의 개폐 조작력이 상대적으로 크다.

68 에너지 법령에 의한 에너지 총조사는 몇 년 주기로 시행하는가? (단, 간이조사는 제외한다.)

① 2년 ② 3년
③ 4년 ④ 5년

해설 에너지 법령에 의한 에너지(energy) 총조사는 3년 주기로 시행한다(단, 간이조사는 제외한다).

69 캐스터블 내화물의 특징이 아닌 것은?

① 소성할 필요가 없다.
② 접합부 없이 노체를 구축할 수 있다.
③ 사용 현장에서 필요한 형상으로 성형할 수 있다.
④ 온도의 변동에 따라 스폴링을 일으키기 쉽다.

해설 잔존수축과 열팽창이 적으므로 온도가 변화해도 스폴링을 일으키지 않는다.

70 다음 중 보냉재가 구비해야 할 조건이 아닌 것은?

① 탄력성이 있고 가벼워야 한다.
② 흡수성이 적어야 한다.
③ 열전도율이 적어야 한다.
④ 복사열의 투과에 대한 저항성이 없어야 한다.

해설 보냉재는 복사(일사)열에 대한 저항성이 커야 한다.

정답 63. ② 64. ① 65. ④ 66. ② 67. ④ 68. ② 69. ④ 70. ④

71 **열팽창에 의한 배관의 측면 이동을 구속 또는 제한하는 장치가 아닌 것은?**

① 앵커 ② 스토퍼
③ 브레이스 ④ 가이드

해설 앵커, 스토퍼, 가이드 등은 열팽창에 의한 배관의 측면 이동을 구속 또는 제한하는 장치다.
※ 브레이스(brace): 배관라인에 설치된 각종 펌프, 압축기 등에서 발생하는 진동을 흡수 · 완화시켜주는 장치로, 밸브 등 급속개폐에 따른 수격작용, 지진 등의 진동을 완화시켜준다.

72 **에너지이용 합리화법령에 따라 에너지사용계획에 대한 검토 결과 공공사업주관자가 조치 요청을 받은 경우, 이를 이행하기 위하여 제출하는 이행계획에 포함되어야 할 내용이 아닌 것은? (단, 산업통상자원부장관으로부터 요청 받은 조치의 내용은 제외한다.)**

① 이행주체 ② 이행방법
③ 이행장소 ④ 이행시기

73 **다음 중 에너지이용 합리화법령에 따라 에너지다소비사업자에게 에너지관리 개선명령을 할 수 있는 경우는?**

① 목표원단위보다 과다하게 에너지를 사용하는 경우
② 에너지관리지도 결과 10% 이상의 에너지효율 개선이 기대되는 경우
③ 에너지 사용실적이 전년도보다 현저히 증가한 경우
④ 에너지 사용계획 승인을 얻지 아니한 경우

해설 에너지다소비사업자에게 개선명령을 할 수 있는 경우는 에너지관리 지도 결과 10% 이상의 에너지효율 개선이 기대되고 효율개선을 위한 투자의 경제성이 있다고 인정되는 경우이다.

74 **도염식요는 조업방법에 의해 분류할 경우 어떤 형식인가?**

① 불연속식
② 반연속식
③ 연속식
④ 불연속식과 연속식의 절충형식

해설 ㉠ 불연속식 요(가마): 도염식, 횡염식, 승염식
㉡ 연속식 요: 터널요, 윤요(고리가마), 견요(샤프트로), 회전요(로터리가마)
㉢ 반연속식 요: 셔틀요, 등요

75 **에너지이용 합리화법령에 따라 효율관리기자재의 제조업자는 효율관리시험기관으로부터 측정 결과를 통보받은 날부터 며칠 이내에 그 측정 결과를 한국에너지공단에 신고하여야 하는가?**

① 15일
② 30일
③ 60일
④ 90일

해설 효율관리기자재의 제조업자는 효율관리시험기관으로부터 측정 결과를 통보받은 날부터 90일 이내에 그 측정 결과를 한국에너지공단에 신고해야 한다.

76 **에너지이용 합리화법에 따라 산업통상자원부장관이 국내외 에너지 사정의 변동으로 에너지 수급에 중대한 차질이 발생될 경우 수급안정을 위해 취할 수 있는 조치 사항이 아닌 것은?**

① 에너지의 배급
② 에너지의 비축과 저장
③ 에너지의 양도 · 양수의 제한 또는 금지
④ 에너지 수급의 안정을 위하여 산업통상자원부령으로 정하는 사항

77 **에너지이용 합리화법령에 따라 산업통상자원부장관이 위생 접객업소 등에 에너지사용의 제한 조치를 할 때에는 며칠 이전에 제한 내용을 예고하여야 하는가?**

① 7일
② 10일
③ 15일
④ 20일

해설 산업통상자원부장관이 위생접객업소 등에 에너지사용의 제한 조치를 할 때에는 7일 전에 제한 내용을 예고해야 한다.

정답 71. ③ 72. ③ 73. ② 74. ① 75. ④ 76. ④ 77. ①

78 에너지이용 합리화법상 에너지다소비사업자의 신고와 관련하여 다음 (　　)에 들어갈 수 없는 것은? (단, 대통령령은 제외한다.)

> 산업통상자원부장관 및 시·도지사는 에너지다소비사업자가 신고한 사항을 확인하기 위하여 필요한 경우 (　　　　)에 대하여 에너지다소비사업자에게 공급한 에너지의 공급량 자료를 제출하도록 요구할 수 있다.

① 한국전력공사
② 한국가스공사
③ 한국가스안전공사
④ 한국지역난방공사

해설 산업통상자원부장관 및 시·도지사는 에너지다소비사업자가 신고한 사항을 확인하기 위하여 필요한 경우 한국가스안전공사에 대하여 에너지다소비사업자에게 공급한 에너지의 공급량 자료를 제출하도록 요구할 수 있다.

79 다음 보온재 중 재질이 유기질 보온재에 속하는 것은?

① 우레탄폼
② 펄라이트
③ 세라믹 파이버
④ 규산칼슘 보온재

해설 **유기질 보온재**
㉠ 펠트(felt)
㉡ 코르크(cork)
㉢ 기포성 수지(우레탄폼)
㉣ 텍스류

80 다음 중 제강로가 아닌 것은?

① 고로　② 전로
③ 평로　④ 전기로

해설 **제강로의 종류**
㉠ 전로
㉡ 평로
㉢ 전기로

제5과목 열설비설계

81 서로 다른 고체 물질 A, B, C인 3개의 평판이 서로 밀착되어 복합체를 이루고 있다. 정상상태에서의 온도 분포가 [그림]과 같을 때, 어느 물질의 열전도도가 가장 작은가? (단, 온도 T_1=1,000℃, T_2=800℃, T_3=550℃, T_4=250℃이다.)

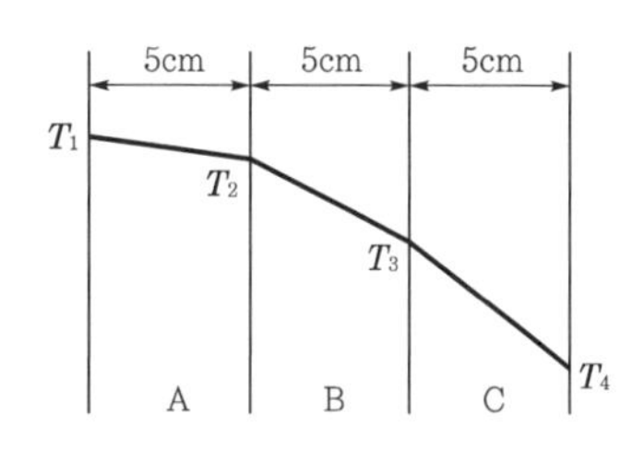

① A　② B
③ C　④ 모두 같다.

해설 $Q=\lambda A\frac{\Delta T}{L}$[W]

열전도도(계수) $\lambda\propto\frac{1}{\Delta T}$

$(\Delta T_1=200℃, \Delta T_2=250℃, \Delta T_3=300℃)$

82 급수처리 방법 중 화학적 처리방법은?

① 이온교환법
② 가열연화법
③ 증류법
④ 여과법

해설 이온교환법은 급수처리방법 중 화학적 처리방법이다.
※ 물리적 처리방법: 침전법, 여과법, 탈기기에 의한 탈기법, 증발기에 의한 정제법(증류법), 가열연화법

83 다음 중 사이폰관이 직접 부착된 장치는?

① 수면계
② 안전밸브
③ 압력계
④ 어큐뮬레이터

해설 사이폰관이 직접 부착된 장치는 압력계이다.

정답 78. ③ 79. ① 80. ① 81. ③ 82. ① 83. ③

84 파이프의 내경 D[mm]를 유량 Q[m³/s]와 평균 속도 V[m/s]로 표시한 식으로 옳은 것은?

① $D=1{,}128\sqrt{\dfrac{Q}{V}}$

② $D=1{,}128\sqrt{\dfrac{\pi V}{Q}}$

③ $D=1{,}128\sqrt{\dfrac{Q}{\pi V}}$

④ $D=1{,}128\sqrt{\dfrac{V}{Q}}$

해설
$$Q=AV=\frac{\pi}{4}\left(\frac{D}{1{,}000}\right)^2 V$$
$$D=\sqrt{\frac{Q\times 4\times 1{,}000^2}{\pi V}}=1{,}128\sqrt{\frac{Q}{V}}\,[\text{mm}]$$

85 보일러의 강도 계산에서 보일러 동체 속에 압력이 생기는 경우 원주방향의 응력은 축방향 응력의 몇 배 정도인가? (단, 동체 두께는 매우 얇다고 가정한다.)

① 2배
② 4배
③ 8배
④ 16배

해설 보일러 강도 계산에서의 원주응력$\left(\sigma_1=\dfrac{PD}{2t}\right)$은 축방향 응력$\left(\sigma_2=\dfrac{PD}{4t}\right)$의 두 배이다.

86 수관 보일러와 비교한 원통 보일러의 특징에 대한 설명으로 틀린 것은?

① 구조상 고압용 및 대용량에 적합하다.
② 구조가 간단하고 취급이 비교적 용이하다.
③ 전열면적당 수부의 크기는 수관보일러에 비해 크다.
④ 형상에 비해서 전열면적이 작고 열효율은 낮은 편이다.

해설 원통형 보일러는 물(증기)이 들어 있는 큰 원통에 연소기체가 지나는 굵은 통(노통)이나 가는 관(연관)이 관통하는 보일러로, 구조가 간단하고 복잡한 제어장치가 필요 없어서 소규모 보일러에 자주 쓰인다.

87 다음 중 특수열매체 보일러에서 가열 유체로 사용되는 것은?

① 폴리아미드 ② 다우섬
③ 덱스트린 ④ 에스테르

해설 특수열매체 보일러는 특수용도 및 장소 또는 열매체율이 물 대신에 비점이 낮은 수은, 다우섬 등의 특수열매체를 사용하여 증기를 발생시키는 보일러이다.

88 다음 중 보일러 안전장치로 가장 거리가 먼 것은?

① 방폭문 ② 안전밸브
③ 체크밸브 ④ 고저수위경보기

해설 체크밸브(check valve)는 방향제어 밸브로, 유체를 한쪽 방향으로만 흐르게 하는 밸브(역지밸브)이다.

89 보일러의 만수보존법에 대한 설명으로 틀린 것은?

① 밀폐 보존방식이다.
② 겨울철 동결에 주의하여야 한다.
③ 보통 2~3개월의 단기보존에 사용된다.
④ 보일러수는 pH 6 정도 유지되도록 한다.

해설 보일러의 만수보존법에서 보일러수는 pH 12 정도를 유지하도록 한다.

90 유체의 압력손실에 대한 설명으로 틀린 것은? (단, 관마찰계수는 일정하다.)

① 유체의 점성으로 인해 압력손실이 생긴다.
② 압력손실은 유속의 제곱에 비례한다.
③ 압력손실은 관의 길이에 반비례한다.
④ 압력손실은 관의 내경에 반비례한다.

해설
$$\Delta P(=\gamma h_L)=f\times\frac{L}{d}\times\frac{\gamma V^2}{2g}$$
$$=f\times\frac{L}{d}\times\frac{\rho V^2}{2}[\text{Pa}]$$
$\Delta P\propto L$
∴ 압력강하는 관의 길이에 비례한다.

91 다음 중 고압보일러용 탈산소제로서 가장 적합한 것은?

① $(C_6H_{10}O_5)_n$ ② Na_2SO_3
③ N_2H_4 ④ $NaHSO_3$

정답 84. ① 85. ① 86. ① 87. ② 88. ③ 89. ④ 90. ③ 91. ③

해설 고압보일러용 탈산소제로 가장 적합한 것은 하이드라진(N_2H_4)이다.

92 인젝터의 특징으로 틀린 것은?

① 급수온도가 높으면 작동이 불가능하다.
② 소형 저압보일러용으로 사용된다.
③ 구조가 간단하다.
④ 열효율은 좋으나 별도의 소요 동력이 필요하다.

해설 인젝터는 예비급수장치로 증기가 보유하고 있는 열에너지를 속도에너지로 전환시키고 다시 압력에너지로 바꾸어 급수하는 장치이다.

※ 인젝터의 특징
㉠ 구조가 간단하고 가격이 저렴하다.
㉡ 급수가 예열되고 열효율이 좋아진다.
㉢ 설치장소가 적게 필요하고 별도의 동력원이 필요 없다.
㉣ 급수량 조절이 어렵다.
㉤ 급수온도가 너무 높거나 낮으면 급수불량이 발생한다.

93 프라이밍 및 포밍 발생 시 조치사항에 대한 설명으로 틀린 것은?

① 안전밸브를 전개하여 압력을 강하시킨다.
② 증기 취출을 서서히 한다.
③ 연소량을 줄인다.
④ 수위를 안정시킨 후 보일러수의 농도를 낮춘다.

해설 안전밸브를 전개하여 압력을 강하시키면(낮추면) 프라이밍 및 포밍 현상이 더욱 잘 일어나므로 수증기 밸브를 잠가서 압력을 증가시켜 주어야 한다.

94 이온 교환체에 의한 경수의 연화 원리에 대한 설명으로 옳은 것은?

① 수지의 성분과 Na형의 양이온과 결합하여 경도성분 제거
② 산소 원자와 수지가 결합하여 경도성분 제거
③ 물속의 음이온과 양이온이 동시에 수지와 결합하여 경도성분 제거
④ 수지가 물속의 모든 이물질과 결합하여 경도성분 제거

해설 경수연화장치는 강산성, 양이온 교환수지를 사용하여 원수 중의 경도성분만을 제거하는 장치로, 센물을 단물로 만들어 주는 장치이다.

95 수관 1개의 길이가 2,200mm, 수관의 내경이 60mm, 수관의 두께가 4mm인 수관 100개를 갖는 수관 보일러의 전열면적은 약 몇 m^2인가?

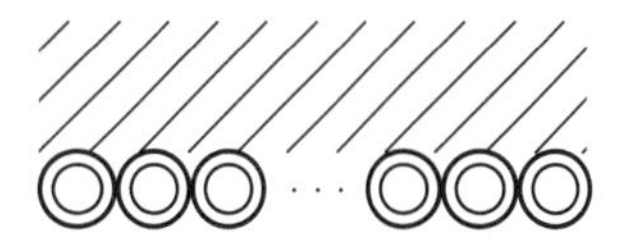

① 42
② 47
③ 52
④ 57

해설 수관보일러 전열면적(A)

$$A = \pi D_o Ln = \pi(D_i + 2t)Ln$$
$$= \pi(60 + 2\times4)\times10^{-3}\times2.2\times100$$
$$\fallingdotseq 47m^2$$

96 일반적인 주철제 보일러의 특징으로 적절하지 않은 것은?

① 내식성이 좋다.
② 인장 및 충격에 강하다.
③ 복잡한 구조라도 제작이 가능하다.
④ 좁은 장소에서도 설치가 가능하다.

해설 주철제 보일러는 인장 및 충격에 약하다.

97 방사 과열기에 대한 설명 중 틀린 것은?

① 주로 고온, 고압 보일러에서 접촉 과열기와 조합해서 사용한다.
② 화실의 천장부 또는 노벽에 설치한다.
③ 보일러 부하와 함께 증기온도가 상승한다.
④ 과열온도의 변동을 적게 하는 데 사용된다.

해설 방사 과열기는 온도가 높은 노상부나 노벽에 설치하여 복사열로 증기를 가열시키는 형식의 가열기로, 보일러 부하가 증가할수록 증기온도가 떨어지는 특징이 있다.

정답 92. ④ 93. ① 94. ① 95. ② 96. ② 97. ③

98 내압을 받는 어떤 원통형 탱크의 압력이 0.3MPa, 직경이 5m, 강판 두께가 10mm이다. 이 탱크의 이음효율을 75%로 할 때, 강판의 인장응력(N/mm^2)은 얼마인가? (단, 탱크의 반경방향으로 두께에 응력이 유기되지 않는 이론값을 계산한다.)

① 200 ② 100
③ 20 ④ 10

해설
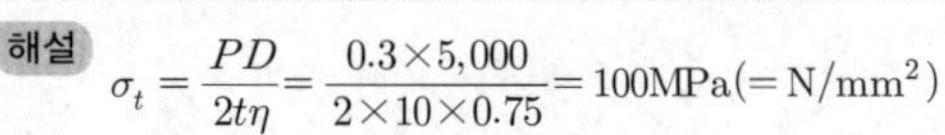
$$\sigma_t = \frac{PD}{2t\eta} = \frac{0.3\times 5{,}000}{2\times 10\times 0.75} = 100\text{MPa}(=\text{N/mm}^2)$$

99 물을 사용하는 설비에서 부식을 초래하는 인자로 가장 거리가 먼 것은?

① 용존 산소 ② 용존 탄산가스
③ pH ④ 실리카

해설 물을 사용하는 설비에서 부식을 초래하는 인자
㉠ 용존 산소
㉡ pH(수소이온농도)
㉢ 용존 탄산가스(CO_2)

100 보일러의 모리슨형 파형노통에서 노통의 최소 안지름이 950mm, 최고사용압력을 1.1MPa이라 할 때 노통의 최소두께는 몇 mm인가? (단, 평형부 길이가 230mm 미만이며, 상수 C는 1,100이다.)

① 5 ② 8
③ 10 ④ 13

해설 파형노통 보일러에서 평행부(파형부) 길이가 230mm 미만인 경우 노통의 최소두께$(t) = \frac{PD}{C} = \frac{10PD}{C}$

$$= \frac{10\times 1.1\times 950}{1{,}100} = 9.5\text{mm} ≒ 10\text{mm}$$

※ 문제에서 제시한 압력단위가 MPa($=N/mm^2$)이므로 단위에 유의해야 한다(1MPa≒10kgf/cm^2).

정답 98. ② 99. ④ 100. ③

부록

Engineer Energy Management

CBT 대비 실전 모의고사

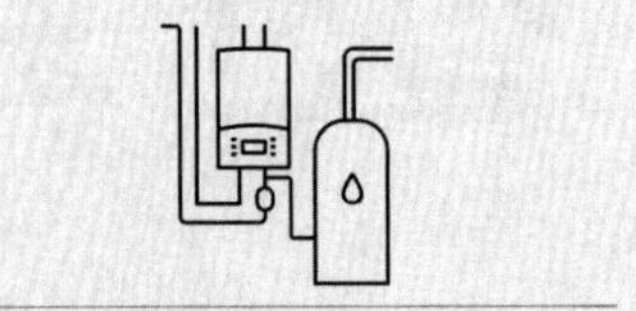
Engineer Energy Management

Engineer Energy Management

부 록 제1회 CBT 대비 실전 모의고사

▸ 정답 및 해설 p. 부록-13

제1과목 연소공학

01 질량 조성비가 탄소 60%, 질소 13%, 황 0.8%, 수분 5%, 수소 8.6%, 산소 5%, 회분 7.6%인 고체연료 5kg을 공기비 1.1로 완전 연소시키고자 할 때의 실제 공기량은 약 몇 Nm^3인가?

① 9.6 ② 41.2
③ 48.4 ④ 75.5

02 연소로에서의 흡출통풍에 대한 설명으로 옳지 않은 것은?

① 노 안은 항시 부압(-)으로 유지된다.
② 흡출기로 배기가스를 방출하므로 연돌의 높이에 관계없이 연소할 수 있다.
③ 고온가스에 의한 송풍기의 재질이 견딜 수 있어야 한다.
④ 가열 연소용 공기를 사용하며 경제적이다.

03 열효율 향상 대책이 아닌 것은?

① 과잉공기를 증가시킨다.
② 손실열을 가급적 적게 한다.
③ 전열량이 증가되는 방법을 취한다.
④ 장치의 최적 설계조건과 운전조건을 일치시킨다.

04 연소가스 부피조성이 CO_2 13%, O_2 8%, N_2 79%일 때 공기과잉계수(공기비)는?

① 1.2 ② 1.4
③ 1.6 ④ 1.8

05 CH_4 가스 $1Nm^3$를 30% 과잉공기로 연소시킬 때 연소가스량은?

① $2.38Nm^3/kg$ ② $13.36Nm^3/kg$
③ $23.1Nm^3/kg$ ④ $82.31Nm^3/kg$

06 다음 중 액체연료가 갖는 일반적인 특징이 아닌 것은?

① 연소온도가 높기 때문에 국부과열을 일으키기 쉽다.
② 발열량은 높지만 품질이 일정하지 않다.
③ 화재, 역화 등의 위험이 크다.
④ 연소할 때 소음이 발생한다.

07 보일러 등의 연소장치에서 질소산화물(NO_x)의 생성을 억제할 수 있는 연소방법이 아닌 것은?

① 2단 연소
② 저산소(저공기비) 연소
③ 배기의 재순환 연소
④ 연소용 공기의 고온 예열

08 분젠버너를 사용할 때 가스의 유출속도를 점차 빠르게 하면 불꽃 모양은 어떻게 되는가?

① 불꽃이 엉클어지면서 짧아진다.
② 불꽃이 엉클어지면서 길어진다.
③ 불꽃의 형태는 변화 없고 밝아진다.
④ 매연을 발생하면서 연소한다.

09 보일러의 열정산 시 출열에 해당하지 않는 것은?

① 연소배기가스 중 수증기의 보유열
② 건연소배가스의 현열
③ 불완전연소에 의한 손실열
④ 급수의 현열

10 분자식이 C_mH_n인 탄화수소가스 $1Nm^3$를 완전연소시키는 데 필요한 이론공기량(Nm^3)은? (단, C_mH_n의 m, n은 상수이다.)

① $4.76m+1.19n$ ② $1.19m+4.7n$
③ $m+\frac{n}{4}$ ④ $4m+0.5n$

11 원소분석 결과 C, S와 연소가스분석으로 $(CO_2)_{max}$를 알고 있을 때의 건연소가스량(G')을 구하는 식은?

① $G' = \frac{1.867C + 0.7S}{(CO_2)_{max}}$

② $G' = \frac{(CO_2)_{max}}{1.867C + 0.7S}$

③ $G' = \frac{1.867C + 3.3S}{(CO_2)_{max}}$

④ $G' = \frac{(CO_2)_{max}}{1.867C + 3.3S}$

12 다음 연료 중 단위 중량당 발열량이 가장 높은 것은?

① LPG
② 무연탄
③ LNG
④ 중유

13 과잉공기량이 많을 때 일어나는 현상으로 옳은 것은?

① 배기가스에 의한 열손실이 감소한다.
② 연소실의 온도가 높아진다.
③ 연료 소비량이 적어진다.
④ 불완전연소물의 발생이 적어진다.

14 부탄의 연소반응에 대한 설명으로 틀린 것은?

① 부탄 1kg을 연소시키기 위해서는 2.51 Nm^3의 산소가 필요하다.
② 부탄을 완전연소시키기 위해서는 질량으로 6.5배의 산소가 필요하다.
③ 부탄 $1m^3$를 연소시키면 $4m^3$의 탄산가스가 발생한다.
④ 부탄과 산소의 질량의 합은 탄산가스와 수증기의 질량의 합과 같다.

15 연료의 연소 시 CO_{2max}(%)는 어느 때의 값인가?

① 이론공기량으로 연소 시
② 실제공기량으로 연소 시
③ 과잉공기량으로 연소 시
④ 이론량보다 적은 공기량으로 연소 시

16 95%의 효율을 가진 집진장치계통을 요구하는 어느 공장에서 35% 효율을 가진 장치를 이미 설치하였다. 주처리장치는 몇 % 효율을 가진 것이어야 하는가?

① 60.00 ② 85.76
③ 92.31 ④ 95.45

17 연료 조성이 C: 80%, H_2: 18%, O_2: 2%인 연료를 사용하여 10.2%의 CO_2가 계측되었다면 이때의 최대 탄산가스율은? (단, 과잉공기량은 $3Nm^3/kg$이다.)

① 12.78% ② 13.25%
③ 14.78% ④ 15.25%

18 체적이 $0.3m^3$인 용기 안에 메탄(CH_4)과 공기 혼합물이 들어 있다. 공기는 메탄을 연소시키는 데 필요한 이론공기량보다 20%가 더 들어 있고, 연소 전 용기의 압력은 300kPa, 온도는 90℃이다. 연소 전 용기 안에 있는 메탄의 질량은 약 몇 g인가?

① 27.6 ② 33.7
③ 38.4 ④ 42.1

19 프로판가스 $1Nm^3$를 공기과잉률 1.1로 완전 연소시켰을 때의 건연소가스량은 약 몇 Nm^3인가?

① 14.9 ② 18.6
③ 24.2 ④ 29.4

20 공기비(m)에 대한 식으로 옳은 것은?

① $\frac{\text{실제공기량}}{\text{이론공기량}}$ ② $\frac{\text{이론공기량}}{\text{실제공기량}}$

③ $1 - \frac{\text{과잉공기량}}{\text{이론공기량}}$ ④ $\frac{\text{실제공기량}}{\text{과잉공기량}} - 1$

제2과목 열역학

21 다음 중 경로에 의존하는 값은?

① 엔트로피 ② 위치에너지
③ 엔탈피 ④ 일

22 스로틀링(throttling) 밸브를 이용하여 Joule-Thomson 효과를 보고자 한다. 이때 압력이 감소함에 따라 온도가 감소하는 경우는 Joule-Thomson 계수 μ가 어떤 값을 가질 때인가?

① $\mu = 0$ ② $\mu > 0$
③ $\mu < 0$ ④ $\mu = -0$

23 실제 기체의 거동이 이상기체법칙으로 표현될 수 있는 상태는?

① 압력이 낮고 온도가 임계온도 이상인 상태
② 압력과 온도가 모두 낮은 상태
③ 압력은 임계온도 이상이고 온도가 낮은 상태
④ 압력과 온도가 모두 임계점 이상인 상태

24 다음 중 가스터빈의 사이클로 가장 많이 사용되는 사이클은?

① 오토 사이클 ② 디젤 사이클
③ 랭킨 사이클 ④ 브레이턴 사이클

25 피스톤과 실린더로 구성된 밀폐된 용기 내에 일정한 질량의 이상기체가 차 있다. 초기 상태의 압력은 2bar, 체적은 0.5m^{3}이다. 이 시스템의 온도가 일정하게 유지되면서 팽창하여 압력이 1bar가 되었다. 이 과정 동안에 시스템이 한 일은 몇 kJ인가?

① 64 ② 70
③ 79 ④ 83

26 열기관의 효율을 면적의 비로 표시할 수 있는 선도는?

① $H-S$ 선도 ② $T-S$ 선도
③ $T-V$ 선도 ④ $P-T$ 선도

27 가열량 및 압축비가 같을 경우 사이클의 효율이 큰 것부터 작은 순서대로 옳게 나타낸 것은?

① 오토사이클 > 디젤사이클 > 사바테사이클
② 사바테사이클 > 오토사이클 > 디젤사이클
③ 디젤사이클 > 오토사이클 > 사바테사이클
④ 오토사이클 > 사바테사이클 > 디젤사이클

28 다음 중 보일러 열정산에서 입열 항목이 아닌 것은?

① 연료의 보유열량
② 연소용 공기의 현열
③ 냉각수의 보유 현열량
④ 발열반응에 의한 반응열

29 그림과 같은 $T-S$선도를 갖는 사이클은?

① Brayton 사이클
② Ericsson 사이클
③ Carnot 사이클
④ Stirling 사이클

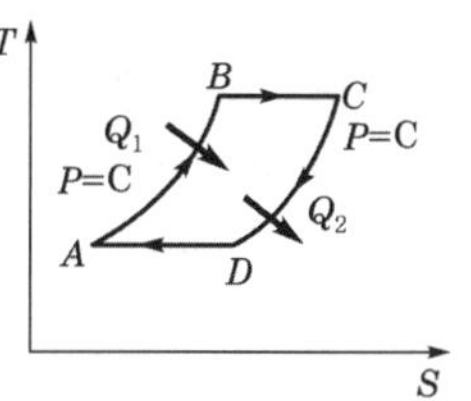

30 온도 30℃, 압력 350kPa에서 비체적이 0.449m^3/kg인 이상기체의 기체상수는 몇 kJ/kgK인가?

① 0.143 ② 0.287
③ 0.518 ④ 2.077

31 엔탈피가 3,140kJ/kg인 과열증기가 단열노즐에 저속상태로 들어와 출구에서 엔탈피가 3,010kJ/kg인 상태로 나갈 때 출구에서의 증기 속도(m/s)는?

① 8 ② 25
③ 160 ④ 510

32 열역학 제2법칙과 관계가 먼 것은?

① 열은 온도가 높은 곳에서 낮은 곳으로 흐른다.
② 전열선에 전기를 가하면 열이 나지만 전열선을 가열하여도 전력을 얻을 수 없다.
③ 열기관의 효율에 대한 이론적인 한계를 결정한다.
④ 전체 에너지양은 항상 보존된다.

33 다음 중 절탄기에 관한 설명으로 옳은 것은?

① 석탄의 절약을 목적으로 하는 부속장치이다.
② 연도가스의 열로 급수를 예열하는 장치이다.
③ 연도가스의 열로 고온의 공기를 만드는 장치이다.
④ 연도가스의 열로 고온의 증기를 만드는 장치이다.

34 이상 및 실제 사이클 과정 중 항상 성립하는 것은? (단, Q는 시스템에 가해지는 열량, T는 절대온도이다.)

① $\oint \frac{\delta Q}{T} = 0$ ② $\oint \frac{\delta Q}{T} > 0$
③ $\oint \frac{\delta Q}{T} \geq 0$ ④ $\oint \frac{\delta Q}{T} \leq 0$

35 어느 기체가 압력이 500kPa일 때의 체적이 50L였다. 이 기체의 압력을 2배로 증가시키면 체적은 몇 L인가? (단, 온도는 일정한 상태이다.)

① 100 ② 50
③ 25 ④ 12.5

36 다음은 열역학적 사이클에서 일어나는 여러 가지의 과정이다. 이상적인 카르노(Carnot) 사이클에서 일어나는 과정을 옳게 나열한 것은?

㉠ 등온압축과정	㉡ 정적팽창과정
㉢ 정압압축과정	㉣ 단열팽창과정

① ㉠, ㉡ ② ㉡, ㉢
③ ㉢, ㉣ ④ ㉠, ㉣

37 저열원 10℃, 고열원 600℃ 사이에 작용하는 카르노 사이클에서 사이클당 방열량이 3.5kJ이면 사이클당 실제 일의 양은 약 몇 kJ인가?

① 3.5 ② 5.7
③ 6.8 ④ 7.3

38 이상적인 사이클로서 카르노(Carnot) 사이클에 관한 설명으로 옳은 것은?

① 효율이 카르노 사이클보다 더 높은 사이클이 있다.
② 과정 중에 등엔트로피 과정이 있다.
③ 카르노 사이클은 외부에서 열을 받고 일을 하지만 열을 방출하지는 않는다.
④ 외부와의 열교환 과정은 유한 온도차에 의한 열전달을 통해 이루어진다.

39 냉동(refrigeration) 사이클에 대한 성능계수(COP)는 다음 중 어느 것을 해준 일(work input)로 나누어 준 것인가?

① 저온측에서 방출된 열량
② 저온측에서 흡수한 열량
③ 고온측에서 방출된 열량
④ 고온측에서 흡수한 열량

40 가역과정에서 열역학적 비유동계 에너지의 일반식은?

① $\delta Q = dU + PV$ ② $\delta Q = dU - PV$
③ $\delta Q = dU + PdV$ ④ $\delta Q = dU - PdV$

제3과목 계측방법

41 절대압력 700mmHg는 약 몇 kPa인가?

① 93kPa ② 103kPa
③ 113kPa ④ 123kPa

42 방사고온계는 다음 중 어느 이론을 응용한 것인가?

① 제백 효과
② 필터 효과
③ 슈테판-볼츠만의 법칙
④ 윈-프랑크의 법칙

43 저항온도계에 활용되는 측온저항체의 종류에 해당되는 것은?

① 서미스터(thermistor) 저항온도계
② 철-콘스탄탄(IC) 저항온도계
③ 크로멜(chromel) 저항온도계
④ 알루멜(alumel) 저항온도계

44 탱크의 액위를 제어하는 방법으로 주로 이용되며 뱅뱅제어라고도 하는 것은?

① PD 동작 ② PI 동작
③ P 동작 ④ 온·오프 동작

45 열전대 온도계에서 열전대의 구비조건으로 틀린 것은?

① 장시간 사용하여도 변형이 없을 것
② 재생도가 높고 가공이 용이할 것
③ 전기저항, 저항온도계수와 열전도율이 클 것
④ 열기전력이 크고 온도 상승에 따라 연속적으로 상승할 것

46 방사온도계의 특징에 대한 설명으로 옳은 것은?

① 측정대상의 온도에 영향이 크다.
② 이동물체에 대한 온도측정이 가능하다.
③ 저온도에 대한 측정에 적합하다.
④ 응답속도가 느리다.

47 열전대 보호관 중 다공질로서 급랭, 급열에 강하며 방사온도계용 단망관, 2중 보호관의 외관으로 주로 사용되는 것은?

① 카보런덤관　② 자기관
③ 석영관　④ 황동관

48 제어장치 중 기본입력과 검출부 출력의 차를 조작부에 신호로 전하는 부분은?

① 조절부　② 검출부
③ 비교부　④ 제어부

49 열선식 유량계에 대한 설명으로 틀린 것은?

① 열선의 전기저항이 감소하는 것을 이용한 유량계를 열선풍속계라 한다.
② 유체가 필요로 하는 열량이 유체의 양에 비례하는 것을 이용한 유량계는 토마스식 유량계이다.
③ 기체의 종류가 바뀌거나 조성이 변해도 정도가 높다.
④ 기체의 질량유량을 직접 측정이 가능하다.

50 보일러의 자동제어에서 인터록 제어의 종류가 아닌 것은?

① 압력 초과　② 저연소
③ 고온도　④ 불착화

51 가스크로마토그래피의 특징에 대한 설명으로 옳지 않은 것은?

① 1대의 장치로는 여러 가지 가스를 분석할 수 없다.
② 미량성분의 분석이 가능하다.
③ 분리성능이 좋고 선택성이 우수하다.
④ 응답속도가 다소 느리고 동일한 가스의 연속 측정이 불가능하다.

52 가스미터의 표준기로도 이용되는 가스미터의 형식은?

① 오벌(oval)형
② 드럼(drum)형
③ 다이어프램(diaphragm)형
④ 로터리 피스톤(rotary piston)형

53 수위의 역응답에 대한 설명 중 틀린 것은?

① 증기유량이 증가하면 수위가 약간 상승하는 현상
② 증기유량이 감소하면 수위가 약간 하강하는 현상
③ 보일러 물속에 점유하고 있는 기포의 체적변화에 의해 발생하는 현상
④ 프라이밍(priming)이나 포밍(forming)에 의해 발생하는 현상

54 다음 중 잔류편차(offset) 현상이 발생하는 제어동작은?

① 온-오프(On-Off)의 2위치 동작
② 비례동작(P동작)
③ 비례적분동작(PI동작)
④ 비례적분미분동작(PID동작)

55 오르자트(Orsat) 분석기에서 CO_2의 흡수액은?

① 산성 염화 제1구리 용액
② 알칼리성 염화 제1구리 용액
③ 염화암모늄 용액
④ 수산화칼륨 용액

56 다음 중 가장 높은 압력을 측정할 수 있는 압력계는?

① 부르동관(bourdon tube) 압력계
② 다이어프램(diaphragm) 압력계
③ 벨로우즈(bellows) 압력계
④ 링밸런스(ring balance) 압력계

57 단요소식 수위제어에 대한 설명으로 옳은 것은?

① 발전용 고압 대용량 보일러의 수위제어에 사용된다.
② 보일러의 수위만을 검출하여 급수량을 조절하는 방식이다.
③ 수위조절기의 제어동작에는 PID 동작이 채용된다.
④ 부하 변동에 의한 수위의 변화 폭이 아주 적다.

58 수은 압력계를 사용하여 어떤 탱크 내의 압력을 측정한 결과 압력계의 눈금 차가 800mmHg이었다. 만일 대기압이 750mmHg라면 실제 탱크 내의 압력은 몇 mmHg인가?

① 50 ② 750
③ 800 ④ 1,550

59 다음 중 가장 높은 온도의 측정에 사용되는 열전대의 형식은?

① T형 ② K형
③ R형 ④ J형

60 열전대(thermocouple)의 구비조건으로 틀린 것은?

① 열전도율이 작을 것
② 전기저항과 온도계수가 클 것
③ 기계적 강도가 크고 내열성, 내식성이 있을 것
④ 온도 상승에 따른 열기전력이 클 것

제4과목 열설비재료 및 관계법규

61 에너지이용 합리화법에 따라 검사대상기기의 계속사용검사 신청은 검사 유효기간 만료의 며칠 전까지 하여야 하는가?

① 3일 ② 10일
③ 15일 ④ 30일

62 스폴링(spalling)의 발생원인으로 가장 거리가 먼 것은?

① 온도 급변에 의한 열응력
② 노재의 불순 성분 함유
③ 화학적 슬래그 등에 의한 부식
④ 장력이나 전단력에 의한 내화벽돌의 강도 저하

63 보온재의 열전도율에 대한 설명으로 옳은 것은?

① 열전도율 0.5kcal/mh℃ 이하를 기준으로 하고 있다.
② 재질 내 수분이 많을 경우 열전도율은 감소한다.
③ 비중이 클수록 열전도율은 작아진다.
④ 밀도가 작을수록 열전도율은 작아진다.

64 에너지이용 합리화법에서 정한 에너지관리기준이란?

① 에너지다소비업자가 에너지관리 현황에 대한 조사에 필요한 기준
② 에너지다소비업자가 에너지를 효율적으로 관리하기 위하여 필요한 기준
③ 에너지다소비업자가 에너지 사용량 및 제품 생산량에 맞게 에너지를 소비하도록 만든 기준
④ 에너지다소비업자가 에너지관리 진단 결과 손실요인을 줄이기 위해 필요한 기준

65 열사용기자재의 정의에 대한 내용이 아닌 것은?

① 연료를 사용하는 기기
② 열을 사용하는 기기
③ 열을 단열하는 자재 및 축열식 전기기기
④ 폐열회수장치 및 전열장치

66 다음 중 유기질 보온재가 아닌 것은?

① 우모펠트　② 우레탄폼
③ 암면　④ 탄화코르크

67 국가에너지절약추진위원회는 위원장을 포함하여 몇 명으로 구성되는가?

① 10인 이내　② 15인 이내
③ 20인 이내　④ 25인 이내

68 에너지/저장의무를 부과할 수 있는 대상자가 아닌 것은?

① 전기사업법에 의한 전기사업자
② 도시가스사업법에 의한 도시가스사업자
③ 풍력사업법에 의한 풍력사업자
④ 석탄산업법에 의한 석탄가공업자

69 산업통상자원부장관은 에너지이용합리화를 위하여 필요하다고 인정하는 경우에는 효율관리기자재로 정하여 고시할 수 있다. 효율관리기자재가 아닌 것은? (단, 산업통상자원부장관이 그 효율의 향상이 특히 필요하다고 인정하여 고시하는 기자재 및 설비는 제외한다.)

① 전기냉방기　② 전기세탁기
③ 백열전구　④ 전자레인지

70 에너지다소비업자의 연간에너지 사용량의 기준은?

① 1천 티오이 이상인 자
② 2천 티오이 이상인 자
③ 3천 티오이 이상인 자
④ 5천 티오이 이상인 자

71 용접검사가 면제되는 대상기기가 아닌 것은?

① 용접이음이 없는 강관을 동체로 한 헤더
② 최고사용압력이 0.3MPa이고 동체의 안지름이 580mm인 전열교환식 1종 압력용기
③ 전열면적이 5.9m^{2}이고, 최고사용압력이 0.5MPa인 강철제 보일러
④ 전열면적이 16.9m^{2}이고, 최고사용압력이 0.3MPa인 온수보일러

72 한국에너지공단의 사업이 아닌 것은?

① 신에너지 및 재생에너지 개발사업의 촉진
② 열사용기자재의 안전관리
③ 에너지의 안정적 공급
④ 집단에너지사업의 촉진을 위한 지원 및 관리

73 볼밸브(ball valve)의 특징에 대한 설명으로 틀린 것은?

① 유로가 배관과 같은 형상으로 유체의 저항이 적다.
② 밸브의 개폐가 쉽고 조작이 간편하고 자동조작밸브로 활용된다.
③ 이음쇠 구조가 없기 때문에 설치공간이 작아도 되고 보수가 쉽다.
④ 밸브대가 90° 회전하므로 패킹과 원주방향 움직임이 크기 때문에 기밀성이 약하다.

74 에너지이용 합리화 기본계획은 산업통상자원부장관이 몇 년마다 수립하여야 하는가?

① 3년　② 4년
③ 5년　④ 10년

75 에너지이용 합리화법에 따라 검사대상기기 설치자의 변경신고는 변경일로부터 15일 이내에 누구에게 하여야 하는가?

① 한국에너지공단이사장
② 산업통상자원부장관
③ 지방자치단체장
④ 관할소방서장

76 다음 중 열사용기자재에 해당되는 축열식 전기보일러는?

① 정격소비전력이 50kW 이하이며 최고사용압력이 0.53MPa 이하인 것
② 정격소비전력이 30kW 이하이며 최고사용압력이 0.35MPa 이하인 것
③ 정격소비전력이 50kW 이하이며 최고사용압력이 0.5MPa 이하인 것
④ 정격소비전력이 30kW 이하이며 최고사용압력이 0.5MPa 이하인 것

77 마그네시아 벽돌에 대한 설명으로 틀린 것은?

① 마그네사이트 또는 수산화마그네슘을 주원료로 한다.
② 산성벽돌로서 비중과 열전도율이 크다.
③ 열팽창성이 크며 스폴링이 약하다.
④ 1,500℃ 이상으로 가열하여 소성한다.

78 보온재의 열전도율에 대한 설명으로 옳은 것은?

① 열전도율이 클수록 좋은 보온재이다.
② 온도에 관계없이 일정하다.
③ 온도가 높아질수록 좋아진다.
④ 온도가 높아질수록 커진다.

79 열사용기자재 중 2종 압력용기의 적용범위로 옳은 것은?

① 최고사용압력이 0.1MPa을 초과하는 기체보유 용기로서 내용적이 0.05m^3 이상인 것
② 최고사용압력이 0.2MPa을 초과하는 기체보유 용기로서 내용적이 0.04m^3 이상인 것
③ 최고사용압력이 0.3MPa을 초과하는 기체보유 용기로서 내용적이 0.03m^3 이상인 것
④ 최고사용압력이 0.4MPa을 초과하는 기체보유 용기로서 내용적이 0.02m^3 이상인 것

80 비접촉식 온도계 중 색온도계의 특징에 대한 설명으로 틀린 것은?

① 방사율의 영향이 작다.
② 휴대와 취급이 간편하다.
③ 고온측정이 가능하며 기록조절용으로 사용된다.
④ 주변 빛의 반사에 영향을 받지 않는다.

제5과목 열설비설계

81 열정산에 대한 설명으로 틀린 것은?

① 원칙적으로 정격부하 이상에서 정상상태로 적어도 2시간 이상의 운전결과에 따른다.
② 발열량은 원칙적으로 사용 시 원료의 고발열량으로 한다.
③ 최대출열량을 시험할 경우에는 반드시 최대부하에서 시험을 한다.
④ 증기의 건도는 98% 이상인 경우에 시험함을 원칙으로 한다.

82 육용강제 보일러에 있어서 접시모양 경판으로 노통을 설치할 경우, 경판의 최소 두께 t[mm]를 구하는 식은? [단, P: 최고사용압력(kgf/cm^2), R: 접시모양 경판의 중앙부에서의 내면 반지름(mm), σ_a: 재료의 허용인장응력(kgf/mm^2), η: 경판 자체의 이음효율, A: 부식여유(mm)]

① $t=\dfrac{PR}{150\sigma_a\eta}+A$

② $t=\dfrac{150PR}{(\sigma_a+\eta)A}$

③ $t=\dfrac{PA}{150\sigma_a\eta}+R$

④ $t=\dfrac{AR}{\sigma_a\eta}+150$

83 증기트랩의 설치목적이 아닌 것은?

① 관의 부식장치
② 수격작용 발생 억제
③ 마찰저항 감소
④ 응축수 누출 방지

84 최고사용압력이 7kgf/cm^{2}인 증기용 강제보일러의 수압시험압력은 몇 kgf/cm^{2}로 하여야 하는가?

① 10 ② 10.5
③ 12.1 ④ 14

85 육용강제 보일러에서 동체의 최소 두께에 대하여 옳지 않게 나타낸 것은?

① 안지름이 900mm 이하의 것은 6mm (단, 스테이를 부착할 경우)
② 안지름이 900mm 초과 1,350mm 이하의 것은 8mm
③ 안지름이 1,350mm 초과 1,850mm 이하의 것은 10mm
④ 안지름이 1,850mm 초과 시 12mm

86 강판의 두께가 20mm이고 리벳의 직경이 28.2mm이며 피치 50.1mm의 1줄 겹치기 리벳조인트가 있다. 이 강판의 효율은 몇 %인가?

① 34.2 ② 43.7
③ 61.4 ④ 70.1

87 대향류 열교환기에서 가열유체는 260℃에서 120℃로 나오고 수열유체는 70℃에서 110℃로 가열될 때 전열면적은? (단, 열관류율은 125W/m^2℃이고, 총열부하는 160,000W이다.)

① 7.24m^2 ② 14.06m^2
③ 16.04m^2 ④ 23.32m^2

88 고온부식의 방지대책이 아닌 것은?

① 중유 중의 황 성분을 제거한다.
② 연소가스의 온도를 낮게 한다.
③ 고온의 전열면에 내식재료를 사용한다.
④ 연료에 첨가제를 사용하여 바나듐의 융점을 높인다.

89 오염저항 및 저유량에서 심한 난류 등이 유발되는 곳에 사용되고 큰 열팽창을 감쇠시킬 수 있으며 열전달률이 크고 고형물이 함유된 유체나 고점도 유체에 사용이 적합한 판형 열교환기는?

① 플레이트식
② 플레이트핀식
③ 스파이럴식
④ 케틀형

90 다음 [보기]에서 설명하는 보일러 보존방법은?

[보기]
- 보존기간이 6개월 이상인 경우 적용한다.
- 1년 이상 보존할 경우 방청도료를 도포한다.
- 약품의 상태는 1~2주마다 점검하여야 한다.
- 동 내부의 산소 제거는 숯불 등을 이용한다.

① 건조보존법
② 만수보존법
③ 질소보존법
④ 특수보존법

91 노통연관 보일러의 노통의 바깥 면과 이에 가장 가까운 연관과의 사이에는 몇 mm 이상의 틈새를 두어야 하는가?

① 10 ② 20
③ 30 ④ 50

92 이온교환수지 재생에서의 재생방법으로 적합한 것은?

① 양이온교환수지는 가성소다, 암모니아로 재생한다.
② 양이온교환수지는 소금 또는 염화수소, 황산으로 재생한다.
③ 양이온교환수지는 소금 또는 황산으로 재생한다.
④ 양이온교환수지는 암모니아 또는 황산으로 재생한다.

93 다음 중 pH 조정제가 아닌 것은?

① 수산화나트륨
② 탄닌
③ 암모니아
④ 인산소다

94 방열 유체의 전열유닛 수(NTU)가 3.5, 온도차가 105℃이고, 열교환기의 전열효율이 1인 LMTD는?

① 0.03 ② 22.03
③ 30 ④ 62

95 물을 사용하는 설비에서 부식을 초래하는 인자로 가장 거리가 먼 것은?

① 용존산소 ② 용존 탄산가스
③ pH ④ 실리카(SiO_2)

96 스케일(관석)에 대한 설명으로 틀린 것은?

① 규산칼슘, 황산칼슘이 주성분이다.
② 관석의 열전도도는 아주 높아 각종 부작용을 일으킨다.
③ 배기가스의 온도를 높인다.
④ 전열면의 국부과열현상을 일으킨다.

97 보일러 형식에 따른 분류 중 원통보일러에 해당되지 않는 것은?

① 관류보일러 ② 노통보일러
③ 직립형 보일러 ④ 노통연관식 보일러

98 고온부식의 방지대책이 아닌 것은?

① 중유 중의 황성분을 제거한다.
② 연소가스의 온도를 낮게 한다.
③ 고온의 전열면에 보호피막을 씌운다.
④ 고온의 전열면에 내식재료를 사용한다.

99 고압 증기터빈에서 팽창되어 압력이 저하된 증기를 가열하는 보일러의 부속장치는?

① 재열기 ② 과열기
③ 절탄기 ④ 공기예열기

100 온수발생 보일러에서 안전밸브를 설치해야 할 운전 온도는 얼마인가?

① 100℃ 초과 ② 110℃ 초과
③ 120℃ 초과 ④ 130℃ 초과

정답 및 해설

01	02	03	04	05	06	07	08	09	10
②	④	①	③	②	②	④	①	④	①
11	12	13	14	15	16	17	18	19	20
①	③	④	②	①	③	①	③	③	①
21	22	23	24	25	26	27	28	29	30
④	②	①	④	②	②	④	③	②	③
31	32	33	34	35	36	37	38	39	40
④	④	②	④	③	④	④	②	②	③
41	42	43	44	45	46	47	48	49	50
①	③	①	④	③	②	①	①	③	③
51	52	53	54	55	56	57	58	59	60
①	②	④	②	④	①	②	④	③	②
61	62	63	64	65	66	67	68	69	70
②	②	④	②	④	③	④	③	④	②
71	72	73	74	75	76	77	78	79	80
③	③	④	③	①	②	②	④	②	④
81	82	83	84	85	86	87	88	89	90
③	①	④	③	①	②	②	①	③	①
91	92	93	94	95	96	97	98	99	100
④	②	②	③	④	②	①	①	①	③

01 이론공기량(A_o)

$$= 8.89\text{C} + 26.67\left(\text{H} - \frac{\text{O}}{8}\right) + 3.33\text{S}$$

$$= 8.89 \times 0.6 + 26.67\left(0.086 - \frac{0.05}{8}\right) + 3.33 \times 0.008$$

$$= 7.49\text{Nm}^3/\text{kg}$$

실제공기량(A_a)

$=$공기비$(m) \times$이론공기량$(A_o) \times$고체중량(G)

$$= 1.1 \times 7.49 \times 5 \fallingdotseq 41.2\text{Nm}^3$$

02 연소로에서 가열연소용 공기는 압입통풍 시 경제적이다.

03 공기비(m)는 실제공기량(A)과 이론공기량(A_o)의 비다$\left(m = \dfrac{A}{A_o}\right)$.

과잉공기$= A - A_o$

$$= mA_o - A_o$$

$$= (m-1)A_o[\text{Nm}^3/\text{kg}]$$

과잉공기를 증가시키면 배기가스량이 많아져서 열손실이 증가되므로 열효율이 저하된다.

04 완전연소 시 공기비$(m) = \dfrac{N_2}{N_2 - 3.76(O_2)}$

$$= \frac{79}{79 - 3.76 \times 8}$$

$$= 1.61$$

05 ㉠ 연소반응식($CH_4 + 2O_2 \rightarrow CO_2 + 2H_2O$)

㉡ 실제 연소가스량(G_w)

$$= (m - 0.21)A_o + CO_2 + H_2O$$

$$= (1.3 - 0.21) \times \frac{2}{0.21} + 1 + 2$$

$$= 13.38\text{Nm}^3/\text{kg}$$

06 액체연료는 발열량이 높고 품질이 균일하다.

07 연소실 내에서 연소온도가 800℃ 이상 고온에서 질소산화물(NO_x)이 발생된다(NO, NO_2).

08 분젠버너가스의 유출속도가 빠르면 불꽃모양은 엉클어지면서 짧아진다.

09 열정산(열수지)이라 함은 연소장치에 의해 공급되는 입열과 출열과의 관계를 파악하는 것으로 열감정이라고도 한다. 급수의 현열은 입열이다.

10 $C_mH_n+\left(m+\frac{n}{4}\right)O_2 \rightarrow mCO_2+\frac{n}{2}+H_2O$

$$이론공기량(A_o)=\frac{O_o}{0.21}=\frac{m+\frac{n}{4}}{0.21}$$
$$=4.76m+1.19n[Nm^3]$$

11 건연소가스량 $G'=\frac{1.867C+0.7S}{(CO_2)_{max}}$

12 LNG의 고위발열량
$10,500kcal/Nm^3=13,000kcal/kgf$(LNG 저위발열량)

13 과잉공기량이 많으면 불완전연소물의 발생이 적어진다.

14 $C_4H_{10}+6.5O_2 \rightarrow 4CO_2+5H_2O$(부탄 완전연소반응식)
58kg 208kg 176kg 90kg
$$이론산소량(O_o)=\frac{1\times208}{58}=3.6kg/kg$$

15 CO_{2max}(%): 탄산가스가 최대가 나오려면 이론공기량으로 완전연소 시에만 가능하다.

16 $\eta_t=\eta_p+\eta_s(1-\eta_p)$에서
$$\eta_e=\frac{\eta_t-\eta_s}{(1-\eta_s)}=\frac{0.95-0.35}{(1-0.35)}=0.9231=92.31\%$$

17 $CO_{2max}=\frac{1.867C+0.7S}{G_{od}}\times100(\%)$

$$이론 건배기가스량(G_{od})=(1-0.21)A_o+1.887C+0.7S+0.8N$$
$$이론 공기량(A_o)=8.89C+26.67\left(H-\frac{O}{8}\right)+3.33S$$
$$=8.89\times0.8+26.67\left(0.18-\frac{0.02}{8}\right)$$
$$=14.8Nm^3/kg$$
$$G_{od}=0.79\times14.8=11.692Nm^3/kg$$
$$\therefore CO_{2max}=\frac{1.867\times0.8}{11.692}\times100\%=12.78\%$$

18 $CH_4 + 2O_2 \rightarrow CO_2 + 2H_2O$
22.4 22.4×2 → 22.49 + 2×22.4
22.4×2 = 44.8ℓ
(44.8×0.2 = 8.96ℓ)
$$\frac{44.8\times1.2}{22.4}\times16=38.4g$$
메탄(CH_4) 1mol(22.4ℓ) = 16g이다.

19 $C_3H_8+5O_2 \rightarrow 3CO_2+4H_2O$(프로판 완전연소 반응식)
$$실제건연소가스량(G_d)=(m-0.21)A_o+CO_2$$
$$=(1.1-0.21)\times\frac{5}{0.21}+3$$
$$=24.19Nm^3$$

20 $공기비(m)=\frac{실제공기량}{이론공기량}>1$

21 일과 열은 경로함수(path function)이다(과정함수).

22 실제 gas인 경우 온도강하 시 줄-톰슨 계수 $(\mu)=\left(\frac{\partial T}{\partial P}\right)_h$는 $\partial T>0$이므로 $\mu>0$이다.

23 실제 기체가 이상(완전)기체의 상태방정식($Pv=RT$)을 만족시킬 수 있는 조건
㉠ 압력이 낮고
㉡ 온도가 높을수록
㉢ 분자량은 작고
㉣ 비체적이 클수록 만족된다.

24 가스터빈의 이상사이클은 브레이턴 사이클이다.

25 ⊙ $1bar=10^5Pa=100kPa$
등온변화 시 절대일량($_1W_2$)
$$=mRT\ln\left(\frac{P_1}{P_2}\right)=P_1V_1\ln\left(\frac{P_1}{P_2}\right)=200\times0.5\ln\left(\frac{2}{1}\right)$$
$$=70kJ$$

26 T-S 선도란 (종축에 절대온도, 횡축에 엔트로피) 열량선도로서 열기관의 열효율을 면적비로 표시할 수 있다.

27 가열량 및 압축비 일정 시 열효율 비교
$\eta_{tho}>\eta_{ths}>\eta_{thd}$의 순이다.

28 입열항목
㉠ 연료의 보유열량
㉡ 연소용 공기의 현열
㉢ 발열반응에 의한 반응열
㉣ 노 내 분입 증기에 의한 열
㉤ 급수현열
㉦ 공기의 현열

29 에릭슨(Ericsson) 사이클은 등압과정 2개와 등온과정 2개로 구성된 사이클이다.

30 $PV = mRT$에서
$$R = \frac{PV}{mT} = \frac{Pv}{T} = \frac{350 \times 0.449}{(30+273)} = 0.518\text{kJ/kgK}$$

31 출구 증기속도(V_2)
$$= 44.72\sqrt{(h_1 - h_2)} = 44.72\sqrt{3,140 - 3,010}$$
$$\fallingdotseq 510\text{m/s}$$

32 열역학 제1법칙은 에너지보존의 법칙을 적용한 식으로 전체 에너지양은 항상 보존된다.

33 절탄기(economizer)는 연소배기가스로 급수를 예열하는 폐열회수장치이다.

34 클라우지우스(Clausius) 폐적분값은 이상(가역)사이클은 등호(=), 실제(비가역)사이클은 부등호(<)이다.
$$\oint \frac{\delta Q}{T} \le 0$$

35 보일의 법칙(T=C) PV=C
$P_1V_1 = P_2V_2$에서
$$V_2 = V_1\left(\frac{P_1}{P_2}\right) = 50\left(\frac{1}{2}\right) = 25\text{L}$$

36 Carnot cycle($P-V$ 선도)

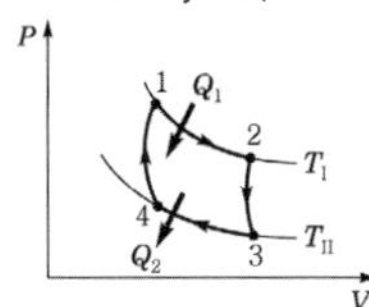

등온팽창(1 → 2)과정, 단열팽창(2 → 3)과정
등온압축(3 → 4)과정, 단열압축(4 → 1)과정

37 $$\eta_c = 1 - \frac{T_2}{T_1} = 1 - \frac{10+273}{800+273} = 0.675$$
$$Q_1 = \frac{Q_2}{1-\eta_c} = \frac{3.5}{1-0.675} = 10.77\text{kJ}$$
$$\therefore W_{net} = \eta_c Q_1 = 0.675 \times 10.77 \fallingdotseq 7.3\text{kJ}$$

38 카르노 사이클은 열기관 이상사이클로 등온과정 2개와 가역단열과정(등엔트로피과정) 2개로 구성되어 있다.

39 냉동기성능계수$(\text{COP})_R$
$$= \frac{\text{냉동효과}(q_e)}{\text{압축기소요일량}(W_c)}$$
$$= \frac{\text{저온측(증발기)에서 흡수한 열량}}{\text{압축기소요일량}(W_c)}$$

40 비유동계(밀폐계) 에너지식
$\delta Q = dU + PdV$[kJ]

41 760 : 101.325=700 : P
$$P = \frac{700}{760} \times 101.325 = 93.33\text{kPa}$$

42 방사고온계는 슈테판-볼츠만(Stefan-Boltzman)의 법칙을 응용한 것이다.

43 서미스터(thermistor)는 저항온도계에 활용되는 측온저항체(RTD: Resistance Temperature Detector)다.

44 온-오프(On-Off) 제어(동작)는 불연속제어로 뱅뱅제어라고도 한다(2위치 제어).

45 열전대는 온도, 자계 등이 미치는 전기계기에 오차가 있다(전기저항, 저항온도계수 및 열전도율이 작을 것).

46 방사온도계는 물체로부터 방출되는 열복사에너지를 측정하여 그 물체의 온도를 측정하는 기구이다.

47 카보런덤관은 열전대 보호관 중 다공질로서 급랭 급열에 강하고 방사고온계 단망관, 2중 보호관 외관용으로 주로 사용되는 열전대 보호관이다.

48 조절부는 기본입력과 검출부 출력의 차를 조작부에 신호로 전한다.

49 열선식 유량계는 기체의 종류가 바뀌거나 조성이 변해도 정도가 높지 않고 감소하는 현상이 발생된다.

50 보일러 인터록(boiler interlock)
- 압력 초과
- 저연소
- 불착화
- 프리퍼지
- 저수위 인터록

51 가스크로마토그래피 가스분석계는 1대의 장치로 여러 가지 가스가 분석된다.

53 프라이밍(priming), 포밍(forming)은 수질의 불량이 원인이 되거나 보일러 부하 변동 시 또는 증기밸브의 급개현상에서 발생한다.

54 비례(P)동작은 잔류편차(offset)가 발생하는 제어동작이고, 적분(I)동작은 잔류편차를 제거하는 동작이다.

56 탄성식 압력계인 부르동관 압력계는 가장 많이 사용되며 측정범위가 0.1~500kg/cm^{2}이다.
- 벨로우즈 압력계: 0.01~10kg/cm^2
- 다이어프램 압력계: 0.01~500kg/cm^2

57 단요소식(1요소식) 수위제어: 보일러 수위 검출 제어
2요소식: 수위와 증기량 검출 제어
3요소식: 수위와 증기량, 급수량 검출 제어

58 절대압력(P_a)=대기압(P_o)+게이지압력(P_g)
=760+800
=1,550mmHg

59 P-R형(Pt-Rh) 온도계
백금-백금로듐 온도계는 1,600℃까지 측정이 가능하며, 접촉식 온도계 중 가장 고온용이다.

60 열전대(thermocouple)는 온도계수가 커야 하나 전기저항은 작아야 한다.

61 검사대상기기의 계속사용(안전, 성능검사) 신청은 한국에너지공단에 검사유효기간 만료 10일 전까지 신청한다.

62 스폴링(spalling)의 발생원인
㉠ 온도 급변에 의한 열응력
㉡ 화학적 슬래그 등에 의한 부식
㉢ 장력이나 전단력에 의한 내화벽돌의 강도 저하

63 보온재의 열전도(W/mK)율은 밀도$\left(\rho=\dfrac{P}{RT}\right)$가 작을수록 열전도율은 작아진다.

64 에너지관리기준
에너지다소비업자가 에너지를 효율적으로 관리하기 위하여 필요한 기준이다.

65 열사용기자재란 연료 및 열을 사용하는 기기, 축열식 전기기기와 단열성 자재로서 산업통상자원부령이 정하는 것이다.

66 유기질 보온재
㉠ 우모 펠트(felt), 양모
㉡ 기포성 수지(우레탄폼)
㉢ 코르크
㉣ 텍스류

67 국가에너지절약추진위원회는 위원장을 포함하여 25인 이내로 구성된다.

68 ㉠ 전기사업법에 의한 전기사업자
㉡ 도시가스사업법에 의한 도시가스사업자
㉢ 석탄산업법에 의한 석탄가공업자
㉣ 석유수출업자
㉤ 집단에너지사업자
㉦ 연간 2만 석유환산톤(TOE) 이상의 에너지를 사용하는 자는 에너지 저장의무 부과대상자이다.

69 전기냉장고, 전기냉방기, 전기세탁기, 자동차, 조명기기, 발전설비 등 에너지공급설비 등이 효율관리기자재이다.

70 에너지다소비업자란 연간에너지 사용기준량이 2천티오이(TOE) 이상인 자이다.

71 전열면적이 $5m^2$ 이하이고, 최고사용압력이 0.35MPa 이하의 보일러는 용접검사가 면제된다.

72 에너지의 안정적 공급은 국가에서 하는 정책사업이다.

73 볼밸브(ball valve)는 밸브대가 90° 회전하며 원주방향 움직임이 90°라서 저압에서는 기밀성이 크다.

74 산업통상부장관은 에너지이용 합리화 기본계획을 5년마다 수립해야 한다.

75 설치자 변경신고
설치자가 변경된 날로부터 15일 이내에 한국에너지공단이사장에게 신고하여야 한다.

76 열사용기자재에 해당되는 축열식 전기보일러는 정격소비전력이 30kW 이하이며 최고사용압력이 0.35MPa 이하인 것을 말한다.

77 마그네시아(magnesia) 벽돌은 염기성이며 비중과 열전도율(W/mK)이 크다.

78 보온재의 열전도율(W/mK)은 온도가 높아질수록 커진다.

79 제2종 압력용기란 최고사용압력이 0.2MPa을 초과하는 기체보유 용기로서 내용적이 $0.04m^3$ 이상인 것을 말한다.

81 ①, ②, ④항은 열정산 기준이다.

82 $t=\frac{PR}{150\sigma_a\eta}+A$

83 증기트랩(steam trap)은 배관 내 응축수를 제거(배출)하여 부식방지 및 수격작용 발생을 억제시킨다.

84 강철제 보일러 수압시험압력
보일러 최고사용압력이 0.43MPa(4.3kg/cm^2) 초과 1.5MPa(15kg/cm^2) 이하일 때는 최고사용압력의 1.3배에 0.3MPa(3kg/cm^2)을 더한다.
∴ 7×1.3+3 = 12.1kg/cm^2(= 1.21MPa)

85 안지름이 900mm 이하의 보일러 동체 최소 두께는 스테이가 부착되는 경우에는 8mm이다.

86
$$\text{강판효율}(\eta_t)=\left(1-\frac{d}{p}\right)\times100\%=\left(1-\frac{28.2}{50.1}\right)\times100\%=43.7\%$$

87

260
$\triangle_1$=260−110
=150℃
120
$\triangle_2$=120−70
=50℃
110
70

$\triangle_1=260-110=150℃$
$\triangle_2=120-70=50℃$

$$LMTD=\frac{\Delta_1-\Delta_2}{\ln\left(\frac{\Delta_1}{\Delta_2}\right)}=\frac{150-50}{\ln\left(\frac{150}{50}\right)}=91.02℃$$

$Q=KA(LMTD)$[W]

$$A=\frac{Q}{K(LMTD)}=\frac{160,000}{125\times91.02}=14.06m^2$$

88 $S+O_2 \rightarrow SO_2$+80,000kcal/kmol
황(S)성분은 저온부식의 원인이 된다(절탄기, 공기예열기).

89 스파이럴형(spiral type)
열전달률이 크고 고형물이 함유된 유체나 고점도 유체에 사용이 적합한 판형 열교환기이다.

90 ㉠ 보일러 장기보존법(6개월 이상 보존): 밀폐건조보존법
㉡ 보일러 단기보존법(6개월 미만 보존): 만수보존법 (약품첨가법, 방청도료 도포, 생석회 건조재 사용)

91 노통연관 보일러 노통의 바깥 면과 이에 가장 가까운 연관 사이의 거리는 50mm 이상의 간격(틈새)를 두어야 한다.

92 이온교환수지에서 양이온교환수지는 소금(salt) 또는 염화수소, 황산(H_2SO_4)으로 재생한다.

93 pH 조정제: 가성소다[(NaOH) = 수산화나트륨], 암모니아(NH_3), 인산소다(인산나트륨)
※ 탄닌, 전분, 리그닌 등은 슬러지 조정제이다.

94 대수평균온도차(LMTD)

$$= \frac{\text{온도차}(\Delta t)}{\text{전열유닛 수(NTU)}} = \frac{105}{3.5} = 30℃$$

95 흡수제(건조제)의 종류
㉠ 실리카겔, 염화칼슘($CaCl_2$)
㉡ 오산화인(P_2O_5)
㉢ 생석회(CaO)
㉣ 활성알루미나(Al_2O_3)

96 스케일(scale; 관석)의 열전도도는 아주 낮아서 각종 부작용을 일으킨다.

97 원통(둥근) 보일러의 종류
㉠ 직립형(입형) 보일러
㉡ 노통보일러
㉢ 연관보일러
㉣ 노통연관식 보일러
* 관류보일러는 수관식 보일러이다.

98 황(S) 성분의 제거는 저온부식의 방지대책이다.

99 재열기(reheater)는 고압증기터빈에서 팽창되어 압력이 저하된 증기를 다시 가열하는 보일러의 부속장치다.

100 온수발생 보일러에서 운전속도가 120℃ 초과 시 안전밸브를 설치한다(120℃ 이하 방출밸브 부착).

Engineer Energy Management

부 록 제2회 CBT 대비 실전 모의고사

▸ 정답 및 해설 p. 부록-29

제1과목 연소공학

01 다음 중 연소 온도에 가장 많은 영향을 주는 것은?

① 외기온도
② 공기비
③ 공급되는 연료의 현열
④ 열매체의 온도

02 연소 배기가스 중에 가장 많이 포함된 기체는?

① O_2 ② N_2
③ CO_2 ④ SO_2

03 벙커C유 연소배기가스를 분석한 결과 CO_2의 함량이 12.5%였다. 이때 벙커C유 500L/h 연소에 필요한 공기량은? [단, 벙커C유 이론공기량은 10.5Nm³/kg, 비중 0.96, $(CO_2)_{max}$는 15.5%로 한다.]

① 약 105Nm³/min
② 약 150Nm³/min
③ 약 180Nm³/min
④ 약 200Nm³/min

04 다음 각 성분의 조성을 나타낸 식 중에서 틀린 것은? (단, m: 공기비, L_0: 이론공기량, G: 가스량, G_0: 이론 건연소 가스량이다.)

① $(CO_2) = \dfrac{1.867C - (CO)}{G} \times 100$

② $(O_2) = \dfrac{0.21(m-1)L_0}{G} \times 100$

③ $(N_2) = \dfrac{0.8N + 0.79mL_0}{G} \times 100$

④ $(CO_2)_{max} = \dfrac{1.867C + 0.7S}{G_0} \times 100$

05 탄소 1kg을 완전히 연소시키는 데 요구되는 이론산소량은?

① 약 0.82Nm³
② 약 1.23Nm³
③ 약 1.87Nm³
④ 약 2.45Nm³

06 배기가스 질소산화물 제거방법 중 건식법에서 사용되는 환원제가 아닌 것은?

① 질소가스 ② 암모니아
③ 탄화수소 ④ 일산화탄소

07 탄소 1kg을 연소시키는 데 필요한 공기량은?

① 1.87Nm³/kg
② 3.93Nm³/kg
③ 8.89Nm³/kg
④ 13.51Nm³/kg

08 순수한 CH_4를 건조공기로 연소시키고 난 기체화합물을 응축기로 보내 수증기를 제거시킨 다음, 나머지 자체를 Orsat법으로 분석한 결과, 부피비로 CO_2가 8.21%, CO가 0.41%, O_2가 5.02%, N_2가 86.36%였다. CH_4 1kg-mol당 약 몇 kg-mol의 건조공기가 필요한가?

① 7.3kg-mol ② 8.5kg-mol
③ 10.3kg-mol ④ 12.1kg-mol

09 예혼합 연소방식의 특징으로 틀린 것은?

① 내부 혼합형이다.
② 불꽃의 길이가 확산 연소방식보다 짧다.
③ 가스와 공기의 사전 혼합형이다.
④ 역화 위험이 없다.

10 유압분무식 버너의 특징에 대한 설명으로 틀린 것은?

① 유량조절 범위가 좁다.
② 연소의 제어 범위가 넓다.
③ 무화매체인 증기나 공기가 필요하지 않다.
④ 보일러 가동 중 버너 교환이 가능하다.

11 다음과 같은 조성을 가진 액체 연료의 연소 시 생성되는 이론건연소가스량은?

• 탄소: 1.2kg	• 산소: 0.2kg
• 질소: 0.17kg	• 수소: 0.31kg
• 황: 0.2kg	

① $13.5Nm^3/kg$
② $17.5Nm^3/kg$
③ $21.4Nm^3/kg$
④ $29.4Nm_3/kg$

12 연소효율은 실제의 연소에 의한 열량을 완전연소했을 때의 열량으로 나눈 것으로 정의할 때, 실제의 연소에 의한 열량을 계산하는 데 필요한 요소가 아닌 것은?

① 연소가스 유출 단면적
② 연소가스 밀도
③ 연소가스 열량
④ 연소가스 비열

13 액체연료에 대한 가장 적합한 연소방법은?

① 화격자연소
② 스토커연소
③ 버너연소
④ 확산연소

14 고체연료를 사용하는 어느 열기관의 출력이 3,000kW이고 연료소비율이 매시간 1,400kg일 때, 이 열기관의 열효율은? (단, 고체연료의 중량비는 C=81.5%, H=4.5%, O=8%, S=2%, W=4%이다.)

① 25% ② 28%
③ 30% ④ 32%

15 기체연료의 연소방법에 해당하는 것은?

① 증발연소
② 표면연소
③ 분무연소
④ 확산연소

16 프로판(C_3H_8) $5Nm^3$를 이론산소량으로 완전연소시켰을 때의 건연소가스량은 몇 Nm^3인가?

① 5
② 10
③ 15
④ 20

17 메탄 50V%, 에탄 25V%, 프로판 25V%가 섞여 있는 혼합기체의 공기 중에서의 연소하한계는 약 몇 %인가? (단, 메탄, 에탄, 프로판의 연소하한계는 각각 5V%, 3V%, 2.1V%이다.)

① 2.3
② 3.3
③ 4.3
④ 5.3

18 연돌의 통풍력은 외기온도에 따라 변화한다. 만일 다른 조건이 일정하게 유지되고 외기온도만 높아진다면 통풍력은 어떻게 되겠는가?

① 통풍력은 감소한다.
② 통풍력은 증가한다.
③ 통풍력은 변화하지 않는다.
④ 통풍력은 증가하다 감소한다.

19 다음 중 열정산의 목적이 아닌 것은?

① 열효율을 알 수 있다.
② 장치의 구조를 알 수 있다.
③ 새로운 장치설계를 위한 기초자료를 얻을 수 있다.
④ 장치의 효율 향상을 위한 개조 또는 운전조건의 개선 등의 자료를 얻을 수 있다.

20 다음 중 중유의 성질에 대한 설명으로 옳은 것은?

① 점도에 따라 1, 2, 3급 중유로 구분한다.
② 원소 조성은 H가 가장 많다.
③ 비중은 약 0.72~0.76 정도이다.
④ 인화점은 약 60~150℃ 정도이다.

제2과목 열역학

21 교축(스로틀) 과정에서 일정한 값을 유지하는 것은?

① 압력
② 비체적
③ 엔탈피
④ 엔트로피

22 열펌프(heat pump) 사이클에 대한 성능계수(COP)는 다음 중 어느 것을 입력일(work input)로 나누어 준 것인가?

① 저온부 압력
② 고온부 온도
③ 고온부 방출열
④ 저온부 부피

23 다음 중 열역학 제2법칙과 관련된 것은?

① 상태 변화 시 에너지는 보존된다.
② 일을 100% 열로 변환시킬 수 있다.
③ 사이클 과정에서 시스템(계)이 한 일은 시스템이 받은 열량과 같다.
④ 열은 저온부로부터 고온부로 자연적으로(저절로) 전달되지 않는다.

24 시량적(중량성) 성질(extensive property)에 해당하는 것은?

① 체적
② 조성
③ 압력
④ 절대온도

25 출력 50kW의 가솔린 엔진이 매시간 10kg의 가솔린을 소모한다. 이 엔진의 효율은? (단, 가솔린의 발열량은 42,000kJ/kg이다.)

① 21% ② 32%
③ 43% ④ 60%

26 다음 중 온도에 따라 증가하지 않는 것은?

① 증발잠열
② 포화액의 내부에너지
③ 포화증기의 엔탈피
④ 포화액의 엔트로피

27 다음 중 터빈에서 증기의 일부를 배출하여 급수를 가열하는 증기사이클은?

① 사바테 사이클
② 재생 사이클
③ 재열 사이클
④ 오토 사이클

28 공기를 왕복식 압축기를 사용하여 1기압에서 9기압으로 압축한다. 이 경우에 압축에 소요되는 일을 가장 작게 하기 위해서는 중간 단의 압력을 다음 중 어느 정도로 하는 것이 가장 적당한가?

① 2기압
② 3기압
③ 4기압
④ 5기압

29 용기 속에 절대압력이 850kPa, 온도 52℃인 이상기체가 49kg 들어 있다. 이 기체의 일부가 누출되어 용기 내 절대압력이 415 kPa, 온도가 27℃가 되었다면 밖으로 누출된 기체는 약 몇 kg인가?

① 10.4
② 23.1
③ 25.9
④ 47.6

30 단열계에서 엔트로피 변화에 대한 설명으로 옳은 것은?

① 가역 변화 시 계의 전 엔트로피는 증가한다.
② 가역 변화 시 계의 전 엔트로피는 감소한다.
③ 가역 변화 시 계의 전 엔트로피는 변하지 않는다.
④ 가역 변화 시 계의 전 엔트로피의 변화량은 비가역 변화 시보다 일반적으로 크다.

31 이상기체의 상태변화와 관련하여 폴리트로픽(Polytropic) 지수 n에 대한 설명 중 옳은 것은?

① $n=0$이면 단열 변화
② $n=1$이면 등온 변화
③ $n=$비열비이면 정적 변화
④ $n=\infty$이면 등압 변화

32 다음 중 냉동 사이클의 운전특성을 잘 나타내고, 사이클의 해석을 하는 데 가장 많이 사용되는 선도는?

① 온도 – 체적 선도
② 압력 – 엔탈피 선도
③ 압력 – 체적 선도
④ 압력 – 온도 선도

33 엔탈피가 3,140kJ/kg인 과열증기가 단열노즐에 저속상태로 들어와 출구에서 엔탈피가 3,010kJ/kg인 상태로 나갈 때 출구에서의 증기속도(m/s)는?

① 8
② 25
③ 160
④ 510

34 800℃의 고온열원과 20℃의 저온열원 사이에서 작동하는 카르노 사이클의 효율은?

① 0.727
② 0.542
③ 0.458
④ 0.273

35 물체 A와 B가 각각 물체 C와 열평형을 이루었다면 A와 B도 서로 열평형을 이룬다는 열역학 법칙은?

① 제0법칙
② 제1법칙
③ 제2법칙
④ 제3법칙

36 50℃의 물의 포화액체와 포화증기의 엔트로피는 각각 0.703kJ/kg·K, 8.07kJ/k·K이다. 50℃의 습증기의 엔트로피가 4kJ/ kg·K일 때 습증기의 건도는 약 몇 %인가?

① 31.7 ② 44.8
③ 51.3 ④ 62.3

37 공기의 기체상수가 0.287kJ/kg · K일 때 표준상태(0℃, 1기압)에서 밀도는 약 몇 kg/m^3인가?

① 1.29 ② 1.87
③ 2.14 ④ 2.48

38 성능계수가 4.8인 증기압축냉동기의 냉동능력 1kW당 소요동력(kW)은?

① 0.21 ② 1.0
③ 2.3 ④ 4.8

39 오존층 파괴와 지구 온난화 문제로 인해 냉동장치에 사용하는 냉매의 선택에 있어서 주의를 요한다. 이와 관련하여 다음 중 오존 파괴지수가 가장 큰 냉매는?

① R-134a ② R-123
③ 암모니아 ④ R-11

40 저위발열량 40,000kJ/kg인 연료를 쓰고 있는 열기관에서 이 열이 전부 일로 바꾸어지고, 연료소비량이 20kg/h라면 발생되는 동력은 약 몇 kW인가?

① 110 ② 222
③ 316 ④ 820

제3과목 계측방법

41 편차의 정(+), 부(-)에 의해서 조작신호가 최대, 최소가 되는 제어동작은?

① 다위치동작 ② 적분동작
③ 비례동작 ④ 온·오프동작

42 응답이 빠르고 감도가 높으며, 도선저항에 의한 오차를 작게 할 수 있으나 특성을 고르게 얻기가 어려우며, 흡습 등으로 열화되기 쉬운 특징을 가진 온도계는?

① 광고온계
② 열전대 온도계
③ 서미스터 저항체 온도계
④ 금속 측온 저항체 온도계

43 다음 중 차압식 유량계가 아닌 것은?

① 오리피스(orifice)
② 로터미터(rotameter)
③ 벤투리(venturi)관
④ 플로-노즐(flow-nozzle)

44 열전대 온도계가 구비해야 할 사항에 대한 설명으로 틀린 것은?

① 주위의 고온체로부터 복사열의 영향으로 인한 오차가 생기지 않도록 주의해야 한다.
② 보호관 선택 및 유지관리에 주의한다.
③ 열전대는 측정하고자 하는 곳에 정확히 삽입하여 삽입한 구멍을 통하여 냉기가 들어가지 않게 한다.
④ 단자의 (+), (-)와 보상도선의 (-), (+)를 결선해야 한다.

45 가스 크로마토그래피법에서 사용하는 검출기 중 수소염 이온화검출기를 의미하는 것은?

① ECD ② FID
③ HCD ④ FTD

46 2개의 제어계를 조합하여 1차 제어장치의 제어량을 측정하여 제어명령을 발하고 2차 제어장치의 목표치로 설정하는 제어방식은?

① 정치제어 ② 추치제어
③ 캐스케이드 제어 ④ 피드백 제어

47 자동제어계에서 안정성의 척도가 되는 것은?

① 감쇠
② 정상편차
③ 지연시간
④ 오버슈트(overshoot)

48 휴대용으로 상온에서 비교적 정도가 좋은 아스만(Asman) 습도계는 다음 중 어디에 속하는가?

① 간이 건습구 습도계
② 저항 습도계
③ 통풍형 건습구 습도계
④ 냉각식 노점계

49 정도가 높고 내열성은 강하나 환원성 분위기나 금속증기 중에는 약한 특징의 열전대는?

① 구리 콘스탄탄 ② 철-콘스탄탄
③ 크로멜-알루멜 ④ 백금-백금·로듐

50 부르동 게이지(bourdon gauge)는 유체의 무엇을 직접적으로 측정하기 위한 기기인가?

① 온도 ② 압력
③ 밀도 ④ 유량

51 절대압력 700mmHg는 약 몇 kPa인가?

① 93kPa ② 103kPa
③ 113kPa ④ 123kPa

52 다음 중 접촉식 온도계가 아닌 것은?

① 방사온도계 ② 제게르콘
③ 수은온도계 ④ 백금저항온도계

53 열전대 온도계로 사용되는 금속이 구비하여야 할 조건이 아닌 것은?

① 이력현상이 커야 한다.
② 열기전력이 커야 한다.
③ 열적으로 안정해야 한다.
④ 재생도가 높고, 가공성이 좋아야 한다.

54 방사온도계의 특징에 대한 설명으로 옳은 것은?

① 방사율에 의한 보정량이 적다.
② 이동물체에 대한 온도측정이 가능하다.
③ 저온도에 대한 측정에 적합하다.
④ 응답속도가 느리다.

55 유속 측정을 위해 피토관을 사용하는 경우 양쪽 관 높이의 차($\triangle h$)를 측정하여 유속(V)을 구하는데 이때 V는 $\triangle h$와 어떤 관계가 있는가?

① $\triangle h$에 반비례
② $\triangle h$의 제곱에 반비례
③ $\sqrt{\triangle h}$ 에 비례
④ $\dfrac{1}{\triangle h}$ 에 비례

56 피토관 유량계에 관한 설명이 아닌 것은?

① 흐름에 대해 충분한 강도를 가져야 한다.
② 더스트가 많은 유체측정에는 부적당하다.
③ 피토관의 단면적은 관 단면적의 10% 이상이어야 한다.
④ 피토관을 유체흐름의 방향으로 일치시킨다.

57 2원자분자를 제외한 CO_2, CO, CH_4 등의 가스를 분석할 수 있으며, 선택성이 우수하고 저농도의 분석에 적합한 가스 분석법은?

① 적외선법
② 음향법
③ 열전도율법
④ 도전율법

58 SI 기본단위를 바르게 표현한 것은?

① 시간－분
② 질량－그램
③ 길이－밀리미터
④ 전류－암페어

59 순간치를 측정하는 유량계에 속하지 않는 것은?

① 오벌(oval) 유량계
② 벤투리(venturi) 유량계
③ 오리피스(orifice) 유량계
④ 플로노즐(flow-nozzle) 유량계

60 차압식 유량계에 대한 설명으로 옳지 않은 것은?

① 관로에 오리피스, 플로 노즐 등이 설치되어 있다.
② 정도(精度)가 좋으나, 측정범위가 좁다.
③ 유량은 압력차의 평방근에 비례한다.
④ 레이놀즈수가 105 이상에서 유량계수가 유지된다.

제4과목 열설비재료 및 관계법규

61 진주암, 흑석 등을 소성, 팽창시켜 다공질로 하여 접착제 및 3~15%의 석면 등과 같은 무기질 섬유를 배합하여 성형한 고온용 무기질 보온재는?

① 규산칼슘 보온재
② 세라믹 파이버
③ 유리섬유 보온재
④ 펄라이트

62 크롬벽돌이나 크롬-마그벽돌이 고온에서 산화철을 흡수하여 표면이 부풀어 오르고 떨어져 나가는 현상은?

① 버스팅
② 큐어링
③ 슬래킹
④ 스폴링

63 에너지법에서 정의한 용어의 설명으로 틀린 것은?

① 열사용기자재라 함은 핵연료를 사용하는 기기, 축열식 전기기기와 단열성 자재로서 기획재정부령이 정하는 것을 말한다.
② 에너지사용기자재라 함은 열사용기자재, 그 밖에 에너지를 사용하는 기자재를 말한다.
③ 에너지공급설비라 함은 에너지를 생산, 전환, 수송, 저장하기 위하여 설치하는 설비를 말한다.
④ 에너지사용시설이라 함은 에너지를 사용하는 공장, 사업장 등의 시설이나 에너지를 전환하여 사용하는 시설을 말한다.

64 검사대상기기 중 검사에 불합격된 검사대상기기를 사용한 자의 벌칙규정은?

① 5백만원 이하의 벌금
② 1년 이하의 징역 또는 1천만원 이하의 벌금
③ 2년 이하의 징역 또는 2천만원 이하의 벌금
④ 3천만원 이하의 벌금

65 다음 중 연속가열로의 종류가 아닌 것은?

① 푸셔(pusher)식 가열로
② 워킹-빔(working beam)식 가열로
③ 대차식 가열로
④ 회전로상식 가열로

66 검사대상기기 조종자를 해임한 경우 에너지관리공단 이사장에게 신고는 신고사유가 발생한 날부터 며칠 이내에 하여야 하는가?

① 7일　② 10일
③ 20일　④ 30일

67 외경 76mm의 압력배관용 강관에 두께 50mm, 열전도율이 0.079W/mK인 보온재가 시공되어 있다. 보온재 내면온도가 260℃이고 외면온도가 30℃일 때 관 길이 10m당 열손실은?

① 364W　② 618W
③ 1,142W　④ 1,360W

68 에너지이용 합리화법에 의한 에너지관리자의 기본교육과정 교육기간은?

① 1일　② 3일
③ 5일　④ 7일

69 에너지다소비사업자는 산업통상자원부령으로 정하는 바에 따라 에너지사용기자재의 현황을 매년 언제까지 시도지사에게 신고하여야 하는가?

① 12월 31일까지
② 1월 31일까지
③ 2월 말까지
④ 3월 31일까지

70 에너지이용 합리화법에 따라 검사대상기기 조종자의 업무 관리대행기관으로 지정을 받기 위하여 산업통상자원부장관에게 제출하여야 하는 서류가 아닌 것은?

① 장비 명세서
② 기술인력 명세서
③ 기술인력 고용계약서 사본
④ 향후 1년간의 안전관리대행 사업계획서

71 한국에너지공단의 사업이 아닌 것은?

① 신에너지 및 재생에너지 개발사업의 촉진
② 열사용기자재의 안전관리
③ 에너지의 안정적 공급
④ 집단에너지사업의 촉진을 위한 지원 및 관리

72 에너지이용 합리화법에 따라 에너지다소비 사업자가 그 에너지사용시설이 있는 지역을 관할하는 시·도지사에게 신고하여야 할 사항에 해당되지 않는 것은?

① 전년도의 분기별 에너지사용량, 제품생산량
② 에너지사용 기자재의 현황
③ 사용 에너지원의 종류 및 사용처
④ 해당 연도의 분기별 에너지사용 예정량, 제품생산 예정량

73 내화물의 구비조건으로 틀린 것은?

① 내마모성이 클 것
② 화학적으로 침식되지 않을 것
③ 온도의 급격한 변화에 의해 파손이 적을 것
④ 상온 및 사용온도에서 압축강도가 작을 것

74 에너지이용 합리화법에 따라 최대 1천만원 이하의 벌금에 처할 대상자에 해당되지 않는 자는?

① 검사대상기기조종자를 정당한 사유 없이 선임하지 아니한 자
② 검사대상기기의 검사를 정당한 사유 없이 받지 아니한 자
③ 검사에 불합격한 검사대상기기를 임의로 사용한 자
④ 최저소비효율기준에 미달된 효율관리기자재를 생산한 자

75 에너지이용 합리화법에 따라 에너지사용량이 대통령령이 정하는 기준량 이상이 되는 에너지다소비사업자는 전년도의 분기별 에너지사용량 · 제품생산량 등의 사항을 언제까지 신고하여야 하는가?

① 매년 1월 31일
② 매년 3월 31일
③ 매년 6월 30일
④ 매년 12월 31일

76 에너지법에서 정의하는 에너지가 아닌 것은?

① 연료　② 열
③ 원자력　④ 전기

77 길이 7m, 외경 200mm, 내경 190mm의 탄소강관에 360℃ 과열증기를 통과시키면 이때 늘어나는 관의 길이는 몇 mm인가? (단, 주위온도는 20℃이고, 관의 선팽창계수는 1.3×10-5/℃이다.)

① 21.15　② 25.71
③ 30.94　④ 36.48

78 에너지이용 합리화법에 따라 냉난방온도의 제한 대상 건물에 해당하는 것은?

① 연간 에너지사용량이 5백 티오이 이상인 건물
② 연간 에너지사용량이 1천 티오이 이상인 건물
③ 연간 에너지사용량이 1천5백 티오이 이상인 건물
④ 연간 에너지사용량이 2천 티오이 이상인 건물

79 에너지이용 합리화법에 따라 에너지 수급 안정을 위해 에너지 공급을 제한 조치하고자 할 경우, 산업통상자원부장관은 조치 예정일 며칠 전에 이를 에너지 공급자 및 에너지 사용자에게 예고하여야 하는가?

① 3일　② 7일
③ 10일　④ 15일

80 에너지이용 합리화법에서 정한 에너지다소비사업자의 에너지관리기준이란?

① 에너지를 효율적으로 관리하기 위하여 필요한 기준
② 에너지관리 현황 조사에 대한 필요한 기준
③ 에너지 사용량 및 제품 생산량에 맞게 에너지를 소비하도록 만든 기준
④ 에너지관리 진단 결과 손실요인을 줄이기 위하여 필요한 기준

제5과목 열설비설계

81 다음 그림과 같은 V형 용접이음의 인장응력(σ)을 구하는 식은?

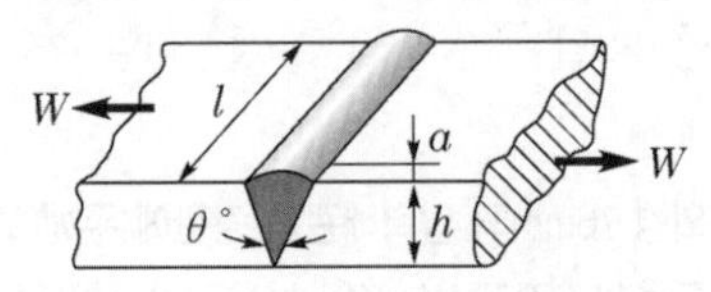

① $\sigma = \dfrac{W}{hl}$　② $\sigma = \dfrac{2W}{hl}$
③ $\sigma = \dfrac{W}{ha}$　④ $\sigma = \dfrac{W}{2hl}$

82 압력이 2MPa, 건도가 95%인 습포화증기를 시간당 5ton 발생시키는 보일러에서 급수온도가 50℃라면 상당증발량은? (단, 2MPa의 포화수와 건포화증기의 비엔탈피는 각각 903.42kJ/kg, 2798.34kJ/kg이다.)

① 4,198kg/h
② 5,345kg/h
③ 10,258kg/h
④ 12,573kg/h

83 내경 2,000mm, 사용압력 100N/cm²의 보일러 강판의 두께는 몇 mm로 해야 하는가? (단, 강판의 인장강도 4,000N/mm², 안전율 5, 이음효율 η =70%, 부식여유 2mm를 가산한다.)

① 16mm
② 18mm
③ 20mm
④ 24mm

84 보일러의 부속장치 중 여열장치가 아닌 것은?

① 공기예열기
② 송풍기
③ 재열기
④ 절탄기

85 두께 20cm의 벽돌의 내측에 10mm의 모르타르와 5mm의 플라스터 마무리를 시행하고, 외측은 두께 15mm의 모르타르 마무리를 시공한 다층벽의 열관류율은? (단, 실내측벽 표면의 열전달률 α_i= 8W/m²K, 실외측벽 표면의 열전달률은 α_o= 20W/m²K, 플라스터의 열전도율은 λ_1=0.5W/mK, 모르타르의 열전도율은 λ_2=1.3W/mK, 벽돌의 열전달률은 λ_3=0.65W/mK이다.)

① 1.9W/m²K
② 4.5W/m²K
③ 8.7W/m²K
④ 12.1W/m²K

86 관 스테이의 최소 단면적을 구하려고 한다. 이때 적용하는 설계 계산식은? [단, S: 관 스테이의 최소 단면적(mm²), A : 1개의 관 스테이가 지지하는 면적(cm²), a : A 중에서 관 구멍의 합계면적(cm²), P: 최고 사용 압력(N/cm²)이다.]

① $S=\frac{(A-a)P}{5}$
② $S=\frac{(A-a)P}{10}$
③ $S=\frac{15P}{(A-a)}$
④ $S=\frac{10P}{(A-a)}$

87 보일러의 과열방지대책으로 가장 거리가 먼 것은?

① 보일러의 수위를 너무 높게 하지 말 것
② 고열부분에 스케일 슬러지를 부착시키지 말 것
③ 보일러 수를 농축하지 말 것
④ 보일러 수의 순환을 좋게 할 것

88 다음 중 보일러 역화(back fire)의 원인으로 가장 옳은 것은?

① 점화 시 착화가 너무 빠르다.
② 연료보다 공기의 공급이 비교적 빠르다.
③ 흡입 통풍이 과대하다.
④ 연료가 불완전연소 및 미연소된다.

89 증기로 공기를 가열하는 열교환기에서 가열원으로 150℃의 증기가 열교환기 내부에서 포화상태를 유지하고 이때 유입 공기의 입출구 온도는 20℃와 70℃이다. 열교환기에서의 전열량이 3,090kJ/h, 전열면적이 12m2라고 할 때 교환기의 총괄열전달계수는?

① 2.5kJ/m²h℃
② 2.9kJ/m²h℃
③ 3.1kJ/m²h℃
④ 3.5kJ/m²h℃

90 구조상 고압에 적당하여 배압이 높아도 작동하며, 드레인 배출온도를 변화시킬 수 있고 증기 누출이 없는 트랩의 종류는?

① 디스크(disk)식
② 플로트(float)식
③ 상향 버킷(bucket)식
④ 바이메탈(bimetal)식

91 고온부식의 방지대책이 아닌 것은?

① 중유 중의 황 성분을 제거한다.
② 연소가스의 온도를 낮게 한다.
③ 고온의 전열면에 내식재료를 사용한다.
④ 연료에 첨가제를 사용하여 바나듐의 융점을 높인다.

92 다음 중 보일러수를 pH 10.5~11.5의 약알칼리로 유지하는 주된 이유는?

① 첨가된 염산이 강재를 보호하기 때문에
② 보일러수 중에 적당량의 수산화나트륨을 포함시켜 보일러의 부식 및 스케일 부착을 방지하기 위하여
③ 과잉 알칼리성이 더 좋으나 약품이 많이 소요되므로 원가를 절약하기 위하여
④ 표면에 딱딱한 스케일이 생성되어 부식을 방지하기 때문에

93 물을 사용하는 설비에서 부식을 초래하는 인자로 가장 거리가 먼 것은?

① 용존산소
② 용존탄산가스
③ pH
④ 실리카(SiO_2)

94 보일러의 만수보존법에 대한 설명으로 틀린 것은?

① 밀폐 보존방식이다.
② 겨울철 동결에 주의하여야 한다.
③ 2~3개월의 단기보존에 사용된다.
④ 보일러수는 pH가 6 정도로 유지되도록 한다.

95 보일러의 효율을 입·출열법에 의하여 계산하려고 할 때, 입열항목에 속하지 않는 것은?

① 연료의 현열
② 연소가스의 현열
③ 공기의 현열
④ 연료의 발열량

96 강제순환식 수관 보일러는?

① 라몬트(Lamont) 보일러
② 타쿠마(Takuma) 보일러
③ 슐저(Sulzer) 보일러
④ 벤슨(Benson) 보일러

97 연료 1kg이 연소하여 발생하는 증기량의 비를 무엇이라고 하는가?

① 열발생률
② 환산증발배수
③ 전열면 증발률
④ 증기량 발생률

98 증기 및 온수보일러를 포함한 주철제 보일러의 최고사용압력이 0.43MPa 이하일 경우의 수압시험 압력은?

① 0.2MPa로 한다.
② 최고사용압력의 2배의 압력으로 한다.
③ 최고사용압력의 2.5배의 압력으로 한다.
④ 최고사용압력의 1.3배에 0.3MPa을 더한 압력으로 한다.

99 노통연관식 보일러의 특징에 대한 설명으로 옳은 것은?

① 보유수량이 적어 파열 시 피해가 적다.
② 내부 청소가 간단하므로 급수처리가 필요없다.
③ 보일러 크기에 비해 전열면적이 크고 효율이 좋다.
④ 보유수량이 적어 부하변동에 쉽게 대응할 수 있다.

100 다음 무차원 수에 대한 설명으로 틀린 것은?

① Nusselt 수는 열전달계수와 관계가 있다.
② Prandtl 수는 동점성계수와 관계가 있다.
③ Reynolds 수는 층류 및 난류와 관계가 있다.
④ Stanton 수는 확산계수와 관계가 있다.

정답 및 해설

01	02	03	04	05	06	07	08	09	10
②	②	①	①	③	①	③	④	④	②
11	12	13	14	15	16	17	18	19	20
②	③	③	①	④	③	②	①	②	④
21	22	23	24	25	26	27	28	29	30
③	③	④	①	③	①	②	②	②	③
31	32	33	34	35	36	37	38	39	40
②	②	④	①	①	②	①	①	④	②
41	42	43	44	45	46	47	48	49	50
④	③	②	④	②	③	④	③	④	②
51	52	53	54	55	56	57	58	59	60
①	①	①	②	③	③	①	④	①	②
61	62	63	64	65	66	67	68	69	70
④	①	①	②	③	④	④	①	②	③
71	72	73	74	75	76	77	78	79	80
③	③	④	④	①	③	③	④	②	①
81	82	83	84	85	86	87	88	89	90
①	①	③	②	①	①	①	④	①	④
91	92	93	94	95	96	97	98	99	100
①	②	④	④	②	①	②	②	③	④

01 연소 온도에 영향을 많이 미치는 인자

$$\text{공기비}(m) = \frac{\text{실제공기량}(A)}{\text{이론공기량}(A_o)}$$

02 공기(질소 79%, 산소 21%) → 화실 → 배기가스(질소, 탄산가스, 산소, 아황산가스)

03 연료소비량=500L/h×0.96kg/L=480kg

$$\text{공기비}(m) = \frac{CO_{2max}}{CO_2} = \frac{15.5}{12.5} = 1.24$$

실제소요공기량(A)=이론공기량×공기비(Nm^3/kg)

∴ 전체 연소공기량(A)

$= 480 \times (10.5 \times 1.24)$

$= 6249.6Nm^3/h = \frac{6249.6}{60}$

$= 105Nm^3/min$

04 공기 중 산소량 21%, 공기 중 질소량 79%, 탄소(C)분자량(12), 산소(O_2)분자량(32), 질소(N_2)분자량(28),

㉠ 탄소(C)의 산소요구량

$= \frac{22.4Nm^3}{12kg} = 1.867Nm^3/kg$

㉡ 황(S)의 산소요구량 $= \frac{22.4}{32} = 0.7Nm^3/kg$

㉢ 질소(N_2) 배출량 $= \frac{22.4}{28} = 0.8Nm^3/kg$

$\therefore (CO_2)_{max} = \frac{0.867C + 0.7S}{G} \times 100\%$

05 탄소(C) 완전연소반응식

$C + O_2 \rightarrow CO_2$

㉠ 이론산소요구량(O_o) $= \frac{22.4}{12} = 1.87Nm^3/kg$

㉡ 이론공기량(A_o) $= \frac{1.87}{0.21} = 8.89Nm^3/kg$

06 질소산화물(NO_x) 제거법에서 사용되는 건식법 환원제

㉠ 암모니아

㉡ 탄화수소

㉢ 일산화탄소

07 탄소(C) 완전연소반응식

$C+O_2 \rightarrow CO_2$

$$A_o = \frac{O_o}{0.21} = \frac{1.81}{0.21} = 8.89\text{Nm}^3/\text{kg}$$

08 메탄(CH_4) 이론공기량(A_o)

$$= \frac{O_o}{0.21} = \frac{2}{0.21} = 9.52\text{Nm}^3/\text{Nm}^3$$

$$\text{공기비} = \frac{N_2}{N_2 - 3.76[(O_2) - 0.5(CO)]}$$

$$= \frac{86.36}{86.36 - 3.76(5.02 - 0.5 \times 0.41)} = 1.268$$

∴ CH_4의 실제공기량(A)

$=$공기비$(m) \times$이론공기량(A_o)

$=1.268 \times 9.52 = 12.1\text{kg} \cdot \text{mol}$

09 가스연소방법 중 예혼합 연소방식은 역화(back fire)의 위험이 있다.

10 유압분무식 버너

노즐을 통해서 $5\sim20\text{kg/cm}^2(0.5\sim2\text{MPa})$의 압력으로 가압된 연료를 연소실 내부로 분무시키는 연소장치 버너를 말한다.

- 장점

㉠ 대용량 버너 제작이 용이함

㉡ 구조가 간단하고 유지 및 보수가 용이

㉢ 연료분사 범위(15~2,000L/h)

㉣ 약 40~90° 정도의 넓은 연료유 분사각도를 가짐

- 단점

유량조절 범위가 좁아 부하변동에 대한 적응성이 낮다(환류식 1 : 3, 비환류식 1 : 2).

11 이론건연소가스량(G_{od})

$$G_{od} = (1-0.21)A_o + 1{,}867C + 0.7S + 0.8N$$

$$= 8.89C + 21.07\left(H - \frac{O}{8}\right) + 3.33S + 0.8N$$

$$= 8.89 \times 1.2 + 21.07\left(0.31 - \frac{0.2}{8}\right) + 3.33 \times 0.2$$

$$+ 0.8 \times 0.17 = 17.5\text{Nm}^3/\text{kg}$$

12 $$\text{연소효율}(\eta_c) = \frac{\text{실제연소에 필요한 열량}}{\text{공급한 연료의 발열량}} \times 100\%$$

※ 실제연소에 의한 열량 계산 시 필요한 요소

㉠ 연소가스 유출 단면적

㉡ 연소가스 밀도(비질량)

㉢ 연소가스 비열

13 액체연료에 가장 적합한 연소방법은 버너(burner)연소이다.

㉠ 확산연소: 기체연료

㉡ 화격자연소, 스토커연소: 고체연료

14 $$H_L = 8{,}100C + 28{,}800\left(H - \frac{O}{8}\right) + 2{,}500S$$

$$-600(w - 9H)$$

$$= 8{,}100 \times 0.815 + 28{,}800\left(0.045 - \frac{0.08}{8}\right)$$

$$+ 2{,}500 \times 0.02 - 600(0.04 + 9 \times 0.045)$$

$$= 7392.5\text{kcal/kg}$$

$$\eta = \frac{860\text{kW}}{H_L \times G_f} \times 100\%$$

$$= \frac{860 \times 3{,}000}{7392.5 \times 1{,}400} \times 100\% \fallingdotseq 25\%$$

15 기체연료의 연소방법에 해당하는 연소는 확산연소이다.

16 $C_3H_8 + 5O_2 \rightarrow 3CO_2 + 4H_2O$

1Nm^3 $\quad$ 3Nm^3

이론건연소가스량$(G_{od}) = 3 \times 5 = 15\text{Nm}^3$

※ 이론공기량(A_o)이 아니고 이론산소량(O_o)만으로 연소시키는 경우이며 이론건연소가스량이 생성된 CO_2만 고려한다.

17 $$\frac{100}{L} = \frac{V_1}{L_1} + \frac{V_2}{L_2} + \frac{V_3}{L_3} = \frac{50}{5} + \frac{25}{3} + \frac{25}{2.1} = 30.238$$

$$\therefore L = \frac{100}{30.238} \fallingdotseq 3.3$$

18 ㉠ 통풍력 증가요인

- 외기온도가 낮으면 증가
- 배기가스온도가 높으면 증가
- 연돌높이가 높으면 증가

㉡ 통풍력 감소요인

- 공기습도가 높을수록
- 연도벽과 마찰
- 연도의 급격한 단면적 감소
- 벽돌 연도 시 크랙에 의한 외기 침입 시 감소

19 열정산의 목적

㉠ 열손실의 파악

㉡ 열설비 성능 파악

㉢ 조업방법을 개선할 수 있다.

㉣ 열의 행방을 파악할 수 있다.

20 중유(Heavy oil)의 인화점은 약 60~150℃ 정도이다.
① 점도에 따라 A급, B급, C급으로 구분한다.
② 탄화수소비(C/H)가 큰 순서
중유>경유>등유>가솔린
탄화수소비가 작을수록(탄소가 적을수록) 연소가 잘 된다.
③ 비중은 0.85~0.99 정도이다.

21 **교축과정(throttling process)**
㉠ 압력 강하($P_1 > P_2$)
㉡ 온도 강하($T_1 > T_2$)
㉢ 엔탈피 일정(등엔탈피)($h_1 = h_2$)
㉣ 엔트로피 증가($\Delta S > 0$)
㉤ 비체적 증가($v > 0$)

22 열펌프 성적계수$(COP)_{H.P}$
$= \dfrac{\text{고온부방출열량(응축부하)}}{\text{압축기 소비일량}}$

23 **열역학 제2법칙(entropy 증가법칙=비가역법칙)**
열은 저온부에서 고온부로 이동(전달)이 불가능하다.

24 **중량성(extensive quantity of state) 상태량**
질량에 비례하는 상태량(무게, 체적, 질량, 엔트로피, 엔탈피, 내부에너지 등)

25 $\eta_B = \dfrac{3,600\text{kW}}{H_L \times m_f} \times 100\%$
$= \dfrac{3,600 \times 50}{42,000 \times 10} \times 100\% = 43\%$
※ $1\text{kW} = 860\text{kcal/h} = 3,600\text{kJ/h}$

26 증발잠열은 온도가 일정할 때 상태만 변화시키는 열량이다.

27 재생 사이클(regenerative cycle)은 터빈에서 증기의 일부를 추기(추출)하여 급수가열기를 이용하여 공급열량을 될 수 있는 한 작게 함으로써 열효율을 개선하고자 고안된 사이클이다.

28 $\dfrac{P_m}{P_1} = \dfrac{P_2}{P_m}$
$P_m = \sqrt{P_1 P_2} = \sqrt{1 \times 9} = 3$기압

29 $V = \dfrac{mRT}{P} = \dfrac{49 \times 0.287 \times (52+273)}{850} = 5.38\text{m}^3$
$m_2 = \dfrac{PV}{RT} = \dfrac{415 \times 5.38}{0.287 \times (27+273)} = 25.93$
∴ 누출된 기체량(Δm)
$= m_1 - m_2 = 49 - 25.93 \fallingdotseq 23.1\text{kg}$

30 가역단열변화($\delta Q = 0$)인 경우 계의 전체 엔트로피는 변하지 않는다($\Delta S = 0$).

31 **폴리트로픽 지수(n)와 상태변화의 관계식**
$PV^n = C$
㉠ $n = 0$, $P = C$(등압변화)
㉡ $n = 1$, $T = C$(등온변화)
㉢ $n = k$(가역단열변화)
㉣ $n = \infty$, $V = C$ (등적변화)

32 냉매 몰리에르선도는 종축에 절대압력(P)을 횡축에 비엔탈피(h)를 취한 선도로 냉동기의 운전특성을 잘 나타내고 있으므로 냉동사이클을 도시하여 냉동기의 성적계수$(COP)_R$를 구할 수 있다.

33 출구 증기속도(V_2)
$= 44.72\sqrt{(h_1 - h_2)} = 44.72\sqrt{3,140 - 3,010}$
$\fallingdotseq 510\text{m/s}$

34 $\eta_c = 1 - \dfrac{T_L}{T_H} = 1 - \dfrac{20+273}{800+273}$
$= 0.727(72.7\%)$

35 ㉠ 열역학 제0법칙: 열평형의 법칙
㉡ 열역학 제1법칙: 에너지보존의 법칙
㉢ 열역학 제2법칙: 엔트로피 증가법칙=비가역법칙
㉣ 열역학 제3법칙: 엔트로피 절댓값을 정의한 법칙

36 $S_x = S' + x(S'' - S')$
건조도$(x) = \dfrac{S_x - S'}{S'' - S'} = \dfrac{4 - 0.703}{8.07 - 0.703} \times 100\%$
$\fallingdotseq 44.8\%$

37 $Pv = RT$, $v = \dfrac{1}{\rho}$ 이므로
∴ $\rho = \dfrac{P}{RT} = \dfrac{101.325}{0.287 \times 273} = 1.293\text{kg/m}^3$

38 냉동기 성능계수$(\varepsilon_R) = \frac{Q_e}{Wc}$ 이므로

$\therefore\ Wc = \frac{Q_e}{\varepsilon_R} = \frac{1}{4.8} \fallingdotseq 0.21$

39 프레온11(R-11)은 메탄(CH_4)계 냉매로, 화학식(CCl_3F)에서 대기오염물질인 염소(Cl)가 3개이며 주어진 냉매 중 오존 파괴지수가 가장 크다.

40 $\eta = \frac{3,600\text{kW}}{H_L \times m_f} \times 100\%$

$\text{kW} = \frac{\eta \times H_L \times m_f}{3,600} = \frac{1 \times 40,000 \times 20}{3,600} = 222.22\text{kW}$

41 온·오프동작(on-off)=2위치 동작
편차의 정(+), 부(-)에 의해서 조작신호가 최대, 최소가 되는 제어동작은 불연속제어다.

42 서미스터 저항체 온도계의 특징
㉠ 응답이 빠르고 감도가 높다.
㉡ 도선저항에 오차(error)를 작게 할 수 있다.
㉢ 흡습 등으로 인한 열화가 쉽다.
㉣ 재질은 Ni, CO, Mn, Fe, Cu 등이 있다.

43 로터미터(rotameter)는 면적(float: 부자식) 유량계다.
차압식(ΔP) 유량계
㉠ 오리피스
㉡ 벤투리관
㉢ 플로 노즐(flow nozzle)

44 단자의 ⊕와 보상도선의 ⊕, 단자의 ⊖와 보상도선의 ⊖를 결선해야 한다.

45 가스 크로마토그래피법(gas chromatography method)에서 사용하는 검출기
- 열전도도검출기(TCD)
- 수소이온검출기(FID)
- 전자포획형 검출기(ECD)

46 캐스케이드 제어(cascade control)
2개의 제어계를 조합하여 1차 제어장치의 제어량을 측정하여 제어명령을 발하고, 2차 제어장치의 목표치로 설정하는 제어방식이다.

47 ㉠ 오버슈트(overshoot): 최대편차량(제어량이 목푯값을 초과하여 최초로 나타내는 최댓값이다)
㉡ 오버슈트$= \frac{\text{최대초과량}}{\text{최종목표값}} \times 100\%$

48 통풍형 건습구 습도계
휴대용이며 상온에서 비교적 정도가 좋은 것은 아스만 습도계이다.

49 백금-백금·로듐(PR온도계)
정도가 높고 내열성은 강하다. 환원성 분위기나 금속증기 중에는 약하다. 측정온도 범위 0~1,600℃ 정도의 접촉식 온도계이다.

50 부르동 게이지(유체 압력 측정)
탄성식 압력계(2차 압력계)로, 측정범위는 0.5~1,600 kgf/cm^2이다.

51 760 : 101.325=700 : P

$P = \frac{700}{760} \times 101.325 = 93.33\text{kPa}$

52 접촉식 온도계의 종류
㉠ 제게르콘
㉡ 수은온도계
㉢ 백금저항온도계
㉣ 열전(대)온도계
㉤ (전기)저항식 온도계
㉥ 바이메탈온도계
㉦ 압력식 온도계(액체 팽창식, 기체 팽창식)
※ 방사온도계는 물체로부터 방출되는 열복사에너지를 측정하여 그 물체의 온도를 재는 비접촉식 온도계로, 1,500℃ 이상, 2,000℃ 이상을 측정할 수 있는 고온계이다.

54 방사온도계의 특징
㉠ 이동물체에 대한 온도측정이 가능하다(신속하게 표면온도 측정이 가능하다).
㉡ 응답속도가 빠르다.
㉢ 방사율에 대한 보정량이 크다.
㉣ -20~315℃까지 폭넓은 온도 측정에 대응한다.
㉤ 측정한 온도 지시값이 자동적으로 홀드(고정)된다.

55 피토관(pitot in tube)에서의
유속(V)= $\sqrt{2g\Delta h}$ [m/s]
$\therefore\ V \propto \sqrt{\Delta h}$

56 피토관 유량계의 피토관 단면적은 관 단면적의 10% 이하여야 한다.

57 적외선법은 2원자분자를 제외한 CO_2, CO, CH_4 등의 가스를 분석할 수 있으며 선택성이 우수하고 저농도의 분석에 적합한 가스 분석법이다.

58 SI 기본단위(7개)
㉠ 질량(kg)
㉡ 길이(m)
㉢ 시간(sec)
㉣ 절대온도(K)
㉤ 전류(A)
㉥ 광도(cd)
㉦ 물질의 양(mol)

59 순간치를 측정하는 유량계는 차압식 유량계로 벤투리, 오리피스, 플로 노즐 유량계가 있다. 오벌 유량계는 용적식 유량계의 일종으로 설치가 간단하고, 내구력이 우수하다. 액체만 측정 가능하고, 기체유량 측정은 불가능하다.

60 차압식 유량계는 구조가 간단하고 가동부가 거의 없으므로 견고하고 내구성이 크며 고온·고압 과부하에 견디고 압력손실도 적다. 정밀도도 매우 높고 측정범위가 넓다.

61 펄라이트(pearlite) 무기질 보온재의 특성
㉠ 재질: 진주암, 흑석 등을 소성 팽창
㉡ 석면 함유량: 3~15%
㉢ 고온용 무기질 보온재

62 버스팅(bursting)이란 크롬벽돌이나 크롬－마그벽돌이 고온에서 산화철을 흡수하여 표면이 부풀어 오르고 떨어져 나가는 현상이다.

63 에너지법 제2조(정의)
"열사용기자재"란 연료 및 열을 사용하는 기기, 축열식 전기기기와 단열성 자재로서 산업통상자원부령으로 정하는 것이다.

64 검사에 불합격된 검사대상기기를 사용자 벌칙사항은 1년 이하의 징역 또는 1천만원 이하의 벌금이다.

65 반연속 요(가마)
㉠ 등요(오름가마)
㉡ 셔틀가마(대차식 가마)
연속가열로
㉠ 푸셔(pusher)식
㉡ 워킹－빔(working beam)식
㉢ 회전로상식

66 검사대상기기 조종자 선임, 해임 신고기간: 30일 이내(신고 사유 발생일로부터)

67 원형관 열전도 열손실(Q)
$$= \frac{2\pi L(t_1 - t_2)}{\frac{1}{k}\ln\left(\frac{r_2}{r_1}\right)} = \frac{2\pi \times 10(260-30)}{\frac{1}{0.079}\ln\left(\frac{88}{38}\right)} = 1,360\text{W}$$

68 에너지이용 합리화법에 의한 에너지관리자 등의 기본교육과정의 교육기간은 1일이다.

69 에너지다소비사업자는 에너지사용기자재의 현황을 시장, 도지사 등에게 매년 1월 31일까지 신고하여야 한다.
※ 에너지다소비사업자: 연간 2,000티오이(TOE, 석유환산톤) 이상 사용자

70 관리대행기관으로 지정을 받기 위해 산업통상자원부장관에게 제출하여야 하는 서류
㉠ 장비 명세서
㉡ 기술인력 명세서
㉢ 향후 1년간의 안전관리대행 사업계획서
㉣ 변경사항을 증명할 수 있는 서류

71 에너지의 안정적 공급은 국가에서 하는 정책사업이다.

72 에너지다소비업자의 신고사항
㉠ 전년도의 분기별 에너지사용량, 제품생산량
㉡ 해당 연도의 에너지사용예정량, 제품생산예정량
㉢ 에너지사용 기자재의 현황
㉣ 전년도 에너지이용 합리화 실적 및 해당 연도 계획
㉤ 제1호부터 제4호까지의 사항에 관한 업무를 담당하는 자(에너지관리자)의 현황
※ 매년 1월 31일까지 그 에너지사용시설이 있는 지역을 관할하는 시·도지사에게 신고해야 한다.

73 내화물의 구비조건
㉠ 내화도가 높을 것(용점 및 연화점이 높을 것)
㉡ 고온에서도 내압력을 가질 것(팽창과 수축이 적을 것)
㉢ 내마모성이 클 것(화학적으로 침식되지 않을 것)
㉣ 상온 및 사용온도에서도 압축강도가 클 것
※ 내화물이란 고온에서 사용되는 불연성·난연성 재료로, 용융온도(제게르콘시험) SK26(1,580℃) 이상의 내화도를 가진 비금속 무기재료를 말한다.

74 최저소비효율기준에 미달된 효율관리기자재를 생산 또는 판매금지 명령을 위반한 자는 2천만원 이하의 벌금에 처한다.

75 에너지다소비업자 신고
에너지이용 합리화법에 따라 에너지사용량이 대통령령이 정하는 기준량 이상이 되는 에너지다소비업자는 전년도의 분기별 에너지 사용량, 제품생산량 등의 사항을 산업통상자원부령으로 정하는 바에 따라 매년 1월 31일까지 에너지사용시설이 있는 지역을 관할하는 시·도지사에게 신고하여야 한다.

76 에너지법에서 정의하는 에너지(energy)는 연료, 열, 전기이다. 원자력은 에너지가 아니다.

77 관의 늘음량(λ)
$= L\alpha\Delta t = 7,000\times0.000013\times340 = 30.94\text{mm}$

78 에너지이용 합리화법에 따라 냉난방온도의 제한 대상 건물에 해당하는 것은 연간 에너지사용량이 2천 TOE 이상인 건물이다.

79 에너지수급 안정을 위해 에너지 공급을 제한하고자 할 경우 산업통상자원부장관은 조정 예정일 7일 전에 에너지 공급자 및 에너지 사용자에게 예고하여야 한다.

80 에너지다소비사업자의 에너지관리기준이란 에너지를 효율적으로 관리하기 위하여 필요한 기준이다.

81 인장응력$(\sigma) = \frac{W}{A} = \frac{W}{hl}[\text{MPa} = \text{N/mm}^2]$

82 $m_e = \frac{m_a(h_2 - h_1)}{2257} = \frac{5000(2798.34 - 903.42)}{2257}$
$= 4197.87\,(\fallingdotseq 4198\text{kg/h})$

83 $\sigma_a = \frac{\sigma_u}{S} = \frac{40}{5} = 8\text{kgf/mm}^2$
$t = \frac{PD}{200\sigma_a\eta} + C = \frac{10\times2,000}{200\times8\times0.7} + 2 \fallingdotseq 20\text{mm}$

84 배기가스(여열장치)=폐가스를 이용한 보일러 부속장치
㉠ 재열기
㉡ 절탄기
㉢ 공기예열기

85 열관류율$(K) = \frac{1}{R} = \frac{1}{\frac{1}{\alpha_i} + \sum_{i=1}^{n}\frac{\ell_i}{\lambda_i} + \frac{1}{\alpha_o}}$
$= \frac{1}{\frac{1}{8} + \frac{0.2}{0.65} + \frac{0.01}{1.3} + \frac{0.005}{0.5} + \frac{1}{20}}$
$= 1.9\text{W/m}^2\text{K}$

86 관 스테이의 최소단면적(S) 계산
$S = \frac{(A-a)P}{5}[\text{mm}^2]$

87 보일러 수위를 높게 하면 습증기 유발 및 보일러 시동 부하가 커지고 수격작용을 유발하는 원인이 된다.

88 보일러 화실 내에 연료가 불완전연소 및 미연소가스가 충만 시에 점화하면 역화가 발생한다.

89 $Q = KF(LMTD)[\text{kJ/h}]$
$LMTD = \frac{\Delta t_1 - \Delta t_2}{\ln\left(\frac{\Delta t_1}{\Delta t_2}\right)} = \frac{130-80}{\ln\left(\frac{130}{80}\right)} = 103℃$
$\therefore K = \frac{Q}{F(LMTD)} = \frac{3,090}{12\times103} = 2.5\text{kJ/m}^2\text{h}℃$

90
- 바이메탈형, 벨로스형: 온도조절식 증기트랩
- 바이메탈형: 고압용, 배압이 높아도 작동이 가능하고, 드레인 배출온도를 변화시킬 수 있다. 증기 누출이 없다.

91 $S + O_2 \rightarrow SO_2 + 334,880\text{kJ/kmol}$
황(S)성분은 저온부식의 원인이 된다(절탄기, 공기예열기).

92 보일러수를 수소이온농도(pH) 10.5~11.5 약알칼리로 유지하는 주된 이유는 적당량의 수산화나트륨(NaOH)을 포함시켜 보일러의 부식 및 스케일(scale, 물때) 부착을 방지하기 위함이다.

93 흡수제(건조제)의 종류
㉠ 실리카겔, 염화칼슘($CaCl_2$)
㉡ 오산화인(P_2O_5)
㉢ 생석회(CaO)
㉣ 활성알루미나(Al_2O_3)

94 보일러수는 pH 7.5~8.2(염기성) 정도로 유지되도록 한다.

95 열정산 입열항목(피열물이 가지고 들어오는 열량)
㉠ 연료의 현열
㉡ 연료의 (저위)발열량
㉢ 공기의 현열(연소용 공기의 현열)
㉣ 노내 분입 증기의 보유열

96 ㉠ 강제순환식 수관 보일러: 라몬트(Lamont) 보일러와 베록스 보일러
㉡ 자연순환식 수관 보일러: 바브콕, 타쿠마(Takuma), 쓰네기치, 2동 D형 보일러
㉢ 관류보일러: 슐저(Sulzer) 보일러, 람진 보일러, 엣모스 보일러, 벤슨(Benson) 보일러

97 ㉠ 환산(상당)증발배수 $= \dfrac{\text{상당증발량}(G_e)}{\text{연료소비량}(G_f)}$
㉡ 실제증발배수 $= \dfrac{\text{실제증기발생량}(G_a)}{\text{연료소비량}(G_f)}$
㉢ 전열면 증발률 $= \dfrac{\text{시간당 증기발생량}(G)}{\text{전열면적}(A)}$

98 증기 및 온수보일러를 포함한 주철제 보일러의 최고사용압력이 0.43MPa 이하일 경우 수압시험 압력은 최고사용압력의 2배 압력으로 한다.

99 노통연관식 보일러의 특징
㉠ 보유수량이 많아서 보일러 파열사고 시 피해가 크다.
㉡ 구조가 복잡하여 내부 청소가 곤란하며 증기 발생 속도가 빨라서 급수처리가 필요하다.
㉢ 보일러의 크기에 비해 전열면적이 크고 효율이 좋다.
㉣ 동일 용량의 수관식 보일러에 비해 보유수량이 많아서 부하변동에 쉽게 대응할 수 있다.

100 스탠톤수(Stanton Number)
$= \text{NUu/Re.Pr} = \dfrac{\text{열전달률}(\alpha)}{C_p \rho u}$
여기서, C_p : 정압비열(kJ/kg·K)
ρ : 유체밀도(kg/m^3)
u : 유체유속(m/s)

부 록 제3회 CBT 대비 실전 모의고사

▸ 정답 및 해설 p. 부록-47

제1과목 연소공학

01 프로판(propane)가스 1kg을 완전연소시킬 때 필요한 이론공기량은 약 몇 Nm^3인가?

① 37.09 ② 23.81
③ 15.67 ④ 12.12

02 착화열에 대한 설명으로 옳은 것은?

① 연료가 착화해서 발생하는 전 열량
② 외부로부터의 점화에 의하지 않고 스스로 연소하여 발생하는 열량
③ 연료 1kg이 착화하여 연소할 때 발생하는 총 열량
④ 연료를 최초의 온도부터 착화 온도까지 가열하는 데 사용된 열량

03 연소 시 배기가스량을 구하는 식으로 옳은 것은? (단, G: 배기가스량, G_0: 이론배기가스량, A_0: 이론공기량, m: 공기비이다.)

① $G=G_0+(m-1)A_0$
② $G=G_0+(m+1)A_0$
③ $G=G_0-(m+1)A_0$
④ $G=G_0+(1-m)A_0$

04 과잉공기가 너무 많을 때 발생하는 현상으로 옳은 것은?

① 이산화탄소 비율이 많아진다.
② 연소 온도가 높아진다.
③ 보일러 효율이 높아진다.
④ 배기가스의 열손실이 많아진다.

05 다음의 무게조성을 가진 중유의 저위발열량은?

C: 84%, H: 13%, O: 0.5%, S: 2%, W: 0.5%

① 35,000kJ/kg
② 44,154kJ/kg
③ 56,955kJ/kg
④ 73,698kJ/kg

06 가연성 액체에서 발생한 증기의 공기 중 농도가 연소범위 내에 있을 경우 불꽃을 접근시키면 불이 붙는데 이때 필요한 최저온도를 무엇이라고 하는가?

① 기화온도
② 인화온도
③ 착화온도
④ 임계온도

07 어떤 중유 연소보일러의 연소 배기가스의 조성이 CO_2(SO_2 포함)=11.6%, CO=0%, O_2=6.0%, N_2=82.4%였다. 중유의 분석 결과는 중량단위로 탄소 84.6%, 수소 12.9%, 황 1.6%, 산소 0.9%로서 비중은 0.924이었다. 연소할 때 사용된 공기의 공기비는?

① 1.08 ② 1.18
③ 1.28 ④ 1.38

08 다음과 같은 조성의 석탄가스를 연소시켰을 때의 이론습연소가스량(Nm^3/Nm^3)은?

성분	CO	CO_2	H_2	CH_4	N_2
부피(%)	8	1	50	37	4

① 5.61 ② 4.61
③ 3.94 ④ 2.94

09 중유에 대한 일반적인 설명으로 틀린 것은?

① A 중유는 C 중유보다 점성이 적다.
② A 중유는 C 중유보다 수분 함유량이 적다.
③ 중유는 점도에 따라 A급, B급, C급으로 나뉜다.
④ C 중유는 소형 디젤기관 및 소형 보일러에 사용된다.

10 어떤 연료를 분석한 결과 탄소(C), 수소(H), 산소(O), 황(S) 등으로 나타낼 때 이 연료를 연소시키는 데 필요한 이론 산소량을 구하는 계산식은? (단, 각 원소의 원자량은 산소 16, 수소 1, 탄소 12, 황 32이다.)

① $1.867C+5.6\left(H+\frac{O}{8}\right)+0.7S(Nm^3/kg)$
② $1.867C+5.6\left(H-\frac{O}{8}\right)+0.7S(Nm^3/kg)$
③ $1.867C+11.2\left(H+\frac{O}{8}\right)+0.7S(Nm^3/kg)$
④ $1.867C+11.2\left(H-\frac{O}{8}\right)+0.7S(Nm^3/kg)$

11 공기비(m)에 대한 식으로 옳은 것은?

① $\frac{\text{실제공기량}}{\text{이론공기량}}$ ② $\frac{\text{이론공기량}}{\text{실제공기량}}$
③ $1-\frac{\text{과잉공기량}}{\text{이론공기량}}$ ④ $\frac{\text{실제공기량}}{\text{과잉공기량}}-1$

12 탄소(C) 80%, 수소(H) 20%의 중유를 완전연소시켰을 때 $(CO_2)_{max}$[%]는?

① 13.2 ② 17.2
③ 19.1 ④ 21.1

13 온도가 293K인 이상기체를 단열 압축하여 체적을 1/6로 하였을 때 가스의 온도는 약 몇 K인가? (단, 가스의 정적비열[C_v]은 0.7kJ/kg·K, 정압비열[C_p]은 0.98kJ/kg·K이다)

① 393 ② 493
③ 558 ④ 600

14 연료 중에 회분이 많을 경우 연소에 미치는 영향으로 옳은 것은?

① 발열량이 증가한다.
② 연소상태가 고르게 된다.
③ 클링커의 발생으로 통풍을 방해한다.
④ 완전연소되어 잔류물을 남기지 않는다.

15 화염온도를 높이려고 할 때 조작방법으로 틀린 것은?

① 공기를 예열한다.
② 과잉공기를 사용한다.
③ 연료를 완전연소시킨다.
④ 노 벽 등의 열손실을 막는다.

16 고체연료의 연료비를 식으로 바르게 나타낸 것은?

① $\frac{\text{고정탄소}(\%)}{\text{휘발분}(\%)}$
② $\frac{\text{회분}(\%)}{\text{휘발분}(\%)}$
③ $\frac{\text{고정탄소}(\%)}{\text{회분}(\%)}$
④ $\frac{\text{가연성 성분 중 탄소}(\%)}{\text{유리 수소}(\%)}$

17 고체연료의 연소방식으로 옳은 것은?

① 포트식 연소
② 화격자 연소
③ 심지식 연소
④ 증발식 연소

18 보일러의 열정산 시 출열에 해당하지 않는 것은?

① 연소배가스 중 수증기의 보유열
② 불완전연소에 의한 손실열
③ 건연소배가스의 현열
④ 급수의 현열

19 연소장치의 연소효율(E_c)식이 아래와 같을 때 H_2는 무엇을 의미하는가? (단, H_c : 연료의 발열량, H_1 : 연재 중의 미연탄소에 의한 손실이다.)

$$E_c = \frac{H_c - H_1 - H_2}{H_c}$$

① 전열손실
② 현열손실
③ 연료의 저발열량
④ 불완전연소에 따른 손실

20 $(CO_2)_{max}$가 24.0%, (CO_2)가 14.2%, (CO)가 3.0%라면 연소가스 중의 산소는 약 몇 %인가?

① 3.8　　② 5.0
③ 7.1　　④ 10.1

제2과목 열역학

21 용적 0.02m³의 실린더 속에 압력 1MPa, 온도 25℃의 공기가 들어 있다. 이 공기가 일정 온도하에서 압력 200kPa까지 팽창하였을 경우 공기가 행한 일의 양은 약 몇 kJ인가? (단, 공기는 이상기체이다.)

① 2.3
② 3.2
③ 23.1
④ 32.2

22 임의의 가역사이클에서 성립되는 Clausius의 적분은 어떻게 표현되는가?

① $\oint \frac{dQ}{T} > 0$
② $\oint \frac{dQ}{T} < 0$
③ $\oint \frac{dQ}{T} = 0$
④ $\oint \frac{dQ}{T} \geq 0$

23 물을 20℃에서 50℃까지 가열하는 데 사용된 열의 대부분은 무엇으로 변환되었는가?

① 물의 내부에너지
② 물의 운동에너지
③ 물의 유동에너지
④ 물의 위치에너지

24 일정한 압력 300kPa로 체적 0.5m³의 공기가 외부로부터 160kJ의 열을 받아 그 체적이 0.8m³로 팽창하였다. 내부에너지의 증가는 얼마인가?

① 30kJ
② 70kJ
③ 90kJ
④ 160kJ

25 체적 500L인 탱크가 300℃로 보온되었고, 이 탱크 속에는 25kg의 습증기가 들어 있다. 이 증기의 건도를 구한 값은? (단, 증기표의 값은 300℃인 온도 기준일 때 v' = 0.0014036m³/kg, v'' =0.02163m³/ kg이다.)

① 62%
② 72%
③ 82%
④ 92%

26 냉동사이클에서 냉매의 구비조건으로 가장 거리가 먼 것은?

① 임계온도가 높을 것
② 증발열이 클 것
③ 인화 및 폭발의 위험성이 낮을 것
④ 저온, 저압에서 응축이 되지 않을 것

27 다음의 열역학 선도 중 수증기 몰리에르 선도(Mollier chart)를 나타낸 것은?

① $P-v$
② $T-S$
③ $p-h$
④ $h-s$

28 그림은 디젤 사이클의 $P-V$선도이다. 단절비(cut-off ratio)에 해당하는 것은? (단, P는 압력, V는 체적이다.)

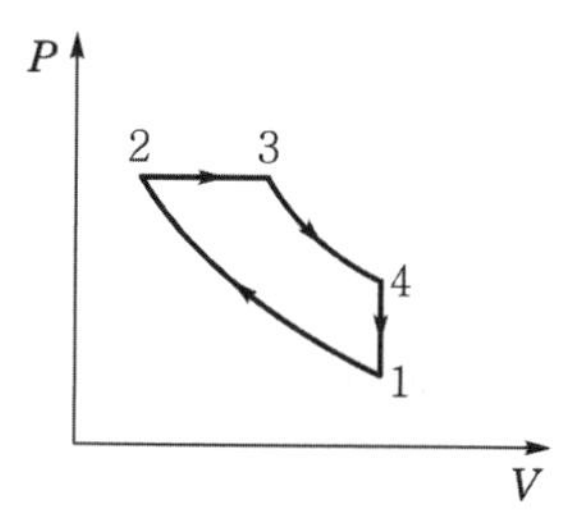

① V_1/V_2 ② V_3/V_2
③ V_4/V_3 ④ V_4/V_2

29 동일한 압력하에서 포화수, 건포화증기의 비체적을 각각 v', v'' 으로 하고, 건도 x의 습증기의 비체적을 v_x로 할 때 건도 x는 어떻게 표시되는가?

① $x=\dfrac{v''-v'}{v_x+v'}$
② $x=\dfrac{v_x+v'}{v''-v'}$
③ $x=\dfrac{v''-v'}{v_x-v'}$
④ $x=\dfrac{v_x-v'}{v''-v'}$

30 랭킨 사이클로 작동되는 발전소의 효율을 높이려고 할 때 증기터빈의 초압과 배압은 어떻게 하여야 하는가?

① 초압과 배압 모두 올림
② 초압을 올리고 배압을 낮춤
③ 초압은 낮추고 배압을 올림
④ 초압과 배압 모두 낮춤

31 냉동기의 냉매로서 갖추어야 할 요구조건으로 적당하지 않은 것은?

① 불활성이고 안정해야 한다.
② 비체적이 커야 한다.
③ 증발온도에서 높은 잠열을 가져야 한다.
④ 열전도율이 커야 한다.

32 엔트로피에 대한 설명으로 틀린 것은?

① 엔트로피는 상태함수이다.
② 엔트로피 분자들의 무질서도 척도가 된다.
③ 우주의 모든 현상은 총엔트로피가 증가하는 방향으로 진행되고 있다.
④ 자유팽창, 종류가 다른 가스의 혼합, 액체 내의 분자의 확산 등의 과정에서 엔트로피가 변하지 않는다.

33 저열원 10℃, 고열원 600℃ 사이에 작용하는 카르노 사이클에서 사이클당 방열량이 3.5kJ이면 사이클당 실제 일의 양은 약 몇 kJ인가?

① 3.5 ② 5.7
③ 6.8 ④ 7.3

34 냉동사이클의 성능계수와 동일한 온도 사이에서 작동하는 역Carnot 사이클의 성능계수에 관계되는 사항으로서 옳은 것은? (단, T_H: 고온부, T_L: 저온부의 절대온도이다)

① 냉동사이클의 성능계수가 역Carnot 사이클의 성능계수보다 높다.
② 냉동사이클의 성능계수는 냉동사이클에 공급한 일을 냉동효과로 나눈 것이다.
③ 역Carnot 사이클의 성능계수는 $\dfrac{T_L}{T_H-T_L}$로 표시할 수 있다.
④ 냉동사이클의 성능계수는 $\dfrac{T_H}{T_H-T_L}$로 표시할 수 있다.

35 0℃의 물 1,000kg을 24시간 동안에 0℃의 얼음으로 냉각하는 냉동 능력은 몇 kW인가? (단, 얼음의 융해열은 335kJ/kg이다.)

① 2.15
② 3.88
③ 14
④ 14,000

36 최저 온도, 압축비 및 공급 열량이 같을 경우 사이클의 효율이 큰 것부터 작은 순서대로 옳게 나타낸 것은?

① 오토사이클 > 디젤사이클 > 사바테사이클
② 사바테사이클 > 오토사이클 > 디젤사이클
③ 디젤사이클 > 오토사이클 > 사바테사이클
④ 오토사이클 > 사바테사이클 > 디젤사이클

37 압력이 200kPa로 일정한 상태로 유지되는 실린더 내의 이상기체가 체적 $0.3m^3$에서 $0.4m^3$로 팽창될 때 이상기체가 한 일의 양은 몇 kJ인가?

① 20 ② 40
③ 60 ④ 80

38 랭킨 사이클의 순서를 차례대로 옳게 나열한 것은?

① 단열압축 → 정압가열 → 단열팽창 → 정압냉각
② 단열압축 → 등온가열 → 단열팽창 → 정적냉각
③ 단열압축 → 등적가열 → 등압팽창 → 정압냉각
④ 단열압축 → 정압가열 → 단열팽창 → 정적냉각

39 역카르노 사이클로 작동하는 냉동 사이클이 있다. 저온부가 −10℃로 유지되고, 고온부가 40℃로 유지되는 상태를 A상태라고 하고, 저온부가 0℃, 고온부가 50℃로 유지되는 상태를 B상태라 할 때, 성능계수는 어느 상태의 냉동사이클이 얼마나 높은가?

① A상태의 사이클이 약 0.8만큼 높다.
② A상태의 사이클이 약 0.2만큼 높다.
③ B상태의 사이클이 약 0.8만큼 높다.
④ B상태의 사이클이 약 0.2만큼 높다.

40 다음 중 이상적인 교축과정(throttling process)은?

① 등온과정 ② 등엔트로피 과정
③ 등엔탈피 과정 ④ 정압과정

제3과목 계측방법

41 오르자트식 가스분석계에서 CO_2 측정을 위해 일반적으로 사용하는 흡수제는?

① 수산화칼륨 수용액
② 암모니아성 염화제1구리 용액
③ 알칼리성 피로갈롤 용액
④ 발연 황산액

42 탄성체의 탄성변형을 이용하는 압력계가 아닌 것은?

① 단관식
② 부르동관식
③ 벨로스식
④ 다이어프램식

43 다음 중 액체의 온도 팽창을 이용한 온도계는?

① 저항 온도계
② 색 온도계
③ 유리제 온도계
④ 광학 온도계

44 세라믹식 O_2계의 특징에 대한 설명으로 틀린 것은?

① 측정가스의 유량이나 설치장소 주위의 온도변화에 의한 영향이 적다.
② 연속측정이 가능하며, 측정범위가 넓다.
③ 측정부의 온도 유지를 위해 온도조절용 전기로가 필요하다.
④ 저농도 가연성 가스의 분석에 적합하고 대기오염관리 등에서 사용된다.

45 출력측의 신호를 입력측에 되돌려 비교하는 제어방법은?

① 인터록(inter lock)
② 시퀀스(sequence)
③ 피드백(feed back)
④ 리셋(reset)

46 시료 가스 중의 CO_2, 탄화수소, 산소, CO 및 질소 성분을 분석할 수 있는 방법으로 흡수법 및 연소법의 조합인 분석법은?

① 분젠-실링(Bunsen Schiling)법
② 헴펠(Hempel)식 분석법
③ 정커스(Junkers)식 분석법
④ 오르자트(Orsat) 분석법

47 연속동작으로 잔류편차(off-set) 현상이 발생하는 제어동작은?

① 온-오프(on-off) 2위치 동작
② 비례동작(P동작)
③ 비례적분동작(PI동작)
④ 비례적분미분동작(PID동작)

48 산소의 농도를 측정할 때 기전력을 이용하여 분석, 계측하는 분석계는?

① 자기식 O_2계　② 세라믹식 O_2계
③ 연소식 O_2계　④ 밀도식 O_2계

49 다음 중 압전 저항효과를 이용한 압력계는?

① 액주형 압력계
② 아네로이드 압력계
③ 박막식 압력계
④ 스트레인 게이지식 압력계

50 저항온도계에 활용되는 측온저항체의 종류에 해당되는 것은?

① 서미스터(thermistor) 저항온도계
② 철-콘스탄탄(IC) 저항온도계
③ 크로멜(chromel) 저항온도계
④ 알루멜(alumel) 저항온도계

51 보일러의 자동제어에서 인터록 제어의 종류가 아닌 것은?

① 압력초과　② 저연소
③ 고온도　④ 불착화

52 오르자트(Orsat) 분석기에서 CO_2의 흡수액은?

① 산성 염화 제1구리 용액
② 알칼리성 염화 제1구리 용액
③ 염화암모늄 용액
④ 수산화칼륨 용액

53 비접촉식 온도측정 방법 중 가장 정확한 측정을 할 수 있으나 기록, 경보, 자동제어가 불가능한 온도계는?

① 압력식 온도계
② 방사온도계
③ 열전온도계
④ 광고온계

54 하겐 푸아죄유 방정식의 원리를 이용한 점도계는?

① 낙구식 점도계
② 모세관 점도계
③ 회전식 점도계
④ 오스트발트 점도계

55 액주식 압력계에 사용되는 액체의 구비조건으로 틀린 것은?

① 온도 변화에 의한 밀도 변화가 커야 한다.
② 액면은 항상 수평이 되어야 한다.
③ 점도와 팽창계수가 작아야 한다.
④ 모세관 현상이 적어야 한다.

56 제어시스템에서 응답이 계단변화가 도입된 후에 얻게 될 최종적인 값을 얼마나 초과하게 되는지를 나타내는 척도는?

① 오프셋　② 쇠퇴비
③ 오버슈트　④ 응답시간

57 국제단위계(SI)에서 길이단위의 설명으로 틀린 것은?

① 기본단위이다.
② 기호는 K이다.
③ 명칭은 미터이다.
④ 빛이 진공에서 1/229,792,458초 동안 진행한 경로의 길이이다.

58 램, 실린더, 기름탱크, 가압펌프 등으로 구성되어 있으며 탄성식 압력계의 일반교정용으로 주로 사용되는 압력계는?

① 분동식 압력계
② 격막식 압력계
③ 침종식 압력계
④ 벨로즈식 압력계

59 측정하고자 하는 상태량과 독립적 크기를 조정할 수 있는 기준량과 비교하여 측정, 계측하는 방법은?

① 보상법
② 편위법
③ 치환법
④ 영위법

60 다음 중 열전대 온도계에서 사용되지 않는 것은?

① 동-콘스탄탄
② 크로멜-알루멜
③ 철-콘스탄탄
④ 알루미늄-철

제4과목 열설비재료 및 관계법규

61 유체의 역류를 방지하기 위한 것으로 밸브의 무게와 밸브의 양면 간 압력차를 이용하여 밸브를 자동으로 작동시켜 유체가 한쪽 방향으로만 흐르도록 한 밸브는?

① 슬루스밸브
② 회전밸브
③ 체크밸브
④ 버터플라이밸브

62 에너지이용 합리화법의 목적이 아닌 것은?

① 에너지의 합리적인 이용 증진
② 국민경제의 건전한 발전에 이바지
③ 지구온난화의 최소화에 이바지
④ 에너지자원의 보전 및 관리와 에너지수급 안정

63 사용연료를 변경함으로써 검사대상이 아닌 보일러가 검사대상으로 되었을 경우 해당되는 검사는?

① 구조검사 ② 설치검사
③ 개조검사 ④ 재사용검사

64 에너지사용계획에 대한 검토 결과 공공사업 주관자가 조치요청을 받은 경우, 이를 이행하기 위하여 제출하는 이행계획에 포함되어야 할 내용이 아닌 것은?

① 이행 주체 ② 이행 방법
③ 이행 장소 ④ 이행 시기

65 제조업자 등이 광고매체를 이용하여 효율관리기자재의 광고를 하는 경우에 그 광고내용에 포함시켜야 할 사항인 것은?

① 에너지 최저효율 ② 에너지 사용량
③ 에너지 소비효율 ④ 에너지 평균소비량

66 에너지사용계획을 수립하여 산업통상자원부장관에게 제출하여야 하는 공공사업주관자에 해당하는 시설 규모는?

① 연간 1천 티오이 이상의 연료 및 열을 사용하는 시설
② 연간 2천 티오이 이상의 연료 및 열을 사용하는 시설
③ 연간 2천5백 티오이 이상의 연료 및 열을 사용하는 시설
④ 연간 1만 티오이 이상의 연료 및 열을 사용하는 시설

67 에너지이용 합리화법에 의거하여 산업통상자원부장관이 에너지저장의무를 부과할 수 있는 자로 가장 거리가 먼 것은?

① 석탄사업법에 의한 석탄가공업자
② 석유사업법에 의한 석유판매업자
③ 집단에너지사업법에 의한 집단에너지사업자
④ 연간 2만 석유환산톤 이상의 에너지를 사용하는 자

68 산업통상자원부장관은 에너지이용 합리화를 위하여 필요하다고 인정하는 경우 효율관리기자재를 정하여 고시할 수 있다. 이에 따른 효율관리기자재에 해당하지 않는 것은?

① 전기냉장고
② 조명기기
③ 개인용 PC
④ 자동차

69 에너지법상 연료에 해당되지 않는 것은?

① 석유
② 원유가스
③ 천연가스
④ 제품 원료로 사용되는 석탄

70 에너지이용 합리화법에 따라 검사대상기기의 계속사용검사 신청은 검사 유효기간 만료의 며칠 전까지 하여야 하는가?

① 3일
② 10일
③ 15일
④ 30일

71 에너지이용 합리화법에 따라 검사대상기기 설치자의 변경신고는 변경일로부터 15일 이내에 누구에게 하여야 하는가?

① 한국에너지공단이사장
② 산업통상자원부장관
③ 지방자치단체장
④ 관할소방서장

72 에너지절약전문기업의 등록이 취소된 에너지절약전문기업은 원칙적으로 등록취소일로부터 최소 얼마의 기간이 지나면 다시 등록할 수 있는가?

① 1년
② 2년
③ 3년
④ 5년

73 에너지이용 합리화법에 따라 검사대상기기 검사 중 개조검사의 적용 대상이 아닌 것은?

① 온수보일러를 증기보일러로 개조하는 경우
② 보일러 섹션의 증감에 의하여 용량을 변경하는 경우
③ 동체, 경판, 관판, 관모음 또는 스테이의 변경으로서 산업통상자원부장관이 정하여 고시하는 대수리의 경우
④ 연료 또는 연소방법을 변경하는 경우

74 에너지이용 합리화법에 따라 국가에너지절약 추진위원회의 당연직 위원에 해당되지 않는 자는?

① 한국전력공사 사장
② 국무조정실 국무2차장
③ 고용노동부차관
④ 한국에너지공단 이사장

75 에너지법에 따라 국가에너지 기본계획 및 에너지 관련 시책의 효과적인 수립·시행을 위한 에너지 총조사는 몇 년을 주기로 하여 실시하는가?

① 1년마다
② 2년마다
③ 3년마다
④ 5년마다

76 에너지이용 합리화법에 따라 에너지사용계획을 수립하여 산업통상자원부장관에게 제출하여야 하는 민간사업주관자의 기준은?

① 연간 5백만 킬로와트시 이상의 전력을 사용하는 시설을 설치하려는 자
② 연간 1천만 킬로와트시 이상의 전력을 사용하는 시설을 설치하려는 자
③ 연간 1천5백만 킬로와트시 이상의 전력을 사용하는 시설을 설치하려는 자
④ 연간 2천만 킬로와트시 이상의 전력을 사용하는 시설을 설치하려는 자

77 에너지이용 합리화법상의 "목표에너지원단위"란?

① 열사용기기당 단위시간에 사용할 열의 사용목표량
② 각 회사마다 단위기간 동안 사용할 열의 사용목표량
③ 에너지를 사용하여 만드는 제품의 단위당 에너지사용목표량
④ 보일러에서 증기 1톤을 발생할 때 사용할 연료의 사용목표량

78 에너지이용 합리화법에 따라 산업통상자원부장관은 에너지이용 합리화에 관한 기본계획을 몇 년마다 수립하여야 하는가?

① 3년 ② 5년
③ 7년 ④ 10년

79 다음 중 에너지이용 합리화법에 따라 에너지관리산업기사의 자격을 가진 자가 조종할 수 없는 보일러는?

① 용량이 10t/h인 보일러
② 용량이 20t/h인 보일러
③ 용량이 581.5kW인 온수 발생 보일러
④ 용량이 40t/h인 보일러

80 에너지이용 합리화법에 따라 에너지다소비사업자는 연료·열 및 전력의 연간 사용량의 합계가 얼마 이상인 자를 나타내는가?

① 1천 티오이 이상인 자
② 2천 티오이 이상인 자
③ 3천 티오이 이상인 자
④ 5천 티오이 이상인 자

제5과목 열설비설계

81 급수펌프 중 원심펌프는 어느 것인가?

① 워싱턴 펌프 ② 웨어 펌프
③ 벌류트 펌프 ④ 플랜저 펌프

82 다음 [보기]에서 설명하는 증기트랩은?

> • 가동 시 공기 배출이 필요 없다.
> • 작동이 빈번하여 내구성이 낮다.
> • 작동확률이 높고 소형이며 워터해머에 강하다.
> • 고압용에는 부적당하나 과열증기 사용에는 적합하다.

① 디스크식 트랩(disc type trap)
② 버킷형 트랩(bucket type trap)
③ 플로트식 트랩(float type trap)
④ 바이메탈식 트랩(bimetal type trap)

83 원통형 보일러의 노통이 편심으로 설치되어 관수의 순환작용을 촉진시켜 줄 수 있는 보일러는?

① 코르니시 보일러
② 라몬트 보일러
③ 케와니 보일러
④ 기관차 보일러

84 다음 중 보일러의 탈산소제로 사용되지 않는 것은?

① 아황산나트륨 ② 히드라진
③ 탄닌 ④ 수산화나트륨

85 보일러 연소 시 그을음의 발생 원인이 아닌 것은?

① 통풍력이 부족한 경우
② 연소실의 온도가 낮은 경우
③ 연소장치가 불량인 경우
④ 연소실의 면적이 큰 경우

86 압력용기의 설치상태에 대한 설명으로 틀린 것은?

① 압력용기는 1개소 이상 접지되어야 한다.
② 압력용기의 화상 위험이 있는 고온배관은 보온되어야 한다.
③ 압력용기의 기초는 약하여 내려앉거나 갈라짐이 없어야 한다.
④ 압력용기의 본체는 바닥에서 30mm 이상 높이에 설치되어야 한다.

87 지름이 5cm인 강관(50W/mK) 내에 온도 98K의 온수가 0.3m/s로 흐를 때, 온수의 열전달계수(W/m^2K)는? [단, 온수의 열전도도는 0.68W/mK이고, Nu수(Nusselt Number)는 160이다.]

① 1,238 ② 2,176
③ 3,184 ④ 4,232

88 보일러 연소량을 일정하게 하고 저부하 시 잉여증기를 축적시켰다가 갑작스런 부하변동이나 과부하 등에 대처하기 위해 사용되는 장치는?

① 탈기기 ② 인젝터
③ 재열기 ④ 어큐뮬레이터

89 고체연료의 연소방식이 아닌 것은?

① 화격자 연소방식
② 확산 연소방식
③ 미분탄 연소방식
④ 유동층 연소방식

90 압력용기에 대한 수압시험 압력의 기준으로 옳은 것은?

① 최고 사용압력이 0.1MPa 이상인 주철제 압력용기는 최고 사용압력의 3배이다.
② 비철금속제 압력용기는 최고 사용압력의 1.5배의 압력에 온도를 보정한 압력이다.
③ 최고 사용압력이 1MPa 이하인 주철제 압력용기는 0.1MPa이다.
④ 법랑 또는 유리 라이닝한 압력용기는 최고 사용압력의 1.5배의 압력이다.

91 다음 [보기]에서 설명하는 보일러 보존방법은?

[보기]
- 보존기간이 6개월 이상인 경우 적용한다.
- 1년 이상 보존할 경우 방청도료를 도포한다.
- 약품의 상태는 1~2주마다 점검하여야 한다.
- 동 내부의 산소 제거는 숯불 등을 이용한다.

① 건조보존법 ② 만수보존법
③ 질소보존법 ④ 특수보존법

92 다음 중 pH 조정제가 아닌 것은?

① 수산화나트륨
② 탄닌
③ 암모니아
④ 인산소다

93 3×1.5×0.1인 탄소강판의 열전도계수가 40.7W/m·K, 아래 면의 표면온도는 40℃로 단열되고, 위 표면온도는 30℃일 때, 주위 공기 온도를 20℃라 하면 아래 표면에서 위 표면으로 강판을 통한 전열량은? (단, 기타 외기온도에 의한 열량은 무시한다.)

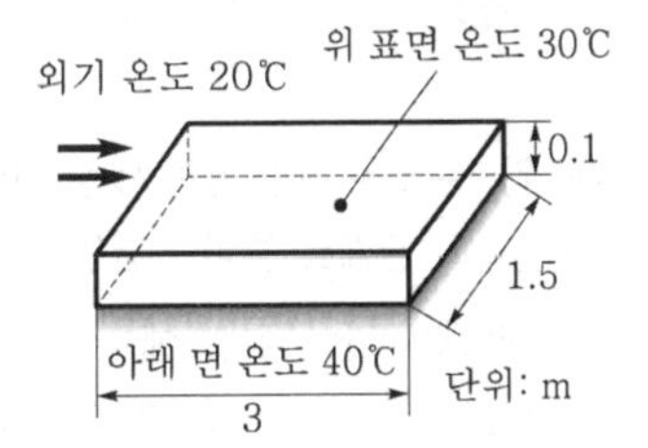

① 53,372kJ/h
② 57,558kJ/h
③ 61,744kJ/h
④ 65,952kJ/h

94 육용강제 보일러에서 동체의 최소 두께에 대한 설명으로 틀린 것은?

① 안지름이 900mm 이하인 것은 6mm(단, 스테이를 부착한 경우)
② 안지름이 900mm 초과 1,350mm 이하인 것은 8mm
③ 안지름이 1,350mm 초과 1,850mm 이하인 것은 10mm
④ 안지름이 1,850mm 초과하는 것은 12mm

95 보일러 급수처리 중 사용목적에 따른 청관제의 연결로 틀린 것은?

① pH 조정제: 암모니아
② 연화제: 인산소다
③ 탈산소제: 히드라진
④ 가성취화방지제: 아황산소다

96 그림과 같이 가로×세로×높이가 3×1.5× 0.03m인 탄소 강판이 놓여 있다. 열전도계수(K)가 43W/m·K이며, 표면온도는 20℃였다. 이때 탄소강판 아래면에 열유속($q''=q/A$) 698W/m²를 가할 경우, 탄소강판에 대한 표면온도 상승($\triangle T$[℃])은?

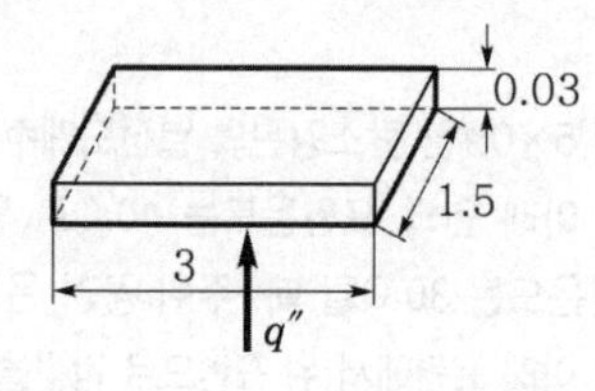

① 0.243℃ ② 0.264℃
③ 0.487℃ ④ 1.973℃

97 유체의 압력손실은 배관 설계 시 중요한 인자이다. 압력손실과의 관계로 틀린 것은?

① 압력손실은 관마찰계수에 비례한다.
② 압력손실은 유속의 제곱에 비례한다.
③ 압력손실은 관의 길이에 반비례한다.
④ 압력손실은 관의 내경에 반비례한다.

98 보일러의 열정산 시 출열 항목이 아닌 것은?

① 배기가스에 의한 손실열
② 발생증기 보유열
③ 불완전연소에 의한 손실열
④ 공기의 현열

99 보일러의 일상점검 계획에 해당하지 않는 것은?

① 급수배관 점검
② 압력계 상태 점검
③ 자동제어장치 점검
④ 연료의 수요량 점검

100 노통보일러에서 갤로웨이관(Galloway tube)을 설치하는 이유가 아닌 것은?

① 전열면적의 증가
② 물의 순환 증가
③ 노통의 보강
④ 유동저항 감소

정답 및 해설

01	02	03	04	05	06	07	08	09	10
④	④	①	④	②	②	④	①	④	②
11	12	13	14	15	16	17	18	19	20
①	①	④	③	②	①	②	④	④	③
21	22	23	24	25	26	27	28	29	30
④	③	①	②	④	④	④	②	④	②
31	32	33	34	35	36	37	38	39	40
②	④	④	③	②	④	①	①	④	③
41	42	43	44	45	46	47	48	49	50
①	①	③	④	③	②	②	②	④	①
51	52	53	54	55	56	57	58	59	60
③	④	④	④	①	③	②	①	④	④
61	62	63	64	65	66	67	68	69	70
③	④	②	③	③	③	②	③	④	②
71	72	73	74	75	76	77	78	79	80
①	②	①	③	③	④	③	②	④	②
81	82	83	84	85	86	87	88	89	90
③	①	①	④	④	④	②	④	②	②
91	92	93	94	95	96	97	98	99	100
①	②	④	①	④	③	③	④	④	④

01 $C_3H_8 + 5O_2 \rightarrow 3CO_2 + 4H_2O$

1kmol 5kmol

44kg $5 \times 22.4\text{Nm}^3$

$$\text{이론공기량}(A_o) = \frac{O_o}{0.21} = \frac{\left(\frac{112}{44}\right)}{0.21}$$

$$= 12.12\text{Nm}^3/\text{kg} \cdot (\text{fuel})$$

02 ㉠ 착화점

외부로부터의 점화에 의하지 않고 연료가 주위 산화열에 의해 스스로 발화하여 연소를 시작하는 최저 온도

㉡ 착화열

연료를 최초의 온도부터 착화 온도까지, 즉 불이 붙거나 타기 시작하는 온도까지 가열하는 데 사용된 열량

03 연소 시 실제 배기가스량

$G = G_0 + (m-1)A_0$

04 과잉공기=(실제공기량−이론공기량)이 너무 많으면 배기가스에 의한 열손실이 많아진다.

05 $H_L = 8,100\text{C} + 34,000\left(\text{H} - \frac{\text{O}}{8}\right)$

$+ 2,500\text{S} - 600(w + 9\text{H})$

$= 8,100 \times 0.84 + 34,000(0.13 - \frac{0.005}{8}) + 2,500$

$\times 0.02 - 600(0.005 + 9 \times 0.13)$

$\fallingdotseq 10,548\text{kcal/kg}(\fallingdotseq 44,154\text{kJ/kg})$

※ 1kcal=4.186kJ

06 인화점(인화온도)

가연성 액체에서 발생한 증기의 공기 중 농도가 연소범위 내에 있을 경우 불꽃을 접근시키면 불이 붙는데 이때 필요한 최저 온도

07 공기비$(m)=\frac{N_2}{N_2-3.76[(O_2)-0.5(CO)]}$

$=\frac{82.4}{82.4-3.76(6-0.5\times0)}=1.38$

08 이론습연소가스량(G_{ow})

$=(1-0.21)A_o+CO+CO_2+H_2+CH_4+N_2$

$=(1-0.21)\times(0.5\times0.08)+\frac{(0.5\times0.5)+(2\times0.37)}{0.21}$

$+1\times0.08+1\times0.01+1\times0.5+3\times0.37+1\times0.04$

$=5.61Nm^3/Nm^3$

09 C 중유는 대형 디젤기관 및 대형 보일러에 사용된다.

10 고체, 액체연료의 이론 산소량(O_o)

$O_o=1,867C+5,6\left(H-\frac{O}{8}\right)+0,7S[Nm^3/kg]$

11 공기비$(m)=\frac{실제공기량}{이론공기량}>1$

12 이론건연소가스량(G_{od})

=공기 중의 질소량$(0.79\times A_o)$+연소생성가스(CO_2, SO_2)

$=0.79A_o+1.867C+0.7S$

$=0.79\times\frac{O_o}{0.21}+1.867C+0.7S$

$=0.79\left(\frac{1.867C+5.6H}{0.21}\right)+1.867C+0.7S$

$=0.79\left(\frac{1.867\times0.8+5.6\times0.2}{0.21}\right)+1.867\times0.8+0$

$≒11.326[≒11.33Nm^3/lg(연료)]$

$\therefore\ (CO_2)_{max}=\frac{1.867C+0.7S}{G_{od}}$

$=\frac{1.867\times0.8+0}{11.33}\times100\%≒13.2\%$

※ $(CO_2)_{max}$은 이론공기량(A_o)으로 연소했을 경우를 말한다.

13 가스비열비$(k)=\frac{C_p}{C_v}=\frac{0.98}{0.7}=1.4$

$\frac{T_2}{T_1}=\left(\frac{V_1}{V_2}\right)^{k-1}$

$\therefore\ T_2=T_1\left(\frac{V_1}{V_2}\right)^{k-1}=293(6)^{1.4-1}≒600K$

14 연료 중에 회분(ash, 재)이 많을 경우 클링커의 발생으로 통풍을 방해한다.

15 화염온도를 높이려고 할 때 조작방법

㉠ 공기를 예열(pre-heating)한다.

㉡ 연료를 완전연소시킨다.

㉢ 노(furnace)벽 등의 열손실을 막는다.

16 고체연료의 연료비$=\frac{고정탄소(\%)}{휘발분(\%)}$

- 연료비 7 이상: 무연탄
- 연료비 1~7: 유연탄
- 연료비 1 이하: 갈탄

17 ㉠ 고체연료의 연소방식
- 화격자연소
- 미분탄연소
- 유동층연소

㉡ 액체연료의 연소방식
- 증발연소
- 무화연소
- 심지연소

㉢ 기체연료의 연소방식
- 확산연소
- 혼합연소

18 ㉠ 열정산 시 입열항목
- 연료의 연소열
- 연료의 현열
- 공기의 현열
- 노 내 분압의 증기보유 열량

㉡ 열정산 시 출열
- 방사손실열
- 불완전열손실
- 미연분에 의한 열
- 배기가스 보유열
- 발생증기 보유열

19 연소장치연소효율$(E_c)=\frac{H_c-H_1-H_2}{H_c}$

$=\frac{발열량-(미분탄에\ 의한\ 열손실+불완전\ 연소에\ 의한\ 열손실)}{발열량}$

여기서, H_c: 연료발열량

H_1: 연재 중의 미분탄연소에 의한 손실

H_2: 불완전연소에 따른 손실

20 공기비$(m)=\dfrac{(CO_2)_{max}}{CO_2}=\dfrac{21}{21-O_2}$에서

$$O_2=21-\frac{21CO_2}{(CO_2)_{max}}=21-\frac{21\times14.2}{24}$$
$$=8.58-0.5CO=8.58-0.5\times3\doteqdot7.1\%$$

21 $${}_1W_2=P_1V_1\ln\frac{P_1}{P_2}=1\times10^3\times0.02\times\ln\left(\frac{1,000}{200}\right)$$
$$=32.2\text{kJ}$$

22 가역사이클인 경우 Clausius의 순환적분(폐적분)값은 항상 0이다.

$$\oint\frac{dQ}{T}=0$$

※ 비가역사이클인 경우의 Clausius의 순환적분값은 0보다 작다.

$$\oint\frac{dQ}{T}<0$$

23 물의 가열량은 체적의 변화가 거의 없으므로 물의 내부에너지로 보존된다.

24 $$Q=(U_2-U_1)+{}_1W_2[\text{kJ}]$$
$$(U_2-U_1)=Q-{}_1W_2=Q-P(V_2-V_1)$$
$$=160-300(0.8-0.5)$$
$$=70\text{kJ}$$

25 $$v_x=v'+x(v''-v')$$
$$x=\frac{v_x-v'}{(v''-v')}=\frac{\left(\frac{V}{G}\right)-v'}{(v''-v')}=\frac{\left(\frac{0.5}{25}\right)-0.0014036}{0.02163-0.0014036}$$
$$\doteqdot0.92(92\%)$$

26 냉매구비조건
㉠ 임계온도가 높을 것
㉡ 증발열이 클 것
㉢ 인화 및 폭발의 위험성이 없을 것
㉣ 증발압력과 온도가 높을 것

27 ㉠ $P-v$ 선도(일량선도)
㉡ $T-S$ 선도(열량선도)
㉢ $p-h$ 선도(냉매 Mollier 선도)
㉣ $h-s$ 선도(수증기 Mollier 선도)

28 단절비=체절비(cut-off ratio)

$$\sigma=\frac{V_3}{V_2}$$

29 $$v_x=v'+x(v''-v')$$
$$\text{건도}(x)=\frac{v_x-v'}{v''-v'}=\frac{\left(\frac{V}{m}\right)-v'}{v''-v'}$$

30 랭킨 사이클의 (발전소) 효율을 높이려면 초압을 높이거나 복수기 압력(배압)을 낮출수록 열효율은 증가한다.

31 냉매는 비체적(v)이 작아야 한다.

32 자유팽창, 종류가 다른 가스의 혼합, 액체 내 분자의 확산 등의 과정은 비가역과정으로 엔트로피(entropy)는 증가한다.

33 $$\eta_c=1-\frac{T_2}{T_1}=1-\frac{10+273}{800+273}=0.675$$
$$Q_1=\frac{Q_2}{1-\eta_c}=\frac{3.5}{1-0.675}=10.77\text{kJ}$$
$$\therefore\ W_{net}=\eta_cQ_1=0.675\times10.77\doteqdot7.3\text{kJ}$$

34 역카르노 사이클은 냉동사이클의 이상사이클이다.

$$\therefore\ \text{냉동기성적계수}(COP)_R=\frac{T_L}{T_H-T_L}$$

35 $$Q_e=m\gamma\div24\text{hr}=1,000\times335\div24\text{hr}$$
$$=13958.33\text{kJ/h}$$
$$\therefore\ \text{kW}=\frac{Q_e}{3,600}=\frac{13958.33}{3,600}=3.88\text{kW}$$

36 초온, 초압 압축비 및 공급열량 일정 시 열효율 비교(크기 순서)

$$\eta_{tho}>\eta_{ths}>\eta_{thd}$$

37 $${}_1W_2=\int_1^2PdV$$
$$=P(V_2-V_1)$$
$$=200(0.4-0.3)$$
$$=20\text{kJ}$$

38 랭킨 사이클(Rankine cycle) 순서
단열압축(급수펌프) → 정압가열(보일러 & 과열기) → 단열팽창(터빈) → 정압냉각(복수기)

39 A상태$(\varepsilon_R)=\dfrac{T_2}{T_1-T_2}=\dfrac{263}{313-263}=5.26$

B상태$(\varepsilon_R)=\dfrac{T_2}{T_1-T_2}=\dfrac{273}{323-273}=5.46$

∴ B상태의 냉동 사이클 성능계수가 A상태의 냉동 사이클 성능계수(ε_R)보다 약 0.2만큼 높다.

40 이상적인 교축과정(throteling process)은 엔탈피가 일정(등엔탈피 과정)한 과정이다. 비가역과정으로 엔트로피는 증가한다($\Delta S>0$).

41 오르자트식 가스분석계에서 CO_2 측정을 위해 일반적으로 사용하는 흡수제는 수산화칼륨 수용액이다.
㉠ CO_2 측정액
㉡ CO 측정액
㉢ O_2 측정액
㉣ $N_2=100-(CO_2+CO+O_2)[\%]$

42 탄성변형을 이용한 압력계
㉠ 벨로스식(주름통식)
㉡ 부르동관식
㉢ 다이어프램(diaphram)식

43 액체의 온도팽창을 이용한 온도계는 유리제 온도계이다.
㉠ 알코올 온도계
㉡ 수은 온도계
㉢ 베크만 온도계

44 세라믹(O_2)계(지르코니아식 산소계)
ZrO_2를 주원료로 한 산소농담전지를 형성하고 기전력을 통해 O_2를 측정한다. 측정가스에 가연성 가스가 있으면 사용이 불가능하다.

45 피드백(feed back) 제어
출력측의 신호를 입력측에 되돌려 비교하는 제어 방법

46 헴펠식 가스 분석법(화학적 방법)
흡수법 및 연소법의 조합으로 분석순서는 CO_2, 중탄화수소, 산소, CO가스, 질소성분 가스분석계이다.

47 연속동작에서 비례(P)동작은 잔류편차(off-set)가 발생하고 적분(I)제어동작에서는 잔류편차를 제거시켜준다.

48 세라믹(ceramic) 산소계
산소 농도 측정 시 기전력을 이용한 가스분석계. 주원료는 지르코니아(ZrO_2)이다. 응답이 빠르고 연속 측정이 가능하고 측정 범위가 넓다. 단, 측정가스 중 가연성 가스가 있으면 사용이 불가하다.

49 스트레인 게이지(strain gauge) 압력계
압전, 저항 효과를 이용한 압력계이다(자기변형 압력계). 즉 물체에 압력을 가하면 발생한 전기량은 압력에 비례한다. 응답이 빨라서 백만분의 일 초 정도이며 급격한 압력변화를 측정한다.

50 서미스터(thermistor)는 저항온도계에 활용되는 측온 저항체(RTD, Resistance Temperature Detector)다.

51 보일러 인터록(boiler interlock) 제어의 종류
㉠ 압력 초과　㉡ 저연소
㉢ 불착화　㉣ 프리퍼지
㉤ 저수위 인터록 등

52 오르자트(Orsat) 분석기에서 CO_2 흡수액은 수산화칼륨(KOH) 용액을 사용한다.

53 광고온도계(optical pyrometer)의 특징
㉠ 광고온도계는 비접촉식 온도계로 온도계 중에서 가장 높은 온도(700~3,000℃)를 측정할 수 있으며 정도가 가장 높다.
㉡ 저온의 물체 온도 측정(700℃ 이하)은 곤란하다.
㉢ 광고온도계는 수동 측정이므로 측정시간의 지연이 있다(기록 · 정보 · 자동제어가 곤란하다).

54 하겐 푸아죄유 방정식의 원리를 이용한 점도계는 세이볼트 점도계와 오스트발트 점토계다. 낙구식 점도계는 스톡스 법칙의 원리를 이용한 점도계다. 회전식 점도계, 모세관 점도계는 뉴턴의 점성법칙의 원리를 이용한 점도계다.

55 액주식 압력계에 사용되는 액체의 구비조건
㉠ 온도 변화에 의한 밀도 변화가 적어야 한다.
㉡ 액면은 항상 수평이 되어야 한다.
㉢ 점도와 팽창계수가 작아야 한다.
㉣ 모세관 현상이 적어야 한다.

56 오버슈트(over shoot)란 제어시스템에서 계단 변화가 도입 전후에 얻게 될 최종적인 값을 얼마나 초과하게 되는지를 나타내는 척도이다.

57 국제단위계(SI)에서 길이단위는 m이며, 절대온도단위는 K(Kelvin)이다.

58 분동식 압력계는 분동에 의해 압력을 측정하는 형식으로, 탄성압력계의 일반교정용 및 피검정용 압력계의 검사를 행하는 데 주로 사용되며 램(ram), 실린더(cylinder), 기름탱크(oil tank), 가압펌프 등으로 구성되어 있다.

59 측정하고자 하는 상태량과 독립적 크기를 조정할 수 있는 기준량과 비교하여 측정, 계측하는 방법은 영위법이다.

① 보상법: 크기가 거의 같은, 미리 알고 있는 양의 분동을 준비하여 분동과 측정량의 차이로부터 측정량을 구하는 방법으로, 천칭을 이용하여 물체의 질량을 측정할 때 불평형 정도는 지침의 눈금값으로 읽어 물체의 질량을 알 수 있다.

② 편위법: 측정하려는 양의 작용에 의하여 계측기의 지침에 편위를 일으켜 이 편위를 눈금과 비교함으로써 측정을 행하는 방식(다이얼 게이지, 지시전기계기, 부르동관 압력계)이다.

③ 치환법: 이미 알고 있는 양으로부터 측정량을 아는 방법으로, 다이얼 게이지를 이용하여 길이 측정 시 블록게이지를 올려놓고 측정한 다음 피측정물을 바꾸어 넣었을 때 지시의 차를 읽고 사용한 블록게이지 높이를 알면 피측정물의 높이를 구할 수 있다.

60 **열전쌍(열전대) 온도계의 종류**

㉠ 백금－백금로듐
㉡ 크로멜－알로멜
㉢ 동(Cu)－콘스탄탄
㉣ 철－콘스탄탄

61 유체가 한쪽 방향으로만 흐르도록 한 밸브는 체크(check)밸브이다(역류방지용 밸브).

62 에너지이용 합리화법 제1조(목적)에 따른 에너지이용 합리화법의 목적은 에너지의 합리적인 이용 증진, 국민경제의 건전한 발전에 이바지, 지구온난화의 최소화에 이바지, 에너지소비로 인한 환경피해 저감이 있다.

63 사용연료 변경으로 미검사대상 기기가 검사대상기기로 변경되면 설치검사를 받아야 한다(신설보일러도 설치검사 대상).

64 에너지사용계획에 대한 검토 결과 공공사업 주관자가 에너지사용계획의 이행계획에 포함할 내용은 ㉠ 이행 주체, ㉡ 이행 방법, ㉢ 이행 시기 등이다.

65 **효율관리기자재 광고내용 표시사항**

㉠ 에너지 최저효율
㉡ 에너지 사용량
㉢ 에너지 평균소비량

66 **공공사업주관자가 산업통상자원부장관에게 제출해야 할 시설 규모**

㉠ 연간 2천5백 티오이(TOE) 이상의 연료 및 열을 사용하는 시설
㉡ 연간 1천만 kW－h 이상 전력을 사용하는 시설

67 시행령 제12조에 의거하여 ②항에서는 전기사업법에 의거, 전기사업자가 해당된다.

68 시행규칙 제7조에 의거하여 ①, ②, ④ 외에 전기냉방기, 전기세탁기, 삼상유도 전동기 등이다.

69 에너지법상 연료는 ㉠ 석유, ㉡ 원유가스, ㉢ 천연가스(LNG)이다.
석탄 등은 연료이나, 제품원료로 사용되는 석탄은 연료에 해당되지 않는다.

70 검사대상기기의 계속사용(안전, 성능검사) 신청은 한국에너지공단에 검사유효기간 만료 10일 전까지 신청한다.

71 **설치자 변경신고**
설치자가 변경된 날로부터 15일 이내에 한국에너지공단이사장에게 신고하여야 한다.

72 **에너지절약전문기업의 등록 제한**
등록이 취소된 에너지절약전문기업은 등록 취소일로부터 2년이 지나지 아니하면 등록을 할 수 없다(2년이 경과하면 재등록할 수 있다).

73 개조검사의 적용 대상
(다음 중 어느 하나에 해당하는 경우 실시 하는 검사)
㉠ 증기보일러를 온수보일러로 개조하는 경우
㉡ 보일러 섹션(section)의 증감으로 용량을 변경하는 경우
㉢ 동체 · 돔 · 노통연소실 · 경판 · 관판 · 관모음 또는 스테이의 변경으로서 산업통상자원부장관이 정하여 고시(산업통상자원부 고시 2023.1.2 제 2023-1호 발령 시행)하는 대수리인 경우
㉣ 연료 또는 연소방법을 변경하는 경우
㉤ 철금속가열로로서 열사용 기자재 및 검사면제에 관한 기준에서 정하는 수리에 해당하는 경우

74 국가에너지절약 추진위원회의 당연직 위원
㉠ 한국전력공사 사장
㉡ 국무조정실 국무2차장
㉢ 한국에너지공단 이사장

75 에너지법에 따라 국가에너지 기본계획 및 에너지 관련 시책의 효과적인 수립시행을 위한 에너지 총조사는 3년을 주기로 실시한다.

76 에너지이용 합리화법에 따라 에너지사용계획을 수립하여 산업통산자원부장관에게 제출하여야 하는 민간사업주관자의 기준은 연간 2천만 킬로와트시(kWh) 이상의 전력을 사용하는 시설을 설치하려는 자.

77 에너지이용 합리화법상의 목표에너지단위란 에너지를 사용하여 만드는 제품의 단위당 에너지사용목표량을 말한다.

78 에너지이용 합리화법에 따라 산업통상자원부장관은 에너지이용 합리화법에 관한 기본계획을 5년마다 수립하여야 한다.

79 용량이 30t/h를 초과하는 보일러는 보일러기능장 또는 에너지관리기사에게 조종자의 자격이 있다.
※ 에너지관리산업기사는 용량이 10ton/h를 초과하고 30ton/h 이하인 보일러를 조종할 수 있다. (용량이 10ton/h 이하인 보일러를 조종할 수 있다.)

80 에너지관리공단은 개정된 에너지이용 합리화법령이 시행됨에 따라 연간 에너지소비량이 2,000TOE(석유환산톤) 이상인 에너지다소비업자는 5년마다 의무적으로 에너지 진단 의무화를 실시한다(에너지 진단제도는 사업장이 진단전문기관으로부터 진단을 받음으로써 사업장의 에너지 이용 현황 파악, 손실요인 발굴 및 에너지 절감을 위한 최적의 개선안을 도출하는 컨설팅의 일종이다).

81 펌프의 종류
㉠ 원심펌프: 벌류트(volute) 펌프, 터빈(turbine) 펌프
㉡ 왕복동식 펌프: 피스톤 펌프, 플랜저 펌프, 워싱턴 펌프, 웨어 펌프

82 디스크식 증기트랩(disc type steam trap)
- 기동 시 공기 배출이 필요 없다.
- 고압용에는 부적당하나 과열증기 사용에는 적합하다.
- 수격작용(워터해머)에 강하다.
- 내구성이 낮으며 소형이다.

83 원통형 보일러의 노통이 편심되어 관수의 순환작용을 촉진시켜 줄 수 있는 보일러에는 코르니시 보일러(노통이 1개)와 랭카셔 보일러(노통이 2개)가 있다.

84 보일러 탈산소제
㉠ 아황산나트륨
㉡ 히드라진
㉢ 탄닌
※ 수산화나트륨(NaOH)(=가성소다)는 pH(수소이온 농도) 조정제다.

85 연소실의 면적이 큰 경우는 완전연소로 인한 그을음의 방지책이다.

86 압력용기의 본체는 바닥에서 10cm(100mm) 이상 높이에 설치한다.

87 ㉠ 강관 열전도계수: 50W/mK
㉡ 온수의 열전도계수: 0.68W/mK
㉢ 강관의 표면적: $\pi dl\,(3.14\times0.05\times1=0.157\text{m}^2)$
㉣ 열전도율 단위: W/mK, 열관류율 단위: $\text{W/m}^2\text{K}$
㉤ 열전달계수: $\text{W/m}^2\text{K}$
㉥ $\text{Nu}=0.53(G_r\cdot P_r)^{\frac{1}{4}}$
㉦ 열전달계수$(a)=N\dfrac{K}{D}$

$$=160\times\frac{0.68}{0.05}$$
$$=2{,}176\text{W/m}^2\text{K}$$

88 어큐뮬레이터(accumulator)는 송기장치로서 보일러 저부하 시 잉여증기를 축적하였다가 부하변동 시 과부하 등에 잉여증기를 온수나 증기로 공급하는 장치이다(축압기라고도 한다).

89 고체연료의 연소방식
㉠ 화격자 연소
㉡ 미분탄 연소
㉢ 유동층 연소
※ 확산 연소방식은 기체연료 연소방식이다.

90 압력용기에 대한 수압시험 압력의 기준
㉠ 최고 사용압력이 0.1MPa 이상인 주철제 압력용기는 최고 사용압력의 2배이다.
㉡ 비철금속제 압력용기는 최고 사용압력의 1.5배의 압력에 온도를 보정한 압력이다.
㉢ 최고 사용압력이 1MPa 이하인 주철제 압력용기는 0.2MPa이다.

91 ㉠ 보일러 장기보존법(6개월 이상 보존): 밀폐건조보존법
㉡ 보일러 단기보존법(6개월 미만 보존): 만수보존법(약품첨가법, 방청도료 도표, 생석회 건조재 사용)

92 pH 조정제: 가성소다(NaOH)=수산화나트륨, 암모니아(NH_3), 인산소다(인산나트륨)
※ 탄닌, 전분, 리그닌 등은 슬러지 조정제이다.

93 $Q_c = \lambda A \dfrac{t_1 - t_2}{L} = 40.7 \times (3 \times 1.5) \times \dfrac{(40-30)}{0.1}$
$= 18,315\text{W} ≒ 18.32\text{kW}(65,952\text{kJ/h})$

94 육용강제 보일러 동체의 최소 두께 안지름이 90mm 이하인 것은 8mm(단, 스테이를 부착한 경우)이다.

95 급수내처리(청관제)의 종류
㉠ pH 조정제: 암모니아(NH_3)
㉡ 연화제: 인산소다
㉢ 탈산소제: 아황산소다, 히드라진(N_2H_4)
㉣ 가성취화방지제(억지제): 인산나트륨, 탄닌, 리그닌, 질산나트륨 등

96 열유속(heat flux)
$q''\left(=\dfrac{q}{A}\right) = 698\text{W/m}^2$
$q'' = K\dfrac{\Delta T}{L}$
$\therefore \ \Delta T = \dfrac{q'' L}{K} = \dfrac{698 \times 0.03}{43} ≒ 0.487℃$

97 Darcy-Weisbach Equation
$\Delta p = \gamma h_L = f \dfrac{L}{d} \dfrac{\gamma V^2}{2g}$ [kPa]
압력강하에 의한 직관(pipe) 손실은 관의 길이에 비례한다.

98 공기의 현열은 보일러 열정산 시 입열 항목에 속한다.

99 보일러 일상점검 계획
㉠ 급수배관 점검
㉡ 압력계 상태 점검
㉢ 자동제어 점검

100 갤로웨이관(Galloway tube)의 설치목적(이유)
㉠ 전열면적의 증가
㉡ 보일러수(물)의 순환 증대
㉢ 노통의 보강
※ 갤로웨이관은 노통 상하부를 약 30° 정도로 관통시킨 원추형 관(tube)이다.

Engineer Energy Management

부 록 | 제4회 CBT 대비 실전 모의고사

▸ 정답 및 해설 p. 부록-64

제1과목 연소공학

01 배기가스 중 O_2의 계측값이 3%일 때 공기비는? (단, 완전연소로 가정한다.)

① 1.07 ② 1.11
③ 1.17 ④ 1.24

02 CH_4 가스 1Nm^3을 30% 과잉공기로 연소시킬 때 연소가스량은?

① 2.38Nm^3/kg
② 13.38Nm^3/kg
③ 23.1Nm^3/kg
④ 82.31Nm^3/kg

03 탄소(C) 80%, 수소(H) 20%의 중유를 완전연소시켰을 때 CO_2 max[%]는?

① 13.2 ② 17.2
③ 19.1 ④ 21.1

04 연소가스 부피조성이 CO_2 13%, O_2 8%, N_2 79%일 때 공기과잉계수(공기비)는?

① 1.2 ② 1.4
③ 1.6 ④ 1.8

05 고체연료를 사용하는 어느 열기관의 출력이 3,000kW이고 연료소비율이 매시간 1,400kg일 때, 이 열기관의 열효율은? (단, 고체연료의 중량비는 C=81.5%, H=4.5%, O=8%, S=2%, W=4%이다.)

① 25%
② 28%
③ 30%
④ 32%

06 연소 배기가스 중의 O_2나 CO_2 함유량을 측정하는 경제적인 이유로 가장 적당한 것은?

① 연소 배기가스량 계산을 위하여
② 공기비를 조절하여 열효율을 높이고 연료소비량을 줄이기 위해서
③ 환원염의 판정을 위하여
④ 완전연소가 되는지 확인하기 위해서

07 프로판(C_3H_8) 5Nm^3를 이론산소량으로 완전연소시켰을 때의 건연소가스량은 몇 Nm^3인가?

① 5 ② 10
③ 15 ④ 20

08 메탄 50V%, 에탄 25V%, 프로판 25V%가 섞여 있는 혼합 기체의 공기 중에서의 연소하한계는 약 몇 %인가? (단, 메탄, 에탄, 프로판의 연소하한계는 각각 5V%, 3V%, 2.1V%이다.)

① 2.3 ② 3.3
③ 4.3 ④ 5.3

09 연돌의 통풍력은 외기온도에 따라 변화한다. 만일 다른 조건이 일정하게 유지되고 외기온도만 높아진다면 통풍력은 어떻게 되겠는가?

① 통풍력은 감소한다.
② 통풍력은 증가한다.
③ 통풍력은 변화하지 않는다.
④ 통풍력은 증가하다 감소한다.

10 다음의 혼합 가스 1Nm^3의 이론공기량(Nm^3/Nm^3)은? (단, C_3H_8: 70%, C_4H_{10}: 30%이다.)

① 24 ② 26
③ 28 ④ 30

11 다음 중 연소온도에 직접적인 영향을 주는 요소로 가장 거리가 먼 것은?

① 공기 중의 산소농도
② 연료의 저위발열량
③ 연소실 크기
④ 공기비

12 다음 연소반응식 중 옳은 것은?

① $C_2H_6+3O_2 \rightarrow 2CO_2+4H_2O$
② $C_3H_8+5O_2 \rightarrow 2CO_2+6H_2O$
③ $C_4H_{10}+6O_2 \rightarrow 4CO_2+5H_2O$
④ $CH_4+2O_2 \rightarrow CO_2+2H_2O$

13 연돌에서 배출되는 연기의 농도를 1시간 동안 측정한 결과가 다음과 같을 때 매연의 농도율은 몇 %인가?

[측정결과]
- 농도 4도: 10분 • 농도 3도: 15분
- 농도 2도: 15분 • 농도 1도: 20분

① 25 ② 35
③ 45 ④ 55

14 다음 중 매연의 발생 원인으로 가장 거리가 먼 것은?

① 연소실 온도가 높을 때
② 연소장치가 불량할 때
③ 연료의 질이 나쁠 때
④ 통풍력이 부족할 때

15 프로판(propane)가스 2kg을 완전연소시킬 때 필요한 이론공기량은 약 몇 Nm^3인가?

① 6 ② 8
③ 16 ④ 24

16 과잉공기량이 연소에 미치는 영향으로 가장 거리가 먼 것은?

① 열효율 ② CO 배출량
③ 노 내 온도 ④ 연소 시 와류 형성

17 순수한 CH_4를 건조공기로 연소시키고 난 기체화합물을 응축기로 보내 수증기를 제거시킨 다음, 나머지 기체를 Orsat법으로 분석한 결과, 부피비로 CO_2가 8.21%, CO가 0.41%, O_2가 5.02%, N_2가 86.36%이었다. CH_4 1kg-mol당 약 몇 kg-mol의 건조공기가 필요한가?

① 7.3 ② 8.5
③ 10.3 ④ 12.1

18 다음 기체연료에 대한 설명 중 틀린 것은 어느 것인가?

① 고온연소에 의한 국부가열의 염려가 크다.
② 연소조절 및 점화, 소화가 용이하다.
③ 연료의 예열이 쉽고 전열효율이 좋다.
④ 적은 공기로 완전 연소시킬 수 있으며 연소효율이 높다.

19 목탄이나 코크스 등 휘발분이 없는 고체연료에서 일어나는 일반적인 연소형태는?

① 표면연소 ② 분해연소
③ 증발연소 ④ 확산연소

20 질량 기준으로 C 85%, H 12%, S 3%의 조성으로 되어 있는 중유를 공기비 1.1로 연소할 때 건연소가스량은 약 몇 Nm^3/kg인가?

① 9.7 ② 10.5
③ 11.3 ④ 12.1

제2과목 열역학

21 증기 동력 사이클 중 이상적인 랭킨(Rankine) 사이클에서 등엔트로피 과정이 일어나는 곳은?

① 펌프, 터빈
② 응축기, 보일러
③ 터빈, 응축기
④ 응축기, 펌프

22 이상기체의 상태변화와 관련하여 폴리트로픽(Polytropic) 지수 n에 대한 설명 중 옳은 것은?

① $n=0$이면 단열변화
② $n=1$이면 등온변화
③ $n=$비열비이면 정적변화
④ $n=\infty$이면 등압변화

23 다음 중 냉동 사이클의 운전특성을 잘 나타내고, 사이클의 해석을 하는 데 가장 많이 사용되는 선도는?

① 온도－체적 선도
② 압력－비엔탈피 선도
③ 압력－체적 선도
④ 압력－온도 선도

24 온도 250℃, 질량 50kg인 금속을 20℃의 물속에 놓았다. 최종 평형 상태에서의 온도가 30℃이면 물의 양은 약 몇 kg인가? (단, 열손실은 없으며, 금속의 비열은 0.5kJ/ kg · K, 물의 비열은 4.18kJ/kg · K이다.)

① 108.3　　② 131.6
③ 167.7　　④ 182.3

25 실린더 내에 있는 온도 300K의 공기 1kg을 등온압축할 때 냉각된 열량이 114kJ이다. 공기의 초기 체적이 V라면 최종 체적은 약 얼마가 되는가? (단, 이 과정은 이상기체의 가역과정이며, 공기의 기체상수는 0.287kJ /kg · K이다.)

① $0.27V$　　② $0.38V$
③ $0.46V$　　④ $0.59V$

26 물체 A와 B가 각각 물체 C와 열평형을 이루었다면 A와 B도 서로 열평형을 이룬다는 열역학 법칙은?

① 제0법칙
② 제1법칙
③ 제2법칙
④ 제3법칙

27 이상적인 증기압축식 냉동장치에서 압축기 입구를 1, 응축기 입구를 2, 팽창밸브 입구를 3, 증발기 입구를 4로 나타낼 때 온도(T)－엔트로피(S) 선도(수직축 T, 수평축 S)에서 수직선으로 나타나는 과정은?

① 1－2 과정　　② 2－3 과정
③ 3－4 과정　　④ 4－1 과정

28 초기조건이 100kPa, 60℃인 공기를 정적과정을 통해 가열한 후 정압에서 냉각과정을 통하여 500kPa, 60℃로 냉각할 때 이 과정에서 전체 열량의 변화는 약 몇 kJ/kmol인가? (단, 정적비열은 20kJ/kmol · K, 정압비열은 28kJ/kmol · K이며, 이상기체로 가정한다.)

① −964　　② −1,964
③ −10,656　　④ −20,656

29 압력 1MPa, 온도 400℃의 이상기체 2kg이 가역단열과정으로 팽창하여 압력이 500kPa로 변화한다. 이 기체의 최종온도는 약 몇 ℃인가? (단, 이 기체의 정적비열은 3.12kJ/kg · K, 정압비열은 5.21kJ/kg · K이다.)

① 237　　② 279
③ 510　　④ 622

30 오존층 파괴와 지구 온난화 문제로 인해 냉동장치에 사용하는 냉매의 선택에 있어서 주의를 요한다. 이와 관련하여 다음 중 오존파괴지수가 가장 큰 냉매는?

① R−134a
② R−123
③ 암모니아
④ R−11

31 저위발열량 40,000kJ/kg인 연료를 쓰고 있는 열기관에서 이 열이 전부 일로 바꾸어지고, 연료소비량이 20kg/h이라면 발생되는 동력은 약 몇 kW인가?

① 110　　② 222
③ 316　　④ 820

32 압력이 100kPa인 공기를 정적과정에서 200kPa의 압력이 되었다. 그 후 정압과정으로 비체적이 $1m^3$/kg에서 $2m^3$/kg으로 변하였다고 할 때 이 과정 동안의 총 엔트로피의 변화량은 약 몇 kJ/kg · K인가? (단, 공기의 정적비열은 0.7kJ/kg · K, 정압비열은 1.0kJ/kg · K이다.)

① 0.31
② 0.52
③ 1.04
④ 1.18

33 다음 엔트로피에 관한 설명으로 옳은 것은?

① 비가역 사이클에서 클라우지우스(Clausius)의 적분은 영(0)이다.
② 두 상태 사이의 엔트로피 변화는 경로에는 무관하다.
③ 여러 종류의 기체가 서로 확산되어 혼합하는 과정은 엔트로피가 감소한다고 볼 수 있다.
④ 우주 전체의 엔트로피는 궁극적으로 감소되는 방향으로 변화한다.

34 다음 공기 표준사이클(air standard cycle) 중 두 개의 등온과정과 두 개의 정압과정으로 구성된 사이클은?

① 디젤(diesel) 사이클
② 사바테(sabathe) 사이클
③ 에릭슨(ericsson) 사이클
④ 스터링(stirling) 사이클

35 실린더 속에 100g의 기체가 있다. 이 기체가 피스톤의 압축에 따라서 2kJ의 일을 받고 외부로 3kJ의 열을 방출했다. 이 기체의 단위 kg당 내부에너지는 어떻게 변화하는가?

① 1kJ/kg 증가한다.
② 1kJ/kg 감소한다.
③ 10kJ/kg 증가한다.
④ 10kJ/kg 감소한다.

36 처음 온도, 압축비, 공급열량이 같을 경우 열효율의 크기를 옳게 나열한 것은?

① Otto cycle > Sabathe cycle > Diesel cycle
② Sabathe cycle > Diesel cycle > Otto cycle
③ Diesel cycle > Sabathe cycle > Otto cycle
④ Sabathe cycle > Otto cycle > Diesel cycle

37 0℃, 1기압(101.3kPa)하에 공기 $10m^3$가 있다. 이를 정압조건으로 80℃까지 가열하는 데 필요한 열량은 약 몇 kJ인가? (단, 공기의 정압비열은 1.0kJ/kg · K이고, 정적비열은 0.71kJ/kg · K이며 공기의 분자량은 28.96kg/kmol이다.)

① 238
② 546
③ 1,033
④ 2,320

38 다음 중 냉매가 구비해야 할 조건으로 옳지 않은 것은?

① 비체적이 클 것
② 비열비가 작을 것
③ 임계점(critical point)이 높을 것
④ 액화하기가 쉬울 것

39 어떤 열기관이 역카르노 사이클로 운전하는 열펌프와 냉동기로 작동될 수 있다. 동일한 고온열원과 저온열원 사이에서 작동될 때, 열펌프와 냉동기의 성능계수(COP)는 다음과 같은 관계식으로 표시될 수 있는데, (   ) 안에 알맞은 값은?

$$COP_{열펌프} = COP_{냉동기} + (\quad)$$

① 0 ② 1
③ 1.5 ④ 2

40 $40m^3$의 실내에 있는 공기의 질량은 약 몇 kg인가? (단, 공기의 압력은 100kPa, 온도는 27℃이며, 공기의 기체상수는 0.287kJ/kg · K이다.)

① 93 ② 46
③ 10 ④ 2

제3과목 계측방법

41 진동, 충격의 영향이 적고, 미소 차압의 측정이 가능하며 저압가스의 유량을 측정하는 데 주로 사용되는 압력계는?

① 압전식 압력계
② 분동식 압력계
③ 침종식 압력계
④ 다이어프램 압력계

42 다음은 증기 압력제어의 병렬 제어방식의 구성을 나타낸 것이다. ( ) 안에 알맞은 용어를 바르게 나열한 것은?

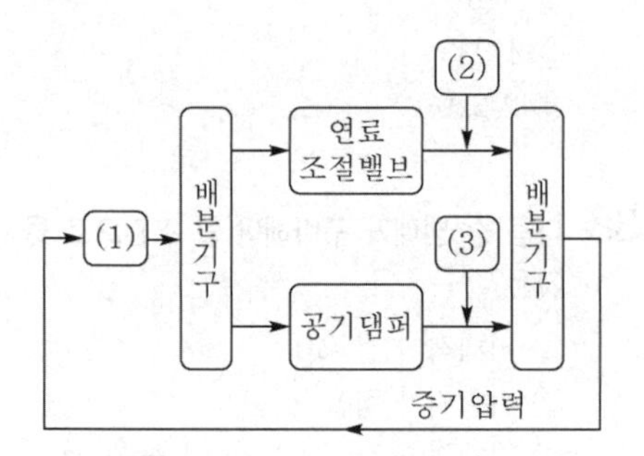

① (1) 동작신호, (2) 목표치, (3) 제어량
② (1) 조작량, (2) 설정신호, (3) 공기량
③ (1) 압력조절기, (2) 연료공급량, (3) 공기량
④ (1) 압력조절기, (2) 공기량, (3) 연료공급량

43 다음 중 접촉식 온도계가 아닌 것은?

① 방사온도계 ② 제겔콘
③ 수은온도계 ④ 백금저항온도계

44 비접촉식 온도계 중 색온도계의 특징에 대한 설명으로 틀린 것은?

① 방사율의 영향이 작다.
② 휴대와 취급이 간편하다.
③ 고온측정이 가능하며 기록조절용으로 사용된다.
④ 주변 빛의 반사에 영향을 받지 않는다.

45 다음 중 고온의 노 내 온도측정을 위해 사용되는 온도계로 가장 부적절한 것은?

① 제겔콘(seger cone)온도계
② 백금저항온도계
③ 방사온도계
④ 광고온계

46 광고온계의 특징에 대한 설명으로 옳은 것은?

① 비접촉식 온도측정법 중 가장 정도가 높다.
② 넓은 측정온도(0~3,000℃) 범위를 갖는다.
③ 측정이 자동적으로 이루어져 개인오차가 발생하지 않는다.
④ 방사온도계에 비하여 방사율에 대한 보정량이 크다.

47 지름 400mm인 관속을 5kg/s로 공기가 흐르고 있다. 관속의 압력은 200kPa, 온도는 23℃, 공기의 기체상수 R이 287J/kg·K라 할 때 공기의 평균 속도는 약 몇 m/s인가?

① 2.4 ② 7.7
③ 16.9 ④ 24.1

48 차압식 유량계의 종류가 아닌 것은?

① 벤투리
② 오리피스
③ 터빈유량계
④ 플로우노즐

49 다음 중 접촉식 온도계가 아닌 것은?

① 저항온도계 ② 방사온도계
③ 열전온도계 ④ 유리온도계

50 보일러의 자동제어 중에서 A.C.C.가 나타내는 것은 무엇인가?

① 연소제어 ② 급수제어
③ 온도제어 ④ 유압제어

51 차압식 유량계에 대한 설명으로 옳지 않은 것은?

① 관로에 오리피스, 플로우 노즐 등이 설치되어 있다.
② 정도(精度)가 좋으나, 측정범위가 좁다.
③ 유량은 압력차의 평방근에 비례한다.
④ 레이놀즈수가 105 이상에서 유량계수가 유지된다.

52 2.2kΩ의 저항에 220V의 전압이 사용되었다면 1초당 발생한 열량은 몇 W인가?

① 12 ② 22
③ 32 ④ 42

53 불연속 제어동작으로 편차의 정(+), 부(−)에 의해서 조작신호가 최대, 최소가 되는 제어동작은?

① 미분 동작 ② 적분 동작
③ 비례 동작 ④ 온−오프 동작

54 피드백 제어에 대한 설명으로 틀린 것은?

① 폐회로 방식이다.
② 다른 제어계보다 정확도가 증가한다.
③ 보일러 점화 및 소화 시 제어한다.
④ 다른 제어계보다 제어폭이 증가한다.

55 다음 중 용적식 유량계에 해당하는 것은?

① 오리피스미터 ② 습식 가스미터
③ 로터미터 ④ 피토관

56 다음 중 가스의 열전도율이 가장 큰 것은?

① 공기 ② 메탄
③ 수소 ④ 이산화탄소

57 차압식 유량계에서 교축 상류 및 하류에서의 압력이 P_1, P_2일 때 체적 유량이 Q_1이라면, 압력이 각각 처음보다 2배만큼씩 증가했을 때의 Q_2는 얼마인가?

① $Q_2 = 2Q_1$ ② $Q_2 = \frac{1}{2}Q_1$
③ $Q_2 = \sqrt{2}\,Q_1$ ④ $Q_2 = \frac{1}{\sqrt{2}}Q_1$

58 피토관으로 측정한 동압이 10mmH$_2$O일 때 유속이 15m/s이었다면 동압이 20mmH$_2$O일 때의 유속은 약 몇 m/s인가? (단, 중력가속도는 9.8m/s^{2}이다.)

① 18 ② 21.2
③ 30 ④ 40.2

59 단요소식 수위제어에 대한 설명으로 옳은 것은?

① 발전용 고압 대용량 보일러의 수위제어에 사용되는 방식이다.
② 보일러의 수위만을 검출하여 급수량을 조절하는 방식이다.
③ 부하변동에 의한 수위변화 폭이 대단히 적다.
④ 수위조절기의 제어동작은 PID동작이다.

60 응답이 빠르고 감도가 높으며, 도선저항에 의한 오차를 작게 할 수 있으나, 재현성이 없고 흡습 등으로 열화되기 쉬운 특징을 가진 온도계는?

① 광고온계
② 열전대 온도계
③ 서미스터 저항체 온도계
④ 금속 측온 저항체 온도계

제4과목 열설비재료 및 관계법규

61 에너지이용 합리화법에 따라 검사대상기기 조종자의 업무 관리대행기관으로 지정을 받기 위하여 산업통상자원부장관에게 제출하여야 하는 서류가 아닌 것은?

① 장비명세서
② 기술인력 명세서
③ 기술인력 고용계약서 사본
④ 향후 1년간의 안전관리대행 사업계획서

62 에너지이용 합리화 기본계획은 산업통상자원부장관이 몇 년마다 수립하여야 하는가?

① 3년 ② 4년
③ 5년 ④ 10년

63 에너지이용합리화법에 따라 인정검사대상기기 조정자의 교육을 이수한 사람의 조종범위는 증기보일러로서 최고사용 압력이 1MPa 이하이고 전열면적이 얼마 이하일 때 가능한가?

① $1m^2$ ② $2m^2$
③ $5m^2$ ④ $10m^2$

64 에너지이용 합리화법에 따라 시공업의 기술인력 및 검사대상기기 조종자에 대한 교육 과정과 그 기간으로 틀린 것은?

① 난방시공업 제1종기술자 과정: 1일
② 난방시공업 제2종기술자 과정: 1일
③ 소형 보일러, 압력용기조종자 과정: 1일
④ 중·대형 보일러 조종자 과정: 2일

65 에너지법에서 정의하는 에너지가 아닌 것은?

① 연료 ② 열
③ 원자력 ④ 전기

66 에너지이용 합리화법에 따라 규정된 검사의 종류와 적용대상의 연결로 틀린 것은?

① 용접검사: 동체·경판 및 이와 유사한 부분을 용접으로 제조하는 경우의 검사
② 구조검사: 강판, 관 또는 주물류를 용접, 확대, 조립, 주조 등에 따라 제조하는 경우의 검사
③ 개조검사: 증기보일러를 온수보일러로 개조하는 경우의 검사
④ 재사용검사: 사용 중 연속 재사용하고자 하는 경우의 검사

67 다음 보온재 중 최고안전사용온도가 가장 높은 것은 어느 것인가?

① 석면
② 펄라이트
③ 폼글라스
④ 탄화마그네슘

68 에너지이용 합리화법에 따라 최대 1천만원 이하의 벌금에 처할 대상자에 해당되지 않는 자는?

① 검사대상기기조종자를 정당한 사유 없이 선임하지 아니한 자
② 검사대상기기의 검사를 정당한 사유 없이 받지 아니한 자
③ 검사에 불합격한 검사대상기기를 임의로 사용한 자
④ 최저소비효율기준에 미달된 효율관리기자재를 생산한 자

69 에너지이용 합리화법에 따라 에너지사용계획을 수립하여 산업통상자원부장관에게 제출하여야 하는 민간사업주관자의 기준은?

① 연간 5백만 킬로와트시 이상의 전력을 사용하는 시설을 설치하려는 자
② 연간 1천만 킬로와트시 이상의 전력을 사용하는 시설을 설치하려는 자
③ 연간 1천5백만 킬로와트시 이상의 전력을 사용하는 시설을 설치하려는 자
④ 연간 2천만 킬로와트시 이상의 전력을 사용하는 시설을 설치하려는 자

70 다음 중 에너지이용 합리화법에 따라 에너지관리산업기사의 자격을 가진 자가 조종할 수 없는 보일러는?

① 용량이 10t/h인 보일러
② 용량이 20t/h인 보일러
③ 용량이 581.5kW인 온수 발생 보일러
④ 용량이 40t/h인 보일러

71 에너지이용 합리화법에서 정한 에너지다소비 사업자의 에너지관리기준이란?

① 에너지를 효율적으로 관리하기 위하여 필요한 기준
② 에너지관리 현황 조사에 대한 필요한 기준
③ 에너지 사용량 및 제품 생산량에 맞게 에너지를 소비하도록 만든 기준
④ 에너지관리 진단 결과 손실요인을 줄이기 위하여 필요한 기준

72 **내화물의 스폴링(spalling) 시험방법에 대한 설명으로 틀린 것은?**

① 시험체는 표준형 벽돌을 110±5℃에서 건조하여 사용한다.
② 전 기공률 45% 이상 내화벽돌은 공랭법에 의한다.
③ 시험편을 노 내에 삽입 후 소정의 시험온도에 도달하고 나서 약 15분간 가열한다.
④ 수냉법의 경우 노 내에서 시험편을 꺼내어 재빠르게 가열면 측을 눈금의 위치까지 물에 잠기게 하여 약 10분간 냉각한다.

73 **에너지이용 합리화법에 따라 대통령령으로 정하는 일정 규모 이상의 에너지를 사용하는 사업을 실시하거나 시설을 설치하려는 경우 에너지 사용계획을 수립하여, 사업 실시 전 누구에게 제출하여야 하는가?**

① 대통령
② 시 · 도지사
③ 산업통상자원부장관
④ 에너지 경제연구원장

74 **에너지이용 합리화법에 따라 에너지 사용 안정을 위한 에너지저장의무 부과대상자에 해당되지 않는 사업자는?**

① 전기사업법에 따른 전기사업자
② 석탄산업법에 따른 석탄가공업자
③ 집단에너지사업법에 따른 집단에너지사업자
④ 액화석유가스사업법에 따른 액화석유가스사업자

75 **에너지이용 합리화법에 따라 에너지사용계획을 수립하여 산업통상자원부장관에게 제출하여야 하는 사업주관자가 실시하려는 사업의 종류가 아닌 것은?**

① 도시개발사업
② 항만건설사업
③ 관광단지개발사업
④ 박람회 조경사업

76 **연속가마, 반연속가마, 불연속가마의 구분방식은 어떤 것인가?**

① 온도상승속도 ② 사용목적
③ 조업방식 ④ 전열방식

77 **에너지이용 합리화법에 따라 인정검사 대상기기 조종자의 교육을 이수한 자의 조종범위에 해당하지 않는 것은?**

① 용량이 3t/h인 노통 연관식 보일러
② 압력용기
③ 온수를 발생하는 보일러로서 용량이 300kW인 것
④ 증기보일러로서 최고 사용압력이 0.5MPa이고 전열면적이 $9m^2$인 것

78 **에너지이용 합리화법에 따라 에너지공급자의 수요관리투자계획에 대한 설명으로 틀린 것은?**

① 한국지역난방공사는 수요관리투자계획 수립대상이 되는 에너지공급자이다.
② 연차별 수요관리투자계획은 해당 연도 개시 2개월 전까지 제출하여야 한다.
③ 제출된 수요관리투자계획을 변경하는 경우에는 그 변경한 날부터 15일 이내에 변경사항을 제출하여야 한다.
④ 수요관리투자계획 시행 결과는 다음 연도 6월 말일까지 산업통상자원부장관에게 제출하여야 한다.

79 **다음 보온재 중 최고 안전 사용온도가 가장 낮은 것은?**

① 석면 ② 규조토
③ 우레탄 폼 ④ 펄라이트

80 **에너지이용 합리화법의 목적이 아닌 것은?**

① 에너지의 합리적인 이용을 증진
② 국민경제의 건전한 발전에 이바지
③ 지구온난화의 최소화에 이바지
④ 신재생에너지의 기술개발에 이바지

제5과목 열설비설계

81 저위발열량이 41,860kJ/kg인 연료를 사용하고 있는 실제 증발량이 4,000kg/h인 보일러에서 급수온도 40℃, 발생증기의 엔탈피가 2,721kJ/kg, 급수 엔탈피가 168kJ/kg일 때 연료 소비량은? (단, 보일러의 효율은 85%이다.)

① 251kg/h ② 287kg/h
③ 361kg/h ④ 397kg/h

82 고온부식의 방지대책이 아닌 것은?

① 중유 중의 황 성분을 제거한다.
② 연소가스의 온도를 낮게 한다.
③ 고온의 전열면에 내식재료를 사용한다.
④ 연료에 첨가제를 사용하여 바나듐의 융점을 높인다.

83 흑체로부터의 복사 전열량은 절대온도(T)의 몇 제곱에 비례하는가?

① $\sqrt{2}$ ② 2
③ 3 ④ 4

84 물을 사용하는 설비에서 부식을 초래하는 인자로 가장 거리가 먼 것은?

① 용존산소
② 용존 탄산가스
③ pH
④ 실리카(SiO_2)

85 육용강제 보일러에서 동체의 최소 두께에 대한 설명으로 틀린 것은?

① 안지름이 900mm 이하인 것은 6mm(단, 스테이를 부착한 경우)
② 안지름이 900mm 초과 1,350mm 이하인 것은 8mm
③ 안지름이 1,350mm 초과 1,850mm 이하인 것은 10mm
④ 안지름이 1,850mm 초과하는 것은 12mm

86 보일러의 효율을 입·출열법에 의하여 계산하려고 할 때, 입열항목에 속하지 않는 것은?

① 연료의 현열 ② 연소가스의 현열
③ 공기의 현열 ④ 연료의 발열량

87 강제순환식 수관 보일러는?

① 라몬트(Lamont) 보일러
② 타쿠마(Takuma) 보일러
③ 슐저(Sulzer) 보일러
④ 벤슨(Benson) 보일러

88 동일 조건에서 열교환기의 온도효율이 높은 순서대로 나열한 것은?

① 향류 > 직교류 > 병류
② 병류 > 직교류 > 향류
③ 직교류 > 향류 > 병류
④ 직교류 > 병류 > 향류

89 노통 보일러의 수면계 최저 수위 부착 기준으로 옳은 것은?

① 노통 최고부 위 50mm
② 노통 최고부 위 100mm
③ 연관의 최고부 위 10mm
④ 연소실 천정판 최고부 위 연관길이의 1/3

90 보일러 수의 분출 목적이 아닌 것은?

① 물의 순환을 촉진한다.
② 가성취화를 방지한다.
③ 프라이밍 및 포밍을 촉진한다.
④ 관수의 pH를 조절한다.

91 노통보일러에서 갤로웨이관(Galloway tube)을 설치하는 이유가 아닌 것은?

① 전열면적의 증가
② 물의 순환 증가
③ 노통의 보강
④ 유동저항 감소

92 프라이밍 및 포밍이 발생한 경우 조치 방법으로 틀린 것은?

① 압력을 규정압력으로 유지한다.
② 보일러수의 일부를 분출하고 새로운 물을 넣는다.
③ 증기밸브를 열고 수면계의 수위 안정을 기다린다.
④ 안전밸브, 수면계의 시험과 압력계 연락관을 취출하여 본다.

93 보일러에서 용접 후에 풀림처리를 하는 주된 이유는?

① 용접부의 열응력을 제거하기 위해
② 용접부의 균열을 제거하기 위해
③ 용접부의 연신률을 증가시키기 위해
④ 용접부의 강도를 증가시키기 위해

94 태양열 보일러가 800W/m^{2}의 비율로 열을 흡수한다. 열효율이 9%인 장치로 12kW의 동력을 얻으려면 전열면적(m^2)의 최소 크기는 얼마이어야 하는가?

① 0.17
② 1.35
③ 107.8
④ 166.7

95 맞대기용접은 용접방법에 따라 그루브를 만들어야 한다. 판 두께 10mm에 할 수 있는 그루브의 형상이 아닌 것은?

① V형 ② R형
③ H형 ④ J형

96 연소실에서 연도까지 배치된 보일러 부속 설비의 순서를 바르게 나타낸 것은?

① 과열기 → 절탄기 → 공기예열기
② 절탄기 → 과열기 → 공기예열기
③ 공기예열기 → 과열기 → 절탄기
④ 과열기 → 공기예열기 → 절탄기

97 다음 [보기]에서 설명하는 보일러 보존방법은?

[보기]
- 보존기간이 6개월 이상인 경우 적용한다.
- 1년 이상 보존할 경우 방청도료를 도포한다.
- 약품의 상태는 1~2주마다 점검하여야 한다.
- 동 내부의 산소 제거는 숯불 등을 이용한다.

① 석회밀폐 건조보존법
② 만수보존법
③ 질소가스 봉입보존법
④ 가열건조법

98 [그림]과 같이 폭 150mm, 두께 10mm의 맞대기 용접이음에 작용하는 인장응력은?

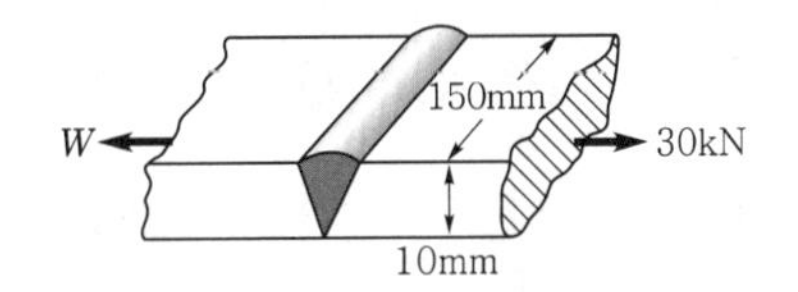

① 2MPa ② 15MPa
③ 10MPa ④ 20MPa

99 육용 강재 보일러의 구조에 있어서 동체의 최소 두께 기준으로 틀린 것은?

① 안지름이 900mm 이하의 것은 4mm
② 안지름이 900mm 초과 1,350mm 이하의 것은 8mm
③ 안지름이 1,350mm 초과 1,850mm 이하의 것은 10mm
④ 안지름이 1,850mm 초과하는 것은 12mm

100 보일러 수처리의 약제로서 pH를 조정하여 스케일을 방지하는 데 주로 사용되는 것은?

① 리그닌
② 인산나트륨
③ 아황산나트륨
④ 탄닌

정답 및 해설

01	02	03	04	05	06	07	08	09	10
③	②	①	③	①	②	③	②	①	②
11	12	13	14	15	16	17	18	19	20
③	④	③	①	④	④	④	①	①	③
21	22	23	24	25	26	27	28	29	30
①	②	②	②	①	①	①	③	①	④
31	32	33	34	35	36	37	38	39	40
②	④	②	③	④	①	③	①	②	②
41	42	43	44	45	46	47	48	49	50
③	③	①	④	②	①	③	③	②	①
51	52	53	54	55	56	57	58	59	60
②	②	④	③	②	③	③	②	②	③
61	62	63	64	65	66	67	68	69	70
③	③	④	④	③	④	②	④	④	④
71	72	73	74	75	76	77	78	79	80
①	④	③	④	④	③	①	④	③	④
81	82	83	84	85	86	87	88	89	90
②	①	④	④	①	②	①	①	②	③
91	92	93	94	95	96	97	98	99	100
④	③	①	④	③	①	①	④	①	②

01 공기비$(m)=\dfrac{21}{21-O_2}=\dfrac{21}{21-3}=1.17$

02 ㉠ 연소반응식($CH_4+2O_2 \rightarrow CO_2+2H_2O$)
㉡ 실제 연소가스량(G_w)

$=(m-0.21)A_o+CO_2+H_2O$

$=(1.3-0.21)\times\dfrac{2}{0.21}+1+2=13.38\text{Nm}^3/\text{kg}$

03 이론건연소가스량(G_{od})
=공기 중의 질소량($0.79\times A_o$)
+연소생성가스(CO_2, SO_2)

$=0.79A_o+1.867C+0.7S$

$=0.79\times\dfrac{O_o}{0.21}+1.867C+0.7S$

$=0.79\left(\dfrac{1.867C+5.6H}{0.21}\right)+1.867C+0.7S$

$=0.79\left(\dfrac{1.867\times0.8+5.6\times0.2}{0.21}\right)+1.867\times0.8+0$

$\fallingdotseq 11.326(\fallingdotseq 11.33\text{Nm}^3/\text{kg}(연료))$

$\therefore\ (CO_2)_{max}=\dfrac{1.867C+0.7S}{G_{od}}$

$=\dfrac{1.867\times0.8+0}{11.33}\times100\%\fallingdotseq 13.2\%$

⊙ $(CO_2)_{max}$는 이론공기량(A_o)으로 연소했을 경우를 말한다.

04 공기과잉계수(공기비)

$=\dfrac{N_2}{N_2-3.76(O_2-0.5CO)}$

$=\dfrac{79}{79-3.76\times8}=1.61$

⊙ $N_2=100-(CO_2+O_2+CO)$

05 $H_L=8,100C+28,800\left(H-\dfrac{O}{8}\right)+2,500S-600(w-9H)$

$=8,100\times0.815+28,800\left(0.045-\dfrac{0.08}{8}\right)+2,500\times0.02-600(0.04+9\times0.045)$

$=7,392.5\text{kcal/kg}\fallingdotseq 30,945\text{kJ/kg}$

$$\eta = \frac{860\text{kW}}{H_L \times G_f} \times 100\% = \frac{860 \times 3,000}{7,392.5 \times 1,400} \times 100\%$$
$$\fallingdotseq 25\%$$

※ $$\eta = \frac{3,600\text{kW}}{H_L \times m_f} \times 100\% = \frac{3,600 \times 3,000}{30,945 \times 1,400} \times 100\%$$
$$\fallingdotseq 25\%$$

06 연소 배기가스 중의 O_2나 CO_2 함유량을 측정하는 경제적인 이유는 공기비를 조절하여 열효율을 높이고 연료소비량을 감소시키기(줄이기) 위함이다.

07 $C_3H_8 + 5O_2 \rightarrow 3CO_2 + 4H_2O$

1Nm³ 3Nm³

이론건연소가스량(G_{od})=3×5=15Nm³

⊙ 이론공기량(A_o)이 아니고 이론산소량(O_o)만으로 연소시키는 경우이며 이론건연소가스량이 생성된 CO_2만 고려한다.

08 $$\frac{100}{L} = \frac{V_1}{L_1} + \frac{V_2}{L_2} + \frac{V_3}{L_3} = \frac{50}{5} + \frac{25}{3} + \frac{25}{2.1} = 30.238$$

$$\therefore L = \frac{100}{30.238} \fallingdotseq 3.3$$

09 ㉠ **통풍력 증가요인**
- 외기온도가 낮으면 증가
- 배기가스온도가 높으면 증가
- 연돌높이가 높으면 증가

㉡ **통풍력 감소요인**
- 공기습도가 높을수록
- 연도벽과 마찰
- 연도의 급격한 단면적 감소
- 벽돌 연도 시 크랙에 의한 외기 침입 시 감소

10 $$\text{이론공기량}(A_o) = \frac{5 \times 0.7 + 6.5 \times 0.3}{0.21} \fallingdotseq 26\text{Nm}^3/\text{Nm}^3$$

11 **연소온도에 직접적인 영향을 주는 요소**

㉠ 공기 중의 산소농도
㉡ 연료의 저위발열량
㉢ 공기비(과잉공기량)

12 에탄(C_2H_6)+3.5O_2 → 2CO_2+3H_2O
프로판(C_3H_8)+5O_2 → 3CO_2+4H_2O
부탄(C_4H_{10})+6.5O_2 → 4CO_2+5H_2O
메탄(CH_4)+2O_2 → CO_2+2H_2O

※ 탄화수소계 완전연소반응식

$$C_mH_n + \left(m + \frac{n}{4}\right)O_2 \rightarrow mCO_2 + \frac{n}{2}H_2O$$

13 **링겔만 매연농도표**

No. 0(깨끗함)~No. 5(더러움)

- 매연농도율
=20×총매연농도치/측정시간(분)
=20×(4×10+3×15+2×15+1×20)÷60=45%
- 매연농도치=농도표 번호(No.)×측정시간(분)

14 **매연 발생 원인**

㉠ 연소실 온도가 낮을 때
㉡ 연료의 질이 나쁠 때
㉢ 연소장치가 불량할 때
㉣ 통풍력이 부족할 때

15 $C_3H_8 + 5O_2 \rightarrow 3CO_2 + 4H_2O$

1kmol 5kmol

44kg 5×22.4Nm³

$$\text{이론산소량}(O_0) = \frac{5 \times 22.4}{44} = 2.545\text{Nm}^3/\text{kg}$$

$$\text{이론공기량}(A_0) = \frac{O_0}{0.21} = \frac{2.545}{0.21} \fallingdotseq 12.12\text{Nm}^3/\text{kg}$$

∴ 프로판 가스 2kg을 완전연소시킬 때 필요한 이론공기량은 12.12Nm³/kg×2kg=24.24Nm³이므로 약 24Nm³이다.

16 **과잉공기량이 연소에 미치는 영향**

㉠ 열효율
㉡ CO 배출량
㉢ 노(furnace) 내 온도

17 $CH_4 + 2O_2 \rightarrow CO_2 + 2H_2O$

$$A_d = \frac{O_o}{0.232} = \frac{2 \times 22.4}{0.232 \times 16} \fallingdotseq 12.1\text{kg/kmol}$$

18 최대 역화수의 위험이 크며 고온연소(연소온도가 높기) 때문에 국부가열을 일으키기 쉽다(염려가 크다)는 것은 액체연료의 단점이다.

19 **표면연소(suface reaction)**

목탄이나 코크스, 숯, 금속분 등 휘발분이 없는 고체연료에서 열분해나 증발하지 않고 표면에서 산소와 급격히 산화반응하여 연소하는 현상. 불꽃이 없는 것(무염연소)이 특징이고 연쇄 반응이 없다.

② 분해연소: 석탄, 목재, 종이, 섬유, 플라스틱, 합성수지(고분자)
③ 증발연소: 에테르, 이황화탄소, 알코올류 아세톤 휘발유, 경유 등
④ 확산연소: LNG, LPG, 아세틸렌(C_2H_2) 등의 가연성 기체

20 이론공기량(A_o)

$= 8.89C + 26.67\left(H - \frac{O}{8}\right) + 3.33S$

$= 8.89 \times 0.85 + 26.67(0.12) + 3.33 \times 0.03$

$= 10.8568 Nm^3/kg$

건연료가스량(G_{od})

$= 0.79A_o + 1.8678C + 0.7S$

$= 0.79 \times 10.86 + 1.867 \times 0.85 + 0.7 \times 0.03$

$\fallingdotseq 10.19 Nm^3/kg$

∴ 실제 건연소가스량(G_d)

$= G_{od} + (m-1)A_o = 10.19 + (1.1-1) \times 10.86$

$= 11.27 Nm^3/kg$

21 증기원동소 이상사이클인 랭킨 사이클에서 단열과정(등엔트로피과정)은 펌프(단열압축과정), 터빈(단열팽창과정)이다.

22 폴리트로픽 지수(n)와 상태변화의 관계식

$PV^n = C$

㉠ $n=0$, $P=C$(등압변화)

㉡ $n=1$, $T=C$(등온변화)

㉢ $n=k$(가역단열변화)

㉣ $n=\infty$, $V=C$ (등적변화)

23 냉매 몰리에르선도는 종축에 절대압력(P)을 횡축에 비엔탈피(h)를 취한 선도로 냉동기의 운전특성을 잘 나타내고 있으므로 냉동사이클을 도시하여 냉동기의 성적계수$(COP)_R$를 구할 수 있다.

24 열평형의 법칙(열역학 제0법칙 적용)

금속의 방열량 = 물의 흡열량

$m_1 C_1 (t_1 - t_m) = m_2 C_2 (t_m - t_2)$

$\therefore m_2 = \frac{m_1 C_1 (t_1 - t_m)}{C_2 (t_m - t_2)}$

$= \frac{50 \times 0.5(250-30)}{4.18(30-20)}$

$\fallingdotseq 131.6 kg$

25 $Q = mRT \ln \frac{V}{V_2}$ [kJ] $(y = \ln x \rightarrow x = e^y)$

$\ln \frac{V}{V'} = \frac{Q}{mRT}$

$\frac{V}{V'} = e^{\frac{Q}{mRT}}$

$\therefore V' = \frac{V}{e^{\frac{Q}{mRT}}} = \frac{V}{e^{\frac{114}{1 \times 0.287 \times 300}}} = \frac{V}{e^{1.324}} = 0.27V$

26 ㉠ 열역학 제0법칙: 열평형의 법칙

㉡ 열역학 제1법칙: 에너지보존의 법칙

㉢ 열역학 제2법칙: 엔트로피 증가법칙=비가역법칙

㉣ 열역학 제3법칙: 엔트로피 절댓값을 정의한 법칙

27

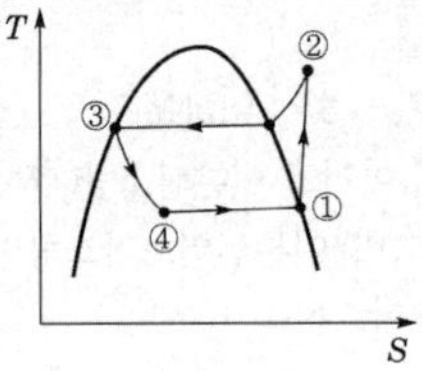

① → ② 압축기

② → ③ 응축기

③ → ④ 팽창밸브

④ → ① 증발기

28 $q_t = (C_v - C_p) T_1 \left(\frac{P_2}{P_1} - 1\right)$

$= (20-28) \times 333 \times \left(\frac{500}{100} - 1\right)$

$= -10,656 kJ/kmol$

29 $k = \frac{C_p}{C_v} = \frac{5.21}{3.12} = 1.67$

$\frac{T_2}{T_1} = \left(\frac{P_2}{P_1}\right)^{\frac{k-1}{k}}$

$T_2 = T_1 \left(\frac{P_2}{P_1}\right)^{\frac{k-1}{k}} = (400+273) \times \left(\frac{500}{1,000}\right)^{\frac{1.67-1}{1.67}}$

$\fallingdotseq 510K - 273K = 237℃$

30 프레온11(R-11)은 메탄(CH_4)계 냉매로 화학식(CCl_3F)에서 대기오염물질인 염소(Cl)가 3개로, 주어진 냉매 중 오존파괴지수가 가장 큰 냉매다.

31 $\eta = \frac{3,600kW}{H_L \times m_f} \times 100\%$

$kW = \frac{\eta \times H_L \times m_f}{3,600} = \frac{1 \times 40,000 \times 20}{3,600} = 222.22 kW$

32 $(\Delta S)_{total} = \Delta S_1 + \Delta S_2 = C_v \ln \frac{P_2}{P_1} + C_p \ln \frac{v_2}{v_1}$

$= 0.7 \ln \frac{200}{100} + 1.0 \ln \frac{2}{1} = 1.18 kJ/kg \cdot K$

33 엔트로피(ΔS)는 상태함수이므로 경로와는 관계없으며 두 상태에 따라 값을 구할 수 있는 열량적 상태량이다.

34 등온변화 2개와 정압변화 2개로 구성된 사이클은 에릭슨 사이클(ericsson cycle)이다.

35 $U_2 - U_1 = Q - W = -3 + 2 = -1\text{kJ}$

$\therefore\ u_2 - u_1 = \dfrac{U_2 - U_1}{m} = \dfrac{-1}{0.1} = -10\text{kJ/kg}$

36 처음 온도, 압축비, 공급열량이 같을 때 열효율 크기 순서

$\eta_{tho} > \eta_{ths} > \eta_{thd}$

37 $PV = mRT$

$m = \dfrac{PV}{RT} = \dfrac{101.3 \times 10}{\dfrac{8.314}{28.96} \times 273.15} = 12.92\text{kg}$

$Q = mC_p(t_2 - t_1) = 12.92 \times 1.0 \times (80 - 0)$

$= 1{,}033\text{kJ}$

38 냉매는 비체적(v)이 작아야 한다.

39 $\text{COP}_{열펌프} = \dfrac{Q_1}{W_c} = \dfrac{W_c + Q_2}{W_c} = 1 + \text{COP}_{냉동기}$

40 $PV = mRT$에서

$m = \dfrac{PV}{RT} = \dfrac{100 \times 40}{0.287 \times (27 + 273)} = 46.46\text{kg}$

41 침종식 압력계(단종식, 복종식)의 특성

㉠ 진동이나 충격의 영향이 적다.
㉡ 미소 차압의 측정이 가능하다(저압가스 유량측정).
㉢ 측정범위: 단종식 100mmAq 이하, 복종식 5~30mmAq 이하

42 증기 압력제어의 병렬 제어방식이란 증기압력에 따라 (1) 압력조절기가 제어동작을 향하여 2출력신호를 배분기구에 의하여 연료조절밸브 및 공기댐퍼(Air damper)에 분배하여 양자의 개도를 동시에 조절함으로써 (2) 연료공급량 및 (3) 연소용공기량을 조절하는 방식이다.

※ 공기댐퍼(Damper): 연료의 무화에 필요한 공기를 조절하는 댐퍼다(버너입구에 설치).

43 접촉식 온도계의 종류

㉠ 제겔콘　　㉡ 수은온도계
㉢ 백금저항온도계　　㉣ 열전(대)온도계
㉤ (전기)저항식온도계　　㉥ 바이메탈온도계
㉦ 압력식온도계(액체 팽창식 기체팽창식)

※ 방사온도계는 물체로부터 방출되는 열복사에너지를 측정하여 그 물체의 온도를 재는 비접촉식 온도계로, 1,500℃ 이상, 2,000℃ 이상을 측정할 수 있는 고온계이다.

45 고온의 노(furnace) 내 온도측정 시 사용하는 온도계의 종류

㉠ 방사온도계
㉡ 광고온도계
㉢ 제겔콘(seger cone)온도계

46 광고온도계(optical pyrometer)는 측정물의 휘도를 표준램프의 휘도와 비교하여 온도를 측정하는 것으로 비접촉식 온도측정 방법 중 가장 정도가 높다.

47 $\rho = \dfrac{P}{RT} = \dfrac{200}{0.287 \times (23 + 273)}$

$= 2.35\text{kg/m}^3$

$\dot{m} = \rho A V[\text{kg/s}]$에서

$V = \dfrac{\dot{m}}{\rho A} = \dfrac{5}{2.35 \times \dfrac{\pi (0.4)^2}{4}} = \dfrac{4 \times 5}{2.35 \times \pi \times (0.4)^2}$

$= 16.94\text{m/s}$

48 차압식(Δp) 유량계는 벤투리(Venturi), 오리피스(orifice), 플로우노즐(flow nozzle) 등이 있다.

49 ㉠ 접촉식 온도계

- 저항온도계
- 열전온도계
- 유리온도계

㉡ 비접촉식 온도계

- 방사온도계

50

- 연소제어(Automatic Combustion Control: A.C.C.)
- 급수제어(Feed Water Control: F.W.C.)

51 차압식 유량계는 구조가 간단하고 가동부가 거의 없으므로 견고하고 내구성이 크며 고온·고압 과부하에 견디고 압력손실도 적다. 정밀도도 매우 높고 측정범위가 넓다.

52 $Q = VI = (IR)I = I^2R = \left(\frac{V}{R}\right)^2 R$

$\frac{V^2}{R} = \frac{220^2}{2.2\times10^3} = 22\text{W}$

53 2위치제어(On−Off)는 불연속 제어의 대표적 제어이다.

54 보일러의 점화 및 소화 시 제어는 시퀀스 제어(순차적 제어)이다.

55 습식 가스미터는 용적식 유량계이다.

56 ㉠ 수소(H_2)는 열전도율이 크다(180.5W/m·K).
㉡ 질소(N_2)의 열전도율은 25.83W/m·K이다.
㉢ 산소(O_2)의 열전도율은 26.58W/m·K이다.
㉣ 이산화탄소(CO_2)의 열전도율은 0.015W/m·K 이다.

57 차압식 유량계 유량(Q)

$Q = A\sqrt{2g\frac{\Delta P}{r}} = A\sqrt{\frac{2\Delta P}{\rho}}\ [\text{m}^3/\text{s}]$

$Q \propto \sqrt{\Delta P}$

$\frac{Q_2}{Q_1} = \sqrt{\frac{\Delta P_2}{\Delta P_1}} = \sqrt{2}$

$\therefore\ Q_2 = \sqrt{2}\,Q_1\,[\text{m}^3/\text{s}]$

58 $V = \sqrt{2g\Delta h}\ [\text{m/s}]$

$\frac{V_2}{V_1} = \left(\frac{\Delta h_2}{\Delta h_1}\right)^{\frac{1}{2}} = \sqrt{\frac{\Delta h_2}{\Delta h_1}}$

$\therefore\ V_2 = V_1\sqrt{\frac{20}{10}} = 15\times1.4142 = 21.21\,\text{m/s}$

59 수위제어 방식
㉠ 단요소식(1요소식): 보일러의 수위만을 검출하여 급수량을 조절하는 방식이다.
㉡ 2요소식 : 수위와 증기유량을 동시에 검출하는 방식이다.
㉢ 3요소식 : 수위, 증기유량, 급수유량을 동시에 검출하는 방식이다.

60 서미스터 저항체 온도계는 응답이 빠르고 감도가 높으며 도선저항에 대한 오차(error)를 작게 할 수 있으나 재현성이 없고 흡습 등으로 열화되기 쉬운 특징을 가진 온도계다.

61 관리대행기관으로 지정을 받기 위해 산업통상자원부장관에게 제출하여야 하는 서류
㉠ 장비명세서
㉡ 기술인력 명세서
㉢ 향후 1년간의 안전관리대행 사업계획서
㉣ 변경사항을 증명할 수 있는 서류

62 산업통상부장관은 에너지이용 합리화 기본계획을 5년마다 수립해야 한다.

65 에너지법에서 에너지(Energy)의 정의는 연료, 열, 전기 3가지이고 원자력은 에너지가 아니다.

66 계속사용검사 중 재사용검사는 사용중지 후 재사용하고자 하는 경우의 검사를 말한다.

67 ① 석면: 450℃ 이하
② 펄라이트: 650℃ 정도
③ 폼글라스: 120℃ 이하
④ 탄화마그네슘: 250℃ 이하

68 최저소비효율기준에 미달된 효율관리기자재를 생산 또는 판매금지 명령을 위반한 자는 2천만원 이하의 벌금에 처한다.

69 에너지이용 합리화법에 따라 에너지사용계획을 수립하여 산업통산자원부장관에게 제출하여야 하는 민간사업주관자의 기준은 연간 2천만 킬로와트시(kWh) 이상의 전력을 사용하는 시설을 설치하려는 자이다.

70 용량이 30t/h를 초과하는 보일러는 보일러기능장 또는 에너지관리기사에게 조종자의 자격이 있다.
※ 에너지관리산업기사는 용량이 10ton/h를 초과하고 30ton/h 이하인 보일러를 조종할 수 있다.
(용량이 10ton/h 이하인 보일러를 조종할 수 있다.)

71 에너지다소비업자의 에너지관리기준이란 에너지를 효율적으로 관리하기 위하여 필요한 기준이다.

73 에너지이용 합리화법에 따라 대통령령으로 정하는 일정규모 이상의 에너지를 사용하는 사업을 실시하거나 시설을 설치하려는 경우 에너지 사업계획을 수립하여 사업 실시 전 산업통상자원부장관에게 제출하여야 한다.

74 에너지 사용 안정을 위한 에너지저장의무 부과대상자에 해당되는 사업자
㉠ 전기사업법에 따른 전기사업자
㉡ 석탄산업법에 의한 석탄가공업자
㉢ 집단에너지사업법에 따른 집단에너지사업자

75 에너지사용계획을 수립하여 산업통상자원부장관에게 제출해야 하는 사업주관자가 실시하려는 사업의 종류
㉠ 도시개발사업
㉡ 항만건설사업
㉢ 관광단지개발사업
㉣ 철도건설사업
㉤ 산업단지개발사업
㉥ 개발촉진지구 개발사업
㉦ 에너지개발사업
㉧ 지역종합개발사업
㉨ 공항건설사업

76 가마는 조업방식에 따라 연속가마, 반연속가마, 불연속가마로 구분한다.

77 인정검사 대상기기(조종자 교육을 이수한 자의 조정범위)
㉠ 증기보일러로서 최고 사용압력이 1MPa 이하이고 전열면적이 $10m^2$ 이하인 것
㉡ 온수 발생 또는 열매체를 가열하는 보일러로서 출력이 0.58MW(50만kcal/h 이하인 것)
㉢ 압력용기

78 에너지공급자의 수요관리투자계획(사업시행결과 제출)
에너지공급자는 투자사업 시행결과보고서를 산업통상자원부장관에게 매년 2월말까지 결과보고서를 제출해야 한다.

79 최고 안전 사용온도
㉠ 우레탄 폼류: 80℃
㉡ 석면: 450℃
㉢ 규조토: 500℃
㉣ 펄라이트: 650℃

80 에너지이용 합리화법의 목적
㉠ 에너지의 합리적인 이용을 증진
㉡ 국민경제의 건전한 발전 및 국민복지의 증진
㉢ 에너지소비로 인한 환경피해를 줄임
㉣ 지구온난화의 최소화에 이바지함

81 $\eta_B = \dfrac{m_a(h_2 - h_1)}{H_L \times m_f} \times 100\%$

$m_f = \dfrac{m_a(h_2 - h_1)}{H_L \times \eta_B} = \dfrac{4,000(2,721 - 168)}{41,860 \times 0.85} = 287\text{kg/h}$

82 $S + O_2 \rightarrow SO_2 + 80,000\text{kcal/kmol}$
황(S) 성분은 저온부식의 원인이 된다(절탄기, 공기예열기).

83 복사 전열량$(q_R) = \varepsilon\sigma A T^4$[W]
스테판-볼쯔만 상수$(\sigma) = 5.67 \times 10^{-8}\text{W/m}^2\text{K}^4$
$q_R \propto T^4$(흑체표면 절대온도의 4제곱에 비례한다)
ε: 복사율$(0 < \varepsilon < 1)$
A: 전열면적(m^2)

84 흡수제(건조제)의 종류
㉠ 실리카겔, 염화칼슘$(CaCl_2)$
㉡ 오산화인(P_2O_5)
㉢ 생석회(CaO)
㉣ 활성알루미나(Al_2O_3)

85 육용강제 보일러 동체의 최소 두께 안지름이 900mm 이하인 것은 8mm(단, 스테이를 부착한 경우)이다.

86 열정산 입열항목(피열물이 가지고 들어오는 열량)
㉠ 연료의 현열
㉡ 연료의 (저위)발열량
㉢ 공기의 현열(연소용 공기의 현열)
㉣ 노내 분입 증기의 보유열

87
- 강제순환식 수관 보일러: 라몬트(Lamont) 보일러와 베록스 보일러
- 자연순환식 수관 보일러: 바브콕, 타쿠마(Takuma), 쓰네기찌, 2동 D형 보일러
- 관류보일러: 슐저(Sulzer) 보일러, 람진 보일러, 엣모스 보일러, 벤슨(Benson) 보일러

88 동일 조건에서 열교환기(Heat Exchanger)의 온도효율 크기 순서는 향류(대향류) > 직교류 > 병류(평행류) 순이다.

89 수면계 부착위치
- 노통보일러 노통 최고부(플랜지부 제외) 위 100mm
- 노통연관보일러 연관의 최고부 위 75mm

90 보일러 수의 분출 목적
㉠ 프라이밍 및 포밍의 발생 방지
㉡ 관수의 pH(수소이온농도) 조절 및 고수위 방지
㉢ 가성취화 방지
㉣ 불순물의 농도를 한계치 이하로 유지(부식발생 방지)
㉤ 슬러지(sludge)를 배출하여 스케일 생성 방지

91 갤로웨이관(Galloway tube)의 설치목적(이유)
㉠ 전열면적의 증가
㉡ 보일러수(물)의 순환 증대
㉢ 노통의 보강
※ 갤로웨이관은 노통 상하부를 약 30° 정도로 관통시킨 원추형 관(tube)이다.

92 안전밸브를 개방하여 압력을 낮추면 프라이밍(비수현상) 및 포밍(거품)현상이 오히려 더욱 일어나게 되므로 주증기밸브(main steam valve)를 잠가서 압력을 증가시켜 주어야 한다.

93 보일러에서 용접 후 풀림(어닐링)을 하는 주된 이유는 용접부의 열응력(내부응력)을 제거하기 위해서이다.

94 $$\text{전열면적}(A) = \frac{\text{동력(kW)}}{\text{열유속(heat flux)} \times \text{열효율}(\eta)} = \frac{12,000}{800 \times 0.09} = 166.67\,\text{m}^2$$

95 맞대기 용접이음

판의 두께(mm)	끝벌림의 형상(그루브)
1~5	I형
6~16 이하	V형(R형 또는 J형)
12~38	X형(또는 U형, K형, 양면 J형)
19 이상	H형

96 연소실에서 연도까지 배치된 보일러의 부속설비순서
과열기(super heater) → 절탄기(economizer) → 공기예열기

97 보일러 보존방법 중 석회밀폐 건조보존법
㉠ 보존기간이 6개월 이상인 경우 적용한다.
㉡ 1년 이상 보존할 경우 방청도료(paint)를 도포한다.
㉢ 약품의 상태는 1~2주마다 점검한다.
㉣ 동(Drum) 내부의 산소 제거는 숯 등을 이용한다.

98 $$\sigma_t = \frac{P_t}{A} = \frac{30 \times 10^3}{hL} = \frac{30 \times 10^3}{10 \times 150} = 20\,\text{MPa(N/mm}^2)$$

99 육용 강제 보일러의 구조에 있어서 동체의 최소 두께 기준 안지름이 900mm 이하인 것은 6mm(스테이를 부착한 경우는 8mm)로 한다.

100 인산나트륨은 보일러 수처리 약제로 수소이온농도(pH)를 pH 11 이상의 강알칼리성으로 조정하여 부식 및 스케일을 방지하는 데 사용된다.

부록 제5회 CBT 대비 실전 모의고사

▸ 정답 및 해설 p. 부록-81

제1과목 연소공학

01 상당 증발량이 50kg/min인 보일러에서 24,280 kJ/kg의 석탄을 태우고자 한다. 보일러의 효율이 87%라 할 때 필요한 화상 면적은? (단, 무연탄의 화상 연소율은 73kg/m²h이다.)

① 2.3m²　② 4.4m²
③ 6.7m²　④ 10.9m²

02 분자식이 C_mH_n인 탄화수소가스 1Nm³를 완전연소시키는 데 필요한 이론 공기량(Nm³)은? (단, C_mH_n의 m, n은 상수이다.)

① $4.76m+1.19n$　② $1.19m+4.7n$
③ $m+\frac{n}{4}$　④ $4m+0.5n$

03 보일러 등의 연소장치에서 질소산화물(NO_x)의 생성을 억제할 수 있는 연소 방법이 아닌 것은?

① 2단 연소
② 저산소(저공기비)연소
③ 배기의 재순환 연소
④ 연소용 공기의 고온 예열

04 온도가 293K인 이상기체를 단열 압축하여 체적을 1/6로 하였을 때 가스의 온도는 약 몇 K인가? (단, 가스의 정적비열[C_v]은 0.7 kJ/kg·K, 정압비열[C_p]은 0.98kJ/kg·K이다)

① 393　② 493
③ 558　④ 600

05 화염검출기와 가장 거리가 먼 것은?

① 플레임 아이　② 플레임 로드
③ 스태빌라이저　④ 스택 스위치

06 어떤 중유연소 가열로의 발생가스를 분석했을 때 체적비로 CO_2 12.0%, O_2 8.0%, N_2 80%의 결과를 얻었다. 이 경우의 공기비는? (단, 연료 중에는 질소가 포함되어 있지 않다.)

① 1.2　② 1.4
③ 1.6　④ 1.8

07 고체연료의 연료비를 식으로 바르게 나타낸 것은?

① $\frac{\text{고정탄소(\%)}}{\text{휘발분(\%)}}$

② $\frac{\text{회분(\%)}}{\text{휘발분(\%)}}$

③ $\frac{\text{고정탄소(\%)}}{\text{회분(\%)}}$

④ $\frac{\text{가연성 성분 중 탄소(\%)}}{\text{유리수소(\%)}}$

08 CO_{2max}는 19.0%, CO_2는 10.0%, O_2는 3.0%일 때 과잉공기계수(m)는 얼마인가?

① 1.25　② 1.35
③ 1.46　④ 1.90

09 보일러의 열정산 시 출열에 해당하지 않는 것은?

① 연소배가스 중 수증기의 보유열
② 불완전연소에 의한 손실열
③ 건연소배가스의 현열
④ 급수의 현열

10 다음 중 분젠식 가스버너가 아닌 것은?

① 링버너
② 슬릿버너
③ 적외선버너
④ 블라스트버너

11 탄화수소계 연료(C_xH_y)를 연소시켜 얻은 연소생성물을 분석한 결과 CO_2 9%, CO 1%, O_2 8%, N_2 82%의 체적비를 얻었다. y/x의 값은 얼마인가?

① 1.52 ② 1.72
③ 1.92 ④ 2.12

12 중량비로 탄소 84%, 수소 13%, 유황 2%의 조성으로 되어 있는 경유의 이론공기량은 약 몇 Nm^3/kg인가?

① 5 ② 7
③ 9 ④ 11

13 연소관리에 있어 연소 배기가스를 분석하는 가장 직접적인 목적은?

① 공기비 계산 ② 노내압 조절
③ 연소열량 계산 ④ 매연농도 산출

14 다음 중 고체연료의 공업분석에서 고정탄소를 산출하는 식은?

① 100−[수분(%)+회분(%)+질소(%)]
② 100−[수분(%)+회분(%)+황분(%)]
③ 100−[수분(%)+황분(%)+휘발분(%)]
④ 100−[수분(%)+회분(%)+휘발분(%)]

15 최소착화에너지(MIE)의 특징에 대한 설명으로 옳은 것은?

① 질소농도의 증가는 최소착화에너지를 감소시킨다.
② 산소농도가 많아지면 최소착화에너지는 증가한다.
③ 최소착화에너지는 압력증가에 따라 감소한다.
④ 일반적으로 분진의 최소착화에너지는 가연성가스보다 작다.

16 다음 중 습식집진장치의 종류가 아닌 것은?

① 멀티클론(multiclone)
② 제트 스크러버(jet scrubber)
③ 사이클론 스크러버(cyclone scrubber)
④ 벤투리 스크러버(venturi scrubber)

17 탄소 1kg의 연소에 소요되는 공기량은 약 몇 Nm^3인가?

① 5.0 ② 7.0
③ 9.0 ④ 11.0

18 로터리 버너를 장시간 사용하였더니 노벽에 카본이 많이 붙어 있었다. 다음 중 주된 원인은?

① 공기비가 너무 컸다.
② 화염이 닿는 곳이 있었다.
③ 연소실 온도가 너무 높았다.
④ 중유의 예열 온도가 너무 높았다.

19 댐퍼를 설치하는 목적으로 가장 거리가 먼 것은?

① 통풍력을 조절한다.
② 가스의 흐름을 조절한다.
③ 가스가 새어나가는 것을 방지한다.
④ 덕트 내 흐르는 공기 등의 양을 제어한다.

20 배기가스와 외기의 평균온도가 220℃와 25℃이고, 1기압에서 배기가스와 대기의 밀도는 각각 0.770kg/m^3와 1.186kg/m^3일 때 연돌의 높이는 약 몇 m인가? (단, 연돌의 통풍력 Z=52.85mmH_2O이다.)

① 60 ② 80
③ 100 ④ 120

제2과목 열역학

21 다음 중 경로에 의존하는 값은?

① 엔트로피 ② 위치에너지
③ 엔탈피 ④ 일

22 피스톤과 실린더로 구성된 밀폐된 용기 내에 일정한 질량의 이상기체가 차 있다. 초기 상태의 압력은 2bar, 체적은 0.5m^3이다. 이 시스템의 온도가 일정하게 유지되면서 팽창하여 압력이 1bar가 되었다. 이 과정 동안에 시스템이 한 일은 몇 kJ인가?

① 64 ② 70
③ 79 ④ 83

23 엔탈피가 3,140kJ/kg인 과열증기가 단열노즐에 저속상태로 들어와 출구에서 엔탈피가 3,010kJ/kg인 상태로 나갈 때 출구에서의 증기 속도(m/s)는?

① 8　② 25
③ 160　④ 510

24 저열원 10℃, 고열원 600℃ 사이에 작용하는 카르노 사이클에서 사이클당 방열량이 3.5kJ이면 사이클당 실제 일의 양은 약 몇 kJ인가?

① 3.5　② 5.7
③ 6.8　④ 7.3

25 냉동사이클의 성능계수와 동일한 온도 사이에서 작동하는 역 carnot 사이클의 성능계수에 관계되는 사항으로서 옳은 것은? (단, T_H: 고온부, T_L: 저온부의 절대온도이다)

① 냉동사이클의 성능계수가 역 carnot 사이클의 성능계수보다 높다.
② 냉동사이클의 성능계수는 냉동사이클에 공급한 일을 냉동효과로 나눈 것이다.
③ 역 carnot 사이클의 성능계수는 $\frac{T_L}{T_H - T_L}$로 표시할 수 있다.
④ 냉동사이클의 성능계수는 $\frac{T_H}{T_H - T_L}$로 표시할 수 있다.

26 carnot 사이클로 작동하는 가역기관이 800℃의 고온열원으로부터 5,000kW의 열을 받고 30℃의 저온열원에 열을 배출할 때 동력은 약 몇 kW인가?

① 440　② 1,600
③ 3,590　④ 4,560

27 공기의 기체상수가 0.287kJ/kg · K일 때 표준상태(0℃, 1기압)에서 밀도는 약 몇 kg/m^3인가?

① 1.29　② 1.87
③ 2.14　④ 2.48

28 압력이 200kPa로 일정한 상태로 유지되는 실린더 내의 이상기체가 체적 0.3m^3에서 0.4m^3로 팽창될 때 이상기체가 한 일의 양은 몇 kJ인가?

① 20　② 40
③ 60　④ 80

29 랭킨 사이클의 순서를 차례대로 옳게 나열한 것은?

① 단열압축 → 정압가열 → 단열팽창 → 정압냉각
② 단열압축 → 등온가열 → 단열팽창 → 정적냉각
③ 단열압축 → 등적가열 → 등압팽창 → 정압냉각
④ 단열압축 → 정압가열 → 단열팽창 → 정적냉각

30 다음 중 이상적인 교축 과정(throttling process)은?

① 등온 과정　② 등엔트로피 과정
③ 등엔탈피 과정　④ 정압 과정

31 이상적인 카르노(Carnot) 사이클의 구성에 대한 설명으로 옳은 것은?

① 2개의 등온과정과 2개의 단열과정으로 구성된 가역 사이클이다.
② 2개의 등온과정과 2개의 정압과정으로 구성된 가역 사이클이다.
③ 2개의 등온과정과 2개의 단열과정으로 구성된 비가역 사이클이다.
④ 2개의 등온과정과 2개의 정압과정으로 구성된 비가역 사이클이다.

32 비가역 사이클에 대한 클라우지우스(Clausius) 적분에 대하여 옳은 것은? (단, Q는 열량, T는 온도이다.)

① $\oint \frac{\delta Q}{T} > 0$　② $\oint \frac{\delta Q}{T} \geq 0$
③ $\oint \frac{\delta Q}{T} = 0$　④ $\oint \frac{\delta Q}{T} < 0$

33 다음 설명과 가장 관계되는 열역학적 법칙은?

> • 열은 그 자신만으로는 저온의 물체로부터 고온의 물체로 이동할 수 없다.
> • 외부에 어떠한 영향을 남기지 않고 한 사이클 동안에 계가 열원으로부터 받은 열을 모두 일로 바꾸는 것은 불가능하다.

① 열역학 제0법칙 ② 열역학 제1법칙
③ 열역학 제2법칙 ④ 열역학 제3법칙

34 온도 30℃, 압력 350kPa에서 비체적이 0.449 m^3/kg인 이상기체의 기체상수는 몇 kJ/kg · K인가?

① 0.143 ② 0.287
③ 0.518 ④ 0.842

35 압력 200kPa, 체적 1.66m^3의 상태에 있는 기체가 정압조건에서 초기 체적의 $\frac{1}{2}$로 줄었을 때 이 기체가 행한 일은 약 몇 kJ인가?

① −166 ② −198.5
③ −236 ④ −245.5

36 그림과 같은 카르노 냉동 사이클에서 성적계수는 약 얼마인가? (단, 각 사이클에서의 엔탈피(h)는 $h_1 \simeq h_4 = 98$kJ/kg, $h_2 = 231$kJ/kg, $h_3 = 282$kJ/kg 이다.)

① 1.9
② 2.3
③ 2.6
④ 3.3

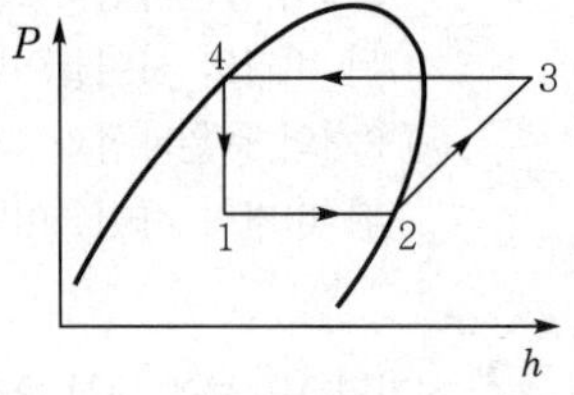

37 제1종 영구기관이 실현 불가능한 것과 관계있는 열역학 법칙은?

① 열역학 제0법칙
② 열역학 제1법칙
③ 열역학 제2법칙
④ 열역학 제3법칙

38 카르노사이클에서 온도 T의 고열원으로부터 열량 Q를 흡수하고, 온도 T_0의 저열원으로 열량 Q_0를 방출할 때, 방출열량 Q_0에 대한 식으로 옳은 것은? (단, η_c는 카르노사이클의 열효율이다.)

① $\left(1-\frac{T_0}{T}\right)Q$ ② $(1+\eta_c)Q$
③ $(1-\eta_c)Q$ ④ $\left(1+\frac{T_0}{T}\right)Q$

39 −50℃의 탄산가스가 있다. 이 가스가 정압과정으로 0℃가 되었을 때 변경 후의 체적은 변경 전의 체적 대비 약 몇 배가 되는가? (단, 탄산가스는 이상기체로 간주한다.)

① 1.094배 ② 1.224배
③ 1.375배 ④ 1.512배

40 다음 중 용량성 상태량(extensive property)에 해당하는 것은?

① 엔탈피
② 비체적
③ 압력
④ 절대온도

제3과목 계측방법

41 절대압력 700mmHg는 약 몇 kPa인가?

① 93kPa
② 103kPa
③ 113kPa
④ 123kPa

42 차압식 유량계의 측정에 대한 설명으로 틀린 것은?

① 연속의 법칙에 의한다.
② 플로트 형상에 따른다.
③ 차압기구는 오리피스이다.
④ 베르누이의 정리를 이용한다.

43 다음 블록선도에서 출력을 바르게 나타낸 것은?

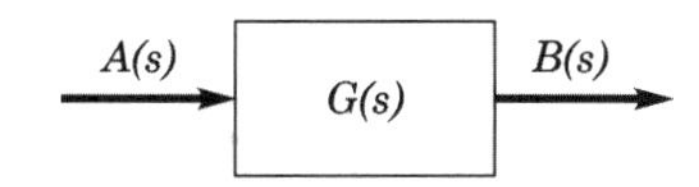

① $B(s) = G(s)A(s)$
② $B(s) = \frac{G(s)}{A(s)}$
③ $B(s) = \frac{A(s)}{B(s)}$
④ $B(s) = \frac{1}{G(s)A(s)}$

44 보일러 냉각기의 진공도가 700mmHg일 때 절대압은 몇 kPa(a)인가?

① 2　② 4
③ 6　④ 8

45 내경 10cm의 관에 물이 흐를 때 피토관에 의해 측정된 유속이 5m/s이라면 질량유량은?

① 19kg/s　② 29kg/s
③ 39kg/s　④ 49kg/s

46 다음 [보기]의 특징을 가지는 가스분석계는?

[보기]
- 가동부분이 없고 구조도 비교적 간단하며, 취급이 용이하다.
- 가스의 유량, 압력, 점성의 변화에 대하여 지시오차가 거의 발생하지 않는다.
- 열선은 유리로 피복되어 있어 측정가스 중의 가연성 가스에 대한 백금의 촉매작용을 막아 준다.

① 연소식 O_2계
② 적외선 가스분석계
③ 자기식 O_2계
④ 밀도식 CO_2계

47 오르자트식 가스분석계로 측정하기 어려운 것은?

① O_2　② CO_2
③ CH_4　④ CO

48 국제단위계(SI)에서 길이단위의 설명으로 틀린 것은?

① 기본단위이다.
② 기호는 K이다.
③ 명칭은 미터이다.
④ 빛이 진공에서 1/229,792,458초 동안 진행한 경로의 길이이다.

49 가스크로마토그래피의 특징에 대한 설명으로 틀린 것은?

① 미량성분의 분석이 가능하다.
② 분리성능이 좋고 선택성이 우수하다.
③ 1대의 장치로는 여러 가지 가스를 분석할 수 없다.
④ 응답속도가 다소 느리고 동일한 가스의 연속 측정이 불가능하다.

50 측정하고자 하는 상태량과 독립적 크기를 조정할 수 있는 기준량과 비교하여 측정, 계측하는 방법은?

① 보상법　② 편위법
③ 치환법　④ 영위법

51 다음 중 열전대 온도계에서 사용되지 않는 것은?

① 동-콘스탄탄　② 크로멜-알루멜
③ 철-콘스탄탄　④ 알루미늄-철

52 미리 정해진 순서에 따라 순차적으로 진행하는 제어 방식은?

① 시퀀스 제어
② 피드백 제어
③ 피드포워드 제어
④ 적분 제어

53 내경이 50mm인 원관에 20℃ 물이 흐르고 있다. 층류로 흐를 수 있는 최대 유량은 약 몇 m^3/s인가? [단, 임계 레이놀즈수(R_e)는 2,320이고, 20℃일 때 동점성계수(ν)=$1.0064\times10^{-6}m^2/s$이다.]

① 5.33×10^{-5}　② 7.36×10^{-5}
③ 9.16×10^{-5}　④ 15.23×10^{-5}

54 자동제어에서 전달함수의 블록선도를 그림과 같이 등가변환시킨 것으로 적합한 것은?

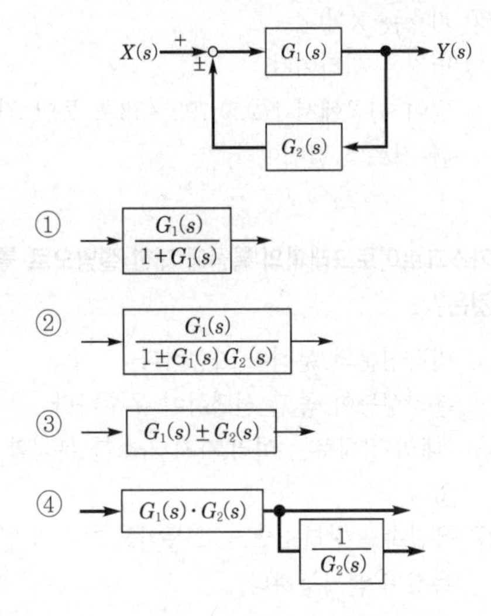

55 다음 중 비접촉식 온도계는?

① 색온도계 ② 저항온도계
③ 압력식 온도계 ④ 유리온도계

56 다음 집진장치 중 코트렐식과 관계가 있는 방식으로 코로나 방전을 일으키는 것과 관련 있는 집진기로 가장 적절한 것은?

① 전기식 집진기 ② 세정식 집진기
③ 원심식 집진기 ④ 사이클론 집진기

57 시즈(sheath) 열전대의 특징이 아닌 것은?

① 응답속도가 빠르다.
② 국부적인 온도측정에 적합하다.
③ 피측온체의 온도저하 없이 측정할 수 있다.
④ 매우 가늘어서 진동이 심한 곳에는 사용할 수 없다.

58 다음 제어방식 중 잔류편차(off set)를 제거하여 응답시간이 가장 빠르며 진동이 제거되는 제어방식은?

① P ② I
③ PI ④ PID

59 Thermister(서미스터)의 특징이 아닌 것은?

① 소형이며 응답이 빠르다.
② 온도계수가 금속에 비하여 매우 작다.
③ 흡습 등에 의하여 열화되기 쉽다.
④ 전기저항체 온도계이다.

60 지름이 10cm되는 관 속을 흐르는 유체의 유속이 16m/s이었다면 유량은 약 몇 m^3/s인가?

① 0.125 ② 0.525
③ 1.605 ④ 1.725

제4과목 열설비재료 및 관계법규

61 다음 중 $MgO-SiO_2$계 내화물은?

① 마그네시아질 내화물
② 돌로마이트질 내화물
③ 마그네시아-크롬질 내화물
④ 포스테라이트질 내화물

62 에너지이용 합리화법에 따라 검사대상기기 설치자의 변경신고는 변경일로부터 15일 이내에 누구에게 하여야 하는가?

① 한국에너지공단이사장
② 산업통상자원부장관
③ 지방자치단체장
④ 관할소방서장

63 에너지절약전문기업의 등록이 취소된 에너지절약전문기업은 원칙적으로 등록취소일로부터 최소 얼마의 기간이 지나면 다시 등록할 수 있는가?

① 1년 ② 2년
③ 3년 ④ 5년

64 보온면의 방산열량 1,100kJ/m^2, 나면의 방산열량 1,600kJ/m^2일 때 보온재의 보온 효율은?

① 25% ② 31%
③ 45% ④ 69%

65 에너지이용 합리화법에 따라 국가에너지절약 추진위원회의 당연직 위원에 해당되지 않는 자는?

① 한국전력공사 사장
② 국무조정실 국무2차장
③ 고용노동부차관
④ 한국에너지공단 이사장

66 민간사업 주관자 중 에너지 사용 계획을 수립하여 산업통상자원부장관에게 제출하여야 하는 사업자의 기준은?

① 연간 연료 및 열을 2천TOE 이상 사용하거나 전력을 5백만kWh 이상 사용하는 시설을 설치하고자 하는 자
② 연간 연료 및 열을 3천TOE 이상 사용하거나 전력을 1천만kWh 이상 사용하는 시설을 설치하고자 하는 자
③ 연간 연료 및 열을 5천TOE 이상 사용하거나 전력을 2천만kWh 이상 사용하는 시설을 설치하고자 하는 자
④ 연간 연료 및 열을 1만TOE 이상 사용하거나 전력을 4천만kWh 이상 사용하는 시설을 설치하고자 하는 자

67 길이 7m, 외경 200mm, 내경 190mm의 탄소강관에 360℃ 과열증기를 통과시키면 이때 늘어나는 관의 길이는 몇 mm인가? (단, 주위온도는 20℃이고, 관의 선팽창계수는 0.000013mm/mm · ℃이다.)

① 21.15 ② 25.71
③ 30.94 ④ 36.48

68 에너지이용 합리화법에 따라 산업통상자원부장관은 에너지를 합리적으로 이용하게 하기 위하여 몇 년마다 에너지이용 합리화에 관한 기본계획을 수립하여야 하는가?

① 2년
② 3년
③ 5년
④ 10년

69 에너지이용 합리화법에 따라 검사대상기기 조종자의 신고사유가 발생한 경우 발생한 날로부터 며칠 이내에 신고해야 하는가?

① 7일 ② 15일
③ 30일 ④ 60일

70 에너지이용 합리화법에 따라 검사를 받아야 하는 검사대상기기 중 소형온수보일러의 적용범위 기준은?

① 가스사용량이 10kg/h를 초과하는 보일러
② 가스사용량이 17kg/h를 초과하는 보일러
③ 가스사용량이 21kg/h를 초과하는 보일러
④ 가스사용량이 25kg/h를 초과하는 보일러

71 터널가마(tunnel kiln)의 장점이 아닌 것은?

① 소성이 균일하여 제품의 품질이 좋다.
② 온도조절의 자동화가 쉽다.
③ 열효율이 좋아 연료비가 절감된다.
④ 사용연료의 제한을 받지 않고 전력소비가 적다.

72 에너지이용 합리화법에 따라 산업통상자원부 장관이 국내외 에너지 사정의 변동으로 에너지 수급에 중대한 차질이 발생될 경우 수급안정을 위해 취할 수 있는 조치 사항이 아닌 것은?

① 에너지의 배급
② 에너지의 비축과 저장
③ 에너지의 양도 · 양수의 제한 또는 금지
④ 에너지 수급의 안정을 위하여 산업통상자원부령으로 정하는 사항

73 에너지이용 합리화법에 따라 용접검사가 면제되는 대상범위에 해당되지 않는 것은?

① 주철제 보일러
② 강철제 보일러 중 전열면적이 $5m^2$ 이하이고, 최고사용압력이 0.35MPa 이하인 것
③ 압력용기 중 동체의 두께가 6mm 미만인 것으로서 최고사용압력(MPa)과 내부 부피(m^3)를 곱한 수치가 0.02 이하인 것
④ 온수보일러로서 전열면적이 $20m^2$ 이하이고, 최고사용압력이 0.3MPa 이하인 것

74 에너지이용 합리화법에 따른 특정열사용 기자재 품목에 해당하지 않는 것은?

① 강철제 보일러　② 구멍탄용 온수보일러
③ 태양열 집열기　④ 태양광 발전기

75 다음 중 중성내화물에 속하는 것은?

① 납석질 내화물
② 고알루미나질 내화물
③ 반규석질 내화물
④ 샤모트질 내화물

76 에너지이용 합리화법에 따라 검사대상기기 조종자의 해임신고는 신고 사유가 발생한 날로부터 며칠 이내에 하여야 하는가?

① 15일　② 20일
③ 30일　④ 60일

77 에너지이용 합리화법에 따라 가스를 사용하는 소형 온수보일러인 경우 검사대상기기의 적용 기준은?

① 가스사용량이 시간당 17kg을 초과하는 것
② 가스사용량이 시간당 20kg을 초과하는 것
③ 가스사용량이 시간당 27kg을 초과하는 것
④ 가스사용량이 시간당 30kg을 초과하는 것

78 도염식 요는 조업방법에 의해 분류할 경우 어떤 형식에 속하는가?

① 불연속식
② 반연속식
③ 연속식
④ 불연속식과 연속식의 절충형식

79 에너지이용 합리화법에 따라 효율관리기자재의 제조업자가 광고매체를 이용하여 효율관리기자재의 광고를 하는 경우에 그 광고내용에 포함시켜야 할 사항은?

① 에너지 최고효율　② 에너지 사용량
③ 에너지 소비효율　④ 에너지 평균소비량

80 에너지이용 합리화법에 따른 한국에너지공단의 사업이 아닌 것은?

① 에너지의 안정적 공급
② 열사용기자재의 안전관리
③ 신에너지 및 재생에너지 개발사업의 촉진
④ 집단에너지 사업의 촉진을 위한 지원 및 관리

제5과목 열설비설계

81 대향류 열교환기에서 가열유체는 260℃에서 120℃로 나오고 수열유체는 70℃에서 110℃로 가열될 때 전열면적은? (단, 열관류율은 125W/m²℃이고, 총열부하는 160,000W이다.)

① $7.24m^2$
② $14.06m^2$
③ $16.04m^2$
④ $23.32m^2$

82 다음 [보기]에서 설명하는 보일러 보존방법은?

> [보기]
> • 보존기간이 6개월 이상인 경우 적용한다.
> • 1년 이상 보존할 경우 방청도료를 도포한다.
> • 약품의 상태는 1~2주마다 점검하여야 한다.
> • 동 내부의 산소 제거는 숯불 등을 이용한다.

① 건조보존법　② 만수보존법
③ 질소보존법　④ 특수보존법

83 다음 중 보일러수를 pH 10.5~11.5의 약알칼리로 유지하는 주된 이유는?

① 첨가된 염산이 강재를 보호하기 때문에
② 보일러수 중에 적당량의 수산화나트륨을 포함시켜 보일러의 부식 및 스케일 부착을 방지하기 위하여
③ 과잉 알칼리성이 더 좋으나 약품이 많이 소요되므로 원가를 절약하기 위하여
④ 표면에 딱딱한 스케일이 생성되어 부식을 방지하기 때문에

84 두께 4mm강의 평판에서 고온측 면의 온도가 100℃이고 저온측 면의 온도가 80℃이며 단위면적당 매분 30,000kJ의 전열을 한다고 하면 이 강판의 열전도율은?

① 5W/mK ② 100W/mK
③ 150W/mK ④ 200W/mK

85 최고 사용압력이 0.7MPa인 증기용 강제보일러의 수압시험 압력은 얼마로 하여야 하는가?

① 1.01MPa ② 1.13MPa
③ 1.21MPa ④ 1.31MPa

86 보일러 급수처리 중 사용목적에 따른 청관제의 연결로 틀린 것은?

① pH 조정제: 암모니아
② 연화제: 인산소다
③ 탈산소제: 히드라진
④ 가성취화방지제: 아황산소다

87 보일러 송풍장치의 회전수 변환을 통한 급기풍량 제어를 위하여 2극 유도전동기에 인버터를 설치하였다. 주파수가 55Hz일 때 유도전동기의 회전수는?

① 1,650RPM ② 1,800RPM
③ 3,300RPM ④ 3,600RPM

88 노통식 보일러에서 파형부의 길이가 230mm 미만인 파형노통의 최소 두께(t)를 결정하는 식은? (단, P는 최고 사용압력(MPa), D는 노통의 파형부에서의 최대 내경과 최소 내경의 평균치(mm), C는 노통의 종류에 따른 상수이다.)

① $10PD$ ② $\frac{10P}{D}$
③ $\frac{C}{10PD}$ ④ $\frac{10PD}{C}$

89 순환식(자연 또는 강제) 보일러가 아닌 것은?

① 타쿠마 보일러 ② 야로우 보일러
③ 벤손 보일러 ④ 라몬트 보일러

90 10MPa의 압력하에 2,000kg/h로 증발하고 있는 보일러의 급수온도가 20℃일 때 환산증발량은? (단, 발생증기의 비엔탈피는 2,512kJ/kg이다.)

① 2,153kg/h ② 3,124kg/h
③ 4,562kg/h ④ 5,260kg/h

91 유량 $7m^3/s$의 주철제 도수관의 지름(mm)은? (단, 평균유속(V)은 3m/s이다.)

① 680 ② 1,312
③ 1,723 ④ 2,163

92 보일러수의 분출시기가 아닌 것은?

① 보일러 가동 전 관수가 정지되었을 때
② 연속운전일 경우 부하가 가벼울 때
③ 수위가 지나치게 낮아졌을 때
④ 프라이밍 및 포밍이 발생할 때

93 보일러 운전 시 유지해야 할 최저 수위에 관한 설명으로 틀린 것은?

① 노통연관보일러에서 노통이 높은 경우에는 노통 상면보다 75mm 상부(플랜지 제외)
② 노통연관보일러에서 연관이 높은 경우에는 연관 최상위보다 75mm 상부
③ 횡연관 보일러에서 연관 최상위보다 75mm 상부
④ 입형 보일러에서 연소실 천장판 최고부보다 75mm 상부(플랜지 제외)

94 과열증기의 특징에 대한 설명으로 옳은 것은?

① 관내 마찰저항이 증가한다.
② 응축수로 되기 어렵다.
③ 표면에 고온부식이 발생하지 않는다.
④ 표면의 온도를 일정하게 유지한다.

95 보일러의 증발량이 20ton/h이고, 보일러 본체의 전열면적이 $450m^2$일 때, 보일러의 증발률($kg/m^2 \cdot h$)은?

① 24 ② 34
③ 44 ④ 54

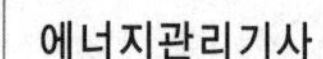

96 지름이 5cm인 강관(50W/m · K) 내에 98K의 온수가 0.3m/s로 흐를 때, 온수의 열전달계수(W/m^2 · K)는? (단, 온수의 열전도도는 0.68W/m · K이고, Nu수(Nusselt number)는 160이다.)

① 1,238 ② 2,176
③ 3,184 ④ 4,232

97 열의 이동에 대한 설명으로 틀린 것은?

① 전도란 정지하고 있는 물체 속을 열이 이동하는 현상을 말한다.
② 대류란 유동 물체가 고온 부분에서 저온 부분으로 이동하는 현상을 말한다.
③ 복사란 전자파의 에너지 형태로 열이 고온 물체에서 저온 물체로 이동하는 현상을 말한다.
④ 열관류란 유체가 열을 받으면 밀도가 작아져서 부력이 생기기 때문에 상승현상이 일어나는 것을 말한다.

98 판형 열교환기의 일반적인 특징에 대한 설명으로 틀린 것은?

① 구조상 압력손실이 적고 내압성은 크다.
② 다수의 파형이나 반구형의 돌기를 프레스 성형하여 판을 조합한다.
③ 전열면의 청소나 조립이 간단하고, 고점도에도 적용할 수 있다.
④ 판의 매수 조절이 가능하여 전열면적 증감이 용이하다.

99 강판의 두께가 20mm이고, 리벳의 직경이 28.2mm이며, 피치 50.1mm의 1줄 겹치기 리벳조인트가 있다. 이 강판의 효율은?

① 34.7% ② 43.7%
③ 53.7% ④ 63.7%

100 강제순환식 보일러의 특징에 대한 설명으로 틀린 것은?

① 증기발생 소요시간이 매우 짧다.
② 자유로운 구조의 선택이 가능하다.
③ 고압보일러에 대해서도 효율이 좋다.
④ 동력소비가 적어 유지비가 비교적 적게 든다.

정답 및 해설

01	02	03	04	05	06	07	08	09	10
②	①	④	④	③	③	①	④	④	④
11	12	13	14	15	16	17	18	19	20
②	④	①	④	③	①	③	②	③	②
21	22	23	24	25	26	27	28	29	30
④	②	④	④	③	③	①	①	①	③
31	32	33	34	35	36	37	38	39	40
①	④	③	③	①	③	②	③	②	①
41	42	43	44	45	46	47	48	49	50
①	②	①	④	③	③	③	②	③	④
51	52	53	54	55	56	57	58	59	60
④	①	③	②	①	①	④	④	②	①
61	62	63	64	65	66	67	68	69	70
④	①	②	②	③	③	③	③	③	②
71	72	73	74	75	76	77	78	79	80
④	④	④	④	②	③	①	①	③	①
81	82	83	84	85	86	87	88	89	90
②	①	②	②	③	④	③	④	③	①
91	92	93	94	95	96	97	98	99	100
③	③	①	②	③	②	④	①	②	④

01 $\eta_B = \dfrac{m_e \times 2,256}{H_L \times m_f} \times 100\%$

$m_f = \dfrac{m_e \times 2,256}{H_L \times \eta_B} = \dfrac{50 \times 60 \times 2,256}{24,280 \times 0.87} = 320.4\text{kg/h}$

$\therefore$ 화상면적$(A) = \dfrac{m_f}{\text{화상연소율}} = \dfrac{320.4}{73}$

$\fallingdotseq 4.39\text{m}^2 \fallingdotseq 4.4\text{m}^2$

02 $C_m H_n + \left(m + \dfrac{n}{4}\right) O_2 \rightarrow mCO_2 + \dfrac{n}{2} H_2O$

이론공기량$(A_o) = \dfrac{O_o}{0.21} = \dfrac{m + \dfrac{n}{4}}{0.21}$

$= 4.76m + 1.19n(\text{Nm}^3)$

03 질소산화물(NO_x)의 생성을 억제하기 위해서는 연소실 내의 온도를 저온으로 해주어야 한다(저온도 연소법: 공기온도조절).

04 가스비열비$(k) = \dfrac{C_p}{C_v} = \dfrac{0.98}{0.7} = 1.4$

$\dfrac{T_2}{T_1} = \left(\dfrac{V_1}{V_2}\right)^{k-1}$

$\therefore T_2 = T_1\left(\dfrac{V_1}{V_2}\right)^{k-1} = 293(6)^{1.4-1} \fallingdotseq 600\text{K}$

05 화염검출기와 관계 있는 것은 다음과 같다.
㉠ 플레임 아이
㉡ 플레임 로드
㉢ 스택 스위치

06 $N_2(\%) = 100 - (CO_2 + O_2) = 100\% - (12+8) = 80\%$

공기비$(m) = \dfrac{N_2}{N_2(\%) - 3.76O_2(\%)}$

$= \dfrac{80}{80 - (3.76 \times 8)}$

$= 1.6$

07 고체연료의 연료비$=\frac{\text{고정탄소}(\%)}{\text{휘발분}(\%)}$

연료비 7 이상: 무연탄
연료비 1~7: 유연탄
연료비 1 이하: 갈탄

08 과잉공기계수$(m)=\frac{CO_{2\max}(\%)}{CO_2(\%)}=\frac{19}{10}=1.9$

09 ㉠ 열정산 시 입열
- 연료의 연소열
- 연료의 현열
- 공기의 현열
- 노 내 분압의 증기보유 열량

㉡ 열정산 시 출열
- 방사손실열
- 불완전열손실
- 미연분에 의한 열
- 배기가스 보유열
- 발생증기 보유열

10 분젠식 가스버너의 종류
㉠ 링버너
㉡ 슬릿버너
㉢ 적외선버너
※ 블라스트버너는 강제예혼합버너다.

11 기체연료의 연소반응식
$C_xH_y+m\left(O_2+\frac{79}{21}N_2\right)$
$\rightarrow 9CO_2+1CO+8O_2+nH_2O+82N_2$
반응 전후의 원자수는 일치해야 하므로
C: $x=9+1=10$
N: $2\times\frac{79}{21}\times m=2\times82$이므로, $m\fallingdotseq21.8$
O: $2m=(2\times9)+1+(2\times8)+n$이므로,
$m\fallingdotseq21.8$을 대입하면 $n=8.6$
H: $y=2n$이므로, $n=8.6$을 대입하면 $y=17.2$
$\therefore \frac{y}{x}=\frac{17.2}{10}=1.72$

12 이론산소량(O_o)
$=1.867C+5.6\left(H-\frac{O}{8}\right)+0.7S\,(Nm^3/kg)$
$=1.867\times0.84+5.6\times0.13+0.7\times0.02$
$=2.31Nm^3/kg$
$\therefore$ 이론공기량$(A_a)=\frac{2.31}{0.21}=11Nm^3/kg$

13 연소 배기가스를 분석하는 가장 직접적인 목적은 공기비(과잉공기량)를 계산하는 데 있다.

14 고정탄소(%)=100−[수분(%)+회분(%)+휘발분(%)]

15 압력의 증가에 따라 질소농도가 증가하면 최소착화에너지(MIE, Minimum Ignition Energy)는 감소한다.

16 습식집진장치
㉠ 벤투리 스크러버
㉡ 사이클론 스크러버
㉢ 제트 스크러버

17 $C \;+\; O_2 \;\rightarrow\; CO_2$
12kg(1)　32kg(1)　$22.4Nm^3(1)$
$1kmol=22.4Nm^3$
$$A_o=\frac{O_o}{0.21}=\frac{\frac{22.4}{12}}{0.21}=\frac{1.87}{0.21}=8.89Nm^3\fallingdotseq9Nm^3$$

18 카본이 노벽에 많이 붙는 주된 이유는 화염(flame)이 닿는 곳에서 주로 발생되기 때문이다.

19 댐퍼(damper)의 설치목적
㉠ 통풍력을 조절한다.
㉡ 가스의 흐름을 교체한다(주연도와 부연도에서).
㉢ 가스의 흐름을 차단한다.

20
$$H=\frac{Z}{273\left(\frac{\gamma_a}{t_a+273}-\frac{\gamma_g}{t_g+273}\right)}$$
$$=\frac{52.85}{273\left(\frac{1.186}{25+273}-\frac{0.770}{220+273}\right)}$$
$=80.06m$

21 일과 열은 경로함수(path function)이다(과정함수).

22 ◉ $1bar=10^5Pa=100kPa$
등온변화 시 절대일량$({}_1W_2)$
$$=mRT\ln\left(\frac{P_1}{P_2}\right)=P_1V_1\ln\left(\frac{P_1}{P_2}\right)=200\times0.5\ln\left(\frac{2}{1}\right)$$
$=70kJ$

23 출구 증기속도(V_2)

$=44.72\sqrt{(h_1-h_2)}=44.72\sqrt{3,140-3,010}$

$\fallingdotseq 510\text{m/s}$

24 $\eta_c=1-\dfrac{T_2}{T_1}=1-\dfrac{10+273}{600+273}=0.675$

$Q_1=\dfrac{Q_2}{1-\eta_c}=\dfrac{3.5}{1-0.675}=10.77\text{kJ}$

$\therefore W_{net}=\eta_c Q_1=0.675\times 10.77\fallingdotseq 7.3\text{kJ}$

25 역 카르노 사이클은 냉동사이클의 이상사이클이다.

$\therefore$ 냉동기성적계수$(COP)_R=\dfrac{T_L}{T_H-T_L}$

26 $\eta_c=\dfrac{W_{net}}{Q_H}=1-\dfrac{T_L}{T_H}$

$\therefore W_{net}=\eta_c Q_H=\left(1-\dfrac{T_L}{T_H}\right)Q_H$

$=\left(1-\dfrac{30+273}{800+273}\right)\times 5,000\fallingdotseq 3,590\text{kW}$

27 $Pv=RT,\ v=\dfrac{1}{\rho}$ 이므로

$\therefore\ \rho=\dfrac{P}{RT}=\dfrac{101.325}{0.287\times 273}=1.293\text{kg/m}^3$

28 ${}_1W_2=\int_1^2 PdV=P(V_2-V_1)=200(0.4-0.3)$

$=20\text{kJ}$

29 랭킨 사이클(Rankine cycle) 순서

단열압축(급수펌프) → 정압가열(보일러 & 과열기) → 단열팽창(터빈) → 정압냉각(복수기)

30 이상적인 교축 과정(throteling process)은 엔탈피가 일정(등엔탈피 과정)한 과정이다. 비가역 과정으로 엔트로피는 증가한다($\Delta S>0$).

31 카르노 사이클(Carnot cycle)은 2개의 등온과정과 2개의 단열과정으로 구성된 가역 사이클이다.

32 클라우지우스(Clausius)의 폐적분값은 가역사이클이면 등호(=), 비가역사이클이면 부등호(<)다.

$\oint\dfrac{\delta Q}{T}\le 0$

33 열역학 제2법칙=엔트로피 증가법칙($\Delta S>0$)

=비가역법칙

㉠ 열은 그 자신만으로는 저온물체에서 고온물체로 이동할 수 없다.

㉡ 외부에 어떠한 영향을 남기지 않고 한 사이클 동안에 계가 열원으로부터 받은 열을 모두 일로 바꾸는 것은 불가능하다(열효율이 100%인 열기관은 있을 수 없다).

34 $Pv=RT$ 에서

$R=\dfrac{Pv}{T}=\dfrac{350\times 0.449}{30+273}=0.518\text{kJ/kg}\cdot\text{K}$

35 ${}_1W_2=\int_1^2 pdV=p(V_2-V_1)$

$=200\left(\dfrac{1.66}{2}-1.66\right)=-166\text{kJ}$

36 $(\text{COP})_R=\dfrac{q_2}{w_c}=\dfrac{(h_2-h_1)}{(h_3-h_2)}=\dfrac{231-98}{282-231}\fallingdotseq 2.61$

37 열역학 제1법칙(에너지 보존의 법칙)=제1종 영구운동기관을 부정하는 법칙

38 $\eta_c=1-\dfrac{Q_0}{Q}=1-\dfrac{T_0}{T}$

$\dfrac{Q_0}{Q}=1-\eta_c$

$\therefore\ Q_0=(1-\eta_c)Q[\text{kJ}]$

39 $P=C,\ \dfrac{V_1}{T_1}=\dfrac{V_2}{T_2}$

$\dfrac{V_2}{V_1}=\dfrac{T_2}{T_1}=\dfrac{273}{273-50}=\dfrac{273}{223}=1.224$

40 강도성 상태량(intensive property)은 물질의 양과 무관한 상태량으로 비체적, 압력, 온도 등이 있다.

41 760 : 101.325=700 : P

$P=\dfrac{700}{760}\times 101.325=93.33\text{kPa}$

42 플로트(float) 형상에 따른 유량계는 면적식 유량계이다.

43 $B(s)=A(s)G(s)$

$\therefore \frac{출력}{입력}=\frac{B(s)}{A(s)}=G(s)$

44 절대압력 = 대기압-진공압 = 760-700 = 60mmHg

$\therefore 760 : 101.325 = 60 : Pa$

$P_a=\frac{60}{760}\times 101.325 \fallingdotseq 8\text{kPa(a)}$

45 $\dot{m}=\rho A V=1{,}000\times\frac{\pi}{4}(0.1)^2\times 5=39.25\text{kg/s}$

46 자기식 O_2계 가스분석계의 특징

㉠ 가동부분이 없고 구조도 비교적 간단하며 취급이 쉽다(용이하다)

㉡ 가스의 유량 압력·점성의 변화에 대해 지시오차가 거의 발생하지 않는다.

㉢ 열선(hot wire)은 유리로 피복되어 있어 측정가스 중의 가연성 가스에 대한 백금(Pt)의 촉매작용을 막아준다.

47 오르자트식 가스분석계: CO_2, O_2, CO

48 국제단위계(SI)에서 길이단위는 m(미터)이며, 절대온도 단위는 K(Kelvin)이다.

49 가스크로마토그래피는 활성탄의 흡착제를 채운 세관(가스다단관)을 통과하는 가스의 이동속도차를 이용하여 시료가스를 분석하는 방식으로, 1대의 장치로 산소(O_2)와 이산화질소(NO_2)를 제외한 여러 성분의 가스를 분석할 수 있다.

50 측정하고자 하는 상태량과 독립적 크기를 조정할 수 있는 기준량과 비교하여 측정, 계측하는 방법은 영위법이다.

① 보상법은 크기가 거의 같은 미리 알고있는 양의 분동을 준비하여 분동과 측정량의 차이로부터 측정량을 구하는 방법으로 천평을 이용하여 물체의 질량을 측정할 때 불평형 정도는 지침의 눈금값으로 읽어 물체의 질량을 알 수 있다.

② 편위법은 측정하려는 양의 작용에 의하여 계측기의 지침에 편위를 일으켜 이 편위를 눈금과 비교함으로써 측정을 행하는 방식(다이얼게이지, 지시전기계기, 부르동관 압력계)이다.

③ 치환법은 이미 알고 있는 양으로부터 측정량을 아는 방법으로 다이얼게이지를 이용하여 길이를 측정 시 블록게이지를 올려놓고 측정한 다음 피측정물을 바꾸어 넣었을 때 지시의 차를 읽고 사용한 블록게이지 높이를 알면 피측정물의 높이를 구할 수 있다.

51 열전상(열전대) 온도계의 종류

㉠ 백금-백금로듐

㉡ 크로멜-알루멜

㉢ 동(Cu)-콘스탄탄

㉣ 철-콘스탄탄

52 시퀀스 제어(개회로제어)란 미리 정해진 순서에 따라 순차적으로 진행하는 제어방식이다.

53 $V=\frac{R_e\nu}{d}=\frac{2{,}320\times 1.0064\times 10^{-6}}{0.05}=0.047\text{m/s}$

$\therefore\ Q=AV=\frac{\pi(0.05)^2}{4}\times 0.047=9.16\times 10^{-5}\text{m}^3/\text{s}$

54 $Y(s)=X(s)G_1(s)\pm G_1(s)G_2(s)Y(s)$

$Y(s)[1\mp G_1(s)G_2(s)]=X(s)G_1(s)$

$\therefore\ \frac{Y(s)}{X(s)}=\frac{G_1(s)}{1\mp G_1(s)G_2(s)}$

55 비접촉식 온도계

㉠ 색(color)온도계

㉡ 방사온도계

㉢ 적외선 온도계

㉣ 광고온도계

㉤ 광전관식 온도계

56 코트렐식 집진기는 건식과 습식이 있으며 전기식 집진기로 효율이 가장 좋다.

57 시즈형 열전대(sheath type thermo couple)의 경우 외경이 가늘어서 작은 측정물의 측정이 가능하며 시즈형의 구조로 되어 있어 고온·고압에 강하며 −200~2,600℃까지 폭넓은 온도 범위에 측정 가능하다(진동이 심한 경우뿐만 아니라 어떤 환경에서든 사용 가능하다). 또한, 내구성이 뛰어나고 수명이 길다.

58 비례적분미분(PID)동작은 잔류편차(off set)를 제거하여 응답시간이 가장 빠르며 진동이 제거되는 제어방식이다.

59 서미스터는 열에 민감한 저항체라는 의미로 온도변화에 따라 저항값이 극단적으로 크게 변화하는 감온반도체이다. 온도계수가 금속에 비해 매우 크다.

60 $Q = AV = \frac{\pi d^2}{4}V = \frac{\pi(0.1)^2}{4} \times 16$
$= 0.125\text{m}^3/\text{s}$

61 포스테라이트(forsterite)질 염기성 내화물은 주 원료가 포스테라이트(Mg_2SiO_2)와 듀나이트(dunite) 및 사문석(serpentine)이다.

62 설치사 변경신고
설치자가 변경된 날로부터 15일 이내에 한국에너지공단이사장에게 신고하여야 한다.

64 보온재 보온효율(η)
$= \left[1 - \frac{\text{보온면의 방산열량}(Q_2)}{\text{나면의 방산열량}(Q_1)}\right] \times 100\%$
$= \left(1 - \frac{1,100}{1,600}\right) \times 100\% = 31.25\%$

65 국가에너지절약 추진위원회의 당연직 위원
㉠ 한국전력공사 사장
㉡ 국무조정실 국무2차장
㉢ 한국에너지공단 이사장

66 민간산업 주관자 중 에너지 사용 계획을 수립하여 산업통상자원부 장관에게 제출하여야 하는 사업자의 기준은 연간 연료 및 열을 5천 TOE 이상 사용하거나 전력을 2천만kWh 이상 사용하는 시설을 설치하는 자이다.

67 관의 늘음량(λ)
$= L\alpha\Delta t = 7,000 \times 0.000013 \times 340$
$= 30.94\text{mm}$

68 에너지이용 합리화법에 따라 산업통상자원부장관은 에너지는 합리적으로 이용하기 위해 5년마다 에너지이용 합리화에 대한 기본계획을 수립하여야 한다.

69 에너지이용 합리화법에 따라 검사대상기기 조종자의 신고사유가 발생한 경우 발생된 날로부터 30일 이내에 신고해야 한다.

70 검사대상기기 중 소형온수보일러의 적용범위 기준은 가스사용량이 17kg/h를 초과하는 보일러다.

71 터널가마(tunnel kiln)는 대량생산에 적합한 연속제조용 가마이다.
장점
㉠ 소성이 균일하여 제품의 품질이 좋다.
㉡ 온도조절의 자동화가 쉽다.
㉢ 소성서냉시간이 짧다.
㉣ 소성가스의 온도, 산화 환원 소성의 조절이 쉽다.
㉤ 효율이 좋아 연료비가 절감된다(열손실이 적어 단독가마의 절반밖에 들지 않는다).
㉥ 가마의 바닥면적이 생산량에 비해서 작으며 노무비가 설약된다.
※ 가마(kiln, 요)란 소성·용융 등의 열처리 공정을 수행하기 위해 사용하는 장치로서 도자기, 벽돌, 시멘트 등의 요업제조공정에 사용된다.

72 비상시 에너지 수급계획 수립(수급안정을 위해 취할 조치 사항)
㉠ 에너지의 배급
㉡ 에너지의 비축과 저장
㉢ 에너지 양도양수 제한금지
㉣ 비상시 에너지 소비절감 대책
㉤ 비상시 수급안정을 위한 국제협력대책
㉥ 비상계획의 효율적 시행을 위한 행정계획
⊙ 산업통상자원부장관은 국내외 에너지 사정의 변동에 따라 에너지 수급 차질에 대비하기 위해 에너지 사용을 제한하는 등 관계법령에서 정하는 바에 따라 필요한 조치를 할 수 있다.

73 온수보일러 전열면적 18m^2 이하이고 최고사용압력이 0.35MPa 이하인 것은 용접검사 면제 대상범위에 해당된다.

74 특정열사용 기자재(기관)
㉠ 강철제 보일러
㉡ 주철제 보일러
㉢ 구멍탄용 온수보일러
㉣ 태양열 집열기
㉤ 온수보일러
㉥ 축열식 전기보일러

75 • 산성내화물: 납석질, 규석질, 반규석질, 샤모트질
• 중성내화물: 고알루미나질, 크롬질, 탄화규소질, 탄소질

76 검사대상기기조종자의 선·해임신고는 신고사유가 발생한 날로부터 30일 이내에 한국에너지공단이사장에게 신고하여야 한다.

77 소형온수보일러(0.35MPa 이하, 전열면적 $14m^2$ 이하)
㉠ 가스사용량이 17kg/h를 초과하는 보일러
㉡ 도시가스사용량이 232.6kW(20만kcal/h)를 초과하는 보일러

78 불연속요
㉠ 승염식 요(오름 불꽃)
㉡ 횡염식 요(옆 불꽃)
㉢ 도염식 요(꺾임 불꽃)
반연속요
㉠ 등요(오름가마)
㉡ 셔틀요
연속요
㉠ 윤요
㉡ 연속식 가마
㉢ 터널요

79 효율관리기자재 제조업자가 광고매체를 이용하여 효율관리기자재의 광고를 하는 경우 광고내용에 포함시켜야 할 사항은 에너지(Energy) 소비효율이다.

80 한국에너지공단의 사업
㉠ 열사용기자재의 안정적 공급
㉡ 신에너지 및 재생에너지 개발사업 및 촉진
㉢ 집단에너지 사업의 촉진을 위한 자원 및 관리

81

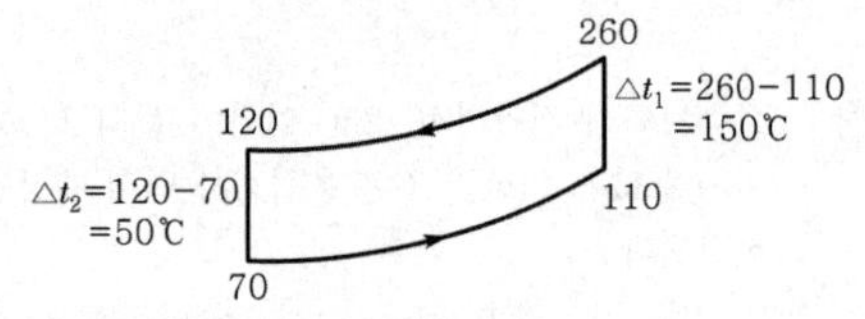

$\Delta t_1 = 260 - 110 = 150℃$

$\Delta t_2 = 120 - 70 = 50℃$

$$LMTD = \frac{\Delta t_1 - \Delta t_2}{\ln\left(\frac{\Delta t_1}{\Delta t_2}\right)} = \frac{150-50}{\ln\left(\frac{150}{50}\right)} = 91.02℃$$

$Q = KA(LMTD)$[W]

$$A = \frac{Q}{K(LMTD)} = \frac{160{,}000}{125 \times 91.02} = 14.06\text{m}^2$$

82 ㉠ 보일러 장기보존법(6개월 이상 보존): 밀폐건조보존법
㉡ 보일러 단기보존법(6개월 미만 보존): 만수보존법(약품첨가법, 방청도료 도표, 생석회 건조재 사용)

83 보일러수를 수소이온농도(pH) 10.5~11.5 약알칼리로 유지하는 주된 이유는 적당량의 수산화나트륨(NaOH)을 포함시켜 보일러의 부식 및 스케일(scale: 물때) 부착을 방지하기 위함이다.

84
$$q_c = \frac{Q_c}{A} = \lambda\frac{(t_1 - t_2)}{L}\,[\text{W/m}^2]$$

$$\text{열전도율}(\lambda) = \frac{q_c \cdot L}{(t_1 - t_2)} = \frac{\left(\frac{30{,}000\times10^3}{60}\right)\times0.004}{20} = 100\text{W/mK[W/m℃]}$$

85 최고사용압력이 0.7MPa인 증기용 강제보일러의 수압시험
최고사용압력×1.3+0.3=1.21MPa
※ 강철제 보일러의 압력
㉠ 저압보일러 0.43MPa 이하: 최고사용압력×2배(시험압력이 0.2MPa 미만인 경우는 0.2MPa)
㉡ 중압보일러(0.43MPa 초과~1.5MPa 이하): 최고사용압력×1.3배+0.3MPa
㉢ 고압보일러 1.5MPa 초과: 최고사용압력×1.5배

86 급수내처리(청관제)의 종류
㉠ pH 조정제: 암모니아(NH_3)
㉡ 연화제: 인산소다
㉢ 탈산소제: 아황산소다, 히드라진(N_2H_4)
㉣ 가성취화방지제(억지제): 인산나트륨, 탄닌, 리그린, 질산나트륨 등

87
$$\text{유도전동기의 회전수}(N) = \frac{120f(\text{주파수})}{\text{극수}(p)} = \frac{120\times55}{2} = 3{,}300\text{rpm}$$

88 파형노통의 최소두께$(t) = \frac{PD}{C}$[mm]
여기서, P의 단위가 kgf/cm^2이므로 P의 단위가 $\text{MPa(N/mm}^2)$로 주어지는 경우 $1\text{MPa}=10\text{kgf/cm}^2$이므로
$\therefore\ t = \frac{10PD}{C}$[mm]
⊙ 단위에 주의해야 한다.

89 • 자연순환식 수관보일러: 타쿠마, 하이네, 2동D형, 쯔네기치
• 순환식 수관보일러: 라몬트, 베목스 보일러
• 관류보일러: 벤손, 슐처, 람진, 엣모스, 소형관류보일러

90 $m_e = \dfrac{m_a(h_2 - h_1)}{2,256} = \dfrac{2,000 \times (2,512 - 83.72)}{2,256}$
$\fallingdotseq 2,152.73\text{kg/h}(\fallingdotseq 2,153\text{kg/h})$

91 $Q = AV = \dfrac{\pi d^2}{4} V[\text{m}^3/\text{s}]$에서
$d = \sqrt{\dfrac{4Q}{\pi V}} = \sqrt{\dfrac{4 \times 7}{\pi \times 3}} = 1.723\text{m}$

92 안전수위 이하가 되지 않도록 한다(분출작업 중 가장 중요시 해야 할 사항이다).
보일러수의 분출시기
㉠ 보일러 기동 전 관수가 정지되었을 때
㉡ 연속운전일 경우 부하가 가벼울 때
㉢ 보일러수면에 부유물이 많을 때
㉣ 프라이밍(비수현상) 및 포밍(거품)이 발생할 때
㉤ 보일러 수저에 슬러지가 퇴적되었을 때
㉥ 단속운전 보일러는 다음날 보일러 가동 전에 실시한다(불순물이 완전히 침전되었을 때).

93 노통연관보일러에서 노통이 높을 경우 노통 상면보다 100mm 상부(플랜지 제외)

94 ㉠ 과열증기는 온도가 높아서 복수기에서만 응축수로 변환이 용이하다.
㉡ 과열증기는 수분이 없어서 관내 마찰저항이 적다.
㉢ 표면에 바나듐(V)이 500℃ 이상에서 용융하여 고온부식이 발생하며 표면의 온도가 일정하지 못하다.

95 보일러증발률$= \dfrac{\text{보일러증발량}}{\text{보일러본체 전열면적}}$
$= \dfrac{20 \times 10^3}{450} = 44.44\,\text{kg/m}^2 \cdot \text{h}$

96 $\text{Nu} = \dfrac{\alpha D}{\lambda}$에서
α(열전달계수)$= \dfrac{\text{Nu}\,\lambda}{D} = \dfrac{160 \times 0.68}{0.05} = 2,176\text{W/m}^2 \cdot \text{K}$

97 열관류율(overall heat transmission)이란 열량은 전열면적, 시간, 두 유체의 온도차에 비례했을 경우 비례정수를 열관류율(K)이라고 한다$\left(K = \dfrac{1}{R}[\text{W/m}^2 \cdot \text{K}]\right)$.

98 **판형 열교환기(plate heat exchanger) 특징**
㉠ 열전달계수가 높다.
㉡ 열회수를 최대한으로 할 수 있다.
㉢ 액체함량이 적다.
㉣ 콤팩트한 구성(소형/경량화 설계)
㉤ 제품혼합의 방지
㉥ 융통성이 있다(오염도가 적다).
㉦ 유지보수가 쉽다.
㉧ 고온고압(+22℃ ,3MPa), 저온(−160℃)에서 사용가능하다.

99 $\eta_t = \left(1 - \dfrac{d}{p}\right) \times 100\% = \left(1 - \dfrac{28.2}{50.1}\right) \times 100\% = 43.7\%$

100 강제순환식 보일러는 동력소비(소비전력)가 크고, 보일러수 순환펌프 설치에 따른 배관 등 관련설비에 따른 유지 및 정비비용이 많이 들고 유지보수도 어렵다(기동 및 정지 절차와 운전이 비교적 복잡하다).

저자 소개 허원회

한양대학교 대학원(공학석사)
한국항공대학교 대학원(공학박사 수료)
현, 하이클래스 군무원 기계공학 대표교수
열공on 기계공학 대표교수
㈜금새인터랙티브 기술이사

• 주요 저서
알기 쉬운 재료역학, 알기 쉬운 열역학, 알기 쉬운 유체역학, 에너지관리기사[필기], 에너지관리기사[실기], 7개년 과년도 일반기계기사[필기], 공조냉동기계기사[필기], 공조냉동기계기사[실기], 공조냉동기계산업기사[필기]

• 동영상 강의
알기 쉬운 재료역학, 알기 쉬운 열역학, 알기 쉬운 유체역학, 에너지관리기사[필기], 에너지관리기사 실기[필답형], 일반기계기사[필기], 일반기계기사 실기[필답형], 공조냉동기계기사[필기], 공조냉동기계기사 실기[필답형], 공조냉동기계산업기사[필기]

• 자격증
공조냉동기계기사, 에너지관리기사, 일반기계기사, 건설기계설비기사, 소방설비기사(기계분야), 소방설비기사(전기분야) 외 다수

7개년 과년도 에너지관리기사 필기

2022. 1. 7. 초 판 1쇄 발행
2025. 1. 8. 개정증보 3판 1쇄 발행

지은이 | 허원회
펴낸이 | 이종춘
펴낸곳 | BM ㈜도서출판 성안당
주소 | 04032 서울시 마포구 양화로 127 첨단빌딩 3층(출판기획 R&D 센터)
10881 경기도 파주시 문발로 112 파주 출판 문화도시(제작 및 물류)
전화 | 02) 3142-0036
031) 950-6300
팩스 | 031) 955-0510
등록 | 1973. 2. 1. 제406-2005-000046호
출판사 홈페이지 | **www.cyber.co.kr**
ISBN | 978-89-315-1183-3 (13530)
정가 | 26,000원

이 책을 만든 사람들
기획 | 최옥현
진행 | 이희영
교정 · 교열 | 류지은
전산편집 | 이다혜
표지 디자인 | 박원석
홍보 | 김계향, 임진성, 김주승, 최정민
국제부 | 이선민, 조혜란
마케팅 | 구본철, 차정욱, 오영일, 나진호, 강호묵
마케팅 지원 | 장상범
제작 | 김유석